Media
TECHNOLOGY
传媒典藏

高保真音响系列

耳机放大器
设计手册

王新成 ◎ 著

人民邮电出版社
北京

图书在版编目（CIP）数据

耳机放大器设计手册 / 王新成著. -- 北京 ：人民
邮电出版社，2022.11
　（高保真音响系列）
　ISBN 978-7-115-59807-3

　Ⅰ．①耳… Ⅱ．①王… Ⅲ．①耳机放大器－设计－手
册 Ⅳ．①TN643.02-62

　中国版本图书馆CIP数据核字(2022)第139380号

内 容 提 要

本书以耳机放大器为核心，以耳机、电源和接口为外围，以听音感受和电磁兼容性为使用环境，深入浅出地介绍了高保真耳机放大器的设计理念和制作细节，以大量的实验电路和图表向读者展现了耳机放大器设计的全貌。"兴趣是探索的动力，动手是最深刻的学习"，这是作者通过本书所倡导的观念。

本书主要内容包括：耳机放大器的背景知识、耳机放大器的设计方法、集成电路耳机放大器、低电源电压耳机放大器、分立元器件耳机放大器、基于运算放大器的耳机放大器、电流反馈耳机放大器、无交越失真的乙类耳机放大器、数字耳机放大器、电子管耳机放大器、耳机放大器的接口、耳机放大器专用电源等。

本书适合于音响爱好者和从事音频便携式电子产品设计的研发人员阅读，也适于作为工科非电子专业大学生扩展知识面的科普读物。

◆ 著　　　　王新成
　　责任编辑　黄汉兵
　　责任印制　马振武
◆ 人民邮电出版社出版发行　　北京市丰台区成寿寺路 11 号
　　邮编 100164　　电子邮件　315@ptpress.com.cn
　　网址　https://www.ptpress.com.cn
　　固安县铭成印刷有限公司印刷
◆ 开本：787×1092　1/16
　　印张：41.25　　　　　　　2022 年 11 月第 1 版
　　字数：1135 千字　　　　　2022 年 11 月河北第 1 次印刷

定价：199.80 元
读者服务热线：(010)81055493　印装质量热线：(010)81055316
反盗版热线：(010)81055315
广告经营许可证：京东市监广登字 20170147 号

前言

很高兴和读者共享阅读本书的快乐，这是我奉献给发烧友的礼物。只有对音乐和音响喜欢到了狂热的程度，并且专业知识也达到了一定水平才能称为发烧友。本人虽然前半生从事飞行器遥测，后半生从事芯片设计工作，但也是一个发烧友。

在 2015 年 9 月的上海国际音响展 Grand Prix 上，德生公司推出的草根耳机受到发烧友的一致好评，董事长梁伟先生建议我写一本关于耳机放大器的书。大家都是发烧友，于是我就爽快地答应了。

我按照职业习惯，先搜索别人的研究，发现在偌大的地球村里，竟然没有搜到专门研究这个课题的论文和专著，可能是大家认为这个课题不值得研究。这下我就放心了，我可以不受别人干扰，按自己的想法天马行空地去发挥。不过在之后的一年多时间里只是在构想框架和收集素材，并没有急着动笔。2017 年秋天，我生了一场大病，出院后在家休养，终于有时间整理了 40 多年的读书笔记，提取出与耳机放大器有关的内容，花了半年时间写了一个初稿。交到梁伟先生手里后，他以企业家开发产品的速度，组织人校对和装订成册，展示在各地的音响展会上让观众现场阅读。之后我陆续收到了读者的反馈意见，又花了 4 年时间进行修改，直达 2021 年底才完成全稿。

本书最大的特点是引入了系统设计思想，全文以耳机放大器为核心，把耳机、电源和接口作为外围设备，把聆听者的感受和 EMC 作为使用环境。先用一章的篇幅介绍了耳机的特性和聆听耳机时大脑的感受。由于系统工程在模块连接处容易出故障，再用一章的篇幅介绍了接口知识。物理上耳机放大器是一个能量转换器，电能是它的生命线，于是又用了一章篇幅介绍了耳机放大器专用电源。核心、外围设备和环境组成了一个耳机放大器系统，故在介绍耳机放大器之前用很长的一章介绍了耳机放大器系统设计的方法学。有了这些背景知识后，就可以有凭有据地专注放大器本身的设计了。本书用了 8 章的篇幅介绍了各种类型的耳机放大器，包括单芯片集成放大器、使用一节电池的低压放大器、晶体管分立元器件放大器、集成运放放大器、电流反馈放大器、纯乙类放大器、电子管放大器以及数字放大器。

本书的第二个特点是旧瓶装新酒，耳机放大器是一个老设备，被公认为是没有技术含量的小功率放大器。本书不敢傲世轻物，用 EDA 工具挖掘其隐藏的潜力，提出了理想放大器的概念。给 8 种类型的耳机放大器赋予了不同的新意，例如用低功耗 CMOS 技术优化了集成耳机放大器的电路结构；用一节 1.2V 的镍氢电池给便携式耳机放大器供电；用高环路增益自动控制技术校正晶体管放大器的线性；用仪表放大器设计低噪声、低失真放大器；用复合级联技术提高电流反馈放大器的精度；用误差校正技术使纯乙类放大器无交越失真；用连续时间 ΔΣ 调制技术设计数字放大器；用非线性反馈使古老的电子管放大器焕发青春。这些技术的理论基础集中归纳到了第 2 章的电子系统设计方法学中，这些方法也是作者用实践总结出来的发烧体会。

本书的第三个特点是理论联系实际，书中共介绍了 53 个放大器，22 个电源，100 多个芯片和有源器件。全部放大器电路都用 EDA 工具进行了仿真，85% 的电路进行了 DIY 验证，作者感觉音质好的放大器还给出了测试数据和图表。

本书的内容非常丰富，涉及了电声学、电子电路、自动控制、数字信号处理、微电子学、EDA 工具等学科，介绍的方法以叙述概念为主，没有高深的物理定理和难懂的数学公式，适合大部分发烧友阅读。读者如果接受过大学工科教育，阅读本书不会存在困难，还能加深理解教科书上的理论如何在电路设计中应用，有助于扩展思路，增加学习电子技术的兴趣。

本书的内容是专门为耳机放大器量身定制的，不适于用在驱动扬声器的大功率放大器上。市面上已有多本优秀的功率放大器图书，如果和本书对照阅读，就容易发现耳机放大器与功率放大器的区别。虽然本书的 12 章都是围绕耳机放大器选材的，但各章的内容是相对独立的，读者可以有选择性阅读。

感谢德生公司的梁伟先生，是他提出了撰写本书的建议，亲自审阅了全书内容并提供了无偿援助。感谢德生公司的易伟强先生审阅了初稿。感谢华东师范大学的徐力平教授，在百忙中花了近 2 年时间审阅了本书第 1 章至第 7 章的内容。

致谢我的家人，他们虽然和我分享了生活在伟大祖国的幸福，但不得不忍受我在双休日和节假日忙于写作而受到的冷落，还要承担全部家务。现在我终于可以和家人共享美好生活了。

王新成

2021.11

作者简介

王新成

毕业于哈尔滨船舶工程学院。曾在部队任职，从事飞行器遥测工作。退伍后曾任北京新奥特集团总工程师，泰鼎多媒体技术（上海）有限公司首席建筑师，现任瑞芯微电子股份有限公司首席科学家。主要著作有：《晶体管收音机中的新技术》《音响集成电路的原理和应用》《非线性编辑技术与应用》（多人合著）《音频 D 类放大器的仿真与制作》等。

Contents

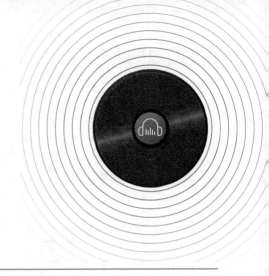

第1章 耳机放大器的背景知识

本章提要

要驱动耳机发出好听的声音，就要了解耳机的特性。这一章主要介绍有关耳机的基本知识，包括动圈式换能器、动铁式换能器和静电式换能器的工作原理，重点介绍了动圈式换能器的结构和电声特性，以及使用动圈式换能器的密闭式耳机和开放式耳机的结构、特性和性能参数。

人耳在自然声场、室内声场听声和用耳机听声有不同的感觉，本章介绍了产生差异的物理原理。耳机重放中最重要的技术是声场的重建，本章用简单、易懂的方式介绍了耳机立体声重放的听音特性，也介绍了用头相关传输函数产生虚拟声像，改善耳机听音的技术。

本章还介绍了耳机的市场情况，如耳机的品牌和产地。在结尾时介绍了耳机放大器的基本知识，内容包括耳机放大器的特性，耳机放大器的电路结构和未来发展趋势。

1.1 认识耳机

耳机是一种小功率电声转换器件，能把十几微瓦至几百毫瓦的电功率转换成声压，振动空气产生声波，声波振动耳膜使人听到声音。

1.1.1 耳机中的电声转换器

1. 动圈式换能器

动圈式换能器也叫电动式转换器，其工作原理是利用在恒定磁场中的通电导体产生位移，牵动振膜产生振动，振动与空气耦合达到传输声音的目的。

图 1-1 所示是动圈式换能器的工作原理图。当耳机的音圈里有交变电流时，根据电磁学左手定则，手心对准 N 极，手背对准 S 极，使大拇指与其余四指垂直，并且都跟手掌在一个平面上。四指指向电流方向，则大拇指的方向就是导体受力移动的方向。如果电源的极性改变，导体的移动方向也随着交变电源的极性而改变。耳机的振膜与音圈黏结成一体，振膜受到驱动力就会带动空气形成疏密变化产生声波。

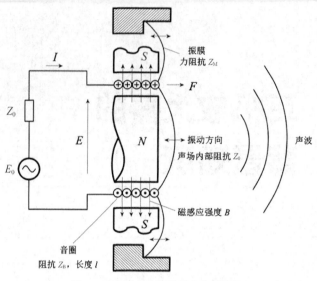

图 1-1　动圈式换能器的工作原理图

这与电动机的工作原理是相同的，设磁极隙缝的磁感应强度为 B（Wb/m^2），隙缝中音圈长度为 l（m），通过的电流为 I（A），则音圈受到的驱动力为 BlI（N）。磁路结构固定后 Bl 就是一个常数，定义为力系数 $A=Bl$（Wb/m）。如果电源 E_0 的内阻抗等于 Z_0，音圈的阻抗等于 Z_E，振膜的辐射力阻抗等于 z_0，振膜自身的力阻抗等于 z_M，动圈式换能器的效率可表示为：

$$\eta_{EA} = \frac{A^2}{(Z_0+Z_E)(z_0+z_M)+A^2} \tag{1-1}$$

式（1-1）分母中的（Z_0+Z_E）项是振动系统固定不振动时的输入阻抗，称为阻尼阻抗。（z_0+z_M）项是振动系统的力阻抗。A 是力系数。可以看出，阻尼阻抗和力阻抗越小，越容易振动。力系数越大时，振幅也越大，但不是比例关系。动圈式换能器的效率非常低，通常为 0.1%～2%。

如图 1-2 所示，耳机中的动圈式换能器是一个微型扬声器，也叫唛拉（Mylar）扬声器。与传统的锥形扬声器相比，厚度只有几毫米，背面不是全开放的，只在边缘振膜下方背盖上开一圈小泄放孔，数量只有几个到十几个。也有一些在中心振膜下方开了一个泄放孔。整个磁路中不用环形或柱形磁钢，而改用实心圆盘形磁石（有的中心开孔）。这样不但有效减小了厚度，还增加了音圈的直径，使中心振膜形成一个球顶型高音扬声器，边缘振膜形成一个低音扬声器。在边缘振膜上还压制了折环，以减小振膜的力劲，有效提高了低频振动的幅度。这种薄型全频带换能器的最大缺点是磁隙的空间极为有限，必须要采用一些新材料和新技术才能确保具有高于大型扬声器的技术指标。

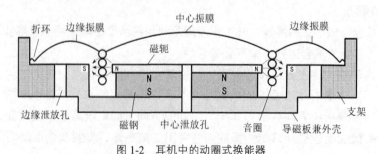

图 1-2　耳机中的动圈式换能器

决定微型扬声器性能的三大部件是磁体、振膜和音圈。现代工业中采用的稀土永磁材料、唛拉振膜和脱胎音圈来解决物理结构限制引起的技术指标下降的问题。

稀土永磁材料是稀土金属与铁、钴、镍、锰等金属的合金，它具有矫顽力高，磁能级大的特点，这种材料有钕铁硼（NdFeB）、钐钴磁体（SmCo）、稀土钴（R2Co17）等，应用最普遍的是钕铁硼，它的磁能级是铁氧体的 11 倍。虽然微型扬声器的磁隙宽度和长度比中、大型锥形扬声器小得多，仍能使磁隙中的磁感应强度达到 0.2 ~ 0.8T，具有与中、大型扬声器相同的灵敏度，使小型耳塞也能达到高保真性能。钕铁硼的缺点是居里温度低（310℃），工作温度接近居里点时，磁能级下降，使输出声压级和阻尼明显减小，还有不耐腐蚀、容易生锈、价格高等缺点。新的稀土磁性材料，如钕铁氮（Nd2Fe12Nx），能继承钕铁硼的优点，克服其缺点。我国的稀土资源丰富，储量占世界第一，产量占世界的 40%。稀土科研队伍强大，水平居世界前列。这些物质和技术条件，奠定了我国耳麦和扬声器生产的大国地位。

振膜的材料要求密度小、刚性强、阻尼适中。理想的材料密度应该和空气密度相同，这样就能和空气达到紧密耦合，在全频带里线性传输声波而不会产生反射。刚度强意味着音圈产生的驱动力能同步驱动振膜上的每一个点，使整个振膜像发动机气缸中的活塞那样运动，不会因分割振动而产生失真。显然，密度和刚性要求对材料来说是矛盾的，往往是密度小的材料刚性也小，刚性强的材料密度也大。声学对振膜的启动和停止的力阻尼要求也是相反的，启动阻尼要小，停止阻尼要大。显然，制作振膜的理想材料是不存在的。现在微型扬声器的振膜绝大多数是用唛拉材料制作的，唛拉是一类聚酯薄膜的总称，故微型扬声器也叫唛拉扬声器。常用的聚酯薄膜有 PEI、PEN、PET、PI 等材料，适合作振膜的厚度 5 ~ 100μm，密度 1.2 ~ 1.61g/cm³，拉伸强度 70 ~ 200MPa，抗冲击强度 1.3 ~ 2.5MJ/m²，这些材料密度小，质量轻。很容易热成形，可以改变中心球顶和边缘大圆环的高度和弧度，调出具有代表生产厂商的标志性音色；也可压出多个折环进行机械分频，使三频段响应趋于一致；还可压出各种花纹，改变振膜的刚性，减少分割振动，作为辅助调音手段。唛拉薄膜的缺点是机械强度低，耐热性差。不过新的材料在近十几年里不断出现，缺点会逐渐被改善和克服。

20 世纪 70 年代，音圈是绕在卷芯上，绕制音圈的漆包线很细，最细的直径只有 25μm，线圈的本身质量很轻，卷芯骨架占据了音圈质量的相当比例，去掉卷芯一直是扬声器设计和制造人的愿望。经过了十几年的努力，脱胎音圈的愿望终于实现了，这得益于醇溶和热溶漆包线的出现和精密绕线机的发明。为了进一步减少音圈质量，可用比重更轻的铝质方形自粘漆包线绕制脱胎音圈，成品像一个银色的圆环，比圈数相同的铜质音圈轻 70%，但铝线的机械强度低，不能在空气中焊接，工艺难度更大。

用在耳机中的唛拉扬声器实物照片如图 1-3 所示，直径为 7 ~ 50mm，最小厚度 2.5mm。唛拉扬声器是制造动圈式耳机的核心器件，由于耳机发出的声压很低，技术指标能高于大型扬声器一个数量级。全世界生产耳机的厂商很多，基本现状是品牌决定了价格，材料和工艺决定了音色风格。

唛拉扬声器的优点是能承受较大的驱动功率，对磁路间隙的公差要求低，结构简单，工艺成熟，产品质量稳定，价格低廉。实践证明，音圈带动振膜发声方式具有频带宽、失真小、乐感较好的优点，故动圈式耳机是耳机市场上的主流产品。

图 1-3　唛拉扬声器的实物照片

2. 动铁式换能器

动铁式换能器也称电磁式换能器，是比动圈式换能器还要古老的器件，1930 年就应用在电话机和电报机的听筒中，也曾经用在矿石收音机和再生式电子管收音机的耳机中。1950 年用 U 形衔铁取代了圆片软铁振膜，提高了声压，产生了舌簧扬声器。后来经过漫长的小型化改造后在助听器中得到广泛应用，用于高保真耳塞机只是最近几年的事情。动铁式换能器的结构图如图 1-4 所示，一个 U 形衔铁穿过线圈（音圈）和磁铁的磁隙，把一端固定，另一端活动。活动端悬浮在磁隙中间，并通过一个驱动杆与振动片连接。当音圈中通过音频交变电流时，U 形衔铁受到磁化，活动端上下移动，驱动杆牵动振动片压缩或疏展空气产生声波。显然，动铁式换能器的结构比动圈式换能器复杂。

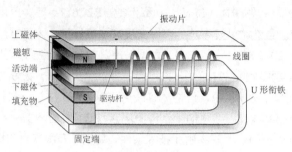

图 1-4 动铁式换能器的结构图

用图 1-5 所示的动铁式换能器的简化结构来说明其工作原理。当线圈中没有流过电流时，U 形衔铁的活动端受力平衡，悬在磁体的 N 极和 S 极的磁隙中间位置，驱动杆和振动片处于静止状态，如图 1-5（a）所示。当线圈流过正向电流时，根据螺旋管右手定则（Ampere's rule），线圈中的磁场方向从左指向右，线圈中的衔铁被磁化，固定端为 N 极，活动端为 S 极。由于异性相吸，衔铁的活动端 S 极偏向磁钢的 N 极，位置向上移动，推动驱动杆使振动片鼓起，压缩振动片上方的空气产生声波。如图 1-5（b）所示。当线圈流过负向电流时，线圈中的磁场方向翻转，从右指向左，衔铁被反向磁化，固定端变成 S 极，活动端变为 N 极。衔铁的活动端 N 极偏向磁钢的 S 极，位置向下移动，拉动驱动杆使振动片下凹，疏展振动片上方的空气产生声波。如图 1-5（c）所示。

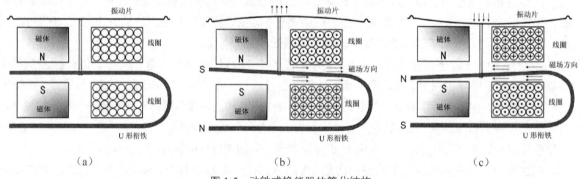

（a）　　　　　　　　　　　　（b）　　　　　　　　　　　　（c）

图 1-5 动铁式换能器的简化结构

动铁式换能器磁隙很小，为了提高效率，磁体也普遍使用了稀土硬磁材料，如钕铁硼、铝镍钴、钐钴等。这些材料的磁能级很高，对提高声压级有利，虽然体积很小，最高声压级却能达到 140dB。

U 形衔铁采用宽而薄的刚性材料，薄的结构能增大在磁隙中的位移，宽的结构能补偿因材料变薄而损失的磁通量。它在音圈磁场中被反复"磁化-退磁-反向磁化-反向退磁"，故必须用软磁材料，如铁硅铝合金、镍铁合金、镍铁钼合金、钴铁钒合金等。磁性材料的磁化曲线是非线性的，磁场强度在零附近的 B-H 曲线弯曲得最厉害，为了避开这一区域，必须给音圈施加一定的直流偏流，产生一个小小的磁场，使 U 形衔铁受到微弱的磁化，使其处于磁化曲线的线性区域。当电流消失后，磁偏置也消失，U 形衔铁的活动端回归到平衡状态。衔铁很薄，所需的直流偏置很小，用 AB 类耳机放大器的静态电流作磁偏置已足够。需要注意的是用零偏置的纯 B 类放大器驱动动铁式耳机，虽然放大器无失真，由于磁偏置电流为零，故会产生非线性失真，参见第 8 章中的脉冲式前馈补偿 B 类放大器。同样的道理，输出变压和 OTL 放大器驱动动铁式耳机也会产生失真。

驱动杆是一个联动部件，把 U 形衔铁的活动端与振膜连接起来同步振动。过去的传动杆是一个柱状金属杆，这种结构振幅传输比是 1:1，不能调整。现在改进的驱动杆是弓形或菱形结构，振膜与衔铁的振动幅度比可调，最大调整比可达 10:1，相当于加了一级放大器。或者说在相同的声压条件下，可以把磁隙宽度减少到原来的十分之一，进一步缩小了体积，也增加了设计灵活性。驱动杆用不导磁、比重小、抗疲劳的金属材料制成。

振膜是动铁式耳机的发声部件，其形状、大小、厚薄和材质都会影响音质，现在多采用多层复合结构，各层振膜分别由刚性材料和弹性材料搭配叠加而成。刚性材料包括铝、钛、铂、铍及其合金，如不锈钢和铍铜合金等。弹性材料包括聚酯薄膜、橡胶、软塑料等高分子材料。复合振膜要用乙酸乙烯热溶胶黏合在一起。例如，一款 4 层结构的振膜，第一层用 12μm 厚的黄铜，边缘部分镂空；第二层用 50μm 厚的聚酰亚胺，边缘压模出凸条嵌入上下层的镂空槽中；第三层用 30μm 厚的钛，镂空成实心和空心两部分；第四层用 50μm 厚的硅橡胶。把 4 层振膜用乙酸乙烯热溶胶粘合成一个整体。这种复合振膜，每一层材质的弹性模量不同，组合起来具有很好的稳定性，使用寿命长，受温度影响小，产生的声压稳定，能改善金属振动声音硬的缺点。还可以通过调节厚度调整单元的频率响应。

动铁式换能器的剖面图如图 1-6 所示。整个动铁式换能器装在一个矩形金属盒子中，振动片下部的声波被吸收不用。振动片的上部有一个音腔，其中的声波由出声口导出。现代动铁式换能器是一个精密器件，典型的外形尺寸是 6mm×4mm×3mm，重量只有几克，驱动电流为 0.1mA。不过单个动铁式换能器的频带很窄，在低频和中频只有 3.5 个倍频程，在高频只有 3 个倍频程。在 Hi-Fi 耳机中要用多个频率范围不同的单元分段组合起来，才能覆盖接近 10 个倍频程的音频频带。

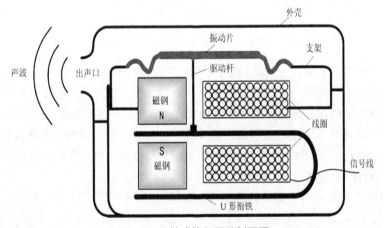

图 1-6　动铁式换能器的剖面图

3. 静电式换能器

静电式换能器也称电容式换能器，它的结构图如图 1-7 所示，由前后两个圆形或矩形极板和位于极板中间的一个同样形状的振膜组成，振膜的边沿松弛粘贴在框架上，近于悬浮状态，以利于整体平面运动。极板上开有透声孔，当振膜振动时，压缩或疏散极板之间的空气通过透声孔产生声波。工作时高压差分音频驱动信源连接在两个极板上，高压直流极化电压经由一个兆欧级的电阻加在振膜上，在振膜表面形成电阻较大的导电层，极化电压可正可负，图 1-7 中施加的是正极化电压。

它是基于静电库仑定律的原理工作的，即振膜上的电荷与一个极板上的电荷之间的静电作用力的大小，与两边电荷的乘积成正比，与距离的平方成反比。可见振膜的运动是非线性的，故需要在前后两个极板上加上相位相差 180° 的驱动电压。这样，当振膜与一个极板的静电吸引力减少时，与另一个极板的静电排斥力增加，两者抵消，使振膜运动接近线性。当振膜上只有极化电压，而音频驱动信号为零时，前后极板之间没有静电场，振膜没有受到电场力的作用，处于极板中间位置而静止不动，如图 1-7（a）所示。当音频差分信号左边为正，右边为负时，振膜受到后极板的静力吸引和前极板的排斥力而弯曲偏向后极板，如图 1-7（b）所示。当音频差分信号左边为负，右边为正时，振膜受到后极板的静力排斥力和前极板的吸引力而弯曲偏向前极板，如图 1-7（c）所示。为了演示直观，图 1-7 中的振膜是弯曲运动的，实际上振膜和极板上的电荷是均匀分布的，振膜边沿用阻力很小的支撑物固定，故振膜接近于平面运动，中间弯曲很小，这是静电式换能器的重要优点。

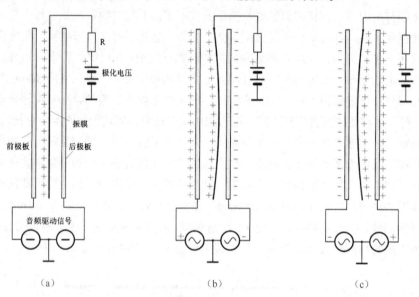

图 1-7　静电式换能器的结构图

实际的静电式耳机体积较大，前后极板是用刚性好的金属片制造，以利于消除共振。两个极板间的距离为 0.6～0.8mm，距离增大，动态范围也增大，但灵敏度会降低，需要更高的驱动电压和直流偏压。极板上冲制有均匀分布的圆孔，圆孔的面积要利于传声，约占极板面积的 30%。振膜由高分子聚合物材料制成，表面用真空镀膜工艺，镀有金属或半导体导电层，振膜的厚度为 1.0～12μm，工作时振膜上加有 200～580V 的直流极化电压，使之载上正电荷或负电荷。静电式换能器的效率极低，典型测量值是 95dB/100Vrms，阻抗大于 150kΩ，极间电容约 100pF。

静电式耳机需要的驱动电压很高，要把音频信号放大到上百伏特，但电流很小。用电子管推挽放大器比较容易实现，这就是商品静电式耳机放大器多用电子管的原因。当然用高压晶体管差分放大器和高压开关电源并不存在技术困难，并且能把体积做得很小。高压电器要经过安全认证和 EMI 认证，生产成本较高。有相当多的用户对晶体管静电式耳机放大器抱有成见，认为存在音质和可靠性问题。

静电式换能器的优点是瞬态特性优良，高音非常出色。这是因为振膜既轻又薄，又被静电力整体平面驱动带来的好处。缺点是很容易产生过载失真，低音震撼力不够，振膜和极板容易吸附灰尘，并且很难进行清理。

4. 三种换能器的区别

以上三种电声换能器是制作 Hi-Fi 耳机的主要器件，虽然也能见到平面电动耳机、驻极体耳机和压电耳机，前两种分别是动圈式和静电式耳机的变形。压电耳机是利用压电效应原理工作的，价格低廉，音质较差。三种换能器的特点和区别见表 1-1。

表 1-1 三种电声换能器的特点和区别

项目	动圈式	动铁式	静电式
灵敏度	74 ~ 120dB	100 ~ 140dB	100 ~ 118dB[1]
频率响应	20Hz ~ 24kHz，近似 10 个倍频程	低频 3.5 个倍频程，高频 3 个倍频程。多单元组合能覆盖全频带	15Hz ~ 40kHz，大于 10 个倍频程
瞬态响应	中	快	快
音乐感	暖音色，圆润，顺滑，流畅	冷音色，硬朗	华丽，细腻
低音	震撼力强	很差	较差
声场	宽阔宏大	狭窄	宽阔平坦
解析力	细节略差	强	强
层次感	平滑过渡	清晰，分明	非常清晰
声音密度	松散	紧凑	较紧凑
结构	简单	复杂，精密	复杂，高难度
体积	中	小	大
价格	低	较高	很高

注[1]: 输入驱动电压 100Vrms/1kHz。

　　三种换能器不但特性各异，发展历程和市场状态也各不相同。动圈式换能器的发明只比动铁式晚一年，1877 年德国西门子公司的 Erenst Verner 根据弗莱明左手定则申报了动圈式扬声器的专利，不过这个发明在当时没有什么用场。直到 1906 年 Lee.De.Forest 发明了真空三极管，音频功率放大器出现以后，动圈式扬声器才开始应用，那已经是 1930 年以后的事了。那时的磁铁剩磁强度不够，要加一个通电的线圈产生磁场，这就是励磁式扬声器，它流行了 20 年后，铁钴合金磁铁出现，励磁式扬声器退出了历史舞台。从此，动圈式换能器向大小两个方向发展，小型化的历程又经历了 50 年。20 世纪 50 年代半导体收音机的问世，开发了 2.5 ~ 4 英寸薄型内磁纸盆扬声器。70 年代收录机的出现，使输出功率、频带和失真度等指标有了显著提高。80 年代的随身听（Walkman）的出现，要求动圈式换能器进一步小型化，于是引入了稀土硬磁体和唛拉薄膜，使直径 13mm 的唛拉微型扬声器的频率响应能覆盖音频全频带，高保真耳塞机出现了。90 年代 MP3、手机、平板电脑的发展，耳机放大器与 CMOS CODEC 集成一体，供电电压只有 1.2 ~ 3.3V，于是开发出了效率更高的，体积更小（直径 7 ~ 9mm）的唛拉换能器，用在 IEM 耳塞中。从此迎来了动圈式耳机的黄金盛世。2014 年全球耳机销量达到 27.57亿只，质量也空前提高。现在 10 元人民币的入门级耳塞机，音质已达到了 20 世纪 90 年代初高保真头戴式耳机的水平。80 年代以前，动圈式高保真耳机都是体积较大的头戴式，价格昂贵，用在广播电台和录音制作等专业监听领域。现在无论是高端产品还是入门级产品，无论耳塞式还是头戴式，动圈式耳机占据了约 99%的市场。

　　动铁式换能器的历史最悠久，是亚历山大·格雷厄姆·贝尔（Alexander Graham Bell，1847—1922）和沃森（Watson）于 1876 年为电话机听筒而发明的，老式的结构如图 1-8 所示，由固定在线圈中的硬磁体和可振动的圆片形衔铁组成。当线圈中通过交变电流时，线圈中的磁场和硬磁体磁场合成一个更强或更弱的磁场，推斥或吸引圆片衔铁鼓起或下凹，压缩和疏展衔铁表面的空气产生声波。后来经过了几次大的改进，尤其是 1950 用 U 形衔铁连接驱动杆，牵动非铁磁性圆锥形辐射体的结构，使效率提高了接近一倍，催生了舌簧扬声器的诞生。在后来的 60 多年里，由于助听器市场的需求，不断进行小型化和低功耗改造，才演变成图 1-6 所示的结构。现在的动铁单元体积只有 4mm×3mm×2×mm，质量小于 1g，所需的驱动功率小于 1mW，产生的声压能达到震耳程度。动铁式换能器+DSP+纽扣电池组合成一体的整机系统可放入耳道中，连续工作 1 周时间。动铁式换能器在助听器中的漫长改造过程，为近几年高保真动铁式耳机的兴起奠定了物质基础。客观地讲，动铁式耳机并不是革命性的产品，它的突然升温，带有更多的商业行为因素。从高保真角度看，动铁式换能器并不具备宽频带、低失真这些条件，要用 3 ~ 4 个单元才能覆盖全音频频带，或者与动圈式换能器组合才能克服金属振动的尖硬听感。

动铁式耳机是在助听器基础上发展起来的，目前只有微型的动铁单元可直接用来装配耳机，故市场上动铁式耳机都是入耳式耳塞机。从原理上讲，制造头戴式动铁耳机并不存在技术困难，老式的动铁式耳机就是头戴式的。现代动铁式耳机的生产技术只掌握在少数几家厂商手里，价格远高于动圈式耳机。虽然市场兴起迅速，但占有率并不高，为 1%左右。

静电式换能器的发展历程要艰难得多，既没有动圈式的市场基础，也没有动铁式的机遇。从音质上讲，静电式换能器有绝对的优势。也许是曲高和寡的缘故，静电式换能器发展速度缓慢。其本身的原因是转换效率很低，体积较大，还要拖着一个高电压的驱动放大器，不便于携带。另外一个原因是生产厂商太少，世界上真正一心一意研发和生产静电式耳机的厂商只有日本的 Stax 一个厂家，从 20 世纪 60 年代到现在一直是家庭作坊规模，工厂长期只有十几个雇员。在历

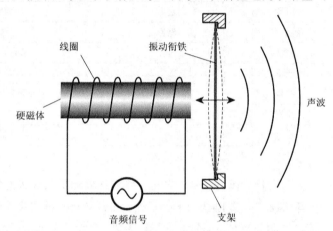

图 1-8　老式的动铁式换能器结构

经两代人的苦心经营后，现任董事长目黑阳造先生年事已高，公司于 2011 年 12 月 7 日以 1.2 亿日元被漫步者收购。虽然森海塞尔和高斯也推出过静电式耳机产品，只不过是为了展示公司技术实力，并没有批量生产。因而，静电式耳机与用户的距离仍然很遥远，只占市场份额的 0.1%以下。

虽然全世界音频界有一大群耳机爱好者，他们翘足企首盼望有朝一日静电式耳机能够平民化，但现实情况却很骨感。与静电式耳机工作原理相同的驻极体话筒通过 MEMS 技术的改造而脱胎换骨，改造后的产品叫硅麦，现在已替代驻麦广泛应用在手机和穿戴式智能设备中。用 MEMS 技术改造静电式换能器在原理上也是可行的，但从电声行业发展动态看，似乎没有什么动静。

1.1.2　耳机的特性

本节主要介绍动圈式耳机的特性，包括密闭式耳机、开放式耳机和耳塞机的结构和声学等效电路，耳机的参数，耳机与扬声器系统的区别，耳机的声场定位，人头相关传输函数和虚拟声像的原理。

1. 电-力-声类比

耳机是一个力学、声学和电学的综合体，作者和本书的绝大多数读者是熟悉电学专业的人，用自己熟悉的知识类比不熟悉的知识，能加快对事物本质的认识。这里的类比基础不是文学上的比喻，而是基于数学分析的相似性。在电路分析中常用微分方程解析电路，如一个 LCR 串联电路用一个简谐波激励，根据基尔霍夫定律，可以用下面的方程式表达：

$$L\frac{\mathrm{d}i}{\mathrm{d}t}+\frac{1}{C}\int i\mathrm{d}t+Ri=E\cos\omega t \tag{1-2}$$

式中第一项是电感上的电压，第二项是电容上的电压，第三项是电阻上的电压，三个电压之和等于激

励电压，学过电路的人都很容易理解其物理意义。如果把电路中的电感 L、电容 C、电阻 R 和电流 i 抽象成数学方程的比例系数和变量，式（1-2）可以表示成统一形式：

$$a\frac{\mathrm{d}x}{\mathrm{d}t}+b\int x\mathrm{d}t+cx=d\cos\omega t \qquad (1\text{-}3)$$

在力学中把系数 a 赋予质量，b 赋予阻力，c 赋予弹性系数（力劲），d 赋予外力，变量 x 赋予速度后，式（1-3）就可描述胡克定律中的弹簧振荡小车。

在声学中把系数 a 赋予声质量，b 赋予声阻，c 赋予声弹力系数（声劲），d 赋予外声压，变量 x 赋予瞬时声速，式（1-3）就可描述声学中的共鸣腔。

把上述电-力-声类比中系数和变量的对应关系和表达式列入表1-2，对比电子振荡，就能非常容易地理解机械振动和声波振动的物理概念，这样类比对理解后面的内容很有帮助。

表 1-2　电-力-声类比表

	电学	力学	声学
d	电压 E	力 F（N）	声压 P（N/m²）
x	电流 I	速度 v（m/s）	体积速度 U（m³/s）
c	电阻 R	力阻 r_M（N·s/m）	声阻 r_A（N·s/m⁵）
	阻抗 Z	力阻抗 z_M（N·s/m）	声阻抗 z_A（N·s/m⁵）
a	电感 L	质量 m_M（kg）	声质量 m_A（kg/m⁴）
	电容 C	力顺 C_M（s/N）	声顺 C_A（m⁵/N）
b	电容的倒数 $1/C$	力劲 s_M（N/s）	声劲 s_A（N/m⁵）
欧姆定律	$E=Z\times I$	$F=z_M\times v$	$P=z_A\times U$
感抗	$Z_L=\mathrm{j}\omega L$	$z_M=\mathrm{j}\omega m_M$	$z_A=\mathrm{j}\omega m_A$
容抗	$Z_C=1/\mathrm{j}\omega C$	$z_M=s_M/\mathrm{j}\omega$	$z_A=s_A/\mathrm{j}\omega$
谐振频率	$\dfrac{1}{2\pi\sqrt{LC}}$	$\dfrac{1}{2\pi}\sqrt{\dfrac{S_M}{m_M}}$	$\dfrac{1}{2\pi}\sqrt{\dfrac{S_A}{m_M}}$

需要注意的是，这种等效类比只是数学概念相似性的抽象表示，并不能代表力学和声学的物理本质。例如，机械振动是以质量无限大的基座为参考基准的，声振动是以大气压为基准的，而等效电路却是一个电子电路的两端网络，是以大地电位为基准的。其他的物理含义也不相同，要仔细品味和区别。

2. 密闭式耳机的特性

动圈式换能器只有安装在专门设计的耳机壳里才叫耳机，图 1-9 所示是密闭式头戴式耳机的结构图，放置在圆筒耦合腔上是为了模拟聆听的实际情况。耳机在声学上分成 3 个自由度振动部件：即振动系统，前声腔和后声腔。振动系统包括振膜和音圈，振膜的驱动力来自音圈，音圈中流过交变电流，带电导体就会在磁场中受到洛伦磁力而产生位移，牵动振膜产生振动。振动系统的特性由本身的质量和弹性系数（力劲）以及驱动力的大小所决定，并受前、后声腔的影响。前声腔是两个连通的气室：一个是振膜和耳机前保护板之间的空间（16-换能器前气室）；另一个是前保护板与圆筒耦合腔（外耳和耳道）之间的空间（17-耳机与圆筒耦合腔之间的气室），聆听时就是耳机到耳膜之间的空间。两个空间通过前保护面板上的开孔连通。后声腔也有两个气室：一个是换能器的振膜与后盖板之间的空间（15-换能器后气室）；另一个是换能器背盖与耳机外壳后盖之间的空间（14-耳机后气室），两个气室由换能器背盖板上的泄放孔连通（6-换能器后气室泄放孔）。在耳机外壳靠近换能器后盖板附近还有一个面积很小的泄放孔（7-耳机后气室泄放孔）。耳机的这 3 个部分能自由独立设计，却又是相互影响的。

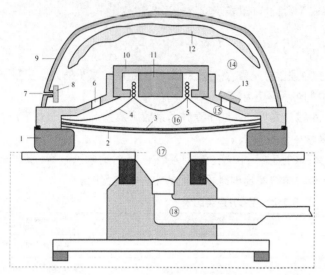

1—耳垫
2—换能器防尘泡沫
3—耳机开孔前面板
4—振膜
5—音圈
6—换能器后气室泄放孔
7—耳机后气室泄放孔
8—耳机后气室泄放孔阻尼布
9—耳机外壳
10—衔铁
11—磁钢
12—耳机后气室阻尼材料
13—换能器后气室泄放孔阻尼布
14—耳机后气室
15—换能器后气室
16—换能器前气室
17—耳机与圆筒耦合腔之间的气室
18—圆筒耦合腔

图 1-9　密闭式头戴式耳机的结构图

图 1-10 所示是密闭式入耳式耳塞的剖面图，它的结构与头戴式基本相同，只是尺寸很小。头戴式耳机通常用直径 30～50mm 的换能器，输出功率 30～100mW。入耳式耳塞的换能器直径只有 7～9mm，输出功率 3～20mW。换能器前面是一个直接约 4mm 的管状出声口，气室容积很小。

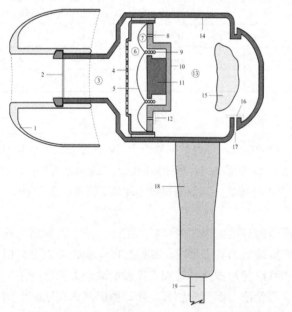

1—乳胶耳套
2—出声口防尘网
3—耳机前气室
4—换能器开孔前面板
5—振膜
6—换能器前气室
7—换能器后气室
8—换能器后气室泄放孔
9—音圈
10—换能器外壳
11—磁钢
12—换能器后气室阻尼布
13—耳机后气室
14—耳机外壳
15—阻尼材料
16—耳机后气室泄放孔阻尼布
17—耳机后气室泄放孔
18—塑胶保护管
19—导线

图 1-10　密闭式入耳式耳塞的剖面图

由于是插入外耳道放声的，用硅胶耳套与耳道紧密接触，从振膜到耳膜的空气容积约 $2cm^2$，只需 1mW 的电功率，就能获得震耳欲聋的声压。因而，即使换能器的效率很低，也不影响听音效果。前声腔泄漏比头戴式耳机小得多，低音效果更好（与乳胶耳套与外耳道接触松紧有关）。

了解完密闭式耳机的 3 个自由度振动部件的特性，再根据电-力-声类比原理，就可以画出图 1-11 所示的等效电路。在声学中可认为声波的驱动力来自振膜，在电路的中间网孔是振膜的等效电路：F_0

为振膜的驱动力，m_0 为振膜的质量，s_0 为振膜的力劲。在左边的网孔是前声腔的等效电路：m_h 是换能器前出声孔的质量，s_h 是换能器前气室中空气的力劲，s_c 圆筒耦合腔内空气的力劲，前声腔通过力劲 s_h 与振膜耦合。在右边的网孔是后声腔的等效电路：m_1 和 r_1 分别是后泄放孔的等效质量和力阻，s_1 是换能器后气室的力劲，s_u 是耳机后气室的力劲，后声腔通过力劲 s_1 与振膜耦合。

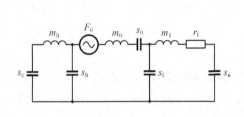

m_h —— 换能器前出声孔的质量
m_0 —— 振膜的质量
m_1 —— 换能器后盖泄放孔的质量
s_c —— 圆筒耦合腔的力劲
s_h —— 换能器前气室的力劲
s_0 —— 振膜的力劲
s_1 —— 换能器后气室的力劲
s_u —— 耳机后气室的力劲
r_1 —— 换能器后盖泄放孔的力阻
F_0 —— 振膜的驱动力

图 1-11　密闭式耳机的声—力—电等效电路

耳机等效电路的意义在于可以用借助电路分析工具确定力学和声学系统的参数。例如，假如我们需要一个平直响应的声压—频率特性，根据电路波特图的零极点，先算出等效电路中元件的参数，再将它们换算成声学和力学元件的实际尺寸，如气室的容积、振膜的面积等参数后，就可以设计出耳机。本书的目标不是设计耳机，故这部分内容从略。

如果密闭式耳机的后声腔是封闭的空间，空间中的空气形成一个气垫，会对振膜的振动产生阻碍作用。与大音箱相比，这个气垫的体积很小，对声波会有很大的阻尼。在等效电路中，就是 s_1+s_u 很大。当振膜向前振动时，腔内的空气被疏展而体积增大，又无从补充，故压强变小，形成一个负压阻碍振膜先前运动，减小了振膜的振幅；当振膜向后运动时，腔内空气受到压缩又无处泄放，压强增大，对振膜产生反作用力，使振幅减小。这种阻碍作用随着振幅的增大和频率的降低更趋明显，如图 1-12 所示。这是一个直径 50mm 的耳机在仿真耳上测试的声压-频率特性曲线，密闭后盖在 20Hz ~ 7kHz 频率时对声压有影响，在 3kHz 以下影响尤为显著，最大能使声压减少约 20dB。

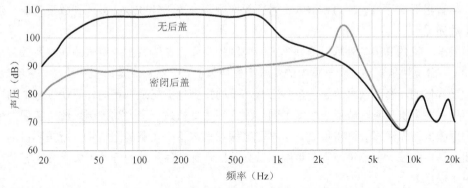

图 1-12　密闭式后盖耳机的声压—频率特性

解决的办法是在耳机外壳上，靠近换能器后盖板附近开一个面积很小的泄放孔，减少耳机后声腔的空气弹力。设小孔的质量为 m_2，声阻为 r_2，在等效电路上相当于在阻抗很大的 s_u 上并联了一个阻抗很小的电感电阻串联支路，短路了电容的阻抗。在图 1-12 所示的耳机后盖上开一个面积 $0.2mm^2$ 的小孔后，低频声压骤然上升，如图 1-13 所示。开孔与不开孔会剧烈影响 20 ~ 500Hz 频率段的声压级，孔的大小会影响 500Hz ~ 3kHz 频率段的峰谷分布。孔的面积增大，波谷的频率上移。当小孔的面积增大到一定限度（$6mm^2$）后，对声压的影响就微乎其微了。

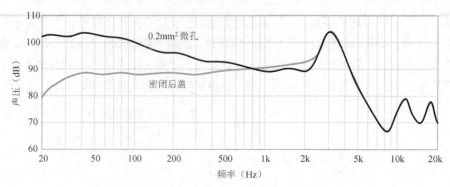

图 1-13　后盖开微孔耳机的声压—频率特性

图 1-14 所示是实际密闭式耳机上的泄放孔照片。在先进的工艺流程中是根据设计数据用激光打孔的。在传统工艺中，面积 $0.2mm^2$ 的小圆孔直径只有 $64\mu m$，不适于机械操作。通常是注塑时留一个较大的孔（直径 $0.8\sim1.2mm$），在耳机外壳内壁孔口处粘贴微孔无纺布，用不同厚度的布调整低频声压。这就是照片中看到的泄放孔比理论值大的原因。在头戴式密闭耳机中，还可在后气室空间敷设吸音材料减小空气弹性，相当于增加了气室的容积。

图 1-14　实际密闭式耳机后盖上的泄放孔照片

后声腔的力劲还会影响振动系统的谐振频率，开微孔的后声腔在声学上是一个共鸣腔，其谐振频率为：

$$f_0 = \frac{1}{2\pi}\sqrt{\frac{s_0 + s_u}{m_0}} \qquad (1-4)$$

式中 s_0 是振动系统的力劲，s_u 是后音腔气垫力劲，m_0 是振动系统的质量。从式中可知，后声腔的力劲会使振动系统的谐振频率升高。在音箱中由于力劲较小，振动系统的谐振频率低于 100Hz。耳机后声腔的体积与音箱无法比拟，故力劲很大，谐振频率通常会高于 400Hz，甚至到数千赫兹。这是我们所希望的（后述）。

前声腔是耳机的耳垫与外耳以及外耳道所包围的空间，这个气室中空气的弹性系数就是等效电路中的力劲 s_c，振膜就是驱动这个气室中的空气产生声波的，显然 s_c 就是耳机的负载。从等效电路上看，这个负载是容性的。耳机放大器是一个恒压源，驱动振膜的振幅是恒定的，要使气室中的声压不随频率变化，只有声阻抗与频率成反比才能做到，故密闭式耳机是一个力劲控制系统。实现力劲控制的方法就是把振膜的谐振频率设计得很高，这样在谐振频率以下，负载的阻抗特性就呈容抗。

密闭式耳机的设计要点是增强前声腔的低频声压，补偿后声腔的低频损失。振膜振动在前声腔中产生的声压表示为：

$$p = \frac{\rho_o c^2 S_d \xi_d}{V_c}\left(N/m^2\right) \qquad (1-5)$$

式中 ρ_0 是空气密度，c 是声速，S_d 是振动系统的力劲，ξ_d 是振膜的位移，V_c 是气室的容积。

振膜的速度表示为：

$$u_d = \frac{F}{Z_M} = \frac{d\xi_d}{df} = j\omega\xi_d \qquad (1-6)$$

式中 u_d 是振膜的速度；F 是振动系统的驱动力，z_M 驱动系统的力阻抗，ω 是振动频率。从式（1-6）可知，要使位移保持恒定，频率与阻抗成反比，符合力劲特性。

在低频段，换能器前、后气室的力劲与耳机前、后气室的力劲相比微不足道，即 s_h、s_1 的阻抗远大于 s_c、s_u 的阻抗，可以略去。前、后泄放孔和振膜的质量、力阻也很小，即 m_h、m_0 m_1、r_1 可忽略。故图 1-11 所示的等效电路就可简化为图 1-15 所示等效电路。

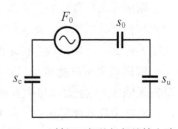

图 1-15　封闭耳机的低频等效电路

振膜的位移表示为：

$$\xi_d = \frac{F_0}{s_0 + s_c + s_u} \tag{1-7}$$

耳机前气室的力劲表示为：

$$s_c = \frac{\rho_o c^2 S_d^2}{V_c} \tag{1-8}$$

把式（1-7）代入式（1-8）再代入式（1-5）得到：

$$P = \frac{s_c}{s_0 + s_c + s_u} \cdot \frac{F_0}{S_d} \tag{1-9}$$

设音圈上的驱动电压为 E_v（V），磁隙中的磁感应强度为 B（Wb/m^2），音圈的长度为 l（m），音圈的电阻为 R_v（Ω），式（1-9）可表示为：

$$P = \frac{\rho_o c^2 S_d}{V_c} \cdot \frac{s_c}{s_0 + s_c + s_u} \cdot \frac{BlE_v}{R_v} \tag{1-10}$$

式（1-10）给出了补偿密闭式耳机低频损失的路径，增大振膜的面积，减少耦合腔的容积，减少前、后腔和振动系统的总力劲，减少音圈的直流电阻，这些方法都能提高声压。但这些方法有的会互相制约，在工程中针对头戴式耳机和耳塞是分别处理的。在头戴式耳机中通常是增大振膜面积，即选用大直径（50mm）动圈式换能器，但前声腔容积也随之增大，不过力劲会减小，增强低频声压的总体效果仍是显著的。在入耳式耳塞机中，通常是缩小前声腔的容积和选用低阻音圈来增强声压。

图 1-16 所示是密闭式耳机典型的声压—频率特性曲线，属于力劲控制特性，振膜的谐振频率约 2.09kHz，从 100～1.2kHz 声压曲线是平直的，低于 100Hz 和高于 1kHz 开始衰减。高于 4kHz 出现多个峰谷是唛拉扬声器振膜复杂的不规则振动造成的。实物如图 1-17 所示。

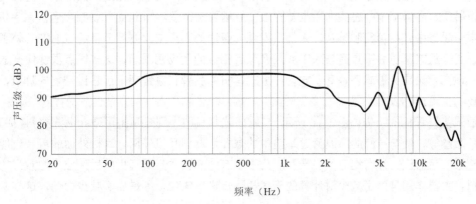

图 1-16　密闭式耳机的声压—频率特性

密闭式头戴耳机的历史非常悠久，它的隔声特性优良，多用于专业监听领域。由于它的低音比开放式耳机更具震撼力，喜欢贝司的发烧友非常喜欢它。它的缺点是耳垫对外耳的压力较大，佩戴时间长了不舒服，一些高端耳机采用注入液体的封闭耳垫克服这一缺点。

密闭式平头耳塞很少见，原因是很难与外耳门接触紧密而形成不泄漏的前声腔。密闭式入耳式耳塞是随 MP3 播放器和手机兴起的后起之秀，它的优点是体积小、低功耗、高效率。前气室容积很小，能直接塞入外耳道中，用柔软而有弹性的硅胶耳套与耳道紧密接触，声波泄漏比头戴式小得多，故能获得很强劲的低音。由于振动系统的质量很小，高频响应和瞬态特性也很好。缺点是容易产生木桶效应。

从一些用户报告获得的信息对正确使用入耳式耳机有指导作用，它被认定是一个非常危险的杀手，由于其隔离度很好，行走聆听时听不见外界声音，遇到突发事件会使人措手不及，容易引发人身伤害事件。如果在耳道里塞着耳机时把插头插入音量很大的机器，就会在狭小的耳道中突然产生巨大的声压，又无处泄放，会使耳膜受到伤害甚至振破耳膜。因而，一定要养成先把耳机插入机器，再拿起耳机聆听的习惯。即使在正常音量聆听情况下，如果忘记锁定按键和触摸屏，装在衣袋或背包中的播放器偶然也会因摩擦按键使音量突增，使人来不及处理而损伤听力和引发事故。在日常使用中，入耳式耳塞对听力的损伤比开放式耳塞严重得多，往往在不经意的情况下，声压已超出了安全范围，长期使用会造成不同程度的耳聋。入耳式耳塞引起外耳道发炎的事件也时有报道。

图 1-17　密闭式耳机实物

3．开放式耳机的特性

开放式耳机是前声腔和后声腔都能与空气耦合，向外辐射声波的耳机。具体特点是它的耳垫是用有泄漏的微孔材料制成，有意泄漏声波。后盖不密封，开有均匀的出声孔，后声腔中没有弹性很大的空气垫，阻碍振膜振动的反作用力比密闭式小得多，故声音非常清晰。开放式耳垫对外耳的压力小，佩戴舒服，聆听音乐时能听见外面环境的声音，不影响与人交流，在便携式电子设备中广泛应用。

20 世纪末，音像出版业空前发达，出版了不少人工头录音的 CD，人们很快发现，用开放式耳机聆听这种素材时临场感比密闭式耳机好，减轻了头中效应，声场能展宽到人头外面。同样的节目用密闭式耳机聆听，声场都集中在头内后半部附近，声场要窄得多。20 世纪初，数字音乐在手机、平板等便携式电子设备中开始流行和普及，人们又发现，普通的双声道立体声节目经过 HRTF 处理成虚拟环绕声后，用开放式耳机聆听具有与人工头录音节目相似的声场包围感，这些优点很快使开放式耳机后来居上，现在无论是头戴式还是耳塞式，开放式耳机的品牌和数量都远远超过密闭式耳机，是动圈式耳机市场的主流产品。

开放式头戴耳机的结构如图 1-18 所示，与密闭式耳机的区别是耳垫用微孔泡沫材料，如乳胶海绵、聚氨基甲酸酯等，使前声腔的声波通过耳垫中的微孔泄漏到耳机外面，耳机外面的声音也能通过耳垫进入前声腔。后盖板上开有均匀的出声孔。几乎所有的开放式头戴耳机的后声腔中均敷设的无纺布等吸音材料，主要作用是为了减少对外界的干扰和防止进入灰尘，不是为了减少力劲，这与密闭式耳机不同。

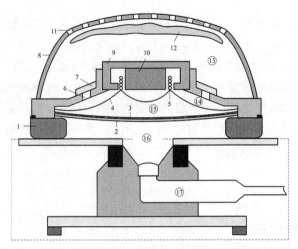

1—耳垫
2—换能器防尘泡沫
3—耳机开孔前面板
4—振膜
5—音圈
6—换能器后泄放孔
7—换能器后泄放孔阻尼布
8—耳机外壳
9—衔铁
10—磁钢
11—耳机后盖开孔
12—吸音材料
13—耳机后气室
14—换能器后气室
15—耳机前气室
16—耳机与圆筒耦合腔之间的气室
17—圆筒耦合腔

图 1-18　开放式头戴耳机的结构图

　　开放式耳塞的结构如图 1-19 所示，它的结构与头戴式基本相同，只是尺寸很小，外形多样。头戴式通常用直径 30~50mm 的换能器，输出功率 30~200mW。耳塞的换能器直径为 9~12mm，太小容易滑落，太大放不进耳甲腔里，即使勉强塞进去，也会把耳甲腔撑得很难受。输出功率比入耳式略大，为 10~60mW。耳塞的前面板是扁平圆形，使用时直接堵在外耳门上。前声腔的声音可通过缝隙泄漏到外面，后声腔和外界的声音也能通过缝隙进入外耳道。苹果公司还发明了弯头耳塞，有主辅两个出声口，主声口对着外耳道放声；辅声口以 90° 方向贴着外耳门向外泄漏声音。也有一些入耳式耳塞后盖设计成开放式，但硅胶耳套泄漏很少，聆听者听不到外界的声音，后声腔的泄漏会干扰他人。这种设计接近无限障板效果，与上述开放式耳机原理有区别。

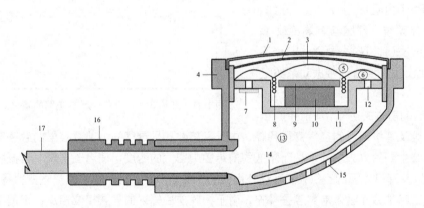

1—耳机开孔前面板
2—换能器开孔前面板
3—振膜
4—耳机外壳
5—换能器前气室
6—换能器后气室
7—阻尼布
8—音圈
9—衔铁
10—磁钢
11—换能器外壳
12—换能器后泄放孔
13—耳机后气室
14—防尘泡沫
15—耳机后部开放孔
16—塑胶保护管
17—导线

图 1-19　开放式耳塞的剖面图

　　开放式耳塞的外壳后部开有放声孔，面积比密闭式耳塞的泄放孔大 10~50 倍。从背孔的数量就能轻易区别出耳塞的类型，密闭式耳塞只有一个很小的孔，位置在侧面隐蔽的地方；开放式耳塞一般有 4 个以上的孔或 1~5 个长条形孔，位置在背面显著的地方。从背孔辐射出的低频声波会绕射到前面从前缝隙进入外耳道引起低频跌落，后声腔的声音也会对外界产生干扰。

　　早期的耳塞产品常用一个多孔海绵耳套罩住前部，用意可能是想利用海绵的弹性塞在耳朵里不易脱落。使用中发现这种外套太薄，很容易破碎。海绵也容易积聚灰尘和沾附耳屎，现已废弃不用。

　　开放式耳塞是我国耳机市场的大宗产品，占耳机产量的 80%，品种繁多，价格低廉。存在的问题是产品良莠不齐，缺少品牌效应。

开放式耳机的声-电等效电路如图 1-20 所示，仍然是按 3 个自由度振动部件绘制，按物理结构把振动系统放在中间，振动系统前面是前声腔（左边 1、2 网孔），后面是后声腔（右边网孔）。电路的第 3 个网孔是振膜的等效电路：F_0 为振膜的驱动力，m_0 为振膜的质量，s_0 为振膜的力劲。第 1、2 个网孔是前声腔的等效电路：其中 m_p、r_p 分别是耳垫微孔的泄漏质量和力劲，m_h、r_h 分别是换能器前面板出声孔的质量和力阻。前面板出声孔与耳垫之间由耦合腔中的空气力劲 s_c 耦合，前声腔与振膜之间由换能器前气室的空气力劲 s_h 耦合。第 4 个网孔是后声腔的等效电路：m_l 和 r_l 分别是换能器后盖板上泄放孔的等效质量和力阻，后盖板泄放孔通过换能器后气室的力劲 s_l 与振膜耦合。

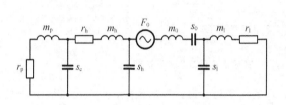

m_p —— 耳垫微孔的泄漏质量
m_h —— 换能器前出声孔的质量
m_0 —— 振膜的质量
m_l —— 换能器后盖泄放孔的质量
s_c —— 圆筒耦合腔的力劲
s_h —— 换能器前气室的力劲
s_0 —— 振膜的力劲
s_l —— 换能器后气室的力劲
r_p —— 耳垫微孔的泄漏力阻
r_h —— 换能器前出声孔的力阻
r_l —— 换能器后盖泄放孔的力阻
F_0 —— 振膜的驱动力

图 1-20 开放式耳机的声-电等效电路

耳垫微孔的力阻 r_p 和前面板出声孔的力阻 r_h 大于它们的质量 m_p、m_h，故可以略去。由于耳垫在设计上有意产生泄漏，前面板出声孔的力劲 s_h 和耳机前气室的力劲 s_c 大大减小，相当于等效电路中这两个支路的阻抗很大，故也可略去。这样一来图 1-20 就可简化为图 1-21 所示的电路。从这个电路看出，耳膜只是驱动前声腔的两个力阻 r_h 和 r_p，故开放式耳机近似于一个力阻控制系统，声压与等效负载 r_p 上的电压成正比，这和密闭式耳机的控制方法完全不同，要实现前声腔声压恒定，只要全频带振动系统阻抗不变就可以了。

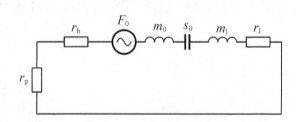

图 1-21 开放式耳机的声-电等效电路的简化电路

振膜向前振动时，压缩前方的空气，使前声腔里的空气变得致密，后声腔及耳机外面的空气变得稀疏，由于耳垫微孔是透气的，前声腔里的致密空气就从耳垫微孔泄漏出来绕到后方去填补，从而降低的前声腔中空气的密度，使声压下降。当振膜向后振动时，压缩后声腔以及耳机外面的空气，使耳垫外面的空气变得致密，前声腔中的空气变得稀疏，外面的致密空气就会透过耳垫微孔进入前声腔去补充，由于振膜前后辐射的声波相位相反，抵消了前声腔的一部分振动，同样引起前声腔的声压降低，这种现象称声短路。低频的绕射能力大于高频，故声短路在低频比较严重。头戴式耳机的声短路在大约在 1.2kHz 开始觉察，耳塞机大约在 1.5 kHz 开始觉察，频率越低越严重。

在高频频段，前面板出声孔的等效质量 m_h 和耳垫微孔的等效质量 m_p 阻抗增大，而力劲 s_c 和 s_h 阻抗减小，负载的分压和分流作用随频率升高而越趋明显，会使高频声压下降。

用这种理论设计的耳机，典型的声压-频率特性如图 1-22 所示，低频声压和高频声压都以-6dB/oct 速率跌落，但中频声压平直，声音非常清晰。补偿低频跌落的方法是把振膜的谐振频率设计在 100 ~ 200Hz，利用并联谐振阻抗高的特性提升低频声压。补偿高频跌落的方法是把音圈设计成弱感抗特性，使音圈的高频阻抗随频率升高而增加。

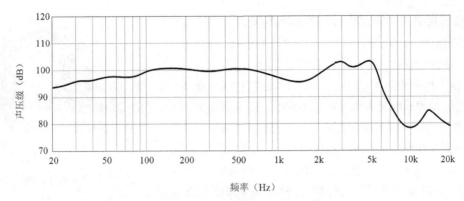

图 1-22 开放式耳机的声压-频率特性

　　开放式耳机生产过程中还利用换能器背盖的泄放孔和前面板的出声孔进行调音。利用背盖板调音的常用方法是封闭部分边缘泄放孔，调节后气室的透气量。另一种方法是在泄放孔上贴上一层微孔调音布，这种布的厚度有 16～100μm 多种规格，越厚的布致密度越高，毛孔就越小和越少，改变厚度就能改变透气量。有时也可以两种方法并用。一般规律是边缘泄放孔透气量增大，中频会得到提升，中频转折频率向高频位移，并对 500Hz～4kHz 的峰谷有平滑作用。中心泄放孔透气量增大，高频会得到提升，并使高频和低频失真减小。

　　头戴式耳机的后气室空间较大，可填充或在后盖内壁铺设吸音材料进行调音。最常用的材料是泡沫氨基甲酸酯，不同的材质透气量会不同，对频率特性有微调作用，还能减轻对外界的干扰和起到防尘作用。

　　前盖通常是一个开孔的前凸形金属板或注塑板，从物理上讲硬质开孔材料会对高频声波起反射、干涉和衍射作用。实验证明，位于边缘振膜前面透气量大的孔对 3kHz 以上高频有提升作用，对 1kHz 以下的低频有抑制作用；位于中心振膜前面透气量大的孔作用正好相反，主要是声波通过出声孔时因衍射产生路径改变而产生的。前面板会使低频和高频失真增大，这与后面板的作用相反。

　　虽然开放式耳机和密闭式耳机都是用来重放声音的，特性却各异，两者的特性对照表见表 1-3。图 1-23 是开放式头戴耳机和开放式耳塞的照片。

表 1-3 密闭式耳机与开放式耳机对照表

	密闭式	开放式
产品类型	头戴式耳机，入耳式耳塞	头戴式耳机，平头、弯头耳塞
声压—频率特性	低频有跌落、中频平直、高频有峰谷	低频、高频有跌落、中频平直
低频特性	低频很强劲，有震撼力	低频稍弱
中频特性	中频厚实、圆润，入耳式有木桶声	清晰、明亮
高频特性	清晰锐利，有假方位感	清脆、纤细
声学控制方式	力劲式控制，振膜谐振频率高	力阻式控制，振膜谐振频率低
效率	高，尤其是入耳式	略低
双声道节目声场	声场窄，头中后部	声场窄，头中后部[1]
人工头节目声场	声场稍宽，双耳旁和头中后部	声场宽，头外和头中后部
虚拟环绕声声场	声场宽，自然感差	声场宽，感觉有-180°～+180°包围感
隔音效果	优良	较差
听力损伤	严重，入耳式很严重	较轻

注[1]: M/S、A/Y 制式录音声场宽，A/B 制式录音声场窄。

4. 低阻耳机、中阻耳机和高阻耳机的特性

图 1-23　开放式头戴耳机和开放式耳塞的照片

与扬声器相比，耳机的阻抗频率特性是平直的，这是由耳机的音圈结构决定的。耳机是小功率电声器件，低阻耳机的阻抗至少比扬声器高 4～8 倍，高阻耳机阻抗比扬声器高 50～150 倍。功率只有毫瓦级，声压频率响应要求覆盖全频带。这就要求振动系统的质量非常小，音圈的绕线很细，最细到 25μm。在音圈的阻抗中，导线电阻占了主要成分，感抗比铜阻小，占次要成分，总体呈电阻特性。这与扬声器明显不同，图 1-24 是耳机阻抗—频率特性与扬声器阻抗—频率特性的比较图，可以看出由于铜阻大，谐振对阻抗的影响不明显。在 3kHz 频率以上，感抗的影响开始起作用。耳机的这种阻抗—频率特性降低了电声转换效率，使驱动放大器的大部分电能变成了热能。但却为耳机高保真放声提供了条件，线性指标比扬声器高一个数量级。

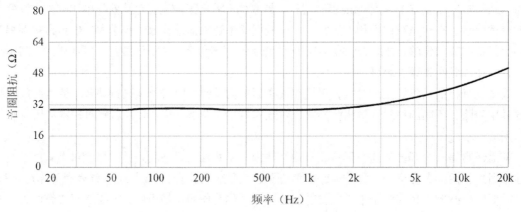

（a）32Ω 密闭式耳机的阻抗—频率特性

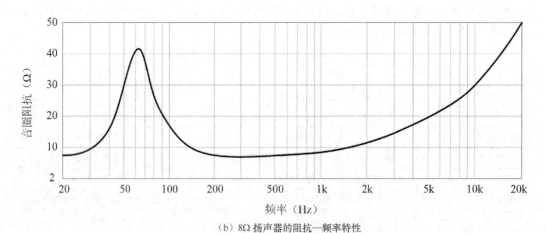

（b）8Ω 扬声器的阻抗—频率特性

图 1-24　扬声器与耳机的阻抗—频率特性比较图

低阻耳机是电流驱动型器件。在耳机的振动系统中，音圈比振膜的质量大得多，低阻耳机的音圈匝数少，能有效减少振动系统的力劲，在很低的驱动电压下就能获得很高的振动幅度，输出功率较大。但容易引起振铃，需要更高的阻尼系数来改善瞬态响应，以提升中、高频清晰度。

便携电子设备中通常用单节锂电池供电，由电源管理单元芯片 PMU 给集成 CMOS 耳机放大器供电，工作电压为 1.8 ~ 3.3V，驱动 OTL 放大器在 32Ω 负载上能输出 12 ~ 35mW 的电功率，差分驱动还能提高到 4 倍。低阻耳机的灵敏度 90 ~ 100dB/mW，1mW 的功率就能驱动到嘹亮级 ~ 震耳级的响度，故低阻耳机非常适合于便携式设备。

低阻耳机的缺点是工作电流大，要求驱动放大器有较高的 PSRR。在便携设备中驱动放大器工作在低电压大电流条件下，动态范围小，非线性失真大，失调电压和噪声对耳机影响较大。

高阻耳机是电压驱动型器件，300 ~ 600Ω 的负载对功率放大器来说是一个很轻的负载，能使放大器工作在高电压小电流的线性区域，非线性失真非常小，非常有利于高保真放声。用同样的输出阻抗的放大器驱动高阻耳机能获得更高的阻尼系数，这对提升中、高频清晰度非常有利，这就是专业监听耳机都设计成高阻的主要原因。放大器输入失调电压引起的零点漂移以及输入噪声和放大器产生的噪声在高阻耳机上产生压降与放大器的动态范围相比显得微不足道，故高阻耳机对失调和噪声不敏感。

高阻耳机是耳朵的保护神，这个结论是作者在实践中得到的。我年轻的时候对专业监听耳机大多数设计成高阻式不理解，在参观一家耳机生产厂时询问了一位有经验的耳机设计工程师，得到的答案是为了保护耳朵。这一答案对我来说是十分意外的，当时既不理解也不满意，因为他没有说出技术上的原因。在后来的工作中，有一次不小心把戴在头上的低阻耳机插入功率放大器的耳机插座，突如其来的巨大的响度差点毁了我的耳朵，从此才理解了高阻耳机的好处。

高阻耳机在便携式设备上放声得不到需要的声压，故有高阻耳机难驱动的说法。熟悉物理的人都知道高阻耳机的灵敏度更好，很微弱的驱动电平就能使它发声，只不过驱动不到最佳状态而已。从 2014 年开始，集成耳机放大器芯片中开始用电荷泵产生更高的双轨电压，能以 90% 的效率把 3.7V 的锂电池电压变换到±3 ~ ±15V，实验证明用±3.3V 供电的平衡集成功率放大器就能驱动 600Ω 的耳机获得 90dB 的声压级，响度可达到响亮级；±15V 驱动任何高阻耳机都能达得震耳欲聋响度。这种技术已开始在无损音乐播放器和音乐手机中应用。

中阻耳机是指阻抗在 64 ~ 150Ω 的耳机，它折中了低阻和高阻耳机的优点，过去多见于头戴式耳机。随着便携式设备的普及，平头耳塞出现了高于 100Ω 的产品，开始受到手机和平板电脑生产商的青睐。3.3 ~ 5V 供电的放大器能把 100Ω 耳机驱动到响亮级，这一电压在手机的 PMU 中是现成的，不用增加成本和 PCB 面积，于是一些高端手机开始配置中阻耳机用来改善音质和保护耳朵。

用不同结构和型号的低、高阻耳机比较音质很难得出科学的和有规律性的结论，好在有一些同型号的欧洲耳机中，有高阻和低阻两种产品，用作听音对比可得到一些有用的结论。经过长时间的聆听体验和对比，大家普遍认为，低阻耳机的力度更强劲一些，中、高频更明亮一些，但对细节解析度略差；高阻耳机的低频比较真实，中频比较圆滑，高频细节更多一些，但略显灰暗。这些表现与振动系统的物理特性是相符的。因为高阻耳机的音圈质量更重，有利于阻尼低频振动而不利于高频振动。为了改善瞬态和高频性能，一些高保真高阻耳机用铝质漆包线绕制音圈，铝的密度只有铜的三分之一，故能使音圈的重量减少 70%，使高频和瞬态特性得到显著的改进。表 1-4 是三种阻抗耳机的特性比较表，由于是统计比较，结论仅供参考。

表 1-4 低阻、中阻和高阻耳机的区别

	低阻耳机	中阻耳机	高阻耳机
标称阻抗（Ω）	16 ~ 64	64 ~ 150	200 ~ 600
放大器的负载效应	重	中	轻
噪声影响	大	中	小
放大器失调影响	大	中	小

续表

	低阻耳机	中阻耳机	高阻耳机
对放大器电源影响	大	中	小
瞬态特性	好	中	稍差
低频特性	强劲	较强劲	很真实
中频特性	很明亮	较明亮	圆顺
高频特性	较清晰	较清晰	略灰暗
产品类型	平头耳塞、入耳耳塞、头戴耳机	平头耳塞、头戴耳机	头戴耳机
听力保护	无益	有益	很有益

5. 耳机的优缺点

耳机是一个优点和缺点都非常突出的器件，主要的优点如下。

（1）失真度低

在高保真放声链路上，电声转换环节产生的失真最大。放大器的线性能达到万分之一甚至更低，扬声器只能达到百分之几（一般 3% ~ 7%）。耳机的总谐波失真可小于 1%，通常是扬声器的 1/5 ~ 1/10。故耳机放声系统的失真度远低于扬声器系统。

（2）立体声分离度度高

扬声器放声时，左耳除了能听到左声道的声音外也能听到右声道的声音。右耳也同样能听到左声道的声音，存在交叉串扰。耳机聆听时左右耳道接收的是左右声道的直达声，没有交叉串扰。故耳机聆听的立体声分离度最高，直接的感觉就是立体声效果比扬声器好。

（3）音质优良

扬声器听声的音质除了功率放大器和音箱的品质外，还与左右音箱摆放位置听音位置有关，听声环境的反射声和混响时间也是影响音质的因素。耳机的聆听却简单得多，音质只取决于耳机本身的质量，与放声环境的关系不大，故能获得原声的音质。

（4）适合个人使用

耳机体积小、重量轻、携带方便、使用简单，放声不会干扰别人，也基本不受环境噪声干扰，适合个人使用。

（5）绿色节能

耳机的电声转换效率虽然很低，但由于是紧挨着耳道口放声，消耗很小的电功率就能获得很大的声压，绝对耗电量很少，属于绿色节能产品。耳机放声系统的成本只是同音质扬声器系统的 1/15 ~ 1/30，具有物美价廉的优点。

耳机放声的缺点也是非常突出的，主要缺点如下。

（1）头中效应严重

用耳机重放双声道立体声录音节目时，感觉声像被压缩在头内后部，这种现象叫头中效应。重放人工头录音的节目时，感觉声像在头后部 90° ~ 270° 的方位，这种现象叫头后效应。头后效应虽然好于头中效应，但市面上人工头录音节目稀少，有些节目是经过数字信号处理过的虚拟环绕声。

（2）声像定位差

用扬声器听声时，能利用双耳效应判断低频和中频声像的范围和距离，能利用耳廓对 5kHz 以上高频的谱特征判断高频声像的方位。对于容易引起混乱的镜像声源，轻轻转动头就可帮助定位。用耳机听音时耳朵的这些功能全都不起作用了，这是声学界一直在探讨却至今没有解决的问题。

（3）佩戴不舒服

头戴式耳机为了贴紧外耳，头箍对耳机有一定的压力，佩戴时间长了会感到不舒服。密闭式的头箍比开放式更紧，佩戴也更不舒服。一些直径较小的头戴式耳机罩不住耳朵，耳垫直接压在耳廓上，感觉非常不自然，时间长了很难受。平头耳塞依靠撑力固定在耳甲腔里，时间长了耳甲腔会被撑得很难受。入耳式耳塞依靠硅胶外套的弹力塞在外耳道中，就像异物塞住耳道，感觉最不舒服。故市面上出现了佩戴相对舒适一些的定制耳机，但价格非常昂贵。

（4）容易造成耳聋

如果耳朵连续承受 105dB 声压超过 10 分钟，听力就能造成不可恢复的损伤。耳机产品为追求高灵敏度，声压都会超过这一安全界限。人们聆听耳机时为了追求刺激效果，在不经意中音量会开得过大。因而，经常听耳机的人患轻度耳聋的比例较大。

（5）存在安全隐患

随着手机的普及，在行走、乘电梯和交通工具时使用耳机的人已很普遍。为了排除外界干扰，年轻人喜欢入耳式耳塞。由于听不见外界的声音，会使人体应付突发事件的能力减弱，容易危及人身安全。

6. 耳机的参数

当买到一副耳机时，说明书上会标明声压级、阻抗、频率范围这 3 个性能参数，有的还会标明失真度。当人们要仔细深入探讨时，这些参数却会使人陷入迷惑中。例如，声压级并没有注明测量用的单位制；频率特性没有注明允许的波动范围；失真参数也没注明是总谐波失真还是某次谐波失真。下面的内容有助于解决这些迷惑。

（1）输出声压级（SPL）

也叫耳机的灵敏度，它是相对于 1kHz 的基准输入，在仿真耳或圆筒耦合腔内输出的声压级。对于动圈式和动铁式耳机，输入基准可以是功率 1mW，或者是电压有效值 1Vrms，输出声压级是以 20μPa 为基准用分贝值表示的。前者称单位功率声压级表示法，在学术界使用广泛；后者称单位电压声压级表示法，生产厂商喜欢使用，因数数值更大，具有广告价值。两种单位值可用下式进行换算：

$$x\text{dB/V}_{\text{rms}} = A\text{dB/mW} + 20\lg\frac{1}{\sqrt{0.001+R}} \qquad (1\text{-}11)$$

式中 A 是单位功率声压级数值，R 是耳机的阻抗。例如，一个灵敏度为 100dB/mW，阻抗 32Ω 的耳机，换算成单位电压声压级为：

$$100\text{dB/mW} + 20\lg\frac{1}{\sqrt{0.001+32}} \approx 114.95\text{dB/V}_{\text{rms}}$$

式（1-11）换算项移项后也可把单位电压声压级转换成单位功率声压级。

注意：对于效率低的其他类型的换能器，规定的测试基准不一样。例如，压电耳机的测试基准是 3V_{rms}，静电式耳机是 100V_{rms}。测试扬声器是在消音室中进行，传感器与扬声器之间的距离为 1m；测试耳机是在仿真耳或圆筒耦合腔里进行，耳机与传感器之间的距离只有十几毫米。

典型的动圈式耳机灵敏度为 94～100dB/mW，如果说明书上大于 100dB，又没有标明基准单位时可判断为是 dB/V_{rms} 数值。

（2）输出声压频率特性

在一定的输入电压下，改变频率时，输出声压级随频率的变化特性。通常是在仿真耳上测试，密闭式与开放式的特性不一样，如图 1-16 和图 1-22 所示。唛拉扬声器属于宽频带换能器，中频平坦，低频 120Hz 以下有跌落，高频 5kHz 以上会出现谷峰。国际和国标规定在 50～12500Hz 允许误差为 ±3dB；这个标准很高，达到和超越它有相当难度。经常在耳机说明书上看到类似 15Hz～35kHz，±2dB 的指标，可以认定是耳机两端的频率电压特性，而不是声压频率特性。

（3）失真特性

耳机的失真特性有总谐波失真、n 次谐波失真、n 次调制失真。总谐波失真计算方法为：

$$d_{t} = \frac{\sqrt{P_{2f}^2 + P_{3f}^2 + \cdots + P_{nf}^2}}{P_{t}} \times 100\% \quad （\%计法）$$

$$L_{dt} = 20 \lg \left(\frac{d_{t}}{100} \right) \quad （dB计法）$$

（1-12）

式中，P_{nf} 是谐波的声压，P_{t} 是基波的声压。

n 次谐波失真主要测试 2、3 次谐波失真，是谐波声压与基波声压之比，也有百分比和分贝值两种表示法。

n 次调制失真规定为：由于失真而产生的频率为 $f_2 \pm （n-1） f_1$ 的声压方均根值的算术和对由信号 f_2 产生的电压方均根值之比。f_1 和 f_2 为两个规定振幅比的输入信号的频率，f_1 甚低于 f_2，（$f_1 < f_2/8$，幅度 4：1）。二次调制失真由下式计算：

$$d_2 = \left(\frac{P(f_2 - f_1) + P(f_2 + f_1)}{P_{f2}} \right) \times 100\% \quad （\%计法）$$

$$L_{d2} = 20 \lg \left(\frac{d_2}{100} \right) \quad （dB计法）$$

（1-13）

三次调制失真由下式计算：

$$d_3 = \left(\frac{P(f_2 - 2f_1) + P(f_2 + 2f_1)}{P_{f2}} \right) \times 100\% \quad （\%计法）$$

$$L_{d3} = 20 \lg \left(\frac{d_3}{100} \right) \quad （dB计法）$$

（1-14）

标准中只规定了频率为 $f_2 \pm 2f_1$ 的调整成分，故不进行更高次调制失真的测试。

耳机的总谐波失真和 n 次谐波失真比扬声器小 5～10 倍，设计好的产品，在音乐频带里的失真不大于 1%。扬声器在谐振频率附近失真很大，耳机的谐振峰被铜阻所阻尼，失真会小得多，但在振幅增大时失真也会增大。耳机的 n 次互调失真在 5kHz 高频段比扬声器大，可能是振膜的本身原因和所压制的花纹引起的不规则振动造成的。

动圈式耳机的总谐波失真不大于 1%，虽然比扬声器小，但远大于放大器的失真。如果没标注是总谐波失真并且数值远小于此值，可判定是某一频段的总谐波失真或某次谐波失真。商品说明书上一般不给出调制失真。

（4）容许输入功率

是指耳机不会被损坏的输入电功率。大小与耳机所使用的换能器直径有关，头戴式耳机通常小于 100mW，平头耳塞小于 30 mW，入耳式耳塞小于 10 mW，这是大多数产品的情况。放置在仿真耳上测试时，允许输入功率增大一些。耳机的效率比扬声器低得多，通常小于 0.2%。绝大部分电能变成热量散发在音圈中，另一部分变成机械能消耗在振膜上。因而耳机不能长时间在容许输入功率下使用，更不能超过允许输入功率使用。在一些产品中标注容许输入功率大于 2W，多见于灵敏度很低的大型头戴式动圈式耳机或平面振膜电动式耳机。

（5）左右单元的特性差

主要是指立体声耳机左右两个单元的灵敏度差，在 50 ~ 10000Hz 里应不大于 2dB。超过这一界限立体声的声像与原声场相比能感觉到移动。产品说明书上很少标示这一指标。

耳机生产厂商进行产品测试时，要遵守国家和国际标准机构制定的相关规范，下面是规范中有关耳机性能指标的摘录。

国标 GB/T 13581-1992《高保真头戴耳机最低性能要求》中的摘录。

频率范围：50 ~ 12500Hz。

特性总谐波失真：在 250 ~ 8000Hz 频率内≤1%，声压级为 94dB（以 20μPa 为基准）时。

≤3%，声压级为 100dB（以 20μPa 为基准）时。

当个别（至多 3 个）失真峰超过相应的容差极限，而其宽度不大于 1/3 oct，可忽略不计。

双声道（如立体声）头戴式耳机的两个耳机的频率响应之差：双声道（如立体声）的两个耳机的频率响应曲线对应于每个倍频程（其中心频率为 250 ~ 8000Hz）带宽的平均声压级之差应不大于 2 dB。

国际电工委员会 IEC-10 文件中有关耳机性能的摘录。

频率范围不小于 50 ~ 12500Hz；

典型频率响应曲线的允许误差为±3dB；

频率响应曲线的斜率不超过 9dB/oct；

在 250 ~ 8000Hz 内，左右单元在同一倍频程内平均声压级之差不超过 2dB；

在 100 ~ 5000Hz 内，声压级为 94dB 时，谐波失真小于 1%，100dB 时不超过 3%。

7. 人耳在自然声场的听声特性

人类有两个耳朵，每个人的耳朵表面上看似相似，实际上在耳廓的形状和结构上存在细小的差异，这就造成了在自然声场中听声的个体差异。我们必须先了解人耳在自然声场中的听声特性，才能比较与佩戴耳机听声时有何区别。

（1）自然听声的双耳时间差

声波从声源到双耳传输的时间差 ITD 是对声源方向定位的一个重要因素，当声源位于中垂面时，它到双耳的距离相等，ITD 为零。但声源偏离中垂面时，到左、右耳的距离不同，存在着声波传输到双耳的时间差 ITD。以水平面为例，如图 1-25 所示，设头部近似为半径为 a 的球体，双耳近似为球面上距离为 $2a$ 的两点，对于 θ 方向入射的平面声波，当点声源的距离 $r > a$ 时（远场），考虑了头部弯曲表面的传输特性后，声源在前方右半平面的双耳时间差计算公式为：

$$IDT(\theta) = \frac{a}{c}\left(\sin(\theta + \theta)\right) \quad 0 \leqslant \theta \leqslant 2/\pi \qquad (1\text{-}15)$$

式中 a 是头的半径，c 是声速，θ 是声波的入射角。式（1-15）是声源在前方右半平面的时间差，由于头的对称性，不难得到其他入射角的公式。

设头的平均半径 $a = 875$mm（西方人），可画出时间差 ITD 与声源方位的关系曲线如图 1-26 所示。在前方 $\theta = 0°$，$ITD = 0$。随着入射角移向右侧，ITD 增加，在右侧 $\theta = 90°$ 时达到最大（662μs）。当入射角接近右后方时，ITD 减少，在正后方 $\theta = 180°$ 时，$ITD = 0$。根据头的对称性，很容易到左半平面的曲线。

在频率低于 1.5kHz 情况下，ITD 是方向定位的主要因素。在频率为 1.5kHz ~ 4kHz 时，ITD 随频率升高逐渐减小，不能作为方向定位的有效因素，定位精度变差。

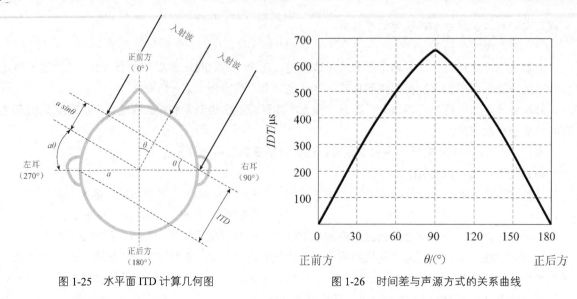

图 1-25　水平面 ITD 计算几何图　　　　图 1-26　时间差与声源方式的关系曲线

（2）自然听声的双耳声压差

双耳的声级差 ILD 是声源方向定位的另一个重要因素。当声源偏离中垂面时，由于头部对声波的阴影和散射作用，特别是高频，与声源异侧耳处的声压受到衰减，声源同侧耳的声压有一定提升，形成与声源方向和频率有关的双耳声级差：

$$ILD(r,\theta,\phi,f)=20\lg\left|\frac{P_R(r,\theta,\phi,f)}{P_L(r,\theta,\phi,f)}\right|(\mathrm{dB}) \tag{1-16}$$

式中 α 是头的半径，c 是声速，θ 是声波的入射角。

设 $k=2\pi f/c$，$2\alpha=175\mathrm{mm}$，$r>\alpha$（远场），$k\alpha=0.5$、1.0、2.0、4.0、8.0 对应的频率分别是 300Hz、600Hz、

1.2kHz、2.5kHz、5.0kHz。画出 $k\alpha$ 的 ILD 与水平面的平面波入射角度 θ 的关系，如图 1-27 所示。

在低频时 $k\alpha$ 很小，ILD 也很小，且随 θ 变化平缓。随着频率的增加，当 $k\alpha$ 大于 1 时 ILD 逐渐增加，表现出与方向以及频率的复杂关系。大约在 1.5kHz 以上，ILD 才开始作为一个有效的方向定位因数。但它不像 ITD 那样随单调变化，因此 ILD 并不是一个完全确定的定位因数。

随着频率的增加，最大的 ILD 并不是出现在异侧耳完全背对声源的方向，测试用的平面单频通过不同路径绕射异侧耳并干涉的结果。

在频率为 4kHz～5kHz 时，ILD 是方向定位的主要因数。正如前面所述，频率 1.5kHz～4kHz 频段里，ITD 定位能力变弱，而 ILD 则刚开始起作用，随 θ 的变化较平缓，因而是方向定位最差的频段。

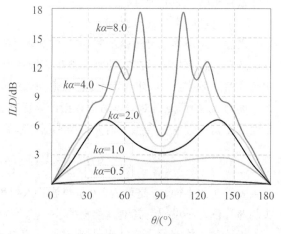

图 1-27　声级差与声波入射角度的关系曲线

（3）双耳定位的混乱锥

ITD 和 ILD 并不是与声源方向一一对应。在空间中存在着无数个点组成的集合，所有这些点到双耳的 ITD 是常数。由于球体空间的对称性，到球心距离相等的点产生的 ILD 也相等。这些点集组成一个空间锥体型表面，称混乱锥，如图 1-28 所示。混乱锥的极限情况是中垂面任意方向上声源到双耳的

距离相等，产生的 *ITD* 和 *ILD* 都为零，。同样对水平面上前后镜像方向的声源，所产生的 *ITD* 和 *ILD* 也相等，会把正后方声源误定位到正前方镜像位置；也会把正上方声源误定位到正下方镜像位置。在实际生活中，人们遇到不能辨别声源方向时，只要略微转动头，就能形成 *ITD* 和 *ILD* 而正确辨别声源方向，自然地避开混乱锥的困惑。

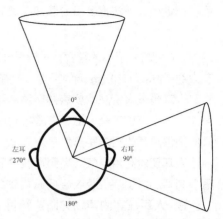

图 1-28　双耳定位的混乱锥

（4）自然听声的耳廓谱特征 SC

如图 1-29 所示，耳廓凹凸沟槽对声波起反射作用。声波除了直接进入耳道外，还经过耳廓反射进入耳道。耳廓里有耳轮、耳舟、耳甲艇、耳甲腔等二十几个部位，不同方向入射的声波被耳廓不同的部位散射和反射，反射声与直达声在耳门口叠加干涉，在频谱上形成声压谷和峰，谷和峰的频率和形状与入射方向有关，从而使经过耳廓谱特征处理过的信号到耳膜前已具有与源信号不同的频率、延时和声压差，故谱特征提供了一个声波定位因数。另一种观点认为声压的谷和峰是耳廓沟槽与耳道耦合的高频共振特性，耳廓部位的大小、深浅和形状不同形成了频率不同的共振点，如 3kHz、5kHz、9kHz、11kHz、13kHz 等。把这些共振点连接起来就是一个梳状滤波器，极点称耳廓峰，零点称耳廓谷。测试证明，耳廓谷对中垂面和侧垂面有定位作用。耳廓对高频声压—频率特性的影响称耳廓的谱特征。

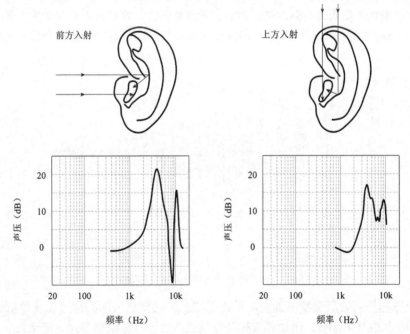

图 1-29　耳廓凹凸沟槽对声波起反射作用

耳廓垂直的平均尺度大约 65mm，波长可与此尺度比拟的频率约 3kHz，高于此频率的声波，耳廓对声波的反射开始起作用；对 5kHz ~ 6kHz 以上的频率，耳廓的谱特征作用明显增强。因而 SC 是高频定位的重要因数，而且可协助区别前后和上下镜像位置的声源。

（5）距离定位因数

人耳对声源距离的定位能力低于方位定位能力，只能作出大概的判断。统计测试表明，对远场声源（*r* 约大于 1.6m）的感知距离比实际距离近；对近场声源（*r* 约大于 1.6m）的感知距离比实际距离远。用最小二乘法拟合出的感知距离 r' 与实际物理距离 r 的关系式如下：

$$r' = kr^{\alpha} \qquad (1\text{-}17)$$

式中，k 是略大于 1 的常数，α 与受试者有关，平均值 $\alpha = 0.4$ 左右。相当于 10m 远的声源人耳感觉只有大约 2.5m，而 0.1m 远的声源人耳感觉却有约 0.4m。

人耳也依靠主观响度感知声源的距离远近。功率恒定的电声源产生的声压与距离成反比，即距离增加一倍，声压下降 6dB。声压与响度呈等响曲线关系，高的响度大致上对应近的距离，故主观响度只能提供声源的相对距离信息。

人耳还能利用空气对高频声波的吸收作用判断遥远的声源，如远处的雷声音调低沉，近处的雷声嘈杂刺耳。由于空气吸收起低通滤波器作用，用耳机听音能听到比扬声器更多的高频细节。

8. 人耳在室内声场的听声特性

现代人类的大部分活动是在室内进行的，聆听音乐更是如此。在室内声源发出的声音向四周传播，遇到墙壁和障碍物时能量会被吸收掉一部分，剩下的能量被反射出来继续传播，这些反射波再次遇到墙壁和障碍物时再次发生吸收和反射现象，能量逐渐衰减到零。

由于室内存在反射，在任一点听到的声音包括两部分：直达声和反射声，如图 1-30 所示。紧跟在直达声之后先到的反射声是早期反射声，有明确的方向和较大的时间间隔，幅度也较大。后到的连绵不绝是经过墙壁和室内物品的多次反射，从各个方向传输到聆听位置的声波，彼此的时间间隔很小，幅度也较小，它们叫混响声。由于人耳的听觉延迟效应，不能把直达声、早期反射声和混响声分开，所有这些声音的叠加才是人耳听到的最终声音。然而实际上，这些反射声是无穷尽的，在声学上一般认为直达声后 50ms（也有人认为 95ms）内的反射声属于早期反射声，之后的属于混响声。

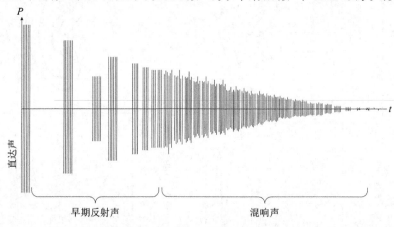

图 1-30 室内脉冲声源在某一点的测试状况

我们希望室内声源的所有频率都能激发出混响，这就要求房间的尺寸比音源最低频率的波长要大，故音乐厅、剧院、演播室、录影棚等这些专门放声的场所容积都很大。相比之下，家庭居室容积太小，只能使音源的一部分频率分量激发混响，发生干涉，引起驻波现象，导致一些频率幅度增强，另一些频率幅度减小，在听感上产生声染色。这就是家庭听声音质不如电影院和音乐厅的原因。

早期反射声能与混响声能之比称为明晰度。明晰度高，语言清晰度也高，如明晰度达到 50%，音节清晰度就可达 90% 以上。对于听音乐来说，明晰度高，不但能提高音乐的清晰度，还能提高丰满度。来自侧向的早期反射声和混响声，能使声源的空间距离展宽，增加空间感。较长的混响时间能产生包围感，有余音绕梁的感觉。另外，早期反射声特别能够反映室内声场中的源声音、耳朵及墙壁之间的距离关系，是主观判断听声空间大小的重要因数。

混响时间是指混响声能密度在声源停止发声后衰减到原来的百万分之一的所需的时间，相当于声压衰减 60dB。可以用赛宾（Sabine）、艾润（Eyring）、努特森（Knudsen）公式计算，其中努特森公式如下：

$$T_{60} \approx \frac{0.161V}{-S \cdot \ln(1-\alpha) + 4mV} \tag{1-18}$$

式中，V 是房间的容积（m^3），S 是房间表面的总面积（m^2），是墙壁及障碍物表面的平均吸音系数（无量纲），m 是空气对声波的衰减率（1/m）。从物理意义上看，混响时间与房间的容积成正比，而与总吸音量成反比。

在音乐节目制作中，会利用机械混响器或电子混响器产生混响，补偿录音时录音棚容积不够引起的混响不足。也可以用 DSP 技术在音频后处理（重放）中产生合适的早期反射声和混响声。

9. 使用耳机的听声特性

耳机听声与耳朵直接在室外、室内听声和用扬声器重放听声完全不同，下面介绍耳机听声的特性。

（1）耳机听声的双耳时间差

在一些民航飞机上会给乘客提供一种气导耳机，很像医生用的听诊器，一端插在座椅扶手的扩声器上，另一端插在外耳门口，声波通过导气管传输到耳道，振动耳膜听到声音如图 1-31（a）所示。假设导气管的长度可调节，就用来测试耳机的时间差与声像的方位关系，如图 1-31（b）所示。当两个导声管的长度相等时感觉声像在头顶中后方。逐渐缩短左耳的导声管长度，感觉声像从中后方向左耳移动，当感觉声像完全移到左耳方向时的时间差是大约是 650μs，这与图 1-26 在自然声场中的测试基本一致。逐渐缩短右耳导声管长度测试结果是对称的。

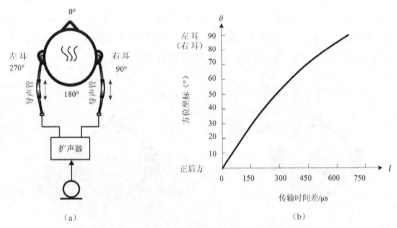

图 1-31　耳机听声的时间差与声像的方位关系

这个测试说明用耳机听声时，相当于左右两根导气管的长度相等或等于零，也就是说 *ITD* 等于零，不能利于时间差确定声像的方位，这和用扬声器听声不同。

（2）耳机听音的双耳声级差

用 1kHz 的纯音测试耳机听声的声级差与声像方位的关系曲线如图 1-32 所示，当左右两耳机信号的幅度和相位相同时，声像不在正前方，而在头顶中后方；逐渐改变当声级差时声像向幅度大的一侧偏移，当声级差在 10dB 以上时，声像就完全偏向双耳的一侧。这一特性与图 1-27 在自然声场中的测试的复杂曲线情况不完全相同。

这个测试说明耳机听声时，仍然可用 *ILD* 确定声像的方位，但声像宽度在两耳之间。

（3）耳机听声的特性总结

综合上述，耳机听声和自然环境以及室内听声的情况完全不同。耳机听声的音质没有室外和室内的区别，也没有远场声和近场声之分，全部是近在耳边的超近场声。在这种情况下双耳效应已不起作用，只能依赖双声道节目在录音时存在的 *ILD* 感知方位。不过左右两个声源相距只有双耳的距离，声场宽度被压缩到大约 170mm。另一方面，耳廓的谱特征也发生了变化。在能罩住耳朵的头戴式耳机中，耳廓的形状没有被改变，但声波只来自水平方向，耳廓谷峰的频率发生了变化，高频定位产生混乱。耳贴式和耳塞式则完全没有谱特征信息，高频定位能力完全丧失。

扬声器室内听声时，墙壁、顶棚等产生的早期反射声、混响修饰了音色，耳机放声则完全得不到修饰。另一种观点则认为这正好是耳机重放的优势，它完整保留了录音时的声场信息，没有交叉串扰，属于高保真重放。无论是哪种观点，都不否认耳机放声与扬声器放声存在着明显差异。

目前发行的商品音乐节目绝大多数是双声道立体声录音。由于上述原因，用耳机听声时完全不能感知声像的正确方位和距离，声场宽度龟缩到头后部，这就是耳机放声的头中效应，如图 1-33 左图所示。为了改变这种情况，人们发明了适合耳机重放的人工头录音节目，使重放声场可扩展到双耳后部，但仍扩展不到前部，如图 1-33 右图所示。由于人工头录音的节目稀少，重放双声道立体声录音节目时可借助 DSP 技术，实时进行虚拟声像处理，获得比人工头效果更宽的声场。但无论采用什么处理方法，声像仍然在双耳的后部，即头后效应，这是耳机放声的最大缺陷。

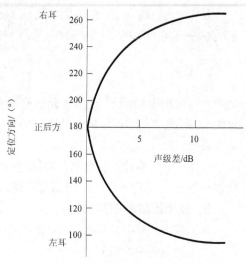

图 1-32　耳机听声的声级差与声像方位的关系

耳机重放双声道立体声
节目声像的头中效应

耳机重放人工头和虚拟
环绕声节目声像的头后效应

图 1-33　耳机重放的头中和头后效应

10. 头相关传函和虚拟声像

头相关传输函数 HRTF 是频域里的一种音频定位算法，它利用双耳效应的时间差 ITD 和声级差 ILD，耳廓的谱特征 SC 等人体生理结构对声波的综合滤波原理，把从空间任意一点声源传输到人耳（耳膜前）的信号用一个滤波器组来描述，音源经由滤波器组后得到的就是两耳的声音信号。HRTF 定义为自由场中声源到双耳的传输函数为：

$$H_L = H_L\left(r, \theta, \phi, f, \alpha\right) = \frac{P_L\left(r, \theta, \phi, f, \alpha\right)}{P_0\left(r, f\right)}$$

$$H_R = H_R\left(r, \theta, \phi, f, \alpha\right) = \frac{P_R\left(r, \theta, \phi, f, \alpha\right)}{P_0\left(r, f\right)}$$

（1-19）

式中，P_L、P_R 是声源在左、右耳产生的复数声压；r、θ、$\phi=0$ 分别是声源到头中心的距离、水平方位角和俯仰角；P_0 是头移开后点声源在原头中点处的频域复声压为：

$$P_0(r,f) = j\frac{k\rho_0 cQ_0(r,\theta,\phi,f,\alpha)}{4\pi\tau}\exp(-jk\tau) \tag{1-20}$$

式中，ρ_0 是空气密度；c 是声速；Q_0 是点声源的强度；$k=2\pi f/c$；f 是声波频率；α 参数表示个体差异性。

在自由场中，每一个点声源的空间位置对应一对 HRTF，如图 1-34 所示。在用人工头测试的库函数中，它是声源到中心距离 r、声源的方位角 θ（0°~359°）、俯仰角 ϕ（−30°~+90°）和频率 f 的函数。如果选用的左右耳廓尺寸不同时，左右两边测试的函数就没有对称性。距离 $r>1.0$m 时称远场声源，可略去距离 r 的影响。在 $r<1.0$m 时称近场声源，r 会变成一个多参量，按距离组成一组参数。

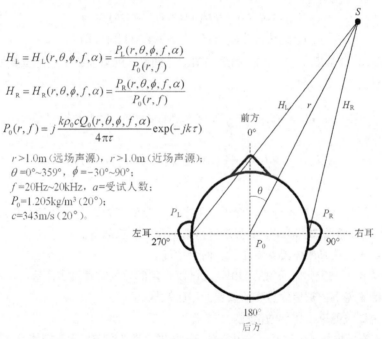

图 1-34　点声源的空间位置对应的 HRTF

在用真人测试的库函数中，它是声源到 r、θ、ϕ、f 和 α 的函数。其中 α 是多参量，有 n 个受试者，就有 $4\times n$ 个 α，同样也有远场和近场之分。

由于多参量函数比较复杂，针对不同的情况会进行简化。如在只讨论平面波时可略去参数 ϕ，不涉及个性化时可略去 α。

HRTF 是在频域里定义的，在时域里的等价表达是头相关脉冲响应 HRIR，它表示声源的位 r、θ、ϕ 及时间 t 的函数，同时与生理参数 α 有关：

$$h_L = h_L(r,\theta,\phi,t,\alpha) = \frac{p_L(r,\theta,\phi,t,\alpha)}{p_0(r,t)}$$
$$h_R = h_R(r,\theta,\phi,t,\alpha) = \frac{p_R(r,\theta,\phi,t,\alpha)}{p_0(r,t)} \tag{1-21}$$

HRTF 与 HRIR 之间的关系互为傅里叶变换对，如下式：

$$h_{L}\left(r,\theta,\phi,t,\alpha\right) = \int_{-\infty}^{+\infty} H_{L}\left(r,\theta,\phi,f,\alpha\right)e^{j2\pi ft}df$$

$$h_{R}\left(r,\theta,\phi,t,\alpha\right) = \int_{-\infty}^{+\infty} H_{R}\left(r,\theta,\phi,f,\alpha\right)e^{j2\pi ft}df$$

$$H_{L}\left(r,\theta,\phi,f,\alpha\right) = \int_{-\infty}^{+\infty} h_{L}\left(r,\theta,\phi,t,\alpha\right)e^{-j2\pi ft}dt$$ （1-22）

$$H_{R}\left(r,\theta,\phi,f,\alpha\right) = \int_{-\infty}^{+\infty} h_{R}\left(r,\theta,\phi,t,\alpha\right)e^{-j2\pi ft}dt$$

按式（1-19）及式（1-22），如果 HRTF 已确定，就可以确定空间位置为 r、θ、ϕ 的点声源所产生的双耳声压：

$$P_{L}\left(r,\theta,\phi,f,\alpha\right) = H_{L}\left(r,\theta,\phi,f,\alpha\right)P_{0}\left(r,f\right)$$

$$P_{R}\left(r,\theta,\phi,f,\alpha\right) = H_{R}\left(r,\theta,\phi,f,\alpha\right)P_{0}\left(r,f\right)$$ （1-23）

同理，按式（1-21）及式（1-22），如果 HRIR 已确定，就可以确定空间位置为的 r、θ、ϕ 点声源所产生的双耳声压：

$$P_{L}\left(r,\theta,\phi,t,\alpha\right) = \int_{-\infty}^{+\infty} h_{L}\left(r,\theta,\phi,\tau,\alpha\right)p_{0}\left(r,t-\tau\right)d\tau$$

$$P_{R}\left(r,\theta,\phi,t,\alpha\right) = \int_{-\infty}^{+\infty} h_{R}\left(r,\theta,\phi,\tau,\alpha\right)p_{0}\left(r,t-\tau\right)d\tau$$ （1-24）

利用电路分析方法，把传输系统当作一个黑盒子。我们不需要关注声音是如何传递到双耳的，只需关心音源和双耳信号的差异就行了。为了应用方便，需要事先建立一个 HRTF 数据库，通常用实际测量法和理论计算法两种方法获得。测量法获得数据库的步骤如下。

1）在真人或人工头耳膜位置安装左、右两个话筒。

2）方位角从 0°～359°，俯仰角从 –30°～+90° 以一定间隔的位置发出声音。

3）分析从话筒得到的被传输过程所改变的声压数据。

4）设计一个滤波器来模仿传输特性。

5）当使用者需要模仿某个位置所发出的声音的时候，就在音源后面直接使用这个滤波器模仿即可。

显然，HRTF 数据库的测量是非常复杂、耗力、耗时、耗财的大工程，世界上只有少数几个国家的科研机构做过这种测试，数据库多数不公开。

相比实际测试，理论计算要简单一些。常用算法有 3 种：刚性球模型、雪人模型和 3D 模型。前两种方法是用简单的几何形状，略去耳廓的作用，用波动方程求精确的数学解。后一种是用接近真实的人头模型，用波动方程求近似的数值解。

刚性球模型计算法略去耳廓和躯干的影响，将头部简化成半径为 α 的刚性球体，按球体对平面波的散射公式，计算球面上双耳位置产生的声压。这种方法得到的数据库在 3kHz 以下与测量法能较好吻合，3kHz 以上误差较大。

雪人模型计算法把头部和躯干分别简化成两个不同半径的球体，采用多极散射公式计算双耳声压。由于模型中考虑了躯干的反射和阴影的影响，4.5kHz 以下的数据与测量法相近，5kHz 以上误差较大。

3D 模型计算法无法用波动方程精确求解，只能用数值计算法近似求解。方法是先用 CT 和核磁共振把真人头或人工头的外形转换成计算机表面图像，用分形几何学中的等边三角形填充法把图像表面划分成 M 个边界元，边界元的大小决定了分形频率的上限。把波动方程转换成边界积分，每一个点声

源位置用 M 个线性方程求解不同频率的双耳声压。它在音频全频率范围与测量法吻合得较好。但计算量巨大，计算一个点声源位置需至强 4G 时钟的 PC 计算机运行 40 个小时。

目前公开的少数几个 HRTF 数据库是测量得到的远场库，用 FIR 滤波器系数方式给出。近场库的工程量更大，未见有数据库公开。有了 HRTF 数据库，使用就非常方便和简单了，只要为每个需要存在声源的位置设置一个 HRTF 就可以了。对于耳机听声，由于声场宽度有限，并不需要成千上万个 HRTF。只有在以头中心为原点，在 0°～180°的半球形表面上分布十几个到几十个 HRTF 函数就足够了，而另一半是对称的，只改变方位角就行了。

用 HRTF 处理双声道立体声信号，能改善耳机重放的头中效应。基本原理如图 1-35 所示。利用双声道立体声重放的最佳位置摆放法，把左、右声源摆放在等边三角形的两个顶角位置，聆听者处于另一个顶角位置。把左、右两个扬声器分别向通过聆听者头中原点的法线倾斜 330°和 30°，虚拟这两个空间位置的两个远场点声源，模拟扬声器听声时的三维声场。设这两个点声源到双耳的 HRTF 分别为 H_{LL}、H_{LR}、H_{RL}、H_{RR}，左、右两个点声源信号分别为 L 和 R，那么在双耳上产生的声压为：

$$P_L = H_{LL}L + H_{LR}R$$
$$P_R = H_{RL}L + H_{RR}R$$

（1-25）

根据上述扬声器重放的原理，在耳机重放双声道立体声信号时，先把 L、R 信号按下式处理后再馈给耳机：

$$\begin{bmatrix} E_L \\ E_R \end{bmatrix} = \begin{bmatrix} H_{LL} & H_{LR} \\ H_{RL} & H_{RR} \end{bmatrix} \begin{bmatrix} L \\ R \end{bmatrix}$$

（1-26）

那么重放的双耳声压将类比扬声器重放的情况，左、右两个远场点声源传输到双耳过程中，双耳的交叉串音、头部的散射和耳廓的谱特征等这些空间信息得到正确重现，弥补了耳机直接重放的头中效应现象。

实际情况并不像理论分析那样完美，听音评价证明虽然双声道立体声信号虚拟耳机重放的效果能媲美人工头录音重放，但仍不能彻底消除头中效应，感觉到左、右两个声像从扬声器位置移到头皮外双耳附近，而且声场从双耳前部龟缩到后部，如图 1-33 右图所示。也有人在此基础上用人工延迟增加早期反射声和后期混响声，效果略有所改善，但头后效应现象依然存在。不管怎么讲，双声道立体声信号的虚拟耳机重放是在不改变节目源的条件下，利用数字信号处理技术实时运算得到的，付出的成本很低。现在市场上人工头录音节目稀少，虚拟耳机重放能弥补这一不足。

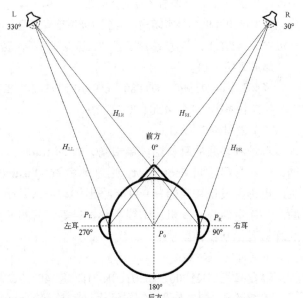

图 1-35　双声道声源到双耳的传输的基本原理

1.1.3　耳机的品牌和产地

耳机是通信和视听产品的配件，产量基本与手机产量成比例，如 2014 年、2015 年世界手机产量分

别是 16.3 亿只和 16.9 亿只，耳机产量分别是 17.57 亿只和 21.93 亿只。普通耳机的平均售价是 2 美元，Hi-Fi 耳机的平均售价是 300 美元，产量只占耳机总产量的约 0.1%。世界上几乎所有生产 Hi-Fi 耳机的厂商也都生产普通耳机，用以争夺市场份额和树立品牌形象，而且这些耳机多数是委托中国代工的。

本节主要介绍 Hi-Fi 耳机的品牌概况，所罗列的品牌并不全面，主要来自公共媒体和厂商的产品手册。品牌在市场上是随着时间变化的，故本节的内容仅供参考。

1. 欧洲的品牌

（1）森海塞尔（Sennheiser）

由 Prof. Dr. Fritz Sennheiser（1912 ~ 2010）博士于 1945 年在德国创建，研究中心在德国汉诺威，初期主要生产话筒，1952 年推出的 MD21 动圈式话筒品质超群，抗风噪能力强，至今仍广泛应用。1968 年开发了世界上首个开放式耳机 HD414，以其佩戴舒适，音质自然，价格合理，到 1988 年停产，20 年累计销售几百万只，被录音师尊为监听耳机典范。现在，该公司产品涉及无线传声、红外传声、听诊耳机、航空通话耳机、呼叫耳机和高保真头戴耳机。

旗舰静电式耳机：ORPHEUS，由开放式 HE90 和电子管放大器 HEV90 组成，是世界上最昂贵的耳机，售价相当于一辆中高端轿车。

旗舰耳机：HD800。

经典耳机：HD650、HD600、HD580。

（2）拜雅（拜亚动力，Beyerdynamic）

由 Eugen Beyer 于 1942 年创立于德国柏林，成立初期生产电影院用的扬声器，1937 年开发出第一只动圈式耳机 DT48，至今仍在生产销售，是世界上持续生产历史最长的耳机。1939 年推出专业动圈式话筒 M19，广泛用于广播电台和电视台进行户外采访和录音。从此话筒和耳机奠定了拜亚动力在专业音频界的地位，在 20 世纪几乎垄断了专业话筒市场。1976 年研发了静电式耳机 ET1000，后来停产。20 世纪 80 年代之前生产的耳机都是密闭式，直到 1980 年森海塞尔申请的开放式耳机的专利失效后，才推出了著名的开放式耳机 DT880，音质超过了当时的静电式耳机。密闭式专业耳机和话筒是电声界公认的优质产品。

旗舰耳机：T1。

经典耳机：DT990、DT880、DT770、DT650、DT660、DT440。

特斯拉系列：T5、T50、T70、T90。

（3）爱科技（AKG）

奥地利著名的耳机话筒制造商，由 Dr.Rudolf Goerike 和 Ing.Ernst Pless 于 1947 年成立于维也纳，公司最早名叫 Photophot，后来改名为 Akustische U Kino-Gerate，缩写就是 AKG。成立初期生产电影院设备和音箱，1949 年推出了动圈式耳机 K120Dyn，从此步入专业耳机领域。今天 AKG 的产品包括话筒、耳机、无线音频设备等，耳机和话筒在专业音频领域具有很高的声誉，其中专业耳机有 100 多种型号。

旗舰耳机：K812。

经典耳机：K1000、K501、K701、K240、K270、K3003 入耳式动圈动铁混合 3 单元耳塞。

遗憾的是 2017 年 AKG 在维也纳的总部被母公司哈曼关停，部分技术人员另立门户创立新公司，AKG 这一品牌是否继续存在尚不可知。

（4）飞利浦（Philips）

飞利浦是全球知名的大型综合性跨国公司，1891 年成立于荷兰，在全球 28 个国家有生产基地，员工有 12.8 万人，主要生产照明、家电和医疗产品。在历史上飞利浦曾经是音视频电子产品的领路先锋，1980 年和索尼共同制定 CD 标准。飞利浦的高保真耳机在欧系耳机中性价比较高，在市场占有一席之地。

旗舰耳机：Fidelio X2。

经典耳机：Fidelio 系列，头戴开放式 X12，头戴封闭式 M1，头戴半开放式 L1、L2，入耳式 S1、S2。

早期经典耳机：SBC HP800、SBC HP890、SBC HP910。

2．北美洲的品牌

（1）歌德（Grado）

歌德是一家小型家族式发烧耳机生产厂，1960 年创建，总部在美国纽约第七大道。开始主要生产唱头，黑胶唱片退出历史舞台后专注于耳机生产。它与欧洲品牌不同，声音不是追求原汁原味的保真度，而是把低频和高频进行夸张式提升，使低音强劲有力，中音节奏清晰，高音有金属光泽。适合播放通俗音乐和流行音乐，在年轻人当中非常受欢迎。

旗舰产品：GS1000。

经典产品：RS1、RS60、RS80、SR125、RS225 以及后缀带 i 的升级产品。

（2）高斯（Koss）

成立于 1953 年，是美国规模最大的耳机供应商，从成立到现在始终专注于耳机制造，产品覆盖专业和民用高、中、低端各种耳机，销量在美国占第一位。除了少数高端耳机 KOSS 自己制造外，绝大多数型号由中国和韩国代工。

静电式耳机：ESP950。

经典耳机：PORTA PRO、SPORTA PRO、A250、PRO4、KSC35、KSC50、KEB 系列入耳式耳塞。

（3）舒尔（Shure）

由 Sidney.N.Shure 先生于 1925 年在美国伊利诺伊州创立，开始做收音机元器件批发业务，美国 20 世纪 30 年代经济大萧条后转向电容话筒研制和生产，形成后来音乐录音用 PA 系列和演出用 BG 两大话筒产品系列。舒尔话筒声音生动有力，经得起摔打，第二次世界大战中一直为美国海军和空军供货。有一款外形古朴的 55SH 话筒被指定为首脑讲堂专用品。除话筒外，舒尔的产品还有混音器、监听器、无线数字系统和耳机。目前是全球动铁式耳机的最大供应商，有 E 和 SE 系列动铁式耳机和 SRH 系列动圈式耳机。

经典动铁式耳机：SE846、SE535、SE425、SE315、SE215。

经典动圈式耳机：SRH1840、SRH1540、SRH840、SRH750D、SRH440、SRH240。

（4）楼氏（Knowles）

使用耳机的人很少有人知道这个品牌，但耳机、手机、PDA、助听器和数码相机制造商对这个品牌是如雷贯耳，因为他们使用的核心电声器件来自这家公司。楼氏成立于 1946 年，总部位于美国伊利诺伊州的艾塔斯卡（Itasca），专门研究和提供超微型电声、声电转换器和语音识别产品。动铁式耳机兴起后，几乎所有的耳机生产厂都离不开楼氏的动铁式换能器。动铁式换能器也是助听器的核心部件，在楼氏的产品目录上，各种动铁式换能器的型号有几百种。它也是全球最大的硅麦供应商，这种微型贴片话筒，是用 CMOS 工艺和 MEMS 技术制造的，体积很小，不怕高温，可直接贴片进行回流焊，广泛应用在手机和平板电脑中，彻底取代了驻极体话筒。它的微型舌簧扬声器体积和效率也是独一无二的，广泛应用在智能手表和可穿戴式电子产品中。它也为耳机制造商提供世界上尺寸最小的微型动圈式换能器，用于入耳式动圈耳塞和圈铁混合耳塞。

3．亚洲的品牌

（1）铁三角（Audio-technica）

铁三角是日本的一家电子产品公司，由松下秀雄于 1962 年在东京新宿区创立，开始生产 AT1、AT2

立体声动磁式唱头，之后的 20 多年中唱头一直是公司的主要产品，直到 1980 年 CD 出现，才开始逐渐退出市场，开始多种经营。如今是话筒、耳机、无线音频、音响设备和家用电器设备方面主要 OEM 供应商。耳机是公司的知名产品，自 1976 年推出第一款动圈式耳机 AT-714 以来，经常采用饥饿式销售法推销高端耳机，故在中国被作为耳机厂商为人所知。铁三角耳机型号繁多，新产品出得快，消失得也快。

经典产品：头戴式耳机 W3000ANV、HA5000ANV、CKW1000ANV、PRO700MK2ANV 等。

（2）STAX

STAX 是日本的一个小型家族式静电耳机生产厂，由林尚武先生于 1938 年在东京创立。1960 年试制成功静电式耳机系统，由 SR-1 静电式耳机和 SRD-1 驱动放大器组成。之后，林尚武先生醉心于立体声高保真重放系统的研究，终于在 70 年代末形成了唱头、唱臂、功放、静电式音箱和静电式耳机四大产品线。90 年代创始人过世，公司营运陷入危机。1996 年目黑阳造先生重组 STAX，只专注于静电式耳机生产。2011 年 12 月 7 日，被漫步者以 1.2 亿日元全资收购，收购后继续进行静电式耳机的开发和生产。STAX 也是当今世界上静电式耳机唯一的产品供应商。

静电旗舰耳机：SR-009。

经典产品：SRS-4170、SRS-3170、SRS-2170、SRS-005S。

（3）索尼（Sony）

索尼是一家全球知名大型综合性跨国企业，是世界视听、电子游戏、通讯产品和信息技术等领域的先导者、是世界最早便携式数码产品的开创者、是世界最大的电子产品制造商之一。在索尼的产品单上耳机的型号有几百种，消费电子历史的各个阶段，都能找到音质优良的索尼耳机。

旗舰耳机：MDR-R10。

经典耳机：头戴式耳机：MDR-CD3000、QUALIA 010；平头式耳塞：E888；入耳式耳塞：EX700。

（4）健伍（Kenwoo）

健伍是一个有 75 年历史的音响品牌，从早期的"三重奏"商标可看出是从 3 人家族企业起步的。健伍商标是 1961 年开拓国外市场才注册的，直到 1986 年健伍才成了公司所有产品的统一品牌。音频功率放大器和汽车导航系统是健伍的主要产品，耳机只不过是公司的附属产品。但健伍创始人目光敏锐、积极创新、追求质量。耳机虽不是主导产品，但每一款都做得尽善尽美，音色与铁三角和索尼耳机又不相同。

旗舰耳机：KH-K1000。

经典耳机：KPM-610、KH52、KZ3000；入耳式耳塞：KH-CRZ700/500；手机耳机：KH-C311。

（5）天龙（Denon）

天龙是日本天龙马兰士集团有限公司在中国的注册商标。天龙是一家经营电器超过百年的公司，在 30 年前高保真耳机曾做得有声有色，20 世纪末一度淡出了耳机市场，到 2007 年重新回归。

旗舰耳机：D7000。

经典耳机：头戴式耳机：D750、D950、D2000、D5000；入耳式耳塞：C751。

现在的天龙耳机主要由 2003 年 8 月注册成立于上海市外高桥保税区的电音数码音响贸易（上海）有限公司生产，产品偏重美学设计。例如，2012 年推出的 LifeStyle 系列耳机针对四类人群分为：都市风潮（Urban Raver）、音乐达人（Music Maniac）、运动风尚（Exercise Freak）和环球巡航（Globe Cruiser）四个系列，走的是低、中档路线，在年轻人当中非常受欢迎。

（6）中国的耳机状况

中国是耳机生产大国，全世界 60% 以上的耳机是在中国生产的，几乎所有世界知名品牌在中国都有 OEM 厂商。而中国的中山奥凯华科、东莞虎门富士高工厂、日本 Foster 在番禺的工厂是我国最大的三个耳机 OEM 代工基地。改革开放后，前 10 年在华南顺德到湛江沿海形成了规模很大的耳麦生产基地，最多时有上千家企业，经过 30 多年优胜劣汰，现在仍有 100 多家，地域范围辐射到中山、广州、东莞、深圳以及江苏昆山，形成了一批有影响力的企业，如硕美科（SOMIC）、达音科技（Topsound）、佳禾（Cosonic）、奥凯华科（OVC）、欧凡（OVANN）、漫步者（Edifier）、赛尔贝尔（Syllable）等。

台湾省的舒伯乐（Superlux）也是亚洲知名的耳机品牌，公司 1987 年成立于台北，曾经给拜雅和爱科技做过耳机代工，自主品牌中 HD681 很受欢迎。1992 年被广菀公司收购，先后在深圳、上海青浦和江苏连云港建厂生产耳麦、音箱等产品。

我国耳机行业存在问题是科研资金投入不够，基础研究力量薄弱，关键材料不能自给，品牌知名度低，缺少能与国际名牌匹敌的产品。

1.2 认识耳机放大器

1.2.1 耳机放大器的特性

1. 耳机放大器的概念

当今的耳机放大器不一定是一个独立的设备，在便携式电子设备中，只要面板上有耳机插孔，内部一定有耳机放大器。现在音频信源已全部数字化，为了缩小体积和降低成本，通常把耳机放大器集成在 DAC 中或音频 CODEC 芯片中。从第 1.1 节中可知，动圈式耳机的平均灵敏度是 95dB/mW 左右，只要馈给 1mW 的电功率，就能获得的 95dB 声压，这一声压产生的响度能达到震耳程度。这么小的输出功率用一只晶体管放大器就能实现，但芯片中的耳机放大器并不是设计得这么简单，还要考虑诸多因素，如稳定性、音质、功耗、短路保护等。通常是采用成熟的运算放大器（简称 OP 或运放）电路结构，即差分跨导级+密勒补偿跨阻级+OTL（或 OCL）电流输出级。这种电路结构具有接近理想放大器的特性，即输入阻抗接近无穷大，输出阻抗接近于零，开环增益近似无穷大。闭环后有稳定的增益，极小的失调电压，优良的共模抑制比（CMRR）和电源抑制比（PSRR）。在 1.2 ~ 5V 电压下能正常工作，推动 32Ω 的负载能输出 10 ~ 60mW 的电功率，THD+N 指标低于 0.01%，驱动任何低阻耳机都能稳定地工作，并具有良好的音质。这类耳机放大器的技术指标已超过 80 年代的 Hi-Fi 设备，能满足 90% 的人群的聆听需求。

另一类集成耳机放大器是以独立的芯片形式存在，比集成在 DAC 和 CODEC 中的耳机放大器具有更大的输出功率，更加齐全的功能和更好的性能指标。为了延长电池使用时间，电路上采用了 G 类、H 类、I 类、D 类和 PDM 等高效率放大电路。为了在一节镍氢电池（1.2V）和一个锂电池（3.6V）下也能获得较大的输出功率，集成有高频 DC-DC 变换电路。为了消除 Pop 声还集成了虚拟地或电荷泵负电源，用单电源供电也能与耳机直接耦合。这类独立的集成耳机放大器的指标高于集成在 DAC 和 CODEC 中的耳机放大器，使用比较灵活，生产量很大，每年有 10 亿只，型号有 80 多种。电路结构、生产工艺和封装形式更新很快，老产品不断退出市场，新产品不停登场，市场节奏随着手机快速变化。

人类具有追求尽善尽美的心理特性，在上述集成耳机放大器仍不能满足一部分发烧友的要求时，独立的发烧耳机放大器就出现了。商品发烧耳机放大器的特点可以用"电路力求标新立异，用料不惜堆金砌玉"来概括。具体表现如下。

1）齐全的接口。模拟输入接口有线路单端输入和线路平衡输入，模拟输出接口有低阻、高阻耳机驱动输出和平衡耳机驱动输出。数字有线输入接口有 SPDIF、TosLink 和 USB，数字空中接口有

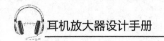

Bluetooth、Wi-Fi。

2）由于有数字接口，内部必须自带解码器。解码器的品牌和用法在很大程度上决定了耳机放大器的身价，为了减少误码率，解码器采用多片并联和双声道独立芯片解码结构，解码器用平衡电流输出，在芯片外部进行低噪声 I/V 变换，用高阶有源滤波电路消除过采样噪声。

3）为了获得高于 90dB 的动态范围和信噪比，耳机放大器用 ±15 ～ ±24V 供电。在这种电压下，驱动 600Ω 耳机能获得不小于 200mW 的输出功率。

4）为了获得比驱动扬声器更小的噪声和更低的失真度，放大电路多采用平衡差分结构，用误差校正技术提升线性和失调指标，并使用了一些发烧 OP 和电容。

5）为了兼顾交流电源和电池供电，内部需要设计高效率 DC-DC 电源，高频开关变换技术虽然效率高，但减小纹波和 EMI 属于高难度技术，工艺上各部分信号处理电路单元和电源单元要进行电磁屏蔽，生产成本很高。为了绕过这些困难，有些厂商的耳机放大器采用电池直接供电，并把它宣传成是提高音质的利器。实际上电池直接供电会给日后使用和维护带来麻烦，要经常检查电池的放电状态和零点平衡情况，定期给电池充电。

6）有些商品耳机放大器号称聘请著名校音大师进行了人工调声。由于音频界盛行主观主义思潮，这样做能迎合这部分人群的心理需求。不过人工调声一直广受争议，被客观主义者认为是吟风弄月。

商品独立式耳机放大器多数是耳机厂商自己设计生产的，针对驱动自家的耳机进行量身定制。当然也能驱动其他厂家的耳机，只是音色不同而已。如拜亚动力 A2、歌德 RA1、铁三角 AT-HA250 等。独立耳机放大器的最大缺点是体积较大，只能放在桌面上使用；另一个缺点是本身不带信源，要和 CD、PC 配合应用。为了克服这些缺点，香烟盒式音乐播放器出现了，在中国这类产品最多，形状像小砖块，俗称国砖，更好听一点的名称叫无损音乐播放器或 Hi-Fi 播放器。这些音乐播放器的音源是存储在 FLASH 中的音频数据，经 DAC 解码后由耳机放大器驱动耳机放音。有些产品带有无线接口，能接收 Wi-Fi 或蓝牙信号。受体积限制，要把音源、解码、耳机放大器、显示、控制和电源管理等诸多功能布局在一个名片大小的 PCB 上，不可能采用台式独立放大器中那么复杂的耳机驱动电路，不要指望它的音质能超过台式耳机放大器，而且售价非常昂贵。另一类独立耳机放大器是电子爱好者 DIY 的电路，如 SOLO、Lehmann、47、ZEN、JLH 等，在互联网上能搜索到更多。这些耳机放大器的特点是电路简单，特色突出，是初学者步入电子殿堂进行学习和实践的好教材。

在音源数字化的今天，独立式耳机放大器的应用面是很窄的，推崇耳机放大器的人们认为：虽然一些 CD、DVD、组合音响、合并式功率放大器、计算机声卡、PDA 和手机上有线路输出或耳机输出插口，但这些设备的设计重点不是驱动耳机，内置耳机放大器电路比较简单，外接一个品质较高的独立式耳机放大器能提升音质。如果设备上没有线路输出口，也可以把耳机插口当作线路输出使用。理由是外接耳机放大器的输入阻抗很高，一般在几十到几百千欧，对内置耳机放大器的负载效应很小，失真度比驱动低阻耳机要小一个数量级，可以当作线路输出口使用。

个人认为独立式发烧耳机放大器是一个麻烦和难用的设备，使用时要连接音源、电源和耳机，某个环节稍不小心就会影响音质。我的同事购买了一个 USB 声卡和一台几千元的耳机放大器，用 PC 机做音源时在小音量时总是有噪声。尝试把耳机放大器的输入端接地，噪声就会消失，由此判断噪声是由 USB 声卡到耳机放大器的信号线引起的。拆开一看，这根连接线只有 L、R、G 三根线绞合而成，没有屏蔽层，用合格的连接线替换后噪声立即消失了。

今后随着集成电路技术的飞速发展，便携式设备中内置式耳机放大器的品质会日益提高，独立式耳机放大器存在的价值会越来越小。使用它来提升音质，主观感觉远大于客观测试。但从学习、实践、兴趣和商业的角度来看，独立式耳机放大器还会继续存在下去。

2．耳机放大器的特点

（1）输出功率很小

耳机放大器属于微功率放大器。便携式电子设备中的集成耳机放大器为了延长电池使用时间，一般用 1.8V 供电，输出最大功率 12mW，正常使用输出 1mW 就足够了。音乐手机和音乐播放器，一般 ±3V 供电，虽然电路有能力达到 100mW 的最大输出功率，但为了节约电池和保护耳机，最大输出功率限制在 60mW 以内。台式播放器和独立解码器中，一般采用交流电源，没有节电问题，内置耳机放大器用 ±15 ～ ±24V 供电，同样的原因，最大输出功率限制在 200mW 以内。有些独立的耳机放大器为了驱动效率低的平面电动式耳机，输出功率大于 2W。使用时就要小心了，如果用这么大的功率驱动动圈式耳机就要冒烧毁耳机的危险。

（2）技术指标很高

耳机的技术指标比音箱高一个量级，为了达到与音箱听声的相同音质，要求放大器的指标至少也提高相同的倍数。另外，音箱听声时人与扬声器的距离较远，至少在 1m 以上，空气对高频声波的衰减比低频大，丝丝的高频噪声在基本上听不见。耳机听声时声源与耳膜的距离很近，空气的滤波作用被旁路，底噪和 Pop 声格外明显。用音箱听声，人的心理上关注的是音乐的气魄和临场感，用耳机听声关注的是细节。故耳机放大器要求更好的瞬态特性和更低的噪声指标。电源的质量对音质影响很大，设计和制作高效率开关式 DC-DC 电源是很复杂的事情，这就导致了一些耳机放大器用电瓶供电的原因。

（3）种类繁多，形态各异

耳机放大器有多种形式，有与 DAC 集成一起的片内耳机放大器，也有与声卡、CD、DVD 安装在一块 PCB 上的机内耳机放大器，还有自成一体的独立耳机放大器。有驱动入耳式耳机的微型耳机放大器，也有驱动头戴式耳机的香烟盒耳机放大器，还有驱动静电式耳机的大型耳机放大器。在便携式电子设备中，我们看不见它的踪影。只有以独立形式出现时，人们才能意识到它的存在。随着技术的进步，耳机放大器会逐渐 IC 化和隐形化，集成和综合到其他的模块中去，独立存在的空间和机会越来越少。

1.2.2　耳机放大器的电路结构

1．集成电路耳机放大器

现在的绝大多数耳机放大器是集成电路形式，可分为 3 类，第一类是与其他功能电路集成一体的低压 CMOS 耳机放大器，通常是三级运算放大器结构，AB 类偏置，1.2 ～ 3.3V 工作电压，主要用来驱动 16 ～ 64Ω 的低阻耳机，手机、PDA 中的耳机放大器就是这种形式。第二类是独立的 CMOS 专用耳机放大器，电路在第一类的基础上有所改进，例如，能在两个电源轨之间切换的 G 类放大器，带有负电压电荷泵的无耦合电容放大器，带有 I²S 接口数字放大器等。这类耳机放大器以独立芯片形式提供，成本比第一类高，能提供更灵活的设计方案，有更好的音质。第三类是音频 OP 设计的耳机放大器，音频 OP 具有低噪声和高转换速率特性，失调电压很低，能获得优良的性能，但成本较高。

2．分立元器件耳机放大器

为了追求更高的技术指标和更好的音质，在商品集成电路不能满足要求的情况下，可用分立元器件设计耳机放大器电路。例如，为了获得每微秒几百伏的转换速率，可采用晶体管电流反馈结构；为了获得百万分之一的失真度，可采用 4 级放大和嵌套式密勒补偿结构；为获得平直的 THD 曲线，可采用特殊零极点补偿方式；为获得纯 B 类零电流偏置而无交越失真，可采用前馈和负反馈混合控制技术等等。一些新的创意出现后，需要先用分立元器件电路形式设计一个原型机，经过时间考验以后，才考虑集成化。故分立元器件电路往往是实现崭新创意和独特性能唯一选择。分立元器件电路的缺点是元器件多、功耗大、成本高。

3. 数字耳机放大器

数字耳机放大器应该是从信源开始一直到耳机输入为止，其链路上的信号处理过程是用数字方式进行的。但现在市面上的数字耳机放大器不一定是数字放大器，通常人们把带有同轴、光纤或 USB 接口的耳机放大器称为数字耳机放大器，但它也有可能是带 DAC 接口的模拟放大器。而另一类自然脉冲宽度调制或自振荡 PWM 调制的 D 类耳机放大器，其本质是数字音频功率放大器，效率接近 90%，但却只能接受模拟信号，十几年前这种放大器就已应用在手机中。只有 ΔΣ 调制方式的放大器才是真正的数字放大器，其工作原理是脉冲密度调制（PDM），效率与 D 类放大器相同，EMI 性能优于 PWM 调制方式，音质可与 AB 类模拟放大器媲美。目前这种放大器已广泛应用在手机和平板电脑中，未来将会成为耳机放大器的主流。

4. 电子管耳机放大器

电子管是一个早已退出历史舞台的器件，由于人类的怀旧情结，仍然被一些人所喜爱。不过电子管耳机放大器既笨重又耗电，生产成本很高。20 世纪 80 年代就有人预言在 10 年里会逐渐消失，但现在 30 多年过去了，它依然以高级放大器的形象出现在市场上。

5. 无线耳机

无线耳机是把无线电接收机和耳机放大器安装在耳机中的一体化耳机放大器。从 2000 年起蓝牙耳机就开始应用在手机上传输语音信号，那时的蓝牙耳机体积较大，外形比较丑陋，戴在耳朵上像长了一只角。除了追求时髦的年轻人，大部分人并不喜欢。

随着集成电路技术的进步，用 50nm 以下工艺制造的低功耗蓝牙音频芯片可内置耳塞后盖中，用柱状或片状锂电池供电，可以续航 5 小时以上，在硬件上为蓝牙耳机微型化创造了条件。2007 年专门设计无线芯片的英国 CSR 公司把高效的 Aptx 音频码率压缩技术引入蓝牙传输系统，在听感接近 CD 水平的前提下，效率比 SBC 和 AAC 高，从而使高保真音乐在 1MHz 的蓝牙信道上能够无损传输。2014 年高通收购 CSR 公司后，Aptx 编码技术在安卓手机上获得应用。现在市面上至少有几十款外形小巧的蓝牙耳机，图 1-36 所示是华为公司的 FreeBuds2 Pro 蓝牙耳机图片，体积和外形都和有线耳机差不多，佩戴也比较舒适，一扫早期的丑陋感觉。现在 IC 工艺已进入 3nm 制程，更高效的音频编码格式不断出现。随着各种条件的逐步成熟，未来的耳机市场肯定是无线耳机的。

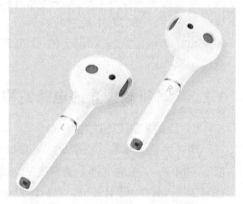

图 1-36　FreeBuds2 Pro 蓝牙耳机图片

1.2.3　耳机放大器的性能指标

这里只介绍耳机放大器最重要的几个指标，这些指标是设计和评估耳机放大器性能的主要依据，有些指标在商品耳机放大器不会标出，如开环电压增益。

（1）输出功率

这里所讲的输出功率是正弦波输入时 CMOS 互补 OCL 输出级能获得的最大平均功率，单位是瓦特。用下式表示：

$$P_{\max} = \frac{1}{2}\left(\frac{V_{DD} - V_{DS}}{R_L}\right)^2 \quad\quad (1\text{-}27)$$

式中假设放大器的正负电源是对称的，即 $V_{DD} = |-V_{SS}|$，如果是单电源供电，V_{DD} 等于电源电压的一半；V_{DS} 是漏极与源极之间的压降；R_L 是负载电阻值。

（2）开环电压增益 A_o

定义为输出电压的改变量与输入差分电压改变量之比，单位是 dB 或无量纲的倍数。用下式表示：

$$A_o = \frac{\Delta V_o}{\Delta(V_+ - V_-)} \quad\quad (1\text{-}28)$$

开环增益是放大器中最重要的资源，放大器施加负反馈闭环以后所有指标的改善量都依赖于开环增益的值。假设反馈系数为 β，闭环增益的表达式为：

$$A_1 = \frac{A_o}{1 + \beta A_{o\_}} \qu\quad (1\text{-}29)$$

闭环增益随频率的变化曲线就是放大器的频率响应。

（3）总谐波失真与噪声参数 $THD+N$

定义为输出信号中的均方根噪声电压加上基频信号的各谐波分量的均方根电压与输出信号的基频的均方根电压值之比，单位是 dB 或百分比。简洁表达式如下：

$$THD + N = \frac{\sum 谐波电压 + 噪声电压}{基频} \times 100\% \quad\quad (1\text{-}30)$$

高保真放大器 $THD+N$ 的最低指标是 0.1%，实际指标要优于 0.01%。

（4）转换速率 SR

定义为由输入端的阶跃变化引起的输出电压的变化速率，也叫摆率。单位是伏特每微秒（V/μs）。一个正弦波的最大转换速率出现在过零的时候，这时可表示为：

$$SR = 2\pi f V \quad\quad (1\text{-}31)$$

式中，f 是信号的频率；V 是信号的峰值电压。放大器的 SR 必须要大于信号的转换速率，这样就不会出现因放大器的速度跟不上信号变化而产生失真。SR 分为上升速率 $SR+$ 和下降速率 $SR-$，当 $SR+$ 和 $SR-$ 相等时，放大器的瞬态特性最好。

（5）通道隔离度

定义为一个声道的信号电平与泄漏到另一个声道中的电平之比，也叫立体声分离度，单位是 dB。最低指标要大于等于 40dB（1kHz），实际以大于 60dB 为好。同时左、右声道的电平之差要小于 1 dB，如果失衡太大，声像位置将产生偏移。

（6）共模抑制比 CMRR

定义为差分电压放大倍数与共模电压放大倍数之比，单位是 dB。交流市电噪声是最常见的共模噪声。CMRR 曲线类似开环增益，随着频率的升高而下降，典型的参考值：10Hz 时是 120dB、10kHz 时是 50dB、1MHz 时是 0dB。

（7）电源抑制比 PSRR

定义为电源电压的改变量与由此引起的输入失调电压的改变量之比的绝对值，单位是 dB。PSRR 产生机理与定义和 CMRR 很相似，故 PSRR 曲线也随频率升高而下降。当耳机放大器用开关电源供电时，在开关电源的高频噪声下，放大器的 PSRR 会下降到零，故电源的滤波电路设计在耳机放大器中

耳机放大器设计手册

是必需的。

（8）Pop 声抑制

上电、断电时电路从瞬态向稳态过渡所产生的 Pop 声。在 OTL 电路中，输出隔直电容上电时要充电；下电时电容要放电，Pop 声较大。在 OCL 电路中，没有输出电容，过渡过程很短，Pop 声很小。瞬态尖峰不大于稳态值的 10%时，Pop 声在不经意时就基本听不见。

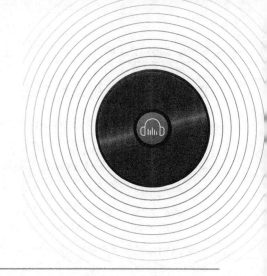

第 2 章　耳机放大器的设计方法

本章提要

本章把耳机放大器看成一个电子系统，该系统是由电源、功率放大器、控制器和接口 4 个子系统组成的。功率放大器是耳机放大器系统中的核心模块，因而分别从物理结构、声压特性、增益要求和高保真要求出发，探讨该模块设计中应该遵循的基本原则。然后把耳机放大器系统看成一个整体，介绍了电源、接口、控制器和功率放大器配合工作和优化的设计原则。最后介绍了设计耳机放大器所需要的基本电学知识，并结合实际案例介绍了两种 EDA 工具 PSPICE 和 MATLAB 在设计放大器中的具体应用。

本章的内容是原则性和概括性的，不涉及细节，仅是后续各章的指导性纲领。建议读者在阅读后面各章节内容时如果遇到概念性的问题，都可以回到本章找到相对应的答案。

2.1　电子系统

在中华大词典里把系统解释为同类事物按一定关系组成的整体。按这一解释，耳机放大器既可以是一个独立的系统，也可以是其他系统中的一个子系统。

2.1.1　电子系统的特征

任何电子系统都呈现出三个特点：多元性、相关性和整体性。如果把耳机放大器看做一个电子系统，则可以从下面的科学和技术内涵来理解系统的这三个特点。

1）耳机放大器系统的多元性表现在由接口、控制器、功率放大器和电源四个模块组成，这些模块又由更小的模块或电路组成。例如，接口可分为输入接口和输出接口，控制器可分为音量控制和其他控制等。

2）耳机放大器系统的相关性表现在它有一定的结构，不仅仅是晶体管、运算放大器、电阻、电容、电感等元器件的集合，而是按电路图连接和装配而成的功能单元。如果不考虑元器件之间的相关性随便堆积和随意连接就不能形成一个有功能的整体。

3）耳机放大器系统的整体性表现在它能完成明确的综合功能，信源通过输入接口把微弱的音频信号传输给功率放大器，电源给功率放大器提供能量，放大器把放大后的信号通过输出接口驱动耳机，而耳机再把电能量转换成空气压力推动耳膜振动让人听到声音。

2.1.2　电子系统设计方法

1. 自底向上法（Bottom-Up）

也称为从下至上的方法，像造房子一样，先用基本元素构建一个有局部功能的小系统，然后逐步扩大小系统的功能，直到最后实现系统的整体功能，该方法的核心思想是"组合"。

组合是传统和古老的设计方法，就像搭积木一样，符合人类的认知规律和科学技术的发展规律，人类总是先从简单事物入手认识世界的，经过逐步深入，不断积累，才能进而认识和理解更复杂的事物。

对电子系统来讲，就是先设计成一个功能电路，当这个电路不能直接实现系统功能时，再增加由其他电路组成的子系统去实现该功能。该方法的优点是可以继承使用成功的电路和子系统，从而实现重复利用。缺点是设计过程中设计人员的思想受限于局部电路，摸索时间长，效率低，设计出的系统存在边界模糊性，可维护性差，适宜设计小规模系统。爱好者 DIY 电路通常也用这种方法。

2. 自顶向下法（Top-Down）

也称为从上至下的方法，首先从整体开始，将一个复杂的大系统分层分解为相对简单的子系统，直到最底层的子系统能用已有的模块实现，该方法的核心思想是"分解"。

分解法是顺应自然法则的结构，自然界中复杂的东西都是由简单的东西组成的，从上至下分解，越往下结构越简单，使人类容易找到事物的关键所在。

对电子系统来讲，先把系统按功能划分，分为基本单元，然后再把每个基本单元分解为下一层次的更小单元，逐步细化，直到可以用现有的 IP 和元件库中的元件来实现为止。集成电路设计中通常的分解层次是：系统级、功能级、逻辑门级、晶体管级。利用 EDA 工具在不同的层次上，对系统进行设计和仿真，保证整个过程正确无误。

该方法是现代集成电路和大型软件设计的基本方法。例如，用 Verilog HDL 设计在 ASIC 和 FPGA 上的硬件系统，用 C++设计在 DSP 和 CPU 上的软件系统等。

3. 以自顶向下法为主导，并结合使用自底向上法（TD&BU Combined）

以自顶向下法为主导方法，以自底向上法为辅助手段。主导方法把系统层次化和结构化，辅助手段充分利用现成的子系统，进行重复使用和模块化测试。因为现代的电子系统非常复杂，不能保证一次成功，经常要经过多次自顶向下和自底向上的重复测试才能成功。以 EDA 为基础的自顶向下法能保证设计的效率和正确性，以 IP 为基础的自底向上法能减少重复测试的次数，提高成功率。

2.1.3　耳机放大器是什么规模的电子系统？

首先要先从不同的角度认识耳机放大器系统的特性，然后再评估耳机放大器系统的规模。

从物理角度看，耳机放大器系统由音源、耳机放大器和耳机三个功能模块组成，音源是一个控制信号发生器，为耳机放大器提供输入音频信号；耳机放大器是一个能量转换器，它把直流电能量转换成交流电能量，这个交流能量的特征与输入基准高度相似，理想特性是完全线性变化，不产生畸变；耳机是一个电声转换器，把音频电能转换成空气压力，驱动耳膜振动产生声音。故音源、耳机放大器和耳机一起配合工作才能实现播放声音的功能。物理认知启示我们设计耳机放大器要与信源和负载一起考量，不能独立行事。

从电路角度看，耳机放大器是一个音频信号小功率放大器，把微弱的音频小电压信号转换成能驱动耳机的大电流信号，是一个跨导转换器，因为功能单一，所以可以独立存在，如 Sennheiser HDVA600 型耳机放大器。它也可以是大系统中的一个子系统，如 Tecsun PM80 合并型功率放大器中的耳机放大器模块。

从使用角度看，IP 形式的耳机放大器是一个可重复使用的模块，可直接作为子系统用在更大规模的 IC 设计中。独立的耳机放大器是一个小盒子，要接上输入信号、耳机和电源才能工作，是一台操作比较繁琐的电子设备，独立存在的空间正逐渐变小。但独立的耳机放大器芯片却能作为一个单元电路方便地应用在整机系统中，故产量很大，应用广泛。

从耳机放大器本身的内部结构看，它通常由接口、控制器、功率放大器和电源 4 个模块组成。耳机放大器中的接口电路包含输入接口、输出接口和控制接口。输入接口如线路输入、I²S 接口、数字同轴输入（SPDIF）、光纤输入（Toslink）和无线输入（Wi-Fi、Bluetooth、FM）、USB 接口等，输出接口如单端输出、差分耳机输出、USB-Type-C 耳机接口等。控制接口如 I²C 接口、SMBus 接口、SPI 接口和 GPIO 接口等。

耳机放大器中的控制电路包含音量控制、增益控制、工作状态控制等电路。简单的控制界面是表盘、开关、按键和旋钮，如一个机械 VU 表、一个电源开关和一个音量电位器。复杂的控制界面是液晶面板，前台用图形人机界面操作，后台用 I²C Slave 总线、SPI 总线或其他总线通过设置寄存器的方式进行控制。随着 AI 技术的发展，未来会用语音进行控制。

功率放大器可以是线性放大器或数字放大器，线性放大器可以是两级 OP 结构的功率放大器，也可以是 3 级或 4 级晶体管结构的嵌套式密勒补偿放大器，或者是电源电压轨可变的 G 类、H 类、I 类放大器。数字放大器可以是 PWM 调制的 D 类放大器，也可以是 PDM 调制的 D 类放大器。

电源可以是简单的电池和线性稳压电源，如市电变压后经全波或全桥整流后由三端集成稳压器输出的直流稳压电源，也可以是稍复杂的 Flyback 开关电源。更常见的是 LDO 正电源和电荷泵负电源，稍复杂的是带电源管理单元 PMU 的智能电源，能提供多路可独立调节电压和电流的电源，能实现充/放电电量指示，并对电池进行过压、欠压、过流、过温和短路保护。

简单的耳机放大器系统大约在 100 个元件以内，书刊上介绍的学习型耳机放大器电路和爱好者 DIY 的耳机放大器就属于这个类型，如 47 耳机放大器、Solo 耳机放大器和 Lehmann 耳机放大器等。中等复杂度的耳机放大器系统大约在 1000 个元件以内（包含集成电路），如商品耳机放大器 A20、SHA900、PHA-2A 等。大多数集成耳机放大器芯片也属于这一类型。高度复杂的耳机放大器系统大约需要 30 万个晶体管，属于超大规模集成电路范畴。图 2-1 所示的是 Rockchip 公司的 Nano D 芯片的功能框图，内部功能包括音频 Codec（ADC，DAC）、双 Cortex-M3 微处理单元、耳机放大器和线路放大器等功能。工作电压为 1.8～3.3V，静态功耗为 0.9mW。这是一个音频 SOC，无需其他 IC 配合，能独立完成高保真录音和无损音乐播放的全部功能，也支持迄今为止已发布的音频格式的解压缩。在这个芯片里，虽然耳机放大器只是该系统中的一个子系统，但该芯片主要应用在便携式音频播放器和录音笔中，业界仍然把它称为多功能耳机放大器芯片。

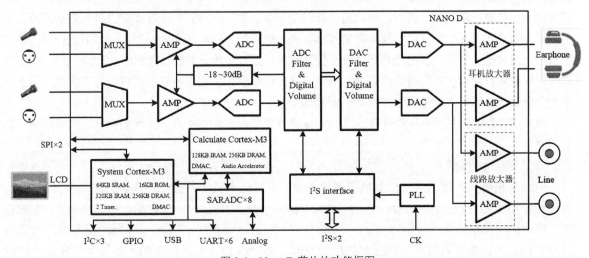

图 2-1　Nano D 芯片的功能框图

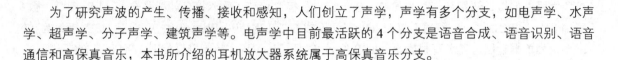

2.2　音频信号的特性

为了研究声波的产生、传播、接收和感知，人们创立了声学，声学有多个分支，如电声学、水声学、超声学、分子声学、建筑声学等。电声学中目前最活跃的 4 个分支是语音合成、语音识别、语音通信和高保真音乐，本书所介绍的耳机放大器系统属于高保真音乐分支。

2.2.1　认识声音

1. 声音的概念

（1）声波的产生、传播、接收和感知

我们生活的地球表面被一层厚度约 1000km 的大气层包围着，地球对大气层的引力使空气存在静态大气压强，简称气压。当一个质点发生位移和速度变化时就会对周围的空气产生压力，使空气发生密疏变化，这种变化称为声波，声波在原来大气压基础上又产生了一个新的压强，称为声压，声压作用在耳膜上人就能听到声音。可见听到声音必须具备三个条件：振动的音源、传播声波的弹性介质、人的听觉系统对声波的感觉。

声波可以是周期性的，也可以是非周期性的。如二胡和小提琴产生的声波是周期性的，钹和钟的撞击是非周期性的。自然界中声波的频率为 $10^{-5} \sim 10^{22}$Hz，人耳的听力为 20Hz ~ 20kHz，这个范围里的声波称为声音。低于 20Hz 的声波叫次声波，高于 20kHz 的声波叫超声波。有些动物能听到次声波，如大象。有些动物能发出超声波，如蝙蝠。

声音在空气中的传播速度是固定的，大约是 340m/s。速度除以频率就是波长，20Hz 声波对应的波长是 17m，而 20kHz 声波对应的波长是 17mm。声速与传输介质的密度有关，密度越大，传播速度越快。干燥的空气在 20℃ 的密度是 1.205kg/m³，水的密度（1027kg/m³）比空气大得多，声波在海水中的传输速度是 1530m/s。钢铁的密度是 7850kg/m³，声波在钢铁中的传输速度是 5200m/s，人耳贴在铁轨上就能听到很远处的火车与铁轨的摩擦声。潮湿的空气比干燥的空气密度稍大一些，导致声速会略有提高。

声波具有波动的所有物理特性，如反射、折射、衍射、扩散、衰减等特性。声波在传输过程中会从温度高的地方向温度低的地方折射，温度每升高 1.8℃，声音在空气中的传输速度就增加 0.335m/s，乐器和耳机，要煲过一定的时间才能进入状态，其中就有温度对声速的影响因数。声音也能产生衍射，能穿过小孔和绕过障碍物。例如，手机面上只开了一个针孔，一部分声波就能穿过针孔到达话筒，而另一部分声波绕过手机继续在空气中向前传播，别人就能听到打电话人的声音。衍射与波长有关，波长越长衍射越明显，故较多的高频穿过针孔到达话筒，而较多的低频绕过手机扩散到空气中。声音在空气中传输能量会随着距离增加而衰减，高频衰减比低频明显，故听扬声器放声相当于在放大器上加了一个低通滤波器，高音能量没有听耳机丰富。

深入研究声波的这些物理特性和人耳的听觉特性会催育产生新技术，如定向拾音、主动降噪、语音识别等。

（2）声压及声压级

声压是指叠加在静态大气压上的声波的大小。声压用 P 表示，它代表垂直于声音传播方向上、单位面积所受到的声音压力的大小，单位是牛顿/平方米（N/m²），也称帕斯卡（Pascal），简称帕；更小的单位是达因/平方厘米（dyne/cm²），也称 μbar（微帕），1Pa=10μPa。标准的大气压为 101325Pa。人耳能听到的声压范围大约是 $2 \times 10^{-4} \sim 2 \times 10^{3}$μPa，虽然声压的大小与大气压相比是微不足道的，但是声压的强弱范围从小到大有 100 万倍。最小声压相当于把耳膜位移了一个分子的尺度，最大声压能使耳膜感到疼痛。这么大的范围用绝对值表示很不方便，而用对数表示则要方便得多。另外，人耳对声音强弱的感觉并不正比于声压的绝对值，而是大致正比于声压的对数值。基于以上两方面的原因，通常用对数分级方法表示声音的强弱，这就是声压级，用下式表示：

$$SPL = 20\lg(P/P_0) \tag{2-1}$$

式中，P 为声压的有效值；P_0 为基准声压，数值为闻阀声压 $2\times10^{-4}\mu Pa$，这个数值是人耳所能听到的 1kHz 声音的最小声压，低于这一声压，人耳就会感觉不到声音的存在。

在度量电声换能器效率时，常用声功率表达声音的能量。定义为声波通过垂直于传播方向上某指定面积的声能量，单位是瓦特（W）。与声压级一样，声功率常用功率级表示：

$$Lw = 10\lg(W/W_0) \tag{2-2}$$

式中，W 为声功率的有效值；W_0 为基准声功率，数值为 $10^{-10}W/cm^2$（瓦特/平方厘米），是闻阀声压 $2\times10^{-4}\mu Pa$ 在垂直于声波传播方向上每平方厘米面积上产生的能量。

（3）声压级和耳机的聆听响度

人耳听闻所需的声功率是很小的，通常是微瓦到毫瓦级，如人们平时讲话的平均声功率为 30～100mW。从另一方面讲，人耳分辨声音大小的灵敏度却很高，一有风吹草动就能即刻感知。表 2-1 所示的是生活环境中熟悉的声音对应的声压级、响度以及在不同声压级下正常人用耳机聆听声音的响度强弱感觉。声压级从小到大，以 10dB 为间隔，共分为 14 个等级，每上升一个台阶，响度增大 1 倍。

表 2-1　不同声压级与耳机听感的对应关系表

环境中的声音	声压级（dB）	响度（宋）	耳机听感（级）
痛阀	130	512	痛苦
响雷	120	256	恐吓
汽笛	110	128	难受
爆竹声	100	64	震耳
疾驰的火车（15m）	90	32	响亮
闹市	80	16	嘹亮
大声讲话（0.5m）	70*	8	享受
商场的平均噪声	60	4	聆听
轻声细语（0.5m）	50	2	正常
安静的小区	40	1	轻声
寂静房间的钟摆（1m）	30	0.5	清楚
宁静的房间	20	0.25	可闻
无风的戈壁	10	0.125	静音
听阀	0	0.0625	无声

注*：耳机听声的舒适上限

耳机听声时，声压级在 70dB 以下人耳的感觉是舒适的，所谓舒适就是在一边干活一边听声的环境里，只要集中精力干活就可以不关注声音。但声压级大于 70dB 就开始感到嘈杂，已经没有办法集中精力干活而不关注声音，而且声压级越大越感觉嘈杂，大于 110dB 时耳膜感到难受，大于 120dB 耳膜疼痛而感到害怕和恐惧，大于 130dB 感觉极度痛苦，大于 140dB 就会在很短的时间里造成听力不可恢复的损伤。故 70dB 的声压级是耳机听声的舒适度上限，也是听力不会受损的最大音量。

（4）等响曲线

等响曲线是指把人耳感知的响度水平相同的各频率的纯音的声压级连成的曲线，如图 2-2 所示。

横坐标是各纯音的频率，单位是赫兹（Hz）。纵坐标是达到各响度水平所需要的声压级 SPL，单位是分贝（dB）。每条曲线代表一个响度水平，单位是方（Phon）。

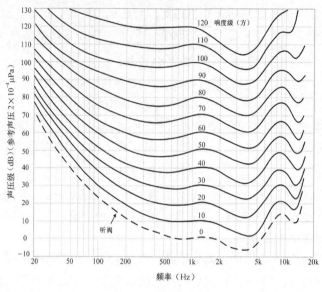

图 2-2　等响曲线图

等响曲线的下限是耳朵能听到的最小的声音，人们把频率 1kHz 声音产生 2×10^{-4}μPa 声压定义为 0dB SPL，称为听阈。上限是耳朵能听到的最强的声音，能使耳朵感到不适，此值为 120dB SPL，称为痛阈。当声音频率低于 20Hz 和高于 20000Hz 时，即使声强很大也感觉不到声音的存在，故把 20Hz～20kHz 这个频段定义为音频频段。在音频频段里把 0～120dB SPL 称为可闻范围。与音频频段相邻的左端是次声范围，右端是超声范围，它们都是人耳听不见的频率范围。

人类是 1927 年开始测试耳朵听声的统计特性，1933 年得到完整的等响曲线，后来分别在 1961 年、1975 年、1987 年和 2003 年进行了修正，最新版的等响曲线是 ISO 226—2003 版。我国国家标准 GB/T 4963—2007，自由场纯音标准等响曲线采用的是 1961 年的 Robinson 等响曲线。

（5）解读等响曲线

1）响度级主要与声压级相关，声压级越高，响度级就越大。响度级还与频率相关，在大部分频率点上响度级并不等于声压级，只有在 1kHz 频率的声压级（dB）才与响度级（Phon）相等。

2）人耳最灵敏的频段是 1～4kHz，如 3.6kHz 听阈声压级比 50Hz 时约低 50dB，比 18kHz 时约低 30dB，这种特性被称作人耳的放大效应，随着声压级的提高，放大效应越来越迟钝。

3）声压级相同的声音，在不同的频率上，听觉响度级是不同的。在高声压级时差别较小，随着声压级的降低，差别会增大。图 2-2 显示出在中、上部的曲线比较平坦，说明声压级高时，不同频率的声音，只要声压级相同，听觉响度级差别就不大。越向下部的曲线越陡峭，即使声压级相同，也可能因频率不同，导致听觉响度级有很大差别。

4）在 4kHz 以上的高音区，曲线之间的斜率相差不大，在 1kHz 以下的低音区，曲线之间的斜率相差较大，说明声压级的变化对高频和低频影响不同。例如，50Hz 频率上声压级提高 50dB 才能达到 1kHz 闻阈的响度级，而在 10kHz 频率上只需提高 8dB 就能达到同样的响度级。

5）在声压级较低时，人耳对响度变化的最小分辨率大约是 0.5dB；在声压级较高时，对响度变化的分辨率略微降低，为 1～2dB。如果声压级跳跃式变化不超过人耳的分辨率则感觉是连续的，这就为步进式音量控制提供了依据。

2. 声音物理特性的参数描述

（1）频率

声音的频段 20Hz ~ 20kHz 是一个统计数值，一般来讲，青年人比老年人听到的频率范围宽，因为随着年龄的增长，人耳对高频声的听力会逐渐降低，60 岁的老人听不到 10kHz 频率以上的声音。

自然界和人工声音绝大多数是复合音，简称复音，如语音、音乐和噪声都是复音。为了区别复音的特征，通常根据复音中的纯音集中的频率把声音划分成低、中、高三个频段，在音频界是以 1kHz 为中心的，将其以下一个倍频程的 500Hz 以及以上两个倍频程的 4kHz 作为低、中、高音的分界点，如图 2-3（a）所示。三频段音频划分法简单实用，在工业界很流行。在手机行业的三频段划分法略有不同，低音频带是 100 ~ 500Hz，中音频带是 500Hz ~ 3kHz，高音频带是 3kHz ~ 10kHz，如图 2-3（b）所示。因为微型扬声器的频响很窄，绝大多数产品的频率宽度低于这个范围。在高保真业界，频段则划分得更精细，常用四频段和九频段划分法，如图 2-3（c）、图 2-3（d）所示。四频段划分法把复音音调引起的音色变化归类为沉音、宏音、硬音和尖音四种类型，简单明了，容易记忆，无论是电子工程师还是录音师都很喜欢用。九频段划分法把音调变化引起的音色变化归类得更精细，非常用于听音评价，在设计 EQ 和场景音效时也有参考价值。

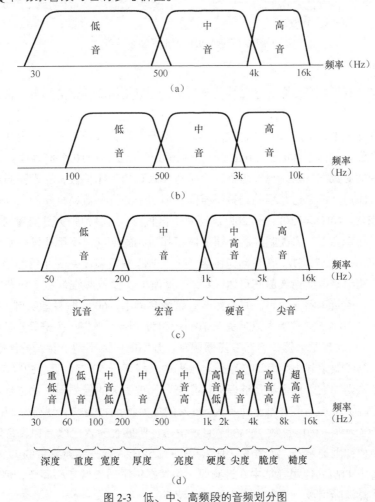

图 2-3 低、中、高频段的音频划分图

（2）频谱

频谱是频率谱密度的简称。从数学上讲，复音是由不同频率、不同幅度和不同相位的正弦波叠加

47

形成的，这可以通过傅里叶变换来证明，把时域里形状复杂的复音波形分解成频域里的各种频率成分来表示，复音中最低频率成分称基波或基音，频率与基音成整倍数的成分称谐波。例如，频率为基音 2 倍的成分称二次谐波；3 倍的成分称三次谐波等。复音频谱图就是由基音和各谐波幅度按频率排列的图形，图 2-4 所示的是锯齿波的波形图和频谱图，频谱是一系列幅度按指数函数衰减的谐波。频谱和波形是从两个不同的角度观察同一个信号时所看到的不同结果。

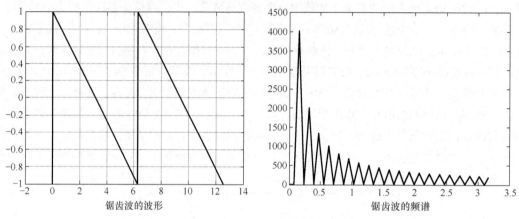

锯齿波的波形　　　　　　锯齿波的频谱

图 2-4　锯齿波的波形图和频谱图

（3）倍频程

倍频程是把音频频带划分成多个子带的一种方法，如果用恒定的带宽划分子带，即保持子带的上限频率 f_H 与下限频率 f_L 之比为一常数。这样划分的子带称为倍频程，它的特点是每跨越一个倍频程，频率提高一倍或降低一半，听起来音调也提高一倍或降低一半，音乐术语上称为八度音阶（octave），电声学中称为倍频程。这样在 20Hz～20kHz 的音频频段里包含了近 10 个倍频程。

倍频程是频段的对数划分法，真实地反映了乐器和人耳的音律特性，在乐器制作和数字音频处理中具有重要的指导作用。每个倍频程的带宽不相同，但携带的信息量是相同的，具体的信息就是音高和音品。例如，20Hz～40Hz 与 10kHz～20kHz 这两个倍频程，后者的带宽是前者的 500 倍，却携带了相同的信息（音高和音品）。人类制造的乐器受体积和材料的限制，不可能发出所有的声音频率。如二胡的频率只有 393Hz～1.76kHz，在音频范围里只占 7.3%，只覆盖了约 3 个倍频程。因而能表示 30% 的音乐信息。但二胡频谱中的谐波最高可达 17 次，覆盖了 7 个倍频程，故音色非常丰富，没有频带狭窄的感觉。同理，随着年龄增大，人耳高频听音范围会缩小，60 岁时只能听到 10kHz 左右的高音，听音频率范围缩小了 50%，其实听力只损失了 10%，因为实际上丧失 1 个倍频程的听力。

20 世纪 50 年代，功率放大器受音频变压器限制，频率响应达不到节目源的指标，人们发现了 50 万法则，就是放大器的低频截止频率和高频截止频率的乘积等于 50 万，听感的频率响应就比较均衡。用倍频程分析这个法则，它既保留了足够多的倍频程，又把丢失的倍频程在保留频带两端对称分布。例如，低频截止频率为 100Hz，高频截止频率为 5kHz 的放大器，放大器的通频带只占音频频带的 25%，由于保留了 7.8 个倍频程，仍能重放 78% 的节目源信息，听感也有入门级高保真音乐的感觉。另一个实例是现在手机中的微型扬声器，通频带只有 200Hz～2.5kHz，只占音频频带的 12%，由于保留了 3.5 个倍频程，而声音中 80% 的信息都集中在这频段，虽然损失了部分低音和高音，但由于符合 50 万法则，音乐的听感依然清晰活泼，没有出现听不懂的感觉。

（4）波形和相位

声音是一个复数量，如果一个复数 F 由实部 a 和虚部 b 组成，那么复数可以用下面的代数式、指数式和三角函数式表示：

$$F = a + jb$$
$$F = Fe^{j\varphi} = F\angle\varphi$$
$$F = r(\cos\varphi + j\sin\varphi)$$

式中，$r = \sqrt{a^2 + b^2}$，$\varphi = \arctan(b/a)$，$a = r\cos\varphi$，$b = r\sin\varphi$。

　　相位是声波振动周期里的瞬时位置，人耳不能直接分辨声音的相位。例如，图 2-5 中一个由 100Hz/1V 和 300Hz/1V 纯音组成的复音波形和频谱图，其中 300Hz 纯音的相位分别是 0°、180° 和 90°，三个复音在时域的波形完全不同，人耳听感却是相同的，完全不能区分它们。人耳对声音的相位不敏感并不是说声音的相位不重要或没有用，在声波的叠加、干涉和声效处理中，相位变得非常重要。例如，手机中的回声消除、多麦克阵列的波束成型、立体声和环绕声都是利用了声音的相位才得以实现。从此种意义上来讲，人耳能够间接地分辨声音的相位信息。

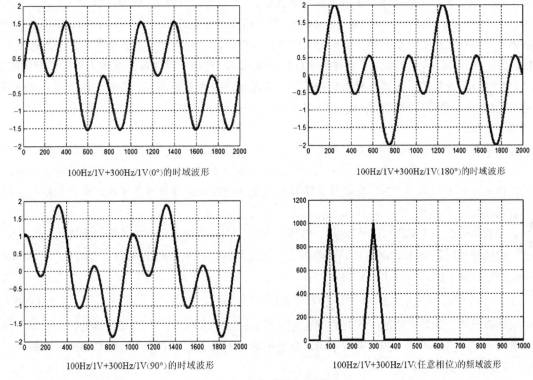

　　　　100Hz/1V+300Hz/1V(0°)的时域波形　　　　　　100Hz/1V+300Hz/1V(180°)的时域波形

　　　　100Hz/1V+300Hz/1V(90°)的时域波形　　　　　100Hz/1V+300Hz/1V(任意相位)的频域波形

图 2-5　复音波形和频谱图

3. 声音的主观感觉

（1）响度

　　响度是人耳对声音强弱的主观感觉，即音量的大小。在物理和客观度量中声音的强弱是由声波的振幅（声压）决定的。但是，响度与声波的振幅并不完全一致，同一声压的声音，不同的人听到的响度和均衡性也不一样，对响度的描述有很大的主观性。从图 2-2 所示的等响曲线上看，声压级相同而频率不同的声音，听起来音量不一样。人耳感觉 1～4kHz 频段的声音最响，5kHz 以上的高音不太响，200Hz 以下的低音更不响。但随着声压的增大，响度差别逐渐减小。

测试统计表明，人耳对声压和声功率的响度感觉是声压每增加 3.16 倍（声压级 10dB）或者声功率级每增加 10 倍（声功率级 20dB），响度大约增大 1 倍。故响度与声压和声功率的关系可以用下式进行估算：

$$响度 \approx 声压^{2/3} \approx 声功率^{1/3} \tag{2-3}$$

人耳的这个特性是在漫长的进化过程中自然形成的，具有天然保护作用，既扩展了听声的动态范围又保护了耳朵。这个特性也是设计放大器的输出功率和耳机声泄露的依据。例如，把耳机放大器的输出功率降低一半，而音量却只降低了 21%（$0.5^{1/3} \approx 0.79$），还有原来的 79%。再如平头耳塞背面的网孔只泄露了 2% 的声功率，而旁人听到的响度仍有 27%（$0.02^{1/3} \approx 0.27$）。居室干扰也面临同样的困扰，例如，你的邻居把音响的声音开得很大，你为了避免噪声干扰，关闭了门窗并加了密封条，阻挡了 99% 的声功率，只有 1% 的声功率泄露到你的房间里，你听到的响度仍有打开门窗时的 22%。因为 $0.01^{1/3} \approx 0.22$。实际听到的响度比这个数值更大，因为计算时是假设墙壁能完全隔离声音，而实际上墙壁是弹性介质，也能传播声音。

用响度级来表示人对声音的主观感觉过于复杂，不方便工程应用，在 20 世纪 30 年代，从等响曲线中选取了 40 方、70 方、100 方这三条曲线，按照这三条曲线的形状设计了 A、B、C 三条由电阻、电容等电子器件组成的计权网络，这样就可以直接用声级计（声压计）测量响度。现在普遍用 A 计权特性，也称 A 声级。实践证明，不论噪声强度高还是低，A 声级都能很好地反映人对噪声响度的感觉；而且，A 声级同人耳的听力损伤程度也能够对应得很好，即 A 声级越高，损伤也越严重。A 声级国标符号用 L_A 表示，单位为分贝，或表示为 dB（A）。

（2）音高

音高是音乐界对音调的称呼，音调是人耳对声调高低的感觉。音调对应于声波的基频，与频率正相关，但没有严格的比例关系，而且因人而异。统计分析证明，人耳对音调变化的感觉大概呈现对数关系，目前世界上通用的 12 平均律等音阶就是按基频的对数取等分而制定的。声音的基频每增加一倍，音调提高一个八度。

音调的单位是美（Mel）。声压级为 40dB，频率 1kHz 的纯音所产生的音调定义为 1000Mel。如果一个的纯音耳听起来比 1000Mel 的音调高了一倍，实际频率大约是 3.4kHz。音调 T（单位 Mel）与频率 f（单位 Hz）的关系可用下式表示：

$$T = 2595 \lg(1 + f/700) \tag{2-4}$$

用上式计算出的音调是大致的，因为音调还与响度有关，响度越大，音调变化越迟钝。另外，音调的建立需要一定的持续时间，纯音需要 3ms，复音需要 1.4 个基音周期。小于建立时间人耳是听不到声音的音调发生了变化的。

（3）音色

音色也称音品（Timbre），是人耳对各种频率、各种强度的声波的综合反应。纯音是没有音色的，如不同音源产生频率相同的纯音听起来都一样，区别不出特征。因此，纯音通常应用在电声测量中作标准信源，它在频域里只有基频，没有谐波。

现在认为只有复音才有音色之说，自然界和人类活动中制造的声音基本上都是复音，可以说音色是由复音的谐波决定的，在音乐界里谐波也称为泛音。正是复音中的谐波数目、谐波振幅及随时间衰减的规律不同而形成了不同的音色。

几个人说同一句话或唱同一首歌时，虽然发出的音调相同，但每个人的声带和口腔形状不完全相同，产生的泛音不同而各具特色，听者就能闻其声而知其人。钢琴和小提琴合奏一首曲子时，虽然各自发出的基音相同，但因不同乐器的制作材料、体积、形状不同，产生的泛音也不同，人耳就能轻松自然地区别开来。

音色在频域里对应复音的谐波，谐波的多少和幅度排列会影响聆听者的心理感受，整数倍的基波产生的谐波听感是和谐的，非整数倍基波产生的谐波是不和谐的。例如，图 2-5 所示的 100Hz 和 300Hz 声音组合的复音，听感自然而舒适，而 100Hz 和 310Hz 声音组合的复音，听感令人难受和厌烦。实验还证明偶次谐波能量大于奇次谐波能量的复音音色令人愉悦，反之则令人烦躁。

音色是由复音的波形决定的，一个特定的波形只有一个音色；反之却不成立，如图 2-5 所示，一个特定的音色对应三个波形，也可能对应无数多个波形。这种情况是人耳对声音的相位不敏感造成的。

4. 音频信号的典型特征

（1）音频信号的动态范围

我们把不同的音乐片段和语音片段作统计分析后得到的频宽和动态范围画在图 2-6 所示的等响曲线上，音乐的频段在 40Hz ~ 12kHz，声压级在 30 ~ 100dB，动态范围约为 70dB。语音的频段在 120Hz ~ 8kHz，声压级在为 30 ~ 75dB，动态范围约为 45dB。虽然音乐和语音的动态范围远小于人耳的动态范围，但在电声工程上实现起来仍嫌太大，于是对频宽和动态范围进行了压缩。例如，在 AM 广播中把信号的频宽压缩到 100Hz ~ 7.5kHz，把动态范围压缩到 50dB；FM 广播中把信号的频宽压缩到 50Hz ~ 15kHz，把动态范围压缩到 55dB；电话系统中把信号的频宽压缩到 300Hz ~ 3.2kHz，动态范围压缩到 40dB。压缩技术的好处是有效地降低了技术难度，节约了大量电能，降低了成本。

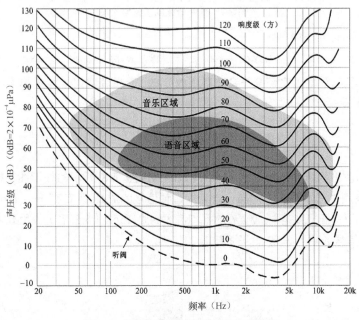

图 2-6　语音和音乐的频宽和动态范围图

但是音频迈入数字时代后人们似乎又反其道而行之，CD 的频宽达到 22.05kHz，动态范围大于 96dB，远好于模拟时代的音频性能。SACD、DVD Audio 等高清音乐又制定了 192kHz 采样速率，24bit 量化标准，频宽扩展到 96kHz，动态范围扩展到 $20\lg 2^{24} \approx 114$dB。近来又出台了 384kHz 采样速率，32bit 量化标准，把频宽进一步扩展到 192kHz，动态范围扩展到 $20\lg 2^{32} \approx 192$dB。单纯从音乐角度来看，这么大的动态范围确实没有必要。但从数字信号处理的角度来看，这样做大大降低了抗混叠滤波器和重建滤波器的设计难度，缩小了量化误差，能使小音量的音质获得明显改善。

数字满刻度电平 0dBFS 是数字音频设备中 ADC 或 DAC 所能转换的最大不削波模拟电平,数字音频系统的动态域是由量化位数决定的,16bit 字长能提供 65536 个量化级,用补码表示满度值为 0dBFS=32767,最小值为-32767,如图 2-7 所示。动态域确定后要规定一个基准电平,目前世界上有两个不同的数字基准电平标准,欧洲广播联盟(EBU)规定为-18dBFS,美国电影电视协会(SMPTE)规定为-20dBFS,我国 GY/T192-2003《数字音频设备的满度电平》中规定为-20dBFS。基准电平是录制数字音乐节目的参考电平,也是各种音频设备互连和交换信息的标准。我们在设计耳机放大器时也必须遵守这个标准,例如,频率均衡器（EQ）和闭环增益都要以基准电平为标准进行设计,G 类、H 类等可变电源轨放大器的峰值电压必须低于 0dBFS。

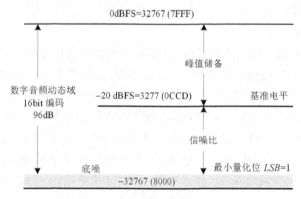

图 2-7 数字音频的模拟电平图

（2）音频信号的幅度特性

信号的峰值与平均值之比称为峰值因数,统计讲话、朗诵、唱歌、交响乐等各种音频信号片段后分析发现,音频信号的幅度概率密度符合高斯函数分布,而且峰值信号能量与平均值能量之比（PAR）很大,PAR 的计算公式为:

$$PAR = 20 \times \lg\left(\frac{V_{\text{p}}}{V_{\text{avg}}}\right) \qquad (2\text{-}5)$$

针对各种不同类型的音频片段进行 PAR 测试后绘出图 2-8 所示的柱形图,横坐标是音频信号的 PAR 值,纵坐标是测试样本数目。大部分类型的音频信号的 PAR 分布在 10~20dB,故音频信号的大部分能量分布在信号的低幅度范围。PAR 的平均值大约为 15dB（5.6 倍）。用式（2-5）计算正弦波的 PAR=3.9dB,音频信号的平均 PAR 比正弦波低 11.1dB。

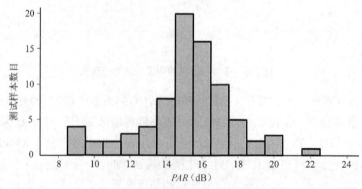

图 2-8 音频信号的 PAR 测试图

（3）音频信号的频率特性

虽然声音的频率定义在 20Hz～20kHz，但实际上声音的大部分能量集中在一个很窄的频率范围里。统计各种声音频段的能量分布如图 2-9 所示，横坐标是音频信号频率，纵坐标是不同类型的音频信号能量对频率积分的归一化值。不同曲线表示不同的音频信号频段，能量分布呈 S 形，大部分音频信号的能量分布在 50Hz～3kHz 频段内。这就是前面所述二胡的频响只有 393Hz～1.76kHz，在音频范围里只占 7.3%，但却能演奏 75%音乐信息的具体原因。声音信号的频率特性使所有的人对声音的响应基本相同。因为人耳的听力会随着年龄的增大而降低，年龄 60 岁的老年人虽然听不到频率高于 10kHz 的声音，但声音出现在这一频段的概率很小，听力完好的年轻人能听到的声音，听力受损的老年人也基本能够完整地听到。

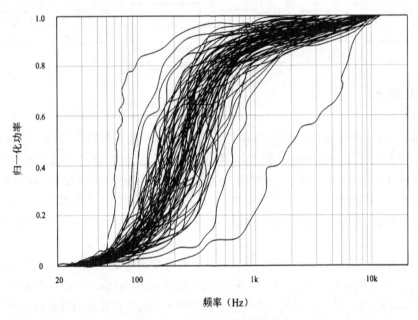

图 2-9　各种声音频段的能量分布

2.2.2　音频信号的数字化

20 世纪 80 年代，音频界最重要的事件就是实现数字化，1981 年 Philips 和 Sony 公司联合推出了 CD-DA（Compact disc-digial audio），简称 CD；1987 年欧共体开发的数字广播 Eureka-147 DAB 开播；1989 年美国 Digidesign 公司研制成功 Pro Tools 数字音频工作站。这三大工程的完成，标志着从消费类音频电器到专业音频设备，从节目制作到广播，从音频数据存储到播放，整个音频生态链实现了数字化。D 类及数字功率放大器是和数字音源同步发展起来的，例如，2014 年微型数字智能功放（Smart PA）芯片的产量每年高达 10 亿颗，几乎应用在所有的手机上。与此大环境相比，高保真音响领域却残留着一个模拟死角，模拟功率放大器依然牢固地占领着这块领地，耳机放大器看起来更顽固，这种情况可能还会持续十几年甚至更长的时间。作者希望这本书是最后一本介绍模拟放大器技术的书。

声音的数字化处理过程如图 2-10 所示，声音通过话筒接收后转换成电信号，为了防止产生混叠，抗混叠滤波器（AAF）把音频最高频率限制在采样频率的二分之一，采样保持器（S/H）把连续的模拟音频信号转换成以采样点的幅值为台阶的阶梯信号，模数转换器 ADC 把阶梯信号转换成二进制数字序列，数字信号处理器 DSP 把二进制序列进行逻辑运算（例如压缩）后存储起来，或者进行实时播放。播放时也要进行逻辑运算（如解压缩），数模转换器 DAC 把逻辑运算后的二进制序列转换成台阶信号，重建滤波器把台阶信号平滑后还原成音频信号，经由放大器驱动耳机或扬声器放声。

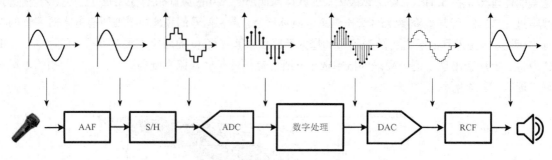

图 2-10　声音的数字化处理过程

1. 采样和量化

（1）采样定理

采样（sampling）也称取样，在数学上是指把独立变量从连续量转换成离散量的运算。瑞典籍美国人哈里·奈奎斯特（Harry Nyquist）在 1928 年证明了一个连续的带限信号能被一个离散取样序列所替代而不会丢失任何信息，前提是取样频率必须至少是信号最高频率的两倍。这就是有名的采样定理，采样频率的二分之一频率也称为奈奎斯特频率。它表明要用数字信号完整表示一个带宽为 $S/2$Hz 的模拟信号，取样频率至少要保证每秒采 S 个样点。例如 20Hz ~ 20kHz 的音频信号，需要的最低采样频率是 40kHz。

采样定理还隐含了另一层意思，就是一旦音频信号的带宽给定后，更高的采样频率并不能提高重建信号的精度或者说保真度。例如，用 44.1kHz 频率采样 50Hz 的信号，在一个周期里可采集 882 个样点；而采集 20kHz 的信号只能采集 2 个样点。尽管如此，无论用仪器测量重建信号的失真度还是用耳朵聆听其保真度，两个信号都没有发生任何畸变。并不像网络上某些人撰文所说，一个周期采样两个点只能恢复出一个锯齿波，他的这一臆想是想让别人相信 CD 唱片的音质不如黑胶唱片好。实际上简谐波是自然界中最常见的波形，用滤波器重建一个简谐波是自然而容易的事情，产生一个锯齿波却是很困难的事情。

（2）音频信号的采样和保持

采样在数学上是指用一个采样频率 f_S 与带宽为 f_B 的基带进行乘法运算，就像收音机中的混频电路一样，混频的结果会产生新的组合频率 $f_n = \pm n \times f_S \pm f_B$。基带被调制到采样频率及其谐波的上、下边带上，并且呈镜像分布，如图 2-11（a）所示。理论上的采样信号是一个冲击函数，响应时间很短，但量化电路不能在很短的时间里把样值转换成脉冲序列，采样数值要一直保持到下一个新样值到来之前。故通常把采样和保持电路设计在一起，称为采样保持器，简称采保器。保持电路把一个冲击函数变换成了一个矩形波形，在数学上等效于一个 sinc 函数，如图 2-11（b）所示。保持器的波特图是一个一阶数字低通滤波器，零点是在采样频率 f_S 及其谐波频率上（$2f_S$、$3f_S$、$4f_S$...）。

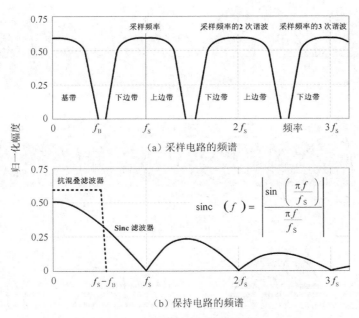

（a）采样电路的频谱

（b）保持电路的频谱

图 2-11 采样保持电路的波特图

在电子行业，民用音频系统的采样频率规定为 44.1kHz，专业音频规定为 48kHz，根据采样定理，分别能够正确重建 22.05kHz 和 24kHz 的信号。略高于音频的上限频率并不是为了提高保真度，而是为了顺应抗混叠滤波器的过渡带要求，预留了 4.1kHz 和 8kHz 带宽作为滤波器的过渡带。这么窄的过渡带需要很高的阶数才能实现，后来又制定了 96kHz、192kHz 甚至 384kHz 的采样标准，重建滤波器设计就容易多了。这些高清音乐与 CD 相比，音质的提高效果并不明显，甚至绝大多数人都感觉不出来。正如采样定理已经给出的结论，更高的采样频率并不会提高重建信号的精度。但高采样频率能够降低数字系统的设计难度，由此演进出来的过采样和噪声整形技术几乎成了数字音频的专用技术，极大提高了系统质量和降低了成本。

（3）混叠和重建

采样定理告诉我们，只要采样频率等于两倍的奈奎斯特频率，信号就可以从采样频谱中完整恢复和重建，如图 2-12（a）所示。要满足采样定理，需要一个如图 2-12（a）中虚线所示的抗混叠滤波器，这是一个理想的矩形滤波器，俗称砖墙式滤波器。矩形波形的傅里叶变换是一个 sinc 函数，这是一个非因果关系的函数，在工程上无法实现，稍后会介绍实际的抗混叠滤波器特性。

如果音频信号的频率高于奈奎斯特频率就会发生混叠。混叠频率能通过计算知道，但滤波器却不能识别它，故没有方法消除。例如，用 44.1kHz 频率对 39kHz 信号采样，按公式 $f_n=\pm n\times f_S\pm f_B$ 计算，产生的混叠频率是 5.1kHz、49.2kHz、83.1kHz 等，如图 2-12（b）所示，其中有一个混叠频率是 44.1－39=5.1kHz。它会和信号组成一个复音混合在音频信号中，截止频率为 f_B 的重建滤波器就不能滤除它。

如果采样频率高于奈奎斯特频率，像频 $n\times f_S$ 的间隔就会增大，如图 2-12（c）所示。从 $f_B\sim(f_S-f_B)$ 这段间隔就可以作为抗混叠滤波器的过渡带，这个间隔如果小于基带的宽度仍称为奈奎斯特采样系统。如果采样频率高于奈奎斯特采样频率 3 倍以上的采样系统，就称为过采样，在过采样系统中就不需要砖墙式抗混叠滤波器了。

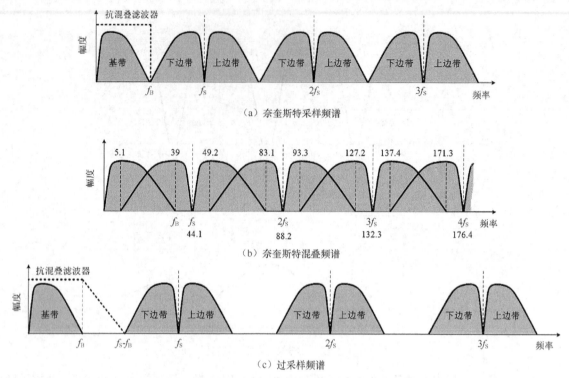

（a）奈奎斯特采样频谱

（b）奈奎斯特混叠频谱

（c）过采样频谱

图 2-12　奈奎斯特采样、混叠和过采样频谱

如图 2-13 所示，基带重建时，$f_S/2 \sim (f_S - f_B)$ 频段中的信号会折叠到 $f_B \sim f_S/2$ 频段中，这不会对基带产生什么影响。但下边带至 $(f_S - f_B) \sim f_S$ 频段中的信号也会折叠到基带 $0 \sim f_B$ 频段中，这会对基带信号产生影响。故抗混叠滤波器的阻带截止频率应该设计在 $(f_S - f_B)$ 频点上，并把阻带的幅度衰减到量化器的分辨率之下才能避免混叠的影响。对于 44.1kHz 采样频率采样 20kHz 的基带信号，要使 24kHz 频点的幅度衰减到 16bit 量化的最小分辨率之下，需要的阻带衰减量是 −96dB。用 MATLAB 中的 buttord 函数估算一下，需要一个 65 阶的巴特沃斯型抗混叠滤波器。这么高阶的模拟滤波器制作难度很大，成本也很高。迫使人们只好放弃砖墙式抗混叠滤波器，另辟蹊径去解决混叠问题。从图 2-12（c）可以看到，提高采样频率后，镜像频率之间的频率间隔增大，允许抗混叠有更宽的过渡带。于是就出现了过采样技术，就是用远高于奈奎斯特频率的采样频率对信号进行采样，把镜像频率之间的频率间隔拉开得很大，这样就可以用普通的低阶 RC 滤波器作抗混叠滤波和重建滤波。

重建滤波器的功能是把 DAC 输出的阶梯波形进行平滑，恢复出模拟信号的原来形状，有时也会在这里补偿升采样数字滤波器产生的高频跌落。由于要滤除基带信号以外的镜像频率，在奈奎斯特采样系统中，重建滤波器也有和抗

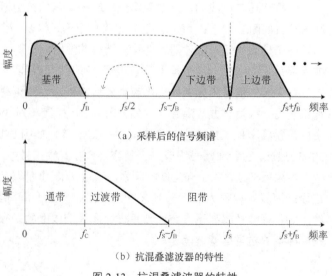

（a）采样后的信号频谱

（b）抗混叠滤波器的特性

图 2-13　抗混叠滤波器的特性

混叠滤波器同样的砖墙式过渡带要求，技术难度大而成本很高。在过采样系统中，只需是把 DAC 之后的电流/电压转换（I/V）设计成 3 ~ 4 阶低通滤波器特性，同时可完成 I/V 转换和重建滤波功能。在一些廉价产品中，甚至看不到专门的重建滤波器，它是利用功率放大器和扬声器（或耳机）的低通特性完成波形重建的。这些就是过采样带来的额外好处。

（4）量化

采样是把模拟信号在时间上进行离散化，这些离散的序列是幅度不同的脉冲电压或电流，本质上还不是真正的数字信号。量化就是把采样得到的脉冲序列的幅度用二进制数字表示。图 2-14 所示的是把单一电压进行 3bit 线性量化的示意图，每一个电压区间用一个 3 位二进制数表示，这个电压区间称为最小量化台阶 Δ，其定义为：

$$\Delta = \frac{V_\mathrm{P}}{2^N} \qquad (2\text{-}6)$$

式中，V_P 为满量程模拟输入信号的幅值。可见，理想的线性量化产生的误差在 $\pm\Delta/2$ 之间变化。增加量化位数，量化误差会减少，但不会消除。无论量化位数怎么增加，总会存在 $\pm\Delta/2$ 的误差，这就是数字系统面临的问题，数字信号处理的核心都是围绕在如何减小量化误差这一问题上的。

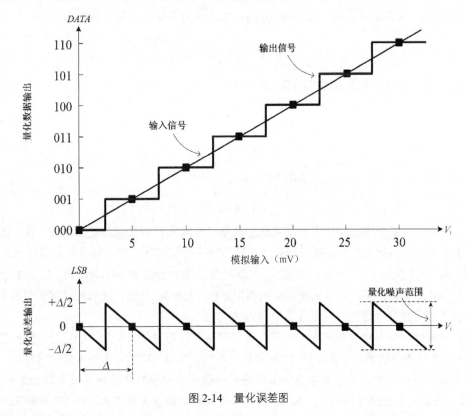

图 2-14　量化误差图

在信号电平较高的情况下，量化误差是听不见的，可以当作噪声看待，故量化误差也称量化噪声，可以用信噪比评估其大小，信噪比的计算公式是：

$$SNR = \frac{P_\mathrm{S}}{P_\mathrm{N}} \qquad (2\text{-}7)$$

式中，P_S 为量化器输入信号的功率；P_N 为总噪声功率，包括量化噪声、热噪声和闪烁噪声等，但不包含谐波失真。

假设信号在动态范围内量化分层电平上出现的概率是均匀的，而且误差出现在 $-\Delta/2 \sim +\Delta/2$ 的概率分布函数 $P(x)$ 也是均匀的，即：

$$P(x)=\begin{cases} 1/\Delta & |x| \leqslant \Delta/2 \\ 0 & |x| \geqslant \Delta/2 \end{cases} \tag{2-8}$$

量化误差功率的均方值为：

$$
\begin{aligned}
P_{\mathrm{N}} &= V_{\mathrm{N}}^2 = \int_{-\Delta/2}^{+\Delta/2} p(x)x^2 \mathrm{d}x \\
&= \frac{1}{\Delta}\int_{-\Delta/2}^{+\Delta/2} x^2 \mathrm{d}x = \frac{1}{\Delta}\left[\frac{1}{3}x^3\right]_{-\Delta/2}^{+\Delta/2} \\
&= \frac{\Delta^2}{12} = \frac{\left(\dfrac{V_{\mathrm{P}}}{2^N}\right)^2}{12} = \frac{V_{\mathrm{P}}^2}{12 \times 2^{2N}}
\end{aligned}
\tag{2-9}
$$

式中，V_{P} 是输入信号的满幅度值，N 是量化位数。可以看出量化误差与量化台阶的平方成正比，与量化级数 2^N 的平方成反比。

对于幅度为 V 的正弦波信号 $f(t)=V\sin\omega t$，在一个周期里的功率有效值为：

$$P_{\mathrm{S}} = f^2(t) = \frac{1}{2\pi}\int_0^{2\pi} V^2 \cdot \sin^2(\omega t)\mathrm{d}\omega t = \frac{\left(2^N \cdot \Delta\right)^2}{8} \tag{2-10}$$

把式（2-9）和式（2-10）代入式（2-7）后可得：

$$SNR = \frac{3}{2} \times 2^{2N} \tag{2-11}$$

用分贝表示，则为：

$$
\begin{aligned}
SNR(\mathrm{dB}) &= 10\lg\left(\frac{3}{2} \times 2^{2N}\right) \\
&= 1.76 + 6.02N
\end{aligned}
\tag{2-12}
$$

从式（2-12）可知，量化位长决定了数字系统的精度或分辨率，当量化位数每提高一位，数字系统的信噪比提升约 6dB。高保真音乐动态范围很大，而且要求的信噪比又高，故字长取得较大。例如，CD 的字长 $N=16$，SACD 的字长 $N=24$，用式（2-12）计算信噪比分别为 98.08dB 和 146.24dB。需要注意的是，这个公式是量化信号是正弦波情况下推算出来的，1.76dB 是锯齿波的峰值与正弦波的峰值之比值，如果输入信号是其他波形，就不是这个数值了。

数字信号处理中有多种量化技术，高保真音乐采用了均匀量化，例如，CD 用 16bit 量化，共有 $2^{16}=65\,536$ 个电平量化级数，SACD 用 24bit 量化，共有 $2^{24}=16\,777\,216$ 个电平量化级数。

采样频率和量化位数决定了数字系统的数据量，数据量也是数字系统的重要指标之一，用 kbit/s（每秒千位）表示，数据量也称码率，码率=取样频率×量化精度×声道数。如 CD 的码率=44.1kHz×16bit×2=1411.2kbit/s。几种高保真光盘和电话系统的采样和量化参数见表 2-2。高码率的数据流要占用较大的信道带宽、存储空间和处理时间，故码率压缩技术在数字系统中被广泛应用。

表 2-2　几种高保真光盘和电话系统的采样和量化参数表

音频规格	带宽	采样率（kHz）	位数（bit）	数据率（kbit/s）	应用
CD	20Hz ~ 22.05kHz	44.1	16-PCM	1411.2	高保真音乐
SACD	20Hz ~ 100kHz	2822.4	1-DSD	5644.8[1]	高保真音乐

续表

音频规格	带宽	采样率（kHz）	位数（bit）	数据率（kbit/s）	应用
DVD-Audio	20Hz ~ 88kHz 20Hz ~ 96kHz	44.1/88.2/176.4 48/96/192	16/20/24	25401.6 27648[2]	高保真音乐
HDCD	20Hz ~ 48kHz	96	20/24	4608[3]	高保真音乐
G.711	200Hz ~ 3.2kHz	8	8	64	语音电话

注[1]：双声道速率 $2 \times 1bit \times 2822.4kHz = 5644.8kbit/s$
注[2]：六声道速率 $6 \times 24bit \times 192kHz = 27648kbit/s$
注[3]：双声道速率 $2 \times 24bit \times 96kHz = 4608kbit/s$

（5）量化误差

量化是用定点数（整数）表示取样时刻波形的模拟值，而模拟值有无限个幅度值，用有限长度的整数表示必然会引起误差。高电平信号的量化误差与信号幅度不相关，对信号的影响相当于白噪声。低电平信号的量化误差的频谱是输入信号的函数，不能单纯当做噪声处理，它会引起信号的失真。图 2-15 所示的是量化误差和热噪声的波形和概率密度图，量化误差等概率分布在 LSB 区间，数值集中在均方根值附近，能量集中在某些频点上周期性的变化。当信号的能量与量化噪声的能量可以比拟时，总误差就强烈地依赖于输入信号并会作为严重的失真和噪声调制而被听出来，这种有规律的变化就与信号的幅度相关联，使信号出现类似谐波的畸变。回顾一下图 2-4 锯齿波的频谱，它的谐波非常丰富，幅度随频率呈指数分布，它和非线性失真的频谱很相似，当信号的幅度与量化误差的幅度可比拟时，合成的复音信号就是一个有谐波失真的信号。

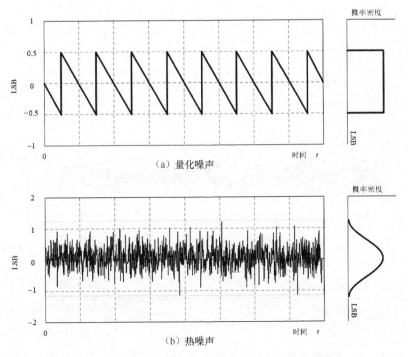

图 2-15　量化误差和热噪声的波形和概率密度图

噪声的主要成分热噪声和散粒噪声的幅度是高斯分布的，峰值虽然比最大的量化误差（$\Delta/2$）大，但功率谱密度是均匀的，能量分布更随机。故噪声在低电平时的听感是沙沙沙的声音，人耳对这种声音不敏感，听觉系统能够因习惯而忽略。量化误差引起的信号畸变就不一样了，是原始信号中没有的频率分量，听感像音调发生了改变，人耳对变调失真很敏感。前面讲过谐波决定音品，低电平量化失真确实类似谐波失真，音质评价也表明确实改变了音色。在数字滤波器中乘法运算产生的溢出、在音量控制中数据截短产生的四舍五入也都有相似的情况。

（6）减小量化误差的方法

用更大的量化字长能获得更小的量化误差，但会使数字系统变得非常复杂，就像把 32 位的 PC 机升级到 64 位，显然这不是一种经济的方法。目前广泛应用颤抖（dither）技术减小量化误差，颤抖信号是一个随机噪声电压，根据不同应用，选择在信号处理过程中产生误差的节点上叠到信号中去。合适的颤抖信号能显著地提高数字系统的线性和动态范围，但也会增大系统的绝对噪声电平。常见的颤抖信号有三种，如图 2-16 所示，这些信号是用 MATLAB 编程产生的，每个颤抖噪声的右边是对应的功率密度谱图。矩形概率密度函数的颤抖随机电压峰峰值在 ±1/2 LSB 区间均匀分布，加入它后系统的噪声会增加 3dB。三角形概率密度函数的颤抖随机电压峰峰值在 ±1 LSB 区间，幅度为零的概率最大，使系统噪声增加了 4.77dB。高斯型概率密度函数的颤抖随机电压峰峰值在 ±1.5 LSB 区间，幅度为 ±0.5 LSB 的概率最大，使系统噪声增加了 6dB。

热噪声和散粒噪声具有高斯型功率谱密度，在量化之前的模拟电路中，常用工作在雪崩击穿状态的齐纳二极管做高斯型功率密度谱的颤抖信号源。矩形和三角形功率密度谱的颤抖信号在自然界里是不存在的，要用复杂的电路产生。

颤抖虽然使数字系统的噪声略有增加，但却把量化误差产生的失真随机化，或者说把量化误差白噪声化，使数字系统的分辨能力延伸到 1 LSB 之内，使非线性失真得以减小，动态范围获得扩展。如果不用颤抖技术，数字音频系统在低电平输入信号下的线性指标就劣于模拟系统，采用颤抖技术后就优于模拟系统。

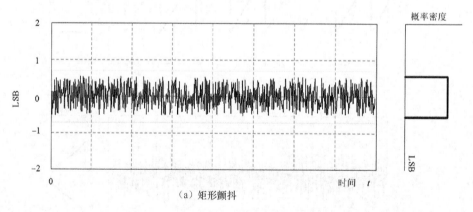

（a）矩形颤抖

图 2-16 三种颤抖信号对应的功率密度谱图

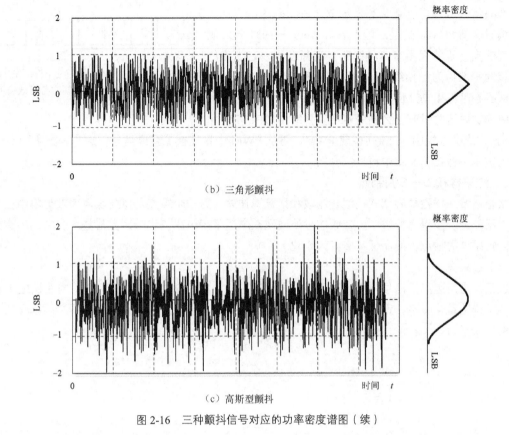

图 2-16　三种颤抖信号对应的功率密度谱图（续）

（7）量化后的音频数据形式

音频信号是正、负幅度对称的双极性信号，量化后的样值是用电压（或电流）表示的脉冲序列，样值按绝对值从小到大排列，并依次赋给每个样值一个数字代码，在代码前以 0 和 1 为前缀来区分正、负数，这种方法称为符号加数值编码法，最高位数值 0 表示正数，1 表示负数，符号位后面的二进制的绝对值才表示量化电平，这样就会产生两个不同的"0"，例如，一个 3bit 量化数值，0000 表示正零，1000 表示负零，浪费了一个序列。

虽然有许多二进制表示方式，但在音频数字信号处理器中的二进制数是用补码表示的，对于正数，十进制数可以直接转换成二进制数；对于负数，则要用下面的运算法则进行转换。

1）取十进制数的绝对值。

2）把绝对值转换成二进制数。

3）对所有位进行补运算，即 0 变 1，1 变 0。

4）对二进制数加 1。

如 $-6 \rightarrow 6 \rightarrow 0110 \rightarrow 1001 \rightarrow 1010$。CD 唱片用 16bit 量化，用补码表示的电平范围是 $-32768 \sim +32767$，其中包含 +0 和 -0。

用二进制数表示一个数值时，这个二进制数称为字（word），字中最左端的位称为最高有效位（MSB），其后依次称第二有效位（2SB），第三有效位（3SB），…，最右端的位称为最低有效位（LSB）。图 2-17 所示的是一个 8 位二进制字各有效位的名称。显然最低有效位为 1 时，LSB=Δ，故可以用 LSB 替代 Δ 计算量化误差，如图 2-15 和图 2-16 仿真图中的噪声单位。

音频信号从采样、量化和表示成二进制码的过程称为脉冲编码调制 PCM，这是法国人 A. Rivers 于 1937 年发明的，高保真音乐就采用了这种编码，音频业界以它携带的信息量为标准称为无损编码。在高保真音频处理链路上并不是从头到尾都用 PCM 编码，因为它的码率太高，数字放大器中的功率开关没有这么高的速度，要经由 DPCM 转化成 PWM，或者直接由 PCM 转换成 PWM，再从 PWM 中重建模拟音频信号，这些是数字和 D 类放大器中的技术，将在第 9 章中再具体介绍。

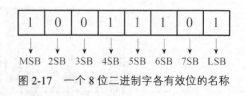

图 2-17　一个 8 位二进制字各有效位的名称

2．过采样和 $\Delta-\Sigma$ 调制器

奈奎斯特采样需要砖墙式抗混叠滤波和重建滤波外，另一个缺点是量化噪声大部分集中在信号基带里，不能进一步提高分辨率。音频信号处理现在广泛采用过采样和噪声整形技术，它们能有效克服奈奎斯特采样的缺点，使高保真音频大众化。

（1）过采样

过采样是用远高于信号带宽的频率对信号进行采样，如图 2-18 所示，图形 A 的面积是 1 比特奈奎斯特采样的量化噪声，设基带频率 f_B 等于奈奎斯特频率 $f_S/2$，采样频率与奈奎斯特频率之比称为过采样率，表示为：

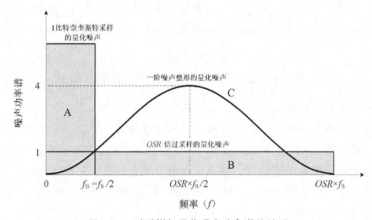

图 2-18　过采样与量化噪声功率谱的关系

$$OSR = \frac{f_S}{2f_B} \tag{2-13}$$

当过采样率为 OSR 后，把噪声能量扩散到更宽量的频带里，原来均匀分布在 $0 \sim f_S/2$ 频带里的量化噪声扩散到了 $0 \sim OSR \times f_S/2$ 的频带里，噪声的总功率并没有变，如图 2-18 中的图形 B 的面积等于图形 A 的面积。但过采样使基带 f_B 内的噪声功率降低了，基带外的噪声功率可以用低通滤波器滤除。这就是过采样的主要好处。

设音频输入信号是独立的快速变化随机信号，这样量化所产生的噪声在采样带宽内可视为白噪声。大于量化台阶的音频信号满足独立和随机的条件，由式（2-9）可知，奈奎斯特采样系统的量化噪声功率可表示为：

$$P_N = V_N^2 = \frac{\Delta^2}{12} = \frac{V_P^2}{12 \times 2^{2N}} \tag{2-14}$$

式中，P_N 是量化噪声的功率；V_N 是量化噪声的电压；V_P 是满幅度输入信号电压；N 是量化位数。应用过采样的目的就是为了降低量化位数，通常 $N=1\sim6\text{bit}$，对应 $1\sim64$ 个电平台阶。也就是说，可以把 $16\sim24\text{bit}$ 的数字输入信号通过提高采样频率把位数减少到 $1\sim6\text{bit}$，而分辨率仍保持不变，这是一种用频率换字长的技术。

当采样频率提高 OSR 倍后，基带内的噪声功率减小了 $\dfrac{1}{OSR}$，式（2-14）改为：

$$P_{\mathrm{N}}=\frac{\Delta^2}{12}\cdot\frac{2f_{\mathrm{B}}}{f_{\mathrm{S}}}=\frac{V_{\mathrm{P}}^2}{12\times2^{2N}}\cdot\frac{1}{OSR} \qquad (2\text{-}15)$$

把式（2-15）和式（2-10）代入式（2-7）后得到输入信号是满幅度正弦波时过采样系统的信噪比为：

$$SNR=\frac{3}{2}\times2^{2N}\times\frac{1}{OSR} \qquad (2\text{-}16)$$

用分贝表示为：

$$\begin{aligned}SNR(\mathrm{dB})&=10\lg\left(\frac{3}{2}\times2^{2N}\times\frac{1}{OSR}\right)\\&=1.76+6.02N-3\log_2(OSR)\end{aligned} \qquad (2\text{-}17)$$

可见，过采样频率每提高 4 倍，系统的信噪比就提高 6dB，相当于量化器的分辨率提升了 1bit。

过采样技术虽然可以提高量化分辨率，但是单纯依靠过采样来实现较高的转换精度在工程上并不现实。例如，要将转换器的分辨率提升到 16 位，过采样需要提高 1.024×10^9 倍，采样频率要达到 $1.024\times10^9\times44.1\text{kHz}=45158.4\text{GHz}$。这样高的采样频率在技术上很难实现，即使能实现功耗也不能忍受。因此，过采样必须配合噪声整形等其他技术，才能实现高精度、低功耗和低成本的目标。

过采样技术在实际应用中，并不是始终直接用 $OSR\times f_{\mathrm{S}}$ 的频率对信号进行采样和处理，因为这样做会数倍地提高系统的功耗，并使数据传输、加工和存储变得非常困难。实际的做法是只在 ADC 和 DAC 环节局部使用过采样技术。对于 ADC 来说，当完成抗混叠滤波和过采样模数转换后，立即用抽取滤波器将输出信号的频率降低到奈奎斯特速率，以利于传输、加工处理和存储。对于 DAC 来说，其输入数字信号是奈奎斯特速率，之后用内插滤波器实现输入信号的过采样，以利于用低阶重建滤波器重建模拟信号。

（2）噪声整形

噪声整形是对量化噪声的频谱分布形状进行控制的技术。既可以用模拟电路实现，也可以用数字电路实现，在音频信号处理中通常用 $\Delta\Sigma$ 调制技术来实现噪声整形，通常与过采样技术配合应用，过采样把原来均匀分布在 $0\sim f_{\mathrm{S}}/2$ 频带内的量化噪声扩散到 $0\sim OSR\times f_{\mathrm{S}}$ 的频带上，$\Delta-\Sigma$ 调制技术进一步把扩散在 $0\sim OSR\times f_{\mathrm{S}}$ 频带上的噪声整形成高次正弦波形状，如图 2-18 中的图形 C。整形后噪声的总功率增大，最大值在 $OSR\times f_{\mathrm{S}}/2$ 频率上。但 $0\sim f_{\mathrm{S}}/2$ 频带内的噪声功率比单纯用过采样技术明显减小了，说明噪声整形能在过采样基础上进一步提高转换器的分辨率。也可以这样讲，噪声整形是把残留在音频信号中的一部分量化噪声推挤到了音频频带之外更高的频率上，虽然高频段的噪声能量很大，增大了滤波器的负担，但音频信噪比却也由此得到提高。

$\Delta-\Sigma$ 调制器可以用图 2-19 所示的方框图模型表示，这是电子工程师们非常熟悉的负反馈电路模型，其中 $A(z)$ 是信号通路的传输函数，$B(z)$ 是反馈通路的传输函数，$N(z)$ 是量化噪声，信号和模块之间的关系表示为：

$$\left[X(z)-Y(z)B(z)\right]A(z)+N(z)=Y(z) \qquad (2\text{-}18)$$

整理后得到：

$$Y(z) = \frac{A(z)}{1+A(z)B(z)} X(z) + \frac{1}{1+A(z)B(z)} N(z) \qquad (2\text{-}19)$$

$$= STF(z) \cdot X(z) + NTF(z) \cdot N(z)$$

式中，$STF(z)$ 称为信号传输函数；$NTF(z)$ 称为噪声传输函数。

这个模型的优点是只须改变 $A(z)$ 和 $B(z)$ 就能获得需要的信号传输函数和噪声传输函数。例如，我们要把量化噪声从输入信号中滤除，而不能损伤信号，使输出信号中保持完整的输入信号。只要把 $A(z)$ 设计成积分器，并设置 $B(z) \leqslant 1$ 就可以了。

噪声整形是一种常用的信号处理手段，例如，FM 广播中的预加重和去加重，预加重是高通滤波器特性，去加重是低通滤波器特性，当预加重时间常数为 $50\mu s$ 时，能把信噪比提高 10.18dB。电影录音和模拟磁带录音机中的杜比降噪也是噪声整形的经典应用实例。

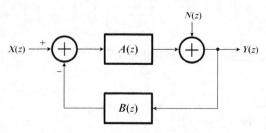

图 2-19　$\Delta - \Sigma$ 调制器的离散电路模型

（3）$\Delta - \Sigma$ 调制技术

$\Delta - \Sigma$ 调制技术是实现噪声整形的方法之一，在图 2-19 所示的离散电路模型中，如果设 $A(z)$ 等于：

$$A(z) = \frac{z^{-1}}{1-z^{-1}} \qquad (2\text{-}20)$$

设 $B(z)=1$，离散电路模型就变为图 2-20 所示。电路的输出信号为：

$$Y(z) = STF(z) \cdot X(z) + NTF(z) \cdot N(z)$$

$$= z^{-1} \cdot X(z) + (1-z^{-1}) \cdot N(z) \qquad (2\text{-}21)$$

输入信号 $X(z)$ 仅在时间上被延迟了一个时钟周期，信号的信息被完整保留；而量化噪声则被 $(1-z^{-1})$ 函数调制，能量在频率上的分布发生了变化。如果把该函数从 z 域映射到频域，在单位圆上用 $e^{j\omega T}$ 代替 z 后，由欧拉公式可得到：

$$NTF(\omega) = 1 - e^{-j\omega T}$$

$$= 1 - \cos \omega T + j \sin \omega T \qquad (2\text{-}22)$$

噪声传输函数的模等于：

$$|NTF(\omega)| = \sqrt{(1-\cos \omega T)^2 - (\sin \omega T)^2}$$

$$= 2\left|\sin\left(\frac{\omega T}{2}\right)\right| = 2\left|\sin\left(\frac{\omega f}{OSR \cdot f_S}\right)\right| \qquad (2\text{-}23)$$

该式表明，经过噪声整形以后，把均匀分散 $0 \sim OSR \times f_S$ 的噪声电压整形成正弦波形状，量化噪声的电压谱被放大到原来的两倍。噪声功率整形成了正弦波的平方形状，量化噪声的功率谱被放大到原来的 4 倍，峰值出现在半采样频率上，如图 2-18 中的曲线 C 所示。音频带内的噪声功率经过整形后显著减少，这就是 $\Delta\Sigma$ 调制器的最大优点。

把图 2-18 中的曲线 C 在 $0 \sim f_B$ 积分，得到基带内的噪声功率为：

$$P_N = V_N^2 = V_{Nq}^2 \int_0^{f_B} 4\sin^2(\pi f T) \, df$$

$$= \frac{\Delta^2}{12} \cdot \frac{\pi^2}{3} \cdot OSR^{-3} = \frac{V_P^2}{12 \times 2^{2N}} \cdot \frac{\pi^2}{2} \cdot OSR^{-3} \qquad (2\text{-}24)$$

把式（2-24）和式（2-10）代入式（2-7）后得到的输入信号是满幅度正弦波时一阶 $\Delta-\Sigma$ 调制器的信噪比为：

$$SNR = \frac{3}{2} \cdot 2^{2N} \frac{3}{\pi^2} \cdot OSR^3 \tag{2-25}$$

用分贝表示时，则为：

$$SNR(\text{dB}) = 10\lg\left(\frac{3}{2} \times 2^{2N} \times \frac{3}{\pi^2} \times OSR^3\right) \tag{2-26}$$
$$= 1.76 + 6.02N - 5.17 + 9.03\log_2(OSR)$$

对于一阶 $\Delta-\Sigma$ 调制器来说，过采样率每增加一倍，其信噪比提升 9.03dB，约为 1.5 比特的有效位数。要实现 90dB 的信噪比，过采样速率需要提高 1024 倍，采样频率为 $1024 \times 44.1\text{kHz}=45.1584\text{MHz}$，虽然比单纯用过采样技术的采样频率低得多，在工程上也可以实现，但功耗太大，不适用于便携式设备。另外，一阶 $\Delta-\Sigma$ 调制器存在空音问题，基本没有什么实用价值。

（4）高阶 $\Delta-\Sigma$ 调制

高阶 $\Delta-\Sigma$ 调制器最吸引人的地方是可用相对不太高的采样频率获得很高的转换精度。可以通过在一阶调制器的信号通路中增加积分器来实现高阶调制，例如，在图 2-20 所示的积分器后面再增加 1 个积分器就能实现二阶调制，如图 2-21 所示。理论上增加更多积分器就能实现更高阶的调制，但

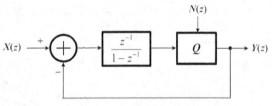

图 2-20　一阶 $\Delta-\Sigma$ 调制器的离散电路模型

积分器产生的相移会使负反馈变成正反馈而产生振荡，这是限制高阶调制稳定性的主要原因。

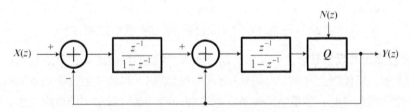

图 2-21　二阶 $\Delta-\Sigma$ 调制器的离散电路模型

对于一个 L 阶的 $\Delta\Sigma$ 调制器，其基带内量化噪声功率可以写成：

$$P_N = V_N^2 = \frac{V_P^2}{12 \times 2^{2N}} \cdot \frac{\pi^{2L}}{2L+1} \cdot OSR^{-(2L+1)} \tag{2-27}$$

把式（2-27）和式（2-10）代入式（2-7）后得到输入信号是满幅度正弦波时 L 阶 $\Delta\Sigma$ 调制器的信噪比为：

$$SNR = \frac{3}{2} \cdot 2^{2N} \frac{2L+1}{\pi^{2L}} \cdot OSR^{(2L+1)} \tag{2-28}$$

用分贝表示时，则为：

$$SNR(\text{dB}) = 10\lg\left(\frac{3}{2} \times 2^{2N} \times \frac{2L+1}{\pi^{2L}} \times OSR^{(2L+1)}\right) \tag{2-29}$$
$$= (1.76 + 6.02N) - 10\lg\frac{\pi^{2L}}{2L+1} + 3.01(2L+1) \cdot \log_2(OSR)$$

采样频率每提高一倍，基带内噪声功率降低 3.01（2L+1）分贝，相当于分辨率提高了 $L+0.5$ 比特。在高阶调制器中有量化字长 N，调制器阶数 L 和过采样率 OSR 三个参数共同决定噪声整形的特

性，在设计中可灵活采用折中、优化、综合等方法，构造出结构相对简单、功耗低、造价低的噪声整形系统。

从图 2-22 可以看出，随着调制器阶数的提高，逐渐把平均分配在过采样带宽中的噪声整形成正弦波的更高次方形状，使基带内的噪声能量随着阶数提高而减小，而基带外的噪声能量也随着阶数提高快速增大。高阶调制器虽然获得了基带内的低噪声，但也面临着处理更大的基带外噪声的压力。

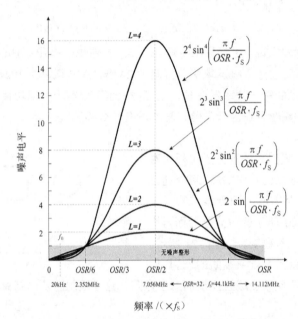

图 2-22　一比特 Δ−Σ 调制器噪声整理特性与阶数的关系

Δ−Σ 调制器属于负反馈系统，一阶和二阶 1bit 调制器的根轨迹均在单位圆内，有足够的相位裕度，工作是稳定的。三阶以上的调制器随着积分增益的增加，根轨迹会延伸到单位圆外。只有把积分增益控制在一定范围内变化，使根轨迹保持在单位圆内时，高阶系统才能稳定工作。也就是说高阶调制器是有条件稳定的。遗憾的是，至今为止还没有一个精准有效的方法去设计一个稳定工作的高阶调制器，因为它是一个非线性系统，不能用解析的方法进行精确的理论分析，目前只能通过 EDA 工具进行反复的仿真和实验，利用已有的经验来增大成功概率和缩短设计时间。

从 20 世纪 80 年代开始，Δ−Σ 调制器在数字音频应用中积累了丰富的经验，图 2-23 所示的是高阶调制器设计中常用的方法，这些方法如信号分布式馈入、分布式前馈、分布式负反馈、局部负反馈、延迟积分器和不延迟积分器的交替使用等。这些方法的出发点就是让所有的积分器不产生饱和，工作在线性范围之内。使截断误差的影响降到最小。控制环路的延迟，使相位裕度满足稳定性要求。改变音频基带内的零点位置，降低基带内噪声等。所有这些方法的实际效果都是通过整定增益模块 $a_x \sim g_x$ 的系数实现的，为了能获得稳定工作的系数，人们设计了一些 EDA 软件，以工具箱形式插入到 MATLAB 中，如 DSToosboox 工具箱，用 23 个函数简化了 Δ−Σ 调制器的设计过程。例如，用其中的 synthesizeNTF 函数就能轻松地估算出高价 1 比特或高价多比特调制器中增益模块的系数值，然后在 HSPICE 仿真电路中用不同幅度的输入信号逐个优化，经过反复仿真和验证后可获得一组在某一信号幅度下能稳定工作的系数。过程虽然繁杂，但它汇集了前人成功的经验，是一条能走得通的路。

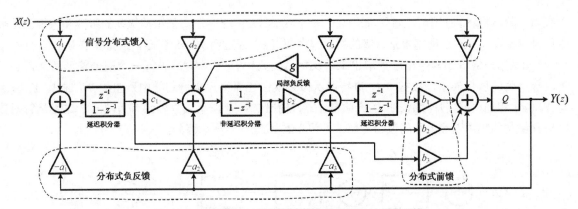

图 2-23　高阶 $\Delta-\Sigma$ 调制器中提高稳定性和性能的方法

在音频数字化发展史上，经历了从高阶 1 比特到低阶多比特的演进过程。从 20 世纪 80 年代 CD 刚发明开始，到 21 世纪初结束，是 1 比特高阶 $\Delta\Sigma$ 调制器最流行的时期。那个时期的 CD 播放机、DAT 盒式磁带录音机都高调宣传采用了 1 比特技术。商品集成电路实现了 7 阶 $\Delta\Sigma$ 调制器，如 IX2815AF，应用在 Shapp 公司的 SM-SX100 等数字功率放大器上。

由于 1 比特量化器的两个量化层级间的范围较宽，使得每级积分器的输出摆幅较大，为了保证信号准确地建立，在 ADC 中对运算放大器的转换速率与增益带宽积要求很高，导致功耗增大。在 DAC 由于数据截短产生的误差会引起时基抖动失真（Jitter），现在已被性能更好的多比特低阶调制器取代。

（5）多级结构和多比特量化技术

高阶 $\Delta-\Sigma$ 调制器具有优良的噪声整形效果，但存在着稳定性问题；低阶调制器能够稳定工作，但分辨率低。如果结合低阶调制器和多比特量化技术，就能够弥补因调制器阶数低而造成的分辨率下降。多比特调制器有串联和并联两种结构，并联结构也称为多级噪声整形（MASH）结构，是日本电报电话公司（NTT）在 20 世纪 70 年代发明的，它利用了并行流水处理和接力赛的概念，如图 2-24 所示，把多级低阶调制器级联起来，前级调制器所引入的量化误差，被下一级的调制器进行整形而减小。在完成各级的整形操作后，各级量化误差被噪声消除电路再次处理，输出电路中只残留最末级调制器的误差，其他各级的量化误差在噪声消除电路中被抵消掉。多级结构的总阶数等于各级的阶数之和，各级的量化级也会叠加起来，实现多比特量化。故 MASH 是用级联调制器的阶数和采样位数换取了较低的过采样率，并且避免了麻烦的稳定性补偿。

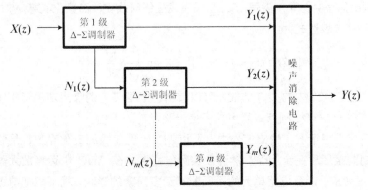

图 2-24　MASH 结构 $\Delta-\Sigma$ 调制器

图 2-25 所示的是一个两级 MASH 结构的实例，第一级是二阶调制器，第二级是一阶调制器。选择第一级调制器为 2 阶的原因是它的空置输出效应比 1 阶调制器要小一些，故 MASH 结构一般不在第

一级用 1 阶调制器。抵消前级量化噪声的算法是 MASH 结构的精髓，要根据级联的级数和各级的阶数进行针对性设计。在该电路中第一级的量化噪声 $N_1(z)$ 经过两次积分整形，残留在信号 $Y_1(z)$ 中。把 $N_1(z)$ 从第一级调制器中单独提取出来，反相后变成 $-N_1(z)$，对其进行一次积分整形后又汇总了第二级产生的量化误差，故把 $Y_2(z)$ 进行两次微分就会还原第一级调制器中残留的 $N_1(z)$，$Y_3(z)$ 与 $Y_1(z)$ 相加，就能从 $Y_1(z)$ 中抵消 $N_1(z)$，输出信号 $Y(z)$ 中只残余有 $N_2(z)$。这就是针对该 MASH 结构的噪声消除电路的设计思想，见图 2-25 虚线框中灰色部分。

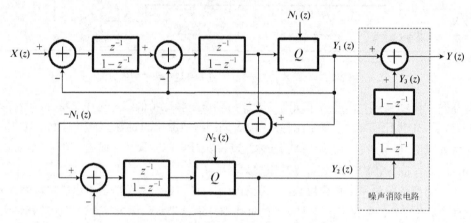

图 2-25　两级 MASH 结构的电路模型

噪声消除电路的原理用数学解析表示更简单明了，把式（2-30）中 $Y_2(z)$ 方程的等号两端乘以 $(1-z^{-1})^2$ 后与 $Y_1(z)$ 相加，第 1 级产生的量化误差就被消除了。第 2 级的输出经过两次微分后与第一级的输出相加，第二级的量化误差就等效于经过了 3 阶噪声整形。数学原理如下式：

$$Y_1(z) = X(z) + (1-z^{-1})^2 N_1(z)$$
$$Y_2(z) = -N_1(z) + (1+z^{-1}) N_2(z)$$
$$Y_3(z) = (1-z^{-1}) Y_2(z) \tag{2-30}$$
$$= -N_1(z)(1-z^{-1})^2 + (1-z^{-1})^3 N_2(z)$$
$$Y(z) = Y_1(z) + Y_3(z) = X(z) + (1-z^{-1})^3 N_2(z)$$

可以看到在输出信号中，输入信号 $X(z)$ 没有发生任何改变，而量化噪声 $N_2(z)$ 被函数 $(1-z^{-1})^3$ 整形，噪声传函的频域表达式为：

$$|NTF(\omega)| = |(1-z^{-1})^3| = 8\left|\sin^3\left(\frac{\pi f}{OSR \cdot f_s}\right)\right| \tag{2-31}$$

式（2-31）的图形见图 2-22 中的 $L=3$ 曲线，可以看出音频基带内的噪声功率谱很小，而基带外的噪声功率谱很大，峰值在 $OSR \times f_s/2$ 频点，噪声功率是未整形前的 8 倍。

上述的分析只是理想情况，输出信号中之所以没有出现前级的量化噪声，是假设前级的量化噪声被其下一级的调制器整形后完全消除。然而在实际电路中，在 ADC 中运算放大器的非理想因数，在 DAC 中的数据截短效应，以及电路单元的不匹配等诸多因素的影响，就不能把前级的量化误差在后级完全抵消掉，会使前级的量化噪声泄漏至输出信号中。因此，只有在严格控制工艺的条件下，当前面各级的残余输出噪声功率小于最后一级量化噪声被多级整形后的功率时，调制器的信噪比才可能不受影响。故 MASH 结构要尽量避免复杂的电路，级联级数不要超过 3 级，最常用的结构只有 2-1、2-2、

2-1-1、2-1-2、2-2-1 等少数几种，总调制阶数一般不超过 6 阶。

精于工艺的日本公司很喜欢这种结构，在 20 世纪高阶 1 比特调制器鼎盛时期，AKM 公司设计过一系列 MASH 结构的多比特音频芯片参与商业竞争，广泛应用在 SONY、JVC 公司的音频产品上。现在这种结构仍是一些 IC 厂商的专用技术。

欧美公司更喜欢串联多比特技术，他们认为 MASH 需要特殊的设计方法和制造工艺，用通用的常规方法不能获得好的性能。西方人认为，只有传统方法和通用工艺才是工业技术，只有工业技术才能进行规模化生产和简化管理。他们在高阶 1 比特时代，经过不懈地努力和摸索，积累了成功的经验，用 EDA 工具简化了调制器稳定性设计的难度。例如，只要在图 2-23 所示基础上用多比特量化器替代 1 比特量化器，再加上动态单元匹配（DEM）技术，就能获得高质量的高阶多比特调制器。

图 2-26 所示的是 MATLAB 的工具箱提供的函数仿真同一个反馈结构的 1 比特 3 阶调制器和 3 比特 3 阶调制器的时域特性，图 2-26 上图是 1 比特 3 阶调制器的输入和输出信号波形，调制器能稳定工作的输入幅度只有 $0.45V_{pp}$，输出 1bit PDM 序列能量集中，EMI 辐射很大。图 2-26 下图是 3 比特 3 阶调制器的输入和输出信号波形，调制器能稳定工作的输入幅度提高了 $3.5V_{pp}$，输出 1 比特 PDM 序列把输入正弦波的幅度分 8 个电平台阶跟随正弦波变化（因输入信号不是满幅度，只显示出 5 个电平台阶），频谱能量分散，EMI 辐射小得多，减轻了重建滤波器的负担。

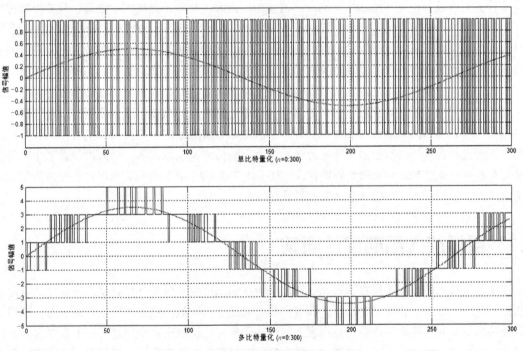

图 2-26　单比特和多比特量化的时域波形

然而，多比特量化器会因为工艺的偏差造成量化单元的不匹配，这种不匹配误差会叠加在输入信号中，严重影响调制器的信噪比等各项性能。因此，在实际应用中，无论是 MASH 多比特调制器还是串联多比特调制器，都需要采用 DEM 技术来降低这种失配所引入的非线性误差。另外，由于增加了量化单元的位数，电路的复杂性有所增加，芯片面积与系统功耗会随之上升。

20 世纪高阶 1 比特调制器曾经是主流技术，从 21 世纪开始，低阶多比特技术逐渐进步，现在已成为音频 IC 产品的主流技术，目前在移动电器中应用的音频 DAC 的典型结构是 3 阶 8 电平（3bit）和 4 阶 8 电平，随着 DEM 和纳米集成工艺的进步，3 阶 256 电平（8bit）的高性能调制器会获得普及，

届时三大指标均超越 120dB，音乐播放器将会成为大众化产品。

3. 高保真音乐

高保真（High fidelity 或 Hi-Fi）是音响界的一个术语，指的是播放时能完美重现原录音或载体的声音，这个名词出现于 20 世纪 50 年代，开始只在发烧友中使用，1973 年德国标准化学会制定了标准，那时音频还处于模拟时代。1981 年 CD 出现以后音频重放的质量得到了革命性的提高，各种指标均达到了人类听觉系统的极限，后来尽管出现了音质更好的高清光盘，如 SACD、HDCD、DVD Audio 等，但影响力和普及性远不及 CD，现在业界通常默认把 CD 的指标作为高保真重放的标准。

CD 的指标很多，为了突出重点和节约评价时间，人们拿出了最具代表性的三个指标：失真度、信噪比、动态范围。CD 的这三个指标都超过了 90dB，故把这三个指标达到 90dB 的产品称为高保真设备。这种默认建立了一个客观评价节目源和音频产品的标准，避免了只凭耳朵判断造成的不确定性，也避免了放声环境对听感的影响。人们把这种客观而简单的衡量标准称为三大指标评价法。

高保真音乐在信号加工和处理过程中广泛应用了码率压缩和虚拟技术，如 MP3、HRTF、心理重低音、虚拟环绕声等技术。三大指标评价法虽然不能评估这些技术产生的效果，但只要处理后的三大指标达到规定的标准，就可以认定信号在处理过程中音质没有或者基本没有受到损伤，避免产生因处理后音频数据量减少或增加就认为不是高保真的观念。

高保真音乐没有拒绝压缩技术，码率压缩技术只剔除人耳听不见的冗余信息，只要压缩掉的信号小于人耳的最小分辨率，就听不出音质的改变，例如，码率 128kbit/s 的 MP3 音乐的音质略低于 CD；192kbit/s 的音质接近于 CD；320kbit/s 的音质等于 CD，虽然码率只有 CD 的四分之一但仍然属于高保真音乐。在音频界存在一大批主观主义者，他们只要听到或看到 MP3 这个名词就嗤之以鼻。并不是每一个人都学习过音频码率压缩的知识，对主观主义者和无损音乐播放器都应该持宽容的态度。

耳机放大器处理的是毫瓦级的微功率信号，比驱动扬声器的大功率放大器更有条件实现高保真放声，工程师可以从散热器设计和器件保护等苦恼的工作中解脱出来，把更多的精力投入到提升高保真指标上。无论是设计集成耳机放大器芯片还是分立元器件的耳机放大器，前人都积累了丰富的技术和经验，有很多资源是可以共享和免费使用，也有一些可购买的 IP 和专利，利用这些资源就足以设计出比大功率放大器指标高一个数量级的耳机放大器。

2.3　耳机放大器的设计原则

在中国的技术界传统思维根深蒂固，在电路设计领域推崇数学公式而轻视系统设计，电路设计类书籍经常是一大堆公式，阅读性很差。而且许多公式经不起推敲，经常是这里忽略一点，那里近似一点，最终的结果并不能表示真实的物理意义。这种现象背后反映出两个问题：一个是自底向上的传统设计方法僵化了人的思想；另一个是过去没有符号变量数学软件工具，不能保证公式推导过程的正确性。本书舍弃了这种落后的设计思想，以系统概念和物理原理为主介绍耳机放大器系统的设计原则和方法，设计过程尽量使用 EDA 工具，当然在揭示电路的物理本质时数学公式仍然是必不可少的。

2.3.1　物理原则

1. 元器件的非线性特性

自然界的事物通常是模糊的、混沌的和指数变化的，人类利用自然界的物理原理制造电子元器件也逃脱不了自然规律。首先看有源器件。迄今为止，人类只发明了两种控制电子做功的物理方法：一种是用电场或磁场控制封闭在真空容器中的电子运动；另一种是在薄膜上用杂质浓度改变电子的运动。用前一种方法制造了电子管，用后一种方法制造了晶体管和集成电路。现在用于放大器的有源器件有双极性晶体管（BJT）、结型场效应管（JFET）、金属氧化物半导体场效应管（MOSFET）和真空电子管。这些器件的电压—电流特性都非线性的，例如，BJT 的电流和电压是指数关系，JFET 和 MOS 管的电流和电压是平方率关系，电子管的电流和电压是二分之三次方关系，如图 2-27 所示。

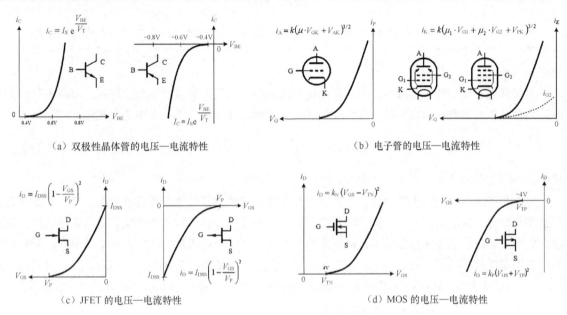

（a）双极性晶体管的电压—电流特性　　　　　　　（b）电子管的电压—电流特性

（c）JFET 的电压—电流特性　　　　　　　（d）MOS 的电压—电流特性

图 2-27　有源器件的电压—电流传输特性

基本的无源元件只有电容、电感和电阻，这三种元件的特性如图 2-28 所示。电容上的电压-电流是微分关系，而电流—电压是积分关系。电感与电容相反。这两种元件在电路中与电阻形成的时间常数电路具有指数特性，也属于非线性元件，如图 2-28（a）、图 2-28（b）所示。只有电阻上的电压和电流符合欧姆定律，电压和电流是线性关系。但电流流过电阻会产生热噪声电压，其大小与阻值、温度和带宽有关，是一个模糊的概念，只能用统计方式表示。噪声电压呈正态分布，如图 2-28（c）所示。

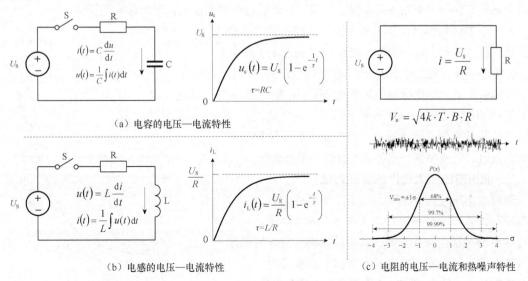

（a）电容的电压—电流特性

（b）电感的电压—电流特性　　　　　　　（c）电阻的电压—电流和热噪声特性

图 2-28　基本无源元件的特性

电阻中的热噪声是电阻膜中的自由电子做布朗运动引起的，其大小按下式计算：

$$v_{n\_rms} = \sqrt{4kT \cdot R \cdot B} \tag{2-32}$$

式中，k 是玻尔兹曼常数（1.38×10^{-23}J/K）；T 是绝对温度（K）；R 是电阻值（Ω）；B 是带宽（Hz）。

在室温下，设温度为 27℃（300K），上式可工程化为：

$$v_n = 0.126\sqrt{R \times B} \left(\mu V_{rms}\right) \tag{2-33}$$

式中 R 以 kΩ 为单位，B 以 kHz 为单位。热噪声是最常见的噪声，在频谱上是均匀的。例如，在室温下，一个 1kΩ 的电阻，在中心频率分别为 1kHz 和 1MHz，带宽为 200Hz 的频带里，热噪声电压都是 56.3nV$_{rms}$。

热噪声属于电阻的本征噪声，无法避免也无法消除。热噪声的波形是无规则的，噪声瞬时值的频度是按自然界的指数规律分布的，在统计学和概率学中，用下面的正态分布函数表示：

$$P(x) = \frac{1}{\sqrt{2\pi} \cdot \sigma} e^{-(x-\mu)^2 / 2\sigma^2} \tag{2-34}$$

式中，$P(x)$ 是概率分布函数，σ 是标准偏差，μ 是平均值。

正态分布函数也称为高斯函数，自然界中许多随机变化的事件都呈现正态分布，热噪声是典型的随机变化事件。从理论上噪声的最大瞬时电压是没有限度的，但高斯曲线的快速下降特性表明，幅度越大的噪声电压，出现的频度越小，极端大的噪声电压几乎不会出现，是极小概率的事件。噪声的均方根电压幅值等于高斯分布在 ±1σ 区间内的振幅。噪声电压峰峰值在 68% 的时间内小于 2 倍的均方根值；在 99.75% 的时间内小于 6 倍的均方根值；在 99.99 的时间内小于 8 倍的均方根值，故通常用 6~8 倍的均方根电压值来近似噪声峰峰值的大小。

从式（2-33）看，好像是一个高阻值电阻会产生很高的噪声电压，但实际上高阻值电阻的寄生电容是并联在电阻两端，限制了其带宽和端电压，还可以用外接电容旁路高频噪声，故高阻电阻不一定会产生宽带噪声。同样，绝缘体上产生的高噪声电压也会被其寄生电容和周围的导体分流。

2. 把非线性特性线性化

模糊的、混沌的和指数变化电压-电流关系电路给设计带来了很大的困难，迄今为止，设计和电路分析理论都是在线性时不变系统上建立的，可以用传输函数和状态空间法进行精确分析。对于非线性电路却没有统一的有效方法来描述，因而在非线性电路面前人们经常会束手无策。

对于由非线性器件构造的放大器，人们创造了把非线性系统线性化的方法，例如，在图 2-29 所示的晶体管 V_{BE}-i_C 转移特性，把工作点 Q 选择在线性较好的一段曲线 AB 的中点上，集电极电流的变化范围被限制在 I_{C1} ~ I_{C2}，这样非线性曲线在 AB 段就近似成了线性曲线。非线性晶体管就变成了线性器件，用它组成的系统就可以等效为线性时不变系统，用传输函数进行解析分析。

3. 理想电压放大器近似实现方法

理想的电压放大器是只放大电压而不放大电流，输出电压与输入电压成正比。它并不关心输出电流，也不关心采用什么器件和选择什么结构，只要满足线性缩放电压的条件就行。根据已有的有源器件和设计方法，可以用下面的方法和步骤构造接近理想的电压放大器。

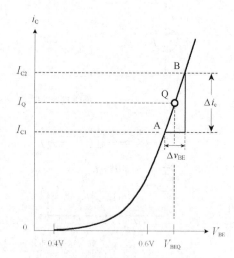

图 2-29 非线性系统线性化的方法

1）设置工作点。

2）解除电压与电流的非线性关系。

3）校正剩余误差。

第一步很容易实现，对于单个有源器件，只要利用数据表上给出的或实测的转移曲线，把静态工作点选择在线性区域就可以，如图 2-29 所示。在电子管时代就是这样做的，实践证明这是行之有效的方法。到了晶体管时代，由于半导体材料具有温度系数，应用环境也发生了变化，选择工作点除了考虑线性之外，还要补偿温度引起的偏移，同时要兼顾功耗、噪声和稳定性等因数，在教科书上也仍然介绍单级放大器设置工作点的方法。但实际的晶体管电路规模较大，需要几十甚至成千上万个有源器件，无法用传统方法逐个去选择工作点，通常用经验数据和 EDA 工具进行设计。到了集成电路时代，用通用 OP 或专用 IC 设计放大器，工作点在器件中已经设置完成，这一步就可以省略。需要注意的是，省略只是针对系统设计而言，在芯片设计中工作点整定仍然是最重要的工作之一。

关于第二步解除电压和电流的非线性关系，在耳机放大器设计中有一些事情要做。图 2-29 中晶体管的工作点选择好后，当 Δi_c 趋近于零时，电流不随着电压变化，非线性关系解除。这在数学上很容易理解，当指数函数的自变量趋近于零时，因变量就趋近于常数 1，如下面极限运算：

$$\lim_{x \to 0}\left(a^x\right) = x + 1 \tag{2-35}$$

基于这一思想，虽然不能使 Δi_c 趋于零，但能让它趋于最小。当电压放大器工作在负载开路状态时（没有负载效应），Δi_c 就趋于最小，从而使线性度获得最大程度的提升。这一原理对任何有源器件都是适用的。

接下来的问题是电压放大器的负载开路后如何把信号耦合到下一级？这就是负载效应问题，只要下一级的输入阻抗无穷大，就可以忽略负载效应，从而使电压放大器等效于工作在负载开路状态。如果下一级的输入阻抗无法提高，可以增加缓冲器进行隔离。

关于第三步，首先要知道剩余非线性失真还有多少？仍旧看图 2-29，虽然负载开路后能使 Δi_c 趋于最小，但线段 AB 毕竟是指数曲线上的一小段，虽然近似于直线但并不等于直线，故输出信号中仍残留有指数特性产生的畸变。通过对开环放大器的解析和测试证明，总谐波失真为 1%～10%。

消除残余失真的方法是用自动控制理论中的误差校正技术，如前馈、负反馈、误差抵消等技术。下面以最常用的负反馈为例说明消除残余失真的方法。

设晶体管产生的残余总谐波失真度 THD=10%，我们要求的指标是增益等于 10 倍，最大总谐波失真度为 THD=0.001%（−100dB）。根据反馈原理，这个放大器所需的反馈深度为：

$$1 + \beta A_o = \frac{THD_{open}}{THD_{close}} = \frac{10}{0.001} = 10000 \tag{2-36}$$

当闭环增益为 10 倍时，耳机放大器所需要的开环增益为：

$$A_o = A_v\left(1 + \beta A_o\right) = 10 \times 10000 = 100000 \tag{2-37}$$

计算表明，若残余失真是 10%，要求 10 倍（20dB）闭环增益，要获得 0.001%（−100dB）的总谐波失真，所需的开环增益是 100000 倍（100dB）。也就是说，只要设计一个开环增益为 100dB 放大器，当闭环增益在 20dB 时，就能把 10% 的残余失真降低到 0.001%。

通过上述三个步骤后就可以获得一个近似理想的电压放大器，其中最重要的概念是负载等效开路和校正剩余失真。

4. 理想电流放大器的近似实现方法

理想的电流放大器模型是输入阻抗无穷大，输出阻抗为零，电压放大倍数为 1 的放大器。它的另

73

一个名字叫缓冲器（buffer），俗称输出级或驱动级。

输入阻抗无穷大就意味着不从前级的电压放大器中吸取电流，故输入电流也趋近于零。缓冲器的电流增益可表示为：

$$\lim_{i_{in} \to 0} A_i = \frac{i_{out}}{i_{in}} = \infty \qquad (2\text{-}38)$$

从式（2-38）中看到，驱动负载的能力与输入电流无关，是本身就具有的能力。物理意义上是指把电源提供的直流电能转换成驱动负载的交流电能。

输出阻抗等于零，根据欧姆定理，电压除以零欧姆电阻，输出电流就是无穷大。意味着能驱动任意大小的负载，而本身的能量损耗等于零，否则很快就会因能量积累过热而损坏。

电压放大倍数等于 1，意味着在放大电流的过程中并没有对输入电压进行任何处理，电压的非线性就不会出现在电流上，从而实现接近理想的电流放大器。

显然，理想的电流放大器是不存在的，但我们可以借助自动控制理论构造接近理想的电流放大器。如用串联负反馈增大输入阻抗，用电压负反馈减小输出阻抗。解析分析表明，只要放大器储备足够的开环增益，并把这些增益全部用来作反馈量，就能获得设计所要求的输入阻抗和输出阻抗。例如，BJT 晶体管的输入阻抗是 10kΩ，输出阻抗是 1kΩ，用其构建接近理想的电流放大器需要一个输入阻抗为 100MΩ，输出阻抗为 0.1Ω的电流放大器，需要的反馈量是 10^4，输出阻抗和输入阻抗用下式计算：

$$z_o = \frac{1000}{1 + A\beta} = \frac{10^3}{10^4} = 0.1(\Omega) \qquad (2\text{-}39)$$

$$z_i = 10(1 + A\beta) = 10^4 \times (10000) = 100(M\Omega) \qquad (2\text{-}40)$$

只要用电流放大系数为 100 的两个晶体管连接成达林顿射极跟随器就能达到要求。

在实际电路中所有的缓冲器都是多级达林顿结构的互补电压跟随器，用百分之百串联电压负反馈实现高输入阻抗和低输出阻抗，电压增益为 0.9 ~ 0.97，略小于 1，输入阻抗在几兆欧至几百兆欧，输出阻抗在几毫欧姆至几十毫欧姆级，接近于理想的电流放大器。

这里介绍的理想功率放大器也称为分量放大器，它是由只放大电压分量的电压放大器和只放大电流分量的电流放大器组成的，单独的两个分量放大器都不产生功率，两个分量相乘才能产生功率，即 $V \times I = P$。传统的功率放大器中是把两个分量放大器串联而形成功率放大器，串联连接执行了乘法逻辑。在同一个放大器中既放大电压又放大电流就不是理想功率放大器。在第 8 章中我们将介绍用分量放大器合成功率的其他方法。

2.3.2 声压级原则

1. 根据声压级确定输出功率

由于涉及声学、力学、热学等多个学科，本书没有这么多篇幅来描述声压、响度与输出功率的关系，这里仅用简单的表格列出日常生活中常见声音的这些关系。从表 2-1 可知，70dB 声压级产生的音量用耳机聆听到的音量不大不小，如果依此作为聆听音量，把震耳级（100dB）作为音量储备，放大器所需的功率储备约为 1000 倍（$10^{(100-70)/10}=1000$）。用式（2-3）响度与声功率的关系式换算成音量储备约为 10 倍（$1000^{1/3} \approx 9.98$）。

在第 1 章中我们已经知道动圈式耳机的电声转换效率很低为 1 ~ 3%，利用耳机的灵敏度参数，能直接把驱动电功率换算成声压级。例如，一个灵敏度为 90dB/mW 的耳机，只要给耳机放大器馈入 1mW

的电功率，输出的声压级就是 90dB。从表 2-1 可知，90dB 的响度相当于 15m 处疾驰的火车声音，换算成耳机的听感响度是响亮级。如果用 10 倍的音量储备标定耳机放大器的输出功率，10mW 电功率就够了。不过有一些耳机的灵敏度会低到 70dB/mW，如平面耳机。故在工程设计上要留有足够的裕量，业界有一个默认的标准：交流市电供电的耳机放大器额定输出功率标定为 200mW，电池供电标定为 10～80mW。如表 2-3 所示，如果用 70dB 的声压级作基准，假设耳机的灵敏度为 90dB/mW。200mW 的输出功率相当于 113dB 的声压级、20000 倍的功率储备和 20 倍的响度储备；80mW 的输出功率相当于 109dB 的声压级，8000 倍的功率储备和 20 倍的响度储备；10mW 的输出功率相当于 100dB 的声压级，1000 倍的功率储备和 10 倍的响度储备。

表 2-3　耳机放大器的声压级、响度储备、功率储备对照表

声压级（dB）	输出功率（mW）	响度储备（倍率）	功率储备（倍率）	对应环境中的声音
113	200	27	20000	近距离雷声
110	100	21	10000	汽笛
109	80	20	8000	中距离雷声
100	10	10	1000	爆竹声
90	1	4.6	100	疾驰的火车（15m）
80	0.1	2.1	10	闹市
70	0.01	1	1	参考基准：聆听级

动圈式耳机的灵敏度通常是 90～105dB/mW，平面耳机是 70～85dB/mW，动铁式耳机是 95～110dB/mW，静电式耳机是 45～60dB/mW。市面上流行的耳机 99% 是动圈式，动铁式耳机的灵敏度比动圈式耳机高约 1 倍，平面耳机的灵敏度比动圈式耳机低约 10～20 倍。普通耳机放大器不能驱动静电式耳机，它必须用专门的差分高压放大器才能驱动。

为什么给电池供电的耳机放大器标定这么宽的功率范围呢？这主要与 IC 的工作电压有关，随着工艺的进步，集成耳机放大器芯片的工作电压越来越低，0.25μm 工艺的典型电压值是 5V；0.18μm 工艺是 3.3V；45nm 工艺是 1.8V；22nm 工艺是 0.9V。现在制造耳机放大器芯片的主流工艺是 50～28nm，工作电压是 1.8V，耳机放大器中的 CMOS 输出级在 1.8V 工作电压下，驱动 32Ω 耳机的最大输出功率是 50mW；未来工作电压降低到 0.9V 时最大输出功率是 12mW。因而，不要担心功率下降会使音量不足，即使输出功率仅 5mW，驱动灵敏度为 90dB/mW 耳机，音量仍是响亮级的 1.7 倍（$5^{1/3}$=1.709）。当工作电压过低不能提供足够的输出功率时，可在芯片里内置 DC-DC 升压变换器，现在许多低电压耳机放大器芯片中已经这样做了。

2. 耳机放大器的输入灵敏度

功率放大器的输入灵敏度概念是表示功率放大器在特定负载下（4Ω、8Ω、32Ω、300Ω）输出达到满功率时（通常是 $THD \geq 10\%$）时输入端的信号电压的大小。它是衡量一台功率放大器在最大不失真功率下的输入电压，输入灵敏度也称功率灵敏度，单位为电压（V）或分贝（dB）。

驱动扬声器的功率放大器通常需要连接前置放大器，输入灵敏度可设计得低一些，为 0dBm（0.775V_{rms}）～6dBm（1.55V_{rms}）。耳机放大器直接连接信源，输入灵敏度要设计得高一些，通常按本章中表 2-1 中声压级与耳朵听感的对应关系，在输入信号电压为 –18dBm（0.1V_{rms}）时音量达到享受级就可以。这样的输入灵敏度，基本上可匹配所有种类的信源，如 CD 的线路输出、FM 收音机、黑胶唱机、MP3 播放器、手机的蓝牙输出等接口。

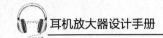

3. 正确应用等响度控制

在小音量播放音乐时，感觉到低音单薄无力，高音暗淡干瘪。这就是听音评价中所说的功率小推不动的情况，必须把音量大幅度提升才能使音域变宽。实际上等响曲线已经启示我们解决这一问题的最佳手段是采用等响度控制，而不是增加驱动功率。早在 20 世纪 60 年代人们就在抽头电位器上用 RC 网络实现了等响音量调节，让高、低音的提升量随着音量降低而增大，这种方法一直沿用了 60 多年，是许多著名音响厂商的保留技术。虽然这种方法只是一种粗糙的补偿，但听感效果却是非常明显的。

为什么现在大多数功率放大器没有等响控制电路呢？问题是抽头电位器的价格比普通电位器略贵一些，等响补偿还要增加 RC 网络的成本。更糟糕的是厂家为了商业竞争，热衷于功率竞赛，家用放大器的输出功率从过去的十几瓦膨胀到现在的几百瓦，如此一来，大功率放大器的小音量使用的机会就不多了。是敏感的成本控制和不理性的商业竞争把如此有用的技术丢进了垃圾桶。

音源数字化后，音量控制通常是用 DSP 来实现的，多数编写 DSP 程序的软件工程师并不了解等响补偿技术，甚至不了解音量控制的对数关系，造成数字音量控制效果不如电位器的假象。

数字音量控制技术远比指数电位器复杂，降低音量是用截短音频数据的有效字长实现的，字长越短，音量越小，信噪比也越低。当数据真值小到与截短误差可比拟时就会产生非线性失真，这与数码相机中的数字变焦原理相同，故称数字变焦效应。要减小和消除这种效应需要提升采样滤波和高频颤抖（dither）技术。实现数字等响控制则要根据等响曲线编制一个查找表，在不同的输出电平上确定低频和高频的提升量。

最近几年，芯片设计产商在音频 DAC 和音频 CODEC 芯片中优化了数据截短算法，还设计了精确的等响控制、EQ、虚拟环绕声等音效处理软件，以底层驱动的形式提供给整机生产商，使等响控制技术这一古老的技术获得新生。

不过，在动态范围较小的放大器中滥用等响控制技术会造成过载失真。耳机放大器是一个微功率放大器，尤其是在深亚微米级（0.25～0.05μm）和纳米级（<50nm）集成工艺的耳机放大器芯片中，由于工作电压低，放大器的动态范围小。例如，1.5V 工作电压的放大器比 15V 工作电压的放大器的动态范围小 20dB，等响控制的起控电平也要随之降低 20dB，否则，音量稍大就会在高、低频段引起限幅失真。

4. 避免过大的输出功率

作者一直提倡用声压原理和耳机的灵敏度为依据设计耳机放大器的输出功率，不要盲目跟风增加输出功率，推荐交流供电的台式耳机放大器额定输出功率为 200mW，电池供电的便携式耳机放大器额定输出功率为 10～80mW，这样已经预留了足够的功率储备。经常能看到一些耳机放大器产品说明书上写着额定输出功率 2W，有的甚至高达 10W。这种不科学的过度设计，只会造成资源浪费和给耳朵带来安全隐患。

对聆听者来讲，耳朵的健康和人身安全比享受音乐更重要。用耳机欣赏音乐需要文化修养，要用心感受音乐的旋律、演唱特色和录音技巧等细节，捕捉丰富的层次和对比微小的差异。而这些特色只有在小音量时才能完美地展现出来，而不会被大音量的掩蔽效应所屏蔽。故用耳机听声要养成良好的习惯，时刻牢记保护好耳朵和不影响他人。

2.3.3 增益原则

1. 根据 DAC 的满度输出和电源电压设计闭环增益

（1）DAC 的满刻度输出电压

数字音源的普及使功率放大器的增益概念发生了变化，在模拟音源时代，从信源到扬声器之间有两个放大器，一个是前置放大器，另一个是功率放大器，也称作前级和后级。它们的分工是前置完成小信号调理，后级完成功率驱动，就是业界所说的前级出声，后级出力。合并式功率放大器只是把前置放大器和功率放大器放置在一个机箱里，电路结构并没有改变。一些廉价的功率放大器省去了前置放大器，电压增益直接由功率放大器提供。

在数字信源时代，音频数据存储在 CD、U 盘或计算机硬盘中，通过同轴接口、光纤维接口、USB 或蓝牙无线发射器输出 PCM 数据。功率放大器不能直接从这些存储介质和信号接口中获得信号，而是要通过音频解码器间接获得，故功率放大器的信源都来自 DAC。音频 DAC 有两种类型，电压型和电流型。从原理上讲电压型 DAC 能直接输出音频电压信号，而电流型 DAC 只要在输出端对参考地接一个电阻，也能把输出电流转换成输出电压。问题是 DAC 的工作电压很低，而且随着集成电路线宽的缩小工作电压会越来越低，故这两种方式都不可能获得比 DAC 工作电压高的满度输出电平，需要在电压型 DAC 之后连接前置放大器；在电流型 DAC 之后连接 I/V 转换器，如图 2-30 所示。这样就可以灵活选择信源的输出电平，工作电压在 $\pm 2.5\text{V}$ 下的前置放大器或 $I\text{-}V$ 转换器，线性最好的区域是 $0.1 \sim 1.2\text{V}$；工作电压在 $\pm 12\text{V}$ 时，线性最好的区域能扩展到 $0.1 \sim 4.5\text{V}$。故数字音源的输出电平都比较高，如 CD 的输出电平通常可达到 1.5V_{rms}。

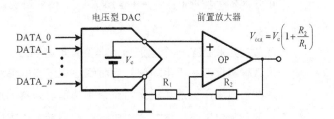

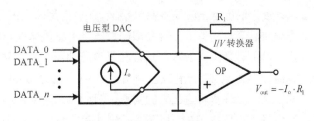

图 2-30　音频 DAC 输出接口

（2）功率放大器的最大输出电压

通常音频功率放大器是用正弦波的幅度来描述最大输出电压的，而正弦波的幅度常用峰值幅度、峰峰值幅度、有效值幅度和平均值幅度来描述，首先来看以下几个名词的定义。

1）峰值和峰峰值

峰值 V_{p} 是指信号在一个周期里的最大瞬时绝对值，定义为：

$$V_{\text{p}} = \left| u\left(t \right) \right|_{\max} \quad \left(-\frac{T}{2} \leqslant t \leqslant \frac{T}{2} \right) \tag{2-41}$$

式中，$u(t)$ 为信号的瞬时值。

峰峰值 V_{pp} 是指信号在一个周期内的最高值和最低值之间差的值，就是最大和最小之间的范围。对于正弦波来讲，$V_{\text{pp}}=2V_{\text{p}} \approx 2\sqrt{2}\,V_{\text{rms}} \approx 1.273 V_{\text{avg}}$，这个公式值得电学工程师牢牢记住，会终身受益。

2）有效值

有效值 V_{rms} 是从能量角度衡量交变电压或电流的大小。以电压为例，把直流电压和交变电压分别加热相同的电阻，使它们在相同的时间里产生的热量相等，就可以把直流电压的数值规定为交变电压的有效值。如果交变电压是正弦波，可用瞬时值的平方平均值的平方根表示：

$$V_{\text{rms}} = \sqrt{\dfrac{\int_{-T/2}^{+T/2} u^2\left(t \right)\mathrm{d}t}{T}} \tag{2-42}$$

式中，V_{rms} 是信号在一个周期里的有效值，$u(t)$ 为信号的瞬时值。

正弦波的有效值 $V_{\text{rms}} = \dfrac{V_{\text{p}}}{\sqrt{2}} \approx 0.707 V_{\text{p}}$，也就是说 0.707V 的直流电与 $1V_{\text{p}}$ 的正弦波在一个周期里所

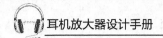

做的功相等。

注意，有效值概念只针对电压和电流，功率计量中没有这个概念。

3）平均值

这里所说的平均值 V_{avg} 是指交变信号在一个周期里的直流分量，也就是交变信号经过全波整流后的平均值，定义为信号在一个周期里的最大瞬时绝对值的平均值：

$$V_{avg} = \frac{\int_{-T/2}^{+T/2} |u(t)| \, dt}{T}$$ （2-43）

式中，V_{avg} 是信号在一个周期里的平均值，$u(t)$ 是信号的瞬时值。

正弦波的平均值 $V_{avg} = \frac{4V_{pp}}{\pi} \approx 1.273V_{pp}$，也就是说 $1V_{pp}$ 的正弦波经过全波整流和滤波后的直流电压是 1.273V。

注意，如果 DIY 一个全波整流器并用电容滤波，空载输出电压等于峰值；满载输出电压等于平均值；过载输出电压小于平均值；有载输出电压在峰值和平均值之间。

现在可以利用上述名词来讨论音频功率放大器的最大输出电压，也称最大输出摆幅。直观地从电路上看最大输出电压取决于电源电压，大约等于电源电压减去输出管的导通饱和压降，如果输出管是双极性晶体管，饱和压降为 0.1～0.3V；如果输出管是 MOS 管，饱和压降为 0.4～0.6V。如图 2-31 所示，最大输出电压就是限幅电平 V_{lim}。也就是输出信号的峰值电压 V_p，不过在 $V_p = V_{lim}$ 时波形已处于临界限幅状态，稍有上升就会限幅，一旦产生限幅失真就会急剧增大，故最大输出电平一般取得更小一些，例如，取 $V_{cc}=2.5V$，这样在高电压情况下，对动态和线性几乎没有影响，在 ±15V 电压下，最大峰值输出为 12.5V，有效值输出约为 9V。驱动 600Ω 的耳机仍有 135mW 的输出功率。在电池供电情况下，不允许留有这么大的裕量，例如放大器用 3V 供电，最大输出电压在 2.4V 以下；用 0.9V 供电，最大输出电压在 0.3V 以下，输出功率、线性和动态范围等指标均会受到较大影响，故低压耳机放大器的设计充满挑战。如果选择低阈值的有源器件仍不能满足要求时就需要用 DC-DC 升压技术获取较高的工作电压。

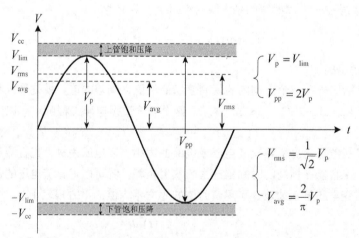

图 2-31　峰值电压、峰峰值电压、有效值电压和平均值电压

在电子管时代，把 $0.775V_{rms}$ 电压在 600Ω 电阻上消耗的功率是 1mW 定义为 0dBm，由于电路分析中常用电压量而不用功率量，故把 $0.775V_{rms}$ 也称为 0dBm。到了晶体管时代，为了降低接口的损耗，流行做法是恒压源驱动恒流源，信源阻抗 600Ω 的接口标准已极少使用了，但 0dBm 作为测量电平的

参考基准仍在使用。在消费类电子中，更普遍的方法是用 0dBv 作为测量电平的参考基准。

（3）耳机放大器的闭环电压增益

耳机放大器的闭环电压增益取决于 DAC 的满刻度输出电平和耳机放大器的电源电压，设 DAC 的满度输出电平为 V_{0dB}，耳机放大器的限幅电平是 $V_{\lim}$，耳机放大器的闭环电压增益为：

$$A_{v\_clos} = 2\lg\left(\frac{V_{\lim}}{V_{0dB}}\right) \qquad （2\text{-}44）$$

根据 $V_{\lim}$ 和 V_{0dB} 的大小，闭环电压增益分为以下三种情况。

1）如果 $V_{\lim}=V_{0dB}$，则 $A_{v\_clos}=1$，耳机放大器中不需要电压放大器，只需要一个电流放大器就行了。

2）如果 $V_{\lim} > V_{0dB}$，则 $A_{v\_clos} >1$，耳机放大器中需要一个电压放大器和一个电流放大器。

3）如果 $V_{\lim} < V_{0dB}$，则 $A_{v\_clos} <1$，耳机放大器中需要一个电压衰减器和一个电流放大器。

根据上述情况，在一个锂电池和两节 AAA 电池供电的集成耳机放大器、OP 耳机放大器和分立元器件耳机放大器中，闭环电压增益通常为 0.3 ~ 2 倍（−10 ~ 12dB）。放大器闭环电压增益小于 1 会产生不稳定问题，故通常是在单位增益放大器之前设置无源衰减器获得负增益。在市电供电情况下，为了获得高动态域通常用 ±9 ~ ±20V 的电源电压给耳机放大器供电。只有在这种情况下耳机放大器才需要正电压增益，驱动低阻耳机需要 3 ~ 10 倍（10 ~ 20dB）的闭环电压增益，驱动高阻耳机需要 10 ~ 20 倍（20 ~ 26dB）的闭环电压增益，具体数值用式（2-44）来计算。

2. 根据性能指标设计开环增益

虽然耳机放大器所需的闭环增益很小，却没有降低对开环增益的要求。这是因为耳机的线性指标比扬声器高一个数量级，为了发挥耳机的优势，耳机放大器比扬声器功率放大器的线性也要提高相同的倍数。高开环增益的放大器在低闭环增益应用时更容易产生稳定性问题，需要更复杂的相位裕度补偿方法，故耳机放大器的拓扑结构比扬声器功率放大器更复杂。

耳机放大器的设计目标是以 CD 为参考标准的，CD 有小于−90dB 的线性，它的最大总谐波失真度 $THD=10^{-90/20}=0.00316\%$，设计时留有余量，把目标值定为 0.001%（−100dB）。假设放大器的开环 $THD=10\%$，闭环 $THD=0.001\%$，根据反馈原理，这个耳机放大器所需要的反馈深度为：

$$1+\beta A_o = \frac{THD_{open}}{THD_{close}} = \frac{10}{0.001} = 10000 \qquad （2\text{-}45）$$

当闭环增益为 1 倍、2 倍和 10 倍时，耳机放大器所需要的开环增益分别为：

$$A_o = A_v\left(1+\beta A_o\right) = 1\times10000 = 10000$$
$$A_o = A_v\left(1+\beta A_o\right) = 2\times10000 = 20000 \qquad （2\text{-}46）$$
$$A_o = A_v\left(1+\beta A_o\right) = 10\times10000 = 100000$$

计算表明耳机放大器在 1 倍（0dB）、2 倍（6dB）和 10 倍（20dB）闭环增益下，要获得 0.001%（−100dB）的总谐波失真，所需的开环增益分别是 10000 倍（80dB）、20000 倍（86dB）和 100000 倍（100dB）。这些要求对于现代设计水平和有源器件来讲算不上高标准，因为普通的 IC 工程师就有能力设计开环增益为 120dB 的放大器，商品 OP 的开环增益可达到 140dB。如果有更好的稳定性补偿技术，开环增益达到 160dB 也是可能的。

2.3.4 高保真原则

从文字上看，高保真是一个衡量线性度的术语，要求放大器的输出信号与输入信号高度相似。但放大信号的有源器件都是非线性器件，只能用技术手段把失真减小，并不能完全消除失真。故高保真在工程上是一个相对概念，在电子管时代把失真度不大于 1%作为衡量高保真的标准，在晶体管时代是 0.1%，到了数字化时代把 CD 的三大指标：失真度、信噪比、动态范围作为高保真的标准。本节主要探讨在耳机放大器中如何以 CD 为基准进行高保真设计的方法。

1. 耳机放大器的线性

平常所说的放大器线性就是其传输特性接近直线的程度，线性的反义词是畸变或非线性失真。功率放大器中会产生 8 种失真，其中起决定作用的有 3 种：波形合成产生的交越失真、电源电压引起的削顶失真和转换速率不够引起的高频失真，这些失真都可以用总谐波失真 THD 来计量。从能量转换角度来看，总谐波失真度的定义为全部谐波能量与基波能量之比的平方根值，即：

$$THD = \sqrt{\frac{P - P_1}{P_1}} = \sqrt{\frac{\sum_{n=2}^{\infty} P_n}{P_1}}$$ （2-47）

式中，P 是信号总能量，P_1 是信号的基波能量，P_n 是信号的第 n 次谐波能量，它们的单位都是 W。

用能量定义的 THD 虽然物理概念清楚，但在工程上测量能量比较麻烦。在纯电阻负载条件下，THD 也可以用基波电压（电流）和谐波电压（电流）的有效值表示，即：

$$THD = \frac{\sqrt{U_2^2 + U_3^2 + \cdots + U_n^2}}{U_1} \times 100\%$$
$$= \frac{\sqrt{\sum_{n=2}^{\infty} U_n^2}}{U_1}$$ （2-48）

式中，U_1 是信号的基波电压的有效值，U_n 是信号的第 n 次谐波电压的有效值，它们的单位都是 V。

信号总是与噪声共存的，噪声是随机的，与谐波失真一样，也是我们不需的信号。不同类型的噪声还与频率有相关性，例如白噪声的能量每倍频程会增加 3dB。交流声是 50Hz 或 60Hz 的信号，而且也会产生谐波分量。为了衡量噪声和失真对系统的共同影响，定义了总谐波失真度加噪声为：

$$THD + N = \frac{\sqrt{U_2^2 + U_3^2 + \cdots + U_n^2} + \sqrt{N^2}}{U_1} \times 100\%$$
$$= \frac{\sqrt{\sum_{n=2}^{\infty} U_n^2} + \sqrt{N^2}}{U_1}$$ （2-49）

在各种电信号波形中，只有正弦波具有保真性，通过线性系统时不会产生其他谐波分量，故测试 THD 的方法是在输入信号频率 f=1kHz 正弦波条件下，输出功率等于 1/2 额定输出功率时的 THD 数值作为测试结果，THD 在最大输出功率时允许不大于 10%。统计表明一般人耳对 5%的失真不敏感，故在电子管时代把 1%作为高保真的基准。耳机的线性比音箱好 10 倍，故把 0.1%作为高保真耳机放大器的入门级基准。我们的设计目标是 CD 指标，CD 的 THD=90dB，换算成百分比是 0.00316%，设计要留有余量，这里把耳机放大器的高保真目标定为 $THD \leqslant 0.001\%$。校正失真的方法见 2.3.3 小节。在耳机放大器的高保真三大指标中，$THD+N$ 是最难实现的指标。

2. 耳机放大器的信噪比

在统计学中是把信噪比定义为统计事件的平均值 μ 与标准方差 σ 之比，取对数后表示为：

$$SNR = 10 \times \lg \frac{\mu}{\sigma}$$

$$= 10 \times \lg \left(\frac{\frac{1}{N}\sum_{i=0}^{N-1} x_i}{\frac{1}{N-1}\sum_{i=0}^{N-1} |x_i - \mu|} \right) \tag{2-50}$$

它的物理含义在不同专业里是不同的，在数字信号处理中是采样信号单位时间能量的平均值（功率）与量化产生的平均偏差之比，数字电路中量化偏差可等效为白噪声，于是上式用在放大器中就是输出功率的信噪比表达式。

与 *THD* 一样，在电路中只有在评价负载特性时才关注功率，大部分计算过程中只关心电压和电流，因为功率等于 U^2/R 或 I^2R，于是信噪比公式可以表示为：

$$SNR = 20 \times \lg \frac{\mu}{\sigma^2}$$

$$= 20 \times \lg \left(\frac{\frac{1}{N}\sum_{i=0}^{N-1} x_i}{\frac{1}{N-1}\sum_{i=0}^{N-1} (x_i - \mu)^2} \right) \tag{2-51}$$

$$= 20 \times \lg \left(\frac{信号电压（电流）的有效值}{噪声电压（电流）的有效值} \right)$$

需要注意的是，分母方差 σ^2 在数学上表示为误差平均值的平方，搬到电学上就是电压或电流的直流分量。但电学上的信号还有交流分量，故计算 σ 中的 x_i 和 μ 必须用 *RMS* 值。但大部分电信号波形，如方波、三角波等只知道它的峰值或峰峰值，故必须换算成 *RMS* 值，如三角波 $V_{pp} = \sqrt{12}\sigma$、正弦波 $V_{pp} = 2\sqrt{2}\sigma$、噪声 $V_{pp}=6\sim8\sigma$ 等。

狭义来讲，*SNR* 是指在放大器最大不失真输出功率下信号与噪声的比率，信号来自信源，无论是功率或电压（电流）都隐含了平均值概念。噪声则是放大器自身产生的，除了噪声外放大器还会产生失真，失真和噪声都是误差，但两者的特征不同，失真是有规律的，而噪声则是无规律的。误差有正有负，为了防止正负抵消不能反映正确误差，采用均方值计算。

SNR 可以是通过测量放大器的输出信号和噪声幅度换算出来的，通常的方法是：给放大器一个标准信号，例如 $0.775V_{rms}/1kHz$ 或者 $1V_{pp}/1kHz$，调整放大器的放大倍数使其达到规定 *THD* 的输出功率或幅度，规定 *THD* 通常是 0.01、1% 和 10%，记下此时放大器的输出幅度 V_s。然后撤除输入信号，测量此时出现在输出端的噪声电压，记为 V_n，再根据 $20\lg(V_s/V_n)$ 就可以计算出信噪比了。如果信号和噪声都通过 A 计权滤波器后再进行测量，得到的就是 A 计权信噪比，数值比不计权信噪比值略大一些，A 计权更接近人耳对噪声的听觉响应。

提高耳机放大器信噪比的有效方法是降低各种噪声，例如，选用低噪声电路结构，挑选低噪声器件，限制系统带宽，加强散热，降低工作温度，提高放大器的 *CMRR* 和 *PSRR*。尤其要注意开关电源产生的传导噪声和辐射噪声对放大器的影响，通常传导噪声能用滤波器有效抑制，而辐射噪声能用屏蔽电场和磁场的方法进行衰减。另外，还要重视 PCB 设计，减少布线不合理引起的噪声和干扰。

我们的目标 CD 机的信噪比大于 90dB，设计良好的耳机放大器信噪比可达到 110dB 以上。在耳机放大器的高保真三大指标中，信噪比是第二难实现的指标。

3. 耳机放大器的动态范围

在等响曲线上声音的声压级有 120dB 的动态范围，实际音乐的动态范围并没有这么大，通常在 70dB 以内，如图 2-6 所示。数字音乐录音和节目制作中，动态范围约 96dB，如图 2-7 所示。不过这些图是纯声学考虑，实际放大器的动态范围受限于工作电压、器件的饱和压降和底噪的限制，假设一个 BJT 放大器的工作电压为 15V、晶体管的饱和压降为 1V，底噪为 30μV，它的动态范围约为 113dB，容得下 CD 音源的动态范围。假设另一个 CMOS 集成放大器的工作电压是 1.2V，场效应管的沟道压降为 0.2V，底噪为 30μV，它的动态范围就缩小到 90dB，容不下 CD 音源的动态范围。极端的情况是今后随着集成工艺制程线宽的缩短，工作电压降低到 0.9V，底噪声增大到 100μv，动态将缩小到 76.9dB。即使这样，仍大于图 2-6 中音乐的动态范围。另外，音频信号的峰值因数较高，为 15 ~ 20dB，如图 2-8 所示。综合这些因数耳机放大器的动态设计在 86 ~ 96dB 基本就能满足放大高保真音乐节目的要求。在耳机放大器的高保真三大指标中，动态范围是最容易实现的指标。

4. 耳机放大器的转换速率

功率放大器的转换速率（SR）也称压摆率，定义为在闭环条件下，将一个阶跃信号加到输入端，在输出端测量到的电压上升速率。由于阶跃信号的上升速率接近无穷大，放大器的分布电容使其具有延时特性，输出速率必然小于阶跃信号的速率，其值只与电容值、开环增益和负载大小有关，与闭环增益无关。显然 SR 决定了放大器对高频信号的还原能力，在高保真耳机放大器中，SR 是比频率响应更重要的指标。

在输出功率和负载已知的条件下，我们可用简单的计算求出放大器对高频信号的还原能力。设耳机放大器的最大输出功率为 200mW，负载为 300Ω，用公式 $V=\sqrt{P \times R}$ 计算，满功率输出电压约为 7.75V_{rms}，峰峰值约为 21.92V_{pp}。正弦波在过零点的速率最快，20kHz 正弦波以过零点的速率计算，从零上升到 21.92V 所用的时间约为 18μs，计算出上升速率约为 1.22V/μs，下降速率与上升速率相同。如果留有 6 倍的裕量，放大器的转换速率应该大于 7.5V/μs，这就是绝大多数音频运算放大器的转换速率大于 8V/μs 的原因。为了确保耳机放大器具有优良的瞬态特性，本书中推荐的最低转换速率是 ±20V/μs，正、负号的意义是上升速率和下降速率应接近或相等。

综上所述，耳机放大器的高保真设计原则很简单，按照 CD 的三个 90dB 指标参数（失真度、信噪比和动态范围）再加上 ±20V/μs 的转换速率设计就可以。在现代的技术条件下，这个原则不难实现。

2.4 耳机放大器的设计方法

2.4.1 选择拓扑结构

1. 电子系统的基本电路模型

方框图是表示电路功能的最简单方式，把代表传输函数的 s 变量写在方框图中，用单向箭头表明信号流程方向就变成电子系统的方框图模块，由于 s 变量是单向的，因而，每个方框图模块也是单向的，有输入端和输出端。方框图有三种基本连接方式：串联、并联和反馈。串联连接表示乘法关系，并联连接表示加法关系，反馈连接表示除法关系，如图 2-32 所示，这些运算法则称为方框图代数。用这三种基本模块组成的系统结构图称为系统的方框图模型，任何复杂的系统都能分解这三种基本模块用方框图代数求解系统的传输函数；反过来讲，用这三种基本模块可组合成任何复杂的系统。许多 EDA 软件提供了各种常用电路的方框图模型，模型的传输函数用多项式给出。用户能方便地利用软件提供的模块搭建自己的系统，也可以自己定义模块。模块运算结果会给出系统的传输函数和波特图等响应，使设计工作变得轻松和简单。

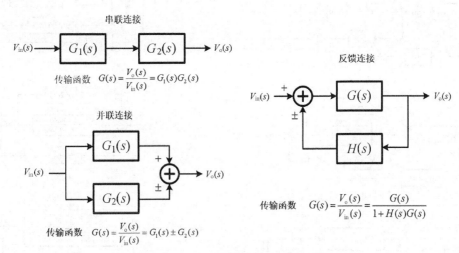

图 2-32　系统的方框图模型和传输函数

在 MATLAB 中，三种基本模型的函数定义如下：

$$[num,den] = series(num1,den1,num2,den2)$$

$$[num,den] = parallel(num1,den1,num2,den2)$$

$$[num,den] = feedbck(num1,den1,num2,den2)$$

式中的行向量 *mun* 和 *den* 是函数的分子系数和分母系数。这些函数只适用于文本编程，在 Simulink 和 Pspice 中提供了方框图模型的可视化仿真，不用编程就可用方框图直接搭建系统和进行仿真分析。

下面用一个例子来说明方框图代数化简系统结构的方法。图 2-33（a）所示的是一个由 $G_1(s)$、$G_2(s)$ 和 $G_3(s)$ 组成的三级放大器，为了使放大器稳定加了 $H_1(s)$ 和 $H_2(s)$ 两级嵌套式负反馈，为了改善线性和动态范围加了两级前馈 $F_1(s)$ 和 $F_2(s)$。这种稳定性补偿方法称为嵌套式跨导电容补偿，简称 NGCC。下面用方框图代数和传输函数化简模块的结构，最后求出化简后系统的传输函数。

第一步：用反馈模块运算法则把方框图 $G_3(s)$ 和 $H_1(s)$ 合并，再用串联模块运算法则与 $G_2(s)$ 相乘，得到模块 $L_1(s)$，如图 2-33（b）所示。

第二步：把加法器 D_1 移动到 $G_1(s)$ 模块的前面，为了确保逻辑不变，模块 $H_2(s)$ 除以 $G_1(s)$，得到模块 $L_2(s)$，如图 2-33（c）所示。

第三步：把节点 N_2 移动到 $G_1(s)$ 模块的前面，为了确保逻辑不变，模块 $F_1(s)$ 除以 $G_1(s)$，得到模块 $L_3(s)$。并把加法器 D_3 合并到加法器 D_4 中去，如图 2-33（d）所示。

第四步：用模块串联法则把 $G_1(s)$ 与 $L_1(s)$ 相乘，然后再用模块并联法则把相乘的积与 $L_3(s)$ 相加，得到模块 $L_4(s)$，如图 2-33（e）所示。

第五步：用模块反馈法则把模块 $L_2(s)$ 和 $L_4(s)$ 合并，得到模块 $L_5(s)$，如图 2-33（f）所示。

第六步：用模块并联法则把 $L_5(s)$ 和 $F_2(s)$ 合并，得到最简系统单模块图，如图 2-33（g）所示。到此，NGCC 放大器的模块化简完成，框图中标示的表达式就是这个放大器的传输函数。

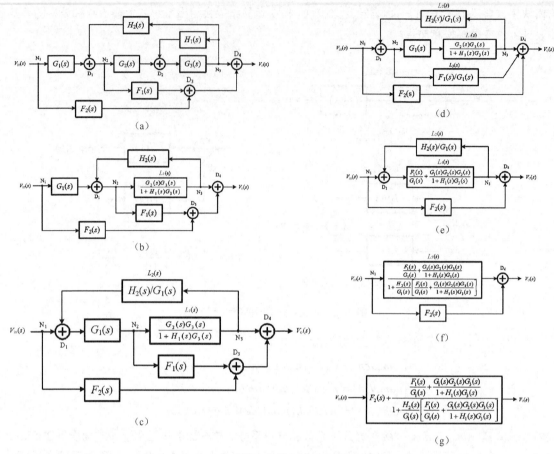

图 2-33　方框图代数化简系统结构的方法图

　　从上述例证我们已初步领略到方框图模型与传输函数的应用方法，它能把一个复杂的模型化简成简单的模型，但随着方框图模型的逐步简化，传输函数的表达式会越来越复杂。在自动控制系统中，模块函数通常用 G、H、F 等字母表示，在电路系统中，模块函数习惯用 α、β 等字母表示。而且模块也演变出多种形状，如三角形、圆形、楔形等。

2. 两级串联电压放大结构

（1）两级电压放大器的基本概况

　　耳机放大器属于小功率放大器，经典的功率放大器是从 OP 结构演化来的，它继承了 OP 两级电压放大和一级电流放大的结构，就是常见的三级结构，方框图模型系统结构如图 2-34（a）所示，由图 2-32 中的串联模型和反馈模型组成，A_0 是放大器的开环增益，β 是反馈系数。图 2-34（b）是实现这一结构的电路方框图，开环增益 A_0 由两级串联跨导 g_{m1}、g_{m2} 提供，缓冲器 Buffer 为负载提供驱动电流。图 2-34（c）所示是实现这一结构的简化电路，跨导 g_{m1} 由差分放大器实现，g_{m2} 由共射极放大器实现，并在这一级进行了密勒补偿，Buffer 缓冲级由图腾柱 AB 类推挽放大器实现，实际电路将在后述第 5 章中的第 5.2 节详细介绍。

　　保守地讲，这种结构能提供的开环增益不小于 100dB，假设耳机放大器所需要的闭环增益为 20dB，那么这种结构还有 80dB 的环路增益用来校正失真。设开环系统的非线性失真为 10%，设定这一误差值是为了模拟晶体管开环放大器所产生的失真。根据负反馈理论，这个系统能得到的线性度为：

$$\frac{THD}{1+A_o\beta} = \frac{10}{10000} = 0.001\%$$

这是这个系统理论计算所能达到的非线性失真度，不排除系统优化后开环增益能提高到 120dB，也不排除在低成本简化设计中会降低到 80dB 以下。因而，非线性失真为 0.01% ~ 0.0001%。可见，即使在开环增益最低的情况下，仍能获得较好的保真度。这就是经典拓扑结构的宽容性，市面上 99% 的晶体管分立元器件功率放大器都是这种结构。耳机放大器是一个音频微功率放大器，晶体管在小信号工作状态下的线性比大功率状态下要好得多，加之耳机的阻抗远高于扬声器，故采用这种结构很容易获得比驱动扬声器的大功率放大器高 10 倍的指标。对于大多数高保真耳机放大器来讲，这种结构就已经足够好，本书中介绍的大部分耳机放大器都采用了这种结构。如果对性能有更高的要求，可选择后述的改进结构。

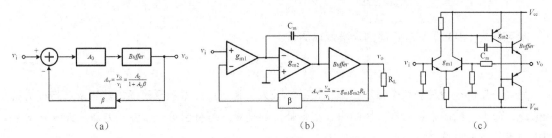

图 2-34　方框图模型系统结构

（2）两级电压放大器的小信号分析

把上述经典结构中的小信号处理电路单独提取出来，建立它的小信号等效电路，虽然没有考虑输出级，这种分析方法仍然是合理的，因为系统的增益全部是由这两级电路提供的，输出级只是在此基础上扩展驱动电流而已。如图 2-35（a）所示，把每一级的分布电容等效成一个 RC 网络连接在输出节点上，g_{m1} 要连接输入信号和反馈信号，并进行减法运算，工作电流很小，故是低增益级。g_{m2} 要放大误差信号和进行稳定性补偿，工作电流较大，是高增益级，放大器的主要增益由这级提供。一级 RC 网络产生的最大相位滞后为 90°，两级 RC 网络串联产生的最大相位滞后为 180°，两级放大器闭环后负反馈就会变成正反馈而发生自激振荡。解决的办法是采用具有超前相位特性的局部反馈校正相位滞后，使之相位滞后距 180° 有一定的冗余度，图 2-35 中跨接在 g_{m2} 输出和输入端的反馈电容 C_m，称为密勒补偿电容。通常 $C_m > C_1$，增加了 C_m 后，g_{m1}、g_{m2} 的性质会发生变化。当 g_{m1} 输出信号为正时要给 C_m 充电；为负时 C_m 要向 g_{m1} 放电，故 g_{m1} 变成一个电压输入-电流输出的跨导放大器。g_{m2} 变成一个积分器，把输入电流积分成输出电压去驱动后极，是一个电流输入-电压输出的跨阻放大器。用这一概念建立的小信号等效电路如图 2-35（b）所示，在这个电路中把第一级放大器的差分输入电压 $v_{i1}-v_{i2}$ 和跨导 g_{m1} 用输入电流 i_s 表示，能有效简化描述方程。

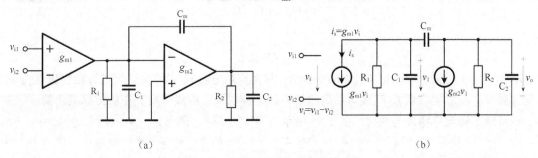

图 2-35　两级跨导和小信号等效电路

根据基尔霍夫定律，可以建立起描述小信号等效电路的联立方程：

$$\begin{cases} -i_{\mathrm{s}} = v_1/R_1 + v_1 C_1 s + (v_1 - v_{\mathrm{o}}) C_{\mathrm{m}} s \\ -g_{\mathrm{m2}} v_1 = v_{\mathrm{o}}/R_2 + v_{\mathrm{o}} C_2 s + (v_1 - v_{\mathrm{o}}) C_{\mathrm{m}} s \end{cases} \tag{2-52}$$

解出式（2-52）中输出电压 v_{o} 与输出电流 i_{s} 之比，可获得跨阻传输函数：

$$\frac{v_{\mathrm{o}}}{i_{\mathrm{s}}} = \frac{-R_2 R_1 C_{\mathrm{m}} s + R_2 R_1 g_{\mathrm{m2}}}{R_2 R_1 \left(C_1 C_{\mathrm{m}} + C_2 C_1 + C_{\mathrm{m}} C_2\right) s^2 + \left[R_2\left(C_2 + C_{\mathrm{m}}\right) + R_1\left(C_1 + C_{\mathrm{m}}\right) + g_{\mathrm{m2}} R_2 R_1 C_{\mathrm{m}}\right] s + 1} \tag{2-53}$$

如果设：

$$\begin{aligned} a &= R_2 R_1 \left(C_1 C_{\mathrm{m}} + C_2 C_1 + C_{\mathrm{m}} C_2\right) \\ b &= R_2\left(C_2 + C_{\mathrm{m}}\right) + R_1\left(C_1 + C_{\mathrm{m}}\right) + g_{\mathrm{m2}} R_2 R_1 C_{\mathrm{m}} \\ c &= \frac{C_{\mathrm{m}}}{g_{\mathrm{m2}}} \end{aligned} \tag{2-54}$$

就可把式（2-53）写成下面的标准传输函数：

$$A_{\mathrm{v}}(s) = \frac{cs + 1}{as^2 + bs + 1} \tag{2-55}$$

如果分母特征方程的两个根不相同，且差异较大，就可用简单的零时间常数法求解特征方程根的近似值，而不用精确求解二次方程的根，密勒补偿的结果正好符合这一条件。方法是先舍弃 s^2 项，得到主极点的近似表达式：

$$\begin{aligned} s_1 &= -\frac{1}{b} = -\frac{1}{R_2\left(C_2 + C_{\mathrm{m}}\right) + R_1\left(C_1 + C_{\mathrm{m}}\right) + g_{\mathrm{m2}} R_2 R_1 C_{\mathrm{m}}} \\ &\approx \frac{1}{g_{\mathrm{m2}} R_2 R_1 C_{\mathrm{m}}} \end{aligned} \tag{2-56}$$

然后再舍弃常数项，把 s^2 降次到 s，得到非主极点的近似表达式：

$$s_2 = -\frac{b}{a} \approx -\frac{g_{\mathrm{m2}} C_{\mathrm{m}}}{C_2 C_1 + C_{\mathrm{m}}\left(C_2 + C_1\right)} \tag{2-57}$$

从分子特征方程可直接求出零点为：

$$s = \frac{1}{c} = \frac{g_{\mathrm{m2}}}{C_{\mathrm{m}}} \tag{2-58}$$

把传输函数中的拉普拉斯算子 s 限制在虚轴范围里，即用 $j\omega$ 代替 s 后可得到频率特性：

$$f_{\mathrm{p1}} \approx -\frac{1}{2\pi\left(g_{\mathrm{m2}} R_2 R_1 C_{\mathrm{m}}\right)} \tag{2-59}$$

$$f_{\mathrm{p2}} \approx -\frac{g_{\mathrm{m2}} C_{\mathrm{m}}}{2\pi\left[C_2 C_1 + C_{\mathrm{m}}\left(C_2 + C_1\right)\right]} \tag{2-60}$$

$$f_{\mathrm{z}} = \frac{g_{\mathrm{m2}}}{2\pi C_{\mathrm{m}}} \tag{2-61}$$

从式（2-59）、式（2-60）、式（2-61）看出，随着密勒电容 C_{m} 的增大，零点 f_{z} 和主极点 f_{p1} 将移向更低的频率；而非主极点 f_{p2} 则移向更高的频率，这种现象称极点分离。在极坐标表示的 s 平面上，零、极点随密勒电容增大的变化如图 2-36 所示，当 $C_{\mathrm{m}}=0$ 时，极点 p_1、p_2 的频率分别为 $-1/\left(R_1 C_1\right)$ 和 $-1/\left(R_2 C_2\right)$，随着 C_{m} 的增大，极点 p_1 和极点 p_2 向相反的方向逐渐远离，数值也不仅与 RC 时间常数有关，而且还与跨导 g_{m2} 有关。极点分离对放大器的稳定性补偿是非常有利的，它用简单的方法和低廉的成本解决了放大器中最令人恼火的自激问题。但右半平面的零点（RHZ）是一个不利因素。因为它的幅频特性具有左半平面零点的性质，能使幅度产生 20dB/oct 的上升斜率；但相频特性却具有左半平面极点的性质，能产生最大–90°的相位滞后。这样就会把密勒补偿产生的相位裕度抵消掉，使放大器近似于一个 3 极点滞后系统，如果不进行特殊处理，肯定会产生振荡。

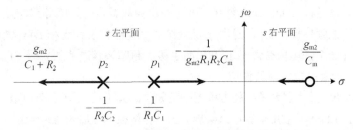

图 2-36　从 s 平面上看零、极点随密勒电容增大的变化

　　从图 2-37 波特图上能直观地观看密勒补偿的情况，曲线是根据计算机仿真的数据绘制的，从 C_m=0.5pF 开始，每步 1pF 增加到 50pF，极点 p_1 从 f_{p1}（A 点）下降到 f'_{p1}（B 点）。极点 p_2 从 f_{p2}（C 点）上升到 f'_{p2}（M）。如果没有右半平面零点 z_r 的影响，p_2 会从 f'_{p2}（D）继续上升到 f''_{p2}（E），显然 z_r 抵消了极点分离的一部分

效果，当 C_m 渐渐增加时，f_z 渐渐减小，在 f'_{p2} 频率处与 p_2 作用相抵消，使 f_{p2} 停止上升。解决的方法设计更大的 g_{m2}，从式（2-61）可看成，f_z 与 g_{m2} 成正比例，增大 g_{m2} 比增大密勒电容 C_m 具有更好的极点分离效果，从式（2-59）和式（2-60）中也能反映出这种效果，它能把 RHZ 推向更高的频率，使它产生的相移影响不到密勒补偿获得的相位裕度，所幸的是双极型晶体管本身跨导很大，RHZ 的影响可以忽略不计，需要注意的是增大跨导意味着增加电路功耗，在分立元器件电路中功耗虽然不是大问题。但在 CMOS 集成电路中，由于 MOS 管的跨导很小，RHZ 会降落到 GBW 以下。也不能用功耗换取带宽，必须用专门技术进行处理。

　　（3）两级电压放大器的应用

　　在集成功率放大器和 OP 设计中普遍是采用单位增益主极点补偿，非主极点频率 f'_{p2} 与单位带宽增益积 GBW 之比等于 1 时可获得 45°的相位裕度，这种补偿方法牺牲了很多的开环增益（见图 2-37 中灰色部分的面积）。因为功率 IC 和 OP 的设计成本很高，成品又无法修改参数，一般均采用这种最保守的补偿方法。更保守的方法使非主极点频率 f'_{p2} 与 GBW 之比等于 3，能获得 72°的相位裕度，频域

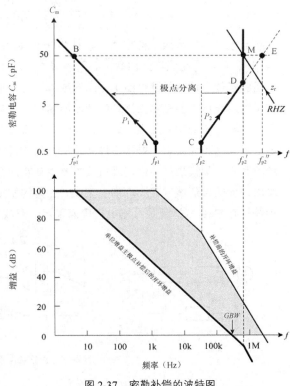

图 2-37　密勒补偿的波特图

过冲是 0dB，时域过冲约 0.04dB。这种补偿方法可获得很高的稳定性，在寄生电容影响和温度变化影响下仍有足够的相位裕度。在 GBW 之内是一个单极点系统，可随意用增益来换取带宽，而不用考虑稳定性问题，即使百分之百负反馈也是稳定的，使用者非常方便。

3. 三级串联电压放大器结构

（1）三级电压放大器概况

　　两级电压放大器结构的开环增益设计指标是 100dB，通过优化电路和挖掘潜能能获得的上限开环增益是 120dB，人类追求尽善尽美的心理愿望是无止境的，现在高精度和高增益 OP 的开环增益已超

过 160dB，那么用这些 OP 直接作耳机放大器不就可以了吗？正如前述 OP 中采用了主极点补偿，160dB 开环增益的 OP，它的主极点频率在 0.1Hz 以下，虽然闭环以后可以用增益换带宽，但幅频特性在频率高于主极点之后，增益以–20dB/dec 斜率下降，在高频段就没有足够环路增益来校正失真，使放大器的高频指标远低于低频指标。OP 的这种不足就给分立元器件设计者和 DIY 爱好者提供了机会，如果用分立元器件设计一个开环增益大于 120dB 而主极点频率又较高的放大器，它的性能指标就有机会超过高增益 OP 和天价商品放大器的性能。

这里介绍的三级电压放大器系统结构方框图模型如图 2-38（a）所示。与两级电压放大器基本相同，只是开环增益要大于 120dB，故用多级放大实现。为了与两级电压放大器结构进行比较，反馈系数 β 取相同的值。图 2-38（b）是这一结构的电路方框图，开环增益由三级串联跨导 g_{m0}、g_{m1}、g_{m2} 提供，缓冲器 Buffer 为负载提供驱动电流，用嵌套式密勒补偿使放大器稳定工作。实际应用电路将在第 5 章 5.3 节中详细介绍。

如果设闭环增益为 20dB，开环系统的非线性误差为 10%，根据负反馈理论，这个系统能得到的线性度为：

$$\frac{THD}{1+A_o\beta} = \frac{10}{100000} = 0.0001\%$$

与图 2-34 两级结构相比，非线性失真小了一个数量级，不排除系统优化后开环增益能提高到 140dB，可获得比经典结构高 100 倍的线性。20 世纪已有一些极品功率放大器采用这种结构，获得了不俗的性能，但也为此付出了高昂的成本。这里讲的成本不是增加了一级放大器的元器件成本，而是在稳定性设计上要采用更复杂的技术所付出的人力和时间成本。读者如果不相信，不妨搭一个三级电压放大器结构的功率放大器试一试，一上电就立即自激，很短的时间里就会烧坏输出功率管。故三级电压放大器首先要解决好稳定性问题后再谈性能的提高。这种结构在大功率放大器中因设计和调试麻烦不利于大规模生产，但在耳机放大器上却相对简单，因为耳机放大器的输出功率很小，调试中烧坏输出级元器件的概率较小。加上 EDA 工具的发展，可进行精确地设计和仿真，成功的概率较高。这种结构在 CMOS 运算放大器中已普遍采用，有成功的设计经验可以借鉴。

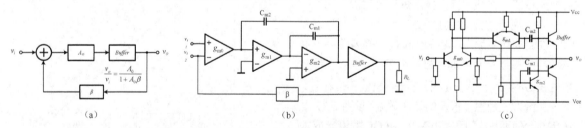

图 2-38　高性能耳机的放大器的拓扑结构

（2）三级电压放大器的小信号分析

把图 2-38 所示结构中的小信号处理电路单独提取出来，建立的小信号等效电路如图 2-39（a）所示，把每一级的分布电容等效成一个 RC 网络连接在输出节点上，三级 RC 网络串联产生的最大相位滞后为 270°，故这种结构在闭环后负反馈就会变成正反馈而立即发生自激振荡，这是必须首先解决的问题。在 CMOS 运算放大器中是采用嵌套式密勒补偿，在这里可以借鉴，如图中跨接在 g_{m2} 输出端和输入端的反馈电容 C_{m1}，称为内环补偿电容。跨接在 g_{m2} 输出端和 g_{m1} 输入端的反馈电容 C_{m2} 称为外环补偿电容，通常 $C_{m1}<C_{m2}$，用这一概念建立的小信号等效电路如图 2-39（b）所示，在这个电路中把第一级放大器的差分输入电压 $v_{i1}-v_{i2}$ 和跨导 g_{m1} 用输入电流 i_s 表示，能有效简化描述方程。

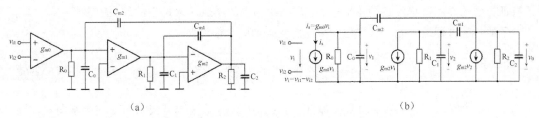

图 2-39 三级电压放大器的小信号等效电路

根据基尔霍夫定律，可以建立起描述小信号等效电路的联立方程：

$$\begin{cases} -i_s = v_1/R_0 + v_1 C_0 s + (v_1 - v_o) C_{m2} s \\ -g_{m1} v_1 = v_2/R_2 + v_2 C_2 s + (v_2 - v_o) C_{m1} s \\ -g_{m2} v_2 = v_0/R_3 + v_0 C_2 s + (v_1 - v_o) C_{m1} s + (v_2 - v_o) C_{m1} s \end{cases} \tag{2-62}$$

解出式（2-62）中输出电压 v_o 与输出电流 i_s 之比，可获得跨阻传输函数：

$$\frac{v_o}{i_s} = \frac{b_2 s^2 + b_1 s + b_0}{a_3 s^3 + a_2 s^2 + a_1 s + 1} \tag{2-63}$$

式中：

$$\begin{aligned} a_3 &= R_0 R_1 R_2 \left[(C_2 C_{m2} + C_0 C_2 + C_0 C_{m2})(C_1 + C_{m1}) + C_1 C_{m1} C_{m2} + C_0 C_1 C_{m1} \right] \\ a_2 &= R_1 R_2 (C_2 + C_{m1} + C_{m2})(C_1 + C_{m1}) - R_1 R_2 C_{m1}^2 + R_0 (C_{m2} + C_0) K \\ &\quad - g_{m1} R_1 C_{m1} C_{m2} R_0 R_2 - R_0 R_2 C_{m2}^2 \\ a_1 &= K + R_0 (C_{m2} + C_0) + g_{m1} R_1 g_{m2} R_2 R_0 C_{m2} \\ K &= R_2 (C_2 + C_{m1} + C_{m2}) + R_1 (C_1 + C_{m1}) + R_1 C_{m1} g_{m2} R_2 \\ b_2 &= R_0 R_1 R_2 C_{m2} (C_1 + C_{m1}) \\ b_1 &= (g_{m1} R_1 C_{m1} + C_{m2}) R_0 R_2 \\ b_0 &= -R_0 g_{m1} R_1 g_{m2} R_2 \end{aligned} \tag{2-64}$$

这个方程有 3 个极点和 2 个零点，分母的特征方程是一元三次方程，用手工方法求解非常困难，借助 Symbolic Math 虽然能解出方程的根，但仍然看不到有用的结果。忽略一些次要因素进一步化简后得到 s 域的 3 个极点为：

$$s_1 \approx -\frac{1}{a_1} = -\frac{1}{g_{m1} g_{m2} R_0 R_1 R_2 C_{m2}} \tag{2-65}$$

$$s_2 \approx -\frac{a_2}{a_1} = -\frac{g_{m1} g_{m2}}{(g_{m2} - g_{m1}) C_{m1}} \tag{2-66}$$

$$\begin{aligned} s_3 &\approx -\frac{a_1}{a_3} \frac{1}{s} = -\frac{g_{m1} g_{m2}}{C_1 C_2 + C_{m1} C_1 + C_2 C_{m1}} \cdot \frac{(g_{m2} - g_{m1}) C_{m1}}{g_{m1} g_{m2}} \\ &= -\frac{(g_{m2} - g_{m1}) C_{m1}}{C_1 C_2 + C_{m1} C_1 + C_2 C_{m1}} \approx -\frac{g_{m2} - g_{m1}}{C_1 + C_2} \end{aligned} \tag{2-67}$$

不用求解出极点的频率表达式，仅从式（2-65）、式（2-66）、式（2-67）中就能看出主极点频率 f_{p1} 与 C_{m2} 成反比，而与 C_{m1} 无关；非主极点 f_{p2} 与 C_{m1} 成反比，而与 C_{m2} 无关；非主极点 f_{p3} 与 C_{m1} 的相关性不大，在一定的条件下可以忽略，而且也与 C_{m2} 无关。通过选择使 $f_{p1} < f_{p2} < f_{p3}$，并使 f_{p3} 远离单位

增益频率，放大器就可等效成一个两极点系统。不过这仅是从分母特征方程得到的结论，并没有考虑分子特征方程的零点影响，我们并不担心 s 左半平面内的零点，最担心的是 RHZ。

分子的特征方程是一元二次方程，用化简法得到两个根为：

$$s_{1,2} = -\frac{g_{m1}}{2C_{m2}}\left(1 \pm \sqrt{1 + \frac{4g_{m2}C_{m2}}{g_{m1}C_{m2}+1}}\right) \qquad (2\text{-}68)$$

结果，一个零点在 s 左半平面里，幅值大于 $g_{m1}/（2C_{m2}）$。另一个零点在 s 右半平面里，幅值小于左半平面的零点，这就是我们担心的 RHZ。如果 RHZ 的值小于或等于 $|s_2|$ 频率，RHZ 引起的负相位偏移就会减小闭环后的相位裕度。因而，三级电压放大器的稳定性整定工作会很复杂，这就是在功率放大器很少应用的原因。幸运的是我们可以把三级电压放大器结构的耳机放大器等效成一个模拟低通滤波器，借用滤波器设计理论和 EDA 工具设计这种高性能放大器。

（3）三级电压放大器结构极点位置的整定原则

在三级电压放大器结构的功率放大器中，主极点决定单位增益带宽积 GBW，非主极点与 GBW 的距离决定放大器的稳定性。把非主极点与 GBW 的比值对应的相位裕度绘制成曲线，如图 2-40 所示。可以看出，非主极点距单位增益频率 ω_{UG} 越远，稳定性越高，但静态电流越大。如果要获得 60° 的相位裕度，有几个选择方案，如 $\omega_2/\omega_{UG}=3$，$\omega_3/\omega_{UG}=5$ 和 $\omega_2/\omega_{UG}=2.5$，$\omega_3/\omega_{UG}=7$。为了兼顾瞬态特性和稳定性，在分立元器件功率放大器中通常选择 $\omega_2/\omega_{UG}=2$，$\omega_3/\omega_{UG}=4$，单位增益闭环波特图会具有巴特沃斯低通滤波器特性，有 50° 的相位裕度。在 OP 和集成功率放大器设计中通常选择 70° 的相位裕度。这是因为相位裕度越大，放大器越稳定但也更加迟钝。在分立元器件放大器中，在整个设计和调试过程中随时可以重新整定相位裕度。为了获得较高的转换速率，宁愿牺牲一些稳定性冗余度。如果发现稳定性冗余不够，随时可加大补偿电容。在 IC 设计中，只能在设计阶段整定相位裕度，一旦流片后发现相位裕度不够，就得报废已经制成的芯片从头开始设计，没有机会在后期更改设计，故宁愿牺牲一些转换速率也要获取任何条件下的稳定性。相位裕度是用静态功耗换取的，在低功耗 IC 设计中，还要折中功耗和相位裕度的关系。

（4）三级电压放大器的应用情况

在功率放大器鼎盛的 20 世纪 70 年代，一些厂商为了取得市场竞争优势曾推出过三级电压放大器结构的高性能功率放大器，最有名的是每声道输出功率为 110W 的山水 BA-F1，以 0.008% 的线性和 200V/μs 的转换速率获得了不俗的成绩，当时给人们留下的深刻的影响。后来随着半导体器

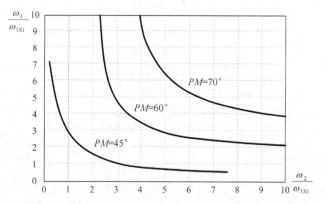

图 2-40 非主极点与单位增益带宽积比值对应的相位裕度曲线图

件的进步，两级电压放大器结构已经可以满足绝大多数人的需求，故在功率放大器中三级结构逐渐被人们所遗忘。但在低功耗 CMOS 放大器设计领域，这一技术一直得到广泛应用，而且已发展到炉火纯青的地步。这是因为 MOS 晶体管的跨导本身就很低，工作在低压微电流条件下跨导会进一步减小。为了获得足够的增益，多级电压放大器是唯一有效的方法。陆续出现了 NMC、NGCC、NMCF、MNMC、TCFC 等多种嵌套式补偿技术。今天，Hi-Fi 无损音乐播放器兴起，迫切需要线性更好的耳机放大器。在第 5 章中我们将尝试用三级电压放大器结构来设计性能优良的分立元器件耳机放大器。

4. 并联结构

（1）并联结构的基本类型

由于并联模块的传输函数等于单个模块的传输函数之和，利用这一特性可以提高放大器的某些性能。如果两个模块是电压放大器，并联后的输出电压加倍；如果两个模块是电流放大器，对同样的负载驱动电流会加倍。

并联放大器分为局部并联和全局并联两种结构，局部并联又分为前部并联和后部并联两种类型，前部并联如图 2-41（a）所示，如互补差分放大器。后部并联如图 2-41（b）所示，如 BTL 输出级。全局并联放大器如图 2-41（c）所示，通常用于全差分放大器，具有抑制共模信号的能力。

在 D 类放大器中，能用更多的通道并联成多相放大器，2^N 个通道并联后等效于 N 比特 PWM 调制，能有效地降低载波频率和减少电磁辐射。在输出功率为千瓦和万瓦级的厅堂和舞台放大器中，基于多通道并联的功率合成技术是获得大功率输出的有效方法。

图 2-41（d）结构是一个特殊的并联结构，一个电压放大器和一个电流放大器通过乘法器并联，合成输出就是功率，这是 S 类放大器的结构模型，详细的工作原理将在第 8 章中介绍。

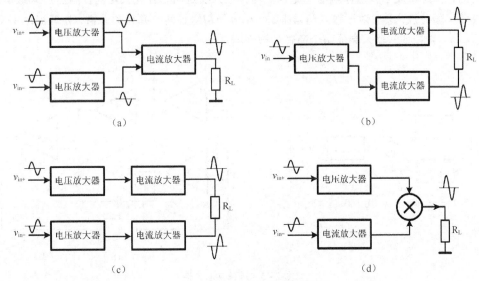

图 2-41 各种并联结构的放大器

（2）单端输入并联输出结构

这种结构是上述图 2-41（b）的应用实例，如图 2-42 所示。从图 2-42（a）看出这是一种后端局部并联结构，提供电压增益的 $G_1(s)$ 是单通道，增益远大于 1。提供电流增益的 $G_2(s)$ 和 $G_3(s)$ 是并联双通道，电压增益略小于 1，故这种结构的开环增益与单端相同，优点是电压效率提高了一倍，并且提供了平衡输出。也就是说，在相同的工作电压下，负载上能获得 4 倍的功率。在单电源供电的情况下，负载两端的直流电平相等，可以省去两个体积大的隔直电容器，故称为无变压器平衡放大器（BTL），经常用在低压集成功率放大器中。

为了驱动平衡式耳机，有人用这种廉价方法为播放器增加平衡接口。电路结构如图 2-42（b）所示，A_0 进行电压放大，两个并行的 *Buffer* 进行电流放大，其中一个的输入信号极性相反。

还有一种虚拟地耳机接口，也是这种结构的变通应用，只不过其中一个缓冲器只提供平衡的直流电平替代参考地电平，用作信号的返回通道，目的是去掉输出耦合电容，并不放大信号。

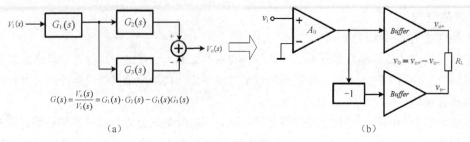

图 2-42　BTL 的模型和结构

（3）并联输入单端输出结构

另一种局部并联结构如图 2-43 所示，$G_1(s)$ 和 $G_2(s)$ 是并联电压放大器，$G_3(s)$ 是电流放大器，这种结构能使开环增益翻倍，输出功率和单通道放大器相同，图 2-43（b）是实施方法。这种结构有悠久的历史，最常见的是低噪声放大器，见第 6 章中的图 6-23 所示电路。自从 20 世纪 70 年代制造出对称性更好的孪生互补小功率晶体管后，有人把差分放大级和电压放大器也设计成推挽结构，以获取更大的动态范围，于是出现了直流单端对称结构。差分放大器是两个互补长尾对，电压放大级是互补的两个共射或两个差分放大器。对于输入信号来讲，小信号前级是两个并行的通道，处理极性相反的信号。输出级是一个 OCL 加法器，完成两个通道的波形合成。

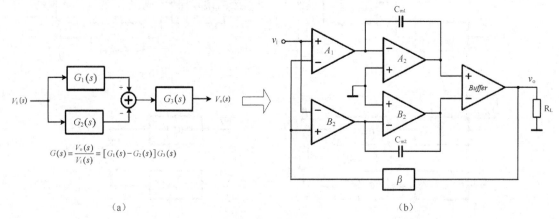

图 2-43　局部并联结构

这种结构也可以这样简单理解：如果输入一个正弦波，A 通道放大器放大正半周信号；而 B 通道放大器放大负半周信号，然后在输出级上合成一个完整的波形。这种结构从电路上看似非常完美，但存在一个问题，A 通道和 B 通道要完全对称，否则就会产生失真。由于器件参数的参差性，要做到两个通道参数完全一致比较困难。折中的方法是把小信号通道设计成 A 类工作状态，这样一来这种结构动态大的优点就不存在了，与单通道放大器相比，只是增益提高了一倍，付出的代价却是复杂性明显提高。一倍的增益提升在非对称单通道放大器中很容易获得，得到的好处和付出的代价不成正比。另外，这种结构会产生新的零、极点，使稳定性的整定变得很困难。因而，这种结构只有爱好者喜欢 DIY，在规模化生产中几乎没有应用。

（4）全差分平衡结构

全差分结构是比较完美的对称结构，如图 2-44 所示。从自动控制理论可知，图 2-44（a）是并联结构，输出是两个通道之和或者之差。设计上全差分结构的两个通道是完全相同的，在输出端进行减法运算。如果两个输入信号是幅度相同、相位相反的差模信号，则负载上的电压加倍；如果两个输入信号是幅度相同、相位也相同的共模信号，则负载上的电压为零。这是全差分平衡结构的最大特点。

基于这一特点，全差分平衡结构具有 3 大优势：共模抑制比高、电源利用率高、谐波失真小。

外部干扰和噪声耦合到差分放大器的双信号线上是以共模电压形式出现，正、负电源的纹波和噪声通常也具有共模特性，差分放大器的共模抑制比（$CMRR$）通常有几十至一百多分贝，设计良好的全差分放大器基本上能免受外部噪声干扰。差分信号在两个通道上幅度相同，相位相反。输出电压摆幅是单端信号的 2 倍，负载上获得的功率是单端信号的 4 倍。减法运算能抵消偶次谐波，输出信号中只含有奇次谐波。图 2-44（b）、图 2-44（c）是这种结构的实现方法，图 2-44（b）电路是在一个通道中实现差分放大，对元器件的匹配度要求很高，多用在集成电路中。图 2-44（c）是用两个相同的独立通道作差分放大器，通常用在分立元器件差分平衡放大器中，可以通过调整外部元件的参数达到参数匹配，实际电路见第 6 章中的图 6-55。

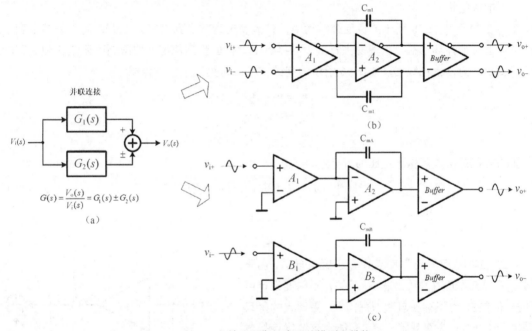

图 2-44 全差分平衡放大器的模型和结构

（5）复合结构

当一个信号处理模块不能提供系统所需要的性能时，可用两个模块组合成更复杂的结构，互相取长避短，使复合放大器的性能具有 1+1>2 的效果。复合结构是一个广义概念，不但包含方框图模块的逻辑复合，也包含各种有源器件的混杂使用。例如，图 2-45 所示的是一个两层复合结构方框图，第一层是除法模块（全局负反馈）中嵌套了乘法模块（串联结构），第二层结构是在两个乘法模块中又嵌套了除法模块（局部负反馈）。$G_1(s)$ 是电子管组成的，$G_2(s)$ 是由 JFET 和 BJT 组成的。

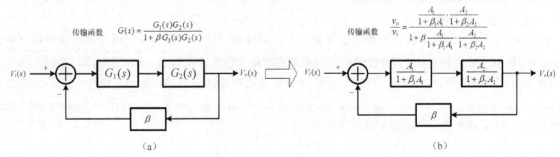

图 2-45 两层复合结构方框图

用 OP 设计高性能耳机放大器时会用到复合结构，例如，用 OP 和晶体管混合扩展输出电流，低压 OP 与高压 OP 组合应用获得高开环增益，还有 CMOS 运算放大器与 BJT 运算放大器组成应用获得低功耗等等。这些方法将在第 6 章中介绍。

在电子管耳机放大器中，现在流行的混杂设计是用电子管作电压放大器，用晶体管作电流放大器。这样既能充分发挥电子管输出电压摆幅大、听感好的优势，又能利用晶体管输出电流大、输出阻抗低的优势，省略掉昂贵的输出变压器。

5. 误差校正结构

现代晶体管和集成电路放大器都是建立在负反馈理论基础上的，在自动控制技术中，除了负反馈外，前馈也可以用来校正误差。

（1）前馈结构

在图 2-34 和图 2-38 所示的负反馈结构中，只能使失真减少到 $1/(1+A_0\beta)$，而不能减少到零。虽然在原理上增加开环增益，就能使失真减少到接近于零，但受到稳定性的限制而无法实现。实际上在负反馈发明之前，就已经出现图 2-46 所示的前馈结构，可列出下面方程组：

$$\begin{cases} v_o = v_a + A_2 v_e \\ v_a = A_1 v_i + v_d \\ v_e = v_i - \beta v_a \end{cases} \qquad (2\text{-}69)$$

从上面的方程组中求解输出电压为：

$$v_o = \left(A_1 + A_2 - A_1 A_2 \beta\right) v_i + \left(1 - A_2 \beta\right) v_d \qquad (2\text{-}70)$$

在式（2-70）中，如果设 $A_2\beta=1$，输出电压可表示为：

$$v_o = A_2 v_i \qquad (2\text{-}71)$$

从式（2-71）可看出失真成分 v_d 已经被抵消，由于输出电压与信号通道的放大器 A_1 无关，不需要设计巨大的开环增益，也不存在自激振荡问题，更诱人的是只要满足平衡条件，失真就等于零。实质上这些优点是数学分析造成的错觉。仔细看看表达式，输出虽然与信号放大器 A_1 和失真 v_d 无关，但与校正放大器 A_2 有关，如何获得理想的 A_2 放大器呢？转了一圈问题又回到了原点。另外，平衡条件 $A_2=1/\beta$ 只能在某个频点或某一频段成立，而难以在音频全频带范围里成立。故前馈结构虽然比负反馈发明还早，也以不同变形在西方多国申请了专利，但却难以在工程上单独实现。

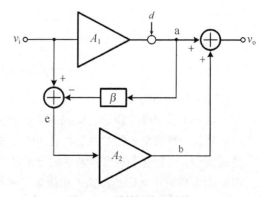

图 2-46 前馈放大器结构

（2）反馈前馈结构

既然前馈无法单独实现，如果与负反馈结合起来又会发生什么情况呢？结合的方法有很多种，图 2-47 是一种结合方案。在负反馈信号处理回路的节点 e 包含输入信号 v_i 和误差信号 v_d，只不过这个误差被变形了［见式（2-75）］，这部分误差就是负反馈不能进一步减小的残余误差，可以由前馈放大器 A_2 提取出来，反向后加在输出端，抵消掉信号中的残余误差。显然，这是一个很自然的想法。根据图 2-47 中的关系，列出下面联立方程组：

$$\begin{cases} v_o = v_a + v_b \\ v_a = v_e + d \\ v_e = A_1\left(v_i - \beta v_a\right) \\ v_b = A_2 v_e \end{cases} \tag{2-72}$$

先从上述方程组中求解出误差信号：

$$v_e = \frac{A_1}{1+A_1\beta}v_i - \frac{A_1\beta}{1+A_1\beta}d \tag{2-73}$$

式（2-73）是负反馈放大器的第一级差分放大器进行减法运算后输出的误差信号，包含被负反馈衰减后的输入信号（等号右第 1 项）和残留的失真信号（等号右第 2 项）。从式（2-72）中进一步求解出负反馈放大器的输出信号 v_a 和前馈校正放大器 A_2 的输出信号 v_b：

$$v_a = \frac{A_1}{1+A_1\beta}v_i + \frac{1}{1+A_1\beta}d \tag{2-74}$$

$$v_b = \frac{A_1 A_2}{1+A_1\beta}v_i - \frac{A_1 A_2\beta}{1+A_1\beta}d \tag{2-75}$$

如果 $A_1\beta>1$，式（2-73）中等号右边第 2 项中就含有可用前馈抵消残余失真的反向电压。如果设置一个平衡条件，调整 A_2 的放大倍数，使：

$$A_2 = \frac{1}{A_1\beta} \tag{2-76}$$

那么 $A_1 A_2\beta=1$，式（2-74）与式（2-75）相加后，失真 d 就会被抵消，放大器的输出电压为：

$$v_o = v_a + v_b = \frac{A_1}{1+A_1\beta}\left(1+\frac{1}{A_1\beta}\right)v_i \approx \frac{1}{\beta}v_i \tag{2-77}$$

这和负反馈放大器输出电压的表达式完全相同，但负反馈放大器中残留有 $\left[1/\left(1+A_0\beta\right)\right]d$ 的失真，而这个混合放大器的残留失真等于零。这种结构曾经被称为超级前馈结构，现在通常称为误差前馈结构。它的出发点是先用负反馈校正放大器的大部分失真，负反馈无法处理的残余失真再用前馈去校正，这一想法巧妙地把负反馈和前馈的优点结合到一起。从式（2-76）看到 A_2 只是一个增益小于 1 的放大器，就可以用参数稳定的无源器件替代有源放大器，有利于在较宽的频带里满足平衡条件，而不用担心参数随温度变化的影响。图 2-48 所示误差前馈实验放大器的典型 *THD* 特性曲线。可以看出，前馈把负反馈补偿中剩

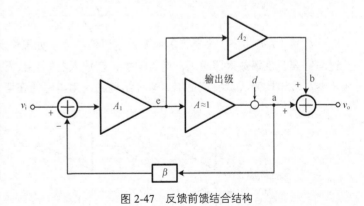

图 2-47　反馈前馈结合结构

余的高频失真全部抵消干净，*THD* 特性曲线在全频段达到同样低的水平，显示出这种方法是提高放大器高频线性的有效手段。这种结构的应用电路将在第 8 章中介绍。

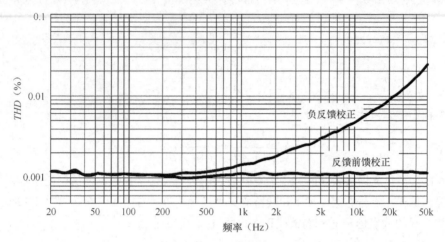

图 2-48　误差前馈实验放大器的典型 *THD* 特性曲线

（3）向后误差校正结构

误差控制的原理是仅对失真进行负反馈，控制模型如图 2-49 所示，–*A* 和–*G* 是主放大器，*d* 是输出级产生的失真，*K* 是辅助放大器，*β* 是负反馈网络。它的想法是先把主放大器产生的失真分离出来，然后把这个失真放置在负反馈环路中，让负反馈把失真校正到足够小。具体方法是把输出信号 V_o 用反馈网络 *β* 衰减到和输入信号相同的幅度后在辅助放大器上与没有失真的输入信号 V_i 相减，得到的 *e* 就是失真信号。后面的处理就和经典负反馈放大器一样。下面用解析方法获得失真最小的条件，这个模型的基本关系是：

$$e = -K \cdot V_i + K \cdot \beta \cdot V_o \tag{2-78}$$

$$V_o = -G(-A \cdot V_i + e) + d = G \cdot A \cdot V_i - G \cdot e + d \tag{2-79}$$

把式（2-78）代入式（2-79）移项整理后得到：

$$V_o = G \cdot A \cdot V_i - \frac{\beta \cdot K \cdot G \cdot d}{1 + \beta \cdot K \cdot G} + d \tag{2-80}$$

等号右边第一项是信号，第二、三项是失真。让这两项相加后等于零，得到下面关系式：

$$\frac{\beta \cdot K \cdot G}{1 + \beta \cdot K \cdot G} = d \tag{2-81}$$

如果 *β·K·G*→∞，失真为零的条件就近似成立。如果设反馈系数 *β*=1/(*A·G*)，则闭环增益等于 1/*β*。这与经典负反馈放大器相同，增益与主、辅放大器的参数无关，只与反馈回路的参数有关，而失真趋于零，应该比传统负反馈更小。这种结构的应用电路将在第 7 章中介绍。

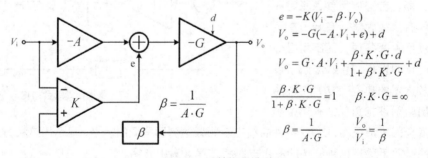

图 2-49　误差控制模型

（4）向前误差校正结构

误差反馈是日本人野吕伸一在 2000 年发表的，英文原名是 NFB for distortion only，简称 D-NFB，中文可译成误差反馈或失真反馈。它的工作原理如图 2-50 所示，假定放大器 A 是理想的，不会产生失真。放大器 G 是非理想的，产生了失真或误差 d。用 A、α 和加法器组成的反馈环检测出当前信号输入时放大器产生的误差，在节点 $-V_1$ 包含输入信号和误差信号。用 A、$-G$、β 和加法器组成的反馈环检测出之前输入信号时放大器产生的误差 d，进行 $b-a$ 运算后，e 中仅包含有误差信号 d，利用负反馈环路把这个误差信号减小到可忽略的程度。

与传统负反馈环路相比，传统方法是把信号和失真一起进行反馈，信号和失真都衰减了（$1+A\cdot\beta$）倍，而误差反馈只把失真衰减了（$1+A\cdot\beta$）倍，而信号放大了 $A\times G$ 倍。这就大大的节约了放大器的资源，提高了增益利用效率。这对开环增益不大的电子管放大器来讲是非常有利的，提供了一个用较少的有源器件获得高增益和低失真的方法。

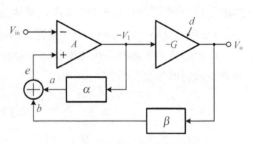

图 2-50　误差反馈的工作原理

下面我们用解析法寻找误差最小的条件，图 2-50 中各节点电压的基本关系是：

$$\begin{cases} e = -V_1 \cdot \alpha + V_o \cdot \beta & ① \\ -V_1 = (e - V_{in})A & ② \\ V_o = G \cdot V_1 + d & ③ \end{cases} \qquad （2-82）$$

把②代入①后得到：

$$e = -V_1(G \cdot \beta - \alpha) + d \cdot \beta \quad ④$$

把④代入②后得到：

$$V_1 = \frac{(V_{in} - d \cdot \beta)A}{(G \cdot \beta - \alpha)A + 1} \quad ⑤$$

把⑤代入③后得到：

$$V_o = \frac{V_{in} \cdot G \cdot A + d(1 - \alpha \cdot A)}{(G \cdot \beta - \alpha)A + 1} \qquad （2-83）$$

在式（2-83）中，当 $\alpha = 1/A$ 时，失真 d 等于零，上式消项后变为 $V_o = V_{in}/\beta$。当 $\beta = 1/（A \cdot G）$ 时，$V_o = A \cdot G \cdot V_{in}$，获得一个增益为 $A \cdot G$、失真为零的放大器。

根据信号模块移动法则，把模块 α 从放大器模块 A 的输出端移位到输入端，模块 α 的增益要缩小 A 倍，等效逻辑关系不变。既然上述解析运算中已经得到失真为零的平衡条件是 $\alpha = 1/A$，那么图 2-51 与图 2-50 就是等效的。这种误差校正的实际电路将在第 10 章的第 10.5 节中介绍。

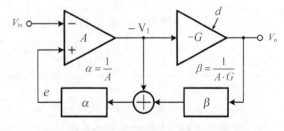

图 2-51　误差校正的等效电路

6. 放大器的滤波器模型

功率放大器与低通滤波器具有相似的幅频和相频特性，但设计方法却大相径庭。不同名称的滤波器都有规范的标准，但不同用途的功率放大器却没有标准，技术指标衡量非常混乱，这给设计和测试带来了麻烦，也给主观主义者留下了可乘之机，他们会把不好的东西说成好东西。如果使功率放大器与某种类型的低通滤波器具有相同的特性，就可以用这种滤波器技术指标来规范放大器。这种方法很早就有人尝试过，而且也取得了良好的效果，但由于设计过程比较麻烦，没有普及开来。现在可以借助 EDA 工具来降低设计难度，为推广和普及这种方法创造了有利条件。

（1）适于功率放大器的 IIR 模拟滤波器的特性

功率放大器属于模拟电路，只能从无限脉冲响应（IIR）滤波器中挑选适合于做功率放大器的模型，从各种 IIR 模拟滤波器的特性看，巴特沃斯、贝塞尔、切比雪夫 II 型三种低通滤波器可用作功率放大器的设计模型，下面先简单介绍这些滤波器的特性。

1）巴特沃斯（Butterworth）低通滤波器

绝大多数滤波器都不用传输函数的概念，而是用传输函数的幅度平方函数。一个 n 阶巴特沃斯低通滤波器幅度平方函数为：

$$|H(\omega)|^2 = \frac{1}{1 + \left(\dfrac{\omega}{\omega_c}\right)^{2n}} \qquad (2\text{-}84)$$

式中，n 是滤波器的阶数，ω_c 是通带边缘频率，也叫转折频率。这种滤波器的最大特点是在通带内具有最大限度平坦度，没有起伏。

2）贝赛尔（Bessel）低通滤波器

贝塞尔滤波器是唯一不用幅度平方函数表示的滤波器，它是用双曲函数来表示延迟特性的。一个固定延迟的贝塞尔低通滤波器的传输函数可用下式表示：

$$T(s) = \frac{1}{\sinh s + \cosh s} \qquad (2\text{-}85)$$

这个函数没有精确的解，不同阶数的滤波器用不同项数的多项式来逼近这个函数。贝塞尔滤波器具有线性相位特性，阶跃响应没有过冲，冲击响应没有振铃，是优良的时域滤波器。但它的频率选择性很差。

3）切比雪夫 II 型（Chebyshev II）低通滤波器

切比雪夫 II 型低通滤波器的幅度平方函数为：

$$|H(\omega)|^2 = \frac{1}{1 + \dfrac{1}{\varepsilon^2 T_n^2\left(\dfrac{\omega}{\omega_c}\right)}} \qquad (2\text{-}86)$$

式中，ε 是阻带纹波系数，ω_c 是通带边缘频率，$T_n(x)$ 是 N 阶切比雪夫多项式：

$$T_n(x) \begin{cases} \cos\left(n \cdot \cos^{-1}(x)\right) & 0 \leqslant x \leqslant 1 \\ \cosh\left(\cos^{-1}(x)\right) & 1 \leqslant x \leqslant \infty \end{cases} \qquad (2\text{-}87)$$

切比雪夫 II 型滤波器的特点是通带内具有平坦响应，过渡带衰减率高，阻带里有等幅纹波。纹波响应就是式（2-87）这个多项式造成的，当 $0 < x < 1$ 时，$T_n(x)$ 在 $-1 \sim 1$ 变化；当 $1 < x < +\infty$ 时，$T_n(x)$ 单调增至无穷大。这意味着这种滤波器既有极点，又有零点。

4）三种低通滤波器的幅频特性

上述三种滤波器的幅频特性如图 2-52 所示，贝塞尔滤波器的频率选择性最差，巴特沃兹滤波器居中，切比雪夫 II 型滤波器最好。

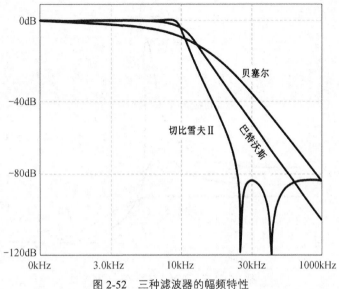

图 2-52　三种滤波器的幅频特性

5）三种低通滤波器的阶跃响应

这三种滤波器的阶跃响应如图 2-53 所示，贝塞尔滤波器的上升速度最快，没有过冲和振铃；巴特沃兹滤波器居中，有 10% 的过冲和 1.5 个周期的振铃；切比雪夫 II 型滤波器最慢，有 11% 的过冲和 3 个周期的振铃。阶跃响应反映了滤波器的时域特性，通常时域特性好的滤波器，频域特性就差，反之亦然。

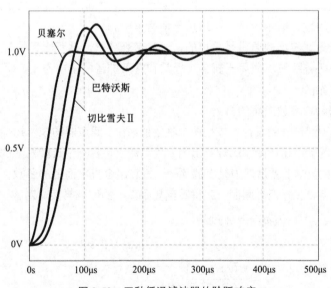

图 2-53　三种低通滤波器的阶跃响应

6）三种低通滤波器的群时延特性

这三种滤波器的群时延特性如图 2-54 所示，贝塞尔滤波器在通带边缘频率以下具有等量延时，表现出线性相位特性；巴特沃兹滤波器只是在低频表现出线性相位，在通带边缘频率左右相位特性变差；切比雪夫 II 型滤波器在通带低频相位特性较好，越接近边缘频率相位特性越差，在边缘频率附近最差。

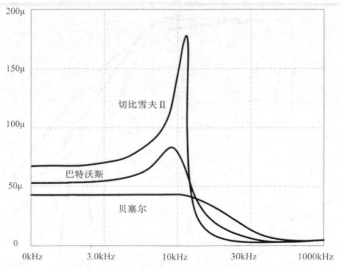

图 2-54　三种低通滤波器的群时延特性

综上所述，巴特沃斯低通滤波器通带的幅频特性是平坦的，过渡带衰减率比较快，频率选择性居中，只是通带边缘频率附近相位线性稍差，通常功率放大器的边缘频率远超出音频上限，对立体声定位几乎没有影响。故巴特沃斯滤波器适用于消费类多声道功率放大器的设计模型。

贝塞尔低通滤波器通带内具有最好的群时延特性，时域里瞬态响应速度快，而且没有过冲和振铃，是数字音频电路中抗混叠滤波器和重建滤波器的首选。也是音频计量仪器中保证系统具有相位的首选电路，但它的频率选择性比同阶数的巴特沃斯和切比雪夫 II 型滤波器差，为了达到同样的阻带衰减水平，需要设计更高的阶数，成本较高，不适用于消费电子。

切比雪夫 II 型低通滤波器的通带是平坦的，过渡带衰减快，具有优良的频率选择性，时域里阶跃响应较慢，阻带里有等幅纹波。适用于舞台、厅堂和露天扩音设备中作千瓦级功率放大器的模型。缺点是设计过程比较复杂。

（2）连接滤波器和功率放大器的桥梁

功率放大器设计和滤波器的设计过去是两个独立的系统，滤波器的技术指标是用平方幅度响应函数给出的，而功率放大器是用闭环传输函数给出的，我们需要寻找一个连接两者的桥梁。要把平方幅度响应表示成 s 的函数，在数学上就是用虚轴上的函数，推算出全复平面上的函数，它没有唯一的解。要造成简单清晰的对应关系，先作两点限制。既推算到复平面上的值既与实轴对称，又与虚轴对称，于是：

$$\begin{aligned} j(\omega) &= |H(j\omega)|^2 \\ &= H(j\omega)H^*(j\omega) = H(s)H(-s)\big|_{s=j\omega} \\ &= \frac{B(s)B(-s)}{A(s)A(-s)}\bigg|_{s=j\omega} \end{aligned} \tag{2-88}$$

设功率放大器的传输函数为：

$$H(s) = \frac{B(s)}{A(s)} = \frac{b_0(s)^n + b_1(s)^{n-1} + \cdots + b_n}{a_0(s)^n + a_1(s)^{n-1} + \cdots + a_n} \tag{2-89}$$

这样，滤波器就可按式（2-88）分解因式，把滤波器在虚轴上的一个根映射到 s 平面上的 4 个根，它们就既对称于实轴，又对称于虚轴，出现在 s 平面的 4 个象限中，具有镜像关系，符合简单清晰的要求。为了系统稳定 $A(s)A(-s)$ 不能出现在虚轴上，$B(s)B(-s)$ 的根可以出现在虚轴上，而且必然是偶数重根。这样就建立了滤波器的平方幅度函数与传输函数的关系，也是一个从滤波器的平方幅度函数到功率放大器的闭环传输函数之间的桥梁。

接下来就要分析 3 种滤波器的零、极点在 s 平面上的分布特点，寻找更简单的转换方法。式（2-88）给出的零极点包含负频率，一个具有因果关系的滤波器的零极点分布在 s 左半平面，我们只要分析左半平面的特点就行了，这样又简化了一半。三种滤波器的零极点分布如图 2-55 所示。

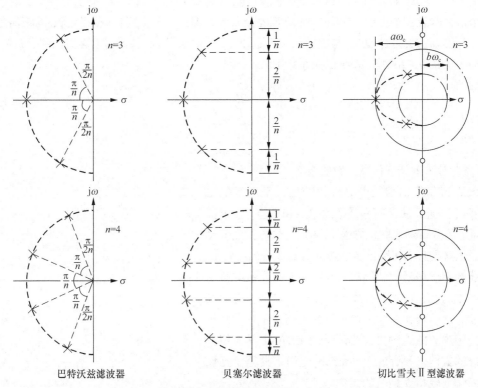

巴特沃兹滤波器   贝塞尔滤波器   切比雪夫 II 型滤波器

图 2-55 三种滤波器的零极点分布

特沃兹滤波器是全极点结构，没有零点。极点分布在 s 平面左半圆上，半径为 ω_c，极点的个数等于阶数 n，极点之间的角度间隔为 π/n。当 n 为奇数时，有一个极点在实数轴上，其余极点为共轭对；当 n 为偶数时，所有极点都是共轭对。

贝塞尔滤波器也是全极点滤波器，极点也分布在 s 平面半径为 ω_c 的 s 平面左半圆上，极点之间的距离以 $n/2$ 间隔均分虚部，即极点之间的垂直距离是相等的。

切比雪夫 II 型滤波器是零、极点结构，极点分布在椭圆上，零点分布在虚数轴上。椭圆的长轴 $a\omega$ 和短轴 $b\omega$ 求解方程（2-86）可以得到。

滤波器的零极点在 s 平面上的分布特点为我们提供了滤波器与功率放大器之间的简单几何转换方法，也就是说只要把功率放大器的零极点设计成某种滤波器的分布特性，那么放大器就具有这种滤波器的特性，不用去计算式（2-88）、式（2-89）复杂的转换关系式。

（3）功率放大器的滤波器模型设计步骤

1）选择滤波器模型

根据用途选择合适的滤波器模型，消费类立体声放大器选择巴特沃兹滤波器就已足够，如果对线性相位有要求，可选择贝塞尔滤波器，它需要更高的阶数。如果是单声道大功率放大器，可选用切比雪夫 II 型滤波器。

2）求解放大器的闭环传输函数

假如选择巴特沃斯和贝塞尔滤波器模型，可把功率放大器的闭环传输函数的分子写成直流开环增益形式，分母写成多项式或因式分解形式。如果选择切比雪夫 II 型滤波器模型，把分子、分母都写成多项式或因式分解形式。下面举例设计一个巴特沃斯模型的功率放大器，它的闭环传输函数如下：

$$A(s) = \frac{A(0)}{as^3 + bs^2 + cs + d} \qquad (2-90)$$

这个放大器有 3 个极点，在图 2-56 所示的极点分布图上，一个实数极点距圆心的距离是 p，两个共轭极点与实轴的夹角是 60°，与虚轴的夹角是 30°，实数值是 r。放大器闭环传函的分母的特征方程是 $as^3 + bs^2 + cs + d = 0$，系数与 p、r 的关系如下式：

$$\begin{cases} r = -\dfrac{c}{2b} \\ p = -\dfrac{b}{a} - 2r \\ d = -4r^2 ap \end{cases} \qquad (2-91)$$

3）整定放大器闭环传输函数的系数

放大器闭环传输函数中分母的特征方程的系数是 RC 时间常数，选择决定时间常数的电阻和电容，使系数在 s 平面上的分布满足联立方程（2-91），这样就能使这个功率放大器具有 3 极点巴特沃斯低通滤波器的特性。

上述的例子虽然比较简单，但用手工完成系数整定是相当困难的，因为每个系数会牵扯多个电阻和电容的值，计算非常烦琐和费时。如果阶数更高，还有求解高次方程的困难。故这种方法必须借助 EDA 工具才能完成，最好的方法是设计一个 Matlab 专用工具箱，把设计过程简化成轻松而愉快的工作。

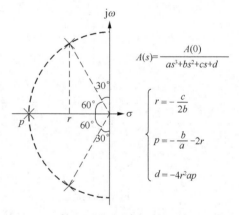

图 2-56　巴特沃斯模型功率放大器的极点分布图

2.4.2　稳定性补偿方法和优化

稳定性补偿是用于消除放大器自激振荡的技术。在前述两级和三级电压放大器结构中已经分析了密勒补偿和嵌套式密勒补偿的方法，在这里我们要进一步优化这些方法。

现代功率放大器是建立在自动控制理论上的电子系统，其中 99% 的放大器采用了负反馈方式，还有 1% 的系统采用了各种各样的误差校正系统。自动控制理论证明，一阶系统是无条件稳定的，二阶系统是有条件稳定的，高于三阶的系统是不稳定的。经典的功率放大器是三级串联结构（一级差分放大器、一级电压放大器和一级电流放大器），有 6～8 个极点，是一个不稳定的高阶系统。为了方便分析，设每级放大器只产生一个极点，这样三级串联结构的放大器就可以等效成一个三阶系统，可用三阶微分方程进行分析，得到的结果足以满足工程应用需求。

这种简化的理论根据来自用数学方法解析电路的传输函数，高阶时间响应函数是由多个一阶和二阶时间响应函数组成，用解析法求解高阶放大器的单位阶跃响应时，应先将传输函数进行因式分解，再进行拉普拉斯反变换。问题是高阶方程除了个别的特殊方程外很难求解，手动计算几乎行不通，借助 MATLAB 等工具可以轻松地应付这些计算量。

在引用前人结论之前，先介绍一下闭环主极点的概念。对于一个不稳定的高阶放大器，先要用补偿技术修改成一个稳定的低阶放大器。一个稳定的放大器，其闭环零、极点必然分布在左半 S 开平面上，它们无论怎样分布，我们都可用距离虚轴的远近判别它们的性质。先看所有极点中，距虚轴最近的极点周围有没有零点；再看其他极点是否远离虚轴。如果这两个条件成立，那么距虚轴最近的这个极点所对应的时间响应分量，随时间的推移衰减缓慢，在放大器的时间响应过程中起主导作用，这样的极点称闭环主导极点，简称主极点。在采用不同补偿技术的放大器中，主导极点不仅仅只有一个，也可以是几个；也不仅仅是实数极点，也可以是复数极点或者是它们的组合。除了主导极点外，所有其他极点对应的响应分量随时间的推移而迅速衰减，对放大器的时间响应过程影响甚微，因而称为非主导极点。

有了主极点的概念，就可以用它来控制高阶放大器的时间响应特性了。其原则是在所有左半 S 开平面上的极点中，若某极点的实部大于主导极点实部的 5~6 倍时，则可以忽略它们产生的影响；若两相邻零、极点之间的距离比它们本身的模值小一个数量级时，则该零、极点对为偶极子，其作用可认为相互抵消，对放大器时间响应的影响可以忽略不计。根据这些原则，在放大器中可以选留最靠近虚轴的一个或几个极点作为主导极点，略去比主导极点距虚轴远 5 倍以上的闭环零极点，再略去不十分接近虚轴但靠得很近的偶极子。这样简化后的放大器，只要保持与简化前相同的增益，就基本可以保证阶跃响应的过程和终值相同。以上原则就是把高阶放大器降阶为二、三阶放大器进行分析的科学依据，这种方法大大降低分析难度，节约了时间，也不影响分析结果的正确性。

1. 主极点补偿

（1）主极点补偿的概念

图 2-57（a）是一个三阶系统的波特图，它有 3 个极点，f_{p1}、f_{p2} 和 f_{p3}，每个极点产生的上最大总相移是 90°，3 个极点的总相移是 270°。按反馈原理讲相移 360° 才会变成正反馈而产生自激振荡，前面已经讲过三级放大器 6~8 个极点，为了简化分析才等效成三阶电路，实际的相移已经超过了 360°，因此，产生自激振荡是必然的。

图 2-57（b）所示的是三极点放大器的根轨迹图，它的根轨迹分三支，在增益等于零时，三个极点都在实数轴上，随着增益增大，第一、二个极点在实轴上沿水平方向相向运动，在 P 点相遇后又向垂直斜方向相背运动，过 A、B 点进入右半平面，变成一对共轭极点，系统变得不稳定。第三个极点则沿实轴向左移动。

从根轨迹图上得到启发，如果移动主极点的位置，不要让它进入右平面，这个三阶放大器就不会产生自激振荡，从而变成了一个稳定的放大器。

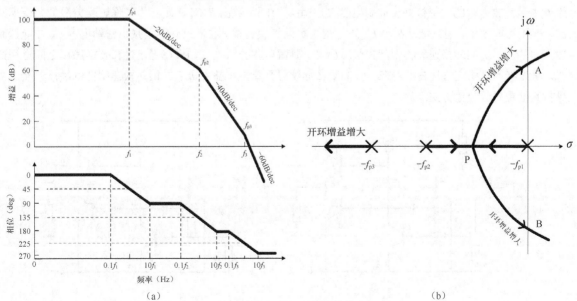

（a）	（b）

图 2-57　三阶放大器的波特图和根轨迹图

（2）单位增益主极点补偿

根据密勒效应引起的极点分离原理，在波特图上把第一个极点 f_{p1} 移到更低的频率 f'_{p1} 处，把第二个极点 f_{p2} 移到更高的频率 f'_{p2} 处，使幅频曲线穿越增益 0dB 轴的下降速率等于 20dB/dec，如图 2-58 所示。极点这样分布后，系统就是稳定的，稳定程度取决于相位裕度。如果 $f'_{p2}=GBW$，穿越频点的相位裕度等于 45°；如果 $f'_{p2}<GBW$，这个系统就是无条件稳定的。原理见本章2.5.1小节波特图中的稳定性判断方法。这种补偿方法在单位增益处的相位裕度不小于π/4，称为单位增益主极点补偿。

用单位增益主极点补偿后的的放大器是无条件稳定的，在生产、调试过程中因自激振荡损坏的概率极小，在使用过程中也不会因器件老化和温度变化产生不稳定现象。在集成电路设计中，因所需的电容量较小，不会占用过大的硅片面积，有效降低了产品成本。但这种补偿方法的缺点也很明显，主要表现如下所示。

1）转换速率低

密勒补偿所需要的补偿电容虽然很小，但仍然是限制放大器转换速率的主要因数。如图 2-59（a）所示，正向转换速率取决于 I_d/C_m，流过密勒电容的充电电流 I_d 由电压

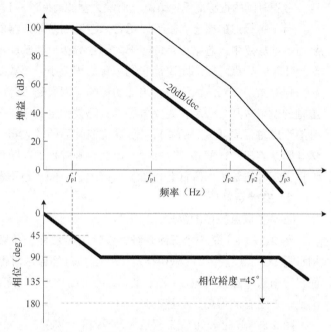

图 2-58　移动主极点补偿三阶放大器的稳定性

放大级的负载恒流源 I_0 决定，时间常数由 R_2C_m 决定。为了保证差分级的增益，R_2 不可能太小，只有减小 C_m 才能提高正向转换速率。负向转换速率决于 I_c/C_m，如图 2-59（b）所示，流过密勒电容的放电电流 I_c 由差分放大级的发射极共模抑制电阻 R_1 决定，时间常数由 R_1C_m 决定。为了保证差分级的共模抑制比，R_1 不可能太小，也只能从减小 C_m 入手提高负向转换速率。看来只有继续减小密勒电容 C_m 才能提高放大器的正、负向转换速率，但问题是减小 C_m 要冒自激的风险。如果在稳定性和转换速率之间进行选择，毫无疑问是稳定性优先。看来，我们要么继续忍受单位增益主极点补偿转换速率低的缺点，要么去寻找其他更好的补偿方法。

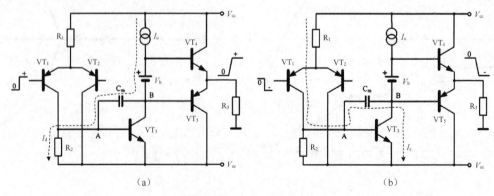

（a）　　　　　　　　　　　　　　（b）

图 2-59　密勒电容的充放电回路

2）浪费宝贵的开环增益资源

开环增益是功率放大器中最宝贵的资源，而单位增益主极点补偿却不能有效地利用这些资源。如图 2-60 所示，为了获得稳定的单位增益，主极点频率必然很低，一般在几赫兹到十几赫兹，高于主极点频率阴影部分的开环增益不能被负反馈所利用。这部分资源分布在音频的低中频段、中频段、中高频段和高频段广泛的范围里，放大器采用单位增益主极点补偿后，这部分宝贵的开环增益就被白白浪费掉，不能用来校正这些频段的误差和失真。这就注定了单位增益主极点补偿式放大器的高频 $THD+N$ 随着频率的升高而下降，造成中、高音失真大，听感毛糙的缺点。

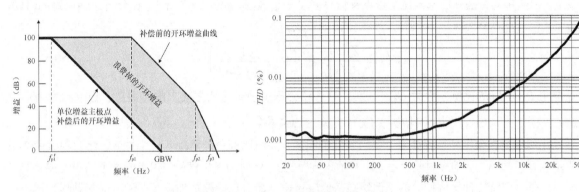

图 2-60 主极点补偿浪费的开环增益

3）产生一个零点

从式（2-61）和图 2-36 可以看出，主极点补偿还产生了一个 RHP 零点。因为 S 右半平面的零点具有相位滞后特性，这和一个正常极点的作用相同，会使放大器的相位裕量进一步减小，不稳定因素增加。如果电压放大级晶体管的互导足够高，如果并联在基极-集电极之间的密勒电容足够小，这个 RHP 零点的频率就会很高，它的影响就可以忽略不计。

（3）闭环增益主极点补偿

有一种方法能够改进单位增益主极点补偿的缺点，就是把放大器补偿成临界阻尼或过阻尼二阶系统，单位闭环增益是不稳定的，但在设定的闭环增益下是稳定的，并具有 35°～60° 的相位裕度，这种方法称为闭环增益主极点补偿，也称 $1/\beta$ 补偿，见图 2-61 中的粗实线幅频特性曲线。当非主极点 f'_{p2} 与闭环截止频率 f_c 之比等于 1 时（$f_c = f'_{p2}$），相位裕度为 45°，在波特图上闭环增益曲线在分母二阶特征方程谐振频率点的过冲是 1.25dB，时域里阶跃响应的过冲约为 1.3dB。这种补偿是在固定 $1/\beta$ 条件下进行的，一旦设计完成后不能随意降低闭环增益，否则会缩小相位裕度，引起自激振荡。

图 2-61 中的深灰色区域是闭环增益主极点补偿法浪费的面积，浅灰色区域是与单位增益主极点补偿法相比而抢救回来的面积，这些面积就是宝贵的环路增益，可用来校正放大器的中频和高频失真。用这种方法补偿后的放大器，带宽和转换速率比单位增益稳定法有明显的改善，闭环增益越大，改善程度越显著。例

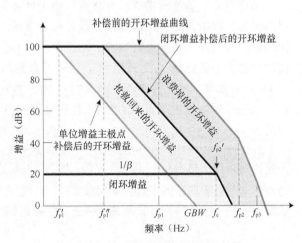

图 2-61 闭环增益主极点的幅频特性

如，设 $\beta = 0.1$，可获得比单位增益补偿快 10 的转换速率，而补偿电容 C_m 值只是单位增益补偿的 1/10，只要 f_{p2}/f_c 与 f'_{p2}/GBW 相等，相位裕度就是相同的。

有些爱好者会用试探法减小密勒补偿电容，直到放大器处于临界稳定状态为止。必须指出，这种做法是很危险的，稍不小心就会烧毁输出管，因为不能确定厂家是否已经使用了闭环增益主极点补偿。

（4）比例积分主极点补偿

另一种改进主极点补偿的方法是比例积分补偿，虽然它的原理需要用几页纸的篇幅和一些公式来说明，但实施的方法却简单到比主极点补偿只多了一个电阻，如图 2-62 所示。在分析这个电路的时候，设 OP 的开环增益为 A_o，比例积分器的传输函数变为：

$$V(s) = \frac{V_o(s)}{V_{in}(s)} = -\left(\frac{R_2}{R_1} + \frac{A_o}{sA_oR_1C+1} \right) \qquad （2\text{-}92）$$

令电阻 R_2 与 R_1 的比例系数为 G_a，分别从分子和分母多项式特征方程求解出零点和极点频率为：

$$f_p = 1/(2\pi A_oR_1C)，\qquad f_z \approx 1/(2\pi R_2C)，\qquad G_a = R_2/R_1$$

比例积分带来了什么好处呢？要回答这个问题，先给比例积分器输入一个方波，然后观察图 2-63 所示的积分输出。从响应时间上看，比密勒积分器提前 Δt 时间输出信号，相当于瞬态响应速度提高了 Δt。正是这个特性使比例积分器不但能跟踪速度误差，而且还能跟踪加速度误差。而密勒积分器不能跟踪加速度误差。一个电阻就可以提高了电路的速度，故把 R_2 称为加速电阻。

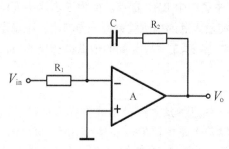

图 2-62　比例积分补偿电路

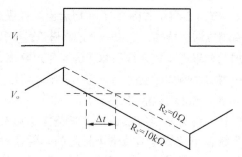

图 2-63　比例积分器的加速作用

用比例积分器替代密勒积分器进行稳定性补偿，能明显提高放大器的开环增益利用率。图 2-64 显示出这一改善是如何得到的，假设补偿前该放大器在 f_{p1}、f_{p2}、f_{p3} 处有 3 个极点。在单位增益主极点补偿方式中，密勒电容较大，把主极点从 f_{p1} 下降到 f'_{p1}。在比例积分补偿中，密勒电容较小，使放大器的主极点从 f'_{p1} 上升到 f''_{p1}，随着频率升高，密勒电容的容抗减小，使补偿后的开环增益以 $-20\mathrm{dB/dec}$ 斜率下降，当增益下降到到 f_{p1} 频点处时加速电阻开始起作用，电阻与容抗串联，阻止了第二个极点对曲线下降斜率的影响，使开环增益继续以 $-20\mathrm{dB/dec}$ 斜率下降到 f_{p2} 附近与单位增益轴相交。

这一技术有效地使开环增益利用率增加了 ΔA_{o1}。从图 2-64 可以看出，这部分开环增益直接使放大器的高频截止频率从 f'_{p1} 提高到 f''_{p1}，两个低频极点之间的距离越大表明提高作用越明显。由于增加的开环增益处于音频的中频和中高频频段，也就增大了放大器在这些频率段的开环增益，所以放大器的高频特性、瞬态特性、转换速率和失真度等指标均因这些开环增益而得到改善。

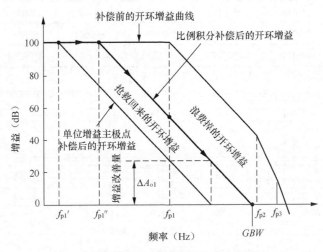

图 2-64　比例积分器补偿后的幅频特性

如果把比例积分补偿和闭环增益主极点补偿结合应用，开环增益的利用率会进一步提高。如图 2-65 所示。使 $1/\beta$ 曲线与比例积分补偿后的开环增益曲线以 -20dB/dec 的闭合速率相交，即可以保证在这一闭环增益下放大器是稳定的，设置闭环截止频率 f_c 等于非主极点频率 f_{p2}'，放大器则有 45° 的相位裕度。

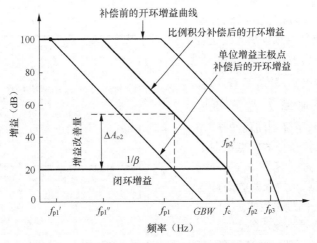

图 2-65　比例积分与闭环增益综合补偿后的幅频特性

在作者 DIY 的一个样机中，开环增益 105dB，闭环增益为 20 倍。在用单位增益主极点补偿放大器中设置密勒电容为 100pF，高频截止频率是 349.64kHz，用 10kHz 方波激励放大器，正向转换速率是 +2.9V/μs、反向转换速率是 −2.03V/μs。把补偿电路换成比例积分补偿，用 20pF 的电容串联 820Ω 电阻替代 100pF 的密勒电容后，放大器的高频截止频率是 1.43MHz，提高了 4.09 倍。正、反向转换速率分别是 +12.61V/μs 和 −12.59V/μs。正向转换速率提高了 4.3 倍，反向转换速率提高了 6.2 倍。

测试两种补偿方式的 $THD+N$ 值见表 2-4，$THD+N$ 特性曲线如图 2-66 所示。频率越高，线性提高越明显。在频率高于 5kHz 以上的频段，线性提高了 4.5 倍以上。

表 2-4 频率-失真特性表

	50Hz	100Hz	500Hz	1kHz	5kHz	10kHz	20kHz
主极点补偿（%）	0.00252	0.00293	0.00374	0.00621	0.0105	0.0186	0.0232
比例积分补偿（%）	0.00288	0.00278	0.00289	0.00301	0.00304	0.00381	0.00598

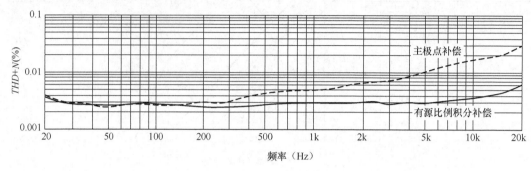

图 2-66 $THD+N$ 特性曲线

可见有源比例积分补偿只需要多用一个电阻，用增加一个零点的方法显著提高了单位增益主极点补偿放大器的开环增益利用率，从而明显改善了特性，确实是一种性价比极高的方法。这种方法在集成电路设计中是很常见的，常看到工程师们很乐于使用这一方法。但在分立元器件放大器设计和发烧友 DIY 中几乎没有发现谁用这种方法来提高放大器的性能，原因不得而知。

2. 双极点补偿

双极点补偿是一个非常大胆的想法，如图 2-67 所示，把主极点补偿频率提高到 f'_{p1}，并且在 f'_{p1} 上设置两个极点 f'_{p1}（重极点），再在 f'_{p2} 上设置一个零点 f_{z1}。随着频率升高，补偿后的开环增益曲线从 f'_{p1} 开始以 −40dB/dec 的斜率下降，下降到闭环增益 $1/\beta$ 曲线的截止频率 f_c 处时，此处的零点抵消了一个极点，使曲线的下降斜率回归到 −20dB/dec。这样补偿后，放大器的闭环增益在 $1/\beta$ 至单位增益之间是稳定的。当闭环增益大于 $1/\beta$ 时放大器是不稳定的。

在电路上实现这种补偿的方法很多，最简单的方法是在差分电路之后的 g_{m2} 上用

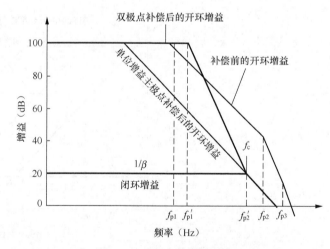

图 2-67 双极点补偿的波特图

RC 二阶积分电路实现，如图 2-68（a）所示，把 g_{m2} 等效成一级互导 OP，C_{m1}、R、C_{m2} 在 g_{m2} 的反馈回路里连接成二阶积分电路，利用 OP 虚地的概念，设 g_{m2} 的输入阻抗无穷大，流入放大器的电流可忽略不计，把放大器的输出电压 v_2 看作一个电压源，可以画出图 2-68（b）等效电路，求解出传输函数 v_2/v_1：

$$\frac{v_2}{v_1} = g_{m2} \frac{R(C_{m1}+C_{m2})s+1}{RC_{m1}C_{m2}s^2} \quad (2\text{-}93)$$

从上式看出，补偿电路的传输函数中有两个极点和一个零点，要确定补偿网络的参数，首先要选定单位增益带宽积位置的频率 f_4，根据 GBW 定义，在此点上：

$$\left|\frac{v_2}{v_1}\right| = 1 \tag{2-94}$$

为了计算简单，设 $C_{m1}=C_{m2}=C$，用 $j\omega$ 代替 s，得到式（2-93）的频率响应为：

$$\left|\frac{v_2}{v_1}\right| = \frac{g_{m2}}{\omega_4^2 RC^2}\left|-\left(j\omega_4 2RC+1\right)\right| \tag{2-95}$$

$$= \frac{2g_{m2}}{\omega_4 C}\sqrt{1+\frac{1}{4\omega_4^2 R^2 C^2}} = 1$$

在 GBW 处电容 C 的阻抗远小于电阻 R，可以假定：

$$\sqrt{1+\frac{1}{4\omega_4^2 R^2 C^2}} \approx 1$$

从式（2-95）解得：

$$\omega_4 = \frac{2g_{m2}}{C} \tag{2-96}$$

于是：

$$f_4 = \frac{g_{m2}}{2\pi C} \tag{2-97}$$

在高频可忽略 R，两个电容串联实质上是一个 C/2 的主极点补偿，补偿后的开环增益曲线从−40dB/dec 变为−20dB/dec，这一变化产生在：

$$f_3 = \frac{1}{4\pi RC} \tag{2-98}$$

随着频率由 f_3 继续降低，开环增益按−40dB/dec 增大，直至 f_2 为止。f_3 的位置（零点的频率）决定双极点补偿的效果，零点频率越靠近 GBW，开环增益的中、高频损失越少，但能够稳定工作的闭环增益越小，极端情况是一个电压跟随器（$1/\beta$=0dB）。零点频率越靠近 f_1，可以获得较大的闭环增益值，开环增益的损失量增多。

为了优化补偿效果，在实际的电路中不一定要选择 $C_{m1}=C_{m2}$，通常选取 C_{m2} 大于 C_{m1} 的两倍以上，R 在 1～10kΩ范围内取值。在中频段 RC_{m1} 和 RC_{m2} 共同起积分作用，使补偿曲线下降得快，以−40dB/dec 速率下降。在高频段，C_{m2} 阻抗远小于 R，主要由时间常数较小的 RC_{m1} 起积分作用，使补偿曲线下降速率变慢，回到−20dB/dec 速率，电路回到单极点补偿结构。

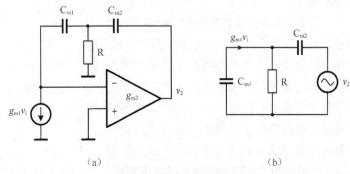

图 2-68　双极点补偿的方法

双极点补偿放大器浪费的开环增益较小（见图 2-67 中深灰色区域的面积），抢回的开环增益较多（见图 2-67 中浅灰色区域的面积），而且这些开环增益分布在中、高频频段，意味着在这些频段有更多的环路增益可用来校正非线性失真，能得到更好的线性。

双极点补偿在功率放大器中的应用有悠久的历史，1966 年 Marantz 公司发布了世界上第一台双极点补偿的功率放大器 Model-15，它以优良的性能在名机宝座上稳坐了半个世纪。后来不少厂商在自家的产品上做了尝试，发现这种补偿的设计、生产和测试过程比主极点补偿要麻烦得多，只在一些精心设计的高端放大器上能看到它的身影，远没有主极点补偿应用广泛。直到现在，仍有不少人担心这种补偿存在不稳定的风险，不再贸然使用。本书在第 5 章中介绍这种方法在 A 类耳机放大器中的应用，在第 8 章中介绍这种方法的变形电路如何压缩纯 B 类耳机放大器的交越失真。

3. 双零点补偿

原始的双零点补偿的想法是在三极点放大器的两个非主极点位置设置两个零点，抵消掉两个非主极点，使放大器变成一阶稳定放大器。

如图 2-69 所示，主极点 f_{p1} 不变，再放置两个零点 f_{z1} 和 f_{z2}，并且使 $f_{z1}=f_{p2}$、$f_{z2}=f_{p3}$。那么补偿后的放大器不但没有损失开环增益，还增加了一些高频增益，如图 2-69 中灰色区域的面积。

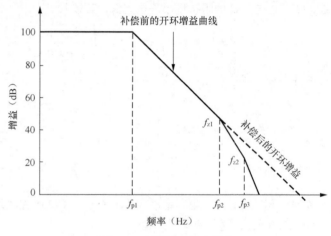

图 2-69 原始的双零点补偿

这种想法虽然美好却难以实现，原因是三级结构的功率放大器并不是一个真正三阶系统，而是为了简化分析忽略了高阶极点假设成三阶系统。另外，没有进行密勒补偿之前，非主极点距离主极点比较近，一个零点的影响频率范围是 ±10 频谱程，无法在不影响相邻极点的条件下针对某一个极点进行补偿。另外，零点补偿具有微分效应，存在不稳定因数，无法单独应用。

既然双零点补偿不能独立实现，那么先进行欠阻尼密勒补偿，使非主极点远离主极点，使三阶以上的高频极点处于能量更低的高频位置，然后再用双零点抵消两个低阶非主极点。如图 2-70 所示，我们有意把欠阻尼密勒补偿的主极点设置在较高的频点上，如图 2-70 中的 f'_{p1}，这样能够抢救出较多的开环增益（如图 2-70 中浅灰色区域的面积），而浪费的增益较少（如图 2-70 中灰色区域的面积）。

但是，欠阻尼密勒补偿是不稳定的，会使补偿后的系统仍是一个两阶或三阶系统，我们再放置一个或两个零点，就能把放大器补偿成稳定的一阶系统。这种方法不但抢回了大量的开环增益，而且补偿后的放大器是单位增益下是稳定的。双零点抵消了两个非主极点，增加了一些高频开环增益，如图 2-70 中深灰色三角形区域的面积，这些面积虽然很小，但它是音频高频段的增益，显得非常珍贵。

双零点补偿能在任何两级或三级电压放大结构电路上实现，如图 2-71 所示是实际电路中进行零点补偿的位置，第一个部位

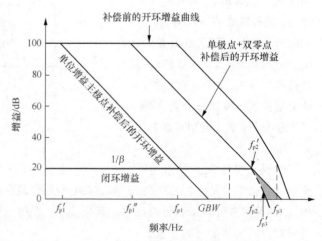

图 2-70 单极点+双零点补偿的幅频特性

是在差分放大器发射极反馈电阻 R_{e1} 上并联电容 C_1，见图 2-71 中圆圈 1 标识的电路。第二个部位是在电压放大器的发射极上串联 $R_{e2}C_2$ 网络电路，见图 2-71 中圆圈 2 标识的电路。这两种方法都能增加一个零点，使本级增益在 $1/(2\pi RC)$ 频率点开始按 20dB/dec 斜率增加。

第三个部位图中的圆圈 3 标识的电路，这有点像黑胶唱片时代前置放大器中的 RIAA 补偿电路。如果设标识 3 虚线中反馈网络的阻抗为 Z，则反馈系数为：

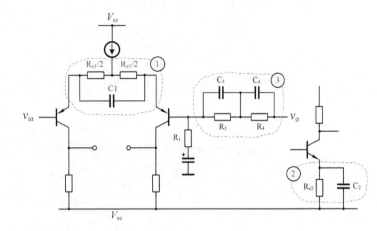

图 2-71　双零点补偿的方法

$$\beta(s) = \frac{R_1}{R_1 + Z} \approx \frac{R_1}{\dfrac{R_3}{R_3 C_3 s + 1} + \dfrac{R_4}{R_4 C_4 s + 1}} \qquad (2\text{-}99)$$

$$= \frac{a_2 s^2 + a_1 s + a_0}{b_1 s + b_0}$$

式中：

$$
\begin{aligned}
a_2 &= R_1 R_3 C_3 C_4 \\
a_1 &= R_1 (R_3 C_3 + R_4 C_4) \\
a_0 &= R_1 \\
b_1 &= R_3 R_4 (C_3 + C_4) \\
b_0 &= R_3 + R_4
\end{aligned}
\qquad (2\text{-}100)
$$

反馈系数中有两个零点一个极点，我们选择反馈支路中的电容和电阻，使两个零点的频率等于两个低阶非主极点的频率，就能把放大器整定成一阶放大器。

双零点补偿在放大器中的应用也有悠久的历史，20 世纪初的唱头和磁头频率均衡补偿中经常用这种方式，后来广泛应用在 OP 驱动缓冲器的中功率放大器上。到 80 年代日本 JVC 公司发布了一系列 50～250W 双零点补偿功率放大器，并且命名为"Pure NFB"技术。本书将在第 5 章的 5.5.2 小节中介绍这种方法在耳机放大器中的应用。

由于现代放大器是建立在自动控制原理上的反馈放大器，直流和低频频段具有较高的开环增益，中频频段开环增益较小，高频段开环增益最小。放大器闭环后，随着频率的升高，中、高频开环增益迅速下降，等效于校正精度的资源迅速减少，故精度随频率升高而变差。畸变、噪声、共模抑制比和电源波动抑制比等动态指标都属于精度范畴。传统补偿方法会损失较多的中、高频开环增益，优化补偿方式能有效地减少这些损失。图 2-72 所示的是三种补偿方式对 *THD* 指标的影响，主极点补偿浪费了较多的中、高频开环增益，失真度最大；双极点和双零点补偿抢回了一些中、高频开环增益，故失真度有所改善。

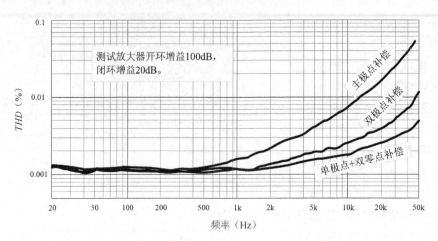

图 2-72　三种补偿方式对 THD 指标的影响

2.5 电路的传统设计方法和工具

　　方法是一个哲学术语，是人类在学习、研究新事物、新现象时运用智慧进行科学思维的手段、工具和技巧。工具原本是一个物质名称，是指工作时所需用的器具。现在引申成了一个抽象名词，是指达到、完成或促进某一事物的手段。按照上述定义，我们把用数学和物理知识分析电路的基本手段称为方法，如欧姆定理、叠加原理、戴维南定理、诺顿定理、克希霍夫定律、微分方程、傅里叶变换和拉普拉斯变换等。把实施方法的方式称为工具，如手工推演、计算尺、计算器、SPICE 软件包和 PC 等。人们也把一些有规格可循的分析手段称为工具，如传输函数、波特图、奈奎斯特判据。可见电路的设计方法和设计工具有时并没有明确的界限。

　　无论是用传统的手工方式还是用先进的 EDA 工具设计电路，所用的物理和数学方法是不变的，例如，用手工画等效电路列联立方程组求解电路和用 SPICE 求解电路，用的方法都是节点电压法。

　　本节不介绍电路的设计方法和工具，而是假设读者已具备这些基础知识，以电子工程师的视角和作者的经验体会，介绍利用这些工具分析和设计放大器的步骤和技巧。

2.5.1 电路的传统设计方法

　　我们先从一个实例入手，介绍电路的传统分析方法和步骤，然后归结出通用的方法。图 2-73 所示的是两级密勒积分器，设 OP 是理想运算放大器，即开环增益无穷大，输入阻抗无穷大，输出阻抗等于零。

　　为了得到输出电压 v_o 与输入电压 v_i 之间的微分方程，步骤是先画出等效电

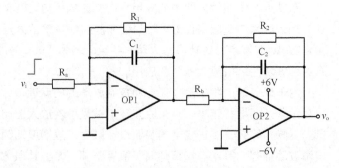

图 2-73　两级密勒积分器

路，用克希霍夫定理列出节点电压或网孔方程组，消去中间变量，得到如下微分方程：

$$\frac{d^2 v_o}{dt^2} + \left(\frac{1}{R_1 C_1} + \frac{1}{R_2 C_2}\right)\frac{dv_o}{dt} + \left(\frac{1}{R_1 C_1 R_2 C_2}\right)v_o - \frac{v_i}{R_a C_1 R_a C_2} = 0 \qquad (2\text{-}101)$$

由微分方程得到特征方程为：

$$s^2 + \left(\frac{1}{R_1 C_1} + \frac{1}{R_2 C_2} \right) s + \frac{1}{R_1 C_1 R_2 C_2} = 0 \qquad （2\text{-}102）$$

求解特征方程的两个根为：

$$\begin{cases} s_1 = -\dfrac{1}{R_1 C_1} \\[3mm] s_2 = -\dfrac{1}{R_2 C_2} \end{cases} \qquad （2\text{-}103）$$

在电路中，设 R_a=100kΩ，R_1=500kΩ，C_1=0.1μF，R_b=25kΩ，R_2=100kΩ，C_2=1μF，电源电压等于±6V，在 t=0 时刻，输入一个 0～250mV 的电压信号，设反馈电容上初始电压为零，求 v_o 的表达式和 $t \geqslant 0$ 时的 $v_o(t)$。

解：

把已知参数代入微分方程式（2-101），整理后得到：

$$\frac{\mathrm{d}^2 v_o}{\mathrm{d}t^2} + 30 \times \frac{\mathrm{d}v_o}{\mathrm{d}t} + 200 v_o - 1000 = 0$$

解得特征方程的根为 s_1= –20rad/s，s_2= –10rad/s。在 $t \to \infty$ 时，积分电容相当于开路，故稳态值为输入电压乘以各级电压的增益，即：

$$v_o(\infty) = \left(250 \times 10^{-3}\right) \times \frac{(-500)}{100} \times \frac{(-100)}{25} = 5$$

从 t=0 过渡到 $t \to \infty$ 的稳态值，过渡过程就是电容的充电过程，故 v_o 具有下面指数形式的表达式：

$$v_o = 5 + V_1' \mathrm{e}^{-10t} + V_2' \mathrm{e}^{-20t}$$

由于 $v_o(0)$=0 时，转换速率 $v_o(0)/\mathrm{d}t$=0，所以 V_1' = –10V，V_2' = 5V，代入上式后得：

$$v_o(t) = \left(5 - 10\mathrm{e}^{-10t} + 5\mathrm{e}^{-20t}\right)V \qquad t \geqslant 0$$

画出 v_o 过渡过程的波形曲线如图 2-74 所示，输入信号从 0 阶跃到 250mV，输出电压的过渡时间约 0.6s，之后稳定在 5V。OP 的电源电压是±6V，放大器没有饱和。

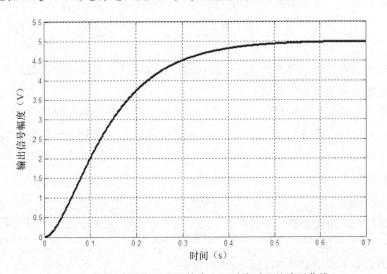

图 2-74　两级密勒积分器的输出电压过渡过程的波形曲线

从上述实例我们总结出分析电路的传统方法和步骤如下。

1）画出电路图。

2）把电路图转换成等效电路。

3）列出等效电路的微分方程。

4）求解微分方程。

5）在特征方程的根中代入初始条件获得电路的时域输出波形。

我们看到在传统的分析方法中，微分方程是最重要的手段，因为它准确地描述了放大器的动态和稳态特性，反映了电路的实际工作状态。一个 n 阶微分方程通用表达式为：

$$a_0\frac{d^n v_o(t)}{dt^n}+a_1\frac{d^{n-1}v_o(t)}{dt^{n-1}}+\cdots+a_{n-1}\frac{dv_o(t)}{dt}+a_n v_o(t)=b_0\frac{d^m v_i(t)}{dt^m}+b_1\frac{d^{m-1}v_i(t)}{dt^{m-1}}+\cdots+b_{m-1}\frac{dv_i(t)}{dt}+b_m v_i(t) \quad （2-104）$$

式中，$v_o(t)$ 是输出信号，$v_i(t)$ 是输入信号，系数 a_0，a_1，…，a_n 和 b_0，b_1，…，b_m 均为常数，而且 $n \geq m$。一旦确定了放大器的输入信号和初始条件，就可以求解微分方程获得时域的输出响应。

不过现在除了在学习阶段的学生、工程师和电子爱好者，很少有人用微分方程去分析放大器。因为一个 3 级结构的功率放大器至少有 5~6 个极点，虽然现在有计算机帮忙，但求解一个 6 阶的微分方程仍然是一件繁琐和辛苦的事情。相比之下，下面介绍的分析方法能够避免直接求解微分方程，不过我们要记住微分方程是现代电路分析方法的基础。

2.5.2 电路的传统设计工具

这里介绍的传统设计工具更确切的名字是改进的电路分析方法，这些方法无论用手工设计或者 EDA 设计电路都是必不可少的。人类已经发明和积累了非常丰富的设计方法，介绍这些方法最少要一本书。对于一个耳机放大器来讲，掌握了传输函数、方框图模型、波特图、奈奎斯特判据这些工具就基本上已够用。

1. 传输函数

为了获得式（2-104）所示的线性系统的传输函数，设初始条件为零，对微分方程两边取拉普拉斯变换后得：

$$\left(a_0 s^n+a_1 s^{n-1}+\cdots+a_{n-1}s+a_n\right)v_o(s)=\left(b_0 s^m+b_1 s^{m-1}+\cdots+b_{m-1}s+b_m\right)v_i(s) \quad （2-105）$$

系统的传输函数定义为输出信号 $v_o(s)$ 与输入信号 $v_i(s)$ 之比：

$$G(s)=\frac{v_o(s)}{v_i(s)}=\frac{b_0 s^m+b_1 s^{m-1}+\cdots+b_{m-1}s+b_m}{a_0 s^n+a_1 s^{n-1}+\cdots+a_{n-1}s+a_n} \quad （2-106）$$

由于拉普拉斯变换把微分方程变换成了代数方程，免去了求解高阶微分方程的烦恼，只用中学的代数知识，就能简单方便地分析电路。

傅里叶变换也有相同的方便性，为什么不用傅里叶变换而用拉普拉斯变换呢？这是因为绝大部分电信号是矢量，要用复数变量表示。另一方面，傅里叶变换条件苛刻，一些常见信号不满足傅里叶变换的条件，例如冲击函数。为了解决这些问题而创立了一个纯数学形式的复频率 $s=\sigma+j\omega$，于是任何函数都可用下面的复频率表示：

$$f(t)=Ke^{st} \quad （2-107）$$

这个万能函数在物理学中扮演着重要的角色，根据复频率的变化可以表示任何信号。

当 $s=0$ 时，复频率等于零，这个电压可表示为 $V(t)=V_0 e^{(0)t}=V_0$，它描述了一个直流电压。

当 $s=\sigma+j0$ 时，$V(t)=V_0 e^{\sigma}$，描述了一个指数电压。

当 $s=\pm j\omega$ 时，$V(t)=1/2[e^{j\omega}+e^{-j\omega}]=\cos\omega t$，描述了一个余弦电压，移相 90° 就是正弦电压。当然也可以表示任何电流信号。可见，用复变量表示电信号是合理的。

用复频率 s 的最大好处就是放大器的传输函数所表示的微分方程，在任意激励信号下都可以用拉普拉斯变换表示成代数方程，用简单的代数运算就可以在频域里求解，然后用反拉普拉斯变换得到时域特性，从而避免了繁琐的时域分析，并使频域和时域分析合为一体。传输函数与下述的方框图模型结合，是分析电路的有力工具。

2. 方框图模型

在第 5 章的 2.4.1 小节中已经介绍了方框图模型和运算法则，方框图是传输函数的图形表示方法，比传输函数更直观。在系统设计过程中方框图模型常用来构建系统的结构和整定系统的参数，构建结构的方法已经介绍过，这里再用一个实例介绍整定系统参数的方法。如图 2-75 所示的是一个电子管耳机放大器的系统结构，设计要求在 0dBm 输入电平下在 300Ω 负载上获得 200mW 的功率，如何按图 2-75 中的已知条件整定 A_1 和 A_2 的开环增益。

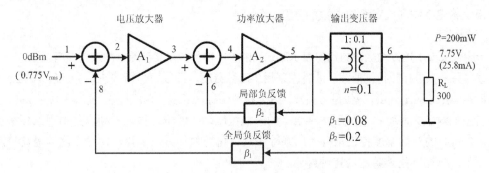

图 2-75　电子管耳机放大器的系统结构

这是一个嵌套式反馈放大器，在图 2-75 中能看到的已知条件是输入灵敏度、两个反馈系数和输出变压器的电压变换比，我们用下面步骤整定系统参数。

第一步：计算输出电压和闭环增益

已知输入电压是 0.775V，输出功率是 200mW，负载阻抗是 300Ω，计算输出电压为：

$$v_o = \sqrt{P_o + R_L} = \sqrt{0.2 \times 300} = 7.75\,(\text{V})$$

放大器的闭环增益为：

$$A_v = \frac{V_o}{V_{in}} = \frac{7.75}{0.775} = 10\,(20\text{dB})$$

第二步：计算功率放大器 A_2 的增益

我们可以看出输出级是一个除法关系的局域反馈方框图，从已知的条件无法得到开环增益，只能从变压器负载两级放大器经典结构入手寻找解决方法。可以利用整机的闭环增益，获得从节点 5 到节点 1 的电压增益是 77.9 倍。输出级主要进行电流放大，电压增益通常为 0.8～10 倍。如果闭环增益小于 1，反馈系数则为 1，输出级肯定是阴极跟随器。从已知的局部反馈系数 $\beta_2=0.2$ 来判断，输出级应该是有增益的共阴极放大器。输出级通常是中 μ 或低 μ 三极管，或者多栅管连接成三极管使用，开环增益通常小于 20 倍，这种放大器施加负反馈后，闭环增益通常小于 5，故设本级的闭环增益为 3 倍，计算本级开环增益为：

$$A_2 = \frac{A_{v2}}{1 - \beta_2 A_{v2}} = \frac{3}{1 - 0.2 \times 3} = 7.5\,(17.5\text{dB})$$

这是一个合理的值，大多数中 μ 三极管用于输出级可以得到这么大增益。

第三步：计算电压放大器 A_1 的增益

首先，利用反馈型方框图的除法关系计算整机的开环增益：

$$A_o = \frac{A_v}{1 - \beta_1 A_v} = \frac{10}{1 - 0.08 \times 10} = 70(34\text{dB})$$

已知输出级的闭环增益是 3 倍，输出变压器的电压变换比是 0.1。利用方框图串联运算法则计算电压放大器 A1 的开环增益：

$$A_1 = \frac{A_o}{A_{v2} \times n} = \frac{50}{3 \times 0.1} \approx 167(44.5\text{dB})$$

从图 2-33 所示的例证中我们已初步领略了用方框图模型化简电路结构变换传输函数的方法。这个例证又介绍了整定系统参数的方法。方框图模型无论在传统设计方法和 EDA 工具中都是重要的工具，用方框图代数解析电路比传输函数更简单和直观，无论是传统的手工设计还是现代化的 EDA 设计，方框图都是构建系统和整定系统参数的重要工具。

3. 波特图

波特图（Bode）是传输函数的几何表示形式。由于传输函数是复变量，故波特图有两张：一张是幅频特性曲线；另一张是相频特性曲线。波特图采用半对数分度，即频率坐标按 $\lg(\omega)$ 分度，单位是 rad/s 或 Hz，幅度坐标按 $20\lg(A)$ 分度，单位是分贝数（dB）。相位坐标按弧度或角度线性分度，单位是 rad 或 deg($x°$)。

波特图的对数频率特性实现了水平坐标的非线性压缩，便于在很大的频率范围观察频率特性的变化情况。$20\lg A$ 的对数幅度特性把幅值的乘除法运算化简为加减法运算，使放大器的增益资源分配关系一目了然。这些就是波特图的直观好处。

波特图可用 EDA 软件生成，也可用手工或绘图软件绘制。用 MATLAB 或 SPICE 生成的波特图的零极点附近是渐近线，精度很高。用绘图软件或手工绘制时，为了避免逐点描绘，通常绘制成折线。

绘制对数分度时，当变量增大或减少 10 倍，坐标间距变化一个单位长度，即坐标两点 x_1 和 x_2（设 $x_2 > x_1$）间的距离是 $\lg x_2 - \lg x_1$，而不是 $x_2 - x_1$。绘制线性分度时，当变量增大或减少 1 时，坐标间距变化一个单位长度。幅频曲线每遇到一个极点，斜率下降 20dB/dec（6dB/oct）；每遇到一个零点，斜率上升 20dB/dec（6dB/oct）。相频曲线上每一个极点产生最大–90°相移，且极点频率的相移是–45°；每一个零点产生最大+90°相移，且零点频率的相移是+45°，在远离零极点0.1 和 10 倍频率之外相移固定不变。用折线代替渐近线在幅频曲线上引起的最大误差是±3dB，分别发生在极点和零点处；在相频曲线上引起的最大误差是±5.71°，分别发生在 $10f_z$、$0.1f_p$ 和 $0.1f_z$、$10f_p$ 频点处。根据这些特征可轻松地绘制出传输函数的波特图。

图 2-76 所示的是用 Visio 软件绘制的两极点传输函数的折线波特图，从直流到第一个极点 f_{p1} 幅频特性的增益是 80dB，遇到第一个极点 f_{p1} 后，幅频曲线了斜率从 0dB/dec 变成–20dB/dec，遇到第二个极点 f_{p2} 后斜率变成–40dB/dec。在相频曲线上，第一个极点 f_{p1} 对相位的影响范围从 $0.1f_{p1}$ 一直延伸到

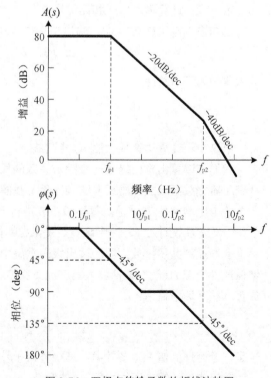

图 2-76 双极点传输函数的折线波特图

$10f_{p1}$，在极点频率 f_{p1} 处的相位滞后 $45°$。第二个极点 f_{p2} 对相位的影响在第一个极点的基础上继续延伸，它的影响范围从 $0.1f_{p2}$ 一直延伸到 $10f_{p2}$，在极点频率 f_{p2} 处的相位滞后 $135°$（$90°+45°$），在 $0.1f_{p2}$ 频点处延迟 $90°$，在 $10f_{p2}$ 频点处延迟 $180°$。零点的波特图与极点相反，故如果零点与极点之间的距离比它们本身的模值小一个数量级时，其作用近似相互抵消，这就为放大器的频率特性补偿提供了一种手段。

波特图能把方框图和传输函数所表述的复杂逻辑关系图形化，这样我们就能直观和形象地解读复杂的传输函数了。下面用放大器为例说明如何从波特图上理解传输函数的意义。图 2-77（a）是经典功率放大器电路的简化结构，图 2-77（b）是等效的方框图模型。

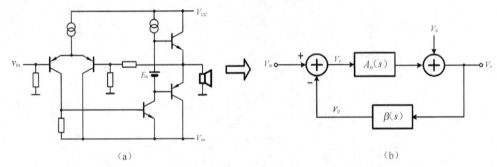

图 2-77　功率放大器的简化结构和等效方框图模型

设 $A_o(s)$ 是放大器的开环增益，$\beta(s)$ 反馈系数，V_d 是放大器内部产生的失真。根据方框图模型中的连接关系，列出下列方程：

$$\begin{cases} v_e = v_{in} - \beta(s)v_o \\ v_o = A_o(s)v_e + v_d \end{cases} \tag{2-108}$$

消去 v_e 后得到闭环放大器输出电压表达式：

$$v_o = \frac{A_o(s)}{1+A_o(s)\beta(s)}v_{in} + \frac{1}{1+A_o(s)\beta(s)}v_d \tag{2-109}$$

这个公式就是负反馈放大器输出电压的经典表达式，公式中每个变量都有特定的物理含义。其中 $A_o(s)$ 是放大器的开环电压增益，它是放大器的基本资源，也是最重要、最宝贵的资源，因为它决定了反馈放大器的线性和精度。甚至可以这样讲：放大器的所有性能的改进都取决于储备了多少开环增益。例如，闭环增益、频率响应、失真度、*PSRR*、噪声、输入阻抗和输出阻抗等指标的改善都要从开环增益中提取资源，就像一个国家的任何开支都要从国库里提取储备一样。从图 2-78 所示的波特图上看，开环增益就是 $A_o(s)$ 曲线到横坐标之间的面积，也就是浅灰色的环路增益的面积 $A_o(s)\beta(s)$ 与深灰色的闭环增益 $1/\beta$ 的面积之和。

式中的 $A_o(s)\beta(s)$ 是环路增益，是信号通道的增益与反馈通道的增益之积。从控制理论的观点来看，环路增益越大负反馈对放大器的改善量也越大。如果没有环路增益可用，放大器就工作在开环状态，性能不会有任何改善。环路增益的资源也来自开环增益，这从它的表达式可以明确地看出，它是反馈系数 $\beta(s)$ 与开环增益 $A_o(s)$ 的乘积，$\beta(s) \leqslant 1$，故 $A_o(s)\beta(s)$ 是远大于闭环增益，说明大部分开环增益是用来校正失真的，只有一小部分是用来放大信号的。在波特图上环路增益的作用清晰明了，例如，b 点的环路增益小于 a 点，用于校正失真的资源比较少，故 b 点失真大于 a 点，频率升高到 c 点后，环路增益为零，没有任何资源来校正失真了，负反馈的作用为零，在这点的闭环指标和开环指标相同。这一特性造成了负反馈放大器的 *THD* 曲线随着频率的升高而增大，即频率越高线性越差。由于环路增益本质上属于开环增益，故在自动控制教科书中把环路增益称作开环增益。从波特图上看，环路增益就是 $A(s)$ 曲线到 $1/\beta$ 曲线之间浅灰色区域的面积，它是校正误差所用的资源。

分母 $1+A_o(s)\beta(s)$ 是反馈量，物理意义就是负反馈给放大器带来的好处。因为施加了负反馈，失真电压 v_d 减少了 $1+A_o(s)\beta(s)$ 倍（见式（2-109）等号后第二项）。虽然放大器的开环增益也减少了这么多倍，但增益稳定性却提高了相同的倍数。当 $1+A_o(s)\beta(s)>1$ 时，闭环增益近似等于 $1/\beta(s)$，就是图 2-78 中深灰色区域的面积。表明放大器的性能只与反馈网络有关，与放大器本身的参数无关。通常，放大器的反馈网络只是一个电阻分压器，电阻是所有电子元件中稳定性最高、并且与频率和温度不敏感的元件，故放大器就可获得与电阻相同的稳定度。

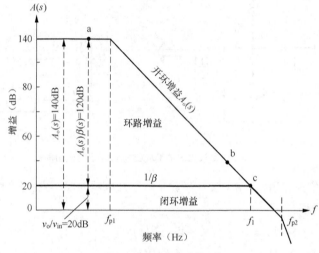

图 2-78　放大器波特图

在行为模型中失真 v_d 是人为加进去的，用来模拟放大器实际产生的失真。实际放大器中的有源器件都是非线性的，电子管的电流与电压的关系是 3/2 次方、晶体管是指数次方、场效应管是平方。我们的目的是线性放大，如果要把 10% 的失真度减少到 0.00001%，设放大器的闭环增益是 10 倍（20dB），就必须把开环增益设计到 140dB，其中 120dB 用来校正非线性失真，20dB 用来放大输入信号，如波特图 2-78 中表示的那样。这比大多数工业和自动化控制系统的指标高得多，奇怪的是没有一本功率放大器图书从自动控制理论入手来引导使用者分析和设计放大器。

如果设 $1+A_o(s)\beta(s)=0$，这就是放大器的特征方程。等式左边是反馈量，反馈量的大小与放大器的稳定性密切关联，故我们就能够从解析特征方程中得出有用的结论，见后述奈奎斯特判据。

从波特图上也能简单直观地判断放大器的稳定性。为此，先定义一个两条曲线相交时的穿越速率概念，它是两条曲线交点频率处各自斜率和的绝对值。在图 2-79 所示的开环增益波特图上，开环增益频响曲线 $A_o(s)$ 与 $1/\beta$ 曲线交点处的穿越速率等于或小于每十倍频程 20 分贝（20dB/dec），或者每倍频程 6 分贝（6dB/oct），放大器则是稳定的。否则，放大器不稳定。例如，在图 2-79 中有 4 条 $1/\beta$ 曲线与开环增益曲线 $A_o(s)$ 相交，交点处的穿越速率计算如下所示。

f_1 点的穿越速率：$|A_o-1/\beta_1|=|-20\text{dB/dec}-20\text{dB/dec}|=40\text{dB/dec}$

f_2 点的穿越速率：$|A_o-1/\beta_2|=|-20\text{dB/dec}-0\text{dB/dec}|=20\text{dB/dec}$

f_3 点的穿越速率：$|A_o-1/\beta_3|=|-40\text{dB/dec}-0\text{dB/dec}|=40\text{dB/dec}$

f_4 点的穿越速率：$|A_o-1/\beta_4|=|-60\text{dB/dec}-(-20\text{dB/dec})|=40\text{dB/dec}$

计算可知交点频率 f_1、f_3、f_4 的穿越速率大于 20dB/dec，故这三个反馈网络的放大器是不稳定的。

交点频率 f_2 的穿越速率等于 20dB/dec，这个反馈网络的放大器是稳定的。

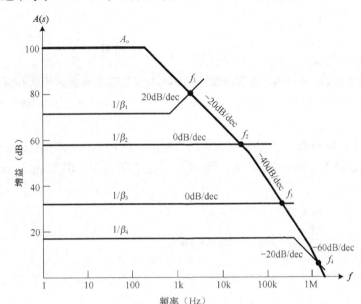

图 2-79　在开环增益波特图上放大器的稳定性

在环路增益波特图上，环路增益频响曲线 $A_o(s)\beta(s)$ 与 0 分贝轴的交点处的穿越速率也反映了放大器的稳定性，不过 0 分贝轴的斜率永远是零，只需判断 $A_o(s)\beta(s)$ 曲线的斜率就知道穿越速率了。这种判断方法与上述在开环增益波特图上的判断方法是等效的。

只判断放大器的稳定性是不够的，因为在每十倍频程 20 分贝环路增益斜率所给出的无条件稳定与零分贝增益点具有 $-180°$ 相移所产生的自激振荡，这两者之间有不同程度的相对稳定度。于是人们又定义了相位裕度和增益裕度来表征放大器的相对稳定度。

1）相位裕度

即环路增益为 1（0dB）时对应的相位角与临界相位（$-180°$）之差，称相角裕度。

$$\gamma = \varphi(f_u) - (-180°) = 180° + \varphi(f_u) \quad (2\text{-}110)$$

图 2-80 是环路增益波特图，在频率 f_u 处环路增益等于 1，相位裕度为 180°–155°=25°。虽然环路增益曲线以 -40dB/dec 斜率与零分贝轴相交，但相位移还未达到 $-180°$，放大器虽然不稳定，但不会产生连续的振荡。

可见相位裕度给出的是衡量放大器稳定性的精确尺度，比上述开环增益曲线与 $1/\beta$ 交点和环路增益曲线与零分贝轴交点的闭合速率能提供更完备的信息。大量的工程实践证明，要使放大器长期稳定工作，需要有 60° 的相位裕度，这一相位裕度能确保放大器在有效寿命期间，因元器件老化和温度变化等因数而引起的劣化不会把相位裕度降至最小值 45° 以下。在消费类电子设备中，因使用寿命较短，通常用 45° 相位裕度作为设计标准也较为流行。

2）增益裕度

即相位移为 $-180°$ 处使环路增益为 1 的增益量。由于波特图上的增益刻度是对数值，如果在线性刻度在 $-180°$ 相角处的环路增益为 g，则幅值裕度为 $1/g$，用下式表示：

$$K_g = \frac{1}{g} = \frac{1}{\left|A_0(jf_g)\beta(jf_g)\right|} \quad (2\text{-}111)$$

在图 2-80 所示的环路增益波特图上，在频率 f_g 处的相移为 $-180°$，对应的环路增益等于 $-13.5\mathrm{dB}$（$g=0.21135$），增益裕度为：

$$K_g = \frac{1}{|0.21135|} \approx 4.7315(13.5\mathrm{dB})$$

虽然环路增益曲线以 $-40\mathrm{db/dec}$ 斜率与零分贝轴相交，但环路增益未达到 0dB，再增大 13.5dB（约 4.7315 倍）才能发生连续的振荡。用分贝表示为 $20\lg(1/g)$，在 MATLAB 中是按 $-20\lg(g)$ 计算，结果是相同的。

在 MATLAB 中，用 bode（x）函数绘制普通波特图，用 margin（mag, phase, w）函数绘制带增益裕度和相位裕度的波特图。在 PSPICE 中，用 AC 扫描绘制波特图，用 Toggle cursor 测量增益裕度和相位裕度。

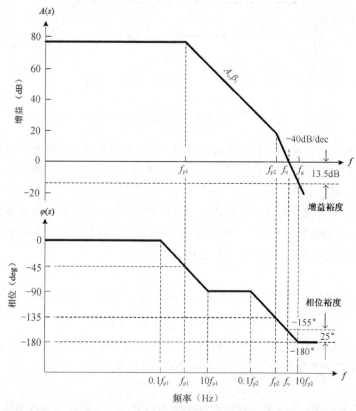

图 2-80 在环路增益波特图上相对稳定性

在工程制作阶段，很少有人在波特图上判断和整定放大器的稳定性，常用的方法是用音频分析仪扫描闭环增益曲线，根据曲线在截止频率上的拱起幅度在图表上查对应的相位裕度；或者给放大器输入方波，判读输出方波上升沿和下降沿的毛刺幅度在图表上查对应的相位裕度。

这种方法的原理是高阶系统中的复极点会在频域里产生增益峰值拱起现象，映射到时域里就是振铃现象，在二阶系统中阻尼系数 $\zeta<1$ 就会产生这种现象。电工手册上给出的增益峰值、振铃与阻尼系数的关系用下式表示：

$$GP = 20\log\left(\frac{1}{2\zeta\sqrt{1-\zeta^2}}\right) \tag{2-112}$$

$$OS(\%) = 100 \exp\left(\frac{-\pi\zeta}{\sqrt{1-\zeta^2}}\right) \qquad (2\text{-}113)$$

$$\phi_{\mathrm{m}} = \arctan\left(2\zeta\sqrt{\frac{1}{2\zeta^2 + \sqrt{4\zeta^4 + 1}}}\right) \qquad (2\text{-}114)$$

式中 GP 是增益峰值，OS 是振铃幅度与信号幅度的百分比，Φ_{m} 是相位角度。

用这 3 个公式可画出"增益峰值—相位裕度"和"振铃超量—相位裕度"的关系，如图 2-81 所示。常用的 45°相位裕度对应的 GP=2.4dB，OS=23%。用示波器测得的值直接在图 2-81 中查找，非常方便快捷，而且有足够的准确度。

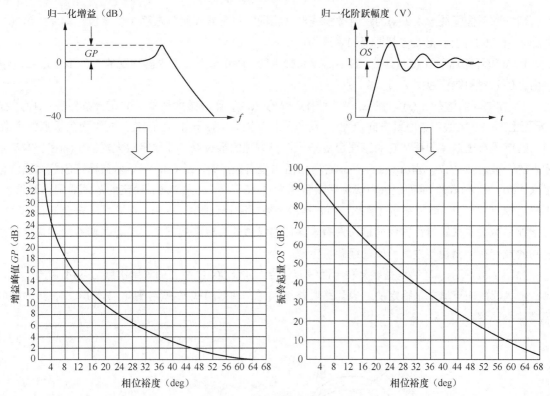

图 2-81　增益峰值 GP、振铃超量 OS 对应相位裕度的关系

4. 奈奎斯特判据

判定负反馈放大器稳定性的基点是它的特征方程，也就是式（2-115）的分母等于零的表达式：

$$F(s) = 1 + A_{\mathrm{o}}(s)\beta(s) = \frac{K\prod_{i=1}^{n}(s+z_i)}{\prod_{k=1}^{M}(s+p_k)} = 0 \qquad (2\text{-}115)$$

方程的左边是反馈深度，包含了反馈量与稳定性之间的关系信息。把特征方程变换成零极点形式，求解方程的根。放大器稳定的充分和必要条件是 $F(s)$ 所有的零点都在 s 平面的左半平面。为此，把 s 平面闭合曲线取成包围整个 s 右半平面的围线，用柯西定理来判断围线是否包围了 $F(s)$ 的零点。这需要在平面上绘制映射像围线，并确定围线包围 $F(s)$ 平面原点的周期数 N，稳定性判据就简单表示为：

$$Z = N + P \qquad (2\text{-}116)$$

式中，Z 是零点的个数，P 是极点的个数，放大器稳定性判据为。

1）如果特征方程 $F(s)$ 在 s 右半面没有极点时（$P=0$），闭环放大器稳定的充分条件是：$F(s)$ 平面上的映射围线不包围原点。

2）如果特征方程 $F(s)$ 在 s 右半面有 P 个极点时，闭环放大器稳定的充分条件是：$F(s)$ 在 s 平面上的映射围线沿逆时针方向包围原点 N 周，N 等于 $F(s)$ 在 s 右半面内极点的个数 P。

但是在很多情况下，已经知道了环路增益 $A_o(s)\beta(s)$ 的零极点，如果要求解 $1+A_o(s)\beta(s)$ 的零极点，就要重新把特征方程 $F(s)$ 作因式分解，这就显得很麻烦。仔细研究特征方程后发现，只需把它的常数项 1 进行移项，产生一个新的特征函数：

$$F'(s) = F(s) - 1 = A_o(s)\beta(s) \qquad (2\text{-}117)$$

新的映射像围线原来 $F(s)$ 的映射像围线形状相同，只是原点坐标左移 1 个单位，即从（0，0）平移到（−1，0），于是把上述判据稍加修改为。

1）如果环路增益 $A_o(s)\beta(s)$ 在 s 右半面没有极点时（$P=0$），闭环放大器稳定的充分条件是：$A_o(s)\beta(s)$ 平面上的映射围线不包围（−1，0）点。

2）如果环路增益 $A_o(s)\beta(s)$ 在 s 右半面有 P 个极点时，闭环放大器稳定的充分条件是：$A_o(s)\beta(s)$ 在 s 平面上的映射围线沿逆时针方向包围（−1，0）点 N 周，N 等于 $A_o(s)\beta(s)$ 在 s 右半面内极点的个数 P。

这就是奈奎斯特判据，它的原理也是基于特征方程的零极点，即稳定放大器的 $F(s)$ 在 s 右半平面零点的个数是 $Z=N+P$。当 $A_o(s)\beta(s)$ 在 s 右半平面内没有极点时（$P=0$），闭环增益稳定的放大器就自然要求 $N=0$，即 $A_o(s)\beta(s)$ 平面上映射像围线不包括（−1，0）点。如果 $P\neq 0$，稳定的放大器同样要求 $N=0$，于是必须有 $N=-P$，即 $A_o(s)\beta(s)$ 平面上的映射像围线逆时针包围（−1，0）点 P 周。奈奎斯特判据的巧妙之处是免去了求解特征方程的根，只需求解环路增益的零极点就行了，而环路增益的零极点往往是已知的或者在判断稳定性之前就已经解析完成。

如图 2-82 所示，环路增益在 s 右半面没有极点，$A_o(s)\beta(s)$ 平面上的映射围线 $L_1(s)$ 不包围（−1，0）点，放大器的闭环增益是稳定的。当环路增益增大后，映射围线 $L_2(s)$ 包围（−1，0）点，放大器的闭环增益不稳定。

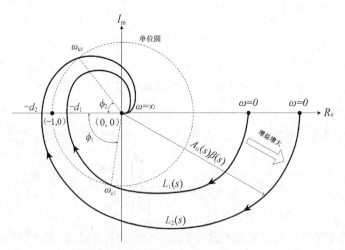

图 2-82　环路增益的奈奎斯特围线

奈奎斯特围线实际上是：当角频率 ω 从 0 到无穷大变化时，环路增益 $A_o(s)\beta(s)$ 的矢量在极坐标系中变化的轨迹。图 2-82 只画出了负频率轨迹，正频率轨迹以实轴与负频率轨迹对称。在奈奎斯特曲线上也可以判读放大器的相位裕量和增益裕量，方法如下。

1）相位裕量

当环路增益奈奎斯特曲线的幅值为 1 时，其相位角 $\varphi(\omega_c)$ 与 180°（即负实轴）的相角差，称相角裕度：

$$\gamma = \varphi(\omega_c) - (-180°) = 180° + \varphi(\omega_c) \tag{2-118}$$

式中，ω_c 表示为奈奎斯特曲线与单位圆相交的频率，称为幅值穿越频率。

当 $\omega=\omega_c$ 时，环路增益的绝对值=1。

当 $\gamma>0$ 时，相位角裕量为正，放大器闭环后稳定。当 $\gamma=0$ 时，表示奈奎斯特曲线恰好通过（-1，j0）点，放大器处于临界稳定状态。当 $\gamma<0$ 时，相位裕量为负，放大器不稳定。

2）增益裕量

增益裕量定义为奈奎斯特曲线与负实轴相交处的幅值的倒数：

$$K_g = \frac{1}{\left| A_o(j\omega_g)\beta(j\omega_g) \right|} \tag{2-119}$$

当 $\omega=\omega_g$ 时，$\angle\left| A_o(j\omega_g)\beta(j\omega_g) \right| = -180°$。

当 $K_g>1$ 时，放大器稳定；当 $K_g=1$ 时，放大器处于临界稳定状态；当 $K_g<1$ 时，放大器不稳定。

用上述判据在图 2-82 上判断 $L_1(s)$、$L_2(s)$ 两条奈奎斯特曲线。$L_1(s)$ 没有包围单位圆上的（-1，j0）点，相位裕量 $\gamma=81°$，增益裕量 $K_g=1.28$，故这条曲线表征的放大器是稳定的；$L_2(s)$ 包围单位圆上的（-1，j0）点，相位裕量 $\gamma=-53°$，增益裕量 $K_g=0.87$，故这条曲线表征的放大器是不稳定的。

在 MATALAB 中用 nyquist(x) 函数绘制环路增益的奈奎斯特曲线，用鼠标点读稳定度裕量。不过在在环路增益波特图上判读放大器相位裕度和增益裕度，要比在奈奎斯特曲线上判读简单和直观得多。

2.6　电路的 EDA 设计方法和工具

自从人类社会进入计算机时代以来，放大器的设计方法也发生了革命性的变化，从手工设计、计算机辅助设计（CAD）到电子设计自动化（EDA）。SPICE 和 MATLAB 是电路设计行业应用最普遍的两个 EDA 工具，使用它们不但能节约大量时间和提高效率，还能挖掘传统放大器电路中隐藏的潜力，用最低的成本和简单手段提高放大器性能。这里不讲解这两个仿真软件的使用方法，而是假设读者已经学习过这些软件和已经可以操作这些软件的基本功能，这里只举例说明它们的基本应用方法。如果读者不熟悉这些软件，可以跳过这些内容，并不影响对本书物理概念的理解。如果读者对 EDA 感兴趣，可以用直接运行本书提供的程序和仿真电路。这两个软件的学习版本可以在厂商的官方网站上下载。

2.6.1　设计和仿真工具 SPICE

SPICE 是最常用的电路仿真和验证工具，它是由美国加利福尼亚大学伯克利分校电子实验室的集成电路小组于 20 世纪 60 年代末开发成功的，1972 年公布于众。正好英语单词 SPICE（香料）与这个工具同名，故这个工具软件也叫 SPICE，目前最新的版本是 SPICE-3。SPICE 给集成电路设计带来了革命，成倍地提高了产品的成功率，缩短了研发时间。1984 年 MicroSim 公司推出了 PC 版 PSPICE，使广大使用 PC 机的系统工程师和业余爱好者有机会使用这个软件分析和设计分立元器件电路。PSPICE 对 SPICE 普及起了巨大的推动作用，它改变了电子工程课程的学习效率，成了电子专业师生的有力工具。后来 MicroSim 公司被 OrCAD 公司收购，OrCAD 公司又被 Cadence 公司收购。现在 Cadence 公司既有用于芯片级的设计工具 SPICE，又有用于系统级的设计工具 PSPICE。本书使用的版本是 PSPICE 学习版，有元器件数量限制。

现在，绝大多数电路仿真软件都使用 SPICE 内核，如 Multisim、Tina、Circuitmaker、Micro-CAD、Edison、PLECS、IAR Wokbench、CAP/4、Saber、Proteus、LT_SPICE、SIMetrix/SIMPLIS 等。这里特别推荐 Tina 和 LT_SPICE 两款免费软件，功能可与 Pspice 媲美，没有元器件数量限制，而且简单易学，初学者很容易上手，可在 TI 和 ADI 官方网站上下载。

1. 用 *x*.CIR 文件建立放大器的行为仿真模型

最早使用 SPICE 的工程师都是用 *x*.CIR 文件来描述电路的，自从 Pspice 出现以后已很少有人再用这种文本文件，作者强烈推荐大家都用图形界面建立电路，因为电路的本来面貌就是用图形符号描述的，这样不仅是符合人类看电路图的习惯，也彻底避免了书写电路网络表时经常出现的错误，因为人的大脑是不适应用网络表思维的。尽管如此，作者仍然强烈提倡工程师必须能看懂.CIR 文件，这在建立仿真模型时会大有用处。

下面举例用 PSPICE 符号描述一个负反馈结构的音频放大器的行为模型，开环增益是 100000 倍，闭环增益是 22 倍，各级延迟的传输函数如图 2-83 中 LAPLACE 方框图中的公式。

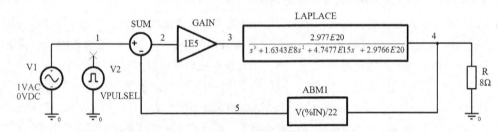

图 2-83　PSPICE 符号描述一个负反馈结构的音频放大器行为模型

下面是上述放大器的 *x*.CIR 文件，所用的模型都是 PSPICE 自带的，保存在 LAB 目录下，描述完电路节点网络表后从器件库中调用模型就可以。自建的模型可直接在 *x*.CIR 文件中描述，也可以存放在工作目录下用"x.lib"命令调用。

```
** Creating circuit file "ac.cir"
**** INCLUDING SCHEMATIC1.net ****
* source AMP ACTION MODEL 002
E_DIFF1    2  0 VALUE {V(1,5)}
E_GAIN1    3  0 VALUE {1E5 * V(2)}
E_LAPLACE1 4  0 LAPLACE {V(3)}
+ {(2.977e20)/(s*s*s+1.6343e8*s*s+4.7477e15*s+2.9766e20)}
V_V1    M_UN0001 0 DC 0Vdc AC 1Vac
V_V2    1 0
+PULSE 0 1 0 0.0001u 0.0001u 10u 20u
E_ABM1    5 0 VALUE { V(4) /22   }
R_R1    0 4 8
*Libraries:
* Profile Libraries :
* Local Libraries :
* From [PSPICE NETLIST] section of D:\Cadence\SPB_15.5\tools\PSpice\PSpice.ini file:
.lib "D:\Cadence\SPB_15.5\tools\pspice\library\application.lib"
*Analysis directives:
.TRAN  0 100u  0 100n
.OPTIONS GMIN= 1.0E-8
.PROBE V(alias(*)) I(alias(*)) W(alias(*)) D(alias(*)) NOISE(alias(*))
.INC "..\SCHEMATIC1.net"
**** RESUMING ac.cir ****
.END
```

2. 用 Capture 图形界面建立放大器的行为仿真模型

PSPICE 中的 Capture 图形界面是画电路图的工具，所画的电路图可生成多种仿真软件和 PCB 布图软件的网表，在 tools/captare/library/pspice 目录下直接调用库中的符号所画的电路可直接在

AMS Simulator 下进行仿真，省略了生成网表的过程。市面上众多 PSPICE 教科书只介绍简单的电路仿真方法，而不介绍行为级仿真和建模方法，误导许多工程师认为 PSPICE 不适于行为仿真。实际上 PSPICE 提供了强大的行为仿真能力，下面介绍图 2-83 所示放大器的行为级仿真模型的建立方法。

在 ABM 库中调用减法器 SUM 模拟差分放大器。调用增益模块 GAIN 模拟开环增益，增益设置为 1E5。调用拉普拉斯符号 LAPLACE 模拟放大器的信道传输函数，传输函数设置为图示多项式。调用 ABM1 符号模拟反馈信道的传输函数，这个模块把输出信号衰减 22 倍后反馈到输入端，由于是负反馈要与输入信号相减。要注意这个模块的方向，把输入端倒置在右，输出端在左。在 ANALOG 库中调用电阻 R 作负载，设置电阻值为 8Ω。在行为级仿真中这个负载可以缺省，为了更形象其间放在这里也无妨。在 SOURCE 库中调用交流电压源 VAC 和电压脉冲信号源 VPULSEL 作输入信号激励源，VPULSEL 用于时域仿真，而 VAC 用于频域仿真。在 Time Domain 分析中选择仿真时间为 0.3ms，仿真后的脉冲方波响应如图 2-84 所示。在 AC Sweep/Noise 分析中设置起始频率为 10Hz，终止频率为 1GHz，仿真结果如图 2-85 所示。从时域和频域仿真结果证明这个放大器不稳定。

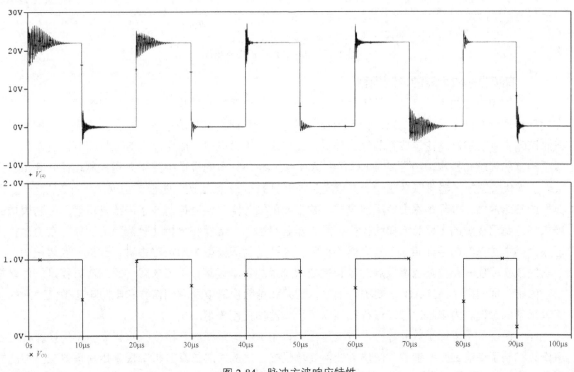

图 2-84　脉冲方波响应特性

PSPICE 是用节点电压法解方程的，在编程和画电路时要标上节点编号，地电平是 0 编号，其他节点可任意 5 位数内的整数编号。如果没有编号，就没法编写 x.CIR 文件。画电路时软件会自动赋予每个节点一个 5 位整数编号，但用户并不容易把电路的具体节点与编号对应起来。因此，建议用户自己给每个节点命名，这样在检查仿真结果时会很方便。

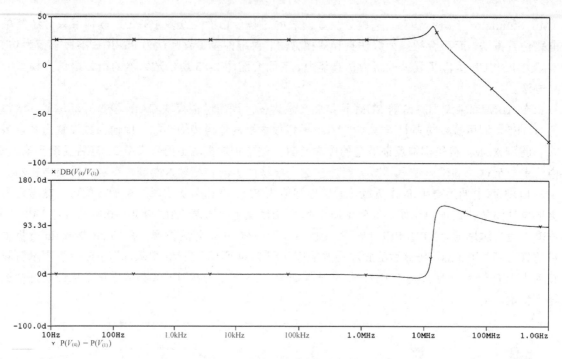

图 2-85　脉冲方波响应仿真结果

3. 音频功率放大器的控制模型

建立控制模型的出发点是把放大器作为一个自动控制系统来建模的，因为现代音频放大器是建立在负反馈理论基础上的电子电路，因而用控制理论分析和研究音频功率放大器会更准确、效率更高、概念清晰直观。控制理论是成熟的经典理论，在机电、电力电子、航空航天等领域得到广泛应用，积累了丰富的经验和技术，20 世纪 60 年代在运算放大器（OP）的设计中就引入用控制理论并获得巨大成功。现代音频放大器可以看成一个高电压、大电流的 OP，甚至连电路模式也继承了 OP 的结构，即典型的三级放大、大环路深度负反馈模式，并引入前馈等实时误差控制技术来改进性能。控制模型的最大特点是用直观的电路等效模块去模拟放大器各级功能，建模和分析比较容易。例如，在前面的例证放大器中仿真的结果证明这个放大器不稳定，但在行为级模型中却很难去进行改进，因为把一个频域里的 3 次多项式和电路的零极点对应起来要做麻烦的数学运算，手工求解一元三次方程是一件非常痛苦的事，即使用 MATLAB 也要进行编程，圆频和角频换算以及时间常数和电阻电容数值之间的换算等烦琐的过程。为了越过这些过程而创立了放大器的控制模型。

控制模型是用传输函数的零极点方程建模的，用 RC 电路就能直接模拟零极点，不用换算就可随意修改和整定传输函数的参数，使仿真变得简单轻松，是放大器仿真分析中最常用建模方法。控制模型用 Pspice 建模比较方便，下面用控制模型建立例证放大器的仿真电路。

在 PSPICE 软件的图形界面中的 ANALOG 库中调用电阻 $R_1 \sim R_3$ 和电容 $C_1 \sim C_3$ 组成三级 RC 低通滤波器电路，按图 2-86 中数值设置阻容值，这些参数就是图 2-83 信道中 LAPLACE 方框中的一元三次多项式的 3 个根，极点频率分别是 10kHz、6MHz、20MHz。继续在库中调用电阻 R_o 设置为 100Ω 用来模拟放大器的输出阻抗。调用电阻 R 模拟负载，阻值设置为 8Ω 代表扬声器的阻抗。再调用两个电阻 R_4、R_5，设置 $R_4 / (R_4 + R_5) = 22$ 模拟反馈系数。继续调用 4 个电压控制电压源 E 模拟放大器的各级电路，E_1 用来模拟双端输入、单端输出式差分放大器，增益设置为 1，E_5 代表开环增益。E 模型的输入具有正负极性，可用来模拟减法器。$E_2 \sim E_4$ 的增益都设置为 1，连接成同向单端输入、单端输出形式，插入到 3 级 RC 电路之间作隔离级。在 SOURCE 库中调用电压脉冲信号源 VPULSEL 和交流电压源 VAC，分别用于时域和频域的激励源。仿真分析的结果与图 2-84 和图 2-85 行为仿真模型完全相同，证明这两种模型是等效的。

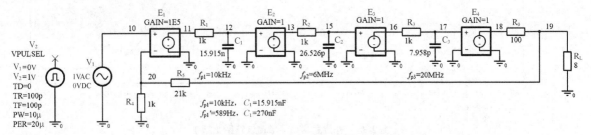

图 2-86　三极点负反馈放大器的控制模型

在控制模型中很容易修正发生自激振荡等不稳定的缺陷，用主极点补偿法把 10kHz 的极点降低到 589Hz，只要修改 C_1 的值，放大器就可稳定地工作。修改后的时域和频率仿真结果如图 2-87 和图 2-88 所示。

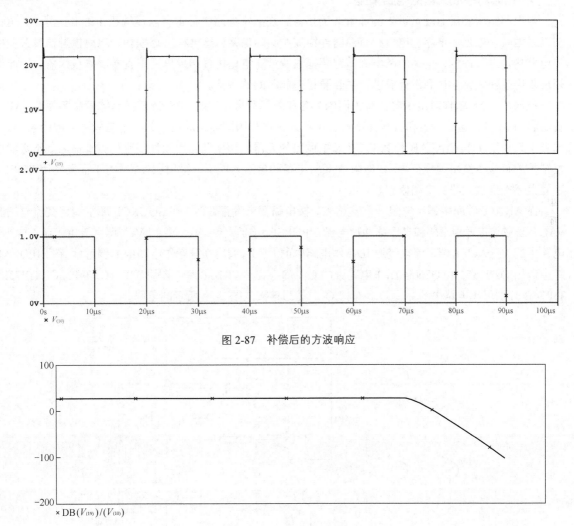

图 2-87　补偿后的方波响应

图 2-88　补偿后的闭环增益波特图

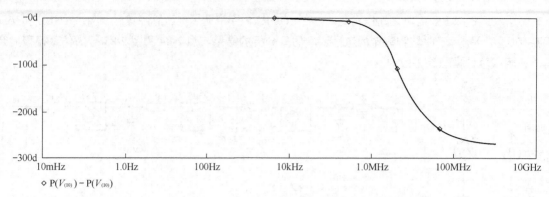

$\diamond \ P(V_{(10)}) - P(V_{(10)})$

图 2-88 补偿后的闭环增益波特图（续）

从本质上看，控制模型仍属于行为级模型，在大部分情况下可替代拉普拉斯行为级模型进行时域和频域分析，不但能分别设置各级的零极点，而且物理概念比较清楚。在 MATLAB 软件中可以用 Powersys 工具箱中的模块建立放大器的控制模型，但过程比 PSPICE 麻烦一些。

4. 音频功率放大器的电路模型

当电路结构确定后就可进入晶体管级的仿真，在数字电路中称寄存器传输级（RTL）仿真，这种仿真模型就是电阻、电容、电感和有源器件组成的实际电路，这里称电路模型，电路模型仿真关注的是电路的精度和性能，电路的微小细节都要描述清楚。电路仿真结果是用于直接制作放大器，因而必须反复修改使之完全达到设计要求，并且要经得起时间的考验。

不同的 EDA 软件对电子器件有不同的命名和表示符号，例如，PSPICE 把晶体管命名为 Q，MOS 管命名为 M 等，这些命名和符号并不符合中华人民共和国国标的规定，为了能与软件中的命名一致，本书中只要是从 MATALAB 和 PSPICE 库中调出的元器件和模型均用软件规定的方式命名。不影响仿真结果的符号尽量用国标符号（如电阻），实验电路和自建的模型一律用国标符号。下面开始用 PSPICE 建立上述例证放大器的电路模型。

在 ANALOG 库中调用电阻 R 和电容 C，按电路要求设置数值。在 SOURCE 库中调用交流电压源 VAC、正弦波信号 VSIN 和电压脉冲信号源 VPULSEL 作激励源 V_1、V_2 和 V_3，调直流电压源 VDC 作电路中的 V_4、V_5、V_6，调直流电流源 IDC 作电路中的 $I_1 \sim I_3$，调 0 符号作电路中的参考地。在 BIPOLAR 库中调用 Q2N5551 和 Q2N5401 作电路中的 $Q_1 \sim Q_3$。在 PWRBJT 库中调用 TIP31C、TIP32C、TIP73B、TIP74B 分别用作电路中的 Q_4、Q_5、Q_6、Q_7。然后连接成图 2-89 所示的电路。

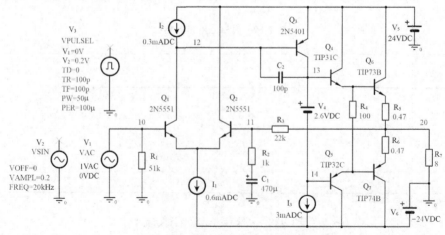

图 2-89 放大器的电路仿真模型

输入 20kHz/0.2V_p 正弦波激励源的时域仿真波形如图 2-90 所示，输出信号 $V_{(20)}$=4.6V_p，横坐标放大后用电子标尺测量出的延迟时间为 647ns。误差电压 $V_{(10)}$-$V_{(11)}$=+19mV/−11mV，输出管发射极电流 $I_{E(Q6、Q7)}$=±0.58A，8Ω 负载上的峰值功率 $W_{(R10)}$=2.68W。输出晶体管 Q_4、Q_5 的静态电流是 11mA，Q_6、Q_7 的静态电流是 4.9mA，输出级工作在 AB 类状态。

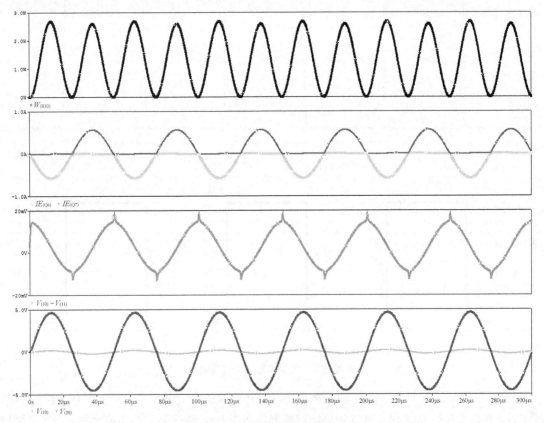

图 2-90　正弦波激励源的时域仿真波形

输入 10kHz/0.2V 方波激励源的时域响应如图 2-91 所示，方波输出幅度为 4.6V_p，用电子标尺测试上升沿速率为 1.42V/μs，下降沿速率是 1.51/μs。没有过冲毛刺，脉冲平顶平直，过渡角不尖锐。

输入 5Hz～100MHz 交流电压扫描信号源时的频域响应如图 2-92 所示。开环增益、环路增益和闭环增益分别用下面表达式描述：

$$开环增益(dB) = 20\log\left(\frac{输出电压}{输入电压-反馈电压}\right)$$

$$环路增益(dB) = 20\log\left(\frac{输出电压}{输入电压-反馈电压} \times 反馈系数\right)$$

$$闭环增益(dB) = 20\log\left(\frac{输出电压}{输入电压}\right)$$

绘制曲线要利用软件的函数运算功能，例如，开环增益的绘图表达式为 DB（$V_{(20)}$/（$V_{(10)}$-$V_{(11)}$）），环路相位的绘图表达式为 P（$V_{(20)}$）/（（$V_{(10)}$-$V_{(11)}$）*（1/22））。

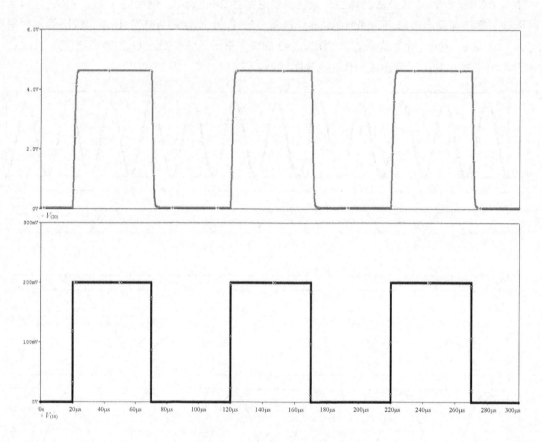

图 2-91　方波激励源的时域响应

从频率特性曲线中判读得到开环增益是 90dB，开环增益的主极点频率是 178Hz，增益带宽积是 5.5MHz。环路增益是 62.8dB，单位环路增益频率是 263kHz，对应频点的相位滞后 89.8°，相位裕度等于（180–89.8）=90.2°。闭环增益为 27.2dB，闭环截止频率为 194kHz。在本电路中开环相位曲线和环路相位曲线重合，这是因为反馈系数是常数。如果反馈环支路中有电抗元件，两条曲线就不会重合。

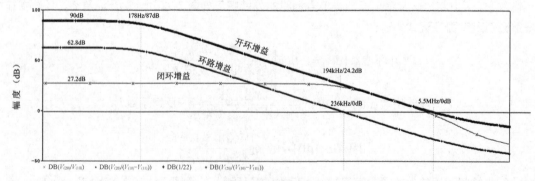

图 2-92　频域响应

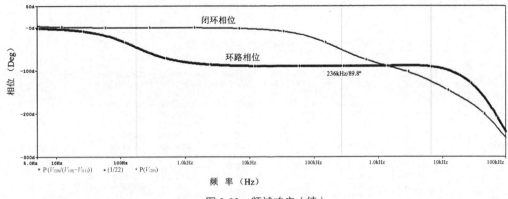

图 2-92　频域响应（续）

从上述时域和频域仿真的数据可以判知该放大器是稳定的，但补偿过于保守，尝试把 C_2 逐步减小重复上述时域和频率仿真，当 C_2=47pF 时方波响应的提高到 4.1V/μs；当 C_2=22pF 时提高到 7.9V/μs，但阶跃响应有响应约有 20% 的过冲，对应的相位裕度为 48°。

这个电路中还有 3 个电流源 $I_1 \sim I_3$ 和一个偏置电压 V_2 不是晶体管级电路，需要继续整定。整定的方法是逐一换成具体电路继续仿真，不断修正参数直到满足设计要求。整定后最终的电路如图 2-93 所示，三个电流源用晶体管恒流源替代后数值稍有偏差，但在工程精度允许范围之内。图 2-94 所示的是这个电路的 11 次谐波失真的仿真结果，$TND + N$ =0.00145%。

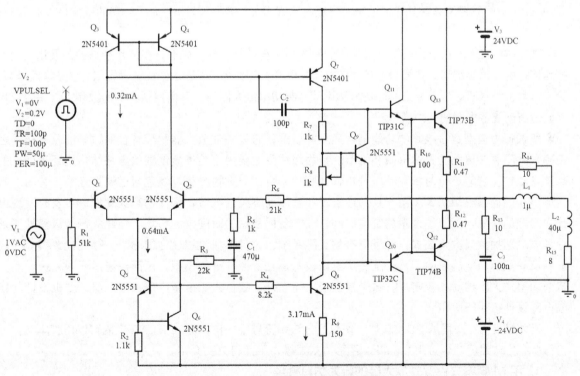

图 2-93　参数整定后的电路仿真模型

```
FOURIER COMPONENTS OF TRANSIENT RESPONSE V(20)
DC COMPONENT =  5.314512E-02

HARMONIC  FREQUENCY   FOURIER     NORMALIZED    PHASE     NORMALIZED
NO        (HZ)        COMPONENT   COMPONENT     (DEG)     PHASE (DEG)

1         1.000E+04   4.387E+00   1.000E+00    -1.152E+00   0.000E+00
2         2.000E+04   5.907E-05   1.347E-05     1.577E+02   1.601E+02
3         3.000E+04   2.039E-05   4.649E-06     5.348E+01   5.693E+01
4         4.000E+04   8.184E-06   1.866E-06     1.319E+02   1.365E+02
5         5.000E+04   6.708E-06   1.529E-06     1.630E+02   1.687E+02
6         6.000E+04   1.992E-06   4.542E-07     1.689E+02   1.758E+02
7         7.000E+04   3.032E-06   6.912E-07    -1.433E+02  -1.353E+02
8         8.000E+04   2.551E-06   5.816E-07    -1.206E+02  -1.114E+02
9         9.000E+04   1.960E-06   4.468E-07    -5.622E+01  -4.586E+01
10        1.000E+05   2.488E-06   5.672E-07    -8.845E+01  -7.693E+01
11        1.100E+05   1.598E-06   3.643E-07     1.622E+01   2.889E+01

TOTAL HARMONIC DISTORTION =  1.450758E-03 PERCENT
```

图 2-94　放大器的 11 次谐波分析数据

2.6.2　建模和计算工具 MATLAB

MATLAB 的名字是由 Matrix（矩阵）Laboratory（实验室）两词的前三个字母组合而成的，它是 1978 年 Cleve Moler 博士在讲授线性代数时编写的教学工具，1984 年 John Little、Cleve Moler Steve Bangert 合作成立了 MachWorks 公司，专门从事 MATLAB 软件开发，并正式推向市场，此后这个软件像 Windows 一样经常频繁升级，上半年升级的尾缀为 a，下半年为 b，本书所用的版本是 7.11.0.584（R2010b）。

现在 MATLAB 已成为国际上最流行的科学与工程计算软件，配有许多应用领域的工具箱，能和多种流行的计算机编程语言接口，有很高的计算精度。在欧美和中国大学的教学领域，它是课程学习、论文撰写、学术研究的重要工具。仿真和设计音频功率放大器时，只需要很少的函数和工具箱就已足够，适宜创建放大器的行为模型。

所谓行为模型是按电路的功能编程建立的模型，它只关注放大器物理特性的数学抽象逻辑是否正确，并不关注电路的具体形式和细节。行为级仿真主要用于验证新创建的电路结构是否正确，能否正常工作。它能进行时域和频域分析，如频响分析，稳定性分析以及包含信源、连线、音箱、听音环境在内的系统级仿真。由于只关注宏观和整体而不关注细节，因而仿真速度快，可及时发现设计中隐藏的缺陷，能节约大量的宝贵时间，使产品以最短的时间推向市场。但建立行为级模型要求把具体电路抽象成数学公式，对于复杂的实际系统，这种抽象过程往往很困难，存在抽象模型不能准确反映实际功能的风险，需要反复用辨识技术建立近似准确的模型，因而建模过程很耗费时间。音频功率放大器相对比较简单，数学模型经典而准确，故行为级模型广泛被放大器原型机设计和集成电路设计行业所应用。

行为级建模在不同的 EDA 软件中使用的方法和符号不一样，在 MATLAB 中既可以用脚本文件进行行命令方式建模，也可用 Simulink 图形方式建模，下面将分别介绍。

1. 用 M 脚本文件建立放大器的行为仿真模型

图 2-83 所示的是放大器的方框图模型，用 MATLAB 建模更加简单，如图 2-95 所示，能用一个脚本文件仿真更多的项目。例如，时域的单位阶跃响应、脉冲冲击响应；频域的环路增益波特图、闭环频率响应、根轨迹图和奈奎斯特图。

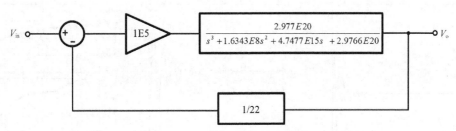

图 2-95　音频放大器的行为模型

这些项目的脚本文件如下所示。

```
close all
num1=[1e5]; den1=[1];   % 开环增益
num2= [2.977e20]; den2=[1, 1.6343e8, 4.7477e15, 2.9766e20;
num3=[1]; den3=[22];   % 反馈系数
[n1,d1]=series(num1,den1, num2, den2);
[n2,d2]=series(n1, d1, num3, den3);      % 环路增益
[n3,d3]=feedback(n1, d1, num3, den3);   % 闭环增益
printsys(n2, d2);       % 输出环路增益的传输函数
printsys(n3, d3);       % 输出闭环增益的传输函数
% time domain analyse %
subplot(2, 3, 1);
step(n3, d3, 2.1e-6);     % 绘制阶跃响应曲线
subplot(2, 3, 2);
impulse(n3, d3, 1e-6);  % 绘制单位脉冲响应曲线
% frequency domain analyse %
subplot(2, 3, 3);
bode(n2, d2); grid;      % 绘制环路增益波特图
[gm, pm, gf, pf]=margin(n2, d2); % 标记稳定性裕度
subplot(2, 3, 4);
bode (n3, d3); grid;      % 绘制闭环增益的波特图
subplot (2, 3, 5);
rlocus(n2, d2); grid;     % 绘制环路增益的根轨迹图
subplot(2, 3, 6);
nyquist(n2, d2); grid;   % 绘制环路增益的奈奎斯特图
set(gcf, 'color', 'w')
```

　　下面是脚本文件运行后的结果,输出了环路增益和闭环增益传输函数以及图 2-96 所示的六个特性曲线图。我从阶跃响应看出这个放大器不稳定,也能在闭环波特图、根轨迹图和奈奎斯特图上得到进一步证明。脚本给出的环路增益传输函数和闭环增益传输函数如下所示。

num/den =

$$\frac{1.4622e+24}{22 s^3 + 3.4558e+9\ s^2 + 8.6865e+16\ s + 3.2168e+20}$$　　　（环路增益传输函数）

num/den =

$$\frac{3.2168e+25}{22 s^3 + 3.4558e+9\ s^2 + 8.6865e+16s + 1.4625e+24}$$　　　（闭环增益传输函数）

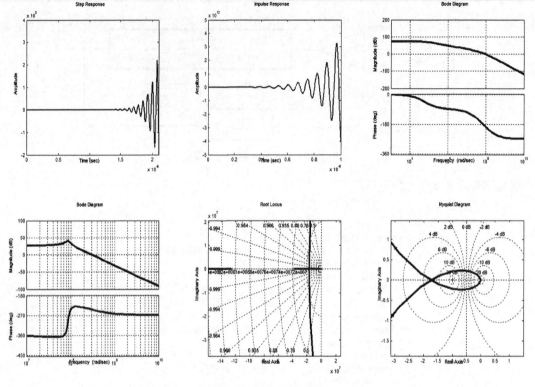

图 2-96　六个特性曲线图

MATLAB 脚本文件以.m 扩展名命名，因而也称 M 文件。它的兼容性很好，在各个版本下都可运行。熟悉 C 语言的人编写脚本文件就像小学生作业一样容易，它的功能甚至比 C 语言还要强大，但文本程序却短小和易读得多。M 文件的主要用途是解释语言，逐句运行，速度比较慢。

> **小贴士**：使用 PSIPCE 完全不用写.CIR 文件，但使用 MATLAB 必须要会写脚本文件，这是 MATLAB 的精髓所在。

2. 用 MATLAB 化简方框图

根据方框图的并联、串联和反馈连接方式，方框图代数中提供了对应的加法、乘法和除法 3 种运算法则。MATLAB 也提供了 3 个函数，如图 2-97 所示。

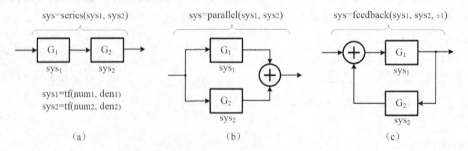

图 2-97　MATLAB 中的方框图 3 个运算函数

如果把单元方框图作为一个函数，函数多项式的分子系数矩阵为 num，分母系数矩阵为 den，这个函数组成的系统表示为 sys=tf（num, den）。图中 G_1 和 G_2 表示两个单元方框图的传输函数，单元系统定义为：

$$sys_1 = tf\left(num_1, den_1\right)$$

$$sys_2 = tf\left(num_2, den_2\right)$$

这样，图 2-97（a）所示的串联连接的方框图可由下面一个串联函数给出：

$$sys = series\left(sys_1, sys_2\right)$$

这个系统函数的分子多项式系数矩阵和分母多项式系数矩阵也可以用下式表示：

$$\left[num, den\right] = series\left(num_1, den_1, num_2, den_2\right)$$

图 2-97（b）所示的并联连接的方框图函数和函数的分子和分母多项式系数表示为：

$$sys = parallel\left(sys_1, sys_2\right)$$

$$\left[num, den\right] = parallel\left(num_1, den_1, num_2, den_2\right)$$

图 2-97（c）所示的反馈连接的方框图函数和函数的分子和分母多项式系数表示为：

$$sys = feedback\left(sys_1, sys_2, sign\right)$$

$$\left[num, den\right] = feedback\left(num_1, den_1, num_2, den_2, sign\right)$$

其中，sign 缺省或等于–1 表示负反馈，等于+1 表示正反馈。单位增益反馈也可以用下面函数表示：

$$sys = cloop\left(sys_1, sys_2, sign\right)$$

$$\left[num, den\right] = cloop\left(num_1, den_1, num_2, den_2, sign\right)$$

　　有了上述知识，我们就可以编写 MATLAB 脚本程序化简方框图了。图 2-98（a）所示的是两级串联积分器带全局负反馈电路，其中第一级积分器带前馈。化简这个系统用一个单元方框图表示。

　　化简步骤和方法如下所示。

　　第一步：把图 2-98（a）方框图用函数变量代替，变换成图 2-98（b）形式。

　　第二步：编写脚本文件见右图中的程序行，其中 G_5 和 G_6 用的是 feedback（x）函数，也可以不用 G_6，把 G_5 当做单位增益负反馈结构，用 cloop（x）函数编程。

　　第三步：运行程序，得到图示多项式。

　　第四步：把图 2-98（b）化简成图 2-98（c），把脚本文件运行后的结果填入图 2-98（c）的方框图中，得到化简后的方框图。

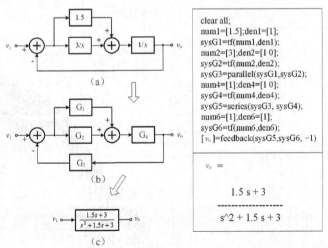

图 2-98　两级串联积分器带全局负反馈

3. 用 Simulink 建立电路的行为仿真模型

Simulink 仿真软件是 MATLAB 的一个插件，一般认为它是 MATLAB 的图形界面，它的优点是显示直观形象，使用简单。但没有脚本文件的功能强大，在各个版本之间的兼容性较差。它的另一个优势是世界上许多高校和科研机构为它设计了丰富的工具箱，基本上能满足各个领域的应用。

完成下面的例证需要安装 DStoolbox 和 SDtoolbox 工具箱。我们的下一个实例是设计一个 128 倍率过采样，3 阶噪声整形的 Δ-Σ 两电平 CIFF 调制器的行为模型，这是数字耳机放大器的核心模块。先利用 DStoolbox 工具箱中的 realizeNTF（x）函数把所有增益模块的系数计算出来。

在命令窗口输入[a, g, b, c]=realizeNTF（H,'CIFF'），运行后的结果为：

a [0.799912079483242, 0.287892409206151, 0.043718769280179]，

b [1, 0, 0, 1]，

c [1, 1, 1]，

g [3.613921648891427e-04]，

再用 Simulink 自带图形库和 SDtoolbox 工具箱提供的模块建立图 2-99 所示的仿真电路，把系数矩阵中的数值填入对应的增益模块。运行这个电路，频域特性如图 2-100 所示。在功率谱密度仪上显示的信噪声比 $SNDR$=111.6 dB，这个结果相当于 18.25bit 的分辨率。

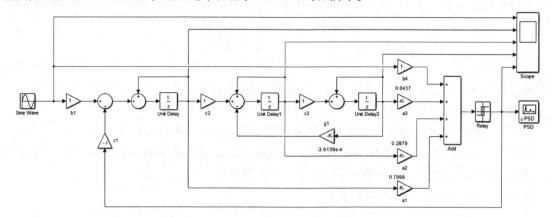

图 2-99　3 阶 1bit CIFF 结构 Δ-Σ 调制器的理想行为模型

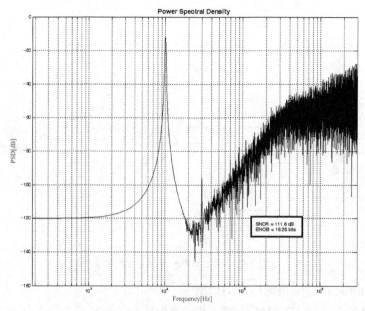

图 2-100　理想行为模型的信号与噪声和谐波的功率比

行为模型的时域仿真结果如图 2-101 所示，从上到下第一层是输入信号，是一个周期的正弦波电压；第二至第四层分别是第 1～3 级积分器输出的误差信号，可以看到量化误差被三级积分器逐级平滑后越来越平坦；第五层是量化器输出的 1bit 脉冲密度调制信号。如果这个行为模型的性能满足要求，下一步就可以开始构建电路。否则，继续改进结构，重复上述过程，直到满足要求为止。

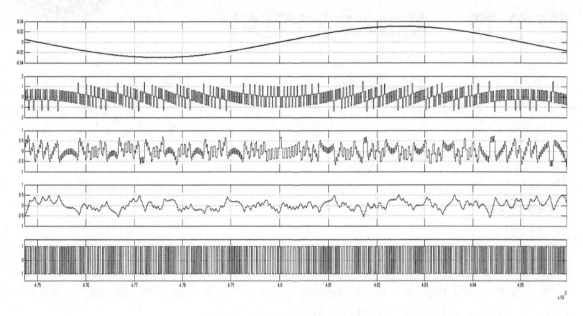

图 2-101　行为模型的时域仿真结果

从上述实例可以看到 Simulink 的方框图运算功能很强大，但仿真电路没有 Pspice 方便，主要是没有人为它建立丰富的器件模型。MATLAB 的优势是行为模型仿真和算法验证，Pspice 的优势是电路仿真。两个工具结合起来能够完全替代传统设计方法，使电路设计变得快捷、准确、轻松愉快。

本小节介绍了音频功率放大器建模和仿真的基本概念，作者的体会是仿真设计比手工设计更能体现设计理念，一次性成功率极高。一个放大器需要仿真的项目很多，如直流分析、交流小信号分析、噪声分析、温度分析、参数容差分析、蒙特-卡罗（Monte-Carlo）分析、THD 与听音心理学关系等，限于篇幅，这里就不一一介绍了。

本书的目标是设计和制作耳机放大器，仿真的目的是挖掘传统放大器的潜力，以尽可能低的成本实现尽可能高的性能，这是消费类电子产品设计中的永恒话题。后述各章中将介绍许多在传统设计中不常见的电路和方法，这些新概念大部分是在仿真过程中挖掘出来的，而且经过实际电路验证是正确的。

第 3 章 集成电路耳机放大器

本章提要

得益于移动通信和便携式电子市场的巨大需求，集成耳机放大器呈现出生机勃勃的景象。一方面，它作为一个功能模块，已经集成到通信基带、CODEC、PMU、USB、Bluetooth 和其他 SoC 中；另一方面，它以独立的形式和丰富多彩的品种出现在各种电子设备中。这里主要介绍独立集成耳机放大器的情况，我们把这种集成电路称作耳机放大器芯片。

本章首先介绍耳机放大器芯片的基本情况，包括与数字信源的连接方法，驱动耳机所需的电压增益和输出功率，内部电路结构和芯片封装形式。其次，介绍耳机放大器芯片的功能和特性，包括虚拟地技术、低功耗技术、数字音量控制和产品的差异化设计。最后，介绍耳机放大器芯片的应用情况，并和音频运算放大器设计的耳机放大器作了比较。

本章选择的内容比较广泛，不局限于耳机放大器芯片本身而是涉及了与它有关联的方方面面，熟悉这些知识对应用好耳机放大器芯片是必要的，本章针对的读者是系统工程师和应用工程师，而不是模拟 IC 设计工程师。

3.1 集成耳机放大器的概况

耳机放大器芯片的上游是音频信号源，下游是耳机，应用对象是移动电子设备。电路几乎全部是低功耗 CMOS 结构，只有极个别针对特殊应用的型号采用了双极性工艺。耳机放大器芯片的外形特点是小、薄、轻，工作时利用本身材料传导散热和辐射散热，封装形式多样化，适于大批量自动化生产。

3.1.1 与数字信源的连接

现在音频信源已经全部数字化和立体声化，但 99% 的耳机放大器芯片仍然是 AB 类放大器，它们需要和音频 DAC 连接才能获得模拟输入信号。音频 DAC 有两种类型，一种是电压输出型 DAC，另一种是电流输出型 DAC。在 20 年前几乎全部是单端电压输出型，如 CS4334、UDA1330ATS、AK4344 等，现在的主流 DAC 是差分电流输出型，如 CS4399、WM8741、AK4393 等。图 3-1 所示的是两种 DAC 与耳机放大器芯片的连接方式，图 3-1（a）是电压输出型 DAC 中与耳机放大器（HPA）连接，

HPA 除了功率放大外还要兼作音频重建滤波器,故极点频率不能太高。图 3-1(b)是电流输出型 DAC 中与耳机放大器连接,重建滤波器通常在 I/V 转换器中完成,HPA 只作功率放大器。音量控制在 DAC 中用数字方式实现,这两种结构也称为带数字接口的耳机放大器。

电流输出型 DAC 在信噪比和线性指标方面优于电压输出型,差分输出方式在动态范围、瞬态响应、偶次谐波失真和抗共模干扰方面优于单端方式。也有一些 DAC 兼容单端和差分输出方式,如 CS4349、CS4350 等。

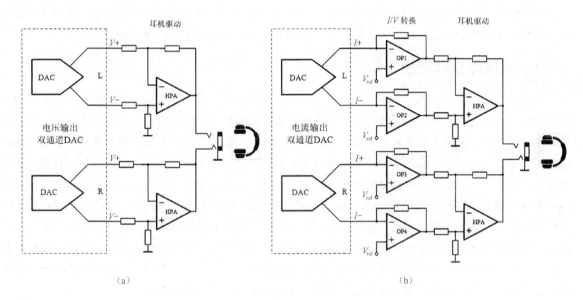

图 3-1　耳机放大器芯片与 DAC 的连接方式

目前性能指标最好音频 DAC 只有差分电流源输出接口,耳机放大器芯片要通过一个 I/V 转换电路和重建滤波器与 DAC 连接。如 CS43L36、WM8741、ES9018、AK4497 等。许多用户抱怨说为什么不把这么简单的电路集成在 DAC 中呢? 实际上这是厂家谋划产品线的策略,在比拼质量的市场上,指标参数就是比拼的资本,如果把这部分电路集成在 DAC 中,会使信噪比降低 4 ~ 6dB,在与同行竞争中就会处于不利地位。当然,厂家也同时规划了把耳机放大器和 DAC 集成在一起的产品,只是指标会低一些。这种商业筹划的结果形成了丰富的产品线,实际的销售情况可能是集成耳机放大器的 DAC 会卖得更多一些,因为用起来更方便。如 CS43L36、WM8918、SABRE9018Q2C、AK4376A 等,在音乐手机和无损播放器中经常能看到它们的身影。

另外一些音频信源来自计算机、手机等便携式设备的 USB 接口。USB 音频协议物理层和链路层比耳机放大器要复杂得多,普通用户没有能力把一个 USB 收发器和耳机放大器电路连接在一起。于是一些厂商在 USB 接口芯片中集成了耳机放大器,如 PCM2706、PCM2912A、CM108 等,这些芯片的另一个名字为 USB 音频 IC。用这类芯片的系统可通过自动识别或安装驱动程序连接到 USB 信源上,使用非常方便。

随着 IEEE802.11 的普及,来自空中的音频信源会越来越多,自从蓝牙 4.2 标准发布和采用 Apt-X 压缩算法后,蓝牙音频的音质达到了接近 CD 的水平,一些 IC 产商在蓝牙收发器中集成了耳机放大器,如 CSRA64215、BES2000 等,这些芯片也称为蓝牙音频 IC。也有在 Wi-Fi 路由器中集成数字音频接口和耳机放大器的产品,这种芯片称 Wi-Fi 音频 IC,常用在智能音箱中。

无论是 USB 音频 IC、蓝牙音频 IC 和其他无线音频芯片中都集成了音频 DAC,它们与耳机放大器的连接究竟用了图 3-1 中的哪种方式，用户是不知道的，除非在数据表中有说明。作者的经验是这些 IC 设计重点是数据收发器的性能，并不注重耳机放大器的性能。用户如果不满意芯片内部集成耳机放大器的音质，可以把它当作一个前置电压放大器使用，外接一个高质量的耳机放大器，就能获得满意的音质。这种变通使用的原理是消除负载效应引起的非线性失真，原本驱动 32Ω 耳机的内置耳机放大器，现在变成前置放大器后负载至少提高到 10kΩ 以上，近似工作在无负载状态，输出电流很小，电流和电压的函数关系被限制在曲线的一小段区域里，线性度自然就会大幅度提高。

一些追求 Hi-end 的人，可能会选用顶级指标的 DAC，外接顶级指标的 *I/V* 转换器、重建滤波器和全差分放大器去实现他们所追求的目标，但获得的性能和付出的成本往往是对数关系。

3.1.2　电压增益和输出功率

耳机放大器究竟需要多大的闭环增益是一些用户感到困惑的事情，根据本人经验，比较耳机放大器和前级 DAC 的电源电压就能得到一个基本的数值。如果电源电压相同，把耳机放大器增益设置为单位增益就行了；如果耳机放大器的电源电压小于 DAC 的电源电压，把耳机放大器增益设置为单位增益后，还要在前加一个衰减器，衰减系数就是耳机放大器电源电压与 DAC 电源电压的比值，不过这种情况极少见；如果耳机放大器的电源电压大于 DAC 的电源电压，耳机放大器增益就是耳机放大器电源电压与 DAC 电源电压的比值。例如，DAC 的电源电压是 3.3V，耳机放大器的电源电压是 5V，耳机放大器的闭环电压增益就是 5/3.3≈1.5 倍（3.5dB）。如果耳机放大器带有电荷泵负电源，电源电压是正电压与负电压的绝对值之和。如果要精确地设置增益，可用一个 0dBFS 的正弦波作为 DAC 的输入信号，在带载条件下调整耳机放大器的衰减或放大系数，把耳机放大器输出电压的幅值调整到低于限幅值 2dB 就可以，这样就能保证音量开到最大时输出信号仍不会被削顶。

由此可见，低压耳机放大器不需要或只需要很小的电压增益，这就是大部分集成耳机放大器把增益设计成固定值–1.5V/V 的原因。负号表示是反相放大器，因为它容易获得略大于 1 的增益，在单位增益下比同相放大器更稳定。有的厂家把同一类型的放大器设计成固定增益和可变增益两种型号，供用户选择，如 MAX13330/ MAX13330。有的型号用外部电平或电阻设置增益，例如，TPA6141A2 在 GAIN 引脚接低电平设置成 0dB 增益，接高电平设置成 6dB 增益。而 TPA6139A2 在 GAIN 引脚外接电阻可进行 13 级增益控制。

耳机放大器到底需要多大的输出功率在许多用户中存在误区，大部分人认为输出功率越大越好，实际上在便携式设备中只用一节锂电池供电，正常放电电压为 3～4.2V，大部分动圈式耳机的灵敏度在 95dB/mW 左右，1mW 的电功率就能获得 95dB 的声压级，换算成人耳感知到声音响度相当于响亮级别。放大器在 0.9V 工作电压下驱动 32Ω 的耳机，能获得 12mW 的输出功率。为了在电池充满和放电终止前放大器的输出功率不发生明显变化，在集成耳机放大器芯片内部不直接用电池电压给放大器供电，而是通过一个 LDO 稳压后在给放大器供电。LDO 还有减小电源纹波的作用，LDO 的输出电压通常为 1.8～3.3V，如果用电荷泵，双电源电压通常为±0.9～±3V，放大器在该电压下驱动 32Ω 低阻耳机的输出功率为 50～140mW，已经有足够的功率储备。故集成耳机放大器的输出功率为 20～150mW，大多数产品在 60mW 以下。

3.1.3　电路结构

对芯片使用者来说，可以把耳机放大器芯片看成一个黑匣子，只要熟悉它的性能参数和外围电路就可以。但人类天生的好奇心会诱导一些人去探索未知的事情。而且了解芯片内部的电路对应用也有好处，例如，进行扩展应用和变通应用时，熟悉内部电路就会胸有成竹，增加成功的概率。这里介绍一个经典 CMOS 耳机放大器芯片的内部电路，目的是引导感兴趣的读者去探讨集成电路的内部秘密。

低压条件下用 MOS 管给小的电阻负载和大的电容负载提供较大的驱动电流是一件困难的事情，和电源芯片一样，一个 AB 集成功率放大器，输出功率管占据了大于 70% 的硅片面积，CMOS 工艺中是以 MOS 管的最小栅极长度定义线宽的，当前制造耳机芯片的主流工艺是 0.18μm，CMOS 工艺的工作电压随着线宽的减少而降低，0.25μm 的典型电压值是 5V；0.18μm 的典型电压值是 3.3V；45nm 的典型电压值是 1.8V；22nm 的典型电压值是 0.9V。相对驱动扬声器而言，驱动低阻耳机的输出电流不大，线宽减小和工作电压降低并不会明显影响驱动能力。但考虑到驱动低灵敏度耳机和大电容负载的极端应用条件，耳机放大器在设计时需要留有足够的电流裕量，在音频行业称之为功率储备，它对提高音质起着重要作用。针对驱动低阻耳机，在 3.6V 电池下工作的耳机放大器电路，最大输出电流设计在 30～70mA（12mW/100Ω～110mW/16Ω）比较合适。

在双极性晶体管功率放大器中，输出级通常采用偏置在 AB 类工作状态的互补射极跟随器。在 CMOS 工艺中对应的电路是互补源极跟随器，如图 3-2（a）所示。这种电路也叫共漏极放大器，本身具有 100% 的负反馈，线性优良。但动态范围比较小，输出摆幅比双极性晶体管还要小，而且具有硬限幅特性，如图 3-2（b）所示。CMOS 类耳机放大器的设计目标是构造一个接近缓冲器的电流放大器，输出级通常用互补共源极推挽放大器，如图 3-2（c）所示。这种电路在低压条件下，能充分利用 MOS 管的电压电流的平方律特性，如图 3-2（d）所示。这种指数函数传输特性的优势是用很小输入电压就能获得很大的输出电流，输出电压摆幅接近电源轨，这两个特性正是低压输出级所需要的。

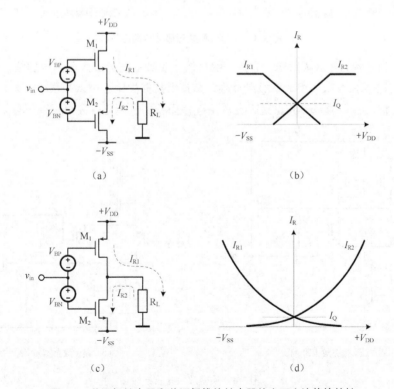

图 3-2　共漏极放大器和共源极推挽放大器的电压电流传输特性

共漏极互补推挽放大器虽然成功地解决了大电流和轨至轨输出的问题，但它的输出阻抗比共源极放大器高得多，平方率电流传输特性会产生很大的偶次谐波失真。另外要把它稳定地偏置在 AB 类工

141

作状态比较困难，要设计复杂偏置电路。目前解决输出阻抗高和失真大的方法是在每个 MOS 管面加一个误差放大器，如图 3-3（b）中的 A_1 和 A_2，用负反馈技术进行非线性校正。解决偏置的方法是在误差放大器输入端设置一个稳定的失调电压，如图中的 V_{osp} 和 V_{osn}，根据设计需要可把输出级设置在 B 类、临界 AB 类和传统 AB 类状态。在性能要求较高的放大器中，可以把图 3-3（a）共漏极电路和图 3-3（b）共源极电路的并联起来，组成一个并行放大器。把互补源极跟随器设置在 AB 类状态，主要用于放大低电平信号；把共漏极互补推挽放大器设置在 B 类状态，主要放大高电平信号。对于中等电平的信号，两个放大器并行工作，提供更大的驱动电流。并行结构能使转换速率加倍，有利于提高中、高频信号的解析力。

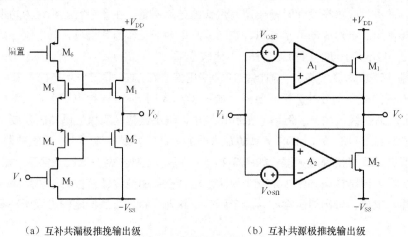

（a）互补共漏极推挽输出级　　　　　　　　（b）互补共源极推挽输出级

图 3-3　共漏极和共源极的电路结构

误差放大器的结构如图 3-4 所示，它是一级恒流源负载的差分放大器。根据线性要求，开环增益可设计在 20 ~ 50dB。R_m 和 C_m 组成单极点补偿，高频增益损失比主极点补偿小一些，R_m 通常用 MOS 管的沟道电阻代替，C_m 不超过 5pF，过大会占用硅片面积。实际电路会更复杂一些。

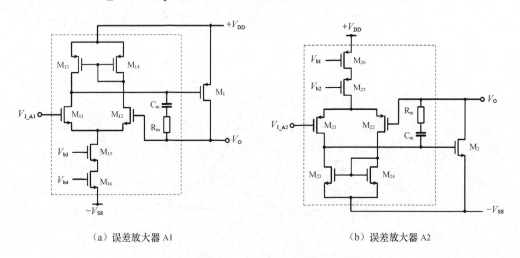

（a）误差放大器 A1　　　　　　　　　　　（b）误差放大器 A2

图 3-4　误差放大器的结构

耳机放大器芯片一般采用两级结构，第一级是电压放大器，提供主要的开环增益，第二级是电流缓冲器，就是上述介绍的输出级。两级结构能提供 60 ~ 85dB 的开环增益，这对闭环增益只有 0 ~ 6dB 的低压耳机放大器来说有足够的功率储备用来改善线性和其他指标。一些高性能的耳机放大器芯片采用了三级结构，即两级电压放大和一级电流放大，能提供 70～110dB 的开环增益，各项指标直逼运算放大器。

图 3-5 所示的是集成耳机放大器的经典电路，M_1、M_2 组成共源极互补推挽输出级，A_1、A_2 是各自的误差校正放大器，提供局部负反馈校正共源极放大器的失真，偏置电压 V_{osp}、V_{osn} 把输出级偏置在临界 B 类状态，也就是接近 B 类的 AB 类状态，静态电流略大于零，能有效降低功耗。M_3、M_4 组成共漏极互补推挽输出级，M_6 和 M_7 把它偏置在 AB 类状态，电流源 M_5 把输出级的静态电流设置在足够消除低电平交越失真的数值，大约在 1～3mA。两个输出级并联驱动耳机，具有驱动电流大，瞬态响应快的优点。M_{11}、M_{12} 组成输入电压放大器，M_{15}、M_{16} 是放大器恒流源负载，M_{13}、M_{14} 是放大器的长尾电流源。M_{11} 的输出信号经由电流源 M_{15}、M_{17} 镜像传输到 M_{18} 的漏极输出；M_{12} 的输出信号经由电流源 M_{16}、M_{20}、M_{21}、M_{22} 镜像传输到 M_{19} 的漏极输出。这个输出电压经由共源极放大器 M_8 驱动低电平输出级，同时共源极放大器 M_9 驱动高电平输出级。电容 C_m 进行主极点补偿，确保放大器稳定工作。显然，这个集成耳机放大器是三级结构，开环增益 76dB，单位增益频率 5.6MHz，转换速率 7.1V/μs，静态功率 4.5mW（±3.3V），是一个低功耗高速率耳机放大器芯片。

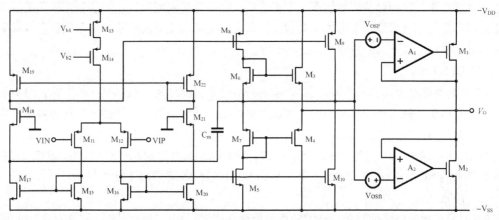

图 3-5　集成耳机放大器的经典电路

这个电路只是耳机放大器芯片中的音频信号放大模块，实际的产品中还包括 LDO、基准电压源、偏置电路、负压电荷泵、数字音量控制电路、I^2C 接口电路、短路保护、过流保护，EMD 模块等，如果是 G 类放大器，还要有信号电平检测电路和快速可变电源电路。每一个模块都由几十个晶体管和其他器件组成，大部分模块的规模和音频信号放大模块相当，有的会更复杂（如 I^2C 接口模块）一些。因而，集成耳机放大器体积虽小，却是一个完整的 SoC，属于大规模集成电路范畴。设计这个电路，需要 4 个人的项目组工作 2 个月。

3.1.4　封装形式

封装是指 IC 的外壳，制造好的芯片必须安放和固定在陶瓷或塑料基板上，把芯片上的接点与外壳上的引脚连接起来。然后密封，防止空气中的杂质对芯片电路的腐蚀而造成电气性能的下降。封装是 IC 制造的最后一道工艺，经过封装的芯片才能在整机生产线上实现自动化安装，并且能长期储存和便于运输。现在的芯片封装形式有上百种，耳机放大器芯片功能比较简单，引脚很少，常用下面几种封装。

（1）DIP

DIP 也称双列直插型封装，是集成电路发明以来最普及的插装型封装形式，历史最悠久，过去的标准逻辑 IC（74 和 4000 系列）、存贮器、LSI 等集成电路都用过这种封装。引脚中心距 2.54mm，双

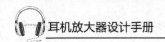

列宽度有 15.2mm、7.52mm（skinny DIP）和 10.16mm（slim DIP）三种，引脚数有 6~64 个。这种封装体积较大，不能进行贴片安装，耳机放大器芯片的应用对象是便携式电子设备，很少用这种封装，只有早期的飞利浦公司 TDA1308，TI 公司的 LM4881 采用的就是这种封装。

（2）SOP

SOP 也叫小型引线封装，引脚从封装两侧引出呈 L 状，这是 20 世纪 70 年代末出现的表面贴装器件（SMD），多用于中、小规模 IC 封装，现在已衍生出 SOJ、TSOP、VSOP、SSOP、TSSOP、SOT 等多种变形，它们都继承了 SOP 体积小和价格低廉的优点，是小型低功耗器件应用最多的封装形式。缺点是散热不好，不能用于功率器件。

MAXIM 公司的 MAX13330/1，安森美公司的 NCP2809，JRC 公司的 NJU8721，TI 公司的 LM4810/11 均采用了这种封装。

（3）QFP

QFP 是四侧引脚扁平封装，引脚间距有 1.0mm、0.8mm、0.65mm、0.5mm、0.4mm、0.3mm 等多种规格，适合于引脚数在 100 以上的超大规模集成电路。还有两侧引脚扁平封装 PFP，适合于引脚数小于 100 的电路。这种封装成本低廉，工艺成熟，能实现高密度封装。但最近几年用得越来越少，有可能会成为最后的有引线封装形式，有被 DFN/QFN 封装逐步取代的趋势。早期的音频编解码器用过这种封装，耳机放大器芯片中很少用这种封装。

（4）DFN/QFN

DFN 是双侧扁平无引脚封装，QFN 是四侧扁平无引脚封装，根据硅片的形状，可封装成矩形和正方形，它的最大特点是芯片中间有大面积散热焊盘，适合功耗较大的器件。这种封装的优点是高度低、无引脚、重量轻、占用空间小，广泛应用于消费类电子器件的封装。

TI 公司的 TPA6120、TPA6132、TPA6139，MAXIM 公司的 MAX9820、MAX9723、MAX97220，安森美公司的 NCP2809、NCP2811，圣邦微的 SGM4916/18 均采用了这种封装。

（5）BGA

BGA 是球状栅格阵列封装，它的特点是用锡球代替引脚，锡球的直径为 0.76~0.14mm，中心间距为 1.0~0.4mm，最小的 BGA 有 6 个锡球，最大的会锡球超过 1000 个。目前已衍生出 FBGA、MBGA、UFBGA、PBGA、CBGA、FCBGA、TBGA、CDPBGA 等变形。BGA 的优点是焊球与基板接触面大，距离短，电阻小，能有效提高信号的质量，适合高密度、高性能器件的封装。缺点是对焊接设备和工艺要求较高，焊接后要用 X 光才能检查出虚焊情况。

TI 公司的 TPA44110、TPA6130、TPA6136，MAXIM 公司的 MAX97200，安森美公司的 NCP2704 均采用了这种封装。

（6）CSP

CSP 是芯片级尺寸封装，是日本三菱公司在 1994 年针对内存而发明的封装技术。特点是硅片面积与封装面积之比约为 1:1.14，接近于 1:1 的理想状态，绝对尺寸为普通 BGA 的 1/3，在同等空间下可将内存容量提高 3 倍，能实现更高的封装密度。例如，一个 40×40mm 的封装，能实现的最大 I/O 端口是 1000 个，而 BGA 是 700 个，QFN 是 400 个，QFP 是 300 个。CSP 继承了 BGA 的全部优点，现已扩展到柔性 PCB，叠层式和晶元级封装工艺上，在安装密度高的通信产品上广泛应用。

ADI 公司的 SSM2932、SSM6322，MAXIM 公司的 MAX9720、MAX9723，安森美公司的 NCP2704、NCP2811、NCP2817、FAB1200、FAB2200 均采用了这种封装。

（7）Flip-chip

Flip-chip 也叫倒装片式封装，直接在芯片正面电路布线的出线口（I/O pad）上沉积锡球，然后将芯片翻转加热，利用熔融的锡球与陶瓷基板相结合。焊接方式和 BGA 相同，可以采用 SMT 技术手段来加工，如回流焊。此技术起源于 20 世纪 60 年代，由 IBM 发明和推广应用。至今，Flip-chip 封装应用范围日益广泛，封装形式更趋多样化，演变出 C4、DCA、FCAA 三种方式。由于 I/O 引出端口分布于整个芯片表面上就近植球，封装占有面积几乎与芯片大小一致，外形可以达到最小、最薄，能提供很高的 I/O 密度，在封装密度和信号传输速度已达到顶峰，现在已成为高端器件及高密度封装领域中经常采用的形式，也是未来最有前途封装形式。ST 公司的集成耳机放大器 A22H165M 和 TS4621 均采用了倒装片形式。

图 3-6 所示的是上述几种封装的外形照片，耳机放大器芯片主要用于便携式电子设备，对安装空间、成本、环境适应性、安全性和可靠性有较高要求。过去的主流封装是 SOP，现在的主流封装是 DFN、QFN、BGA、CSP，将来会逐步过渡到 CSP 和 Flip-chip 为主的封装形式。

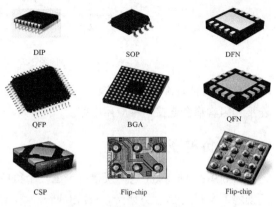

图 3-6　几种封装的外形照片

3.2　虚拟地技术

便携式电子设备中耳机放大器之前的数字电路都是单电源供电，耳机放大器虽然也能在单电源下工作，但与耳机连接需要一个体积较大的电解电容器隔离直流电平，32Ω 耳机阻抗和电容形成一个时间常数电路（零点），要让 20Hz 的音频信号按半功率通过它，电容的容量是 249μF，在用 0201 贴片元件的电路板上，无论是面积和高度都不能容纳这么大的电容。另外，这个电容是产生 Pop 声的关键因素。于是人们想出了虚拟地和电荷泵的方法实现耳机放大器芯片与耳机的直流耦合。

3.2.1　等电平虚拟地

等电平虚拟地的原理是建立一个与放大器输出端电压相同的等电位，把负载连接在放大器和这个等电位之间，负载两端没有电位差，故可以直接耦合，如图 3-7 所示。这个虚拟地在静态时只是一个固定的电平，在动态时能吞吐和放大器相同的电流。为了降低成本，通常把双路放大器接在一个虚拟地上，故虚拟地电平转换器要具有吞吐两倍放大器电流的能力，换句话说就是它的输出电阻是放大器的一半。双通道共用一个虚拟地会降低耳机放大器的隔离度指标，因为双通道放大器通过各自的负载返回在同一个虚拟地，电平转换器串联在信号环路中，它的噪声会叠加在信号上降低放大器的信噪比，并使立体声分离度、互调等指标变坏。另外，电平转换器工作在严苛的单位增益下，存在发生自激振荡的潜在危险，必须设计单位增益稳定和能驱动无穷大电容负载的直流放大器。虚拟地在电路中是悬浮节点，不能与系统的参考地节点直接连接，在使用中存在误操作造成放大器输出短路和烧毁的风险。早期的集成耳机放大器流行用虚拟地技术，由于经常发生用这种耳机放大器驱动功率放大器不能正常工作和发生故障的情况，现在已经不受欢迎了。

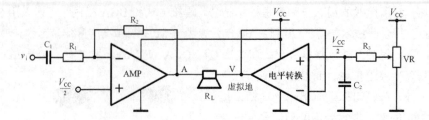

图 3-7 等电平虚拟地原理

TI 公司的 LM4911 和安森美公司的 NCP2809 采用了虚拟地技术，在数据手册上都给出了虚拟地连接和阻容耦合连接两种应用电路。

3.2.2 负电压电荷泵

用简单的 Dickson 电荷泵就可产生一个负电源电压，工作原理如图 3-8 所示。假设开关和线路是无损的，当开关 S_1、S_2 闭合，S_3、S_4 断开时，正电压 V_{IN} 给 C_1 充电至 V_{IN}；当开关 S_1、S_2 断开，S_3、S_4 闭合时，C_1 向 C_2 放电，C_2 上的电压最终为 $-V_{IN}$，即 $V_{OUT} = -V_{IN}$。与 Buck-Boost 和 Cuk 变换器不同，电路中没有储能电感，只用电容存储能量，而电容的损耗比电感小得多，故可获得很高的转换效率，一般能达到 95% 以上。但开关快速开启和关断会产生很高的毛刺电流，在设计上要限制开关上升沿和下降沿的速率，合理布局连接开关的走线，减少走线电感，使寄生参数引起的 di/dt 最小化，才能减小电源的高频噪声。为了避免开关频率干扰音频信号，开关频率应远高于音频的上限频率，大部分产品为 200～500kHz。

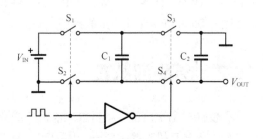

图 3-8 负电源电压电荷泵的原理图

在实际电路中，S_1 用 N 沟道 MOS 管作开关，S_2～S_4 用 P 沟道 MOS 管作开关，MOS 管会产生沟道损耗电压 V_N 和 V_P，因而输出电压会低于输入电压，实际的输出电压是：

$$|V_{OUT}| = V_{IN} - (V_N + V_P) - \frac{I_{OUT}}{f_{osc}(C_1 + C_2)} \tag{3-1}$$

式中，f_{osc} 是开关频率，I_{OUT} 是流过负载的输出电流。开关转换器会产生纹波，纹波电压用下式表示：

$$V_r = \frac{I_{OUT}}{f_{osc}C_2} = \frac{V_{OUT}}{f_{osc}R_L C_2} \tag{3-2}$$

如果输出电流是 100mA，开关频率是 320kHz，输出电容是 1μF，计算得到的输出纹波 312.5mV。这个数值是相当大的，故使用电荷泵电源的放大器要设计较高的 $PSRR$ 指标，或者设计很高的开关频率。

由于音频信号的峰值因数很高，为了延长电池待机时间，在低功耗设计中，通常把负电压电荷泵设计成频率可变结构，如图 3-9 所示。当输出电压等于和高于设计值时，$|V_A| = V_{ref3}$，使能压控振荡器 VCO 工作，VCO 的振荡频率由节点 A 的电压 V_A 决定，当电源的负载变重时，输出负压的绝对值变小，B 点电

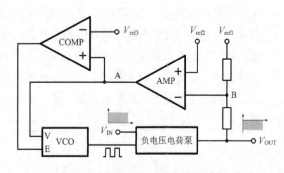

图 3-9 可变频率的负电压电荷泵的结构

压低于参考电压 V_{ref2}，使 V_A 升高，VCO 以较高的频率振荡，使负电压电荷泵的输出电压绝对值增大。负载变轻时以相反的方向变化。

商品耳机放大器中的电荷泵电路类似上述结构，早期的产品多数是固定开关频率，负载变化时，开关频率基本固定或在较小的范围里变化。近期的产品开始转向可变频率结构，可变频率电荷泵有跳变和连续可变两种结构。前者属于粗犷型控制，虽然电路比较简单，仍比固定频率有显著的节能效果；后者属于精细型控制，电路稍复杂一些，节能效果能进一步提高。

TI 公司把耳机放大器中的电荷泵命名为 DirectPath 技术，在 TPA6130 ~ 6141（序号不完全连续）系列耳机放大器中用了电荷泵负电源，固定频率产品中的最低频率是 200 ~ 500kHz，如 TPA6130、TPA6133、TPA6138、TPA6139，最高频率是 1.2 ~ 1.35MHz，如 TPA6132、TPA6136。连续频率产品中的开关频率是 315kHz ~ 1.26MHz，变频比率等于 4，如 TPA6140、TPA6141。

MAXIM 公司集成耳机放大器全部采用了电荷泵负电源，并命名为 DirectDrive 技术，固定频率控制产品中的最低频率 190 ~ 800kHz，如 MAX9720、MAX9723、MAX9724、MAX9820、MAX97220、最高频率是 1.9 ~ 2.5MHz，如 MAX13330、MAX13331。连续频率产品中的开关频率是 83 ~ 665kHz，变频比率等于 8，如 MAX97200。

ADI 公司的 SSM2932 在无输入信号时的开关频率是 54kHz，满载振荡频率 550kHz，变频比率大于 10。

安森美公司的 NCP2704、NCP2817 采用了跳变频率控制，输出功率小于 0.5mW 时开关频率是 125 ~ 150kHz；输出功率大于 0.5mW 时开关频率是 1 ~ 1.2MHz。

圣邦微公司的耳机放大器产品中都是用固定频率控制，开关频率是 200kH ~ 500kHz，如 SGM4914、SGM4916、SGM4917、SGM4918。

负电压电荷泵需要两个容量为微法级的储能电容，无法集成在芯片中，只能用外接方法。图 3-10 所示的是 MAX13330 的功能方框图，该芯片的设计开关频率是 2.2MHz，负载变化时频率会在 1.9 ~ 2.5MHz 变化，属于固定频率控制方式。C_1 和 C_2 是电荷泵中的两个储能电容，应该选用高频陶瓷电容，数据手册中推荐用 1μF 的电容。从式（3-2）可知，提高开关频率或增大输出电容都能减小负电压的纹波，故 C_2 可增大到 2 ~ 10μF。不要随便增加 C_1 容量，它与纹波没有关系，也无助于电荷泵的能量。

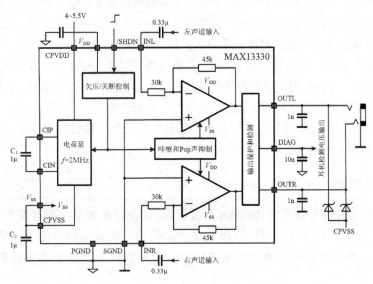

图 3-10 MAX13330 的功能方框图

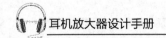

3.3 低功耗技术

耳机放大器芯片多用在使用电池的便携式设备中，设计中要尽量减小放大器本身的功耗，以延长电池的续航时间。现在的耳机放大器芯片都是用低功耗 CMOS 工艺制造的，本身的静态功耗很小，在此基础上还设计了睡眠模式、待机关断、G 类、H 类、D 类和数字放大器进一步降低功耗。

3.3.1 哑音和待机关断

耳机放大器在整机系统中是一个功能模块，系统上电后如果没有用到音频功能就不必处于工作状态，故耳机放大器芯片中都设计了关断功能。没有标准规定关断功能的逻辑电平，到底是低电平有效还是高电平有效，这取决于厂家的设计，要阅读数据手册才能知道。例如，LM4809 采用低电平关断，同一厂家的 LM4810 却采用了高电平关断。控制方式由人机界面上发指令后通过 I^2C 总线执行，也有一些芯片有自动检测功能，当检测电路检测到耳机插入时控制器会开启耳机放大器模块；耳机拔出后自动关断耳机放大器模块。现在的人机界面是屏幕上的图标，今后随着人工智能技术的进步，语音控制方式会越来越多。大部分耳机放大器芯片的待机电流是微安级，例如，MAX97220 的待机电流是 $1\mu A$，而 TPA6100A2 只有 50nA。关断速度比较快，在 $100\mu s$ 左右。唤醒速度比较慢，通常大于 10ms，因为唤醒过程中要启动电源，有的设计中还利用延迟唤醒消除启动噪声。

耳机放大器在启动、关断和插拔耳机时会产生烦人突变噪声，人们叫作咔嚓声，业界称作 Pop 声。在阻容耦合情况下，输出电容的容量很大，充放电过渡时间长，Pop 声非常严重。在虚拟地和双电源条件下，Pop 声会小得多，但仍不能完全消除。故抑制 Pop 声是耳机放大器设计中的重要难题，也是用户检验耳机放大器质量的首选项目。生产耳机放大器的产商都有各自解决 Pop 声的专利技术，目前最好的水平是在不经意的情况下耳朵基本上不可闻，但用示波器仍能测试到很小的电压跳变。输入耦合电容产生的 Pop 声较小，业界常用延迟开启的方法消除它，例如，把开启时间延迟到输入 RC 时间常数的 4~5 倍时间，待输入耦合电容的充电过程结束后再使能耳机放大器模块。也可以在整机设计中在耳机放大器的输出端设置延时继电器，待电路进入稳定状态后再接通负载，Pop 声就完全听不见了，如德生公司的 HD-80 音乐播放器中就采用了这种方法。

哑音也叫静音，是耳机放大器在工作条件下不输出音频信号的功能，通常是把放大器的输入端接地或者同时断开负载。哑音常用于消除无信号输入时放大器自身产生的白噪声，营造静音的效果，也可用于手机免提功能时把耳机放大器设置在静态模式，以减少功耗。在数字音量控制放大器中，通常把最小音量级设置成哑音状态。例如，在 32 级音量控制中把第 1 级设置为哑音，把第 2 级设置为最小音量，把第 32 级设置为最大音量。

3.3.2 G 类放大器

G 类放大器是带分级自适应电源的 AB 类放大器，其设计思想是利用音频信号峰值因数（10~20dB）高的特性，在大部分时间里信号的平均功率较低，用较低的电源电压给放大器供电；当出现峰值和输出功率升高时用较高的电源电压给放大器供电，用降低输出管平均损耗的方法提高效率。

图 3-11 所示的是 G 类放大器工作原理示意图，在图 3-11（a）中的放大器用两组电源供电，

在大部分时间里，放大器由低电压 V_{DDL} 和 V_{SSL} 供电，放大器的输出电平较低，在电源和输出管之间的电压降也较低，相应的损耗也较小。当幅度检测器检测到高于 V_{DDL} 和 V_{SSL} 的峰值信号时，把工作电压切换到较高的电源电压 V_{DDH} 和 V_{SSH}。图 3-11（b）是 G 类放大器的电源电压和信号波形示意图。

G 类放大器可以设计成多级电压结构，多于三级控制电路会变得复杂，市场上的 G 类耳机放大器都是两级电压结构，如 MAX9788、TS4621E4、TPA6140A2、FAB1200、A22H165M，TS4621，TPA6140A2/41A2/66A2 等。

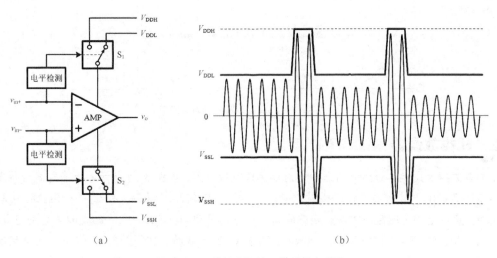

（a）　　　　　　　　　　　　（b）

图 3-11　G 类放大器的工作原理示意图

在实际的 G 类耳机放大器中，正电源是电压跳变的稳压电源，可以是 LDO、Buck 变换器和电荷泵几种形式，LDO 纹波小，效率低；Buck 效率高，需要外接储能电感，开关纹波较大；电荷泵效率最高，需要外接储能电容，输出电压只能整数倍变化。耳机放大器的输出功率很小，对音质要求很高，LDO 正电源应用的较多。负电源绝大多数是用电荷泵。

图 3-12 所示的是 TS4621ML 中可变电源和检测电路的示意图，可变正电源用同步 Buck 变换器，负电源用电荷泵，设置两个电压轨±1.2V 和±1.9V，在低电平信号输入时放大器工作在±1.2V 电压下，在高电平输入时快速切换到±1.9V，电平检测电路采样放大器输出端的电压，控制变换器快速变换电压，从 1.2V 上升到 1.9V 的过渡时间是 100μs，从 1.9V 下降到 1.2V 的过渡时间是 50ms。由于负压电荷泵是接在 Buck 变换器之后，故负电源的上升和下降时间滞后于 Buck 变换器。另外，信号电平检测电路的采样节点是放大器的输出端而不是输入端，电源电压的上升沿滞后于峰值信号，这从图 3-13 所示的时域波形图上能清楚地看到。相比之下，TPA6140A2 的信号电平检测电路是采样放大器的输入端电压，电源切换时间会超前一些。

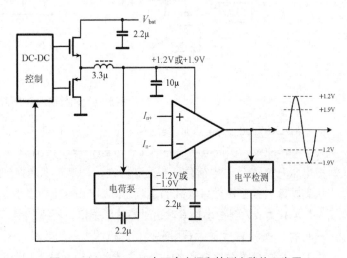

图 3-12　TS4621ML 中可变电源和检测电路的示意图

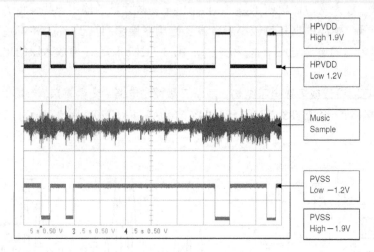

图 3-13　G 类放大器的时域波形图

3.3.3　H 类放大器

　　H 类放大器是用电容升压式自适应电源的 AB 类放大器，如图 3-14 所示。当输入信号幅度较低时放大器电压直接由 V_{DD}、V_{SS} 通过二极管供电，电平检测电路把电容器 C_1 和 C_2 的一端通过功率开关 S_1 和 S_2 接地，这样电源电压给放大器供电的同时给电容器充电，电容上的电压最高值可充到电源电压值。当输入信号幅度超过电平检测电路的门限时，C_1 和 C_2 的一端通过功率开关 S_1 和 S_2 与电源电压串联后给放大器供电，放大器的工作电压升高到 $2V_{DD}$ 和 $2V_{SS}$，显然 H 类放大器可以等效于一个两级电压的 G 类放大器。

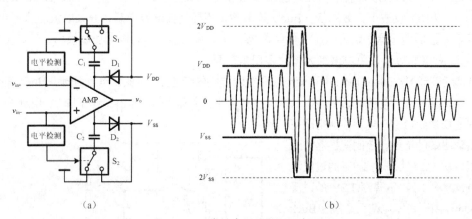

图 3-14　H 类放大器的原理示意图

　　MAX97200 采用了 H 类结构，芯片支持 1.62 ～ 1.98V 的电压。内部电荷泵电源有把电压变换成 ±0.8 ～ ±0.99V，在低电平信号时工作在这个电压范围里，当输入信号超过设置阈值时，H 类控制电路把电压升高 1 倍。电荷泵具有迟滞特性，从高效率转换到高功率模式的过渡时间是 20μs（典型值），从高功率转换到高效率模式的过渡时间是 32ms（典型值）。

　　AB 类放大器在小功率输出时的效率很低，不幸的是耳机放大器就是一个小功率放大器，于是人类发明的 G 类和 H 类放大器用来提高耳机放大器的效率。图 3-15 所示的是在音频信号峰值因数为 3 的条件下，测试 G 类放大器和 AB 类放大器的在相同输出功率时的效率特性曲线。可以看到 AB 类放大器在低输出功率（8～12mW）时的效率为 9%～12%；同样条件下 G 类放大器的效率为 27%～36%。在 10mW 以下，G 类放大器的平均效率比 AB 类高 3 倍以上，H 类放大器与两级电压的 G 类放大器具有相近的效率，节能效果是明显的。

需要注意的是 G 类和 H 类放大器的概念比较混乱，一些书刊上把上述放大器都称为 G 类放大器，另一些书刊上则把电源轨连续跟踪信号幅度变化功率放大器称为 H 类放大器，更有甚者把多电源轨功率放大器称为 H 类，把可变电源轨功率放大器称为 G 类，也就是下面介绍的 I 类放大器。

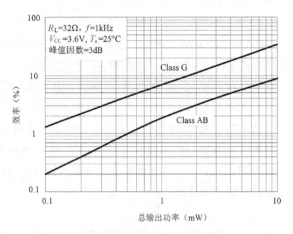

图 3-15　G 类和 AB 类放大器的效率特性曲线

3.3.4　I 类放大器

这里介绍的 I 类放大器过去或许没有听说过，它是自适应电源连续跟踪信号幅度变化的 AB 类放大器，如图 3-16 所示。它的设计思想是根据输出功率设置一个信号阀值，小于阀值时放大器用较低的恒定电压供电；大于阀值时，在电源电压在保持一定裕量的条件下跟踪放大器的输出信号幅度而连续变化。在跟踪过程中可始终保持输出功率管具有较低的损耗，故可获得高于 G 类和 H 类的效率。

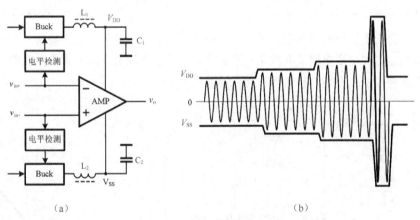

（a）　　　　　　　　　　　　　　　　　　（b）

图 3-16　I 类放大器原理示意图

虽然 LDO 和 Buck 变换器都能连续改变输出电压，但 LDO 的效率比 Buck 低得多，故 I 类放大器通常用 Buck 可变电源。I 类放大器也称包络跟踪放大器，已成功地应用于手机和基站中的射频放大器中。20 世纪末就已经有人设计出音频 I 类放大器，还有多篇博士论文中详细介绍了设计方法，国内早已经有一家公司设计出样品，但目前市面上还没有发现商品 I 类耳机放大器。

3.3.5　D 类和数字放大器

线性放大器的最大缺点是效率很低，虽然 G 类、H 类和 I 的效率高于 AB 类，但最高也不会超过 50%。而 D 类放大器无论是在小功率输出和大功率输出状态都有很高的效率，通常会高于 80%，但 D 类放大器产生的电磁干扰比较严重，需要用滤波和屏蔽措施减小和消除干扰，像手机这么小的移动设备中，没有宽裕的空间放置这些附件。另一个重要原因是 D 类放大器的听感比较硬，许多人不喜欢它

的声音，故在手机中 D 类放大器只用来驱动频响较窄的唛拉扬声器。

数字放大器一般是指用 PDM 调制方式的 D 类放大器，能直接接受 PCM 数字码流，原理上 EMI 比 PWM 调制方式的 D 类放大器略好一些，一些新技术能使 EMI 指标进一步减小，但仍不能完全消除。2008 年日本 JRC 公司发布了 4 款数字耳机放大器芯片，分别是 NJU7810R、NJU7811、NJU7814 和 NJU7821。这些芯片要用 LC 滤波器与耳机耦合，除了效率优势外，无论在成本和空间占用上都不如 AB 类放大器。

现在 D 类和数字放大器已经在舞台音响、有源音箱和汽车音响中广泛应用，也获得了用户的好评。从目前的技术水平看，已经具备了设计高保真耳机放大器芯片的条件。市面上虽然没有其他 D 类耳机放大器芯片可用，但驱动扬声器的集成 D 类放大器非常丰富，可以改造成耳机放大器使用。上海的网友用 SSM2815 设计了一个平衡差分耳机放大器，用 3.6V 电压驱动 300Ω 高阻耳机，实际听感达到了 AT-HA26D 商品耳机放大器的水平。

3.4 数字电位器音量控制技术

一些高性能的耳机放大器芯片中集成了音量控制电路，它是用数字电位器和可变增益放大器组合起来完成的，可用虚拟的人机界面控制音量。与机械电位器相比，具有技术先进、无磨损、低噪声、寿命长、使用灵活的优点。

3.4.1 数字电位器的工作原理

数字电位器是基于电阻数模转换器（RDAC）的原理设计的，图 3-17 所示的是它的简化电路，将 n 个电阻串联，每个电阻两端与两个开关的一端相连，所有开关的另一端连接在一起。控制信号每次只闭合一个开关。这样串联电阻就变成了一个分压器，闭合不同节点的开关就能获得不同的电压分压值，完成了三端电位器的功能，称为数字电位器。

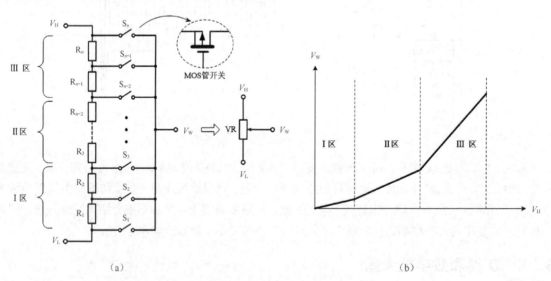

图 3-17　数字电位器简化电路图

由于在集成电路中方块电阻的精度不高，也很占硅片面积。设计几十个阻值按指数函数变化的方块电阻成本较高，通常用 3 段斜率不同的直线拟合指数或对数曲线。开关功能是用 MOS 晶体管和控制电路实现，有几十欧姆的导通电阻。

实际的数字电位器是一个数模混合集成电路,功能模块除了 RDAC 外,还有译码器、加减计数器、不挥发存储器、寄存器、控制接口和电源电路,如图 3-18 所示。在 RDAC 模块中,开关是由 MOC 管组成低内阻、宽频带模拟开关。电阻的阻值从下到上按指数函数递增,或者从上到下按对数函数递减。因为人耳感知的响度与电功率呈对数关系,音量控制用指数电位器才能使音量随控制步长线性变化。如果用线性电位器,低音量时控制会很迟钝;大音量时却会发生突变,感觉非常不自然。如果是对数电位器,只要把 V_H 和 V_L 对调也能获得线性音量变化效果。数字电位器的最小输出电平受噪声限制,一般在微伏数量级,最大输出等于输入电平,故电压增益等于 1,动态范围大于 80dB,属于增益衰减控制方式。

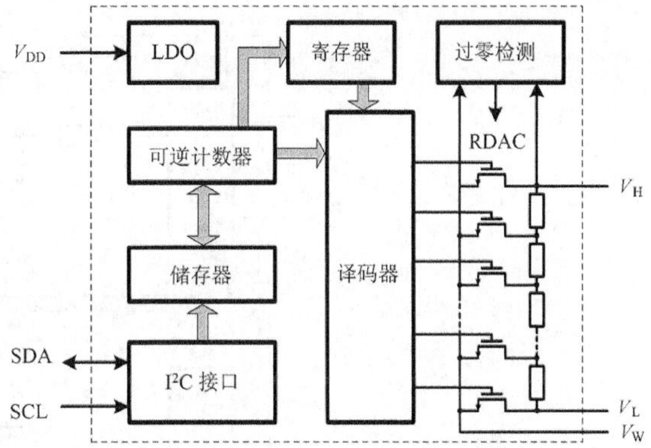

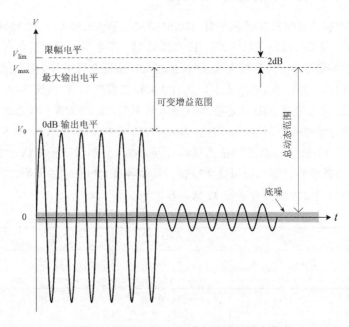

图 3-18　数字电位器的结构图

如图 3-19 所示,放大器的输出动态范围在低电平受噪声限制,在高电平受电源电压限制,假设放大器的增益为 1,在满刻度(0dB)输入时的输出电平是 V_0,限幅电平是 V_{lim}。最大输出电平 V_{max} 不能超过限幅电平,否则输出波形就会被削顶,在高保真放大器中要低于限幅电平 2dB。故 V_0 至 V_{max} 之间的动态范围就是放大器的电压增益,在设计分立元器件功放时闭环增益就是这样设定的。在设计耳机放大器芯片时可把这个可变增益范围用作音量控制,进一步扩展音量控制范围。这样在 $0 \sim V_0$ 时用数字电位器进行衰减式音量控制,音量可从全刻度电平衰减到零刻度电平;在 $V_0 \sim V_{max}$ 时用调节放大器电压增益的方法扩展音量控制范围,音量可从全刻度电平放大到限幅电平。前者称增益衰减式控制,后者称增益增强式控制。

图 3-19　满刻度输入时功率放大器的动态范围

图 3-20 所示的是带数字电位器音量控制功率放大器的结构图,两个数字电位器分别在双通道放大器中作衰减式音量控制,在放大器的反馈环路里控制放大器的反馈系数获得增强式音量控制。实际上

VR$_1$和 VR$_2$也是数字电位器，只是为了便于理解原理而画成机械电位器的符号。这种复合式音量控制可获得大于 90dB 的控制范围，已制成专用芯片。例如，CS3310，它的衰减控制在 0 ~ –95.5dB，增强控制在 0 ~ +35.5dB，总控制范围是 127dB。类似的芯片还有 PGA2311、DS1881、LM1972 等。

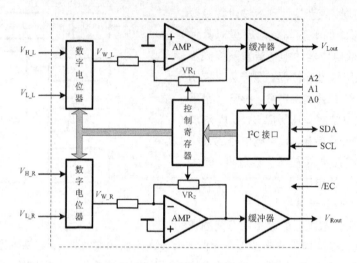

图 3-20　带数字电位器音量控制功率放大器的结构图

除了用数字电位器和可变放大器增益控制音量的方式外，在集成电路中还可用四象模拟乘法器控制音量，这种电路称电子电位器，本质上是用改变晶体管跨导的方式控制增益，比改变放大器增益的方式更稳定，失真度也更小，但电路会稍复杂一些。

3.4.2　耳机放大器芯片中的数字电位器

采用 I^{2}C 音量控制的耳机放大器芯片有 TPA6130A2、TPA6140A2、TPA6166A2、A22H165M、TS4621E、NCP2704、MAX9723、FAB1200、FAB2200 等。耳机放大器芯片的工作电压很低，在 0dB 输入时没有裕量或者裕量很小，大多数是–6 ~ +6dB。–6dB 出现在耳机放大器工作电压比 DAC 低一倍的情况下，例如，DAC 工作在 3.6V 电压下，耳机放大器工作在 1.8V 电压下，DAC 输出满刻度信号时，放大器已经限幅，必须衰减 6dB 才能在 0dB 输入时不产生削顶失真。故耳机放大器的音量控制以衰减式控制为主，增益增强式控制为辅。例如，MAX9723 可在 1.8 ~ 3.6V 电压下正常工作，数据手册上推荐有–5dB、0dB、+1dB、+6dB 四种最大增益设置方案，分别对应于 1.8V、2.4V、3V、3.6V 四种工作电压。有 32 级音量控制，第 1 级设置为哑音，其他各级的步长增益见表 3-1，可通过 I^{2}C 总线设置芯片内部的寄存器进行最大增益设置和 32 级音量控制。

表 3-1　MAX9723 音量控制设置表

最大增益	–5dB	0dB	1dB	6dB
音量级	31 ~ 32	26 ~ 32	31 ~ 32	26 ~ 32
步长（dB）	–1	–0.5	1	0.5
音量级	10 ~ 30	21 ~ 25	10 ~ 30	22 ~ 25
步长（dB）	–2	–1	–2	1
音量级	2 ~ 9	2 ~ 20	2 ~ 9	2 ~ 21
步长（dB）	–4	–2	–4	–2
最小增益	–79dB	–47dB	–73dB	–41dB

I²C 控制的优点是设计灵活，可以用码盘设计成传统电位器操作方式，也可在触摸屏上设计成虚拟人机界面方式。缺点是必须要借助微处理器编程，开发难度稍高一些。另一些耳机放大器芯片中的数字音量控制则设计成手动方式，如 LM4811 可以用按键进行音量增大和减小的操作，如图 3-21 所示，外围电路仅需要两个按键。控制时序如图 3-22 所示，当 S₁ 闭合时，芯片内部的振荡器开始振荡，如果 UP/DN 引脚的逻辑电平为高，在 CLOCK 信号的每个上升沿，增益将增加 3dB。相反，如果 UP/DN 引脚的逻辑电平为低，增益减少 3dB。对于 CLOCK 和 UP/DN 引脚的触发电平，高电平最小为 1.4V，低电平最大为 0.4V。增益从最大+12dB 到最小−33dB 共有 16 个离散设置值。

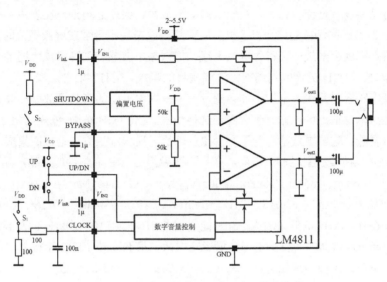

图 3-21　LM4811 的数字电位器音量控制方式

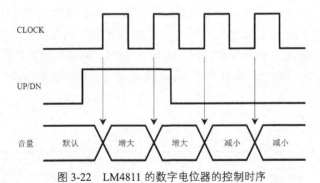

图 3-22　LM4811 的数字电位器的控制时序

3.5　差异化设计

差异化设计是提高商品竞争力的有效手段，也能给用户提供器件选择的灵活性。集成耳机放大器芯片的差异化主要体现在量身定制、功能创新和性能提高三个方面。

3.5.1　量身定制的耳机放大器芯片

针对手机和平板电脑应用把单通道 D 类放大器和双通道耳机放大器集成一体，D 类放大器用来驱动喇叭扬声器，用于免提方式；双通道耳机放大器用来驱动耳机，用于免扰方式。如 NCP2704、FAB2220、

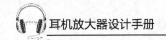

LM4663、TPA2015D3 等。

普通手机的耳机放大器主要用于语音通话，虽然会兼顾音乐，但出于成本考虑指标不会太高。用在音乐手机和无损音乐播放器中的耳机放大器指标则要求很高，通常与一个高分辨率的 Δ-Σ 音频 DAC 集成在一起，如 CS43L36、WM9812、SABRE9018Q2C、AK4376A 等。SGTL5000 则把音频 CODEC 和耳机放大器集成一体，可有用录音笔和人机语音交互设备中。

针对手机的耳机放大器芯片还要提高抗射频干扰能力，原因是在 GSM 蜂窝电话中，用时分多址（TDMA）实现多个用户共享一个频率与基站同时通信，开关切换频率是 217Hz。即手机用这个频率在时间间隙中向基站突发数据流，由于发射模块的电流较大，会引起电池电压发生约 500mV 跌落，在射频上形成一个 217Hz 的调幅包络。当手机中的音频模块布线不合理或屏蔽不良时，电源线与耳机放大器输入信号线之间就会形成一个寄生等效天线，把射频电波感应到耳机放大器的输入端，经过有源器件的非线性检波，217Hz 的调幅包络就检波成嗡嗡的噪声，俗称"217Hz 噪声"。不仅仅是手机和平板电脑中的音频电路容易受 RF 干扰，如果把没有 RF 发射电路的音频播放器和收音机放在正在通话的手机旁边或距离基站很近的地方时也会受到这种干扰。优化 PCB 布局，缩短耳机放大器输入端引线，把音频模块进行屏蔽，这些方法都有助于减少 RF 干扰。最根本的方法是提高集成耳机放大器自身的电源抑制比（$PSRR$）。在实验室对多个产商的产品测试后得出，RF 抑制性能好的产品 $PSRR$=90～110dB（217Hz，100mV_{pp}）和 60～85dB（10kHz，100mV_{pp}），如 A22H165M、NCP2811、MAX9724 等；RF 抑制性能差的产品 $PSRR$=50～60dB（217Hz，100mV_{pp}）和 30～40dB（10kHz，100mV_{pp}）。绝大多数耳机放大器芯片在 0～1kHz 的低频段内 $PSRR$ 能达到 60dB，但在 10～20kHz 的高频段内 $PSRR$ 会下降到 30dB 以下。音频放大器的音质受电源质量影响很大，只有高频 $PSRR$ 指标好的产品才能获得解析度好的高音，手机应用中应该优先选择 10kHz 下 $PSRR$ 大于 60dB 的产品。

把耳机放大器集成在电源管理芯片 PMU 和基带中是针对平板电脑和 PDA 的差异化设计，例如，Rockchip 公司的 RK817，把 4 路 Buck、1 路 Boost、9 路 LDO、实时时钟 RTC、12bit 电量计、I^2C 总线、一个 32bit/192kHz 的音频 CODEC、一个 1.3W 的 D 类放大器和带电荷泵负电源的双通道 AB 类耳机放大器集成一体，驱动 32Ω 耳机能输出 15mW 的功率。多路电源的总输出功率可达到 20W，芯片耗散功率为 2W，图 3-23 所示的是这个芯片的内部功能方框图，这是国内便携式设备中应用非常广泛的多功能 PMU 芯片。

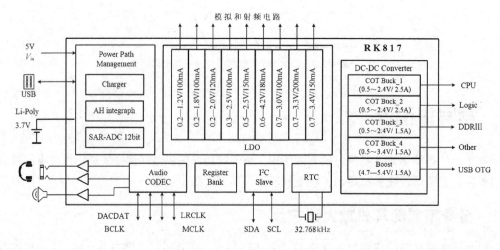

图 3-23　RK817 的内部功能方框图

3.5.2 功能创新的耳机放大器芯片

MAX9723 是一款功能创新的耳机放大器电路，MAXIM 公司命名为 BassMax 功能。如图 3-24 所示，放大器的输出信号经由一个低通滤波器后，反馈到放大器的输入端与原信号相加，使输出低音得到提升，提升量由低通滤波器的参数控制，BassMax 功能使能和关断由 I^2C 控制，显然放大器的最高输入电平要低于低音提升电平，否则，低音就会发生限幅而产生失真。

BassMax 电路的低音提升量为：

$$A_{V\_Boost} = 20 \lg \frac{R_a + R_b}{R_a - R_b} \qquad (3-3)$$

输出低音绝对增益为：

$$A_{V\_Total} = A_{V\_Vol} + A_{V\_Boost} \qquad (3-4)$$

式中，A_{V_vol} 是经过音量控制电路后的电压增益；A_{V_Boost} 是低频提升增益。

低通滤波器的极点和零点频率为：

$$f_{pole} = \frac{R_a - R_b}{2\pi C R_a R_b} \qquad (3-5)$$

$$f_{sero} = \frac{R_a + R_b}{2\pi C R_a R_b} \qquad (3-6)$$

数据手册中推荐极点频率要等于或小于 20Hz，当 R_a=47kΩ，R_b=22kΩ，C=0.33μF，低通滤波器的极点频率大约是 11Hz，零点频率是大约是 32Hz，通带最高增益为 8.8dB。20Hz 的低音提升了约 5dB。BassMax 功能要和芯片中的数字音量控制电路配合应用，数据手册推荐 A_{V_Total} 可设置为−5dB、0dB、+1dB、+6dB。也可以设置成其他值，但不要超过+6dB。这个芯片还集成了负压电荷泵、杂音抑制、RF 抑制、短路和过热保护、低功耗关断模式等功能，能在 1.8～3.6V 电压下工作，无论驱动 16Ω 或 32Ω 的耳机，都能输出不低于 60mW 的功率。

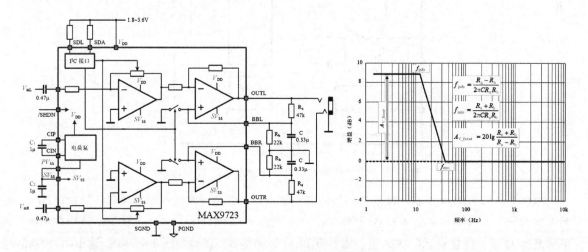

图 3-24 MAX9723 的低音增强电路

TI 公司设计的 TPA6100A2D 是一款功能创新的耳机放大器，能在 1.6～3.6V 电压下工作，静态工作电流 0.75mA，待机电流 50nA，在 3.3V 工作电压下，在 32Ω 耳机上能输出 35mW 功率。传统的低压 CMOS 放大器的工作电压是 2～5.5V，故 TI 在数据表上宣称是超低电压耳机放大器。但从用户的期望角度看，工作电压仍不够低。我遇到过几个用户，到处寻找能在一节镍氢电池下工作的耳机放大器芯片，最终都无功而归。我建议他们通过升压芯片把 1.2V 升压到 3.3V 给这个芯片供电，幸好他们找到了能在 0.9V 输入电压下，仍能输出 1.7V 的 SGM6603 升压芯片，使 TPA6100A2D 在 0.9 ~ 1.2V 里能正常工作，用增加成本和 PCB 面积的方法解决了超低压工作问题，故这个超低压集成耳机放大器在设计上还差一把火候。

TPA6120A2 是 TI 公司为驱动大型头戴式耳机设计集成高保真耳机放大器，它特点是有极高的性能指标。工作电压±5 ~ ±15V，THD=112.5dB，SNR=128dB，RS=1300V/μs，动态范围 128dB，输出电流高达 700mA，能轻松驱动 600Ω 的高阻耳机。这个芯片是用双极性工艺制造的，缺点是功耗较大。另外与低压 DAC 接口，前面要加电压放大器。这就决定了它只能用于台式设备，并且要准备一个能量充足的正负电源。

ADI 公司的 SSM6322 是针对音乐手机而设计的高保真耳机放大器芯片，它是差分输入两级结构，由电压放大器和缓冲器组成，能完成 I/V 转换、共模电平设置、重建滤波器、电压放大和耳机驱动多种功能。这个芯片有出色的性能指标和优良的音质，也是用双极性工艺制造，芯片内没有负电压电荷泵，要用双电源供电，工作电压为±3.3 ~ ±6V。

TPA6166A2 是强化了检测功能的集成耳机放大器，如图 3-25 所示，内置 10 位 SAR ADC 用来支持无源按钮阵列，能自动检测 6 种插入耳机插孔的设备型号。集成了 G 类耳机放大器和话筒前置放大器，能为片外话筒提供 2V 和 2.6V 的偏置电压和 1.2mA 的偏置电流。I^2C 接口用于前置放大器增益编程和耳机放大器音量控制，这个芯片在无线耳机中应用较多。

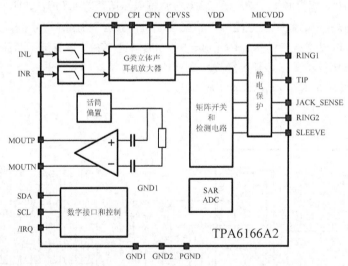

图 3-25　强化了检测功能的集成放大器芯片 TPA6166A2

JRC 公司的 NJU8721 是一款功能创新的耳机放大器，它是业界唯一的数字耳机放大器芯片，如图 3-26 所示，电路采用 6 阶 Δ-Σ DAC 结构，支持 32kHz、44.1kHz、48kHz、96kHz 数字音频流，过采样倍率 32 倍，能接受 I^2S、左对齐、右对齐 PCM 音频格式，工作电压 3 ~ 3.6V，输出功率 50mW。这个放大器从技术指标上看达到了 AB 类的水平，但输出电路需要一个 220μF 的电解电容和 100μH 的电感，存在很大的 Pop 声和电磁辐射干扰，是一个不成功的产品。

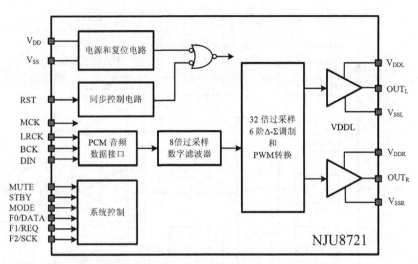

图 3-26　数字耳机放大器芯片 NJU8721 的结构框图

3.6　集成耳机放大器的应用

3.6.1　在普通手机中的应用

　　手机中除了微型话筒和听筒之外还有一个唛拉扬声器和立体声耳机插孔。在免提模式下，手机可以关闭听筒，放在桌上或拿在手中远离耳朵打电话；唛拉扬声器的效率很低，只有 0.1%～1%，现在的人对唛拉扬声器的低效率习以为常，对音量与输出功率的关系没有感性认识。唛拉扬声器用 2W 的功率放大器驱动在距离手机 1m 远的地方能清楚地听到声音，响度与人们平时谈话差不多；20 世纪家庭中的五灯收音机输出功率只有 0.5W，在一间 40m² 房间里放声音量能达到震耳的响度。对比一下就会知道唛拉扬声器的效率有多么低。唛拉扬声器的低频谐振频率在 500Hz 以上，放不出低音信号，而且是单声道声音。为了弥补唛拉扬声器的音质缺陷，手机中还设计有双通道立体声放大器，检测到耳机插入后能自动关闭唛拉扬声器，用音质优良的立体声替代唛拉扬声器放声。耳机既能隔离外界干扰又不干扰他人，故称免扰模式。

　　手机中的这些音频电路约占手机总功耗的 10%～15%，优化这部分电路对延长电池续航时间有积极意义，通常唛拉扬声器用 D 类放大器驱动比用 AB 类放大器驱动效率能提高 2.3 倍。耳机放大器用 G 类比 AB 类的效率能提高 3 倍。把一个单声道 D 类放大器和双通道 G 类放大器集成一体是优化手机音频系统的最佳方案。飞兆公司的 FAB2200 就是按这种想法设计的手机专用放大器，集成了 1.2W 的 D 类放大器和 2×41mW 的 G 类耳机放大器，D 类放大器载波频率为 330kHz，输出噪声电压为 32V，音量控制在−25～6dB，G 类放大器的音量控制在−53～6dB，用 I²C 总线控制音量，芯片工作电压为 2.8～5.25V，负电压电荷泵开关频率 1.3MHz，电路结构框图如图 3-27 所示。类似的电路还有 NCP2704、LM4663、TPA2015D3 等。

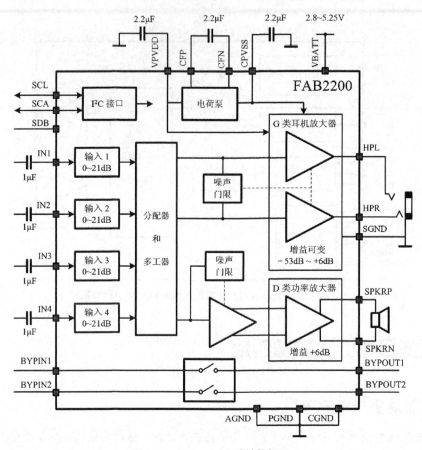

图 3-27 FAB2200 电路结构框图

3.6.2　在音乐手机中的应用

　　西门子公司在 2000 年把 MP3 播放器功能移植到 6688 型手机中，开辟了音乐手机的先河。苹果公司在 2007 年发布了第一代 iPhone，将市场上大受欢迎的 iPod 音乐播放器融合到智能手机里，摇身一变开创了智能音乐手机，而且长时间占据了手机音质的制高点。Vivo 公司在 2012 年 11 月 20 日发布安卓操作系统的音乐智能手机 X1，这是第一部国产音乐手机，从此 Vivo 公司引领了音乐手机的潮流。

　　基于 Linux 的 Android 操作系统中，对音频信号的处理与计算机 Windows 操作系统中的 AC97 音频标准相同，把 32kHz、44.1kHz 和 48kHz 三种基本采样速率统一转换成 48kHz 后进行处理，软件转换不但占用了大量的带宽和功耗，还会产生谐波失真。故音乐手机中的硬件功能包括采样频率转换（SRC）、音频解码器（Δ-Σ DAC）、高保真耳机放大器和电源管理 4 大模块。在 Vivo X1 中 SRC 芯片采用了 CS8422，DAC 采用了 CS4398，无源重建滤波器后用双运算放大器 OPA1612 驱动耳机。Vivo 公司把这个组合命名为手机 Hi-Fi 1.0，由于这些 IC 都不是为便携式设备设计的，功耗很大，中等音量的电流大于 100mA，占整机功耗的 40%，用 2000mAh 的电池只能工作 8～10 小时。为了补救功耗大的缺陷，在电源管理中设计了 Hi-Fi 模式，在播放音乐时关闭其他模块以减少功耗。

　　2014 年，Vivo 发布了号称全球最薄的音乐手机 Vivo X5Max，并命名为手机 Hi-Fi 2.0。DAC 采用了 ES9018、I/V 转换和重建滤波器采用了低噪声音频运算放大器 OPA1612、耳机放大器采用了 SABRE ES9601。

2016 年，Vivo 发布了最强旗舰 Vivo Xplay 5，硬件是将左、右声道独立开来，每一声道由一个 ES9028 负责解码，一个 OPA1612 运算放大器做 *I/V* 转换，最后两个声道输出的信号通过一个 OPA1612 驱动耳机。播放软件引进 SRS 虚拟环绕声音效处理和 BBE 还原性音效处理，Vivo 公司把这个组合命名为手机 Hi-Fi 3.0。图 3-28 所示的是这三代音乐手机中音频播放电路的演化过程。

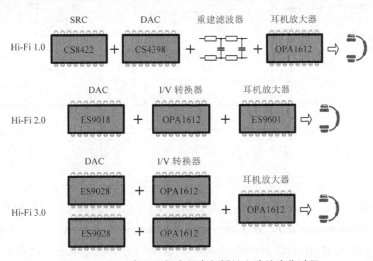

图 3-28　Vivo 音乐手机中的音频播放电路的演化过程

在 Hi-Fi 2.0 以后，高保真放音成了各家智能手机吸引用户标志，魅族 MX4 Pro、荣耀 9、小米 Note、Nubia My 布拉格、联想乐檬 X3、蓝魔 MOS1 这些音乐手机，基本都采用了类似 Hi-Fi 1.0 和 Hi-Fi 2.0 结构。音乐手机在超薄的空间里开创了高保真播放的创举，虽然音质与专业无损播放器相比还有差距，但已经能让 95%的用户满意。音乐手机的主要缺陷在电源系统上，由于超薄狭小的空间限制，要把 3.7V 单轨电压变换成±6 ~ ±15V 的双轨电压困难较大。同样的原因，高速数字音源和全平衡结构引入手机也要占据空间。另外一个鲜为人知的缺陷是 DAC 中数字音量控制引起的截短失真，在小音量时这种失真是可闻的。

2016 年，ADI 发布了针对音乐手机的耳机放大器芯片 SSM6322，能与任何类型的 DAC 配合完后 Hi-Fi 2.0 的硬件功能，芯片中有前置放大器 A_1，共模反馈放大器 B 和电流放大器 A_2 组成。图 3-29 所示的是与电压输出型 DAC 配合，实现前置电压放大、共模反馈、重建滤波器和驱动耳机的功能。设 DAC 的输出电压为 V_D，由 R_1 和 R_2，R_3 和 R_4，分压成±V_D/2，输入到差分前置放大器 A_1，调整 A_1 的闭环增益使 DAC 的满刻度输出接近 A_2 的最大输出摆幅，图 3-29 中的电压放大倍数等于 6dB。

DAC 的输出如果产生电压失调就会使前置放大器的正、负动态范围不对称，用共模反馈能补偿这种缺陷。芯片中由放大器 B 和相应电路组成的共模反馈电路，采样 A_1 正输入端的共模电压与 REF2 引脚上的参考基准电压 V_{CM} 比较，差值由 B 放大后调整 VP2 和 VN2，使 A1 输出端的共模电平在信号动态范围的中点。$V_{CM}=I_{CM}\times R_5$，其中 I_{CM}=15μA。调整 R_5 可获得最佳补偿电压，按图 3-29 中的数值 V_{CM}=0.765V。

R_4 和 C_2 形成频率为 159kHz 第一个极点，R_6 和 C_4 形成频率为 319kHz 的第二个极点，两个极点组合成的低通滤波器的截止频率约为 89kHz。

A_2 连接成缓冲器驱动耳机，在±5V 电源电压下，驱动 16 负载的输出电流是 100mA$_{rms}$，短路输出电流是+240mA，短路吸入电流是−190mA；在±3.3V 电源电压下，驱动 16 负载的输出电流是 56mA$_{rms}$，短路输出电流是+115mA，短路吸入电流是−120mA。

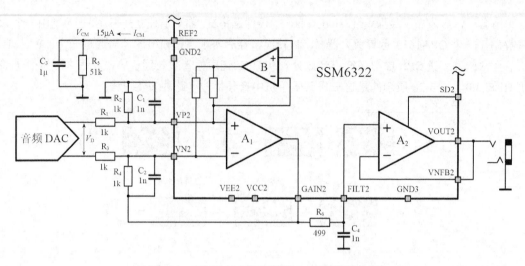

图 3-29　SSM6322 与电压输出 DAC 的连接电路

　　图 3-30 所示的是与电流输出型 DAC 配合，实现 *I/V* 转换、共模反馈、重建滤波器和耳机驱动的功能。假设与音频数模转换器 AD1853 配合应用，差分输出电流为 3mA。A_1 连接成 *I/V* 转换器，3mA电流流过 1kΩ 负载电阻 R_1 和 1kΩ 反馈电阻 R_2 后转换成±3V 的差分电压，调整电阻 R_1 和 R_2 使 DAC满刻度输出电压接近输出级的动态范围，使 A_1 兼有电压放大器的功能。重建滤波器、共模反馈和耳机驱动电路与图 5-29 相同。为了充分发挥电流输出型 DAC 信噪比高的优势，可提高重建滤波器的阶数，例如用图 3-30 右边虚线框中的无源二阶低通滤波器或性能更好的高阶有源滤波器。

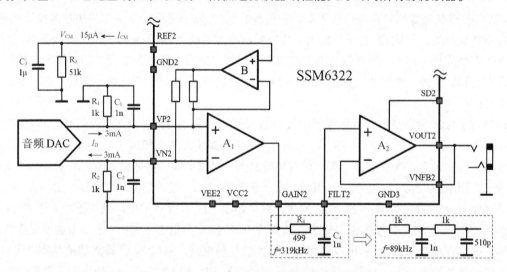

图 3-30　SSM6322 与电流输出 DAC 的连接电路

　　在 Vivo 发布 Hi-Fi 3.0 以后，音乐手机开始向两极分化，一些产品继续向高保真的更高目标攀登，例如，Xplay 6 不但传承了 Hi-Fi 3.0 经典配置，还首次在手机上实现了硬件解码 DSD 格式。另一些产品则走亲民化道路，用集成耳机放大器功能的 DAC 进一步降低成本，如 AK4375 和 WM8918 已经大量应用在越来越多的音乐手机中。

　　音乐手机的普及也带动了手机音乐软件播放器繁荣和发展，有的爱好者会在手机中安装十几个播放器去体验音乐。软件播放器中有参数均衡器、增强立体声、虚拟环绕声以及各种临场模拟音效，很受年轻人的欢迎，常见的播放器如 QQ 音乐、咪咕音乐、天天动听、多米音乐等。

3.6.3 在无损播放器中的应用

无损播放器有两重含义，就是既能播放各种无损压缩的音频格式，放出的声音又没有音质损失。故它是音乐播放器家族中的旗舰，在硬件上往往用不惜工本、追求豪华的方法去实现 Hi-End 水平的音质。TI 公司为这种应用设计了一款芯片 TPA6120A2，它是目前唯一能用于高保真领域的耳机放大器芯片。

典型的无损播放器电路是多 DAC 并联的双声道平衡差分放大器。共有 4 个通道，每个通道有 2 ~ 8 个 DAC 并联工作，图 3-31 只画出了左声道的电路结构。并联的优点是减少误码率，提高速度。I/V 转换用低噪声 OP，如 AD797 或 OPA1612。重建滤波器是 1 ~ 4 阶低通滤波器，高频截止频率不低于 20kHz，主要用来滤除升采样产生的镜像频率。

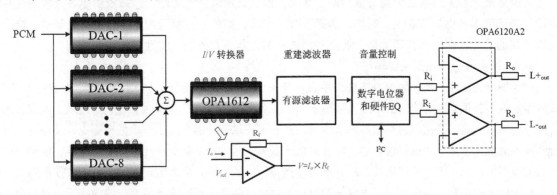

图 3-31　无损播放器电路中的左声道电路结构

多 DAC 并联的另一个好处是能提升为 I/V 转换器的输出电压，省略电压放大器，对提高信噪比非常有利。电流输出型音频 DAC 的输出电流通常为 2 ~ 20mA，如 AD1853 的满刻度输出电流是 $3mA_{p-p}$，假设 I/V 转换器的反馈电阻是 1kΩ，输电压 $V=I_o×R_f=3mA×1kΩ=3V_{p-p}$。如果用 4 个 DAC 并联，输出电压就是 $12V_{p-p}$，相当于增益为 4 倍的电压放大器，设计时可以用调整 R_f 的方法使输出级的电压摆幅最大。

为了避免信噪比和动态范围损失，DAC 要设置成满刻度输出。也就是说不要在 DAC 之前设置音量控制和 EQ 功能，这些电路必须设置在 DAC 之后。这个要求对音量控制比较容易实现，但对 EQ 却相当困难，因为没有合适的芯片可用，用 OP 和分立元器件则体积很大，成本很高，这是无损播放器设计中最困难的模块，几乎所有的产品都绕过这个难题，用有损的数字 EQ 替代，并设置了旁路功能。音量控制应该选用指数型数字电位器或者专用音量控制芯片，如 CS3310、PGA2311、DS1881、LM1972 等。

在数据手册中，TPA6120A2 的推荐电路是同相或者差分输入放大器，电压增益 6dB。在驱动负载的电流放大器中设计增益是违背物理原理的，因为它会增大输出阻抗，削弱驱动负载的能力。合理的方法是把 TPA6120A2 设置成单位增益的电压跟随器，最大输出摆幅由 I/V 转换器决定，输出级只放大电流。要注意的是，电压跟随器容易自激，要在输入和输出端串联抑制寄生振荡的阻尼电阻。这种缓冲器具有强大的驱动能力，有人用 28（14 个 TPA6120A2）个这种缓冲器并联作功放的输出级，能驱动 4Ω 的扬声器得到 28W 的输出功率。

3.6.4 在前置放大器中的应用

几乎所有的集成耳机放大器都能用于前置放大器或音频驱动放大器，要实现这种应用，在系统设计中应该注意下面事项。

1）选择工作电压高的芯片

前置放大器需要一定的电压增益，工作电压不低于±3V，大多数耳机放大器芯片能满足这一条件。

如果芯片中有电荷泵产生负电压，电源电路就非常简单，只用单电源供电就可以。但电荷泵会产生较大的纹波，应该选择开关频率超过 500kHz 的芯片，电荷泵的输出电容按数据手册中推荐值的 3 ~ 10 倍选择，对减小负电压纹波很有效。

2）选择输出噪声较小的芯片

前置放大器处于音频信号的最前端，它的噪声决定了功放的噪声。在数据手册中，耳机放大器芯片的输出噪声电平为 1.8 ~ 12μV，应该优先选择输出噪声小的芯片。需要注意的是，输出噪声电平与电压增益有关，增益越大，输出噪声电平也越高。

3）选择多功能芯片

在前置放大器中通常会设置音量控制、音调控制、音源选择等功能。选择多功能芯片能简化系统设计，降低成本，增加可靠性。例如，选择有数字音量控制的芯片就可用 I²C 总线调整音量；选择有模拟开关的芯片就能实现音源选择；选择两级独立放大器芯片就能方便地增加音调控制。

4）选用直流输出还是交流输出？

直流输出的优点是低频频率响应曲线平直，开关机没有 Pop 声或 Pop 声很小，但对失调要求较高，最好添加失调补偿电路，使输出零点漂移小于1mV。另外直流输出的安全性较差，一旦发生电流倒灌就会损坏前置放大器。交流耦合有很高的安全性，对失调不敏感，但会产生一个低频零点，使设计电路处于两难的处境。选择较大的耦合电容，零点会低于音频下限，对低频响应几乎不产生影响，但会产生很长的过渡时间，上、下电会产生较大的 Pop 声；选择较小的电容，会缩短过渡时间，但会使低频响应跌落。鉴于安全和可靠性的重要性，作者推荐用交流耦合，并且在不影响低频响应的前提下尽量用小电容耦合。例如，假设后级的输入阻抗是 50kΩ，前置放大器的输出耦合电容用 100nF，则低频零点是 32Hz。

5）输出端添加防震电阻

在驱动长电缆时线间电容会减少放大器的相位裕度，有产生自激振荡的危险，最好在输出端串联一个 100Ω ~ 1kΩ 的阻尼电阻，这个电阻也有输出短路的保护作用。

3.6.5 典型耳机放大器芯片特性表

目前市面上的主流耳机放大器芯片是美国产商生产的，这些厂商是 ADI、TI、Maxim、Fairchild、Cirrus logic、On Semiconductor、ESS 等。欧洲的 NXP、ST 和日本 AKM 也有一些很好的产品，但品种比较单一，没有美国产商的丰富。中国的圣邦微是国内生产耳机放大器芯片的主要厂家。

耳机放大器芯片大约有 80 多个型号，表 3-2 中列出了 10 种具有代表性的产品。耳机放大器芯片的技术指标也很多，表中只选择了 7 个主要指标。通过这个表格能对耳机放大器芯片有一个基本的了解。但要熟悉某个型号，必须仔细阅读厂家发布的数据手册。厂家也提供演示板和用户指南，厂家的技术支持人员能帮助用户完成应用设计。

表 3-2 典型耳机放大器芯片主要特性参数表

项目	输出噪声（μV_RMS）	输出失调（mV）	静态电流（mA）	THD+N（%）	PSRR（dB）	工作电压（V）	输出功率（mW）
SGM4918		−5.5 ~ 5.5	5.5 ~ 5.8	0.03	63 ~ 78	2.7 ~ 5.1	40 ~ 80
A22H165M	9	±0.5	1.2 ~ 1.5	0.02	70 ~ 100	2.3 ~ 4.8	18 ~ 28
CNP2817		±0.5	2.3 ~ 3.0	0.02	100	2.5 ~ 5.25	27 ~ 42
LM4811	4		1.3	0.3	60	2.0 ~ 5.5	28 ~ 40
MAX97200	5.6	±0.1 ~ ±0.3	1.15 ~ 1.7	0.02	61 ~ 96	1.62 ~ 1.98	34 ~ 45

项目	输出噪声 （μV$_{RMS}$）	输出失调 （mV）	静态电流 （mA）	THD+N （%）	PSRR （dB）	工作电压 （V）	输出功率 （mW）
FAB2222	6.5	±0.15	3.5 ~ 6.2	0.075	95	2.8 ~ 5.25	31 ~ 49
NJU8721		9 ~ 14				3 ~ 3.6	22 ~ 90
TPA6166A2	5.3	−0.5 ~ 0.5	1 ~ 6.8	0.021	105	2.5 ~ 5.5	25 ~ 32
SSM6322	1.8	0.09 ~ 0.25	2.9 ~ 3.35	−121dB	85 ~ 140	±3.3 ~ ±6	120 ~ 160
SABRE9602		−2.0 ~ 2.0	7	−102dB		3.3	20

过去评估高保真放声的指标只关注非线性失真，认为 *THD* 能达到千分之一就达到了高保真的入门级水平。CD 出现以后，线性度、信噪比和动态范围三大指标均达到 90dB 才算达到高保真水平，并且命名为 CD 水平。耳机放大器芯片由于工作电压低，动态范围低于 CD 水平，质量好的芯片的信噪比和线性度接近 CD 水平，但价格较贵。虽然大部分产品的指标低于 CD 水平，但远超过入门级水平。实际音质评价也表明耳机放大器芯片的音质接近 OP 耳机放大器，属于高保真范畴。

3.7 耳机放大器芯片发展

3.7.1 耳机放大器芯片与音频 OP 的比较

耳机放大器芯片和音频 OP 都是耳机放大器中常用的集成电路，在普通手机和 MP3 播放器中普遍应用耳机放大器芯片很少应用音频 OP；而在音乐手机和无损播放器中却大量应用音频 OP，而极少应用耳机放大器芯片。这是为什么呢？下面我们从各自的特性入手进行分析，自然就会找到原因。

耳机放大器芯片是一个多功能器件，它是专门针对驱动低阻耳机设计的，内部功能除了功率放大器之外还有诸多其他功能，如音量控制、电荷泵负电源、G 类或 H 类放大器控制电路、耳机检测、Pop 声抑制、可编程电源、寄存器、I^{2}C 总线等。而音频 OP 是针对音频信号设计的通用放大器，只有放大信号的功能。

耳机放大器芯片是针对电路板面积狭小，高度空间窄薄的便携式设备设计的，在功耗和封装上做了精心优化。设计和制造采用了低功耗 CMOS 工艺，虽然功能很多，静态功耗却与 OP 相当，驱动低阻耳机的能力优于 OP。针对驱动耳机设计了一些实用的功能，如耳机插入检测、睡眠模式、关断模式、哑音模式等。工作电压顺从单个锂电池的正常放电电压，即 2.7 ~ 4.2V，内部稳压器和电荷泵会把放大器的工作电压变换为 ±0.9 ~ ±3.3V，驱动 32Ω 的耳机的理论输出功率是 50 ~ 170mW，实际上会略小一些。输出级是为驱动 16 ~ 32Ω 阻抗而设计的 AB 类、G 类或 H 类放大器，有很强的驱动能力和完善的短路、过流、过温保护电路。产品封装上采用了硅片面积与封装面积之比接近于 1:1 的先进技术，如 Flip-chip、CSP、BGA 等，为机器贴片和回流焊创造了有利条件，非常适于大规模自动化生产线。

音频 OP 的设计目标是一个理想的电压放大器，它是一个通用器件，设计中偏重于优化性能，对功耗没有苛刻要求，封装也是停留在古老的 DIP 和 SOP 形式上。双极性 OP 的工作电压是 ±4.5 ~ ±15V，CMOS 为 2.7 ~ 5.5V，要达到数据手册上的性能指标负载要求大于 1kΩ，不适合驱动低阻耳机。实验中用 OPA1612 在 ±15V 工作电压下驱动 32Ω 负载，最大输出摆幅只有 2.4V$_{p-p}$，输出功率约 20mW$_{rms}$，失真度比数据手册上的值高 100 多倍，与电荷泵耳机放大器芯片在 ±0.9V 下的输出功率和线性指标相当。因而我质疑在音乐手机中用天价 OP 驱动低阻耳机的合理性。

耳机放大器芯片与音频 OP 相比噪声较大，在耳机放大器芯片的数据手册中只标有输出噪声电压指标，而在 OP 的数据手册中标有输入电压噪声密度和输入电流噪声密度两个指标。为了比较，实测了各厂家耳机放大器芯片，在 1.5 倍增益下输出噪声电压是 $1.8 \sim 12\mu V$，折算到输入电压噪声密度是 $8.5 \sim 57 nV/\sqrt{Hz}$，而音频 OP 的输入电压噪声密度是 $0.9 \sim 25 nV/\sqrt{Hz}$，比耳机放大器芯片低得多。即使廉价的 NE5532（$V_{NOISE}=5nV/\sqrt{Hz}$）输出噪声也低于最好的耳机放大器芯片。这是因为几乎全部的耳机放大器芯片是用 CMOS 工艺制造的，而音频 OP 多数用双极性工艺。如果用 CMOS 运算放大器与耳机芯片相比，差别是不大的。

耳机放大器芯片的噪声主要表现在无信号输入时，"嘶嘶"的白噪声比 OP 大。但大多数耳机放大器芯片具有哑音功能，在无信号输入时能获得静音的效果。对于没有哑音功能的芯片，也可用关断或睡眠功能实现哑音。故耳机放大器芯片噪声大的缺点并不影响实用效果。

耳机放大器芯片的输出失调电压为 $\pm 0.1 \sim \pm 5mV$，按 1.5 倍增益折合成输入失调电压为 $\pm 0.67 \sim \pm 3.3mV$。这个数值相当于 CMOS 运算放大器和早期的双极性运算放大器的水平，现在普通的双极性 OP 的输入失调大约为 $\pm 20\mu V$，高精度 OP 小于 $1\mu V$。耳机放大器芯片的输出失调电压虽然比 OP 略差一些，但毫伏级的零点漂移不会对耳机造成危害。

耳机放大器芯片只有 80 多种型号可供选择，而音频 OP 有接近 120 多种型号可供选择。实际上许多高增益 OP、高精度 OP、视频 OP 和其他一些类型 OP 也适于音频放大，如果包括这些选择范围就会更大。

下面我们做一个有趣的设计，如图 3-32 所示，如果用 OP 和外围元器件实现耳机放大器芯片 TPA6140A2 的功能，需要用 2 个 OP、4 个其他芯片和一些分立元器件，静态功耗大于 30mA，PCB 大约是 35×35mm，成本大约 7 美元。而 TPA6140A2 的静态功耗只有 2.5mA，体积只有 1.53×1.53×0.625mm，成本约 0.8 美元。这就是耳机放大器芯片广泛应用于便携式电子设备的原因，而 OP 只是在设计原型机和 DIY 时优势明显。

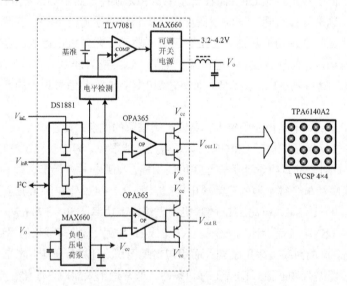

图 3-32　TPA6140A2 的设计方案

3.7.2　耳机放大器芯片的未来

目前的耳机放大器芯片只是一个孤立的放大器，只能被动接受和放大信源的信号然后去驱动孤立的耳机，与信源和负载的参数关联不大，不能随着不同的 DAC 和不同的耳机改变自身的特性，于是出现了耳机放大器挑拣 DAC 和耳机挑拣放大器的情况。例如，耳机放大器芯片 TPA6120A2 与 PCM1792

配合性能良好，与 AD1852 配合就会增益过小，需要重新设计；MAX97200A 在驱动 32Ω 耳机时，在满量程输入电平下 $THD+N=1\%$。如果在同样输入条件下驱动 16Ω 耳机，失真度就会上升到 10%。因而一些耳机生产厂家专门为自家的耳机量身定制了专用耳机放大器，能把自家的耳机驱动到最佳状态，驱动其他厂家的耳机就会出现这样或那样的问题。

　　未来的耳机放大器具有学习功能，它能检测音源的满度输出电平，改变自身的增益使最大输出摆幅低于削顶电平。同时也能检测耳机音圈的阻抗、温度和最大位移，根据不同的耳机特性自动调整自身的驱动电流，确保耳机既能得到充分的驱动，又不会因过热和过驱动而损坏。这种放大器也叫智能放大器，从 2014 年开始手机上已经广泛应用这种放大器来驱动微型扬声器，有些人可能已经感觉到智能手机扬声器放声的音质比过去的功能手机有了质的变化，其中智能功能放大器起到关键性作用。智能耳机放大器芯片已经出现的一些半导体厂商的产品规划中，将来肯定会替代现在流行的耳机放大器芯片。

第4章 低电源电压耳机放大器

本章提要

本章介绍用一节电池供电的耳机放大器知识，包括放大器和电源两部分内容。放大器内容中介绍了低压条件下有源器件的性能变化，CMOS低压运算放大器的特性和应用技巧，用通用器件制作低压缓冲器的方法，给出了一些有趣和实用的低压耳机放大器电路。电源内容中介绍了虚拟参考地的概念，把单极性电池电压转换成双极性电压的方法，制作低内阻偏置电源的方法，用于单节电池的高频开关升压电路和负压电路。在本章的内容中始终贯穿了电源是放大器生命线的概念。

4.1 低压耳机放大器的历史和现状

移动消费类电器基本上都工作在低压状态下。本章所述的低电压耳机放大器，是指使用 1～2 节 AA 型或 AAA 型电池，以及一节锂电池直接供电的耳机放大器，或者单节电池电压由开关电源升压后再供电的耳机放大器。电池直接供电的电压为 1.2～3.7V 或者±0.6～±1.85V。电池升压供电的电压是+5V、±5V、±12V 或其他电压。两种供电情况都要考虑电池放电过程中电压下降对放大器的影响。

4.1.1 晶体管和运算放大器在低压下的性能

耳机放大器中常用的有源器件是晶体管和运算放大器，对于晶体管必须分析电源电压降低后电流放大倍数 β、特征频率 f_T 和集电结电容 C_{ob} 变化情况。如图4-1所示，在小功率 BJT 的输出特性曲线上看，当集电极电流固定时，β 并不随电源电压降低而减小，故低压电压放大器的增益是不受影响的，但在低压下工作点距离非线性区域很近，线性和动态范围会受到影响。对于低压功率放大器来讲，为了使输出功率不降低，必须增大工作电流，如图 4-1 中 4.5V 工作电压下的负载线 AB 和 1.5V 工作电压下的负载线 CD，ΔCQD 的面积虽然与 ΔAQB 的面积相等，但低压大电流条件下的饱和压降较大，输出功率会减小。

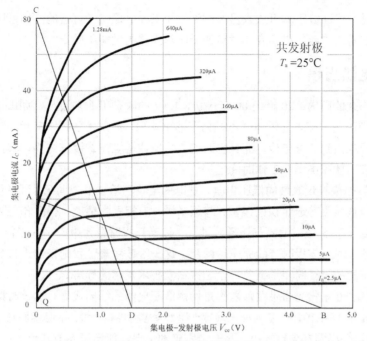

图 4-1 BJT 的输出特性曲线

图 4-2 显示出 BJT 晶体管的特征频率相对值和 V_{ce} 的关系曲线，可以看到在电源电压降低时，相对特征频率略有下降。不过现代小功率晶体管的特征频率均高于 100MHz，对最高频率只有 20kHz 音频信号来讲，放大器受到的影响是微不足道的。

图 4-3 所示的是晶体管的集电结电容 C_{ob} 和 V_{ce} 的关系曲线，电压较低时 C_{ob} 迅速增大，而且变化显著。C_{ob} 对放大器的影响是密勒效应，低压工作时极点频率会降低，这对高频响应会产生不利影响。例如，特征频率为 100MHz 的普通 BJT 管，V_{CB}=10V，f=1MHz，I_E=0 时，C_{ob} 为 8 ~ 50pF，当 V_{CB} 下降到 1.2V 时，C_{ob} 会增大到 100pF 以上，密勒效应产生的影响就不可再忽略。

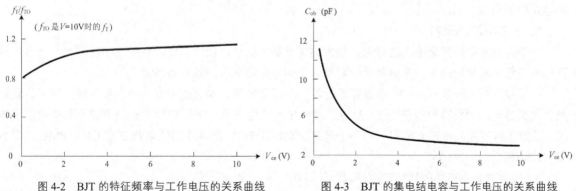

图 4-2 BJT 的特征频率与工作电压的关系曲线   图 4-3 BJT 的集电结电容与工作电压的关系曲线

再来评估一下运算放大器在低压下的情况。在过去绝大多数 OP 是用双极性工艺制造的，最低工作电压不能小于 4.5V，故几乎所有的 BJT 工艺制造的 OP 在低压下不能工作。

21 世纪以来随着 CMOS 工艺的进步，几乎所有的低功耗 OP 开始用 CMOS 工艺制造，工作电压也随着栅极线宽的减小而下降，现在典型的 CMOS 运算放大器的起始工作电压是 1.8V，击穿电压是 7V，正常工作电压是 2.4 ~ 5.5V，非常适合用两节 AA 电池或一节锂电池供电。

有了上述依据，设计低压耳机放大器在理论上和工程上是完全可行的。但低压电路有其自身的特点，必须探讨这些特性才能想出相应的对策使低压放大器的性能不受影响或少受影响。

4.1.2　低压电器历程

低压电器有悠久的历史，20 世纪 80 年代初，1.5V 的收音机非常流行，如山花 C153、钻石 751、昆仑 7015A 等。那时用一节电池供电并不是为了缩小体积，而是为了经济实用。因为当时市面上只能买到 1 号电池，很难买到 5 号电池，而且当时的 5 号电池是电糊式锰锌结构，容量小、价钱贵，外壳很容易被腐蚀漏液，体积虽小但工作时间短。

1.5V 的石英钟是最具代表性的低压电器，从诞生至今已超过半个世纪，现在仍在广泛使用。从石英钟派生出来的电波表没有走时积累误差，与原子钟具有相同的精度，很受年轻人喜欢。现在国内厂家已开始生产使用一节 5 号电池的长波授时钟，在以商丘授时台为中心，在半径 2500 公里的区域里能给终端时钟无线授时，与授时台的原子钟同步。这一区域覆盖了我国东部人口最稠密、经济最发达的地区。全国范围里的时钟同步是衡量一个国家科学技术发达的标志之一。

流行于 20 世纪 80 年代的磁带播放器也是使用低压电器的经典代表，这一时期的绝唱产品是索尼公司的 CD Walkman D-NE10，一节 AA 电池或一节口香糖镍镉电池就能连续播放 5 个小时。后起之秀的 MP3 音乐播放器缩小到打火机大小，用一节锂电池供电，能连续播放几十个小时。

20 世纪末出现的手机更是把低压电器推向了巅峰，现在所有手机都用单个锂电池供电，电池的形状也从圆柱形演变成平板形。圆柱形电池本身也向小型和微型化发展，例如，蓝牙耳机 AirPods 用的圆柱形微型锂电池 GOKY93mWhA1604，体积只有 $\phi4\times16mm$，容量为 93mAh，充满电后能连续工作 5 小时。

4.1.3　关于电池

低压耳机放大器中使用的电池是 AA 型（5 号）、AAA（7 号）和小型锂电池，当然也可以用其他任何电池，当现在广泛使用的是镍氢电池和锂电池。本小节简单介绍一下常用小型电池的基本知识，内容仅限于应用常识。

1. 一节电池的魅力

一节电池的电器具有诱人的魅力，最大的优点是体积小、使用方便。从技术角度来看，一节电池还有内阻低，接触电阻小，充电器设计容易，不用考虑均流和一致性等优点。

一节电池的历程是从 1.5V 的锰锌开始的，经历了镍镉、镍氢到锂电池的发展过程。现在广泛应用的各类锂电池的标称电压是 3.2～3.7V。现代电器结构复杂，不同功能的模块需要不同的电压和电流，固定电压不变的电池必须和一个一个电源管理单元 PMU 配合才能让电器正常工作。PMU 通常具有下述功能。

1）按系统各个模块的开机和关机时序给系统供电。

2）监控系统与电源的连接和给电池充电。

3）实时关闭不工作模块的电源。

4）控制系统的休眠和唤醒。

5）实时监视电池电量。

6）调节实时时钟（RTC）。

国产的 RK817 是目前世界上速度最快、功能最齐全的 PMU。美国 TI 公司和日本理光公司也生产功能较齐全的 PMU。

现在手机被誉为人类最亲密的朋友，只用一节锂电池与 PMU 芯片配合就能给手机提供充足的能量，被誉为手机的生命线。遗憾的是，目前的耳机放大器中还没有引入 PMU，甚至被称为音乐皇帝的无损播放器，也因为电源设计落后而体积笨重和电池续航时间短，被人们戏称为砖块播放器。

2. 低压耳机放大器使用的电池

首先要了解一下电池的形状和大小，小型电池分圆柱形和扁方形两种形状。在美国干电池标准中，圆柱形干电池以英文字母命名，例如，AA（$\phi14\times49$mm）和 AAA（$\phi11\times44$mm），分别相对应于中国标准的 5 号和 7 号电池。而圆柱形锂电池则用五位数字表示，前两位指直径，后三位指高度，单位毫米。如 14500（相当于 AA 型）、18650 等。方形锂电池用六位数字表示，每两位一组分别表示厚度、宽度和高度，单位毫米。若厚度大于宽度，则厚度×0.1，如 433861 即 4.3（厚度 43×0.1）×38（宽度）×61（高度）mm。在便携式耳机放大器中常用 AA 和 18650 圆柱形电池，以及 563446（BL-5B）扁方形电池。无线耳机中常用微型锂电池，例如，圆柱形 06130 和扁方形 401015，容量为 30～55mAh。

现在低压耳机放大器常用的电池种类有碱性锌锰电池（Zn-Mn）/1.5V、镍镉电池（Ni-Cd）或镍氢（Ni-Mh）/1.2V、锂离子电池（Li-ion）/3.7V、磷酸铁锂电池（Li-Fe）/3.2V。所示电压是单个电池的物理标称端电压，刚充满电后端电压会升高 17%。终止电压是指放电时，电压下降到电池不宜再继续放电的最低工作电压值。上述电池的终止放电电压分别是 0.9V（Zn-Mn）、1.0V（Ni-Mh、Ni-Cd）、3.3V（Li-ion）和 2.8V（Li-Fe）。

3. 进一步了解电池

（1）一次性电池和二次性电池

一次性电池是只能使用一次的电池，也就是不能充电的电池，锌锰电池是最常见的一次性电池。二次性电池又称可充电池，镍镉电池、镍氢电池、锂离子电池、聚合物锂电池、磷酸铁锂电池和铅酸蓄电池都是二次性电池。二次性电池有循环使用次数的限制，超过次数或长时间储存导致电解质干枯后，寿命就终止了。

（2）电池的充放电倍率

二次性电池充放电电流的大小通常用充放电倍率来表示，倍率的单位 C 用下面公式计算：

$$充/放电倍率（xC）=充/放电电流/额定容量 \qquad (4-1)$$

例如，1200mAh 的电池，0.2C 表示 240mA（1200mAh 的 0.2 倍率），1C 表示 1200mA（1200mAh 的 1 倍率）。通常倍率小于 0.2C 称为低倍率；0.2～1C 称为中倍率；大于 1C 称为高倍率。普通二次电池都能在低、中倍率下充放电，但在高倍率充放电时内部化学反应激烈，发热严重，电池放电容量就会减小，严重时会造成永久性损坏甚至爆炸。普通二次电池可以有条件高倍率放电，即不同类型的电池最大放电倍率有所限制。但高倍率充电要非常小心，要查看产品说明书上最大的充电倍率等参数。

（3）标称电压

标称电压又称额定电压，指电池正、负极材料因化学反应而产生的电位差。不同的电池标称电压不同，如锰锌电池内部的化学电解液反应的激烈程度只能达到使电池发挥出约 1.5V 的电压水平，而锂电池则能达到 3.7V。

（4）开路电压

开路电压指电池在非工作状态下，即电路中无电流流过时，电池正、负极之间的电势差。锰锌电池满容量时的开路电压是 1.65～1.725V，而锂电池是 4.2～4.725V。

（5）工作电压

工作电压又称放电电压，是指电池在放电状态下正、负极之间的电势差。当放电电流流过电池内部时，需克服电池的内阻所造成的阻力，故放电电压总是低于开路电压。电池在放电过程中电压的变化规律是：下降→平稳→下降，直到下降到终止电压就没电了。充电过程中电压的变化规律是：上升→平稳→上升。上升到高于开路电压就不能再充了，再充就会过充电，会损害电池甚至发生爆炸。

（6）剩余电量（SOC）

电池剩余电量是指电池内的可用电量占标称容量的比例，电池的 SOC 即时反映了电池的荷电状态。SOC 是电池管理系统的一个重要监控数据，要用专门的芯片和软件检测 SOC 值以控制电池状态。电池剩余电量可用电池的一些已知参数近似获得，如开路电压，动态内阻，放电电流，使用时间等参数，最常用的方法是用库仑计测量和计算剩余电量。

4.1.4　低压耳机放大器的结构

直接用电池供电的低压耳机放大器和常规耳机放大器的电路结构是相同的，也是由电压放大器和电流放大器组成的，也可用理想功率放大器的理念来设计。但电路的设计细节有些区别，直接用电池供电的低压耳机放大器要考虑电池放电电压下降对放大器性能的影响；用开关电源供电的低压耳机放大器的结构要复杂一些，因为开关电源远比功率放大器复杂，转换效率和 EMI 是设计的要点。

1. 低压耳机放大器的性能

（1）放大器性能随电池放电电压降低而劣化

在电路分析中通常把电池等效成一个恒压源，但实际的电池是有内阻的，可用下式表示：

$$R_\mathrm{S} = R_0 + \frac{U}{Q}t \qquad (4\text{-}2)$$

式中，R_0 为电池的欧姆内阻，第二项称为电池的极化内阻，其中 U 为电池的放电电压，Q 为电池的容量（mAh），t 为放电时间。从公式上看，电池内阻与放电时间成线性关系。这是假定电池的容量和放电电压是常数的情况下产生的错觉，实际电池的容量和放电电压都随着放电时间而变化，即电池容量随着放电时间增长而减小，放电电压随着放电时间的增长而下降，而且电池容量的减小的程度比电压下降的程度快，故电池内阻与放电时间之间呈非线性关系，电池生产厂商很少给出内阻参数。图 4-4 所示是实测某型号镍氢电池用 1C 倍率放电的内阻变化特性，初始放电时的内阻是 34mΩ，然后随剩余电量逐步减少而缓慢上升；当剩余电量减少到 45% 以后内阻上升加快；当剩余电量减少到 10% 以后内阻急剧上升，在终止电压 1.0V 时内阻上升到 210mΩ。锂电池的放电内阻变化特性与镍氢电池相似。电池的满容量内阻和终止放电内阻与电池容量和放电倍率有关，也与温度有关，详情请查看厂商提供的参数。

对于电压放大器来讲，电池内阻增大会使发射极电流减小，从而使放大倍数减小。现代放大器在设计时存储了巨大的环路增益用于改善性能，放大倍数减小后，环路增益也减小，各项指标随之变劣，其中影响最大的是动态范围缩小，失真度增大。对于电流放大器来讲，电池内阻增大会使驱动负载的电流减小，直接引起输出功率下降。

如图 4-5 所示，电池在放电过程中放电电压是随剩余容量减小而下降的。图 4-5（a）所示是 AA 型镍氢电池的放

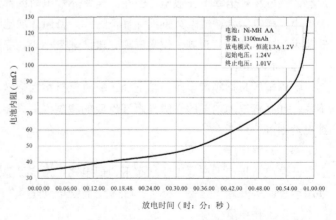

图 4-4　电池内阻与放电时间的关系

电容量与放电电压的关系曲线,从 1C 倍率曲线看,平直电压为 1.25 ~ 1.15V 时,对应放电容量的 10% ~ 90%,剩余容量低于 10% 以后放电电压跌落很快,当跌到 1.0V 时可以认为剩余容量为零,应该停止放电。在 0.2C、0.5C 倍率的小电流放电条件下,平直电压维持时间较长,放电容量略大于标称容量,在 2C、3C 倍率的大电流放电条件下,平直电压维持时间缩短,放电容量小于标称容量。无论用多大倍率放电,镍氢电池的放电电压降到 1.0V 时都应停止放电,避免产生过放电而损坏电池。

图 4-5(b)所示是 18650 锂电池放电时间和放电电压的关系曲线,这是 1C 倍率放电曲线,平直电压为 4.10 ~ 3.45V 时,对应放电容量的 0% ~ 90%。剩余容量不足 5% 以下放电电压下降很快,对应的放电电压是 3.35 ~ 2.80V。为了避免发生过放电,锂电池在放电电压降低到 3.3V 时应该停止放电。

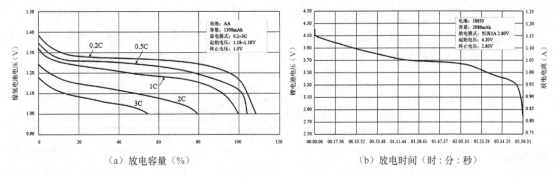

（a）放电容量（%）　　　　　　　　　　（b）放电时间（时:分:秒）

图 4-5　电池剩余容量与放电电压的关系

电池放电电压的降低会引起放大器中的晶体管的集电极电压和电流同时减小,导致线性范围变窄,静态工作点偏移,一旦偏移到非线性区域,产生了削波,放大器就不能正常工作。

（2）低压耳机放大器输出功率的设计依据

工作电压降低后对功率放大器影响最大的是输出功率下降,计算图腾柱 B 类输出级的公式是:

$$P = \frac{1}{2} \cdot \frac{(V_{CC} - V_{ceo})^2}{R_L} \qquad (4-3)$$

式中,P 是平均输出功率,单位是 W。V_{CC} 放大器的工作电压绝对值,单位是 V。V_{ceo} 是输出级晶体管的集电极与发射极之间的饱和压降,单位是 V。R_L 是负载电阻,单位是 Ω。

假设饱和压降为 1V,用上式计算得到表 4-1 中不同电压对应不同负载的输出功率。利用第 2 章 2.2 节中的知识,剔除输出功率小于 12mW 和大于 200mW 的数据（表中灰色部分）。深色的数据就是低压耳机放大器的最佳输出功率,具体地讲,两节镍镉或镍氢电池(+2.4V)供电的耳机放大器适于驱动 16Ω、32Ω 欧的低阻耳机；两节锌锰电池（+3.0V）供电的耳机放大器适于驱动 150Ω 以下的耳机；一节锂电池（+3.3 ~ 3.7V）供电的耳机放大器适于驱动 300 ~ 32Ω 的耳机；+5V 和 ±3.3V 开关电源供电的耳机放大器适于驱动 600 ~ 100Ω 的耳机；±5.0V 开关电源供电的耳机放大器适于驱动 600 ~ 300Ω 的耳机。

从绿色节能和保护耳朵的观念出发,直接用电池供电的耳机放大器,用两节 AA 型电池或一节锂电池供电就能满足 95% 的人群的音量要求,没有必要设计多节电池的音频放大器；采用开关电源的耳机放大器,+5V 是一个很好的选择,只用一节 AA 型电池或一节锂电池都能升压到 +5V 这个标称电压；鉴于高保真放大器通常用双电源供电,故 ±2.5 ~ ±5.0V 是很好的选择,市面上有许多集成开关电源芯片能把一节锂电池变换成这个范围的双电源电压。作者认为没有必要设计工作电压高于 ±5.0V 的低压耳机放大器,虽然现代技术能把单节电池电压变换到更高电压,但这不是本章所讨论的内容。表 4-1 中深色的数据是设计低压耳机放大器输出功率的参考依据。

表 4-1　输出功率、耳机阻抗与电源电压的关系表

	+2.4V	+3.0V	+3.3V	+3.7V	+5.0V	±3.3V	±5.0V
16Ω	**61.3mW**	**125mW**	**165mW**	227mW	500mW	980mW	2531mW
32Ω	**30.6mW**	**62.5mW**	**82.7mW**	**114mW**	250mW	490mW	1266mW
100Ω	9.80mW	**20.0mW**	**26.5mW**	**36.5mW**	**80.0mW**	**157mW**	405mW
150Ω	6.53mW	**13.3mW**	**17.6mW**	**24.3mW**	**53.3mW**	**105mW**	270mW
300Ω	3.27mW	6.67mW	8.82mW	**12.2mW**	**26.7mW**	**52.2mW**	**135mW**
600Ω	1.63mW	3.33mW	4.41mW	6.08mW	**13.3mW**	**26.1mW**	**67.5mW**

注：表中毫瓦级的数据精确到百分位，几十毫瓦级的数据精确十分位，几百毫瓦级的数据精确到个位。

（3）低压耳机放大器闭环增益的设计依据

假设放大器的输出级晶体管的集电极与发射极之间的饱和压降为 1V，输入信号电压为 0dBm（0.775V_{rms}），用下式计算在不同工作电压下，达到不削波输出幅度所需的闭环电压增益见表 4-2。

$$A = \frac{V_{CC} - V_{ceo}}{0dBm}$$

（4-4）

表 4-2　放大器的电源电压与电压增益的关系表

	+2.4V	+3.0V	+3.3V	+3.7V	+5.0V	±3.3V	±5.0V
电压增益 倍（dB）	1.3（2.3）	1.8（5.1）	2.1（6.4）	2.5（8.0）	3.6（11）	5.1（14）	10（20）

从表中可以看出，放大器的工作电压越低，动态范围就较小，所需的闭环增益也越小。这一特点带来的好处是能大幅度简化设计，在仅用两节 AA 型电池或一节锂电池供电的耳机放大器中，可以省略掉电压放大器，仅用单位增益的输出级就能把音频电流放大到足以驱动耳机放声。理由是自从模拟音源消失后，数字音源的输出电平均高于 0.5V_{rms}，有些 CD 的线路输出会高于 2V_{rms}。

在用开关电源的放大器中，把电池电压升压到+5V 已能满足绝大多数应用环境，所需的电压增益仅 3.6 倍（11dB）。现代低压 OP 的开环增益也能做到和高压 OP 相同，例如，OPAx322 具有 130dB 的开环增益，用在低压耳机放大器中有充裕的环路增益用来改善性能，这就能确保低压耳机放大器不会因为工作电压降低而损失太多的性能。

2. 电池直接供电的低压耳机放大器结构

在低压耳机放大器中限定两节 AA 型电池和一节锂电池的条件下，单电源放大器的工作电压只能是 2.4/3.0V 或者 3.7V，单电源功率放大器中最突出的问题是开、关机产生的 Pop 声，这是由输出耦合电容充/放电引起的，过去是用延迟继电器避开这段时间后再接通负载，或者默默忍受 Pop 声带来的痛苦。目前能解决的方法是设计一个虚拟地电路，如图 4-6 所示。只要设置虚拟地的输出电平等于电流放大器的直流电平，就可以去掉输出电容使输出级直接与耳机耦合，并且电压放大器也要偏置在这一直流电平上。电路中需要设计一个低内阻半压偏置电路，原理上偏置电平可以选择小于电源电压的任意值，但为了得到最大的不失真摆幅，偏置电平应该设置在 1/2 电源电压。反馈支路也需要一个隔直电容，如图 4-6 所

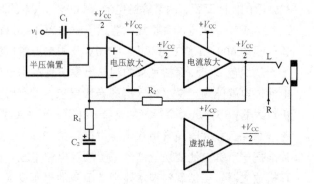

图 4-6　电池直接供电的单电源低压耳机放大器结构

示的 C_2，这个电容与输入耦合电容共同决定了放大器的低频截止频率。

在双电源低压耳机放大器中，放大器单元与传统放大器相同，从信源输入到负载可以直流耦合，反馈环路的参考点也可以直接接地（如果不在乎零点漂移的话）。这种放大器的电源是用电池的端电压作正负双电源轨，电池只有两个端子，需要设计一个虚拟地电平，如图 4-7 中的电平变换器，它的输入电平是电池的中心电压，由两个精密电阻 R_1 和 R_2 分压获得，输出端 GND 就是虚拟地电平，给放大器作参考电平。这个虚拟地的内阻应该远小于电池的内阻，可以用深度负反馈来实现。例如，图 4-7 中电平变换器的开环增益全部用来减小虚拟地的内阻，用 100%串联电压负反馈实现了接近真实地的效果。

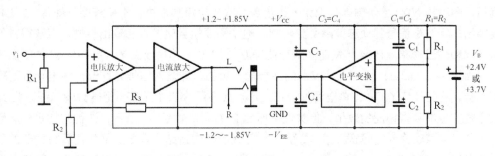

图 4-7　电池直接供电的双电源低压耳机放大器结构

3. 开关电源供电的低压耳机放大器结构

耳机放大器用开关电源供电时，系统的结构如图 4-8 所示，电路功能分为放大器和电源两部分。得益于开关电源的升降压功能，放大器设计中不用考虑低压的影响，可遵循传统放大器的规则进行设计。由于开关电源很容易设计成对称式双电压电源，因而也没有必要考虑单电源结构。不过开关电源比线性放大器复杂得多，电路的设计的重点要从放大器转移到开关电源上。开关电源既是一个电源，也是一个高频干扰源，它会产生传导干扰和辐射干扰，需要采用不同的手段来减小和消除这些干扰，设计和制作的难度和工作量都比传统电源大。

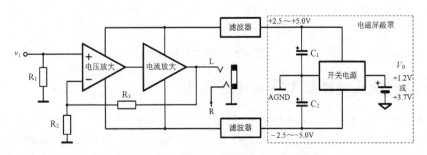

图 4-8　开关电源供电的低压耳机放大器结构

开关电源产生的传导干扰会沿着电源引线传输到放大器中，使放大器的信噪比变差和失真度增加。一般放大器的 *PSRR* 是有限的值，而且是频率的函数，低频频段的抗干扰能力强，而高频频段的抗干扰能力差。故要在开关电源和放大器之间插入一组低通滤波器，防止传导干扰影响放大器正常工作。滤波器虽然能有效地减小传导干扰，但对辐射干扰却不起作用。辐射干扰必须用屏蔽方式才能有效减小，通常是把开关电源单元安装在金属屏蔽罩中。如果性能指标要求较高，也要对放大器单元进行屏蔽处理。可见，耳机放大器用开关电源供电时系统的结构会复杂得多。

4.2 低压运算放大器

4.2.1 低压运算放大器的历史

我们研究低压运算放大器是想用它作电压放大器和输出缓冲器。低压 OP 经历了 BJT、BiFET、CMOS 发展历程，早期的低压 OP 只能采用双极性工艺制造，而且当时还没有开发出互补 PNP 管，只能用横向 PNP 或衬底 PNP 管代替，它的带宽比 NPN 管小得多。例如，在 MC34181 中是用衬底 PNP 管作倒相，图腾柱 NPN 管作输出，无论输出电流和吸入电流都很小，不能直接驱动耳机。OP 在低电压下最突出的问题是信号的动态范围受到限制，迫切需要轨至轨输入和输出特性，以获得宽的输入共模电压范围和输出摆幅。1984 年发明了兼容高速互补 PNP 管的集成工艺，高跨导 PNP 管用在差分输入级可获得（$-V_{EE}-0.2V$）~（$V_{CC}-2V$）的共模输入范围，即输入信号允许低于地电平，而输出电平不发生翻转，从此开拓了 OP 在单电源的应用天地。如果用 BiFET 工艺，把差分输入级改为 N 沟道结型场效应管，也能获得相同的效果，但失调电压比 BJT 高，如图 4-9 所示，这种结构也称"地电平轨输入"或"下电源轨输入"。同理，如果用 NPN 管或者 P 沟道结型场效应管作运算放大器的差分输入级，就能获得（$-V_{EE}+2V$）~（$V_{CC}+0.2V$）的共模输入范围，这称"正电源轨输入"或"上电源轨输入"。上电源轨和下电源轨输入 OP 都不是真正的轨至轨输入 OP。

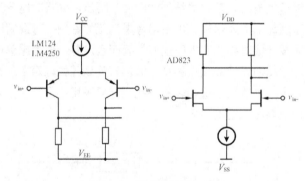

图 4-9 下电源轨输入级

4.2.2 轨至轨低压运算放大器的电路结构

真正的轨至轨低压运算放大器的输入级结构如图 4-10 所示。这就是功率放大器中的全对称输入级（互补推挽输入级），可工作在 AB 类或 A 类状态，前者有超过正、负电源轨的共模输入范围，但存在共模电压阈值衔接问题，静态功耗极小；后者的共模输入范围限制在电源轨范围或略大于电源轨，共模电压能平滑过渡，静态功耗略大。从自动控制理论来讲，并联结构的增益是单个之和，响应速度是单个的两倍。故这种电路能增加 6dB 开环增益，有更大的电流给密勒电容充电，提高了转换速率，并且正、负转换速率对称，这在全对称功率放大器中已得到验证。音频信号是双极性信号，用轨至轨输入 OP 能充分利用对称的动态范围，即使瞬态过载也不至于产生太大的失真。

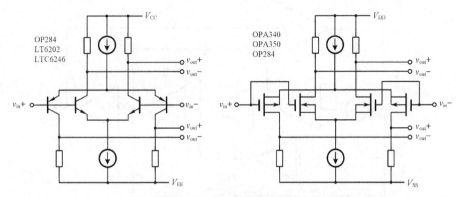

图 4-10　双边轨至轨输入级结构

普通 OP 的输出级是图腾柱射极跟随器或源极跟随器，而轨至轨输出级是互补共发射极电路或互补共源极电路，如图 4-11 所示，最大输出摆幅是电源电压减去晶体管的饱和压降，或者电源电压减去沟道电阻产生的压降，但饱和压降和沟道损耗电压都是负载电流的函数，故 OP 的轨至轨输出特性只是在空载时成立，负载时的输出摆幅会随着负载电流增大而减小，这要比传统的跟随器好一些。共射极组态的输出阻抗比射随器高得多，如果有大于 90dB 的开环增益，增加大环路负反馈后可以下降很多。

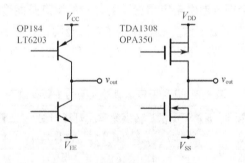

图 4-11　轨至轨输出级结构

除了输入级和输出级的动态范围外，低压 OP 还存在着开环增益低的缺点。根据第 2 章中介绍的方法，现在主要采用多级级联方式获得高增益，在信号通道里设计 3～4 级跨导相串联，虽然每级跨导的增益很小，但它们的乘积却很大，现在已经在 1.8V 电压下获得 140dB 的增益，达到了双极性高增益运算放大器的水平。当然高增益必然存在着稳定性问题，目前采用嵌套式密勒补偿增加相位裕度，并借助分布式前馈改善速度，抵消高频极点，进一步提高了稳定性。图 4-12 所示的是低压 OP 中常用的电路结构之一，这种电路称为 NGCC 集成运算放大器。

CMOS 晶体管具有很低的功耗和极其简单的制造工艺，在数字电路领域后来居上，垄断了 CPU、GUP、存储器等市场。由于 MOS 晶体管本身跨导就比 BJT 低得多，工作在低压会更低，20 世纪末之前在模拟电路领域不被看好。21 世纪初在以手机和平板电脑为代表的便携式电器的推动下，经过全世界设计和制造行业的共同努力，CMOS 又在模拟电路领域击败 BJT，成为模拟电路的主流。尤其在低压、低功耗线性放大器领域，CMOS 运算放大器给 DIY 低压耳机放大器带来了福音。

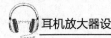
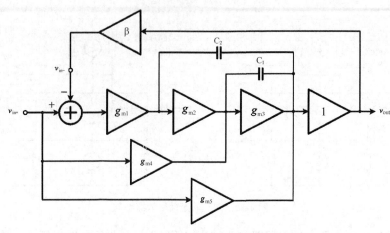

图 4-12　NGCC 集成运算放大器的电路结构

4.2.3　常见的低压运算放大器

表 4-3 列出了早期、中期和近期低压 OP 的代表型号和主要参数。因为 OP 是针对某种用途和市场设计的，不能说现在的产品就比过去的好。不过 IC 设计技术和制造工艺的发展是跟随着摩尔定律的节奏一路走过来的，新的产品特色会更加突出。例如，AD853x 系列和 OPAx322 系列都是低压音频 CMOS OP，前者是针对一个锂电池供电应用设计的，它的特点是能输出±250mA 的电流，但在两节 AA 型镍氢电池供电系统中则不能工作。后者扩展了电源范围，但输出电流偏小，在大电流应用中不能取代前者。本章后面的实验电路都采用了 OPAx322 系列，它的工作电压正好符合我们设定的范围，但并不代表性能最好。

表 4-3　几种低压运算放大器的主要参数表

项目	失调电压（mV）	失调电流（A）	增益带宽积（MHz）	转换速率（V/μs）	开环增益（dB）	工作电压（V）	输出电流（mA）	噪声密度（$nv\sqrt{Hz}$）
OP462G	0.045	±2.5n	15	10	44	2.7～12	±30	9.5
MC3418x	0.5	0.001n	4	10	95	±1.5～±18	+3，-8	38
LTC6246	0.5	-10n	180	90	70	2.5～5.25	±20	4.2
LME49721	0.3	60f	20	8.5	118	2.2～5.5	9.3	4
MAX4237	±0.005	±1p	7.5	1.3	130	2.4～5.5	+5，-15	14
AD853x	25	1p	2.2	3.5	70	2.7～6	±250	33
AD860x	0.08	0.1p	8.2	5	80	2.5～5.5	±50	35
TLV278x	0.25	2.5p	8	4.8	76	1.8～3.6	+17，-23	9
OPAx322	0.5	±0.2p	20	10	130	±0.9～±2.7	±30	8.5
OPAx365	0.1	±0.2p	50	25	120	2.2～5.5	±30	4.5

4.3　实验低压缓冲器

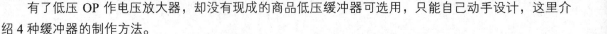

有了低压 OP 作电压放大器，却没有现成的商品低压缓冲器可选用，只能自己动手设计，这里介绍 4 种缓冲器的制作方法。

4.3.1 运算放大器缓冲器

用低压 OP 作缓冲器是自然的事情，如果单个 OP 的输出电流就能够推动耳机，把它连接成电压跟随器，一个缓冲器就做好了，条件是 OP 的单位增益必须稳定，如果单个 OP 的输出电流不够，可用多个并联的方法解决。有 3 种并联方案如图 4-13 所示，图 4-13（a）是多个 OP 分别连接成电压跟随器，再各自串联一个均流电阻后并联，均流的目的是防止电流倒灌，均流电阻会使输出阻抗增大，但如果置于大环路电压负反馈中，只要开环增益足够大，输出阻抗的增加就微不足道。图 4-13（b）是把均流电阻加在电压跟随器的反馈环路中再进行并联，输出阻抗升高的影响就很小了，不加大环路负反馈也有很低的输出阻抗。图 4-13（c）是利用前级 OP 的输出电流增加驱动能力的方法，负载效应会使前级的线性变差，但可以省一个缓冲器，或者说不增加缓冲器数目的情况下增大负载驱动能力。

这 3 种并联方案中图 4-13（a）方法综合性能较好，图 4-13（b）方法容易自激，图 4-13（c）方法性价比较高。电路参数的计算方法将在第 6 章的 6.4.1 小节详细介绍。

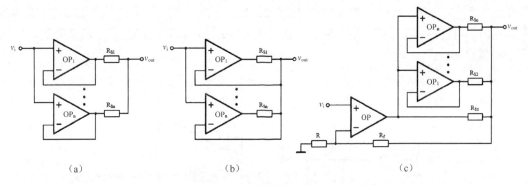

（a）　　　　　　　　　　（b）　　　　　　　　　　（c）

图 4-13　并联 OP 缓冲器电路

电压反馈型 OP 和电流反馈型 OP 都可以连接成缓冲器，但电流反馈型 OP 不能把输出端与反向输入端直接连接，必须要通过一个电阻连接，电阻的阻值不能小于数据表中规定的数值，否则会因为相位裕度不够而产生振荡。不过到目前为止，市场上还没有出现工作电压低于 2.7V 的电流反馈型 OP。

减少并联个数可以降低成本，故选择 OP 的输出电流显得很重要。新的低压运算放大器几乎全部是 CMOS 类型，CMOS OP 电流输出能力较小，驱动容性负载的能力更差，许多低压性能优秀的 OP，在 ±1.2V 工作电压下，驱动 32Ω 的负载，最大输出电流低于 4mA，最大吸入电流低于 7mA，如 TLV278x 系列。2013 年面市的音频专用低压产品 OPAx322 系列，数据表上负载短路电流是 ±65mA（V_{DD}=5V），在 ±1.2V 工作电压下，驱动 32Ω 的负载，可获得 ±12mA 的电流，2~4 个并联能到得到一个实用的大电流放大器。

图 4-14 所示的是用一个 OPA4322 设计的低压耳机放大器的实例，这是一个 4 运算放大器封装芯片，其中一个 OP 用作电压放大器，另外 3 个 OP 用图 4-13（a）方式并联作电流放大器，闭环增益为 6dB，相位裕度为 47°，驱动 32Ω 负载输出 60~90mA 电流。能够在 ±0.9~±2.75V 电压下正常工作，对耳机阻抗的适应范围很宽。

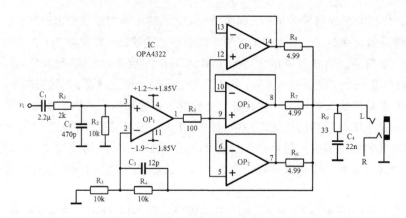

图 4-14　用运算放大器作缓冲器的低压耳机放大器电路

图 4-15 所示的是用两个 OPA2322 设计的廉价耳机放大器实例（只画了其中一个声道），这是一个 2 运算放大器封装芯片，其中一个 OP 用作电压放大器，另外一个用图 4-13（c）方式与前级并联作电流放大器，闭环增益为 6dB，相位裕度为 47°，能在±0.9～±2.75V 电压下正常工作，输出电流为 5～28mA，适于驱动低阻耳机。

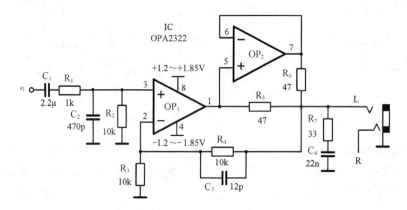

图 4-15　用两个 OPA2322 设计的耳机放大器电路

4.3.2　菱形电压跟随器

用互补双极性晶体管组成的串联互补射极跟随器，称"菱形电压跟随器"，如图 4-16 所示，可以设计成 A 类、B 类和 AB 类工作状态。不加自举电路的最低工作电压约±1.1V，低于此电压会产生交越失真。为了提高输出幅度，增加了由 C_1、R_2、C_2、R_4 组成的自举电路。自举是稳定而无害的正反馈，能使电源电压随输出幅度成比例提高，从而扩展了输出动态范围，最低工作电压可扩展到±0.7V。射极跟随器的本质是百分之百的电压负反馈，电路本身的线性很好，即使不加大环路负反馈，失真度也很低。这是我们推荐的第一个分立元器件低压缓冲器。

需要注意的是，低压电路对晶体管的参数很敏感，发射结阈值电压、低压线性、低压跨导、饱和压降，集电极电容等参数对性能影响较大。建议爱好者 DIY 时仔细挑选低压性能很好的晶体管，以获得更佳性能。一般来说，V_{CEO} 低于 15V 的开关管低压性能较好，可优先选用。

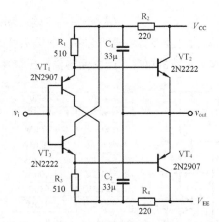

$V_S=\pm1.0V$	$P_O=8mW$
$V_S=\pm1.1V$	$P_O=21mW$
$V_S=\pm1.2V$	$P_O=32mW$
$V_S=\pm1.5V$	$P_O=53mW$
$V_S=\pm1.8V$	$P_O=80mW$

P_O=峰值输出功率，32Ω负载，THD=10%

$$V_S = \begin{cases} +V_{CC} \\ -V_{EE} \end{cases}$$

图 4-16　菱形电压跟随器电路及特性

4.3.3　结型场效应管互补跟随器阵列

耗尽型结型场效应管可工作在零偏置状态下，能以极其简洁的电路组成互补推挽电压跟随器。由于输出电流不会超过 I_{DSS}，通常 JFET 的 I_{DSS} 只有几到十几毫安，必须用多个跟随器并联成阵列才能获得需要的输出电流，如图 4-17 所示，用 6 对互补 JFET 组成并联跟随器阵列能驱动 32Ω 的耳机，输出功率见图 4-17 所示数据。显然这是一个 A 类放大器，电源效率很低。

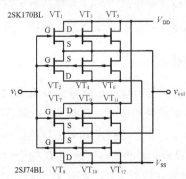

$V_S=\pm0.5V$	$P_O=6mW$
$V_S=\pm0.7V$	$P_O=12mW$
$V_S=\pm0.9V$	$P_O=21mW$
$V_S=\pm1.0V$	$P_O=26mW$
$V_S=\pm1.1V$	$P_O=32mW$
$V_S=\pm1.2V$	$P_O=38mW$
$V_S=\pm1.5V$	$P_O=59mW$
$V_S=\pm1.8V$	$P_O=88mW$

P_O=峰值输出功率，32Ω负载，THD=7%

$$V_S = \begin{cases} +V_{CC}(+V_{DD}) \\ -V_{EE}(-V_{SS}) \end{cases}$$

图 4-17　结型场效应管互补跟随器阵列及特性

JFET 阵列的最大优点是电路简单，音质有电子管韵味，最低工作电压可到 $\pm0.45V$。但要求 P 沟道管和 N 沟道管的 I_{DSS} 相同，否则就会出现图 4-18 所示的偏差，导致中点偏移（图 4-18 中为了比较把 P 沟道 JFET 的曲线进行了倒置处理）。由于 I_{DSS} 具有较大的离散性，配对的挑选工作量很大，不适于批量生产。并且 JFET 的价格比 *BJT* 高 3 倍以上，没有成本优势。

4.3.4　自举晶体管缓冲器

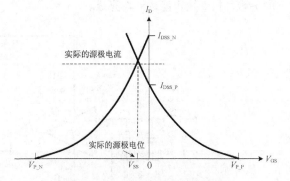

图 4-18　I_{DSS} 差异引起的中点偏移

图 4-19 所示的电路是在传统晶体管互补输出级的基础上增加了自举的电流放大器，也称"自举晶体管缓冲器"。它是把供给静态偏压的限流电阻拆分成两个串联电阻，拆分点通过电容连接在输出端。在输入信号的正半周期间，A 点电位随着 C 点电位升高；在输入信号的负半周期间，B 点电位随着 C

点电位降低。相当于电路的工作电压随信号幅度增大而升高，等效于提高了输出动态范围。实验结果证明，它的最低工作电压几乎与 JFET 阵列相同，而静态功耗要低得多，能灵活设计成 A 类、B 类和 AB 类输出级，成本远低于 JFET 阵列，这是作者推荐的第二个分立元器件低压缓冲器。

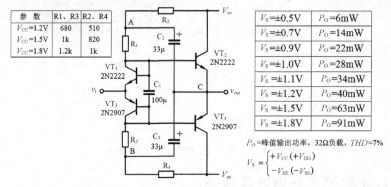

参　数	R1、R3	R2、R4
$V_{CC}=1.2V$	680	510
$V_{CC}=1.5V$	1k	820
$V_{CC}=1.8V$	1.2k	1k

$V_S=\pm0.5V$	$P_O=6mW$
$V_S=\pm0.7V$	$P_O=14mW$
$V_S=\pm0.9V$	$P_O=22mW$
$V_S=\pm1.0V$	$P_O=28mW$
$V_S=\pm1.1V$	$P_O=34mW$
$V_S=\pm1.2V$	$P_O=40mW$
$V_S=\pm1.5V$	$P_O=63mW$
$V_S=\pm1.8V$	$P_O=91mW$

$P_O=$峰值输出功率，32Ω负载，$THD=7\%$

$$V_S=\begin{cases}+V_{CC}\,(+V_{DD})\\-V_{EE}\,(-V_{SS})\end{cases}$$

图 4-19　自举晶体管缓冲器电路及特性

4.4　直接用电池供电的低压耳机放大器

本节介绍 4 种直接用两节 AA 型电池或一块锂电池供电的低压耳机放大器实验电路，虽然标称工作电压是±1.2～±1.5V 或 3.6～3.7V，但要考虑电池电压的跌落，放大器要确保在±0.9V 仍能工作。

4.4.1　运算放大器驱动菱形电压跟随器

图 4-20 所示的是用 OPA2322 作电压放大器，菱形电压跟随器作电流放大器而设计的低压耳机放大器，由于 OPA2322 的开环增益有 130dB，而本机的闭环增益只有 6dB，储备有高达 124dB 环路增益用来改善性能，故在低压下除了动态范围较小外，其他指标是非常优异的。这个 OP 虽然在单位增益下是稳定的，但驱动菱形跟随器仍存在自激的风险，为此电路中增加了阻尼电阻 R_5，可在 100Ω～1kΩ 里取值。还增加了零点校正电容 C_3 和输入低通滤波器 R_1、C_1。相位裕度约 50°，能在±0.9～±2.75V 电压范围里正常工作，驱动 32Ω 负载，输出峰值功率为 8～100mW。当工作电压大于±2.5V 时，驱动 600Ω 的头戴耳机音量也能达到响亮级。

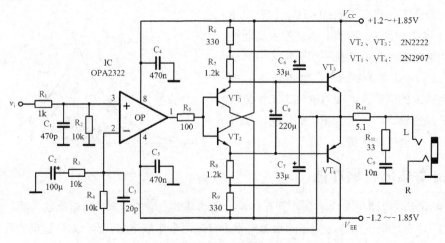

图 4-20　用菱形电压跟随器的低压耳机放大器电路

4.4.2 运算放大器驱动自举晶体管缓冲器

图 4-21 所示的是用 OPA2322 作电压放大器,自举晶体管缓冲器作电流放大器而设计的低压耳机放大器,与上述电路相比,只是用自举缓冲器替代了菱形跟随器,前者的输出阻抗优于后者,驱动能力更强,工作点也更稳定,唯一的缺点是低压阈值比菱形跟随器低 0.1~0.3V。两个电路的性能指标基本相同,例如,闭环增益 6dB,相位裕度 60°,能在±1.0~±2.75V 电压时正常工作,驱动 32Ω 负载,输出峰值功率为 6~110mW。另外这个电路跨导线性环稳定偏置电流,温度补偿特性良好,通过改变偏置电流,很容易把输出级设计成 A 类、B 类或 AB 类。

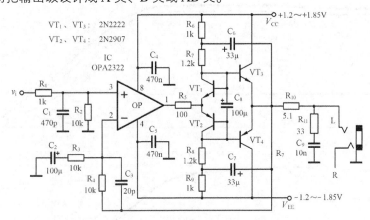

图 4-21 用自举晶体管缓冲器的低压耳机放大器电路

4.4.3 全分立元器件低压耳机放大器

我们 DIY 低压耳机放大器的最高境界是设计一个全部采用晶体管分立元件的高保真微功率放大器,电路如图 4-22 所示。电路采用了经典的两级差分放大器,第一级差分放大器作减法电路,输入信号与输出反馈信号相减得到误差信号,并把误差信号进行前置放大。这一级由 VT$_1$、VT$_2$ 和相关外围元件组成,工作电流设置在 0.1~0.25mA。第二级差分放大器是主电压放大器,80% 的开环增益由这级提供,故用恒流源负载,工作电流设置在 1.8~2.5mA。还要在此级进行密勒补偿,C$_4$、C$_5$ 是主极点补偿电容,使放大器能稳定工作。这一级由 VT$_3$~VT$_6$ 和相关元件组成。第三级是输出级,由图 4-19 所示的自举缓冲器组成。当电源电压为±1.5V 时各级的静态电流如图 4-22 所示。

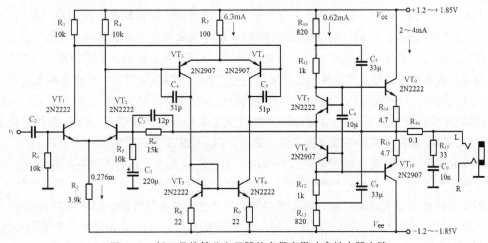

图 4-22 低压晶体管分立元器件高保真微功率放大器电路

图 4-23 是该放大器的 SPICE 仿真波特图，在±1.5V 电源电压下，开环增益为 56dB，增益带宽积 5.3MHz，第一个极点在 13.6kHz。闭环增益 7.95dB，频率响应 0.1Hz~863kHz，相位裕度 75°。在瞬态仿真中，当输入信号频率 10kHz，输出功率 10mW 时，9 次谐波失真总和是 0.04%。在 32Ω 负载上最大输出功率是 20mW/±1.2V_s、50mW/±1.5V_s、80mW/±1.8V_s。与前面 OP 电压放大器相比，主极点频率很高，转换速率和高频线性优于低压 OP。不足之处是失调电压比 OP 大，在电路上采用了无源伺服，不能放大直流信号。

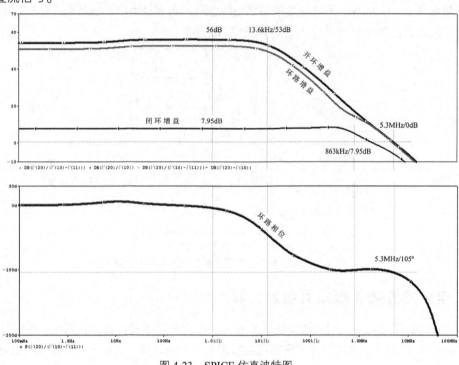

图 4-23   SPICE 仿真波特图

这个放大器的最低工作电压可达到±1.1V，随着当工作电压的升高，线性和输出功率提升很快，上升到±2.5V 时线性指标趋于稳定。

4.4.4   集成低压 OP 耳机放大器

20 世纪 90 年代初，Philips 公司设计了一款专门驱动低阻耳机的运算放大器 TDA1308，这款 CMOS OP 具有与通用 OP 兼容的封装，电路模式也兼有 OP 和专用耳机驱动器的结构，最低工作电压 3.0V，标称工作电压 5.0V，最大工作电压 7.0V。显然是为 5V 电压应用设计的，直接用电池供电有点尴尬，用两节镍镉和镍氢电池供电会低于最低工作电压而不工作。用两节锰锌电池供电虽然能工作，但工作不了多久就会因电压跌落而停机。用一块锂电池供电却因电压不够高而输出功率损失较多。最佳的供电方案是用 DC-DC 变换器把两节 AA 型或一块锂电池的输出电压变换成 5~5.5V，虽然极限工作电压是 7V，但高于 6V 后芯片损坏的概率会增大，这是 5V CMOS 工艺的缺陷。

这个芯片受到大家钟爱的原因是声音具有电子管音色。另外，它的技术指标较好，开环增益为 70dB，信噪比为 110dB，总谐波失真+噪声为 0.0009%，最大输出电流为 60mA，芯片功耗为 15mW。数据手册中只给出了单电源反相放大器应用电路，为了进一步改善性能，如图 4-24 所示的是双电源同相放大器电路，增益为 2.2 倍（6.8dB），输入滤波器极点为 339kHz，超前相位补偿极点为 2MHz，有 65°的相位裕度。由于该芯片的输入失调电压大于 10mV，在 2.2 倍增益下会产生 20mV 多的零点漂移电压，故增加了 C_3、C_9，使反馈电路兼有无源伺服功能，使直流负反馈系数等于 0，从而使输出端的零点漂移不超过输入失调电压。要进一步把零点漂移抑制到小于 1mV，则需要用更复杂的有源伺服电路。

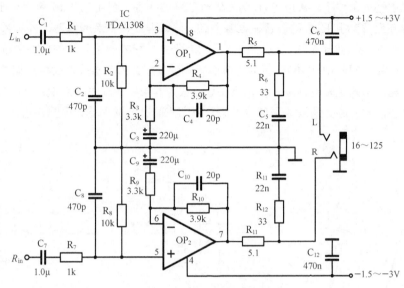

图 4-24 双电源同相放大器电路

4.5 使用升压变换器的低压耳机放大器

直接用电池供电限制了放大器的工作电压，致使耳机放大器的性能提高受到制约。如果利用高频开关 DC-DC 变换技术，就能把电池电压升高到需要的数值，设计时就不必考虑低压带来的限制。本节介绍的两个放大器适于用开关电源供电，一个放大器的电源是把 1.2V 的镍氢电池升压到 5V，另一个放大器的电源是把 3.7V 的锂电池变换到 ±12V。

4.5.1 使用一节镍氢电池的差分耳机放大器

在 20 世纪末国外电子爱好者曾用门电路制作低压便携式耳机放大器，当时只感觉除了新奇外没有什么实用价值，在写这本书的时候再次翻阅到这些电路时，门电路已成为稀有资源。搜索了过去曾经大量生产逻辑集成电路的厂商，绝大部分已停产、转产或者倒闭，现在只有 TI 和 NXP 还能为用户提供这种芯片，并且用现代工艺进行了升级，有 AHC、ALVC、LVP 等 1.8～5V 的低压系列，速度更快，功耗更低。还有体积更小的 SMD 封装。即使老的 DIP 封装产品，市面上仍能找到库存和拆机货可用。门电路是为数字逻辑电路设计的，一般不会用它去做线性放大。在提倡创新的今天，重提这个话题对开拓思路很有意义，故作为新瓶装旧酒的话题，尝试用反相器 DIY 一款差分低压耳机放大器电路。

图 4-25（a）是反相器的传输特性，在逻辑电路中它只工作在高电平 H 或低电平 L 状态，高低电平之间是过渡状态。如果把工作点偏置在过渡区的中心点 M，从原理上讲是具有信号放大功能的。图 4-25（b）虚线框中是集成反相器的内部电路，这里用它来说明门电路用作放大器的工作原理。当用正负双电源供电时，把栅极电位偏置到地，当输入信号在正半周期间时，NMOS 管相当于一个共源

极放大器，PMOS 管是放大器的有源负载 R_D；当输入信号在负半周期间时，PMOS 管相当于一个共源极放大器，NMOS 管是放大器的有源负载 R_D。这种偏置方法只能使放大器工作在开环状态，没有办法控制它的增益。不过集成反相器在 1.2～1.8V 工作电压下沟道电阻较大，跨导很小，电压增益 $G_V=g_m×R_D$ 不大，在没产生限幅的条件下连接成 BTL 结构仍有较好的线性。图 4-25（c）是用电压负反馈偏置的方法，栅极电位被反馈电阻 R_2 自动偏置在电源中点，从原理上讲中点阈值是（$V_{DD}+V_{SS}$）/2，但 P 沟道空穴的迁移率是 N 沟道电子的 1/2.8 分之一，用 2.8 倍的面积才能达到与 NMOS 相同的沟道电阻。出于成本考虑，商品反相器中 PMOS 管的沟道面积并没有那么大，故会产生中点偏离（$V_{DD}+V_{SS}$）/2 的弊病，这个问题不影响逻辑电路的工作，但在直流放大器中就会产生零点漂移，而且正负半周的输出动态范围不对称。解决的方法只能限制输入信号幅度使输出不发生单边限幅，牺牲一些动态范围和输出功率。

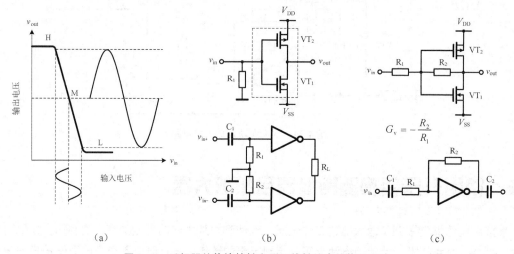

图 4-25　反相器的传输特性和用于线性放大的偏置方法

　　门电路的放大原理问题解决后，剩下的问题是单个反相器的输出电流很小，最大输出电流不足 2mA，好在一个芯片中封装了 6 个反相器，可以并联起来增加输出电流。反相器的内阻较大，多个并联不用加均流电阻。图 4-26 所示的是用反相器作平衡耳机放大器的实际电路，图 4-26（a）电路是准平衡放大器，输入信号是单端信号，用了一个增益为 1 的单门反相器 IC1（74AHC1GU04），把输入信号反相 180° 后作负信号。IC2（74HCU04）中的 6 个反相器并联用作差分放大器的正信号通道，闭环增益约 2.1 倍（R_4/R_1），显然这是电压放大和电流放大合二为一的做法。IC3 的电路结构与 IC2 相同，用作差分放大器的负信号通道。准平衡放大器也叫 BTL 放大器，它是增强驱动能力的有效方法。图 4-26（b）电路是标准平衡放大器，不用输入倒相器，正、负通道电路相同，都是闭环增益为 2.1 倍放大器，电路非常简洁。

　　更简单的门电路耳机放大器是 6 个反相器并联作单端输出，但单端输出必须用一个输出电容隔离直流电平，一个几百微法的电容不仅体积很大，还会在上、下电时产生冲击声，就是业界所说的 Pop 声，给人的感觉非常不舒服。BTL 连接法如果两路不平衡也会产生 Pop 声，但冲击声要小得多，能做到不留意几乎感觉不到的程度。从理论上讲，BTL 连接的输出功率是单端的 4 倍，实测输出功率约为 3 倍，故平衡输出可以一举解决门电路输出不足和交流耦合带来的弊病。这个耳机放大器正、负信号通路的最大输出电流为 24mA，由于是推挽输出，驱动 32Ω 耳机时的最大输出功率为 260mW；驱动 300Ω 耳机时的最大输出功率为 39mW，能达到震耳级的响度。由于 CMOS 电路的输出电流与输入电压是平方率关系，它的音色更接近于电子管，听感很讨耳朵喜欢。这个电路称得上是耳机放大器中的奇葩，这就是本文不惜篇幅介绍它的原因。

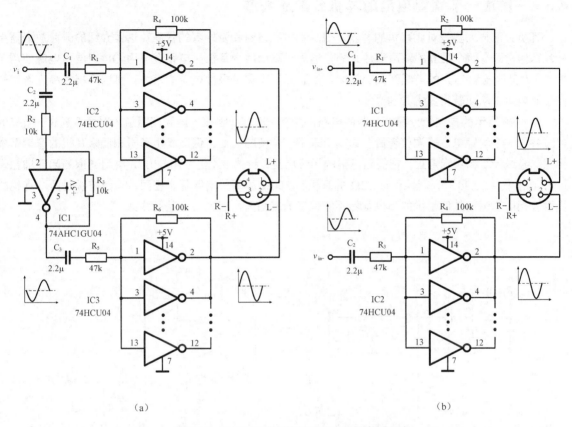

(a)   (b)

图 4-26　用反相器作平衡耳机放大器的实际电路

　　需要说明的是，集成反相器的内部结构有单级和 3 级串联两种结构，还有钳位和不钳位两种输出电平。能用作放大器的只是单级不钳位的型号，如 74HCU04。而 74AHC04、74HCT04、74ALVC04 等都不能用。判别的方法是 04 前面要带 U 字母（Unit）。原因是 3 级结构的后两级无法在外面施加偏置，钳位型把高电平强制拉到 TTL 电平，无法把工作点偏置到高低电平的过渡区域。

　　早期的集成反相器都是 DIP 封装形式，标称工作电压是 5V，体积比较大，不推荐使用。现在的高速低功耗反相器采用了表面贴装外形，如 SOIC 封装。标称工作电压有 5V、3.3V 和 2.5V，但用作放大器还是 5V 的输出功率比较大。为了缩小体积，采用一节 7 号镍氢电池供电，为此要设计一个把 1.2V 转换成 5V 的升压电路。

　　图 4-27 所示的是一个性能较好的开关升压芯片 MAX1674，外形为 8μMAX。产品手册上的性能参数：输入电压为 0.7 ~ 5.5V，输出电压为 2 ~ 5.5V，最大输出电流为 300mA，静态电流为 16μA。输出电流为 200mA 时效率为 94%。实测数据是：最低启动电压为 1.1V，启动后的最小工作电压可低到 0.9V。输出电流 100mA 时效率为 85%。开关频率为 160 ~ 350kHz。芯片内有电池低压检测电路，本

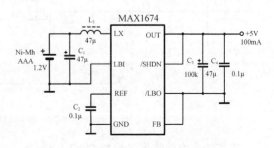

图 4-27　MAX1674 开关升压芯片的电路

电路中没有用这个功能。

4.5.2 使用一节镍氢电池的耳机分配放大器

耳机分配放大器是对比耳机的利器，很受耳机销售商和爱好者的青睐。这里介绍的分配放大器是 1×2 结构，即有两个独立的双声道放大器，能同时驱动两个耳机。电路全部用 OP 组成，电源使用了把 1.2V 升降压到±5V 的高频开关变换器，摆脱低电压和单极性电源的束缚，可以直接用高压通用器件设计电路，从而获得更优异的性能。

图 4-28 所示的是这个分配放大器的电路，每个声道分低阻放大器和高阻放大器两个通道，所有的声道共用一个同轴电位器调整音量。这就带来了一个问题，如何保证高阻耳机和低阻耳机的音量基本相同。经过计算和实际修正，把低阻通道的闭环增益设计为 3.4 倍（10.6dB），高阻通道的闭环增益设计为 10.2 倍（20.2dB），就能保证 32Ω 的耳机和 300Ω 的耳机响度基本相同，当然前提是两个耳机的灵敏度相同。驱动其他阻抗的耳机虽然不能保证响度相同，但也不会差别太大。

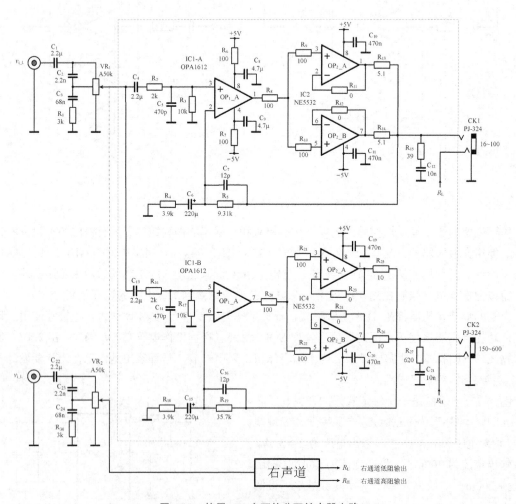

图 4-28　使用±5V 电压的分配放大器电路

在第 3 章中曾提倡耳机放大器中最好用数字电位调节音量，本机却采用了四端指数型机械电位器，主要目的是降低 DIY 的难度，不需要编程就能实现等响补偿。这种 RC 补偿电路虽然粗糙，对改善小音量听感仍有明显效果。当然对有编程能力的爱好者，作者还是推荐优先选用数字电位器，它能用软件方法通过设置非线性步长获得比较精确的等响补偿和 EQ 效果。

本机的电源有多种选择，如果用一节镍氢电池供电，可以用图 4-38 所示开关变换器，这个电源的镍氢电池电压在 1.15 ~ 1.3V 下变化时，输出电压能稳定在±5V，最大输出电流 150mA。也可用 MAX1676、MAX1700、MAX849 替代图中的 MAX1703 给本机供电，只是最大输出电流会小一些，基本不影响使用效果。如果用一节锂电池供电，可选 TPS65135，这是一款单电感分离轨道电源芯片，电路图 4-29（a）所示，外围电路非常简洁，输入电压为 2.5 ~ 5.5V，输出电压±5.0V，输出电流可达到 80mA。另一款 TPS65133 双电感分离轨道电源芯片如图 4-29（b）所示，最大输出电流可达 250mA。这两个芯片都是为有源矩阵 OLED 显示屏驱动电路设计的，给 OP 供电也很实用。

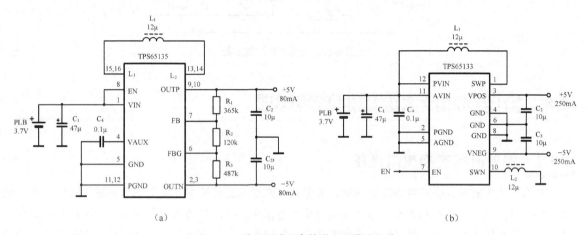

图 4-29　单双电感分离轨道电源芯片电路

需要说明的是本分配放大器在±12 ~ ±15V 电源电压下也能正常工作，但为了提高驱动能力，电路的闭环增益需要重新优化，计算和实验获得的数据是把低阻通道放大器的闭环增益设计在 8.7 倍（18.8dB），高阻通道放大器的闭环增益设计在 26 倍（28.3dB），这样配置后驱动 32Ω 和 300Ω 的耳机能获得相同的音量。

4.5.3　使用一节锂电池的高阻耳机放大器

历史上有一些灵敏度很低耳机，如 AKG-K1000 耳机，灵敏度只有 74dB/mW。现在流行的平面振膜动圈耳机，灵敏度也很低。工作在±5V 电压下的放大器难以驱动这类耳机，必须把电源电压升高到 ±12 ~ ±15V。为此，专门设计了一个性能更好的高阻耳机放大器，电路如图 4-30 所示，电压放大器用高速率运算放大器 AD827，电流放大器用互补 MOS 管电压跟随器，偏置电路用晶体管跨导线性环，它具有优良的温度匹配特性，工作原理将在第 6 章的 6.4.2 节中介绍，这里先拿来使用。

这个放大器的闭环增益为 26.5 倍（28.5dB），是专门为驱动高阻耳机优化的。驱动 300Ω 负载的最大输出功率是 800mW，驱动 600Ω 负载的输出功率会减半。本机的电源采用了图 4-41 的集成开关电源，当锂电池的电压在 3.35 ~ 4.1V 下变化时，输出电压能稳定在±12V，最大输出电流为 120 ~ 250mA。

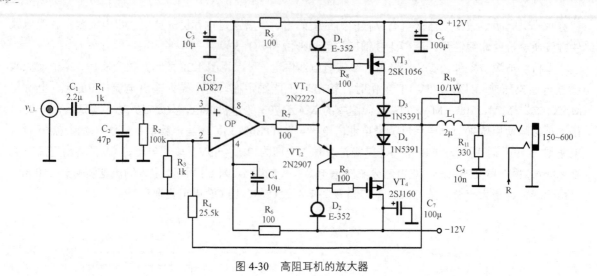

图 4-30　高阻耳机的放大器

4.6　低压耳机放大器中的特殊电源

4.6.1　把单电压变换成双电压

在功率放大器设计中双电源比较流行，主要原因是双电源电路中晶体管和运算放大器的工作点偏置电路非常简单，共模抑制比高，可以直接与扬声器耦合。在用交流市电作电源时，设计和制造双电源是比较简单的事情，有许多经典电路可供选择。如果用电池给双电源放大器供电，首先面临的问题是如何把单极性的电池电压变换成正负极性直流电压，在这里先介绍图 4-31 所示的几种线性变换技术，虽然效率较低，但制作要简单得多，也不用考虑 EMI 问题。

图 4-31（a）是电池分压法，是利用同类型的电池物理端电压相等的原理实现分压，即 $V_{B1}=V_{B2}$，两个电池串联，中心抽头作为参考地，电池两端作正负电源。这是一个简单而自然的方法，在电池容量充足时，电压均衡而稳定，内阻很低。但在放电中后期，随着电池内阻的增大，容量差异引起的地电平偏移会随容量减少而增大。另外需要一个双刀开关开启和关断电源，选材比较麻烦。显然，这不是一个理想的电源，如果爱好者只是用于 DIY，它仍不失是一种简单实用的方法。图 4-31（b）是电阻分压法，原理上只要 $R_1=R_2$，则 $V_{R1}=V_{R2}$，即使 $V_{B1}\neq V_{B2}$，地电平也是零伏。但这只是空载的情况，一旦连接上负载后，如果流过正、负电源的电流不相等，地电平就会漂移。因为负载失衡的电流要由电容上存储的电荷来调节，如果放电电荷得不到及时补充，端电压就会下降。故这种电源的内阻较大，电流变化响应速度很慢，不能提供大电流。这也不是一个好方法。图 4-31（c）是用专门 IC 芯片 TLE2426 进行电平转换的方法，内部电路是一个线性直流放大器，输入电平偏置在电池半电压上，内部的图腾柱输出端至输入端施加了大环路电压负反馈，输出内阻很小，正负电压失衡时，反馈环路能迅速自动调整，使地电平稳定不变。遗憾的是这款 IC 工作电压是 4～40V，最低工作电压达不到我们的要求，最大输出电流只有±20mA，不足以给一个立体声耳机放大器供电。图 4-31（d）是用 OP 进行电平转换的方法，它是在图 4-31（b）基础上用放大器降低参考地电平的内阻，扩充输出电流和吸入电流，具有与图 4-31（c）电路相同的优点，输出电流和响应速度可通过设计自由改变，下面将以这个电路为模型设计适合我们要求的"单-双电压变换器"。

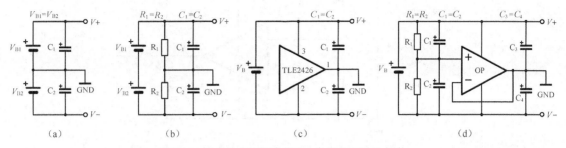

图 4-31　把电池电压转换成正、负极性电压的方法

图 4-32 所示的是一个实用的单-双转换器，它是基于图 4-31（d）原理的两级转换器，竖虚线左边是小电流转换器，精密电阻 R_1 和 R_2 把电池电压分压到半电压，用 OP1 组成的电压跟随器扩充电流后作虚拟地 GND1，在±1.2V 时，GND1 的输出和吸入电流是±12mA，零点漂移低于 1mV，可用于电压放大器等小电流电路的虚拟地。竖虚线右边是零电平（GND1）至零电平（GND2）转换器，用 VT1～VT6 组成的图腾柱电流放大器扩展 OP2 的输出电流，这个电路偏置在 AB 类状态，100% 大环路电压负反馈把内阻减小到 0.1Ω 以下，±1.2V 时虚拟地 GND2 能输出和吸入±200mA 的电流，零点漂移低于 10mV，适合于给耳机放大器输出级供双电源和虚拟地电平。

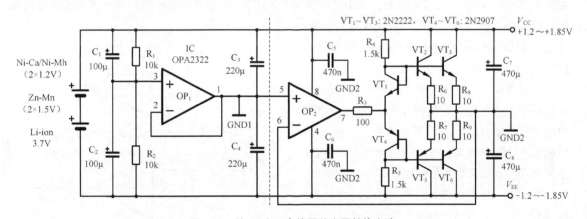

图 4-32　单-双电压变换器的电平转换电路

4.6.2　半压偏置电源

在单电源放大器设计中，传统的方法是把中间偏置点接在电阻分压器上，这种方法虽然沿用了 80 多年，但绝对不是一个好方法。它存在偏置点误差大，阻抗高，对干扰和噪声敏感等诸多缺点。改进的做法是仿照图 4-31（d）原理，为偏置点设计一个偏置电源，如图 4-33 所示，对晶体管和 OP 电路来讲，偏置点电位通常是 $V_{CC}/2$，它和虚拟地电平的要求相同，即稳定、高速和低内阻。只要达到这些要求，就能使单电源放大器达到与双电源放大器相同的性能。

没必要给每个放大器单独设置一个偏置电源，在一个系统中，只要各级放大器的所需的偏置电压相同，就可以共享一个片偏置电源。例如，图 4-34 放大器虚线框中的偏置点 A 需要的偏置电压也是 $V_{CC}/2$，就可以直接连接到这个偏置电源上。设计时偏置点的输出和吸入电流要大于所有偏置电流总和的 10 倍以上，这样即使在极端条件下也能使偏置点电位保持足够稳定，避免了电源电路的电流波动对放大器性能的影响。

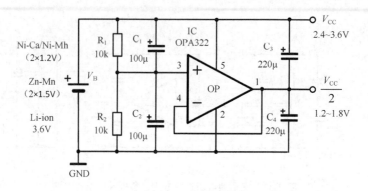

图 4-33　半电压偏置点电路

4.6.3　虚拟地电源

接下来介绍如何取消传统单电源耳机放大器输出级的耦合电容。单电源放大器的输出级通常是图腾柱电路，中点直流电位大约是电源的一半，而耳机的另一端是接地的，为了阻断放大器输出回路中的直流电流，必须在耳机和放大器输出端之间放置一个大容量电容器。这个电容是影响音质和产生 Pop 声的关键因素。在有源器件空前廉价的今天，可以考虑用 BTL 连接方式去掉这个耦合电容，电路如图 4-34 所示，用一个直流放大器作电平转换器使 C 点电平与 B 点电平相同，功率放大器就可以与耳机直接连接了。同电位使耳机中没有直流电流流过，就如同阻容耦合时接地一样，故称 "耳机虚拟地" 或 "输出级虚拟地"。这个电路与图 4-32 的工作原理相同，只是用电位器 VR 调整使虚拟地电平 C 等于放大器输出端电平 B。接在电位器可变端的 R_3、C_1 组成低通滤波器，旁路分压电阻产生的热噪声。这个滤波器的时间常数不能太大，否则调整电位器时，C 点电平会出现迟滞现象。也可以设计成自动跟踪电路，剩余误差会更小。没有必要给每个声道单独设计一个虚拟地，L、R 声道共用一个就可以了，虚拟地的输出和吸入电流必须等于或大于两个输出级的吸入电流和输出电流之和。

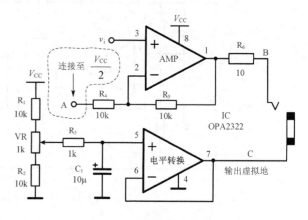

图 4-34　输出级虚拟地电源

4.7　低压耳机放大器中高频开关电源

模拟变换器的最大缺点是不能升高电压，对于使用一节电池的放大器来讲，低电压就成了制约性能的瓶颈。开关电源也称开关变换器，它能随意升高和降电池电压，也能改变电压的极性。带有控制系统的开关变换器也叫开关稳压电源，它不但能稳定输出电压或电流，还可以设计成多路电源，每路电源都可设计完整的保护功能，如过压、欠压、过流、短路、过热保护等电路。过去的传统观念认为电池的最理想的电源，故不少爱好者热衷于用汽车蓄电池给放大器供电。实际上现代开关电源能获得更好的性能，例如，几十微欧姆级的内阻，微秒级的瞬态响应，几百千赫兹甚至几兆赫兹的带宽等，这些指标远高于大容量电池组的性能。

开关电源的缺点是电路复杂，存在高频辐射，需要进行滤波和屏蔽处理，价格比线性电源昂贵。不过受益于电力电子和集成电路技术的进步，集成开关电源芯片发展很快，产品种类非常丰富。对于系统工程师和音频爱好者来讲，大家并不需要了解开关电源的设计知识，只需要了解一下简单的概念和使用方法就可以。

4.7.1 升压变换器

1. 升压变换器的原理

升压变换器也叫 Boost 电路或 Step-Up 电路，拓扑结构如图 4-35 所示，只用 4 个元器件（不包括电池 B_T 和负载电阻 R_L）就能完成升压功能。SW 是一个高频开关，在 SW 闭合期间，二极管 D 的正极接地，上个周期存储在电容上的电压 V_C 使 D 反偏而截止。电池 B_T 给电感 L 充电至 V_L。在开关 SW 断开期间，电感上的电压极性翻转，与电池电压串联相加后通过二极管给电容充电，使输出电压 $V_{OUT}=V_{IN}+V_L$，故称为升压变换器。如果在输出端接上负载 R_L，负载上就能获得比电池端电压高的输出电压

为了使输出电压稳定，人们发明了许多控制方法，例如，采样输出电压，用一个控制环路调整高频开关 SW 的占空比使输出电压保持不变，这种方法叫脉冲宽度控制（PWM）方式。也可以固定脉冲宽度，改变开关频率使输出电压不变，这种方法叫恒定导通时间控制（COT）方式。其他的控制方式还有脉冲密度控制（PDM）、峰值电流控制、纹波控制等。在绿色、节能理念的驱动下，开关电源的研究是当今最活跃的技术领域之一，每过几年都会有效率更高、工作更稳定的控制方法被发明出来，但基本拓扑结构总是不变的。

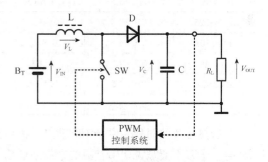

图 4-35 升压变换器的拓扑结构

2. 镍氢电池升压集成电路

过去的便携式电器中，经常用 AA 型和 AAA 型电池供电，这些电池中有端电压 1.5V 的锰锌电池和 1.2V 的镍镉和镍氢电池，在锂电池普及之前，这三种电池是民用电池的主流。由于价格便宜和安全性好，现在仍在大量生产和广泛应用中。

针对这类电池设计的升压集成电路，启动电压通常设计在 0.9V，与电池的终止放电电压相吻合。最低工作电压要低于启动电压，通常设计在 0.7V。更低的工作电压在技术上有难度，绝大部分产品都高于 0.6V，仅有少数几种产品能低到 0.3V。如果只针对一节电池应用，芯片最高输入电压大于电池端电压 10%就可以了。不过芯片厂商为了扩展产品应用范围，往往会考虑 1～3 节电池串联应用的情况，故大多数芯片输入电压设计在 0.7～5.5V。

输出电压主要受变换器的物理原理限制，Boost 结构的升压变换器的升压比在 1.5～3 倍时最稳定，大于 3 倍就会出现内阻增大、负载效应严重和控制环路不稳定等缺点，这种结构的极限升压比是 8，继续增大在技术上存在困难。故最低输入电压在 0.7V 时，极限输出电压是 5.6V，这就是大部分芯片的输入电压设计在 0.7～5.5V 的原因。Boost 变换器在 1.2V 输入电压下，输出电压是+5V 时的升压比是 4.17，这是使用一节镍氢电池能得到的最高实用电压。

综合电池的物理特性和 Boost 结构的最佳工作条件，1.2V 的镍镉和镍氢电池升压到标称电压+3.0V 性能最佳，1.5V 的锰锌电池升压到标称电压+3.3V 也有良好的性能。把这些 AA 型电池电压升压到

+5.0V 已偏离了 Boost 转换器的最佳工作状态，会出现最大输出电流下降，能量转换效率降低的缺点。过高的升压比还会使电池工作在高倍率放电状态下，放电电压变化剧烈，从而使荷电容量不能充分利用，缩短了电池的放电时间。

表4-4 是市面上具有代表性的几种镍氢电池升压集成电路，拓扑结构大部分是同步式 Boost 变换器，所谓同步是指图 4-35 中的续流二极管 D 用功率 MOS 管替代，以获得更高的效率和更小的内阻。芯片种类还有功率 MOS 管内置和外置的区别，内置产品体积小、外围电路简洁，但输出电流较小，现在大部分产品都是 MOS 内置的同步 Boos 结构；外置 MOS 管能获得较大的电流，缺点是外围电路复杂，如 NCP1450A。芯片的开关频率通常在几百千赫兹至几兆赫兹，未来会越来越高，现在最高已达到 30MHz。瞬态响应速度取决于控制环路的带宽，通常带宽大约是开关频率的 1/5。开关变换器的输出纹波幅度能做到输出电压的 1%，输出更小的纹波可以在输出端串联一个 LDO，如 TPS61098x。

表 4-4　具有代表性的镍氢电池升压芯片

型号	输入电压（V）	输出电压（V）	最大输出电流（mA）	效率（%）	拓扑结构
SGM6603	0.9 ~ 1.3	2.5 ~ 5.5	75	94	同步升压
NCP1450A	0.9 ~ 4.5	1.8 ~ 5.0	1000	81	升压，外接 MOS
L6920	0.6 ~ 5.5	3/5.5	500	93	同步升压
LTV61225	0.7 ~ 3.3	3.3	160	93	同步升压
TPS6120x	0.3 ~ 5.5	1.8 ~ 5.5	600	96	同步升压
TPS61098x	0.7 ~ 4.5	4.3	100	97（Boost）	同步升压带 LDO
LTC3422	0.5 ~ 4.5	2.25 ~ 5.25	600	90	同步升压
MAX1703	0.7 ~ 5.5	2.5 ~ 5.5	1500	95	同步升压

在选择芯片的时候，要仔细阅读产品的数据书册，手册上没有的指标要从厂家提供的演示板上实测获得。千万不要被说明书首页的数据所迷惑，好看的数据都是在某种极限条件下测试的，并不表示常态下的工作数据。例如，MAX1703 的最大输出电流是 1.5A，这是输入电压是 3.6V，输出电压是 5V，效率 88% 的条件下测试的数据。我们的应用条件是一节镍氢电池，即在输入电压为 1.2V，输出电压为 5V 时，最大输出电流会下降到 450mA，效率也会降低到 71%。最佳的输出电流应该是 150mA，这时的效率可接近 88%。

3. 锂电池升压集成电路

锂电池的端电压是 3.7V，按 Boost 变换器的最佳升压比 1.5 ~ 3 计算，可获得 5.55 ~ 11.1V 输出电压，如果按极限升压比 8 来计算，可得到 29.6V 的输出电压。锂电池能量密度高，比能量大，自放电率低，充电速度快，无记忆效应，是升压变换器的最佳输入电源。

锂电池的终止电压大约是 3.3V，针对一节锂电池的变换器的最低工作电压通常设计在 2.7V 左右，最高输出电压不超 5.5V。

锂电池开关电源的拓扑结构呈现多元性，升压电路仍以同步 Boost 变换器为主流，近几年电荷泵结构开始兴起。本文极力推荐输出电压为 ±3.3 ~ ±5.0V 的芯片，这类芯片是针对驱动 OLED 显示屏所设计的，能输出正、负电压或多组电压，正好适合给小功率放大器供电，如 TPS65130 ~ 65133、TPS65135 等型号。还有一类可配置成多种拓扑结构的万能变换器，也很容易设计成正负对称电源，而且有足够大的输出电流，如 NCP3063 ~ 3066、MC34167 等型号。

市面上锂电池升压芯片非常丰富，全世界有 40 多个产商生产锂电池管理芯片，产品型号有上千种，表 4-5 是适合于给耳机放大器供电的几种代表性产品。

表 4-5 具有代表性的锂电池电压变换芯片

型号	输入电压（V）	输出电压（V）	最大输出电流（A）	效率（%）	拓扑结构
SGM6605	2.7～5.5	5.0	0.4	90	同步升压
FAN48611	2.7～4.8	5.25	0.35	92	同步升压
MAX1687	2.7～6.0	1.25～6.0	0.45	90	Boost
LM2750	2.7～5.6	2.9～5.6	40～120mA	70～85	电荷泵
LTM8049	2.7～20	±12.0	0.25	72	Sepic
TPS65131	2.7～5.5	±15.0	0.2	正轨91，负轨85	Boost
NCV5173	2.7～30	可选择	1.0	82～94	Boost*
MC34613	2.5～40	可选择	0.7	73～90	Boost*

注*：可设置成 Flyback，Forward，Inverting 和 Sepic 结构。

4.7.2 负压变换器

当没有合适的双路变换器时就要用负压变换器，负压变换器有三种结构，它们分别是 Buck-Boost 变换器、Cuk 变换器和负压电荷泵，下面分别介绍这些负压变换器的工作原理。

1. Buck-Boost 变换器

Buck-Boost 变换器也是由 4 个元器件组成，拓扑结构如图 4-36 所示。在高频开关闭合期间，二极管被电池电压反偏置，电池给电感充电，电流转换成磁场存储在电感中。在高频开关断开期间，电感中的磁场方向翻转而产生反向电动势，二极管导通，电感上的电压下正上负，由 L 的下端出发，流经→C→D→返回 L 上端，结果是电容 C 上的电荷下正上负，完成了电池电压的极性转换功能。为了使输出电压稳定，也需要一个控制回路进行自动调整。为了提高效率，也可以用功率 MOS 管替代二极管 D，这种结构叫同步翻转器或同步负压变换器。

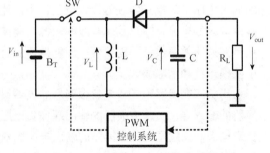

图 4-36 Buck-Boost 变换器的拓扑结构

2. Cuk 变换器

另一种很有用的负压产生电路称为 Cuk 变换器，基本电路由 6 个元器件组成，拓扑如图 4-37 所示，这是一种两级变换器，在高频开关 SW 闭合期间，电池给 L_1 充电。V_1 被拉到地电位，上一个周期存储在 C_1 中电荷极性为左正右负，它的电场能量以电流形式通过 SW 向负载供电，同时向串联在放电回路中的电感 L_2 充电。C_1 上的能量一部分消耗在负载上，一部分转移到 L_2 中。

在开关 SW 断开期间，电源电压和与 L_1 上的电压串联给 C_1 充电。由于 C_1 右端被二极管 D 钳位到 PN 结正向电压（0.4～0.7V）。此时，L_2 左端接近零电平，右端电位是-V_{OUT}。上一个周期 L_2 上存储的磁场能以电流形式通过二极管 D 传递给负载。

显然，Cuk 变换器是一个两级变换器，效率比 Buck-Boost 低。通常把 L_1 称输入电感，L_2 成输出电感，C_1 是转移电容。由于输入电感和输出电感中的电流是连续的，没有跳变，具有较好的 EMI 性能和较小的纹波。另外，输出电压的绝对值可高于输入电压也可低于或等于输入电压，因而是一个升降压翻转变换器。

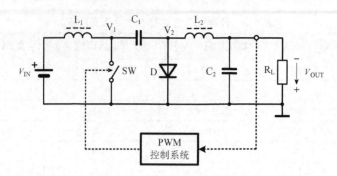

图 4-37 Cuk 变换器的拓扑

3. 负压电荷泵

电荷泵也称开关电容电压变换器，它是利用电容储能的 DC-DC 变换器，电荷泵电路起源于古老的倍压整流电路。最近 10 年发明了许多新的拓扑结构，如 1.5 倍升压电路、半压电路、2/3 倍降压电路、负压电路等。过去的电荷泵变换器开关频率低，只能输出较小的电流，现在应用数兆赫兹的高频开关后用微法级的高频陶瓷电容就能获得安培级的电流。电荷泵电源结构简单，没有电感带来的电能损耗和电磁干扰，最高效率能达到 97%，是发展前景良好的电力电子器件。负压电荷泵的原理在第 3 章的 3.2.2 节中已介绍过，这里不再重复。

4. 负压集成电路

由于负压变换器拓扑结构的多样性，选择芯片要比升压集成电路更费精力和时间。首先要了解各种拓扑结构的特点，电荷泵结构外围电路简单，能量转换效率高，但输出纹波大。大多数电荷泵芯片的输出电压绝对值只能跟随输入电压，不能随意调整。Buck-Boost 转换器输出电压能够随意设置，能提供较大的电流，缺点是转换效率较低，需要储能电感。Cuk 能输出高质量的负压，EMI 特性好。缺点是变换器效率最低，需要两个储能电感。有些芯片要求把两个电感绕制在一个磁芯上，利用互感减小共模干扰和消除纹波。

用负压变换器设计双电源很麻烦。先要设计一个升压电源，再把升压电源的输出电压送到负压变换器的输入端，负压变换器的输出端作负电压，升压电源的输出端作正电压，这样才能组成一个正、负双电源。问题是负压变换器的输出电压绝对值往往会低于输入电压，这样设计的正、负电源的电压值不对称，需要进一步稳压，看本章 4.8.1 小节的设计实例就知道有多麻烦了。

负压集成电路的产品也很丰富，选择和应用时一定要能与升压芯片相匹配，需要反复对比，仔细阅读产品的说明书，否则难以选到合适的芯片。表 4-6 是市面上具有代表性的负压集成电路，遗憾的是缺失 Cuk 结构的芯片。

表 4-6 具有代表性的负压集成电路

型号	输入电压（V）	输出电压（V）	最大输出电流（mA）	效率(%)	拓扑结构
TPS6040x	1.8 ~ 5.25	−1.6 ~ −5.0	60	82	电荷泵
MAX889	2.7 ~ 5.5	−2.5V ~ −V_{IN}	200	75	电荷泵
LT1614	5.0	−5.0	200	73	Buck-Boost
TPS63700	2.5 ~ 5.5	−2.0 ~ −15	200	84	Buck-Boost
TPS7635	4.0 ~ 6.2	−5.0	200	78	Buck-Boost
ADP5074	2.85 ~ 15	−V_{IN} ~ −39	600	75	Buck-Boost
PTN04050	2.9 ~ 7.0	−3.3 ~ −15	1000	84	模块
MAX1673	2.0 ~ 5.5	−1.0V ~ −V_{IN}	1250	82	电荷泵

4.8 开关电源设计举例

本节介绍两个开关电源的设计实例，一个是把单节镍氢电池电压变换到±5V 的实例，另一个是把单节锂电池电压变换到±12V 的实例。然后介绍改善开关电源电磁干扰的方法。

4.8.1 把 1.2V 升压到±5V 的开关电源

本设计项目是把 1.2V 的镍氢电池电压变换成±5V 双电源对称电压，最大输出电流 150mA。为了简化设计，尽量用集成开关电源芯片进行设计，在没有商品 IC 可用时可以用分立元器件设计部分电路。设计步骤如下。

（1）确定项目的总体结构

这个项目由 3 个模块组成，第一个模块是把 1.2V 升压到+5.5V 的升压变换器，第二个模块是把+5.5V 变换到−5.0V 负压变换器，第三个模块是把+5.5V 自动调整到+5.0V 串联稳压电源。这里先给出图 4-38 电源原理图，因为这是一个事先完成的电路，设计过程中电路的参数都标注这张图中。

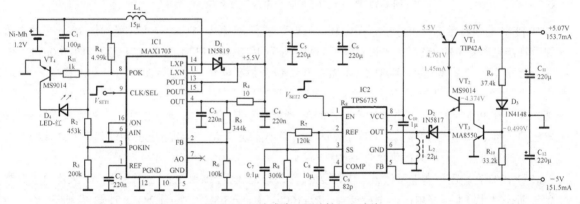

图 4-38　跟踪式稳压器的性能和造价

（2）计算电池的最大放电电流

镍氢电池的满容量端电压大于 1.3V，终止放电电压为 1.0V。本设计中留有裕量，设开关电源的最高输入电压为 1.2V，最低输入电压为 0.9V。开关电源中第一个模块的输出电压是 5.5V，输出电流是 300mA。用下式计算电池在最低和最高端电压下需要提供的放电电流：

$$I_{\max} = \frac{V_O}{V_{B\min}} \times I_O = \frac{5.5}{0.9} \times 300 \approx 1.8333(\text{A})$$

$$I_{\min} = \frac{V_O}{V_{B\max}} \times I_O = \frac{5.5}{1.2} \times 300 \approx 1.375(\text{A})$$

（4-5）

上式的计算并没有考虑损耗，实际的电流会更大。查看 AA 型镍氢电池说明书，在满容量（1.2V）时能够提供大于 2A 的放电电流。但在终止放电电压（1.0V）下内阻很大，不能提供 1.3A 的电流，这就是用单节镍氢电池设计升压比变换器所面临的最大困难。

（3）选择升压芯片

尽管现在的集成 DC-DC 产品非常丰富，但选择符合式（4-5）的升压芯片仍比较困难，从多家厂商的产品目录中地毯式搜寻，也只有 MAX1703 能满足要求，这是一个采用 Boost 结构的同步 DC-DC 芯片，具有 300kHz 固定开关频率和 PFM、PWM 两种工作模式。内部有两个附加比较器，一个用于控制串联在 Boost

之后的辅助线性调整器，用来进一步减少纹波，本设计中没有采用。另一个用来检测输出电压跌落，指示正常工作状态，本设计利用这一功能在输出电压从 5.5V 跌落到 4.1V 时从 POK 引脚给出欠压指示信号。

从芯片的图 4-39 所示的负载电流与效率曲线图上看，在 V_{IN}=1.2V，V_{OUT}=5V 条件下，输出 300mA 时的效率是 80%，本设计的输出是 5.5V，效率估计在 75% 左右。数据手册中没有 V_{IN}=0.9V，V_{OUT}=5V 测试数据和图表。只有 V_{IN}=0.9V，V_{OUT}=3.3V 条件的测试图表，在这一条件下，输出 300mA 时的效率是 70%。

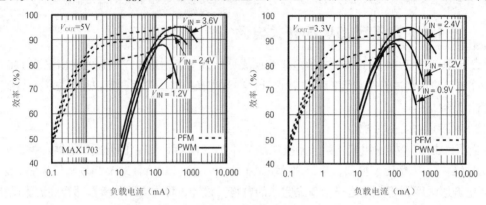

图 4-39　MAX1703 的负载电流与效率特性曲线图

从 PFM 曲线看出这种工作模式在轻载状态效率较高，但输出 5V 时最大只能提供 100mA 的电流。本设计在启动时把 CLK/SEL 引脚设置在低电平，使芯片工作在 PFM 模式，启动后延时 700μs 时间，待芯片处于稳定工作状态后，再把 CLK/SEL 引脚设置为高电平，使芯片工作在 PWM 模式。模式设置由一个 MPU 完成，开机后是由程序自动完成设置过程。启动模式控制对一节镍氢电池的应用尤为重要，因为在 PFM 模式下可进行软启动，0.9V 就能启动芯片工作，启动以后，在轻载条件下最低输入电压可低到 0.7V 仍不会停机。而在 PWM 模式下不能软启动，启动电压也要升高到 1.0V 以上。

（4）计算升压芯片的外围元器件参数

MAX1703 在输出可调电压状态工作时要外设采样分压电阻 R_5 和 R_6，通常是固定下采样电阻数值，根据下面公式计算上采样电阻。本设计中，R_6=100k，V_{OUT}=5.5V，V_{FB}=1.24V，计算 R_5 等于：

$$R_5 = R_6 \left(\frac{V_{OUT}}{V_{FB}} - 1 \right) = 100 \times \left(\frac{5.5}{1.24} - 1 \right) \approx 343.548 \, (k\Omega)$$

计算结果是非标称值，取 1% 精度 E196 系列的标称值 344kΩ。

本设计的最低输出电压是 +4.1V，依据是镍氢电池的剩余容量在 10% 的端电压大约是 +1.05V，而 MAX1703 的输出电压从 +5.5V 下降到 +4.1V 时对应的输入电压也是 +1.05V。故在输出正常电压指示电路设计中，取 R_3=200k，V_{TH}=4.1V，V_{REF}=1.25V，计算 R_2 等于：

$$R_2 = R_3 \left(\frac{V_{TH}}{V_{REF}} - 1 \right) = 200 \times \left(\frac{4.1}{1.25} - 1 \right) = 456 \, (k\Omega)$$

取 E196 电阻系列标称值 453kΩ。

输出正常电压指示电路由 R_1、R_{11}、VT_4 和 D_4 组成，当输出电压为 +4.1 ~ +5.5V 时，POK 端输出高电平，晶体管 VT_4 导通，LED 点亮，指示输出电压正常。当输出电压低于 4.1V 时，POK 端电压变低，晶体管 VT_4 截止，LED 熄灭，警示电池容量不足。

输出电压由 R_2 和 R_3 分压后连接到芯片的 POKIN 引脚，与芯片内部比较器的参考电压 1.25V 比较，高于参考电压时比较器输出端 POK 为高电平，否则为低电平。

对于开关电源来讲储能元件的计算和选择是重要的工作，L_1 的电感量可在 4.7 ~ 15μH 选择，饱和电流要大于功率开关的峰值电流（2.7A），较高的电感值有利于降低功率开关所承受的峰值电流，允许输出更大的电流。输出电容 C_5 和 C_6 应该用 *ESR* 小于 $100m\Omega$ 的钽电容，不能用铝电解电容，否则纹波和高频干扰会很大。也不能用陶瓷电容，因为 *ESR* 过小，会造成控制环路不稳定。输入电容 C_1 选择比较宽松，用铝电解电容就可以了，较高的容量能减小芯片汲取的峰值电流，并能减少开关噪声；但也不能过大，因为带电连接时会出现极高的浪涌电流。同样的原因也不要选择固态钽电容，因为浪涌电流会使其失效，而本身较小的 *ESR* 会比铝电解电容产生更大的浪涌电流而加速损坏。在用镍镉电池或锰锌电池的设计中，由于放电后期电池的内阻较大，应该在 C_1 上并联一个 $100pF$ 的高频陶瓷电容，有利于减小开关噪声。

另外，开关频率高和峰值电流大使 PCB 的布局成为影响电源质量的重要因素，布局不良会导致 EMI 和噪声，基本原则是电感和二极管要靠近芯片放置，走线应短、直、宽，滤波电容 C_2、C_3 距离芯片连线的长度要在 5mm 之内，信号地铜箔层仅在一点和功率地铜箔层连接。要应用好这个器件，要仔细阅读数据手册和厂家提供的 DEMO 板。

（5）选择负压转换芯片

负压芯片的选择原则是输入电压范围要覆盖 MAX1703 的输出电压变化范围，输出电压固定为 –5.0V。搜寻对比多家产商的产品后选择了 TPS6735，它是一个 Buck-Boost 结构的开关转换器，数据手册上给出的指标是输入电压+4 ~ 6.2V，输出电压–5V，最大输出电流 200mA（$V_{CC} \geqslant 4.5V$），160kHz 固定开关频率，电流控制模式。从图 4-40 的负载电流与效率曲线图上看，在 $V_{IN}=5.0V$，$V_{OUT}=-5V$，输出 200mA 条件下，电能转换效率接近 76%。本设计的输入电压为+5.5V，效率估计在 77%左右。这个芯片也可用 MAX735 直接替代，封装和引脚是兼容的。

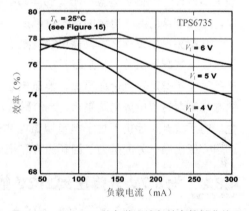

图 4-40　TPS6735 的负载电流与效率特性曲线图

（6）设计跟踪调整器

由于正电压是+5.5V，负电压是–5.0V，必须把正电源调整到+5V，方法是在正电源输出端串联一个 LDO。用三个晶体管 $VT_1 \sim VT_3$ 组成一个简易的 LDO，以–5V 为基准，调整正电压跟踪负电压，使输出始终保持在 ±5V，不随负载变化而波动。二极管 D_3 用来补偿的 VT_3 发射结正向压降，由于二极管的正向压降与 VT_3 发射结的正向压降并不完全相等，产生的误差会使正、负电压不对称，可通过微调采样电阻的值进行补偿。图中的电压值和电流值是在正、负电源同时驱动两个 33Ω 负载条件下调整 R_9 和 R_{10} 为图中阻值时得到的最佳值。

（7）设计上、下电时序

这个开关电源是用一个 MPU 控制的，初始状态是把 IC1 的 CLK/SEL 和 IC2 的 EN 均设置为零电平，上电时 MAX1703 处于软启动状态，启动后进入 PFM 模式，经过 $400\mu s$ 后把 TPS6735 的使能脚 EN 设置为高电平，使 IC2 开始工作，再延迟 $300\mu s$ 后把 IC1 的 CLK/SEL 设置为高电平，使 IC1 转换到 PWM 模式。这样设置能有效地降低启动电压和启动引起的冲击电流，使镍氢电池在放电后期容量减小端电压很低的情况下也能启动开关电源。下电时可以同时掉电，不用设计下电时序。

（8）评估性能和造价

用集成电路设计的开关电源，只要设计正确基本上能达到数据手册上的指标。对于这个电源，我们最关心的是所设计的软启动和延迟上电时序是否能带来好处？

先用可调稳压电源作输入电源进行测试，正、负电源负载为 33Ω 水泥电阻。当输入电压在 0.9V 时，在软启动和延迟上电时序下，能顺利启动，经约 1ms 后进入 PWM 模式下，输出电压为+3.2V/–0V，正电源输出电流 97mA，由于 IC2 的输入端低于工作电压而不工作，负电压为 0V。当输入电压在 1.2V 时，输出电压为（4.92～5.1V），输出电流为–149～153mA。

作为对比，去掉软启动和延迟上电功能后，直接设置 IC1 工作在 PWM 模式下，输入电压在 1.57V 才能启动，启动后输出电压和负载电流正常。这一测试结果说明软启动和延迟上电对于使用单节镍氢电池的开关电源起关键作用。

用镍氢电池测试，满容量电池（端电压 1.30V）的输出电压和电流满足设计要求。用 1.0V 的电池虽然能启动，但 IC1 的输出电压会跌落到 2.1V。这是剩余容量很小、内阻升高所导致的。

测试结果表明开关转换器是满足设计要求的，但单节镍氢在高倍率放电状态下性能较差，用一节 2000mAh 的镍氢电池作输入源，充满电后满载工作时间只有 42 分钟。不过驱动图 4-28 分配放大器，在响亮级音量下能连续工作 5 小时。虽然续航时间不长，使用结果还是可以接受的。

从 BOM 表上看，这个电源的造价是昂贵的，大约是放大器本身造价的 2 倍多。其中 MAX1703 的售价是$4.59/1k 片，TPS6735 的售价是$3.33/1k 片，这两块芯片的价格占了总成本的 90%。

从这个实例使我们认识到，即使在电子技术高度发达的今天，设计一个单节 AA 型电池的开关电源仍然是一件很有挑战性的工作。幸好现在的锂电池价钱很便宜，锂电池升压芯片也很丰富，如果用锂电池设计一个±5V 电源，所有的问题都会变得简单和容易，选择 18650 电池和 PTS65133 芯片就可以，电路非常简洁，电源的造价会降低一半，而且指标更好，放电时间也更长。

介绍完这个设计之后，需声明的是这个开关电源是 2000 年设计的，带有明显的时代烙印。那时候迅速发展起来的镍氢电池取代了历史悠久的镍镉电池和锰锌电池，当时的锂电池还处于黎明时期，产品质量不稳定而且价格昂贵，镍氢电池是最好的选择，当时也没有更先进的转换芯片可用。从今天的眼光来看这个电源电路复杂，造价昂贵，性能也不完美。后来 MAX1703 已升级到 MAX1763，虽然性能有所提升，但仍不适于单节镍氢电池变换到±5V 的应用，更合理的设计应该是变换到±3.3V。在这里介绍出来一方面是为了回顾历史和记录生活，另一方面是为爱好者 DIY 提供一个基点。

4.8.2 把 3.7V 升降压到±12V 的开关电源

下面的设计是把 3.7V 的电压变换成±12V 的双电源对称电压，最大输出电流 150mA。这个项目中选择了技术先进的锂电池升压芯片，直接用单芯片完成这个设计。先给出图 4-41 整机电路，是用 TPS65131-Q1 实现的。

TPS65131-Q1 是一款双输出 DC-DC 变换器，其中的一个是升压变换器，最高输出电压为+15V，另一个是负压变换器，最低输出电压为–15V。输入电压为 2.7～5.5V，两个变换器是彼此独立工作的，共享一个时钟和基准参考电压，最低 1.25MHz 固定开关频率，PWM 控制方式，轻载在 DCM 模式下运行，重载在 CCM 模式下运行，设有热关断和输出过压保护功能，小型 4mm×4mm QFB-24 封装。

（1）设置输出电压

输出正电压 V_{POS} 经过电阻 R_2 和 R_3 分压后输入到 FBP 引脚，芯片内部的基准参考电压 V_{REF}=1.213V，通常是固定 R_3，代入下式求解 R_2：

$$R_2 = R_3\left(\frac{V_{POS}}{V_{REF}} - 1\right)$$

由于现代 DC-DC 变换器都具有低功耗特性，FBP 引脚的电流只有 0.05μA。为了保证采样精度，设流过分压电阻的电流为 5μA 左右，大约是芯片内部比较器电流的 100 倍。这样用上式计算得到的 R_2 在兆欧数量级。在 E196 系列中，电阻的计量精度是 3 位有效数字，故兆欧级的高阻电阻的绝对精度较低，因而先固定 R_2=1MΩ，当输出电压 V_{POS}=12V 时，代入上式反推得到的 R_3=112.450kΩ，取 E196 系列中最接近的标称值 113kΩ。

输出负电压 V_{NEG} 经过电阻 R_4 和 R_5 分压后输入到 FBN 引脚，设计输出负压 V_{NEG}=−12V，V_{REF}=1.213V，设 R_4=1MΩ，用下式反推得到 R_5=101.083kΩ，取 E196 系列中最接近的标称值 101kΩ：

$$R_4 = -R_5\left(\frac{V_{NEG}}{V_{REF}}\right)$$

（2）选择电感

电感的选择原则是它的饱和电流要大于开关电源的最大峰值电流，在这个芯片中开关的限流阈值是 1950mA，流过开关和电感的最高峰值电流取决于负载电流和输出电压，故先用下式计算升压变换器的峰值电流 I_{L_P} 和负压转换器的峰值电流 I_{L_N}：

$$I_{L\_P} = \frac{V_{POS}}{V_{IN}\times 0.64}\times I_{POS} = \frac{12\times 0.15}{3.7\times 0.64} \approx 0.760(A)$$

$$I_{L\_N} = \frac{V_{IN}-V_{NEG}}{V_{IN}\times 0.64}\times I_{NEG} = \frac{3.7-(-12)}{3.7\times 0.64} \approx 0.995(A)$$

电感在工作时的纹波电流通常应小于峰值电流的 20%，已知开关频率 f=1.25MHz，纹波电流 ΔI_{L_P}=0.2I_{L_P}，ΔI_{L_N}=0.2I_{L_N}，代入下式计算电感值：

$$L_1 = \frac{V_{IN}(V_{POS}-V_{IN})}{\Delta I_{L\_P}\times f\times V_{POS}} = \frac{3.7\times(12-3.7)}{0.2\times 0.76\times 1.25\times 10^6\times 12} \approx 1.347\times 10^{-5}(H)$$

$$L_2 = \frac{V_{IN}\times V_{NEG}}{\Delta I_{L\_P}\times f\times(V_{NEG}-V_{IN})} = \frac{3.7\times(-12)}{0.2\times 0.995\times 1.25\times 10^6\times(-12-3.7)} \approx 1.367\times 10^{-5}(H)$$

选择饱和电流大于 2.5A，标称电感量为 15～47μH 的罐型或工字型铁氧体芯电感，此设计选择了 33μH 的罐型电感。

（3）选择输入电容

开关电源的输入端连接的是电池，锂电池虽然被当作理想的电压源，随着放电时间的增加，容量不断减小，内阻不断在增大。为了改善变换器的瞬态特性和 EMI 行为，输入端至少要有一个 4.7μF 的陶瓷电容，选择钽电容要并联一个 100pF 的陶瓷电容。

（4）选择输出电容

输出电容决定了开关转换器的最大允许电压纹波，容值和等效串联电阻（ESR）这两个参数会影响纹波。假设 ESR 为零，最小纹波电压为 10mV，分别用下式计算正负电源所需的最小电容量：

$$C_{POS\_min} = \frac{I_{POS}(V_{POS}-V_{IN})}{f\times\Delta V_{POS}\times V_{POS}} = \frac{0.15\times(12-3.7)}{0.2\times 10^6\times 10\times 10^{-3}\times 12} \approx 8.3\times 10^{-6}(F)$$

$$C_{NEG\_min} = \frac{V_{NEG}\times I_{NEG}}{f\times\Delta V_{NEG}\times(V_{NEG}-V_{IN})} = \frac{-12\times 0.15}{1.25\times 10^6\times 10\times 10^{-3}\times(-12-3.7)} \approx 9.172\times 10^{-6}(F)$$

正电源输出电容用 4 个容量为 4.7μF 的钽电容并联，总容量为 18.8μF，如图 4-41 中的 C_8～C_{11}；负电源输出电容也用 4 个相同的钽电容并联，如图 4-41 中的 C_{14}～C_{17}。假设每个陶瓷电容的 ESR=10mΩ，计算 4 个陶瓷电容并联产生的附加纹波分量：

$$\Delta V_{ESR\_P} = I_{POS} \times C_{ESR\_C4} = 0.15 \times \left(10 \times 10^{-3}\right)/4 = 3.75 \times 10^{-4}\,(\text{V})$$

$$\Delta V_{ESR\_N} = I_{NEG} \times C_{ESR\_C5} = 0.15 \times \left(10 \times 10^{-3}\right)/4 = 3.75 \times 10^{-4}\,(\text{V})$$

电容的 ESR 产生的附加纹波只有 0.375mV，由于正负电源所选择的输出电容约为计算值的 2 倍，总输出纹波小于 10mV 是能够达到的。

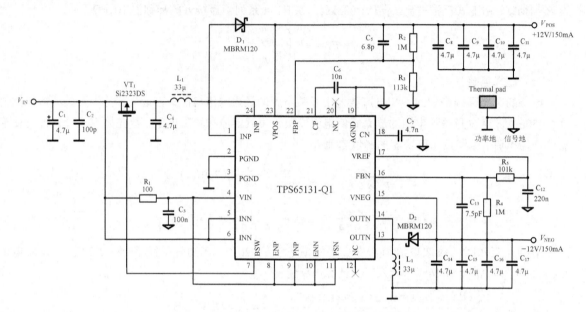

图 4-41　锂电池 3.7V 转换到 ±12V 的集成电源电路

（5）选择整流二极管

为了减少损耗，D_1、D_2 应选择肖特基二极管，MBRM120 的正向电流为 1A，远大于输出电流，耐压 20V，大于输出电压。

（6）选择外部 PMOS 管

为了在负载关断期间确保电池与开关电源也完全切断，在电池与芯片之间添加了一个 PMOS 功率管 VT_1，用芯片的 BSW 引脚电压控制 PMOS 的栅极电压进行开启和关闭操作。选择 Si2323DS，最大电流 4A，耐压 12V。

（7）选择加速电容

这个芯片的控制环路采用了 PID 控制，比传统的 PI 控制瞬态响应更快捷。实现的方法是在正负输出电压的采样分压电阻的 R_2 和 R_4 上并联小电容 C_5 和 C_{13}，使每个控制环路了产生一个零点，如果正电压的采样时间常数设置为 6.8μs，负电压的采样时间常数设置为 7.5μs，用下式计算各自的加速电容：

$$C_5 = \frac{6.8}{R_2} = \frac{6.8}{1 \times 10^6} = 6.8 \times 10^{-12}\,(\text{F})$$

$$C_{13} = \frac{7.5}{R_4} = \frac{7.5}{1 \times 10^6} = 7.5 \times 10^{-12}\,(\text{F})$$

计算结果都是电容的标称值，选择 C_5=6.8pF，C_5=7.5pF。加速电容能明显提高控制环路的瞬态响应速度，缺点是容易把毛刺和噪声引入反馈环路产生不稳定现象，解决的方法是在加速电容支路里串联 10~100kΩ 的电容来限制微分带宽，牺牲一些瞬态响应速度而获得较高的稳定性。

（8）环路补偿电容

由于半导体平面工艺不适合集成大容量电容，PID 控制环路中的电容必须外接，升压变换器的控制环路补偿电容接在 CP 引脚，负压变换器的控制环路补偿电容接在 CN 引脚。如图 4-41 中的 C_6 和 C_7。

（9）输入滤波器

为了减小芯片的输入噪声，可以在 INN 引脚与 VIN 引脚之间接入π型滤波器，有 RC 和 LC 两种滤波器可供选择。RC 滤波器简单稳定，但会影响上升沿转换速率，如图 4-41 中的R_1、C_2、C_3。LC 滤波器能获得大于 275mV/μs 的上升速率，只要把图 4-41 中的 R_1 换成铁氧体磁珠就可以了，磁珠的额定电流要大于最大输入电流的 1.5 倍。

（10）关于散热

该芯片的推荐结温 T_J 为–40℃ ~ 125℃，采用 24 引脚 QFN 封装，尺寸为 4mm×4mm，热阻为 $R_{θJA}$=34.1℃/W。手册上建议的工作环境温度为 T_A=–40℃ ~ 105℃。使用下面公式计算最大功耗 P_{Dmax} 与 T_A 的关系：

$$P_{D\max} = \frac{T_J - T_A}{R_{θJA}} = \frac{125 - 27}{34.1} \approx 2.87 (\mathrm{W})$$

在室温下（27℃）芯片的最大功耗小于输出功率，需要把芯片中心的散热垫与印刷电路板 PGND 平面相连，并布局面积足够大的裸露的 PGND 铜箔面积帮助散热。

（11）PCB 布局准则

所有 DC-DC 的 PCB 布局原则是相同的，基本上是围绕着减小损耗，减少 EMI 和散热这些问题的进行的。这个芯片的外围元件较多，热阻较大，用多层板布局能获得较好的性能，设置专门的 PGND 平面和 AGND 平面，两个平面在一点连接，将 PGND 平面与芯片裸露的散热垫相连。PCB 布局是一项实践性很强的工作，一旦做成后几乎没有修改的余地，在动手前先参考厂家提供的 DEMO 板和设计指南，不要照抄，仔细分析其缺陷和提出改进方案后才能布局出适合自己产品的电源。

（12）性能测试

在环境温度为 20℃条件下，实测关断电流为 0.16μA，静态电流为 290μA。当环境温度上升到 100℃时，关断电流上升到 0.27μA，静态电流上升到 328μA。

图 4-42 所示的是 3.5V 输入电压，±12V 输出电压，功率节能模式关断条件下实测的负载电流与效率的特性曲线。正电源的最高效率是 73%（负载电流为 70mA），负电源的最高效率是 79%（负载电流为 80mA），当负载电流增加到 150mA 时正电源效率下降到 67%，负电源效率下降到 78%。

在实际应用中，用 3400mAh 的 18650 锂电池作该开关电源的输入电压，给图 4-30 所示的放大器供电，在响亮级响度可连续工作 29 小时。

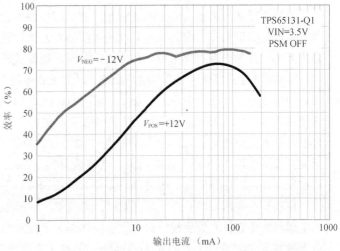

图 4-42 功率节能模式关断下的负载电流与效率的特性曲线

4.8.3 开关电源耳机放大器中的电磁干扰和对策

1. 开关电源的噪声产生原因

电磁干扰（EMI）噪声是高频开关产生的，开关器件流过的电流，电压的变量率（dv/dt）和开关的频率这三个因素是产生电磁干扰的原因，故开关电源中的功率 MOS 管、同步整流 MOS 管和整流二极管是最主要的干扰源。EMI 噪声有两种类型，即传导噪声和辐射噪声，简单地讲就是导线携带的噪声和与导线无关的噪声。

2. 减小辐射噪声的方法

开关电源的辐射噪声是很难处理的，一旦辐射噪声产生，几乎就没有任何方法减小。我们解决的办法就是避免它产生。辐射噪声产生的源头是功率开关，它所辐射的能量大小与开关信号线的环路面积有关，环路面积是指从功率开关流出电流的导线和返回电流的导线所包围的面积，两根线越靠近，包含的面积越小，*EMI* 就越小。故这两根线是双绞线时噪声最小，但双绞线在 PCB 不好实现，只能用靠近、平行、在隔一段距离后交叉一下位置等方法模拟双绞线。实际布局时两根线之间会有元器件或者受到其他因数限制，不能靠近和平行，那就只能设法使两根线之间包围的面积最小。开关信号线最忌讳的就是在 PCB 上兜一大圈后才返回，这种情况下开关信号线就等效于一根天线，高频电磁波就从天线辐射出去被周围的元器件所接收就变成干扰信号。如果采样多层 PCB，输入和输出回路包围的面积能减小到两层铜箔之间，天线效应也能显著减小。

处理辐射噪声的另一个方法是屏蔽，由于电磁波是由电场信号和磁场信号组成的，故要针对两种场能量进行屏蔽。铜、铝屏蔽罩只能屏蔽电场信号，而镍铁合金能屏蔽磁场信号，理想的屏蔽罩要用镍铁合金和铝或铜制成三明治结构，并将铝或铜罩接大地。但这种屏蔽罩成本太高，再说电源上总要有电源线和地线从屏蔽罩引出，辐射信号也能从出线孔泄露出去，根据频率 f、波长 λ 与光速 C 的关系式 $\lambda=C/f$，四分之一波长的天线辐射信号最强，直径 10mm 的开孔就能使高于 7.5GHz 以上的电磁波逃逸出去，故屏蔽罩通常用开孔直径 2.5mm 的镍铁材料制成，能屏蔽低于 30GHz 以下的电磁干扰，目前开关电源的频率只有几百千赫兹，高于 30GHz 频率的谐波辐射能量很小，产生的干扰基本不影响电路的正常工作。

3. 减小传导噪声的方法

采用上述措施后能减小 80% 的辐射干扰，但电源的输出导线上还存在着传导噪声，这些噪声能量与直流电能量混合在一起，使直流电压上叠加有开关纹波、毛刺和其他微小的交流高频噪声。要减小导线上的这些传导噪声要用另一种方法，就是低通滤波器。

传导噪声由差模噪声和共模噪声组成，故滤波器也是由差模滤波器和共模滤波器串联而成，图 4-43 所示的是双电源滤波器电路，L_1 和 C_1，L_2 和 C_2 组成 LC 低通滤波器串联在正、负电源上，L_1 和 L_2 是高频功率磁珠，用来抑制电源线上的高频噪声和尖峰干扰，还具有吸收静电脉冲的能力，图 4-43 中型号磁珠的直流电阻为 0.2Ω，交流阻抗为 31Ω，电感量约为 310nH，饱和电流不小于 300mA。L_3 和 C_3 组成共模滤波器，L3 是互感扼流圈，电感量为 5～30mH 时都可用，共模电感中两个绕组中的电流方向相反，不存在饱和问题，电感量可用得大一些增强滤波效果。

可能有人会对 C_4（C_8）、C_5（C_9）、C_6（C_{10}）感到迷惑不解，这些电容的值远小于 C_7（C_{11}），小电容和大电容并联到底起什么作用呢？这是为了应对恶劣电磁环境而设置的滤波电容。电解电容的自谐振频率 *SRF* 很低，大约为 2～10kHz，并联 3 个高频陶瓷电容后能有效改善高频滤波效果。100nF 陶瓷电容的 *SRF* 在 10MHz 左右，大于自谐振频率会呈现感抗特性，在 100MHz 频率的电抗约为 1Ω；在 2.4GHz 频率点会上升到 11Ω。在大于自谐振频率后完全失去滤波功能，故并联两个容量更小的高频陶瓷电容用来消除高频噪声和干扰。1nF 的电容用来消除 100MHz 以上的干扰,33pF 的电容用来消除 2.4GHz 频段的干扰。这 3 对电容必须选用高频陶瓷电容,最好是 SMD 封装,贴近放大器的电源引脚安装。如果没有这些电容,耳机放大器在靠近通信基站或 FM 电台附近使用就会受到强烈的干扰,靠近通话的手机也会受到干扰。

这个滤波器的半功率带宽约为 25kHz,滤波器的幅频响应在通带里是平坦的,在阻带里对开关电源产生传导干扰和高频纹波的最大衰减量为 45dB。

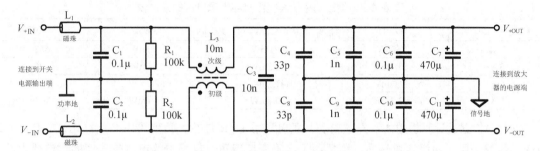

图 4-43 双电源滤波器电路

图 4-44 所示的是单电源滤波器电路,也是由差模低通滤波器和共模低通滤波器串联组成。L_1、C_1、C_2 组成差模滤波器,交流信号在电容 C_2 中的电压滞后电流 90°,而在电感的初级绕组中电压超前电流 90°,按图 4-44 中同名端和连接方式,交流性质的高频干扰和纹波信号在 L_1 初级绕组与次级绕组中的相位相反而互相抵消,只剩下直流信号通过,从而消除差模干扰。这个滤波器是刘晓刚先生发明的,本文引用已获得发明人的许可,商业应用要购买授权。L_2 是共模电感,用来滤除电源线与地线上的共模干扰。C_4、C_5、C_6 的作用与图 4-43 中同序号的电容相同,也是为了消除环境射频干扰而设置的。

这个滤波器的半功率带宽约为 11kHz,滤波器的幅频响应在通带里基本上是平坦的,在 740Hz 频点有一个 2dB 的小凹陷,是 L_3 与 C_3 的等效并联电容谐振而产生的,不影响稳定性。在阻带里对开关电源产生传导干扰和高频纹波的最大衰减量为 50dB。

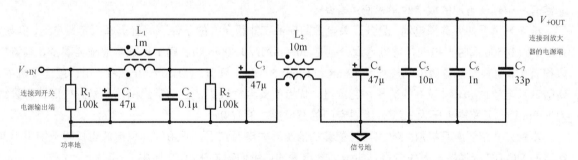

图 4-44 单电源滤波器电路

上述两个滤波器如果作为独立模块使用,输入端和输出端应该用双绞线分别连接到开关电源和功率放大器。如果和放大器设计在一起,输出端直接和放大器的电源连接,C_5 ~ C_7 应靠近功率放大器中的电压放大器的电源引脚放置,连线要尽量短。信号地连接放大器的参考地,输入端用双绞线连接到开关电源。

4.8.4 开关电源在低压耳机放大器中的优化设计

提出低压耳机放大器的初衷是为了节能,缩小体积,减少电池故障和使用方便。手机的电源系统是低压电器的典范，单节锂电池与 PMU 结合创造了电源应用的奇迹。手机电源的成功经验完全可以在耳机放大器中复制，但要针对耳机放大器进行优化。对便携式耳机放大器来讲，如果在高保真和低功耗之间取折中，工作电压为±2.5～±3.5V 是最优选择。因为按公式（4-3）计算，取 $V_{ceo}=1V$，用优选电压给耳机放大器供电，驱动低阻、中阻和高阻耳机的输出功率见表 4-7。假设耳机的灵敏度 90dB/mW，即使在±2.5V 电压下驱动 600Ω 的头戴式耳机也具有震耳级的响度，没有必要设计比±3.5V 输出电压更高的开关电源。

表 4-7　输出功率、耳机阻抗与电源电压的关系表

	±2.5V	±3.0V	±3.3V	±3.5V
32Ω	250mW	391mW	490mW	563mW
150Ω	53.3mW	83.3mW	105mW	120mW
300Ω	26.7mW	41.7mW	52.3mW	60.0mW
600Ω	13.3mW	20.8mW	26.1mW	30.0mW

以此为依据设计耳机放大器开关电源，正电源用 Sepic 结构，负电源用 Cuk 结构比较合适。这两种变换器都采用了两级能量转换，需要两个电感存储能量，电感中的电流是连续的，这就为设计低 EMI、低纹波的高质量电源奠定基础。作者在 2008 年曾经实验过把两个电感绕制在一个磁芯上，通过调整耦合系数就能获得到零纹波输出的纯直流电源，性能优于电池。作者所在的公司用这种技术改造 RCC 适配器的纹波，曾为 NOKIA 手机电源提供了一亿多颗锂电池管理芯片，被誉为当时纹波最低的开关电源。

现在来看升降压变换器的优势。如果把输出电压设置为 3.5V，锂电池放电电压为 4.1～3.6V，变换器工作在降压状态，这一电压范围包含了电池 84%放电容量。变换器工作在降压状态有较高的效率。锂电池放电电压为 3.5～2.8V，变换器工作在升压状态，这一电压范围只包含了电池 16%剩余电量，变换器从降压状态自动转换到升降状态，继续给负载提供电流，充分利用电池的剩余电量，有效地延长了放电时间。由于便携式耳机放大器输出功率不大，即使工作在升压状态，电池的放电倍率也在 0.2C 以下，在本章的 4.1.4 小节已经介绍过，二次电池的小倍率放电容量大于标称容量，故升降压变换器非常有利于延长电池的放电时间和使用寿命。

接下来再看如何选择电池。配合开关电源的电池在体积允许的条件下尽量选择大容量电池，例如，18650 和 14500 圆柱形电池，常见容量分别是 2000mAh 和 800mAh。扁平形锂电池种类繁多，容量与体积有关，目前发现的最小的尺寸是 12mm×11mm×5.4mm，容量约为 60mAh 左右，用在蓝牙耳机中。磷酸铁锂电池也是一种较好的选择，它的最大优点是安全性较高，目前常见的是 5 号圆柱形，容量约为 650mAh，开路端电压为 3.2V，需要专门的充电器才能充电。

本章只介绍低压耳机放大器和与其配套的低压开关电源知识，所用的开关电源也仅限于使用小型电池的 DC-DC 变换器，有关专用耳机放大器电源的详细内容将在第 12 章中介绍。

第5章 分立元器件耳机放大器

本章提要

　　本章用传统分析与 EDA 分析相结合的方法，介绍了分立元器件耳机放大器的电路结构和改进方法。从基本的 5 管功率放大器开始，提出该电路的不足和改进途径，进而给出一个低失调耳机放大器电路。然后，在两级电压放大结构的基础上吸收低失调耳机放大器的优点，设计一个实用的 A 类耳机放大器。由于在理论上，三级电压放大结构具有更高的指标和更好的性能，本章通过一个性能优良的实际电路对该结构进行了详细的仿真实验分析。

5.1　经典功率放大器的电路结构

　　耳机放大器是一个音频微功率放大器，它属于功率放大器而指标又高于功率放大器。本节从音频功率放大器的结构演变入手，讨论经典功率放大器能达到的性能，并利用 EDA 工具挖掘潜力，为后续改进指出方向。

5.1.1　功率放大器的结构演变

　　晶体管音频功率放大器的结构经历了变压器耦合、误差校正和高精度误差校正三大历程，从 1947年晶体管刚刚发明开始，初期电路结构是照搬了电子管放大器的形式，如图 5-1（a）所示，用 1~2个晶体管作电压放大器，用一对功率管作推挽功率放大器，电压放大器与功率放大器之间以及功率放大器与负载之间用变压器耦合。由于两个变压器会产生较大的相移，难以跨越变压器施加全局负反馈来改善性能，故这种结构频带窄、非线性失真较大。那个时期的收音机绝大多数采用这种结构，还谈不上高保真放声。后来随着孪生晶体管和互补晶体管的出现，催生出差分放大器、OTL 和 OCL 图腾柱输出级，两级电压放大结构开始流行起来，现在的运算放大器、集成音频功率放大器和分立元器件功率放大器绝大多数是这种结构，如图 5-1（b）所示。电路由两级电压放大和一级缓冲器组成，也称为三级跨导结构，具有 70~120dB 的开环增益。功率放大器通常只需要 26dB 甚至更小的闭环增益，剩下的增益全部用来校正线性失真和提高精度，故具有优良的性能，现代高保真放声技术就是基于这种结构实现的。21 世纪初，集成电路跨入深亚微米和纳米级门限之后，CMOS 工艺成为主流。由于

MOS 晶体管的跨导比 BJT 低，为了获得更高的开环增益，产生了三级电压放大与一级缓冲器的串联结构，也称为四级跨导结构，如图 5-1（c）所示。从理论上讲三级电压放大能提供更大的开环增益，校正误差的资源更充足，有望获得更高的性能。但由于四级跨导会产生更大的相移，本身是一个不稳定结构，需要用复杂的相位校正技术使其稳定。故三级电压放大结构设计难度较大，目前只应用在一些特殊领域。

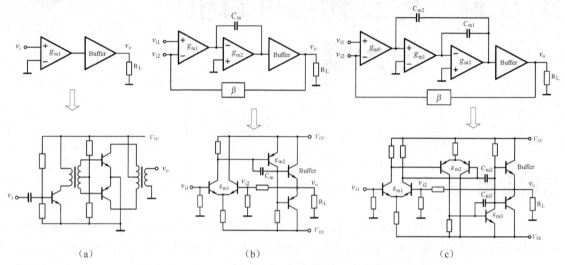

图 5-1　分立元器件音频功率放大器的电路演变

集成电路功率放大器是从 BJT 电路开始的，现在已转向 CMOS 电路。虽然有源器件不同，但电路设计仍继承了 BJT 的结构。几十年来一直遵循着摩尔定律，集成更多的晶体管，实现更多的功能、更高的一致性和更低的成本。故在芯片中经常用多个晶体管实现一个简单的功能，因为制造一个晶体管和制造几千个晶体管的工艺步骤和方法是相同的，区别只是硅晶体的面积大小不同，允许采用蚂蚁战术实现设计目标。

分立元器件放大器的基本设计思想与集成电路的蚂蚁战术完全不同，要充分发挥每个晶体管的功能，以最少的晶体管数目实现设计目标。只有这样才能做到体积小、功耗低和成本低等优势。这种方法看似不如集成电路，但在一些特定的领域能实现集成电路难以实现的功能。本章内容的重点是以经典功率放大器理论为基础，用分立元器件电路改进两级电压放大结构，获得比传统晶体管耳机放大器更高的性能。同时也可以去挑战三级电压放大结构，实验出一个性能更好的耳机放大器。

5.1.2　经典功率放大器的基本电路

现代音频功率放大器的经典结构如图 5-2 所示。VT_1、VT_2、$R_1 \sim R_3$ 组成差分放大器，主要完成输入信号与反馈信号的减法运算，同时提供一个不大的增益。VT_3 和 R_6 组成共射极组态的电压放大器，放大器的增益主要由这级提供。跨接在集电极和基极之间的电容 C_2 用作密勒补偿，前级差分输出要为此电容充电，把输入电压转换成电流，于是差分放大器就变成了一个跨导级。电容上积累的电荷要经过 VT_3 的负载放电，VT_3 就变成了密勒积分器，把输入电流转换成输出电压，故它是一个跨阻级。前级的充电速率和本级的放电速率决定了放大器的摆率。音频信号从输入端传输到输出端需要时间，因而输出信号滞后于输入信号，输出信号经过 R_5 与 R_4 分压后，反馈到 VT_2 基极的信号与输入信号相减，得到误差信号。反馈信号与输入信号之间存在着相位差，这个相位差超过某个临界值就会使放大器产生振荡。正是 C_2 的相位校正作用使放大器具有足够的相位裕量而稳定工作。VT_4 和 VT_5 组成互补射极跟随器，主要为负载提供驱动电流。为了减少交越失真，这级工作在 AB 类状态，由 D_1、D_2 上的正向压降为输出级提供静态偏置电压。

放大器的闭环增益等于（R_4+R_5）/R_4。电阻是稳定性很高的无源器件，如金属膜电阻的温度系数是 $\pm100\times10^{-6}/℃$，故这个比值是一个恒定的值，于是放大器的闭环增益具有与电阻相同的稳定性。

从 1947 年发明晶体管到 1965 年互补功率晶体管成熟，历经 18 年时间功率放大器才演化成如此简洁至上的形式，在我国普及应用已经是 1986 年以后的事情了。

几十年来，经常有人问，为什么第一级差分放大器用 PNP 晶体管？用 NPN 管可以吗？这两种选择有什么不同？经过大量的实验和测试数据分析，得出结论：第一级差分放大器用 PNP 管是明智的选择。原因实际上很简单，电子的迁移速度比空穴快 2.8 倍，同样规格的 NPN 管的转换速率总是高于 PNP 管，其他指标也有同样的趋势。图 5-2 所示功率放大器中，整机的性能取决于第二级电压放大器。如果第一级差分放大器选用 NPN 管，第二级电压放大器就必须用 PNP 管，结果转换速率和开环增益就比同规格的 NPN 管差，整机指标就会下降。

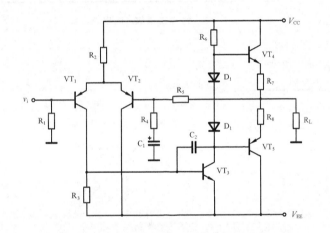

图 5-2　经典功率放大器电路

不要小看这个由 5 个晶体管组成的简单电路，它具有放大音频信号的优良性能和稳定的工作状态。想要真正理解其原理并欣赏它，就必须要熟悉半导体物理、电子电路、自动控制等专业知识。现代功率放大器和集成运算放大器都是基于这一结构发展起来的。

5.1.3　经典功率放大器的性能

以上述经典功率放大器为基础，设计一个 $\pm15V$ 电压的耳机放大器电路如图 5-3 所示。由于我们只想了解这种基本结构的性能，故除了给有源器件赋予型号，无源器件赋予数值外，电路并没有作任何改动。

用 PSPICE 进行 AC 扫描仿真，波特图如图 5-4 所示，从仿真结果得知这个放大器的开环增益是 77.5dB，截止频率 1.8kHz，单位增益带宽积是 12.9MHz。在 20kHz 音频上限频率处有 36dB 的环路增益（56.8–20.8）。放大器的闭环增益是 20.8dB，–3dB 带宽的频率是 1.78MHz，有大于 100°的相位裕量。这应该是这类功率放大器的典型指标，无论更换晶体管或其他元件，总体指标基本不变。

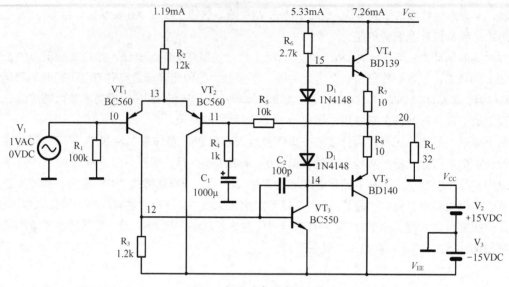

图 5-3　经典功率放大器电路

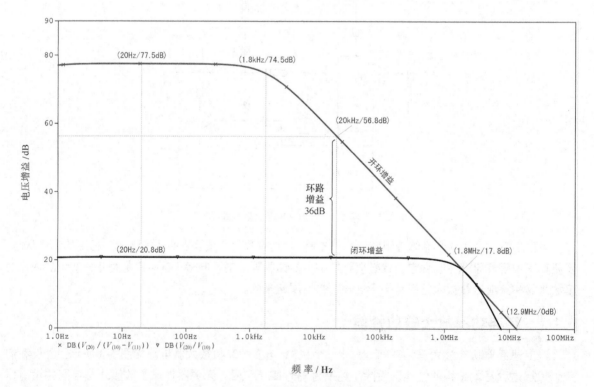

图 5-4　经典功率放大器幅频特性仿真结果

5.2　经典功率放大器的改进途径

　　功率放大器发展到今天，人们早已不满足经典结构所表现的性能，几十年来提出了成千上万个改进方案，这些方案散落在专业书籍、期刊、文献、网络和人们的记忆中。现在我们把这些缤纷杂乱的方案梳理一下，针对高保真耳机放大器筛选出一些经济实用的方法。

5.2.1　从哪里入手改进？

这里指出经典功率放大器中的 10 项主要的改进地方，见图 5-5 中带数字的圆圈标记。改进的目标是获得更高的开环增益、更好的线性、更好的温度特性和更稳定的工作状态。

开环增益是放大器的基本资源，放大器所有性能都要依赖这一资源。提高开环增益的方法见图 5-5 中 1、2、3 项，把差分放大器和电压放大器的电阻负载改成有源负载，同时提高电压放大器的输入阻抗，减轻第一级的负载效应，这是提高增益的主要 3 个方法。自举负载也经常用于提高第二级电压放大器的增益，不过许多人对自举负载抱有成见，认为它具有正反馈特性，会引起自激振荡和使放大器的频段变窄。实验证明自举负载是一种无害的正反馈，用一个电阻和一个电容就能获得十几倍的开环增益，相当于多了一级低增益电压放大器，性价比非常高。且仿真和实验测试都没有发现上述缺点，若仍存有疑虑，就干脆用有源负载替代自举负载，实际上这两种方法获得的增益是近似相等的。

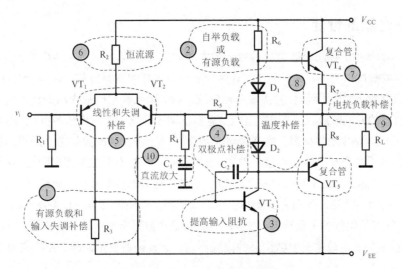

图 5-5　经典功率放大器的改进方法

第 4 项改进是稳定性补偿，经典电路中用的是主极点补偿，可用其他稳定性补偿电路替代主极点补偿，目的是减少中、高频段的环路增益损失，等效于间接提高了这些频段的开环增益。现在发明了许多比主极点补偿更有效的方法，如双极点补偿、输出相位补偿、多零点补偿等技术，它们所损失的高频开环增益更少，有利于提高转换速率和瞬态响应速度。但主极点补偿是无条件稳定的，设计最简单，应用最广泛。稳定性补偿是放大器设计中最具挑战性的工作，需要熟悉自动控制理论知识，这部分的内容在第 2 章的 2.4.2 小节有详细介绍。

第 5 项改进是在差分放大器的发射极增加局部负反馈，提高这一级的线性度和放大器的转换速率。但局部负反馈会降低开环增益，且对线性的改善效果远小于全局负反馈，但对提高温度特性有较好的效果。为了减小输入失调电压和输出零点偏移，常把负反馈电阻换成微调电位器。如果这级改用孪生晶体管加微调电位器，对失调的改善效果会事半功倍。

第 6 项改进是用恒流源代替第一级差分放大器的长尾电阻来提高共模抑制比，同时使差分放大器获得更大的动态范围，这个方法很重要，几乎用在所有的差分放大器中。

第 7 项改进是用复合管作输出级以获得更大的电流放大倍数，增加对负载的驱动能力。最简单的复合管是达林顿跟随器，它的附带好处是输入阻抗高，降低了电压放大器的负载效应，能减少前级的增益损失。功率 MOS 管也可以用来设计输出级，优点是速度快，瞬态特性好，没有二次击穿现象，热稳定性更好，常用来设计 A 类输出级；缺点是价格是 BJT 的 3 倍多，在商品放大器中很少应用。

第 8 项改进是用温度跟踪特性更好的电路取代两个二极管，以获得更宽的温度跟踪范围和更高的跟踪精度，提高放大器的可靠性。常用的电路是 V_{BE} 倍增器，精度要求更高时可用自动偏置控制电路。

第 9 项改进是针对感抗性耳机负载进行补偿，使之在音频范围里近似为电阻性。例如茹贝尔网络，也包括消除 Pop 声的降噪电路和防止负载短路的保护电路。

第 10 项改进是去掉反馈环路的隔直电容，把放大器的低频响应扩展到直流，但同时要保证输出端不产生直流漂移，如有源直流伺服电路。

上述 10 项是经典结构演变成现代功率放大器过程中主要和常见的改进方法，还可以给出更多的改进方法，但在耳机放大器中这 10 项就已基本够用。

5.2.2　改进电路的性能

图 5-6 所示的是按上述思路改进后的经典放大器的仿真电路，Q_1、Q_2 组成差分放大器，电流源 I_1 用作差分放大器的长尾恒流源，电流源 I_2、I_3 用作差分放大器的有源负载。Q_4 是电压放大器，I_4 用作电压放大器的有源负载，射极跟随器 Q_3 插入在差分放大器的输出和电压放大器的输入之间，减小 Q_4 输入阻抗对第一级负载的并联效应。C_2 跨接在电压放大器的输出和输入之间作积分补偿，用来增大相位裕度。Q_5、Q_6 组成图腾柱电路电流放大器，用来驱动负载，末级工作在 AB 类状态，所需的偏压由电压源 V_2 提供。32Ω 低阻耳机的音圈电感在高频段约为 86μH，R_{14} 与 C_4 串联主要用来防止高频振荡。有的书上称为 Zobel 网络，实际的 Zobel 网络中 $C=L/（2R_L）$，它能把电感负载补偿成近似于电阻负载，按这个公式计算，电容值约为几微法，会损害音质和引起功率损耗。再说，耳机与扬声器不同，前者的阻抗高，绕线很细，铜阻是耳机阻抗的主要成分，故耳机阻抗比扬声器阻抗更接近于纯电阻，补偿并不是必需的。空心电感 L_1 主要是为了消除寄生参数引起的高频振荡，这种振荡在示波器上不容易捕捉到。

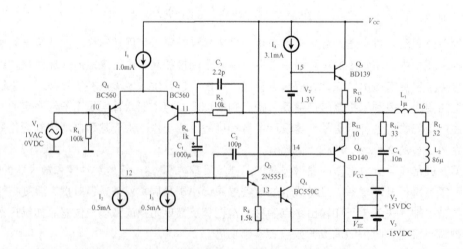

图 5-6　改进型经典功率放大器的仿真电路

这个改进电路只选择了上述 10 个改进项目中的主要项目，如项目 5 差分级的线性补偿和失调补偿；项目 7 复合管作输出级；项目 8 温度补偿和项目 10 直流放大。主要原因是在 Q_1、Q_2 的发射极串联 200Ω 的电阻，虽然改善了线性，却会使开环增益下降 20dB 以上，开环增益是这种简易放大器设计中要确保的首要目标，故没有选择线性和失调补偿。达林顿复合管作输出级对推动 16Ω 的低阻耳机有好处，我们这里是用 32Ω 的等效负载，驱动电流已足够了。去掉无源直流伺服电容 C_1 将会使输出零点漂移从十几毫伏增加到一百多毫伏，必须用 JFET 作差分放大或有源直流伺服才能减小到输入失调电压的水平，故用隔直电容是最简单的方法，缺点是引入了一个低频零点，如果 C_1 足够大，这个零点远低于音频下限，对低频响应的影响可以忽略不计。

图 5-7 所示的是改进电路的仿真波特图，开环增益提高到 119dB，超过了第 2 章中两级电压放大结构所设定的 100dB 的目标。密勒补偿后主极点频率降低到 14.7Hz，从这一频点起随着频率升高，开环增益以–20dB/dec 的斜率衰减，直到 10.8MHz，这个数值就是放大器的单位增益频率，也称作增益带宽积（ GBW ）。不要担心如此低的主极点频率会使线性变差，因为在 20kHz 的音频上限频点仍有 35.2dB 的环路增益（ 56–20.8 ），直到闭环增益的截止频率 1.8MHz 处环路增益才降低到零，在这一频点上放大器的闭环失真和开环失真相同，放大器已没有环路增益来校正失真。放大器的闭环增益是 20.8dB，相位裕度大于 90°。

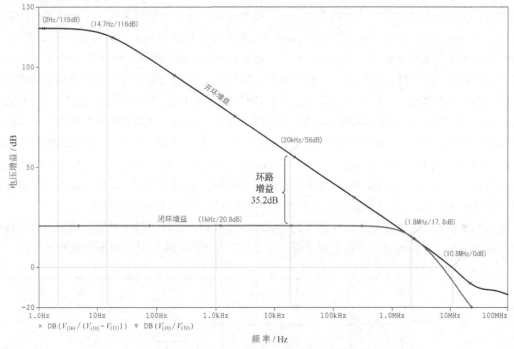

图 5-7　改进型经典放大器的仿真波特图

由于这些改进方法经过了近 30 年的时间考验，它的稳定性很高，更换有源器件不会对性能产生太大的影响。只要晶体管的耐压足够，电路就能在±5 ~ ±35V 时正常工作。这些好处都得益于现代放大器中引入的自动控制技术，因为储备了足够的环路增益，在低频范围里放大器有大于 90dB 的环路增益用来校正误差，使放大器具有很高的精度和很宽的工作电压适应范围。

上述仿真指标基本上代表了这类改进型放大器的性能，更换晶体管和无源器件后，主要指标变化范围不会超过 15%。有人说是自动控制理论改变了放大器，也有人说放大器本来就应该是自动调节设备。

5.3 经典耳机放大器的范例

本节介绍的经典耳机放大器是图 5-6 仿真模型的实用化电路，设计的重点是用孪生晶体管优良的参数匹配特性改进传统分立元器件放大器的零点漂移和温度稳定性，使直流精度达到与集成运算放大器相媲美的程度，而音频性能高于集成运算放大器。

5.3.1 经典耳机放大器的实际电路

如果把图 5-6 中的恒压源和恒流源用实际电路替代，用改进的经典功率放大器结构设计一个耳机放大器，得到的电路如图 5-8 所示。第一级差分放大器由孪生晶体管 VT_1 和相应的元件组成，基本结构是恒流源尾电流源和有源负载结构。用 D_1、D_2、R_4、VT_2、R_5、VT_8、R_{11} 组成两个基极稳压恒流源作差分放大器的尾电流源和电压放大器的有源负载。VT_3、VT_4、R_6、R_8 组成电流镜作差分放大器的有源负载。VT_5、R_{10} 组成射极跟随器。VT_6、R_{11}、C_5 组成电压放大器。VT_7、R_{12}、R_{13} 组成 V_{BE} 倍增电路作输出级的静态偏置电路。D_3、D_4 是一个简易的电源隔离电路，由于前级小信号电路与输出级共用一个电源，输出级出现瞬态大电流变化就会引起电源电压跌落，影响前级的动态范围和失真度。有了这两个二极管，当输出级发生电压跌落时，二极管被反向偏置，前级放大器由 C_{10} 和 C_{14} 上存储的电荷临时供电，减轻了输出级电流变化对前级的影响。虽然这种方法的效果与真正的分离电源相比算是安慰级程度，但聊胜于无。VT_5、VT_6 选用高压晶体管 2N5551 是因为其输入阻抗较高，而且更结实。VT_5 的输入阻抗高就会减轻前级的负载效应，有利于提高差分放大器的增益。而 VT_6 工作在 A 类状态，在本机中温度最高，用这种结实的管子有利于提高可靠性。输出级选用 BD139/140 互补中功率对管作图腾柱输出级，具有体积小、极点频率高的优点，这种 TO-126 封装的热阻是 $100k\Omega/W$，在无散热片的条件下满功率（200mW）输出的管芯温度不会高于 150℃，连续长时间工作是安全的，考虑到大部分耳机的音圈电感为 80～300μH，耳机线长在 1.5m 之内，在输出端增加了 R_{16}、C_7 组成的茹贝尔网络和 L_1、R_{17} 高频极点补偿网络，确保在连接 16～1000Ω 耳机时放大器是稳定的。这是一个交流放大器，输入端用 C_1 和 R_3 作阻容耦合，耦合电路的低频截止频率是 3.3Hz。R_2 和 C_2 组成输入低通滤波器，高频截止频率是 531kHz，用以衰减音频范围外的干扰和噪声，提高放大器的稳定性。

本机的特色是低失调，差分放大器 VT_1 选择孪生晶体管，设计了较小的静态电流，并设置有失调调整电位器 VR_1，这些电路能有效地把失调电压调整到很低的水平，并保证长期的稳定性。

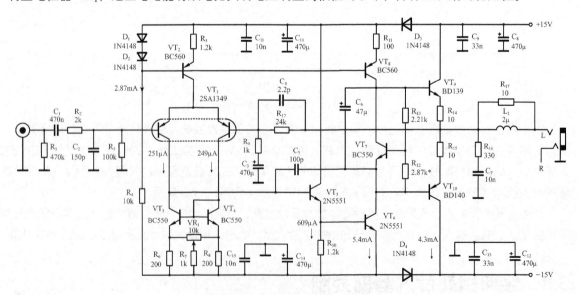

图 5-8　低失调耳机放大器的实际电路

5.3.2 实际电路的改进细节

1. 减小零点漂移的方法

在双电源供电的功率放大器中，输出端的静态电位应该保持在零电平上，这样扬声器或耳机中就没有直流电流，音圈位置处于静止状态。在流过正弦波交流电流时，产生的物理位移是正、负对称的，正、负信号的动态范围是相等的。在实际的功率放大器中，差分放大级的输入失调电压和失调电流会在输出端引发直流漂移，这种偏离了参考地电平的正向或负向微小直流电势，使扬声器中有直流电流流过，音圈会产生静态位移，造成正、负振动范围不对称。窄的一边易产生削顶失真，漂移严重时甚至会威胁扬声器的自身安全。扬声器能承受的电功率较大，音圈允许的最大位移距离超过 10mm，允许的最大零点漂移电压为±100mV。耳机只能承受很小的电功率，音圈最大位移通常小于 2mm，允许的最大零点漂移电压为±20mV，最好在±1mV 之内。

在差分放大器中两管的参数匹配对失调会产生很大的影响，VT_1 中如果两个晶体管的结温相差 1℃的话，大约产生 2mV 的输入失调电压。本电路采用孪生晶体管减小失调电压，半导体工艺的特点是同一片硅片上相邻位置的器件参数偏差较小，利用这一特点把相邻位置的两个或多个器件封装在同一个管壳里，可获得性能相近的特性。孪生晶体管与人工挑选配对的晶体管比较，优、缺点如下所示。

优点：（1）参数一致性好，性能非常接近；

　　　（2）热耦合良好，温度特性基本一致。

缺点：（1）晶体管之间的绝缘强度低，不能承受较高的电压；

　　　（2）产品种类少，选择范围很窄。

鉴于上述特点，孪生晶体管非常适合应用在差分放大器和镜像电流源中。由于两个晶体管的反向饱和电流 I_{so} 和发射结正向电压 V_{BE} 温度匹配良好，温度变化时两个管子的参数是同步变化的，零点漂移比人工挑选配对的晶体管小 10～100 倍，能达到和集成电路相同的水平。目前，在淘宝上能买到的孪生 NPN 管型号是 2SC3381，PNP 管型号是 2SA1349，这两种器件的主要参数见表 5-1，本放大器选用 2SA1349，在镜像电流源负载中，用孪生晶体管和人工配对管的差异没有差分放大器中明显，故 VT_3、VT_4 选用人工配对管 BC550。

表 5-1　孪生晶体管 2SC3381 和 2SA1349 的参数表

项目	符号	条件	MIN.	TYP.	MAX.	单位
集电极-基极电压	V_{CBO}				±80	V
集电极电流	I_C				±80	mA
集电极耗散功率	P_C				200×2	mW
直流电流增益	h_{FE}	V_{CE}=6V，I_C=2mA	200	—	700	
电流增益比率	h_{FE1}/h_{FE2}	V_{CE}=6V，I_C=2mA	0.9		1	
发射结电压	V_{BE}	V_{CE}=6V，I_C=2mA		0.63（−0.6）		V
发射结电压差	$|V_{BE1}-V_{BE2}|$	V_{CE}=6V，I_E=0，f=1kHz	0		10	mV
集电结电容	C_{ob}	V_{CB}=10V，I_C=2mA	—	−3.6（4.2）	—	pF
噪声系数	NF	V_{CE}=6V，I_C=0.1mA，R_G=10kΩ，f=1kHz	0		3	dB

数据手册中没有给出反向饱和电流的误差，只给出了 V_{BE} 的最大绝对误差是 10mV，本机的闭环增益是 25 倍，如果不采取措施，输出端将产生+250mV 或者−250mV 的静态偏移电压（实际会更大），远超过耳机放大器±20mV 的要求。解决的方法是采用无源直流伺服，就是在反馈环路中进行直流隔离，让直流闭环增益接近于 1，这样输出端的静态偏移就等于输入失调电压，而与交流闭环增益无关。只

要在反馈支路里增加 C3 就可以实现这一功能，既简单又实用。剩余的失调电压用电位器 VR_1 调零的方法解决。用这些方法处理后本机的静态零点偏移可达到±2mV 之内，温度发生变化时，由于孪生晶体管的热匹配良好，故不会发生太大变化。

2. 提高开环增益的方法

放大器的开环增益主要是由第二级放大器 VT_6 贡献的，前级的差分放大器也贡献了一小部分增益，从晶体管的增益公式 $A=-g_m \times R_L$ 得到的启示是选择高跨导晶体管和高的负载电阻就能获得高增益，而晶体管的跨导主要由集电极电流所决定，故提高工作电流和负载电阻是提高增益的两个途径。但提高集电极电流后输入/输出阻抗都会降低，前后级产生的负载效应反过来会使增益降低。而增大集电极的负载电阻也会阻碍电流的提高，并缩小晶体管的动态范围，因而高增益和低失调是相互矛盾的。有源负载的交流阻抗高而直流电阻小，是放大器的理想的负载。另外，射极跟随器的输入阻抗高而输出阻抗低，插入在两级放大器之间能有效减小负载效应。本放大器就是用镜像电流源 VT_3、VT_4 作差分放大器的负载，恒流源 VT_8 作电压放大器 VT_6 的负载，射极跟随器 VT_5 插入在两级电压放大器之间作隔离。由于两级放大结构的主要增益是由密勒积分器提供的，故把图5-6 仿真电路中的电压放大器 Q_4 的集电极电流从 3.1mA 提高到本机中的 5.4mA（VT_6），从而使低频增益从 112.7dB 提高到 122dB，是仿真电路的 2.9 倍。高频增益主要受密勒电容 C_5 的限制，从主极点开始，高频增益随频率升高以−20dB/dec 斜率下降，主极点频率由 C_5 的电容量决定，具体的原理见第 2 章中 2.4.2 小节的内容。

3. 稳定性补偿方法

本放大器由于开环增益较大，采用了最保守的主极点补偿和单零点补偿方法。按图 5-8 中 C_5 的数值，主极点频率在 11Hz，相位裕度为 82.6°，单位增益频率是 59.7MHz。设计的原则是放大器必须经得起温度变化和时间的考验，通常认为放大器的相位裕度达到 60°是稳定和安全的，45°虽然在短时间和一定温度范围里是稳定的，但不是无条件稳定的。故本机的设计比较保守。

如果把 C_5 的容量从 100pF 减小到 47pF，主极点频率会升高到 24Hz，但相位裕度会减小到 49°，放大器虽然仍在稳定范围内，但不能保证随温度和时间变化后仍是稳定的。

为了增强高频稳定性，增加了单零点补偿电容 C_4，这个电容为 2～6.2pF，它与输入端的 R_2、C_2 滤波器和输出端的电感 L_1 配合，能防止空载或连接高阻耳机时发生高频振荡，这种振荡的表现是输出管很烫，但用示波器却测不到振荡波形。因为探针一旦接触到测试点，探头引线的电容就会使寄生振荡停振，探针离开又开始振荡。零点补偿的原理见第 2 章中 2.4.2 小节的内容。

4. 提高瞬态响应的方法

这个放大器的瞬态响应主要取决于密勒电容 C_5 的充/放电速度，正向转换速率取决于 VT_3 的最大输入电流，负向转换速率取决于 VT_2 的最大输出电流，工作原理见第 2 章中图 2-59 和有关说明文字。本放大器中，正向转换速率用 I_{c3}/C_5 来计算，负向转换速率用 I_{c2}/C_5 来计算。

显然增大两个晶体管的静态电流或减小密勒电容能提高转换速率，但转换速率与失调电压、功耗、可靠性和工作稳定性是矛盾的，如果在这些互相制约的因数中作选择，毫无疑问是稳定性的优先级最高，故 C_5 不可随意减小；其次为了达到低失调，差分放大器的静态电流也不能再增大。这就注定在这个放大器中没有办法进一步提高瞬态响应。

5. 实现直流放大器的设想

在 20 世纪 80 年代曾经流行过直流音频放大器，提出这种想法的理由是实现全波形和全信息传输。有些人认为音频信号的频率范围虽然只有 20Hz～20kHz，但影响音色的频谱分布在直流至更高的频带里，直流放大器能还原所有这些信息，从而能得到更好的音质。去掉耦合电容 C_1 和反馈隔直电容 C_3 能实现直流放大，前提是必须把输出端静态电压稳定在零电平上，并且不随时间和温度漂移。这就要求第一级差分放大器没有失调电压，但晶体管工作在放大状态时发射结必须要正向偏置，只要存在基极电流，就无法消除失调电压。于是 BJT 差分放大器被 JFET 放大器替代。由于这种器件的栅极只有 PN 结的反向饱和电流，它比 BJT 的基极电流小几个数量级，从而成功地实现直流放大。但 JFET 的跨导比 BJT 低得多，导致整体性能指标大幅度下降。另外，JFET 的栅极接参考地后，其耗尽特性使源极电压很难设计，只能工作在弱正偏状态下，PN 结在这种状态下的参数容易受温度变化和电源波动影响，远没有反偏状态下稳定。后来的事实证明，直流放大器并没有达到预想的目标，反而会增加不少麻烦，故很快就销声匿迹。

5.3.3 经典耳机放大器的性能

1. 零点漂移的改善效果

本电路所用的 2SA1349 的两个 V_{BE} 相差 0.7mV，产生的失调电压在 1mV 之内。但手册上只给出了最大差异是 10mV，实际测试绝大部分产品为 0.5~3mV，这基本上是双极性 OP 未做失调电压校正的水平，虽然并不理想，但孪生晶体管的热匹配性能比分立晶体管好 100 倍以上。如果不考虑 *PSRR* 对失调的影响，即假设电源电压是稳定不变的。用电位器仔细调整后，在室温环境下输入失调电压会缩小到±0.1~±0.5mV，即使把 C_3 短路，输出端静态偏置电压也能达到 2.5~13mV。当温度从 0℃~45℃变化时，孪生晶体管的热匹配开始显现出强大优势，输出端的零点漂移变化量不超过 8%，低零点漂移的设计目标基本上可以达到。

2. 波特图

本机的测试波特图如图 5-9 所示，从幅频特性曲线可看出放大器的开环增益为 122dB，开环截止频率为 11.8Hz，单位增益带宽是 12.7MHz。闭环增益是 28dB，闭环截止频率是 512kHz。图 5-9 中的下图是环路增益的相频特性曲线，当频率高于 1.3MHz 后环路相位会超前。单位环路增益对应的环路相移是 −130°，根据第 2 章中介绍的稳定性判据，相位裕度是（−130°）+180°=50°，对应的补偿电容 C_5 为 100pF。

从图 5-9 中看出，增大和减小 C_5 都能增加相位裕度，但减小 C_5 是寄生零点导致环路相位超前增加了相位裕度。寄生零点属于不确定因素，同样的电路，在每台放大器测试的特性会不一样，而且会随着温度和时间发生变化，且减小 C_5 后真实的相移会更大，应该按图 5-9 中相频特性延长的虚线整定。

增大 C_5 会促使主极点更低，能明显地增大相位裕度，但同时也增大了环路的惯性，使转换速率更低。最好的方法是把补偿点选择在相频曲线斜率最小的地方，如图 5-9 下图中曲线的谷底位置。

由于是交流耦合放大器，肯定存在着低频极点。从相频曲线上可以看到，在 1Hz 频点有+90°的相移，在更低的频率上相移会超过 180°，故也有低频稳定性问题。本机的闭环带宽设计为 6.8Hz~512kHz。低频响应主要受输入耦合电容 C_1 的影响，其次受反馈隔直电容 C_3 的影响。高频响应主要受密勒补偿电容 C_5 和超前补偿电容 C_4 的影响，其次受输入滤波电容 C_2 的影响。低频和高频相移都是从 0°开始累积的，计算也都是从 0°为参考点累加的。

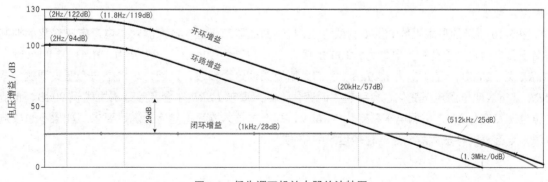

图 5-9 低失调耳机放大器的波特图

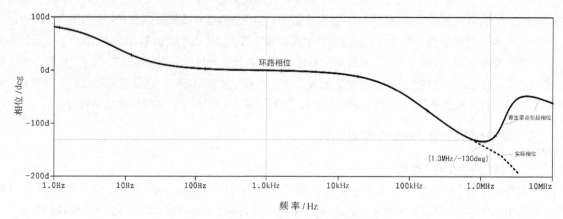

图 5-9　低失调耳机放大器的波特图（续）

3. 转换速率

在耳机放大器中转换速率是比频率响应更重要的参数，它决定了对瞬态信号的处理能力。转换速率取决于密勒补偿电容 C_5 的充/放电速度，电压放大器 VT_5、VT_6 可等效成一个反向积分器，放电速度决定了上升速率。放电的路径是：$I_{C-VT8} \rightarrow C_6 \rightarrow C_5 \rightarrow I_{C-VT3}$，显然是电流镜 VT_3 限制了放电电流，VT_3 的集电极电流设计值是 0.251mA。故放大器的上升速率可用下式计算：

$$SR_r = \frac{I_{C-VT8}}{C_5} = \frac{0.251mA}{100pF} \approx 2.51V/\mu s \qquad (5-1)$$

充电的路径是：$I_{C-VT2} \rightarrow I_{C-VT1} \rightarrow C_5 \rightarrow I_{C-VT6}$，孪生晶体管 VT_1 左边的晶体管集电极电流限制了充电速度，由于差分放大器的一臂能以两倍集电极电流输出，也就是尾电流源 VT_2 的最大电流值，故放大器的下降速率可由下式计算：

$$SR_f = \frac{I_{C-VT2}}{C_5} = \frac{0.5mA}{100pF} \approx 5.0V/\mu s \qquad (5-2)$$

也可用方波信号进行瞬态仿真，从输出波形图上计算上升沿和下降沿的斜率得到转换速率，数值可能有些出入，误差不会大于 10%。可见本放大器的转换速率达不到第 2 章中 2.3.4 小节中的要求，这是在失调与瞬态响应指标之间折中的结果。

4. 电源抑制比

PSRR 表明了放大器对电源电压变化的抑制能力，定义为某一电源轨电压的变化量所引起的输入失调电压变化量的比率，单位通常是微伏/伏（$\mu V/V$）。用对数表示为负数，为了方便，工程上通常倒过来用正数表示。

图 5-10 所示的是本机的 PSRR 测试特性，特性曲线显示出这个放大器对正电源电压变化的抑制能力高于负电源电压变化的抑制能力，100Hz 频点上 $+PSRR$ 为 104dB，$-PSRR$ 为 101dB，20kHz 频点上 $+PSRR$ 为 92.8dB，$-PSRR$ 为 63.9dB。我们之所以关注这个参数，是因为本机是一个低失调放大器。$PSRR$ 分析表明电源电压变化也会引起失调变化，如果要求 $PSRR$ 在全音频范围里优于 90dB，也就是电源电压每变化 1V，失调电压只变化 $31.6\mu V$，那么本放大器还不能完全满足要求。如果不想改造负电源，全互补对称放大器则是一种较理想的结构。

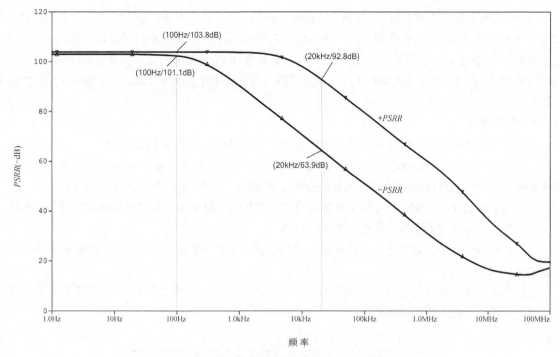

图 5-10　低失调耳机放大器的 *PSRR* 特性

作为一个改进型的经典微功率放大器，用第 2 章中 2.3.4 小节的高保真要求衡量，非线性失真、信噪比和动态范围三大指标是满足要求的。用 32Ω 低阻耳机测试，在输出功率为 200mW 时 10kHz 正弦波失真度为 0.01%，300Ω 高阻耳机能提高到 0.003%。除了正向转换速率较低外，其他性能都是优良的，尤其零点漂移性能是非常优秀的。

5.4　两级电压放大结构的甲类耳机放大器

为了进一步挖掘两级电压放大结构的潜力，改进图 5-8 低失调耳机放大器转换速率低的缺点所设计的这个放大器具有良好的线性和温暖的音色，命名为低失真 A 类耳机放大器。

5.4.1　两级电压放大结构的进一步改进

为了继承图 5-8 低失调耳机放大器的优点，改进其缺点，仍采用两级电压放大结构，提出以下更高指标。

（1）开环极点频率大于 4kHz。

（2）转换速率大于±20V/μs。

（3）高可靠性 A 类工作状态。

（4）综合指标高于经典两级电压结构放大器。

提出上述指标和要求是基于第 2 章中介绍的基本原则：如果开环极点大于 4kHz，就有条件储备很高的环路增益去校正综合指标；也可以不用设计保守的单极点补偿电路，用更有效的补偿技术使放大器具有较高频率的主极点。因为在自动控制理论中，开环系统是速度最快且无条件稳定的，频率高的主极点能使闭环系统的瞬态响应更接近于开环，这就是力争使开环主极点大于 4kHz 的初衷。

另一个毋庸置疑的客观事实是：A 类放大器的听感好于 AB 类和 B 类，但传统的 A 类放大器要设置 0.5 ~ 1.5A 的静态电流，工作时会散发巨大的热量，使散热设计难度加大，故障率高和容易堆积灰尘的缺点也需要解决。这里提出了用更结实的功率 MOS 代替功率 BJT，用智能的双重偏置电路确保输出级不出现热崩溃的解决办法。用更低的功耗实现了稳定可靠、音质良好的 A 类输出级，很适合在耳机放大器中应用。

1. 电路结构

为了实现上述目标，在两级电压放大结构的框架下，电路进行了如下改进。

（1）把第一级差分放大器改成并联折叠式，使失调电压和补偿电容的充/放电功能相互独立，这样就能在不牺牲零点漂移前提下提高补偿电容的充放电电流，从而达到提高转换速率的目的。

（2）为了提高开环特性，把主极点补偿电路改成双极点补偿电路，此改进不但能提高转换速率，还能有效减小闭环电路的惯性，从而改善瞬态响应。

（3）针对 AB 类放大器听感不好的缺陷，把输出级有源器件换成增强型功率 MOS 管，把静态工作点偏置在 A 类状态。

经过上述三点改进后的仿真电路如图 5-11 所示。虚线框中的电路和节点 30 是为了仿真环路相移所增添的元件，与放大器的工作无关。

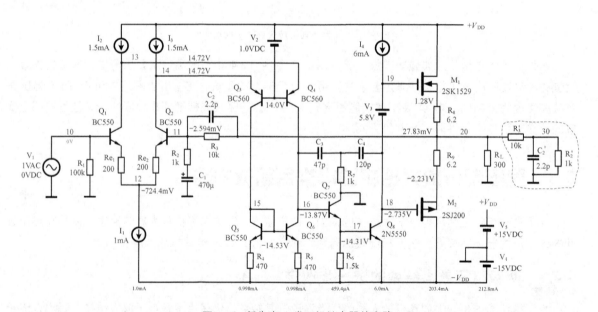

图 5-11　低失真 A 类耳机放大器的电路

电路中标注的各节点电压和支路电流的数值是 PSPICE 静态分析结果，可用于设计电路工作点的参考。其中偏置电压源 V_2 和 V_3 比较重要，前者对设计并联折叠式差分放大器的偏置电压有指导意义；后者对调整 A 类输出级的偏置电压有参考价值，更换 MOS 管后 V_3 需要重新调整。

低失真 A 类耳机放大器的波特图如图 5-12 所示，图 5-12 上图是幅频特性，低频开环增益是 121dB，在 4.13kHz 频点有一个 7dB 的谐振峰，这是双极点补偿引起的。放大器的开环截止频率是 6.3kHz，比图 5-8 电路提高了 570 倍。闭环增益是 20.8dB，即反馈网络的分压值（R_3+R_2）/R_2。把开环幅频特性曲线垂直平移–20.8dB 就能得到环路增益特性曲线，该曲线与 0dB 交点对应的频率是 2.1MHz。在图 5-12 下图的相频特性曲线上 2.1MHz 所对应的相移是 76.1°，根据第 2 章中 2.5.2 小节介绍的稳定性判据，相位裕度为（–76.1°）+180°=103.9°，说明该放大器是稳定的。

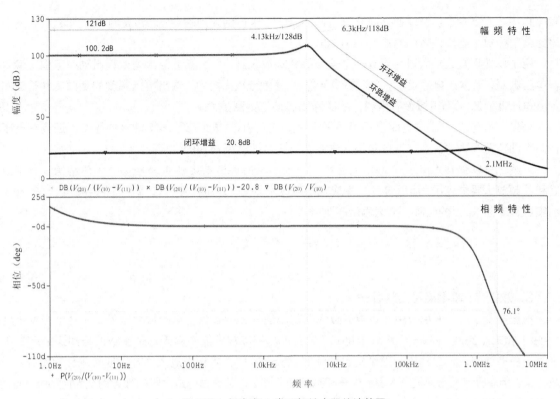

图 5-12 低失真 A 类耳机放大器的波特图

注：波特图中，在 1Hz 频点有+20°的相移，这是低频极点引起的。音频下限 20Hz 的相位接近 0°，故环路相移从 0°开始计算。

2. 折叠式差分放大器

单端折叠式共射-共基级联放大器的基本电路如图 5-13 所示。VT$_1$ 工作在共射极状态，VT$_2$ 工作在共基极状态。VT$_2$ 发射结电阻近似等于 $1/g_{m2}$，这个电阻就是 VT$_1$ 的负载，故 VT$_1$ 的电压增益为：

$$A_1 = g_{m1}\left(\frac{1}{g_{m2}}\right) \approx 1 \qquad （5-3）$$

由于 VT$_1$ 电压增益近似等于 1，集电结电容 C_{bc} 引起的密勒效应（A_1+1）C_{bc} 减小到 $2C_{bc}$，使 VT$_1$ 的频率特性没有因密勒效应而变坏。VT$_2$ 工作在共基极状态，本身的频率特性比共发射极好两倍以上。但输入阻抗很低，只有十几至几十欧姆，很难和前级电路匹配。共射-共基复合后的输入阻抗等于共射极的输入阻抗，而频率特性与共基极电路相同。选择器件时 VT$_1$ 可选用普通的晶体管，而 VT$_2$ 应选用特征频率高的晶体管，以充分发挥其优良的频率特性。复合组态的电压增益为：

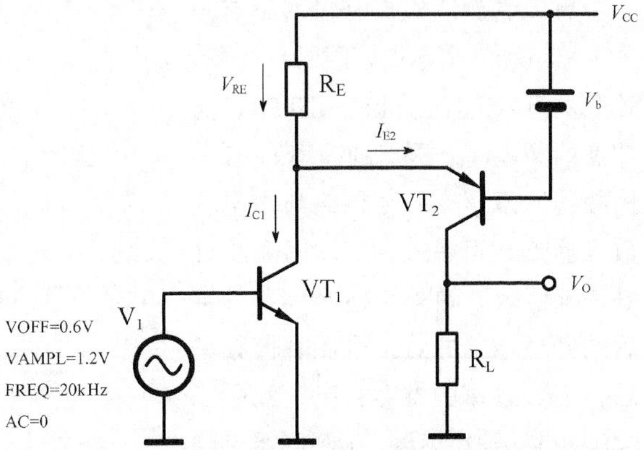

图 5-13 单端折叠式共射-共基级联放大器的基本电路

$$A = \frac{\Delta I_{C1}}{\Delta V_{BE1}} \cdot \frac{\Delta I_{C2}}{\Delta I_{C1}} R_L \approx g_{m1} R_L \qquad （5-4）$$

从公式（5-4）可知，电压增益和单级共射极放大器相同。但这里的跨导 g_{m1} 和负载电阻 R_L 分别在 VT$_1$

221

和 VT$_2$ 中，互不牵连。可以独立地通过选择 I_{C1} 和 I_{C2} 来得到大的跨导 g_{m1} 和高的输出内阻 r_{o2}，从而获得比共射极放大器高得多的增益，如 100dB。

两个单端折叠式放大器可组成一个差分折叠式放大器，传统差分放大器的输出动态范围受输入共模电压限制，通常比电源轨小。在折叠式共射-共基差分放大器中，输出电压幅度的上限比共基极的发射极电压低 0.2V；而下限没有限制，故实际输出动态范围扩大。

可见，折叠式共射-共基组态不但继承了串联式共射-共基组态频率特性好的优点，还具有电压增益高和动态范围大的优点，这些正是改进经典耳机放大器所需要的性能。

系统工程师很熟悉串联式共射-共基组态，而不习惯折叠式共射-共基组态。前者经常在宽带放大器和视频放大器中应用，而后者多在集成电路中应用。在设计时要注意选择 VT$_2$ 的射极电流 I_{E2} 和 VT$_1$ 的集电极电阻 R$_E$ 上的压降，使之满足下列条件：

$$I_{E2} = \frac{V_b - V_{BE2}}{R_E} - I_{C1} \tag{5-5}$$

$$V_{RE} < V_b - 0.6 \tag{5-6}$$

3. 双极点+单零点稳定性补偿

根据第 2 章 2.4.1 小节中两级电压放大器的小信号分析理论，这种放大器最少有两个极点（见式（2-59）和式（2-60））和一个零点（见式（2-61））。实际放大器中由于寄生参数的作用还会产生第三个甚至更多的极点，自动控制理论指出，降低主极点就能把多极点放大器补偿成无条件稳定的单极点放大器。但主极点补偿损失了太多的中频和高频开环增益，补偿后的放大器的静态精度高而动态特性差。故高频线性和瞬态特性是主极点补偿的软肋，图 5-8 所示的电路就是这种补偿的典型代表。

放大器采用双极点+单零点稳定性补偿的方法，图 5-14 所示的是这种补偿电路的结构图，双极点补偿电路由 C$_3$、C$_4$、R$_7$ 阻容网络跨接在主电压放大器的输入端和输出端之间。根据第 2 章 2.4.2 小节中双极点补偿的原理，把补偿网络的传输函数式（2-93）用本电路元件替代后重新写在下面：

$$H(s) = g_{m2} \frac{R_7(C_3 + C_4)s + 1}{R_7 C_3 C_4 s^2} \tag{5-7}$$

可以看到双极点补偿网络有一个重极点和一个零点，重极点的频率较低，可以选择在 3kHz ~ 8kHz，而零点的频率高于极点的频率 1 ~ 2 个倍频程。双极点补偿网络与主电压放大器一起可等效为二阶有源积分器，补偿效果如图 5-15 所示，补偿后的开环增益曲线上升到峰值频率后，随着频率的继续升高，几乎以 −40dB/dec 速率下降，下降到零点起作用时速率回归到−20dB/dec 左右。当与闭环增益曲线相交时，穿越速率接近于 20dB/dec，这与主极点补偿相同，说明闭环工作状态是稳定的。

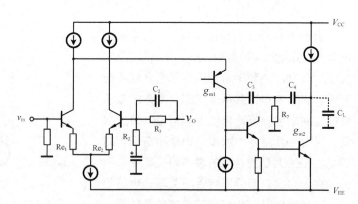

图 5-14　双极点补偿电路的结构图

单零点补偿电路由 C$_2$、R$_3$、R$_2$ 阻容网络组成，虽然没有介绍过单零点补偿的原理，但可以根据第 2 章 2.4.2 小节中双零点补偿的原理，在传输函数式（2-99）中去掉一个电容，用本电路元件替代后的反馈传输函数如下：

$$\beta(s) = \frac{R_2(R_3 C_2 s + 1)}{R_3} \qquad (5\text{-}8)$$

可以看到它只有一个零点，由于反馈支路中的零点等效于信号支路中的极点，故单零点补偿的实质是无源一阶高频衰减电路，主要作用是减小闭环增益特性曲线高频截止频率附近的幅度，使闭环增益特性曲线在穿越开环增益特性曲线时的穿越速率等于或小于 20dB/dec，消除不可闻高频自激振荡。

为了比较双极点补偿与单极点补偿的差别，我们把 C_3 短路、R_7 开路，单独用 C_4 进行主极点密勒补偿，并把两种补偿电路的幅频特性放在同一个波特图坐标系中，如图 5-15 所示。经过双极点和单零点综合补偿后，放大器的单位增益带宽积是 21.6MHz（在本仿真中看不到，把 AC 扫描频率设置到 100MHz 就可看到），主极点补偿只有 4.03MHz。两条开环特性曲线之间的面积就是双极点补偿抢救回来的环路增益，这些增益大部分位于音频中频和高频频段，如在中高音 4.13kHz 频点和音频上限 20kHz 频点，环路增益分别为：

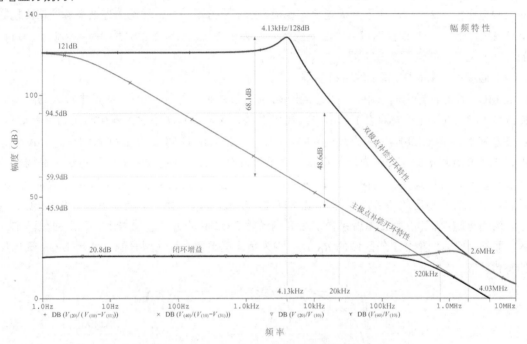

图 5-15　双极点补偿和主极点补偿的波特图对比

$$A_0 \beta_{\text{D-4.13k}} = 128 - 20.8 = 107.2 \,(\text{dB})$$

$$A_0 \beta_{\text{D-20k}} = 94.5 - 20.8 = 73.7 \,(\text{dB})$$

主极点补偿在这两个频点上的环路增益分别为：

$$A_0 \beta_{\text{S-4.13k}} = 59.9 - 20.8 = 39.1 \,(\text{dB})$$

$$A_0 \beta_{\text{S-20k}} = 45.9 - 20.8 = 25.1 \,(\text{dB})$$

两种补偿的环路增益差值分别为：

$$A_0 \beta_{\text{D-4.13k}} - A_0 \beta_{\text{S-4.13k}} = 107.2 - 39.1 = 68.1 \,(\text{dB})$$

$$A_0 \beta_{\text{D-20k}} - A_0 \beta_{\text{S-20k}} = 73.7 - 25.1 = 48.6 \,(\text{dB})$$

根据反馈深度公式 $Dep = 1 + A_0\beta$ 可以算出，这两个频点的线性度分别改善了 69.1dB 和 49.6dB。其他依赖负反馈获利的指标也改善了同样的分贝数。

4. MOS 管 A 类输出级和偏置电路

（1）功率 MOS 管传输特征

这里所讲的功率 MOS 管是指增强型 N 沟道和 P 沟道 MOS 管，它的输出特性曲线族有三个工作区域：关断区、饱和区和线性区，分别对应于 BJT 三极管的截止区、放大区和饱和区。线性区也叫可变电阻区，在这个区域，MOS 管基本上完全导通。

当 MOS 管工作在饱和区时具有信号放大功能，栅极的电压和漏极的电流基于其跨导保持一定的约束关系。栅极的电压和漏极的电流的关系就是 MOS 管的传输特性，N 沟道 MOS 管的传输特性用下式表示：

$$I_{D} = \frac{\mu_{n} C_{ox}}{2} \cdot \frac{W}{L} \left(V_{GS} - V_{TN}\right)^{2} = K_{n} \left(V_{GS} - V_{TN}\right)^{2} \tag{5-9}$$

其中，μ_{n} 为反型层中电子的迁移率，C_{ox} 为氧化物介电常数与氧化物厚度比值，W 和 L 分别为沟道宽度和长度。V_{TN} 是 N 沟道 MOS 管的门限电压。通常 BJT 三极管的发射结门限电压约为 0.65V，而 MOS 管的门限电压为 1.2～4V。由于漏极电流与栅极电压呈平方率关系，理论上谐波失真应该比指数特性的 BJT 要小一些，而且以偶次谐波为主要成分。但实际情况是功率 MOS 管的跨导远低于 BJT，在相同的开环增益下，线性不及 BJT 好。

（2）温度对功率 MOS 管传输特征影响

在 MOS 管的数据说明书中，可以找到 I_{D}-V_{GS} 特性曲线。图 5-16 所示的是本放大器所用的型号 2SK1529 和 2SJ200 在不同温度下的 I_{D}-V_{GS} 特性曲线，这是音频功率放大器中常用的互补配对 MOS 管。注意在 N 沟道管 2SK1529 的曲线族中，−40℃、25℃和 125℃三条曲线大约在 I_{D}=5A 处有一个交点，这个交点对应的 V_{GS} 称为转折电压。小于转折电压的 I_{D}-V_{GS} 曲线的温度特性，在栅极控制电压 V_{GS} 一定时，温度越高，漏极电流 I_{D} 越大，温度和电流形成正反馈，即沟道电阻 $R_{DS(ON)}$ 为负温度系数。大于转折电压的 I_{D}-V_{GS} 曲线的温度特性则相反，V_{GS} 一定时，温度升高，漏极电流 I_{D} 有所减小，沟道电阻 $R_{DS(ON)}$ 为正温度系数。在 P 沟道管 2SJ200 的 I_{D}-V_{GS} 曲线上，三条曲线基本上是平行的，看不到交点，整个工作区域的 $R_{DS(ON)}$ 均为负温度系数。其他型号的 P 沟道 MOS 管也具有相似的特性。

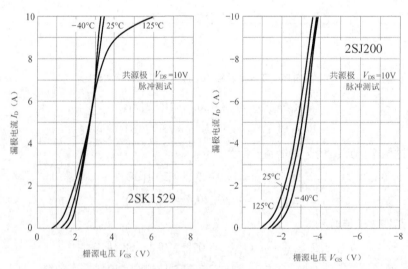

图 5-16 输出级功率 MOS 管的 I_{D}-V_{GS} 特性

许多教科书和期刊上讲功率 MOS 管没有二次击穿效应，散热设计可以降低标准，看了上述情况后我们明白必须针对具体应用进行散热设计。在本机中无法利用 $R_{DS(ON)}$ 正温度系数的优势，散热设计一点也马虎不得。

（3）MOS 管 A 类输出级的偏置电路

在功率放大器中，V_{BE} 倍增器是最常用的偏置电路，给 A 类 MOS 管图腾柱输出级作偏置电路也很合适，图 5-17 所示的是这个放大器输出级的偏置电路，两个栅极之间的偏置电压用下式计算：

$$V_{ab} = \frac{R_1 + R_2}{R_2}(V_{BE1} + V_{BE2}) \tag{5-10}$$

硅晶体管 PN 的温度系数大约是–2mV/℃，由于有两个 PN 结感应温度变化，V_{ab} 温度系数为：

$$\frac{\Delta V_{ab}}{\Delta T} = \frac{R_1 + R_2}{R_2}((-2mV/℃)+(-2mV/℃)) \tag{5-11}$$

当 R_2=2.2kΩ，R_3=7.59kΩ，基本上能得到仿真电路中的数值 V_{ab}=5.8V。V_{ab} 的温度系数是–17.9mV/℃，如果用单个 PN 结感应温度变化，V_{ab} 的温度系数虽然相同，但只能跟踪一个输出管的温升，控制误差会增大。

电容 C_1 是加速电容，a 点电压突变时能提高 VT_1 的反应速度。C_2 是给音频信号提供一个低内阻通路，减小偏置电路对音频信号的影响。由于不同的 MOS 有不同的门限电压，实际电路中可用一个半可变电位器调整偏置电压。

这个电路用来补偿功率 BJT 管的温度变化有较高的精度，补偿功率 MOS 管的温度变化误差较大，因为 V_{BE} 和 $R_{DS(ON)}$ 的温度系数并不相同，温度变化时不能精确补偿漏极静态电流的变化，会产生欠补偿或过补偿现象。改进的方法可增加虚线电阻 R 调整 V_{bias} 的温度系数，减小补偿误差。应用时也需要在物理上把倍增器晶体管与输出 MOS 管进行热匹配，如把 VT_1 粘贴在 VT_3 的外壳上，把 VT_2 粘贴在 VT_4 的外壳上，使 V_{BE} 传感器和输出管处于相同的温度环境中。

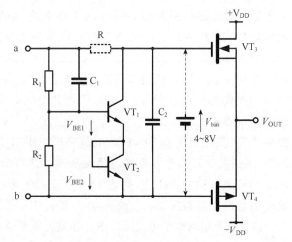

图 5-17　传统 V_{BE} 倍增偏置电路

（4）输出级的过流限制电路

为了防止温度升高时输出级的电流变化过大，设置了过电流限制电路，其工作原理如图 5-18 所示，图 5-18（a）是正向采样控制电路，在 n 和 m 节点之间设置电流采样电阻 R_1 和 R_2，当 V_{nm} 大于参考电压 V_{REF} 时，比较器 OP 输出电平升高，晶体管 VT 基极电压上升，使其内阻减小，分流电流增大使 V_{ab} 下降。也可用图 5-18（b）反向采样控制电路，效果是相同的。

过流限制电路应该与 V_{BE} 倍增器配合工作，输出级的静态偏置电流在正常状态下，只有 V_{BE} 倍增器工作，由于 V_{nm} 低于比较器的触发门限，过流限制器不工作。只有当静态电流在 R_1 和 R_2 上的压降超过触发门限时，过流限制器才开始工作，把 V_{ab} 钳位在安全数值以下。

在本放大器中，V_{BE} 倍增器把输出级的静态电流调整在 200mA，而过流限制器的启动门限设置在 212mA。当 V_{REF}=2.5V，R_1=R_2=5.90Ω 时，能满足设计要求。

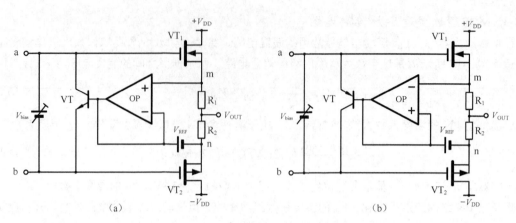

图 5-18 过流限制电路的工作原理

5.4.2 场效应管甲类耳机放大器的实际电路和性能

1. 实际电路

如果把图 5-11 中的恒压源和恒流源用实际电路替代，得到的电路如图 5-19 所示。折叠式共射-共基级联放大器由孪生晶体管 VT_1、VT_7 和相应的元件组成，镜像电流源 VT_2、VT_3、VT_3 为共发射极差分电路提供两路 1.5mA 的工作电流，以满足式（5-6）要求，更简单的方法是用两个 930Ω 的电阻替代。$D_2 \sim D_5$、R_9 给 VT_7 提供基极偏置电压，VT_5、VT_6、R_6、R_7 组成 1mA 的电流源，作差分放大器的尾电流源。VT_8、VT_9、R_{10}、R_{11} 组成 1mA 的电流镜，用于差分放大器的有源负载。VT_{11} 主电压放大器，恒流二极管 D_6 作主放大器的有源负载。VT_{10} 射极跟随器插入两级放大器之间起隔离作用。VT_{12}、VT_{13}、VR_2 等电路组成图 5-17 所示的 V_{BE} 倍增偏置电路，用电位器 VR_2 调整静态偏置电压。D_7、IC_1、VT_{14} 组成图 5-18（a）所示的过流限制电路，参考电压采用零温度系数的 2.5V 集成稳压器 TL431。电流采样电阻 R_{23}、R_{24} 按 212mA 的过流门限设计，用精度 1% 的 E196 系列的金属膜电阻可满足精度要求，这两个电阻同时也起电流反馈作用。由于 MOS 管的输入电容较大，例如 2SJ200 高达 1500pF，对主电压放大器来讲是一个不小的容性负载，很容易引发输出管产生高频振荡，故必须加入 R_{18}、R_{19} 进行阻尼振荡，阻值可选在 100Ω ~ 1kΩ。

双极点补偿网络由 C_4、C_5、R_{13} 组成，单零点补偿网络由 C_9、R_{25}、R_8 组成。还增加了 R_{26}、C_8 茹贝尔网络补偿耳机的音圈电感，增加了空心电感 L_1 用来消除负载端电抗引起的高频振荡。

输入端用交流耦合，耦合电容 C_1 和无源伺服电容 C_3 把低频截止频率限制在 1Hz 以下。增加了 R_2、C_2 组成的低通滤波器，截止频率为 361.7kHz。放大器的闭环增益为 20.8dB，驱动高阻耳机增益偏低了一些。但在双极点补偿放大器中增加闭环增益要非常谨慎，必须确保闭环增益与开环增益的穿越速率等于和小于 20dB/dec，否则肯定会引发振荡。降低闭环增益却没有后顾之忧。仔细阅读第 2 章中 2.4.2 小节的内容和图 2-67 所示的双极点补偿的波特图就能知道其中的原因。

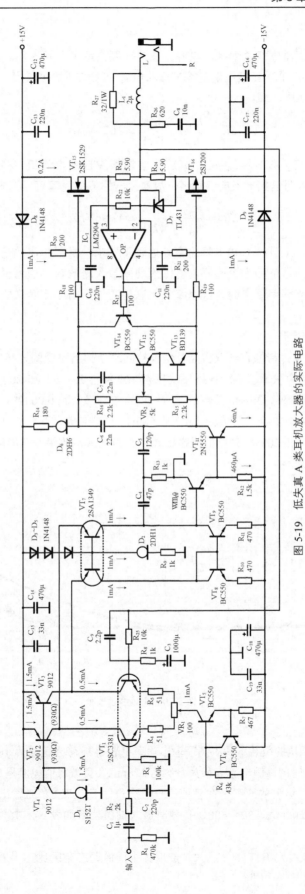

图 5-19 低失真 A 类耳机放大器的实际电路

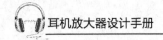
2. 转换速率

在双极点补偿放大器中有两个密勒电容，放电速度决定了上升速率。放电的路径是：$R_{14} \rightarrow D_6 \rightarrow$ $VT_{12} \rightarrow VT_{13} \rightarrow C_5 \rightarrow C_4 \rightarrow VT_9$，显然是电流镜 VT_9 和电容 C_4 限制了放电电流，VT_9 的实测值是 1mA。故放大器的上升速率用下式计算：

$$SR_r = \frac{I_{VT9}}{C_4} = \frac{1mA}{47pF} \approx 21.28V/\mu s \tag{5-12}$$

充电的路径是：$VT_2 \rightarrow VT_7 \rightarrow C_4 \rightarrow C_5 \rightarrow VT_{11}$，晶体管 VT_7 的电流和 C_4 限制了充电速度，VT_7 是差分放大器的一臂，能以两倍集电极电流输出，故放大器的下降速率可由下式计算：

$$SR_f = \frac{I_{VT7}}{C_4} = \frac{2mA}{47pF} \approx 42.96V/\mu s \tag{5-13}$$

与设计目标相比，上升速率和下降速率都达到了要求。需要指出的是一些商业放大器宣传的转换速率有 300V/μs，如果单独比较速度，电压模功率放大器的转换速率受电路结构限制很难提高，只有电流模放大器才能获得更高的转换速率，但这是牺牲了精度而换来的。这些内容将在第 7 章中详细介绍。

3. 高频线性的改善

从图 5-15 所示的幅频特性看到双极点补偿抢救回来了相当可观的开环增益，设计的初衷就是想利用这些资源来改善非线性失真。实际效果反映在 *f*-*THD* 特性上，如图 5-20 所示，4.13kHz 频点的 *THD* 从 0.0042% 降低到 0.0011%，20kHz 频点的 *THD* 从 0.021% 降低到 0.0042%。由于噪声的影响，改善量没有理论计算的那么多。主极点补偿的 THD 从 500Hz 开始变劣，双极点补偿在 3.7kHz 才开始变差，上升的斜率也更缓慢。在 20kHz 频点的线性提高了 5 倍之多，效果非常显著。

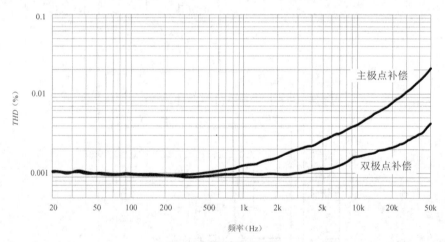

图 5-20 高频线性改善

4. 输出功率

本放大器在不同阻抗的负载下的不削顶输出功率见表 5-2，输入信号为 10kHz 正弦波，V_{rms}=0.813V。32Ω 负载时流过 MOS 管的峰值电流 I_p 最大，约为 128mA，负载峰值电流是 MOS 的两倍。

设置输出级的静态电流的原则是在各种负载阻抗条件下，满功率时输出级都工作在 A 类状态。本机的静态电流设置在 200mA，32~600Ω 负载时最大输出功率如表 5-2 中数值，输出级完全工作在 A 类状态。

由于 MOS 管的 V_{GS} 比 BJT 的 V_{BE} 大，造成负半周的动态范围比正半周小，如果继续增大输入幅度就会造成负半周信号削顶。故 MOS 管的最大输出功率会比 BJT 小一些。注意表中的输出功率是指正弦波一个周期里的平均功率,而不是峰值功率。

表 5-2　不同负载下的最大输出功率

负载阻抗（Ω）	输入电压 V_{rms}（V）	MOS 管峰值电流 I_p（mA）	最大输出功率（mW）
32	0.813	128	1049
150	0.813	40.9	500
300	0.813	20.95	264
600	0.813	10.1	122

5. 散热处理

由于 A 类放大器的输出级会产生很大的热量,散热处理尤为重要。功率管安装在散热器上的结构如图 5-21（a）所示,管芯产生的热量向空气中散逸的路径是:管芯→管壳表面→硅脂→绝缘垫→硅脂→散热器→空气,归结起来存在着 3 种热阻,如图 5-21（b）所示。θ_{jc} 是从管芯到管壳的热阻,θ_{cs} 是绝缘垫片加传热硅脂的热阻之和,θ_{sa} 是散热器的热阻。A 类放大器的最大功耗发生在没有信号输入的静止状态,本机最大静态电流是 212mA,工作电压是±15V,故每个 MOS 管的最大功耗为 3.18W,就是图 5-21（b）中的热源 $P_c(t)$。MOS 管的热阻可以用数据手册中给出的极限参数用下式计算:

$$\theta_{jc} = \frac{最大结温 - 环境温度}{漏极最大损耗} \qquad (5\text{-}14)$$

2SK1529 和 2SJ200 的数据手册中给出的最大结温是 150℃,最大漏极损耗功率是 120W。如果设环境温度是 25℃,用上式计算得到的 θ_{jc} 为 1.042℃/W。绝缘垫用云母片,它的热阻 2.5℃/W。所用的硅脂是 fitlube DC05,说明书上的标称热阻是 1.5℃/W。涂抹硅脂的绝缘垫的热阻则为 4℃/W。散热器是从赛格电子市场上购入的,只能从材料的比热、体积、重量估算出 θ_{sa} 大约为 1.5℃/W。

图 5-21（b）中有 C_i 和 C_s 两个热容,可用来计算热时间常数。我们不知道 MOS 管、绝缘垫和硅脂所用材料的比热,只能从它们的体积和不加散热器的温升判断出其热时间常数很小。用热红外测温仪测量,通电后大约 5s 后管壳温度 T_j 就能上升到比环境温度 T_a 高 1℃,在 10s 后绝缘垫温度 T_c 也上升到相同的温度,故热时间常数 $(\theta_{js}+\theta_{cs})\times C_i$ 可近似认为是 10s 左右。散热器是铝材料,重量约 0.2kg,体积和表面积都比 MOS 管大得多,热时间常数用下式计算:

$$\tau = \theta_{jc}C_s = \left[\left(883J \times kg^{-1} \times ℃^{-1}\right) \times 0.2kg\right] \times 1.4℃/W \approx 274(s) \qquad (5\text{-}15)$$

式中铝的比热是 833J/（kg·℃）,散热器的重量为 0.2kg。计算表明散热器温度升高 1℃需要 274s,比管壳和绝缘垫的热时间常数大得多。

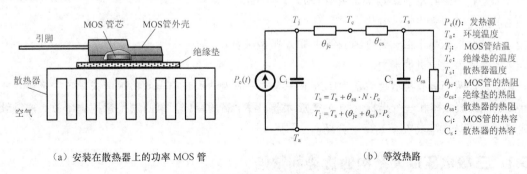

（a）安装在散热器上的功率 MOS 管　　　　　　　　（b）等效热路

图 5-21　输出级和散热器的热等效电路

有了上面的热力学基本概念,我们就可以进行这个 A 类输出级的散热计算了。通常可用两种方法计算，一种是设定管芯温度和散热器的表面温度，然后求解所需的散热器体积；另一种是从已知的散热片体积和所要求的散热器温度，求解管芯的温度。由于手头有不少不同规格的散热片，故用第二种方法计算比较合适。计算步骤如下所示。

已知，环境温度 T_a=40℃，散热器温度 T_s=65℃，P_c=6.36W，θ_{jc}=1.042℃/W，θ_{cs}=4℃/W，θ_{sa}=1.4℃/W，每两个 MOS 管安装在同一个散热器上，计算管芯温度。

（1）计算散热器的温度 T_s

$$T_s = T_a + \theta_{sa} \times N \times P_c = 40 + 1.4 + 2 \times 3.18 \approx 48.9(℃) \tag{5-16}$$

式中，T_a 为环境温度，按夏天的最高室温 40℃ 为基准计算，θ_{sa} 是散热器的热阻，散热器是铝材，重量为 0.2kg，表面积大约为 250cm²；N 是 MOS 管的数量，每两个 MOS 管安装在同一个散热器上，故 N=2；P_c 是 MOS 管的最大损耗功率。

（2）计算 MOS 管的管芯温度

$$T_j = T_s + \left(\theta_{js} + \theta_{cs}\right) \times P_c = 48.9 + (1.042 + 4) \times 3.18 \approx 65.9(℃) \tag{5-17}$$

式中，T_s 为散热器的温度，用上式计算的结果代入；θ_{js} 是 MOS 管的热阻；θ_{cs} 是绝缘垫和硅脂的热阻之和；P_c 是 MOS 管的最大损耗功率。

计算结果表明，管芯温度没有超过最大允许结温 150℃，说明所采用的散热处理是安全的。如果计算得到的管芯温度超过了 MOS 管的最大允许结温，就另换一个体积更大的散热器重新计算。

6. 主观音质评价

主观听音评价选择的参照物是《无线电与电视》杂志 50 周年纪念版耳机放大器和 OSIM-iBOX 耳机放大器，前者的输出级是 BJT 管，后者的输出级是集成电路。本放大器表现出的是高音纤细、低音宏大的音质，而参照物放大器的高音分析力和细节上感觉有明显差距。这主要得益于 MOS 管优良的高频特性，用示波器测试表明本机在 1MHz 频率上仍能以 0.01% 的线性满功率输出，输出级换成 BJT 后上限频率下降到 110kHz。还有一个原因是双极点补偿扩展了开环高频响应，使瞬态指标得到显著提高。另外，功率 MOS 管与 A 类输出级搭配也起到锦上添花的作用。

5.5　实验三级电压放大结构甲乙类耳机放大器

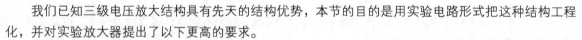

我们已知三级电压放大结构具有先天的结构优势，本节的目的是用实验电路形式把这种结构工程化，并对实验放大器提出了以下更高的要求。

（1）音频上限频率 20kHz 处的开环增益大于 70dB。

（2）线性度不劣于 5×10^{-6}。

（3）综合指标高于上一节介绍的低失真 A 类放大器。

（4）具有深度改进的潜力。

其中，前两项具有挑战性，是为了验证三级电压放大结构而提出的极限要求。第三项是对比一个指标高的 AB 放大器和一个指标低的 A 类放大器，哪个音质更好。第四项是想把这个放大器继续改造成纯 B 类，具体内容将在第 8 章中介绍。

5.5.1　三级电压放大结构的优势和缺陷

在第 2 章的 2.4.1 小节中对三级电压结构放大器进行了小信号分析，得出的结论是能得到更高的综合指标。为了实现这种结构，采取的步骤是先从基本结构入手，建立起仿真电路，用 EDA 工具获得基本技术参数后再设计实验电路。

仿真电路如图 5-22 所示，采用了三级差分放大器结构，Q_1、Q_2 组成第一级差放大器，充当图 5-1（c）中的 g_{m1}，提供约 20dB 的增益，同时处理输入信号与反馈信号的减法运算，并输出误差信号。Q_3、Q_4 组成第二级差放大器，充当图 5-1（c）中的 g_{m2}，本级能提供约 45dB 的增益。$Q_5 \sim Q_8$ 组成第三级差放大器，充当图 5-1（c）中的 g_{m3}。虽然它的负载是恒流源，而且工作电流较大，但由于 AB 类输出级的高频输入阻抗小于 3kΩ，受负载效应的限制本级只能提供约 55dB 的增益，尽管如此，该级仍是主力电压放大器。C_3、C_4 是外环密勒补偿电容，它和 g_{m1} 共同决定了 *GBW*。C_5、C_6 是内环密勒补偿电容，它和 g_{m2} 共同决定了次/主极点的频率。Q_9、Q_{10}、D_4、D_5 组成 AB 类互补输出级，只提供驱动电流，电压增益小于 1。

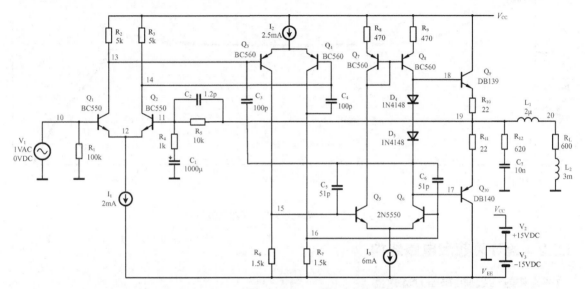

图 5-22　三级电压放大耳机放大器的仿真电路

从图 5-23 所示的波特图中看出，低频开环增益高达 136dB，开环截止频率为 11Hz，单位增益带宽积为 28.5MHz。闭环增益为 20.8dB，放大器的−3dB 带宽是 8.3MHz。三级结构的优势来源于巨大的开环增益，在音频上限频率 20kHz 的开环增益仍然高达 69dB，储备的环路增益为 48.2dB，有这么大的资源去校正误差，必然会获得非常高的精度，这是两级电压放大结构所不可比拟的。在这种结构中，唯一担心的是稳定性问题。

不出所料，该电路的确存在着不稳定因数，单位环路增益频率对应的相位移是−163°，根据稳定性判据，相位裕度是（−163°）+180°=17°。虽然不会引起连续的振荡，但很容易引发断续振荡。

在 14.9MHz 频点有一个寄生振荡，在振荡频率两边相位发生了±50°的翻转，就是这个振荡影响了相位裕度。谐振点是复数极点，峰值约为+17.1dB（20−2.9），用第 2 章中的图 2-81 判读该频点的相位裕度为 9°。这个谐振点的能量很大，距离 *GBW* 和单位环路增益频率很近，会对电路稳定性产生不良影响。

这个放大器采用的是基本的 NMC 补偿方法，大环路补偿电容已经整定为 100pF，如果选择更大的电容相位裕度可以增大到 45°的最低要求，但转换速率损失太大。在高保真放大器中转换速率也是一个重要的指标，因而在实际电路设计中，除了整定嵌套式密勒补偿电路的参数外，还需要其他有效的手段协助消除不确定的高频自激振荡，将在后述内容中结合实际电路进行介绍。

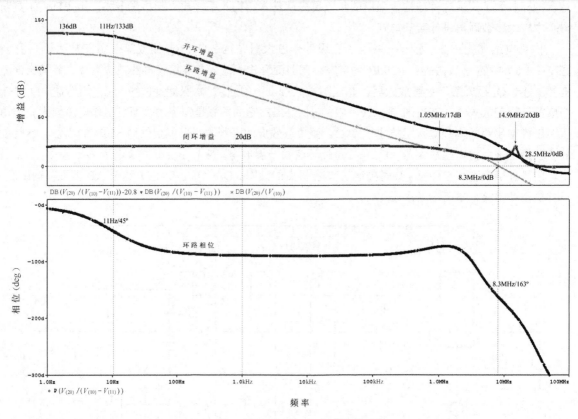

图 5-23　三级电压放大耳机放大器的波特图

5.5.2　设计思想和电路结构

1. 共射-共基自举差分放大器

共射-共基组态具有优良的频率特性，在两级结构中选择折叠式共射-共基组态，主要考虑到它有较大动态范围。在三级结构中输入信号很小，可以用串联式共射-共基组态，如图 5-24 所示。在串联组态中，由于共射极晶体管的 h_{fe} 容易受共基极偏置电压影响而产生失真，目前多采用自举方法改善失真，如图 5-24 中的电压源 E_b，把级联放大器的发射极和基极电压钳位在固定不变的电压源上，把偏置电流和信号电流分开，避免互相影响。串联式与折叠式电路各有优缺点，折叠式动态范围大、失真小、增益高。串接式用双管分压，功耗较低，但动态范围较小。本机用两个 NPN 孪生晶体管组合成共射-共基级联放大器，优点是热匹配特性优良，配合手工失调补偿，能获得很低的输出端零点漂移和很宽的频率响应。

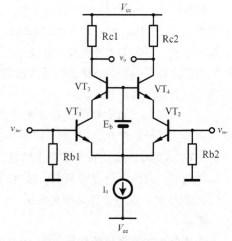

图 5-24　共射-共基自举差分放大器

2. 嵌套式密勒+三零点补偿

本机的稳定性补偿电路如图 5-25 所示，采用了嵌套式密勒大环路全局补偿和三零点辅助补偿。嵌套式密勒补偿是三级结构稳定工作的必要条件。这种结构有三个极点和两个零点，如果只考虑影响零极点的主要因素，它们可以近似表示为：

$$\omega_1 = \frac{g_{m1}}{C_2}, \omega_2 = \frac{g_{m2}}{C_1}, \omega_3 = \frac{g_{m3}}{C_L}$$

$$\omega_4 = -\frac{g_{m3}}{C_1}, \omega_5 = \frac{g_{m2}}{C_2}$$

（5-18）

式中，C_L 是输出级晶体管的输入电容。前三个是极点，后两个是零点。外环密勒补偿电容 C_2 和第一级差分放大器的跨导 g_{m1} 决定了主极点频率 ω_1，内环密勒补偿电容 C_1 和第二级差分放大器的跨导 g_{m2} 决定了第一非主极点的频率 ω_2。根据第 2 章中 2.4.1 小节介绍的极点整定原则，改变 C_1、g_{m1}、C_2、g_{m2} 这 4 个参数就能把有效地实现极点分离，把 ω_1 推向接近于直流，把 ω_2 推向高于单位增益频率（ω_{UG}），使 ω_2/ω_{UG}=3.2，ω_3/ω_{UG}=4.7，具有约 60° 的相位裕度。

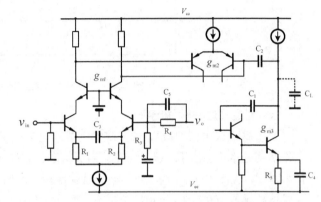

图 5-25　三级电压放大结构的稳定性补偿电路

　　更直观的补偿原理见图 5-26 所示的图解分析法，f_p 是嵌套式密勒补偿后开环增益的主极点，从此频点开始随频率升高增益以–20dB/dec 斜率下降，如果按这个斜率下降到 0dB 的频率是 f_2，这样就不能保证在 8～20kHz 时有足够的开环增益。为了实现设计要求的第一个目标，下降到 20kHz 频点仍有大于 70dB 的开环增益。在信号通路里设置了两个低频零点，它们的频率为：

$$f_{z1} = \frac{1}{2\pi R_5 C_4} = 150(Hz)$$

$$f_{z2} = \frac{1}{2\pi (R_1 + R_2) C_3} = 330(Hz)$$

（5-19）

设置这两个低频零点是为了让开环增益的衰减速率从 150Hz 开始减缓，再从 330Hz 开始进一步减缓，使下降速率小于–20dB/dec。当频率升高到 $10f_{z2}$ 以后（如图 5-26 中的 f_1），这两个低频零点的影响消失，开环增益的下降速率回归到–20dB/dec。这相当于开环增益曲线从 A 向右平移到 B，使单位增益带宽从 f_2 提高到 f_3。这两个零点分别放置在第三级电压放大器的发射极和第一级差分放大器的发射极，单级局部增益与全局增益的比值较小，对全局增益的影响很有限，这是设计中要考虑的事情。

　　第三个零点设置在反馈支路中，它的频率是：

$$f_{z3} = \frac{1}{2\pi R_4 C_5} = 7(MHz)$$

（5-20）

设置在反馈支路中的高频零点，等效于信号通道中的高频极点，所起的作用不是提升开环增益，而是衰减闭环增益。设闭环增益的截止频率是 f_c，增加这个等效极点 f_{z3} 后，闭环增益的下降速率更快，从而避免了分布参数产生的高频不稳定性。

　　三级电压放大结构中采用的各种稳定性补偿方法还不成熟，补偿方法也不是唯一的。但无论哪种方案，都必须根据第 2 章中 2.4.1 小节介绍的极点整定原则和图 2-40 非主极点频率与单位增益频率比值对应的相位裕度关系曲线，保证相位裕度不小于 60°。采用的方法基本上是以嵌套式密勒补偿为主要手段，其他补偿方法为辅助手段，尽可能使高频环路增益损失最小。集成电路设计中经常会发明更先进的补偿方法，有些方法可以直接引入到分立元器件电路中来。

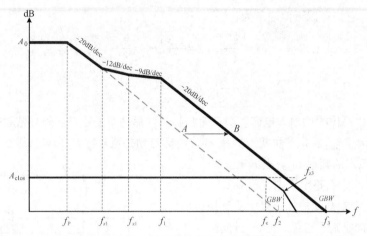

图 5-26　三级电压放大结构的稳定性补偿方法图解

3. 倒置式达林顿输出级

为了驱动 600Ω 的耳机，选择双管倒置式达林顿管作输出级。如图 5-27（a）所示，第一级晶体管工作在倒相器状态，第二级工作在共射极状态，它的集电极输出电压又全部反馈到第一级的发射极。作为对比，图 5-27（b）是传统达林顿管输出级，是两个独立的 100% 的局部电压负反馈跟随器，而倒置式达林顿是 100% 的全局电压负反馈，故电压增益都小于 1。全局负反馈的误差校正能力远高于多个串联的局部负反馈，这可能就是它的线性比传统达林顿好的原因。下面，我们分别给两个输出级馈给频率为 10kHz，幅度不同的正弦波驱动电压，对比它们有什么不同。

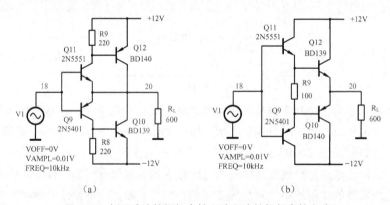

图 5-27　倒置式达林顿复合管电路和达林顿复合管电路

当输入驱动电压等于 PN 结势垒电压时（图 5-27 左图输入 2×0.6V，图 5-27 右图输入 4×0.6），仿真波形如图 5-28 所示。输出波形都有 13.68μs 的死区。图 5-28 左图中看到 $I_{(Q9)}$ 和 $I_{(Q11)}$ 大约有 160° 的导通角，从截止到导通的过程中过渡平滑。$I_{(Q10)}$ 和 $I_{(Q12)}$ 存在约 2μA 的振荡电流，有不稳定的倾向。图 5-28 右图中从截止到导通的过程中 $I_{(Q9)}$ 和 $I_{(Q11)}$ 会产生宽度 6.1μs、幅度 ±70μA 的开关脉冲。$I_{(Q10)}$ 和 $I_{(Q12)}$ 大约有 160° 的导通角，波形有畸变。

当输入电压等于电源电压的一半时（图 5-27 左图输入 6V+2×0.6V，图 5-27 右图输入 6V+4×0.6），仿真波形如图 5-29 所示。倒置式达林顿管的大环路负反馈把输出死区压窄到 3.70μs，而传统达林顿管的死区是 4.22μs。从图 5-29 左图中看到在 $I_{(Q10)}$ 和 $I_{(Q12)}$ 的死区期间，$I_{(Q9)}$ 和 $I_{(Q11)}$ 努力用较高的电流升降速率调整环路，使死区变窄。在环路断开时，电流过渡很平稳。在图 5-29 右图中 $I_{(Q9)}$ 和 $I_{(Q11)}$ 仍有开关脉冲，$I_{(Q10)}$ 和 $I_{(Q12)}$ 的导通角增大，波形畸变减小。

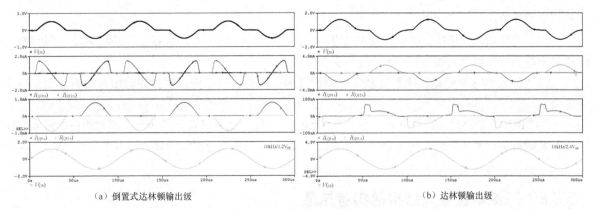

（a）倒置式达林顿输出级　　　　　　　　　　（b）达林顿输出级

图 5-28　达林顿输出级仿真图之一

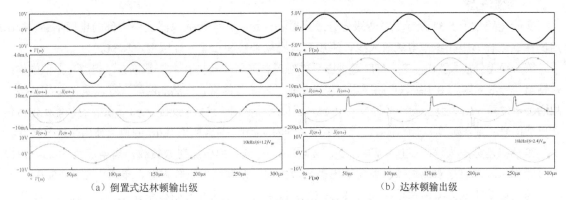

（a）倒置式达林顿输出级　　　　　　　　　　（b）达林顿输出级

图 5-29　达林顿输出级仿真图之二

当输入电压等于电源轨电压时（图 5-27 左图输入 12V+2×0.6，图 5-27 右图输入 12V+4×0.6），仿真波形如图 5-30 所示。图 5-30 左图中，倒置式达林顿输出死区是 1.58μs，输出幅度±12Vpp 正弦波，具有轨至轨输出能力。$I_{(Q9)}$ 和 $I_{(Q10)}$，$I_{(Q11)}$ 和 $I_{(Q12)}$ 进行接力式工作，即低输入电压时 $I_{(Q9)}$ 和 $I_{(Q11)}$ 工作，高输入电压时 $I_{(Q10)}$ 和 $I_{(Q12)}$ 工作，在负载上合成了是完整的正弦波，但仍能看到交越失真痕迹。图 5-30 右图中，传统达林顿管的死区宽度为 2.01μs，输出波形已双向削顶，也有交越失真痕迹。$I_{(Q9)}$ 和 $I_{(Q11)}$ 在死区产生的开关脉冲随着死区减小而宽度变窄，幅度更大。

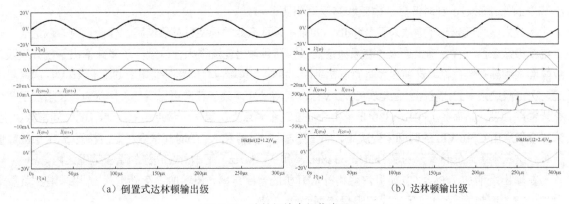

（a）倒置式达林顿输出级　　　　　　　　　　（b）达林顿输出级

图 5-30　达林顿输出级仿真图之三

从上述仿真可得出如下区别。

（1）倒置式达林顿输出级能利用本身的全局负反馈压缩死区宽度；达林顿输出级没有全局负反馈，

死区宽度不变。

（2）倒置式达林顿输出级没有开关失真，从截止到导通，或从导通到截止，过渡平滑，线性较好；达林顿输出级在状态转换过程中会产生开关失真。

（3）倒置式达林顿输出级具有轨至轨输出能力，动态范围较宽；达林顿输出级没有轨至轨输出能力。

（4）倒置式达林顿输出级所需的偏置电压始终为 $2V_{BE}$，达林顿输出级所需的偏置电压随着复合结构的重数增加，两重复合结构所需的偏置电压为 $4V_{BE}$，三重复合结构所需的偏置电压为 $6V_{BE}$。在耳机放大器中，两重复合结构就已足够。

5.5.3　三级电压放大结构的实验结果

1. 实际电路

实际电路如图 5-31 所示，由两级差分放大器和一级共发射极放大器提供全部的电压增益，输出级用倒置式达林顿跟随器作电流放大器，用嵌套式密勒补偿和三零点补偿稳定增益。

第一级差分放大器由 VT_1 ~ VT_3 等外围元件组成，采用串联共射-共基级联自举电路，是双端输入双端输出差分放大器。由于级联电路采用了早期生产的孪生晶体管，虽然热匹配良好，但 V_{BE} 误差较大，故增加电位器 VR_1 调整失调，同时 VR_1 还起本级负反馈作用。这级差分放大器最重要的功能是输入信号和反馈信号的减法运算，电压增益设计的不大，约为 30dB，并施加了 10dB 的负反馈用来改善线性。

第二级差分放大器由 VT_4 ~ VT_6、D_3、R_{13} 和 R_{14} 组成，用电流镜做负载，尾电流为 3mA，由恒流二极管提供。本级是双端输入、单端输出差分放大器，是辅助电压放大器，电压增益约 55dB。

第三级电压放大器由 VT_7 ~ VT_9、R_{15} ~ R_{18}、D_4 组成，采用共发射极单端结构，VT_9 是主电压放大器，为了提高增益，在前面插入了达林顿射极跟随器 VT_7、VY_8 减小负载效应，输出负载用恒流二极管 D_4 简化设计，也可以设计其他有源负载代替 D_4。因为要直接驱动倒置式达林顿输出级，工作电流设置为 5 ~ 7mA，视所需的开环增益进行调整，本级开环增益设计值是 58dB。

输出级由 VT_{12} ~ VT_{15}、R_{21} ~ R_{24}、D_5 和 D_6 组成。工作在 AB 类状态下，由 VT_{10}、VT_{11}、VR_2 等元件组成的 V_{BE} 倍增器提供偏置电压。无信号输入时，VT_{12}、VT_{13} 的静态电流为 2mA，VT_{14}、VT_{15} 在小信号时截止，在大信号时导通。二极管 D_5 和 D_6 有校正失真和增强低音的作用。

整机的闭环增益由（$R_{18}+R_{12}$）/R_{12} 决定，嵌套式密勒补偿对闭环增益不敏感，可根据第 2 章中 2.3.3 小节中的增益原则，针对低阻、中阻和高阻耳机更改增益。

本放大器的低频开环增益大于 140dB，如果不采取有效的稳定性补偿电路，即使没有输入信号，一上电就像振荡器一样会输出连续的高频振荡信号，而且输出电流很大，持续不了多久输出管就会烧毁。故嵌套式密勒补偿是稳定这种放大器的重要手段。主极点频率由外环路补偿电容 C_6、C_7 和 VT_1 的跨导决定，次主极点频率由内环路补偿电容 C_8 和 VT_4 的跨导决定。为了获得更稳定的工作状态，还增加了三个补偿零点，设计频率在 150Hz、330Hz 和 7MHz 三个频点上。第一个零点由 C_9 和 R_{17} 的时间常数决定，第二个零点由 C_3 和 VR_1 的时间常数决定，第三个零点由 C_{12} 和 R_{18} 的时间常数决定。按图 5-31 中的数值计算，这三个零点的频率分别是 153Hz、328Hz 和 7.23MHz，基本上在允许的误差范围之内。

在输出端增加了 R_{25}、C_{13} 茹贝尔网络补偿耳机的音圈电感，还增加了空心电感 L_1 用来消振负载端电抗引起的高频振荡，R_{26} 用来决定阻尼谐振回路 Q 值。

输入耦合电容 C_1 和 R_3 产生的低频零点频率是 0.72Hz，它和隔直电容 C_5 共同影响放大器的低频截止频率。R_2 和 C_2 形成一阶低通滤波器，产生的高频极点是 1.326MHz，它和零点补偿电容 C_{12} 共同影响闭环增益的高频截止频率。

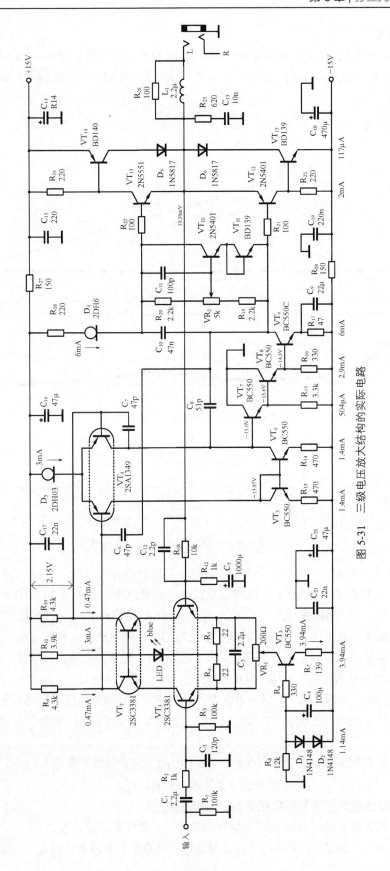

图 5-31　三级电压放大结构的实际电路

2. 波特图

图 5-32 所示的是仿真实际电路得到的波特图,低频开环增益为 143dB,−3dB 截止频率为 5Hz(主极点),20kHz 频点的开环增益为 76dB,单位增益频率为 53MHz。闭环增益为 20.8dB,−3dB 截止频率为 7.6MHz。

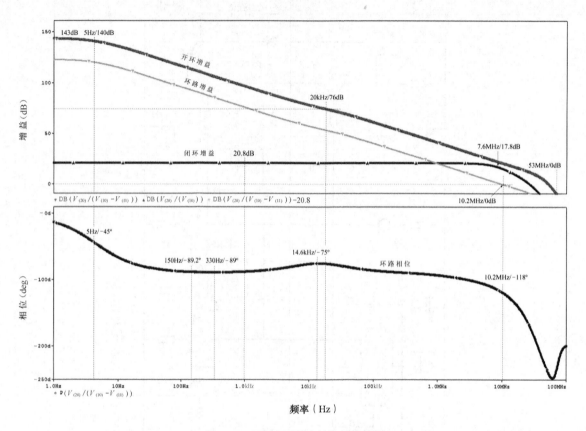

图 5-32   三级电压放大结构的波特图

虽然在幅频特性曲线上不能明显观察到图 5-26 所设计的补偿效果,但在环路相位特性曲线上还是留下了痕迹,环路增益相位曲线和开环增益相位曲线是重合的,在图 5-26 中统称环路相位曲线。在 5Hz 的主极点频率处的相移是−45°,衰减速率是−45°/dec。遇到 150Hz 和 330Hz 两个零点后衰减速率变缓,它们的影响一直延伸到 3.3kHz 才消失。然后相位开始随频率升高而上升,大约在 14.6kH 上升到最高值,结果把 20kHz 频点的开环增益提高了约 10dB,确保该点的开环增益不低于 74dB。环路增益下降到 0dB 的相移是−118°,相位裕度为 62°(−118° +180°)。

与图 5-23 相比,完全消除了 14.9MHz 频点的自激,闭环增益曲线没有凸起的谐振峰,呈现高斯低通滤波器特性。相位裕度也从 17° 增加到 62°,这是一个绝对安全的值,经得起温度变化和器件老化的考验。

用音频分析仪测试 20kHz 频点的线性,$THD=0.00013\%$,即线性度是 1.3×10^{-6},满足设计要求。该测试结果表明,图 5-26 的稳定性补偿方案基本得以实现。

3. 三级电压放大结构与两级电压放大结构的比较

这个实验放大器和图 5-19 改进型两级电压放大结构的性能比较见表 5-3。由于拓扑结构的优势,该电路具有更高的开环增益,更高的单位增益频率和更充足的环路增益储备,一切依赖于反馈深度的指标都获得相应的提高。但同时也展现出它的不完美性，如开环增益的主极点频率很低，远不及两级电压放大结构的主极点频率高，图 5-11 的指标是 6.3kHz，而本电路只有 5Hz。

表 5-3　三级电压放大结构和两级电压放大结构的性能比较表

	三级电压放大器实验电路	低失真 A 类耳机放大器
开环增益（dB）	143	121
截止频率（Hz）	5	6.3k
单位增益频率（MHz）	53	33.4
20kHz 频点的环路增益（dB）	55.2	48.6
闭环增益（dB）	20.8	20.8
闭环带宽（MHz）	7.6	2.6
相位裕度（度）	62	78
THD（10kHz/100mV）（%）	<0.00013	<0.0017

由于两个放大器的输出级完全不同，一个是 MOS 管 A 类，另一个是 BJT 倒置式 AB 类，表现出来的音色确实不同。毋庸置疑，这个实验电路远没有两级电压放大结构成熟。

从仿真设计和测试的结果来看，两级电压放大结构的理论分析和实际电路吻合得很好，而三级电压放大结构出现了较大的误差。主要原因是高增益放大器对寄生参数很敏感，经常发生一上电就自激的现象，稳定性设计值和实际整定值不一致，调试和校音很耗费时间和人力。这些缺陷表明，三级电压放大结构只适合爱好者 DIY 和小批量生产，不能广泛推广应用。

根据本章的电路设计测试结果，并结合作者几十年的设计经验和前人的知识积累，得到的结论是：拓扑结构是放大器的核心和灵魂。而分立元器件电路是验证新结构的快捷和低成本手段。它虽然操作起来比较麻烦，所用的元器件较多，电路板的面积较大，功耗也很大。但设计和调试过程中充满了挑战和乐趣，成功的样品不但可以直接使用，也可以作为设计集成电路的原型机。

在集成电路广泛应用的今天，绝大多数人都不愿意再用分立元器件设计电路。不过，在我们称之为芯片的集成电路中有着更为复杂的微型分立元器件，如果想成为模拟集成电路设计工程师，仍然要从分立元器件电路开始学习，这就是本章的初衷。

第6章 基于运算放大器的耳机放大器

本章提要

　　本章介绍集成音频运算放大器的特点和在耳机放大器中的应用技术。所涉及的内容并不关注运算放大器的内部结构，只是把它看成一个黑匣子。无论它的内部电路多么复杂，最终的特性都表现在 5 个引脚的电压与电流的特性上。因而，本章一开始就用简洁易懂的方法把运算放大器引脚的电气特性描述清楚。除此以外，运算放大器还有许多特性参数，本章只选择增益、噪声、失真、转换速率、共模抑制比和电源抑制比这几个主要指标参数，从物理概念和数学解析入手，用图文并茂的方式介绍这些参数和在耳机放大器中的应用。

　　运算放大器虽然是一个万能放大器，但用作高保真耳机放大器中的电压放大器和电流放大器仍有不足之处，本章用较大的篇幅介绍如何发挥运算放大器本身优势和克服不足的方法，内容包含减小失调和噪声，扩展输出电压和输出电流的各种方法和实施电路。接着介绍了一个用运算放大器设计的高保真耳机放大器。

　　运算放大器与耳机放大器的历史源远流长，自从集成运放诞生以来，无论是专业厂商和广大爱好者都喜欢用运算放大器设计和制作耳机放大器，产生了许多有趣的故事。本章结尾介绍了耳机放大器中的运算放大器文化。

6.1 音频运算放大器的特点

　　音频运算放大器是专门为处理音频信号而设计的集成运算放大器，在本章再附加一个条件就是工作电压不低于±10V 的音频运算放大器，因为低压音频运算放大器在第 2 章已经介绍过，本章所介绍的耳机放大器是高端类型，所要求的运算放大器工作电压是±12 ~ ±22V。

　　音频信号的频域虽然有接近 10 个倍频程的带宽，但最高频率只有 20kHz，故对运算放大器的频率和速度特性要求不高。由于高保真放声对音质要求很高，故对运算放大器的动态范围，线性和噪声指标要求极高。另外，音频电路的发展趋势是直流化，在信号通道上没有电容器，从 DAC 到耳机直流耦合，故对运算放大器的输入失调、共模抑制和电源抑制指标要求较高。下面先介绍音频运算放大器的特性和最重要的几个性能参数。

6.1.1 运算放大器的黑匣子特性

运算放大器简称 OP 或运放，本书中这几个名词会同时使用。作为一个使用者，只需把 OP 当作黑匣子看待，而无须知道匣子里的东西。用这种概念看 OP，它只有 5 个端子：

同相输入端 v_{i+}

反相输入端 v_{i-}

输出端 v_o

正电源端 $+V_{CC}$

负电源端 $-V_{CC}$

所有电压相对于公共节点为电压升，这样便于用节点电压法进行分析。所有电流方向规定流进 OP，如图 6-1（a）所示。OP 的 5 个引脚端子上表现出来的电压传输特性如图 6-1（b）所示。

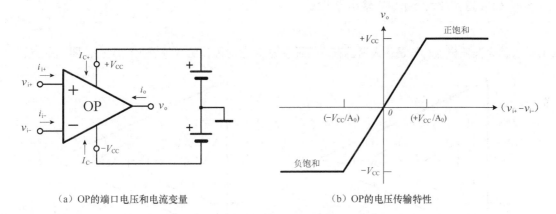

（a）OP的端口电压和电流变量　　　　　　　（b）OP的电压传输特性

图 6-1　OP 黑匣子的端口变量和电压传输特性

如果电源电压等于 V_{CC}，输出电压是两个输入电压之差的函数，传输方程如下：

$$\begin{cases} -V_{CC} & A_0\left(v_{i+} - v_{i-}\right) < -V_{CC} \\ A_0\left(v_{i+} - v_{i-}\right) & -V_{CC} \leqslant A_0\left(v_{i+} - v_{i-}\right) \leqslant +V_{CC} \\ +V_{CC} & A_0\left(v_{i+} - v_{i-}\right) > +V_{CC} \end{cases} \tag{6-1}$$

式中，A_0 是 OP 的开环电压增益。从电压传输特性和式（6-1）看出，OP 有 3 个工作区，当输入端的电压差很小时，OP 是一个线性放大器，输出电压是输入电压差的线性函数。线性区域外出现饱和，变成了非线性器件。

要将 OP 限制在线性区域里，输入电压 v_{i+} 和 v_{i-} 必须受到约束，约束条件是 V_{CC} 和 A_0，本章介绍的大部分音频运算放大器的电源电压小于±15V，开环增益大于 70dB（>3000 倍），故输入电压必须小于 5mV 才不会出现输出限幅。理想 OP 的开环增益是无穷大，输入电压约束是：

$$v_{i+} = v_{i-} \tag{6-2}$$

式（6-2）的输入信号约束条件表示 OP 的同相输入端与反相输入端"虚短"的概念，只有维持两个输入端虚短才能使 OP 工作在线性区域，方法是把输出信号衰减到与输入相当接近的幅度，然后与输入信号相减。故 OP 不能工作在开环状态，否则输出就会饱和而进入非线性区域。检查 OP 是否饱和的方法很简单，只要输出电压大于电源电压，运算放大器肯定是饱和了。

6.1.2 电压反馈运算放大器和电流反馈运算放大器

运算放大器分为电压反馈（VFB）型和电流反馈（CFB）型两大类，虽然绝大多数的 OP 属于 VFB 型，对于音频放大器来说已经足以满足所有的应用了，但人类具有追求尽善尽美的天性，实际应用中仍然有人把速度更快、价格更高的 CFB 型引入到音频功率放大器中，据说是取得了某些好处。在本小节和本书第 7 章中介绍 CFB 并不是为了满足这部分人的心理，而是利用 CFB 的特性改善高保真耳机放大器的瞬态指标。

两种 OP 的电路模型如图 6-2 所示，VFB 的输入级是一个差分放大器，输出级是一个电流放大器；CFB 的输入级和输出级都是缓冲器。对于 VFB 运算放大器，输出电压为：

$$v_o = A_o \cdot v_e \qquad (6-3)$$

式中，$v_e = v_{i+} - v_{i-}$ 称为误差电压，A_o 是放大器的开环电压增益。

对于 CFA 运算放大器来讲，输出电压为：

$$v_o = Z_t \cdot i_e \qquad (6-4)$$

式中，i_e 称为误差电流，Z_t 是放大器的开环互阻。放大器的传输函数等于一个阻抗，即 $Z_t = v_o / i_e$。

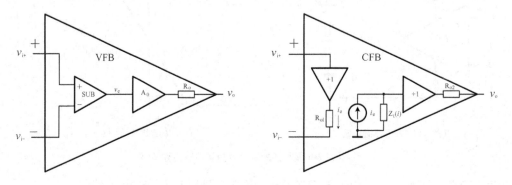

图 6-2　VFB 和 CFB 运算放大器的电路模型

显然，在开环状态下，VFB 是一个电压放大器，CFB 是一个阻抗放大器。为了使用方便，两种运算放大器在设计时都补偿成了无条件稳定的单极点放大器，如图 6-3 所示。

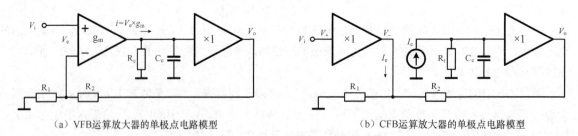

（a）VFB运算放大器的单极点电路模型　　　　　（b）CFB运算放大器的单极点电路模型

图 6-3　运算放大器的闭环单极点模型

两种运算放大器的闭环电压增益都等于 $(R_1 + R_2)/R_1$，说明两者具有相似的闭环增益特性，如图 6-4 所示波特图。在 VFB 中当 $R_2 = \infty$ 时，闭环增益等于开环增益。在 CFB 中当 $R_2 = \infty$ 时，闭环阻抗等于 R_2，对应的电压增益等于 1，这就是闭环截止频率 f_c，与 VFB 中的增益带宽积 GBP 对应，也是一个常数。同时也看出即使电压增益等于 1 时，R2 也必须存在，否则电路就不能稳定工作，这一点与 VFB 不同。

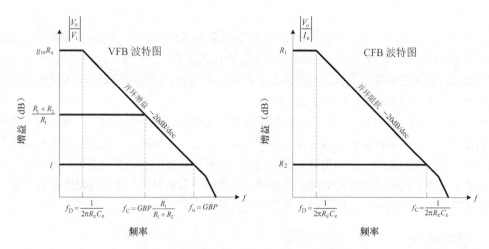

图 6-4 两种运算放大器的闭环电压增益波特图

比较两种 OP 的区别，VFA 运算放大器的低频精度高，在音频和标清视频中应用历史悠久，也广泛应用在其他电子系统中。CFB 运算放大器的特点是闭环带宽仅由晶体管的极间电容和外部反馈电阻决定，增益设置与带宽独立，满功率带宽与小信号带宽几乎相等，高频特性好，转换速率高，已经成功应用在高清视频和 4K、8K 超高清视频电路中，最近也开始应用到 RF 电路中。它的反相输入阻抗很低，对输入电容不敏感，在 *I/V* 转换器中能获得更高的信噪比。

CFB 运算放大器的最大缺点是同相输入端和反相输入端的阻抗水平差别悬殊，无法进行匹配，导致精度低，抗干扰能力差。使放大器失去了抑制共模电压的能力，电源上的毛刺、纹波和噪声不能得到有效抑制。

了解了 CFB 的特点后，就能评估用在耳机放大器上的优缺点，优点是瞬态特性得到显著提高，缺点是输出端会产生几十毫伏甚至更大的零点漂移电压，*CMRR* 和 *PSRR* 明显下降。关于电流反馈耳机放大器的详细内容将在第 7 章中介绍。

6.1.3 失调电压和失调电流

这两个参数都是针对输入端口定义的。失调电压定义为在室温下（25℃）和标准电源电压下，为了在输出端获得零电压输出，而需要在两个输入端施加的直流电压之差。这个微小的电压称为失调电压，符号为 V_{os}。此参数表征了 OP 输入端差分放大器的匹配程度，失调电压与差分放大器所用的有源器件有关，一般情况是 BJT < JFET < CMOS。大小也与采用的校正技术有关，常见 OP 的失调范围如下所示。

1）采用失调校正技术的 BJT 型 OP：<1μV。

2）高精度 BJT 型 OP：10 ~ 25μV。

3）通用精密 BJT 型 OP：10 ~ 25μV。

4）JFET 输入级的 OP：0.1 ~ 1mV。

5）普通 CMOS 型 OP：5 ~ 50mV。

6）采用校正技术后的 CMOS 型 OP：<1mV。

定义失调电流之前先要了解偏置电流。理想 OP 的输入阻抗无穷大，实际 OP 则有一个有限的输入阻抗，故两个输入端都有电流流入，分别记为 I_{B+} 和 I_{B-}。不同类型的 OP 偏置电流不同，

CMOS（pA）< JFET（nA）< BJT（μA），经过特殊技术的测量用 CMOS 运算放大器的偏置电流能小到 fA 级。

失调电流定义为 $I_{os}=I_{B+}-I_{B-}$。这个指标只对 VFB 运算放大器有意义，而 CFB 运算放大器的两个输入端阻抗相差悬殊，输入电流完全不匹配，因此 I_{os} 指标无意义。

失调电压会随温度影响而变化，它的温度系数定义为漂移，度量单位是 μV/℃。失调电压还随使用时间而变化，度量单位是 μV/月或者 μV/千小时。

失调电压和失调电流对耳机放大器的影响就是输出端的零点漂移，通常在几毫伏至几十毫伏范围里。如果输出端与耳机直接连接，就会使音圈产生位移，导致音圈的正、负行程不对称，对低阻耳机的高响度动态范围略有影响，对高阻耳机的影响可忽略不计。如果一定要消除它，可以在 OP 输入端设置失调修正电路，也可增加无源伺服和有源伺服电路进行自动补偿，通常都能修正到小于 1mV。如果输出级与耳机采用电容耦合，则可以不用理会零点漂移。

6.1.4　增益特性

运算放大器通常被认为是最接近理想的放大器，理想放大器的条件之一就是放大倍数无穷大并且不随频率变化。然而现实中的 OP 是一个多极点系统，为了减小畸变设计成一个闭环调整系统，为了使其工作稳定又补偿成了单极点系统。

图 6-5（a）所示的是 OP 增益的模型，由 4 个模块组成，$A_o(s)$ 是 OP 的开环增益函数，$\beta(s)$ 是闭环反馈函数，V_d 代表运算放大器内部电路产生的失真。输入信号 V_{in} 与衰减后的输出信号 V_β 相减得到误差信号 V_e。方框图模型准确地反映了 OP 闭环连接后的电路结构。

从解析式上看，分母 $1+A_o(s)\beta(s)$ 是反馈量，是负反馈给放大器带来的好处。因为施加了负反馈，失真电压 v_d 减少了 $1+A_o(s)\beta(s)$ 倍。虽然放大器的开环增益也减少了同样的倍数，但增益稳定性却提高了相同的倍数，这是非常合算的，也称为用牺牲增益换取精度。当 $1+A_o(s)\beta(s)>1$ 时，闭环增益近似等于 $1/\beta(s)$，表明放大器的性能只与反馈网络有关，与放大器本身的参数无关，放大倍数稳定到一个常数，故 $1/\beta(s)$ 可写成 $1/\beta$。这些好处都是开环增益带来的，这就是理想 OP 要求开环增益无穷大的原因，因而它是 OP 所有参数中最重要的参数。

从图 6-5（b）波特图很容易理解上述概念。OP 已经被补偿成了一个稳定的单极点系统，开环增益 $A_o(s)$ 是波特图上图形的总面积（浅灰色区域+深灰色区域），它是频率的函数，小于极点频率 f_p 的增益是常数（如图 6-5（b）所示 140dB）；大于极点频率 f_p 的增益以-20dB/dec 速率下降，一直降到单位增益带宽积 GBP 处以上的次主极点。当开环增益曲线与 0dB 闭环增益轴的穿越速率等于-20dB/dec 时，系统是无条件稳定的。显然，这个 OP 符合稳定条件。

反馈系数 $\beta(s)$ 的倒数 $1/\beta(s)$ 是 OP 放大器的闭环增益，在闭环工作频带内是常数 $1/\beta$，高于闭环截止频率 f_c 后以-20dB/dec 速率减小，就是波特图上深灰色区域的面积。闭环增益的带宽比开环增益宽得多，而且也非常稳定。

环路增益 $A_o(s)\beta(s)$ 是波特图上浅灰色区域的面积，这是用来校正失真的资源。当频率等于 f_c 时，环路增益消耗殆尽，系统已没有资源再去校正失真，故频率高于 f_c 时放大器的闭环失真等于开环失真。

从以上分析可知，解析式、方框图模型和波特图是用不同的形式表示 OP 的增益特性。

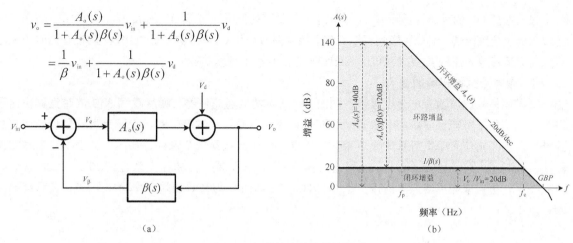

$$v_{o} = \frac{A_{o}(s)}{1+A_{o}(s)\beta(s)}v_{in} + \frac{1}{1+A_{o}(s)\beta(s)}v_{d}$$

$$= \frac{1}{\beta}v_{in} + \frac{1}{1+A_{o}(s)\beta(s)}v_{d}$$

(a) (b)

图 6-5 运算放大器的增益模型

6.1.5 噪声特性

1. 噪声颜色

电子学中为了描述噪声的频率分布特性，参照可见光的视觉特性给噪声赋予颜色，频率从高到低分为紫、蓝、白、粉红、红棕色，噪声颜色的谱密度与频率的幂函数成正比，如表 6-1 所示。

表 6-1 噪声的颜色与频率的关系

颜色	频率成分
紫色	f^2
蓝色	f
白色	1
粉红色	$1/f$
红棕色	$1/f^2$

白噪声的频率谱和功率谱为常数，在噪声频带里噪声功率是恒定的，不会随着频率变化，与白光有相似之处。粉红色噪声随着频率降低会有 3dB/oct 上升，红棕色噪声则有 6dB/oct 的上升。

2. 运算放大器噪声的频域特性

在运算放大器中主要有 5 种类型的噪声：散弹噪声、热噪声、闪烁噪声、突发噪声和雪崩噪声。在厂家发布的技术数据手册中，并没有单独给出 OP 中有哪些噪声类型，只给出了噪声的频域特性曲线，如图 6-6 所示。我们可以在这个曲线上分析 OP 的噪声情况，大致认为是由粉红噪声 A 和白噪声 B 合成的。在低频区域粉红噪声起主导作用，包括闪烁噪声、雪崩噪声、爆裂噪声等成分；在高频区域白噪声起主导作用，包括热噪声和散弹噪声。为了便于分析，把粉红噪声简化成斜率为 3dB/oct 的直线 A，把白噪声简化成水平线 B，两条直线的交点称噪声转折频率 f_{NC}。由于合成法则中均方根相加的原因，位于频点的运算放大器噪声比粉红噪声和白噪声大 $\sqrt{2}$ 倍。

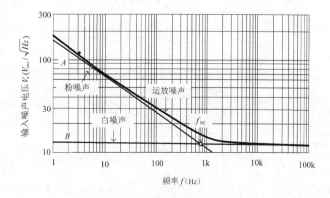

图 6-6 OP 噪声的频域特性曲线

我们希望 OP 的噪声转折频率 f_{NC} 越低越好，最好的低噪声音频 OP 的 f_{NC} 为 1 ~ 10Hz，有色噪声区域已低于音频低端，对低频影响可以忽略。绝大多数通用 OP 的 f_{NC} 大于 200Hz，对低音影响不能忽略。高速运算放大器的 f_{NC} 大于 1kHz ~ 2kHz，对低频和中频影响较大。

3. 噪声带宽和噪声增益

真实的信号滤波器有一个过渡带，如图 6-7 所示的低通滤波器，幅度跌落 3dB 的带宽称小信号带宽，小信号带宽与滤波器的阶数有关。而噪声滤波器是没有过渡带的，噪声带宽就是理想滤波器的带宽。为了将信号带宽折算成噪声带宽，需要给信号带宽乘一个系数，如图中的表格。信号滤波器的阶数越高，其带宽就越接近于噪声滤波器的带宽。要计算一个单极点系统在 20Hz ~ 20kHz 音频段的噪声，折合成噪声滤波器的带宽是 12.7Hz ~ 31.4kHz，即音频低端频率除以 1.57，音频高端频率乘以 1.57。

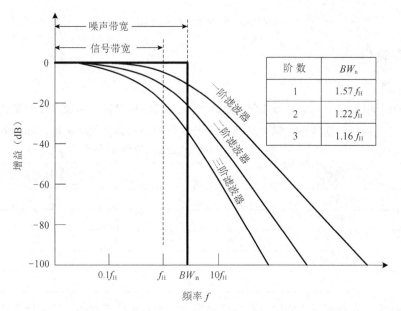

图 6-7 信号滤波器与噪声滤波器的比较

运算放大器的噪声增益是指折合到同相输入端的总噪声放大倍数，信号增益是运算放大器的开环增益除以反馈深度的商。在有些电路中两者是相同的，在有些电路中两者不相同，如图 6-8 所示。在物理概念上两者是独立的，因为只有噪声增益与稳定性有关，利用这一特性，可以把一个临界稳定的放大器整定成一个稳定的放大器。

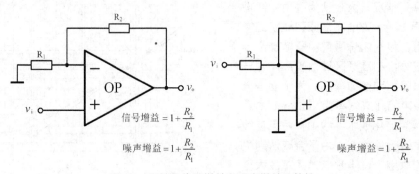

图 6-8 运放的信号增益和噪声增益的特性

4. 运算放大器的噪声模型

假设运算放大器已经补偿成单极点系统，OP 的噪声模型如图 6-9 所示。虽然运算放大器内部的电路会产生 5 种类型的噪声，但为了方便计算，我们可以把它们等效成以输入端为参考（RTI）的噪声源，用这种概念 OP 输入端有一个噪声电压 v_n 和两个噪声电流 i_{n+} 和 i_{n-}。正如前述定义，电压源的极性对参考地为升电压，电流源的方向都是流进 OP。由于 OP 工作在闭环状态，计算闭环放大器的噪声时还要考虑连接在输入端的外围元件产生的热噪声对 OP 的影响。计算输出噪声时，可以把 RTI 乘以噪声增益得到以输出端为参考（RTO）的噪声源。当然也可以先计算出 RTO 噪声，除以噪声增益得到 RTI 噪声。

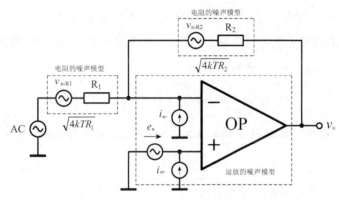

图 6-9　反相输入单极点运算放大器的噪声模型

多个噪声源同时存在时，用概率独立的原理，总的合成噪声幅度等于各个噪声幅度均方根的平方和的平方根，称为噪声合成法则，合成的结果是系统中最大的噪声源处于支配地位。

5. 运算放大器噪声的计算方法

计算运算放大器的输出噪声电压稍微繁杂一些，通常是以输入为参考点，用分解法计算出 OP 的噪声电压和噪声电流，再计算出外围电阻的热噪声，然后合成 RTI 噪声，RTI 噪声可以换算成 RTO 噪声。噪声计算过程中使用有效值，峰峰值噪声可以用概率统计法用有效值换算得到。计算步骤如下。

1）计算 OP 的 RTI 噪声电压。

2）计算 OP 的 RTI 噪声电流并转换成噪声电压。

3）计算外围电阻的热噪声电压。

4）计算总 RTI 噪声电压。

5）把总 RTI 噪声电压转换成 RTO 噪声电压。

我们用享有"胆王"称号的 OPA604 为例，如图 6-9 中的 $R_1=1\text{k}\Omega$，$R_2=20\text{k}\Omega$，该运算放大器的频域噪声特性如图 6-10 所示，利用厂家的发布的数据表，计算输出噪声电压的峰峰值，并进行噪声听音评价。

（1）计算 OP 的 RTI 噪声电压

图 6-10 所示的是数据手册中给出的噪声频域特性，分为噪声电压曲线和噪声电流曲线，噪声电压由低频的粉红色噪声

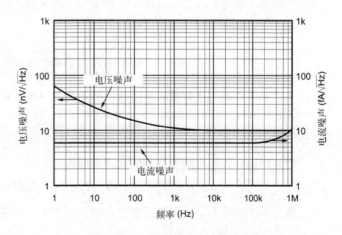

图 6-10　OPA604 噪声频域特性曲线

（1/f 噪声）和宽带白噪声组合成，由于水平轴上的最低频率是 1Hz 而不是 0.1Hz，用目测和切线法估计噪声转折频率 f_{NC} 低于 100Hz。噪声电流由宽带白噪声和高频蓝噪声（f 噪声）组合构成。

在数据手册上查得单位增益带宽积 GBP=20MHz，如图 6-9 所示放大器的闭环带宽为：

$$f_{\mathrm{H}} = \frac{GBP}{G_{\mathrm{N}}} = \frac{20 \times 10^6}{\dfrac{20}{1} + 1} \approx 952.38\,(\mathrm{kHz}) \tag{6-5}$$

几乎所有的 OP 都补偿成单极点系统，按图 6-7 所示一阶系统计算运算放大器的噪声，故噪声带宽为：

$$BW_{\mathrm{n}} = f_{\mathrm{c}} \times k_{\mathrm{n}} = 952.38 \times 1.57 \approx 1495.24\,(\mathrm{kHz}) \tag{6-6}$$

在数据手册上查得噪声密度函数为 $10\mathrm{nV}/\sqrt{\mathrm{Hz}}$，在噪声带宽内的宽带白噪声电压为：

$$\begin{aligned} e_{\mathrm{nw}} &= e_{\mathrm{nf}}\sqrt{BW_{\mathrm{n}}} \\ &= \left(10\,\frac{\mathrm{nV}}{\sqrt{\mathrm{Hz}}}\right) \times \sqrt{1495.24 \times 10^3\,\mathrm{Hz}} \approx 12228\,(\mathrm{nV}) \end{aligned} \tag{6-7}$$

从图 6-10 查得，在频率为 64nV。可以认为 1/f 噪声电压密度为 $64\mathrm{nV}/\sqrt{\mathrm{Hz}}$，在噪声带宽内的 1/$f$ 噪声电压为：

$$\begin{aligned} e_{\mathrm{nf}} &= e_{\mathrm{normz}}\sqrt{\ln\left(\frac{f_{\mathrm{H}}}{f_{\mathrm{L}}}\right)} \\ &= 64\mathrm{nV} \times \sqrt{\ln\left(\frac{1495.24 \times 10^3\,\mathrm{Hz}}{0.1\mathrm{Hz}}\right)} \approx 260\,(\mathrm{nV}) \end{aligned} \tag{6-8}$$

运算放大器的噪声电压由宽带白噪声与 1/f 噪声合成，故运算放大器输入端的噪声电压为：

$$\begin{aligned} e_{\mathrm{n}} &= \sqrt{e_{\mathrm{n}}^2 + e_{\mathrm{nf}}^2} \\ &= \sqrt{12228^2 + 260^2} \approx 12231\,(\mathrm{nV}) \end{aligned} \tag{6-9}$$

（2）计算 OP 的 RTI 噪声电流并转换成噪声电压

从图 6-10 电流噪声曲线看到，频率为 1Hz～180kHz 时噪声电流密度为 $6\mathrm{fA}/\sqrt{\mathrm{Hz}}$，但频率大于 180kHz 以上，噪声电流随频率升高约以 3dB/oct 的速率上升，高频噪声电流变成蓝噪声。飞安级的噪声电流与纳安级的噪声电压比较，噪声电压处于主导地位，故用白噪声电流替代蓝噪声电流对总噪声电流的影响有限。模型中有两个噪声电流，先计算反相输入端的白噪声电流：

$$\begin{aligned} i_{\mathrm{n-}} &= i_{\mathrm{nf}}\sqrt{BW_{\mathrm{n}}} \\ &= \left(6\,\frac{\mathrm{fA}}{\sqrt{\mathrm{Hz}}}\right) \times \sqrt{1495.24 \times 10^3} \approx 7337\mathrm{fA} \end{aligned} \tag{6-10}$$

为了把噪声电流换算成噪声电压，需要先算出外围电阻的值：

$$R = \frac{R_1 \times R_2}{R_1 + R_2} = \frac{1 \times 20}{1 + 20} \approx 0.952\,(\mathrm{k\Omega}) \tag{6-11}$$

噪声电流在外围电阻上产生的噪声电压为：

$$e_{\mathrm{n\_i}} = i_{\mathrm{n}} \times R = 7337 \times 962 \approx 6.98\mathrm{nV} \tag{6-12}$$

模型中同相输入端没有外围电阻，故另一个噪声电流 $i_{\mathrm{n+}}$ 不用计算。

（3）计算外围电阻的热噪声电压

电阻是导体，在常态下导体中的电子总是运动的，温度越高，电子获得的能量越多，也就越活跃，在绝对零度时才停止运动。故导体中的热噪声能量与电阻的大小、温度、带宽成正比。故电阻的热噪声用下式计算：

$$e_{\text{n\_R}} = \sqrt{4k \cdot T \cdot R \cdot BW_{\text{n}}} \qquad (6\text{-}13)$$

式中，$e_{\text{n\_R}}$ 是热噪声电压，单位均方根伏特；k 是玻尔兹曼常数（1.38×10^{-23}）；T 是绝对温度，单位开尔文；R 是电阻，单位欧姆；BW_{n} 是噪声带宽，单位赫兹。

按运算放大器输入端的"虚短"和"虚地"概念，两个外围电阻等效于并联连接，已知并联值是 952Ω，噪声带宽是 1495.24kHz，代入上式，求得电阻 25℃ 温度下产生的热噪声为：

$$
\begin{aligned}
e_{\text{n\_R}} &= \sqrt{4k \cdot T \cdot R \cdot BW_{\text{n}}} \\
&= \sqrt{4 \times \left(1.38 \times 10^{-23}\right) \times 298 \times 0.952 \times 1495.24} \\
&\approx 4839\text{nV}
\end{aligned}
\qquad (6\text{-}14)
$$

（4）计算总 RTI 噪声电压

用 OP 的噪声电压，噪声电流在外围电阻上产生的电压以及外围电阻的热噪声，用噪声合成法则，得到总 RTI 噪声为：

$$
\begin{aligned}
e_{\text{n\_in}} &= \sqrt{e_{\text{n}}^2 + e_{\text{n\_i}}^2 + e_{\text{n\_R}}^2} \\
&= \sqrt{12231^2 + 6.98^2 + 4838^2} \\
&\approx 13153(\text{nV})
\end{aligned}
\qquad (6\text{-}15)
$$

这就是运算放大器 OPA604 组成图 6-9 所示反相放大器在常温下以输入端为参考点产生的总噪声电压，请记住它是十几微伏的数量级，其他音频 OP 的 RTI 基本上也是在这个量级。

（5）把总 RTI 噪声电压转换成 RTO 噪声电压

由于负载连接在运算放大器的输出端，用户更关心 RTO 噪声。已知噪声增益为 21 倍，用 RTI 乘以噪声增益就可得到 RTO。此运算放大器的输出噪声电压为：

$$
\begin{aligned}
e_{\text{n\_out}} &= e_{\text{n\_in}} \times G_{\text{n}} \\
&= 13153 \times 21 \approx 276213(\text{nV})
\end{aligned}
\qquad (6\text{-}16)
$$

根据概率统计规律，噪声的峰峰值是有效值的 6 倍，故输出噪声的峰峰值为：

$$
\begin{aligned}
e_{\text{n\_pp}} &= e_{\text{n\_out}} \times 6 \\
&= 276212 \times 6 = 1657278(\text{nV}) \approx 1.66(\text{mV})
\end{aligned}
\qquad (6\text{-}17)
$$

下面进行噪声听音评价，设该运算放大器用 ±15V 电源电压下工作，输出正弦波的峰峰值为 ±12V，计算输出信噪比为：

$$SN = 20\log\left(\frac{\dfrac{12}{\sqrt{2}} \times 10^6 (\mu\text{V})}{276.213(\mu\text{V})}\right) \approx 89.75(\text{dB}) \qquad (6\text{-}18)$$

得出结果发现它的信噪比普通 CD（96.33dB）低 6.58dB，即使输入端直接接地，输出端也有 276μV 的噪声电压，能听到明显的"嘶嘶"的底噪声。要达到静音水平，输出噪声要低于 50μV。改用 AD797 后计算得到输出噪声约为 79μV，仍能听到小的"嘶嘶"声。AD797 已经是当今世界上噪声最低的音频运算放大器了，如果还不能满足静音的要求，我们就没有更好的器件可用了。可见运算放大器的噪声指标对音频放大器的影响有多么大，低噪声放大器的设计是一个挑战。需要注意的是，上面的计算还没有包含音源的噪声，如果信源的噪声大于 OP 的底噪，信源噪声就变成了放大器的输出噪声的主导因数。

现在音频OP品种空前丰富，性能指标也进一步提高，在1980年以前，输入噪声密度小于20nV $\sqrt{\text{Hz}}$ 就称为低噪声运算放大器。1989 年 AD743 突破 3nV $\sqrt{\text{Hz}}$ 时业界曾庆祝了一番，说是运算放大器性能的一次革命。现在又降低到 0.9nV $\sqrt{\text{Hz}}$ ，达到了超低噪声晶体管的水平，是不是又一次革命呢?

6.1.6 失真特性

音频运算放大器是用来放大信号的，为了使放大后的信号基本没有畸变，运算放大器必须具有良好的线性。遗憾的是到目前为止，运算放大器中有源器件的电压电流特性都是非线性函数关系，用非线性器件放大信号必然会产生失真，我们能做的事情就是把失真减少到能够接受的程度。人耳很难分辨小于万分之一的失真，于是人们把高保真放大器的最低指标定在 *THD*=0.01%。减少失真的方法是利用自动控制理论进行畸变校正，就是我们熟悉的负反馈，有时也会用到前馈，但只是在负反馈基础上辅以前馈。于是，负反馈是目前改善放大器线性的最有效手段。这种思想也决定了运算放大器的结构，通常是把开环增益设计的尽可能大，只用其中很少一部分增益进行信号放大，其余的绝大部分增益都用来校正失真，这种思想奠定了现代放大器的基础。

非线性失真指标是以总谐波失真 *THD* 形式给出的，在国标 GB/T-17626.7-2017 中被定义为:

$$THD = \sqrt{\sum_{n=2}^{H}\left(\frac{G_n}{G_1}\right)^2} \tag{6-19}$$

式中，G_n 是谐波分量的有效值，G_1 基波分量的有效值。它们将按要求在表示电流时被 I 代替，在表示电压时被 U 代替，H 的值在与限制有关的每一个标准中给出。按照上述定义，*THD* 不包含间谐波，并且，有一固定的谐波上限。

THD 在另一个国标 GB/T 12668.2-2002 被定义为:

$$THD = \sqrt{\frac{Q^2 - Q_1^2}{Q_1^2}} \tag{6-20}$$

式中，Q 为总有效值，Q_1 为基波有效值，可代表电压或电流，按照上述定义，*THD* 包含间谐波和直流分量。显然，式（6-20）定义更加严格，也更接近实际，间谐波的危害等同于谐波危害，但目前的音频测试仪器还不能测量间谐波。因为谐波幅度随次数增高而减小，在功率放大器中式中，各谐波分量最高只计量到 11 次。在许多厂家的技术手册中，谐波失真是以 *THD+N* 形式给出的，定义为输出信号中的均方根噪声电压加上基频信号的各谐波分量的均方根电压与输出信号的基频的均方根电压值之比，如图 6-11 所示。在运算放大器中，谐波的幅度总是高于噪声的幅度，除非失真为零。故信噪比指标总是高于 *THD+N* 指标。

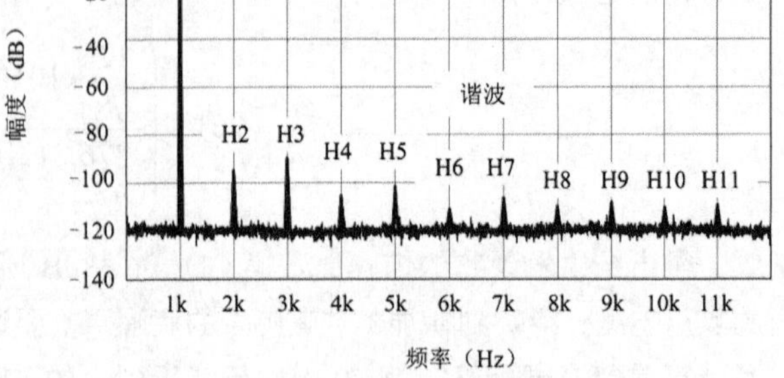

图 6-11　*THD* + *N* 的频谱图

除了有源器件的非线性，影响运算放大器

线性的因素还有限幅失真、交越失真和极性翻转失真。当输出电压幅度超出运算放大器的动态范围时会引起波形限幅，*THD* 指标会急剧下降，如图 6-12 所示。限幅严重时输出会变成方波，最差 *THD* 约等于43.5%。交越失真是末级 AB 类输出级正、负半周交接不平滑产生的，在小信号输入时起主导因素。另外，单电源运算放大器在输入信号接近零时输出会发生极性翻转。负反馈对于这三种失真是无能为力的。

从现在模拟集成电路的技术水平来看，运算放大器用于耳机放大器时，线性已经不是问题，尤其在驱动高阻耳机时线性是非常优异的。OP 耳机放大器产生失真

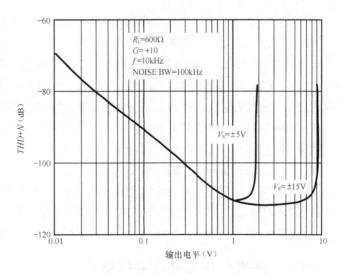

图 6-12　运算放大器的 *THD+N* 与输出电平的关系

的大部分原因是有缺陷的系统设计引起的，问题是人们习惯于把 *THD* 和音质好坏联系起来思考，一旦放大器的音质不好就埋怨运算放大器的失真度大。

另一种现象是人类有追求尽善尽美的心理天性，商业上的竞争和攀比，就是为了满足人的这种心理，助推 *THD+N* 指标非理性攀升，如果数据手册上给出 *THD* 小于–140dB 时头脑一定要清醒，仔细看一下测试条件，通常是在特定的条件下测试的结果，如单位增益、1kHz 频率和 2kΩ 纯电阻负载。当接上一个有电抗特性低阻耳机做负载时，指标会下跌几个数量级，期望值能达到万分之一就不错了。再说当失真度小于千分之一时，*THD* 与音质不存在直接关系。

6.1.7　转换速率

转换速率 *SR* 定义为由输入端的阶跃变化所引起的输出电压的变化速率，单位是伏特每秒或伏特每微秒。放大正弦波信号时，OP 的转换速率是输出信号过零点的斜率，即输出正弦波 0° 的斜率就是 OP 的上升速率 SR_+；正弦波 180° 的斜率就是 OP 的下降速率 SR_-。放大方波信号时，输出方波的上升沿斜率就是 OP 上升速率 SR_+；输出方波的下降沿斜率就是下降速率 SR_-。如图 6-13 所示，这也是测试 OP 转换速率的一种方法。

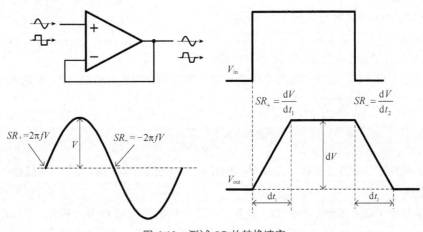

图 6-13　测试 OP 的转换速率

显然，SR 是衡量运算放大器的瞬态特性的指标，具体到听感上就是运算放大器处理快速变化信号时拖泥带水的程度。转换速率有上升速率和下降速率之分，在 $SR_+=SR_-$ 时，运算放大器的瞬态响应最平衡，即对于快速上升的信号或快速下降的信号都能以相同的速度进行处理。

SR 的大小具体到 BJT 运算放大器的内部电路中就是密勒电容充放电的时间常数，电流越大，电容越小，充放电越快，SR 就越高。上升速率受输入差分级工作电流限制，下降速率受电压放大级工作电流限制，故电压反馈型运算放大器的 SR 是有限的。BiFET 运算放大器中为了弥补 JFT 的跨导低的缺陷，设有较大的长尾电流，故上升速率略大于双极性运算放大器。CFB 运算放大器中没有密勒电容，SR 非常大，如 AD844 的 $SR=2000V/\mu s$。

运算放大器用于放大音频信号时，SR 比截止频率 f_c 和频率带宽积 GBP 更重要，如果运算放大器的 SR 小于输入信号的变化速率，就会因跟不上信号变化而产生失真。耳机放大器处理的信号幅度不大，只要运算放大器的 SR 大于 20V/μs 就能获得良好的瞬态特性。

6.1.8 共模抑制比和电源抑制比

1. 共模抑制比 CMRR

共模抑制比 $CMRR$ 的定义是差分电压增益与对共模电压增益之比的绝对值。这个参数是通过确定输入共模电压的改变量 ΔV_{CMR} 与由此引起的输入失调电压的改变量 ΔV_{OS} 之比来测得的，即：

$$CMRR = 20\lg\left(\frac{\Delta V_{COM}}{\Delta V_{OS}}\right) \quad (6-21)$$

在数据手册中 $CMRR$ 被归类为 DC 参数，但实际上它是随频率变化的，如图 6-14 所示。音频 OP 典型的低频 $CMRR$ 的大小在 70 ~ 120dB，随着频率的升高，大约每十倍频程衰减 20 分贝。

在同相放大器中，由于同相输入端和反相输入端的输入阻抗不同，共模信号会引起运算放大器的输出端出现失调电压误差和共模动态电压。在反相放大器中，由于两输入端都接地或接虚地，不存在共模误差和共模动态电压。

2. 电源抑制比 PSRR

我们设计放大器时总希望改变工作电压后放大器的交流输出电压不发生变化，但实际上却会发生变化。电源抑制比 $PSRR$ 定义与 $CMRR$ 非常相似，

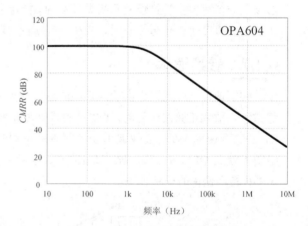

图 6-14 CMRR 与频率的关系曲线

如果电源电压改变量 $\Delta V_{CC\pm}$ 引起的输出电压变化量与输入失调电压改变量 ΔV_{OS} 引起的输出变化相等，那么运算放大器的电源抑制比就定义为：

$$PSRR = 20\lg\left(\frac{\Delta V_{CC+}}{\Delta V_{OS}}\right) \quad (6-22)$$

$PSRR$ 的定义中假设了电源的正负电压同时向相反的方向改变了同样的大小，显然这个定义也适于单电源供电系统。

在数据手册中 $PSRR$ 也被归类为 DC 参数，由于产生的机理与 $CMRR$ 相似，$PSRR$ 与频率的关系曲线也是相似的，如图 6-15 所示。因为内部电路并非对称的，同一个 OP 对应于正、负电源轨的 $PSRR$

并不相同，通常是 +PSRR>–PSRR。在高频时 OP 的 PSRR 值几乎为零，因而不要指望用 OP 的 PSRR 抑制电源的高频噪声，而是应该在电源线上使用退耦技术。在距离 OP 电源引脚 10cm 范围内接 10～47μF 电解电容进行低频退耦；并且直接在 OP 电源引脚上接 0.1μF 陶瓷电容进行高频退耦。这种看似完美的高、低频退耦法还不足以滤除射频干扰，必要时还要进行射频退耦和屏蔽。

运算放大器有多达 40 多项参数，分为绝对最大值、推荐工作条件和电特性三种类型。绝对最大值是极限参数，超过时运算放大器会损坏或受损，因而在测试和使用中不要超过这些参数。推荐工作条件规定了正常工作的范

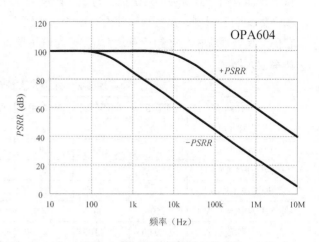

图 6-15　PSRR 与频率的关系曲线

围，超过后性能指标会下降，但不会损坏器件。电特性标出了测试条件下可达到的性能参数，实际应用条件如果和测试条件不同，数据表上的电参数就失去意义了。例如，OPA1612 数据表上的 $THD+N$=0.000015%，是在 G=1，f=2kHz，R_L=2kΩ，V_{rms}=3V 条件下测试的值。当使用条件变为 G=20，f=10kHz，R_L=32Ω，V_{rms}=6V 时，$THD+N$ 指标会上升到 0.01%。

要根据应用目标选择 OP 参数，例如，便携式耳机放大器重点关注的参数是低功耗，低电压，轨至轨特性，有足够的电流驱动低阻耳机。而台式耳机放大器重点关注高电压下的性能，例如，最大输出摆率，温升特性，过流、过热保护等参数，以利于提高整机性能和可靠性。

6.1.9　具有代表性的音频运算放大器

自从 OP 诞生以来，音频信号处理就成了 OP 的重要应用领域，强劲的需求促使音频 OP 得到快速发展。有趣的是与其他 IC 相比，OP 生命周期很长，一些优秀的 OP 原厂商早已消失，但产品仍然活着，甚至被多家厂商克隆。表 6-2 列出了 8 种具有代表性的音频 OP 的参数，代表了早期、中期和近期的产品。

LT1057 是美国凌特公司（Linear）20 世纪 80 年代的产品，这是双运算放大器的型号，四运算放大器型号是 LT1058。早期的运算放大器都有金属帽和硅微粉 DIP 两种封装，LT1057/1058 也不例外。从今天的眼光看它的技术参数一般化，但在 35 年前却是运算放大器中的佼佼者，例如，失调电压和噪声密度比同样是 JFET 输入级，而发布时间晚 10 年的 OPA604 还要小。过去经常应用在低噪声电压放大器和唱头、磁头均衡放大器中。Linear 公司设计过许多优秀模拟芯片，2016 年被 ADI 公司出价 148 亿美元收购。

NE5532 是美国西格尼蒂克公司（Signetics）于 1974 年设计生产的，该公司还设计了享有运算放大器之王的 NE5534，这家公司成立于 1960 年，70 年代曾经在美国西海岸有 3 个晶圆厂，当时与摩托罗拉（Motorola）齐名，1975 年半导体业务被飞利浦公司（Philips）收购。现在市面上的 EN5532/5534 由德州仪器（TI）、安森美（ON Semiconductor）、飞利浦、飞兆（Fairchild）四家公司克隆生产。2015 年飞兆被安森美收购。

NE5532 是历史最悠久、知名度和性价比最高的运算放大器。内部电路采用三级电压放大，嵌套式反馈和前馈，这种电路结构用现在的眼光看也不落后，它的开环主极点是 1kHz，而许多现代音频运

算放大器只有十几赫兹。只是受当时工艺限制用了横向 PNP 管直耦放大器和准互补输出级，开环增益和带宽受到了限制，这些缺陷并没有影响它的优异性能，反而因为制程简单而成本低廉。直至今日，它仍然是音质优良的音频运算放大器，因为价格便宜可以大把大把地使用，如有人 80 个并联制作 25W 功率放大器。

表 6-2　几种代表性音频 OP 的参数表

项目	LT1057	NE5532	OPA604	AD827	OPA627	OPA1612	LME49722	AD797
开环增益（dB）	110	100	120	72	120	130	135	146
开环带宽（Hz）	29	100	20	14000	16	12	9	5
单位增益带宽积（MHz）	5	10	20	50	16	40	55	100
转换速率（V/μs）	14	9	25	200	55	27	±22	20
输入失调电压（μV）	150	500	1000	500	40	±100	±20	25
输入失调电流（nA）	0.003	100	±0.003	50	0.0005	±25	25	100
偏置电流（nA）	±0.005	200	0.05	3300	0.001	±60	50	250
输入噪声电压密度（nV/$\sqrt{\text{Hz}}$）	13	8	25	15	5.2	1.1	1.9	0.9
输入噪声电流密度（pA/$\sqrt{\text{Hz}}$）	0.0015	2.7	0.004	1.5	0.0016	1.7	2.6	2
THD +N（%、dB）			0.0003	−128	0.00003	0.000015	0.00002	−120
CMRR（dB）	100	100	100	95	118	120	128	130
PMRR（dB）	103	100	100	86	120	140	120	130
输出电流（mA）	±12	38	±35	32	±45	±40	±23	50

OPA604、OPA627、OPA1612 是 Burr-Brown 公司的产品，是老、中、青三代运算放大器的代表作，OPA604 资历最老，是 20 世纪 90 年代初的产品，噪声和电源纹波抑制能力稍差。OPA627 是 20 世纪 90 年代末的产品，以高速度著称。它还有一个闭环增益大于 5 倍才能稳定工作的小弟 OPA737，转换速率是前者的 2.3 倍。OPA1612 是 2014 年发布的新产品，是目前综合指标最高的音频运算放大器，尤其低噪声和 PSRR 性能优良，音色属于冷丽型，是静音设计的首选。Burr-Brown 成立于 1956 年，是一家设计和制造模拟集成电路的公司，2000 年被德州仪器公司收购，纳入其下的高性能模拟器件部门，TI 公司性能诸多优良的 OP 都出于这个部门。

AD797 和 AD827 是 ADI 公司的产品，AD797 是现在噪声最低的音频运算放大器，常用在音频专业设备中。AD827 是一款视频运算放大器，设计理念和音频不同，开环主极点高达 14kHz，开环增益只有 72dB。这种特性的 OP 应用在音频放大器中失真特性曲线是平直的，瞬态性能优良而高频失真度极低，在要求爆棚效果的设计中很受欢迎，经常出现在 DIY 爱好者的作品中。

LM49722 和 AD797 都属于高增益运算放大器，开环增益大于 135dB，开环主极点只有几赫兹，是用增益换带宽的典型设计。LM49722 是美国国家半导体公司（National Semiconductor）的产品，2006 年发布了高保真音频运算放大器 LM4562，曾经是 2006 年上海《无线电与电视》杂志社举办的 "NS 杯中国音频大赛" 的推荐器件，LM49722 是 LM4562 的改进产品。高增益运算放大器都存在不稳定因数，尽管许多人抱怨 AD797 容易自激，但仍比 LM49722 的稳定性好。美国国家半导体公司擅长电源和音频集成运算放大器设计，运算放大器产品的体验感觉不如 Burr-Brown 和 ADI 的好用。美国国家半导体公司 2011 年被德州仪器公司收购。

6.2 运算放大器耳机放大器的结构

运算放大器是万能放大器，用它设计耳机放大器具有结构简洁、音质优良、制作最容易的优点。本节介绍三种电路结构和一种应用方案。这些结构中仍然应用了第 2 章中理想功率放大器的概念，即耳机放大器由电压放大器和电流放大器组成，而电压放大器只放大电压不放大电流，电流放大器只放大电流而不放大电压。

6.2.1 运算放大器与晶体管的组合结构

图 6-16 所示的是运算放大器作电压放大器，晶体管作电流放大器的结构，电路只是一个简化的示意图，在实际电路要选择 OP 的型号，输出级的晶体管型号和偏置电路以及大环路反馈电路的参数。这种结构的耳机放大器在 20 世纪 70 年代就出现在日本的产品中，2006 年英国人 Groham Slee 先生进行了小型化设计，命名为 SOLO 放大器，从此名声大噪。这种结构的优点是造价低廉，电路简单，频带宽，瞬态响应好，声音原汁原味。运算放大器作电压放大器不需要任何调整。晶体管作电流放大器中只要改变基极偏置电压 E_b 就能改变静态电流 I_{CQ}，使输出级工作在 A、AB 和 B 类的任一状态。图 6-16 中的电流放大器并不限于单级互补射极跟随器结构，也可以是多重射随器结构，甚至可以是发射极接地的倒立式结构。所用的器件也不限于 BJT，也可以用 MOS、SIT，甚至是电子管。

用理想功率放大器的概念构建这个结构的难度是晶体管的输入阻抗不容易控制，即使用两级或三级达林顿射极输出器，在负载是低阻耳机的情况下，输入阻抗也是有限的数值，对电压放大器产生的负载效应不可忽略。在后面的内容中会分析运算放大器作理想放大器所需要的后级输入阻抗，这个阻抗应该不小于 100kΩ，而这种结构中的电流放大器的输入阻抗只有几千欧姆，显然这种结构不能满足理想电压放大器的要求。

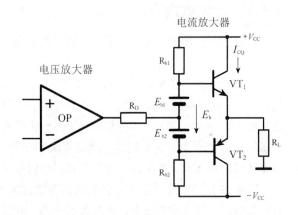

图 6-16 运算放大器与晶体管的简化组合结构

6.2.2 运算放大器与集成缓冲器的组合结构

运算放大器作电压放大器，集成缓冲器作电流放大器的简化结构如图 6-17 所示。集成缓冲器的内部电路结构是多级达林顿射极跟随器，数据手册上标注的输入阻抗很高，实测在 10kHz 以上的高频阻抗下会降低。这种结构可看作图 6-16 所示的集成版本，性能指标和音质也相似。制作更加容易，除了闭环增益外，没有什么可调整的地方。不过集成缓冲器价格比 BJT 昂贵得多，产品种类很少，选择的余地有限。

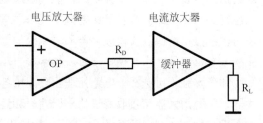

图 6-17 运算放大器与集成缓冲器的简化组合结构

6.2.3　全运算放大器结构

图 6-18 所示的是全运算放大器结构，一个运算放大器作电压放大器，另外几个运算放大器并联作电流放大器。作电流放大的运算放大器先连接成 OP 缓冲器，施加百分之百的负反馈用以增加输入阻抗和降低输出阻抗，然后再并联起来增加驱动电流。由于输入阻抗的绝对值很大，并联后的输入阻抗虽然有所降低，在满足驱动低阻耳机的条件下，并联的数量并不多，故输入阻抗大于 100kΩ 的条件容易满足，对前级电压放大器的负载效应可以忽略不计。

乍一看这种结构的成本似乎很高，如果用高价的运算放大器作电流放大器确实存在这种情况。但如果用价廉物美的 NE5532，该结构就变得非常经济实用。

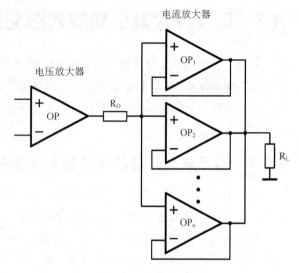

图 6-18　全运算放大器结构

6.2.4　分配放大器

分配放大器是多副耳机共享一个信源的多路耳机放大器，这种设备的最大优点是能对比耳机的性能，常出现在展会和耳机销售店中。它源于电视台和广播电台演播室里的矩阵切换器和分频放大器，矩阵切换器的信道有 8×8、16×16、32×32 甚至更大，乘号前表示信源入口数目，乘号后表示终端出口数目。8×8 的矩阵切换器就意味着 8 个终端中的每一个都能切换得到 8 个信源的任意一个；分频器的信道有 1×8、1×16、1×32 等规格，1×8 的分配器表示 8 个终端能共享同一个信源。如果在 8×8 矩阵切换器后在接 8 个 1×8 的分配器，就能实现 64 个终端共享 8 个信号源。本分配放大器就是这种专业广播设备的简化版本，能实现 6 个人用耳机同时欣赏一台 CD 播放的音乐。

图 6-19 所示的是一台 1×6 分配放大器的方框图。这台耳机放大器自带信源，能直接读取 SD 卡的音乐数据。有蓝牙空中接口，机内有锂电池，并且有电源管理模块。由于结构复杂，本书不介绍它的具体电路，只给出方框图结构。

该分配放大器中共有 6 个独立的音频通道：2 个低阻放大器通道，2 个高阻放大器通道和 2 个差分放大器通道，每路放大器自带音量控制。4 路单端信号共享一个高性能的重建滤波器，避免音频信号受开关电源干扰，确保优良的信噪比。为了同样的目的，差分通道也设置了独立的差分滤波器。单端通道还设置了立体声增强电路，能明显展宽声场，产生侧向声虚拟包围感。如果不喜欢此种声效，该电路还可以旁路。来自蓝牙音频、光纤、同轴、高清多媒体接口、SD 卡和计算机的数字音频信号通过数字接口解码后转换成平衡和单端模拟信号；来自 XLR 平衡接口的差分信号可经过双单转换后变换成单端信号；来自模拟接口、数字接口和空中接口的单端信号都能经由 S-2 选择进入重建滤波器和立体声增强（可选）电路处理后分配给各个放大器。差分信号经过差分滤波器后直接送到平衡放大器，平衡放大器可接收真正的平衡信号和经单双变换后的伪平衡信号，通过 S-4 进行选择。

系统中有 4 组电子开关，S-1 用于数字平衡/模拟平衡信源选择，S-2 用于单端信源选择，S-3 用于旁路/不旁路立体声增强模块，S-4 用于真平衡信源/伪平衡信源选择。

供电系统设计成交直流两用。直流供电由 3.7V 锂电池进行高效 DC-DC 变换成±15V 给放大器供电，交流供电由 AC-DC 开关电源适配器供电。电源管理单元（PMU）的功能是多路开关电源，对系统中的每个功能模块分别供电，把当前不用的模块即时关闭。微处理器单元 MCU 配合 PMU 进行电源管理、进行信源选择、音量控制和人机操作界面。

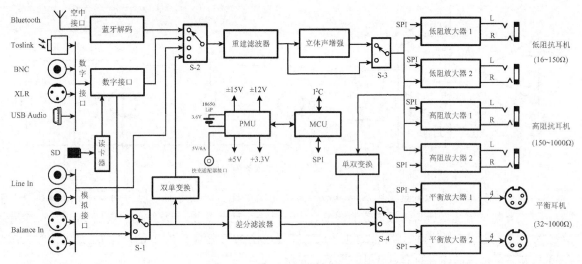

图 6-19　1×6 分配放大器的方框图

图 6-20 所示的是一台 20 世纪末的商业分配放大器照片，能接收模拟和数字信源，也有数字和线路输出，机内没有信源和电池，只能由交流市电供电。

图 6-20　商业分配放大器照片

6.3　电压放大器的设计

6.3.1　直接用运算放大器作电压放大器

集成运算放大器是最接近理想放大器的万能放大器，直接用作电压放大器是没有问题的，但要实现第 2 章中要求的理想电压放大器仍要遵守一些设计原则，具体地讲就是负载效应、信噪比和动态范围。

1. 减小负载效应

为了分析图 6-16 所示结构中晶体管输出级对运算放大器的影响，在图 6-21 中画出晶体管 VT_1 的π型等效电路，从等效电路的基极节点看进去，晶体管的输入阻抗为：

$$R_i = r_\pi + (1+\beta)\frac{r_o \times R_L}{r_o + R_L} \qquad (6-23)$$

式中，r_π 是晶体管发射结的输入电阻，在工艺上称为扩散电阻。该参数是晶体管工作点的函数，而且与 PN 结的厚度和温度有关，可以表示为：

$$r_\pi = \frac{\beta_F V_T}{I_{CQ}} \tag{6-24}$$

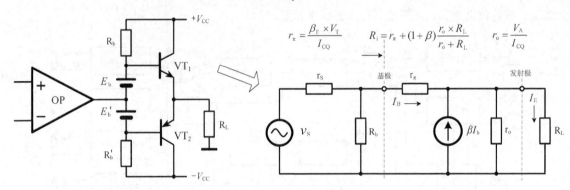

图 6-21　晶体管输出级的等效电路

式中，β_F 是晶体管集电极的直流电流与基极的直流电流之比，这些电流也包含漏电流。式（6-23）中的 β 是集电极电流的增量与基极电流的增量之比，是一个动态参数。PN 结的热电压 $V_T=kT/q$，其中 k 是玻尔兹曼常数，T 是绝对温度，q 是电子的电荷量，在 27℃室温下 $V_T=0.026V$。I_{CQ} 是晶体管工作点的静态电流。r_o 是晶体管的输出电阻，用下式表示：

$$r_o = \frac{V_A}{I_{CQ}} \tag{6-25}$$

式中，V_A 是晶体管的厄雷（Early）电压，典型值为 50V<V_A<300V，电路计算中取最小值 50V。在输出级中如果设静态电流 5mA，$\beta=\beta_F=50$，代入式（6-23），计算输入阻抗为：

$$R_i = r_\pi + (1+\beta)\frac{r_o \times R_L}{r_o + R_L}$$

$$= \frac{50V \times 0.026V}{5 \times 10^3 \, mA} + (1+50) \times \frac{\dfrac{50V}{5 \times 10^3 \, mA} \times 32\Omega}{\dfrac{50}{5 \times 10^3 \, mA} + 32\Omega}$$

$$\approx 1887\Omega$$

　　如果晶体管 VT_1 和 VT_2 设置在 B 类工作状态基本上就是这个量级，在 A 类放大器中，由于 VT_1 和 VT_2 是同时工作的，交流回路并联后输入阻抗还要减半。故这种电路结构不能实现理想电压放大器的设计理念。

　　如果输出级用达林顿晶体管或 MOS 功率管是否能解决问题呢？可能会有所改善，但不能从根本上解决问题。例如，用 MOS 功率管输出级，设 MOS 管的输入电容等于 1nF，无论工作在什么状态，由于上下管的交流回路是并联的，故总输入电容是 2nF，在音频上限频率 20kHz 的容抗为：

$$X_c = \frac{1}{2\pi f_H C} = \frac{1}{2\pi \times 20kHz \times 2nF} \approx 3.979(k\Omega)$$

　　达林顿晶体管的输入电容比 MOS 管小，输入电容的影响可忽略不计，但 BJT 工作在放大状态下，发射结必须正向偏置，总输入阻抗和 MOS 管差不多。计算中还忽略了偏置电阻 R_b 的影响，实际的输入阻抗比计算值还要小。业界在设计这种输出电路时，无论是三重达林顿还是 MOS 阵列，输入阻抗通常取 2kΩ。故这种电路结构无论用什么有源器件都不能消除对电压放大器的负载效应，必须寻找输入阻抗更高的输出级。

　　解决办法是选择图 6-18 所示的全运算放大器结构，用 OP 阵列作输出级，实际电路如图 6-22 所示，所用的 OP 必须是单位增益稳定的型号，把每个 OP 都连接成缓冲器，然后把多个缓冲器并联用来作电流放大器，并联的数目取决于负载所需要的驱动电流。

设每个 OP 的开环输入阻抗为 R_i，由于电压串联负反馈的作用，闭环输入阻抗增加了（$1+\beta A_0$）倍。这是一个很大的阻值，并联后虽然会减小，但仍能满足前级等效开路的要求。例如，设用 6 个运算放大器组成输出级，每个运算放大器的最小输入阻抗为 30kΩ，开环增益为 A_0=100dB，反馈系数 β =1，则 6 个缓冲器并联后的输入阻抗为：

$$R_i' = \frac{(1+1\times100000)\times30k\Omega}{6} \approx 500k\Omega$$

这个数值满足等效负载大于 100kΩ 的要求，对前级电压放大器产生的负载效应可忽略不计，基本上可认为前级工作在理想电压放大器条件下。

2. 提高信噪比和动态范围

在 6.1.5 小节运算放大器的噪声特性中介绍了有源器件的底噪对放大器信噪比的影响，用电压噪声密度 $25\text{nV}/\sqrt{\text{Hz}}$ 的运算放大器，在闭环增益 20dB 的电压放大器中，计算得到 RTO 噪声是 $290\mu V_{rms}$。如果改用 $1\text{nV}/\sqrt{\text{Hz}}$ 的运算放大器，外围电路用

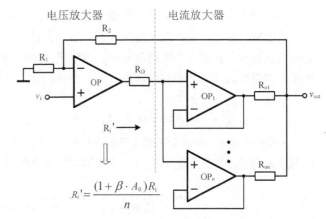

图 6-22　OP 阵列输出级的实际电路

低噪声设计，计算得到 RTO 噪声是 $39\mu V_{rms}$。在±15V 电源电压下，假设最大输出幅度为 $12V_{pp}$，代入式（6-18），计算得到的信噪比分别是 89.3dB 和 106.8dB。这个计算结果表明，用噪声指标最好的运算放大器作电压放大器，例如，AD797 或 OPA1611，信噪比和动态范围能达到 CD 的指标，但低于 HDCD 的指标。如果用普通运算放大器作电压放大器，信噪比和动态范围则低于 CD 的指标。当电源电压降低时，这两个指标也随之下降，如在±2.5V 电源电压下，计算得到的信噪比分别是 93dB 和 75.7dB。

我们从噪声特性得到的结论是：OP 用作电压放大器时，选择低噪声运算放大器和较高的工作电压有利于提高放大器的信噪比和动态范围。如果运算放大器的噪声指标不满足要求，可以在 OP 前面加一级低噪声前置放大器，如图 6-23 所示。低噪声晶体管比低噪声 OP 具有更低的噪声系数，利用噪声的物理特性，用多个晶体管并联的方式进一步降低噪声，当 N 个晶体管并联时器件产生的噪声电压是单个器件 $1/\sqrt{N}$。图 6-23 中用 5 对低噪声晶体管并联作前置电压放大器和普通 OP 组合，可获得一个噪声比直接用低噪声 OP 更低的电压放大器。该放大器非常适用于放大弱信号，例如来自话筒、磁头和唱头的信号。

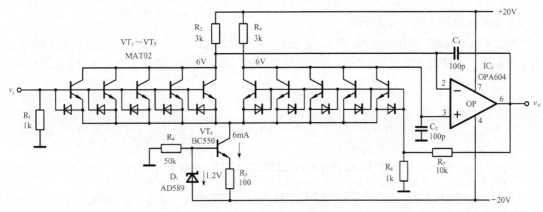

图 6-23　用低噪声前置放大器降低 OP 的噪声

3. 直流放大器的失调和补偿方法

音频信号中不包含直流分量，用交流耦合就能正常工作。过去，音频行业的一些人认为人耳虽然听不见次声和超声，但这些频段存在有影响音质的信息，主张从信源到扬声器全程直流耦合才不会丢失这些信息。也有一些人认为耦合电容会损伤音质，还是不用为好。因而，在模拟信源时代就流行从磁头或唱头到扬声器之间直流耦合的功率放大器。现在，音频信源已经数字化，模拟链路缩短了，只剩下 DAC 到耳机或扬声器这一段模拟电路，在这种情况下直流耦合的主要目的是消除耦合电容在开机、关机时产生的 Pop 声，以及陶瓷电容的压电效应对音质的影响。

直流放大器的主要问题是输入失调电压和失调电流引起的输出直流漂移，它在耳机和扬声器中有直流电流流过，音圈会产生静态位移，造成正、负振动范围不对称，窄的一边易产生削顶失真，漂移严重时甚至会威胁耳机和扬声器的自身安全。因而，许多人不喜欢直流放大器，尽管如此，还是要介绍一下减小直流漂移的方法。

（1）同相直流放大器的失调补偿

失调补偿总是在最靠近耳机端口的位置进行。同相放大器的失调补偿如图 6-24 所示，失调补偿电路通过电阻 R_B 接在 OP 的负输入端。为了不影响放大器的增益，取 $R_B > R_1$，补偿电压 V_B 的最大值和最小值为：

$$V_B = \pm V_{CC} \frac{R_3}{R_3 + R_4} = 15 \times \frac{15 \times 10^3}{100 \times 10^3 + 15 \times 10^3} \approx \pm 1.96 \, (\text{mV})$$

输出失调电压的调整范围为：

$$V_{OS} = V_B \frac{R_1}{R_1 + R_B} \frac{R_2}{R_1 /\!/ R_B} = \pm 1.96 \times \frac{1 \times 10^3}{1 \times 10^3 + 100 \times 10^3} \times \frac{10 \times 10^3}{0.996 \times 10^3} \approx \pm 1.95 \, (\text{V})$$

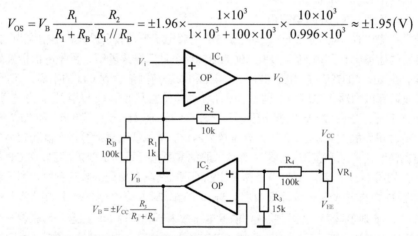

图 6-24　同相放大器的失调补偿

（2）反相直流放大器的失调补偿

反相放大器的失调补偿如图 6-25 所示，这里给出两种补偿电路，图 6-25（a）是在负输入端通过一个高阻电阻 R_B 接入失调调整电压，为了不降低噪声增益，要求 $R_B > 500 \times R_1$。按图 6-25 中的数值，调整范围为：

$$V_{OS} = \frac{\pm V_{CC} \dfrac{R_4}{R_3 + R_4}}{R_B} \frac{R_1 R_2}{R_1 + R_2}$$

$$= \frac{\pm 15 \dfrac{15 \times 10^3}{15 \times 10^3 + 100 \times 10^3}}{1 \times 10^6} \times \frac{1 \times 10^3 \times 10 \times 10^3}{1 \times 10^3 + 10 \times 10^3} \approx \pm 1.8 \times 10^{-6} \, (\text{V})$$

图 6-25（b）是在正输入端增加一个电阻 R_B 接入失调调整电压，为了不影响噪声增益，R_B 可以取小一些的值。按图中的数值，调整范围为：

$$V_{OS} = V_B \frac{R_B}{R_B + R_4} \frac{R_1 + R_2}{R_1}$$

$$= \pm 15 \frac{15 \times 10^3}{15 \times 10^3 + 100 \times 10^3} \frac{1 \times 10^3}{1 \times 10^3 + 100 \times 10^3} \times \frac{1 \times 10^3 \times 10 \times 10^3}{1 \times 10^3} \approx \pm 0.21(V)$$

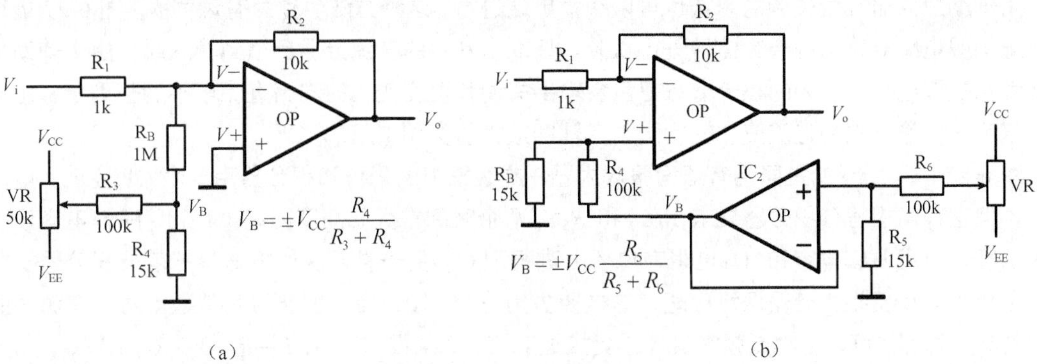

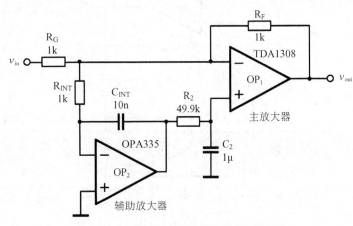

图 6-25　反相放大器的失调补偿

4．交流放大器的失调和补偿方法

直流放大器的缺点是即使进行了失调补偿，也不能保证输出不发生零点漂移，因为输入失调电压与温度和时间有关，虽然在某一温度下补偿到零，温度变化后仍会发生零点漂移。随着时间的推移，器件发生老化后参数变化也会产生零点漂移。

实际上在交流放大器上设置一个小于 1Hz 的零点后也能实现直流耦合，只不过不能放大直流信号而已。音频信号中本来就没有直流分量，因而音频放大器中没有必要用直流放大器，下面介绍的方法就是基于这种思想而设计的。

（1）用辅助放大器补偿失调电压

用辅助放大器补偿失调电压的电路如图6-26所示，用一个高精度慢速运算放大器去校正一个低精度快速运算放大器的输入失调电压。主放大器是TDA1308，输入失调电压是10mV，闭环增益是6dB，由（$R_G + R_F$）/R_G决定。辅助放大器是OPA335，输入失调电压是1μV，具备130dB的开环增益，储备有足够的环路增益去校正误差，主极点很低，只有0.3Hz。辅助放大器在主放大器的偏置路径中起着积分器的作用。积分器有两个功能：在低频时，它为失调消除环路提供高增益，将主放大器的输入失调减小到辅助放大器的水平。在高频时，大时间常数（$R_{INT}C_{INT}$）确保积分器的闭环增益快速减小，以防止信号传输到主放大器的同相输入端。

在高频时，OPA335工作在电压跟随器的状态，会把输入噪声传递到主放大器的正输入端。为了消除这种噪声，在OP$_2$的输出端加入一个截止频率为0.318Hz的低通滤波器（R_2，C_2）。该方法曾广泛应用在视频放大器中，最近一些爱好者还把它用在耳机放大器中用来消除零点漂移。

在物理概念上，用辅助放大器补偿失调的原理也可以这样理解：主放大器主要处理输入信号，它有较大带宽和输入失调电压。而辅助

图 6-26　用辅助放大器补偿失调电压的电路

放大器只给主放大器提供偏置电压，并把主放大器的输入失调电压动态调整到最小。要完成这个任务，辅助放大器首先要校正自身的失调电压，故辅助放大器要选用低失调的型号，通常选用斩波稳定放大器（CHS）或自动调零放大器（AZA）。

（2）用有源直流伺服补偿零点漂移

用辅助放大器补偿失调的想法也可以在输出端进行，这种方法也称为有源伺服。图 6-27 虚线框中的有源伺服电路对输出的音频信号进行积分，只取出其中的直流分量反馈到输入端，由于辅助放大器的参考端是零电平，巨大的积分增益把包含输出失调和温度变化的输出直流电平调整到零，由于是闭环调整系统，输出端的直流变化就能限制在辅助放大器失调电压的水平。

图 6-27（a）所示的是同相有源伺服放大器，虚线框中的采样和积分器用一个 OP 完成，电路虽然简单，但这种同相差分积分器要求 R_6C_2 和 R_5C_1 两个时间常数要高度匹配（1%），陶瓷电容没有这么高的精度，要用薄膜电容和 1%电阻在电桥上进行配对。另一种解决的方法是把差分积分器拆分成单端反相放大器和反相积分器两级电路，这样要多用一个 OP，但不需要时间常数配对。有源伺服电路只处理零点漂移，可以把零点频率设计得更接近直流，如果设 $C_1=C_2$，$R_5=R_6$，$R_3>R_1$，$R_3>R_1$，按图 6-27 中的参数计算低频截止频率等于：

$$f_{CL} = \frac{1}{2\pi R_6 C_2} \frac{R_2 R_3}{R_2 + R_3} = \frac{1}{2 \times \pi \times 200 \times 10^3 \times 1 \times 10^{-6}} \frac{3.9}{4.9} \approx 0.63(\text{Hz})$$

如果设 IC2 的最大输出幅度 V_B 是±10V，输出失调控制范围为：

$$V_{OS} = V_B \frac{R_2}{R_2 + R_2} \frac{R_3}{R_2 /\!/ R_4} = \pm 10 \frac{1 \times 10^3}{1 \times 10^3 + 22 \times 10^3} \times \frac{3.9 \times 10^3}{\frac{22}{23} \times 10^3} \approx \pm 1.8(\text{V})$$

图 6-27（b）所示的是反相有源伺服放大器，由于不需要同相积分器，伺服电路就简单得多，也就没有时间常数匹配问题。用图 6-27 中的参数低频截止频率等于：

$$f_{CL} = \frac{1}{2\pi R_5 C_1} \frac{R_3}{R_3 + R_4} \frac{R_1 + R_2}{R_1} = \frac{1}{2 \times \pi \times 200 \times 10^3 \times 1 \times 10^{-6}} \times \frac{1}{11} \times \frac{11}{1} \approx 0.83(\text{Hz})$$

如果设 IC2 的最大输出幅度 V_B 是±10V，输出失调控制范围为：

$$V_{OS} = V_B \frac{R_3}{R_3 + R_4} \frac{R_1 + R_2}{R_1} = \pm 10 \frac{1 \times 10^3}{1 \times 10^3 + 10 \times 10^3} \times \frac{1 \times 10^3 + 3.9 \times 10^3}{1 \times 10^3} \approx \pm 4.5(\text{V})$$

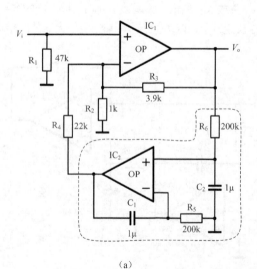

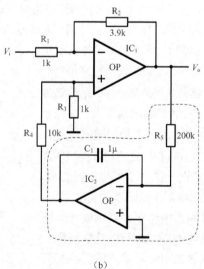

（a）   （b）

图 6-27　有源直流伺服电路

可见有源伺服电路中的低频零点频率可以不考虑交流放大倍数而独立设计，在不增大元件体积条件下更接近直流，能以零电平为基准自动调整，调整范围较大。由于伺服电路中OP的输入失调电压和偏置电流会降低被控OP的输出失调精度，故选用斩波稳定放大器和自动调零放大器是减小零点漂移的最有效手段。

另外要特别注意，直流伺服放大器只是不用耦合电容的交流放大器，不能放大直流信号。

（3）用无源伺服改善零点漂移

图 6-28 所示的是没有输出耦合电容的交流放大器，正端参考为零，交流放大倍数为 4.9 倍，由于直流放大器倍数为 1，故输出失调等于输入失调，如果运算放大器的输入失调电压为 1mV，理论上输出直流电平也能限制在 1mV。但实际上由于后级电路的不平衡，输出直流电平会略大于输入失调电压。这个电路只用一个电容隔断直流反馈，使交流放大倍数大于直流放大倍数，没有用伺服放大器，故称无源伺服电路。

显然，R_2 和 C_2 产生的零点要比音频下限频率低 10 个倍频程才不会对低频响应产生影响，按图 6-28 中的数值，计算零点频率是：

$$f_{CL} = \frac{1}{2\pi R_2 C_2} = \frac{1}{2 \times \pi \times 1 \times 10^3 \times 22 \times 10^{-6}} \approx 7.2 \, (Hz)$$

要使零点频率等于 1Hz，电容 $C_2 \approx 160\mu F$，如果没有空间放置如此大的电容，只能在低频响应和 PCB 面积两者之间取折中。

现代运算放大器的输入失调电压很小，如果耳机放大器的放大倍数是 20 倍，假如输入失调电压是 1mV，输出零点电平漂移 21mV，对耳机来讲仍在安全范围之内。故许多设计中会去掉直流伺服电容 C_2，任由输出电平漂移，电路也能正常工作。但在分立元器件放大器中漂移会达到几百毫伏甚至几伏，必须接上直流伺服电容，确保耳机和扬声器的安全。

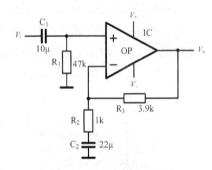

图 6-28 无源伺服直流电路

6.3.2 扩展运算放大器输出电压的方法

1. 在输出端口扩展输出电压

新型的 CMOS 运算放大器是用 5V 工艺制造的，虽然具有轨至轨的输出摆幅，但用来驱动高阻耳机仍然需要扩展输出电压，传统的方法是在 OP 之后增加一级电压放大器，并把它包含在全局负反馈环路内，如图 6-29 所示。VT1、VT2 组成互补式共射极 A 类放大器，VT1 的跨导约为 $g_{m1} = 1/R_{10}$，电压增益近似为 $G_{V1} = g_{m1} \times R_c$。负载 R_c 主要取决于下一级缓冲器的输入阻抗，如果是互补射极输出器结构，在高频时的输入阻抗大约为 $2k\Omega$，故 VT_1 的电压增益为 $G_{V1} = 2000/390 \approx 5.1$ 倍。由于 VT_1 和 VT_2 是并联结构，电压增益相加后是 10.2 倍（约 20dB）。TDA1308 的开环增益是 70dB，连接 VT_1、VT_2 后的复合放大器的开环增益是两者的对数增益之和，即 70+20=90dB。虽然复合

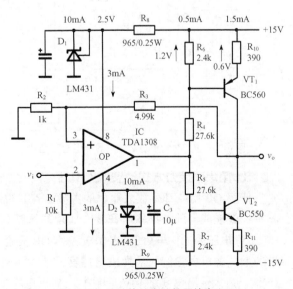

图 6-29 用外接放大器扩展输出电压

放大器是同相放大器，但输入信号是接在 OP 的反相输入端，故放大器的闭环增益是$-R_3/R_2$，按图 6-29 所示电阻值闭环增益约为 5 倍（14dB）。TDA1308 的最大输出幅度是$\pm 2V_{pp}$，连接 VT_1、VT_2 后输出电压扩展到了$\pm 10V_{pp}$。TDA1308 实际上是一款引脚与双运算放大器兼容的 AB 类小功率放大器，内部的输出级能在 32Ω 的负载上输出 60mA 的电流，这里只当作电压放大器用。其他任何型号的 CMOS 运算放大器都可以用这种方法扩展输出幅度，如 OPA350/365。

2. 在电源端口扩展输出电压

运算放大器在没有信号输入时电源端口只流过很小的静态电流，而在有信号输入时则流过很大的动态电流。故电源端口包含有信号信息，这就提供了在 OP 供电端口获取信号扩展输出幅度的方法，如图 6-30 所示。用低压 OP 扩展输出电压时，首先要限制端口处于安全电压范围内，为此在供电端口的信号提取晶体管 VT_1 和 VT_2 的基极接了稳压管 D_1、D_2，把 OP 的供电电压限制在$\pm 3.1V$。在输出端口设置了保护电阻 R_{11}，把扩展后的输出电压分压到安全电压后加在 OP 输出端。VT_1、VT_2 是共基极放大器，用来扩展输出电压幅度。VT_1、VT_3（VT_2、VT_4）的静态电流要根据 OP 的要求设置，TDA1308 的典型值是 3mA。VT_3、VT_5（VT_4、VT_6）是电流镜，主要用来放大输出电流，电流放大倍数 $G_i=R_7/R_9 \approx 4$ 倍。这个电压扩展电路的输出电压主要受 R_9、R_{10} 限制而小于电源轨，它虽然也具有电流放大能力，但远低于射极跟随器，当输出电流不能驱动负载时要续接一个大电流缓冲器。

用相同的原理，可以把非轨至轨输出 OP 扩展成接近于轨至轨输出 OP，如图 6-31 所示，由于扩展幅度不大，只要不超过 OP 的最大工作电压，端口电压保护电路就可以取消。VT_1、VT_2 的工作电流要根据 OP 的静态电流设置，电流放大倍数由 R_4/R_7（R_5/R_8）决定，更换 OP 后要重新计算。

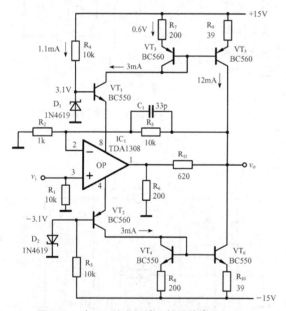

图 6-30　在 OP 的电源端口扩展输出电压之一

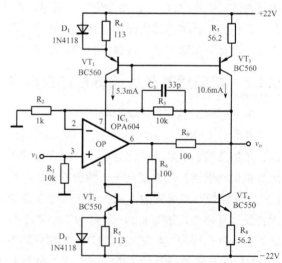

图 6-31　在 OP 的电源端口扩展输出电压之二

3. 用串联接力方式扩展输出电压

低压 OP 用在耳机放大器上的主要缺点是输出电压的动态范围太小，如果把它与高压 OP 组合起来，就能成倍地扩展输出幅度，比用晶体管分立元器件扩展电压要简单得多。图 6-32 所示的是 5V 工作电压的 OP 与$\pm 15V$ 工作电压的 OP 复合应用的方法，两个 OP 都置于全局反馈环路里，各自的增益要根据它们的最大输出幅度设计。例如，图中的复合放大器是反相放大形式，闭环增益是 10 倍，最大输出幅度是 10V。其中，5V 供电的 TDA1308 最大输出幅度是 2V，电压增益设置为 2 倍

（6dB），±15V 供电的 OPA604 增益设置为 5 倍（14dB），这里给出两种复合方式，图 6-32（a）是两个 OP 都工作在双电源电压下，低压 OP 工作在±2.5V，而高压 OP 工作在±15V。图 6-32（b）中低压 OP 工作在单电源+5V 下，而高压 OP 工作在双电源±15V 电压下，动态范围比图 6-32（a）略低。TDA1308 具有 70dB 的开环增益，而 OPA604 又提供了 14dB 的增益，总开环增益是 84dB，复合放大器的综合指标比单独用 TDA1308 改善了约 14dB，而输出幅度和驱动负载的能力和 OPA604 相同。C_1 和 C_2 是嵌套式零点补偿电容，反馈支路中的零点相当于信号通路中的极点，因而对高频有衰减作用，除了用作相位补偿外，还可用来控制闭环带宽。该复合 OP 可以当作一个高性能电压放大器使用。

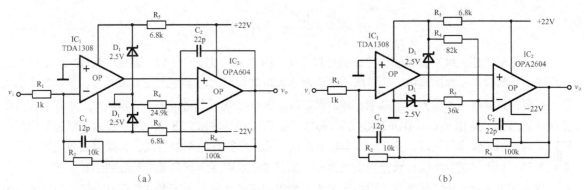

图 6-32　低压和高压 OP 的复合应用

6.4　电流放大器的设计

6.4.1　直接用运算放大器作电流放大器

电流放大器也称缓冲器（Buffer），定义为电压增益等于 1，输入阻抗无穷大，输出阻抗等于零的单元电路。如果用一个电压源直接驱动一个负载，如图 6-33（a）所示，信源内阻 R_s 与负载电阻 R_L 构成一个分压器，负载上的电压幅度 V_L 肯定会小于信源 V_s 的幅度。此种现象称负载效应，当 $R_s \geq R_L$ 时，负载效应会使信源的内阻功耗大于负载功耗。如果在信源与负载之间插入一个缓冲器，如图 6-33（b）所示，根据缓冲器的定义：电压增益等于 1，$V_o=V_s$；缓冲器的输出阻抗等于零，故 $V_L=V_o$，负载效应消失。如果信源是一个电压放大器，由于缓冲器的输入阻抗无穷大，电压放大器就相当于开路，没有电流流过负载，避免了电流的非线性影响，使输出电压失真度最小而摆幅最大。

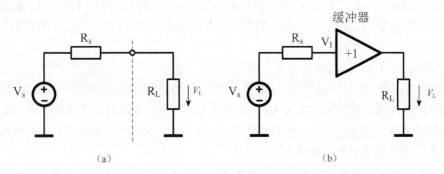

图 6-33　用缓冲器消除负载效应

用一个实例来观察负载效应的影响，设 V_s=10V，R_s=30Ω，R_L=16Ω，图 6-33（a）负载上的电压、电流和功率分别为：

$$V_L = V_s \times \frac{R_L}{R_s + R_L} = 10 \times \frac{16}{30+16} \approx 3.478\,(\text{V})$$

$$I = \frac{V_s}{R_s + R_L} = \frac{10}{30+16} \approx 0.217\,(\text{mA})$$

$$P_L = V_L \times I = 3.487 \times 0.217 \approx 0.757\,(\text{W})$$

图 6-33（b）由于插入了缓冲器，V_L=V_1=V_s=10V，负载上的功率为：

$$P_L = \frac{V_o^2}{R_L} = \frac{10^2}{16} = 6.25\,(\text{W})$$

该实例表明插入缓冲器后输出功率提升到直接驱动的 8.26 倍，由于缓冲器的作用较大，故应用非常广泛，当用放大器驱动电机、扬声器、显示器等大电流负载时都要插入一个缓冲器。音频功率放大器的经典结构就是电压放大器驱动电流放大器，这样 $P=V \times I$ 就可获得最大不失真功率。也有专门的商品缓冲器出售，如 BUF-03、BUF634、LM49610 等。在传统功率放大器中，缓冲器由 3 级达林顿射极跟随器或倒相式输出级组成，受 PN 结电容的影响，输入阻抗是频率的函数，造成高频阻抗随频率增高而下降，加大了前级电压放大器的负载效应，这是传统功率放大器高频指标低的主要原因。

理想的电流放大器应该是输入阻抗无穷大，输出阻抗等于零，电压增益等于 1。输入阻抗无穷大就不吸取前级电压放大器的电流，可使电压放大器工作在开路状态下，使之具有最大的摆幅和最小的失真度。输出阻抗等于零，就能输出无穷大的电流去驱动任意阻抗的负载。电压增益等于 1 就不会减少前级的输出摆幅，而本身不损耗功率，把全部输出功率反馈给负载。

用 OP 作缓冲器的方法是先把 OP 连接成电压跟随器，然后再把多个电压跟随器并联起来增加驱动电流。由于不存在理想的 OP，实际的 OP 连接成缓冲器后特性就会受到影响。BJT 型运算放大器的典型输入阻抗是 20kΩ/3pF，JFET 型运算放大器的典型输入阻抗是 10^{12}Ω/10pF，CMOS 型运算放大器的典型输入阻抗是 10^{13}Ω/5pF。连接成电压跟随器后输入阻抗虽然会增加 $1+\beta A$ 倍，但输入阻抗是频率的函数，在高于主极点频率后会以 –6db/oct 速率下降。尽管如此，OP 缓冲器的输入阻抗比分立元器件晶体管缓冲器高得多，在最差情况下多个并联后的闭路输入阻抗也在 100kΩ 以上，作为前级电压放大器的负载，可近似认为电压放大器工作在开路状态，摆幅和线性受的影响在工程允许范围之内。

OP 的典型输出阻抗为 25～100Ω，如果 OP 具有大于 70dB 的开环增益，连接成缓冲器后，100% 的负反馈会使低频段的输出阻抗减小 0.008～0.032Ω。在高频端，由于环路增益的减小和分布电容的影响，输出阻抗减小为 0.25～1Ω，在此种不利的情况下，即使驱动 16Ω 低阻耳机，输出内阻引起的功率损耗也是可以忍受的。另外，OP 缓冲器的电压增益略小于 1，本身会产生一些摆幅损失，在前级电压放大器的设计上要留有裕量。

把 OP 连接成缓冲器的前提条件是单位增益必须是稳定的，可以查阅说明书确定。OP 缓冲器有两种基本结构，如图 6-34 所示。图 6-34（a）适合作全局反馈环路内的缓冲器；图 6-34（b）适合作全局反馈环路外的缓冲器。无论是 VFB 或 CFB 运算放大器都可以连接成这两种缓冲器，区别是 CFB 运算放大器连接成单位增益放大器时，输出端到输入负端之间，必须按照数据说明书上的规定的数值连接一个电阻 R_f，否则就会产生自激振荡。

并联的 OP 个数要根据最大不失真输出功率和动态范围的指标要求决定。在低成本系统中应选择输出功率优先，例如，用普通 OP（负载短路电流 20～40mA）作缓冲器，驱动低阻耳机时用 2～4 个 OP 并联就能提供较强的驱动力，但动态范围远小于电源轨。在高保真系统中，应优先选择动态范围，用同样的 OP 需要 10 个以上并联才能保证动态范围不受损失，多出的驱动电流就作为功率储备。显然后一种方案的功耗和成本虽高，但能获得优良的性能。

在单端放大器中，电源电压应不小于±15V，否则驱动高阻耳机时输出功率会受到限制。如果想要在低电源电压下获得较好的高阻耳机驱动效果，可用差分平衡输出，这样在±4.5～±6V 电源电压下就能获得单端放大器在±18～±24V 电源电压下的效果，甚至在±3V 电压下也能得到响亮级的响度。

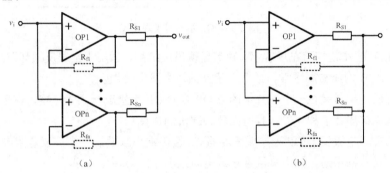

图 6-34　OP 缓冲器的基本结构

用多个 OP 电压跟随器并联作缓冲器仔细选择 OP 的型号，从性价比角度看 NE5532 是不错的选择。图 6-35 所示的电路是把多个 OP 连接成电压跟随器，在每个的输出端串联一个均流电阻后再并联成一个大电流缓冲器。设每个缓冲器的开环输出阻抗等于 R_S，连接成电压跟随器后，输出阻抗减少到 $R_S/(1+A(\omega)\beta)$，由于输出电压 100% 的反馈到输入端，$\beta=1$，输出阻抗变为 $R_S/(1+A(\omega))$，n 个这样的电压跟随器并联后的输出阻抗为：

$$Z_o(\omega) = \frac{R_S}{n(1+A(\omega))} + \frac{R_{CS}}{n} \qquad (6\text{-}26)$$

显然，等式右边的第二项远大于第一项，故缓冲器的输出阻抗由均流电阻 R_{CS} 决定。

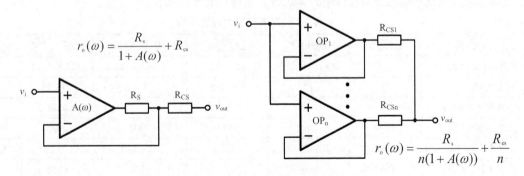

图 6-35　OP 缓冲器并联方案

图 6-36 所示电路是单元 OP 串联均流电阻后连接成电压跟随器，输出阻抗减少到 $(R_S+R_{CS})/(1+A(\omega))$，$n$ 个这样的电压跟随器并联后的输出阻抗为：

$$Z_o(\omega) = \frac{R_S + R_{CS}}{n(1+A(\omega))} \qquad (6\text{-}27)$$

显然式（6-27）比式（6-26）的阻抗小得多，但受开环输出阻抗的影响比式（6-26）大（1+$A(\omega)$）倍。

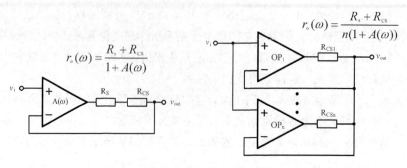

图 6-36   OP 缓冲器串联方案

方案 1 的优点是 PCB 均流布局容易，缺点是输出阻抗高，适用于全局反馈环路里；方案 2 的优点是输出阻抗低，PCB 均流布局困难，适合在无反馈放大器中使用。

利用上述方法能把封装在一个芯片中的双 OP 或四 OP 连接成一个缓冲器，在不增加 PCB 面积条件下能把输出电流扩展 2 倍和 4 倍，具有简单和廉价的优点。

特别注意的是用电流反馈 OP 连接成缓冲器时，输出端必须通过一个反馈电阻与反向输入端连接，电阻的数值要查看数据手册。如果直接连接或电阻过小，100%会产生振荡。

6.4.2   扩展运算放大器输出电流的方法

1. 集成缓冲器

在 20 世纪 70 年代末，Calogic、National、ADI 和 Burr Brown 几家公司就设计了集成缓冲器，用在视频电缆驱动和音频驱动领域，电路结构分开环和闭环两种形式，几种典型缓冲器的参数见表 6-3。开环结构类似图 6-38 所示的菱形缓冲器，只是工作状态不同，为了降低功耗设计在接近 B 类工作状态，有毫安级的静态电流。LH0033、BUF03、BUF634、LME49600 都是开环结构，由于射随器本身就是百分之百的负反馈电流放大器，虽然在开环状态工作，仍具有极高的性能指标。BUF04 是闭环结构，相当于单位增益的电流反馈 OP。早期缓冲器用横向 PNP 作倒相，NPN 管作图腾柱输出，带宽和转换速率稍差。现在都是用互补晶体管作输出级，性能已趋于完美。

表 6-3   几种典型缓冲器的参数

项目	LH0033	BUF03	BUF04	BUF634	LME49600	单位
工作电压范围（V_{sup}）	±20	±18	±5 ~ ±15	±2.25 ~ ±18	±2.25 ~ ±22	V
静态电流（I_Q）	18	19	6.9 ~ 8.5	1.5 ~ 20	13 ~ 23	mA
失真+噪声（$THD+N$）					0.000035	%
转换速率（SR）	1500	250	3000	2000	2000	V/μs
带宽（BW）	100	63	110	30 ~ 180	110/180	MHZ
输出电流（I_{out}）	±100	±70	±65	±250	±250	mA
输入阻抗（Z_i）	$10^{10}\Omega$	$5×10^{11}\Omega$			5.5	MΩ
偏置电流（I_B）	2.5nA	150pA	0.7	±0.5 ~ ±20	±1 ~ ±5	μA
失调电压（V_{OS}）	5	2	±0.3 ~ ±4	±30 ~ ±100	±17 ~ ±60	mV

图 6-37 所示的是用集成缓冲器扩展 OP 电流的耳机放大器实际电路，图 6-37（a）是无反馈缓冲器扩流电路，不施加反馈的理由是缓冲器本身指标很高，能充分突出缓冲器本身的声音特色。图 6-37（b）是把缓冲器包含在大环路负反馈环路中的扩流电路，具有更好的测试指标。

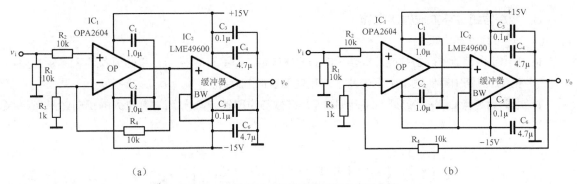

图 6-37 集成缓冲器扩流的耳机放大器电路

2. 用菱形缓冲器扩展输出电流

菱形缓冲器（diamond buffer）是用互补射随器组成的推挽电流扩展器，有多种电路形式，最简单的电路中没有偏置二极管、自举和钳位电路。德国 Lehman 在 20 世纪末用于扩展 OP 的驱动电流而一举成名，菱形缓冲变成了莱曼放大器，后来经过多年的演进，图 6-38 所示的是性能较好的 3 种，基本电路是两级互补射极跟随器串联结构，区别主要在负载和偏置电路上。图 6-38（a）电路具有自动跟踪输出幅度扩展动态范围的功能，两级射极跟随器串联，二极管 D_1、D_2 把输出射随器偏置在 A 类状态，C_2、C_3、R_4、R_5 组成自举升压电路，随着输出信号幅度的升高，使 VT_1、VT_2 的射极电位向电源轨移动，扩展了动态范围。$D_3 \sim D_{20}$ 共 18 个二极管每 9 个一组串联，分成 2 组正、反并联在输入和输出端，组成双向抗饱和电路，如果输入信号幅度大于 ±5.4V（0.6×9），二极管导通，缓冲器的电流被分流，避免了输出波形被限幅削顶。R_1 和 C_1 形成一个高频极点，防止高频振荡。图 6-38（b）电路只是用恒流源取代了自举电路，效果与自举电路是相似的。图 6-38（c）电路把第一级射随器的集电极从电源轨移到输出端，利用自举正反馈抵消 VT_1、VT_2 的 C_{ob}，减少奇次谐波失真。图 6-38（b）和图 6-38（c）都没有画抗饱和电路，并不是这两个电路有抗饱和功能，只是作为选项没有画出，如果需要可在设计中可以加上。菱形缓冲器在置于全局反馈环路中和驱动电容性负载时容易自激，与 OP 连接时要加上阻尼电阻和相位补偿电路。

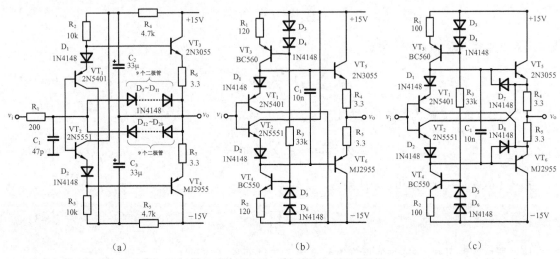

图 6-38 菱形缓冲器 A 类输出级电路

菱形缓冲器的优点是声音饱满、泛音丰富，能工作在 A 类或 AB 类状态，可置于全局反馈环内和环外，而且在不同的状态下音色不同，深受校音师的喜爱。

3. 用跨导线性环扩展输出电流

（1）跨导线性环（TL）

TL 是由正向偏置的发射结或二极管组成的闭环电路，如图 6-39 所示，它必须满足下面两个条件。

1）在 TL 回路中有偶数个（至少两个）正向偏置的 PN 结。

2）顺时针方向（CW）排列的正向偏置 PN 结数与逆时针方向（CCW）排列的正向偏置 PN 结数目相等。

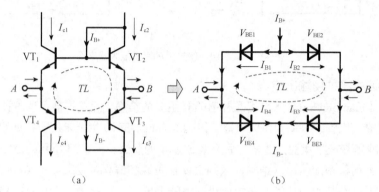

图 6-39　跨导线性环路

在 TL 环路中，第 j 个晶体管的电流传输方程为：

$$I_{Cj} = I_{Sj} \cdot \exp\left(\frac{V_{BEj}}{V_{T_i}}\right) \tag{6-28}$$

式中，热电压 $V_T = KT/q$，上式也可以用对数形式表示为：

$$V_{BEj} = V_T \cdot \ln\frac{I_{Cj}}{I_{Sj}} \tag{6-29}$$

沿 TL 环路一周，各正偏 PN 结的电压之和等于零，即：

$$\sum_{j=1}^{n} V_{BEj} = 0 \tag{6-30}$$

把式（6-29）代入式（6-30），得到：

$$\sum_{j=1}^{n} V_T \ln\frac{I_{Cj}}{I_{Sj}} = 0 \tag{6-31}$$

根据 TL 定义，CW 的正偏 PN 结数目等于 CCW 的正偏 PN 结数目，则有：

$$\sum_{CW} V_T \ln\frac{I_{Cj}}{I_{Sj}} = \sum_{CCW} V_T \ln\frac{I_{Cj}}{I_{Sj}} \tag{6-32}$$

把式（6-32）中的对数和表示成乘法，就有：

$$\prod_{CW} \frac{I_{Cj}}{I_{Sj}} = \prod_{CCW} \frac{I_{Cj}}{I_{Sj}} \tag{6-33}$$

从半导体物理可知，PN 结的反向饱和电流 I_s 与结面积 A 成正比，上式可表示为：

$$\prod_{CW} \frac{I_{Cj}}{A_j} = \prod_{CCW} \frac{I_{Cj}}{A_j} \tag{6-34}$$

如果图 6-39 中 4 个晶体管的发射结面积相等，$I_{C1}=I_{C2}$，$I_{C3}=I_{C4}$，这就是镜像电流源的基础。在电路设计上就可以用匹配 PN 面积的方法进行电流的放大、平方、对数等线性和非线性信号处理。这种电流模方式，能实现电压模不能实现的功能。

（2）普通 TL 环 AB 类电流输出级

如果把图 6-39 的 B 端作输入，A 端作输出，可组成图 6-40 所示的 AB 类电流输出级，假设 $VT_1 \sim VT_4$ 具有相同的发射结面积，相同的结温，根据 TL 环路原理，偏置电流与输出级集电极电流的关系是：

$$I_B^2 = i_{c1} \cdot i_{c2} \tag{6-35}$$

在静态时，$i_L=0$，互补图腾柱输出级晶体管 VT_1、VT_2 的静态电流为：

$$I_{C1} = I_{C2} = I_{B+} = I_{B-} = I_B \tag{6-36}$$

在动态时，$i_L \neq 0$，互补图腾柱输出级晶体管 VT_1、VT_2 的动态电流为：

$$i_{c1} = i_{c2} - i_L$$
$$i_{c2} = i_{c1} + i_L \tag{6-37}$$

把式（6-37）代入式（6-35）后可得：

$$I_B^2 = i_{c1}(i_{c1} + i_L)$$
$$I_B^2 = i_{c2}(i_{c2} - i_L) \tag{6-38}$$

从式（6-37）解出输出级晶体管的动态电流为：

$$i_{c1} = -\frac{1}{2}i_L \pm I_B \sqrt{\left(\frac{i_L}{2I_B}\right)^2 + 1}$$
$$i_{c2} = \frac{1}{2}i_L \pm I_B \sqrt{\left(\frac{i_L}{2I_B}\right)^2 + 1} \tag{6-39}$$

当 $|i_L| < I_B$ 条件下，即交流分量远小于静态电流，这属于 A 类工作状态，上式根号内的值近似为 1，故晶体管的动态电流近似表示为：

$$i_{c1} \approx I_B - \frac{1}{2}i_L$$
$$i_{c2} \approx I_B + \frac{1}{2}i_L \tag{6-40}$$

当 $|i_L| > I_B$ 条件下，即交流分量远大于静态电流，这属于 B 工作状态，式（6-39）根号内的值近似为（1/2）i_L，故在 $i_L>0$ 时晶体管的动态电流近似表示为：

$$\begin{cases} i_{c1} \approx 0 \\ i_{c2} \approx |i_L| \end{cases} \tag{6-41}$$

在 $i_L<0$ 时晶体管的动态电流近似表示为：

$$\begin{cases} i_{c1} \approx |i_L| \\ i_{c2} \approx 0 \end{cases} \tag{6-42}$$

TL 环路是依靠匹配来维持基本精确的偏置状态的，匹配的条件是 PN 结面积相同和结温相同。如果不满足匹配条件将发生什么情况呢？先看面积不相同的情况，在图 6-41（a）中用两个与发射结材料（硅、锗等）相同的二极管替代发射结，D_1、D_2 与 VT_1、VT_2 的发射结肯定存在 PN 结面积不匹配问题，它会引起 I_B 和 I_C 不相等。如果二极管是整流管，结面积和掺杂浓度与晶体管发射结不同，势垒电压通常略大于晶体管发射结的正向电压，可以在晶体管发射极串联低阻值电阻微调静态电流，也可以改变恒流源电流微调二极管偏置电压。故结面积不同引起不匹配是能够调整的。

再看结温不同引起的不匹配。因为输出管的驱动电流远大于偏置电流，故输出管的温升比偏置管快得多，虽然它们的温度系数是相同的，热耗散功率和温升却不同，解决的方法是把二极管与输出管作热耦合。热耦合在工程实现要化空间和成本，万幸的是耳机放大器的输出功率不大，把二极管用传热胶粘在输出管上，也能在很宽的温度范围内保持匹配，而且射极电阻产生的电流负反馈也有增大跟踪范围的效果。这种偏置电路在耳机放大器和前置放大器中用了几十年，实践证明它是非常优秀的 AB 类偏置电路。

在实际应用中，为了降低成本经常用电阻取代恒流源，其结果是降低了电流放大器的输入阻抗，使前级电压放大器产生负载效应，破坏了理想放大器的设计理念。

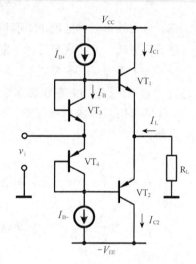

图 6-40　TL 回路用于 AB 类输出级

图 6-41（b）电路是用 V_{BE} 倍增电路作偏压的温度补偿，偏压值用下式计算：

$$V_B \approx \frac{R_1 + R_2}{R_2}(V_{BE} + V_D) \qquad (6\text{-}43)$$

由于 PN 结具有–2mV/℃的温度系数，晶体管 VT1 的发射结和二极管 D 的正向势垒压降就会随着温度升高而下降，从而使偏置电压 V_B 也随温度升高而下降，补偿了输出管的静态电流基本不受温度影响。

当输出级需要较高的偏置电压时，例如用 BJT 多重达林顿管或功率 MOS 管时，V_{BE} 倍增电路比 TL 环路简洁。但 MOS 沟道电阻 $R_{DS(ON)}$ 的温度系数与 BJT 发射结正向电压 V_{BE} 不相等，要进行补偿，可参考第 5 章 5.4.1 小节的方法。

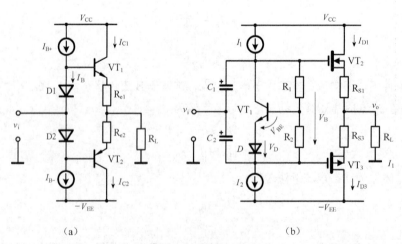

（a）　　　　　　　　　　（b）

图 6-41　TL 回路的变通应用

（3）高性能 TL 环 AB 类电流输出级

如果把图 6-39 中 TL 环的 A 端作输入，B 端作输出，可构成图 6-42 所示的 AB 类电流输出级，该电路可以认为是图 6-42（a）威尔森镜像电流源的变通应用，把两个互补的威尔森电流源改动一下进行并联，如图 6-42（b）所示，就构成了一个性能优良的 AB 类输出级。在传统两管镜像电流源中，两个晶体管的集电极电流之差为：

$$I_{C3} = I_{C1} = 2I_B \qquad (6-44)$$

在威尔森电流源中两个晶体管的集电极电流之差为：

$$I_{C3} - I_{C1} = \frac{2}{1+\beta} I_B \qquad (6-45)$$

在偏流控制原理上，这个电路是负反馈与匹配的组合应用，TL 环路为输出级提供了稳定的偏压，而负反馈为输出级提供了稳定的静态电流。电路是自动调节的，具有过流保护和过热保护功能。这个电路的缺点是 VT_3、VT_5 发射结不能流过大电流，限制了输出功率。改进的方法是用 PN 结面积较大的二极管替代，改成图 6-42（c）电路，输出级也换成了 MOS 管，这样就集中了 TL 环路的热匹配性，威尔逊电流源的高精度，负反馈的良好线性和 MOS 的高可靠性优点，能表现出较高的性能指标。

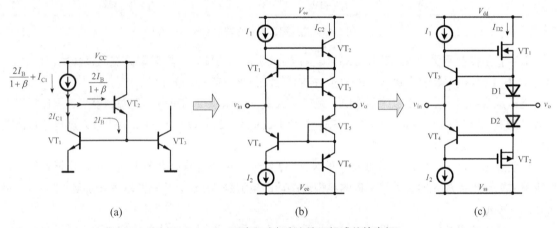

图 6-42　TL 环路和威尔森电流源组成的输出级

6.5　基于运算放大器的耳机放大器设计实例

本节设计一个全运算放大器高性能耳机放大器的实验电路，该电路具有很高的 *CMRR* 和 *PSRR* 指标，噪声低于单运放，能驱动 600Ω 的高阻耳机，综合指标优于高端商品放大器。

6.5.1　电路结构

在 20 世纪末负反馈放大器发展到顶峰以后，人类逐步认识到了负反馈的一些缺点。例如，控制的迟滞现象，即从发现畸变到校正畸变的过程需要时间，较大的时延会造成稳定性问题。无论是什么形式的负反馈，校正电路中积分环节是必需的，积分会使放大器变得迟钝，降低了高频信号的分辨率，使放大器的瞬态响应变差。于是一些人开始探讨无反馈放大器。大家知道现代晶体管放大器理论是建立在负反馈基础上的，去掉负反馈后各项指标都会变差，不能满足高保真要求。后来人们发现大环路反馈的影响比局部反馈大得多，于是无反馈放大器就演变成了无全局反馈只有局部反馈的放大器。幸运的是运算放大器在局部反馈条件下的性能指标比分立元器件放大器好得多，这就为实现无反馈放大器奠定了基础。

这里介绍一个无反馈耳机放大器实验电路，总体结构如图 6-43 所示，由数字音量控制、电压放大器、畸变校正、电流放大器和电源组成。电压增益分两挡可调，低增益为 6 倍（约 15.6dB），高增益为 12 倍（约 21.6dB）。在输入信号电平为−3.93dBv 时，驱动 32Ω 耳机的输出功率是 455mW；驱动 300Ω 耳机的输出功率是 194mW。

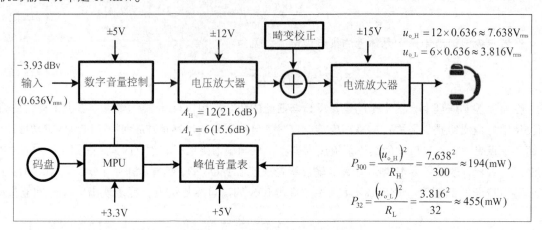

图 6-43　无反馈耳机放大器的结构

数字音量控制用两个集成芯片 CS3310 完成，人机接口用旋转式增量型码盘调整音量，用 LM3915 驱动 10 段 LED 模拟峰值音量表（PPM），控制芯片用 C8051F315 单片机。

电压放大器用 3 个仪表放大器（IA）组成，IA 是一种高精度的特殊运算放大器。这里选择了信价比较高的 INA2128，每个芯片中有 2 个 IA，每个 IA 内部有 3 个 OP。这种三运算放大器电压放大器具有低噪声、高 CMRR 和 PSRR 的特点。

电流放大器用 3 个集成双运算放大器 NE5532 组成，每个运算放大器先连接成单位增益缓冲器，再均流并联成电流放大器。单路 OP 的典型短路输出电流是 38mA，6 路并联后增加到 228mA，最大可达到 360mA。

为了进一步提高线性，本机采用了开环畸变校正，利用不同半导体器件的物理特性校正失真，这种方法是开环工作的，不会产生迟滞现象，故能在不影响无反馈放大器瞬态特性的前提下校正失真。下面将详细介绍各个模块的实际电路。

6.5.2　数字电位器音量控制

为了操作方便和显示美观，音量控制器选择了专用集成数字电位器，由音量控制芯片 CS3310、模拟 PPM 电平表 LM3915 和单片机 C8051F315 三个芯片组成。

1. CS3310 的特性和数据接口

CS3310 是一款历史悠久的数字音量控制专用集成电路，每个芯片中含有独立的两个通道，每个通道中设有多工开关和电阻网络组成的衰减式音量控制器以及增强式音量控制器，其中衰减式的控制在−95.5 ~ 0dB，增强式的控制在 0 ~ +35.5dB，总控制范围为 127dB。芯片的技术指标如下所示。

1）步进级数和分辨率：256 级，每级 0.5dB。

2）频率范围：10 ~ 100kHz（−20dB 输入）。

3）动态范围：116dB。

4）$THD+N$：0.001%（V_{in}=2V_{rms}，1kHz）。

5）通道隔离度：>110dB（1kHz）。

6）满刻度输入电压：±3.75V（$V_{A}+$ = 5V，$V_{A}-$ = −5V）。

7）满刻度输出电压：±3.75V（$V_A+=5V$，$V_A-=-5V$）。

8）输入阻抗：10kΩ。

9）输入电容：10pF。

10）增益不均匀度：±0.05dB。

从以上指标来看，这个芯片可以满足高保真音量控制的要求。它的控制接口是 3 线串行总线，片选信号 $\overline{CS}$ 为低电平时，串行总线用 $n×16$ 位时钟加载音量控制数据，1～16 位数据送入#1 的移位寄存器，17～32 位数据送入#2 的移位寄存器，依此类推。时钟 SCLK 的上升沿把当前送入芯片的数据锁存，在时钟的下降沿把之前存储的数据送出去。在 $\overline{CS}$ 的上升沿同时更新 $n×16$ 位数据。如果不控制硬件静音，只用 3 根线就可以控制多个芯片。

16 位控制数据，左、右通道各 8 位，先发送右通道数据，再发送左通道数据，高位在前，其控制参数表见表 6-4。

表 6-4　CS3310 的控制参数表

输入控制码（L 或 R）	增益（dB）
11111111	+31.5
11111110	+31.0
11111011	+30.5
…	…
11000000	0
00000010	−95.0
00000001	−95.5
00000000	软件静音

在多片应用时提供了菊花链连接方式，如图 6-44 所示。前级的数据输出端口 SDATAO 直接与后级数据输入端口 SDATAI 连接，在 SDATAO 端用一个 47kΩ的电阻终接到地。

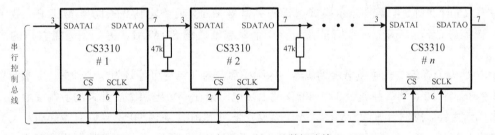

图 6-44　多片 CS3310 的数据连接

2. LED 峰值音量表

本机用 10 颗 LED 排列成条状模拟 PPM 电平表，LED 驱动电路用 LM3915 专用芯片，内部简化框图和外围电路如图 6-45 所示。要显示的信号从 5 脚输入，经过一个高阻缓冲器后连接到 10 个比较器的反向输入端。各个比较器同相输入端分别连接在电阻分压器的不同抽头上，输入电压每增加 3dB 就有一个比较器输出低电平，点亮接在输出端的发光二极管。

显示范围由 6 脚与 4 脚之间的电压 V_{OUT} 决定，该电压用图 6-45（b）中的公式计算，可通过 R_2 调整显示幅度。10 个 LED 的电流相加后流过一个晶体管，晶体管的发射极经由 2 脚接地。流过 LED 的电流大约等于 10 倍的基准电流，见图 6-45（b）中公式，可通过 R_1 调整 LED 的亮度。

该芯片支持两种 LED 点亮模式：点状显示和棒状显示。9 脚悬空工作在点状显示状态，9 脚接 LED 电源工作在棒状显示状态。

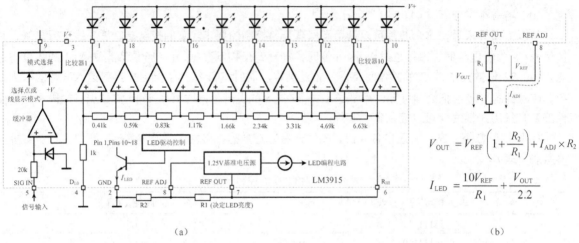

图 6-45　LM3915 内部简化框图和外围电路

$$V_{OUT} = V_{REF}\left(1 + \frac{R_2}{R_1}\right) + I_{ADJ} \times R_2$$

$$I_{LED} = \frac{10V_{REF}}{R_1} + \frac{V_{OUT}}{2.2}$$

实际应用中要根据显示的交流电平类型对 5 脚的输入信号进行处理，例如，显示 VU 电平要对音频信号进行平均值检波；显示 PPM 电平要对音频信号进行峰值检波。本机选用 PPM 表，故用一个晶体管对信号作了简单的半波峰值检波，PPM 表可显示为–24 ~ +3dB，步长为 3dB，实际电路见图 6-59 中 VT$_4$、D$_1$、C$_{20}$ 等元器件组成的峰值检波器。

3. 微处理器和接口

微处理器 MCU 选用 C8051F315，内部有 8KB Flash 储存器，1KB SRAM，硬件 I^{2}C 和 SPI 总线。这个芯片最大的特点是 I/O 脚的功能可以由用户定义，使用非常方便。外围电路如图 6-46 所示，单片机内部有内置时钟，只是精度稍差一些。本机有 4 个开关控制量：电压放大器增益选择开关信号 Con、PPM 电平表显示模式选择开关信号 Bar、哑音控制开关信号/MUTE、数字音量控制器片选信号 $\overline{CS}$。有两个数字信号输出：一个是音量数据 SDATAI，另一个音量数据的同步时钟 SCLK。

ENC 是一个旋转式三通道增量编码器，俗称码盘。内部结构可等效为 3 个开关，上端分别连接在单片机的 P2.4 ~ P2.6 端口并通过 3 个 20kΩ 的上拉电阻接在+5V 电源上。开关的下端接地。

当码盘主轴以顺时针方向旋转时，A 通道输出脉冲超前 B 通道 90°；逆时针旋转时，A 通道输出脉冲滞后 B 通道 90°，见图 6-46 中左下角的 CW 和 CCW 波形图，由此音量控制程序可判断音量增大还是减小。

只要主轴旋转，A 或 B 通道就有脉冲输出，音量控制的起点可以任意设置，这样很方便实现多圈累加计数，计数值就表示音量的大小。每旋转一周 C 通道发出一个零位识别脉冲，用于清零或标识坐标原点，以减少测量误差和积累误差。可见两通道码盘就能实现音量控制功能，只不过三通道码盘编程更方便一些。

I^{2}C 总线用来控制音频解码器（本机的信源）。最大的编程工作量是电源管理，如充/放电控制、库仑计和电源路径管理。电量计用 5 位绿色 LED 作柱状显示。程序用 C51 编写，程序大小约 7.2KB。

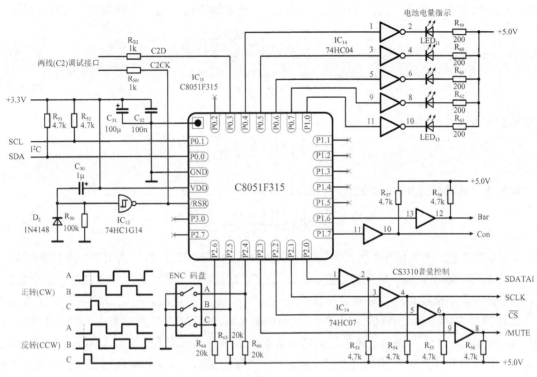

图 6-46　MCU 控制电路的外围电路

6.5.3　低噪声电压放大器

本机的电压放大器比较特殊，用集成仪表放大器改进共模抑制比和电源抑制比，通过 6 路并联的方式来降低噪声。

1．提高共模抑制比和电源抑制比的方法

（1）电阻匹配对共模抑制比的影响

在现代广泛使用开关电源和数字电路的电子系统中，市电感应、数字电路的脉冲、开关电源的时钟和纹波是共模噪声的主要来源。当一个低电平差分信号重叠在高电平共模信号上时，要把差分信号提取出来，就需要用到图 6-47 所示的双端输入单端输出的差分放大器。在该电路中获得共模抑制比的条件是：

$$\frac{R_4}{R_3} = \frac{R_2}{R_1} \qquad (6\text{-}46)$$

实际的电阻是有误差的，不能保证上式精确相等，如果引入失配因子 ε 研究电阻不平衡对 $CMRR$ 影响，设其中 3 个电阻是精确的，而第 4 个电阻为 $R_4(1-\varepsilon)$，求得输出电压为：

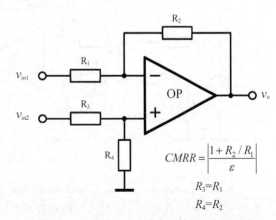

$$CMRR = \left| \frac{1 + R_2/R_1}{\varepsilon} \right|$$

$$R_3 = R_1$$
$$R_4 = R_2$$

图 6-47　双端输入单端输出的差分放大器电路

$$v_o = A_{dm}v_{dm} + A_{cm}v_{cm} \qquad (6-47)$$

式中，v_{dm} 是差模输入电压；v_{cm} 是共模输入电压；A_{dm} 是差模增益；A_{cm} 是共模增益，它们分别为：

$$A_{dm} = \frac{R_2}{R_1}\left(1 - \frac{R_1 + 2R_2\varepsilon}{R_1 + R_2}\frac{\varepsilon}{2}\right) \qquad (6-48)$$

$$A_{cm} = \frac{R_2}{R_1 + R_2}\varepsilon \qquad (6-49)$$

共模抑制比为：

$$CMRR = \left|\frac{1 + R_2/R_1}{\varepsilon}\right| \qquad (6-50)$$

如果 4 个电阻都引入 ε 大小的误差，上式近似为：

$$CMRR = \left|\frac{1 + R_2/R_1}{4\varepsilon}\right| \qquad (6-51)$$

因为 ε 可能是正值，也可能是负值，为了使 $CMRR$ 计算结果不出现负值，采用了绝对值表示法。

从上式可以看出，如果电阻相匹配，$\varepsilon=0$，而 $CMRR=\infty$。故要获得高的 $CMRR$，差分放大器的 4 个电阻必须是严格匹配的。例如采用误差是 $\pm1\%$ 的 E196 系列电阻，在差分增益在 100 倍条件下，用上式计算的 $CMRR$ 为 2500 倍（68dB）；采用误差是 $\pm10\%$ 的 E12 系列电阻后，$CMRR$ 就会下降到 250 倍（48dB）。另外，$CMRR$ 还与差分增益有关系，差分增益愈大，$CMRR$ 愈高。在单位增益放大器中，E12 系列电阻只能提供 2.5 倍（8dB）的共模抑制比，用 E196 系列电阻也仅能提高到 25 倍（28dB）。

（2）信源阻值匹配对共模抑制比的影响

如图 6-48 所示，差分放大器的两个输入端的差模输入阻抗不相同，反相端是 R_1，同相端是 R_3+R_4；而共模输入阻抗则是相同的，因为 $R_1+R_2 = R_3+R_4$。从而使共模信号输入时输出电压为零，而这正是我们需要的特性。

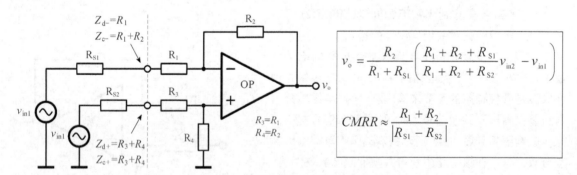

图 6-48　信源内阻对共模抑制比的影响

当信源的内阻不平衡时，$CMRR$ 就会发生大幅度下降，原因见图中的公式，只有 $R_{S1}=R_{S2}$ 时 $CMRR$ 才趋于无穷大，这和式（6-50）的电阻失配影响是相当的。故影响差分放大器 $CMRR$ 的外部因数是外围电阻的匹配度和信源内阻的匹配度，两者的影响几乎相同。

（3）提高 $CMRR$ 和 $PSRR$ 的三运算放大器电路

根据上述分析可以从外围电阻和信源内阻的匹配入手提出提高差分放大器 $CMRR$ 方法。首先在信源和差分放大器之间插入两个缓冲器，如图 6-49（a）所示，100% 的负反馈使缓冲器的输出电阻接近于零，基本上消除了信源内阻不平衡对共模抑制比的影响。

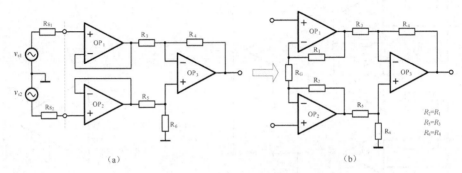

（a）　　　　　　　　　　　　　（b）

图 6-49　提高 *CMRR* 和 *PSRR* 的三运算放大器电器

插入缓冲器后差分放大器变成了两级串联放大器，如果把缓冲器改成有增益的正相悬浮放大器，系统的总增益为：

$$A = \left(1 + 2\frac{R_1}{R_G}\right) \times \frac{R_4}{R_3} \tag{6-52}$$

为了减小工程误差，设 R_3 与 R_4 相等，使差分放大器的电压增益为 1，只在可变增益缓冲器上调增益，上式可简化为：

$$A = \left(1 + 2\frac{R_1}{R_G}\right) \tag{6-53}$$

这样就可以得到一个在工程上容易实现且增益设置方便的差分放大器。

上述分析虽然是从提高 *CMRR* 进行分析的，但从 6.1.8 小节已知 *PSRR* 产生的原因与 *CMRR* 相似，故提高 *CMRR* 的技术手段同样对 *PSRR* 起作用。

2. 仪表放大器

仪表放大器简称 IA，它把图 6-49 所示的三运算放大器电路集成在一个芯片中，用集成工艺制成高匹配度电阻，*CMRR* 和 *PSRR* 比三运算放大器电路更优秀。

图 6-50 所示的是 INA2128 仪表放大器的内部电路结构，每个 IA 可以等效成图 6-50（b）的简化框图，这样就可以得到一个双端输入、单端输出的高性能运放，通过改变外接电阻 R_G 设置增益大小。把图 6-50（a）中第一级缓冲器的反馈电阻代入式（6-53）后差分增益用下式计算：

$$G_A = 1 + \frac{50k\Omega}{R_G} \tag{6-54}$$

在集成仪表放大器中，电阻匹配度能达到 0.002%，代入式（6-51），在单位差分增益条件下仍能获得 82dB 的共模抑制比。图 6-51 所示的是这个芯片的 *CMRR* 特性曲线，单位差分增益的 *CMRR* 是 85dB，与图 6-14 所示的音频运算放大器 OPA604 相比，高频共模抑制比更好。图 6-52 所示的是这个芯片的 *PSRR* 特性曲线，与图 6-15 相比负电源抑制比得到较大改善。

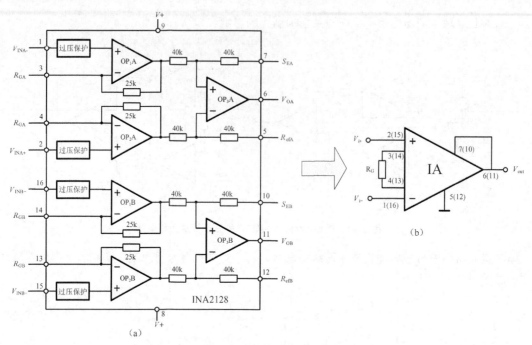

图 6-50　INA2128 仪表放大器的内部电路结构

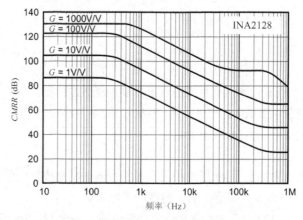

图 6-51　集成仪表放大器的 CMRR 特性曲线

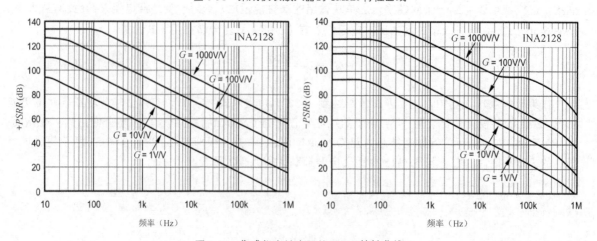

图 6-52　集成仪表放大器的 PSRR 特性曲线

3. 降低噪声的方法

为了实现低噪声电压放大器，用 6 路仪表放大器并联输出。对音频信号来讲，并联是加法逻辑，当单路增益为 1 时，6 路并联的电压增益是 6 倍。对噪声来讲，由于噪声具有随机特性，并联是均方根逻辑，6 路并联后噪声增益是 $\sqrt{6}$ 倍，相当于信噪比是单路的 2.449 倍，或者说噪声降低了 2.449 倍。

图 6-53 所示的是实际电路，选用集成双仪表放大器 INA2128，每个芯片中有 2 个仪表放大器，3 个芯片中的 6 个 IA 并联作电压放大器。增益分两挡设置，当模拟开关断开时增益为 1；模拟开关关闭时增益为 2。模拟开关 CD4066B 的导通电阻有离散性，而且会随工作电压和温度变化，在该电路电压下变化在 $250\Omega \sim 1.2k\Omega$，引起的增益变化为 $2 \sim 1.99$ 倍，可以忽略不计。当单路增益设置为 1 时，6 路并联后的增益为 6 倍；单路增益为 2 时，6 路并联的增益为 $12 \sim 11.9$ 倍。

该电压放大器的最大特色是具有低噪声和高抗干扰性。当增益为 12 倍时，输出噪声电压约为 $59\mu V_{rms}$，使用 OPA604 的电压放大器，在同样的增益下，输出噪声是 $276\mu V_{rms}$。*CMRR* 和 *PMRR* 指标比传统放大器高了约 50 倍。

4. 增益设置

本机用模拟开关 CD4066B 设置增益，一个芯片中有 4 个模拟开关，如图 6-54 所示，每个开关的内部功能见图 6-54（b），这种开关要求输入信号电平在电压轨之间变化，导通电阻受工作电压和温度影响较大，手册上给出的导通电阻在 $V_{DD}=5V$ 的条件下，温度为 25℃时是 250Ω，-55 ℃时上升到 800Ω，125℃时上升到 $1.2k\Omega$。与模拟开关串联的电阻是 $49.3k\Omega$，远大于模拟开关本身的导通电阻，故对增益影响可忽略不计。

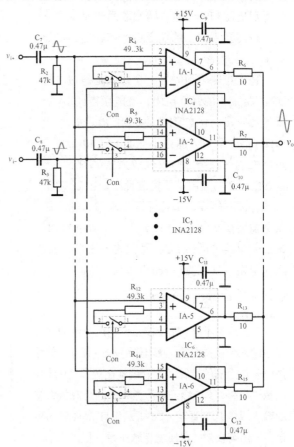

图 6-53 低噪声电压放大器的实际电路

$V_{DD}=+5V,\ V_{SS}=-5V,\ C_{on}=+5V,\ R_{on}=250\Omega$

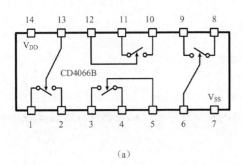

（a）

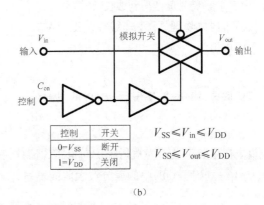

（b）

图 6-54 模拟开关 CD4066B 的功能

5. 降低成本的电路

INA2128 的售价是 9.96 美元，NE5532 售价是 0.66 美元，前者是后者的 38 倍，没有理由拒绝用

OP 替代 IA 的建议。前面多次讲过 NE5532 是性价比最高的音频运算放大器，用三个 OP 替代一个 IA 的电路如图 6-55 所示。替代遇到的最大问题是差分放大器外围电阻的不匹配，即使选用高精度 E196 系列的金属膜电阻，匹配度也只能达到 1%，与 IA 内部电阻匹配度 0.002% 相差 500 倍。我们从式（6-46）得到的启示是匹配度只取决于电阻的比值，与绝对精度没有关系。只要改变其中的一个电阻就能获得精确的匹配，而用不着选择更高精度的电阻。在 4 个电阻中改变正相输入端到地的电阻最方便，用一个固定电阻和一个电位器串联后代替这个电阻，按资料查询到的校准定标法就能达到接近于 IA 的匹配度。

替代电路得到的另一个好处是通过选择 OP 正常工作的最低电阻，就能获得比 IA 更低的热噪声，例如图中的电阻 $R_1 \sim R_5$ 只有 1kΩ，而仪表放大器中是 25kΩ 和 40kΩ，电阻产生的热噪声只有仪表放大器的 1/5。而且 NE5532 的噪声电压密度比 INA2128 略低一些，故总体噪声指标优于仪表放大器。缺点是需要用 9 个 NE5532 代替 3 个 INA2128，该部分电路占用的 PCB 面积要大 3 倍，校准匹配电阻也要花费较长的时间。

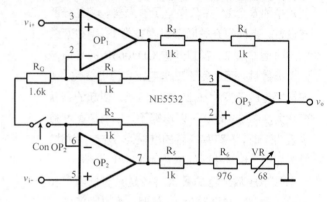

图 6-55　低成本电压放大器单元

6.5.4　畸变校正器

与负反馈不同，畸变校正是利用器件的物理非线性来校正失真的。原理如图 6-56 所示，前级作电压放大器的运算放大器的输出级是 BJT 管图腾柱电路，下一级作电流放大器的运算放大器的输入级是 BJT 管差分放大器。BJT 晶体管的集电极电流与发射结电压呈指数关系，反过来讲，发射结电压与集电极电流呈对数关系。那么用对数特性校正指数特性就能得到线性特性。

根据半导体物理原理，非线性校正管 VT_1 的集电极电流为：

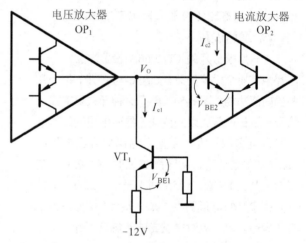

图 6-56　畸变校正原理

$$I_{C1} = I_{S1} e^{\frac{q}{KT} V_{BE1}} \tag{6-55}$$

两边取自然对数并整理后，VT_1 的发射结正向电压表示为：

$$V_{BE1} = \frac{kT}{q} \ln I_{C1} - \frac{kT}{q} \ln I_{S1} \tag{6-56}$$

集电极电压可表示为发射结正向电压的倍数，在 AB 类偏置电路中就是这样应用的，即 $V_O = n V_{BE1}$，设 V_O 的 $1/m$ 加到了 OP_2 中的差分放大器的发射结上。即：

$$V_{BE2} = \frac{1}{m} V_O = \frac{n}{m} V_{BE1} \tag{6-57}$$

OP_2 中差分放大器的输出电流表示为：

$$I_{C2} = I_{S2} e^{\frac{q}{KT} V_{BE2}} \tag{6-58}$$

把式（6-56）代入式（6-57），再代入式（6-58），并设 $n/m=1$，上式可表示为：

$$I_{C2} = I_{S2}e^{\frac{q}{kT}\left(\frac{kT}{q}\frac{n}{m}\ln I_{C1} - \frac{kT}{q}\frac{n}{m}\ln I_{S1}\right)}$$
$$= I_{S2}e^{\frac{n}{m}\left(\ln\frac{I_{C1}}{I_{S1}}\right)} \qquad\qquad (6\text{-}59)$$
$$= \frac{I_{S2}}{I_{S1}}I_{C1}$$

上述分析得到的结论是：电流放大器 OP_2 中差分放大器集电极输出电流中的指数分量被 VT_1 的发射结的对数分量所抵消，I_{C2} 和 I_{C1} 都变成了线性关系，而且与温度无关。这种物理非线性校正方式在小信号时能使线性改善 10dB，大信号时改善度会减小。

6.5.5 电流放大器

电流放大器采用图 6-35 所示的结构扩展输出电流，这里用 3 个 NE5532 实现 6 个 OP 并联驱动，实际电路如图 6-57 所示。在 NE5532 的数据表上没有给出开环输出电阻，只给出了闭环增益是 30dB、负载是 600Ω、信号频率 10kHz 条件下的闭环输出电阻是 0.3Ω，加上 10Ω 的均流电阻后是 10.3Ω，6 个 OP 并联后的输出电路是 10.3Ω/6≈1.72Ω。

也可以先在 NE5532 数据表给出的波特图上查得 10kHz 的开环增益是 70dB，再计算 30dB 闭环增益的反馈量为：

$$1 + A(\omega)\cdot\beta = 70\text{dB} - 30\text{dB} = 40\text{dB}(100)$$

计算开环输出阻抗为：

$$R_s = R_{30\text{dB}} \times (1 + A(\omega)\cdot\beta) = 0.3 \times 100 = 30(\Omega)$$

代入式（6-26）计算输出电阻为 1.67Ω，与 1.72Ω 非常接近。总之，没有大环路负反馈致使缓冲器的输出电阻上升到一个很大的数值，尽管负载是 32～600Ω 的耳机，而不是 4Ω 的扬声器，但对阻尼特性的影响仍然是明显的，改进的方法是尽量减小均流电阻的值，最小理论值应大于 $3R_s$，故极限数值是 1Ω。

运算放大器的同相输入端串联了一个 100Ω 的电阻，目的是防止自激振荡。虽然数据手册上 NE5532 的内部补偿在单位增益下是稳定的，但相位冗余量并不充足，多一个并联会使相位裕度减小。如果 100Ω 的电阻还不能消除振荡，可以把这个电阻增大到 1kΩ，原理上讲也可以继续增加到更大的阻值，例如，10kΩ，该数字看上去很大，但与 OP 的输入阻抗相比仍然要小得多，故对输入信号几乎没有衰减。不过电阻会产生热噪声，在低噪声设计中故消振电阻应选择尽可能小的值。

VT_2、VT_7、R_{31}、R_{32} 组成抗饱和电路，前级电压放大器的输出电平无论是正向还是负向增大，R_{32} 上的压降都会使 NPN 管或 PNP 管导通，信号被抗饱和电路分流，确保缓冲器不进入饱和状态。因为缓冲器一旦饱和后，退出饱和需要时间，故抗饱和电路能显著提升输出级的转换速率。电阻 R_{16} 的作用主要是限制饱和电流。如果每个 OP 的同相输入端没有接串联消振电阻，那么 R_{16} 就要担负起限制饱和电流和阻尼振荡的双重功能。

对于电流放大器来讲，驱动电流和动态范围都要满足要求。按第 2 章台式机的要求的 200mW 输出功率，驱动 32Ω 的负载所需的输出电流是 79mA$_{rms}$，峰值电流是 111.7mA。在数据手册上，NE5532 的标称输出短路电流是 38mA，最大输出电流约为 25mA（R_L=600Ω），本级用 6 个 OP 并联后能增加到 150mA，驱动 32Ω 耳机绰绰有余。如果驱动 300Ω 以上的耳机只需要 2 个并联就足够。

从动态范围角度看，前级电压放大器的工作电压是±15V，能提供的最大输出摆幅是±12.5V。本级的工作电压是±18V，动态范围是±15.5V，能保证最大输入时正、负动态有少许裕量。不过低阻耳机产生的负载效应会吞食掉本级的输出摆幅，即使用 6 个 OP 并联驱动 32Ω 负载，本级的最大输出摆幅也会下降到±9.7V，要确保±12.5V 的摆幅，需要 10 个 OP 并联才能达到要求，但功耗和成本的损失又太大。动态范围为什么这么重要呢？阅读第 2 章 2.2.1 小节中音频信号的幅度特性就能知道原因。

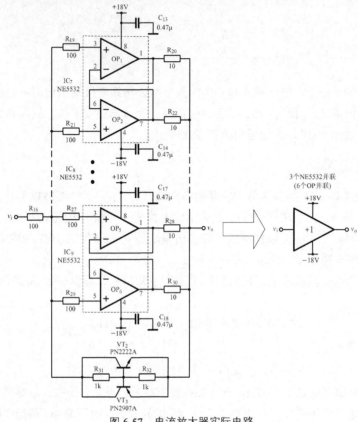

图 6-57　电流放大器实际电路

6.5.6　整机电路和性能指标

整机结构如图 6-58 所示，由数字信号源和耳机放大器两部分组成，数字信号来自蓝牙音频、USB 音频、AES3 专业接口和 S/PDIF 民用接口，由天线、USB 插口、卡侬插口（XLR）、同轴插口（BNC）和光纤接口（Toslink）输入，通过数字接口电路变换成统一的 I²S 格式，在经由 DAC 和 I/V 变换器转换成模拟信号后送到双声道耳机放大器。数字信号源和数字接口电路将在第 11 章中介绍，这里仅介绍耳机放大器。

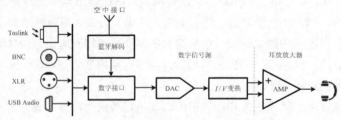

图 6-58　耳机放大器的整机结构电路

耳机放大器的电路如图 6-59 所示，图中只画出了一个声道，另一个声道完全相同。另外单片机和电源电路也没有画出。双通道耳机放大器共用了 2 个 CS3310，6 个 INA2128，4 个 CD4066B，6 个 NE5532，1 个 LM3915 和 7 个 BJT 晶体管，其他还有一些 LED 和阻容元件。

本机有 7 个电源，它们是±15V、±12V、±5V 和+3.3V，这些电源都是由 2 节串联的 18650 聚合物锂电池通过 DC-DC 高频开关变换器得到的，这些内容将在第 12 章中介绍。

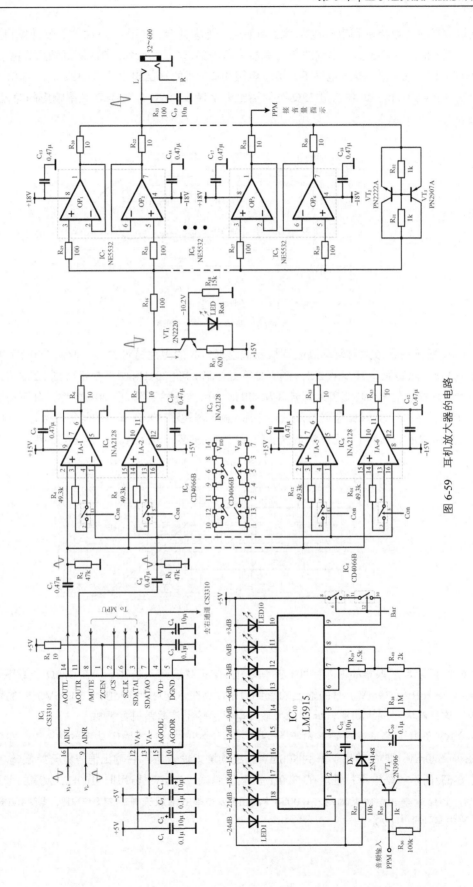

图 6-59 耳机放大器的电路

该放大器在音量控制和电压放大器之间采用了阻容耦合，按图 6-59 中的数值计算得到的低频截止频率是 7.2Hz。高频截止频率取决于运算放大器的频率特性，频率响应测试结果如图 6-60 所示。在-3.93dBv（0.636V$_{rms}$）输入电平下，负载电阻 300Ω 时的输出电平是 7.638V$_{rms}$，-3dB 频率响应的频段为 7.2Hz～89kHz；负载电阻 32Ω 时的输出电平是 3.816V$_{rms}$，-3dB 频率响应的频段为 7.2Hz～103kHz。

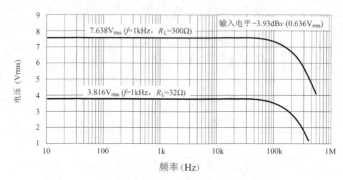

图 6-60　频率响应特性曲线

图 6-61 所示的是放大器驱动高阻耳机和低阻耳机时的阻尼特性曲线，驱动 300Ω 耳机的阻尼系数原先是 178，随着频率升高从 2kHz 频点处开始下降，在 20kHz 频点处下降到 22 左右。驱动 32Ω 耳机的阻尼系数原先是 19，随着频率升高从 4kHz 频点处开始下降，在 20kHz 频点处下降到 14 左右。

作为对比，在加入大环路全局负反馈环路后，放大器驱动 300Ω 耳机的阻尼系数是 1100，驱动 32Ω 耳机的阻尼系数是 800。可见无反馈放大器的阻尼特性变差，这是无反馈放大器的最大劣势。

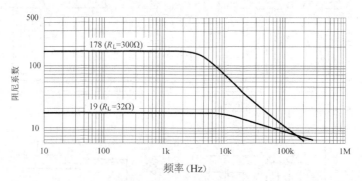

图 6-61　阻尼特性曲线

图 6-62 所示是放大器的输入特性。在频率 1kHz 正弦波输入条件下，在 300Ω 负载下测试。在输入电平为-28.2dBv（39mV）时的输出功率约 1mW；在入电平为-6dBv（500mV）时的输出功率约 170mW，这是最大不失真功率，继续增大输入电平后输出信号就开始限幅。

在 32Ω 负载下测试，在输入电平为-30.7dBv（29mV）时的输出功率约 1mW；在输入电平为-1.72dBv（820mV）时的输出功率约 800mW，继续增大输入电平后输出信号就开始限幅。

图 6-63 所示的是输出特性。在 300Ω 负载下测试，60mW 输出时 100Hz 频率的谐波失真约为 0.0014%，1kHz 频率的谐波失真约为 0.0028%，10kHz 频率的谐波失真约为 0.0091%。输出功率在 100mW 时总谐波失真小于 0.02%。

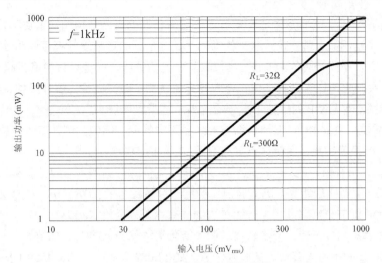

图 6-62　放大器的输入特性曲线

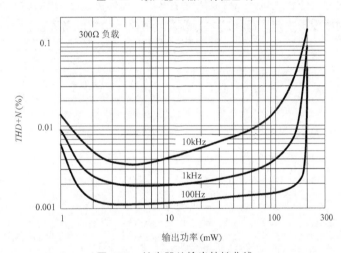

图 6-63　放大器的输出特性曲线

6.6　耳机放大器中的运算放大器文化

　　运算放大器与音频的渊源比其他领域更深远，在 20 世纪 70 年代，唱片是当时的主要音频储存介质，OP 作为唱头 RIAA 均衡放大器被用在高端前置放大器上。到了 80 年代，磁带录音机兴起，OP 又担负起磁头均衡和 MIC 前置放大的重任。也是在 80 年代出现了 CD，音频信源迅速数字化，OP 在各种专业和消费类音频设备中扮演着重要角色，采样前的抗混叠滤波器，DAC 之后重建滤波器，离散音频信号处理过程中开关电容电路，各种信号处理，传感器接口和负载驱动等应用场合，到处都能看到 OP 的身影。

　　时间跨入 21 世纪后，在摩尔定律推进下，OP 种类越来越丰富，价格越来越低廉，真正的以万能放大器和理想放大器的角色广泛应用在各种电子产品上。OP 是非常亲民的器件，不挑剔用户的出身、学历和能力，只要认识它的 5 个引脚，对照别人的电路依葫芦画瓢也能工作得很好，因而 OP 迅速成为音频爱好者的 DIY 利器。

　　在几十年的应用过程中，人们发现，不同时代、不同厂家、不同型号的 OP 用在同一个前置放大器上，声音又会出现暖、冷、快、慢、远、近的差别，效果比更换电容和晶体管明显得多，于是用

OP 校音的方法悄然兴起。耳机放大器和前置放大器有相同的电路结构和输出功率，因而 OP 在耳机放大器上也表现出了鲜明的个性。在互联网的推动下，全世界的音频爱好者可以跨越时间和空间互相交流经验，久而久之，不同音色的 OP 被冠名代表其个性的绰号，在地球村中流行起来。

为什么 OP 会产生声音差别呢？现在电声界普遍认为：电路结构、器件类型、版图布局和工艺精度与音质密切相关。单从 OP 的特性与声音的关系总结出以下规律。

1）高开环增益（>120dB），低闭环增益放大器声音偏慢、偏软。例如有太监绰号的 ICL7650。

2）高精度 OP 声音细腻、耐听。例如有夜莺称号的 AD797。

3）BiFET 输入级音频 OP 人声表现甜美，有电子管韵味。例如有"胆王"称号的 OPA604。

4）CMOS OP 中频比较明亮，略有胆声。例如有公鸡称号的 TDA1308、OPA350、OPA365。

5）前馈式 OP 细节分辨率高，声音优美。例如有八哥称号的 NE5534。

6）高速 OP 瞬态响应迅速，节奏感强。例如有猛男称号的 AD828、LT1057。

也有一些 OP 音质不讨人喜欢，被冠以恶名，如 TL082（乌鸦），JRC4558（猫头鹰）。

就在本章结束之际，作者测试了一款国产音频 OP，指标竟然与 OPA1612 不相上下，音质也不分伯仲。这对国内音视频设备生产厂商和广大音频爱好者是一个大好消息。

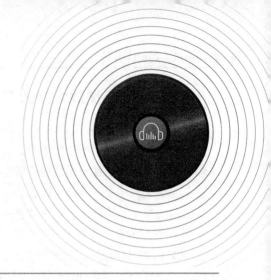

第7章 电流反馈耳机放大器

本章提要

　　本章从电路特性的四种传输函数开始，介绍电流反馈放大器的概念、特性和电路结构。电流反馈放大器起步较晚，应用没有电压反馈放大器广泛，很多人不熟悉这种电路。本章挑选了四个分立元件电流反馈耳机放大器电路，从简到繁循序渐进地介绍电流反馈耳机放大器的演进过程。为了降低制作难度，重点介绍了用运算放大器设计电流反馈耳机放大器的方法，并针对电流反馈放大器精度差的缺陷提出了用复合放大器改进的方法。最后介绍了电流反馈耳机放大器和电压反馈耳机放大器的对比。

7.1 电流反馈放大器的电路模型

7.1.1 电路中的四种传输函数

　　对于如图 7-1 所示的一个四端网络，输入量可以是电压也可以是电流，根据信源和负载的性质，传输函数有 4 种形式：电压传输函数 $G_V(f)$，电流传输函数 $G_I(f)$，跨阻传输函数 $G_Z(f)$ 和跨导传输函数 $G_C(f)$。

　　放大器是一个典型的四端网络，它的本质是一个能量转换器，输入信号是控制量，供电电源是直流电能。我们通常所讲的被放大的输出信号，实际上是把直流供电能量转换成受输入信号控制的交流电能量，转换的目的是驱动负载，因为输入信号太弱，不能直接给负载提供能量。为了完成这个目的，可以用不同的参量来实现控制：电压放大器是以电压参量控制电压变化进行能量转换，达到输出额定功率的目的；跨阻放大器是以电流参量控制阻抗变化进行能量转换，达到输出额定功率的目的。用什么参量控制什么参量，取决于要达到什么目的，付出多少成本，这是物理原理的合理性和工程行为的可行性的综合考虑。有了这些概念后看到一个跨阻放大器就不会感到奇怪。

$$G_V(f) = \frac{v_{out}}{v_{in}} \qquad G_I(f) = \frac{i_{out}}{i_{in}}$$

$$G_Z(f) = \frac{v_{out}}{i_{in}} \qquad G_C(f) = \frac{i_{out}}{v_{in}}$$

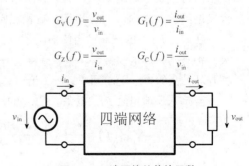

图 7-1　四端网络的传输函数

7.1.2　电流反馈放大器的电路模型

电流反馈放大器（CFA）的传输函数是跨阻或互阻，故也称跨阻放大器或互阻放大器，模型结构如图 7-2（a）大虚线框中的电路。输入端和输出端都是一个缓冲器，中间是阻抗级。所谓缓冲器就是输入阻抗无穷大、输出阻抗等于零、电压增益等于 1 的放大器。

由于输入端是缓冲器，显然 CFA 的同相输入端的输入阻抗很大，有几百千欧至几兆欧，反相输入端的阻抗很小，实际上就是缓冲器的输出内阻，只有十几欧到几十欧。这和电压反馈放大器（VFA）不同，VFA 的输入级是差分放大器，两个输入端的电路是对称的，开路状态下输入阻抗是相同的。

CFA 的中间级是一个阻抗放大器，输入量是电流 i_e，输出量是电压 V_z，也称 I/V 转换器，传输函数是阻抗。实际上 VFA 的中间级也是一个阻抗级，但习惯上人们称为电压放大器。这可能是因为两个阻抗级的量级不一样，VFA 的阻抗级有一个容量较大的密勒电容，更像一个积分器；CFA 中的密勒电容只是晶体管内部的极间电容 C_{bc} 或 MOS 管的 C_{gd}，一般只有几皮法，充/放电速度很快，故 CFA 的瞬态特性比 VFA 快得多。

输出缓冲器的作用是为了驱动负载，这和 VFA 放大器的目的一样，电路结构也相同。与输入缓冲器相比，输入阻抗没有输入缓冲器大，而输出阻抗由于负反馈的作用比输入缓冲器小得多。

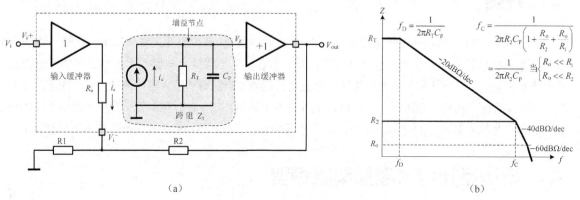

|(a)|(b)|

图 7-2　电流反馈放大器的模型结构

由于输入级和输出级都是电压增益等于 1 的缓冲器，这就为求解传输函数提供了方便。可以把中间跨阻级阻抗近似当作 CFA 的开环传输函数，就是图 7-2（a）灰色框中的一阶 RC 网络，该网络的跨阻传输函数为：

$$Z_t(f) = \frac{V_z}{i_e} = \frac{R_T}{1 + j2\pi f R_T C_p} \tag{7-1}$$

该函数称为跨阻增益或互阻增益，在二维平面上是一个"阻抗-频率"特性曲线，单位是欧姆（Ω）。如果用对数表示则是 dBΩ，例如跨阻增益 400kΩ 近似等于 112dBΩ，也就是 0.4V/μA，很明显其物理含义是给放大器输入 1μA 电流，在输出端能产生 0.4V 的电压。

在式（7-1）的开环跨阻传输函数中，在直流和低频段，$2\pi f R_T C_p < 1$ 时，$Z_t = R_T$，放大器的跨阻最大，相当于开环增益最大。随着频率上升到 $2\pi f R_T C_p = 1$ 时，$Z_t = R_T/\sqrt{2}$，这个频点就是主极点 f_D，也称开环截止频率。随着频率继续上升，C_p 的容抗变成了影响跨阻的主要因数。

当接入反馈电阻 R_1、R_2 后，CFA 的闭环跨阻传输函数变为：

$$Z_{clos}(f) = \frac{V_{out}}{i_e} = \frac{R_o(R_1+R_2) + R_1 R_2}{R_1} \cdot \frac{1}{1 + \dfrac{R_2}{R_T} + j\pi f R_2 C_p \left(1 + \dfrac{R_o}{R_1} + \dfrac{R_o}{R_2}\right)} \tag{7-2}$$

假设 $R_o \to 0$，忽略 R_2 / R_T，闭环增益近似等于 R_2，该跨阻对应的频率 f_c 就是放大器的闭环截止频率。随着频率继续升高，跨阻以 $-40\text{dB}\Omega/\text{dec}$ 斜率下降到等于 R_o 为止。寄生参数还会产生频率更高的极点，我们期望放大器能稳定工作，就必须把它补偿成一个单极点放大器，即开环跨阻下降到单位增益时的速率是 $-20\text{dB}\Omega/\text{dec}$，显然有一个最小的 R_2 值。

图 7-2（b）所示的是 CFA 开环阻抗传输函数的波特图，这与 VFA 的开环增益波特图很相似，实际上也是完全等效的，只是量纲不同而已。开环跨阻是 CFA 的重要资源，电流反馈放大器闭环后所有指标的改善都依赖于开环跨阻。这和 VFA 中性能指标依赖于开环增益一样。

为了和 VFA 作对比，给出下面的闭环电压传输函数：

$$C_{\text{clos}}(f) = \frac{V_{\text{out}}}{V_{\text{i}}} = \frac{R_1 + R_2}{R_1} \cdot \frac{1}{1 + \text{j}\pi f R_2 C_p \left(1 + \dfrac{R_o}{R_1} + \dfrac{R_o}{R_2}\right)} \qquad (7\text{-}3)$$

如果 $R_o \ll R_1$、$R_o \ll R_2$ 时，上式可以简化为：

$$C_{\text{clos}}(f) = \frac{R_1 + R_2}{R_1} \cdot \frac{1}{1 + 2\pi f R_2 C_p} \qquad (7\text{-}4)$$

公式等号右边的第一个因子是闭环电压增益，第二个因子是频率特性。两个因子中都有 R_2，说明 R_2 既影响增益又影响带宽。但第二个因子中没有 R_1，那么我们先设置 R_2 获得需要的带宽，然后再设置 R_1 得到需要的增益，两者就可以互相独立，而没有 VFA 中增益与带宽互换的关系。这就是把闭环传输函数表示成电压增益的好处，是为了分析与 VFA 放大器的区别。

7.2　电流反馈放大器的基本电路和改进途径

7.2.1　电流反馈放大器的基本电路

通常用上下对称方式构造图 7-2 所示的 VFA 放大器，这是基于自动控制理论中的并联结构能使跨阻加倍的原理，还能抵消偶次谐波和提高线性度。基本电路如图 7-3（a）所示，由互补输入缓冲器、I/V 转换器和输出缓冲器组成 3 级串联直流耦合放大器。输入缓冲器用耗尽型结型场效应晶体管最为简单，I_{DSS} 就是工作电流，可以省去偏置电路，但 N 沟道管和 P 沟道管的 V_{GS} 存在的离散性，会导致较大的输出偏移电压，通常有上百毫伏，需要失调补偿电路。另外普通的 JFET 的跨导低，难以获得很低的输出阻抗。高跨导 JFET 耐压低，需要与 BJT 串接进行分压。综合考虑，JFET 作输入缓冲器并没有获得多少好处，设计工程师更喜欢用 BJT 菱形跟随器作输入缓冲器。

CFA 的第二级是 I/V 转换器，通常用两种方法进行电流-电压转换，一种是电阻采样法，如图 7-3（a）电路中的 R_2、R_3，把场效应管的漏极电流流过电阻产生的电压降作为第二级放大器的输入电压，第二级就是一个普通的共射极放大器。另一种方法是电流镜采样法，如图 7-3（b）电路中的 VT_3、VT_4 和 VT_5、VT_6 两个镜像电流源，在集成电路中改变基区的宽度就能改变电流镜集电极的电流比例；在分立元器件电路中，同型号晶体管的基区宽度是相同的，改变串联在射极的电阻值，也能改变集电极的电流比例。这两种采样方式中电流镜的频带更宽一些，速度也更快一些，而且相移较小，这种方法在集成电路中具有绝对优势。在分立元器件电路中电阻采样法实现比较简单，电流镜采样法筛选晶体管和调试要麻烦得多，但性能会略好一些。

输出缓冲器的结构与 VFA 放大器中的 AB 类图腾柱输出级完全相同,只是驱动电流要设计得更大一些,因为不但要驱动负载,还要驱动低阻抗的反馈电路。在驱动耳机的微功率放大器中用集成功率缓冲器或滑模状态的菱形射极跟随器综合指标会更高一些。

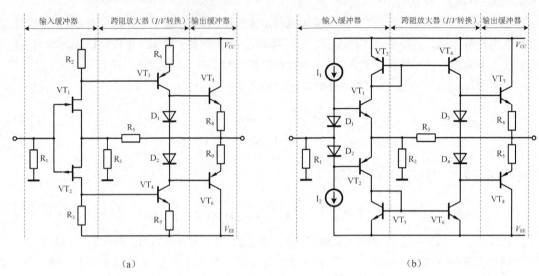

(a)   (b)

图 7-3　CFA 放大器的基本电路

7.2.2　基本电路的改进

CFA 放大器的起步比 VFA 晚得多,但技术和经验积累远不如 VFA 丰富,这里以 CFA 运算放大器电路为例介绍单元电路的改进方法。改进的目标是获得更高的跨阻、更好的线性、更好的温度特性和更稳定的工作状态。

1. 输入缓冲器的改进方法

输入缓冲器在 CFA 中的功能是一个 V-I 转换器和电流减法器,把输入音频电压信号转换成电流信号,然后与反馈电流相减,使得到的误差电流趋近于零。缓冲器的经典电路是电压跟随器,与差分放大器相比其正相输入端与反相输入端的阻抗相差很大,功能也没有相关性。由于反馈信号连接在输出端,输入缓冲器处于全局反馈环路之外,不能借助负反馈提高输入阻抗和降低输出阻抗,所有性能只能由本身的开环特性决定。这就决定了它的输出阻抗比输出缓冲器高得多,好在输入缓冲器是小信号电路,输入阻抗容易设计得很高,输出阻抗只驱动反馈网络,而反馈网络的阻抗通常远高于负载阻抗,故仍能实现电流反馈的基本功能。

绝大多数 VFA 运算放大器的输入差分放大器是非互补对称电路。从电路原理上讲,CFA 放大器也可以设计成不对称的单端电路,例如,历史上著名的 JLH 放大器,见图 7-4 中的 VT_1,输出信号经过 R_4 与 R_5 分压后反馈到 VT_1 的发射极,这是 CFA 电路的鼻祖。那个时期的晶体管非常昂贵,使用该电路能节省几个晶体管,但性能没有对称电路好,于是很快就销声匿迹。

对称电路的好处是动态范围较宽,能在 A 类、AB 类和 B 类之间平滑过渡,很适合处理正负对称的音频信号。从自动控制理论来解释,对称电路是双相并联逻辑,能使处理速度加倍。鉴于这些原因现在所有的电流反馈型运算放大器都设计成对称结构,而且也开始应用在低电压、低功耗 CMOS 电压反馈运算放大器中。

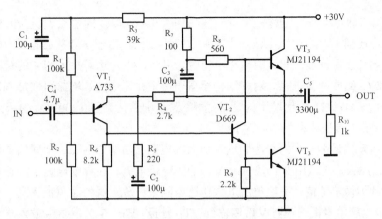

图 7-4 JLH 放大器中的单晶体管缓冲器

图 7-5 所示的是 CFA 运算放大器中输入缓冲器的主流电路，这种互补达林顿射极跟随器也称菱形电压跟随器。VT_1 的发射结电压 V_{BE} 与 VT_4 的发射结电压 V_{BE} 极性相反，VT_2 的 V_{BE} 与 VT_3 的 V_{BE} 极性相反，故信号传输路径上的直流压降相互抵消，就像在无电阻的导线上传输一样，很容易实现级间直流耦合。为了提高输入阻抗，在集成电路中 VT_1 和 VT_2 的发射极负载通常用恒流源，例如，图 7-5（a）中的 I_1 和 I_2。从原理上讲这种结构也可以用来构造 CMOS 源极互补跟随器，但目前还没有人设计出 CMOS 低功耗 CFA 运算放大器，主要原因是场效应晶体管的转换速率没有双极性晶体管高。

在分立元器件电路中通常用自举电路代替恒流源，如图 7-5（b）所示。输出电压经过自举电容 C_1 与 C_2 反馈到射极负载电阻的中间节点，使这两个节点的电压随输出电压浮动，获得了与恒流相同的效果。自举电路用的是无源元件，比恒流源简单而廉价。

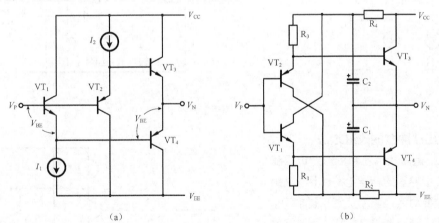

（a） （b）

图 7-5 输入缓冲器的主流电路

2. 跨阻增益级的改进方法

CFA 中的跨阻电路如同 VFA 中的密勒补偿电压放大器，跨阻犹如电压增益。在 VFA 中输入差分放大器除了作减法器功能外还能提供电压增益，相当于一级前置放大器。在 CFA 中输入缓冲器的增益小于 1，所有增益都依赖于第二级，这级的输出阻抗同时还受输出缓冲器负载效应的影响，故跨阻阻值有限，一般在 40 ~ 60dBΩ。如果设计成两级跨阻放大器，增益就可达到与 VFA 相当的水平。

图 7-6 所示的是 CFA 运算放大器中常用的两级跨阻放大器电路，假设输入信号与反馈信号已经通过减法器后在 VT_3、VT_4 中转换成了误差电流，以上臂电路为例分析两级放大器的原理。在图 7-6（a）中 VT_3 是 NPN 管共射极放大器，为了提高增益集电极负载用了恒流源 I_3，这级能提供大于 35 ~ 50dBΩ

的增益。VT_5是第二级 PNP 管共射极放大器，能提供 $50 \sim 65dB\Omega$ 的增益。误差信号是在 VT_3 的集电极负载上转换成电压信号，由两级电压放大器完成跨阻放大。由于总增益会超过 $100dB\Omega$，必须在第二级进行密勒补偿，以保证放大器具有单极点特性。另外，CFA 运算放大器中的跨阻放大器是对称结构，VT_4、VT_6 和 C_2 组成下臂电路。对称结构相当于两个并联信道，增益可增加 6dB，并且能抵消偶次谐波和共模干扰。AD8011 中就采用的这种结构，跨阻增益达到了 $120dB\Omega$，主极点频率为 100kHz，0dB 带宽为 300MHz，转换速率为 $2000V/\mu s$。

图 7-6（b）所示的是另一种两级跨阻增益放大器电路，与图 7-6（a）不同的是第一级是镜像传输放大器，VT_3 产生的误差电流由 VT_5 镜像成 VT_7 的集电极电流。在集成电路中调整晶体管发射结的面积就能获得所需的镜像电流值，镜像电流放大器比电阻采样放大器的通频带更宽，产生的相位移也更小。VT_7 的集电极电压由射极跟随器 VT_9 传输到 VT_{11} 基极，VT_{11} 是共发射极放大器，它的负载是 VT_{13} 的发射结，故相当于共 E-共 E 级联放大器。密勒补偿电容 C_1 跨接在 VT_{11} 的集电极和 VT_9 的基极之间，相当于从级联放大器的中间抽头反馈到输入端，这是一种特殊的局部负反馈，有利于提高主极点频率。这种结构的 CFA 运算放大器具有更高的速度，可用在移动通信中作射频放大器。

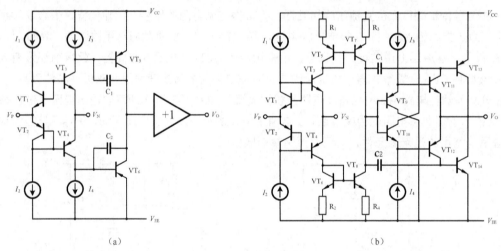

（a）   （b）

图 7-6　跨阻放大器电路

3. 输出缓冲器的改进方法

在 CFA 运算放大器中菱形射极跟随器也是输出缓冲器的标准电路，不过输出缓冲器的主要功能是驱动负载获得功率，为了增加动态范围和提高效率，通常偏置在 AB 类状态。由于本身的电压增益小于1，为了获得较大的输出功率，输入电压的幅度通常很大，很容易超过发射结的反向耐压而造成损坏，需要在输入端增加双向钳位电路，如图 7-7 中的二极管 $D_1 \sim D_{14}$，当输入电压超过 $\pm 4.5V$ 时，两串极性相反的二极管阵列导通，分流了互补晶体管的发射结电流，保护发射结免遭反向击穿。典型的发射结反向电压为 $6 \sim$

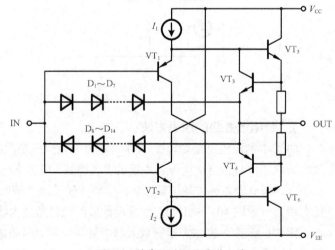

图 7-7　输出缓冲器的改进电路

9V，钳位电压要根据器件的耐压值留有安全裕量。另外还要对输出管进行过流、过热和短路保护。

在 CFA 功率放大器中输出缓冲器也可选用三重达林顿射极跟随器或倒置式电压跟随器，这些电路与 OCL 功率放大器中的输出级相似。

7.3　电流反馈耳机放大器电路的演进

分立元器件的 CFA 耳机放大器电路主要出现在音频期刊和业余爱好者 DIY 的作品中，在商品耳机放大器中很少见到。这是因为 DIY 可以不惜工本，工业产品则要进行成本和性能的折中考虑。本节仔细选择了 4 种耳机放大器电路，按从简到繁的顺序介绍，它基本上反映了 CFA 耳机放大器电路的演变过程。作者并不推荐读者制作这些作品，只是用作学习知识和增长见识，故设计过程从略。

7.3.1　用菱形电压跟随器的电流反馈耳机放大器

晶体管菱形电压跟随器耳机放大器是最流行的 CFA 放大器，实际电路如图 7-8 所示。输入缓冲器由 $VT_1 \sim VT_4$ 组成。VT_5、VT_7 和 VT_6、VT_8 是两个电流镜，以 1:2.3 的倍率传输电流。VT_9、VT_{10} 组成 AB 类输出级，由 D_1、D_2 提供静态偏置电流。本电路的开环跨阻增益约为 65dBΩ，闭环电压增益为 20.8dB（11 倍）。驱动 32Ω 低阻耳机时，最大不限幅输入电压为 $0.9V_p$，峰值输出功率 2.6W。驱动 600Ω 高阻耳机时，最大不限幅输入电压为 $1.1V_p$，峰值输出功率为 233mW。

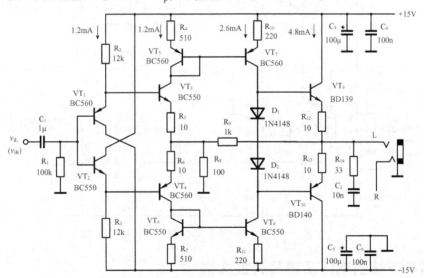

图 7-8　菱形电压跟随器耳机放大器电路

该耳机放大器电路直接是图 7-3（b）基本电流镜传输方式 CFA 结构的翻版，电路虽然简单，但具有电流模电路瞬态响应快，转换速率高的优点。缺点是开环增益偏低，不能完全借助负反馈控制提高精度和线性，还要依赖上、下通道器件的参数匹配来提高精度。

7.3.2　用级联放大器的电流反馈耳机放大器

级联电路具有更宽的带宽和更高的增益，是升级分立元器件 CFA 耳机放大器的有力武器。在图 7-9 所示的电路中输入级采用了共源-共基串行级联电路，由 $VT_1 \sim VT_4$ 组成。输入缓冲器虽然简单，却充分发挥了 JFET 输入阻抗高、偏置电路简单的优点。而共基极 BJT 放大器的带宽是共发射极的 2 倍，

还分压了 JFET 的漏极电压，因为高跨导 JFET 耐压低，与 BJT 串行级联能起到过压保护作用。

由于 JFET 的互导不高，本级所提供的增益有限，大约为 20dB（10 倍）。N 沟道与 P 沟道 JFET 的 I_{DSS} 参数很难匹配到一致，输入失调电压比 BJT 菱形电压跟随器大，额外增加了由 D_1、D_2、R_1、R_2、VR_1 组成的失调补偿电路。

第二级采用 BJT 共射-共基串行级联电路，由 $VT_5 \sim VT_8$ 组成，这种组态既有共基电路的带宽，又有共射电路的增益，密勒电容很小，为本机提供了兆赫兹级的带宽。稳压管 D_3、D_4 为共基极晶体管 VT_6、VT_8 提供了自举偏压，有效减小了偏压随信号变化产生的失真。由于主放大器中的射极负反馈电阻 R_{13}、R_{14} 较大，所以本级的开环增益只有 42dB（126 倍）。

输出缓冲器是最简单的 AB 类互补射极跟随器，在高频段输入阻抗会下降到 2kΩ 左右，对主放大器产生明显的负载效应。

本机典型的电阻采样方式的电流反馈放大器，具有简单和廉价的优势。驱动 32Ω 低阻耳机时，最大不限幅输入电压为 $0.9V_p$，峰值输出功率为 744mW。驱动 600Ω 高阻耳机时，最大不限幅输入电压为 $0.7V_p$，峰值输出功率为 82mW。可以看出，串接级联虽然扩展了的频带，但也缩小了动态范围。

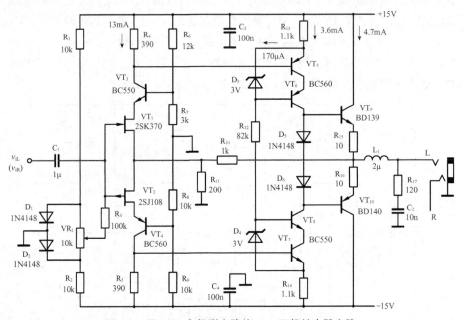

图 7-9 用 JFET 和级联电路的 CFA 耳机放大器电路

7.3.3 用电流镜的电流反馈耳机放大器

电流镜传输放大器比电阻采样电流放大器具有更宽的带宽和更小的相移，故在 CFA 运算放大器中基本上都是用电流镜放大电流，用分立元器件设计这种结构要麻烦一些，图 7-10 所示的是设计比较成功的一个耳机放大器电路。

输入缓冲器采用改进的菱形电压跟随器，由 $VT_1 \sim VT_8$ 组成。VT_6、VT_7 的射极分别连接 VT_2、VT_1 的集电极，这种用输出级的动态电位提高输入级动态范围的方法称摆幅自举，本质上是一种稳定的正反馈，不会引起振荡。它使输入缓冲器能跟随输入信号的幅度在 A 类、AB 类、B 类之间转换，增大了输入动态范围，而产生的失真却很小。

跨阻放大器采用了双向电流镜传输方式，VT_3、TV_4 把输入电流以 1:2.1 比例传输到 I/V 变换器 VT_9、VT_{10}。二极管 D_3、D_4 采样输出电流，本质上也是电流镜，通过 VT_{15}、VT_{16} 传输到另一个电流镜 VT_{13}、

VT_{11} 和 VT_{14}、VT_{12}，把输出电流以 8.3∶1 比例反馈到 VT_9、VT_{10}，这种方法称跨导自举，本质上是电流正反馈，使 I/V 转换器的跨阻增大了约 18dB。

注意，本电路用了两次自举，但目的不同。在输入级的摆幅自举是为了扩展输入动态范围；在跨阻放大器上采用跨导自举是为了提高开环增益，因为该电路中只有一级跨阻放大器。

输出缓冲器是达林顿射极跟随器，由 $VT_{17} \sim VT_{20}$ 组成，VT_{11}、VT_{12} 提供偏置电流，相当于对数补偿式 AB 类偏置电路，有良好的热稳定性。

本放大器的开环阻抗增益为 70dBΩ。驱动 32Ω 低阻耳机时，最大不限幅输入电压为 $0.8V_p$，峰值输出功率为 2.4W。驱动 600Ω 高阻耳机时，最大不限幅输入电压为 $1.1V_p$，峰值输出功率为 240mW。

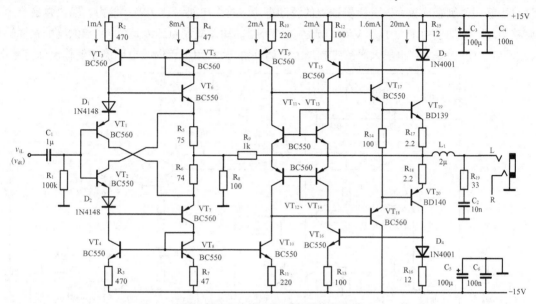

图 7-10 电流镜 CFA 耳机放大器电路

7.3.4 用误差控制环路的电流反馈耳机放大器

误差控制的原理是仅对失真进行负反馈，这种控制模型在第 2 章介绍过，为了方便分析电路，我们把图 2-49 电路再搬到这里来，这样就容易把实际电路和误差控制原理联系起来。

实验电路如图 7-12 所示，VT_1、VT_2、$VT_{11} \sim VT_{14}$ 组成模型中的主放大器，等效于图 7-11 所示模型中的放大器（$-A$）。VT_3、VT_4 组成辅助放大器，等效于模型中的放大器（K）。VT_{15}、VT_{16} 组成倒相式输出级，等效于模型中的放大器（$-G$）。电阻 R_{12}、R_{13} 组成反馈网络，等效于模型中的衰减放大器（β）。

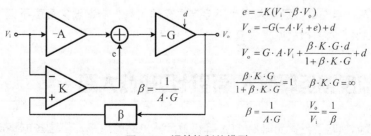

$$e = -K(V_i - \beta \cdot V_o)$$
$$V_o = -G(-A \cdot V_i + e) + d$$
$$V_o = G \cdot A \cdot V_i + \frac{\beta \cdot K \cdot G \cdot d}{1 + \beta \cdot K \cdot G} + d$$
$$\frac{\beta \cdot K \cdot G}{1 + \beta \cdot K \cdot G} = 1 \qquad \beta \cdot K \cdot G = \infty$$
$$\beta = \frac{1}{A \cdot G} \qquad \frac{V_o}{V_i} = \frac{1}{\beta}$$

图 7-11 误差控制的模型

主放大器和辅助放大器的输出分别接在电阻 R_{14} 两端，R_{14} 就相当于加法器。$VT_5 \sim VT_{10}$ 是菱形跟随器的有源负载，R_{10}、C_2、R_{11}、C_3 组成衰减式相位补偿，C_4 是超前相位补偿。注意，补偿都是针对辅助放大器的相位滞后。在 CFA 中绝对不能对主放大器进行超前补偿，否则会减小相位裕度从而引起自激振荡。

放大器–G、K 都具有增益，它们的乘积是一个很大的数值，近似满足 $\beta \cdot K \cdot G \rightarrow \infty$，失真为零的条件基本成立，这是实现误差校正的关键（见第 2 章中对误差控制模型的分析）。

电压放大倍数等于 $1+R_{13}/R_{12}$，通过调整电阻 R_{12} 获得需要的增益，通过调整 R_{16} 使反馈系数 $\beta=1/(A \cdot G)$，就可满足平衡条件，使放大器的失真最小。

为了使输出级的增益等于–G，互补输出级采用共源极组态，从正、负电源的中点输出音频信号，这种输出级叫作倒置式放大器，需要独立的浮动电源。这个电路没有 PSRR 能力，输出端会产生较大的偏移电压，增加了由 D_1、D_2、VR_1 组成的失调补偿。输入失调电压大是 CFA 放大器的主要缺点之一，故原则上所有 CFA 耳机放大器都应该加上失调补偿，最好用电流伺服自动调整使输出保持零电平。

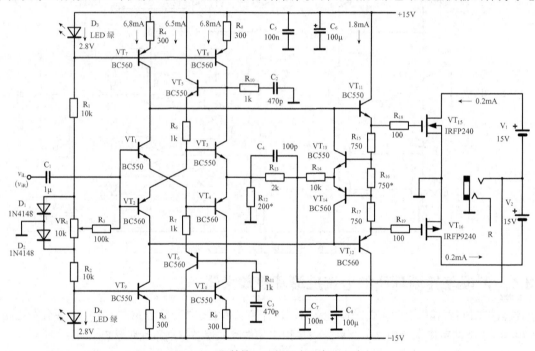

图 7-12　误差校正耳机放大器实验电路

该机的开环阻抗增益为 78dBΩ，开环截止频率为 1.1MHz。驱动 32Ω 低阻耳机时，最大不限幅输入电压为 $1.2V_p$，峰值输出功率为 6.2W。驱动 600Ω 高阻耳机时，最大不限幅输入电压为 $1.2V_p$，峰值输出功率为 310mW。这个电路由于采用了误差校正，失真度得到了很大改善。虽然输出 MOS 管偏置在零偏流 B 类状态，但在毫伏级输入时也不会产生交越失真，总谐波失真度不低于 1%。在最大输出功率时 THD 为 0.1%，对轻微的削顶失真也有校正作用。

7.4　用电流反馈运算放大器设计耳机放大器

在 7.3 节中我们领略了分立元器件 CFA 耳机放大器电路的风采，但这些电路普遍存在元器件多、体积大、功耗大、调试费时费力等缺点，因此作者不推荐大家 DIY 这些电路。大家现在身处于集成电路时代，CFA 运算放大器已经相当丰富，没有理由拒绝这些性能优良的器件。如果用 CFA 运算放大器设计耳机放大器，分立元器件 CFA 耳机放大器的缺点就会荡然无存，本节将介绍这种耳机放大器的设计方法。

7.4.1　电流反馈运算放大器的特性

1. CFA 运算放大器的概况

从 20 世纪 60 年代初第一个单片集成运算放大器 μA702 诞生以来，运算放大器一直是一种低频器件，很适合于音频放大，故 OP 一开始就与音频结下了良缘。

第一个高速运算放大器是 Harris 公司在 20 世纪 70 年代中期发布的 HA2500，增益带宽积达到 20MHz，这是电压反馈运算放大器在低频领域徘徊了十几年后开始向高频领域迈进的起点。不过没有新兴产业的刺激，发展步履维艰，直到 20 世纪末数字电视、移动通信和互联网的快速发展才催生了高速 OP。随后高速运算放大器开始走向快车道，带宽一路飙升，到 21 世纪初已超过了 UXGA 的标准。例如，三运算放大器 AD8075 大量用在 LCD 显示器和路由器中作 RGB 信号驱动。AD844 用 ±5V 电压供电就能驱动 75Ω 的视频电缆把带宽 0 ~ 6.5MHz 的 PAL 复合视频信号从摄影棚传输到编辑室，距离超过 100m。后来 AD8011 则能把带宽 0 ~ 187MHz 的 HDTV 视频信号传输同样的距离。这些 CFA 运算放大器的高速率和低延迟特性特别适合处理对群时延敏感的视频信号，广泛应用在广播电视设备中。

射频一直是 OP 的禁区，最近几年情况发生了变化，射频领域用高速运算放大器替代砷化镓晶体管能轻松获得高增益，免受偏置电路对增益的影响。CFA 运算放大器的带宽超过 8GHz，转换速率达到 1.8kV/μs，已开始用于以太网驱动、4G/5G 信号处理和激光测距等领域，现在唯一的问题是价格太贵，历史证明这不是问题，大量普及后成本会随之降低。

现在的高速 OP 除了 CFA 结构外，VFA 结构的带宽也超过了 600MHz，而且仍保持了精度高的优点。不过受内部电路延迟和补偿电容充/放电速率的限制，VFA 运算放大器的转换速率很难超过 2000V/μs。在百兆级信号处理中 VFA 和 CFA 各有优势，在千兆级应用中只有 CFA 运算放大器独占鳌头。

表 7-1 列出了 10 种 CFA 运算放大器的参数对比，前 5 种是早期的产品，后 5 种是近期的产品。衡量音频信号畸变的参数是总谐波失真（*THD*），而衡量视频信号畸变的参数是微分增益（DG）和微分相位（DP）。DG 用来衡量亮度信号幅值的变化对彩色饱和度的影响；DP 用来描述亮度信号的幅度变化所引起的彩色载波分量的相位变化。表 7-1 中的 HD2 和 HD3 是指射频载波的二次谐波和三次谐波的衰减量，这些参数在音频放大器中没有实际意义。另外，音频信号带宽只有 20Hz ~ 20kHz，选用早期的 CFA 运算放大器就已绰绰有余。

表 7-1　10 种 CFA 运算放大器特性表（按转换速率从低到高排序）

项目	GBW 带宽（MHz）	转换速率（V/μs）	失真度 DG（%），DP（deg）	工作电流（mA）Per OP	工作电压（V）
EL2270C	70	800	0.15%，0.15°	1	±1.5 ~ ±12.6
LT1229	100	1000	0.04%，0.1°	6	±2 ~ ±15
AD812	145	1600	0.02%，0.02°	3.5	3V* ±5 ~ ±15
MAX4118	400	1800	0.02%，0.04°	5	±4.5 ~ ±5.5
AD844	60	2000	0.03%，0.15°	6.5	±4.5 ~ ±18
OPA855	8000	2750		17.8	3.3 ~ 5.25

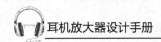

续表

项目	GBW 带宽 （MHz）	转换速率 （V/μs）	失真度 DG（%），DP （deg）	工作电流（mA） Per OP	工作电压（V）
AD8003	1650	4300	0.05%，0.01°	9.5	5 ~ ±5
AD8009	1000	5500	0.01%，0.01°	14	±4 ~ ±6
THS3491	900	8000	−75dBc（HD2，HD3）	16.8	14 ~ 32 ±6 ~ ±16
LMH3401	7000	18000	−55dBc（HD2） −40dBc（HD3）	55	3.3 ~ 5

注*：最低单电源工作电压。

2. CFA 运算放大器的频域特性

我们无法获得 CFA 运算放大器的内部电路，它对用户来讲是一个黑盒子，过去只能通过厂商提供的数据手册、应用指南和演示电路板了解它的电气特性。现在国际知名的半导体厂商能提供器件的 Spice 模型，便于用户利用 EDA 工具更加快速和深入地理解内部电路的性能，多了一个窥视黑盒子的窗口。

我们选择早期的 CFA 运算放大器 AD812 为代表进行实验，这个 OP 工作电压范围宽、功耗低、失真小、售价较低，容易变通应用在音频功率放大器中。另一个原因是它的仿真模型比较准确，能代表带宽百兆级 CFA 运算放大器的典型特性。为了与 VFA 运算放大器对比，选择 OPA2604 作为参照物，它在 VFA 音频运算放大器中非常具有代表性。

我们建立的仿真电路如图 7-13 所示，由于用 OP 直接驱动 16Ω 和 32Ω 的低阻耳机负载效应太大，不能真实评估其动态范围，故增加了简单的互补射随器作负载缓冲器。用数字电桥测量了十几种型号的 32Ω 耳机的阻抗特性，在 8 ~ 20kHz 频段内，音圈电感量为 75 ~ 84μH，音圈铜阻 33 ~ 35Ω。图 7-13 中的信源频率是 20kHz，故用 32Ω 电阻串联 80μH 电感替代耳机阻抗，并且并联了茹贝尔网络把耳机阻抗补偿成近似纯电阻特性。可见这个仿真电路的工作电压和负载特性非常接近我们的目标耳机放大器电路，输入信源选择交流电压源 AC、正弦信号源 SIN、电压脉冲信号源 VPULSEL，仿真不同电路特性时选择其中一个接入电路。

图 7-14 所示的是 AC 扫描得到的幅频特性图，AD812 的直流增益为 76dB（数据手册上是 76 ~ 82dB），主极点频率为 67kHz，单位增益带宽积是 97.7MHz。20dB 闭环带宽为 37.9MHz，与闭环曲线的交越频率是 22MHz，有 2dB 的凸出，对应相的位裕度为 48°。

令人惊喜的是开环频带已经覆盖了音频频带，在音频上端频率 20kHz 的频点上，有 56dB 环路增益（76dB–20dB），与 20Hz 的低端频点相比一点儿也没有少。从误差校正的角度看，不存在传统放大器中失真度随频率升高而下降的特性，这被认为是负反馈放大器固有的顽症。如果绘出这个放大器的 THD 曲线，在整个音频频域里是平直的，或许这就是人们追崇 CFA 功率放大器的原因。

OPA2604 的直流增益为 94.2dB（数据手册上是 80 ~ 100dB），主极点频率为 162Hz，单位增益带宽积是 6.2MHz。与闭环曲线的交越频率是 1.13MHz。在音频上端频率 20kHz 的频点上，只有 32dB 环路增益（52 ~ 20dB）；而在 50Hz 的低频点，环路增益是 74.2dB，高频线性比低频线性差 126 倍（74.2 ~ 32dB），并且其开环截止频率只有 162Hz，需要用负反馈扩展到高于音频上限频率，这就是常讲的用增益换带宽的方法，它的弊病是低频段失真小，高频段失真大，THD 曲线随着频率升高而上翘。

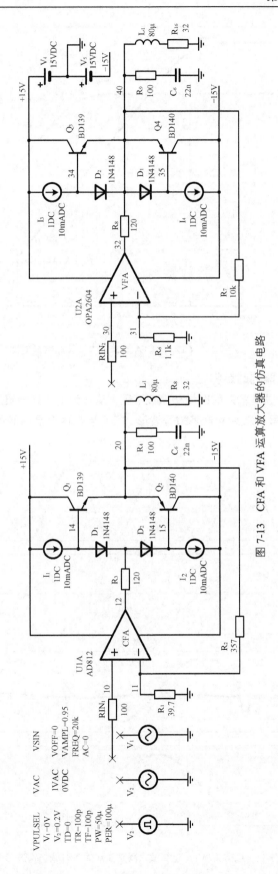

图 7-13 CFA 和 VFA 运算放大器的仿真电路

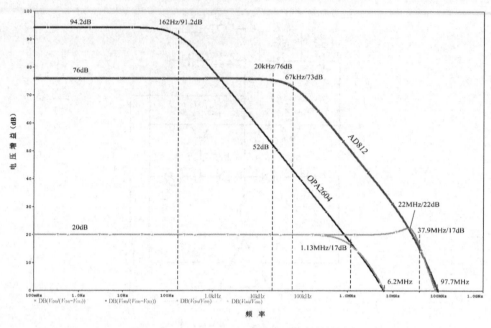

图 7-14　CFA 和 VFA 运算放大器幅频特性对比

3. CFA 运算放大器的时域特性

图 7-15 所示的是正弦波输入的时域仿真波形图，从下到上，第一层是输入、输出电压波形，第二层是输入信号与反馈信号相减后的误差信号波形，第三层是两个晶体管的发射极电流波形，第四层是负载上的功率波形。

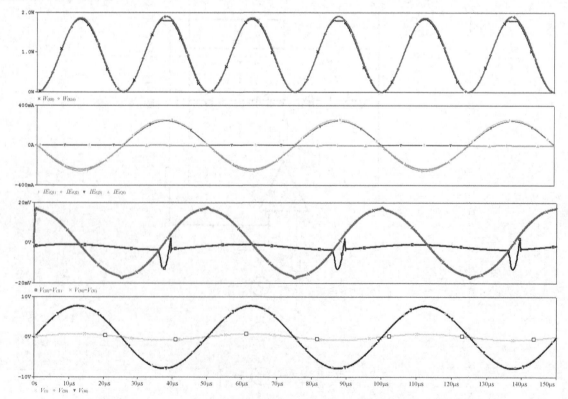

图 7-15　CFA 和 VFA 运算放大器正弦波输入时域仿真波形图（续）

仿真结果表明两种放大器的动态范围基本相同，限幅输入信号幅度是 $0.7V_{pp}$，最大输出幅度是 $7V_{pp}$。VFA 运算放大器稍大一些，这是因为 CFA 放大器中的反馈电阻 R_2、R_1 比 VFA 放大器中的反馈电阻 R_6、R_7 小得多，对负载分流而引起的。

CFA 放大器产生的误差信号幅值是 VFA 的 6 倍，VFA 只是在输出削顶时产生了较大的误差信号，但幅度仍小于 CFA 无削顶的误差信号。这个结果印证了 CFA 精度差的特性。

流过晶体管的峰值电流是 256mA，这可以用作选择晶体管的参考依据，通常取峰值电流的 3 ~ 10 倍。峰值输出功率是 1.8W，减半后就是平均输出功率，对应的输入电压有效值是 $0.49V_{rms}$。

图 7-16 所示的是输入信号为 0.7V/20kHz 方波的时域仿真波形图，下层是输入方波，上层是输出方波。从输出方波上只能大概看出 CFA 的阶跃响应比 VFA 陡峭一些，而且有过冲尖峰，无法判读出具体的数值。可以把频率轴刻度扩展后用上升沿估计放大器的正向转换速率，用下降沿估计负向转换速率。

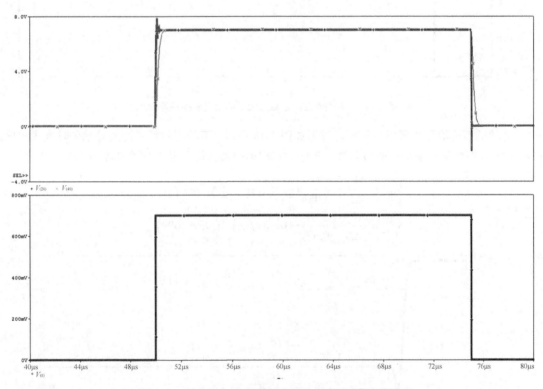

图 7-16　CFA 和 VFA 运算放大器的方波时域仿真波形图

把方波的上升沿处的频率轴扩展后波形如图 7-17 所示，毛刺展开后呈现出衰减振荡的真面目，振荡 3 个周期后趋于平缓，可以判读出两个放大器的正向转换速率分别为：

$$SR_{r1} = \frac{\Delta V_o}{\Delta t} = \frac{7}{0.18} \approx 38.9\,(V/\mu s) \quad (AD812)$$

$$SR_{r2} = \frac{\Delta V_o}{\Delta t} = \frac{7}{0.18} = 8.75\,(V/\mu s) \quad (OPA2604)$$

耳机放大器设计手册

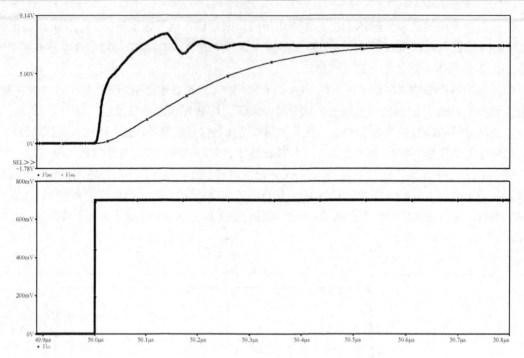

图 7-17　CFA 和 VFA 运算放大器的上升转换速率对比

　　把方波的下降沿处的频率轴扩展后波形如图 7-18 所示,下降毛刺幅度比上升毛刺幅度大 1 倍,大约有 1.82V,振荡两个周期后衰减到零。可以判读出两个放大器的负向转换速率分别为:

$$SR_{f1} = \frac{\Delta V_o}{\Delta t} = \frac{7}{0.05} \approx 140 \, (\text{V}/\mu\text{s}) \quad (\text{AD812})$$

$$SR_{f2} = \frac{\Delta V_o}{\Delta t} = \frac{7}{0.67} = 10.4 \, (\text{V}/\mu\text{s}) \quad (\text{OPA2604})$$

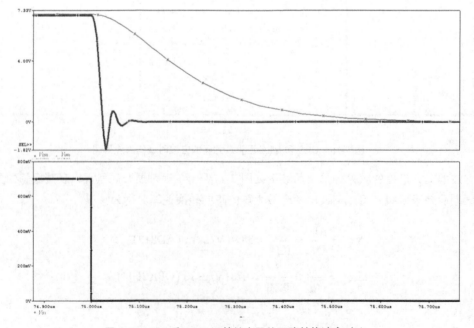

图 7-18　CFA 和 VFA 运算放大器的下降转换速率对比

仿真结果表明，CFA 放大器的正向转换速率是 VFA 放大器的 4 倍，负向转换速率是 VFA 放大器的 13 倍。正、负转换速率不同是由于 OP 内部电路中晶体管的极间电容 C_{bc} 的充放电路径不同造成的，绝大多数放大器中都存在放电路径比充电路径短的现象，故放大器的正向转换速率普遍低于负向转换速率。

4. CFA 运算放大器的 *CMRR* 和 *PSRR* 特性

电路的共模抑制比参数（*CMRR*）定义为差分电压放大倍数与共模电压放大倍数之比，从原理上讲 CFA 运算放大器因两个输入端的阻抗不匹配而不能抑制共模电压，但 *CMRR* 产生的机理是由于 OP 正、负输入端的参数不匹配引起了失调电压变化，进而失调电压被放大后又引起输出电压的变化。无论是 VFA 还是 CFA，参数不匹配总是存在的，区别只是大小不同而已。失调作为一种误差信号负反馈能够一视同仁地压缩它，前提是放大器要储备足够大的环路增益。从这种观点看 CFA 运算放大器的电路结构虽然没有共模抑制能力，这在开环下是正确的，但运算放大器总是工作在闭环状态下，负反馈能帮助它获得额外的 *CMRR*，这和 D 类放大器中的情况完全一样。

要仿真 *CMRR* 参数，在图 7-13 电路的 OP 正、负输入端接入相同参数的 AC 源模拟共模输入信号，然后测量输入端的失调电压就可以，可以用下面公式计算共模抑制比：

$$CMRR = \frac{\Delta V_{os}}{\Delta V_{com}} = -20 \lg \left(\frac{V_{in+} - V_{in-}}{AC} \right)$$

式中，ΔV_{os} 是失调电压改变量，ΔV_{com} 是共模输入电压变化量，V_{in+} 是 OP 正输入端的直流偏压，V_{in-} 是 OP 负输入端的直流偏压，AC 是交流信号源。*CMRR* 的实际值是负分贝数，加一个负号是为了显示成正分贝数。

图 7-19 所示的是从 0.1Hz 至 1GHz 的交流扫描仿真结果，AD812 的 *CMRR* 比 OPA2604 低 30dB，但 AD812 有更高的主极点，在高频储备有更多的环路增益，故共模抑制范围比 OPA2604 高 3 个倍频程。

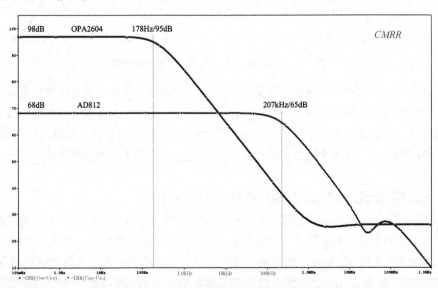

图 7-19 CFA 和 VFA 运算放大器的 *CMRR* 对比

电路的电源抑制比参数（*PSRR*）定义为电源电压改变量与由此引起的输入电压改变量之比的绝对值。在高保真音频放大器中通常都采用正、负对称电源，通常也假设正、负电压是对称变化的。但在实际中也会测量正、负电源电压单独变化对输入偏压的影响，这是更严格的测试，参数记为 *PSRR+* 和 *PSRR-*。

根据 $PSRR$ 的定义，在图 7-13 电路的正、负电源上分别串联相同参数的 AC 源模拟电源电压改变量，然后测量输入端的失调电压就可以得到 $PSRR$；如果只在正电源上串联 AC 源测量结果是 $PSRR+$；只在负电源上串联 AC 源测量结果是 $PSRR-$，用下面公式计算电源抑制比：

$$PSRR = \frac{\Delta V_{OS}}{\Delta V_{CC}} = -20\lg\left(\frac{V_{in+} - V_{in-}}{AC}\right)$$

式中，ΔV_{CC} 是电源电压改变量，ΔV_{OS} 是失调电压改变量，V_{in+} 是 OP 正输入端的直流偏压，V_{in-} 是 OP 负输入端的直流偏压，AC 是交流信号源。$PSRR$ 的实际值也是负分贝数，加一个负号是为了显示成正分贝数。

图 7-20 所示的是从 0.1Hz 至 1GHz 的交流扫描仿真结果，AD812 的 $PSRR$ 比 OPA2604 低 30dB，但两个运算放大器的频率范围基本相同。

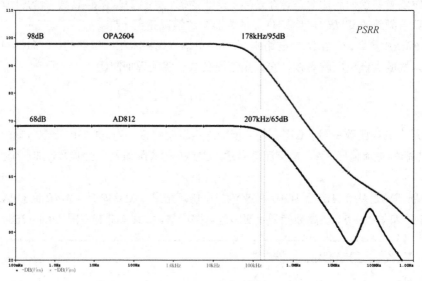

图 7-20 CFA 和 VFA 运算放大器的 $PSRR$ 对比

$CMRR$ 是衡量输入信号变化量对直流偏置的影响，而 $PSRR$ 衡量电源电压变化量对直流偏置的影响，这两种干扰源都具有共模性质，产生的机理也是相同的。VFA 运算放大器的输入端是匹配特性良好的差分放大器，电路本身具有共模抑制能力，而 CFA 运算放大器的正、负输入端直流参数不匹配，本身没有共模抑制能力，只能依赖负反馈产生的抑制能力，这就造成两种器件抗共模干扰能力的较大差异。

5. CFA 运算放大器的输入失调电压和输入失调电流

Spice 软件是用节点电压法解析电路的，在做任何仿真时都要先进行直流工作点计算，因而可以从上述任意一个仿真项目中得到图 7-13 电路的各节点电压和各支路电流。其中，AD812 的失调电压是 2.03mV，失调电流是-7.04μA，输出端的偏移电压是 17.8mV，流过负载的静态电路是 554μA。OPA2604 的失调电压是-4.04nV，失调电流是 40.2pA，输出端的偏移电压是 56.9μV，流过负载的静态电路是 1.78μA。

虽然仿真数值不能当作实际电路的数值，不过用作两种器件的对比还是有其参考价值的。最有用的信息是在 VFA 运算放大器中输出端的零点偏移主要受输入失调电压影响，而在 CFA 中则主要受反相输入端的失调电流影响。

7.4.2 驱动低阻耳机的电流反馈耳机放大器

了解 CFA 运算放大器的特性后我们就可以尝试用它设计耳机放大器，这里先介绍一款低阻耳机放大器的设计。在第 4 章 4.4.4 小节中介绍过用 CMOS 电压反馈运算放大器 TDA1308，这是一款专门驱动低阻耳机的 VFA 运算放大器，CFA 运算放大器中虽然没有专门驱动耳机的产品，但我们可以利用 AD812 的最低工作电压为 3V 的特性，仿照图 4-24 所示设计一款用两节 AAA 电池供电的低压 CFA 耳机放大器，电路如图 7-21 所示，图中去掉了反馈环路中的两个隔直电容，因为这两个电容在 VFA 耳机放大器中起无源伺服作用，使输出零电平偏移达到输入失调电压的水平，而不受交流放大倍数的影响。在 CFA 运算放大器中，反馈输入端的失调电压与信号输入端不匹配，也没有相关性，故无源伺服作用不明显，所以去除不用。没有无源伺服功能的放大器的输出零点偏移电平等于输入失调电压乘以闭环增益，本机的闭环增益为 2，输入失配电压的最大值为 7mV，输出零点偏移为 14mV，仍在安全范围内。

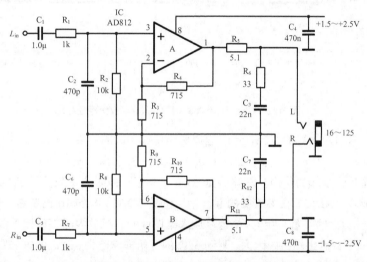

图 7-21 低压 CFA 耳机放大器电路

设计该电路的目的是对比用 CFA 运算放大器和 VFA 运算放大器设计的耳机放大器性能到底有多大差别，从表 7-2 可以看出，两个 OP 的参数在 ±2.5V 工作电压下，除了带宽和转换速率外，其他指标基本相似，应该能获得有意义的数据。

表 7-2　AD812 与 TDA1308 的参数表（工作电压 ±2.5V）

型号	AD812	TDA1308
电压摆幅（V）	3.2	3.5
开环增益（dB）	68	70
单位增益频率（MHz）	50	5.5
转换速率（V/μs）	125	5
输入失调电压（mV）	12	10
静态电流（mA）	3.2	3
总谐波失真（dB）	−98	−70
输出阻抗（Ω）	15（开环）	0.25
最大输出电流（mA）	30	60

图 7-22 所示的是两个耳机放大器的 *THD* 特性对比，AD812 耳机放大器的 *THD* 曲线在音频范围里是平直的，呈现出无反馈放大器特性。TDA1308 耳机放大器的 *THD* 曲线在 20～300Hz 低频段内是平直的，从 300Hz 开始随频率升高大约以 9dB/oct 的斜率上升，呈现出典型负反馈放大器的失真特性。

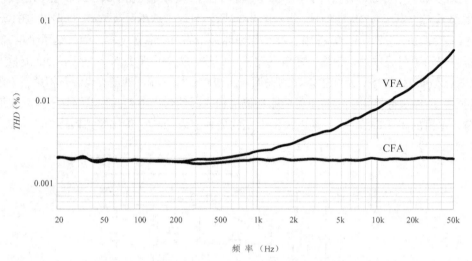

频 率（Hz）

图 7-22　CFA 与 VFA 耳机放大器的 *THD* 特性对比

为了比较两个耳机放大器的音色，专门选择瞬态特性突出的音源，AD812 对三角铁的表现尤为出色，清脆明亮，有静电式耳机的听感；TDA1308 的表现有点圆滑，略有电子管的温暖音色，这可能是 *CMOS* 管的平方律特性所起的作用。总体感觉 AD812 高音略微明亮一些，而 TDA1308 的音乐感更好一些。如果对比成本，AD812 在淘宝上的零售平均价是 TDA1308 的 10 倍左右，而 AD812 是市面上最低价的 CFA 运算放大器。看来用 CFA 运算放大器设计的耳机放大器性价比不高。

AD812 的另一个缺点是输出内阻大，驱动 32Ω 的耳机非常吃力，改进的方法是后面接一个集成缓冲器，如图 7-23 所示。缓冲器选择 LME49600，电源电压为±15V 条件下，输出电流为 250mA，转换速率为 2000V/μs，是 CFA 运算放大器的最佳搭档，如果按第 2 章中 2.3.2 小节的声压级原则，输出±200mW 功率，只需±5V 供电就可以，实际的动态范围是±4.5V。

在 32Ω 负载上输出 200mW 功率所需的电压有效值为：

$$u_{o-32} = \sqrt{P_O \times R_L} = \sqrt{0.2 \times 32} \approx 2.53 V_{rms}$$

输入 0dBm 输出 2.53Vrms 所需的放大倍数为 3.3 倍：

$$A_{v-32} = \frac{u_o - 32}{0dBm} = \frac{2.53}{0.775} \approx 3.26$$

本机中留有余量，取整数 4 倍，数据书册上没有给出 4 倍增益的反馈电阻值，只给出了 10 倍增益的反馈电阻值是 154Ω，2 倍增益是 681Ω，可以在 154～681Ω 这个窗口里选择，这里取 464Ω，估计闭环带宽为 65～100MHz。为了消除缓冲器产生的相移，增加相位裕度，负反馈不包含输出缓冲器，输入端设置了一个极点为 796kHz 的低通滤波器，用来消除高频寄生参数对稳定性的影响。如果输入信号源的直流电平是零，输入耦合电容 C_1 也可省略以实现直流放大器。

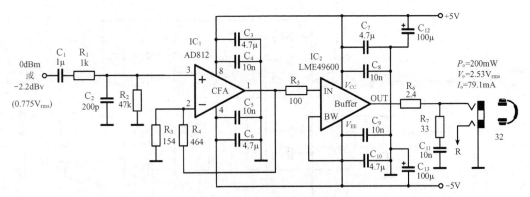

图 7-23　高保真低阻耳机放大器电路

采用局域负反馈的另一个好处是反馈环路对负载的分流减轻了，在该电路中如果反馈点设置在负载端，虽然对 32Ω 的耳机反馈网络只分流了 4.9%的电流，但对 300Ω 和 600Ω 耳机，反馈网络分别分流了 32.7%和 49.3%的电流，故用 CFA 运算放大器设计耳机放大器时必须要考虑反馈网络对负载的分流影响。

增加缓冲器后这个低阻耳机放大器的指标全面超过了 TDA1308，*THD* 在 10Hz～200kHz 频段内始终以 0.002%的数值保持平直的特性，正向转换速率为 65V/μs，负向转换速率为 140V/μs。该耳机放大器可以作为 CFA 耳机放大器标准结构，后述的耳机放大器电路都是以这个电路为基本单元而扩充的，它也可以作为高音校音的基准工具，因为几乎所有的 VFA 功率放大器的高音都没有它明亮。

7.4.3　驱动高阻耳机的电流反馈耳机放大器

按照图 7-23 所示的基本结构所构建的 CFA 高阻耳机放大器如图 7-24 所示，电路中把 AD812 换成 LT1229 并非因为后者性能更好，只是耐压稍高一点，因为驱动高阻耳机需要更大的输出电压。这个运算放大器也属于百兆级的老式 CFA，适用于音频放大器中。用这个基本结构设计耳机放大器的步骤较简单，只要在已知负载下计算出满功率灵敏度所需的电压增益就可以。

用第 2 章中台式耳机放大器的标准，在 300Ω 和 600Ω 负载上输出 200mW 功率所需的电压有效值分别为：

$$u_{o-300} = \sqrt{P_O \times R_L} = \sqrt{0.2 \times 300} \approx 7.75 V_{rms}$$
$$u_{o-600} = \sqrt{P_O \times R_L} = \sqrt{0.2 \times 600} \approx 10.96 V_{rms}$$

当输入信号为 0dBm，输出 7.75V_{rms} 和 10.96V_{rms} 所需的放大倍数分别为：

$$A_{v-300} = \frac{u_{o-300}}{0dBm} = \frac{7.75}{0.775} = 10$$
$$A_{v-600} = \frac{u_{o-600}}{0dBm} = \frac{10.96}{0.775} \approx 14.13$$

为了兼顾两种阻抗的高阻耳机，设计电压增益为 12 倍，实际电路如图 7-24 所示，本电路的电源电压是±18V，临界削顶的动态范围±28V_{pp}，最大输出电压的有效值是 10V_{rms}，故驱动 300Ω 耳机的最大输出功率是 330mW，驱动 600Ω 耳机输出功率减半。

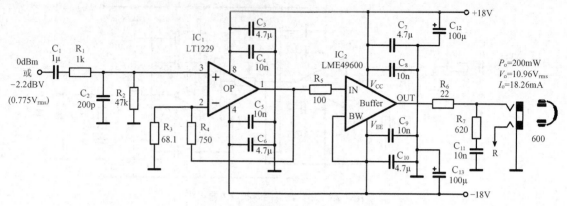

图 7-24　高保真高阻耳机放大器电路

7.4.4　用复合放大器改进电流反馈耳机放大器的精度

1. 复合放大器的原理

CFA 耳机放大器的最大缺点是精度较差，例如，在上述放大器中，缓冲器的最大输入失调电压高达±60mV，前级的最大失调电压是±15mV，放大 12 倍后是±180mV，在输出端叠加后的最大零点偏移是±240mV。在 VFA 放大器中可以利用有源伺服电路把偏移电压压缩到 1mV 之内，但在 CFA 放大器中由于输入缓冲器输出的输出阻抗不是零，信号电压在输出内阻上的压降叠加在反馈信号上，使有源伺服电路的效果大打折扣，必须用电流有源伺服才能使输出静态电流接近为零，而电流伺服电路的结构比较复杂，在音频放大器上很少应用。改善 CFA 精度的另一个方法是使用复合放大器。

复合放大器的结构如图 7-25（a）所示，在一个慢速的电压负反馈环路里嵌套了一个高速的电流负反馈环路，慢速的外环主要用来校正精度，高速的内环主要用来提高瞬态响应，这和开关电源中的电流模控制系统很相似。

设内环 CFA 电流负反馈放大器的闭环增益为：

$$A_{v2} = 1 + \frac{R_4}{R_3}$$

CFA 与 VFA 串联后，VFA 运算放大器的开环增益 A_{o1} 增加了 A_{v2} 倍，从图 7-25（b）中的虚线位置 A_{o1} 上移到实线位置 $A_{o1}A_{v2}$。如果设外环的闭环增益等于内环的闭环增益，即：

$$A_v = A_{v2} = 1 + \frac{R_2}{R_1} = 1 + \frac{R_4}{R_3}$$

则放大器的闭环带宽从 f_c 扩展到 f_{c1}，在该频点上 VFC 的增益下降到 0dB。通常 CFA 的闭环带宽 f_{B2} 远大于 VFC 的开环单位增益频率 f_{c1}，故 CFA 的闭环主极点产生的相位移对复合放大器的稳定性影响很小。

由于直流和低频段的开环增益很大，有利于校正 VFA 运算放大器的直流误差。当 VFA 运算放大器的开环增益下降到等于闭环增益 A_{v2} 后等效于 VFA 不存在，继续由 CFA 运算放大器提供高频信号摆幅直到 f_{c1} 频点，而 CFA 运算放大器的失调和低频噪声折合到 VFA 运算放大器的输入端则减小了 A_{01} 倍。

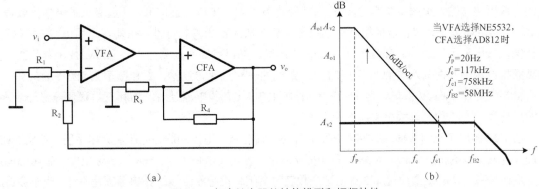

图 7-25 复合放大器的结构模型和幅频特性

2. 复合放大器的实际电路

复合耳机放大器的实际电路如图 7-26 所示，IC_1 和 IC_2 组成与图 7-25（a）复合放大器相同的结构，只不过为了驱动负载在 IC_2 之后插入了分立元器件组成的缓冲器，隔离了负载变化对 IC_2 的影响。IC_2 的闭环增益和复合放大器的闭环增益都是 12 倍（21.58dB）。

IC_1 主要用来补偿直流精度和改善低频噪声，故选用输入失调电压小、频带较窄的 NE5532。IC_2 是电流反馈主放大器，选用宽带、高速运算放大器 AD812。NE5532 的直流开环增益是 100dB，主极点频率是 200Hz（f_p），用 100pF 的电容作外部密勒补偿后主极点下降到约 20Hz。在 IC_1 之后串联了闭环增益为 21.58dB 的 AD812 后，复合放大器的直流开环增益变为 121.58dB，等效于 NE5532 的直流开环增益上移到 121.58dB（参看图 7-25（b））而主极点频率不变。如果去掉 AD812，NE5532 的开环增益从主极点 20Hz 开始以 –6dB/oct 速率下降到闭环增益时的截止频率为 117kHz（f_c）。如果串联了 AD812 后 NE5532 的等效开环增益升高到了 121.58dB，如果同样从主极点 20Hz 开始以 –6dB/oct 速率下降到闭环增益时的截止频率为 758kHz（f_{c1}），复合放大器的带宽扩展了 6.5 倍，不过从 f_{c1} 到 f_{B2} 的带宽却被白白浪费掉了。

输出缓冲器是一个结构新颖的电流放大器，由功率 MOS 管 VT_3 和 VT_4 组成的互补源极跟随器，偏置电路是一个跨导线性环（TL），工作原理将在第 6 章 6.4.2 小节中介绍。VT_4 和 VT_5 采集输出级的源极电流，映射到 VT_1 和 VT_2 的集电极镜像电流在 R_9 和 R_{10} 上转换成电压用来偏置 MOS 的栅极电压。这个偏置电路具有自动调整 MOS 管工作点和热保护功能，在微小信号输入时把输出级偏置在 A 类工作状态，随着信号增大从 A 类过渡到 AB 类，大信号时偏置在 B 类。当输出电流增大引起温升时能自动减少输出电流，从而减少发热量。由于音频驱动信号是从 VT_1 和 VT_2 的发射极输入的，看起来似乎这个电路的输入阻抗很低，实际上跨导线性环是恒流源，直流输入电阻在十几兆欧数量级。交流阻抗随频率升高而快速下降，不过在 100Hz 的输入阻抗仍不低于 2.5MΩ；1kHz 的输入阻抗约为 140kΩ；10kHz 的输入阻抗约为 26kΩ；20kHz 的输入阻抗约为 8.7kΩ。在音频带宽内的阻抗足以使 IC_2 工作在近似理想的无负载跨阻放大状态，无论对低阻耳机还是高阻耳机都有相同的动态范围，是一个性能优良的电流放大器。

IC_2 及外围电路组成 CFA 内环嵌套反馈电路，跨阻放大器不存在带宽增益积是常数的概念，带宽和增益可独立设置，其中 R_7 决定带宽和稳定性，R_6 决定增益。设计原则是稳定性优先，故不要随意减小 R_7 的阻值，应该按带宽要求选择数据手册中推荐的值。图 7-26 中是增益为 12 倍（21.58dB）时的阻值，选取的是 AD812 数据手册中增益为 +10 的推荐值。

外环由 IC1 及外围电路组成，其中 R_4、C_3 和 R_3 决定全局负反馈闭环增益，直流和低频增益也等于 12 倍。由于等效开环增益高于 120dB，存在高频自激的风险，所以该级采用了嵌套式补偿。在运算放大器输出端与输入负端用电容 C_4 进行主极点密勒补偿，该电容会使 IC_1 的主极点下降十倍频程，不过 IC_1 主要用来提高直流和低频精度，不会影响复合放大器的瞬态特性。在外环路用电容 C_3 作相位超前补偿，该电容不能太大，容值在 9～12pF 的选取，把极点频率控制为 1.7～1.3MHz。为了进一步增加高频相位裕度，在输入端增加了由 R_1、C_2 组成的一阶低通滤波器，截止频率为 723kHz。

输出缓冲器用±20V 供电，两个 OP 用±15V 供电，OP 的电源经由低功耗三端稳压器进一步净化，还能隔离负载变化和音量大小引起的电压波动。

图 7-26 给出了无信号输入时主要支路的静态电流和耦合节点的静态电压。数据手册上给出 NE5532 的最大输入失调电压是 5mV，AD812 是 12mV，缓冲器实测是+50～–69mV。实际电路的输出端的最大零点漂移只有–1.7mV，最小是 173μV。这个数值对高阻耳机音圈位移的影响可忽略不计，也不会造成损伤。对比图 7-22 所示的纯 CFA 放大器，该电路的零点漂移减小了 140 倍，这就是复合放大器带来的最大好处。

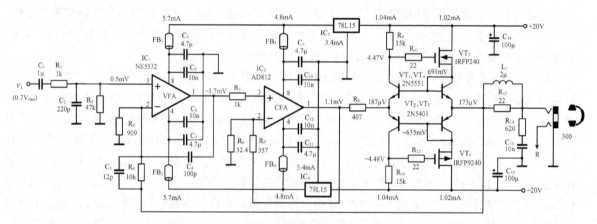

图 7-26　复合耳机放大器的实际电路

3. 复合放大器的实测性能

图 7-27 所示的是把负载电阻为 300Ω，输入正弦波频率为 1kHz，输出功率为 200mW 时的增益作为 0dB 参考值，然后保持输入电平不变，改变频率测试增益变化特性。这是评估直流放大器高频响应的常用方法，测试曲线上–3dB 增益误差对应的频率是 760kHz。虽然远小于 AD812 单独应用时的闭环带宽（58MHz），但仍是音频上界的 38 倍。可见该复合放大器最大程度地保持了 CFA 放大器的宽带，虽然损失了 759kHz～58MHz 的带宽（参见图 7-25（b）），但这些频段对音频没有实际意义。

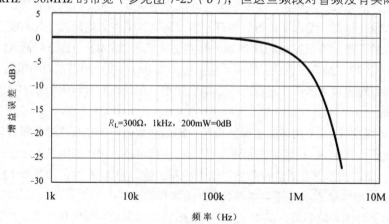

图 7-27　复合耳机放大器的频率特性

　　图 7-28 所示的是复合耳机放大器的闭环输出阻抗特性，在 20Hz ~ 1kHz 频段内输出阻抗为 44mΩ，随着频率升高输出阻抗缓慢上升，在 100kHz 频点的输出阻抗为 80mΩ。

　　利用输出阻抗可以估算出放大器的阻尼系数，如在 1kHz 频率上 32Ω、300Ω 和 600Ω 耳机的阻尼系数分别为 727、6818 和 13636。

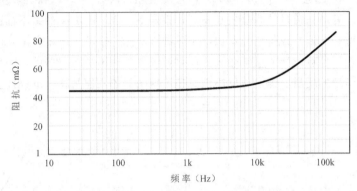

图 7-28　复合耳机放大器的闭环输出阻抗特性

　　图 7-29（a）所示的是输入特性。用频率 10kHz 正弦波输入，在 300Ω 负载下测试。在 –18dBm 输入时的输出功率约为 2.6mW；在 –3.8dBm 输入时的输出功率约为 68mW；在 0dBm 输入时的输出功率约为 260mW，输出信号已开始限幅。

　　图 7-29（b）所示的是输出特性。在 300Ω 负载下测试，200mW 输出时 100Hz 频率的谐波失真约为 0.00028%，1kHz 频率的谐波失真约为 0.0003%，10kHz 频率的谐波失真约 0.00067。输出功率在 260mW 时输出波形开始削顶，总谐波失真急剧上升。

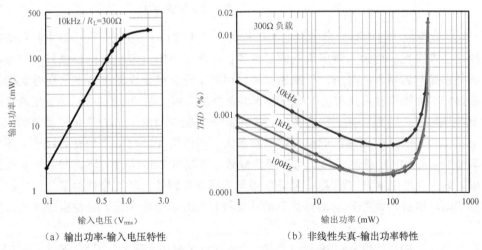

（a）输出功率-输入电压特性　　　　　（b）非线性失真-输出功率特性

图 7-29　复合耳机放大器的输入和输出特性

7.5　电流反馈耳机放大器与电压反馈耳机放大器的对比

　　既然我们推荐用 CFA 运算放大器设计和制作 CFA 耳机放大器，那么就把这两种 OP 作为耳机放大器中的放大器件，从耳机放大器系统入手去探讨其差别，这种差别不仅仅反映在电路特性上，还要从认知、造价、市场等更广泛的层次上作对比。

7.5.1 在波特图上寻找宽带和高速的原因

CFA 耳机放大器与 VFC 耳机放大器的最大不同是频带和转换速率，现在我们要探讨为什么会具有这些特性，这里引用第 2 章中 2.5.1 小节中关于波特图上放大器资源和误差校正的理论讨论这个问题。

为了方便对比，把 CFA 的"阻抗-频率"特性转换成"增益-频率"特性。图 7-30 所示的是两种放大器的波特图上，开环增益是放大器的总资源，就是图 7-30 中 $A_o(s)$ 曲线下面所包括的面积，而浅灰色的面积是环路增益资源，深灰色的面积是闭环增益，它们都来自开环增益 $A_o(s)$。闭环增益是直接向放大器索取的资源，也可以称为输出资源。环路资源是为输出资源服务的，用来校正闭环增益的误差，从而提高输出资源的质量。这是负反馈理论在波特图上的几何解释，准确而直观，直指本质没有比拟成分。

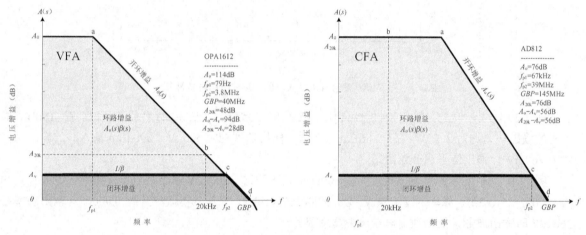

图 7-30　VFA 与 CFA 放大器的波特图对比

在 VFA 运算放大器中有一个重要的参数称为增益带宽积（GBP），设计放大器所遵循的基本法则是用增益换带宽。因为人类用现有的工艺和技术制造不出误差小和一致性好的有源器件，但却能轻松地提高有源器件的增益，于是想出了利用多于增益校正误差的方法来获得高精度的有源器件。在波特图上就是利用浅灰色的面积校正深灰色的面积。图 7-30 中的 A_0 是直流电压增益，A_v 是闭环电压增益，f_{p1} 是开环主极点频率，f_{p2} 是闭环主极点频率，GBP 是单位增益频率。经典的法则是 $A_v<A_0$，在低于 f_{p1} 频率区间里环路增益最大，幅值是 a 点到 c 点的垂直距离。随着频率的升高开环增益以-20dB 的速率下降，当下降到音频上界频率 20kHz 时，环路增益是 b 点到 c 点的垂直距离。随着频率继续升高到 f_{p2}，开环增益与闭环增益相等，环路增益为零，放大器已经没有资源再校正闭环增益，故高于 f_{p2} 后放大器的闭环指标与开环指标相同，增益换带宽的法则就用到尽头了。

在 CFA 放大器中虽然也有 GBP 这个参数，但对设计没有实际意义，因为在输入缓冲器的输出阻抗等于零的条件下，带宽不随频率变化，$A_o(s)$ 曲线从主极点 f_{p1} 开始以零斜率下降（图 7-30 中因 $R_o\neq0$ 具有非零斜率），而且开环主极点较高，通常远大于音频上界频率 20kHz。这一特性使 CFA 放大器在整个音频范围里有相同的环路增益，例如，图 7-30 中浅灰色的幅度相等，高频特性不会随着频率升高而下降，这就是两种放大器的最大不同。

选择具有代表性的实际器件 OPA1612 和 AD812 的参数代入各自的波特图来观察各自的音频畸变。OPA1612 在低于主极点以下频率区间有 94dB 的环路增益校正误差，而在音频上界 20kHz 频点只剩下 28dB，于是就出现了图 7-22 中 THD 曲线上翘的特性。AD812 的等效电压增益虽然只有 76dB，但开环主极点是 67kHz，比音频上界高 1.5 个倍频程，在相同的闭环增益下，在全音频频段都有 56dB 的环路增益，高频和低频误差是相同的，如图 7-22 中平直的 *THD* 曲线，这就造就了 CFA 高频特性不会受反馈深度影响而变差，有助于充分发挥其速度快、瞬态响应好的优点。

无论是分立元器件还是 CFA 运算放大器设计制作的 CFA 耳机放大器最大的亮点是高带宽和高转换速率，把音频分解力提升到一个新高度，在表现瞬间爆棚的大动态音乐篇章时有耳目一新的感觉。

7.5.2　设计和制作的困惑

直接用 CFA 运算放大器设计耳机放大器会遇到零点偏移、稳定性、噪声干扰和音色变化等问题，这些问题产生的原因和解决的方法和传统放大器不一样，容易使人产生困惑。

在 VFA 运算放大器中输入级是天生对称的长尾差分放大器，经过激光微调、热平衡和版图布局后具有优良的直流精度。而 CFA 运算放大器的同相输入端和反相输入端阻抗相差很大，会导致共模抑制比和电源抑制比极差，必须在电源上采取补救措施。另外，输入信号在内阻 R_o 上产生的电压降无法与输入信号区分开来，故两个输入端的信号没有相关性，输入失调电压较大，会在输出端产生几十到上百毫伏的零点漂移，而且用外部偏置方法补偿的效果不好，因为反相输入端的偏压会随着信号幅度变化，而同相输入端只跟随温度变化。虽然复合放大器能有效减少零点漂移，但它是以损失大部分 CFA 的带宽来换取直流和低频精度的提高，带宽和速度虽然优于 VFA 但远低于 CFA。其他一些改善 CFA 精度的方法同样也要付出较高的代价。

VFA 运算放大器的稳定性主要取决于开环增益和闭环增益，为了获得单位增益稳定的特性，开环增益高的 OP 主极点频率很低，甚至会低于 1Hz 以下，这样就能在 *GBP* 范围里工作在任意闭环增益下都能得到稳定的工作状态，但高闭环增益的稳定性比低闭环增益更高。现在 VFA 型 OP 的主极点补偿都是在 OP 内部进行的，厂家提供的产品是单位增益稳定的 OP 放大器。

CFA 运算放大器的稳定性主要取决于开环跨阻和反馈支路的电阻 R_2（参看图 7-2），芯片内部电路有许多零极点，而且没有在芯片内部进行稳定性补偿，而是在芯片外部用反馈电阻 R_2 作补偿的，R_2 既决定增益又决定带宽，也是稳定性补偿元件，故 R_2 是 CFA 运算放大器应用中最重要的元件。CFA 运算放大器设计完成后生产厂商要做大量的测试实验，给出在不同电压增益下最优的 R_2 数值。用户如果随意减小 R_2 必然会引起振荡的风险，设计电压跟随器时也不能把输出端和反相输入端直接短接；如果增大 R_2 会增加稳定性但会缩小带宽和速度。如果用户所要求的增益不在数据手册中，就要根据手册中的临近增益或窗口的边界值进行带宽和相位裕度测试来决定 R_2。

可见对用户来讲，CFA 运算放大器不是一个无条件稳定的放大器，系统中任何节点的杂散电容都会减小相位裕度而增加自激的可能性。尤其是反馈电阻上的杂散电容和反相输入端对地电平的杂散电容最容易引起不稳定，在反馈电阻上并联几皮法的电容都会立即引起振荡，而在 VFA 运算放大器中这种杂散电容却能起到超前相位补偿作用而增加稳定性。CFA 在射频、视频和高速网络应用中对 PCB 布局要求很高，纳亨级的走线电感和皮法级的分布电容就会引起不稳定，幸好用在音频电路中没有这么敏感，但 PCB 布局仍会对系统稳定性会产生很大的影响。

在 VFA 运算放大器的产品线中有专门的音频 OP，而在 CFA 运算放大器的产品线中根本就没有音频应用的选项。因而并不是所有的 CFA 运算放大器都能用来高保真地放大音频信号，大部分型号都存在 *PSRR* 和 *COMM* 性能差的特性，初次接触 CFA 的新手会对这些缺陷束手无策。有的型号由于特征频率很高，器件的 $1/f$ 噪声会落入音频中音频带，使信噪比下降。作者的经验是选择早期百兆带宽的型号成功的概率较大，而且售价相对较低。

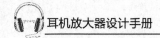

7.5.3　学习和理解的过程

　　长期以来电子工程师和业余爱好者习惯于电压模电路，突然转换到电流模电路会发生一些困惑，诸如电压增益变成了跨阻增益，OP 的同相和反相输入端不存在对称性和相关性，从缓冲器的输出端输入信号，带宽和增益独立等新概念都要有一段学习和熟悉的过程。改变人们已经形成的习惯是一件非常困难的事情，数学是缩短这个转变过程的最有效工具，不妨先推导出 CFA 的跨阻传输函数，只要数学公式是正确的就先承认它，日后再慢慢地理解其物理原理。只有更多的人熟悉 CFA 放大器后才会促进其发展，使实用电路越来越丰富多彩。

7.5.4　是否真的需要一台电流反馈耳机放大器

　　分立 CFA 耳机放大器与 VFA 电路规模基本相同，造价也基本持平。不过用电流镜传输法要用选配 PNP 和 NPN 晶体管的参数使其匹配对称，所需的晶体管数量和配对工作量都很大。用 CFA 运算放大器设计制作耳机放大器比分立元器件要简单得多，但要承受比音频 VFA 运算放大器高 5 ~ 20 倍价格。人们习惯了性能优良的音频 VFA 运算放大器的音质，乍一听 CFA 运算放大器的音质有人感到耳目一新，也有人感到非常诡异。它的音色是由电路的结构和反馈性质决定的，校音的手段不多。

　　从综合角度考量，通带宽、速度快、造价高是 CFA 耳机放大器给人的总体印象。许多人的实践经验表明，用来学习它是一个好教材，用来 DIY 它是一件有趣的观赏品，但制作成产品就不一定是个好商品。

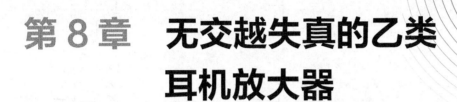

第8章 无交越失真的乙类耳机放大器

本章提要

本章从零偏置电压、零静态电流 B 类放大器产生交越失真的原因入手，提出理想 B 类放大器的概念。建立了能有效校正交越失真的电抗桥和误差前馈两种电路模型，并以第 5 章中的两个分立元器件耳机放大器为蓝本，详解用误差前馈模型将 A 类和 AB 类放大器改造成 B 类放大器的方法。由于分立元器件电路在体积、功耗和成本方面没有优势，本章的后半部分重点介绍基于运放的 B 类耳机放大器的设计方法，并列举出了多个简单实用的实验电路。

8.1 关于乙类放大器

8.1.1 乙类放大器的定义

放大器的分类方法是在 20 世纪 40 年代初定义的，是用工作时导通角的大小来命名工作状态的，这种方法起源于 AD-DC 变换器中的平滑滤波电路。当信号是正弦波输入时，把导通角大于 2π 的工作状态定义为 A 类；等于 π 为 B 类；小于 π 为 C 类；大于 π 为 AB 类，在中国分别称为甲类、乙类和甲乙类。当时还处于电子管时代，在 AB 类中还根据电子管有无栅极电流分为 AB I 和 AB II 类。电子管是单载流子器件，这种定义推广到后来的双载流子器件晶体管上时则产生了混乱。如图 8-1（a）所示，因为 BJT 输入端有一个约 0.6V 的发射结势垒电压，如果输入偏置不补偿这个势垒电压，放大器的导通角就小于 π，按定义应该归为 C 类，但沿用过去的习惯却称为 B 类。如果正好补偿到导通角等于 π 就能处于真正的 B 类，如图 8-1（b）所示。由于 PN 结势垒电压有较大的离散性（0.6～0.7V），而且是电流和温度的函数，准确补偿存在困难，于是人们就过补偿一点，设置几到十几毫安的静态电流，沿用过去的习惯，定义为 AB 类，如图 8-1（c）所示。实际上 BJT 是电流放大器件，这么小的静态电流与工作电流相比是微不足道的，应该是更接近 B 类状态，一些较真的人就把这种偏置称为 B 类。于是在概念上产生了 B 类和 AB 类的混乱，谁也没有能力纠正这种习惯性错误。在本章中我们把零静态电流的 C 类和 B 类统称为 B 类，或称纯 B 类和零电流 B 类；把弱偏置和过偏置有少许静态电流的 B 类统称为 AB 类。

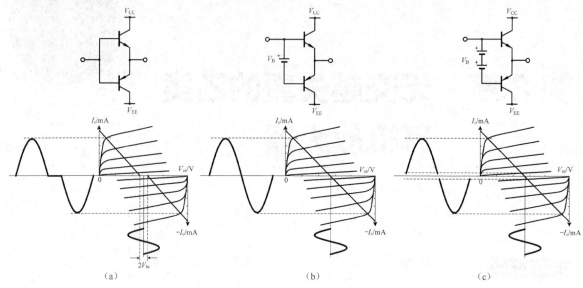

图 8-1　A 类、B 类和 AB 类放大器的定义

　　市面上主流的晶体管音频功率放大器是 AB 类放大器，如果按上述定义归类，由于静态电流与工作电流相比显得微不足道，实际工作状态更接近于 B 类。互补射极跟随器如果偏置在临界导通状态下，残余的交越失真大约是 1%（见后述仿真分析），已经小于电子管时代的单管甲类放大器。与电子管放大器不同的是晶体管放大器储备有充足的环路增益，从负反馈理论可知 1%的失真只要施加 40dB 的反馈深度 *THD* 就能减小到 0.01%，现在 99%的晶体管和集成电路功率放大器都是采用这种方式来处理输出级的交越失真的，而且反馈深度远大于 40dB。这种方法的好处是电路简单，成本低廉，失真度和音质能满足高保真要求。其缺点是失真度随着频率升高而增大，*THD* 曲线呈上翘特性。在大功率输出时偏置电路的热稳定性差，需要用 V_{BE} 倍增器或热敏电阻进行补偿。

8.1.2　理想乙类放大器的概念

　　本书第 2 章的 2.3.1 小节介绍了理想功率放大器和分量放大器的概念，即理想功率放大器是由只放大电压的电压分量放大器和只放大电流的电流分量放大器组成的，组成的方式是把两个分量放大器串联而产生功率，即 $V \times I = P$，串联连接法体现的是乘法逻辑。

　　本章在上述分量放大器基础上再定义一个理想 B 类放大器的概念，即理想 B 类放大器是由两种分量放大器组成的，其中的电压分量放大器工作在 A 类状态，电流分量放大器工作在 B 类和 C 类状态，在功率合成过程中自动消除交越失真，使 *THD* 指标达到接近 A 类和超越 AB 类的水平，并且 *THD* 在全音频范围里呈现平直特性，如第 2 章中的图 2-48 所示。

8.1.3　乙类放大器的交越失真

1. 原型机的性能指标

　　为了探索 B 类放大器的交越失真，本章以《无线电与电视》杂志的 50 周年纪念版耳机放大器为原型机，这个耳机放大器在中国发烧友中很有影响力，后述简称纪念版耳机放大器。这种运算放大器加晶体管 OCL 输出级的电路结构在耳机放大器中应用非常广泛，著名的 SOLO 耳机放大器也是这种结构。它的电路简洁，成本低廉，性能却相当优良。本章 8.4 节介绍的理想 B 类耳机放大器也是基于这种结构设计的。

先用 ATS-2 音频分析仪测量原型机的基本性能。信源类型选用正弦波，幅度 $70.7\text{mV}_{\text{rms}}$，负载 32Ω，测量得到的原型机指标如下所示。

频响：2Hz ~ 62.2kHz（±3dB）

信噪比：91.07dB

$THD+N$：0.00687%（100Hz），0.0157%（1kHz），0.139%（10kHz）

声道分离度：63.18dB（1kHz）

PSRR：+37.69dB，−31dB（1kHz）

其中的 100Hz、1kHz 和 10kHz 频点的 $THD+N$ 数据是从全音频范围里扫描测试原型机的 $THD+N$ 曲线数据中提取的，扫描曲线如图 8-2 所示。

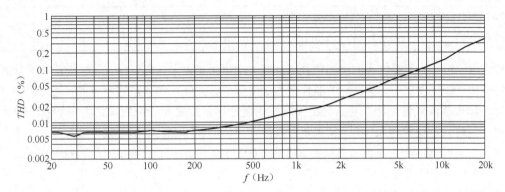

图 8-2　原型机的实测 $THD+N$ 扫描曲线

然后把原型机电路简化成图 8-3 所示的仿真电路，目的是用 EDA 工具研究 B 类放大器的交越失真。NE5532 的模型是从互联网上下载的，BD135 和 BD136 的模型是 Pspice 的 PHIL_BJT 库中自带的。仿真用的输入激励源是正弦波，幅度为 0.1V_{pp}，在 50Hz ~ 25.6kHz 频率里测试 10 个频点的总谐波失真（共 10 个倍频程，每个倍频程 1 个测试点）绘成 "频率-THD" 曲线，如图 8-4 所示。大多数人习惯在整数频点上看数据，故在音频范围里测得的 5 个整数频点的失真数据见表 8-1。

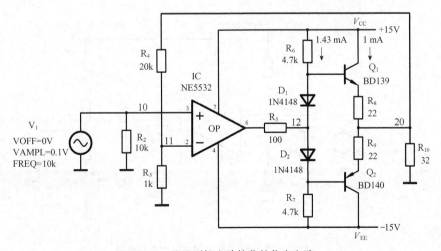

图 8-3　从原型机电路简化的仿真电路

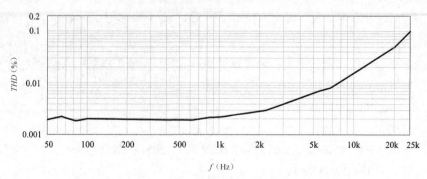

图 8-4　简化电路的频率-THD 曲线

表 8-1　原型机电路的 THD 和 THD+N 失真数据表

频点（Hz）	100	1k	5k	10k	20k	
THD（%）	0.00201	0.00204	0.00607	0.0138	0.0512	仿真
THD+N（%）	0.00687	0.0157	0.0701	0.139	0.343	实测

对比原型机的失真特性实测值和仿真值，实测指标明显劣于仿真指标，这属于正常现象。因为仿真用的模型参数是理想的，而实际的器件参数是离散的。另外，仿真数据为节省时间只用了 11 次谐波能量之和与基波能量之比；音频分析仪测试的是总谐波能量和噪声能量之和与基波能量之比，即 THD+N。后者肯定比前者大。为了得到更真实的结果，把 ATS-2 的输出直接与输入连接，幅度设置为 70.7mV$_{rms}$，测得 ATS-2 自身信号源的失真度为 0.0015%（100Hz）。如果扣除仪器的失真成分，仿真数据与实测数据之间的误差会减小。本章后述的"THD-频率"曲线和"THD+N-频率"曲线如果没有特别说明就是用仿真数据绘制的。

2. 纯 B 类输出级的交越失真

为了得到纯 B 类输出级的真实畸变数据，先把原型机的输出级设置成纯 B 类（实际是 C 类），并把晶体管 Q$_1$、Q$_2$ 置于负反馈环路之外，如图 8-5 所示。输入激励源用正弦波，幅度为 0.1V$_{pp}$，在 50Hz～25kHz 频率里测试 10 个频点的总谐波失真，绘成"频率-THD"曲线，如图 8-6 所示。另外，在音频范围里测得的 5 个整数频点的失真数据见表 8-2。先不分析这些数据，待后述的测试完成后再进行对比分析。

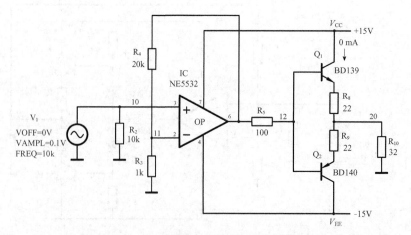

图 8-5　无反馈纯 B 类放大器的仿真电路

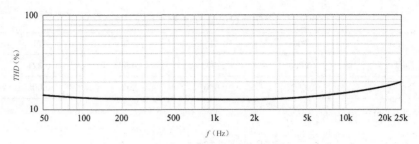

图 8-6　无反馈纯 B 类放大器的频率-*THD* 曲线

表 8-2　无反馈纯 B 类耳机放大器失真数据表

频点（Hz）	100	1k	5k	10k	20k
$V_{(20)}$ 节点 *THD*（%）	17.078	17.064	17.157	17.725	18.108
$V_{(12)}$ 节点 *THD*（%）	0.0001	0.0001	0.0019	0.006	0.013

3. 弱偏置 B 类输出级的交越失真

接下来给输出级加上弱偏置，通过调整 V_2、V_3 使晶体管 Q_1、Q_2 的静态电流约为 0.1mA，使其处于临界导通状态。同样把见 Q_1、Q_2 置于负反馈环路之外，如图 8-7 所示。10 频点总谐波失真曲线如图 8-8 所示，整数 5 频点的失真数据见表 8-3。结果与图 8-5 所示的无反馈纯 B 类相比，弱偏置输出级的失真度减小了 18 倍（25dB），曲线呈现无反馈放大器所具有的平坦特性。

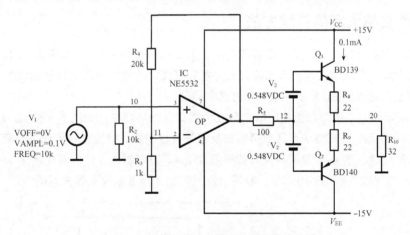

图 8-7　无反馈弱偏置 B 类放大器的仿真电路

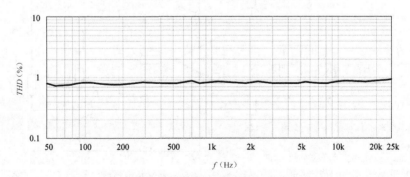

图 8-8　无反馈弱偏置 B 类放大器的频率-*THD* 曲线

表 8-3　无反馈弱偏置 B 类放大器失真数据表

频点（Hz）	100	1k	5k	10k	20k
$V_{(20)}$ 节点 THD（%）	0.806	0.908	0.803	0.821	0.870
$V_{(12)}$ 节点 THD（%）	0.0001	0.0001	0.0019	0.006	0.013

通过上述仿真可以得出下列结论。

（1）功率放大器的非线性失真主要来自输出级。

（2）纯 B 类（实际是 C 类）输出级的交越失真不大于 20%。

（3）弱偏置能把输出状态从 C 类拉入 B 类，输出级在临界导通状态下的交越失真大约为 1%。

过去的高校教科书上没有从物理原理上讲清楚交越失真产生的原因，更没有给出数量的概念。改革开放后从国外引进的教材上指出了互补晶体管射极跟随器 OCL 电路的最大交越失真是 20%，但一直没有机会进行验证，本文的仿真数据与教科书的理论分析数据基本吻合。

8.2　消除交越失真的方法

本节先介绍传统 AB 类放大器中用固定偏置电压加负反馈消除交越失真的方法，然后介绍在纯 B 类放大器中用电桥和前馈校正消除交越失真的方法。

8.2.1　消除交越失真的传统方法

从电子管放大器开始人们就用设置静态电流的方法消除交越失真，过去的教科书和电子技术专家们一直告诫初学者负反馈对交越失真无能为力。事实果真如此吗？过去受限于测试手段和工具无法精确验证，现在我们可以用 EDA 工具深入探讨这个问题。

把图 8-5 所示电路中的零偏置输出级放置在全局负反馈环路中，如图 8-9 所示。10 频点失真度测试曲线如图 8-10 所示，失真曲线呈现典型的负反馈放大器特性，线性随频率升高而变差，这是由于高频开环增益下降所致。整数 5 频点的失真数据见表 8-4。可以看出末级失真比图 8-5 小得多，也比图 8-7 所示的无反馈弱偏置电路略小一些，表明负反馈起到了显著改善交越失真的作用。

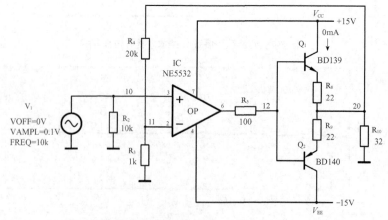

图 8-9　负反馈纯 B 类放大器的仿真电路

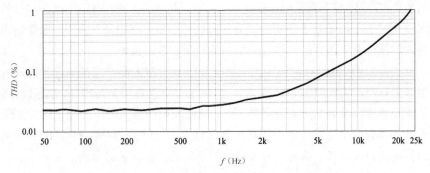

图 8-10　负反馈纯 B 类放大器的频率-*THD* 曲线

表 8-4　负反馈纯 B 类放大器的失真数据表

频点（Hz）	100	1k	5k	10k	20k
$V_{(20)}$ 节点 *THD*（%）	0.207	0.271	0.743	0.168	0.602

　　再把图 8-7 所示电路中的弱偏置 B 类输出级放置在全局负反馈环路中，如图 8-11 所示，10 频点总失真度仿真曲线如图 8-12 所示。整数 5 频点的 *THD* 失真数据见表 8-5。

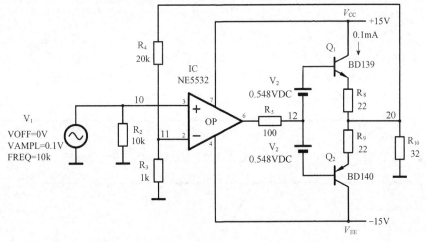

图 8-11　负反馈弱偏置 B 类放大器的仿真电路

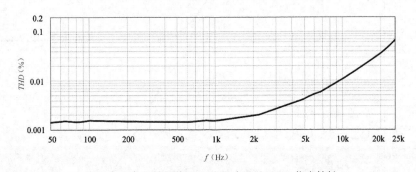

图 8-12　负反馈弱偏置 B 类放大器的 THD 仿真特性

表 8-5　负反馈弱偏置 B 类放大器失真数据表

频点（Hz）	100	1k	5k	10k	20k
$V_{(20)}$ 节点 *THD*（%）	0.00181	0.00172	0.00419	0.0103	0.0361

这个电路的 *THD* 竟然好于原型机，分析原因：原型机是利用两个 1N4148 型二极管上的正向压降为 Q_1、Q_2 提供偏置电压，晶体管发射结的正向压降加上电阻 R_8 和 R_9 上的压降后使输出级处于欠偏置状态，在相同的反馈深度下理应比临界导通状态的残余交越失真大。

从表 8-1 和表 8-5 可以看出原型机和负反馈弱偏置 B 类放大器已经具有非常优良的失真特性，那是否还残留交越失真呢？为此把图 8-11 中 Q_1、Q_2 的工作电流波形显示出来，如图 8-13 所示，可以看出推挽输出晶体管的正负半周电流衔接得并不好，把圆圈内衔接点的波形放大后，如图 8-14 所示，能清楚地看到互补晶体管的电流还没有衔接好（无衔接点），还残留有很小的死区。只要有死区就说明有残余的交越失真和开关失真，这就是原型机线性不能进一步提高的原因。

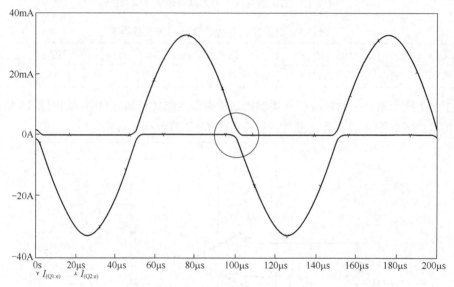

图 8-13　负反馈弱偏置 B 类放大器中 Q_1、Q_2 工作电流波形

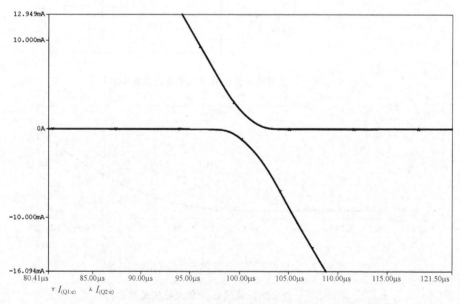

图 8-14　圆圈内衔接点的波形放大后

总结上述仿真研究，传统功率放大器中是采用下面两种方法消除交越失真的。

（1）用弱偏置电压把输出级的截止死区垫起到临界导通状态，用以消除绝大部分交越失真。

（2）用负反馈进一步压缩死区宽度和减少剩余交越失真。

结论（1）比较直观，也容易理解。对于结论（2），需要从负反馈的原理做进一步说明。负反馈是利用开环增益来减小失真的，由于在 Q_1、Q_2 产生交越失真期间，晶体管处于截止状态，反馈环路开环后增益等于零，此时负反馈对交越失真不起作用。

过去的教科书上讲反馈不能消除交越失真，不完全对，我们的仿真结果证明，负反馈依然是减小交越失真的有效手段。自动控制原理上讲负反馈能减小任何误差，交越失真作为放大器诸多误差中的一种，负反馈会一视同仁地压缩它，前提是在压缩的频率上要储备有足够的环路增益并且反馈环路必须处于稳定的闭环状态，绝对不能开环。

交越失真的大小还与激励源的幅度成反比，用 30mV 激励源仿真时，失真度是 46.5%，用 350mV 时失真度只有 0.32%。因而在小音量时失真很大，在大音量时就听不到失真，但声音很硬。

8.2.2　用电桥消除交越失真

20 世纪在晶体管放大器的鼎盛时期发明了两种用电桥消除交越失真的技术，本节将分析这两种技术的要点，并且用 EDA 工具进一步分析其物理原理，为后述的实用电路设计铺垫基础。

1. 惠斯通电桥

惠斯通电桥广泛应用在测量电路中，如图 8-15 所示，包含 4 个电阻（元素），一个电压（电流）激励源和一个探测器。电桥平衡时 $I_g=0$，根据基尔霍夫电流定律有：

$$I_1 = I_2$$
$$I_3 = I_4 \tag{8-1}$$

在电桥平衡时，节点 a 和节点 b 的电压相等，故 $V_g=0$，$I_g=0$，根据基尔霍夫电压定律有：

$$I_1 \cdot R_1 = I_3 \cdot R_3 \tag{8-2}$$

$$I_2 \cdot R_2 = I_4 \cdot R_4 \tag{8-3}$$

将式（8-1）代入式（8-3）后得：

$$I_1 \cdot R_2 = I_3 \cdot R_4 \tag{8-4}$$

式（8-2）除以式（8-4）后得：

$$\frac{R_1}{R_2} = \frac{R_3}{R_4} \tag{8-5}$$

惠斯通电桥还有一个特点，上、下臂和左、右臂都是平衡的，并且可以实现乘法和除法运算功能：

$$\begin{cases} R_1 : R_2 = R_3 : R_4 \\ R_1 : R_3 = R_2 : R_4 \\ R_1 \times R_4 = R_2 \times R_3 \end{cases} \tag{8-6}$$

后述的内容将利用电桥的平衡特性检测和抵消放大器的交越失真，利用电桥的乘法运算功能把电压和电流合成功率，从而实现零电压偏置理想 B 类耳机放大器实用电路。

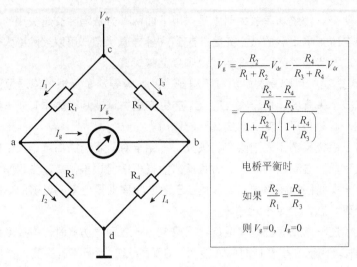

$$V_g = \frac{R_2}{R_1 + R_2}V_{dr} - \frac{R_4}{R_3 + R_4}V_{dr}$$

$$= \frac{\dfrac{R_2}{R_1} - \dfrac{R_4}{R_3}}{\left(1 + \dfrac{R_2}{R_1}\right) \cdot \left(1 + \dfrac{R_4}{R_3}\right)}$$

电桥平衡时

如果 $\dfrac{R_2}{R_1} = \dfrac{R_4}{R_3}$

则 $V_g = 0$，$I_g = 0$

图 8-15　惠斯通电桥

2. 用电桥检测和消除交越失真

图 8-16 所示的是电桥 B 类放大器的拓扑结构，A_1 是电压分量放大器，工作在 A 类状态。A_2 是电流分量放大器，工作在纯 B 类状态，交越失真是 A_2 产生的。惠斯通电桥插入在 A_1 和 A_2 之间用来检测和消除交越失真，电桥的左臂（R_1、R_2 支路）设计成低阻抗通路；右臂（R_3、R_4 支路）设计成高阻抗通路。放大器 A_2 设计成误差采样放大器，采集节点 a 和节点 b 的电压，相减后的误差电压放大 A_2 倍后从 c 点驱动电桥，A_2 的输出信号由驱动电流和误差电压两部分组成，驱动电流经由电桥左臂（R_1、R_2 支路）从 d 点输出驱动负载，误差电压经由电桥右臂电阻 R_3、R_4 和负载 R_L 分压后从 b 点输出反馈到 A_2 的负输入端去校正交越失真，并且调整电桥使其保持平衡。

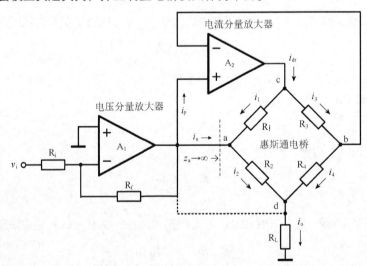

图 8-16　电桥 B 类放大器的拓扑结构

这个电路利用电桥平衡时节点 a 的高阻抗来消除电压放大器 A_1 的负载效应。当 A_2 导通期间，电桥处于动态平衡状态，$i_a = 0$，由于 A_2 的输入阻抗很高，$i_p \to 0$，A_1 近似工作在负载开路状态，$i_{dr} = i_o$，只有 A_2 给负载提供驱动电流，A_1 等效于一个理想电压放大器。

由于交越失真是 A_2 产生的，故在交越失真期间 A_2 处于死区状态而截止，电桥没有驱动电流，$i_{dr} = 0$，$i_1 = 0$。电路中只剩下 A_1，并且 $i_a = i_2 = i_o$。说明在死区期间由 A_1 给负载提供驱动电流。

为了验证 A_2 和电桥能独立完成校正交越失真的功能，在上述电路模型中断开 A_1，把 A_2 拆分成误差检测器和零电压偏置 B 类 OCL 输出级，如图 8-17 所示。

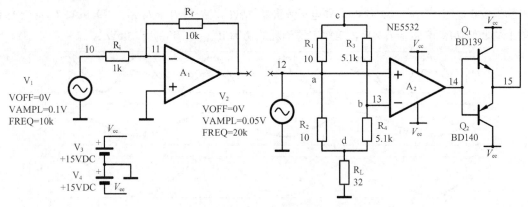

图 8-17　用电桥校正交越失真的仿真电路

先把正弦波信号源 V_2 直接连接在电桥的节点 a，输入信号分别设置成 $50mV_{pp}/20kHz$ 和 $9.9V_{pp}/20kHz$，弱信号是为了验证校正交越失真的能力，强信号是为了验证动态范围和电桥的能量损耗。

每组仿真打开 6 个窗口，从下到上排列，第一层是输入电压 $V_{(12)}$ 和误差检测放大器 A_2 输出电压 $V_{(14)}$；第二层是电桥 a、b 两端误差电压 $V_{(12)}-V_{(13)}$；第三层是 OCL 输出级两个晶体管的发射结电流 $I_{E(Q1)}$、$I_{E(Q2)}$；第四层是电桥右臂的校正电流 $I_{(R4)}$；第五层是负载电流 $I_{(RL)}$；第六层是负载功率 $W_{(RL)}$ 和电桥左臂的消耗功率 $W_{(R1)}+W_{(R2)}$。

图 8-18 所示的是输入信号幅度为 $50mV_{pp}$ 时的仿真波形，测量标尺在波形的峰值读出的电桥 a、b 两端的误差电压 $V_{(12)}-V_{(13)}=\pm4.3mV$，电桥的右臂是误差校正电流 $I_{(R4)}=\pm2.36\mu A$，误差放大器 A2 输出的是校正电压 $V_{(14)}=\pm673mV_{pp}$，零电压偏置晶体管的发射极电流 $I_{E(Q1)}=-1.19mA$、$I_{E(Q2)}=+1.19mA$，负载上的峰值功率 $W_{(RL)}=45\mu W$，电桥左臂消耗的峰值功率 $W_{(R1)}+W_{(R2)}=28\mu W$。

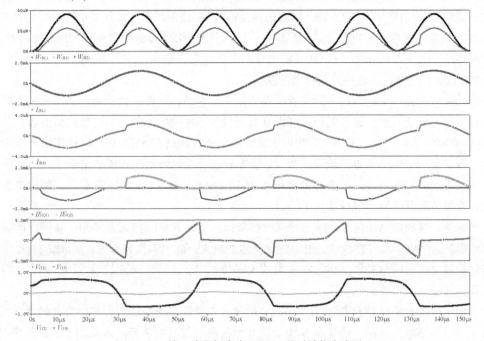

图 8-18　输入信号幅度为 $50mV_{pp}$ 的时域仿真波形

图 8-19 所示的是输入信号幅度为 $9.8V_{pp}$ 时的仿真波形，测量标尺在波形的峰值读出的电桥 a、b 两端的误差电压 $V_{(12)} - V_{(13)} = \pm200mV$，电桥的右臂是误差校正电流 $I_{(R4)} = \pm446\mu A$，误差放大器 A_2 输出的是校正电压 $V_{(14)} = \pm12.72V_{pp}$，零电压偏置晶体管的发射极电流 $I_{E(Q1)} = -91mA$、$I_{E(Q2)} = +91mA$，负载上的峰值功率 $W_{(RL)} = 1.74W$，电桥左臂消耗的功率 $W_{(R1)} + W_{(R2)} = 1.06W$。

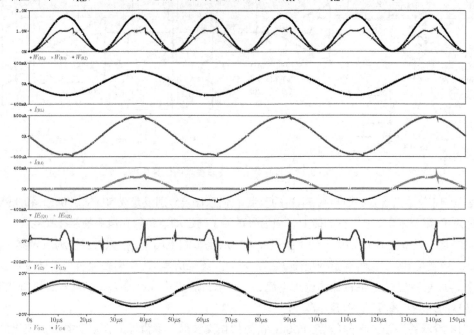

图 8-19　输入信号幅度为 $9.8V_{pp}$ 的时域仿真波形

　　仿真证明，去掉 A_1 后电桥能独立校正 A_2 产生的交越失真。然后断开 V_2，把电压放大器 A_1 的输出连接到节点 a 后再进行上述仿真。发现接入 A_1 后非线性失真会进一步减小，这是因为节点 a 上的误差由负反馈电阻 R_f 采样到 A_1 的负输入端后由 A_1 的环路增益得到进一步压缩。尝试把电阻 R_f 右端从 a 点改接到 d 点直接采样负载电压，结果显示 A_1 在死区期采集到的误差信号与 a 点是相同的，说明 A_1 也有协助减小交越失真的作用。在 OCL 输出级产生交越失真期间，除了电桥的校正作用外 A_1 也通过电阻 R2 给负载补充电流，这种方法称为前馈校正。

　　仿真给我们的另一个启示是消除交越失真原来这么容易，只要在负载电流上产生失真的地方补偿一个尖峰脉冲电流就可以。这也揭示了电桥 B 类与传统 AB 类的不同，从仿真波形上看，在 95% 的时间里 A_1 驱动电流接近于零，工作在理想电压放大器状态，只是在 5% 的死区时间里驱动电流才上升到毫安级，形状是一个尖脉冲电流波形。故 A_1 扮演着低功耗电压放大和瞬态电流放大的双重角色。A_2 虽然产生了很大的交越失真，但通过电桥和 A_2 的负反馈校正以及 A_1 的前馈校正，输出电流是完整的正弦波，交越失真几乎完全被校正。

　　相比之下，传统的 AB 类放大器无论何时都要用一个偏置电压把死区垫起，并使输出级流过恒定的静态电流。这个电流要仔细设计，过小残余交越失真大；过大功耗会增大，而且很容易产生热崩溃，必须要对偏置电压进行热补偿。而电桥 B 类放大器却省略了这些不必要的操作，后续的分析证明它的线性指标比传统 AB 类放大器更好。

　　这个电路的缺点是电桥元素 R_1 和 R_2 在 A_2 的输出电流驱动路径上，会产生较大的功率损耗，在大功率放大器中是不被允许的，这就是 S 类功率放大器难以普及的原因。本文的目的是利用 EDA 工具挖掘其未被发现的亮点，用来构造性能更好的 B 类放大器。

3. 用电压分量放大器检测交越失真

另一种直接用电压分量放大器检测交越失真的 B 类放大器结构如图 8-20 所示，Z_b、R_1 是高阻抗桥臂，R_2、Z_a 是低阻抗桥臂，电桥平衡时 $U_a=U_b$。用一个简单的缓冲器作电流分量放大器，误差检测是采集节点 b 的电压，由 R_1 反馈到电压放大器负输入端完成失真检测，从节点 a 驱动电桥元素 R_2 进行误差校正。

在交越失真期间缓冲器处于死区状态而截止，$i_{dr}=0$。电路中只剩下电压分量放大器 A，它的输出电流流过 R_2 驱动负载，$i_o=i_2+i_a$，并且 $i_2>>i_a$，系统等效为一个微小功率单反馈环路 A 类放大器。这与图 8-16 所示的电路相同，也是在死区期间由 A 给负载提供前馈电流协助消除交越失真。

当输入信号增大到缓冲器导通时，电路等效为一个两级嵌套式反馈放大器，电压放大器 A 的增益由 Z_b 和 R_i 的比值决定，系统增益由 R_1 和 R_i 的比值决定，能直观地看出内环增益是外环增益的 Z_b/R_1 倍。

当 b 点的电压上升，流过 Z_a 的电流随之增大，通过 R_1 到放大器 A 的输入端的负反馈量也会增大，从而使 A 的增益下降，如果 $R_1 \times R_2 = Z_b \times Z_a$，由 b 点电压升高或降低引起的电路增益变化正好被负反馈量的变化相抵消，电桥与放大器 A 处于动态平衡状态，缓冲器产生的交越失真由电桥和负反馈自动消除。

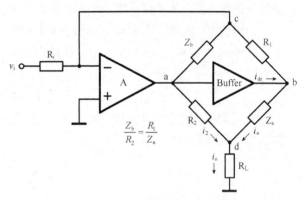

图 8-20 另一种分量 B 类放大器结构

这个分量放大器发明的时间比 S 类更早，图 8-16 中电流分量放大器 A_2 的输出路径中有两个电阻 R_1 和 R_2，而本电路的缓冲器输出路径中只有一个阻抗 Z_a，浪费的功率相对小一些。在实际应用中为了进一步降低功耗通常用空芯电感替代 Z_a，用电容替代 Z_b，电桥平衡的条件变成 $Z_b/R_2=R_1/Z_a$。这样变通以后电桥的平衡条件会更加复杂，但效率会提高，本章 8.4.2 小节会介绍这种电桥在 B 类耳机放大器中的应用。

8.2.3 用误差前馈消除交越失真

第 2 章的 2.4.1 小节介绍了误差前馈的原理，我们把图 2-47 进一步工程化成图 8-21 所示的方框电路。系统结构由 3 个功能模块组成，第 1 个模块是负反馈放大器，假设交越失真 v_d 是负反馈放大器的输出端产生的，并且包含在负反馈环路里；第 2 个模块是前馈放大器，它只处理负反馈放大器中剩余的误差信号；第 3 个模块是误差加法器，把前馈误差变换成与负反馈误差幅度相同、极性相反的信号后相加抵消。

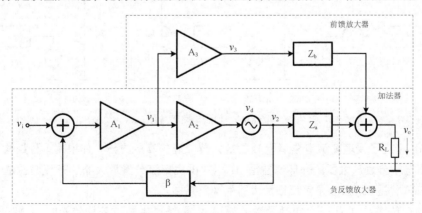

图 8-21 误差前馈的原理方框电路

根据方框图中的信号流程关系，用节点电压法可以导出：

$$v_1 = \frac{A_1}{1+A_1\beta}v_i - \frac{A_1\beta}{1+A_1\beta}v_d \qquad (8-7)$$

$$v_2 = \frac{A_1}{1+A_1\beta}v_i + \frac{1}{1+A_1\beta}v_d \qquad (8-8)$$

式中，v_1 是从负反馈放大器中检测出的剩余误差信号，v_2 是负反馈放大器的输出信号，v_d 输出级产生的交越失真信号。这两个公式包含两个信息：第一个是输出端还残留有 $1/(1+A_1\beta)$ 的交越失真；第二个是 v_1 中所含的交越失真成分比输出端大 $A_1\beta$ 倍而且相位相反，只要衰减同样的倍数后与输出信号相加就能抵消剩余的交越失真。这就给出了 A_3 和加法器的设计依据。

根据戴维南定理，当信号 v_3 单独作用于加法器电路时，加法电路等效图如图 8-22（a）所示。输出电压是 v_1 被 Z_a 与 Z_L 并联后与 Z_b 串联的分压值，即：

$$v_o = \frac{Z_a Z_L}{Z_a Z_b + Z_b Z_L + Z_a Z_L}v_1 \qquad (8-9)$$

当 v_2 单独作用于加法器电路时，加法电路等效图如图 8-22（b）所示。输出电压是 v_2 被 Z_b 与 Z_L 并联后与 Z_a 串联的分压值，即：

$$v_o = \frac{Z_b Z_L}{Z_a Z_b + Z_b Z_L + Z_a Z_L}v_2 \qquad (8-10)$$

当误差信号 v_3 和负反馈放大器输出信号 v_2 同时作用于加法电路时，加法电路等效图如图 8-22（c）所示，输出电压是式（8-9）和式（8-10）之和，即：

$$v_o = \left(\frac{Z_L}{Z_a \cdot Z_b + Z_b \cdot Z_L + Z_a \cdot Z_L}\right) \cdot \left(Z_b \cdot v_2 + Z_a \cdot v_1\right) \qquad (8-11)$$

把式（8-7）和式（8-8）代入式（8-11）得：

$$v_o = \left(\frac{Z_L}{Z_a \cdot Z_b + Z_b \cdot Z_L + Z_a \cdot Z_L}\right) \times \left[\frac{A_1}{1+A_1\beta}(Z_a + Z_b)v_i + \left(\frac{Z_b - A_1\beta Z_a}{A + A_1\beta}\right)v_d\right] \qquad (8-12)$$

当 $Z_b - A_1\beta Z_a = 0$ 时，失真电压 v_d 被前馈校正电路所抵消，故无失真的必要和充分的条件是：

$$Z_b / Z_a = A_1\beta \qquad (8-13)$$

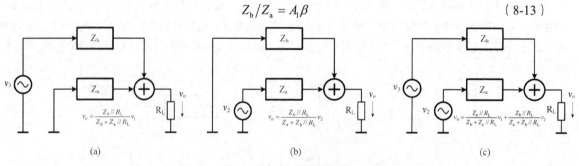

图 8-22　加法电路等效图

式（8-13）指出了误差前馈电路消除 B 类放大器交越失真的方法，如果用这种结构设计理想 B 类耳机放大器，电压分量放大器的开环增益是 A_1，纯 B 类电流分量放大器的开环增益是 A_2，误差前馈放大器是的开环增益 A_3。$A_1\beta$ 是负反馈放大器的环路增益。

放大器的开环增益 A_1 是一个复数函数，如果 A_1 是经过主极点补偿的 OP，大部分 OP 的主极点是 5～250Hz，开环增益从主极点到单位增益频率 f_{UG} 的下降率是–6dB/oct，相位在主极点是–45°，距主极点 10 倍频程的相位滞后 90°。前馈校正通常用来抵消负反馈在高频段的残余失真，校正频率点通常选择为 6kHz～15kHz，大部分音频 OP 在这一范围里的增益函数的相位比低频段滞后 90°，图 8-23

所示的为 OPA2604 的波特图，1.9kHz～90kHz 时开环增益的相位比 10Hz 滞后90°，如果在这个范围里选择前馈校正频点，Z_b 的相位要超前 Z_a 大约 90°，故加法器有两种形式，如图 8-24 所示。

图 8-24（a）中信号通道的 Z_a 是一个电感，误差校正通道的 Z_b 是一个电阻。在产生交越失真的死区，补偿信号一个斜率很大的上升沿电流和下降沿电流，补偿电流类似一个凹顶梯形波，称为边沿式前馈校正电路。图 8-24（b）中信号通道的 Z_a 是一个电阻，误差校正通道的 Z_b 是一个电容，在产生交越失真的死区，补偿信号是

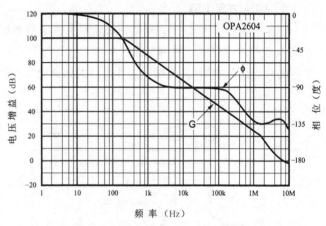

图 8-23 OPA2604 的波特图

一个尖脉冲，称为脉冲式前馈校正电路。两种补偿法各有优缺点，边沿式补偿电路所需的误差功率略大一些，但信号损耗功率很小，适于大功率放大器；脉冲式补偿电路则相反，前馈通道里的电容不消耗功率，信号通路中的电阻会消耗功率，尤其在输出功率很大的放大器中，即使欧姆级的电阻也要消耗可观功率。另外，电容充放电需要时间，会降低前馈电路的转换速率。由于耳机放大器的输出功率很小，所以这两种方法都很适用。

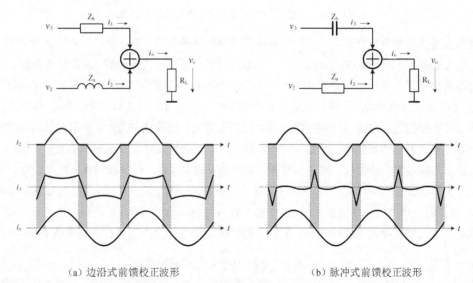

（a）边沿式前馈校正波形   （b）脉冲式前馈校正波形

图 8-24 加法器的两种形式

8.3 分立元器件乙类耳机放大器设计

本节的内容是以第 5 章中的两级电压放大结构的 A 类放大器和三级电压放大结构的 AB 类放大器

为基础，将它们改造成理想 B 类放大器。

8.3.1 两级电压放大结构的乙类耳机放大器

1. 构建仿真电路

以第 5 章中的图 5-11 为基础，拆除图中的 A 类偏置电路和功率 MOS 管输出级，新的输出级用倒置式 B 类缓冲器替代，并增加脉冲式前馈校正元件 C_6 和 R_{17}，用一个元器件 E（压控电压源）隔离前馈电路对电压放大器 Q_8 的影响。改造后的仿真电路如图 8-25 所示。

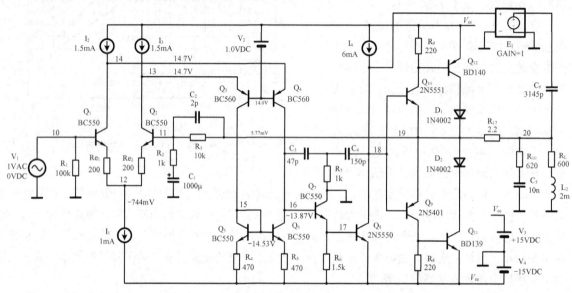

图 8-25 两级电压放大结构的乙类耳机放大器电路

在验证交越失真的变化之前，首先要设置误差前馈网络的参数，式（8-13）中的 Z_a 就是图 8-25 中的电阻 R_{17} 的电阻值；Z_b 就是电容 C_6 的容抗；A 是放大器的开环增益传输函数；β 是反馈系数。公式有 4 个变量，必须先确定其中 3 个，才能求得另一个的值。回到第 5 章的图 5-12 波特图中，双极点补偿后的开环增益 A 可以直接用电子标尺读取，根据负反馈网络得到 β 是 1/11，Z_a 设定为 2.2Ω。接下来就要决定在哪个频率上作前馈校正。根据以往的经验，放大器的高频失真比低频失真大，应该选择在高频段作校正。另一个问题是校正网络也是频率的函数，有一定的带宽。原理上只有在校正频率点的失真最小，离开校正点越远，校正效果越差，超出校正网络的带宽，前馈效果就会减弱。计算和仿真的结果证明，脉冲前馈校正网络的带宽以校正频率为中心，左、右各有 1.5 个倍频程的带宽。综合上述因数，选择校正频率为 8kHz，在图 5-12 上读得该频点的开环增益 $A = 112.37$dB（415432 倍），这是驱动 A 类输出级的开环增益，驱动 B 类输出级时死区会损耗掉约 12dB 的开环增益，故减掉 12dB 后代入式（8-13）后求得 C_6 为：

$$Z_b = Z_a \cdot A \cdot \beta = 2.2 \times 10^{\frac{90}{20}} \times \frac{1}{11} \approx 6325(\Omega)$$

$$C_6 = \frac{1}{2\pi f Z_b} = \frac{1}{2 \times \pi \times 8 \times 10^3 \times 6325} \approx 3.145 \times 10^{-10}(\text{F})$$

电容值 3145pF 不是标称值，用 2700pF 薄膜电容和 470pF 的云母电容并联后替代。这个电容在 20kHz 的容抗为 $2.5\text{k}\Omega$，对恒流源 I_4 产生的负载效应会降低开环增益和动态范围，故增加一个缓冲器进行隔离。

2. 从时域仿真入手验证交越失真

在 B 类放大器中最关心的问题是交越失真，为了验证脉冲式前馈校正的作用，用频率为 8kHz、幅值不同的正弦波信号源,分别仿真带前馈和不带前馈的时域特性。图 8-26 左图是带前馈的仿真波形,图 8-26 右图是不带前馈的波形。每组图从下到上排列,第一层是输入电压 $V_{(10)}$ 和输出电压 $V_{(20)}$;第二层是误差电压 $V_{(10)}-V_{(11)}$;第三层是前馈校正电流 $I_{(C10)}$ 和放大器输出电流 $I_{(R17)}$;第四层是输出级的 4 个晶体管发射结电流 $I_{(Q9:e)}$、$I_{(Q10:e)}$、$I_{(Q11:e)}$ 和 $I_{(Q12:e)}$。

当输入信号为 10mV$_{pp}$ 时,仿真波形如图 8-26 所示。从图 8-26 左图上看到 $I_{(Q9)}$ 的导通角约为 65°、$I_{(Q10)}$ 的导通角约为 70°,$I_{(Q11)}$、$I_{(Q12)}$ 的导通角等于 0°。输出信号电流 $I_{(R17)}$ 的导通角约为 65°,波形呈斜三角形。前馈校正电流 $I_{(C10)}$ 的极性与 $I_{(R17)}$ 相反,它的导通角时间正好在信号电流的死区期间,恰好补偿了交越失真。输出电压 $V_{(20)}$ 是完整的正弦波,幅度是 110mV,被放大了 11 倍,从输出数据表中读得 11 次谐波总失真度 $THD = 0.0017\%$。图 8-26 右图没有前馈校正的仿真波形,表现出的特性完全不同,$I_{(Q9)}$、$I_{(Q10)}$ 的导通角均接近 180°,有大约 1% 周期的死区,有吉普斯效应。$I_{(Q11)}$、$I_{(Q12)}$ 的导通角等于 0°。输出电压 $V_{(18)}$ 是完整的正弦波,但有死区引起的尖脉冲,总谐波失真度 $THD = 1.81\%$。

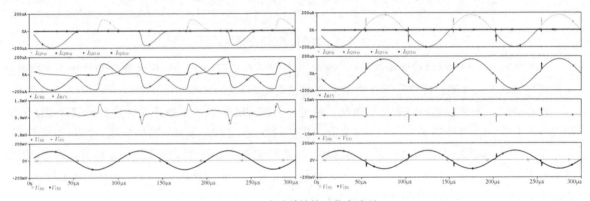

图 8-26　脉冲前馈校正仿真波形

当输入信号为 100mV$_{pp}$ 时,仿真波形如图 8-27 所示。从图 8-27 左图上看到 $I_{(Q9)}$、$I_{(Q10)}$ 的导通角约为 165°,$I_{(Q11)}$、$I_{(Q12)}$ 的导通角等于 0°。输出电流 $I_{(R17)}$ 的导通角约为 170°,波形呈正弦波,但有约 2μs 的死区。前馈校正电流 $I_{(C10)}$ 在输出信号的死区期间补给了一个三角波脉冲,这就是脉冲式前馈校正名称的来历。输出电压 $V_{(20)}$ 是完整的正弦波,总失真度 $THD = 0.0011\%$。由于输入信号的增大,图 8-27 右图中输出正弦波电压波形上的交越失真减小,总失真度 $THD = 0.28\%$。

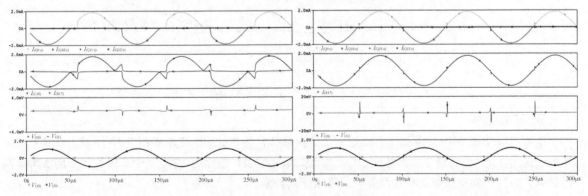

图 8-27　脉冲前馈校正仿真波形

当输入信号为 1V$_{pp}$ 时,仿真波形如图 8-28 所示。从图 8-28 左图上看到 $I_{(Q9)}$、$I_{(Q10)}$ 的导通角略小于 180°,输出电流被限幅。$I_{(Q11)}$、$I_{(Q12)}$ 的导通角约为 160°。输出电流 $I_{(R17)}$ 基本上是完整的正弦波,只有很小的死区。前馈校正电流 $I_{(C10)}$ 在输出信号的死区期间补给了一个小的三角波脉冲。输出电压 $V_{(20)}$

是完整的正弦波，总失真度 $THD = 0.0013\%$。图 8-28 右图显示在大信号输入时，从误差信号 $V_{(10)}-V_{(11)}$ 上看，输出级的上、下臂晶体管在信号正、负半周交接处仍有较大的交越失真，但负反馈环路能把它压缩到很小，输出电压波形上看不出交越失真和开关失真痕迹，总谐波失真度 $THD = 0.37\%$。

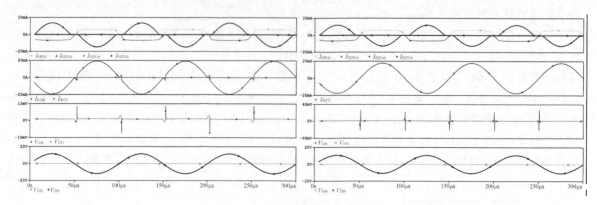

图 8-28　脉冲前馈校正仿真波形

从仿真结果得出，脉冲前馈校正无论在输入信号低于和高于 B 类输出级的死区阈值情况下都能校正交越失真和开关失真，使零偏压 B 类放大器得以实现。

前面讲过，前馈校正网络有带宽限制，是否在偏离 8kHz 校正点频率后发生失真度急剧上升的情况呢？我们把仿真器记录的 2～11 次总谐波失真绘制成"THD-频率"特性曲线，如图 8-29 所示，与图 5-19 不加前馈的 A 类原型机放大器对比，总谐波失真在音频全频段呈现平直特性。另外，倒置式达林顿输出级也起了辅助作用。用传统达林顿输出级作上述仿真时，10mV 输入无前馈校正时的 $THD = 11.7\%$，倒置式达林顿输出级只有 1.81%。

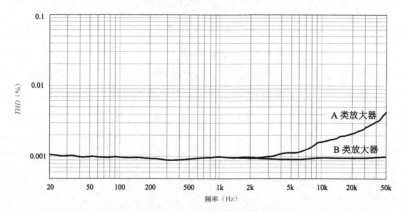

图 8-29　脉冲前馈校正 B 类放大器的谐波失真"THD-频率"特性曲线

3. 实际电路

以第 5 章中图 5-19 为基础结合上述整定的前馈参数构建的实际电路如图 8-30 所示，仿真电路中的电流源 $I_1～I_3$ 用晶体管电流源替换，I_4 用恒流二极管替换，电压源 V_2 用 3 个二极管的正向压降串联后替换，电压控制电压源 E 用串联互补射极跟随器替换。

由于实际电路与仿真数据存在差异，要调整 C_6 的数值使失真最小。本文推荐用老式电子管收音机中 365pF 的双连可变电容器并联成 24～730pF 的可变电容器后再并联一个 2700pF 的薄膜电容替代 C_6，从放大器的输入端馈入 8kHz/-40dB$_m$ 的正弦波信号，在放大器的输出端连接失真分析仪，反复调整双连可变电容器使输出信号的 THD 达到最小。经验证明所需的实际电容值比仿真值略大一些。

如果电路改成边沿式误差前馈校正，只要把 R_{17} 换成空芯电感，把 C_6 换成电阻。设空芯电感的电感量为 1μH，校正电阻用下式计算：

$$Z_b = Z_a \cdot A \cdot \beta$$

$$= 2\pi f L \cdot A \cdot \beta = 2\pi \times 8 \times 10^3 \times 1 \times 10^{-6} \times 10^{\frac{90}{20}} \times \frac{1}{11} \approx 143.74(\Omega)$$

即 C_6 用 E192 系列 143Ω 的金属膜电阻替代，或用 1kΩ 的电位器调整到失真最小。

两种误差前馈校正的效果几乎是相同的，由于原型机本身的开环增益高达 121dB，改成 B 类输出级后在前馈校正点（8kHz）仍有 90dB 增益，负反馈深度较大，绝大部分非线性失真都被负反馈抑制掉，残余的交越失真很小，所需的前馈校正电流较小，用一个射极跟随器作前馈放大器就可以。

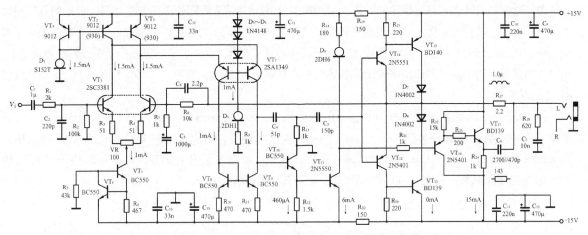

图 8-30　脉冲前馈校正 B 类耳机放大器的实际电路

8.3.2　三级电压放大结构的乙类耳机放大器

1. 构建仿真电路

以第 5 章中的图 5-31 为基础拆除图中的 AB 类偏置电路后，新增加边沿式前馈校正元件 R_{20} 和 E_1，先设置 R_{20}=100Ω，L_1=1μH，精确的数值待开环增益确定后再整定。改造后的仿真电路如图 8-31 所示。

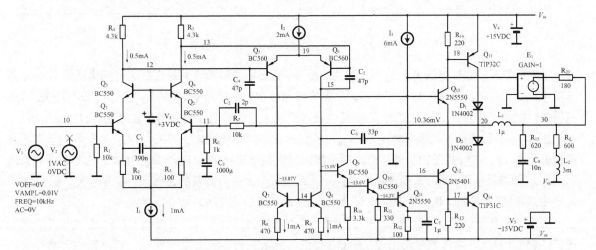

图 8-31　边沿前馈校正的 B 类耳机放大器的仿真电路

2. 从波特图上判读开环增益

这个电路的稳定性补偿是嵌套式密勒补偿加 3 零点补偿，在图 5-32 上读得该频点的开环增益 $A=122$dB（1 258 925 倍），这是驱动 AB 类输出级的开环增益，驱动 B 类输出级时死区会损耗约 32dB 的开环增益，故减掉 32dB 后代入式（8-13）后求得 R_{20} 为：

$$Z_b = Z_a \cdot A \cdot \beta$$

$$= 2\pi f L \cdot A \cdot \beta = 2\pi \times 10 \times 10^3 \times 1 \times 10^{-6} \times 10^{\frac{90}{20}} \times \frac{1}{11} \approx 180.54(\Omega)$$

把 R_{20} 用 E192 系列标称值 180Ω 的电阻替代后继续下面的时域仿真。

3. 从时域仿真入手验证交越失真

为了验证边沿式误差前馈校正的效果，用频率为 10kHz、幅值不同的正弦波信号源，分别仿真带前馈和不带前馈的时域特性。图 8-32 左图是带前馈的仿真波形，图 8-32 右图是不带前馈的波形。每组图从下到上，第一层是输入电压 $V_{(10)}$ 和输出电压 $V_{(30)}$；第二层是误差电压 $V_{(10)}-V_{(11)}$；第三层是前馈校正电流 $I_{(R20)}$ 和放大器输出电流 $I_{(L1)}$；第四层是输出级晶体管的发射结电流 $I_{(Q14:e)}$ 和 $I_{(Q15:e)}$；第 5 层是 600Ω 负载电阻 RL 上的功率。

图 8-32 所示的是输入信号为 1mV$_{pp}$ 时的仿真波形。因为零偏置的原因，在微小信号输入时，输出管没有电流。前馈接通时误差电压 $V_{(10)}-V_{(11)}$ 基本是正弦波，信号通道的输出电流 $I_{(L1)}$ 接近于零，而前馈校正电流 $I_{(R20)}=\pm12\mu A_{pp}$，波形为完整的正弦波。输出电压 $V_{(30)}=22$mV$_{pp}$，输出的是放大了 10 倍的输入电压正弦波，记录的 11 次总谐波失真 $THD=0.00084\%$。

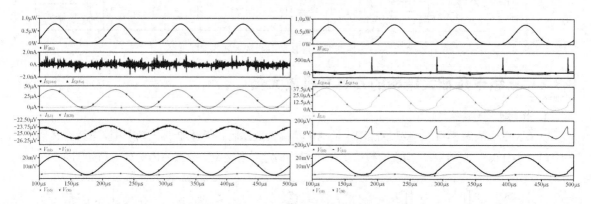

图 8-32　1mV$_{pp}$ 正弦波输入的时域仿真波形

当前馈断开时误差电压变成了不对称的尖脉冲，输出级的驱动管只是在死区时间出现约 700nA 的脉冲电流，这是负反馈在拼命压缩死区，倒置式输出级在微小信号输入时 Q_{13}、Q_{14} 的死区比 Q_{14}、Q_{15} 窄得多，故也能在负载上输出放大了 11 倍的输入信号，但带有明显的交越失真痕迹，$THD=4.26\%$。

图 8-33 所示的是输入信号为 100mV$_{pp}$ 时的仿真波形。跟随器输出管 Q_{12}、Q_{13} 处于导通状态，共射极输出管 Q_{14}、Q_{15} 处于微导通状态。前馈接通时误差电压 $V_{(10)}-V_{(11)}$ 是正弦波，信号通道的输出电流 $I_{(L1)}$ 仍接近于零，而前馈校正电流 $I_{(R20)}=\pm2.2$mA$_{pp}$，波形为完整的正弦波。输出电压 $V_{(30)}=1.1$V，是把输入电压放大了 11 倍的正弦波。记录的 11 次总谐波失真 $THD=0.00083\%$。

当前馈断开时误差电压变成 ±2mV 尖脉冲，共射极输出级由于上、下管的不对称性，Q_{14} 开始微导通，Q_{15} 完全截止，输出信号仍由 Q_{12} 和 Q_{13} 提供，死区在输出波形上不明显，但其影响仍然存在，$THD=1.14\%$。

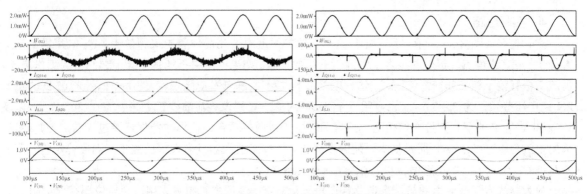

图 8-33　100mV$_{pp}$ 正弦波输入的时域仿真波形

图 8-34 所示的是输入信号为 1.2V$_{pp}$ 时的仿真波形。输出级处于临界饱和状态，共射极输出管 Q$_{14}$、Q$_{15}$ 导通。前馈接通时误差电压 $V_{(10)}-V_{(11)}$ 中校正分量增大，失真成分主要是输出电压接近电源轨，输出管开始双向限幅引起的。信号通道的输出电流 $I_{(L1)}$ 是带交越失真的正弦波，而前馈校正电流 $I_{(R20)}$ 是凹顶方波，合成后是完整的正弦波 $V_{(30)}=\pm12V$，记录的 11 次总谐波失真 $THD = 0.00085\%$。

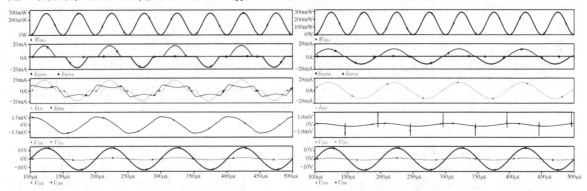

图 8-34　1.2V$_{pp}$ 正弦波输入的时域仿真波形

当前馈断开时误差电压变成 ±10mV 尖脉冲，共射极输出管 Q$_{14}$、Q$_{15}$ 处于导通状态，但仍有一些死区，这些死区经 Q$_{12}$ 和 Q$_{13}$ 弥补和负反馈调整后已经很小，$THD = 0.713\%$。

从时域仿真波形上看，误差前馈放大器工作得很轻松，反馈控制和前馈控制电路各司其职，都工作在半负荷状态。我们的设计原则是负反馈起主导作用，把负反馈不能改善的交越失真留给前馈去抵消。但实际电路中负反馈却留更多的失真让前馈去处理，而自己则工作在轻松状态。只有前馈断开时，负反馈才全力以赴去校正失真。看来自动控制系统也很人性化。

把仿真器记录的 2～11 次总谐波失真绘制成"THD-频率"特性曲线，如图 8-35 所示，与不加前馈的原型 AB 类放大器图 5-31 对比，本放大器的谐波失真在全音频范围里呈现平直特性，而原型 AB 类放大器在音频高端范围呈上翘趋势，说明原型机中负反馈残留的失真已经完全被边沿式误差前馈抵消。

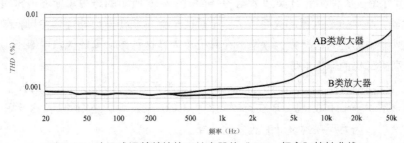

图 8-35　边沿式误差前馈校正放大器的"THD-频率"特性曲线

4. 实际电路

实际电路如图 8-36 所示，只是把仿真电路中的恒流源 I_1 用晶体管电流源替代，I_2、I_3 用恒流二极管替代。在选择恒流二极管时要考虑恒流管的起始电压，如果电路中不能提供高于起始值的工作电压，恒流二极管就不能工作在恒流区域。仿真电路中的共射-共基自举电压源 V_3 使用一个蓝光 LED 的正向 PN 结电压替代，为 3～3.6V。也可用一个 3.2V 的稳压管替代。前馈校正电路中 VT_{17} 和 VT_{19}，以及 VT_{18} 和 VT_{20} 必须型号和批次均相同，最好用孪生管或做热耦合，这样才能保证流过 VT_{17}、VT_{18} 发射极的电流为 1.2～2.2mA，而且基本不随温度变化，使校正放大器具有良好的线性和温度稳定性。不能随意把 C_6、C_7 和 C_8 的电容值变小，很容易引起自激振荡。

放大器的实际开环增益与仿真电路存在差异，要获得最低失真特性，用一个电位器替代电阻 R_{22}，用失真仪检测输出电压，反复调整电位器使输出信号的失真最小。

如果想把电路改成脉冲式误差前馈校正，只需要把 L_1 换成电阻，把 R_{27} 换成电容。设信号通道的电阻为 2.2Ω，校正电路的阻抗用下式计算：

$$Z_b = Z_a \cdot A \cdot \beta = 2.2 \times 10^{\frac{90}{20}} \times \frac{1}{11} \approx 6324.55(\Omega)$$

$$C = \frac{1}{2\pi f Z_b} = \frac{1}{2\pi \times 10 \times 10^3 \times 6324.56} \approx 2.516 \times 10^{-9}(F)$$

电容值 2516pF 不是标称值，可用 2200pF 薄膜电容和 330pF 的云母电容并联后替代。

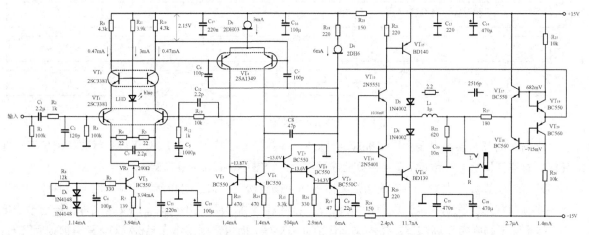

图 8-36　误差前馈校正的 B 类耳机放大器实际电路

8.3.3　分立元器件乙类耳机放大器的讨论

1. 选择合适的电路结构

前面 8.2 节介绍了 3 种实现 B 类放大器的结构，图 8-16 所示的是用惠斯通电桥检测和抵消交越失真的 B 类放大器，与电压放大器的关系不大。电桥的一臂串联在输出路径中会降低效率，在驱动扬声器的大功率放大器中这是一个严重的缺陷，在耳机放大器这种微功率放大器中算不上缺陷，还可以利用它均衡低、高阻耳机的输出功率。

过去受制造技术的限制，消费电子产品上使用的电阻精度是 E_6 和 E_{12}，对应的误差是±20%和±10%，电桥平衡的要求是误差小于 0.1%，现在可以轻松用 E192 来实现。遗憾的是，S 类和 AA 类放大器却早就被大家所遗忘，因为现在的设计有更多的选择。

图 8-20 所示的是另一种采用电桥检测和抵消交越失真的 B 类放大器，这种结构中负反馈与电桥

不能独立，因为电压放大器本身就是误差检测器件，全局反馈系数与局部反馈系数的比值也是负载驱动电流与前馈电流的比值，这是电桥平衡的必要条件。这种结构的优点是输出路径上只有一个电桥元器件，功率损耗比图 8-16 小一些。这种结构在驱动扬声器的功率放大器电路中不断有人进行实验和改进，却没在耳机放大器电路中尝试过，原因是电路参数设计比较难。如果用 OP 构建这种结构，难度就会降低，本章 8.4 节将介绍这种结构在耳机放大器中的应用。

图 8-21 所示的前馈误差校正就是本节所使用的结构，原则上讲任何负反馈 A 类和 AB 类放大器都能将这种结构改造成 B 类放大器。从平衡公式 $Z_b/Z_a=A\beta$ 可知，负反馈放大器的开环增益越大，前馈环路的校正电流就越小。如果 Z_b 的输入阻抗对 A_1 的负载效应可以忽略，误差前馈放大器 A_3 就可以省略。在分立元器件放大器中 A_1 是一个单晶体管共发射极电压放大器，输出阻抗较高对负载效应非常敏感，即使很小的分流也会严重影响开环增益和动态范围，故必须设计输入阻抗很高的 A_3 用来隔离前馈电路对 A_1 的影响。

2. 输出级的结构

选择合适的输出级有利于减少 B 类放大器的交越失真。第 5 章中的 5.5.2 小节介绍了倒置式达林顿输出级的工作原理和优点，这种输出级电路虽然用了 4 个晶体管，但死区电压只有 $2V_{BE}$，还能利用本身的局部负反馈压缩死区宽度，并具有轨至轨输出能力。这些优点促使它成为 B 输出级的首选电路。

仿真和测试验证表明，如果用零电压偏置互补射极跟随器 OCL 电路作输出级，在 32Ω 低阻负载下，负反馈环路把死区宽度压缩到临界导通状态所损耗的开环增益为 20～40dB，而压缩倒置式达林顿输出级只损耗了 12～18dB。

3. 校正元器件的精度要求

实验证明 S 类和 AA 类对电桥中 4 个电阻的精度要求较高，低阻桥臂用偏差±0.1%和高阻桥臂用偏差±0.5%的金属膜电阻可以满足平衡要求，用不着电位器调整。这一偏差电阻选用 E192 系列可满足要求。

电桥结构和误差前馈结构中都采用了负反馈和前馈两种方法校正交越失真，它们的分工是以负反馈为主而前馈为辅。负反馈主要校正低频失真和大部分中频失真，由于放大器高频开环增益不足和受稳定性的约束负反馈对高频失真无能为力，残余的高频失真则由前馈去校正。前馈并不需要开环增益也没有稳定性问题，而是依靠精确的参数平衡去抵消失真的。从式（8-13）可知，Z_a 和 β 都是恒定不变而且稳定性很高的参数，只有开环增益是一个变化无常的参数，变化无常是指在同样电路的多台放大器中开环增益至少有 12dB 的偏差；即使在同一个放大器中也会因死区的不同发生很大的变化，偏差最高可达 40dB，这就为整定前馈参数造成了困难。

本章在成文前曾做了大量的实验，方法是先测量 AB 类接法的开环增益，再测量 B 类边沿式前馈接法的开环增益，测量时把校正电阻暂时设置为 100Ω，然后对比两种接法的数值，实验证明 B 类接法的开环增益平均会损失 20dB。这样就可以只测量 AB 类放大器的开环增益，然后减去 20dB 作为 B 类放大器的开环增益，以此为基准去整定前馈电容或电阻都能把 THD 特性曲线校正成平直特性。

用这种方法计算出的电阻值可以用最接近的 E97 系列或 E192 系列的金属膜电阻替代，电容值可用 E12 的涤纶电容和独石电容并联的方法去拼凑，不需要用电位器和可变电容去微调。因为本文的目的是获得平直的失真特性，而不是获得最小的失真数值。

4. 热稳定性

A 类放大器在无信号输入时发热量最大，AB 类放大器在小信号输入时效率很低。它们都需要设计一个负温度系数的偏置电路，防止在炎热环境中使用产生热崩溃而损坏输出晶体管。而 B 类放大器工作在零偏置电压和零静态电流状态下，具有优良的热稳定性，省去了偏置电路的成本，还提高了可

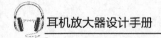

靠性，这是 B 类放大器最大的优点。

5. 音色比较

有些人认为 B 类放大器的音质不如 A 类和 AB 类，实际情况是 A 类和 AB 类放大器都是采用负反馈技术的放大器，只有在低于主极点的频率范围里开环增益是恒定不变的，高于主极点的频率范围里开环增益以–6dB/oct 速率下降，造成 *THD* 特性随着频率升高而变差。而本章介绍的 B 类放大器无论是用电桥校正还是用误差前馈校正都能使 *THD* 在全音频范围里保持平直特性。故理论上 B 类放大器的高频失真会更小。主观听音评价也证明 B 类放大器的高频分解力更高，噪声也更小。

8.4　基于运放的乙类耳机放大器设计

本节的内容是以纪念版耳机放大器为蓝本，用本章的图 8-20 和图 8-21 所示的结构，采用 EDA 仿真和实验验证方法设计两款和改造一款放大器，这三款理想 B 类放大器比分立元件电路简洁而且容易制作。

8.4.1　误差前馈乙类耳机放大器的设计

1. 选择校正频率

在前面讲过前馈电路的带宽在校正点左右各有 1.5 个倍频程，如果这样推算校正点频率选择在 6.7kHz 比较合适，计算前馈带宽为 4.47～10.1kHz，正好全部在音频中高频范围里。考虑到负反馈放大器的上翘型 *THD* 特性，频率越高残余失真越大，可以适当把校正频率提高到 8～10kHz，如图 8-37 所示。虽然前馈带宽的上界超出了音频界限，但下界频率处于音频中、高频频段，这一频段的负反馈深度较小，残留失真较大，前馈可承担更多的校正作用。这样安排有利于 *THD* 在音频全频带范围有平直的响应，这正是理想 B 类放大器所需要的特性。

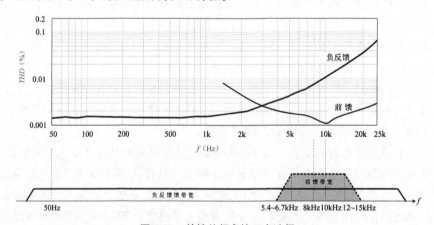

图 8-37　前馈的频率校正点选择

2. 选择运算放大器和前馈电路的参数

OP 内部电路的输出级是一个电流放大器，短路输出电流有几十毫安，开环输出电阻约为十几欧姆，闭环后只有毫欧级，用数据手册推荐的工作电压直接驱动 32Ω 的耳机只有±1.6V$_{pp}$ 的摆幅，只能获得 40mW 的输出功率。故在 47 型耳机放大器中用双 OP 中的另一个作并联电流驱动，使 32Ω 的耳机上的最大摆幅增大到±3.2V$_{pp}$，输出功率增大到 160mW。

在纪念版耳机放大器中，OP 所起的作用是电压放大器，它不直接驱动负载，而是驱动互补晶体管射极跟随器组成的 OCL 输出级。这种 OCL 电路从表面上看输入阻抗接近于无穷大，实际上由于晶体管的输入电容、密勒电容和寄生分布电容的影响，在 20kHz 的输入阻抗大约为 2kΩ，普通 OP 驱动这么大的负载在±15V 工作电压下具有不小于±12.5V 的摆幅，放大器的动态范围和输出功率都能得到保证。

基于纪念版耳机放大器的理想 B 类放大器的电路结构和等效电路如图 8-38 所示，OP 不但要驱动输出级，还要通过前馈电路直接驱动负载。设计的要点是限制前馈电路分流过多 OP 输出电流，确保节点 12 的电压摆幅等于 OP 的最大输出电压。

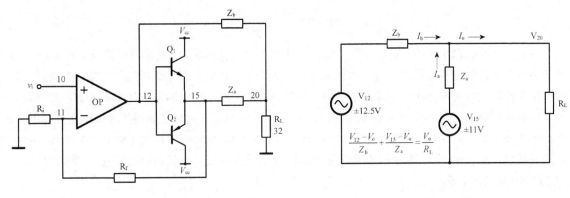

(a) 基于纪念版耳机放大器的B类放大器简化电路 (b) 等效电路

图 8-38　理想 B 类放大器的电路结构和等效电路

在图 8-38（b）等效电路中，V_{12} 是 OP 的最大输出电压，V_{15} 是 OCL 输出级的最大输出电压，V_{20} 是负载上的最大输出电压。当电源电压为±15V 时，设 $V_{12}=\pm12.5V$ 和 OCL 输出级的电压增益为 0.88，运放的输出电压传输到节点 15 后 $V_{15}=\pm11V$。输出电压 V_{20} 的幅度取决于加法器的元素 Z_a、Z_b 性质和大小以及 OP 的最大输出电流。在电抗桥和边沿式误差前馈式电路中 Z_a 是一个几微亨的电感，铜阻只有 60~200mΩ，$V_{20}\approx V_{15}$。为了确保 OP 具有最大的动态范围，在 32Ω 负载下 Z_b 不能小于 25Ω（设 OP 的最大输出电流是±30mA），否则 R_L 就会从 OP 分流过多的电流，使动态范围缩小。

在脉冲式误差前馈式电路中 Z_a 是一个电阻，在纪念版耳机放大器中此电阻用得较大（47Ω），在驱动 16~48Ω 低阻耳机时分压了一半多的输出电压；在驱动 100~600Ω 高阻耳机时分压比减小，绝大部分功率输出到负载上。这种设计方法在一定程度上均衡了驱动低、高阻耳机的响度差异，但会使低阻状态的阻尼特性变差。Z_b 在这种电路中是一个电容，称为前馈电容。其功能只是一个耦合电容而已，通常小于 5nF，在 20kHz 频率的容抗是 15kΩ。虽然它产生的负载效应可以忽略不计，但需要用下式计算电容的充/放电速率和前馈电路的最高工作频率：

$$SR = \frac{I_{err}}{C_{err}} \tag{8-14}$$

$$f_{max} = \frac{SR}{2\pi v_{err}} \tag{8-15}$$

式中，C_{err} 是前馈电容，I_{err} 是流过前馈电容的最大充电电流，v_{err} 是前馈电流在负载上的电压降。

无论采用哪一种前馈校正电路，都要求 OP 在校正频点上有较大的开环增益，这样负反馈为 8~10kHz 时分担了大部分失真校正量，前馈就能较轻松地工作，用 OP 兼作误差放大器也不会对动态范围产生太大的影响。如此推算要求 OP 在校正频点的开环增益大于 60dB 为好，如果 OP 在校正点的开环增益小于 60dB，高频残余失真就较大，所需的前馈校正电流就较大，需要设计专门的前馈放大器以减小 OP 的负载效应。

3. 如何获得运算放大器的开环增益

式（8-13）中平衡条件与开环增益和负反馈系数相关，OP 的负反馈系数可以由用户在设计电路时确定或从闭环增益中求取，但 OP 开环增益不能直接得到，可以用下面几种方法获得。

（1）从数据手册中查找

数据手册上有一个"增益-频率"曲线，也就是波特图，查到特征频率 f_T（0dB 增益所对应频率）后用下式可推算出开环增益：

$$A(\mathrm{j}\omega)=\frac{\omega_T}{\mathrm{j}\omega}=\frac{f_T}{\mathrm{j}f} \tag{8-16}$$

有些 OP 的数据手册中没有这个图，如果能查到单位增益频率 UGF 或者增益带宽积 GBP，则可以认为这个参数就是特征频率。这个原理是基于绝大多数 OP 的内部电路采用了主极点补偿，开环增益从主极点开始以-6dB/oct 的斜率单调下降，如图 8-39 中的 OPA2134，故从主极点到单位增益之间的开环增益与频率倍频程成线性关系。有些 OP 内部除了主极点补偿外还采用了其他稳定性补偿方法，用这种方法推算的结果就不准确了。例如 NE5532 的 UGF 是 10MHz，用式（8-16）推算出 10kHz 频点的开环增益是 1000 倍（60dB），而实际是 70dB，因为内部采用了主极点+前馈补偿，类似的 OP 还有 OP797 和 OPA2604 等。

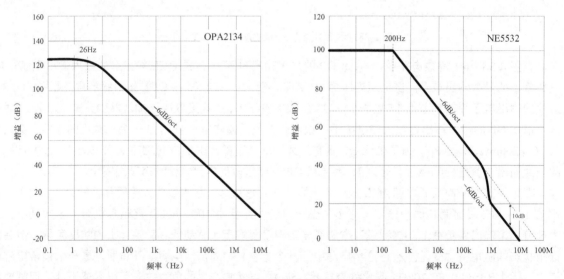

图 8-39　单纯主极点补偿 OP 与多种补偿方式波特图的对比

（2）实际测量

实际测量是最可靠的方法，因为手册上给出的开环增益是典型值，如果运气不好买到的 OP 可能是最小值，与典型值之间会有 10~20dB 的误差，实际测量则能得到真实的数据。

测量原理是根据差分放大器的正、负输入端的减法器功能和负反馈放大器稳定不变的闭环输出电压，用下式推算出开环增益：

$$A(\mathrm{j}\omega)=\frac{v_o}{v_{i+}-v_{i-}} \tag{8-17}$$

图 8-40 所示的是测量电路，OP 工作在闭环状态，无论闭环增益是多少都不会影响测量结果。在相同幅度、不同频率的正弦波输入信号条件下测量 OP 的两个输入电平，v_o 可根据闭环增益计算出来，把测量数据代入式（8-17）绘成曲线就会得到开环增益特性。因为该曲线是以负反馈放大器的输出电压稳定不变为参考测量的，在高频时误差电压增大就会导致需要更多的开环增益去校正，因而曲线是倒置的，倒过来看即可。

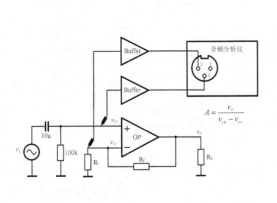

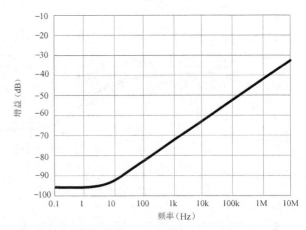

图 8-40　运算放大器开环增益的测试电路

（3）用 Spice 模型仿真

在本书的仿真过程中所涉及的有关开环增益特性曲线的图都是用这种方法绘制的，后述内容还要继续使用，它的原理与图 8-40 同出一辙。这种方法要求所用的 EDA 工具必须具有变量运算功能，而目前的一些免费软件是没有这一功能的。

（4）运算放大器在乙类放大器中的实际开环增益

由于 B 类放大器中有死区存在，负反馈压缩这个死区要消耗一些开环增益，消耗的量与死区的大小、反馈深度和负载大小有关。在本章所介绍的电路中，死区是两个 PN 结的正向电压，大约为 2×0.65V，反馈系数是 1/11。在驱动 32Ω 负载时实际的开环增益大约会降低 12dB；驱动 300Ω 负载时大约会降低 3dB，图 8-41 所示的是负反馈放大器和前馈校正 B 类放大器的开环增益仿真电路，仿真结果如图 8-42 所示，在 10kHz 的频点上开环增益相差 11.85dB，相位为 1kHz ~ 1.73MHz 时都比 1Hz 滞后 85.8° ~ 91°，这些数据为整定误差前馈参数提供了依据。

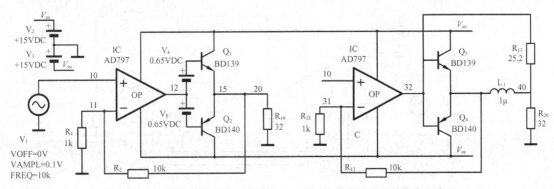

图 8-41　负反馈放大器和前馈校正 B 类放大器的开环增益仿真电路

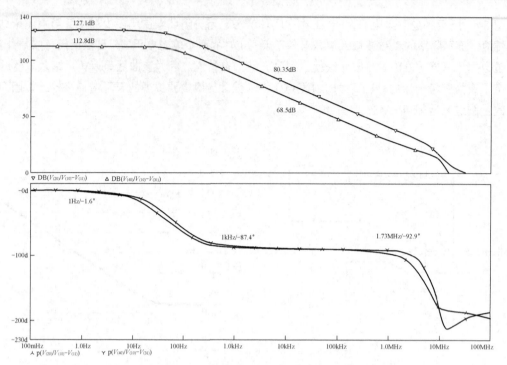

图 8-42　负反馈放大器和前馈校正 B 类放大器的开环增益仿真结果

4. 电路结构

为了获得比纪念版耳机放大器更好的性能,在保证原电路结构不变的情况下只更换 OP 和增加前馈电路,并拆除 AB 类偏置电路,构建的仿真电路如图 8-43 所示。把原机中的 NE5532 更换成性能指标更高的运算放大器,SGM8261、OPA1612 和 AD797 都在选择之列,由于没有找到前两种 OP 的仿真模型只好选择 AD797。它是一个单运算放大器,内部输入差分放大器采用了并联折叠式级联电路,信号处理采用第 2 章 2.4.1 小节介绍的向前误差校正电路,图 8-43 中接在第 6 和 8 脚之间的电容 C_N 就是这种校正电路的失真采样电容,如果不接这个电容输出级在大摆幅信号时的失真度会增加 16dB,应用中务必注意。

在仿真误差前馈 B 类放大器的开环增益之前必须先确定 Z_a、Z_b 和 β,这 3 个参数可以按经验预先设定,这里设 $\beta=1/11$,$Z_a=3.5\mu H$ 或 22Ω,$Z_b=100\Omega$ 或 1000pF,这组参数用在大多数音频 OP 上都能获得接近于实际 B 类放大器的开环增益。电路接信号源 V_1 进行频域仿真。

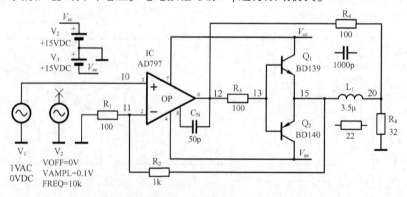

图 8-43　误差前馈 OP 耳机放大器仿真电路

图 8-44 所示的是频域仿真结果图,低频开环增益是 112dB,开环截止频率是 62Hz,单位增益频率是 11.8MHz,如果把前馈校正频率点选择在 10kHz,则该点的增益是 68.3dB,相位滞后低频 89.7°。

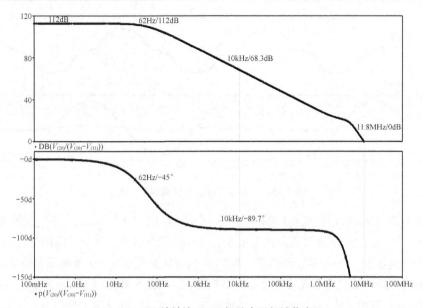

图 8-44　误差前馈 OP 耳机放大器频域仿真图

得到 OP 的开环增益后，就可以整定前馈电路的参数。如果选择边沿式误差前馈校正方式，设定 β=1/11，Z_a 和 Z_b 用下式计算：

$$\begin{cases} Z_a = 2\pi f L + DCR = 2\pi \times 10 \times 10^3 \times 3.5 \times 10^{-6} + 0.07 \approx 0.2899\,(\Omega) \\ Z_b = Z_a \cdot A \cdot \beta = 0.2899 \times 10^{-6} \times 10^{\frac{683}{20}} \times \dfrac{1}{11} \approx 68.52\,(\Omega) \end{cases} \tag{8-18}$$

式中，f 是前馈校正点的频率，这里选择 10kHz；L 是输出级的电感，这里选择 3.5μH；DCR 是电感的铜阻，实际测量是 0.07Ω；A 是图 8-44 仿真所得增益值，精确值是 68.33dB。

Z_b 就是图 8-43 中的 R_4 的阻抗值，取标称值 69Ω 替换图中 R_4 后进行时域仿真。电路接信号源 V_2，第一层是输入电压 $V_{(10)}$ 和输出电压 $V_{(20)}$；第二层是误差电压 $V_{(10)} - V_{(11)}$；第三层是前馈校正电流 $I_{(R4)}$ 和放大器输出电流 $I_{(L1)}$；第四层是输出级两个晶体管的发射结电流 $I_{(Q1:e)}$、$I_{(Q2:e)}$。

当输入信号为 30mV_{pp} 时，仿真波形如图 8-45 所示。从图 8-45 上看到 $I_{(Q1:e)}$、$I_{(Q2:e)}$ 的峰值电流分别为−1.84mA 和+1.84mA，电流导通角小于 90°，故 $I_{(L1)}$ 死区宽度大于 180°，峰值电流±1.84mA。$I_{(R4)}$ 补偿了一个峰值电流为±1.31mA 的梯形电流，使 $I_{(L1)} + I_{(R4)}$ 变成正弦波电流。在死区中点的误差信号最大，大约有±1.32mV。输出电压 $V_{(20)}$ 是正弦波，幅度是 330mV，相当于把 30mV 的输入电压放大 11 倍。从输出数据表中读得 11 次谐波总失真度 THD = 0.0011%。这个仿真表明误差前馈能有效消除交越失真。

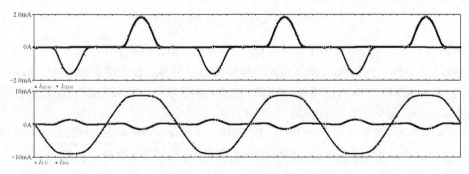

图 8-45　小信号交越失真仿真波形

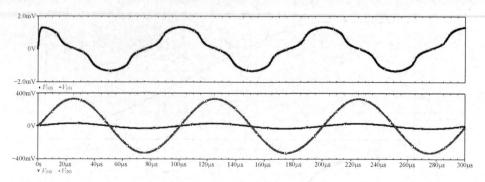

图 8-45　小信号交越失真仿真波形（续）

当输入信号为 $1V_{pp}$ 时，仿真波形如图 8-46 所示。从图上看到 $I_{(Q1:e)}$、$I_{(Q2:e)}$ 的峰值电流分别为 +326.45mA 和−326.45mA，电流导通角约为 178°，故 $I_{(L1)}$ 死区宽度约为 2°，峰值电流±326.45mA。$I_{(R4)}$ 补偿了一个峰值电流为±17mA 的梯形电流，使 $V_{(20)}$ 的死区完全消失。误差电压是峰值电压约为 39mV 的三角波尖脉冲，脉冲宽度等于死区宽度。输出电压 $V_{(20)}$ 是正弦波，幅度是 11.0V。从输出数据表中读得 11 次谐波总失真度 THD = 0.0021%。当输入电压为 $1.1V_{pp}$ 时，输出开始削顶，总失真度 THD = 3.1%。这个仿真表明误差前馈没有引起负载效应，运算放大器仍保持数据手册上的动态范围。

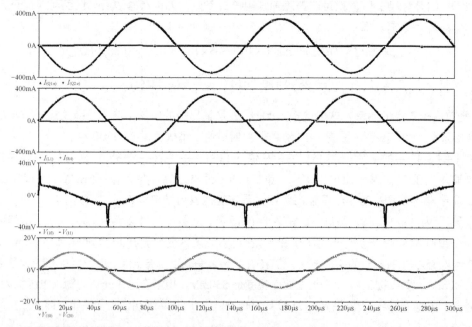

图 8-46　大信号动态范围仿真波形

实际电路如图 8-47 所示，为了充分利用 OP 动态范围，输出级的工作电压设计为 18V，运算放大器工作电压设计为 15V，用 100mA 的三端稳压器给 AD797 供电。输入端放置一个低通滤波器，由 R_1 和 C_2 组成，极点频率是 796kHz，用来限制输入信号的高频带宽。负反馈电阻 R_4 上并联电容 C_3，零点频率为 1.33MHz，能有效提高放大器的高频稳定性。

AD797 是一个单运算放大器，立体声放大器需要两个 OP，造价偏高。仿真和实验证明该 OP 容易发生高频自激，在脉冲式误差前馈电路中不能稳定工作。为了寻找更稳定、更廉价的替代器件，实验了多个高增益音频 OP，结果表明用 SGM8261 或 OPA1612 替代后性能指标基本不变，而且用在脉冲式误差前馈方式中也能稳定工作。

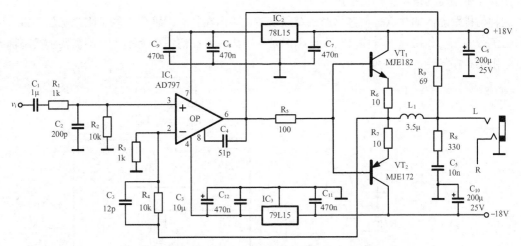

图 8-47　用 AD797 构建的理想 B 类耳机放大器实际电路

5. 开环增益不足如何补偿

大部分 OP 为了单位增益稳定在内部采用了主极点补偿，如果主极点频率低于 100Hz，开环增益滚降到 8 ~ 10kHz 就会跌落到 60dB 以下。在这种情况下用式（8-13）计算得到的 Z_b 较小，在边沿式前馈补偿结构中，如果前馈电阻小于 25Ω，在使用低阻耳机时产生的负载效应就会明显压缩 OP 的摆幅，使最大不失真功率减小。在脉冲式前馈补偿结构中，如果前馈电容大于 5000pF，电容充放电引起的时延会降低前馈电路的转换速率，使高频瞬态响应受到影响。所以要在前馈支路设置一个缓冲器，隔离 Z_b 的阻抗特性对电压放大器产生的负载效应。

大多数音频 OP 的低频开环增益不高于 100dB，如最常用的 OPA2604 的低频开环增益为 80 ~ 106dB，为了得到它在 B 类放大器中的高频开环增益，在图 8-41 中把 AD797 换成 OPA2604 后仿真频域特性，输出级晶体管偏置在 AB 类时的低频开环增益是 96dB，偏置在前馈 B 类状态驱动 32Ω 负载时在 10kHz 频点上的开环增益为 47dB；驱动 300Ω 负载时在 10kHz 频点上的开环增益为 59.98dB，相位为 1kHz ~ 1.73MHz 时都比 1Hz 滞后了 85.8° ~ 91°。按 59.98dB 计算脉冲式前馈误差回路的阻抗和电容为：

$$Z_b = Z_a \cdot A \cdot \beta = 22 \times 10^{\frac{59.98}{20}} \times \frac{1}{11} \approx 1995 (\Omega)$$

$$C = \frac{1}{2\pi f Z_b} = \frac{1}{2\pi \times 10 \times 10^3 \times 5200} \approx 7.978 \times 10^{-9} (F)$$

在边沿式误差前馈校正电路中选择 3.3μH 的功率电感，铜阻为 0.01Ω，计算前馈电阻为：

$$Z_b = Z_a \cdot A \cdot \beta = (2\pi f L + DCR) \cdot A \cdot \beta$$

$$= (2\pi \times 10 \times 10^3 \times 3.3 \times 10^{-6} + 0.01) \times 10^{\frac{59.98}{20}} \times \frac{1}{11} \approx 19.71 (\Omega)$$

计算得到的前馈电容是 7978pF，前馈电阻是 19.71Ω。前馈电路会对 OP 产生较大的负载效应，必须在前馈电路中设置缓冲器进行隔离，常用的缓冲器有下面两种结构。

（1）用互补达林顿射极跟随器作前馈缓冲器

图 8-48 所示的是用不同极性的晶体管设计的达林顿射极跟随器，只要 Q_3 的集电极不大于 1mA，Q_4 的集电极大于 10mA，就可以满足在音频高频段的输入阻抗大于 2kΩ、输出阻抗小于 50Ω 的最低要求。这种串联互补跟随器的发射结产生的直流位移电平能相互抵消，剩余误差不大于 60mV，用前馈

电阻作直流驱动时几乎不影响负载电平。

这种射极跟随器的缺点是很容易产生高频自激，因而在基极回路里串联了阻尼电阻。另一个缺点是输出信号的正、负摆幅不对称，负半周小而正半周大。好在前馈电流不大，不需要全摆幅输出，故实际应用不存在问题。

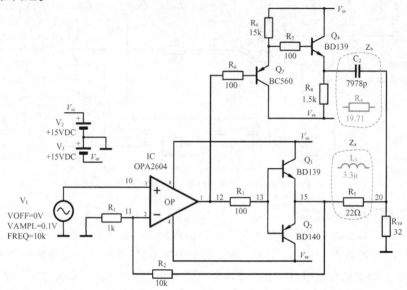

图 8-48　用不同极性的晶体管设计的达林顿射极跟随器

（2）用运算放大器作误差前馈缓冲器

图 8-49 所示的是 OP 用作误差前馈缓冲器的仿真电路。运算放大器是接近理想的万能放大器，连接成缓冲器后输入阻抗接近于无穷大，输出阻抗接近于零，具有良好的隔离作用和较强的驱动能力。

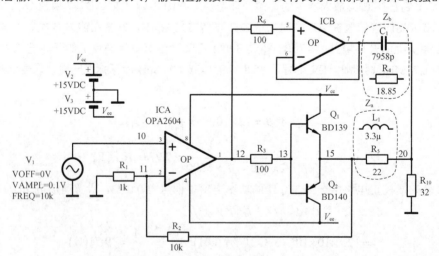

图 8-49　OP 用作误差前馈缓冲器的仿真电路

两种缓冲器的输出特性存在较大差异，在脉冲式前馈电路中电容的充放电路径阻抗不同会造成输出波形正、负半周的不对称现象，用晶体管跟随器的路径如图 8-50（a）所示，放电时间常数远大于充电时间常数，造成前馈电路的正向转换速率高而负向转换速率低的现象。例如，在图 8-48 电路中，电容 C_2 的充电路径是：$V_{cc} \rightarrow Q_4 \rightarrow C_2 \rightarrow R_{10} \rightarrow$ 参考地；而放电路径是：参考地 $\rightarrow R_{10} \rightarrow C_2 \rightarrow R_8 \rightarrow V_{ee}$。如果把 Q_4 的集电极静态电流设置为 10mA，充电电流接近于静态电流，而放电电流只有 2.5mA，设前馈电路的最大补偿电压为 $1V_{RMS}$，用式（8-14）计算正向转换速率是 $1.2V/\mu s$，负向转换速率是 $0.2V/\mu s$。在图 8-50（b）电路中，设 OP 的输出电流是 $\pm 35mA$，在相同的补偿电压下正、负向转换速率是 $\pm 4.2V/\mu s$，速度远高于晶体管缓冲器。

在边沿式前馈电路中路径阻抗造成的不对称现象也是明显的，例如，在图 8-48 电路中，负载电流在正半周的路径是：$V_{cc} \rightarrow Q_4 \rightarrow R_4 \rightarrow R_{10} \rightarrow$ 参考地；而负半周的路径是：参考地 $\rightarrow R_{10} \rightarrow R_4 \rightarrow R_8 \rightarrow V_{ee}$，电阻 R_8 的阻值远大于 Q_4 的导通阻抗，也存在正、负半周波形幅度的不对称现象。

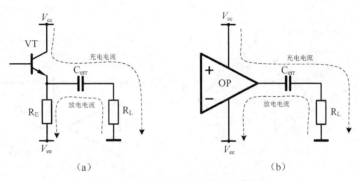

图 8-50　两种缓冲器的充放电路径图

8.4.2　电抗桥乙类耳机放大器的设计

误差前馈 B 类放大器是基于式（8-13）前馈平衡条件而设计的，能校正零电压偏置 B 类工作状态所产生的交越失真，并且在全音频频段具有平直的失真特性。如果吹毛求疵的话这个结构高度依赖运算放大器的高频开环增益，而大部分音频 OP 为 8～10kHz 时开环增益小于 60dB，需要增加缓冲器增强前馈校正信号的驱动能力。本文提出在误差前馈的基础上用电桥摆脱开环增益的束缚，不额外增加前馈缓冲器，只用单个 OP 实现理想 B 类放大器的方法，在电路上最大程度地保持纪念版耳机放大器简洁至上的原貌。

1. 解耦平衡条件对频率的依赖

如果在图 8-20 电路中把 Z_a 和 Z_b 换成电抗元件，就能使电桥在宽频率范围里保持平衡。例如，把 Z_a 换成电感，把 Z_b 换成电容，它们分别标记为 Z_L 和 Z_C。变通后的电路结构如图 8-51 所示，电桥的平衡条件为：

$$\frac{R_1}{Z_C} = \frac{Z_L}{R_2} \tag{8-19}$$

根据比例关系，两内项之积等于两外项之积：

$$R_1 \cdot R_2 = Z_a \cdot Z_b = \omega L \cdot \frac{1}{\omega C} = \frac{L}{C} \tag{8-20}$$

式（8-20）与式（8-13）相比，这两个平衡条件中都有 4 个变量，在 $Z_b/Z_a = A_0 \times \beta$ 中前馈阻抗 Z_b 与开环增益 A_0 相关，而 A_0 是频率的复函数。在整定前馈阻抗 Z_b 时必须先求出前馈频点的开环增益和相位。而在电抗桥平衡条件中，$R_1 \times R_2 = L/C$。即平衡条件只与无源元件的数值相关，与放大器的增益和频率特性无关，可以说式（8-20）解耦了电桥元件与开环增益的关系。由于 OP 的开环增益是频率的函数，实际上也解耦了前馈带宽的限制，使电桥的元件可以独立设计。

2. 构建电路模型

在不改变纪念版耳机放大器电路结构的前提下，基于上述模型构建的电抗桥 B 类放大器的电路结构如图 8-52 所示。用音频运算放大器 OP 作电压放大器，用互补射极跟随器 Q_1 和 Q_2 作 OCL 电流放大器，工作点设置成零偏置电压状态（接近 C 类），R_1、R_2、Z_C 和 Z_L 组成电桥用来校正交越失真，电桥平衡时节点 a 的电压和等于节点 b 的电压，电压放大器等效于工作在开路状态。显然这个电路中的电压放大器和电流放大器都满足分量放大器的条件，也符合本章定义的理想 B 类放大器的条件。这个电路模型的优点是闭环增益、电桥元件参数能独立整定，而且在 OP 开环增益较小的情况下也不需要前馈缓冲器。下面介绍各电路参数的整定方法。

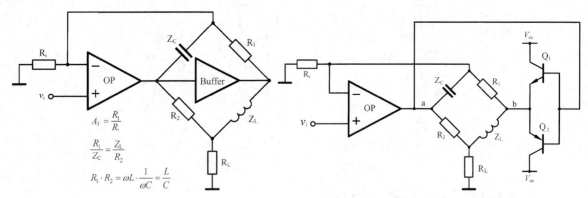

图 8-51　变通后的电路结构　　　　图 8-52　电抗桥 B 类放大器的电路结构

（1）确定闭环增益

这里把上述模型中电压放大器改成同相输入放大器，目的是获得更高的输入阻抗。同相输入运算放大器的增益用下式表示：

$$A_v = 1 + \frac{R_1}{R_i}$$

其中 R_1 是电桥的一个元素，虽然受电桥平衡条件约束不能任意选择，但仍有一定的自由度来兼顾闭环带宽和电桥平衡条件，根据实验结果可选择范围为 $500\Omega \sim 1.5k\Omega$，此处选择 $1k\Omega$ 使负反馈放大器具有较宽的频带。

（2）确定输出电感

输出电感 Z_L 不但是电桥的一个元素，同时也是前馈加法器的一个元件，还具有防止高频寄生振荡的作用。这个元件在误差前馈模型中受到 OP 的开环增益约束，而在电抗桥模型中有较大的自由度。如果从稳定性优先的角度来考虑，电感值大一些有利于在驱动不同阻抗的耳机时都能避免产生振荡，根据实验结果可选择范围为 $2.5 \sim 10\mu H$。

有些介绍功率放大器的文献上讲这个电感必须用空芯电感，还要仔细选择电感的 Q 值以及尽量减小铜阻，通常是用很粗（直径几毫米）的镀银线绕制，再并联 10Ω 的大瓦数电阻以降低 Q 值。结果电感的体积很大，在 PCB 上占用了较大面积，而且左右通道的电感要相互垂直 90° 放置，防止产生互调失真。这些要求在耳机放大器中要宽松得多，因为耳机放大器是一个微功率放大器，负载电流不大，用开关电源中的铁氧体芯功率电感就能很好地工作。实验中选择饱和电流 2A 的工字芯电感，在测试中没有发现磁芯 B-H 非线性特性和磁饱和特性引起的失真。本文推荐用标称值 $3.3\mu H$ 或 $4.7\mu H$ 的功率电感，不同厂家的产品实测铜阻为 $70 \sim 200m\Omega$，饱和电流越大 DCR 越小。

（3）确定前馈电阻

在误差前馈模型中的 Z_b 受到了最大的约束，不能独立选择，从式（8-13）可以感知到这种约束。

在电抗桥模型中对应的是电桥元素 R_2，它获得了最大的自由度，可以根据下面的经验公式计算：

$$R_2 = \frac{V_{OM} - v_{om}}{(0.8 - 0.9)I_{OM}} \tag{8-21}$$

式中，V_{OM} 是 OP 的最大摆幅，v_{om} 是输出级的最大输出幅度，I_{OM} 是 OP 的最大输出电流。如果运放选用 OPA2604，在 $\pm 15V$ 工作电压下 $V_{OM} = \pm 12.5V$，$v_{om} = \pm 11V$，$I_{OM} = \pm 35mA$，代入式（8-21）计算后得到 $R_2 = 47.6 \sim 53.2\Omega$，本电路选择标称值 51.1Ω。

（4）计算电桥的平衡元素

电桥中共有 4 个元素，已经独立选择好 3 个，剩下的 1 个元素是 Z_C，它同时也是 OP 的负反馈电容。为此先计算电桥下臂 R_2 与 Z_L 的阻抗比：

$$N = \frac{R_2}{Z_L + DCR} = \frac{R_2}{2\pi fL + DCR} = \frac{51.1}{2\pi \times 10 \times 10^3 \times 3.3 \times 10^{-6} + 0.07} \approx 184.247$$

要使电桥保持平衡上臂元素 Z_C 与 R_1 也要设置相同的阻抗比，已知阻抗比和容抗后用下式计算电容的值：

$$C = \frac{1}{2\pi fR_1 N} = \frac{1}{2\pi \times 10 \times 10^3 \times 1000 \times 184.247} \approx 8.638 \times 10^{11}\,(F)$$

至此，电桥的 4 个元素和放大器的闭环增益均整定完成。

3. 仿真验证

电抗桥 B 类放大器的仿真电路如图 8-53 所示，工作电压为 $\pm 15V$，闭环增益为 11，电桥元素按照上述计算的参数设置，仿真的目的是验证这个电路能否消除交越失真而获得平直的线性特性。

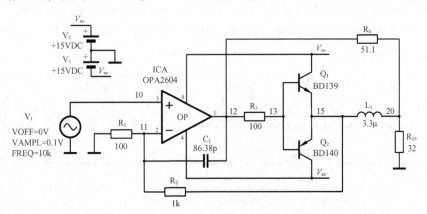

图 8-53　电抗桥 B 类放大器的仿真电路

在不同负载下输入弱信号、中等信号和强信号进行时域仿真，弱信号用来验证工作状态，中等信号用来验证交越失真的校正效果，强信号用来验证动态范围。各组波形图从下到上排列，第一层是输入电压 $V_{(10)}$ 和输出电压 $V_{(20)}$；第二层是误差电压 $V_{(10)} - V_{(11)}$；第三层是前馈校正电流 $I_{(R4)}$ 和放大器输出电流 $I_{(L1)}$；第四层是输出级的两个晶体管发射结电流 $I_{E(Q1)}$ 和 $I_{E(Q2)}$；第五层是输出功率 $W_{(R10)}$。

当输入信号为 $10mV_{pp}$ 时，从图 8-54 上看到 $I_{E(Q1)}$ 和 $I_{E(Q2)}$ 的发射极电流 $\pm 2\mu V_{pp}$，基本上处于截止状态，输出级电流 $I_{(L1)} = 0$。放大器等效于一个 OP 经由 R4 驱动负载的 A 类放大器，$I_{(R4)} = \pm 3.52mA$，输出电压 $V_{(20)} = 110mV$，峰值输出功率为 $376\mu W$。

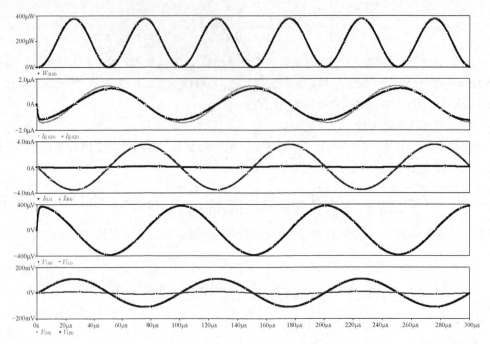

图 8-54　输入电压为 10mV_{pp} 的时域仿真波形

　　当输入信号为 100mV_{pp} 时，从图 8-55 上看到 $I_{\text{E}(Q1)}$ 和 $I_{\text{E}(Q2)}$ 的导通角约为 $155°$，由这两个晶体管电流合成的输出电流 $I_{(L1)}$ 存在大约 $50°$ 的死区，输出电流为 $\pm20.63\text{mA}_{\text{pp}}$，误差校正电流 $I_{(R4)}$ 为 $\pm12\text{mA}$ 的梯形波，在死区期间变换极性，它与 I_{L1} 在负载上合成了完整的正弦波电压 $V_{(20)}$，输出电压为 $\pm1.1\text{V}_{\text{pp}}$，峰值输出功率为 38mW。

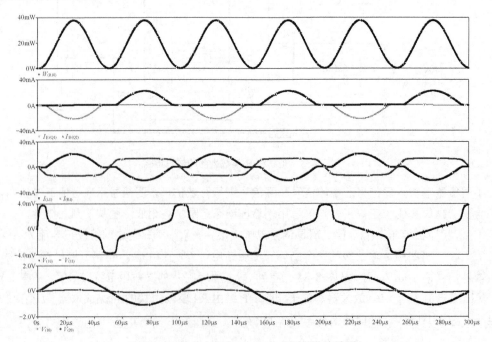

图 8-55　输入电压为 100mV_{pp} 的时域仿真波形

当输入信号为 $1V_{pp}$ 时，从图 8-56 上看到 $I_{E(Q1)}$ 和 $I_{E(Q2)}$ 的导通角接近为 $180°$，由这两个晶体管电流合成的输出电流 $I_{(L1)}=±330mA_{pp}$，存在约 $5°$ 的死区，输出电流为 $±20.63mA_{pp}$，误差校正电流 $I_{(R4)}$ 为 $±22mA$ 的梯形波，输出信号是完整的正弦波，$V_{(20)}=±11V_{pp}$，动态范围没有受到影响。峰值输出功率为 3.8W，连续功率是其一半。

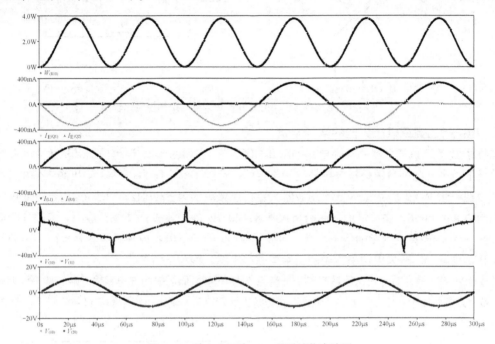

图 8-56 输入电压为 $1V_{pp}$ 的时域仿真波形

4. 电抗桥与误差前馈的关系

对比电抗桥与误差前馈 B 类放大器的时域仿真波形发现两者具有高度的相似性，由此可以推断两种结构必然存在内部相关性。先从电路模型入手进行直观探讨，从图 8-57 中看到电抗桥模型只比误差前馈模型多了一个容抗元件 Z_C，它的功能是电桥上臂的一个元素，同时也是电压放大器 OP 的密勒电容，如果去掉这个电容后电抗桥 B 类结构就会变成边沿式误差前馈 B 类结构。

再从物理功能上看，电抗桥结构中的 R_2 和误差前馈结构中的 Z_b 都是并联在输出级上通过加法器驱动负载，这种信号传输方式称前馈电路。在输出级截止的死区期间只有前馈电路给负载补给电流，在输出级半截止和导通期间前馈电路和反馈电路并联驱动负载，就类似于过去的 π 型放大器。可以主观地认为前馈电路的存在才使 B 类放大器具有校正交越失真的能力。

为了验证这一想法，在图 8-53 中取消 C_1 进行仿真，丝毫没有影响交越失真的补偿效果，只是高频 *THD* 有微小变化。然后把 OP 升级成 OPA1612 和 SGM8261，交越失真补偿效果仍然没有变化，表明有无 C_1 对线性影响可以忽略不计。再把 OP 降级成 TLO82 和 LM4558 后交越失真补偿仍然存在，但噪声和谐波失真都变差，表明有无 C_1 失真特性有明显变化。如果在图 8-57 边沿式误差前馈电路中增加电容，谐波失真特性就会立即变差，而交越失真补偿效果不受影响。

接下来在两种结构中都去掉前馈电路，放大器立即回到有交越失真的 B 类状态。说明在两种结构中都是前馈电路起消除交越失真的作用，电容 C_1 的作用是次要的而且是有条件的，在高频特性好的运放中 C_1 效果不明显，在普通运放中能改善线性和噪声特性，实际电路的测试情况与仿真结果基本吻合，两种 B 类结构中都是前馈电路起消除交越失真的作用。

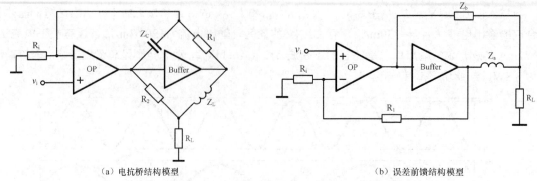

（a）电抗桥结构模型　　　　　　　　　　　　（b）误差前馈结构模型

图 8-57　电抗桥与误差前馈 B 类放大器的结构模型比较图

5. 电抗桥乙类耳机放大器的实际电路

电抗桥 B 类耳机放大器的实际电路如图 8-58 所示，它和图 8-47 误差前馈耳机放大器非常相似，但造价要低得多。电路参数是按电抗桥结构整定的，运放工作电压为±15V，输出级工作电压为±18V。输入端设置一个 R_1 和 C_2 组成的低通滤波器，主极点频率约为 589kHz。电容 C_3 用半可变电容，容量变化范围为 8～100pF，需要借助音频分析仪把 8～20kHz 的谐波失真调整到最小。实践证明电容值在 12～80pF 变化对失真度的影响微乎其微，可以用 47pF 的云母电容或独石电容替代而不用调整。为了缩小体积，电感选用开关电源中常用的工字型磁芯电感，饱和电流要大于 2A。

运放OPA2604是音频界公认的具有电子管音色的固体器件，原因是内部电路输入端的差分放大器是JFET管，它的平方律 I-V 特性与电子管的二分之三次方特性比较接近，输出电流中偶次谐波的幅度比奇次谐波高，使声染色接近电子管，而且电压越高胆味越浓。故为了获得较好的听感，可以把工作电压提高到±18～±22V。

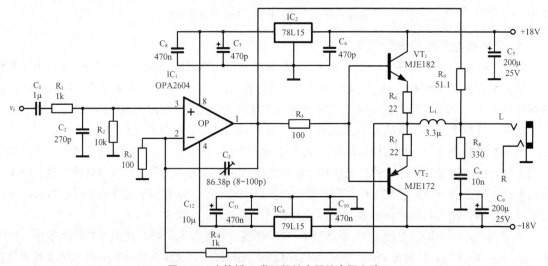

图 8-58　电抗桥 B 类耳机放大器的实际电路

8.4.3　把 50 周年纪念版耳机放大器改造成乙类

本章的最后一个实验项目是把纪念版耳机放大器改造成 B 类放大器，改造的原则是不改动原来的 PCB，只改动或添加很少的元件，把原来高频上翘的 *THD* 曲线变成平直曲线，使其具有典型的理想 B 类放大器的特性。

1. 改造的方法

下面以左通道电路为例，详细说明改造的方法。

（1）改变输入灵敏度

原型机的闭环增益是 23 倍（27.23dB），在 32Ω 负载下的满功率输入电压是 0.287V$_{rms}$。这里改造后的闭环增益是 11 倍（20.83dB），满功率输入电压变为 0.6V$_{rms}$。改变的原因之一是现代音源的输出电平较高，放大器用不着设计太高的增益。原因之二是改造后环路增益增加了 6.4dB，有更多的资源用于校正线性特性，有利于提高整机性能。

（2）改变工作状态

原型机是 AB 类放大器，偏置电压为 1.65V，静态电流为 1.6mA。本文改成零电流 B 类放大器，方法是把原型机的 D$_2$ 和 D$_3$ 拆除，分别用两个串联的肖特基二极管 1N60 替代，在不改变 R$_1$ 和 R$_{10}$ 的情况下二极管的正向电流约为 3.16mA，4 个 PN 结串联后的正向压降为 0.92～1.07V，温度系数为 -8mV/℃。晶体管 Q$_1$ 和 Q$_2$ 的两个发射结串联后的正向电压为 1.2～1.4V，温度系数是 -4mV/℃。显然这是一个弱补偿 B 类放大器，负反馈环路用 1/11 的反馈系数就能校正 85% 的交越失真，剩下的 15% 的残余失真留给前馈电路去校正，所需的前馈电流很小，可以省去前馈缓冲器。

（3）增加误差前馈电路

原型机是用 R$_7$ 均衡高、低阻耳机的输出功率，现在又利用 R$_7$ 兼作前馈加法器元件。增加前馈元件 R+ 和 C+，选择 R+ 等于 47Ω，不用也可以。C+ 的电容值要根据 NE5532 在零电流 B 类工作状态下的开环增益进行整定。用图 8-40 的方法测得在 300Ω 负载下 10kHz 的开环增益是 69.3dB，在 32Ω 负载下是 57.6dB，考虑本机主要用来驱动高阻耳机，PCB 上也没有地方增加前馈缓冲器，故整定增益选择在 67dB，用下式计算前馈电路的阻抗和电容为：

$$Z_b = Z_a \cdot A \cdot \beta = 47 \times 10^{\frac{67}{20}} \times \frac{1}{11} \approx 9565(\Omega)$$

$$C_+ = \frac{1}{2\pi f Z_b} = \frac{1}{2 \times \pi \times 10 \times 10^3 \times 9565} \approx 1.664 \times 10^{-9}(F)$$

这个数值不是标称值，用 1500pF 薄膜电容并联 150pF 高频陶瓷电容代替 C+。

（4）改变茹贝尔电路

原型机的茹贝尔电路是针对低阻耳机设计的，由 R$_5$ 和 C$_6$ 组成，这里把 R$_5$ 改成 330Ω，C$_6$ 不变。实验证明 16～1000Ω 阻抗的耳机插入本机都能稳定工作。

改造后的纪念版耳机放大器电路如图 8-59 所示，每个声道中只改变了 4 个元件的数值和型号（D$_2$、D$_3$、R$_{11}$ 和 R$_5$）。增添了 4 个元件（D$_2$+、D$_3$+、R+ 和 C+），从 PCB 上几乎看不出改过的痕迹。

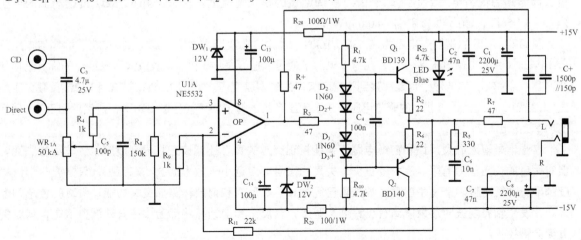

图 8-59　改造后的纪念版耳机放大器电路（L 声道）

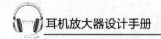

2. 改造后的性能

（1）前馈电路的瞬态特性

首先看前馈电路的转换速率和最高工作频率，OP 经由 R+给 C+的充、放电电流决定前馈电路的转换速率，NE5532 在±12V 工作电压下的最大输出电流为 25mA，代入式（8-14）计算前馈电路的转换速率为：

$$SR = \frac{I_{err}}{C_{err}} = \frac{25 \times 10^3}{1650} \approx 15\left(V/\mu s\right)$$

把上式代入式（8-15）就能计算出前馈电路的工作频率。设前馈电流在负载上的最大低压为 $1V_{pp}$，计算工作频率为：

$$f_{max} = \frac{SR}{2\pi v_{err}} = \frac{15}{2\pi \times 1.1} \approx 2.17\left(MHz\right)$$

由于前馈放大器的增益小于 1，上式计算的工作频率等效于 OP 的单位增益带宽积。NE5532 的 UGB 等于 10MHz，理论上前馈电路的最高工作频率应该和 OP 的增益带宽积在同一个数量级就能和负反馈电路的瞬态响应保持一致。计算结果表明前馈电路的最高工作频率只有 OP 的 21.7%，故瞬态特性比信号通道差，不过绝对值已经比音频上限频率高近 7 个倍频程，故产生的影响是可以忽略不计的。

（2）放大器的时域特性

这里用 $1mV_{pp}$ 弱小信号输入来仿真交越失真的补偿效果，用 $0.65V_{pp}$ 的临界削顶信号输入来仿真最大输出摆幅和线性，输入信号为 10kHz 正弦波。

各组波形图从下到上排列，第一层是输入电压 $V_{(10)}$ 和输出电压 $V_{(20)}$；第二层是误差电压 $V_{(10)} - V_{(11)}$；第三层是放大器输出电流 $I_{(R7)}$；第四层是前馈校正电流 $I_{(C+)}$；第五层是输出级 2 个晶体管的发射结电流 $I_{E(Q1)}$ 和 $I_{E(Q2)}$；第六层是输出功率 $W_{(RL)}$。

图 8-60 所示的是输入电压为 $1mV_{pp}$/10kHz 时的仿真波形。由于该放大器输出级偏置在临界导通状态，Q_1 和 Q_2 的导通角接近 180°，虽然从 $I_{E(Q1)}$ 和 $I_{E(Q2)}$ 的电流波形上几乎看不见死区，但仍能在负反馈通路的输出电流 $I_{(R7)}$ 中看到明显的交越失真痕迹，经前馈电流 $I_{(C+)}$ 校正后输出电压 $V_{(20)}$ 和实时输出功率都是完整的正弦波。仿真结果表明在该放大器在微弱信号输入下有很强的交越失真校正能力。

用仿真器的测量标尺在波形正、负峰值读出的晶体管的信号电流 $I_{E(Q1)} = -143\mu A$、$I_{E(Q2)} = +143\mu A$，负反馈通路的输出电流 $I_{(R7)} = \pm143\mu A$，前馈通道的校正电流 $I_{(C+)} = \pm11.4\mu A$，32Ω 负载端上的电压 $V_{(20)} = \pm4.5mV$，输出功率 $W_{(RL)} = 0.63\mu W$。

图 8-61 所示的是输入电压为 $0.65V_{pp}$/10kHz 时的仿真波形，输出节点（R7 左端）的峰值电压是 $\pm7.14V_{pp}$。OP 的工作电压是±12V，在这个电源下的最大摆幅是 $\pm7.14V_{pp}$，故放大器已经处于临界削顶状态，从 $V_{(10)} - V_{(11)}$ 的波形上也能观察到临界削波产生的误差电压。摆幅 $\pm7.14V_{pp}$ 被 R_7 和 32Ω 负载分压后变为 $\pm2.89V_{pp}$，这就是负载上的峰值电压，这个电压产生的峰值功率就是输出功率，显然电阻 R7 上消耗的功率比输出功率大。

在强信号输入时负反馈和前馈电路不但能校正交越失真，还能校正临界削波产生的非线性失真，但对后者的校正能力有限。因为校正交越失真的信号幅度远小于放大器的动态范围，只需要一个低幅度的窄脉冲就可以。而发生削顶时放大器已经饱和，负反馈和前馈环路都丧失功能，失真就会急剧上升。在发生临界削波时放大器尚有少许动态范围，负反馈和前馈环路都工作在自动调整状态，削波失真就会被校正。

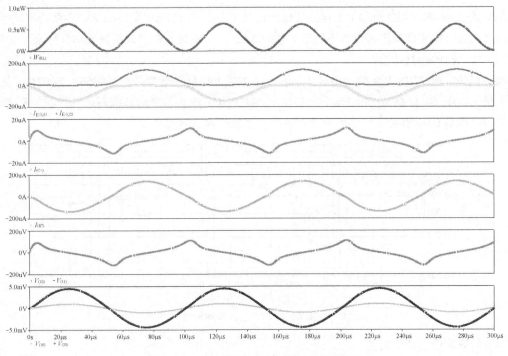

图 8-60　输入电压为 $1mV_{pp}$ 的时域仿真波形

　　测量标尺在波形的正、负峰值读出的晶体管的信号电流 $I_{E(Q1)} = -91mA$、$I_{E(Q2)} = +91mA$，负反馈通路的输出电流 $I_{(R7)} = \pm 91mA$，前馈通道的校正电流 $I_{(C+)} = \pm 1.3mA$，32Ω 负载端的电压 $V_{(20)} = \pm 2.89V$，输出功率 $W_{(RL)} = 261mW$。

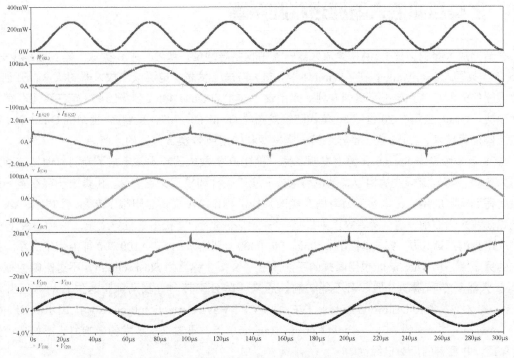

图 8-61　输入电压为 $0.65V_{pp}$ 的时域仿真波形

　　该放大器在 32Ω 负载下的最大峰值输出功率是 $261mW$，连续功率减半。在 R_7 上的损耗功率是

384mW。在 300Ω 和 600Ω 负载下的最大峰值输出功率分别是 127mW 和 74mW，连续功率减半，可见纪念版耳机放大器驱动高阻耳机达不到第 2 章的 2.3.2 小节中定义的台式机输出功率标准。

（3）放大器的线性特性

原型机的实测 *THD+N* 特性如图 8-2 所示，在 20～200Hz 的低频段是 0.0056～0.007%，从 200Hz 开始上翘，1kHz 为 0.016%，10kHz 为 0.13%，20kHz 为 0.4%。改造后的实测特性如图 8-62 所示，在全音频范围里是 0.004%并且呈平直特性，达到了理想 B 类放大器的要求。

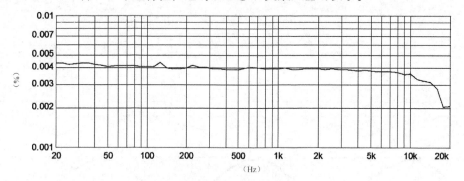

图 8-62　改造后的实测特性

（4）听音评价和热稳定性

听音评价表明，改造后的中、高频特性获得明显改善，原来稍显单薄灰暗的中音变得丰满明亮，略感尖硬的高音变得清晰纤细。热稳定性也得到改善，用铂热电阻传感器测得原型机在 25℃室温下、32Ω 负载下全功率输出 10 分钟后 Q_1、Q_2 的表面温度是 85℃，改造后降低到 79℃。

8.5　乙类耳机放大器的现状和前景

在音频放大器的历史上，AB 类放大器一直占据主导地位，真正的纯 B 类放大器实在是少之又少。1975 年，英国人 P. J. Walker 在《Wireless World》杂志上发表了电流倾注放大器的概念，开创了纯 B 类放大器的先河，并且申报了美国专利。采用这一技术的 Quad 405 放大器 1978 年在英国获得技术成就女皇奖，Quad 公司在 20 世纪 80 年代陆续发布的 Quad 606/707，直到 21 世纪的 Quad 909 都使用了电流倾注类技术，Quad 成了世界上第一家发明和应用纯 B 类放大器的厂商。

1988 年音频专家 Sandman 博士发明了另一种纯 B 类放大器技术并申报了专利，他把这种放大器命名为 S 类，与电流倾注的相似点是也用电桥元素来采样和校正交越失真，S 类由于存在着一些问题并没有得到实际应用。日本松下公司把 S 类改头换面称作 AA 类，也申报了专利，如果把 AA 类和 S 类电路摆在人们面前一看，两者的差别只是一根连线不同而已。松下是世界上第二家拥有纯 B 类技术并制成产品的厂商，从 1985 年推出 technics SE10000，到后来的 SE-A100/200 都沿用了 AA 类技术。日本的另一家公司 Thershold 也用同样的手法改造了 S 类，称之为 Stasis circuit，不过影响力很小。纯 B 类放大器受专利限制其他厂商不能仿制，后来一些公司转向寻找消除交越失真的其他方法，如 Yamaha 的 ZDR（Zero Distortion Rule），JVC 的 WCP（Wave Correction Processor），山水的 SFF（Super Feed Forward），Sony 的 ACT（Audio Current Transfer）等，不过这些技术的影响力远不如电流倾注和 S 类深远，并且有的厂商已经倒闭。

由于纯 B 类放大器优点和缺点都是非常突出的，因而理论和应用始终存在着挑战，80 多年来吸引了一代又一代人投入大量精力去探索，所获得的成果却寥寥无几，因而业界把无失真纯 B 类放大器奉为音频功率放大器的最高境界。直到 20 世纪末 D 类和数字放大器出现后，B 类放大器才受到冷落。

审阅本章的两位专家指出，本章所介绍的理想 B 类放大器其实是一种复合放大器，是 A 类前馈电路和 B 类负反馈输出级并联，逻辑上执行的是 A 类与 B 类的加法运算，绕了一圈后又回到 AB 类结构上。这也从另一方面印证了纯 B 类放大器的难度。历史上 π 型、G 类、H 类放大器中都能看到复合放大器的影子。在 IC 设计中，现代的 CMOS 功率放大器也用了这种理论，用微功率 A 类放大器处理弱信号，用 B 类或 C 类放大器处理强信号，用自动控制技术使两种状态的交替过程过渡得很平滑。本章提出的理想 B 类放大器也是基于这一想法构建的，这种放大器音质较好，广泛应用在手机中驱动立体声耳机。而 D 类和数字智能放大器效率更高，音质则稍逊一筹，用来驱动频带较窄的唛拉扬声器倒非常实用。

集成电路的发展和普及使小功率音频放大器独立存在的空间越来越小，现在主要的应用领域是手机。全世界每年的出货量不少于 10 亿片，目前是 AB 类、B 类和 D 类共存，将来 D 类音质提高后线性模拟放大器就会退出历史舞台。

第 9 章 数字耳机放大器

本章提要

本章主要介绍了基于连续时间 ΔΣ 调制技术的 D 类放大器，以最常用的级联积分器反馈结构（CIFB）为基础，介绍了仿真设计过程，给出用分立元器件设计的能输入模拟信号的 PDM 数字耳机放大器实验电路，并利用图、表、文相结合的方法介绍了基于离散时间 ΔΣ 调制技术的 D 类放大器，最后讲解了能输入数字信号的 PDM 集成耳机放大器的实际应用方法。

9.1 什么是数字音频放大器

顾名思义，数字音频放大器就是用数字信号处理方式工作的放大器。按照经典的信号处理理论，是先把音频信号用 ADC 转换成数字信号，处理完成后再用 DAC 还原成模拟信号，数字电视就是这样处理的。但音频信号有其自身的特殊性，虽然频率不高，动态范围却大得惊人，高保真音乐用 16bit 量化，人们仍觉得动态不够，于是 HDCD 采用了 24bit 量化，甚至 32bit 量化标准早已提出。ADC 设计到 14bit 以后再想提高精度就非常困难了，24～32bit 分辨率的 ADC 用传统技术很难实现。于是人们发明了增量调制方法处理音频信号，这样处理 16bit 以上的信号就会相对容易一些，虽然速度较慢，但对上限只有 20kHz 的音频信号已经足够。第 2 章的 2.2.2 小节已经介绍了音频信号数字化的原理，本节将着重介绍这些原理在 D 类放大器和数字音频放大器中的应用。

9.1.1 D 类放大器和数字音频放大器的区别

从 AES 杂志上查找 D 类放大器历史，这个概念是 1958 年提出的，开始也不称为 D 类放大器，每隔一段时间就有人提出一些改进的电路和新的命名，直到 20 世纪末在移动通信的推动下，许多芯片设计厂商陆续推出了驱动手机中唛拉扬声器的 PWM 放大器。开始的结构是用高频三角波载波调制方式，调制后的信号是宽度随信号幅度变化的脉冲方波，实际上就是 1 比特量化的 PWM 放大器，被命名为 D 类放大器。后来的商家为了展现自家产品与别人的不同，纷纷起了其他的名字，如 T 类、K 类等，用得最多的是数字音频放大器，于是数字音频放大器成了 D 类放大器的行销名词。没过几年直接把 PCM 数字信号转换成 PWM 信号的放大器出现了，这才是真正的数字音频放大器，再后来又出现了 DSD 信号转换成 PWM 信号的数字放大器以及用 DSP 和 FPGA 进行数字信号处理的音频放大器，数字音频放大器的名称开始出现了混淆。

现在业界的倾向是把只能接受模拟音频输入的 PWM 和 PDM 调制的功率放大器称为 D 类放大器，把数字音频 PCM 码流直接转换成 PWM 和 PDM 功率脉冲的放大器称为数字音频放大器。

9.1.2 D 类放大器和数字音频放大器的种类和结构

D 类放大器和数字音频放大器属于调制型放大器，按调制方式分类目前只有脉冲宽度调制（PWM）和脉冲密度调制（PDM）两类。如果按电路结构分类，有自然脉冲宽度调制电路、移相自振荡电路、迟滞自振荡电路、连续时间 ΔΣ 调制电路、离散时间 ΔΣ 调制电路。本文以按调制方式分类进行介绍。

1. 脉冲宽度调制结构

D 类放大器是工作在开关状态的放大器。如果按开关电平数来分类，可分为两电平放大器和多电平放大器，最常见的是两电平和三电平放大器；如果按调制原理来分类，可分为正弦脉冲宽度调制和自振荡两类。正弦脉冲宽度调制也称 SPWM，结构如图 9-1（a）所示，由积分器、三角波振荡器、PWM 调制器、电流开关和低通滤波器组成，这是经典的拓扑结构，其他类型的 D 类放大器都是从这一结构中派生出来的。另一类是自振荡结构，如图 9-1（b）所示的是迟滞自振荡放大器，由积分器、迟滞比较器、大环路反馈、电流开关和低通滤波器组成。还有一种移相自振荡结构，由文氏振荡器改造而成。自振荡 D 类放大器结构简单，性能优良，但振荡频率会大范围变化。PWM 方式的 D 类放大器是基于连续时间 ΔΣ 调整原理工作的，只能输入模拟音频信号，要与数字音源连接需要一个 PCM-PWM 转换器。

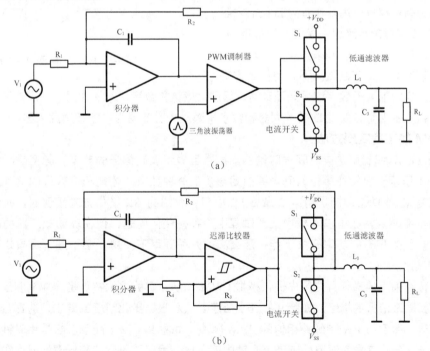

(a)

(b)

图 9-1 PWM 型 D 类放大器的拓扑结构

2. 脉冲密度调制结构

实现 D 类放大器的另一种方法是脉冲密度调制 PDM，它既可以用连续时间 ΔΣ 调制原理实现，也可以用离散时间 ΔΣ 调制原理实现。图 9-2 所示的是 PDM 调制器的结构框图，图 9-2（a）是连续时间 ΔΣ 调制器的结构，它实现的是 ADC 的功能。输入调制信号是模拟量，它与输出信号相减得到量化误差，用 Δ 表示。积分器对误差信号求和，用 Σ 表示。量化器的时钟频率就是过采样时钟，其值是奈奎

斯特采样频率的 OSR（8～2048）倍。它以很高的频率和速度判断误差信号比参考标准偏大还是偏小，如果偏大则输出低电平，偏小则输出高电平。输出的两电平信号就是 PDM 信号。

图 9-2（b）所示是离散时间 ΔΣ 调制器的结构，它实现的是 DAC 的功能。其工作原理与连续时间 ΔΣ 调制器相同，只是针对数字输入信号，具体的处理方法不同。加法器把多比特 PCM 输入数据流与输出数据流相减得到误差数据。积分器在这里换成了递归累加器。量化器只是一个数位截短器，输入数据流的位长 m 大于输出数据流的位长 m_1，按需要的精度截取高位 m_1，丢弃的低位 m_2 就当作量化误差去处理。

"数字–数字"转换器 DDC 只起到一个四舍五入的功能，把前一个数据取模截短剩下的余数添加到下一个数据中去。输入数据已经被前面的内插滤波器过采样到 OSR 倍，故数字调制器的所有模块都工作在过采样频率之下。这种离散时间 ΔΣ 调制器是数字音频放大器的基础结构。

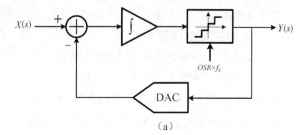

连续时间 ΔΣ 调制器形式的 D 类放大器能直接输入模拟音频信号，与数字音源连接需要一个 DAC 转换器；离散时间 ΔΣ 调制器形式的 D 类放大器能直接与数字信源连接，但输入模拟音频信号需要一个 ADC 转换器。

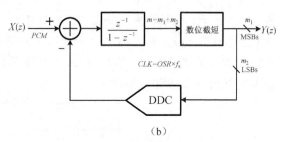

图 9-2　PDM 调制器的结构框图

上述四种结构都可以用来作音频 D 类放大器的模型，针对不同对象可选用连续时间模拟电路，离散时间数字电路和离散时间模拟电路实现，这三种电路都能用集成工艺制造。不管用什么方式的电路实现，它们都属于数字信号处理范畴，原则上应该称数字功率放大器，不过这又与本节开始所述的业界共识产生混淆，即把 D 类放大器和数字音频放大器都视为数字音频放大器。

3. PDM 的工程实现方法

经典的 PDM 调制用单位时间里时钟的周期数目表示调制信号的幅度，脉宽是时钟的半周期，如图 9-3（a）所示。显然在单位时间里要有足够多的脉冲数目，才能获得较好的信噪比，这就是过采样的理论基础。PDM 调制是用第 2 章 2.2.2 小节中介绍的 ΔΣ 量化方式实现的，时钟频率高达数兆赫兹至数十兆赫兹，在小信号数字处理过程中不存在任何问题，但在驱动扬声器的脉冲放大器中却无法实现。因为现有的功率开关不能在那么高的开关频率下使用，必须进行降频处理，降频就意味着损失信噪比。

现在工程上采用的降频方法是先进行模拟 PWM 调制，它的最大特点是脉冲宽度是无级变化的，原理上很保持原来信号的精度，如图 9-3（b）所示。然后根据量化精度的要求，选择合适的时钟再量化 PWM 信号，得到与 PWM 脉冲相似的 PDM 脉冲，如图 9-3（c）所示。它是用时钟的周期拼接成的 PWM 信号，与原信号的误差只有半个时钟周期，从而用简单的方法和低廉的成本实现了较高精度的 ΔΣ 模数转换器的功能。

另一种降频方法是用阶梯式数字三角波把高频 PCM 数据流进行降频再量化，把频率降低到功率开关可接受的程度。这就是图 9-3（b）中的数据截短或者称抽取变换功能。该方法对重建信号的精度损失很大，结合一些误差预测算法能减少一些损失。

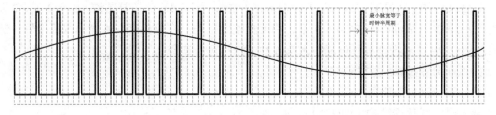

（a）经典 PDM 调制波形

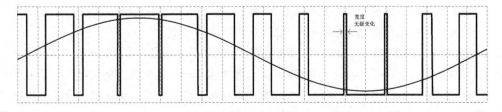

（b）PWM 调制波形

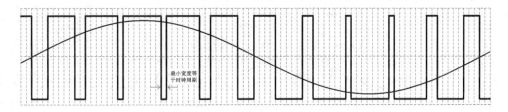

（c）用 PWM 实现 PDM 调制波形

图 9-3 PDM 与 PWM 的波形对比

从上述介绍可知，基于 $\Delta\Sigma$ 调制的音频功率放大器既可以用连续时间域的模拟电路实现，也可以用离散时间域的数字电路实现，甚至还可以用离散时间域的模拟电路实现。如此多样灵活的方法不但造就了种类丰富的集成数字音频放大器，也为广大 DIY 爱好者创造了机会。

9.2 数字音频放大器的设计方法和工具

9.2.1 EDA 工具

在方案论证和结构设计阶段可以用 MATLAB 软件，不过软件本身的工具箱中没有完整的 $\Delta\Sigma$ 调制器的描述函数，编写脚本文件时要插入 DSToolbox 工具箱，这个工具箱中有 23 个函数能简化 $\Delta\Sigma$ 调制器的设计过程。在应用 Simulink 图形界面时要插入 SDtoolbox 工具箱，这个工具箱经过国内高校修改后添加了非理想积分器、非理想 ADC 和 DAC，构建的仿真模型更接近于实际电路。

在电路设计阶段用 SIPCE 内核的仿真器比较实用，在第 2 章 2.6.1 小节中已介绍过这些软件，其中 SIMetrix/SIMPLIS 最适合用来仿真 D 类放大器和开关电源电路。

9.2.2 选择拓扑结构

本文的目标是 DIY 一个能接受模拟音频输入信号的 D 类放大器，采用连续时间 $\Delta\Sigma$ 调制电路来实现，主要目的是通过原理学习进而动手制作一个实用的电路。结构选择本着简洁至上的原则，排除多比特和 MASH 结构，从最基本的级联 1 比特结构中选择适合 DIY 的拓扑结构。由于 1 阶、2 阶调制器指标太低，4 阶以上的调制器电路太复杂，稳定性整定困难。在复杂度与性能上取折中后，选择 3 阶 1 比特结构比较合适。设计具体电路时又有 6 种子结构可供选择。

1）级联积分器反馈结构（CIFB）。

2）级联积分器前馈结构（CIFF）。

3）级联谐振器反馈结构（CRFB）。

4）级联谐振器前馈结构（CRFF）。

5）延迟量化的级联谐振器反馈结构（CRFBD）。

6）延迟量化的级联谐振器前馈结构（CRFFD）。

本文选择了 CIFB 结构，因为这种结构电路简单，能用分立元器件实现。一个 3 阶 CIFB 结构 Δ-Σ 调制器的电路模块如图 9-4 所示，核心电路是 3 个累加器和一个量化器。量化器又分双电平和多电平之分，由于连接两点的最短距离是直线，故双电平量化具有最优线性，但信噪比最低。多电平量化的最终信噪比由 DAC 的线性决定，在业余条件下制作线性良好的 DAC 非常困难，故本制作采用双电平方式，DAC 就是一个高低电平选择器，在电路上可以省去。

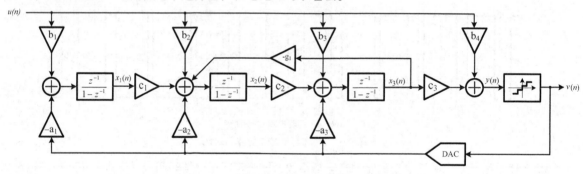

图 9-4 3 阶 CIFB 结构

自动控制理论已经证明，两阶以上的 PDM 调制器是不稳定的。故设置了分布式反馈（$-a_1 \sim -a_3$）、分布式前馈（$b_1 \sim b_4$）和增益系数（$c_1 \sim c_3$），调整它们之间的比例就能在设定的动态范围里获得稳定的工作状态。局部负反馈 $-g_1$ 是在传输函数中增加零点用来改善信噪比，称为零点优化。

该结构的信号传输函数 STF 和量化噪声传输函数 NTF 分别是：

$$STF(z) = \frac{b_4(z-1)\left[(z-1)^2 + c_2 g_1\right] + b_3 c_3 (z-1)^2 + b_2 c_2 c_3 (z-1) + b_1 c_1 c_2 c_3}{(z-1)\left[(z-1)^2 + c_2 g_1\right] + a_3 c_3 (z-1)^2 + a_2 c_2 c_3 (z-1) + a_1 c_1 c_2 c_3} \quad (9-1)$$

$$NTF(z) = \frac{(z-1)\left[(z-1)^2 + c_2 g_1\right]}{(z-1)\left[(z-1)^2 + c_2 g_1\right] + a_3 c_3 (z-1)^2 + a_2 c_2 c_3 (z-1) + a_1 c_1 c_2 c_3} \quad (9-2)$$

9.2.3 计算理想状态的极限性能

图 9-4 和式（9-1）、式（9-2）比较抽象，为了得到一个感性认识，先在时域里输入一个正弦波信号，观察输出信号是什么模样。再改变输入信号幅度，扫描输出信号幅度，得到线性动态范围。然后在频域里观察零点优化的效果和系统的极限信噪比。为此用 DSToolbox 工具箱中提供的函数编写下面的脚本文件。

```
clear all;                                      %清除所有变量
order=3;                                         %调制器阶数
OSR =128;                                        %过采样倍率
opt=1;                                           %单零点优化
H_inf=1.5;                                       %系统稳定系数
f0=0;                                            %中心频率
nLev=2;                                          %量化电平
H=synthesizeNTF(order, OSR, opt, H_inf, f0);     %量化噪声传函
[a, g, b, c]=realizeNTF(H,'CIFB');               %输出系数
ntf=tf(H)                                        %输出噪声传函
N =64*OSR;                                        %采样点数目
fB = ceil(N/(2*OSR));                            %调制器的带宽
t=0:N-1;                                         %信号的时间范围
u =0.5*(nLev-1)*sin(2*pi*(fB-1)/N*t);            %输入正弦波信号
v = simulateDSM(u,H,nLev);                       %调制器的输出信号
subplot(2, 2, 1);                                %指定绘图位置
n=1:300;                                         %水平轴范围
stairs(t(n), u(n),'r');                          %绘制正弦波信号
hold on;                                         %保持u(n)绘图
stairs(t(n), v(n),'b');                          %绘制输出波形
grid on;                                         %添加网络线
xlabel('Sample Number (n=0:300)');               %水平轴名称
ylabel('u(n), v(n)');                            %垂直轴名称
amp=[-130:2:-20 -17:0.5:-1];                     %输出范围矢量
snr=simulateSNR(H, OSR, amp, [], nLev);          %信噪比传函
subplot(2, 2, 2);                                %指定绘图位置
plot(amp,snr,'-b',amp,snr,'db');                 %绘制信噪比图
[pk_snr pk_amp]=peakSNR(snr, amp)                %输出最大信噪比和输入幅度
xlabel('Input Level, dB');                       %水平轴名称
ylabel('SNR, dB');                               %垂直轴名称
subplot(2,2,3);                                  %指定绘图位置
plotpz(H);                                       %绘制零极点图
xlabel('Real axis (fs=1)');                      %水平轴名称
ylabel('Imaginary axis');                        %垂直轴名称
spec=fft(v.*ds_hann(N))/(N/4);                   %加汉宁窗进行噪声传函傅里叶变换
f=linspace(0,0.5,N/2+1);                         %产生行矢量
SNDR=calculateSNR(spec(1:fB+1),fB-1)             %计算调制器的信噪比
subplot(2,2,4);                                  %指定绘图范围
plot(f,dbv(spec(1: N/2+1)),'b');                 %绘制噪声整形频谱图
grid on;                                         %添加网络线
```

```
xlabel('Normalized Frequency (fs=1)');          %水平轴名称
ylabel('PSD (dB)');                             %垂直轴名称
set(gcf,'color','w');                           %设置绘图背景为白色
```

上述脚本运行后，在命令窗口输出噪声传输函数、最高信噪比和最低输入幅度的理论计算值如下：

Transfer function:

$$\frac{z^3 - 3z^2 + 3z - 1}{z^3 - 2.2z^2 + 1.688z - 0.4443} \tag{9-3}$$

pk_snr = 112.1242

pk_amp = −3.2492

在命令窗口输出的传输函数式（9-3）就是图 9-4 所示的系数 a、b、c、g 代入式（9-2）后得到的 z 域表达式，分子分母都是 3 次多项式。最高信噪比 112.1242dB 是−3.2492dB 输入电平时的值，这是这个结构理论上的极限值，实际值要低 20～40dB。

在绘图窗口输出时域和频域仿真结果如图 9-5 所示。图 9-5（a）、（b）是时域仿真结果，图 9-5（a）显示输入正弦波信号后得到了一个 PDM 输出信号，输出信号的脉冲密度是输入信号幅度的函数，实现了脉冲密度调制功能。图 9-5（b）所示的是输出信噪比与输入幅度的关系曲线，在放大器的动态范围里，信噪比与输入信号幅度呈近似线性关系，当输入电平大于−3.25dB 时会发生削顶失真。图 9-5（c）、（d）两个图是频域仿真结果，图 9-5（c）是 z 平面的零极点分布图，有一个实数极点和一对共轭极点，3 个零点本来重合在（1+j0）点，由于零点优化使 2 个实数零点分裂成共轭零点，局部放大后如图 9-6 所示。图 9-5（d）所示的是噪声整形后的频谱图，噪声被挤出基带，分布在高频范围，提高了已调信号的信噪比。

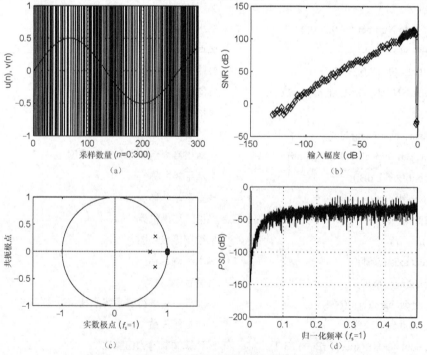

图 9-5　3 阶 CIFB 结构的时域和频域特性（仿真）

此组仿真结果全面显示了三阶 CIFB 结构的功能和理论性能指标，是实现后述 D 类放大器的基础，如果在制作中遇到了问题，都可回到这里来寻找理论依据。

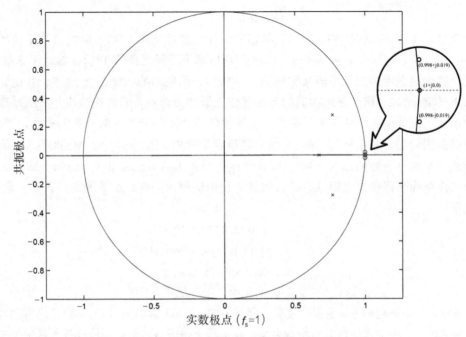

图 9-6　零点优化引起的零点分裂（仿真）

从图 9-6 可以看出零点优化把一对重零点分裂成一对共轭零点（0.998+j0.019）和（0.998–j0.019），这样做能获得什么好处呢？从图 9-7 可以看出，量化噪声传输函数的零点从零赫兹移到 18.7kHz 处，在信号频带里噪声传输函数不再从原点单调上升，而是水平分布，使带内噪声进一步减小 2 ~ 4dB。

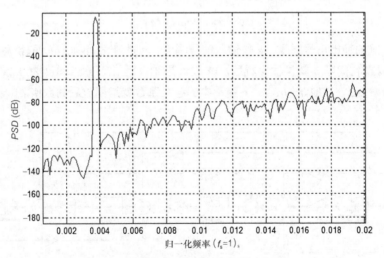

图 9-7　零点优化的基带噪声频谱（仿真）

9.2.4　设计工程电路

图 9-4 所示的三阶 CIFB 结构有 4 个前馈支路和 3 个反馈支路，共有 11 个系数需要整定。把运行脚本程序后在 MATLAB 右上角工作区 workspace 中存储的 4 个系数变量导出来：

a=[0.0440, 0.2879, 0.7999]

b=[0.0440, 0.2879, 0.7999, 1]

c=[1, 1, 1]

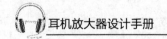

$$g=[3.6142e\text{-}04]$$

分析变量a，b，c后发现DSToolbox工具箱的设计思想是把式（9-1）中的信号传输函数设置为1，故$a_1=b_1$，$a_2=b_2$，$a_3=b_3$，$c_1=c_2=c_3=1$。EDA工具是基于性能优良的OP积分器计算这些系数的，而作者设计的电路是用集成反相器来实现这个结构的，门电路的指标远低于OP。且设计的D类耳机放大器电压增益为2，因为是用相同的反相器作三级积分器的，无法整改积分器的动态范围，故必须修改系数c使$c_1 \neq c_2 \neq c_3$。从物理上讲相当于缩放信号通道三个积分器的放大倍数，因为不稳定因数主要是由积分器饱和引起的，第1级积分器最容易饱和，第2级次之，第3级不太容易饱和，根据这一特点调整信号通路的放大系数c，就有可能在所要求的电压增益下，使信号的输出保持低通特性，而对量化噪声保持高通特性，并且使放大器仍能稳定工作。反复调制仿真后，最终修改后的系数如下：

$$a=[\ 0.33,\ 0.337,\ 0.301]$$

$$b=[\ 0.1,\ 0.2879,\ 0.7999,\ 1]$$

$$c=[0.196,\ 0.455,\ 1]$$

$$g=[2.5e\text{-}04]$$

缩放系数以后，电路的性能会发生变化。利用 DSToolbox 工具箱提供的函数仿真得到的结果是理想模型的极限指标，在方案论证时有指导意义，在工程上是难以达到的。修改系数是根据工程目标而进行的，极限指标会有所下降，实际上到底下降了多少，必须做到心中有数。为此利用修改后的系数在 Simulink 上建立一个 3 阶 CIFB 结构 Δ-Σ 调制器的小信号行为模型，如图 9-8 所示。信号源用 0.22V/20kHz 正弦波，采样频率为 6MHz。积分器用延时一拍的离散时间累加器，z 域传输函数是 $z^{-1}/(1-z^{-1})$ 或者 $1/(z-1)$。量化器的输出为

$$y = q \times round\,(u/q) \tag{9-4}$$

式中，y 是量化器的输出信号幅度，u 是输入信号幅度，q 是量化间隔。u/q 取整后是输入信号被量化的台阶数，乘以量化间隔 q 就是输出幅度。本设计是 1bit 量化，输入幅度为 2.2V，故 q 设置为 2，$round\,(u/q)=1$，$y=2$。其他 a、b、c、g 变量中的各个系数就是缩放后的数值。

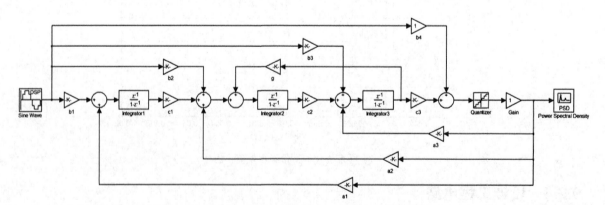

图 9-8　简化结构的小信号模型

仿真上面的电路，在虚拟功率谱密度示波器 PSD 上显示出仿真结果如图 9-9 所示，信噪比是 95.3dB，分辨率是 15.54bit。这就是工程样机所能达到的最高指标。

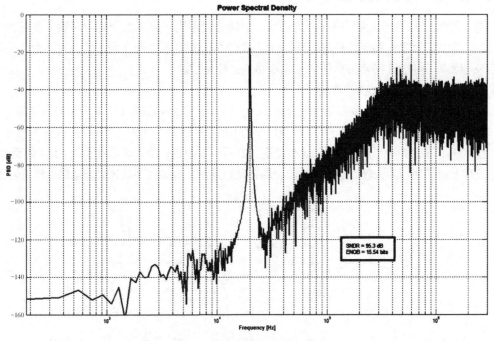

图 9-9　简化结构的频谱特性

9.3　实验模拟信号输入的分立元器件 PDM 耳机放大器

本节是以上一节的电路结构和仿真结果为依据，用集成反相器为基本器件设计一个实验电路，使测试指标达到入门级高保真耳机放大器水平。

9.3.1　把离散时间域的模型转换成连续时间域的电路

上述仿真是在 z 域进行的，但我们的目标是设计一个输入模拟信号的 D 类放大器。如果要继续作仿真就必须把 z 域模型转换成 s 域模型，这相当于从数字电路回到了模拟电路。为什么一开始不从模拟电路入手设计呢？因为电脑是数字的，它对模拟电路的仿真是采样后在数字域进行的，然后把结果进行 DAC 转换再以模拟形式交给用户。这些工作是计算机在后台完成的，只是用户感觉不到而已。这样反复 ADC/DAC 过程会产生截断误差和积累误差，而且软件对模拟电路的仿真要慢得多。如果一开始就在数字域入手设计，就可以利用丰富的数字资源加快设计进程，待设计完成后再转到模拟域实施，精度损失会少一些。

从数字模型转换到模拟电路首先要评估开关频率引起的信噪比损失，因为上面的仿真是基于采样频率为128倍过采样频率而进行的，如果用CD唱片44.1kHz标准作基准，44.1×128=5.6448MHz，目前的MOS管在这样高的频率下工作，开关损耗就会使D类放大器效率高的优点丧失殆尽，但降低时钟频率就会使信噪比急剧下降。解决的办法是在音质和效率之间取折中，这里是用迟滞量化的方法把平均开关频率降低到600kHz左右，信噪比大约损失21dB。缩放系数后的电路模型的信噪比是95.3dB，如果减去迟滞损失的21dB还有74.3dB的信噪比。这就是实际电路能达到的指标。

9.3.2 用反相器实现单元电路的功能

如果不考虑成本 OP 能实现模块中的功能，性能也能得到保障，鉴于这个实验主要是为学习目的而设计的，本文选择了一种更廉价的方法，就是用 CMOS 集成反相器实现目标设计。为此下面先介绍如何用反相器实现图 9-8 所示方框图中单元电路的工作原理。

1. 用反相器实现放大器的功能

如果把反相器的工作点偏置在线性过渡区域，反相器就可以等效成图 9-10 所示的恒流源负载共源放大器，开环电压增益 $G_o = -g_m \times r_o$。在 5V 工作电压下，74HCU04 的跨导大约为 1mA/V，线性内阻 r_o 在 100kΩ 以上，故有不小于 100 倍的开环增益。也就是说，它可以等效成一个开环增益等于 40dB 的反相放大器，这就是反相器用于线性放大器、电平比较器、施密特触发器、晶体振荡器等功能电路的理论基础。

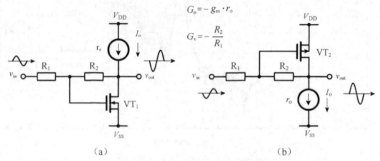

图 9-10　反相器的信号放大原理

反相器用于线性放大的实际电路如图 9-11 所示，这是一个典型的负反馈放大器，闭环电压增益 $G_v = -R_2/R_1$。如果如 $R_2 > R_1$，就是一个反相放大器，如图 9-11（a）所示。如果 $R_2 = R_1$，就是一个增益为 1 的线性反相器，如图 9-11（b）所示。当然也能组成反相衰减器，见图 9-22 中的零点优化电路。

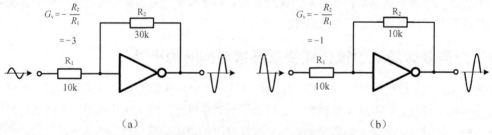

(a)　　　　　　　　　　　　　　　(b)

图 9-11　反相器用于线性放大的实际电路

2. 用反相器实现积分器的功能

把反相器按图 9-12 连接，在放大器的输入和输出端跨接一个电容形成串联电压负反馈，这就是经典的密勒积分电路，它是一个负向积分器，积分时间常数等于 RC，如果反相器的开环增益趋于无穷大，输出电压等于：

$$v_o = -\frac{1}{RC}\int v_{in}dt = -\frac{1}{j\omega RC}v_{in} \qquad (9\text{-}5)$$

传输函数为：

$$G(j\omega) = \frac{v_o}{v_{in}} = -\frac{1}{j\omega RC_{in}} \qquad (9\text{-}6)$$

实际上反相器的开环增益是有限的，只有 40dB 左右，用上式表示会引起较大的误差。考虑有限开环增益后的传输函数为：

$$G(\mathrm{j}\omega) = -\frac{A}{\mathrm{j}\omega(RCA+RC)+1}$$

$$\approx -\frac{A}{\mathrm{j}\omega RCA+1}$$

(9-7)

分母中引入了一个极点，实际的积分初始值是从 A 开始按 RC 时间常数下降的；而理想的密勒积分初始值是从无穷大开始按 RC 时间常数线性下降，如图 9-12（b）所示。

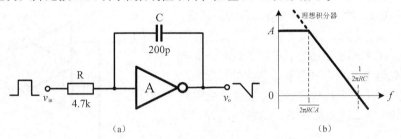

图 9-12 反相器组成的积分器

积分器是 D 类放大器中的重要电路，还可以用作噪声整形器和移相器。

3. 用反相器实现电平比较器的功能

在 D 类放大器中电平比较器是核心器件，它把模拟信号量化成 1bit 的数字信号。集成反相器的阈值电压是固定的，大约是电源电压的 1/3 ~ 1/2。阈值不在中点是因为在沟道面积相同的条件下，PMOS 管的沟道电阻是 NMOS 管的 2.8 倍。在集成电路设计中，原理上只要把 PMOS 管的沟道面积设计成 NMOS 管的 2.8 倍，就可以得到 $V_{dd}/2$ 的阈值电压。但为了在成本和性能上取折中，于是就产生了 $V_{dd}<1/2$ 阀值的行业潜规则。

利用相同型号的反相器的阈值电压固定不变这个特点，只要输入信号大于阀值，反相器就导通；反之，反相器就截止。显然这符合电平比较器的逻辑。这种门电路比较器是单端输入比较器，如图 9-13 所示，参考电平就是阀值电平，隐含在芯片的物理结构中，理解起来比较抽象，使用起来却非常简单，缺点是参考电平不能随意改变。

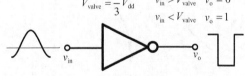

图 9-13 反相器组成的电平比较器

4. 用反相器实现施密特触发器的功能

把两个反相器如图 9-14（a）串联起来，在输入和输出端跨接一个电阻，相当于在电平比较器上施加了电压并联正反馈，使比较器的阈值随反馈电压而变化，类似软磁材料的磁滞特性。迟滞宽度由 R_2 和 R_1 的比值决定，比值越大，窗口越窄，如图 9-14（b）所示。如果在输入端对地接一个小电容，迟滞窗口就会随频率变化，频率升高，窗口宽度减小，这个特性对稳定自振荡 D 类放大器的频率非常有用。

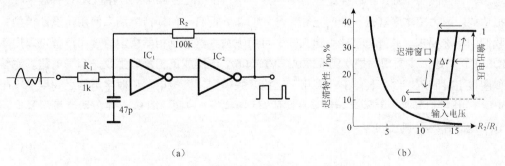

图 9-14 反向器组成的可变窗口施密特触发器

5. 用反相器实现电流开关的功能

反相器本身就是一个开关电路，不过一个反相器的最大输出电流只有 20mA（74AC04），要得到更大的电流，必须把几个到十几个反向器并联起来使用。图 9-15 所示电流开关用两个 74AC04 芯片，共 12 个反向器并联起来，最大可输出 240mA 的电流，驱动耳机就已经绰绰有余。

6. 用反相器实现晶体振荡器的功能

石英是氧化硅压电晶体，振荡频率不太受电压变化和环境温度的影响，广泛用于时钟脉冲和时间基准。石英振子有两个谐振频率：串联谐振频率 f_s 和并联谐振频率 f_p。在 $f_s \sim f_p$ 的阻抗呈感性，可以等效成一个电感 L 和一个小电阻 R 串联，并且有非常高的稳定性，晶体振荡器就是利用这个等效电感和外接电容组成频率稳定度较高的电容三点式振荡器，如图 9-16 所示，振荡频率等于 $f_o = \dfrac{1}{2\pi\sqrt{LC}}$。反相器 IC_1 起能量补充作用，维持等幅振荡。反相器 IC_2 起缓冲隔离作用，防止外部电路的影响振荡频率，同时起振荡波形整形作用。

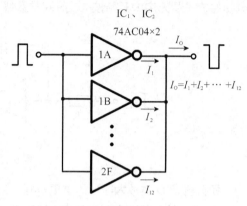

图 9-15　反相器组成的电流开关

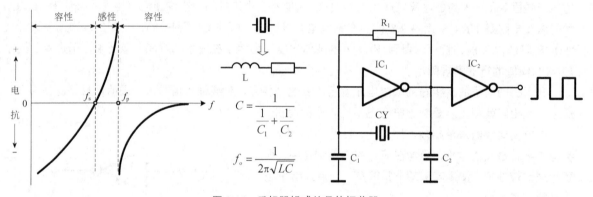

图 9-16　反相器组成的晶体振荡器

9.3.3　构建仿真电路

理解了反相器的上述功能以后，我们就可以用反相器来构建 PDM 耳机放大器的目标电路了。为了节约时间和做到心中有数，还是先搭建一个接近目标电路的模拟仿真电路。这时 MATLAB 就派不上用场了，这里改用 PSPICE 软件比较方便快捷，不过 PSPICE 库中的 74HC04 只有数字模型，不支持模拟功能。因为它本来就是一个门电路，是我们非要把它当作模拟电路来使用，设计模型的人没有考虑我们的特殊要求。只好自己动手建立一个可用于放大器的反相器模型，这个模型可以用库中自带的 MOSFET 搭建，本文用的是 ZVP3310A/ZVP3306A 连接成反相器后生成一个子电路。完整的仿真电路如图 9-17 所示，半桥开关 S_1、S_2 用了压控开关模型，模拟电路和数字电路之间用了电压控制电压源 $E_1 \sim E_3$ 作接口转换，其他电路都是真实的器件模型。（注意：图 9-17 中的数字标号是电路的节点名称，不是芯片的引脚号。）

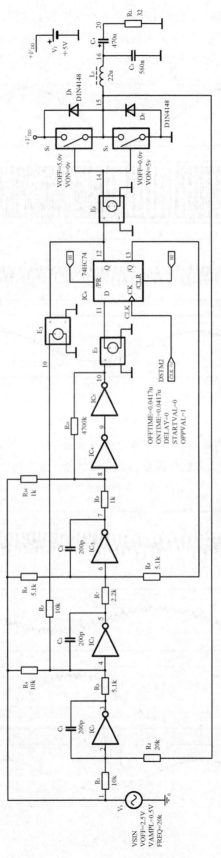

图 9-17 PDM 耳机放大器的目标电路（仿真）

在图 9-18 所示的仿真结果中，4 个波形图为 1 组从下到上排列，第 1 层是输入信号 $V_{(1)}$，第 2 层是第 3 级积分器输出的误差信号 $V_{(7)}$。第 3 层是量化器输出的 PDM 信号 $V_{(12)}$。第 4 层是在 32 欧姆负载上还原的输出信号 $V_{(20)}$，它与输入信号的相位相反，有大约 $7\mu s$ 的延迟。

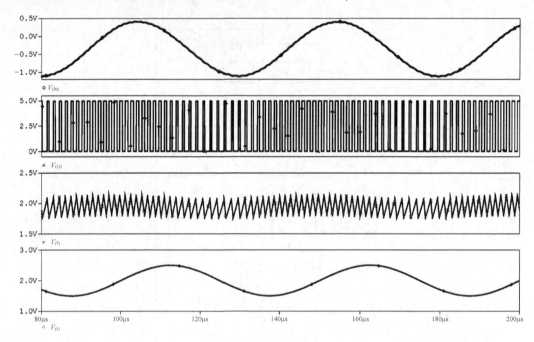

图 9-18　仿真波形之一

图 9-19 所示的是另一组仿真波形，从下到上第 1 层是输入信号 $V_{(1)}$，第 2 层是第 1 级积分器输出的误差信号 $V_{(3)}$。第 3 层是第 2 级积分器输出的误差信号 $V_{(5)}$。第 4 层是第 3 级积分器输出的误差信号 $V_{(7)}$。

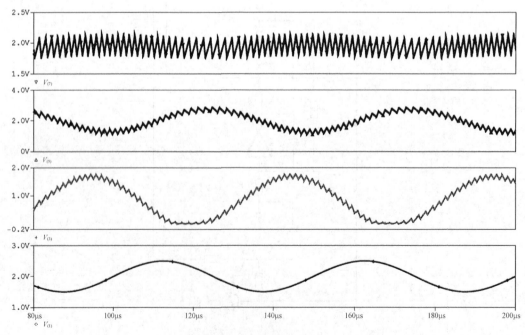

图 9-19　仿真波形之二

图 9-20 所示的是又一组仿真波形，从下到上第 1 层是 12MHz 的时钟信号 SDTM2，第 2 层是量化器输出的反相 PDM 脉冲信号 $V_{(13)}$，第 3 层是量化器输出的同相 PDM 脉冲信号 $V_{(12)}$，第 4 层是第 3 级积分器输出的误差信号 $V_{(7)}$。

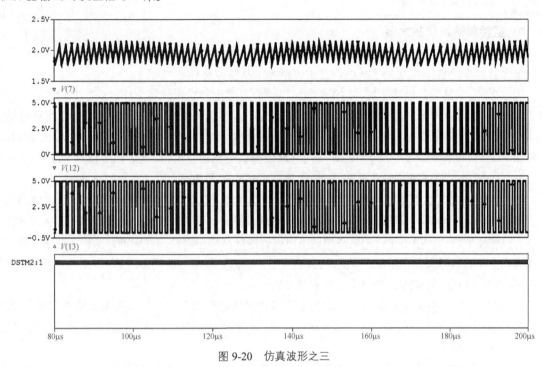

图 9-20　仿真波形之三

图 9-21 中的波形是图 9-20 所示水平轴刻度展宽 20 倍后的波形，除了 12MHz 的时钟信号分辨不清楚外，其他的 3 个波形都能看清楚细节。三角波形状的误差信号和量化后的脉冲方波是 D 类放大器信号处理过程中的典型标志，它揭示了把正弦波音频信号变换成 PWM 脉冲信号的过程。

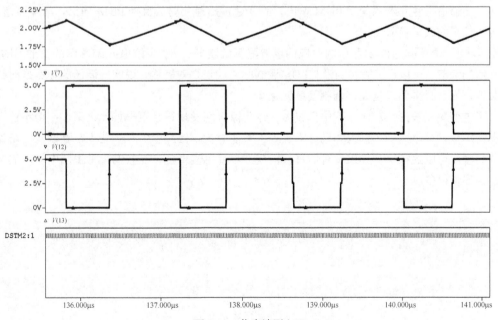

图 9-21　仿真波形之四

9.3.4 设计实际电路

1. 实验单端耳机放大器

目标电路经过上述仿真后就可以确信它具有 PDM 放大器的功能，而且性能良好。用集成反相器实现这个目标电路详细步骤如下所述，并用仪器测试其性能指标。

图 9-22 所示是实际电路，IC_1 中的 6 个反相器分别用作三级积分器（1F、1E、1D）、施密特比较器（1A、1B）和脉冲整形器（1C）。IC_2 用于零点优化，这是一个反相衰减器，调节 R_6 可获得系数为 g 的数值。IC_3 是集成 D 触发器 74HC74，用于 PDM 调制。IC_4、IC_5 组成晶体振荡器，输出 12MHz 方波用作 PDM 调制器的时钟。IC_6 中的 6 个门并联做栅极驱动器，IC_7 和 IC_8 中的 12 个门并联作半桥开关。L_1、C_9 组成二阶低通滤波器用来从 PDM 脉冲中再生音频信号。

特别注意：本电路全部使用低压CMOS芯片，焊接时要带上防静电手挽，烙铁要可靠接地确保不漏电。否则，芯片易损坏。不要以为现在的芯片内部都有保护电路，就任由你随便操作。许多人的DIY经历中有过惨痛的教训，精心设计的电路调试不出设计指标，结果都是芯片受损，指标大幅度下降所致。在我国北方干燥的冬天，在湿度只有9%的实验室里，手上的静电电压到达2300V，夏天也有400多伏，而低压CMOS的耐压只有7V，静电保护只有2000V。

图 9-23 所示是与图 9-18 所示的对应的示波器测试波形，从下到上第 1 通道是输入信号，第 2 通道是第 3 级积分器输出的误差信号，第 3 通道是量化后的 PDM 脉冲，第 4 通道是还原后的输出信号。重建后的信号与输入信号相位相反，而且延迟了 6.8μs。

图9-24所示的是与图9-19所示的对应的示波器测试波形，从下到上第1通道是输入信号，第2通道是第1级积分器输出的误差信号，第3通道是第2级积分器输出的误差信号，第4通道是第3级积分器输出的误差信号。

图 9-25 所示的是与图 9-20 所示的对应的示波器测试波形，从下到上，第 1 通道是 12MHz 的时钟信号，第 2 通道是量化器的同相 PDM 输出，第 3 通道是量化器的反相 PDM 输出，第 4 通道是第 3 级积分器输出的误差信号。

图9-26所示的是与图9-21所示的对应的示波器测试波形，即上面的图9-25所示的波形沿时间轴水平展开后的细节，可以看出时钟的沿与PDM调制脉冲的沿是对齐的，说明已调波的脉宽是时钟周期的数倍关系，而且时钟频率越高，调制精度就越高。

看了这些测试波形，对比一下仿真波形，你会惊奇地发现符合度是如此之高，不得不让人惊叹计算机和EDA软件的强大威力。人类已进入了人工智能时代，但至今仍有一些人在互联网上辩论仿真是不是伪科学。可以这样讲，如果没有仿真，科技进步就会慢得多，而我们日常生活中使用的电子产品价格也会昂贵得多。

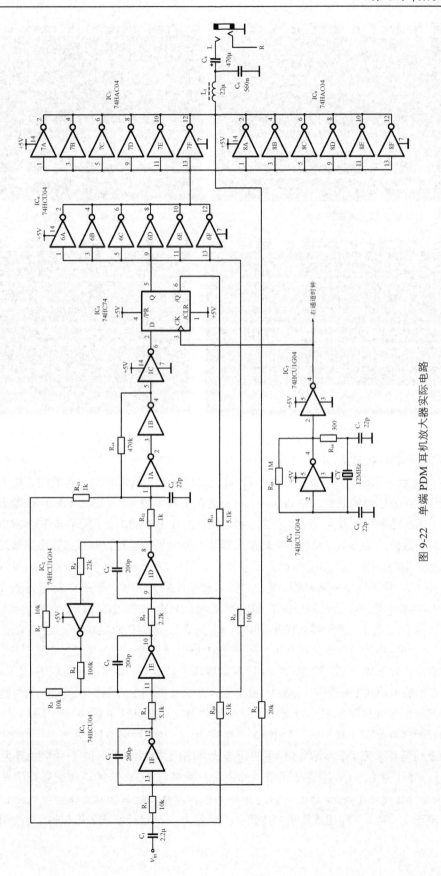

图 9-22　单端 PDM 耳机放大器实际电路

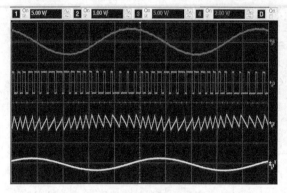

图 9-23　测试波形之一

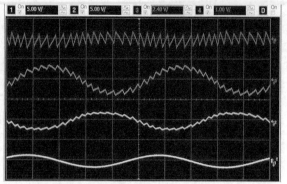

图 9-24　测试波形之二

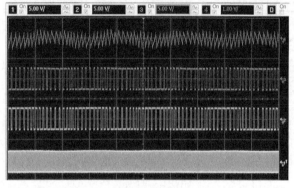

图 9-25　测试波形之三

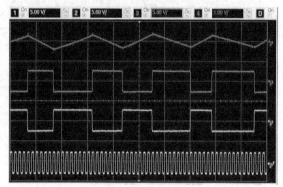

图 9-26　测试波形之四

2. 实验平衡耳机放大器

图 9-22 所示单端耳机放大器是为学习目的而设计的, 仿真和测试结果均表明它能还原和放大音频信号, 但还存在着明显的缺点, 如 Pop 声, 非线性失真和电磁干扰问题。Pop 声是输出耦合电容充放电引起的, 非线性失真是调制过程的非线性引起的, EMI 是 PWM 上下沿的吉布斯 (Gibbs) 效应产生的。最简单有效的解决办法是用两个单端放大器组成差分平衡电路, 并且在输出端增加共模滤波器。

改进后的电路如图 9-27 和图 9-28 所示。其中, 图 9-27 所示的是小信号电路, 可以接受单端信源和差分信源, IC_1 是单位增益反相器, 把单端信号转换成差分信号, 用开关 S_1 进行差分信源和单端信源选择。IC_2 中的 6 个反相器分别用作 L+通道的三级积分器 (2F、2E、2D)、施密特比较器 (2A、2B) 和脉冲整形器 (2C)。IC_3 用于零点优化。IC_4、IC_5 完成 L-通道的对应功能。IC_6 是集成 D 触发器, 用于 PDM 调制。IC_7 中的一个反相器 (7F) 用于 12MHz 晶体振荡, 另外 4 个反相器 (7E、7D、7C、7B) 用于时钟驱动, 剩下的一个反相器 (7A) 输入端接地闲置不用。为了尽量做到 L+与 L-通道的平衡匹配, 决定系数的电阻用 E96 系列误差±1%的电阻, 至少也要用 E24 系列误差±5%的电阻。

输出级和再生滤波器如图 9-28 所示, 是典型的 BTL 输出级, IC_8、IC_9 用于驱动, 它是用六个单级结构的反相器并联驱动输出级。由 IC_{10}、IC_{11} 和 IC_{12}、IC_{13} 组成 BTL 输出级, 每臂由 12 个三级串联结构的反相器并联而成, 74AC04 的输出电流比 74HCU04 大 5 倍, 12 个并联的最大输出电流大于 200mA, L_1、C_{15} 和 L_2、C_{16} 组成 2 阶低通滤波器, 用来把 PDM 脉冲还原成音频信号, 极点频率是 45kHz。互感 ML_1、ML_2 和电容 C_{17}、C_{18} 组成共模滤波器, 能有效滤除信号中的开关纹波和从电源混入的共模干扰。R_{33}、C_{19} 组成茹贝尔电路、把感性耳机音圈补偿成近似阻性, 增加电路的稳定性。

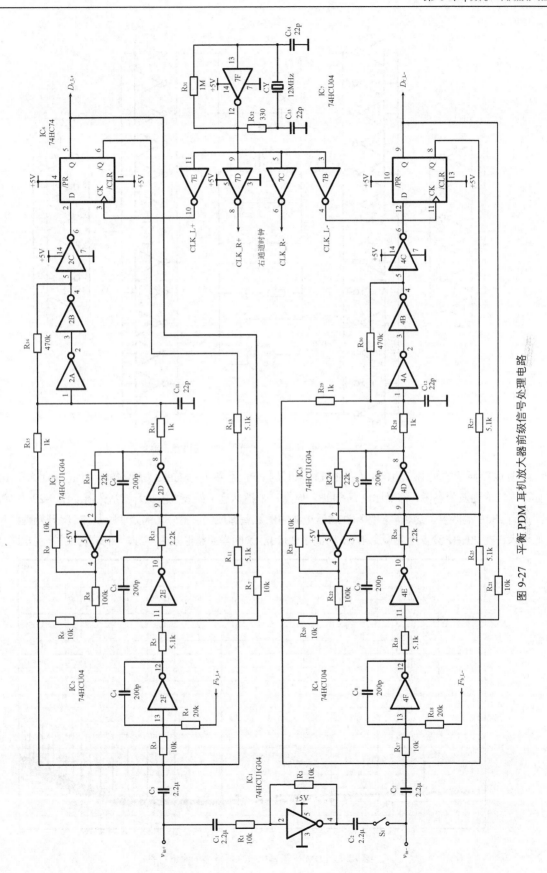

图 9-27 平衡 PDM 耳机放大器前级信号处理电路

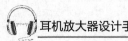

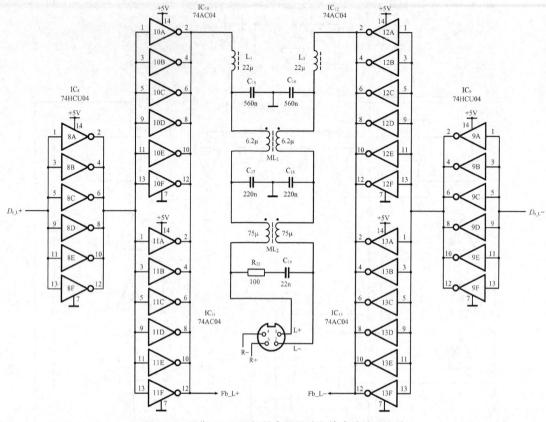

图 9-28 平衡 PDM 耳机放大器驱动和输出滤波器电路

图 9-29 所示的是 1kHz/100mV 正弦波输入时的 FFT 频域特性，如果以底噪作参考，信噪比大于 100dB。如果以二次谐波为参考，信噪比只有 60dB，显然这个指标远不如线性模拟耳机放大器。图 9-29 中 50Hz 的频点有 28dB 的幅度，这是电网频率在稳压电源中的泄漏造成的。另外，高频底噪从 4kHz 开始随频率升高而增大，在 20kHz 频点上底噪比 4kHz 升高了 30dB。说明噪声整形效果不好，需要选择更好的电路结构。

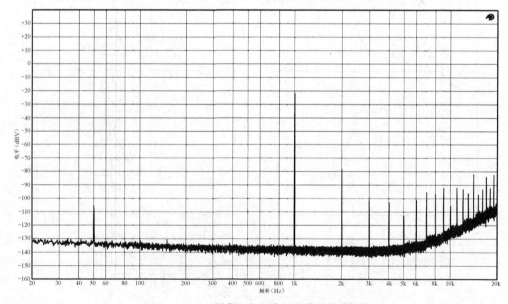

图 9-29 PDM 平衡耳机放大器电路的频谱特性

本文介绍的这个数字耳机放大器是 20 年前为验证集成电路 D 类放大器所设计的原型机，性能指标显然比不上商品集成电路，但这个实验涉及了 ΔΣ 音频重放的全过程，不存在黑匣子，是难得的学习资料。本书倡导的核心观点是学习和动手，DIY 是最深刻地学习，工匠和大师都是从 DIY 中成长起来的。

9.4 实验数字信号输入集成电路 PDM 耳机放大器

这个数字耳机放大器的结构如图 9-30 所示，由接口电路、AES/S/PDIF 解调器、数据电平转换器、PDM 放大器、重建滤波器、控制电路和电源组成。

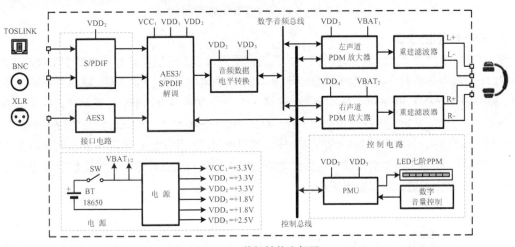

图 9-30　整机结构方框图

9.4.1　数字音频信号传输接口器件和电路

1. 光导纤维接口

图 9-31 所示的是 S/PDIF 数字音频格式的光电接口，功能是把从光导纤维传输来的激光信号转换成电信号，所用的器件是 TOSHIBA 公司的 TORX147PL 光电转换器，内部结构是一个光电二极管，利用光电效应将光信号转换成电信号。数据手册上给出的标称传输速率为 60Mbit/s，最高码率为 120Mbit/s，标称工作电压为 3.0V，可在 2.7 ~ 3.6V 电压下正常工作。在标称工作电压下输出低电平为 0.2V，高电平为 2.5V，工作电流为 10 ~ 15mA。为了减少电源纹波影响，电源经过一个二阶 LC 滤波器接入内部的光电二极管，滤波电容要靠近 3 脚和 2 脚连接，最小电容为 0.1μF。由于下一级芯片的输入接口有直流电平，这里采用的是交流耦合。

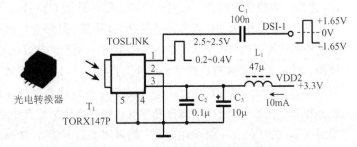

图 9-31　S/PDIF 数字音频格式光电接口

2. 同轴电缆不平衡接口

图 9-32 所示的是 S/PDIF 数字音频格式的同轴线接口电路。由于在 IEC-60958 规范中单端数字接口的低电平是 0.2V，高电平是 0.5V，故增加了放大和整形电路。第一级集成反相器 IC₁ 连接成放大器，对输入信号进行限幅放大，再由第二级反相器 IC₂ 进行波形整形后交流耦合输出。

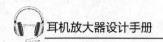

耳机放大器设计手册

连接器可以用莲花插座（RCA）或 Q-9 插座（BNC），后者的阻抗特性固定，输出信号更稳定一些。

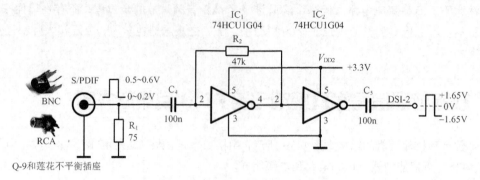

图 9-32　S/PDIF 数字音频格式同轴接口

3. 双绞线平衡接口

图 9-33 所示的是 AES3 数字音频格式的双绞线平衡接口，连接器选择了小型卡侬插座（XLR）。AES/EBU 规范中平衡数字接口输出的低电平是 0.2V，高电平是 2～7V，可见驱动力强劲，可以无源传输。耦合器件选择了 PE-65612 磁隔离器，这是一个 1:1 的脉冲变压器，初级电感量为 2.5mH±20%，最大漏感为 0.5μH，−3dB 带宽为 100kHz～55MHz，传输速率为 1～7Mbit/s，虽然速率不及光电转换器，但初、次级绕组之间具有 2kV 的隔离电压，可靠性很高。为了防止信源的直流电平加在初级线圈上产生磁饱和，初级采用了交流耦合，后级电路的输入端虽然有直流电平，由于是等电位不会在变压器次级线圈上产生电流，可以直流耦合。

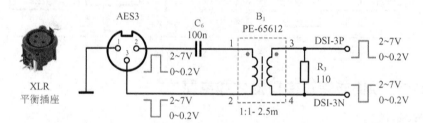

图 9-33　AES3 数字音频格式双绞线接口

9.4.2　AES/SPDIF 解调器

图 9-34 所示的是这个模块的电路图，这个电路的功能是把来自信源的串行 PCM 码流转换成 3 线 I^2S 格式，也包含左对齐、右对齐格式。芯片选用 CS8416，有 8 个输入口，3 个口分别接受来自平衡双绞线、光导纤维和铜轴电缆的音频 PCM 码流，另外 5 个输入口闲弃不用。该芯片能接受 32～192kHz 采样率的码流，内部的 PLL 能从输入码流中恢复时钟或者把外部 12.288MHz 时钟分频成与输入音频数据同步的时钟。芯片有软件硬件两种工作模式，在软件模式下需要用外部微处理器通过 SPI 或 I^2C 总线操作，能实现完整的功能和灵活的设置；硬件模式能独立工作，不过会失去一些功能。本机采用了软件模式，需要一个 MCU 做控制单元。该芯片还需要 3 个电源，模拟电源 VA、数字电源 VD 和逻辑电源 VL，为了简化电源设计，它们都采用 3.3V 电压，由高 $PSRR$ 低压差稳压器（LDO）供电。

1. 工作模式

（1）软件模式

在该模式下有两个启动选项引脚 SDOUT 和 AD2/GPO2，需要把 SDOUT 引脚通过一个 47kΩ 电阻拉高至 VL（3.3V 或 5V）电平，这样芯片就被设置为软件模式。另一个启动选项引脚是 AD2/GPO2，需要用 47kΩ 电阻上拉至逻辑电源 VL 或下拉至 DGND，本机是上拉到 VL，作用是设置总线地址和软件版本寄存器 7FH 中的 VER3 位，协助 I²C 总线寻址和识别芯片版本号。

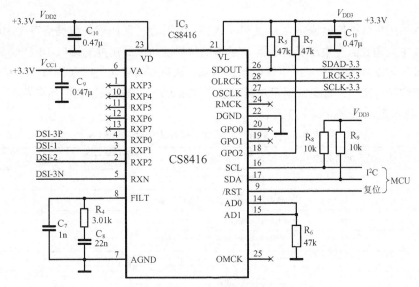

图 9-34　CS8416 在软件模式下的外围电路

在软件模式下必须由 MCU 参与才能实现操作，本机选择 I²C 总线控制方式，如图 9-34 所示有 3 个引脚与 MCU 连接，MCU 对芯片的每次操作都要先访问寄存器 7Fh，该寄存器的高 4 位 ID[3:0] 用来设置芯片地址，固定为 0010。低 4 位 VER[3:0] 用来设置芯片版本号，其中用引脚 AD2/GPO2 设置 VER3 位，用引脚 AD1/CDIN 设置 VER2 位，用引脚 AD0/$\overline{CS}$ 设置 VER1 位，在本机中后两个引脚都通过 47kΩ 电阻下拉到地电平。VER0 位没有引脚映射，用软件定义 I²C 总线的操作方向：0 表示写操作；1 表示读操作。$\overline{RST}$ 为复位信号，当 $\overline{RST}$ 为低电平时，CS8416 进入低功耗模式，所有内部状态（包括控制端口和寄存器）均被复位，并且音频输出被静音；当 $\overline{RST}$ 为高电平时，控制端口变为可操作状态，把所需的设置输入到控制寄存器中，然后向寄存器 04H 中的 RUN 位写入 1 使芯片退出低功耗状态，待 PLL 稳定后，将解码后的音频数据从 3 线端口输出。

在软件模式下，有 3 种方法可以访问接收到的 AES3/SPDIF 流中编码的通道状态（C）、用户（U）和 /EMPH 位。第 1 个方法是直接通过寄存器访问。通道状态块的前 5 个字节从数据流中解码后存放在通道状态寄存器为 19H～22H。其中 19H～1DH 中是 A 通道状态数据，1EH～22H 中是 B 通道状态数据，MCU 可通过 I²C 总线读取。本机采用了这种方法。

第 2 个方法是把 C、V 位输出到 GPO 引脚，传送到系统 DSP 或 MCU 进行处理。使用这种方法只要设置控制端口寄存器 02H 和 03H 中的 GPOxSEL 位，就能把 C、V 映射到某一个 GPO 引脚，另外两个 GPO 的其中一个用来输出通道数据块 RCBL，另一个作虚拟时钟 VLRCK，它的频率等于接收器恢复的采样率，时序图如图 9-35 所示。

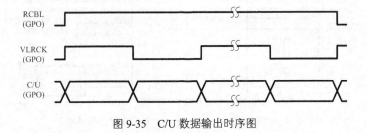

图 9-35　C/U 数据输出时序图

第 3 种方法是用系统 DSP 或 MCU 直接从芯片的 SDOUT 的输出音频数据流中识别和剥离 C、U。这种方法只能在 AES3 直通模式中使用，工作在直通模式要把寄存器 05H 中的 SORES[1:0]设置为 11。

如果输入的用户数据位已编码为 Q 通道子代码，芯片会把解码后的数据寄存在 10 个连续的寄存器 0EH ~ 17H 中，通过启用中断以指示新 Q 通道的解码块可以经由控制端口（I²C 或 SPI）读取。

软件模式下可以从寄存器 0CH 中读取错误信息，该寄存器包含的错误信息见表 9-1。错误发生时未屏蔽的错误位被置高，一直保持到用户读取该寄存器为止，除非错误源仍然存在，否则读取该寄存器后会置 0。被屏蔽的错误位则一直为 0。

表 9-1　寄存器 0CH 中错误标志位和错误信息

错误标志	位 bit（x）	错误内容
QCRC	6	Q 子代码数据中的 CRC 错误
CCRC	5	通道状态数据中的 CRC 错误
UNLOCK	4	PLL 锁定状态
V	3	数据有效性（是否 PCM 编码）
CONF	2	UNLOCK 和 BIP 的逻辑或运算结果（可信度）
BIP	1	双相编码错误
PAR	0	输入数据中的奇偶校验错误

与 0Ch 对应的错误屏蔽寄存器 06H 允许屏蔽上述的单个错误，该寄存器中的默认值是 00H。如果屏蔽位设置为 1，则表示未屏蔽该位错误，错误将在 0CH 寄存器中被报告。未屏蔽的错误会在寄存器 0DH 中的 RERR 位引发中断，并根据寄存器 02H 中的 HOLD[1:0]的状态影响当前的音频样本。但 QCRC 和 CCRC 错误，即使未屏蔽也不会影响当前的音频样本。

（2）硬件模式

在硬件模式下，芯片能独立工作，但需要注意的是在硬件模式下芯片的部分引脚名称与软件模式下不同，如图 9-36 所示。由于没有 MCU 协助设置寄存器，需要把图中标注*的引脚上拉到 VL 和下拉到 DGND 设置工作状态（TX 除外，芯片内部已上拉），这会牺牲一些端口和功能，例如，输入端口被限制到 4 个，另外 4 个被用来设置输入和输出端口的选择。

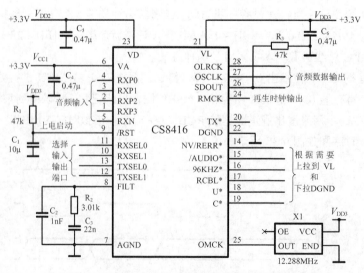

图 9-36　CS8416 工作在硬件模式下的外围电路

SDOUT 引脚仍然用作启动选项，通过一个 47kΩ 电阻下拉到 DGND，启动后芯片被设置为硬件模式，/RST 引脚上要有上电启动电路，上电时/RST 为低电平，所有内部状态均被复位。直到电容 C1 上的电压上升到稳定值后，芯片硬件模式启动（表 9-2），其他寄存器被设置为默认数值。待内部 PLL 频率稳定后芯片进入正常工作状态。

表 9-2　硬件模式启动引脚条件

引脚名称	引脚号	下拉至 DGND 功能	上拉至 VL 功能
SDOUT	26	硬件模式	软件模式
RCBL	17	串口从模式	串口主模式
AUDIO	15	串行格式选择 1（SFSEL1）=0	串行格式选择 1（SFSEL1）=1
C	19	串行格式选择 0（SFSEL0）=0	串行格式选择 0（SFSEL0）=1
U	18	RMCK 频率=256×f_s	频率=128×f_s
TX	20	正常鉴相器更新速率	更高的鉴相器更新速率
96kHz	16	加重音频匹配关闭	加重音频匹配开启
NV/RERR	14	选择 NVER	选择 RERR

2. 数字音频接口

（1）数字音频输入接口的硬件电路

如图 9-37 所示，内部的接收器是一个施密特比较器，输入端 RXP[7:0] 和 RXN 被芯片内部的电阻偏置在 $VL/2$ 电平上（$N=0\sim2$），本机中 VL=3.3V，端口电平大约为 1.65V，故与前级电路单端连接时必须用交流耦合，差分连接时既可以交流耦合也可以直流耦合。

（2）8×1 输入矩阵式复用器

RXP[7:0] 输入端是一个 8×1 的矩阵式多路复用器，输入端口可从寄存器 04H 中的 RX_SEL[2:0] 位设置。如果想把输入信号从 GPO 直通输出，可

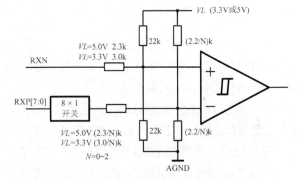

图 9-37　数字音频接口的硬件电路

以在 TX_SEL[2:0] 位选择输出，芯片只有 3 个 GPO 只能选择 8 路输入信号中的任意 3 路输出。要想获得从数据中恢复的时钟，可以把 RXD 位设置为 0，从而再生时钟就可从 RMCK 引脚输出。

（3）音频 3 线输出接口

AES3 解码数据可从 SDOUT、OSCLK、OLRCK 端口输出，常见的 3 线输出格式是 I²S、左对齐和右对齐三种格式，该芯片还提供 AES3 直通模式。接口的主从状态、串行时钟频率、数据与时钟的匹配关系、位时钟极性、数据的延迟等参数可在 05H 寄存器中设置。

（4）通用输出接口

芯片有 3 个通用输出接口 GPO0、GPO1 和 GPO2，可通过把寄存器 02H 和 03H 中的 GPOxSEL[3:0] 进行设置，14 个信号可路由到这 3 个通用输出引脚的任意一个上输出，如同一个 14×3 矩阵式分配器。可分配的信号如表 9-3 所示，当/RST 为低电平时所有 GPO 引脚默认为地电平，等效与控制码 0000。

表 9-3　GPO 引脚可以配置的信号

功能	控制码	数值和信号定义
GND	0000	固定低位
EMPH	0001	传入数据流中/EMCH 位的状态
INT	0010	中断输出
C	0011	通道状态位
U	0100	用户数据位
RERR	0101	接收器错误
NVERR	0110	非有效接收器错误
RCBL	0111	接收器通道状态块
96kHz	1000	如果输入采样率≤48kHz，则输出"0"；如果输入采样率≥88.1kHz，则输出"1"，否则输出不确定
AUDIO	1001	解码输入流的非音频指示器
VLRCK	1010	虚拟 LRCK。可用于构建 C 和 U 输出数据
TX	1011	通过控制 4 寄存器（04H）中 TXSEL[2:0]选择的 AES/SPDIF 输入的直通
VDD	1100	VDD 固定高电平
HRMCK	1101	$f_S \times 512$（注）

注：代码 1110～1111 保留，最高频率为 25MHz，不保证占空比，目标占空比=50%@f_S=48kHz。

3. I²C 接口

该芯片共有 40 个寄存器，芯片的 ID 寄存器地址为 7FH，其中的高 4 位固定为 0010，低 3 位由 AD2，AD1 和 AD0 引脚设置。本机中 AD2 上拉，AD1 和 AD0 下拉，故芯片的 I²C 地址为 0010100（14H）。最低位是 R/W 位（读为高，写为低）。低 3 位通过 47kΩ 电阻上下拉而没有直接拉高和拉低是为了方便用软件写入版本号。

该芯片的 I²C 总线最高速率 100kHz，故上拉电阻最大可选择 10kΩ。工作频率与音频数据没有关系，它是异步工作的。芯片内有一个硬件寄存器地址指针（MAP），在连续读操作时把要读取的寄存器地址写入 MAP，就可以连续读取 MAP 所指向的寄存器内容，AMP 会自动加 1。用这种方法能加速读取 0EH～17H、0EH～22H 以及 23H～26H 寄存器的数据。该芯片也兼容 SPI 总线控制，这种控制方式比 I²C 简单。关于 I²C 总线的工作原理请参考第 11 章的 11.4 节。

9.4.3　音频数据电平转换器

由于 CS8416 的音频数据输出高电平是 3.3V 或 5.0V，而下一级芯片的输入端口只能接受 1.8V 的高电平，需要在两个芯片之间插入电平转换器。本机选用 FXLP34，电路如图 9-38 所示。

9.4.4　PDM 放大器

由于没有合适的高保真数字音频耳机放大器

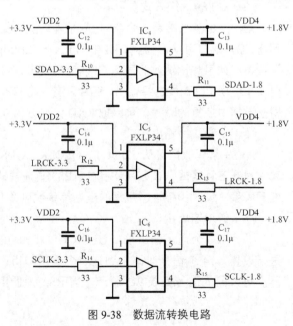

图 9-38　数据流转换电路

芯片可供选择，本机采用数字功率放大器 SSM4567 变通使用，这是一个输出功率为 1.42W（3.6V/8Ω）的单声道集成电路，内部功能包含数字音频接口、ΔΣ 数模变换器（DAC）和 D 类功率放大器。可工作在多比特 PCM 模式和 1 比特 PDM 模式，本机采用前者。图 9-39 所示是这一模式下的外围电路，双声道立体声放大器需要两个芯片，左声道芯片要把引脚 ADRR 下来到 AGND，右声道芯片则要上拉到 IOVDD。

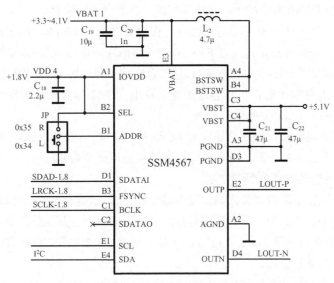

图 9-39　SSM4567 工作在多位 PCM 模式下的外围电路

1. 多比特 PCM 工作模式

在这一模式下有 4 种控制方式，见表 9-4，本机采用 I²C 控制方式。左声道芯片的地址是 0x34，芯片的 ADDR 引脚必须接 AGND 电平，作用是在 TDM1 时隙接收左声道数据；同样道理，右声道芯片的地址是 0x35，ADDR 引脚必须接 IOVDD 电平，作用是在 TDM2 时隙接收右声道数据。在其他 3 种控制方式下 I²C 总线不可用，引脚被用作状态控制位。

表 9-4　SSM4567 在 PCM 工作模式下的功能表

控制方式	I²C 地址	TDM 时隙	连接到引脚的信号					
			ADDR	SCL	SDA	SEL	BCLK	FSYNC
I²C	0X34	1	AGND	SCL	SDA	IOVDD	位时钟	帧同步
	0X35	2	IOVDD	SCL	SDA	IOVDD	位时钟	帧同步
	0X36	3	开路	SCL	SDA	IOVDD	位时钟	帧同步
独立 TDM 接口	N	1	47k 电阻上拉	AGND	AGND	IOVDD	位时钟	帧同步
	N	2	47k 电阻上拉	AGND	IOVDD	IOVDD	位时钟	帧同步
	N	3	47k 电阻上拉	IOVDD	AGND	IOVDD	位时钟	帧同步
	N	4	47k 电阻上拉	IOVDD	IOVDD	IOVDD	位时钟	帧同步
独立 I²S 接口	N	N	47k 电阻上拉	关断 Boost	关断 Boost	IOVDD	帧同步	位时钟
TDM	N	1	47k 电阻上拉	AGND	AGND	IOVDD	位时钟	帧同步
	N	2	47k 电阻上拉	AGND	IOVDD	IOVDD	位时钟	帧同步
	N	3	47k 电阻上拉	IOVDD	AGND	IOVDD	位时钟	帧同步
	N	4	47k 电阻上拉	IOVDD	IOVDD	IOVDD	位时钟	帧同步

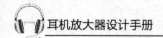

2. PCM 模式下音频接口的工作方式

如图 9-39 所示该芯片的串行音频接口是 4 线结构,其中 3 根线是标准的 I²S 总线,另一根 SDATAO 是输出线,输出数据是 D 类放大器输出端口的电压、电流和电池的电压,本机没有用这个引脚。在 PCM 模式下串行音频接口可配置成标准 I²S、时隙 I²S 和 TDM 三种工作方式。标准 I²S 方式下串行音频总线上只能有一个芯片,时隙 I²S 和 TDM 方式都支持多芯片共享总线。工作方式可在寄存器 04h 中的 SAI_MODE 和寄存器 05h 中的 MC_I2S 位配置,后者会覆盖前者。

当 05H 中的 AUTO_SAI=1 时,串行音频接口根据 BCLK 和 FSYNC 的连接自动配置工作方式。如果 FSYNC 和 BCLK 正常连接且检测到 FSYNC 信号是脉冲波形时,接口自动配置为 TDM 工作模式;如果检测到 FSYNC 信号是 50%占空比方波时,接口自动配置为时隙 I²S 工作模式。当 FSYNC 和 BCLK 连接到相反引脚(互相交换)时,接口自动配置为标准 I²S 工作模式。设置为自动检测时,会忽略 SAI_MODE 位和 SDATA_FMT 位的值。

串行音频接口还能用作双向控制总线代替 I²C 访问寄存器,例如,把输出端电压、电流检测信息和电池电压数据通过端口传输到芯片外部处理,本机未使用这些功能。

3. PCM 模式下音频数据的缓冲方式

该芯片的数据输入接口和数据输出端口设有硬件缓冲器,数据从 SDATAI 输入后和从 SDATAO 输出前先存储在这些缓冲器中。为了区分数据存放的位置,把一个数据帧分为多个域,各域称为"放置点"。每个放置点的长度可以是 8 位、16 位或 24 位,时隙 I²S 方式和 TDM 方式的数据流的一帧中可包含多个长度不同的数据放置点。

当串行端口以标准 I²S 方式工作时,BCLK 引脚是位时钟,FSYNC 是左右声道时钟,SDATAI 是串行音频数据。按常规方式放置数据,通常是在 FSYNC 时钟的低电平期间放置左声道数据(通道 A),在高电平期间放置右声道数据(通道 A)。要兼容左对齐和右对齐格式,需要在寄存器 04h 中把 FSYNC_MODE 位设置为 1。图 9-40 所示的是标准 I²S 模式下放置点的时序图。

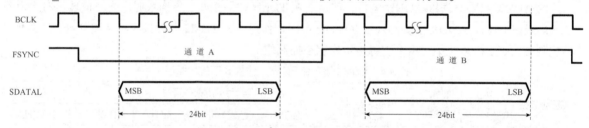

图 9-40　标准 I²S 模式下放置点的时序图

当串行端口以时隙 I²S 方式工作时,FSYNC 是占空比为 50%的方波,下降沿之后就是一个新帧的开始。在帧同步低电平期间放置左声道数据,放置点位置是奇数,如 P1、P3;高电平期间放置右声道数据,放置点位置是偶数,如 P2、P4。在输入引脚 SDATAI 端口有 4 个放置点,在输出引脚 SDATAO 端口有 6 个放置点。图 9-41 所示显示了时隙 I²S 模式下放置点的时序图。

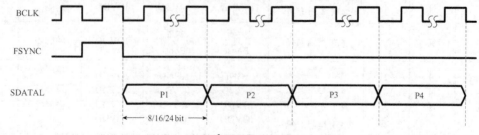

图 9-41　时隙 I²S 模式下放置点的时序图

当串行端口以 TDM 模式工作时，FSYNC 是单脉冲波，脉冲之后就是放置点。第一个放置点称为 P1，第二个放置点称为 P2，依次递增。这些放置点在串行数据信号上按顺序出现，输入流上最多可以有 4 个放置点，输出流上最多可以有 6 个放置点。图 9-42 所示显示了 TDM 模式下放置点的时序图。

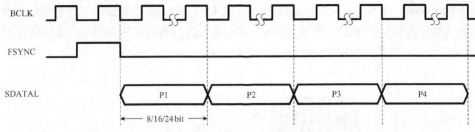

图 9-42　TDM 模式下放置点的时序图

各放置点数据的格式可通过 6 个寄存器 06h～0Bh 来配置，其中 Px_DAC 位用来配置输入数据的长度；Px_SNS 位用来配置输出检测数据的对象、类型和长度。

4. ΔΣ 数模转换器

数据手册中没有 DAC 结构和电路的信息，只提供了用 2.048～6.14MHz 频率可对 8～192kHz 音频信号采样。在 02h 寄存器中可选择 DAC 的采样速率、过采样倍率、滤波器斜率的设置，不过这些信息过于简单和粗糙。通常 ΔΣ 音频 DAC 的前面由两级半带和一级 CIC 升采样数字滤波器组成，后面是一级高阶噪声整形，根据该芯片所表现的性能，DAC 大概也是这种结构。

5. 数字音量控制方法

本机通过 I^2C 总线配置 03h 寄存器的增益控制音量，这个寄存器的名字是 DAC_VOLLUME，这是一个 8 位寄存器，控制从 -71.25dB～+24dB 共 255 级，每级步长是 0.375dB。

控制器件见第 11 章中的图 11-105，采用 32 阶旋转式码盘调整音量。音量调整软件用 4 段直线模拟指数曲线，编码表如表 9-5 所示，码盘的 1 阶对应静音，32 阶对应最大音量，其他的 2～32 阶分为 4 个线性区域，区域 1、2 对应于低音量调整范围，码盘每步进 1 阶，增益跳跃 12、11 级连续的寄存器编码（12×0.375=4.5dB）。区域 3 对应于中音量调整范围，码盘每步进 1 阶，增益跳跃 8 级连续的寄存器编码（8×0.375=3.0dB）。区域 4 对应于高音量调整范围，码盘每步进 1 阶，增益跳跃 4 级连续的寄存器编码（4×0.375=1.5dB）。复位后的音量是第 10 阶。4 条直线合并成一个近似的指数曲线，调整码盘时人耳感觉到音量随 32 阶步进位置是近似于线性变化的。

表 9-5　数字音量控制编码表

项目	码盘阶数	音量步长（dB）	DAC_VOLLUME（十六进制）	DAC_VOLLUME（二进制）
最大音量 区域 4	32 ~ 26	1.5	0H ~ 18H	0000 0000 ~ 0001 1000
区域 3	25 ~ 19	3.0	19H ~ 48H	0001 1001 ~ 0100 1000
区域 2	18 ~ 10	4.125	49H ~ AH	0100 1001 ~ 0000 1010
区域 1	9 ~ 2	4.5	9H ~ FEH	0000 1001 ~ 1111 1110
静音	1		FFH	1111 1111

6. D 类功率放大器

这是一个多电平 D 类放大器，满输入刻度调制波形如图 9-43 所示。用内置的 Boost 升压器（5.1V）供电时是一个五电平 PWM 调制，相当于 2.3 比特编码；如果直接用单节锂电池（3.6V）供电则是一个 3 电平 PWM 调制，相当于 1.6 比特编码。通过 BOOST_PWDN 控制位可关断升压转换器，当升压器关断后放大器仍然能够在 VBAT 电源下正常工作。在升压器保持有效的情况下，也可以通过 00H 寄存器的 VBAT_ONLY 位使放大器工作在锂电池电压下。

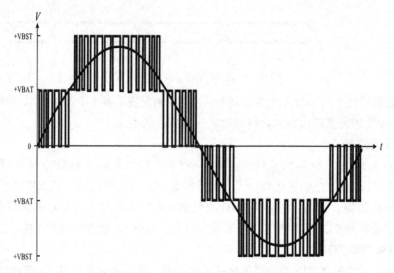

图 9-43　五电平 PWM 调制波形

9.4.5　重建滤波器

重建滤波器电路如图 9-44 所示，这是一个平衡差分滤波器，由差模低通滤波器、共模滤波器、阻抗补偿电路和耳机插座组成。差模低通滤波器是两阶 LC 滤波器，为了阻尼空载和高阻抗耳机负载产生的谐振峰插入了阻尼电阻 R_{16} 和 R_{17}。共模滤波器用来消除平衡输出线上的共模噪声和干扰，有 60dB 抑制能力。阻抗补偿电路是茹贝尔网络和假负载，能把 300Ω 中阻耳机这种感性负载补偿成接近阻性负载。为了防止没有插入耳机时谐振点的产生过高的凸起峰值，接入了 2kΩ 的假负载。耳机插座是小型卡侬插座。

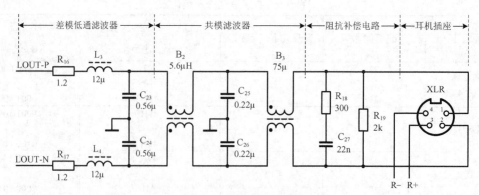

图 9-44　重建滤波器电路

图 9-45 所示的是重建滤波器的幅频特性，谐振频率约 48kHz，不同的阻抗下谐振点凸起峰值不同，负载升高凸起会越高，把谐振点附近的波形放大后如图 9-46 所示，32Ω 负载的凸起峰值为 2.24dB，

150Ω 负载为 4.45dB，600Ω 负载为 5.49dB。增大阻尼电阻 R_{16} 和 R_{17} 的值，同时减小假负载 R_{19} 的阻值能有效降低凸起峰值，但会引起功率损耗。由于重建滤波器不在放大器的负反馈环路里，小于 6dB 的凸起虽然不会引发连续的振荡，但会影响音质，故增大阻尼只能适可而止。

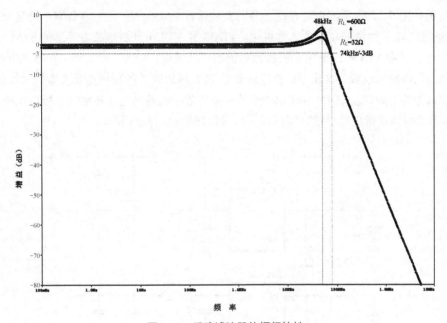

图 9-45　重建滤波器的幅频特性

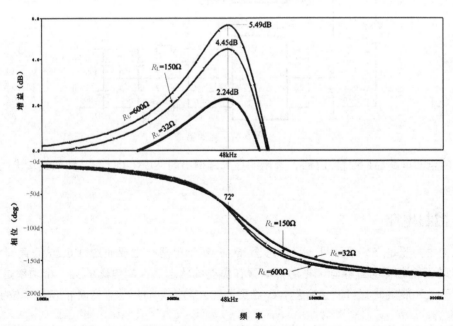

图 9-46　谐振频率点的波特图

　　需要说明的是，该芯片虽然是无输出滤波器结构，厂家的演示板上是用磁珠和 510pF 电容组成低通滤波器来重建音频信号的。这种应用是针对廉价的消费类电子产品设计的，虽然成本低和电路简单，但具有明显的缺陷，声音非常刺耳。本机采用的滤波器虽然电路比较复杂，但它具有优良的性能，不但能消除升采样所产生的所有镜像频率，还能滤除绝大部分共模噪声和干扰，把 D 类放大器的声音变

得干净而柔和，适于用高保真头戴式耳机聆听。

9.4.6 电源

电源电路如图 9-47 所示，共有 6 路电源，直接来自 18650 锂电池的 VBAT1 和 VBAT1 分别给左右声道的 SSM4567 芯片中的功率放大器供电。VDD3 和 VDD4 分别给左右声道的 SSM4567 芯片中的数字电路供电，其中 VDD4 还给电平转换器的输出电路供电。VCC1 给 CS8416 芯片中的模拟电路供电，这个电源的噪声和纹波要非常小，否则会影响 PLL 输出时钟的抖动指标，本机中没有输出这个时钟，故电源未做特殊处理。VDD1 给 CS8416 芯片中的数字电路供电，还给输入接口电路供电。VDD2 给 CS8416 芯片中的逻辑电路供电，同时给电平转换器的输入电路供电。

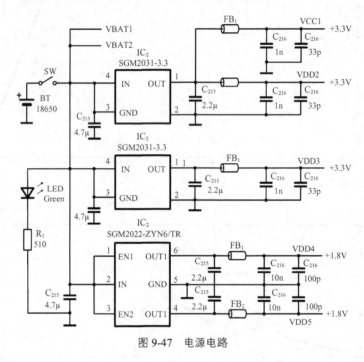

图 9-47　电源电路

电源的全部电路都是线性 LDO，选用的是单路输出的 SGM2031-3.3 和双路输出的 SGM2022-ZYN6/TR。

9.4.7 控制电路

本机的主控器是 51 单片机，可参考图 6-46 所示电路，主要通过 I^2C 总线读写 CS8416 和 SSM4567 这两个芯片的寄存器，把芯片配置在需要的状态。控制电路的另一个功率是调节音量，用按钮式开关和旋转式都可调整音量，码盘更适应人们的习惯用法，音量指示用 7 位 LED 模拟峰值电平表。

9.4.8 放大器的性能

按图 9-30 所示结构，把图 9-30 ~ 图 9-47 连接成一个整体就是这个数字耳机放大器的实际电路。全面评估一台放大器需要测试的项目很多，限于篇幅，这里只针对 D 类放大器的特点，评估不同负载下的输出功率、线性、电源转换效率和与 EMI 有关的指标。

（1）*THD+N* 与输出功率的关系

直接用锂电池供电时，在 3.6V 标称电压下，在 300Ω 负载下的最大输出功率为 64mW，*THD+N* 为 0.005%（1kHz）；32Ω 负载下的最大输出功率为 600mW，*THD+N* 为 0.01%（1kHz）。线性与输出功率的关系曲线如图 9-48 所示。用芯片内部升压开关电源供电时，在 5.1V 标称电压下，在 300Ω 负载下的最大输出功率为 120mW，*THD+N* 为 0.016%（1kHz）；32Ω 负载下的最大输出功率为 1.1W，*THD+N* 为 0.1%（1kHz）。

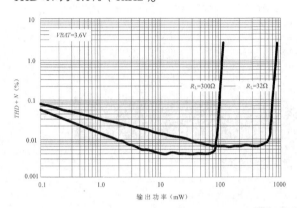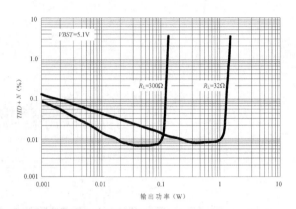

图 9-48　不同电压下 *THD + N* 与输出功率的关系

（2）效率

如图 9-49 所示，在 5.1V 标称电压下，在 300Ω 负载下的最大效率为 92%，在 32Ω 负载下的最大效率为 88%。从图 9-49 中可以看出 D 类放大器在轻载时效率很高，这就是相比 AB 类放大器的最大优势，负载阻抗越高，输出电流越小，效率也越高。故在使用 300Ω 高阻耳机时即使很小输出功率下效率也高于 90%，平均效率是 AB 类放大器的 3 倍，因而在电池供电的便携式电子设备中能有效增加电池的续航时间。

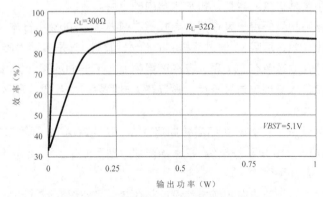

图 9-49　不同负载的效率与输出功率的关系

（3）输出频谱特性

图 9-50 所示的是 1kHz/100mV 正弦波输入时的 FFT 频域特性，因为音频分析仪是用交流市电供电的，在 50Hz 频点上大约有 28dB 的电网频率泄露能量。如果以底噪作参考，信噪比大于 110dB。如果以 50Hz 的频点的幅度为参考，信噪比有 90dB。表明这个放大器的输出频谱非常干净，这不仅得益于芯片内部噪声整形电路的优良性能，重建滤波器也起了重要的作用。

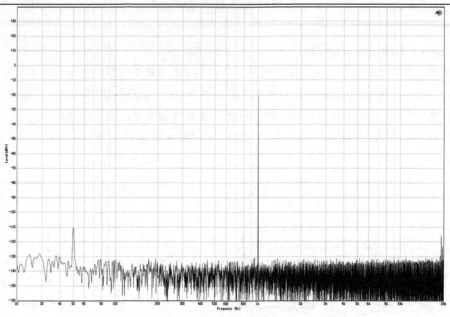

图 9-50　输出频谱与频率的关系

9.5　数字类耳机放大器的现状和未来

　　D 类放大器和数字音频放大器在技术上已经非常成熟，在手机和专业音响领域也获得广泛应用，但一直不能涉足高保真耳机放大器领域，主要原因是应用中遇到了两个困扰：EMI 和音质。现在人们公认数字音频放大器的音质不如模拟 AB 类放大器，在放大器和耳机之间必须插入 LC 低通滤波器才能重建音频信号，调制产生的 EMI 会沿导线产生传导干扰和向空间辐射电磁干扰。消除这两种干扰要增加体积和成本，高保真耳机放大器既是对音质要求很高的产品，又是消费类产品，对价格比较敏感，这些因素均阻碍了数字类耳机放大器在耳机放大器中的应用。

　　全世界的音频工程师和爱好者一直在努力寻找解决的办法。2008 年日本 JRC 公司发布了一款数字耳机集成放大器 NJU8721，采用 32 倍过采样和 6 阶 ΔΣ 调制，这是市面上唯一能买到的数字耳机放大器芯片。不过这个芯片的音色有点尖硬，存在严重的上、下电 Pop 声。EMI 和 EMS 频谱很宽，工作时不但向外辐射干扰，本身也容易被干扰，靠近开关电源会产生互调，音质会明显变劣，因而这是一款不成功的产品。

　　在没有专用芯片的情况下，有一些厂商转向用 DSP 和 FPGA 进行算法复杂的小信号处理，用 500kHz 的多相开关合成 5～16 电平输出级，三大指标都达到了 CD 水平。但这种耳机放大器售价昂贵，走的是贵族路线，难以普及推广。

　　业余爱好者受条件限制，无法在集成电路设计和数字信号处理领域施展身手，转而进行各种自振荡 D 类放大器的实验。自振荡结构本身的音质已接近于 AB 类放大器，稍加改进就能达到高保真水平。但这种结构只能输入模拟信号而不能接受数字信号，这与音源已经数字化的时代格格不入，因而注定不会得到发展机会。

　　与线性放大器相比，数字音频放大器在手机中的应用是冰火两重天，驱动喇拉扬声器的智能 D 类放大器每年以 10 亿颗以上的产量应用在手机中，2014 只有 NXP 一家提供这种芯片，现在有更多的公司加入竞争行列中来。原因是麦拉扬声器虽然音质远不及动圈式耳机，但输出功率较大，达到 1.5～

394

2.5W，D 类放大器及数字音频放大器的效率通常在 90%以上，如果用 AB 类放大器驱动唛拉扬声器要比数字音频放大器多消耗 2.3 倍的电能，会明显影响电池的续航时间，于是数字音频放大器与唛拉扬声器成了最佳搭配。

在家用高保真功率放大器领域 D 类放大器和数字音频放大器并非没有地位，1999 年 SHARP 发布了 SM-SX100 放大器，输出功率为 2×100W。这个 D 类放大器的核心是一个 7 阶 1 比特 ΔΣ 调制芯片 IX2815AF，SHARP 公司利用这颗芯片设计了一系列高保真 D 类放大器，如 SM-SX200\300\400 等。其他公司纷纷效仿，现在的市场上已经有十几款数字 Hi-Fi 功率放大器，具有代表性的如 Yamaha MX-D1、SONY TA-DR1、Sound Design FoB SD05、TaeT Audio MK3 等。尽管如此，在家用高保真功率放大器领域 D 类放大器和数字音频放大器的市场占有率只有 1%。

在舞台、广场和厅堂音响中 D 类放大器和数字音频放大器几乎独占鳌头，这得益于它的高效率和低温升，在大功率放大器中这两个优势尤为重要，现在 19 英寸 1U 的专业数字功率放大器输出功率可达到 5000W，机箱温度只有 60℃；而 AB 类功率放大器只能做到 500W，机箱温度是 65℃，而且还背着个大面积散热器。

D 类放大器和数字音频放大器的技术潜力是深厚的，发展前景也是光明的。目前制约其发展的瓶颈是器件的开关速度。开关电源中的同步 Buck 与数字音频放大器的输出级同出一辙，开关电源因为面广量大而发展迅速，新技术层出不穷，现在实验室里借助谐振技术、ZVS、ZCS 和 GaN 器件已经成功实现 300MHz 的开关频率和 85%的转换效率。数字音频放大器只需 5MHz 的开关频率就有望在音质上获得全面超越 AB 类的指标，耳机放大器是一个微功率放大器，理应率先实现超越。遗憾的是，这是一个小众市场，技术研究机构和厂商没有兴趣投入资源进行研究。另一方面这个群体对音质要求很高而且主观主义盛行。目前的 D 类放大器因达不到高保真水平而备受冷落，这是一个恶性循环。本文提出这两个实验电路也有抛砖引玉的想法，期望深藏民间的高手有兴趣研究一下这个课题，大家共同努力使 D 类耳机放大器早日走出困境。

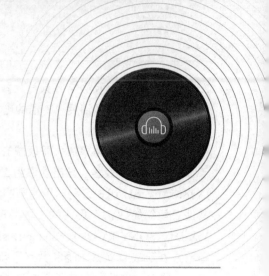

第 10 章　电子管耳机放大器

本章提要

　　本章从最简单的单级电子管耳机放大器开始，循序渐进地介绍了两级放大器、非线性反馈放大器和误差校正放大器。所有这些放大器都是基于变压器负载的高保真功率放大器之上的，故在介绍完放大器之后又详细地介绍了音频输出变压器的知识。

　　电源是放大器的生命线，传统电子管放大器（俗称胆机）电源只有工频整流和平滑滤波功能，是整机中最薄弱的环节，存在着体积大、效率低的缺点，还有"嗡嗡"的交流声。本章用较大的篇幅讲解了改进传统电源的方法，推荐了两款线性稳压恒流电源，成功消除交流声且音质也得到明显改善，但沉重和体积大的缺点仍然存在。之后，又介绍了高频开关电源技术，采用多模式开关转换和准谐振技术设计乙电和灯丝电源，不但提高了效率，而且外形也变得轻、薄、小，使电子管放大器的整体性能得到显著提升。

10.1　为什么要用电子管耳机放大器

10.1.1　怀旧情怀和文化传承

　　现在的电子工程师几乎没有人熟悉电子管，本书的原稿中也没有这一章。几位审阅原稿的老专家强烈要求添加电子管耳机放大器内容，他们都是从 20 世纪过来的老人，非常熟悉电子管和怀念它的声音。

　　怀旧是一种情结，只有老和旧才能产生经典。电子管晶莹剔透的玻璃外壳，灯丝发出的幽幽亮光，鬼寂的底噪，靓丽甜美的声音，影响了一批又一批人（由于喜欢电子管的人属于小众群体，只能称批不能称代）。在其他领域里电子管早已退出历史舞台，唯独驻留在音频领域不肯离去。久而久之，胆声韵味升华成了一种审美文化，一直影响着高保真重放的音质评价和演化。

　　中国音乐包括民族音乐、戏曲音乐、流行音乐、宗教音乐和一些洋为中用的现代西方音乐。其中民族音乐已有 5000 多年的历史，创造和积累了丰富的音乐文化。恰巧电子管放大器又非常适合表现民族音乐，民乐的核心是追求旋律、节奏变化，和声是可有可无的。电子管放大器具有底噪低、动态大、放声柔和等优点，与民乐的旋律和节奏是绝佳匹配。当然，电子管也能真实地再现戏曲音乐和交响乐的韵味。互联网上有一个经典的段子如此说："电子管放大器的声音为什么这么好？我悄悄地告诉你，胆机中的电子是在真空中飞行的，石机中的电子是在沙子里移动的"。存在必然有其理由，电子管具有不可替代的音色。

10.1.2　电子管耳机放大器的电路结构

根据第 2 章 2.3 节中介绍的设计原则，电子管耳机放大器的拓扑结构如图 10-1 所示，音频输入信号先由电子管放大器放大 A 倍，然后再由输出变压器把高电压转换成大电流去驱动耳机。这种结构是针对电子管的特性设计的，电子管是高电压、小电流器件，不能直接驱动低阻抗负载。用物理概念解释，就相当于把一块砖头先运送到房顶上，让它具有很高的势能（电压），然后把它从房顶自由落体到地面，砖头跌落的过程中巨大的势能转换成高速动能（电流），砸到地面会释放出巨大的能量（功率）。在晶体管 OTL 放大器中，电压-电流转换环节是由功率晶体管完成的，不需要输出变压器。

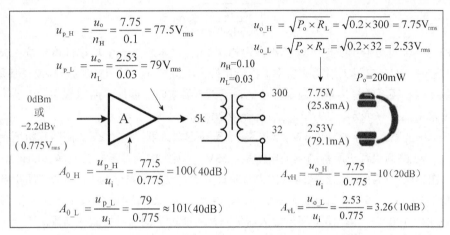

图 10-1　电子管耳机放大器的拓扑结构

在过去的电子管时代，人们对笨重的电源变压器和音频变压器深恶痛绝。晶体管出现后，许多人仿照 OTL 放大器的原理设计出电子管图腾柱放大器。一开始他们因为省掉了输出变压器而欣喜若狂，不过好景不长，他们很快就发现这些仿晶体管 OTL 和仿 OP 的电子管放大器的音色均发生了变化，声音已失去电子管的韵味。后来他们才逐渐明白电子管放大器的特有音色是电子管和输出变压器共同营造出来的，故输出变压器回归了。尤其甲类单端输出是电子管和音频变压器的绝佳搭配，具有最浓厚的胆味。

输出变压器初、次级绕组的匝数比有两种计算方法：阻抗匹配优先和阻尼优先，前者具有较高的能量转换效率，不需要很大的开环增益，甚至单级放大器就能胜任；后者具有良好的音质，但能量转换效率较低，要求放大器必须储备足够大的电压增益，通常最少需要两级电压放大。

如果生搬硬套第 2 章中功率放大器的结构模型，在单级放大器中，A 可看成是电压放大器，输出变压器可看成是电流放大器，两个模块串联连接而执行乘法运算，输出功率等于电压乘以电流。在两级放大器中，A 可看成是电压放大器和功率放大器的总电压增益，功率放大器和输出变压器可看成电流放大器，电流放大倍数为 $1/n$。实际上变压器负载的单级功率放大器确实是这样工作的，只不过输出变压器对信号电压来讲是一个衰减器，它的匝数比用下式计算：

$$n = \sqrt{\frac{R_{\mathrm{L}}}{R_{\mathrm{a}} \cdot \eta}} \tag{10-1}$$

式中，R_{a} 是初级绕组的阻抗，R_{L} 是负载阻抗，η 是能量传输效率。这个公式将在 10.6 节中进行推导，这里先拿来应用。

如果按阻抗匹配优先方式设计，设高阻耳机是 300Ω，低阻耳机是 32Ω，输出变压器初级绕组的阻抗是 $5k\Omega$，效率为 75%，驱动高、低阻耳机所需的匝数比分别为：

$$n_{\_300} = \sqrt{\frac{300}{5000 \times 0.75}} \approx 0.29$$

$$n_{\_32} = \sqrt{\frac{32}{5000 \times 0.75}} \approx 0.09$$

（10-2）

如果按阻尼优先方式设计，设阻尼系数 $D.F = 8$，为了匹配 300Ω 和 32Ω 的耳机，输出变压器次级绕组的阻抗应该为 $R_s = R_L/D.F$，驱动高、低阻耳机所需的匝数比分别为：

$$n_{\_H} = \sqrt{\frac{300/8}{5000 \times 0.75}} = 0.1$$

$$n_{\_L} = \sqrt{\frac{32}{5000 \times 0.75}} \approx 0.03$$

（10-3）

本章的电平计量也沿用了电子管年代常用的 dBm，这本来是一个功率计量单位，0dBm 定义为 $0.775V_{rms}$ 电压在 600Ω 电阻上消耗的功率，数值正好为 1mW。电子管时代的音频设备都是按 600Ω 匹配的，而现在的音频系统是用电压源来驱动的，不刻意要求阻抗匹配。所以现在的消费类电子中，电平计量单位常用 dBv 来表示，$0.775V_{rms}$ 相当于 $-2.2dBv$。

如果按 0dBm 输入电平时 200mW 满功率输出来构建放大器，则 300Ω 的高阻耳机所需的驱动电压是 $7.75V_{rms}$，32Ω 的低阻耳机所需的驱动电压是 $2.53V_{rms}$，所需的闭环增益分别是 20dB（10 倍）和 10dB（3.26 倍）。图 10-1 中的变压比是按阻尼优先方式标注的，设阻尼系数为 8。负载电压折合到初级绕组的电压分别是 $77.5V_{rms}$ 和 $79V_{rms}$（应该是相同的，误差是由于运算中的舍入而产生的），放大器所需要的增益是 40dB（100 倍）。图 10-1 所示放大器的结构可通过下面 3 种方式来实现。

1. 单级放大器

这种结构需要 μ 值和互导都高的电子管。由于 $g_m = \mu/r_a$，μ 和 g_m 都高的电子管极少，通常 μ 值高的电子管内阻也高，只适合作电压放大器，作电流放大器就不能输出大的驱动电流。我们只能在高 g_m 电子管中选择 μ 值相对高和内阻较低的电子管，翻阅历史上生产的所有电子管，如果把互导大于 15ms 的电子管划分为高 g_m 电子管，那么这些高互导电子管绝大多数是五极管和框架栅双三极管。而五极管虽然 μ 值很大，但内阻也很高，而且线性较差，必须连接成三极管才会有良好的线性和合适的内阻，但连接成三极管的 μ 值绝大多数小于 50。这就导致了单级放大器的输入灵敏度较低，必须输入较高的电压才能获得较大的驱动电流。幸好现在数字音频信源的线路输出电压都比较高，通常为 $0.5 \sim 2V_{rms}$。如果用阻抗匹配优先方式来设计输出变压器，一些高 g_m 中 μ 值电子管就能用来设计单级耳机放大器。这种放大器追求的是简洁至上，不要对性能指标要求太高。

2. 两级放大器

这种结构应用最为广泛，由两级放大器分担 40dB 的增益，可以轻松地用阻尼优先方式设计输出变压器。如果采用无反馈结构，电压放大器可选用中 μ 值电子管，通常能获得 $5 \sim 25$ 倍的增益。输出级可选用低 μ 值电子管，通常这种电子管的内阻较低，有利于提供较大的驱动电流，增益在 $1 \sim 10$ 倍。如果采用负反馈结构，能进一步提高综合指标，电路的结构就呈现多样化，理想的设计是电压放大器选用高 μ 值电子管，输出级选用高 g_m 电子管，施加大于 20dB 的负反馈来改善线性，即可获得测试指标和听感都优良的放大器。

3. 理想功率放大器

这种结构就是第 2 章中介绍的理想功率放大器结构，电压放大器只放大电压，电流放大器只放大电流，然后电压乘以电流等于功率。根据串联模块逻辑法则，电压放大器在前级承担全部增益，并且工作在无负载状态。满功率输出时要提供大于 80V 的电压摆幅，在这样大的信号电压下要达到良好的线性会遇到较大的挑战。好在耳机放大器所需的功率很小，实现的难度要小得多，常规方法可以借鉴大功率放大器中用 SRPP 驱动 300B 的电路结构。电子管电流放大器的经典形式是把输出变压器连接在阴极回路里，组成阴极跟随器，由于具有 100% 局部电压负反馈，电压增益略小于 1，满足只放大电流不放大电压的要求。

本章将在 10.3.3 小节介绍这种电子管放大器，选用的虽然是普通的廉价电子管，但由于系统结构的优势，所获得的性能指标和听感都是优良的，算是旧瓶装新酒的耳机放大器。

10.1.3 电子管耳机放大器的资源

在数字时代的今天设计和制造古老的电子管电路会遇到一些困难，有时光倒退几十年的感觉。不过也有利好的因素，例如，现代的设计工具能加快设计进程，还能发现一些过去隐藏很深而一直未被发现的问题。

1. 电子管

如果用已经停产 50 年的器件设计和制造放大器，必然会面临无米之炊的困境，所幸的是世界上有一个中国，我们也正好生活在中国。我国是全世界工业门类最齐全的国家，长沙有全球唯一的电子管生产厂商：曙光电子管厂。这个建立于 1958 年的工厂，现在还在大量生产 300B、KT88、6550、EL34、6L6 等市场上比较受欢迎的各种电子管，年产量超过 150 万只。曙光电子管厂的存在造就了世界上最大的电子管放大器生产商"珠海斯巴克电子设备有限公司"，年产 30 万台各种电子管放大器。世界上大约还有几十家生产电子管放大器的中、小企业，大多数都在中国。这些企业的存在，不但为秋叶原、百思买（Bust Buy）、阿凡提、马克罗-马尔克特、丽音广场这些世界知名的电器街和电器连锁店提供了源源不断的货源，也是全世界的电子管放大器爱好者和 DIY 族的烟火能继续延续的物质基础。不过现在电子管和配件的价格比历史上任何时期都昂贵，DIY 族群也因此而不断萎缩。

2. EDA 工具

过去的电子管放大器设计是用手工完成的，费时费力，预知性很差。现在可用 EDA 工具进行全过程设计，在个人计算机上运行的电路仿真软件都能支持电子管电路，如 SIMetrix、Tina、LTspice 等，唯一的要求是必须安装电子管模型库，这可以从一些电子网站上下载。一些电子理论基础和软件基础良好的工程师也可以自己动手建库，过程虽然艰辛，但用起来放心，可以随时修改，而且是独一无二的干货，会很有成就感。还有一些软件能跟踪电子管的特性曲线自动生成库，例如，Mithat F. Konar 先生设计的软件工具，只要扫描好电子管的 U_a–I_a 曲线图，任何人都能用它建立自己的电子管库，不过这个软件很难使用，要用类似橡皮筋式的图形工具描绘电子管曲线，很耗费时间和精力。

3. 输出变压器

输出变压器是电子管功率放大器中的关键器件，对大多数 DIY 族来讲是最难获得的器件。设计输出变压器需要一些电磁学和金属材料方面的知识，不过这些都不是问题，因为输出变压器有成熟的设计方法，借助于个人计算机几分钟就能完成设计。问题是采购硅钢片、高强度漆包线、框架材料、绝缘漆和绕制、烘干、安规测试这一系列工序是绝大多数个人无法完成的。而且一个优质的输出变压器工艺要求非常苛刻，现在的科学技术非常发达，但电子管放大器的生态链早已不复存在，遇到的困难比过去大得多，故动手制作输出变压器对大多数人来讲是不现实的。

DIY 族获得输出变压器的另一个途径是互联网，淘宝平台上有个人定制信息，有一些制作者是 DIY 高手，质量有保证，价钱较高。还有一些是小作坊，质量良莠不齐，价格有高有低。还有一个来源是网上的拆机旧货，一些历史名牌变压器是首选，如瑞典的 Lundahl、日本的 TANGO 和上海无线电二十七厂的产品等，但一定要提防赝品。

4. 开关电源

电子管放大器通常采用的是传统电源，主要由电源变压器、整流管、扼流圈和高压铝电解电容器组成。自制电源变压器和扼流圈会遇到和输出变压器同样的困难，但工艺要求没有输出变压器那么精细和讲究，淘宝平台上产品较多，基本都能满足要求。另一个来源是旧电子管五灯机的拆机旧货，社会存有量较大。一个五灯机的电源变压器就能满足双声道单级耳机放大器的功率。双声道两级放大器和理想功率放大器需要两只五灯机电源变压器，一个声道一只，电压和功率基本能满足要求，还有利于提高立体声分离度。

电源是电子管放大器中的薄弱环节，传统电源只有整流和平滑滤波两种简单的功能，纹波和噪声大，电压随负载和电网峰谷时段变化，还伴随着"嗡嗡"响的交流声。现在可以借助高压 MOS 管和 LED 灯具上的高压低 ESR 电容设计乙电稳压电源，也可用集成三端稳压器设计灯丝稳压电源，从而大幅度提升传统电源的性能，使电子管放大器音质获得显著改善。本章的 10.7 节将具体介绍这些内容。

另一种选择是采用开关电源，虽然设计难度比输出变压器和传统线性电源大得多，但在手机快充市场的推动下，30～65W 开关电源的生态链非常完善，只不过大多数快充电源是按锂电池电压设计的，不能直接用于电子管放大器。但我们需要的是这个生态链所提供的优质廉价的货源，利用这些资源所设计的电子管放大器开关电源比线性稳压电源的性价比高得多，所占的空间只有传统电源的 1/5～1/10，而且能在全世界的电网电压下工作。本章的 10.8 节将具体介绍这些内容。

5. 交流平台

中国是绵延 5000 年文明历史不间断的国家，《战国策·齐策三》中有句名言："物以类聚，人以群分"。如果一个人玩电子管放大器，由于人的身体不能跨越时间和空间，就会成为井底之蛙。幸好我们生活在互联网时代，地球虽大，但互联网能在信息上把世界缩小成一个地球村，在这个平台上志同道合的人相聚成群。电子管放大器爱好者能利用网络互相交流学习，丰富自己的知识，从生手快速成长为高手。下面是几个知名的电子管放大器网站。

（1）胆艺轩：中国知名电子管知识网站。

（2）电子管 CAD 杂志：美国人气最旺的电子管知识网站。

（3）日本手工制作俱乐部：日本最大的电子 DIY 组织。

（4）意大利音频设计向导：意大利电子爱好者个人网站。

上面几个只是作者经常光顾的网站，用搜索引擎至少能搜到 100 多个网站，和线下商店一样，网站也常有关闭和新开，不过互联网出现的历史并不长，不知将来是否会出现网上百年老店。

电子管将来无论是消失还是继续存在都无关紧要，重要的是至今为止，人类只发明了两种控制电子做功的方法：一种是把电子放置在真空容器中，用电场或磁场改变电子的运动方向；另一种是把电子放置在薄膜上，用杂质改变电荷的多少。前一种方法造就了电子管、示波管和显像管的繁荣和衰落。后一种方式催生了晶体管、场效应管和集成电路的飞速发展。幸运的是，我们正好生活在各种有源器件丰富多彩的时代，可以随意使用电子管、晶体管和集成电路来 DIY 耳机放大器，尽情地享受音乐。

10.2 单级放大器

对于从未接触过电子管的人来说，从单级耳机放大器入手会容易得多。而且，单级耳机放大器无论在什么年代都充满魅力，它简洁至上，体积小巧，制作容易，音质良好，是许多电子管爱好者和 DIY 族的挚爱。

10.2.1 电路结构

单级耳机放大器的电路结构如图 10-2 所示，一个声道的全部电路由一级放大器和一个输出变压器组成。如果设计成便携式，还需要一个 DC-DC 升压电源。从实用角度看，电子管耳机放大器的便携式是徒有虚名的，这里仍旧按交流供电的台式机标准设计，即 0dBm 输入时 200mW 满功率输出。因为是单级放大器，电压增益受限，只能按阻抗匹配优先方式设计输出变压器。

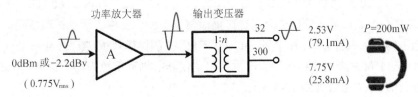

图 10-2 单级耳机放大器的结构

10.2.2 用高互导五极管设计单级耳机放大器

下面介绍用五极管 D3a 设计的单级耳机放大器，设计方法是通用的，并不局限于电子管的型号。

1. 计算闭环增益

要获得 200mW 的输出功率，驱动 32Ω 和 300Ω 所需的音频电压分别是：

$$V_{\mathrm{rms\_32}} = \sqrt{P \cdot R_{\mathrm{L}}} = \sqrt{0.2 \times 32} = 2.530(\mathrm{V})$$

$$V_{\mathrm{rms\_300}} = \sqrt{P \cdot R_{\mathrm{L}}} = \sqrt{0.2 \times 300} = 7.746(\mathrm{V})$$

在阻抗匹配优先条件下，输出变压器对 32Ω 负载的电压变换比 n=0.092；对 300Ω 负载的电压变换比 n=0.283。按设计要求的输入灵敏度，放大器所需的电压增益分别为：

$$A_{\mathrm{v\_32}} = \frac{V_{\mathrm{rms-32}}}{V_{\mathrm{i}} \cdot n_{\_32}} = \frac{2.530}{0.775 \times 0.092} \approx 35.5$$

$$A_{\mathrm{v\_300}} = \frac{V_{\mathrm{rms-300}}}{V_{\mathrm{i}} \cdot n_{\_300}} = \frac{7.746}{0.775 \times 0.282} \approx 35.3$$

计算结果应该是相等的，误差是四舍五入引起的。

2. 选择电子管

单级放大器既要完成电压放大功能，又要完成电流放大功能。为了能有效地驱动输出变压器，需要选择放大倍数和互导都高的电子管。几种高互导电子管的型号和主要参数见表 10-1，这些电子管过去是用来在超高频波段进行射频放大或宽频带视频放大的器件，现在变成了全世界耳机放大器爱好者梦寐以求的珍品。

表 10-1 几种高互导电子管的型号和主要参数

	屏压 （V）	屏流 （mA）	帘栅压 （V）	帘栅流 （mA）	μ	g_{m} （mS）	r_a （kΩ）	灯丝电压 （V）	灯丝电流 （mA）
EC8020	200	40			55	60	0.92	6.3	287±17
E810F	135	35	135	4.4 ~ 5.6	57	42 ~ 58	0.9 ~ 1.4	6.3	320 ~ 360
EC8010	200	25			60	28	2.4	6.3	280
D3a	190	21 ~ 23	160	5.4 ~ 6.6	80	30 ~ 40	2 ~ 2.7	6.3	299 ~ 331

续表

	屏压 （V）	屏流 （mA）	帘栅压 （V）	帘栅流 （mA）	μ	g_m （mS）	r_a （kΩ）	灯丝电压 （V）	灯丝电流 （mA）
5842	200	25			43	25	1.7	6.3	300
6H30Π	250	100			15	18	0.84	6.3	850
E182CC	150	36			24	15	1.6	6.3	605 ~ 675
6N11（并联）	90	24 ~ 31.4			21 ~ 33	19 ~ 31	1.1 ~ 1.7	6.3	340

我国在 20 世纪 70 年代也生产过高互导电子管，如 6S6（g_m=34mS）、6C31B（g_m=26mS）、6C16（g_m=24mS）等，不过这些电子管过去只用在广播通信设备和仪器中，现在很难找到。

本设计选用的是五极管 D3a，20 世纪 60 ~ 70 年代，德国德律风根（Telefunken）、西门子（Siemens）和飞利浦（Philips）都生产过这种电子管，主要用在仪器中作宽带放大器。这是一个高互导五极管，连接成三极管后的 U_a–I_a 曲线如图 10-3 所示。

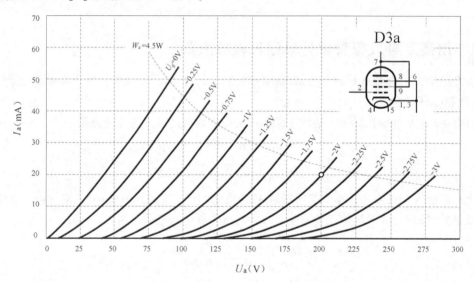

图 10-3　电子管 D3a 的 I_a–U_a 特性曲线

3. 选择工作点

在本章中约定的电子管的工作点矢量[A，Y，Z]元素从左到右分别是屏极电压：屏极电流和栅极偏压，写成矢量是为了方便在 MATLAB 中用数组变量计算。

单端功率放大器只能工作 A 类状态，单级放大器的工作点选择要优先考虑输入电压范围，因为没有前置电压放大器，要把栅极偏压设计得更负一些，本机的工作点矢量确定为[200，20，-2.0]，即 U_a=200V，I_a=20mA，U_g=-2.0V。

静态工作点选择好后就可以计算电子管在工作点处动态参数。用图解法得到的三大参数为：

$$\mu = \frac{\Delta U_a}{\Delta U_{gk}}\bigg|_{I_a=20} = \frac{220-180}{2.25-1.75} = 80 \tag{10-4}$$

$$g_m = \frac{\Delta I_a}{\Delta U_{gk}}\bigg|_{U_a=200} = \frac{30-11}{2.25-1.75} = 38(\text{mA}/\text{V}) \tag{10-5}$$

$$r_a = \frac{\Delta U_a}{\Delta I_a}\bigg|_{U_g=-20} = \frac{247.5-157.5}{35} \approx 2.37(\text{k}\Omega) \tag{10-6}$$

式中的屏极内阻 r_{a2} 是 2.37kΩ，用 μ_2/g_{m2} 得到 r_{a2} 是 2.105kΩ，误差约为 10.4 %，这里以图解结果为准。

　　在功率放大器中输出变压器是阻抗负载，负载线是一个椭圆。假设在音频范围里电感量无穷大，可以用电阻代替阻抗，得到的结果仍有较高的实用价值，如图 10-4 中的直线 BC。如果工作点选择在 O 点[200V，20mA]，输入电压矢量是[−3，−1]，单位是 V_{pp}。对应的输出电压矢量是[141，253]，单位是 V_{pp}。输出电流矢量是[9.8，31.9]，单位 mA_{pp}。在电子管放大器中，带输出变压器的输出级用图解法有简单、直观的优点，准确度也能满足实际要求，应用比较广泛。

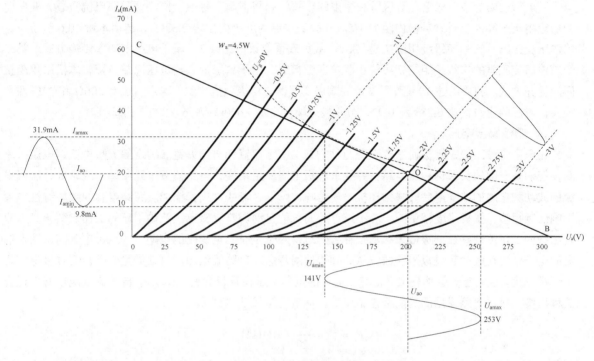

图 10-4　放大器的图解分析

4. 计算输出级的电压增益、输出功率和二次谐波失真系数

电压放大倍数可以直接从图 10-4 中用几何方法得到：

$$A = \frac{\Delta U_a}{\Delta U_g} = \frac{253-141}{-3-(-1)} = -56 \qquad (10\text{-}7)$$

最大输出功率可以用最大输出电压和最大输出电流的有效值的乘积得到：

$$P = \frac{V_{a\max} - V_{a\min}}{2\sqrt{2}} \cdot \frac{I_{a\max} - I_{a\min}}{2\sqrt{2}} \qquad (10\text{-}8)$$

$$= \frac{253-141}{2\sqrt{2}} \times \frac{0.0319-0.0098}{2\sqrt{2}} \approx 0.309(\text{W})$$

二次谐波可以从电压波形或电流波形的正、负半周的不对称性中得到，用电流波形计算更接近实际值为：

$$\gamma_2 = \frac{1}{2} \left| \frac{I_{a\max} + I_{a\min} - 2I_{ao}}{I_{a\max} - I_{a\min}} \right| \cdot 100\% \qquad (10\text{-}9)$$

$$= 0.5 \times \left| \frac{31.9+9.8-2\times20}{31.9-9.8} \right| \times 100\% \approx 3.85\%$$

普通三极管的二次谐波失真度为 3% ~ 9%，功率五极管和束射四极管的二次谐波失真度为 7% ~

14%。D3a 连接成三极管管后的失真度在三极管的下限范围，接近于框架栅低失真三极管。对于电子管功率放大器来讲，80%～95%的失真是输出级产生的，电压放大器工作在小动态范围下，失真度小于1%，本机没有前置电压放大器，线性度良好。

5. 给出输出变压器的设计依据

变压器负载放大器中要考虑两个阻抗匹配环节，第一个是电子管屏极内阻与输出变压器初级绕组阻抗的匹配。三极管的内阻较低，等效于用恒压源驱动电抗负载，输出变压器的初级绕组阻抗选择为电子管屏极内阻的 2～5 倍；五极管和束射四极管的内阻很高，等效于恒流源驱动电抗负载，变压器的初级阻抗选择为电子管屏极内阻的 1/5。本级工作点的屏极内阻是 2.37kΩ，选用本章 10.6 节所设计的输出变压器，它的初级绕组阻抗是 5kΩ，故负载系数近似为 2.1，属于电压源功率传输方式。第二个是输出变压器的次级绕组与初级绕组阻抗匹配模式，由于单级放大器电压增益有限，本机采用阻抗匹配优先方式。利用后述 10.6 节所设计的输出变压器，初级阻抗 5kΩ，次级阻抗有 300Ω 和 32Ω 两个抽头，对应的匝数比是 0.283 和 0.92，分别用来驱动 200～600Ω 和 16～200Ω 的耳机。

6. 栅极偏置电压

在电子管输出级，栅极偏置电阻有两种方式，固定偏置和自给偏置。固定偏置噪声低，电源效率高，但需要专门的负极性稳压电路，并要求屏极电压稳定不变；自给偏置电路简单，成本低，屏极电流的波动和电阻的热噪声会转移到栅极，使信噪比降低，非线性失真增加。旁路电容的频率特性也会影响低频相移，使稳定度裕量减小。不过自给偏置能自动调整屏极电压波动引起的工作点变化。一般输出级的工作点选择在屏极最大功率损耗线附近，对于没有乙电稳压的电路，一旦乙电升高，固定偏置的电子管功耗就会超过极限参数，从而缩短使用寿命。自给偏置却能自动调整栅压，使屏极电流基本保持稳定，避免电子管功耗上升。许多地方的电网电压在昼夜会变化±20%，自给偏置能很好地适应这种环境。故本电路采用的是阴极自给偏置，偏置电阻按下式计算：

$$R_2 = \frac{V_k}{I_a} = \frac{2}{20} = 100(\Omega)$$

阴极电阻产生的功耗为：

$$P_2 = I_{a2}^2 R_2 = 0.02^2 \times 100 = 0.04(W)$$

优先选用 E96 系列（精度±1%），标称阻值为 100Ω，功耗为 1W 的金属膜电阻；其次是 E48 系列（精度±2%）或 E24 系列（精度±5%）的电阻，产生的电流误差在允许范围内。

从电子管阴极看进去的内阻如图 10-5 所示，根据电子管的工作原理，阴极内阻 r_k 用下式计算：

$$r_k = \frac{r_a + z_a}{\mu + 1} = \frac{2.37 + 5}{80 + 1} \approx 0.091(k\Omega) \tag{10-10}$$

式中，r_a 是 D3a 的屏极内阻，z_a 是输出变压器的初级阻抗，μ 是 D3a 工作点的放大系数。

阴极等效电阻 r_o 是阴极内阻 r_k 和自偏置电阻 R_2 的并联值，用下式计算：

$$r_o = R_2 // r_k = \frac{R_2 \times r_k}{R_2 + r_k} = \frac{100 \times 91}{100 + 91} \approx 47.644(\Omega) \tag{10-11}$$

为了避免 R_2 引起的负反馈降低增益，并联了旁路电容 C_2。阴极等效电阻 r_o 与旁路电容 C_2 形成一个低频零点，理论上为了消除这个零点对低频响应的影响，其位置应该在音频低端 20Hz 的 10 倍频程以下。但这样可能会使 C_2 的体积过大，如果按 5Hz 设计低频零点，旁路电容的值为：

$$C_2 = \frac{1}{2\pi f r_o} = \frac{1}{2 \times \pi \times 5 \times 47.644} = 6.681 \times 10^{-4}(F) \tag{10-12}$$

可用一个 680μF 的低 ESR 电解电容作旁路电容。需要注意的是，电解电容的允许误差是+50%/-20%，但实际测试容量绝大多数是负误差，而且有的会高达-50%。比较稳妥的方法是用两个 470μF 电容并联后作旁路电容。

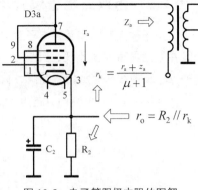

图 10-5　电子管阴极内阻的图解

7. 计算整机增益

整机电压增益是放大器的增益 A 与输出变压器的变压比 n 之积。用下式计算：

$$A_{\_300} = A \cdot n_{\_300} = 56 \times 0.283 = 15.848$$

$$A_{\_32} = A \cdot n_{\_32} = 56 \times 0.092 = 5.152$$

按输入灵敏度 0dBm（200mW）的设计要求，所需要的整机电压增益为：

$$A_{v\_300} = u_o / u_i = 7.75 / 0.775 \approx 10$$

$$A_{v\_32} = u_o / u_i = 2.53 / 0.775 \approx 3.26$$

计算结果表明该放大器的增益不但满足要求，还存在着少许冗余。故整机输入灵敏度比设计值略高，输入信号电压在 $0.49V_{rms}$ 时就能获得满功率输出，而设计要求的满功率输入电压是 $0.775V_{rms}$。

8. 计算输出阻抗和阻尼系数

在无反馈条件下，包含输出变压器初、次级绕线铜阻的输出阻抗用下式计算：

$$Z_o = (r_a + r_1)n^2 + r_2 \qquad （10-13）$$

式中，r_a 是电子管的屏极内阻，r_1 是初级线圈的直流电阻，r_2 是次级线圈的直流电阻，n 是匝数比。

采用后述 10.6 节所设计的输出变压器数据，初级绕组直流电阻为 465.6Ω，300Ω 和 32Ω 次级绕组的直流电阻分别为 37.9Ω 和 12.5Ω。代入上式可计算出次级的输出阻抗：

$$Z_{o\_300} = (2370 + 465.6) \times 0.283^2 + 37.9 \approx 265.000 (\Omega)$$

$$Z_{o\_32} = (2370 + 465.6) \times 0.092^2 + 12.5 \approx 36.501 (\Omega)$$

放大器在 300Ω 和 32Ω 负载下的阻尼系数分别为：

$$D.F._{300} = 300 / 265 \approx 1.132$$

$$D.F._{32} = 32 / 33.3 \approx 0.877$$

由此可见，如果按阻抗匹配优先方式设计输出变压器的匝数比，得到的阻尼系数总是在 1 左右。放大器对低音几乎没有控制能力，导致低音有拖泥带水的感觉。

如果我们能接受 3.85% 的 2 次谐波失真以及接近于 1 的阻尼系数，那么这个耳机放大器就设计完成了，实际电路如图 10-6 所示。虽然测试指标不好看，但胆味十足的音色却很讨人喜欢。

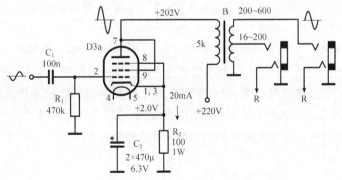

图 10-6　五极管 D3a 单级耳机放大器的实际电路

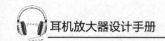

10.2.3 用双三极管设计单级耳机放大器

由于欧洲产的高互导电子管 D3a 不易获得，可利用普通的国产电子管进行特性变通后替代。电子管并联后具有 μ 值不变、互导 g_m 互倍、内阻 r_a 减半的特性。图 10-7 所示的是双三极管 6N11 并联后的 U_a–I_a 曲线和交流信号图解分析图，选择工作点矢量为[120，30，–2.8]，用图解法得到的三大参数为 μ=22.2，g_m=23mA/V，r_a=965Ω。

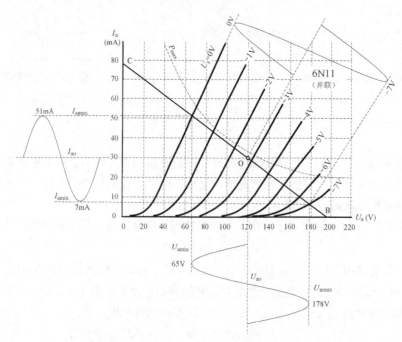

图 10-7　双三极管 6N11 并联后的 U_a–I_a 曲线和交流信号图解分析图

如果输入电压矢量是[–7，0]，单位为 V_{pp}。对应的输出电压矢量是[65，178]，单位为 V_{pp}。输出电流矢量是[7，51]，单位为 mA_{pp}。用相同的输出变压器，最大输出功率为 0.62W，电压增益为 16.1 倍。与 D3a 相比，最大输出功率增大了一倍，二次谐波失真度只有 2.27%，属于优良水平，这是框架栅低噪声三极管的优势。唯一的缺点是电压增益不足，会降低输入灵敏度。

用 6N11 并联的单级耳机放大器电路如图 10-8 所示，为了免调试，偏置电压由白色或蓝色发光二极管的 PN 结正向电压产生，这两种 LED 的半导体材质都是氮化镓，不同厂家的正向电压误差约为±15%，通常为 2.79～3.99V，而且大小与正向电流有关。应该选用在 30mA 正向电流下压降为 2.8～3.2V 的发光二极管。照明用白光 LED 在 30mA 电流下的动态电阻只有几欧姆，可省去旁路电容。

6N11 是中 μ 三极管，在本电路中电压增益只有 16.1 倍，扣除输出变压器的损耗后只有 12 倍，输入灵敏度会降低到 1.7V_{rms}（200mW）。如果信源不能输出这么高的信号电压，最简单的改进方法是在前面加一级增益为 5 倍的高压耗尽型 MOS 管放大器（DMZ6012E），就能使总增益达到 80 倍，把输入灵敏度提高到 0.34V_{rms}（200mW）。所用 MOS 管是 SOT23 封装，几乎不占用空间和消耗电流，电路虽然变成两级放大结构，但看上去仍是一个单管电子管放大器。

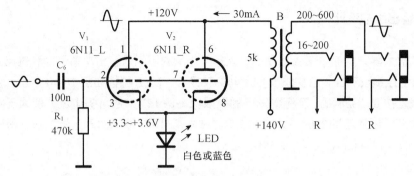

图 10-8　双三极管 6N11 并联单级耳机放大器电路

由于作者实验用的数字信源中有音量控制电路，故本章介绍的电子管耳机放大器电路都没有再加音量控制电位器。爱好者 DIY 时可用一个 100kΩ 的指数型电位器直接替换图 10-7 和图 10-8 中的交流耦合电路 C_1 和 R_1，就可以很方便地控制音量。

<h2>10.3　两级放大器的电路结构</h2>

电子管两级放大器的电路结构如图 10-9 所示，A_1 是电压放大器，A_2 是功率放大器。全局负反馈 β_2 和局部负反馈 β_1 都是可选择的，也就是说可以设计成转换速率较快的无反馈放大器，也可以设计成性能指标较好的负反馈放大器。输入灵敏度执行台式机标准，即 0dBm 输入时输出功率为 200mW。由于两级放大器有充足的增益裕量，输出变压器的匝数比按阻尼优先方式设计。还可以按第 2 章中的理想功率放大器结构设计电路，以获得更好的指标。

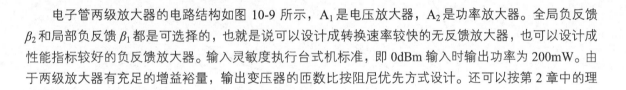
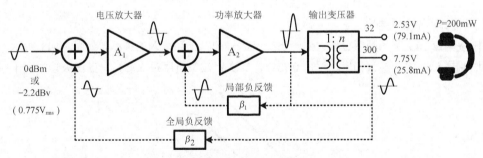

图 10-9　电子管两级放大器的电路结构图

<h3>10.3.1　传统两级单端无反馈放大器</h3>

这里先构造一个传统的两级放大器，从原理上讲两级放大器有足够的电压增益，但为了提高音质，限制了用高 μ 三极管和多栅三极管后，开环增益就显得不足。另外，人类对音质的追求是无止境的，晶体管放大器的阻尼系数大于 100，在电子管放大器不要有此奢望，阻尼系数等于 8 是一个比较合适的值。由于耳机的阻抗是 16 ~ 1000Ω，输出变压器的次级绕组只能用抽头方式分 2 段或 3 段去匹配耳机阻抗，本机的高阻变比是 0.1，覆盖 200 ~ 600Ω 的耳机；低阻变比是 0.03，覆盖 16 ~ 200Ω 的耳机。

由于现在电子管是稀缺资源，设计本着平价亲民的原则，电压放大器选用三极管 6N11，输出级选用 6P1 连接成三极管。6N11 是国产框架栅双三极管，线性好、噪声低、瞬态响应优良，价格只有国外同类产品的 1/10 ~ 1/5。而 6P1 社会拥有量大，是售价最低的束射四极管，连接成三极管后线性良好，适用于单端甲类功率放大器。整机电路如图 10-14 所示，下面计算各级放大器的参数。

1. 功率输出级的设计

（1）选择工作点

单端功率放大器只能工作在 A 类状态，选择工作点的原则是输出功率最大和输出正、负波形摆幅基本对称，6P1 连接成三极管后变成中 μ 大电流三极管，U_a–I_a 特性如图 10-10 所示，图 10-10 中的屏极功率限制线是按 8W 绘制的，实际能承受的极限功率是 12W，故屏极电流即使大于 45mA 也是安全的。本机工作点矢量确定为[220，33.5，−12.5]。按本章 10.2 节的图解分析方法，得到工作点的三大参数为 μ_2=11.4，g_{m2}=4.6mA/V，r_{a2}=2.5kΩ。

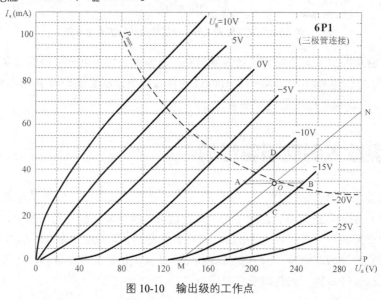

图 10-10　输出级的工作点

（2）计算输出级的参数

同样按本章 10.2 节的图解分析方法画出交流信号的输出和输入的关系，如图 10-11 所示，计算得到的电压增益是 5.52 倍，最大输出功率是 0.73W，二次谐波失真度是 5.95%，在三极管中属于中等水平。

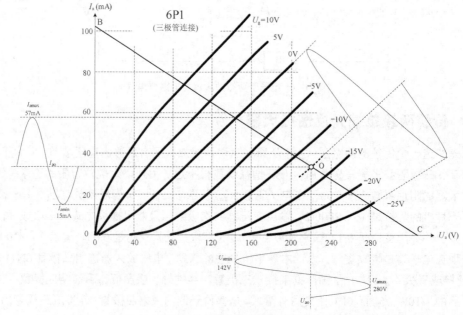

图 10-11　输出级的图解设计

对于两级电子管功率放大器来讲，电压放大器工作在小动态范围下，失真度小于 1%，与输出级相比可以忽略不计。80%~95% 的失真是输出级产生的，本机是无反馈放大器，要提高保真度，只能选择线性好的电子管作输出级，最好二次谐波失真度小于 3%，6P1 三极管连接的失真度偏大。

本级工作点的屏极内阻是 2.5kΩ，如果要求负载系数为 2，输出变压器的初级阻抗应该设计为 5kΩ。两级结构的电压增益较大，可设计成阻尼优先模式，高阻端口的匝数比设计为 0.1~0.14，用来驱动 200~1000Ω 的高阻耳机；低阻抽头端口的匝数比为 0.03~0.05，用来驱动 16~200Ω 低阻和中阻耳机。这样设计的输出变压器能缩小连接高、中、低阻耳机后阻尼系数的差异，而放大器也不需要过大的开环增益。

（3）计算偏置电阻和旁路电容

本机的电源是简单的整流滤波电源，电源内阻较大，为了减小电压波动对放大器的影响，两级放大器都采用阴极自给偏置方式，偏置电阻按下式计算：

$$R_6 = \frac{V_{k2}}{I_{a2}} = \frac{12.5}{38.8} \approx 322(\Omega)$$

阴极电阻产生的功耗是：

$$P_6 = I_{a2}^2 R_6 = 0.0388^2 \times 322 \approx 0.48(W)$$

优先选用 E192 系列（精度 ±0.5%），标称阻值为 324Ω，功耗为 1W 的金属膜电阻；或者 E96 系列（精度 ±1%），标称阻值为 324Ω，功耗为 1W 的金属膜电阻。E24 系列（精度 ±5%）的电阻容易买到，只有 330Ω 的标称阻值，产生的电流误差在允许范围内。

参考式（10-10），从阴极看到的电子管内阻为：

$$r_{k2} = \frac{r_{a2} + z_a}{\mu_2 + 1} = \frac{2.5 + 5}{11.4 + 1} \approx 0.605(k\Omega)$$

式中，r_{a2} 是 6P1 三极管接法的屏极内阻，z_a 是输出变压器的初级阻抗，μ_2 是 6P1 在输出级工作点的放大系数。

阴极等效电阻 R 是阴极内阻 r_{k2} 和自偏置电阻 R_6 的并联值，用下式计算：

$$R = R_6 // r_{k2} = \frac{R_6 \times r_k}{R_6 + r_k} = \frac{324 \times 605}{324 + 605} \approx 211(\Omega)$$

如果按 5Hz 设计低频零点，旁路电容的值为：

$$C_5 = \frac{1}{2\pi f R} = \frac{1}{2 \times \pi \times 5 \times 211} = 1.51 \times 10^{-4}(F)$$

用一个 150μF 的低 *ESR* 电解电容作旁路电容。需要注意的是，电解电容允许的误差是 +50%/−20%，但实际测试容量绝大多数是负误差，而且有的会高达 −50%。比较稳妥的方法是用一个 330μF 电容作旁路电容。

2. 电压放大器的设计

（1）选择工作点

用 6N11 的另一半作电压放大，与普通三极管不同，这个三极管的工作电流大于 5mA 才能避开曲线弯曲部分，电源电压只有 120V，要得到最大正、负摆幅对称的输出电压，电子管的屏压应选择在电源电压的一半左右，故本级工作点矢量为 [70，5，−1.5]，如图 10-12 所示。

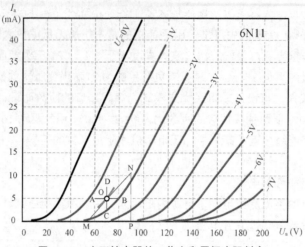

图 10-12　电压放大器的工作点和屏极内阻斜率

工作点选择好后用图解法得到的三大参数为：

$$\mu_1 = \frac{\Delta U_a}{\Delta U_{gk}}\bigg|_{I_a=5} = \frac{80-60}{2-1.1} \approx 22.2$$

$$g_{m1} = \frac{\Delta I_a}{\Delta U_{gk}}\bigg|_{U_a=70} = \frac{7.75-2.5}{2-1.2} = 6.25\,(\text{mA}/\text{V})$$

$$r_{a1} = \frac{\Delta U_a}{\Delta I_a}\bigg|_{U_g=-1.5} = \frac{90-55}{11-0} \approx 3.18\,(\text{k}\Omega)$$

与功率输出级一样，用图解法和计算法得到的屏极内阻存在着误差，用 μ_1/g_{m1} 得到的 r_{a1} 是 3.552kΩ，用图解法在工作点上求解$-U_{go}$的切线斜率得到的 r_{a1} 是 3.18kΩ，误差为 11.7%，下面的计算以图解结果为基准。

（2）计算偏置电阻和旁路电容

阴极自给偏压电阻为：

$$R_2 = \frac{V_{k1}}{I_{a1}} = \frac{1.5}{5} = 3\,(\text{k}\Omega)$$

电子管的阴极内阻为：

$$r_{k1} = \frac{r_{a1} + R_3 /\!/ R_4}{\mu_1 + 1} = \frac{3.18 + 9.6}{22.2 + 1} \approx 0.551\,(\text{k}\Omega)$$

阴极电阻与电子管阴极内阻的并联值为：

$$R = R_2 /\!/ r_{k1} = \frac{R_2 \times r_{k1}}{R_2 + r_{k1}} = \frac{3 \times 0.551}{3 + 0.551} \approx 0.466\,(\text{k}\Omega)$$

设低频零点的频率为 5Hz，计算旁路电容的值为：

$$C_2 = \frac{1}{2\pi f R} = \frac{1}{2 \times \pi \times 5 \times 466} = 6.83 \times 10^{-5}\,(\text{F})$$

用一个大于 68μF 的电解电容作旁路电容，这里选择标称值 100μF。

（3）计算电压增益

本级的实际负载 R_a' 是屏极电阻 R_3 与下一级的栅极电阻 R_5 的并联值：

$$R_a' = R_3 /\!/ R_5 = \frac{10 \times 270}{10 + 270} = 9.5\,(\text{k}\Omega)$$

用图解法得到的放大系数和实际的屏极负载计算本级的电压增益为：

$$A_1 = \mu_1 \frac{R_a'}{R_a' + r_{a1}} = \frac{22.2 \times 9.6}{9.6 + 3.18} \approx 16.7$$

3. 计算整机参数

（1）计算整机增益

整机电压增益是第一级电压放大器的增益 A_1 与第二级输出级的增益 A_2 以及输出变压器的变压比 n 之积。为了进行比较，给出了阻抗匹配优先和阻尼优先两种模式下，高、低阻负载所需的电压增益。阻抗匹配优先的变压器，低阻和高阻匝数比分别是 0.092 和 0.283；阻尼优先的变压器，低阻和高阻匝数比分别是 0.03 和 0.1，代入后电压增益分别为：

$$A_{0\_32} = A_1 A_2 n_{\_32} = 16.7 \times 5.52 \times 0.092 \approx 8.5$$

$$A_{0\_300} = A_1 A_2 n_{\_300} = 16.7 \times 5.52 \times 0.283 \approx 26.1$$

$$A_{0\_L} = A_1 A_2 n_{\_L} = 16.7 \times 5.52 \times 0.03 \approx 2.8$$

$$A_{0\_H} = A_1 A_2 n_{\_H} = 16.7 \times 5.52 \times 0.1 \approx 9.2$$

放大器所需要的增益为：

$$A_{v\_32} = u_o / u_i = 2.53 / 0.775 \approx 3.26$$

$$A_{v\_300} = u_o / u_i = 7.75 / 0.775 \approx 10$$

计算结果表明，该放大器的增益在阻抗匹配优先模式下，增益有一倍多的冗余；在阻尼优先模式下（阻尼系数设计值等于 8），增益不够，还差 14% 才能达到设计指标。

（2）计算阻尼系数

在无反馈条件下，包含输出变压器初、次级绕组的输出变压器的输出阻抗用下式计算：

$$Z_o = (r_a + r_1) n^2 + r_2 \tag{10-14}$$

式中，r_a 是输出级电子管的屏极内阻，r_1 是初级线圈的直流电阻，r_2 是次级线圈的直流电阻，n 是匝数比。

采用前述设计的输出变压器数据，初级绕组直流电阻为 465.6Ω，300Ω 和 32Ω 次级绕组的直流电阻分别为 37.9Ω 和 12.5Ω。当 n=0.1 和 0.03 时，高阻和低阻次级绕组的直流电阻分别为 38.3Ω 和 6.3Ω。代入上式可计算出在阻抗匹配优先模式和阻尼优先模式下次级的输出阻抗为：

$$Z_{o\_32} = (2500 + 465.6) \times 0.092^2 + 12.5 \approx 37.6(\Omega)$$

$$Z_{o\_300} = (2500 + 465.6) \times 0.283^2 + 37.9 \approx 275.1(\Omega)$$

$$Z_{o\_L} = (2500 + 465.6) \times 0.03^2 + 6.3 \approx 9.97(\Omega)$$

$$Z_{o\_H} = (2500 + 465.6) \times 0.1^2 + 13.5 \approx 43.2(\Omega)$$

在两种模式下，放大器在 33Ω 和 300Ω 负载下的阻尼系数分别为：

$$D.F_{32} = 32 / 37.6 \approx 0.85$$

$$D.F_{300} = 300 / 275.1 \approx 1.09$$

$$D.F_L = 32 / 9.97 \approx 3.209$$

$$D.F_H = 300 / 43.2 \approx 6.944$$

可见，如果按阻抗匹配模式设计输出变压器的初次级匝比，得到的阻尼系数总是在 1 左右；而阻尼优先模式下能获得远大于 1 的阻尼系数，但仍比晶体管放大器小得多。上述的阻尼系数设计值是 8，由于整机增益不足，导致实际阻尼系数小于设计值。

（3）计算 *PSRR*

在两级串联放大器中，第一级放大器对电源电压波动和噪声很敏感。单端放大器只能用阻抗分压方式抑制电源波动，由于本机没有负反馈，电压放大器的电源抑制比可以用图 10-13 中的公式来计算。设高压乙电变化 ΔV_{B+}，经 R_b、R_a 和 r_a 分压后，引起的输出电压的变化 Δu_o 用下式计算：

$$PSRR = \frac{\Delta u_o}{\Delta V_{B+}} = \frac{r_a}{R_b + R_a + r_a}$$

$$= \frac{3.18}{21.7 + 10 + 3.18} \approx 0.0991 (-20.8\text{dB})$$

与差分放大器小于 −60dB 的指标相比，共阴极单端放大器对电源变化抑制能力是很差的，因为这种单端放大器只能依靠电子管内阻和屏极电阻分压衰减电源电压纹波，按图 10-13 中数值，放大器本身的 $PSRR$ 为 −12.4dB。增加 R_b 和 C_b 组成的滤波电路后，它的分压作用对 $PSRR$ 的贡献是 8.4dB。

另外，除了电子管内阻 r_a 的分压作用对电源纹波起衰减作用外，R_b、C_b 形成的低通滤波器还能产生额外衰减，该低通滤波器是一阶 RC 滤波器，截止频率为 0.156Hz，电容 C_b 对 100Hz 交流声的阻抗为 15.92Ω，ESR 为 0.47Ω，用分压比计算其衰减率为：

$$A_{DR} = \frac{ESR + 1/(\omega C_b)}{R_b + ESR + 1/(\omega C_b)} = \frac{15.92 + 0.47}{21700 + 0.47 + 15.92} \approx 7.547 \times 10^{-4} (-62\text{dB})$$

电阻 R_b 消耗的功率是 543mW，损失的功率与获得的交流声抑制效果相比是值得的。因为高保真耳机放大器需要优良的高压稳压电源，增加了这个简单的滤波电路后，就能用简单的全波整流电源供电，有效地降低了电源的造价。

6N11 带输出变压器的无反馈耳机放大器实际电路如图 10-14 所示，V_1 是电压放大器，是典型的共阴极阻容耦合交流放大器，只用一个双三极管 6N11 就能完成左、右声道的电压放大。V_2 是功率输出级，束射四极管 6P1 连接成三极管应用，是典型的单端甲类放大器。6P1 的屏极电流与帘栅电流之比是 6.29，本例屏极电流是 33.5mA，按此比例计算的帘栅电流是 5.3mA。帘栅经由 R_7 与屏极连接，也可直接与屏极连接。输出变压器按阻尼优先方式设计，可以用次级阻抗为 8Ω 的五灯收音机变压器代替。

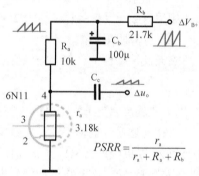

图 10-13　提高三极管共阴放大器的 $PSRR$

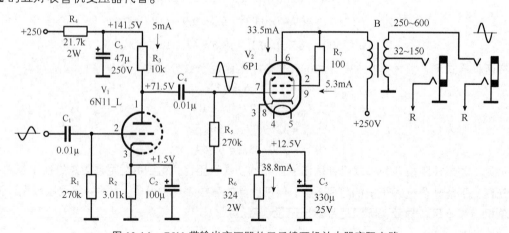

图 10-14　6N11 带输出变压器的无反馈耳机放大器实际电路

10.3.2　全局负反馈的接入方法

在 20 世纪的电子管收音机的低频放大器中绝大多数施加有 6～12dB 的大环路负反馈，并且把输出变压器也包含在反馈环路中。过去的设计都是基于阻抗匹配优先的模式，用一个高 μ 三极管作电压放大，用束射四极管或功率五极管作功率放大器，这种结构的开环增益为 100～250 倍。如果用五极管作电压放大器，开环增益则能大于 1000 倍，为增加负反馈提供了条件。

20 世纪 80 年代，音源数字化之后，上述结构已不能发挥信源的高保真优势。为了提高音质，中 μ 三极管作电压放大，低内阻三极管作功率放大，输出变压器设计成阻尼优先模式的放大器开始流行，这种结构由于没有足够的电压增益，通常工作在无反馈状态下。不过，主观主义者给出的解释是无反馈放大器能保持原汁原味的音质。从科学和客观的角度上讲，负反馈是现代信号处理的基础，如果没有负反馈，现代高保真放大器就无法设计了。

作者还是主张给两级电子管放大器施加全局负反馈用来改善整机性能，不过要改变一下负反馈的方法，图 10-15 所示的就是这种曾经广泛应用的负反馈电路，过去几十年几乎千篇一律地应用在五灯收音机上。假设电子管 6N1 工作点矢量是[150, 2, –4.5]，在此工作点的 μ=42，g_m=1.82mA/V，r_a=23kΩ，开环电压增益为 32 倍，反馈系数为 0.097。由于是电压串联负反馈，电子管的内阻上升到：

$$r_a' = r_a + (\mu+1)R_2 = 23 + 43 \times 2.26 \approx 120\,(\text{k}\Omega)$$

电源抑制比为：

$$PSRR_a = \frac{r_a}{r_a + R_a} = \frac{120}{120 + 75} \approx 0.615\,(-4.2\text{dB})$$

作者推荐的负反馈电路如图 10-16 所示，把电压串联负反馈改为电压并联负反馈，假设电子管的工作点相同，这个电路的电源抑制比为：

$$PSRR = \frac{r_a}{r_a + R_a} = \frac{23}{23 + 75} \approx 0.235\,(-12.6\text{dB})$$

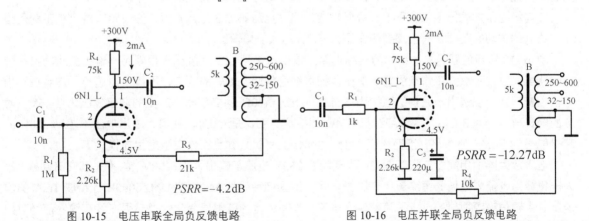

图 10-15　电压串联全局负反馈电路　　图 10-16　电压并联全局负反馈电路

计算结果表明，$PSRR$ 比经典电路提高了 2.6 倍，并且放大器的输入阻抗是反馈环路的阻抗与电子管栅极电阻的并联值，按图 10-16 中数值小于 11kΩ，这么低的电阻使栅极不容易感应交流声。

经典电路广泛流行的原因是它适应模拟信源时代对信噪比要求不高的大背景，而今天高保真的标准已大幅度提高，电路设计更要关注降低噪声和干扰，因此本书推荐在全局反馈设计中尽量用并联反馈代替串联反馈。除非一些特殊的应用，如电子管恒流源就必须借助阴极电阻的电流反馈来提高电子管的内阻。在不能降低放大器输入阻抗的条件下，可把阴极电阻拆分成两个电阻，只用小于原电阻 1/10

的值参与负反馈。如图 10-17 所示，把 2.26kΩ 的阴极电阻拆分成 110Ω 和 2.16kΩ 两个电阻，把 110Ω 电阻置于反馈环路里，为了保持反馈系数不变，R_5 也要按比例减小，当小到影响自给偏压时，串联一个电容进行直流隔断，如图 10-17 中的 C_4。此时该电路的电源抑制比为：

$$PSRR = \frac{r_a}{r_a + R_a} = \frac{27.73}{27.73 + 75} \approx 0.27 (-11.4\text{dB})$$

结果表明它与推荐电路的差别很小。

10.3.3 理想功率放大器的实现方法

在 20 世纪 50 年代，就有人提出把输出变压器从屏极回路移到阴极回路，利用阴极跟随器百分之百的负反馈作用一举消除电子管和变压器的非线性失真。但这种美好的想法在驱动扬声器的功率放大器中并没有获得成功。原因是输出级的线性虽然很优秀，但本身的电压增益小于 1，需要前级的电压放大器输出几十伏至几百多伏的无失真驱动电压，等于把前、后级共同承担的摆幅

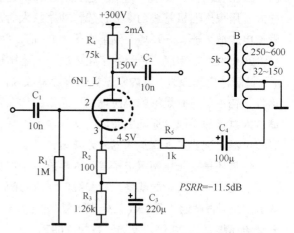

图 10-17 改进的电压串联全局负反馈电路

全部转移到前级放大器上。因为设计一个低失真的大摆幅电压放大器同样是一件很困难的事情，正由于这个原因输出变压器负载阴极输出级并没有流行起来，只是偶尔出现在一些标新立异的设计中。

在小功率耳机放大器中情况就不同了，首先这种结构符合第 2 章所介绍的理想功率放大器结构，即输出级只放大电流而不放大电压，前级电压放大器只放大电压而不放大电流。变压器负载阴极输出器具有优异的电流放大特性，电子管的二分之三次方非线性和变压器铁芯的 B-H 非线性都能得到有效抑制，电感负载电源转换效率高和变压器阻抗匹配良好的优点也得到充分发挥。阴极跟随器的输入阻抗很高，减小了对前级的负载效应，能使电压放大器近似工作在无负载条件下。

在前级电压放大器中，由于下一级所需要的驱动电压不会超过几百伏，在 250V 的乙电下利用恒流源负载的宽动态范围，有望得到畸变不大于 3% 的大摆幅输出。

图 10-18 所示的就是这种结构的实际电路。输出级仍用 6P1 连接成三极管用，输出变压器接在阴极回路里。设计难点是工作点受输出变压器初级绕组铜阻 DCR 的约束，不能自由选择。作者在一堆旧输出变压器中挑选出一只初级阻抗为 5.5kΩ，DCR=420Ω 的变压器，产生的栅极偏压为 14.6V，对应的屏极电流约为 30mA。次级绕组只有 4Ω 的抽头，变比是 0.031，在最大输出电压下驱动 300Ω 的耳机能得到 34mW 的功率，因而能驱动 16～300Ω 的耳机，并且工作在阻尼优先模式下。

电压放大器中用高 μ 三极管 6N2，为了能在 250V 电压下输出大于 ±100V_{pp} 的不失真交流摆幅，放大器负载用直流内阻低的恒流源代替屏极电阻，用国产耗尽型 MOS 管 DMZ6005E 连接成 1mA 的恒流源。由于恒流源两端的电压是随着输入电压在 200V 宽的范围里变化的，必须在没有输入信号时把电子管的屏极稳定在一个固定值，采用的方法是用自给稳压偏置固定栅极电压，栅极电压固定了，屏极电压在静态时就能保持在一个固定值。红色 LED 的正向电压是 1.8～2.2V，用来产生自给偏压正好合适。

用 Pspice 仿真工具，在 0dBm 输入时，输出电压是 67.5V_{pp}，二次谐波失真是 1.19%。限幅电平是 102V_{pp}，时域仿真波形如图 10-19 所示。谐波失真满足要求，只是摆幅略嫌不够，如果把乙电提高到 300V，输出电压为 ±150V 的摆幅就能驱动 600～1000Ω 的高阻耳机。

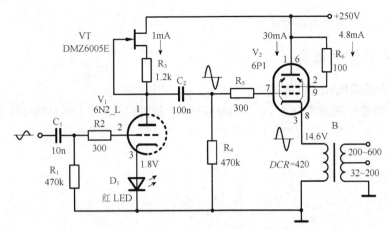

图 10-18　变压器负载阴极输出器的实际电路

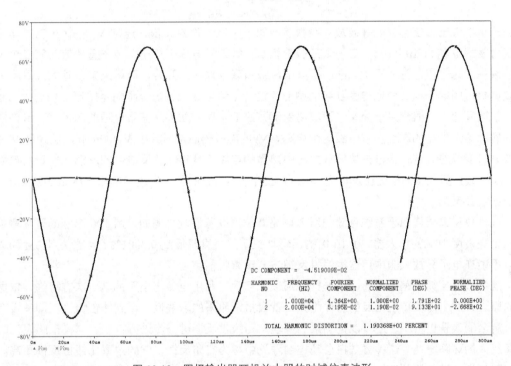

图 10-19　阴极输出器耳机放大器的时域仿真波形

　　看来这个在大功率放大器中被遗弃的结构在耳机放大器中是实用的，而且它基本满足第 2 章中定义的理想功率放大器的条件。不过从性能指标来看，这是一个中规中矩的耳机放大器，创新不够。在10.4 节中将介绍更先进的设计。

10.4　非线性反馈放大器

　　在自动控制理论中，反馈分为线性和非线性两种类型。线性反馈有成熟的分析方法，本书前面几章中所介绍的集成电路放大器、运算放大器和分立元器件放大器都是基于线性反馈理论设计的。非线性反馈目前还没有成熟的分析方法，在一些特殊的场合，它比线性反馈更高效。

　　本节尝试把非线性反馈用于电子管放大器，目的是用现代信号处理技术挖掘古老电子管放大器的潜力，获得比传统放大器更好的性能。

10.4.1 超三极管的概念

1. 超三极管的电路和工作原理

把两个电子管连接成如图 10-20 所示的电路形式，这种连接方法与达林顿晶体管很相似，把两个电子管组合成一个复合管，依据节点电压法则，很容易求出这个复合电子管的三大等效参数为：

$$
\begin{cases}
\mu' = \dfrac{e_a}{e_i} = \mu_1 \\[2ex]
g_m' = \dfrac{i_a}{e_i} = \dfrac{e_c \cdot g_{m2}}{e_c / \mu_1} = \mu_1 \cdot g_{m2} \\[2ex]
r_a' = \dfrac{e_a}{i_a} = \dfrac{e_a}{g_{m2} \cdot e_c} \approx \dfrac{1}{g_{m2}}
\end{cases}
\tag{10-15}
$$

从上式可以看出，复合管的等效放大系数等于第一个电子管的 μ 值，通常 V_1 是中 μ 或高 μ 三极管，故复合管的 μ 值为 20～100，与一个三极管相当；等效互导等于第一个电子管的值与第二个电子管互导的乘积，这个值通常大于 100ms；相当于两级串联放大器的互导，而单只电子管的互导小于 30ms；等效屏极内阻等于第二个电子管互导的倒数，这个数值与三极管阴极跟随器相当，表达公式也相同。

上述复合管的概念过于简单，不容易看清楚它的本质。如果从信号处理概念出发，或许能科学合理地解释这个电路的原理。乍一看这个电路，V_2 的屏极输出电压经由 V_1 的内阻 r_a 反馈到 V_2 的栅极，形成 P-G 负反馈，这就是过去功率放大器中熟悉的电路。但 P-G 负反馈中的反馈元件是用电阻来实现的，属于线性负反馈。在这里反馈元件用的是 V_1 内阻，它的屏极电流与栅极电压是 3/2 次方特性，属于非线性负反馈。

线性负反馈要依赖于系统存储的巨大环路增益来改善性能，例如，用 100 万倍的开环增益，去校正一个失真度 10% 的放大器，在 10 倍的闭环增益下失真度降低到 0.0001%。但是受到功耗和成本的限制，不能在电子管放大器中用这种线性反馈方式改善性能。

既然线性反馈之路走不通，用非线性反馈如何呢？利用电流与电压的 3/2 次方特性，依据互补抵消的原理，两个传输特性相反的器件相减，就会抵消原来的非线性，得到线性特性。即使没有完全抵消，剩余的误差也很小，还可以把剩余的误差交给线性反馈进一步进行校正，这样电路设计时就不用储备巨大的环路增益。这种方法在自动控制理论中称为高阶反馈，它的效率比线性反馈更高。基于这种原理的电子管电路起源于 20 世纪末，完全是由电子管爱好者发明的，在欧洲称为 Super-Triode，在日本称为超三结，在我国称为超三极管。

这种电路结构是一个通用电路模型，因此有源器件并不局限于电子管，对于 BJT、JFET 和 MOS 器件也是成立的，但在实际应用中 V_1 通常是三极管，V_2 通常是束射四极管或功率五极管，因为这种组合最能发挥超三极管连接的优势，也能充分利用过去五灯收音机中的廉价电子管，如 6G2、6N2、6P1 和 6P14，这类器件社会拥有量很大，过去因为音质一般很少用在高保真功率放大器上，超三极管连接能使这类器件变废为宝。

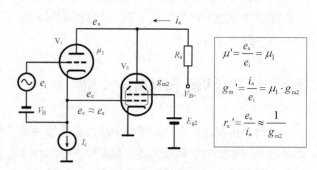

图 10-20 超三极管的连接方法和等效参数

2. 如何建立超三极管的特性曲线

设计电子管放大器通常用图解法最简单实用，这就要先知道电子管的特性曲线，从特性曲线就能初步判断电子管的优劣。对于超三极管也必须先建立特性曲线，可用手工测量数据在坐标纸上逐点描绘得到，也可以用电子管图示仪直接显示出来，不过图示仪是 20 世纪 70 年代才出现的，当时主要应用在电子管制造厂、收音机和电视机生产厂等领域，后来随着电子管一起退出了历史舞台，现在不太容易获得。

超三极管的特性曲线可用图 10-21 所示的电路进行测试，以 V_a 为参变量，测试 I_a 随 I_c 或 V_g 的变化可得到 I_a-V_g 特性曲线族；以 I_c 或 V_g 为参变量，测试 I_a 随 V_a 的变化可得到 I_a-V_a 特性曲线族。V_g 是随 I_c 变化的，故只要测量在不同的屏极电压 V_a 下，对应不同栅极电压 V_g 的屏极电流 I_a，就能获得 I_a-V_a 曲线族，而 I_a-V_g 曲线族可用 I_a-V_a 曲线族变换得到。帘栅电压 V_{sg} 可与屏极电压 V_a 同步变化，当电子管的结构不变时，如果 $V_{sg}=V_a$，I_a 与 I_{sg} 的比值是固定不变的。

看来测试超三极管的特性曲线所需的设备并不多，需要一台低压可变直流电源 I_c 和一台高压可变直流电源 V_{B+}，两个电压表 V 和一个电流表 A 即可。关键是需要耗费大量的时间去测量绘制曲线所需要的数据，要测试几个电子管还可以忍受，要测试大量的电子管工作量就会大到难以实现。其实我们可以想出更简单的方法，因为组成超三极管的电子管的特性曲线是已知的，需要的数据很容易从电子管手册和互联网上获得，利用这些资源就能粗略地绘制出超三极管的特性曲线。下面以 6N2 和 6P1 为例介绍绘制特性曲线的方法。

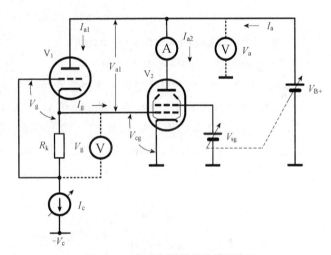

图 10-21　超三极管特性曲线测试图

第一步：绘制 6N2 的 V_{a1}-V_g 特性曲线

依据图 10-21 所示的电路，设 R_k=5kΩ，电流源 I_c 从零开始，以 0.1mA 步长递加到 0.7mA，计算相对应的栅极偏压 V_g，填在表 10-2 的第一和第二行中。在 6N2 的 I_a-V_a 曲线族上，标注与 V_g 相对应的屏极电压 V_a 和屏极电流 I_a，得到 8 个坐标点，把这些坐标点的屏极电压填到表 10-2 的第三行中，然后在 6N2 的 I_a-V_a 曲线族上连接所有的坐标点得到 V_{a1}-V_g 特性曲线，如图 10-22 所示。

表 10-2　电子管 6N2 的 V_{a1}-V_g 特性曲线数据表

I_c（mA）	0	0.1	0.2	0.3	0.4	0.5	0.6	0.7
V_g（V）	0	−0.5	−1.0	−1.5	−2.0	−2.5	−3.0	−3.5
V_{a1}（V）	0	58	122	185	241	292	350	400

设 R_k=5kΩ 是为了得到与 6N2 特性曲线族上相同的 U_g，能简化工作量，设置其他数值则要先绘制与 I_c 对应的栅极电压 V_g，这样就很麻烦。

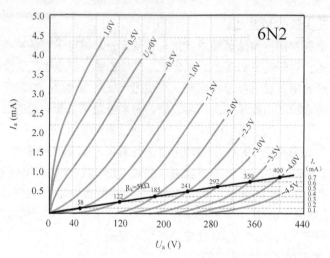

图 10-22　绘制 6N2 的 V_{a1}-V_g 特性曲线

第二步：绘制 6P1 的 V_a-V_g 特性曲线

先看图 10-21 中 V_{a1} 和 V_a 的关系，$V_a=V_{a1}+V_{cg}$。当 $V_{cg}=+5V$ 时，$I_c=I_{a1}+I_g$，V_2 的屏极电流最大；当 $V_{cg}=0V$ 时，V_2 的无栅流屏极电流 I_{a2} 很大。之后随着 V_{cg} 的减小，V_2 的屏极电流按 g_{m2} 倍减。故把上一步在 6N2 上计算出的 8 个坐标点中的电压值 V_{a1}（表 10-2 中的第三行数据）转移到 6P1 的 V_a-V_g 的水平轴上，分别以这些数值为起点，以 1V 步长递减，最高的 V_{a1} 对应最大的电流 I_{a2}，标出各个 V_{a1} 与 U_g 曲线相交点的坐标，连接同一个 I_c 对应的坐标点，就绘制出了超三极管的以 I_c 为参变量的 V_a-I_c 曲线族，如图 10-23 所示，也就是传统电子管的 V_a-V_g 曲线族。

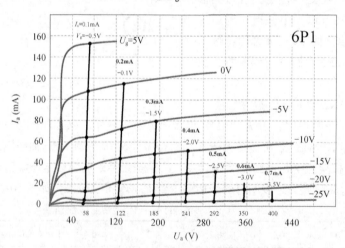

图 10-23　绘制 6P1 的 V_a-V_g 特性曲线

把图 10-23 上的每一个坐标点判读出来就可以列出表 10-3 所示的超三极管（6P1+6N2）的 V_a-V_g 特性曲线数据表，虽然存在几何测量误差，但仍然能真实地反映超三极管的特性。

表 10-3　超三极管（6P1+6N2）的 V_a-V_g 特性曲线数据表

I_c（mA）	5	0	−5	−10	−15	−20	−25	V_{cg}(V)
0	58	0						V_{B+}(V)
	152	0						I_{a2}(mA)
0.1	58	57	56	55	54	53	52	V_{B+}(V)
（V_g= −0.5V）		107	64	35	12.5	5.1	1.9	I_{a2}(mA)

0.2	122	121	120	119	118	117	V_{B+} (V)
(V_g= −1.0V)	119	71	44	22	5.2	2.1	I_{a2} (mA)
0.3		185	184	183	182	181	V_{B+} (V)
(V_g= −1.5V)		80	47	25	8.2	2.2	I_{a2} (mA)
0.4			241	240	239	238	V_{B+} (V)
(V_g= −2.0V)			51	29	8.5	2.3	I_{a2} (mA)
0.5				292	291	290	V_{B+} (V)
(V_g= −2.5V)				31	10	2.4	I_{a2} (mA)
0.6					350	349	V_{B+} (V)
(V_g= −3.0V)					12	2.5	I_{a2} (mA)
0.7						400	V_{B+} (V)
(V_g= −3.5V)						2.6	I_{a2} (mA)

用上述方法绘制出的超三极管输出特性曲线族的正确性很容易通过 Pspice 软件进行验证，先画好图 10-24 所示的仿真电路。把屏极电压 V_a 设为第一变量，把恒流源 I_c 设为第二变量，由于直流扫描一次只允许设置两个变量（二维平面绘图），故把帘栅电压 V_{sg} 设为常量，对仿真结果影响很小。放置一个电流源 I_2 是为了防止仿真过程中 I_c 等于零时出错，随便设置一个很小的不影响仿真结果的电流值就行。

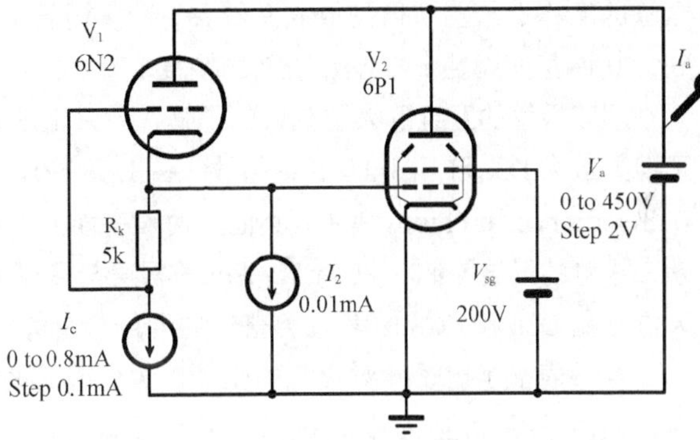

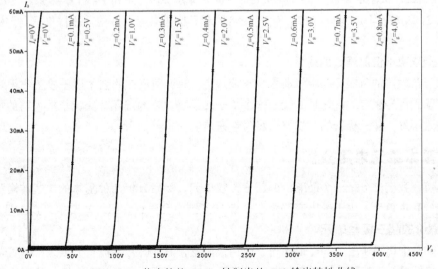

图 10-24 超三极管的 Pspice 仿真电路

仿真电路画好以后，选择直流扫描（DC Sweep）分析选项，把 V_a 设置为主扫描参数，起始值设为 0V，终止值设为 450V，步长设为 2V；把 I_c 设置为次扫描参数，起始值设为 0mA，终止值设为 0.8mA，步长设为 0.1mA。设置完成后启动 Probe 得到的仿真结果如图 10-25 所示。

这个曲线族与手工绘制的相比较符合度极高，故超三极管特性曲线的正确性是毋庸质疑的。仿真精度取决于电子管模型的精度。

图 10-25 仿真软件 Pspice 绘制出的 6N2 输出特性曲线

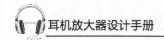

3. 解读超三极管的特性曲线

（1）很低的输出内阻

解析分析表明超三极的输出电阻为 $r_a=1/g_{m2}$，从电子管手册上可知，大多数功率多栅管的互导为 $4\sim18mS$，故超三极管的内阻为 $250\sim56\Omega$。也就是说，超三极管连接能把屏极输出电阻减小到阴极跟随器的水平，这从接近 100% 的电压负反馈中能得到验证，阴极跟随器也是用同样的方法减小了输出阻抗，因而超三输出级也称为屏极跟随器，意思是阻抗与阴极出相同，相位相反。

低输出电阻一直是功率放大器设计中所追求的目标，低内阻电子管相当于电压源，能提高对负载的驱动能力，而且降低了对输出变压器的要求。

（2）很大的互导

就像在多栅管输出特性曲线上很难得到放大系数 μ 一样，在超三极管的输出特性曲线上很难得到互导 g_m，因为前者是一条接近水平的线段，后者是一条接近垂直的线段。比较实用的图解方法是在三极管的工作点上图解得到放大系数 μ_1，在多栅管上得到互导 g_{m2}，超三极管的互导用 $g_m=\mu_1\times g_{m2}$ 计算得到，其误差能满足工程设计所需的精度。

超三极管的互导远大于单只电子管，单只电子管的互导最大只能到 $35\sim60mS$，如老式电视机中用于视频放大 D3a 和用于 UHF 射频放大的 EC8020。这两个型号是电子管史上的稀有珍品，生产技术掌握在 Telefunken 和 Philips 手中，其他厂商没有能力生产。相比之下，由中 μ 三极管与普通多栅管组合成的超三极管的互导为 $80\sim300mS$，高 μ 三极管与多栅管组合的超三极管的互导为 $500\sim1800mS$。远远超越天价珍品 D3a 和 EC8020，而且普通的爱好者就能轻松实现，所花费的成本很低。

互导表征了电子管对负载的驱动能力，超三极管接近 100% 的 P-G 负反馈虽然牺牲了 V_2 的电压增益，但由于 V_2 的互导和 V_1 的放大系数没有变化，乘积后的等效超大互导对负载有很强的驱动力。

（3）更加恒定的放大系数

在电子管三大参数中，最稳定的参数是放大系数 μ。超三极管连接能使 μ 更趋于稳定，这从曲线族中 $I_c(V_g)$ 的间隔更均匀能得到印证。稳定的 μ 值意味着输出信号的正负摆幅相等，偶次谐波失真小。

（4）适合于改造高内阻多栅管

超三极管是用 100% 的电压负反馈降低电流输出管的内阻和非线性失真，从自动控制原理可知校正误差所用的资源是开环增益，内阻高的多栅管 μ 值较大，开环增益很高，校正效果很明显。例如，6P1 的 $r_a=42.5k\Omega$，虽然互导很小，只有 $4.9mS$，但 μ 值是 208；而 6P14 的 $r_a=20k\Omega$，虽然互导很大，达到 $g_m=9mS$，但 μ 只有 180，故用 6P1 作 V_2 组合的超三极管具有更低的非线性失真，而售价只有 6P14 的 1/6。

（5）性能取决于恒流源 I_c 的线性

超三极管放大器的反馈环路中没有包含电流源 I_c，有源负反馈的强大误差校正作用对 I_c 不起丝毫作用。通常输入信号来自 I_c，这时 I_c 就是一个 V-I 转换器，它的好坏就决定了放大器的性能。如果这个转换器线性不好，超三极管的一切努力将付诸东流。

10.4.2 基本单元电路分析

在本小节，我们先分析一个最廉价的超三极管单元，然后分析几种基本的 V-I 转换器，这是非线性有源反馈的基本单元。由于输出变压器在本章 10.6 节中会详细介绍，本节中只提出基本要求。

1. 最廉价的超三极管单元

在国产功率输出电子管中 6P1 最廉价，应用最广泛，旧管的社会拥有量很大，新管曙光厂仍在大量生产，价格低廉。与其配套的电压放大双三极管 6N2 功耗低，物美价廉。我们就以这两种电子管组合成超三极管开始我们超三极管耳机放大器设计之路。

6P1 在手册上给出的参数见表 10-4,我们在 I_a–U_a 曲线族上选择工作点矢量为[200,40,−12],工作点上的互导很容易用图解法得到,在本例中 g_m=4.7mS。多栅管的曲线比较平直,μ 和 r_a 不能用图解法获得准确数值,但可以用辅助方法求解。根据电子管的基本方程 μ=g_m×r_a,基于 μ 在工作区域里基本不变的规律,互导与内阻就成反比例。在本例中互导比标称值缩小了 4.9/4.7 倍,内阻会增大相同的倍数,故 r_a=42.5×4.9/4.7=44.3kΩ,用基本方程计算放大系数为 μ=4.7×44.3=208。

表 10-4   电子管 6P1 和 6N2 的主要参数表

	屏压 (V)	屏流 (mA)	帘栅压 (V)	帘栅流 (mA)	μ	g_m (mS)	r_a (kΩ)	灯丝电压 (V)	灯丝电流 (mA)
6N2	250				97.5±17.5	2.1±0.5	46.5	6.3	340±35
6P1	250	44±11	250	7	208	4.9	42.5	6.3	500±50

如图 10-26 所示,为了寻找线性最佳的工作状态,绘制出 A、B、C 三条交流负载线,用本章 10.2 节介绍的方法计算负载阻抗和谐波失真系数,可以看出负载线 A 的线性最差,负载线 B 虽然二次谐波系数最小,但三次谐波较大,而三次谐波比二次谐波听感更差。多栅管在二次谐波最小时三次谐波幅度较大。故本例选择负载线 C 输出级的工作状态,负载阻抗为 5.8kΩ,最大输出功率为 3.26W 时,总谐波失真度为 5.62%。电压增益为 16.2 倍。工作点矢量是[200,40,−12],工作点的 μ=208,g_m=4.7mS,r_a=44.3kΩ。屏极电流与帘栅极电流之比在 3.67:1～6.29:1 时都能正常工作,设计时取 6.29:1,屏极电流设置为 40mA 时帘栅极电流为 6.4mA。

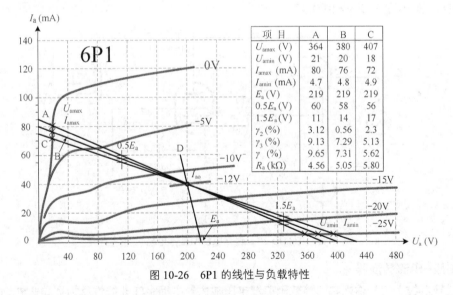

图 10-26   6P1 的线性与负载特性

图解 6N2 的工作点参数,先列出负载线方程为:

$$V_{B+} = U_{ak} + \left(R_B + R_k + R_{CCS}\right)I_a$$

式中,乙电 V_{B+}=231V,输出变压器初级线圈的铜阻 R_L=465.9Ω,阴极电阻 R_k=4.25kΩ,恒流源的直流电阻 Z_{CCS}=30kΩ。

当 I_a=0 时,U_{ak}=231V;当 U_{ak}=0 时,I_a=6.65mA,连接这两点的直线就是 6N2 的直流负载线。我们选择 6N2 的工作点矢量为[212.5,0.5,−1.75],工作点的 μ=98,g_m=1.4mS,r_a=70kΩ,如图 10-27 所示。

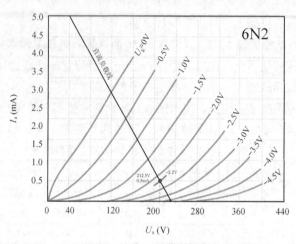

图 10-27　6N2 的负载特性

把上述图解参数代入式（10-15）可得到 6P1 和 6N2 组合的超三极管参数是 $\mu'=98$，$g'_m=431.2\text{mS}$，$r'_a=227\Omega$。基本电路如图 10-28 所示，这个超三极管单元是一个两级放大器结构，V_1 是电压放大器，V_2 是电流放大器。输入信号加在 V_1 栅极与恒流源的上节点之间，恒流源 I_c 的交流内阻 Z_{CCS} 是电压放大器的负载，信号从阴极输出，输出信号与输入信号同相，R_{k1} 会产生局部负反馈损失 V_1 的一部分增益。来自 V_2 屏极的反馈信号被衰减大约 r_{a1}/Z_{CCS} 倍后与输入信号相减得到误差信号 V_e，V_e 输入到 V_2 的栅极和阴极之间。V_2 受深度负反馈影响，输出阻抗很小，电压增益近似等于 1，输出信号极性与输入信号相反，故 V_2 是一个反相缓冲器。

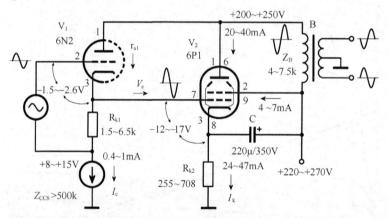

图 10-28　超三极管的基本电路

2. 电压-电流转换器

$V\text{-}I$ 转换器位于信号输入端，等效于前置电压放大器，而且在非线性反馈环路之外，故本身的线性决定了整机的线性。所幸的是，为了提高恒流特性，施加了较深的电流负反馈，在增大内阻的同时也改善了线性。

在超三极管放大器中，有三种 $V\text{-}I$ 转换器可供选择，如图 10-29 所示。它们分别是电子管、结型场效应管和双极性晶体管组成的 $V\text{-}I$ 转换器，这三种器件的输出电流和输入电压之间都是非线性函数关系，如图 10-29 中的表达式，需要用第 2 章中介绍的方法进行线性化。第一要把工作点选择在线性区域，如图 10-29 中的空心小圆点位置，并把动态范围控制在较小的范围内，如图 10-29 中的 Δi_k、Δi_D 和 Δi_C；第二要用自动控制技术把剩余误差最小化，通常是利用电流负反馈改善线性的同时增大内阻。

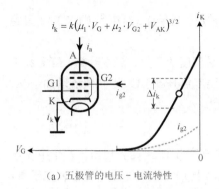

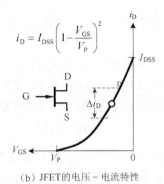

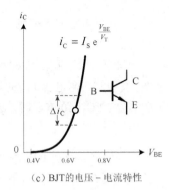

(a) 五极管的电压 - 电流特性　　　　　(b) JFET的电压 - 电流特性　　　　　(c) BJT的电压 - 电流特性

图 10-29　三种有源器件的传输函数

$V\text{-}I$ 转换器的本质是一个跨导放大器，图 10-30 所示的是三种 $V\text{-}I$ 转换器的实际电路。图 10-30 中已标注出各自的内阻和闭环增益的表达式。在图 10-30（a）所示电路中，在五极管的阴极串联电阻 R_k 后，产生的串联电流反馈会使屏极内阻升高为：

$$r'_{a1} = r_{a1} + (\mu_1 + 1) R_{k1} \tag{10-16}$$

小信号电压放大五极管的屏极内阻为 $100\text{k}\Omega \sim 2\text{M}\Omega$ 范围，μ 值为 $500 \sim 2500$，即使 R_k 的数值小于 $1\text{k}\Omega$ 也能获得兆欧姆级的动态内阻，是一个性能优良的恒流源。不过五极管的噪声大且谐波失真较大，对线性和信噪比要求较高时也可用高 μ 三极管作恒流源，可获得几百千欧姆的动态内阻。虽然比五极管小，但仍能把 70% 以上的信号反馈到 V_2 的栅极，线性和谐波失真明显优于五极管。也可以用三极管串接式放大器，它没有五极管的缺点，但需要更高的乙电。

只要把增大 R_k 后的内阻代入共阴极放大器的电压增益公式，就能得到 $V\text{-}I$ 转换器的电压增益，用下式表示：

$$A'_1 = \frac{-\mu_1 R_k}{r_{a1} + (\mu_1 + 1) R_{k1} + R_k} \tag{10-17}$$

可能会有人质疑，为什么 V_1 的负载不是 V_2 的内阻 r_{a2}，而是 V_2 的自给偏置电阻 R_k 呢？因为只是把 R_k 上的电压输入到 V_2 的栅极和阴极之间，所以对于下一级放大器 V_2 来讲，V_1 的负载是 R_k 而不是 r_{a2}。

在图 10-30（b）所示电路中，无反馈的 JFET 共源极放大器的动态内阻 $r_{d1} = 1/(\lambda I_D)$，λ 是表征饱和区 $I_D\text{-}V_{DS}$ 曲线斜率的系数，由于接近于水平线，故 λ 为 $0 \sim 0.0001$。源极电阻 R_s 和电子管的阴极电阻 R_k 的功能相同，用来产生栅极偏置电压。如果没有并联旁路电容，产生的电流反馈会使内阻增大和增益下降。JFET $V\text{-}I$ 转换器的内阻和电压增益用下式计算：

$$\begin{cases} r'_{d1} = r_{d1} + (g_{m1} r_{d1} + 1) R_s \\ A'_1 = \dfrac{-g_{m1} R_k}{1 + g_{m1} R_{si}} \end{cases} \tag{10-18}$$

JFET $V\text{-}I$ 转换器的转换特性曲线是平方特性，失真以偶次谐波为主，这与电子三极管很相似，具有低噪声和低功耗等优点。

BJT 是一个电流控制电流源，本身不是互导放大器，不过利用基极电流在发射结上的正向压降和集电极电流的关系很容易组成互导放大器，这样晶体管的互导就可定义为：

$$g_m = \frac{q}{K \cdot T} I_c \tag{10-19}$$

式中，q 是电子的电荷量，等于 1.602×10^{-19}（C）；K 是玻尔兹曼常数，等于 1.38×10^{-23}（J/K）；T 是绝对温度（K）。

与电子管不同，晶体管的互导不但与静态电流有关，而且还是温度的函数，温度升高，互导会下降。发射结正向电压 V_{BE} 的温度系数大约是 -1.7mV/℃，也就是说温度每升高 1℃，饱和电流增加 15%，在常温 27℃（300K）时，$q/(KT) \approx 38.7$，故 BJT 的互导可表示为：

$$g_m = 38.7 I_c \text{ (S)} \tag{10-20}$$

我们立即看到 BJT 的互导只与集电极电流成正比，当集电极电流为 1mA 时，相当于一个中 μ 电子管；为 2mA 时，相当于一个高 μ 电子管。而 JFET 的互导通常小于 10mS，相当于一个低 μ 电子管，故三种器件的互导大小关系为：

$$g_{m\_BJT} > g_{m\_TUBE} \geqslant g_{m\_JFET}$$

BJT 作为恒流源的内阻和互导增益用下式计算：

$$\begin{cases} r_c' = 1/h_{oe} + (1 + h_{fe})R_e \\ A_1' = \dfrac{-g_{m1}R_k}{1 + g_{m1}R_e} \end{cases} \tag{10-21}$$

通常在晶体管在毫安级小电流状态下的输出电阻 $1/h_{oe}$ 在几十欧姆至几十千欧姆，h_{fe} 为 50～350，如果阴极电阻为 1kΩ，动态内阻为 50～350kΩ。可见 BJT 恒流源的动态内阻主要是由电流反馈贡献的。

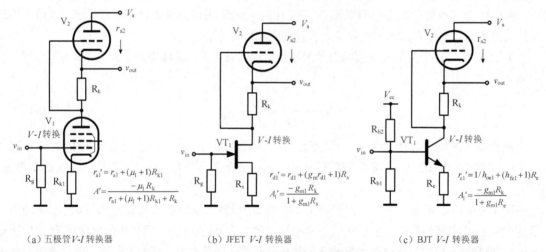

（a）五极管 *V-I* 转换器　　　　（b）JFET *V-I* 转换器　　　　（c）BJT *V-I* 转换器

图 10-30　三种 *V-I* 转换器的特性

比较三种 *V-I* 转换器，在恒流源性能上五极管最好，它主要依靠屏极和阴极之间真空通道中的电流密度产生动态内阻，基本与温度无关。JFET 和 BJT 动态电阻远低于五极管。JFET 是依靠沟道电流饱和后内阻升高的特性保持恒流工作状态，主要受多数载流子控制，虽受温度影响不如电子管稳定，但比 PN 结好得多。而 BJT 的输出通道有两个 PN 结：发射结正向偏置，集电结反向偏置，输出电流和内阻主要取决于集电结，而集电结本身的通道电阻很小，由于存在着少数载流子，温度特性较差。BJT 恒流源需要的高动态电阻主要由串联在发射极的电阻产生的电流反馈提供，电阻的温度系数比 PN 结小得多，故 BJT 恒流源的性能与 JFET 相当。

在电压增益方面，由于电流反馈的作用，电压增益近似等于 R_k/R_{k1}、R_k/R_s 和 R_k/R_e，大小与采用什么有源器件基本无关。设计中要优先增大恒流源的内阻，所加的负反馈较深，电压增益就所剩无几了。好在超三极管单元本身有较高的电压增益，并不依赖于 *V-I* 转换器。

对比三种电路的线性，五极管和 BJT 产生的谐波失真比 JFET 高，JFET 在听感上更接近于电子三极管的音色。不过在实践中发现，JFET 的音质与漏极电压相关，电压较低时音质会变差，集成运算放大器 OPA2604 也有相同的现象，它内部的输入差分放大器采用的就是 JFET 器件。

在实际应用中由于固体器件的功耗低，体积小，价格便宜，应用比较广泛。用电子管作 *V-I* 转换器和恒流源除了体积大、造价高之外，可以得到的好处有限。

日本的 DIY 族喜欢精雕细琢，他们设计出更复杂的 *V-I* 转换器，如图 10-31 所示，用共源-共基级联电路构造恒流源，用 OP 放大输入信号和提供栅极驱动，并用有源反馈稳定偏置电压。

3. 输出变压器的选择和设计

在单端甲类放大器中，输出变压器是最难获得的器件。现在早已没有了电子管产品的生产链，DIY 输出变压器难度很大。好在超三极管的输出阻抗较低，等效于一个电压源，对输出变压器的要求很宽松，初级阻抗 2.5 ~ 10kΩ，匝数比在 0.03 ~ 1.6 输出变压器都可用。20 世纪变压器专业工厂生产的输出变压器初级阻抗大多数在 4.5 ~

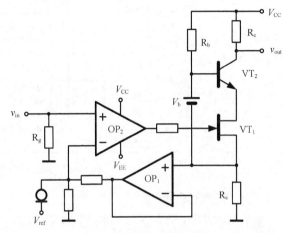

图 10-31　更复杂的 *V-I* 转换器

10kΩ，次级绕组有 4Ω、8Ω、16Ω 的抽头。旧五灯收音机上的拆机货变压器，初级阻抗在 4 ~ 6.5kΩ，次级只有一组绕组，阻抗多为 4Ω。这些变压器的匝数比基本上在 0.032 ~ 0.05，虽然与现代动圈式耳机的阻抗不匹配，但正好符合阻尼优先模式的要求，驱动低阻和中阻耳机非常合适。如果选用更高的乙电，在变压器初级能达到±120V 摆幅，驱动高阻耳机也是没有问题的。

如果这些旧输出变压器不能满足你的要求，可按本章 10.6 节的方法设计好电路后在互联网上寻找定制。作者的经验是不要为 DIY 输出变压器浪费太多的精力和时间，把它交给专业工厂或作坊加工比 DIY 省力，质量也能得到保证。

10.4.3　设计要点

如图 10-32 所示，虚线框中的电路是超三极管放大器的三个组成模块，实心圆点标注的文字是模块的功能，菱形点标注的文字是模块的要求。

多栅管 V_2 和输出变压器组成电流放大模块，这是一个功率缓冲器，主要进行电流放大和通过输出变压器驱动负载，通过次级绕组的平衡抽头还能驱动平衡负载。这个模块要求输出阻抗低、谐波失真小，V_2 的互导尽可能高。

电压反馈管 V_1 和阴极电阻 R_k 组成反馈模块，这个模块具有 4 重功能：第一是把输出信号从 V_2 的屏极反馈到栅极；第二是把输入信号缓冲到 V_2 的栅极，等效于阴极输出器的作用；第三是充当 *V-I* 转换器的有源负载，相当于 *SRPP* 放大器中上臂电子管作用；第四是利用阴极电阻 R_k 进行 *I-V* 转换，把叠加在恒流源中的交流信号分离出来，经隔离缓冲后输出到 V_2 的栅极。

最下面一个模块是 *V-I* 转换器，它具有双重功能：第一，它是一个恒流源，阻止反馈信号从 V_1 的阴极泄露到地，尽量 100%地反馈到 V_2 的栅极；第二，它是一个前置跨导放大器，把输入电压转换成输出电流，相当于超三极管的前置电压放大器。

弄明白各个模块的角色后，我们就能有的放矢进行电路设计了。V_1 和 V_2 设计方法仍以图解法为主，分别在 V_1 和 V_2 的 I_a-V_a 曲线图上选择工作点，求解工作点的 μ、g_m、r_a 三大参数，这些方法和步骤与传统放大器设计相同。然后计算复合管的等效参数 μ'、g'_m、r'_a，并把复合管看成一个三极管进行电路设计。$V\text{-}I$ 转换器在反馈环路之外，需要独立设计。

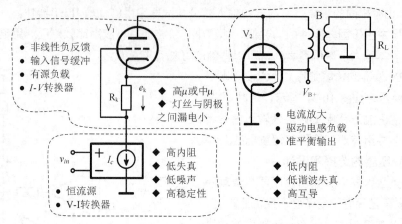

图 10-32　超三极管放大器的功能模块和要求

1. 如何选择电子管

从原理上讲，任何类型的电子管都能组合成超三极管，但为了把超三极管的优点发挥到极致，就要根据应用目标制定一个组合原则。这里的应用目标是微功率放大器，目标特性是高保真、高可靠性、体积小和成本低。

首先 V1 应该是中 μ 和高 μ 三极管，以高 μ 管优先。这样能减小前置放大器的增益负担（信号从 V_1 栅极输入），或者减小 $V\text{-}I$ 转换器的互导负担（信号从恒流源输入）。

V_2 应该选择五极管和束射四极管，这些电子管谐波失真大，内阻很高，超三极管能有效改善这些特性。V_2 失真和内阻改善的程度取决于多栅管 μ 值，但在电子管的数据手册上，多栅管只标注内阻 r_a 和互导 g_m，由于 $\mu = g_m \times r_a$，故无论互导和内阻是什么数值，乘积数值大的多栅管必然具有较高的 μ 值，而互导大的多栅管内阻较低。

另外，复合管能减少一组灯丝电压和节省一个电子管的位置，具有简洁至上的效果，一直很受欢迎。三极-五极复合管最适宜组合超三极管，如一只 6F3 就相当于 1/2 个 6N1 和一个 6P1。在这类复合管中，有的是专门针对音频应用设计的，三极管用于电压放大，五极管用于功率输出，如 ECL86、6BM8、XCL82 等；有的用于老式电视机的帧扫描电路中，三极管用于帧频振荡，五极管用于帧偏转线圈驱动，如 6F3、16A8、N369 等。这两类复合管都适合连接成超三极管作音频功率放大器。这类适宜超三极管的三极-五极复合电子管的型号和灯丝参数见表 10-5，其他参数可自行查资料。

表 10-5　适宜超三极管的三极-五极复合电子管的型号和灯丝参数

型号	可替代型号	灯丝电压和电流
6F3P	6Ф3П	6.3V/0.81A
ECL86	6GW8	6.3V/0.66A
6BM8	ECL82/6LP12/6PL12	6.3V/0.78A
XCL82	8B8/8R-HP1	8.2V/0.6A
XCL82	11BM8	10.7V/0.45A
PCL86		13.3V/0.3A
PCL82	16A8/30PL12/N369/LN309	16V/0.3A
PCL85	PCL805	17.5V/0.3A
UCL82	50BM8/LN119/10PL12	50V/0.1A

2. 信号输入方式

超三极管放大器的信号输入有三种方式，如图 10-33 所示。图 10-33（a）所示的是信号从 V_1 的栅极输入方式，信号输入到 V_1 的栅极和恒流源 I_c 之间，并且将恒流源的上节点视为参考点，使超三极管工作在共阴极状态，有较大的电压增益。这样一来放大器变成了一个多参考点系统，给前级放大器的接入造成困难。利用变压器的隔离功能实现多参考点的信号传输，光耦合器也具有这种功能，但没有变压器简单。

图 10-33（b）所示的是信号从 V_1 的阴极输入方式，信号源连接在 V_1 的阴极和栅极之间，并利用次级绕组的直流电阻产生栅偏压，超三极也处于共阴极工作状态。这也是一个多参考点系统，与图 10-33（a）的细小的差别是输入信号分为两路，一路直接驱动 V_2，另一路经过 V_1 缓冲后再驱动 V_2。在这种方式中，如果 V_2 产生栅流时会对变压器产生负载效应，所以图 10-33（a）方式更合理一些。

图 10-33（c）所示的是信号从栅极输入的串接式方式，这是有源器件用于多参考点系统的最简单有效的方法，它是先把信号叠加到恒流源上，恒流源电流在阴极电阻 R_k 上产生的直流压降作为 V_1 的栅极偏置电压，交流成分作为 V_1 的输入电压。在这种输入方式中，恒流源是一个 V–I 转换器，而阴极电阻 R_k 则是一个 I–V 转换器。

比较三种输入方式，图 10-33（a）工作在电流反馈共阴极状态下，会损失一些增益。图 10-33（b）和图 10-33（c）工作在无反馈共阴极状态下，没有增益损失，只要恒流源的内阻大于 $200\text{k}\Omega$，增益就接近于 μ_1。在设计中一定要注意这些细节。

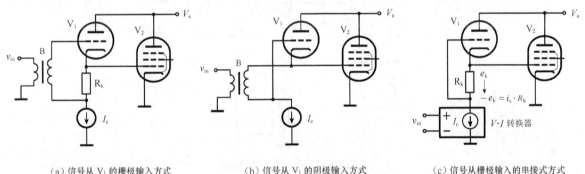

（a）信号从 V_1 的栅极输入方式　　　　（b）信号从 V_1 的阴极输入方式　　　　（c）信号从栅极输入的串接式方式

图 10-33　三种信号输入方式

3. 与输出级相关的电路

所有与输出级相关的问题都集中在图 10-34 所示的电路中，这些是全世界 DIY 族提出频度最高的问题。

（1）防止自激

由于输出级处于 100% 的负反馈环路中，在 V_2 的互导较大时会出现不稳定现象。实验证明，用 $g_m > 9\text{mS}$ 电子管作方波测试时屏极输出信号的边沿会出现尖峰，解决的方法是在靠近屏极的位置串联一个铁镍磁珠，饱和电流要大于 3 倍的静态电流。

（2）偏置方法

为了提高瞬态特性，V_1 和 V_2 之间采用直接耦合方式，必须抬高 V_2 的阴极电压才能满足栅极的要求。如果用自给偏置，会导致阴极电阻损耗增大，还要设计更高的乙电电压。也有人担心直接耦合会产生工作点漂移，要动用恒流源和固定栅压来提高稳定性。无论乙电电压在恒流范围里如何变化，都不会影响输出级的工作状态，栅极偏压只是用来稳定电子管屏极和阴极之间的压降。这种电路并没有解决功耗增大和乙电升高的问题。

更简单的解决方法是 V_2 和 V_1 之间采用传统的阻容耦合方式，理论分析证明这种方式在非线性反馈回路里会增加一个低频零点，如果不施加包含输出变压器次级绕组在内的全局负反馈，应该对电路也没有任何影响。实验证明，听感仍保持了超三极管的音色。

（3）阻断二极管

实验证明，在乙电和帘栅极电源回路增添二极管能增强低音的力度，这个电路的工作原理与第 5 章的图 5-19 中的 D_8、D_9 相同，在乙电电压瞬时跌落期间隔离对放大器的影响。应该选择反向电压大于 600V、额定平均电流不小于 1A 的硅二极管，如 1N4007。阻断二极管在束射四极管和五极管中的作用大于三极管，在屏极回路的作用大于帘栅回路。

（4）准平衡输出

鉴于平衡输出具有抑制共模信号的能力，略微改动一下输出变压器的次级绕组，就能用非常廉价的方式获得平衡输出功能。次级线圈用双线并绕的方法，一个绕组的尾与另一个绕组的头连接作为参考地电平，另外两个端子就是差分输出端。因为变压器初级线圈之前的信号通道是单端电路，故称为准平衡输出。这种方法简单有效，且具有良好的抑制共模噪声的能力。

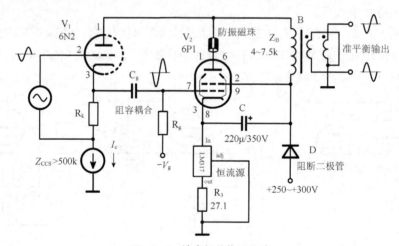

图 10-34　输出级的偏置电路

10.4.4　实验电路

下面尝试用上述三种基本的 V-I 转换器设计超三极管耳机放大器，为了简单起见，各个放大器的超三极管模块都用相同的电路。

1. 用电子管作 V-I 转换器的超三极管耳机放大器

把图 10-33（c）中的恒流源 I_c 换成五极管 6J1B 就是一个纯胆超三极管放大器，电路如图 10-35 所示。由于三个电子管之间采用了直流耦合方式，为了不使乙电太高，只能压缩 V-I 转换器的工作范围。因为它处在小信号级，不需要太大的动态范围。一些电压放大五极管在屏压在 $30 \sim 60$V 时其 I_a 曲线都很平直，仍有较高的内阻和互导，这就为设计低压恒流源创造了条件。通常用抬高 V_2 的阴极电压的方法直接给帘栅极供电，故 V_2 的阴极电压不能低于 60V。由于 V_3 的屏极电压比 V_2 的栅极电压低，使 6J1B 工作在非标准状态下，本例的屏压 U_a=55.7V，帘栅电压 U_{g2}=70V，屏极电流 I_a=0.4mA，帘栅电流 I_{g2}=0.28mA，阴极电流 I_k=0.68mA，栅极偏压 U_g=-4.1V。虽然帘栅电压大于屏极电压，但由于帘栅极的金属丝稀疏，有效面积小，截获电子的能力小于屏极，屏流与帘栅流之比为 1.43：1。而 6J1B 的屏流与帘栅流之比为 1.4:1 ～ 2.86:1 时都属于正常，故本级工作点虽然极端，但仍能正常工作。

6J1B 在上述工作点上的 μ=1152，g_{m}=1.8mS，r_{a}=640kΩ。在阴极上串联 2kΩ 的电阻后，屏极内阻上升到下式所示的值：

$$r_{a3}' = r_{a3} + (\mu_3 + 1) R_k = 640 + (1152 + 1) \times 2 \approx 2.9 (M\Omega)$$

这就是 $V\text{-}I$ 转换器作为恒流源的动态电阻。把 V3 的屏极有效负载 R_4 的值代入共阴极放大器的电压增益公式中，计算出 $V\text{-}I$ 转换器的增益为：

$$A_{v3} = \frac{-g_{m3} R_4}{1 + g_{m3} R_4} = \frac{-1.8 \times 5.76}{1 + 1.8 \times 2} \approx -2.25$$

超三极管的增益为：

$$A_{vs} = -\mu' \frac{Z_B + Z_{CCS}}{r_a' + Z_B + Z_{CCS}} = \frac{-98 \times (5.8 + 2900)}{0.227 + 5.8 + 2900} \approx -97.99$$

变压器采用阻尼优先模式，匝数比 n=0.1，整机闭环增益为：

$$A_v = A_{v3} \times A_{vs} \cdot n = 2.25 \times 97.99 \times 0.1 \approx 22 (26.8\text{dB})$$

所用的输出变压器，初级绕组的直流电阻为 465.6Ω，次级高阻抽头绕组的直流电阻为 13.5Ω，超三极管的屏极内阻为 227Ω，计算放大器的输出阻抗为：

$$Z_o = (r_a' + r_1) n^2 + r_2 = (227 + 465.6) \times 0.1^2 + 13.5 \approx 20.4 (\Omega)$$

当负载为 300Ω 耳机时，阻尼系数为：

$$D.F = Z_L / Z_o = 300 / 20.4 \approx 14.7$$

综合上述解析参数，这个放大器与图 10-14 所示的变压器负载三极管放大器相比，总谐波失真为 1.2%（P_o=200mW，f=1kHz），阻尼系数是 14.7，最大输出功率为 3.2W。器件决定电路，电路决定性能的定律又一次得到验证。

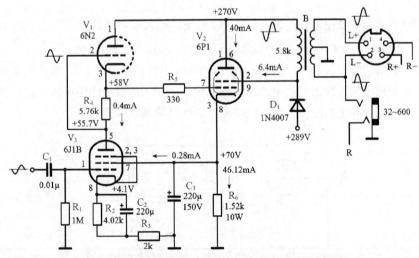

图 10-35 用五极管作 $V\text{-}I$ 转换器的超三极管耳机放大器

2. 用 JFET 作 $V\text{-}I$ 转换器的超三极管耳机放大器

使用 JFET $V\text{-}I$ 转换器的实际电路如图 10-36 所示，目前用于放大的结型场效应管都是耗尽型结构，既可以像电子管那样用自给偏置方式工作，又可以像晶体管那样用栅极分压偏置加源极电流反馈方式工作，在特定条件下甚至可工作在零偏置状态下。本放大器采用自给偏置方式，选用普通的 2SK30A

场效应管。这种器件的临界饱和电流 I_{DSS} 和沟道夹断电压 V_P 的离散性很大，本电路选用的是 I_{DSS} 黄色（Y）等级是（1.2～3.0mA），实测值是 I_{DSS}=2.3，V_P=1.7V。如果设漏极电流 I_D=0.5mA，代入下式计算栅极电压 V_{GS} 为：

$$I_D = I_{DSS}\left(1 - \frac{V_{GS}}{V_P}\right)^2$$

把这个公式改写成 V_{GS} 的函数表示式，代入 I_{DSS}=2.3mA，V_P=1.7V，I_D=0.5mA 后为：

$$V_{GS} = \left(\sqrt{\frac{I_D}{I_{DSS}}} - 1\right)V_P = \left(\sqrt{\frac{0.5}{2.3}} - 1\right)\times 1.7 \approx 0.907\,(V)$$

源极自给偏置电阻为：

$$R_S = \frac{V_{GS}}{I_D} = \frac{0.579}{0.5} = 1.814\,(k\Omega)$$

经验数据表明计数值比实际值大 15%，故取 1.54kΩ，场效应管在 V_{GS}=0.907V 这个工作点上的互导为：

$$g_m = \frac{2I_{DSS}}{V_P}\left(1 - \frac{V_{GS}}{V_P}\right) = \frac{2\times 2.3}{1.7}\times\left(1 - \frac{0.907}{1.7}\right) \approx 1.26\,(mS)$$

在无源极电流反馈条件下，漏极电流 I_D=0.5mA 时的沟道电阻为：

$$r_{d1} = \frac{1}{\lambda \cdot I_D} = \frac{1}{0.01\times 0.5} = 200\,(k\Omega)$$

在源极接入 E196 系列标称电阻 1.13kΩ 后的沟道电阻为：

$$r'_{d1} = r_{d1}\left(g_m R_S + 1\right) = 200\times(1.26\times 1.54 + 1) \approx 588\,(k\Omega)$$

把 R3 作为 V-I 转换器的有效负载，计算 g_m=1.26mS，R_S=1.54kΩ 时的闭环增益为：

$$A' = \frac{-g_m R_3}{1 + g_m R_S} = \frac{-1.26\times 4.27}{1 + 1.26\times 1.54} \approx -1.83$$

整个耳机放大器可计算出从变压器次级到 V-I 转换器输入端的增益为：

$$A_v = A' \cdot A_2 \cdot n = 1.83\times 97.98\times 0.1 \approx 17.9\,(25dB)$$

可以看出用场效应管替代 6J1B 后，恒流源的内阻减小到五极管的 1/5，增益基本相同。由于恒流源内阻的减小会使更多的反馈信号从恒流源泄露到地，使 6P1 的屏极内阻增大，线性和阻尼系数会变差。但场效应管的噪声和失真度比五极管低得多，总体性能基本相同。

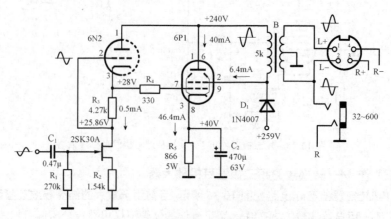

图 10-36　用 JFET 作 V-I 转换器的超三极管耳机放大器的实际电路

3. 用 BJT 作 *V-I* 转换器的超三极管耳机放大器

用 BJT 作 *V-I* 转换器的实际电路如图 10-37 所示，选用高压 NPN 晶体管 2N5551，h_{fe}=250。当集电极电流 I_c=0.5mA，射极电阻 R_e=2kΩ 时，计算恒流源内阻为：

$$r'_{c1} = 1/h_{oe1} + (h_{fe}+1)R_e$$
$$= \left(1 - \frac{\beta'}{1+\beta}\right)r_c + (h_{fe}+1)R_e$$
$$= \left(1 - \frac{250}{250+1}\right)\times 10^5 + (250+1)\times 2\times 10^3 \approx 502(k\Omega)$$

式中，β 是晶体管的共射极直流放大倍数，约等于 h_{fe}；r_c 是集电结电阻，为 $10^4 \sim 10^7\Omega$，本例中 r_c=$10^5\Omega$。

晶体管的集电极电流 I_c=0.5mA，在室温下的互导是 $38.7I_c$，当射极电阻 R_e=2kΩ 时，闭环电压增益为：

$$A' = \frac{-g_{m1}R_3}{1+g_{m1}R_2} = \frac{-38.7\times 0.5\times 4.27}{1+38.7\times 0.5\times 2} \approx -2.1$$

超三极管和输出变压器仍用基准参考电路，整个耳机放大器可计算出从变压器次级到 *V-I* 转换器输入端的增益为：

$$A_v = A'\cdot A_2\cdot n = 2.1\times 97.98\times 0.1 \approx 20.58(26dB)$$

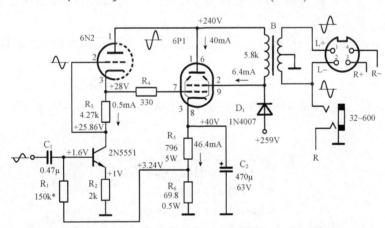

图 10-37　用 BJT 作 *V-I* 转换器的超三极管耳机放大器的实际电路

用晶体管设计 *V-I* 转换器时应优先满足恒流源的动态内阻要求，因为它的集电结电阻很小，主要依赖于射极电阻 R_2 产生的电流反馈来增大内阻，电阻 R_2 的值必然较大而影响闭环增益。当增益不能满足要求时，需要把 R_2 分成两个电阻串联，给其中一个并联旁路电容。BJT 作 *V-I* 转换器时的噪声和谐波失真与五极管相当，温度特性比 JFET 差。

综合上述 3 个放大器，由于都采用了基本超三极管单元结构，性能指标几乎相同。*V-I* 转换器用了 3 种不同的器件，而且都是最简单的跨导放大器，又位于超三极管反馈环路之外，故它的线性决定了整机的性能。好在不需要它提供很大的增益，本身就工作在深度电流反馈状态下，线性度已经不是问题。3 种器件的物理特性不同，音色上会表现出微妙的差异，但总体性能不分仲伯。

4. 信号从栅极输入的超三极管耳机放大器

上述 3 个超三极管放大器信号都是从 *V-I* 转换器输入的，*V-I* 转换器兼有前置放大器和恒流源双重功能。这里介绍的放大器是把前置放大器的功能分离出来，信号从反馈管的栅极输入，电路如图 10-38

所示。这个电路没有用基本单元，而是用复合管 6F3 连接成超三极管，目的是想实现一个单管放大器，而且辅助电路也不用 BJT 和 JFET，是一个纯粹的电子管放大器。

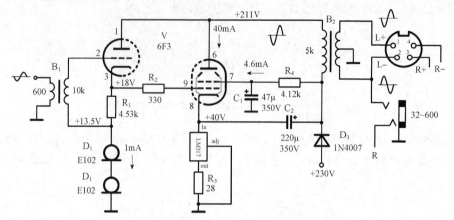

图 10-38　信号从栅极输入的超三极管耳机放大器电路

6F3 中三极管的工作点矢量为[190，1，−4.5]，工作点的 μ=48，g_m=1.4mS，r_a=34kΩ。束射四极管的工作点矢量为[170，40，−22，170，4.6]，矢量中的元素从左到右依次是屏极电压，屏极电流，栅极电压，帘栅电压，帘栅电流，工作点的 μ=187，g_m=7.2mS，r_a=25.9kΩ。组合成的超三极管参数是 μ'=48，g_m'=345.6mS，r_a'=139Ω。

这个放大器中 R_1 的电流负反馈作用会使电压增益减小，6F3 中三极管的放大系数只有 6N2 的一半，还会使增益进一步减小。为了消除这些因数对整机性能的影响，把三极管的静态电流提高了 1 倍。恒流源的内阻与电流成反比，为了保持内阻不变，用两个恒流二极管串联作恒流源。与上述 3 个电路不同，阴极电阻不是信源内阻，同时出现在信号的输入和输出回路中，故超三极管是一个电流反馈共阴极放大器，其电压增益为：

$$
\begin{aligned}
A &= -\mu' \frac{Z_B + Z_{CCS}}{r_a' + (1+\mu')R_k + Z_B + Z_{CCS}} \\
&= \frac{-48 \times (5 + 600)}{0.139 + 49 \times 4.53 + 5 + 600} \approx -35
\end{aligned}
\tag{10-22}
$$

可见，受电子管 μ 值的减小和电流反馈的双重影响，电压增益低于前述的基本单元。为了不降低输入灵敏度，把输入变压器设计成无源前置电压放大器。600Ω：10kΩ 的阻抗比转换成电压比是 1：4，相当于一级电压增益为 4 倍的电压放大器，与超三极管的增益相乘，放大器的增益是 140 倍，与上述 3 种电路基本相同。

现在用铁镍合金片和硅钢片混合铁芯制作的输入变压器体积很小，−3dB 频响在 15Hz～35kHz 时是平坦的。在音频范围里输入变压器是一个双零点和双极点器件，相当于一个二阶带通滤波器，信噪比高于有源放大器，在整机增益不够又不想增加电子管数目时选择升压变压器是一个不错的解决方案。输入变压器还能把数字音源的声音变得柔软一些，故常用来改善 OTL、OCL 和 OP 式电子管放大器的音质，避免它们产生石机的音色。

现代功率放大器设计中极少用到输入变压器，许多人担心会产生不良影响。作者的经验是不要把变压器放置在负反馈环路中，只要避免了 LRC 特性产生的相移和谐振对放大器稳定性的影响，变压器就是无害的。另外，要绝对避免直流电流流过输入变压器的任何绕组，因为它很容易产生磁饱和。

　　读者也可以用其他型号的电子管构造性能更好的超三极管放大器，国外爱好者喜欢用三极-五极复合电子管制作超三极管放大器，如 ECL86、6BM8、6GW8 等。也可以用功率 MOS、BJT，JFET 和电子管构建混杂式放大器，DIY 是深刻学习的最好途径。

5. 实测性能

　　上述 4 个放大器具有基本相同的性能，其中图 10-36 最具代表性，我们用实测方法评估一下这个耳机放大器的性能。图 10-39 所示的是负载电阻为 300Ω 时的频响特性曲线，输入信号电平在 –18dBm 输入时的 –3dB 频率响应为 45Hz ~ 16.2kHz；在 –3.8dBm 输入时的 –3dB 频率响应为 45Hz ~ 14.3kHz。显然，频响比 OTL 和 OP 型放大器窄，这是变压器负载放大器的最大缺陷。

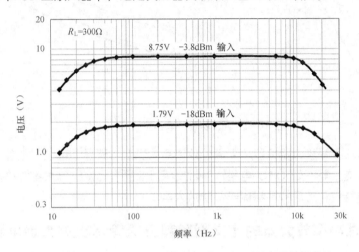

图 10-39　超三极管放大器负载电阻为 300Ω 时的频响特性曲线

　　图 10-40 所示的是超三极管放大器的阻尼特性，选用阻尼优先模式的变压器匝比，高阻输出端口匝数比为 0.1，低阻输出端口匝数比为 0.03。在 200mW 输出功率时，高阻端口对 300Ω 耳机的阻尼系数是 15.2，低阻端口对 32Ω 耳机的阻尼系数是 6.8。阻尼系数的频率特性与幅频特性很相似，在低频和高频会跌落。

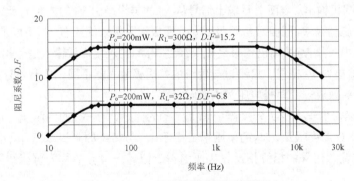

图 10-40　超三极管放大器的阻尼特性

　　图 10-41（a）所示的超三极管的输入特性。用频率 1kHz 正弦波输入，在 300Ω 负载下测试。在 –18dBm 输入时的输出功率约为 7mW；在 –3.8dBm 输入时的输出功率约为 200mW；在 0dBm 输入时的输出功率约为 450mW，输出信号已开始限幅。比 OTL 和 OP 型放大器具有更柔软的限幅特性，这是变压器负载放大器的共同特点。

　　图 10-41（b）所示的超三极管的输出特性。在 300Ω 负载下测试，200mW 输出时 100Hz 频率的

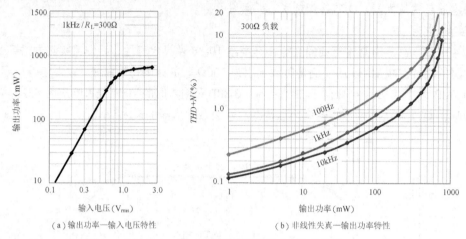

谐波失真约为 2.6%，1kHz 频率的谐波失真约为 1.4%，10kHz 频率的谐波失真约为 0.54%。输出功率在 400mW 时总谐波失真小于 6%。

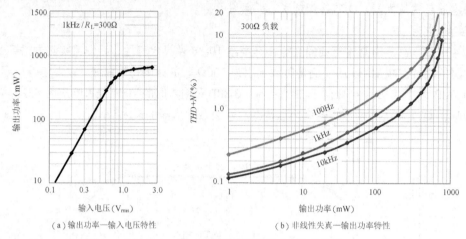

（a）输出功率—输入电压特性　　　　　　　（b）非线性失真—输出功率特性

图 10-41　超三极管放大器的输入和输出特性

综上所述，超三极管放大器保留了多栅管效率高的优点，获得了超过三极管的线性。虽然频率响应指标受限于输出变压器不如 OTL 电路，但对变压器的要求比传统放大器低得多，在相同的输出变压器条件下，频响特性和阻尼特性都优于传统放大器。

10.4.5　从理想功率放大器的定义理解超三极管耳机放大器电路

费这么大的力气用非线性反馈来构造超三极管放大器，目的就是为了实现第 2 章中介绍的理想功率放大器结构，现在回过头来分析它是否符合理想放大器的定义。

首先看图 10-42 中的 V_1，它的主要功能是实现非线性反馈，另一个功能是实现信号放大。从电路上看第一个功能表现得很明显，而且容易理解；第二个功能却隐藏得很深，借助数学分析，从式（10-17）所表示的电压增益公式入手，发现它和共阴极放大器的意义相同，只不过恒流源的内阻变成了负载阻抗，而且信号是从阴极输出。表面上看输出信号从 V_2 的屏极经由 V_1 的内阻 r_a 反馈到 V_2 的栅极，实际上输入的音频信号施加在 V_1 的栅极与阴极之间，栅极和阴极之间还有一个输入阻抗 r_{gk}，这个电阻也在反馈信号的通路中。故 V_2 的输出信号是先反馈到 V_1 的输入端，与输入信号相减后得到误差信号，再经由 V_1 放大后输出到 V_2 栅极。只不过与传统的共阴极放大器不同，负载是连接在阴极上并且也从阴极输出，因而可等效成一个同相电压放大器。

再看 V_2 的功能，由于在 $V\text{-}I$ 转换器中恒流源的内阻远大于 V_1 的内阻 r_a，故绝大部分信号都流向了 V_2 的栅极，反馈深度很深，V_2 的电压增益小于 1。与传统的阴极跟随器不同，信号是从屏极输出的，输出信号与输入信号的相位相反，电压增益近似等于–1。故称为屏极跟随器，可等效于一个反相缓冲器。

图 10-42 中的 $V\text{-}I$ 转换器并不是超三极管中必需的功能，这里是利用它作为信号输入的端口和恒流源。信号也可以不从 $V\text{-}I$ 转换器输入，如图 10-33 中也可以从 V_1 的栅极输入。但恒流源是超三极管所必需的，$V\text{-}I$ 转换器正好具有很高的动态内阻，用作恒流源去阻隔反馈信号是合适的。同时它能把输入信号通过阴极电阻 R_k 传输到 V_1 的栅极，解决了直接从栅极输入会产生增益损耗的问题。$V\text{-}I$ 转换器的开环增益几乎全部转换成了动态内阻，闭环后所剩的电压增益很小，通常小于 3 倍，可以等效成一个辅助的前置放大器。

从超三极管的等效电路来看，同相电压放大器承担了整机的全部电压增益，负载是高内阻的恒流源，符合纯电压放大器的条件。反相缓冲器的内阻很小，有强大的电流驱动能力，只放大电流而不放大电压，符合纯电流放大器的条件。故用超三极管所设计的耳机放大器符合理想功率放大器的定义。

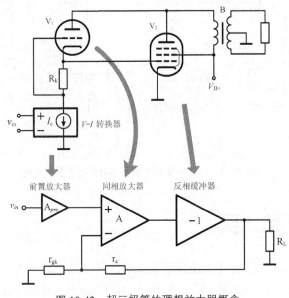

图 10-42　超三极管的理想放大器概念

10.4.6　超三极管与 SRPP 电路的区别

如图 10-43 所示，如果把超三极管放大器和 SRPP 放大器放在一起，发现两个电路竟然高度相似。仔细比较后发现唯一的区别是 V_1 屏极的连接节点不同，在超三极管放大器中，V_1 的屏极直接与输出级 V_2 的屏极以及输出变压器的热端连接；在 SRPP 放大器中，则是通过负载电阻 R_4 连接到乙电。仅这一点不同就造就了两种放大器工作原理的不同和巨大的性能差异。

从基本超三极管单元分析可知，在超三极管放大器中，6P1 的输出电阻是 227Ω，谐波失真是 1.3%（图 10-41 实测，P_o=200mW，f=1kHz）；在 SRPP 放大器中 6P1 的输出电阻是 44.3kΩ，谐波失真是 5.62%，就是变压器负载输出级的原始指标，没有任何改善。超三极管放大器可等效为共阴极电压放大器驱动阴极跟随器，是第 2 章中所介绍的理想功率放大器结构。而 SRPP 放大器是两级共阴极放大器，属于经典的传统放大器。

SRPP 放大器是电子管串接式电路，从工作原理上讲上下臂可用不同的器件，但为了设计方便，通常用双三极管。上臂电子管的阴极处于较高的电位，灯丝与阴极之间的漏电会产生噪声，需要特殊处理。超三极管下臂电路极少用电子管，通常只用 BJT 和 JFET，上臂电子管的阴极电压在 20V 以下，从阴极产生的噪声远小于 SRPP 电路。

超三极管放大器和 SRPP 放大器的设计原则完全不同。前者注重 V-I 转换器线性和动态内阻，超三极管本身几乎没有什么事情可做，不费力气就能超过三极管的性能，阻尼系数能轻松大于 10。而 SRPP 放大器要设法减小输出级给前级带来的负载效应，还要设法减小输出级的谐波失真，在开环情况下，无论如何改进，阻尼系数都小于 1，综合指标也远低于超三极管放大器。

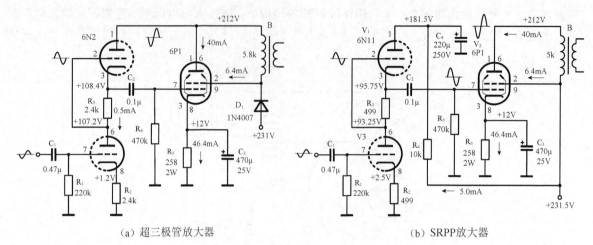

（a）超三极管放大器　　　　　　　　（b）SRPP放大器

图 10-43　超三极管放大器和 SRPP 放大器的对比

10.5　误差校正放大器

误差校正是一个很有趣的话题，它能克服负反馈电路的一些缺点，例如，性能与稳定度之间的矛盾，环路增益与误差大小之间的矛盾。这里介绍的误差校正是对负反馈电路的改进，工作原理在第 2 章的 2.4.1 小节中介绍过，我们把这个模型重画在图 10-44 中。A 是前置误差校正电压放大器，与传统负反馈放大器中的电压放大器完全相同，并且假设 A 产生的失真可忽略不计。–G 是电流放大器，假设系统失真全部是由–G 产生的，等效于在输出端叠加了一个误差电压 V_d。有失真的输出信号 V_o 衰减 β 倍后与–V_1 相加，加法器的输出 c 中只有误差信号，衰减 α 倍后与输入信号相减，电压放大器 A 的输出中有输入信号–$A \times V_{in}$ 和误差信号+V_d，误差信号在–G 中被抵消，输出信号 V_o 只放大 $A \times G$ 倍输入信号。误差被抵消为零的条件是 $\alpha=1/A$ 和 $\beta=1/（A \times G）$，也就是反馈回路中两个衰减器的平衡条件。

在负反馈放大器中，信号与误差一起参与反馈，需要储备很大的环路增益去校正误差。而在误差校正放大器中，是把误差分离出来单独参与反馈，只需要满足平衡条件就能使误差为零，而与开环增益的大小无关。这一特性正好适合开环增益不大的电子管放大器。

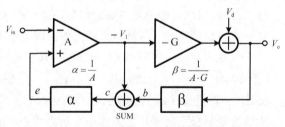

图 10-44　误差校正放大器的模型

下面用电子管来实现这个结构，图 10-45 中的共阴极放大器 V1 用作模块 A，共阴极放大器 V3 用作模块–G，这两个模块中 A 是反相电压放大器，–G 是反相电流放大器。用 V2 的屏极与阴极之间的内阻当作衰减模块 β，内阻的大小可通过阴极电阻 R_5 进行调节，实现 $\beta=1/（A \times G）$ 的平衡条件。V1 的屏极输出信号经由 C_3、R_6、R_7 分压后加到 V2 的栅极，V2 充当了加法器 SUM 的角色。加法器的输出信号经由 C_2、R_3、R_2 分压后输入到 V1 的阴极，这个阻容网络充当了衰减模块 α，调节 R_3 的大小可实现 $\alpha=1/A$ 的平衡条件。输入信号连接在 V1 的栅极，模块 α 输出的误差信号连接在 V1 的阴极，V1 又充当了一个减法器。

实际上调节 R_6 和 R_5 都能改变 β，调节 R_3 和 R_2 都能改变 α。V3 的屏极电压同时也反馈到了 V2 的阴极，这与超三极管电路相似。由于 V_2 栅极与屏极之间的内阻和相位关系充当了模块中的加法器 SUM，调节电阻 R_6 可同时改变反馈系数 α 和 β。

另外，α 和 β 这两个系数的方程式中都含有增益因子 A，故也可以去掉电阻 R_5 和电容 C_2，把 V_2 阴极通过电阻 R_3 连接到 V_1 的阴极上，从而进一步简化电路。不过双三极管的工作点会互相牵扯，略微增加了调整难度。

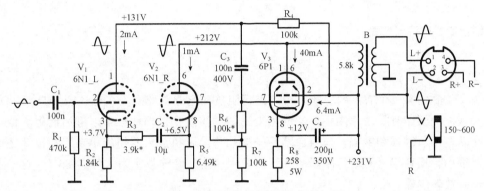

图 10-45　误差校正放大器的实验电路

误差校正放大器的 V_1 和 V_3 之间采用了阻容耦合方式，工作点可以用常规方法设计。但低失真是靠电路的精确平衡来实现的，对决定平衡度的元器件精度要求较高。最简单的方法是把 R_3 和 R_6 用电位器代替，在放大器的输出端连接失真仪，反复调整电位器，找到失真最小的阻值，然后换成相同数值的金属膜电阻。

抵消校正和反馈校正是处理误差的两种手段，抵消用的是互补原理，反馈用的是自动调节原理，这里试图把两种方法结合起来，获得比单独使用更好的效果。这个放大器的性能还没有来得及和超三极管放大器作全面对比，完成测试和听音评价报告后会在作者经常光顾的网站上发表。

10.6　认识输出变压器

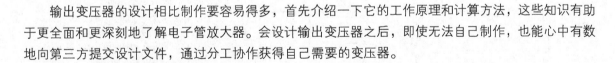

输出变压器的设计相比制作要容易得多，首先介绍一下它的工作原理和计算方法，这些知识有助于更全面和更深刻地了解电子管放大器。会设计输出变压器之后，即使无法自己制作，也能心中有数地向第三方提交设计文件，通过分工协作获得自己需要的变压器。

10.6.1　输出变压器的基本原理

输出变压器能方便地变换交流电压，这是它的最大优点。假设变压器是理想的，不产生功率损耗，那么输出功率就等于输入功率，即：

$$P_{in} = P_{out} \qquad (10\text{-}23)$$

以上式为基础，可以推导出一系列有用的公式，先看变压器的电压和电流变化关系，上式可写成：

$$V_{in} \times I_{in} = V_{out} \times I_{out}$$

把上式写成比例关系：

$$\frac{V_{in}}{V_{out}} = \frac{I_{out}}{I_{in}} = n \qquad (10\text{-}24)$$

这就是变压器最有用的功能，初级电压与次级电压成正比；初级电流与次级电流成反比。利用变压器初、次级线圈的匝数比 n 可以在交流电压和电流之间进行任意变换，电源变压器就是利用了这一原理。

式（10-24）也可以写成下面形式：

$$\frac{V_p^2}{Z_p}=\frac{V_s^2}{Z_s}$$

利用交换定律，可得到下式：

$$\frac{Z_p}{Z_s}=\frac{L_p}{L_s}=\left(\frac{V_p}{V_s}\right)^2=n^2 \quad (10\text{-}25)$$

这是变压器的又一个有用的功能，可以进行阻抗和电感量变换。在电子管 OTL 和 OCL 输出级中困扰我们的低阻耳机功率损耗问题利用变压器的阻抗变换功能就可以迎刃而解。但实际的变压器存在着漏感、铁损和铜损，自身会消耗一些功率。耳机放大器用的小功率输出变压器由于传输的功率很小，损耗相对驱动扬声器的变压器要大一些，传输效率为 75%～85%，这一量级的损耗仍属于高效率传输。

变压器还隐含着第三个有用的功能：电气隔离功能，利用这一功能，电子管放大器的金属底板上就不会再带电，能用手去触摸而不会触电。耳机端也与高压乙电隔离，不用担心因电源故障而烧毁耳机。还可以省去直流伺服和保护电路，同时降低了成本和制作难度。

10.6.2　输出变压器的解析分析

1. 输出变压器的等效电路

为了方便分析，把输出变压器画成图 10-46 所示的等效电路，虚线框的左边是交流电动势 u_i 和它的内阻 r_i，虚线框右边的 R_2' 是耳机的阻抗反射到初级的负载，为了简化分析，设耳机阻抗为纯电阻，这一假设不影响分析结果。虚线框中是输出变压器的等效电路，各等效元件的物理含义见图 10-46 中的文字和公式所示。

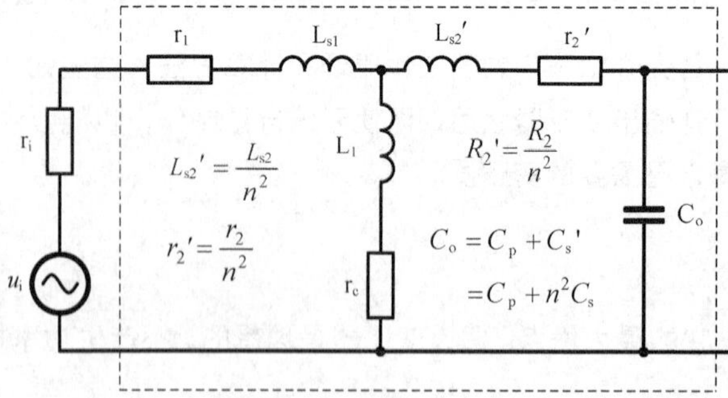

u_i：信号源的电动势
r_i：信号源的内阻
r_1：初级线圈的电阻
L_{s1}：初级线圈的漏感
L_{s2}：折合到初级的次级漏感
L_1：初级线圈的电感
r_c：铁芯损耗的等效电阻
r_2：折合到初级的次级线圈电阻
R_2'：折合到初级的负载电阻
C_o：总分布电容

图 10-46　输出变压器的等效电路

理想的输出变压器应该是初级线圈的自感 L_1 为无穷大，绕线电阻 r_1、r_2' 和铁芯损耗等效电阻 r_c 为零，以及漏感 L_{s1}、L_{s2}' 为零。这样的变压器特性就与频率无关，也没有损耗。但实际的变压器不是这样的，存在着各种损耗。为了分析损耗带来的影响，工程上常用三频段分析法。变压器的低频段划分为从低频零点频率 f_L～$3f_L$；高频段划分为从高频极点频率 f_H 以下（0.5～0.33）f_H～f_H；其他为中频段。设 f_L=20Hz，f_H=20kH，则低频段为 20～60Hz；中频段为 60Hz～6.6kHz 或 60Hz～10kHz；高频段为 6.6～20kHz 或 10～20kHz。

2. 输出变压器在音频中频段的等效电路

输出变压器在设计中只要做到初级自感量的阻抗对音频低端频率近似于无穷大，初次级的漏感阻抗对音频高端近似于零。那么中频段就近似认为与频率无关，只有电阻损耗。变压器的等效电路如图 10-47 所示。

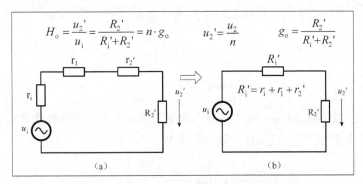

图 10-47　输出变压器在音频中频段的等效电路

中频端的传输函数就变得很简单，可用电阻分压比 g_o 和线圈绕组比 n 表示：

$$H_o = \frac{u_2'}{u_i} = n \cdot \frac{R_2'}{R_1' + R_2'} = n \cdot g_o \qquad (10\text{-}26)$$

3. 输出变压器在音频低频频段的等效电路

在低频段可以忽略漏感 L_{s1} 及 L_{s2}'，因为这两个漏感的阻抗比起和它们相串联的电阻 r_1 和 r_2' 要小得多。此外总分布电容 C_o 的阻抗较中频段更大，可忽略不计。铁芯损耗的等效电阻 r_c 比起 L_1 的阻抗也可忽略不计，故得出等效电路如图 10-48（a）所示。

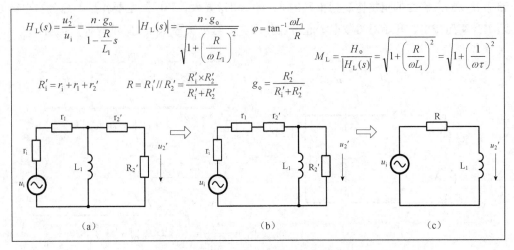

图 10-48　输出变压器在音频低频段的等效电路

因为 $r_2' < R_2'$，为了进一步简化等效电路，可将 r_2' 从电感 L_1 的右端移动到左端，如图 10-48（b）中的位置。移动后对传输函数影响很小，只是计算出的频率畸变会略大一些，在工程的允许范围内。

继续用戴维南定理把 r_i、r_1、r_2'、R_2' 这 4 个电阻合成一个电阻 R，得到等效电路如图 10-48（c）所示。解这个电路得到的传输函数为：

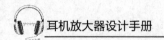

$$H_{\mathrm{L}}(s)=\frac{u_2'}{u_{\mathrm{i}}}=\frac{n\cdot g_{\mathrm{o}}}{1-\dfrac{R}{L_1}s} \tag{10-27}$$

这是一阶 LR 电路，有一个零点，其模和相角分别为：

$$\begin{cases}\left|H_{\mathrm{L}}(\omega)\right|=\dfrac{n\cdot g_{\mathrm{o}}}{\sqrt{1+\left(\dfrac{R}{\omega L_1}\right)^2}}\\ \varphi=\tan^{-1}\dfrac{\omega L_1}{R}\end{cases} \tag{10-28}$$

这个电路和 RC 耦合电路的特性相似，为了衡量低频零点引起的幅度跌落相位移，引入畸变系数 M，它定义为中频段传输函数与低频段传输函数模的比值，表示为：

$$M_{\mathrm{L}}=\frac{H_{\mathrm{O}}}{H_{\mathrm{L}}(\omega)}=\sqrt{1+\left(\frac{R}{\omega L_1}\right)^2}=\sqrt{1+\left(\frac{1}{\omega\tau}\right)^2} \tag{10-29}$$

从上式可知低频段的幅度跌落和相位移取决于时间常数 L_1/R，变压器的低频时间常数决定了零点频率。反过来讲，给定允许的低频畸变系数，就可用下式计算出变压器的初级自感量：

$$L_1=\frac{R}{2\pi f\sqrt{M_{\mathrm{L}}^2-1}} \tag{10-30}$$

这个公式在后述输出变压器设计中会用到。

4. 输出变压器在音频高频段的等效电路

在音频高频段初级绕组的自感产生的阻抗很大，而且与负载相并联，可以忽略不计。随着频率的上升漏感 L_{s1} 和 L_{s2}' 产生的阻抗比起相串联的 r_{i}、r_1、和 r_2' 要大，开始起主要作用。总分布电容 C_{o} 的阻抗随频率升高而减小，开始对负载电流起分流作用，故可画出图 10-49 所示的等效电路。

$$L_{\mathrm{s}}=L_{\mathrm{s1}}+L_{\mathrm{s2}}'=L_{\mathrm{s1}}+\frac{L_{\mathrm{s2}}}{n^2}$$

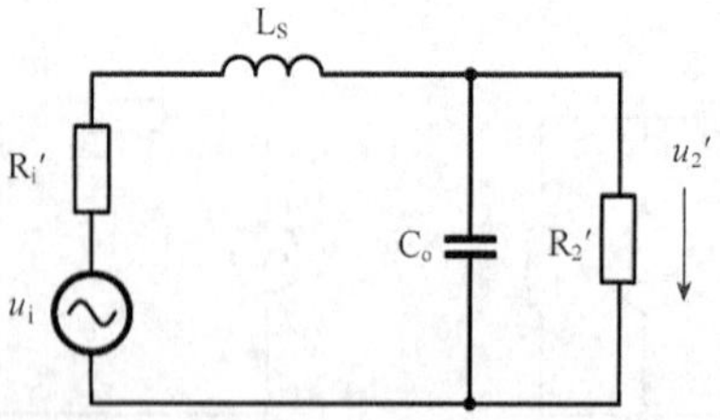

$$H_{\mathrm{H}}(s)=\frac{u_2'}{u_{\mathrm{i}}}=\frac{n}{-L_{\mathrm{s}}C_{\mathrm{o}}s^2+\left(R_{\mathrm{i}}'C_{\mathrm{o}}+\dfrac{L_{\mathrm{s}}}{R_{\mathrm{i}}'}\right)s+\dfrac{R_{\mathrm{i}}'}{R_2'}+1}$$

$$\left|H_{\mathrm{H}}(s)\right|=\frac{n}{\sqrt{\left(1+\dfrac{R_{\mathrm{i}}'}{R_2'}-\omega^2L_{\mathrm{s}}C_{\mathrm{o}}\right)^2+\left(\omega R_{\mathrm{i}}'C_{\mathrm{o}}+\omega\dfrac{L_{\mathrm{s}}}{R_{\mathrm{i}}'}\right)^2}}$$

$$\varphi=\tan^{-1}\frac{1+\dfrac{R_{\mathrm{i}}'}{R_2'}-\omega^2L_{\mathrm{s}}C_{\mathrm{o}}}{-\left(\omega R_{\mathrm{i}}'C_{\mathrm{o}}+\omega\dfrac{L_{\mathrm{s}}}{R_{\mathrm{i}}'}\right)}$$

$$M_{\mathrm{H}}=\frac{H_{\mathrm{o}}}{\left|H_{\mathrm{L}}(s)\right|}=\sqrt{\left(1-g_{\mathrm{o}}\omega^2L_{\mathrm{s}}C_{\mathrm{o}}\right)^2+(\omega g_{\mathrm{o}})^2\left(R_{\mathrm{i}}'C_{\mathrm{o}}+\frac{L_{\mathrm{s}}}{R_{\mathrm{i}}'}\right)^2}$$

图 10-49　输出变压器在音频高频段的等效电路

得到的传输函数为：

$$H_{\mathrm{H}}(s)=\frac{u_2'}{u_{\mathrm{i}}}=\frac{n}{-L_{\mathrm{s}}C_{\mathrm{o}}s^2+\left(R_{\mathrm{i}}'C_{\mathrm{o}}+\dfrac{L_{\mathrm{s}}}{R_{\mathrm{i}}'}\right)s+\dfrac{R_{\mathrm{i}}'}{R_2'}+1} \tag{10-31}$$

这是二阶 LCR 电路，比一阶电路更复杂，有两个极点，其模和相角分别为：

$$\begin{cases} \left| H_{\mathrm{H}}(\omega) \right| = \sqrt{\left(1 + \dfrac{R_i'}{R_2'} - \omega^2 L_s C_o \right)^2 + \left(\omega R_i' C_o + \omega \dfrac{L_s}{R_i'} \right)^2} \\ \\ \varphi = \tan^{-1} \dfrac{1 + \dfrac{R_i'}{R_2'} - \omega^2 L_s C_o}{-\left(\omega R_i' C_o + \omega \dfrac{L_s}{R_i'} \right)} \end{cases} \quad (10\text{-}32)$$

高频段的畸变系数可表示为：

$$M_{\mathrm{L}} = \frac{H_o}{\left| H_{\mathrm{H}}(\omega) \right|} = \sqrt{\left(1 - g_o \omega^2 L_s C_o \right)^2 + \left(\omega g_o \right)^2 \left(R_i' C_o + \frac{L_s}{R_i'} \right)^2} \quad (10\text{-}33)$$

所有 LCR 二阶电路都有两个可用于确定频率响应的参数，第一的参数是谐振频率 ω_o，第二个参数是阻尼系数 ζ，这两个参数可以从传输函数中得到，用下式表示：

$$\begin{cases} \omega_o = \sqrt{\dfrac{R_i' + R_2'}{L_s C_o R_2'}} \\ \\ \zeta = \dfrac{L_s + R_i' R_2' C_o}{2 L_s C_o R_2' \omega_o} \end{cases} \quad (10\text{-}34)$$

从上式可知，当 $R_i' \to 0$ 和 $R_2' \to 0$ 时，谐振频率 $f_o = 1/\sqrt{2\pi L_s C_o}$，说明谐振频率主要由漏感和分布电容所决定，电子管的屏极内阻、变压器的线圈电阻和负载电阻也影响谐振频率。当阻尼系数 $\zeta=0$ 时，变压器的高频处于临界阻尼状态，具有平坦的频率响应。这种情况对应于初、次级线圈的圈数比与耳机阻抗相匹配的条件下。当阻尼系数 $\zeta<0$ 时，变压器的高频处于欠阻尼状态，具有峰值过冲的频率响应。这种情况对应于负载阻抗大于变压器的最佳匹配条件下，如次级未插入耳机或者高阻耳机插入低阻抽头的情况。当阻尼系数 $\zeta>0$ 时，变压器的高频处于过阻尼状态，具有衰减的频率响应。这种情况对应于负载阻抗小于变压器的最佳匹配条件，如次级短路或者低阻耳机插入高阻抽头的情况。

欠阻尼、临界阻尼和过阻尼三种状态的波特图如图 10-50 所示。如果变压器工作在欠阻尼状态，耳机放大器就会处于不稳定状态，相位裕度可由高频响应凸起的峰值幅度进行判断：22dB 的凸起对应于 4° 的相位裕度，这时系统已进入临界振荡状态，虽然还没有发生振荡，但随时会因干扰和噪声触发振荡；8dB 的凸起对应于 22° 的相位裕度，这时系统虽然是稳定的，但经不起时间的考验，温度变化引起元器件参数变化都可能使相位裕度丧失为零；2dB 的凸起对应于 45° 的相位裕度，这是工程设计中保证长时间稳定工作的最低要求；0.1dB 的凸起对应于 60° 的相位裕度，这是高可靠性系统设计中所需要的条件，能保证在任何情况下系统都是稳定的。

在驱动扬声器的电子管功率放大器中，扬声器总是固定不变的，使用过程中变压器的负载不会发生变化，在设计时能精确地计算出包含变压器次级的负反馈深度。在耳机放大器中随时会插入不同阻抗的耳机，甚至经常会处于负载开路状态。故耳机放大器中通常把输出变压器设计在过阻尼状态，包含变压器次级的负反馈量要小于 18dB。次级开路时要接入假负载，假负载的阻抗要远大于市面上最高的耳机阻抗，并且在假负载条件下保证相位裕度不小于 45°，用这种方法设计的耳机放大器就不用担心其稳定性问题。

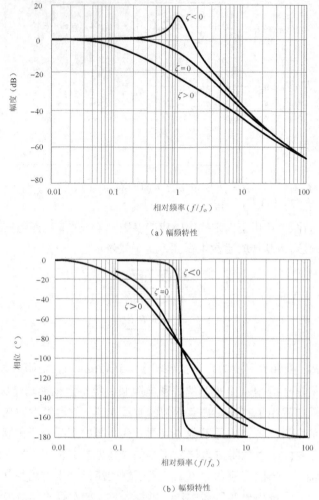

（a）幅频特性

（b）幅频特性

图 10-50　输出变压器三种状态的高频波特图

综上所述，音频输出变压器的幅度畸变特性如图 10-51 所示，低频有一个零点，随着频率降低输出幅度是衰减的，零点频率 f_L 随着初级电感量 L_1 增加而降低，当 L_1 趋于 ∞ 时 f_L 趋于 0。当变压器的次级置于全局负反馈环路时，如果输出端口接反，负反馈就会变成正反馈而发生低频自激，耳机会发出"噗噗"的类似汽船的鸣笛声，这是电压放大器输出耦合电容与初级绕组的自感发生 1～25Hz 频率的 LC 振荡而产生的，低频输出电平会出现图 10-51 中的虚线振荡波峰。多级放大器各级电源轨退耦不良时也会发生类似振荡。

输出变压器有两个高频极点，是由漏感和分布电容产生的，普通的工艺 3dB 幅频响应能达到 150Hz～12kHz；分层分段或分槽工艺能达到 35Hz～30kHz；顶级的工艺能达到 15Hz～50kHz。现在流行的 5 槽乱绕法简化工艺，即次级分 3 槽乱绕并联连接，初级分 2 槽乱绕串联连接，3dB 幅频响应能达到 25Hz～26kHz，在耳机放大器中频响已绰绰有余。

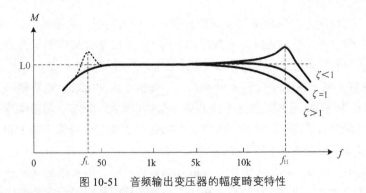

图 10-51　音频输出变压器的幅度畸变特性

5. 输出变压器的波特图与驱动信源内阻的关系

当输出变压器次级负载不变，输出级电子管的内阻减小时变压器的通频带变宽，低频相位超前角度和高频相位迟后角度减小，相位冗余度裕度增大，波特图如图 10-52 所示，r_i 驱动器的输出内阻。故同一个输出变压器，用三极管驱动比多栅管驱动能获得更宽的频带和更小的相位移。在功率放大器设计中，设法降低驱动级的内阻是设计的重点。

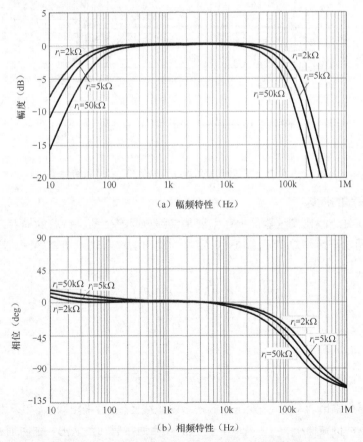

图 10-52　输出变压器在不同驱动内阻下的波特图

6. 输出变压器的阻抗特性

当输出变压器初级的信源内阻不变，次级负载变化时初级阻抗呈现出复杂的特性，如图 10-53 所示，R_2 为次级负载电阻。图示曲线是一个初级阻抗为 5kΩ，次级阻抗为 300Ω 的输出变压器的阻抗-频率特性。当初、次级阻抗匹配时（R_2=300Ω），初级阻抗在音频段呈现固定的阻抗（5kΩ）。当次级短路时（$R_2=0$），在 10Hz～1kHz 频率时初级阻抗很小，约为绕组的铜阻值。从 1kHz 开始初级阻抗以谐振曲线的速率急剧上升，在 47kHz 达到最高值（约 16kΩ），随着频率继续升高，初级阻抗又以谐振曲线速率下降到绕组的铜阻值（约在频率 380kHz 处）。当次级开路时（$R_2=\infty$），初级阻抗从 10Hz 开始，以 6dB/oct 速率上升，在 400Hz 时上升到第一个峰值（约 90kΩ）。随着频率升高，初级阻抗又以 −6～−12dB/oct 的速率下降，在 30.1kHz 下降到第一个谷点（约 180Ω），随着频率继续升高，初级阻抗呈现与次级短路时相似的谐振阻抗特性，大约在 47kHz 达到第二个峰值（约 18kΩ）。随着频率继续升高，初级阻抗又以谐振曲线速率下降到绕组的铜阻值。

不同参数的输出变压器，各个峰值和谷值的具体数值不同，但曲线形状是基本相同的。可见输出变压器在次级负载短路时会使驱动级过载；在次级负载开路时初级绕组端会产生很高的电压，最坏的情况会击穿初级绕组的绝缘层或超过驱动管屏极极限电压，引起极间打火。故在带输出变压器的耳机放大器电路设计中要设置负载短路和开路保护电路。

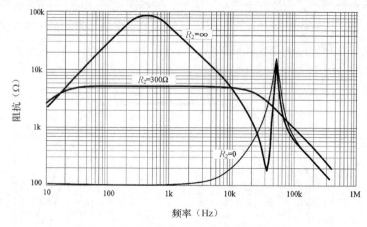

图 10-53　输出变压器在不同负载下的阻抗特性

7. 输出变压器的损耗

从上述分析可知，输出变压器的损耗主要是绕线电阻产生的，铁芯的损耗在音频段是很小的，可以忽略。通常用功率传输效率评估损耗，定义为输出功率与输入功率之比。输入功率和输出功率分别为：

$$\begin{cases} P_i = I_1^2\left(r_1 + r_2' + R_2'\right) \\ P_o = I_2^2 R_2' \end{cases} \quad （10\text{-}35）$$

变压器的效率为：

$$\eta = \frac{P_o}{P_i} = \frac{I_2^2 R_2'}{I_1^2\left(r_1 + r_2' + R_2'\right)} \quad （10\text{-}36）$$

在耳机放大器中输出功率很小，变压器的初级绕组线径很小，铜阻较大，如果用直径 0.07～0.08mm 的漆包线绕制，铁芯的截面积在 1～4cm^2，铜线的电阻通常有几百欧姆，铜阻消耗的功率占较高的比例，变压器的效率较低，通常在 60%～65%，如表 10-6 中统计的效率。在小功率条件下提高变压器效率的方法是用截面积较大的铁芯和较粗的铜线，截面积大能减少圈数，线径阻能减小电阻，受铁芯窗口尺寸的限制，两种方法必须同时使用。选择高互导电子管也能间接提高变压器效率，例如，6N11 所需的变压器初级阻抗只有 6N1 的 1/5，能成倍减少圈数，有效地提高了效率。本书所设计的电路都采用较大的变压器和高互导电子管，变压器效率均高于 75%。

表 10-6　输出变压器效率与放大器输出功率的关系表

放大器输出功率	0.1 ~ 0.5	1 ~ 3	5 ~ 10	>30	>100	W
输出变压器效率	60 ~ 65	68 ~ 70	73 ~ 76	>80	>95	%

对于音频电压来讲，输出变压器是一个衰减器，变压器负载放大器增益为：

$$A_B = A_v n \eta \qquad (10\text{-}37)$$

式中，A_v 是放大器以初级阻抗为负载的电压增益；n 是次级绕组的圈数与初级绕组的圈数比，或者称变压比；η 是变压器的效率。

由于存在损耗，计算变压比 n 时也要把损耗考虑进去，故实际的变压比用下式计算：

$$n = \sqrt{\frac{R_L}{R_a \eta}} \qquad (10\text{-}38)$$

式中，R_L 是次级的负载电阻，这里也是耳机的标称电阻；R_a 是放大器的等效屏极负载电阻；η 是变压器的效率。

这个公式计算出的变压比能真实地把次级负载电阻和次级线圈电阻反射到初级，然后再加上初级线圈电阻后作为电子管屏极所要求的负载电阻。依据此公式设计的输出变压器，在计算带输出变压器的总电压增益时就不用再乘以效率。也就是说在式（10-38）的等号右端可省略掉 η。

8. 输出变压器产生的非线性失真

在电磁学教科书中经常出现 $B = \mu H$ 这一公式，从表面上看变压器铁芯材料的磁感应强度 B 与磁场强度 H 是线性关系。但实际的情况是铁芯材料的磁导系数 μ 不是常数，故铁芯的 $B\text{-}H$ 特性是非线性曲线。信号通过变压器后会产生非线性失真。图 10-54 所示的是铁芯的磁通密度和磁场强度的关系曲线，在磁场强度 H 从零开始增加的初始阶段，铁芯的初始导磁率 μ_i 值很小，在 $0 \sim H_1$ 区域磁感应强度 B 增加的速率很慢，$B\text{-}H$ 曲线呈弯曲形状。随着 H 的增大导磁率近似于余弦曲线高速率增加，磁场强度增加到 H_2 后，铁芯的正常导磁率 μ_h 达到最大值 μ_{max}，随着 H 继续增加，铁芯的正常导磁率 μ_h 值近似于余弦曲线快速下降。在 $H_1 \sim H_3$ 区域，虽然导磁率呈馒头型变化，但 $B\text{-}H$ 曲线却近似于直线上升。

当磁场强度高于 H_3 后铁芯的导磁率下降到材料导磁率 μ_m，铁芯开始饱和。如果 H 继续增加 μ 值最终会下降到零，铁芯会完全饱和，B 不再随 H 增加而增大。故在磁场强度大于 H_3 后，$B\text{-}H$ 曲线又呈现弯曲形状。

如何减小铁芯的 $B\text{-}H$ 特性的非线性造成的失真是传统电子管功率放大器在设计和制造中必须关注的问题。在单端 A 类功率放大器中，合适的铁芯间隙配合电子管的静态电流能避开 $B\text{-}H$ 曲线的初始弯曲区域。如果变压器的磁隙太大或放大器的静态电流很小，就会使变压器工作在初始弯曲状态，如图 10-54 中 B_1 所对应的位置。过小的铁芯间隙和过大的静态电流会把铁芯励磁到接近饱和甚至于完

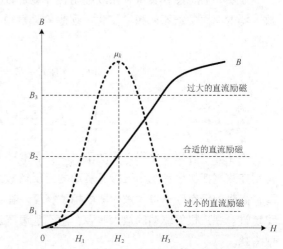

图 10-54　铁芯的磁通密度和磁场强度的关系曲线

全饱和，如图 10-54 中 B_3 所对应的位置，这是必须避免的。图 10-54 中 B_2 所对应的位置是比较合适的。A 类和 AB 推挽放大器中，两个电子管的静态电流流过变压器的电流方向相反，完全平衡时励磁

电流为零，铁芯不会饱和，因此在推挽输出变压器中可以不留间隙。

单端 A 类功率放大器具有较大的静态电流，设计中面临的主要问题是如何避免变压器不产生饱和。因为磁通密度一旦达到饱和，输出变压器就相当于一个空心线圈，电子管的负载就变成了初级线圈的铜阻，造成电子管严重过载，产生削顶失真。

单端 A 类放大器所产生的最大磁通密度 B_{max} 可用下式计算：

$$B_{\max} = \frac{1.13 \times 10^7 (1+\eta) \sqrt{P_i R_a}}{f A_c W_1} \qquad (10\text{-}39)$$

式中，f 是信号频率；A_c 是变压器的铁芯截面积；W_1 是初级绕组的圈数；η 是效率；P_i 是功率放大器的输出功率；R_a 变压器的初级阻抗。式（10-39）中指出了使变压器不产生饱和的方法，即增加铁芯的截面积和初级绕组的圈数就能减小最大磁通密度。另外，从公式 $B=\mu H$ 可知，减小铁芯的导磁率 μ 也能减小磁通密度 B。故在设计中是两种方法并用，先选择较大的铁芯和绕制较多的圈数，再留有合适的铁芯间隙。在小于 3W 的功率中，B_{max} 小于 6000Gs 就不会饱和。在设计中只要避开 B-H 曲线的初始弯曲区域且保证不产生饱和，变压器产生的非线性失真就会小于电压放大器。另外，把输出变压器置于全局负反馈环路中，用自动控制技术也能降低 B-H 非线性失真，不过受低频和高频相移影响，能稳定工作的负反馈深度通常小于 18dB。

9. 输出变压器的高频补偿

在无反馈放大器或输出变压器置于反馈环路之外时，可对高频响应进行补偿，这种补偿称为茹贝尔网络，是在输出变压器的初级并联一个由 R_1 和 C_1 组成的串联支路，如图 10-55 所示。把耳机等效成 L_2 和 R_2 组成的串联支路，当频率升高时，L_2、R_2 支路的阻抗升高，但 C_1、R_1 支路的阻抗却减小，使负载的总阻抗基本不变。

显然，要把感性负载补偿成纯阻性才能保证放大器的高频负载不随频率变化，理想的补偿数值是：

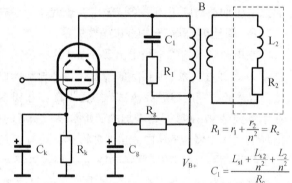

$$R_1 = r_1 + \frac{r_2}{n^2} = R_c$$

$$C_1 = \frac{L_{s1} + \dfrac{L_{s2}}{n^2} + \dfrac{L_2}{n^2}}{R_c}$$

图 10-55 输出变压器的茹贝尔补偿电路

$$\begin{cases} R_1 = r_1 + r_2' + R_2' = r_1 + \dfrac{r_2}{n^2} + \dfrac{R_2}{n^2} = R_c \\[4mm] C_1 = \dfrac{L_{s1} + L_{s2}' + L_2'}{R_c} = \dfrac{L_{s1} + \dfrac{L_{s2}}{n^2} + \dfrac{L_2}{n^2}}{R_c} \end{cases} \qquad (10\text{-}40)$$

为了减小补偿支路引入的功率损耗，通常取 $R_1 = (1.5 \sim 2) R_c$，C_1 通常为 4 ~ 50nF。高频补偿电路常用在束射四极管和功率五极管驱动的无反馈放大器中，因为是恒流源驱动输出变压器，控制能力较弱，高频补偿有助于增大放大器的相位裕度，在负载开路时能避免放大器进入欠阻尼状态，从而提高稳定性。在三极管驱动的放大器中，由于是恒压源驱动输出变压器，控制能力较强，高频补偿电路可以省略。

10.6.3 输出变压器的设计方法

这里只介绍单端输出变压器的计算方法，因为耳机放大器基本不用推挽放大器。设输出功率为 0.5W，频率响应为 20Hz ~ 30kHz，输出阻抗为 5kΩ，耳机阻抗为 32Ω 和 300Ω，阻尼系数为 1 和 8，帘栅反馈系数为 20%，屏流为 40mA。这个变压器既可用于超线性反馈多栅管放大器中，也可用于三极管放大器中。计算步骤如下。

（1）确定初级电感

$$L_1 = \frac{R_a}{2\pi f_{\min}\sqrt{M^2-1}}(\text{H}) \qquad (10\text{-}41)$$

式中，R_a 是电子管所要求的最佳屏极负载电阻，单位为 Ω；$f_{\min}$ 是最低工作频率，单位为 Hz；M 为低频零点的幅度畸变系数，通常取 1.414（3dB）。在高保真耳机放大器设计中，最低工作频率取 40Hz；要求不高时可放宽到 50～100Hz。

在本设计中 R_a=5kΩ，$f_{\min}$=20Hz，M=1.414，则初级电感为：

$$L_1 = \frac{5\times10^3}{2\times\pi\times40\times\sqrt{1.414^2-1}} \approx 19.9(\text{H})$$

（2）选择铁芯的截面积

$$A_c = (15\sim20)\sqrt{\frac{P_o}{f_L}}\left(\text{cm}^2\right) \qquad (10\text{-}42)$$

式中，P_o 是输出功率，单位为 W；f_L 是低频零点频率，单位为 Hz。输出变压器常用 EI 型铁芯，如图 10-56 所示的形状，耳机放大器变压器可选 E=1.270～2.857cm，叠厚 D=E，厚度为 0.3～0.5mm 的硅钢片铁芯。

在本设计中 P_o=0.5W，f_L=20Hz，系数取 18，则铁芯的截面积为：

$$A_c = 18\times\sqrt{\frac{0.5}{40}} \approx 2.01\left(\text{cm}^2\right)$$

选用厚度为 0.35mm 的 Z11 硅钢片，型号为 EI-750，舌宽 E=1.905cm，叠厚为 1.905cm，截面积约为 3.448cm²，大于计算值。

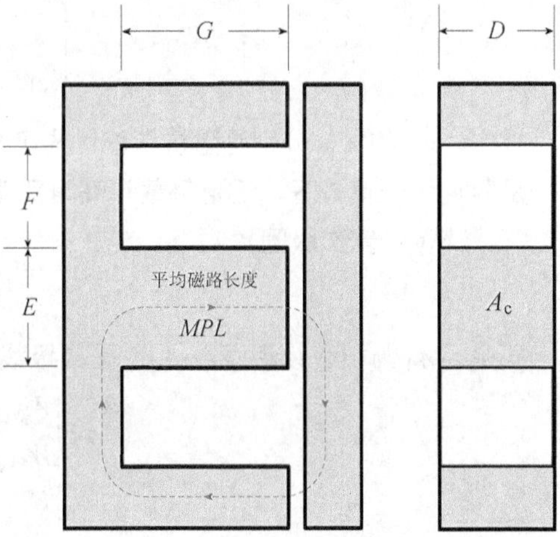

（3）计算初级圈数

$$W_1 = (450\sim550)\sqrt{\frac{L_1 L_C}{A_C}} \qquad (10\text{-}43)$$

图 10-56　EI 字形铁芯的形状

式中，括号内的数字是与硅钢片导磁率有关的系数，计算中导磁率高的硅钢片取较小的值，导磁率低的硅钢片取较大的值；L_1 是初级绕组的自感量，单位是 H；I_C 是平均磁路长度，单位是厘米（cm），如果数据手册中没有给出，可以按测量值或 5.6E（舌宽）计算，A_c 是铁芯的截面积，单位是 cm²。

本设计中数字系数取 450，I_C=11.4cm，A_C=3.448cm²，

$$W_1 = 450\times\sqrt{\frac{19.9\times11.4}{3.448}} \approx 3650$$

设帘栅极反馈系数为 β_s=0.2，计算帘栅抽头位置：

$$W_s = W_1\sqrt{\beta_s} = 3650\times\sqrt{0.2} \approx 1632$$

（4）检测最大磁感应强度

磁感应强度也称磁通密度，用式（10-39）验证，前面已经讲过在 3W 以下变压器中不超过 6000Gs。

$$B_{\max} = \frac{1.13 \times 10^7 (1+\eta)\sqrt{P_1 R_a}}{f A_c W_1} = \frac{1.13 \times 10^7 (1+0.75) \times \sqrt{0.5 \times 5000}}{40 \times 3.448 \times 3650} \approx 1964 (\mathrm{T})$$

公式中变量的含义已介绍过，验证结果远小于 6000Gs，铁芯不会产生饱和现象。

（5）计算初、次级绕组匝数比

$$n = \sqrt{\frac{R_L}{R_a \eta}} \tag{10-44}$$

式中，R_L 是次级负载阻抗，单位为 Ω；R_a 是初级绕组的交流阻抗，单位为 Ω；η 是功率传输效率。

本设计中次级阻抗分为阻抗匹配优先模式和阻尼优先两种模式，在低阻抽头匹配 32Ω 耳机，在高阻抽头匹配 300Ω 耳机，在阻抗匹配优先模式下，32Ω 和 300Ω 抽头的阻抗就是耳机本身的阻抗；在阻尼优先模式中由于要求阻尼系数是 8，故次级绕组的阻抗分别为 4Ω 和 37.5Ω，匝数比分别为：

$$\begin{cases} n_{32} = \sqrt{\dfrac{32}{5000 \times 0.75}} \approx 0.092 \\[2mm] n_{300} = \sqrt{\dfrac{300}{5000 \times 0.75}} \approx 0.283 \\[2mm] n_L = \sqrt{\dfrac{4}{5000 \times 0.75}} \approx 0.031 \\[2mm] n_H = \sqrt{\dfrac{37.5}{5000 \times 0.75}} = 0.1 \end{cases}$$

式中，n_{32} 和 n_{300} 分别是阻抗匹配优先模式下 32Ω 次级阻抗和 300Ω 次级阻抗的匝数比；n_L 和 n_H 分别是阻尼优先模式下，低阻负载和高阻负载的匝数比。

（6）计算次级圈数

$$W_2 = n W_1 \tag{10-45}$$

式中，W_1 为初级线圈匝数；W_2 是次级线圈匝数；n 是变压比。本设计中次级圈数分别为：

$$\begin{cases} W_{32\Omega} = 0.092 \times 3650 \approx 336 \\ W_{300\Omega} = 0.28 \times 3650 \approx 1022 \\ W_L = 0.031 \times 3650 \approx 113 \\ W_H = 0.1 \times 3650 \approx 365 \end{cases}$$

在阻抗匹配优先模式下，次级绕组 32Ω 的绕线圈数是 336 圈，次级绕组 300Ω 的绕线圈数是 1022 圈；在阻尼优先模式下，次级的低阻绕组是 113 圈，高阻绕组是 365 圈。

（7）计算允许的最大漏感

$$L_s = \sigma \cdot L_1 (\mathrm{H}) \tag{10-46}$$

式中，σ 是漏感系数，用三极管驱动变压器时 $\sigma = (0.5 \sim 2) \times 10^{-4}$，用束射四极管或五极管驱动变压器时 $\sigma = (1 \sim 5) \times 10^{-4}$。本设计为束射四极管驱动的变压器，取 $\sigma = 5 \times 10^{-4}$，允许的最大漏感为：

$$L_s = 5 \times 10^{-4} \times 19.9 \approx 9.95 (\mathrm{mH})$$

（8）计算导线直径

以电流密度等于 2.5A/mm² 为标准计算各绕组的铜线直径，初级绕组的线径为：

$$d_1 = 0.72 \sqrt{I_{ao}} (\mathrm{mm}) \tag{10-47}$$

次级绕组的线径为：

$$d_2 = 0.72 \times \sqrt[4]{\frac{\eta P_1}{R_L}} \, (\text{mm}) \tag{10-48}$$

在本设计中代入 40mA 的静态电流，0.75 的效率，0.5W 的输出功率和 32Ω 的负载阻抗计算初级和次级绕组的漆包线直径为：

$$d_1 = 0.72 \times \sqrt{0.04} \approx 0.144\,(\text{mm})$$

$$d_2 = 0.72 \times \sqrt[4]{\frac{0.75 \times 0.5}{32}} \approx 0.247\,(\text{mm})$$

初级选用国产 QA_1 高强度漆包线，铜线直径为 0.14mm，绝缘外径为 0.16mm；次级如果选用铜线直径为 0.25mm，截面积是 0.04909mm^2。由于次级绕制方法是三槽并联乱饶，故选用铜线直径为 0.15mm，绝缘外径为 0.17mm，截面积是 0.01767mm^2，三股并联后等效截面积是 0.05301 mm^2，满足要求。

已知各绕组的线径和圈数后就能计算出漆包线的长度，然后利用铜的电阻率或每千米的铜线电阻计算出初级线圈的电阻。EI-750 铁芯的线圈平均匝长 MLT=11.2cm，以此为据计算初、次级绕组的铜线长度分别为：

$$\begin{cases} l_p = W_1 \cdot MLT = 3650 \times 11.2 = 408.8\,(\text{m}) \\ l_{32} = W_{32} \cdot MLT = 336 \times 11.2 = 37.632\,(\text{m}) \\ l_{300} = W_{300} \cdot MLT = 1022 \times 11.2 = 114.464\,(\text{m}) \\ l_L = W_L \cdot MLT = 113 \times 11.2 = 12.656\,(\text{m}) \\ l_H = W_H \cdot MLT = 365 \times 11.2 = 40.88\,(\text{m}) \end{cases}$$

初级线圈用直径 0.14mm 的铜线绕制，该铜线每千米的电阻是 1139Ω。初级线圈共用了 408.8m，直流电阻为：

$$R_p = \frac{l_p \cdot KMR}{1000} = \frac{408.8 \times 1139}{1000} \approx 465.6\,(\Omega) \tag{10-49}$$

次级线圈用直径 0.15mm 的铜线绕制，该铜线每千米的电阻是 993Ω。三股并联后电阻值减小到原来的 1/3。不同模式下，各次级绕组的直流电阻分别为：

$$\begin{cases} R_{32} = \frac{1}{3} \cdot \frac{l_{32} \cdot KMR}{1000} = \frac{1}{3} \times \frac{37.632 \times 993}{1000} \approx 12.46\,(\Omega) \\ R_{300} = \frac{1}{3} \cdot \frac{l_{300} \cdot KMR}{1000} = \frac{1}{3} \times \frac{114.464 \times 993}{1000} \approx 37.89\,(\Omega) \\ R_1 = \frac{1}{3} \cdot \frac{l_1 \cdot KMR}{1000} = \frac{1}{3} \times \frac{12.656 \times 993}{1000} \approx 4.19\,(\Omega) \\ R_H = \frac{1}{3} \cdot \frac{l_H \cdot KMR}{1000} = \frac{1}{3} \times \frac{40.88 \times 993}{1000} \approx 13.53\,(\Omega) \end{cases} \tag{10-50}$$

已知输出级电子管的静态电流是 40mA，在初级绕组上的电压降为 18.6V。如果低频截止频率取 20Hz，初级线圈匝数如果大于 5400 匝，初级导线电阻就会增大到 688Ω，电压会增大到 28V。记住这些数据对设计功率放大器很有用处。

（9）计算铁芯所需的间隙

$$gap = \frac{W_1 \cdot I_{ao}}{8} \times 10^{-5}\,(\text{mm}) \tag{10-51}$$

在本设计中代入初级线圈匝数和电子管静态电流后计算铁芯所需的间隙为：

$$gap = \frac{3650 \times 40}{8} \times 10^{-5} = 0.1825 \, (\text{mm})$$

这个数值是总间隙长度，铁芯单边的间隙长度减半。用厚度 0.1mm 的牛皮纸垫在铁芯两边磁路之间，比计算出来的间隙略大一些，留有变形的冗余度。

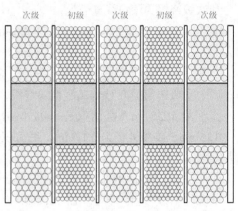

变压器的分槽乱绕法结构如图 10-57 所示，绕制工艺用分槽乱绕法，初级分两槽串联，次级分三槽并联。变压器完工后要进行真空浸漆处理，处理后分布电容会略有增加，这是由于清漆的介电系数比空气大所引起的。

图 10-57　输出变压器的分槽乱绕法结构

10.6.4　输出变压器的替代方法

输出变压器是电子管耳机放大器中的关键部件，绝大多数人无法自己 DIY，在电子市场和淘宝网上，次级阻抗 32Ω 和 300Ω 的输出变压器很难买到，但 4Ω、8Ω 的输出变压器比比皆是。互联网上出售的输出变压器货源主要来自三个渠道，最多的是变压器专业厂商，他们大多数是生产工频电源变压器的中小型企业，输出变压器不是他们的主要产品，型号很少，基本上是为 6P1、6V6、6L6、EL84 等功率多栅管设计的，初级阻抗大约为 $5k\Omega$，次级阻抗有 4Ω 和 8Ω 两个抽头，匝数比大约是 0.033（4Ω）和 0.046（8Ω）。这类产品质量有保证，但铁芯材料低端，工艺一般，售价比较低廉。

另一个来源是拆机旧货，其中一些历史名牌变压器是首选，例如，上海无线电 27 厂的 CB-2-75，日本 TANGO 牌的 U-608，瑞典伦达（LUNDAHL）的 LL1630 等，但这些旧货数量极少，价格炒得很高。在拆机旧货中，开盘录音机和测量仪器上的变压器质量较好，有的次级阻抗是 16Ω，非常适宜作耳机放大器变压器。大宗的拆机旧货是五灯收音机变压器，质量良莠不齐。许多五灯机变压器的次级阻抗是 3.5Ω，只能用来驱动低阻耳机。

第三个来源是个人定制，在网上打出定制招牌的人基本上是 DIY 高手，经验丰富，工艺讲究，但价钱非常昂贵。

1. 在阻尼优先模式中应用

初级阻抗为 $5k\Omega$，次级阻抗为 $4\Omega/8\Omega$ 的变压器，匝数比大约是 0.033/0.046，正好在阻尼优先模式下的低阻负载范围里，适于直接驱动 $32\sim200\Omega$ 的低阻和中阻耳机。

在阻尼优先模式的功率放大器中，变压器的次级阻抗远小于负载阻抗，为了获得足够的驱动功率，必须增大输出级的摆幅。在 250V 的乙电电压下，最大摆幅约为 $200V_{pp}$，匝数比为 0.033 的次级端，输出电压的有效值大约为 $2.3V_{rms}$，驱动 32Ω 的耳机可获得 160mW 功率，次级阻抗为 8Ω 的输出功率能提高 1 倍。故 $4\Omega/8\Omega$ 的变压器很适合驱动低阻耳机。

对于 200Ω 以上的高阻耳机，驱动能力明显不足。在同样的条件下，次级阻抗为 $4\Omega/8\Omega$ 的端口驱动 300Ω 的耳机只能得到 17/34mW 功率，如果次级有 16Ω 的端口，就能得到 68mW 功率，音量能达到响亮级，但驱动灵敏度低的耳机感觉乏力。

显然，要利用这类变压器驱动高阻耳机，就要设计更大的放大器增益和更高的乙电电压，如 450V 的乙电和 $400V_{pp}$ 的摆幅。

2. 在阻抗匹配优先模式中应用

如果这类输出变压器用在传统的阻抗匹配优先模式中，最大输出功率可达 2 ~ 3.5W，直接驱动低阻耳机会产生过载和损坏现象，可以通过图 10-58 虚线框中的无源衰减器驱动 16 ~ 100Ω 的耳机，在 2.5W 输出功率时，耳机上所得到的功率如图 10-58 中表格内的数据。衰减器设计的原则是以 32Ω 耳机的输出功率 150mW 为基准设计的，可以根据自己需要的功率更改衰减器。

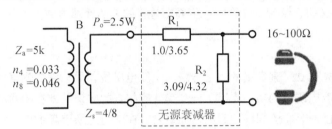

次级阻抗 \ 耳机阻抗	16Ω	32Ω	64Ω	100Ω	
4Ω	249	163	156	56	mW
8Ω	257	147	82	74	mW

图 10-58　用低阻输出变压器驱动低阻耳机的方法

在这种方式中，虽然放大器的效率很高，但无源衰减器的效率很低，表中的最大效率是 10.3%，最低效率只有 2.2%，绝大部分输出功率在无源衰减器中转变成热量白白浪费掉了。衰减器中的电阻要选用功率不小于 2W 的金属膜电阻或水泥电阻，否则很容易发生故障。

驱动高阻耳机可用图 10-59 所示的电路，无源衰减器变成了一个电流分流器或者称为假负载，高阻耳机直接并联在假负载上，这种方式适合驱动 150 ~ 600Ω 的高阻耳机，在 2.5W 输出功率时，耳机上所得到的功率如图 10-59 中表格内的数据。这种方式效率更低，表中的最高效率约为 5.1%，最低效率只有 0.64%，耳机阻抗越高，驱动功率越小。可以尝试把假负载阻值提高到 36 ~ 68Ω，效率和驱动能力可大幅度提升。产生的负面效应如图 10-53 所示，会导致放大器输出级的负载阻抗升高，通频带变窄。只要不明显影响听感，此方式还是可行的。

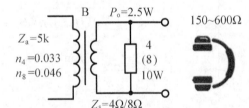

次级阻抗 \ 耳机阻抗	150Ω	200Ω	300Ω	600Ω	
4Ω	64	48	32	16	mW
8Ω	128	96	64	32	mW

图 10-59　用低阻输出变压器驱动高阻耳机的方法

在高保真电子管耳机放大器中，对变压器的性能指标有较高的要求，代用品最好要经过测试评估后再使用。尤其是旧五灯收音机上的输出变压器，普遍存在严重老化、频响窄、功率容量小、绝缘强度差等问题。代用是迫不得已的方法，性能损失太大就不合算了。

10.7　电子管耳机放大器的电源

10.7.1　传统整流电源

电子管的电源比较复杂，分为灯丝加热电源和高压电源，历史上把灯丝加热电源称为甲电，把高压电源称为乙电，现在乙电的名称被保留，甲电统称为灯丝电源。除此之外还有一些其他的辅助电源，如栅极偏置电源、帘栅供电电源、灯丝抬高电源等。

虽然传统电源仍然是电子管放大器的主流电源，但利用现代电力电子技术能使传统电源获得更高的性能。本节内容将介绍这些技术，所涉及的对象仅仅是电子管耳机放大器，不适合套用到大功率放大器中去。

1. 整流电路的分析

传统电源工作在市电频率下，110V/60Hz 和 220V/50Hz 是世界上应用国家最多的两个电网标准，中国的电网标准有效值是 220V，频率 50Hz 的正弦波，先介绍一下周期性正弦波的计算方法。

（1）正弦波的有效值和平均值

有效值

由于直流电的应用早于交流电，人们先建立了直流电的计量方法。交流电出现以后，它的幅度大小和极性是瞬时变化的，人们为了计量交流电所做的功，想出了一个热效应相当的方法，即在相同的电阻上分别通过直流电流和交流电流，经过一个交流周期的时间，如果它们在电阻上所消耗的电能相等的话，则把该直流电流（电压）的大小作为交流电流（电压）的有效值。

有效值在数字上称为均方根值，计算的方法是先平方、再平均、然后再开方。半波整流电压的有效值是峰值幅度的 1/2，全波整流后的有效值是峰值幅度的 $1/\sqrt{2}$，如图 10-60 中的公式所示。

平均值

把交流电用整流器变换成馒头形的直流脉动电压或电流后，把其幅度等效成不随时间变化的直流电压或电流后称为平均值。

平均值在数学上是周期波形一个周期里的积分面积，几何含义是把周期波形等效成面积相同的矩形，如图 10-60 中灰色长方形的面积等于余弦馒头波的面积。平均值在物理上就是交流信号中的直流成分，正弦波在一个周期里的平均值等于零，半波整流后的平均值是峰值幅度的 $1/\pi$，全波整流后的平均值是峰值幅度的 $2/\pi$。

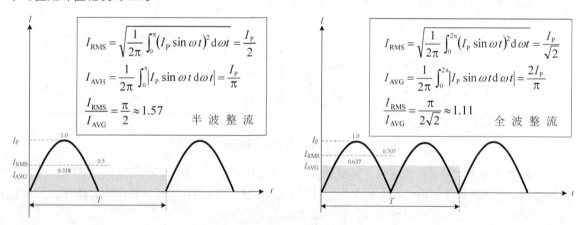

图 10-60　半波整流和全波整流信号的数学分析

图 10-60 中用积分计算面积的方法对简谐波来说是最简单直观的方法，更通用的方法是把整流后的余弦状馒头波用傅里叶级数表示，能进一步揭示这种波形的物理性质。半波整流电流表示为：

$$i = \frac{I_P}{\pi}\left(1 + \frac{\pi}{2}\sin\omega t - 2\cdot\sum_{n=2,4,6\cdots}^{\infty}\frac{\cos(n\omega t)}{n^2-1}\right)$$

$$= \frac{I_P}{\pi}\left(1 + \frac{\pi}{2}\sin\omega t - \frac{2}{3}\cos 2\omega t - \frac{2}{15}\cos 4\omega t - \frac{2}{35}\cos 6\omega t - \cdots\right)$$

（10-52）

全波整流电流表示为：

$$i = \frac{2I_P}{\pi}\left(1 - 2\cdot\sum_{n=1}^{\infty}\frac{\cos(n\omega t)}{4n^2-1}\right)$$

$$= \frac{2I_P}{\pi}\left(1 + \frac{2}{3}\cos2\omega t - \frac{2}{15}\cos4\omega t - \frac{2}{35}\cos6\omega t - \frac{2}{63}\cos8\omega t - \cdots\right)$$

（10-53）

上式中的物理概念十分清楚，第一项是直流分量，后面的各项是交流分量，也称谐波分量。为了衡量整流和滤波电路的质量，定义了纹波系数，它是输出电压（电流）中交流分量有效值与直流电压（电流）之比：

$$\gamma = \frac{\sqrt{\sum_{n=1}^{\infty}v_n^2}}{V_{DC}}$$

（10-54）

纹波系数是衡量各种能量转换器输出电压（电流）接近于纯直流电的程度，数值越小越接近直流电，等于零时就是纯直流电。半波整流电路的纹波系数是 1.21，全波整流电路是 0.482。在电子管放大器中几乎全部用全波整流，在各次谐波中，二次谐波（交流声）占主要分量，故后述的分析中用二次谐波代表总谐波简化分析。

在话筒放大器、磁头放大器和唱头放大器中，对纹波系数的要求是小于千分之一。前置放大器要求小于百分之一，功率输出级要求小于百分之五。所以要寻找合适的平滑滤波器才能实现这些要求。

（2）整流电路的形式

这里不介绍电源变压器的知识，仅把它当作一个交流电压源。整流电路直接连接在交流电源上，把交流电变换成脉动直流电。电子管放大器中使用的整流电路有半波整流和全波整流两类，如图 10-61 所示。全波整流又分为变压器次级绕组中心抽头全波整流和桥式全波整流两种。全波整流是最常用的电路，在电子管时期中心抽头全波整流是主流，半导体二极管普及以后，桥式全波整流变成了主流。半波整流虽然纹波较大，但因为电路简单，常用在小电流场合，如点燃 LED 指示灯和辅助电源。

（3）整流电路的计算方法

图 10-61 中的公式都是以图 10-60 中的公式为基础而产生的，不同的是，实际电路中存在着能量损耗，计算中要考虑损耗的因数。在电子管时期的人们都是用这些公式设计整流电路的，应用之前先要熟悉变量的定义，R_S 是整流电路的内阻，包含次级绕组的铜阻、二极管的正向电阻和连线电阻。V_P 和 I_P 分别表示整流电路环路电阻上

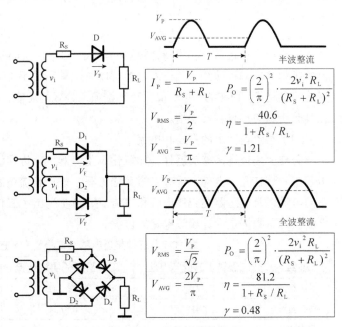

图 10-61　整流电路的形式

的峰值电压和峰值电流，环路电阻就是内阻 R_S 和负载 R_L 之和。V_{RMS} 是环路电阻上的有效电压，V_{AVG} 是平均电压，也就是整流后的脉动电压中所含的直流成分，P_o 是负载上的平均输出功率，η 是整流电路的能量转换效率，γ 是纹波系数。

下面通过一个练习来熟悉这些公式的使用。设变压器的次级绕组电压 v_i=230V，整流电路的内阻

R_S=14Ω，负载 R_L=3kΩ。计算经过全波整流电路后的输出功率、转换效率、输出电压和纹波电压是多少？

解：先计算环路电阻的分压比，再计算负载上的峰值电压 V_P 和平均值电压 V_{AVG}：

$$b = \frac{R_L}{R_S + R_L} = \frac{3000}{14 + 3000} \approx 0.995$$

$$V_P = \sqrt{2} \times v_i \times b = \sqrt{2} \times 230 \times 0.9 \approx 323.64(\text{V})$$

$$V_{AVG} = \frac{2V_P}{\pi} = \frac{2 \times 323.64}{\pi} \approx 206.04(\text{V})$$

计算负载上的平均功率：

$$P_O = \frac{V_P^2}{R_L} = \frac{323.64^2}{3000} \approx 35.168(\text{W})$$

用图 10-61 中的公式计算效率：

$$\eta = \frac{81.82}{1 + R_S/R_L} = \frac{81.81}{1 + 14/3000} \approx 80.82\%$$

由于纹波系数定义为纹波电压与输出直流电压的比值，图 10-61 中已知纹波系数是 0.48，故纹波电压为：

$$v_{rip} = \gamma \cdot V_{AVG} = 0.48 \times 206.04 \approx 98.90(\text{V})$$

纹波电压叠加在直流电压上，上式计算出的纹波电压是峰峰值，按有效值定义，用下式计算输出电压：

$$V_{RMS} = \sqrt{\left(\frac{v_{rip}}{2}\right)^2 + (V_{AVG})^2} = \sqrt{\left(\frac{98.9}{2}\right)^2 + 206.04^2} \approx 211.89(\text{V})$$

计算得到负载上的输出功率是 31.568W，转换效率为 82.82%，输出电压是 211.89V，纹波电压是 98.9V。

在没有个人计算机和手持计算器的年代，O. H. Schade 先生把整流和滤波电路的公式绘制成用自己名字命名的各种曲线，这样人们就可以免于繁杂的手工计算，像图解分析电子管一样方便地分析整流滤波电路了。现在的手持计算器有直接输入公式的功能，用经典公式计算也充满着乐趣，如果用 EDA 工具分析就更加直观和快捷。

（4）整流器件上的电压和电流

历史上用过许多整流器件，如氧化铜整流器、硒堆整流器、汞汽整流管、电子二极管、半导体二极管等，现在几乎全部应用硅二极管整流器，设计整流电路的重要工作是选择整流器件的反向耐压、正向电流以及变压器绕组的电压和电流。表 10-7 列出了三种整流电路中二极管和变压器次级的电压和电流，这些数据是设计整流电路的依据。

表 10-7　三种整流电路中二极管和变压器次级的电压和电流

项目	二极管上的反向电压	二极管上的平均电流	变压器次级电压	变压器次级电流
半波整流	$3.14V_L$	I_L	$2.22V_L + V_F$	$1.57I_L$
抽头全波	$3.14V_L$	$0.5I_L$	$1.11V_L + V_F$	$0.79I_L$
桥式全波	$1.57V_L$	$0.5I_L$	$1.11V_L + 2V_F$	$1.11I_L$

2. 电容平滑滤波电路

我们需要的是能替代电池的直流电，整流电路把交流电变换成了脉动直流电，平滑滤波电路要进一步衰减其中的交流成分，把它变换成接近电池电压的直流电。接在整流器后面的滤波器与信号处理中的滤波器虽然名称相同，但功能不同。前者用于削减交流纹波，也称为平滑滤波器，工作在大功率状态；后者用于分离频带，工作在小信号状态。平滑滤波器由储能元件组成，电感 L 和电容 C 是主角，要求的数值经常会达到工程制造的极限，如几百亨利的电感和几万微法的电容。下面将详细分析电容平滑滤波电路的特性。

（1）纹波电压和输出电压

如图 10-62 所示，在全波整流电路的负载 R_L 上并联一个电容 C，就形成最简单的电容平滑滤波电路。这里我们略去暂态过程，只在稳态波形上分析电容上的纹波电压。

二极管在 t_1 时刻导通，给电容 C 充电，电压上升到峰值电压 V_P。二极管在 t_2 时刻截止，电容通过负载 R_L 放电，在 t_3 时刻放电到终值电压 V_{DC}。之后，下一个周期开始。

要得到纹波电压的大小，只要计算出 V_P 与 V_{DC} 的差值就可以，这可以从图 10-62 中的充电表达式或放电表达式中获得，在 20 世纪初的整流电路教科书有详细的分析过程。下面用简单的物理概念解释会更清晰一些，电容 C 上的电压从 V_{DC} 充到 V_P 所积累的电荷为：

$$Q = \left(V_P - V_{DC} \right) C \tag{10-55}$$

电容 C 上电压从 V_P 放电到 V_{DC} 所损耗的电荷为：

$$Q = t \cdot I$$

设电容是理想的，充/放电过程中没有损耗，放电电荷等于充电电荷，纹波幅度为：

$$v_{rip} = V_P - V_{DC} = \frac{t \cdot I}{C} \tag{10-56}$$

由于充电过程是在 ΔT_1 时间里完成的，放电过程是在 ΔT_2 时间里完成的，充/放电过程正好用了市电幅度变化的一个周期，即：

$$\Delta T_1 + \Delta T_2 = T/2 = \frac{1}{2f} \tag{10-57}$$

把放电电流平均化，用放电的初始电压和负载表示，即 $I = V_P/R_L$，纹波电压可用下式表示：

$$v_{rip} = \frac{V_P}{2fRC} \tag{10-58}$$

半波整流电容滤波电路中，整流后的余弦馒头波频率与市电相同，故半波整流电路的纹波电压为：

$$v_{rip} = \frac{V_P}{fRC} \tag{10-59}$$

输出电压由直流成分和交流成分两部分组成，正、负变化的交流电压叠加在幅值恒定的直流电压上，交流纹波的负值被抵消，负载上的输出电压为：

$$V_o = V_P - \frac{v_{rip}}{2} \tag{10-60}$$

从纹波电压公式看出，在输入电压和负载不变的条件下，只有滤波电容无穷大时纹波电压才能等于零。也就是说电容滤波电路不能获得与电池相同的纯直流电。

为了衡量滤波器的效果，定义了平滑系数，它是输入交流纹波分量（电压或电流）与输出交流纹波分量（电压或电流）的比值：

$$\rho = \frac{V_{rip\_in}}{V_{rip\_out}} \tag{10-61}$$

理想的平滑滤波器不损失直流分量，只衰减交流分量，故平滑系数也可表示为滤波器输入端的纹波系数与输出端纹波系数的比值为：

$$\rho = \frac{\gamma_{in}}{\gamma_{out}} \tag{10-62}$$

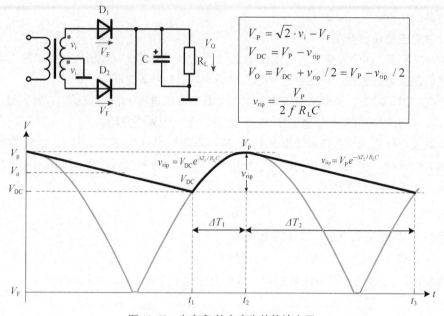

图 10-62　电容充/放电产生的纹波电压

　　下面通过一个计算的例证，了解一下实际电子管乙电中的纹波电压和输出电压。

　　设输入电压和频率为 230V/50Hz，负载电阻为 3kΩ，电容为 10μF，计算中心抽头全波整流电容滤波后的纹波电压、直流输出电压、负载平均电流、负载功率、纹波系数和平滑系数。

　　解：先计算全波整流电路输出的峰值电压为：

$$V_P = \sqrt{2}v_i - V_F = \sqrt{2} \times 230 - 0.7 \approx 324.57(V)$$

计算经过 10μF 电容滤波后的纹波电压为：

$$v_{rip} = \frac{V_P}{2fRC} = \frac{324.57}{2 \times 50 \times 3000 \times 10 \times 10^{-6}} = 108.19(V)$$

计算输出电压中的直流成分的幅值为：

$$V_{DC} = V_P - v_{rip} = 324.57 - 108.19 = 216.38(V)$$

计算经过 10μF 电容滤波后的输出电压为：

$$V_O = V_{DC} + \frac{v_{rip}}{2} = 216.38 + \frac{108.19}{2} - 108.19 \approx 270.48(V)$$

计算流过负载的电流为：

$$I_L = \frac{V_O}{R_L} = \frac{270.48}{3000} = 90.16(mA)$$

计算平均输出功率：

$$P_O = V_O I_L = 270.48 \times 0.09016 \approx 24.39(W)$$

要计算纹波系数，首先要知道纹波电压的有效值。如果把纹波看成三角波，用方差法可以表示为：

$$v_{rip-rms} = \frac{v_{rips}}{\sqrt{12}} = \frac{108.19}{\sqrt{12}} \approx 31.23(V)$$

根据定义，纹波系数为：

$$\gamma = \frac{v_{\text{rip-rms}}}{V_{\text{DC}}} = \frac{31.23}{216.38} \approx 0.144$$

全波整流器的纹波系数为 0.48，代入平滑系数公式后得：

$$\rho = \frac{\gamma_{\text{in}}}{\gamma_{\text{out}}} = \frac{0.48}{0.144} \approx 3.33$$

计算表明，电子管放大器的乙电经过 10μF 电容滤波后，100Hz 的纹波分量占直流电压的 14.4%，这是 3.33 倍的平滑作用的效果。按比例类推，经过 100μF 电容滤波后，纹波分量占输出电压的 1.44%，平滑效果可达到 33.3 倍，就更接近直流电了。但 100μF/400V 的电解电容体积大、价格昂贵。实际应用中人们会寻找性价比更高的滤波电路，而不是单纯依靠增大电容来减小纹波电压。

在灯丝电源和晶体管放大器中，电容滤波仍然在广泛应用。由于低压电解电容的体积会小得多，电容可高达几万微法，俗称水塘电容。容量更大的超级电容可达几千法拉，可以当作动力电池使用。

（2）整流二极管的导通角和电流脉冲产生的 EMI

在电容滤波电路中，电容上存储的电荷缓冲了负载电流的变化，同时也缩小了整流二极管的导通角，产生了很大的脉动电流，它的谐波覆盖了整个音频频带，一直延伸到射频低频段。

如图 10-63 所示，在一个充/放电周期里，二极管只在 φ_1 至 φ_2 期间导通，流过二极管的电流同时给电容充电和驱动负载，根据基尔霍夫定律，节点 A 的电流表示为：

$$i_{\text{D}} = i_{\text{C}} + i_{\text{R}} = C\frac{\mathrm{d}u_{\text{C}}}{\mathrm{d}t} + \frac{u_{\text{C}}}{R_{\text{L}}} \tag{10-63}$$

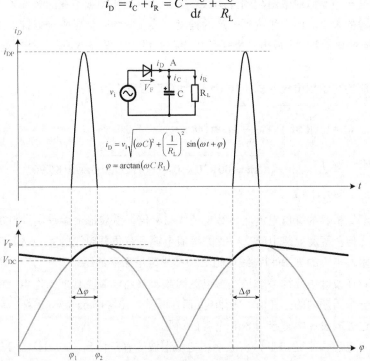

图 10-63　电流滤波电路的结构 EMI

如果忽略整流二极管上的压降，并设输入电压为正弦波，即：

$$u_{\text{C}} = u_{\text{i}} = U_{\text{i}}\sin\omega t$$

代入上式后，得：

$$i_{\text{D}} = \frac{V_{\text{P}}}{R_{\text{L}}}\sin\omega t + (\omega C V_{\text{P}})\cos\omega t \tag{10-64}$$

利用上式虽然能计算出流过二极管的电流，但用三角函数公式转换后，具有更简单的形式，并能计算出流过电容的充电电流滞后于负载电流的角度，为计算导通角提供方便。上式可变换为：

$$i_D = V_P \sqrt{(\omega C)^2 + \left(\frac{1}{R_L}\right)^2} \sin(\omega t + \varphi) \tag{10-65}$$

$$\varphi = \arctan(\omega C R_L)$$

过去的教科书上讲流过整流二极管的电流是一个直角三角波，解析的结果是一个正弦波，这与电流探头在示波器上的测试结果相同。只要先计算出正弦波的初始相位角，就能计算出与初始相位对应的电流值。

下面通过前述整流电路的实例，了解电容滤波电子管放大器乙电的导通角和充电电流。设输入的交流电压和频率为 230V/50Hz，负载电阻为 3kΩ，电容为 10μF，计算电容的导通角和流过二极管的电流。

解： 先计算二极管电流的初始相位：

$$\varphi = \arctan(\omega C R_L) = \arctan(2\pi \times 100 \times 10 \times 10^{-6} \times 3000) \approx 86.96°$$

二极管在余弦馒头波的 89.96° 开始导通，充电电流上升到峰值 I_P 后开始下降，I_P 对应于 90°，故导通角为：

$$\Delta\varphi = \varphi_2 - \varphi_1 = 90° - 86.96° = 3.04°$$

反正切函数是一个类似对数函数的升函数。在输入电压和负载不变的条件下，电容值较小时导通角取决于滤波电容的大小。但容量达到一定的程度，导通角的变化越来越迟钝。这从物理上也容易理解，大电容上存储的电荷量多，放电的损耗量相比存储量比小电容小得多，补充电荷所需的时间就短，故导通角很小。

把二极管电流的初始相位代入式（10-65），计算二极管电流为：

$$i_D = V_P \sqrt{(\omega C)^2 + \left(\frac{1}{R_L}\right)^2} \sin(\omega t + \varphi)$$

$$= \sqrt{2} \times 230 \times \sqrt{(2\pi \times 100 \times 10 \times 10^{-6})^2 + (1/3000)^2} \cdot \sin(86.96°)$$

$$\approx 1.4(A)$$

计算结果表明二极管的峰值电流比负载电流大 14 倍，从波形上看是周期性的电流脉冲，重复频率为市电频率的 2 倍。实测电路中硅二极管的峰值电流只有负载电流的 4～6 倍，电子管在 4 倍以下。这是整流管的内阻、电容的 ESR 和连线电阻之和产生阻尼振荡的结果。

硅整流二极管在设计中已经考虑了冲击电流因数，浪涌电流通常是工作电流的 10 倍，但这仅仅是工频交流电在一个周期内的允许值，浪涌电流时间超过 10～16ms 仍有损坏的风险。电子管并没多少裕量，这就是过去的设计中常选用 8μF 电容的原因。

整流器产生的电流脉冲经 FFT 分析表明，电流谐波一直延伸到 300MHz，覆盖了音频全频段，幅度在 1kHz 以下只比基波（100Hz）低 25dB，在 2.5kHz 以下比基波低 30dB，谐波幅度一直到 20kHz 仍高于放大器的底噪。故电源是功率放大器中 EMI 的主要噪声源，而且是传导噪声和辐射噪声并存。一定要针对整流电路本身进行屏蔽和滤波处理，不能只在电网输入端设置滤波器。

3. 扼流圈平滑滤波电路

电感与电容呈对偶关系，电容与负载并联有平滑滤波的作用，那么电感与负载串联也有平滑滤波的作用。电子管放大器中用来抑制交流声的工频电感也称为扼流圈，它是一个电感量超过 10H 的铁芯电感，体积很大。电感有反向电动势特性，当一个电压施加到电感上时，电感会产生反向电动势来阻碍电流的增大；当外加电压断开时，反向电动势会阻碍电流的减小，电流波形滞后于电压波形。这种特性会使扼流圈滤波电路的导通角比电容滤波电路大得多。

如图 10-64 所示，在半波整流电路中，二极管的导通角大于脉动电压波形的半个周期，流过整流二极管的电流 i_D 像露出海面的一排鲸鱼。可惜输出电流是断续的，扼杀了扼流圈在半波整流电路中的应用。

在全波整流中情况有所不同，由于导通角大于市电频率的半个周期，在前一个余弦馒头波的电压下降到零时，电流要再过 1/4 个周期才能减小到零，但下一个余弦馒头波的电压已经开始接力前一个周期的电流继续上升，从而使输出电流变成连续的波浪状，波形要比电容平滑滤波电路的倒三角平滑一些。故扼流圈滤波是全波整流电路的绝好搭配。

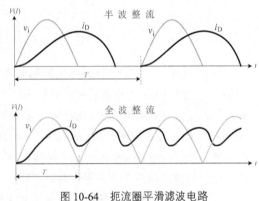

图 10-64 扼流圈平滑滤波电路

如果提取出全波整流波形中的直流电压和交流电压，就可以计算出扼流圈滤波电路的输出电压、纹波系数和平滑系数，从而定量地评价这种滤波器的性能。在式（10-53）中，提取第一项作直流分量，为了简化分析，用第二项代表所有的交流分量，等效电路如图 10-65 所示。用基尔霍夫定律，环路的电流为：

$$i_R = i_L = \frac{2V_P}{\pi R_L} - \frac{4V_P \cdot \cos(2\omega t - \varphi)}{\sqrt{R_L^2 + (2\omega L)^2}}$$

（10-66）

$$\varphi = \arctan \frac{2\omega L}{R_L}$$

假设扼流圈的铜阻为零，输出的直流电压就是全波整流波形的平均值：

$$V_{DC} = i_L \cdot R_L = \frac{2V_P}{\pi} = \frac{2\sqrt{2} \cdot v_i}{\pi} \approx 0.90 v_i$$

（10-67）

可见，扼流圈平滑滤波电路输出的直流电压小于交流输入电压的有效值，相比之下，电容平滑滤波电路在负载开路时的输出电压是交流输入电压有效值的 1.41 倍。如果把两者结合起来，就能设计一个在 $0.9v_i \sim 1.41v_i$ 内调整的无损调压器。

输出的交流分量有效值在这里用全波整流波形中基波的有效值来替代：

$$V_{AC} = \frac{4V_P \cdot R_L}{3\sqrt{2}\pi \cdot \sqrt{R_L^2 + (2\omega L)^2}}$$

（10-68）

纹波系数为：

$$\gamma = \frac{V_{AC}}{V_{DC}} = \frac{\dfrac{4V_P \cdot R_L}{3\sqrt{2}\pi \cdot \sqrt{R_L^2 + (2\omega L)^2}}}{\dfrac{2V_P}{\pi}}$$

（10-69）

$$\approx \frac{0.471 R_L}{\sqrt{R_L^2 + (2\omega L)^2}}$$

可见，扼流圈滤波器的负载越重，平滑滤波效果越好，输出功率也就越大。极限情况是当负载开路时纹波系数会上升到 0.471,这比没有电容滤波的全波整流电路还要差。

扼流圈阻抗远大于负载阻抗时,上式可简化为:

$$\gamma = \frac{0.235R_{\mathrm{L}}}{\omega L} \qquad (10\text{-}70)$$

平滑系数为:

$$\rho = \frac{\gamma_{\mathrm{in}}}{\gamma} = \frac{0.48}{\dfrac{0.471R_{\mathrm{L}}}{\sqrt{R_{\mathrm{L}}^2 + (2\omega L)^2}}}$$

$$= \sqrt{1 + \left(\frac{2\omega L}{R_{\mathrm{L}}}\right)^2} \approx \frac{2\omega L}{R_{\mathrm{L}}} \qquad (10\text{-}71)$$

设 L=10H,R_{L}=3kΩ,计算出纹波系数为 0.325,平滑系数为 1.448。这比用 10μF 的电容滤波器差得多,原因是不满足 $\omega L > R_{\mathrm{L}}$ 条件,扼流圈电感量要达到 100H 以上才会有较好的滤波效果。一个 10H 的工频扼流圈,体积和价格都比 10μF/400V 的电容大且昂贵,故扼流圈滤波电路极少单独应用。

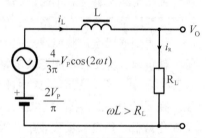

图 10-65　扼流圈滤波等效电路

扼流圈滤波器还存在下面的实际问题。

(1)由于电网的频率很低,扼流圈要达到实用的滤波效果,电感量要达到十几到几十亨利,会消耗较多的矽钢片和铜线,有色金属材料价格昂贵。与开关电源中的微亨级和毫亨级的铁氧体电感相比,体积、价格、重量上存在几十倍至几百倍的差别。现在的工程师看到它会望而止步,这就决定了它只能小范围使用。

(2)由于必须要流过直流电流,这就存在着磁通饱和问题。从过去到现在一直都是在铁芯上留有气隙来提高抗饱和能力。但气隙会减小电感量,使平滑滤波性能下降。由于重量的限制,单只扼流圈的不饱和电流通常限制在几十至几百毫安。

(3)被扼流圈抑制的交流能量会引起矽钢片发生机械振动,发出"嗡嗡"的响声。为了减小振动,在制造中要插紧硅钢片并进行浸漆处理,安装时要进行防震处理,避免引起金属地盘一起震动。

扼流圈虽然存在着上述缺点,但与电容器组合的 LC 滤波器有着优异的平滑滤波性能,能有效地抑制交流声,在传统的电子管放大器电源中具有不可取代的地位。另一个优点是非常结实可靠,寿命几乎是半永久性的,旧货市场上许多 20 世纪初的扼流圈现在仍然性能完好。

4. LC 和 RC 平滑滤波电路

LC 平滑滤波器能充分发挥电感和电容各自的优势,从而获得优异的纹波抑制效果,是电子管放大器电源中的主流电路。RC 平滑滤波器虽然性能不及 LC 平滑滤波器,但体积小、成本低,用于小电流滤波非常合适。本节将介绍这两种滤波器的特性。

(1)LC 滤波电路的性能分析

仿照扼流圈滤波电路的分析方法,提取全波整流波形的傅里叶表示式中的第一项作直流电压源,第二项代表所有的交流分量,等效电路如图 10-66 所示。注意这个电路正常工作的条件是感抗远大于容抗,而容抗远小于负载。这样就可以认为负载开路,交流电压在电容上的压降为:

$$V_{\mathrm{AC}} = \frac{4}{3\sqrt{2}\pi} V_{\mathrm{P}} \cdot \frac{1}{\sqrt{(4\omega^2 LC)^2 + 1}} \qquad (10\text{-}72)$$

假设电感是理想的，直流电阻为零。滤波器的纹波系数为：

$$\gamma = \frac{V_{AC}}{V_{DC}} = \frac{\dfrac{4V_P}{3\sqrt{2}\pi \cdot \sqrt{\left(4\omega^2 LC\right)^2 + 1}}}{\dfrac{2V_P}{\pi}} \qquad (10\text{-}73)$$

$$= \frac{0.471}{\sqrt{\left(4\omega^2 LC\right)^2 + 1}} \approx \frac{0.471}{4\omega^2 LC}$$

如果一级 LC 滤波器的纹波系数不能满足要求，可以用多级串联进一步平滑纹波。串联模块的数学逻辑是乘法运算，n 级串联后的纹波系数为：

$$\gamma = \frac{0.471}{\left(4\omega^2 L_1 C_1\right)\left(4\omega^2 L_2 C_2\right)\cdots\left(4\omega^2 L_n C_n\right)} \qquad (10\text{-}74)$$

单级 LC 滤波器的平滑系数为：

$$\rho = \frac{\gamma_{in}}{\gamma} = \frac{0.48}{\dfrac{0.471}{\sqrt{\left(4\omega^2 LC\right)^2 + 1}}} \qquad (10\text{-}75)$$

$$= \sqrt{\left(4\omega^2 LC\right)^2 + 1} \approx 4\omega^2 LC$$

n 级连接后的纹波系数为：

$$\rho = \left(4\omega^2 L_1 C_1\right)\left(4\omega^2 L_2 C_2\right)\cdots\left(4\omega^2 L_n C_n\right) \qquad (10\text{-}76)$$

级联为我们提供用小尺寸元器件实现高性能平滑滤波的方法，在高压乙电中，10H 电感和 10μF 铝电解电容是尺寸合适、性价比较高的元器件，而高压大容量铝电解电容不但体积大、价格贵，ESR 也较大，要尽量避免选用。下面我们计算用这些常用元器件组成两级 LC 滤波器能达到的性能。

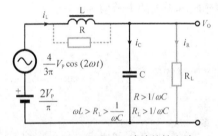

图 10-66　LC 和 RC 滤波等效电路

单级 LC 滤波器的纹波系数和平滑系数如下：

$$\gamma = \frac{0.471}{4\omega^2 L_1 C_1} = \frac{0.471}{4\times\left(2\pi\times 50\right)^2\times 10\times 10\times 10^{-6}} \approx 0.012$$

$$\rho = 4\omega^2 L_1 C_1 = 4\times\left(2\pi\times 50\right)^2\times 10\times 10\times 10^{-6} \approx 39.48$$

两级 LC 滤波器的纹波系数和平滑系数如下：

$$\gamma = \frac{0.471}{\left(4\omega^2 L_1 C_1\right)\left(4\omega^2 L_2 C_2\right)} = \frac{0.471}{\left[4\times\left(2\pi\times 50\right)^2\times 10\times 10\times 10^{-6}\right]^2} \approx 3.02\times 10^{-4}$$

$$\rho = \left(4\omega^2 L_1 C_1\right)\left(4\omega^2 L_2 C_2\right) = 39.48^2 \approx 1558.67$$

如果用单级 LC 滤波器获得两级滤波器的性能，在电感不变的条件下，需要多大的电容？

$$C = \frac{0.471}{4\omega^2 L\gamma} = \frac{0.471}{4\times\left(2\pi\times 50\right)^2\times 10\times 3.02\times 10^{-4}} \approx 395\,(\mu F)$$

两个 10μ/400V 的电容，无论体积和价格都比一个 395μ/400V 的电容合算得多。故级联平滑滤波广泛应用在乙电电源中。

（2）LC 平滑滤波器的临界电流

把扼流圈平滑滤波器演进成 LC 平滑滤波器后会产生临界电流问题，如图 10-67 所示，当负载电流小于临界电流后，随着电流的减小，输出电压会急剧增大。负载电流低于临界点后，整流器的负载从感性转变成容性，等效于一个电容滤波电路，最大输出电压是输入电压的 $\sqrt{2}$ 倍，而感性负载的输出电压是输入电压的 0.9 倍。下面以全波整流为例，分析临界电流的计算方法。

假设全波整流电流中只包含直流分量和二次谐波分量并且电感的直流电阻为零，这样直流分量只取决于负载电阻 R_L，即：

$$I_{DC} = \frac{V_{DC}}{R_L} \tag{10-77}$$

二次谐波电流只取决于电感的阻抗，即：

$$i_{ac} = \frac{V_{m2}}{2\omega L} \tag{10-78}$$

如果直流分量小于谐波分量，则总电流是断断续续的；如果直流分量大于谐波分量，则总电流是连续的；因此电流连续的临界条件是直流电流等于谐波电流的幅度，即：

$$I_{DC} = i_{ac} \tag{10-79}$$

把式（10-77）和式（10-78）代入后得到：

$$\frac{V_{DC}}{R_L} = \frac{V_{m2}}{2\omega L} \tag{10-80}$$

得到临界电流的电感值为：

$$L = \frac{R_L}{3\omega} \tag{10-81}$$

流过负载的电流为：

$$I_{min} = \frac{v_i}{3\omega L} \tag{10-82}$$

为了防止出现输出电流小于临界电流，导致输出电压升高而引起故障，负载电流要高于临界电流的 3 倍以上，在调试过程中要在输出端并联一个泄放电阻，确保泄放电流大于临界电流。

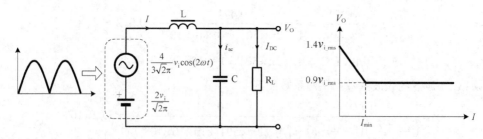

图 10-67　LC 滤波电路临界电流

（3）π 型 LC 平滑滤波器的输出电压无损调整

扼流圈滤波电路输出的直流电压为 $0.9v_i$，小于交流输入电压的有效值。相比之下，电容滤波电路的输出电压为 $1 \sim 1.41v_i$，空载时输出电压最高，负载越重，输出电压越低。如果在 LC 滤波器前面接一个电容，形成 π 型滤波器，通过调整第一个电容的大小，就能使输出电压在 $0.9v_i \sim 1.41v_i$ 内调整。这是一个相当宽的范围，如交流输入电压为 220V 时，调整窗口为 189 ~ 311V。由于电容不消耗能量，是一种无损耗电压调整，有很高的实用价值。

如图 10-68 所示，这种调压电路的核心元器件是 π 型滤波器的第一个电容，所需的电容值为 1～10μF。电解电容只有 E6 和 E12 系列标称值，标称值误差在–20%～+100% 内有 11 个等级，市面上常见的有 M（±20%）级、N（±30%）级、R（+20/–30%）级、S（+20/–50%）级。如果选择用电解电容调压，看似比较经济，但输出电压的准确度将是一个难题，要在一大堆电容中用电桥来挑选。电解的容量还会随电解液干枯而退化，好在容量降低后输出电压也随之降低，不会产生破坏性的故障。比较实用的方法是选用高压薄膜电容，如聚乙酯和聚丙烯电容。这类电容的标称误差为±5%，稳定性很高，缺点是体积较大。图 10-68 中的表格内是仿真数据，仅供参考。

C_1	1.0	1.5	2.2	3.3	4.7	5.6	6.8	8.2	10	μF
V_o	194	209	226	243	255	262	270	274	278	V

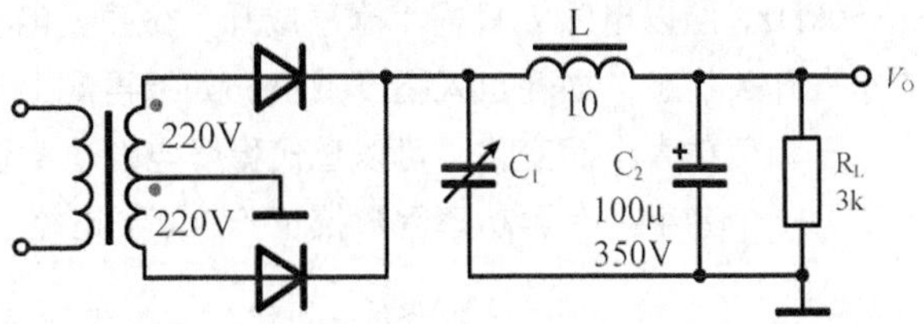

图 10-68 利用 π 形 LC 滤波器调整输出电压的电路

（4）RC 平滑滤波电路的特性分析

在图 10-66 中，把电感 L 用电阻 R 替代就变成 RC 平滑滤波器，这个电路正常工作的条件是滤波电阻 R 远大于容抗，而容抗远小于负载。这样就可以认为负载开路，交流电压在电容上的压降为：

$$V_{AC} = \frac{4}{3\sqrt{2}\pi} V_P \cdot \frac{1}{\sqrt{(2\omega RC)^2 + 1}} \tag{10-83}$$

纹波系数为：

$$\gamma = \frac{V_{AC}}{V_{DC}} = \frac{\dfrac{4V_P}{3\sqrt{2}\pi \cdot \sqrt{(2\omega RC)^2 + 1}}}{\dfrac{2V_P}{\pi}} \tag{10-84}$$

$$= \frac{0.471}{\sqrt{(2\omega RC)^2 + 1}} \approx \frac{0.471}{2\omega RC}$$

平滑系数为：

$$\rho = \frac{\gamma_{in}}{\gamma} = \frac{0.48}{\dfrac{4.47}{\sqrt{(2\omega RC)^2 + 1}}} \tag{10-85}$$

$$= \sqrt{(2\omega RC)^2 + 1} \approx 2\omega RC$$

由于电阻不但对交流纹波进行阻容分压衰减，也对直流负载进行分压衰减，还损耗了整流器的输出功率，使输出电压下降。这一缺点严重制约了它在大电流场合的应用。由于电路非常简单，常用在毫安级电流的电压放大器中作辅助平滑滤波和退耦电路，如图 10-14 中的 R_4 和 C_3。

5. 有源平滑滤波器

有源滤波电路最早出现在 20 世纪 60 年代的电子期刊上，70 年代写入了教科书。它的想法是在 BJT 射极跟随器的基极到参考地之间连接一个电容 C，由于基极电流只有发射极电流的 1/（β+1），等效于在发射极对参考地连接一个（β+1）C 的电容。实际上就是串联稳压器的初级版本，三端集成稳压器出现后这种滤波器就逐渐销声匿迹。

到 20 世纪末，功率 MOS 管广泛应用在开关电源中，价格也降到大家可以接受的程度，体积比扼流圈和水泥电阻小得多，这一时期正赶上电子管回潮，有人就用 MOS 管代替 LC 和 RC 平滑滤波器用在乙电中，称为有源平滑滤波器。

现在有源平滑滤波器有线性和开关两种结构，如图 10-69 所示。图 10-69（a）所示的是线性结构，乍一看这个电路中 MOS 管的栅极电压难以确定，实际上把 MOS 管换成 BJT 后可以看成晶体管基极分压偏置电路，负载就是射极上的电流反馈电阻。只不过 MOS 管的 V_{GS} 约为 4V，有较大的变化范围，而 BJT 的 V_{BE} 只有 0.7V 左右，离散性很小，但有 -2mV/℃ 的温度系数，设计中注意这些差异就可以了。

图 10-69（b）所示的是开关结构，它是基于 Boost 变换器的升压式开关电源，由于开关频率为 60～150kHz，所以电感 L 只需 1 毫亨或几十微亨，电容 C_2 只需 0.1～0.47μF，体积大幅度减小。MOS 管工作在开关状态，损耗也大幅度减小。如果再配上 PWM 控制环路，输出电压就是稳定的，不会随输入电压和负载大小而变化，可以替代稳压电源，实现平滑滤波和稳压一体化。现在，大家给这个电路起了另一个名字：有源功率因数校正（PFC）电路，已有现成的芯片可用，使用简单方便。

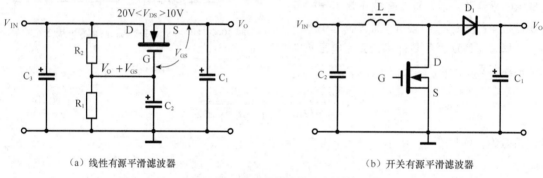

（a）线性有源平滑滤波器　　　　　　　　　（b）开关有源平滑滤波器

图 10-69　有源平滑滤波器的结构

这里我们仅介绍线性有源平滑滤波器，分析图 10-69（a）的工作原理时可以把漏源之间的动态沟道电阻 $\Delta R_{DS(on)}$ 比拟成 RC 平滑滤波器中的电阻，这样就可以直接用 RC 滤波器的解析结果来评估它的性能，接下来的问题就是如何得到动态沟道电阻的大小。

图 10-70 所示的是 5V/1A 和 5V/2A 移动式开关电源中使用的 1N60 功率 MOS 管的 I_D-V_{DS} 特性曲线，这是目前生产厂商最多，价格最便宜的 MOS 管，V_{DSS}=600V，I_D=1A，用在乙电中非常合适。

数据手册上并没有 $\Delta R_{DS(on)}$ 这个参数，也没有漏极电流小于 0.3A 的曲线，图 10-70 中增加了 V_{GS}=3.5V 和 4V 所对应的 I_D-V_{DS} 特性曲线。下面就在这个区域选择工作点。

选择工作点的基本原则是获得尽可能高的动态沟道电阻和较低的功耗。凭直观感觉应该把工作点选择在饱和区，尽量远离电阻区。从滤波效果考虑，V_{DS} 越大曲线越平直，具有较大的动态电阻，但功

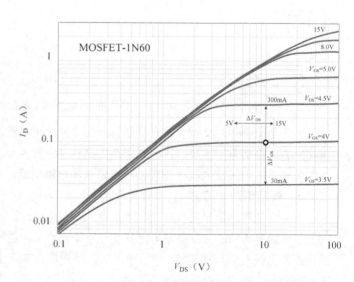

图 10-70　1N60 功率 MOS 管的 I_D-V_{DS} 特性曲线

耗也较大；较小的 V_{DS} 对减小功耗有利，但容易滑入电阻区。综合滤波性能和功耗，V_{DS} 保持在 $6 \sim 20V$ 比较合适，图示的工作点是 V_{DS}=10V，I_D=100mA，V_{GS}=4V。以工作点为中心，改变漏源电压使其变化±5V，即 ΔV_{DS}=10V，测量漏极电流的变化量 ΔI_D，用下式计算沟道的动态电阻为：

$$\Delta R_{DS(on)} = \frac{\Delta V_{DS}}{\Delta I_D} = \frac{10V}{2mA} = 5k\Omega \tag{10-86}$$

如果把工作点移到 15V、20V、25V、30V，动态电阻会增加到 5.1kΩ、5.16kΩ、5.2kΩ、5.28kΩ。对应的功耗为 1.5W、2W、2.5W、3W。表明增大 MOS 管上的压差，动态电阻几乎不变，而功耗却变化很大。MOS 管的动态电阻等效于电子管的屏极内阻 r_{ak}，这里记为漏极内阻 r_{ds}。

这种滤波器的缺陷是离散性较大，用不同厂商的 1N60 测试，得到的结果分布在 $2.7 \sim 15k\Omega$ 内。如果看成扼流圈对 100Hz 交流电的阻抗，等效电感为 $4 \sim 24H$。

用图解法计算出工作点的互导为：

$$g_m = \frac{\Delta I_D}{\Delta V_{GS}} = \frac{300mA - 30mA}{4.5V - 3.5V} = 270ms \tag{10-87}$$

数据手册上给出的是正向跨阻 g_{fs}=0.83Ω，换算成互导是 1205ms，这是在 V_{DS}=50V，I_D=0.5A 的条件下测得的。本例中虽然没有这么大，但仍远高于 BJT 的互导。仿照电子管放大系数 μ，计算工作点的电压放大倍数为：

$$\mu = g_m r_{ds} = 270ms \times 5k\Omega = 1350 \tag{10-88}$$

这个参数虽然在数据手册中找不到，但按这个数量级相当于电子五极管。在设计乙电稳压电源时会用到这个参数。

图 10-71 所示的是线性有源平滑滤波器实用电路，如果选择图 10-70 所示的工作点，等效 r_{ds}=5kΩ，代入 RC 平滑滤波器的纹波系数公式计算得到的滤波性能为：

$$\gamma = \frac{0.471}{2\omega RC} = \frac{30.471}{2\pi \times 100 \times 5000 \times 47 \times 10^{-6}} \approx 0.319\%$$
$$\rho = 2\omega RC = 2\pi \times 100 \times 5000 \times 47 \times 10^{-6} = 147.65$$
$$P = V_{DS} \cdot I_D = 10 \times 0.1 = 1(W)$$

如果用 RC 平滑滤波器实现同样的性能，5kΩ 电阻流过 0.1A 电流产生的功耗是 50W，输入电压也要升高到 750V。如果用阻抗相同的扼流圈，电感量为 7.95H，代入式（10-69）计算得到的纹波系数是 0.079%，纹波是这个电路的四分之一。

电路中增加了 VT$_2$ 和 R$_1$ 组成的限流保护电路，限流值设置在 100mA。还增加了 R$_2$ 和 C$_2$ 组成的软启动电路，时间常数为 47s。

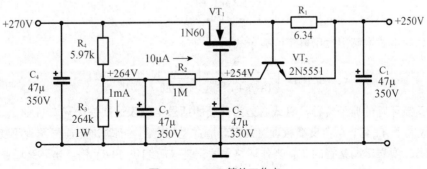

图 10-71　MOS 管的工作点

10.7.2 线性稳压电源

1. 乙电稳压电源

电子管乙电稳压电路一直以来都是发烧友的梦想，在电子管时代由于造价昂贵，无缘在消费类产品中实现，而现在利用功率 MOS 管轻而易举地便能使梦想成真。

（1）稳压电源的结构

图 10-72 所示的是两种稳压电源的拓扑结构，串联稳压电源因电压调整器与负载串联而得名，其特点是无负载时的损耗几乎为零，一旦负载短路就会有过载电流流过调制器，必须采用过流保护措施。并联稳压电源的电压调整器与负载并联，即使负载短路时也是安全的，但无负载时的功耗是最大的。需要一个降压电阻 R 串联在负载回路中调节输入和输出压差。这两种结构都是线性功率电子电路，共同的缺点是能量转换效率低，而串联结构比并联结构在轻载时的效率要高得多，电压调整范围大，因此在大功率领域得到广泛的应用。并联结构虽然效率很低，但具有精度高、调整速度快、内阻低等诸多显著的优点，常用在基准电压和小功率领域，在高精度的串联结构中也必须用并联结构的带隙基准电压源作参考电压。

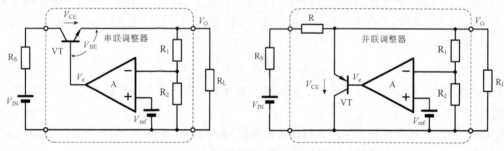

图 10-72　稳压电源的拓扑结构

由于耳机放大器的功率很小，鉴于并联稳压电源具有优良的性能，也有人不计较成本和效率，用在高保真耳机放大器中改善整机性能。

稳压电源是基于负反馈控制的直流放大器，可以用反馈原理来分析和设计。图 10-72 中 V_{ref} 是基准参考电压，R_1、R_2 是采样电阻，A 是误差放大器，VT 是电压调整晶体管。虚线框中的电路组成一个闭环直流放大器，如果忽略输入电压源的内阻 R_S，环路中电阻分压比和电压变量的基本关系式如下：

$$\begin{cases} V_{IN} = V_{CE} + V_O \\ \mu = V_{CE}/V_{BE} \\ \beta = R_2/(R_1 + R_2) \\ V_e = V_{ref} - \beta V_O \\ V_O = AV_e - V_{BE} \end{cases} \quad （10\text{-}89）$$

从这 5 个基本关系式中解出输出电压的表示式为：

$$V_O = \left(\frac{A}{1+\beta A}\right)V_{ref} - \left(\frac{1}{1+\beta A}\right)V_{BE} \quad （10\text{-}90）$$

这是负反馈环路的典型方程，等式右边第一项的括号里的表达式是闭环增益 A_{vc}，表示基准参考电压 V_{ref} 被放大了 A_{vc} 倍，从负反馈原理可知闭环增益是稳定的，而基准电压是精确不变的，故第一项是稳定的。第二项表示调整管的 V_{BE} 当作环路里的误差被压缩了 $1+\beta A$ 倍。当环路增益很大时，输出电压可近似表示为：

$$V_O \approx \frac{V_{\text{ref}}}{\beta} = \left(\frac{R_1 + R_2}{R_2}\right) V_{\text{ref}} \qquad (10\text{-}91)$$

上式表明输出电压只与基准电压和采样电阻有关，与电路的其他参数无关。故要提高精度，只有选择不随温度变化的参考电压和稳定度高的采样电阻就可以。普通精度的稳压电源中采用齐纳二极管作基准，低于 5.6V 的齐纳二极管具有负温度系数，高于 5.6V 具有正温度系数。精度高的稳压电源中用零温度系数的带隙电压源作基准，带隙电压源本身就是一个并联结构的稳压电源，电压偏差为 3～17mV，温度系数为 $\pm 50 \times 10^{-6}/℃$。采样电阻常用 E96 和 E192 系列的金属膜电阻，公差分别是 $\pm 1\%$ 和 $\pm 0.5\%$，电阻温度系数（T.C.R）是 $\pm 100^{-6}/℃$。这两种元器件的精度和稳定度远高于电路中其他元器件，故稳压电源天生就具有优良的性能。

为了评估稳压电源的质量指标，定义了稳压系数，它表示在负载电流和环境温度不变的条件下，由于输入电压变化引起的输出电压变化的比值，即：

$$S = \frac{\dfrac{\Delta V_O}{V_O}}{\dfrac{\Delta V_{\text{IN}}}{V_{\text{IN}}}} \left|\begin{array}{l} \Delta I_O = 0 \\ \Delta T = 0 \end{array}\right. \qquad (10\text{-}92)$$

稳压系数也称为电压调整率，反映了稳压电源抑制输入电压变化的能力，S 越小，输出电压的稳定性越好，通常 S 为 $10^{-2} \sim 10^{-4}$。

如果输出电压变化 ΔV_O，误差电压将变化 $\Delta \beta A V_O$，引起调整管的发射结电压的变化量为：

$$\Delta V_{\text{BE}} = \Delta V_O - \Delta V_e = \Delta V_O - \Delta \beta A V_O = \Delta(1 - \beta A) V_O \qquad (10\text{-}93)$$

如果输入电压变化 ΔV_{IN}，将引起输出电压变化 ΔV_O。根据上述关系式，输入电压的变化量表示为：

$$\Delta V_{\text{IN}} = \Delta V_{\text{CE}} + \Delta V_O = \mu(1 - \beta A)\Delta V_O + \Delta V_O \qquad (10\text{-}94)$$
$$\approx (1 + \mu \beta A)\Delta V_O$$

根据稳压系数的表达式，代入相关变量后为：

$$s = \frac{\Delta V_O}{\Delta V_{\text{IN}}} \cdot \frac{\Delta V_{\text{IN}}}{V_O} = \frac{1}{1 + \mu \beta A} \cdot \frac{V_{\text{IN}}}{V_O} \qquad (10\text{-}95)$$

上式表明，经过稳压电源的控制环路后，输出电压的稳定度提高了 $1 + \mu \beta A$ 倍，其中 μ 是调整管的电压放大倍数，β 是反馈系数，A 是误差放大器的增益。表达式明确地指出提高输出电压稳定度的方向。

（2）串联调整高压稳压电源

串联调整稳压电源已经非常成熟，其中最简单实用的是三极管稳压器，如图 10-73 所示，其中调整管、误差放大器和基准电压源是必需的，过流保护是可选的。确定了这个结构之后，就要设法利用式（10-95）使它的性能尽可能好，式（10-95）中指出要提高电源调整率就要增大 μ、β 和 A 这 3 个参数的值。下面分别来介绍提高这些参数的方法。

本电路中的 μ 值是 MOS 管中 ΔV_{DS} 与 ΔV_{GS} 的比值，就是电压放大倍数。MOS 管 μ 值比 BJT 大得多，对减小 S 非常有利。MOS 管无二次击穿特性，在高压环境中比 BJT 更结实可靠。有幸的是廉价的 1N60 又派上了用场。

公式中的 β 是输出电压的采样比例，也是反馈环路的反馈系数，较高的 β 意味着较高的基准参考电压 V_{ref}，本设计中 $\beta = 0.683$，需要一个 168V 的基准电压。虽然有稳压值为 150～200V，5W 的单只齐纳二极管可供选择，但高压稳压管的工作电流小，雪崩噪声较大。这里选用了 3 个 56V/1W 的齐纳二极管 1N4758A 串联应用，数据手册中给出的测试电流是 4.5mA，正向电阻是 110Ω。因为在电路中与恒流二

极管 D4 串联，而 CR430 的标称电流
是 4.3mA，实际为 3.87～4.73mA，这
也是稳压管和误差放大器的静态电流。
这种齐纳二极管具有正温度系数，大约
为+0.122%/℃，而晶体管的发射结具有
负温度系数，基本固定为-2mV/℃，换
算成百分比是-0.286%/℃。VT_1 只能抵
消三个串联稳压管的很少一部分电压
变化，但是从有利于散热方面考虑，对
减小基准电压随温度的变化也有好处。
为了减小雪崩噪声，在稳压管上并联一
个旁路电容 C_2，容量在 $10～22\mu F$ 就足
够，耐压不要低于输出电压，因为在启
动时会承受高压。这个旁路电容也有提

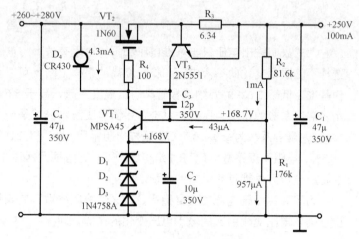

图 10-73　串联调整乙电稳压电源

高误差放大器增益的作用，因为 3 个串联后的内阻大于 330Ω，产生的电流负反馈不能忽略。

　　公式中的 A 是整个环路中放大器的总开环增益，由于 VT_2 工作在源极输出状态，电压增益小于
1，所有的开环增益只能由误差放大器 VT_1 提供。虽然正常工作时 VT_1 上的压降只有 82V，但是在
启动时 C_2 相当于短路，VT_1 要承受全部的输入电压，故 VT_1 选择了 350V 的高增益 BJT。普通高压
晶体管的 h_{fe} 比较小，MPSA45 手册给出的 h_{fe} 为 50～200，不同厂家和不同批次的产品差别很大，应
挑选 h_{fe} 大于 100 的晶体管，工作电流只能选择 D4 的标称值，基极电流 $I_B=I_C/h_{fe}=43\mu A$。D4 内阻是误
差放大器的集电极负载，VR430 的数据手册中的最小动态阻抗是 14kΩ，以此计算误差放大器 VT_1
的电压增益为：

$$A_1 = g_{m1}R_C = \frac{q}{kT}I_C R_C = 38.7 \times 4.3 \times 10^{-3} \times 1400 \approx 233$$

　　这里有源负载起了提升增益的关键作用，如果把 D_2 换成电阻，增益会跌落到 20 倍以下。C_2 是密
勒补偿电容，在集成三端稳压器中，补偿电容高达 $0.1\mu F$，这里取 12pF 是为了提高瞬态响应速度。

　　对误差信号来讲，调整管 VT_2 工作在共漏极状态，本章的 10.7.1 小节已给出 1N60 的互导为 270mS，
计算 VT_2 的电压增益为：

$$A_2 = \frac{g_{m2}R_L}{1 + g_{m2}R_L} = \frac{0.27 \times 2500}{1 + 0.27 \times 2500} \approx 0.9$$

控制环路的总增益为：

$$A = A_1 A_2 = 233 \times 0.9 \approx 210$$

把 $V_O=250V$，$V_{ref}=168V$，$I_B=43\mu A$，$R_1=167k\Omega$，代入下式：

$$V_O = \left(\frac{R_1 + R_2}{R_1}\right)V_{ref} + I_{B1}R_2$$

从上式解出 $R_2=81.6k\Omega$，代入下式计算反馈系数为：

$$\beta = \frac{R_1}{R_1 + R_2} = \frac{176}{176 + 81.6} \approx 0.683$$

VT_3 和 R_3 组成过流保护电路，保护电流的临界值为：

$$I_{\text{O-max}} = \frac{V_{\text{BE3}}}{R_3} = \frac{0.7}{6.34} \approx 110 \, (\text{mA})$$

这个电路中最令人费解的是稳压系数 S 公式中的 μ 参数。虽然 VT2 工作在源极输出状态，但从基本关系式可以看出 μ 是共源极电压放大倍数。因为 $\Delta V_{\text{DS}}/\Delta V_{\text{GS}}$ 隐含了共源极放大器的含义，放大器的漏极电阻是上一级的输出阻抗。如果上一级是 LC 平滑滤波器，它的输出电阻 R_{S} 通常在 200Ω 以下，这里假设 R_{S}=100Ω，互导和动态沟道电阻用本章 10.7.1 小节中已给出的值，即 g_{m2}=270mS，r_{ds}=5kΩ，用下式计算调整管的电压增益为：

$$\mu = g_{\text{m2}} \cdot r_{\text{ds}} \, // \, R_{\text{S}} = 0.27 \times \frac{5000 \times 100}{5000 + 100} \approx 26.5$$

如果输入电压为 260V，输出电压为 250V，代入式（10-95）计算稳压系数为：

$$S = \frac{1}{1 + \mu \beta A} \cdot \frac{V_{\text{IN}}}{V_{\text{O}}} = \frac{1}{1 + 26.5 \times 0.683 \times 210} \cdot \frac{260}{250} \approx 2.75 \times 10^{-4}$$

稳压系数的倒数相当于平滑滤波器中的平滑系数，该电路的平滑系数是 3650（71dB）。一级 10H 和 10μF 的 LC 平滑系数是 39.48，两级串联的平滑系数是 1558，这个稳压电源相当于两级 LC 滤波器的 2.35 倍。这是一个性能非常优秀的乙电稳压电源，虽然电子管稳压器也能获得如此高的水平，但体积、功耗和造价是令人无法接受的。

高压稳压电源的另一个结构如图 10-74 所示，利用开关电源中的光耦隔离技术，把低压控制单元和高压调整单元进行电气隔离。光耦合器具有大于 $10^{10}\Omega$ 的绝缘电阻，隔离电压大于 1500V，用发光二极管和光敏三极管传输信号，没有直接电气连接。在这种结构中就不会受到所选元器件的限制，从而避免了高压晶体管性能差所造成的指标下降。

也有人担心这种结构会使电压调整率下降，因为只能用低压基准作采样参考，就好像用 1 寸长的尺子去测量几丈高的墙，操作的次数越多，积累误差就大。从 S 表达式中分析，这种方案中的反馈系数 β 的确很小，但可以通过提高开环增益 A 来弥补，使环路增益 βA 与原来相当。如果用零温度系数的基准电压源作为参考，配合 OP 作误差放大器，总体指标应该不会降低。

需要注意的是，这个电路并不是完全电气隔离的，采样电阻 R_2 连接在高、低压单元之间。在设计中千万不要在 R_2 并联加速电容，否则上电时就会烧毁 TL431。R_2 最好拆分成 3 个电阻串联，可以有效提高可靠性。

（3）并联调整高压稳压电源

电子管乙电中的稳压电源主要起两个功能，一个是抑制交流声，另一个是稳定输出电压。在串联调整器中这两个功能的指标都已达到极限，例如，交流声抑制 80dB，电压调整率为万分之一，进一步提高的困难较大。于是，有人把目标转向了并联调整器。这种结构用在小电流领域有极高的精度和接近于零的温度系数，目前已制成集成电路广泛应用在电子系统中，如 TL431、NCP100 等。

把并联结构移植到大电流领域，首先要解决图 10-75 中隔离电阻 R 功耗大和阻值受限制的问题，一个可行的方法是用恒流源取代电阻。另一个需要解决的问题是控制环路和调整器的设计，因为没有成熟的电路可借鉴，需要自己设计。

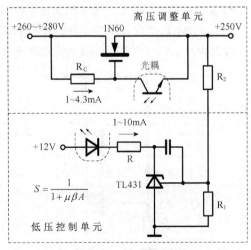

图 10-74　用光耦隔离的控制环路

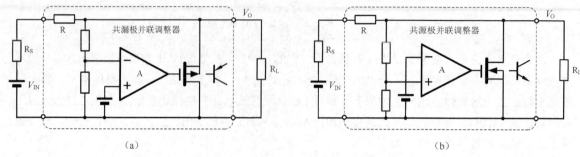

图 10-75 两种并联调整器的电路结构

首先要论证一下这两种电路结构的优缺点。从工作原理上讲，图 10-75（a）所示的是正宗的并联调整器结构，调整管工作在源极跟随器状态，输出电阻是 $1/g_m$，实现低输出阻抗非常有利。但是这种结构只能采用 PNP 管或 PMOS 管作调整器。首先要把 PNP 管排除出去，因为几乎没有合适的型号可使用。高压 PMOS 管虽然能选到可用的型号，但选择范围十分有限，PMOS 管的型号不及 NMOS 管的十分之一，而且绝大多数是低压大电流产品，V_{DSS} 超过 200V 的型号寥寥无几，而且价格比同规格的 NMOS 管贵 1～3 倍。现在我们只能选择图 10-75（b）所示的结构，它的调整管工作在共源极或共发射极状态，输出阻抗比较高，可以通过提高反馈深度的方法来减小输出电阻，在低压差串联调制器 LDO 中就是这么做的。

下面先设计恒流源电路。由于是输出型恒流源，器件的类型受到电流极性限制，在图 10-76（a）中只能采用增强型 PMOS 管，单级恒流源要输出几百毫安的电流，动态内阻在 10kΩ 以下，用两级级联才能达到兆欧级的内阻。上管 VT_1 按 MOS 管基本电流源设计，稳压管 D_1 的基准电压要略大于 VT_1 的栅极阈值电压，按图 10-76 中的公式确定源极电阻 R_S。D_1 的精度和温度系数决定了恒流源的质量，应该用零温度系数的稳压管或带隙电压源。D_2 的电压值等于 $V_{DS1}+V_{GS2}$，要让 VT_1 工作在饱和区而远离电阻区，V_{DS1} 就要大于 10V。故 D_2 的电压值大于 D_1。输出短路时 VT_2 承受了几乎全部的电压，故 VT_2 应选择耐压和功率等级更高的管子。流过稳压管偏置电阻 R_G 的电流虽然不大，但电阻上的压降很高，最好用多个电阻串联均分功耗。

图 10-76（b）所示的电路是用耗尽型 DMOS 管的恒流源，但耗尽型功率 MOS 管是比增强型功率 MOS 管更稀有的器件，世界上只有 ARKmicr 和 Supertex 两家厂商生产这种器件，引以为豪的是 ARKmicr 是中国企业，所生产的耗尽型 NMOS 管比美国 Supertex 的耐压更高，功率更大，价格也更便宜。DMOS 管恒流源的工作原理与 JFET 恒流源相同，可以像电子管的阴极自给偏置一样设置源极 R_S 的大小。DMOS 管恒流源的优点是电路更简洁，而且是双向恒流源。

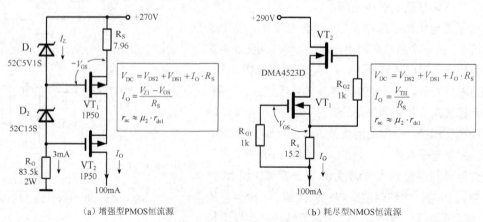

（a）增强型PMOS恒流源 　　　　（b）耗尽型NMOS恒流源

图 10-76 两种 MOS 管恒流源电路

这两种电路是 MOS 管的边缘应用，在产品说明书上没有现成的数据可用，有些数据需要测试，有些则需要推算。在设计这两恒流源之前，先假设输出电压为 250V，恒流值为 1000mA。在图 10-76（a）电路中如果选用 V_{DSS}=−500V，I_D=−1.5A 的 PMOS 管 1P50。先在图 10-77 所示的−I_D−−V_{GS} 曲线上确定工作点的 V_{GS} 值。V_{GS} 值是与温度相关的，结温 60℃～150℃对应的 V_{GS} 值为−4.3～−4.57V。通常 MOS 管的安全工作结温是 100℃～125℃，这里选择 V_{GS}=−4.3V，在结温最高时对应的 I_D 约为−100mA，在 V_{DS} 大于 |−5| V 以上漏极电流是几乎不变的。

然后在 I_D-V_{DS} 曲线上确定工作点，计算工作点的参数。图 10-77 中增加了 V_{GS}=−3.3V 和−4.3V 对应的两条 I_D-V_{DS} 特性曲线。从图中看出，V_{DS} 保持在−10V 比较合适，故工作点是 V_{DS}=−10V，I_D=−100mA，V_{GS}=−4.3V。以工作点为中心，改变漏源电压使其变化±5V，即 ΔV_{DS}=10V，测量漏极电流的变化量 ΔI_D=3.9 mA。用下式计算沟道的动态电阻为：

$$r_{ds} = \frac{\Delta V_{DS}}{\Delta I_D} = \frac{10V}{3.9mA} \approx 2.56k\Omega$$

用图解法计算出工作点的互导为：

$$g_m = \frac{\Delta I_D}{\Delta V_{GS}} = \frac{90mA - 30mA}{5.0V - 3.3V} \approx 511mS$$

数据手册上给出的是正向跨导为 1260mS，这是在 V_{DS}=−50V，I_D=−0.75A 条件下测试的。在本例中不及标称值的一半。仿照电子管放大系数 μ，计算工作点的电压放大倍数为：

$$\mu = g_m r_{ds} = 511mS \times 2.56k\Omega \approx 1308$$

这个参数虽然在数据手册中找不到，但它是计算 VT$_2$ 内阻的重要参数，按图 10-77 中的公式这个恒流源的内阻为：

$$r_s = \mu_2 \cdot r_{ds} = 1308 \times 2.56k\Omega \approx 3.3M\Omega$$

稳压管选择 D$_1$ 和 D$_2$ 的稳压值分别为 5.1V 和 15V，工作电流为 3～5mA，选择 0.4W 的 52C 系列就能胜任。

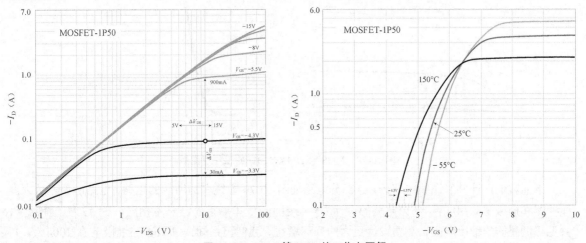

图 10-77　MOS 管 1P50 的工作点图解

在图 10-76（b）所示的电路中如果选用 V_{DSS}=450V，I_D=2A 的 DMOS 管 DMA4523D。先在图 10-78 所示的 I_D-V_{GS} 曲线上确定工作点的 V_{GS} 值。漏极电流 100mA 对应 V_{GS} 值是 1.53V。然后在 I_D-V_{DS} 曲线上确定工作点。图中增加了 V_{GS}=1.53V 对应的 I_D-V_{DS} 特性曲线。从图 10-78 中看出，V_{DS} 保持在 20V

比较合适，故工作点是 V_{DS}=20V，I_D=100mA，V_{GS}=1.53V。以工作点为中心，改变漏源电压使其变化 ±10V，即 ΔV_{DS}=20V，测量漏极电流的变化量 ΔI_D=3.9 mA。用下式计算沟道的动态电阻为：

$$r_{ds} = \frac{\Delta V_{DS}}{\Delta I_D} = \frac{20V}{4.8mA} \approx 4.17(k\Omega)$$

用图解法计算出工作点的互导为：

$$g_m = \frac{\Delta I_D}{\Delta V_{GS}} = \frac{390mA - 0mA}{-1V - (-2V)} = 390mS$$

数据手册上给出的是正向跨导为 7700mS，这是在 V_{DS}=10V，I_D=2A 条件下测试的。在本例中只有标称值的 5%。仿照电子管放大系数 μ，计算工作点的电压放大倍数为：

$$\mu = g_m r_{ds} = 390ms \times 4.17k\Omega \approx 1626$$

利于这个虚拟的 μ 值，计算这个恒流源的内阻为：

$$r_s = \mu_2 \cdot r_{ds} = 1626 \times 4.17k\Omega \approx 6.8M\Omega$$

虽然 DMA4523D 恒流源的内阻比 1P50 恒流源大一倍多，但需要的压差也大一倍，本身的功耗是 4W，要把表面温度控制在 60℃，所需的散热器热阻为：

$$\theta = \frac{T_C}{P_C} = \frac{60}{4} = 15(℃/W)$$

装一个 120mm×50mm×3mm 大小的散热器。输入电压要加上两个 V_{DS} 电压。

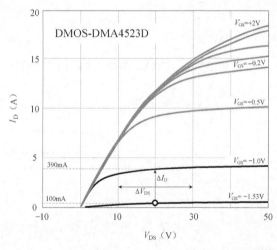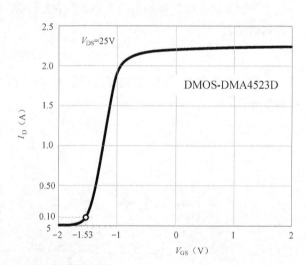

图 10-78　MOS 管 DMA4523D 的工作点图解

下面我们设计并联调整器部分，这部分电路如图 10-79 虚线右边所示的电路，电路由误差放大器、缓冲器和栅极驱动组成,这部分电路的设计思想与图 10-73 串联调整器基本相同，只不过为了降低 VT5 共源极调整器的输出电阻，需要设计更大的开环增益。我们已经知道 1N60 在漏极电流 100mA，V_{DS} 大于 10V 的饱和区里的动态内阻大约为 5kΩ，我们的目标是把它降低到 1Ω 以下，图 10-79 中的反馈系数是 0.683，就需要控制环路提供 76dB 的开环增益。

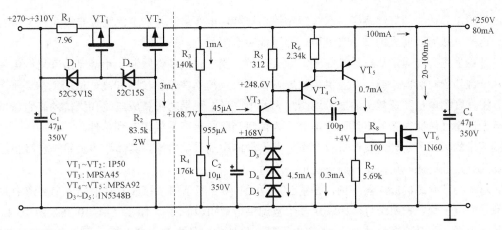

图 10-79　并联调整乙电稳压电源电路

明白了上述要求，我们就着手设计这个控制回路，电路采用采样、误差放大、缓冲器和驱动放大器结构。受工作点电平限制，第一级误差放大器的集电极负载电阻 R_5 只有 312Ω，电压增益很小，于是增加了 VT_5 作驱动放大器，这是一个 PNP 共射极电路，输入阻抗有限，为了减小对误差放大器的负载效应，中间插入射极跟随器 VT_4 作缓冲，各级的静态电流如图 10-79 中所示，下面用晶体管共发射极增益公式计算误差放大器 VT_3 的电压增益为：

$$A_{-VT3} = g_{m3} \cdot R_c = 38.7 \cdot I_{C3} \cdot R_5 = 38.7 \times 4.5\text{mA} \times 0.312\text{k}\Omega \approx 54.33$$

用同样的方法计算驱动放大器 VT_5 的增益为：

$$A_{-VT5} = g_{m5} \cdot R_c = 38.7 \times I_{C5} \cdot R_7 = 38.7 \times 0.7\text{mA} \times 5.69\text{k}\Omega \approx 154.1$$

缓冲器 VT_4 是射极跟随器，电压增益小于 1，这里取 0.9，计算控制回路的开环增益为：

$$A = A_{-VT3} \cdot A_{-VT4} \cdot A_{-VT5} = 54.33 \times 0.9 \times 154.1 \approx 7484$$

用负反馈公式计算反馈深度为：

$$1 + \beta A = 1 + 0.683 \times 7484 \approx 5113$$

并联调整管 VT_6 经负反馈控制后，输出电阻减小到：

$$r_o = \frac{r_{ds}}{1 + \beta A} = \frac{5000}{5113} \approx 0.98(\Omega)$$

下面计算输出电阻和恒流源连接后动态内阻的分压比：

$$RDR = \frac{r_o}{r_{ac} + r_o} = \frac{0.98}{3.3 \times 10^6 + 0.98} \approx 2.97 \times 10^{-7} \ (-130\text{dB})$$

这个指标相当于平滑滤波电路的平滑系数的倒数，相当于输出纹波幅度是输入纹波幅度的三百万分之一。评价稳压电源的指标是稳压系数，把公式（10-95）中设 $\mu = 1$，计算电压调整系数为：

$$S = \frac{1}{1 + \mu\beta A} = \frac{1}{5113} \approx 1.96 \times 10^{-4}$$

计算结果小于万分之二，已经达到串联稳压电源的较高水平。

2. 灯丝稳压电源

灯丝电源作用只是把灯丝加热到 1000℃左右，让电子获得能量溢出灯丝表面，灯丝电路并不参与信号处理。故灯丝通常都是直接用工频交流电加热的，这和点亮白炽灯的方法相同，电路简单而成本低廉。不过缺点也是明显的，哼哼的交流声是最大的弊病。几十年来人们虽然采取了很多改进方法，例如，采用中心抽头的灯丝绕组、双绞线布线，把灯丝电源悬浮并加上比阴极电位高几十伏的偏置电压等。这些方法可以明显地减小交流声，但不能完全消除它。

在理论上用直流电加热灯丝能完全消除交流声，受当时的条件限制，不能制造安培级电流的整流器和几千微法的电容器，导致直流供电的成本极高，只能用在仪器仪表和高价值的消费电子产品中，例如，失真度测量仪和开盘机的磁带均衡放大器中。现在利用功率集成电路和廉价的高容量电解电容器，能设计出性价比很高的灯丝稳压电源，为彻底消除交流声提供了有利条件。

接下来的事情不是如何设计灯丝电源，而是如何布局供电方案。具体地讲就是一台耳机放大器到底需要几组灯丝电源？用恒压电源还是恒流电源？

针对上几节介绍的放大器结构，在图 10-6 和图 10-8 所示的单级放大器中，两个声道中共有 2 个相同型号的电子管，把两个灯丝串联用一个电源供电就可以。在图 10-14、图 10-36、图 10-45 所示的双级放大器中，两个声道中共有 3～5 个电子管，只能把灯丝电流分成多组，用多个电源分别供电。

电源数量确定后还要决定到底是用稳压电源还是恒流电源，稳压电源能提供很大的电流，一个电源能为多组灯丝供电；恒流电源不能提供太大的电流，当电子管数量较多时，就没有稳压电源经济。另外，两种电源的性能也有差异，有针对性的选择能更好地发挥各自的优势。

结构选定了，接下来才能设计每组电源的电压链上的节点电压，如图 10-80 所示，把输出电压作为第 1 个节点，从输出电压开始向前推算，第二个节点是整流器输出的脉动电压，第 3 个节点是电源变压器灯丝绕组的交流电压。

电压链上每个节点的电压取决于两个节点之间的器件，调整管上的压降与所选用的器件有关系，NPN 管为 3～5V，PNP 管为 0.6～2.5V，普通的三端稳压器的最小压差不小于 3V，低压差三端稳压器不小于 0.3V。MOS 管上的压降取决栅极电压 V_{GS}，而栅极电压要高于阈值电压 V_{TH}，功率 MOS 管的阈值电压通常大于 4V，工作点设置在饱和区域漏源电压 V_{DS} 要大于栅极电压 V_{GS}。目前低阈值的功率 MOS 的阈值电压在 2V 左右，仍大于 BJT 的发射结正向电压（0.6～0.7V），故灯丝稳压电源仍以 BJT 调整管为主。全桥整流器上的压降是两个二极管的正向电压，硅整流二极管为 0.7～1.2V，肖特基二极管的正向压降为 0.4～0.7V，具体数值要查看数据手册。

节点 1 的直流电压由电子管的灯丝电压决定，加热并联灯丝需要 6.3V，加热两串多并的灯丝需要 12.6V。为了避免超载造成电压下降，输出功率要有 30% 的裕量。

节点 2 上的电压是全波整流和电容滤波后的脉动电压，其中直流分量为：

$$V_{DC} = V_O + V_{CE} \tag{10-96}$$

如图 10-80 右图所示，这个电压就是调制器所需的最低电压。节点 2 的峰值电压是脉动波形中的直流分量与纹波分量之和，表示式为：

$$V_{2\_P} = V_{DC} + v_{rip} = V_O + V_{CE} + \frac{t \cdot I}{C} \tag{10-97}$$

式中，t 是全波整流波形的周期，其值是电网交流电周期的一半；I 是平均整流电流；C 是滤波电容的值。图 10-80 的方框中还给出了节点 2 的平均值电压表达式。

节点 3 是灯丝变压器次级绕组上的交流电压，通常用有效值表示。把节点 2 的直流电压推算到节点 3 的有效值要考虑诸多因素，首先是纹波电压的幅值，直接与滤波电容的大小相关，其次要加上整流二极管的正向电压降 V_F，大小与电路结构和所用的整流器件有关。全波整流的路径上只有一个二极管，要加上 V_F；全桥整流的路径上有两个二极管，要加上 $2V_F$。另外还要加上绕组和 PCB 的铜阻损耗。

在工频市电系统设计中，还要考虑电网电压的波动。最差的电网有 ±20% 的电压波动，按此计算在 220V 电网下的电压的波动为 176～264V。现在我国的电力技术已经有了很大的进步，在设计中可以取+10%的波动。

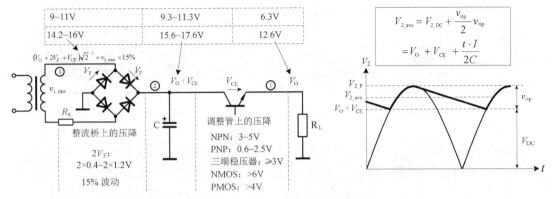

图 10-80　灯丝电源中电压关系图

下面通过一个练习，介绍如何确定节点 3 的电压。设输出电压为 6.3V/2A，调整管用 BD677 双极型达林顿晶体管，整流器用硅二极管 1N5400，确定节点 3 的交流电压的有效值。

在 BD677 数据手册中查得在 125℃结温下，集电极电流等于 2A 时的饱和压降 $V_{CE}=0.89$，故取 $V_{CE}=3V$ 能确保晶体管工作在线性区，有较大的动态电阻。依此计算节点 2 的直流电压为：

$$V_{2\_DC} = V_O + V_{CE} = 6.3 + 3 = 9.3(V)$$

在 1N5400 数据手册中查得在 125℃结温下，正向电流等于 2A 时的 PN 结电压 $V_F=0.9V$，全桥整流在电流路径上有两个 PN 结。另外，全波整流后的峰值电压是正弦波有效值电压的 $\sqrt{2}$ 倍，故节点 3 的交流电压有效值为：

$$v_{3\_ac} = \frac{V_O + 2V_F + V_{CE}}{\sqrt{2}} = \frac{6.3 + 2\times0.9 + 3}{\sqrt{2}} \approx 7.85(V_{rms})$$

考虑+10%的电网电压波动，在大电流整流电路中还要考虑次级绕组和 PCB 连线产生的铜损，把这些折合成+5%的电压波动，这样在发生−15%的波动时仍能正常工作。

故变压器次级的交流电压有效值为：

$$v_{i\_rms} = v_{3\_ac} + v_{3\_ac} \times 0.15 = 7.85 + 1.18 \approx 9(V_{rms})$$

上面的计算中，节点 3 的交流电压有效值是按节点 2 的直流电压计算的，没有包含纹波电压。但考虑了+15%电网电压波动后，等效于节点 2 的纹波电压是直流电压的 15%，按此值就可以计算出电容 C 的大小了。

下面以作者的实践经验为例，只介绍分立元器件和功率集成电路两种稳压电源，功率均小于 20W，故 6.3V 的电源最大输出电流为 3A；12.6V 的电源最大输出电流为 1.5A。

（1）分立元器件串联稳压电源

用分立元器件设计和制作灯丝稳压电源是一件非常有趣的事情，由于输入和输出电流基本相等，电源的效率大约等于输出电压除以输入电压。在乙电稳压电源中，这种电源的效率很高，例如，图 10-73 的效率为 96%（250V/260V）。而在灯丝电源中平均效率不到 50%。一个压差 5V，输出电流 5A 的电源本身损耗就高达 25W，散热成了让人头疼的难题。因此，灯丝电源要在输出电流、散热和成本之间寻找最佳点，作者的经验是 20W 左右是一个平衡点，折合成输出电压和电流就是 6.3V/3A 或 12.6V/1.5A，这就是把输出功率限制在 20W 以下的原因。图 10-81 是作者 DIY 过的代表性电路，具有较高的实用性，下面具体介绍各个电路的特点。

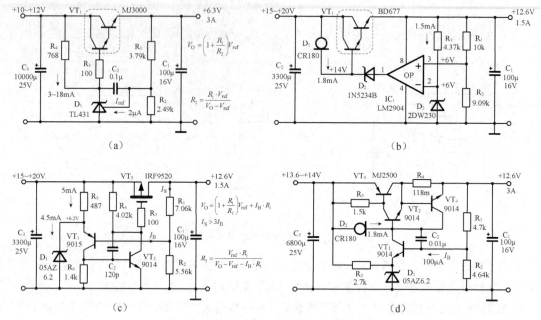

图 10-81　为灯丝供电的串联稳压电源

图 10-81（a）电路是最简单的灯丝稳压电源，用带隙时基芯片 TL431 作误差放大器，达林顿功率晶体管 MJ3000 作电压调制器，电路非常简洁，属于无调整式半傻瓜型电源，按图 10-81 中的数值选择元器件，焊接好后就能工作。要改变输出电压，按图 10-81（a）右边的公式，先设定 R_1，再计算 R_2 就可以了。当然，最重要的事情就是给调整管加上热阻小于 5℃/W 的散热片，另外 3 个电路也有同样的要求。

这个电源虽然简单，但稳压性能却非常优良。这主要得益于 TL431 具有精确的电压、零温度系数和低噪声特性，而且本身就是一个带基准参考电压的运算放大器，有足够的环路增益抑制输出纹波和噪声。

图 10-81（b）电路误差控制环路采用了运算放大器和零温度系数的稳压二极管 2DW230，可以看成是把图 10-81（a）中 TL431 的内部电路搬到外部用 OP 实现了，电路肯定会复杂一些，也需要精确地计算和仔细地调整。在这个电路中没有给 OP 设计单独的辅助电源，只能用调整管的输出电压供电，而且是单轨电压，启动后要等待 OP 的工作状态正常后才能稳压。单轨电压也造成了 OP 的输出电平和调整管的基极电平不一致，需要一个稳压管 D_2 进行电平移位，并且用恒流二极管 D_3 把 OP 的输出电流限制在 3mA 之内。

这个电路的优点是环路增益很大，能把输出端的残留的纹波和噪声抑制到只有十几微伏，比后面介绍的集成三端稳压器还要低 20dB，非常适合于给前置电压放大器的灯丝供电。虽然电路复杂了一些，但得到的好处是显著的。

图 10-81（c）电路是图 10-73 三管乙电稳压电源的改进电路，开始用 NMOS 管 IRFB4019 作电压调整器，结果调整管上的压差 V_{DS} 必须要大于 6V 才能工作，效率很低，输出内阻也比 BJT 大得多，用不同型号的 MOS 管试验后结果基本相似。在高压乙电中工作良好的电路为什么移植到灯丝电源中就不行呢？

仔细分析后发现原因涉及更深层次的物理原理和制造工艺。简单地讲 BJT 是少数载流子器件，集电极和发射极之间有两个 PN 节，集电结正偏置后饱和压降 V_{CEO} 只有 0.1～0.9V，而且完全受基极电流控制，电流增大内阻就减小。而 MOS 是多数载流子器件，电流只发生栅极下面的反型层中，沟道电流饱和后的电阻 $R_{DS(on)}$ 是固定不变的，电流增加功耗也按 I^2R_{DS} 规律急剧增大。为了解决这个问题，功率 MOS

管在制造工艺上采用了用几万个甚至几十万个小 MOS 管并联的方法减小沟道电阻，这就是我们在数据手册上看到的毫欧姆级 $R_{DS(on)}$ 的原理，它是不随电流增大而改变的。基于这种原理，同样功率的 MOS 管所占用的硅片面积比 BJT 大得多，故功率 MOS 管的价格就比 BJT 高 3～5 倍。基于同样的原理，我们要把功率 MOS 管驱动到数据手册上给定的毫欧姆级水平，在开关电源中非常容易，用一个十几伏的脉冲信号就可以，而在线性稳压器上却做不到。因为要使沟道电流饱和，条件是栅极驱动电压要高于阈值电压，而漏源电压要高于栅极驱动电压，即 $V_{GS}>V_{TH}$，$V_{DS}>V_{TH}$。而在 IRFB4019 的 V_{DS}-I_D 曲线上，漏极电流达到 1.5A 所需的栅极控制电压是 4.9V，V_{DS} 要大于 6V，这样才能避免调整管进入线性电阻区。而该电路的最低输入电压只有 10V，导致误差放大器不能正常工作，必须把误差放大器的负载电阻连接到一个大于+18.6V 的辅助电源才能正常工作。而在高压乙电中，输入电压比 V_{DS} 高得多，即使 V_{DS} 大于 20V 也没有关系。后来把调整管换为 P 沟道 MOS 管 IRF9520，在数据手册上查得 V_{GS}=-5.7V，V_{DS}=-4V 时的漏极电流能达到 1.5A，于是控制环路修改成图 10-81（c）的电路，稳压器终于能够正常工作了。不过在最低输入电压下的功耗也高达 8W，而且 P 沟道 MOS 管比同电流规格的 N 沟道管售价更高。

MOS 是未来电力电子中的关键器件，制造工艺也是日新月异的变化，现在的集成 LDO 都使用了 CMOS 工艺，压差已达到 200mV。期望今后也有厂商能够开发出低阈值的功率 MOS 管，这样在低压大电流稳压电源中 MOS 管就能与 BJT 互换应用了。

图 10-81（d）是作者最喜欢的电路，它是在经典的三管稳压器基础上微动改进的。用互补达林顿管作调整管，VT_3 本身就是一个 PNP 达林顿功率晶体管，选用 PNP 管可实现低压差功能（LDO），调整管上的最小压差能低到 0.3V，这对降低功耗非常有利。VT_2 选用 NPN 管与 VT_3 互补复合，这样输出端只有一个 V_{BE}，能使保护电路的采样电阻减小三分之二，有效地降低了电源的内阻。控制回路选择高 β 值晶体管 9014 有利于提高环路增益，使调整率得到改善。D_1 选择正温度系数稳压管，温度系数约+2mV/℃。VT_1 发射结具有负温度系数，大约为-2mV/℃，与 D_2 串联后形成一个零温度系数基准电压。D_2 是 VT_1 的有源负载，能有效提高误差放大器的电压增益。实际电路中是把小功率 JFET 的栅源短接后连接成恒流源来使用的，选择 I_{DSS} 标志为 Y（1.2～3mA）挡的任何型号的 JFET 都可以用。VT_4 是短路保护管，R_4 是短路保护采样电阻，采用限流式保护，保护电流约为 5.08A。

这个稳压电源的纹波和噪声虽不及图 10-81（b）电路，但仍比三端稳压器低 12dB。它的最大优点是功耗很低，调整管上的压差只需 0.5V 就能正常工作，满电流 3A 输出时的最小功耗只有 1.5W，比其他输出电流 1.5A 的电源还要小。如果散热良好，输出 5A 也是稳定的，适合于给多个 KT88 电子管灯丝供电。

分立元器件稳压电源已经非常成熟，由于存在效率低的缺点，在集成稳压器和开关电源盛行的今天已无人问津。但作者认为这种电源结构灵活多变，元器件容易买到，而且货源充足，价格低廉。电路虽然经过了几十年的演进和优化，但基本电路仍然是基于直流放大器的原理而设计的，趣味性很强，是 DIY 族学习的常青树，也是步入电力电子大门的入口。

（2）集成稳压电源

三端集成稳压器是当今最廉价的集成电路，它的价格与一个 4.7μH 的工字型电感相当，作者在上海的虹江路电子市场上看到 10 只 1 元的拆机货后，立即产生了给每一个灯丝设计一路稳压电源想法。图 10-82 就是这种基本电路，用一个碳化硅黄光 LED 把 LM7805 的地端电平抬高 1.2～1.6V，就能得到 6.2～6.6V 的输出电压，正好能给一个 6.3V 的灯丝供电；如果用虚线框中的电路替代 LED 也能获得约 12.5V 的输出电压，给两个串联灯丝供电。

不过要输出 12V 以上时就必须进行噪声处理。三端稳压器接地端的静态电流为 5～8mA，非常适合给二极管和 LED 提供正向电流。对稳压二极管就有点偏小，要用一个偏置电阻把电流加大到 20 mA 以上才能获得较低的噪声，还需要并联一个 2.2～10μF 的电容来旁路噪声。而硅整流二极管和 LED 的

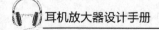
噪声很小, 不用并联电容。

有人要问为什么不用 7806 和 7812 呢? 只要用一个小功率肖特基二极管抬高地端电平就能得到 6.4V 或 12.4V 的输出电压。问题是这两种电压的型号在旧货市场上很少见, 价格也比较高, 而 7805 却比比皆是, 货源非常充足。

三端集成稳压器内部的调整管几乎没有电流冗余量, 不允许输出端连接大电容, 否则在上电时调整管就会遭受充电浪涌的冲击, 内部虽然有过流保护电路, 但仍然比较脆弱。早期的产品最大电容限制在 0.33μF, 现在的产品可放宽到 10μF。

图 10-82 中的 C3 是消振电容, 地电平被抬高后, 控制环路的相位裕量会减少, 加上这个电容能防止寄生振荡。D₂ 是输入短路保护二极管, 可以不接。

在一些期刊和书籍上, 也有仿照 LM317 可调输出电压的方法, 在 7805 上用电阻分压获得更高的输出电压, 如图 10-83 所示。在这种应用中要使空载时的输出电压也保证稳定, 必须使最小负

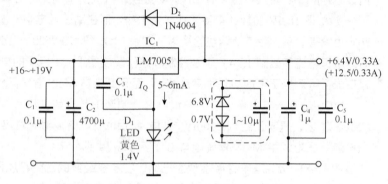

图 10-82　三端稳压器为灯丝供电

载电流大于静态电流, 即图 10-83 (a) 中的 $I_{min} > I_Q$, 在数据手册中 7815 的 $I_Q = 5 \sim 8mA$, 等效于 LM317 中的调整端的偏置电流 I_{adj}, 在数据手册中 $I_{adj} = 50\mu A$。这种变通应用的结果是 7805 外围电阻的功耗接近 LM317 的 10 倍。另外, 也会使电压调整率和负载调整率变差, 应用时要评估这些变化带来的影响。

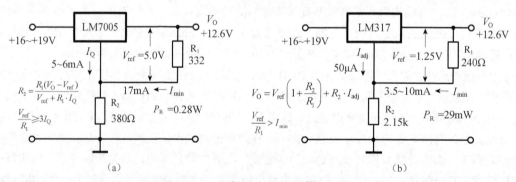

图 10-83　三端稳压器为灯丝供电 6.3V

接下来的问题是输出多大的电流是安全的? 早期生产三端稳压器的最大输出电流是 1A, TO-220 形式的压模塑封产品, 不加散热器的最大功耗是 1W, 假设输入电压是 19V, 输出电压是 12.6V, 允许的输出电流为:

$$I_O = \frac{P_D}{V_{IN} - V_O} = \frac{1}{19 - 12.6} \approx 0.156(A)$$

如果加上一个热阻为 15℃/W 的散热片, 在数据手册上查到在室温下的最大功耗是 5W, 在管芯温度为 125℃的下的最大功耗是 3W, 允许的输出电流分别为:

$$I_{\text{O}-25} = \frac{5}{19-12.6} \approx 0.781(\text{A})$$

$$I_{\text{O}-125} = \frac{3}{19-12.6} \approx 0.469(\text{A})$$

上面的计算说明这种芯片不能在无散热器条件下使用，即使在散热良好的条件下也不能满额应用，作者的实验结果是选择 1/3 最大电流和不大于 5V 压差具有较高的可靠性和效率，使用寿命在 10 年以上。

显然这种芯片只能用来加热小电流电子管的灯丝，对功率电子管来说是不够用的。要获得更大的输出电流有两种方法，用外接 BJT 扩流或选用输出电流更大的型号，市面上已经有 1.5A、3A、5A 和 7.5A 的产品。作者选择了扩流，因为功率 BJT 比大电流三端稳压器更便宜。

扩流电路如图 10-84 所示。用一个 40W/3A 的功率 BJT 进行扩流，把三端稳压器放置在 BJT 的基极偏置回路里，电路的参数可以用基极分压偏置共发射极放大器来计算，集电极电流和三端稳压器的电流比例用下式进行分配：

$$R_1 + R_2 \approx \frac{V_{\text{BE}}}{I_{\text{REG}}}$$

$$I_{\text{O}} \approx I_{\text{REG}} + I_{\text{C}}$$

（10-98）

式中，V_{BE} 是功率晶体管 VT_1 发射结的正向电压降，在数据手册中的 V_{BE}-I_{C} 曲线上查阅集电极电流 1.67A 对应的发射结压降是 0.9V。I_{REG} 是分配给三端稳压器的输入电流，大约为说明书上最大电流的 1/3。把分流电阻劈成 R_1 和 R_2 是为了给 VT_1 的基极电路控制路径上设置一个 π 型低通滤波器，进一步减小集电极电流的纹波。因为集电极电流占了输出电流约 80% 的比例，晶体管的基极又无任何控制环路，集电极电流的纹波远大于三端稳压器的输出电流的纹波。另外，VT_1 的电流放大倍数应该大于 $I_{\text{O}}/I_{\text{REG}}$，在本电路中比值为 6.06，在数据手册中的 h_{FE}-I_{C} 曲线上查阅集电极电流 1.67A 对应的电流放大倍数为 28，完全满足要求。功率晶体管的 β 值会随着 I_{C} 增大而急剧减小，故电流分配比小于 10 是比较合适的选择。要输出更大的电流，VT_1 应选择功率更大的达林顿晶体管比较合适，如 BD675、MJ2051、TIP146 等型号。

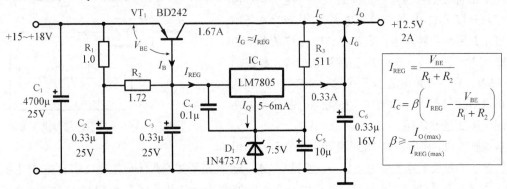

图 10-84　为灯丝供电的集成稳压电源

（3）软启动集成稳压电源

历史上无论是敷钍还是敷氧化物灯丝，加热材料都是金属钨。钨的电阻温度系数是 5.2E-3/℃，常温下的灯丝电阻大约是热态（1000℃）的一半，加热 1 分钟后才能达到 99% 的工作温度。用稳压电源供电的缺点是开机的冲击电流比正常工作电流大 1 倍多，灯丝在大电流冲击下大会缩短使用寿命，给稳压电源设计软启动是解决开机冲击的最好方法。如果按照 1 分钟的延迟时间设计似乎有点太长，主要是不符合大多数人的使用习惯。根据过去的测试，开机后最初 5s 里的冲击最大，故把输出电压的上升时间设计在 5s 是合适的值，也不会让人产生反应太迟钝的感觉。

图 10-85 所示的是软启动的实际电路，在普通稳压器上增加了两个时间常数电路，一个是 R_2C_3，另一个是（R_1+R_2）C_2，按图 10-85 所示的数值，前者的时间常数约为 0.1s，后者 1.7s。因为 RC 电路需要 3 倍时间常数之后才从起始电压上升到稳态电压的 95%，故该电路从 5V 上升到 11.8V，缓变过程大约是 5.1s。

3. 灯丝恒流电源

另一种解决开机冲击的方法是用恒流电源加热灯丝，由于本身的动态内阻很大，先天就有抑制电流冲击的能力。电路上恒流源比电压源简单，用集成稳压器、MOS 管和 BJT 都能设计恒流源，针对加热灯丝，用 1.2V 的参考电压的集成稳压芯片最为简单。图 10-86 所示的是

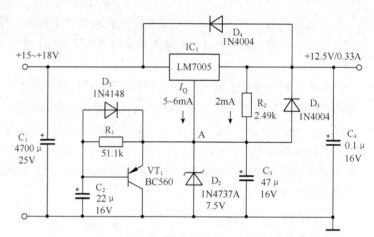

图 10-85　为灯丝供电的集成稳压电源的软启动实际电路

可调三端稳压器 LM317 组成的恒流源，只要按图 10-86 中的公式计算出限流电阻后就完成设计了。例如，给 6N11 供电，灯丝电流是 340mA，用图 10-86 中的公式计算，限流电阻近似为 3.6765Ω，用 E192 系列标称值 3.65Ω 电阻替代，产生的误差是 -0.64%；用标称值 3.7Ω 电阻替代，产生的误差是 +0.72%。虽然结果都小于 ±1%，误差已经小于灯丝电阻本身的差异。但仍有更好的方法，用标称值 3.7Ω 的电阻与 576Ω 的电阻并联，并联值为 3.6763Ω，误差已小于万分之一。阻值小的电阻几乎承担了全部电流，产生的功耗为 0.42W，用 2W 的金属膜电阻是安全的。

为了提高能量转换效率，恒流源更适合给多个串联灯丝供电。从经济性方面考虑，串联得越多越好，历史上曾经把整台电视机上的十几个电子管灯丝串联起来直接用 110V 的交流市电供电；从芯片本身的工作电压范围和功耗考虑，类似 LM317 这样的恒流源最高输入电压是 37V，TO-220 封装形式的最大极限功耗是 15W，只适合给电流小于 0.8A、电压为 6.3V 的两个串联灯丝供电，即使输出发生短路，芯片也能在短时间里承受全部功耗。

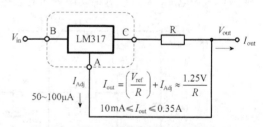

图 10-86　三端稳压器恒流源电路

从原理上讲，用廉价的 7805 设计相似的恒流源也是可行的，不过公式中的参考电压 V_{ref} 变成了 5V，计算出所需的限流电阻是 14.71Ω，产生的功耗是 1.7W。如果不计较效率，也是可以使用的，不过 7805 的最大输出电流只有 LM317 的三分之二，功耗容量也更小。

另外一种实用电路是用 1.24V 的带隙基准电压芯片 TLVH431 扩流成恒流源，电路如图 10-87 所示，电路有两种形式，信源式恒流源和负载式恒流源，区别只是恒流源与灯丝连接的前后顺序不同，效果是一样的。

在电路设计中比 LM317 稍微麻烦一些，要计算出两个限流电阻的值。R1 根据输出电流用图 10-87 中的公式计算就可以，这与 LM317 完全相同。R2 是给 TLVH431 提供阴极电流 I_K 的偏置电阻，并把阴极与阳极之间的电压 V_{KA} 限制在安全范围里，数据手册上提供的 I_K 是 0.1～70mA，V_{KA} 是 1.2～18V。

然后在 BD241 的数据手册上查得集电极电流在 760mA 时的发射结压降是 0.84V。根据这些已知参数，选择 R_2 为 5.36kΩ。在最低输入电压 20V 时的 I_K=0.93mA，最高输入电压 24V 时的 I_K=1.7mA。用来加热两个 6P14 灯丝，在 16V 输入电压下是功耗和恒流的平衡点。

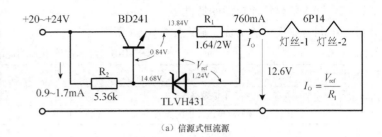

（a）信源式恒流源

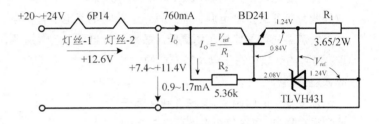

（b）负载式恒流源

图 10-87　带隙时基准电压芯片恒流源电路

与稳压电源一样，恒流在空载时功耗最小，短路时功耗最大，散热器要按最大功耗设计。

4．两种灯丝电源的利弊

现在我们已经拥有了两种灯丝电源，在选用哪种电源之前，我们再回顾一下两种电源的特性。

（1）灯丝稳压电源的特性

灯丝稳压电源的优、缺点如表 10-8 所示。

表 10-8　灯丝稳压电源的优缺点

优点	缺点
内阻最低，输出电流大	效率低，损耗大发热量大
不怕开路，开路损耗最低	不能过载和短路
能给多路不同电流的灯丝供电	开机冲击电流大
噪声低，纹波小	发热量大，容易积聚灰尘

低压大电流稳压电源的最大缺点是损耗很大，包括调整管的损耗和灯丝连线的损耗，假设输出功率和连线电阻不变，6.3V/5A 产生的损耗是 12.6V/2.5A 的 4 倍。故灯丝串联供电是提高稳压电源效率和减少损耗的有效手段，作者推荐的灯丝供电方案如图 10-88 所示，把电流相同的灯丝每两个串联成一组，多组并联作为电源的负载。如果某个支路中有电流不同的灯丝，可以设置电阻分流。不过寻找阻值合适的分流电阻是很麻烦的事情，E96 和 E192 系列的小功率贴片电阻容易买到，但大瓦数的绕线电阻和薄膜电阻却很难买到。故设计时应该避免把电流不同的灯丝安排在一个支路里，如果实在无法做到，宁愿用另一个 6.3V 的电源单独供电。

由于电子管的灯丝电阻大约有±2%的误差，串联供电会扩大误差。如果一个灯丝电阻比标称值大 2%，另一个比标称值小 2%，灯丝的热功率误差就会增加 1 倍。我的实验表明对 0.5A 以下的小功率管基本没有影响，对大于 1A 的功率管略有影响，但仍在工程允许范围内。

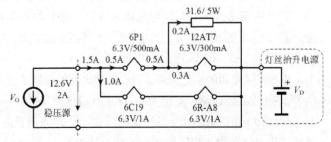

图 10-88　稳压电源灯丝串联供电方法

一个实用的灯丝稳压电源中最好要设计软启动和过流保护功能，这些电路在电源的成本中所占的比例很小，但所起的作用却明显大于成本。

（2）灯丝恒流电源的特性

灯丝稳压电源的优、缺点如表 10-9 所示。

表 10-9　灯丝稳流电源的优缺点

优点	缺点
不怕短路	短路损耗功率最大
具有抑制电流冲击的能力	不能输出大电流
电路简单	抗干扰能力差

　　恒流源电路虽然简单，但设计中遇到的麻烦更多。因为设计安培级的恒流源比电压源要困难得多，故只能分割成更多个电源，而且只适合给小电流电子管供电。

　　恒流源的效率比恒压源更低，故串联供电更适合恒流源，支路中遇到电流不同的灯丝也要分流处理，遇到的麻烦和稳压电源是一样的，也应该避免这种设计。

　　恒流电源的内阻高，容易受到共模干扰和噪声影响，要在每个灯丝两端就近安装旁路电容，如图 10-89 所示。

　　综合上述特性，稳压电源的适应能力和灵活性高于恒流电压，适合给大电流灯丝供电，上电带来的电流冲击可以增添软启动功能解决。恒流电源适合给前级电压

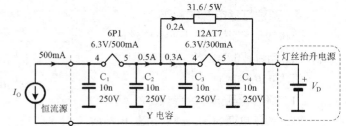

图 10-89　恒流电源灯丝串联供电方法

放大器的灯丝供电，由于先天就有抗电流冲击的能力，所以电路比稳压电源更简单。

　　在旁热式电子管中，发射电子的任务是由阴极承担的，灯丝的作用只是把阴极烤热到发射电子的温度。阴极和灯丝之间是绝缘的，如果绝缘不良发生漏电，灯丝上的电压波动就会经由漏电电阻直接耦合到阴极上去。阴极在信号通道中处于较低的电位，如果让灯丝电位高于阴极电位，阴极就会抑制来自灯丝的噪声和干扰，故灯丝电源的冷端不接参考地电平，而是连接在比阴极电位高几十伏的电源上，这个电源称为灯丝抬升电源，如图 10-90 和图 10-91 中的 VT4 所示。

　　也有人认为直流电会使灯丝一端的氧化物蒸发速度比另一端快，从而加速灯丝老化。甚至有人认为直流电加热灯丝不如交流电音质好。到现在为止没有看见任何实验数据支持这些观点，但直流加热灯丝彻底消除了交流声却是公认的事实。

5. 电子管放大器线性稳压电源的实例

（1）乙电和灯丝一体化耳机放大器稳压电源实例

　　这个电源是为 6N11 作电压放大器的，6P1 作功率放大的双声道耳机放大器设计的，乙电和灯丝全部用串联调整稳压电源，乙电电压为 250V，最大输出电流为 100mA，灯丝电压为 6.2 ~ 6.4V，最大输出电流为 2A，电路如图 10-90 所示。

　　由于开关电源的广泛应用，现在交流电网的传导干扰很大，本机中增设了由共模电感 L_1、X 电容 C_1、C_2 组成的 EMI 滤波器，能把 150kHz ~ 30MHz 频率的传导噪声衰减 60 ~ 20dB，频率越高抑制能力越差。在保险丝和电源开关之间加了压敏电阻 R_U，当电网遭受雷击，电压升高到 275V 时阻值会急剧减小，60μs 里能承受 6kV 的雷击电压和 2500A 的浪涌电流，确保变压器和人身安全。电源开关内的 LED 是用灯丝变压器的次级绕组电压半波整流后供电的，电阻 R_1 用来调整 LED 的亮度，这里设置的电流是 5mA。电源采用单相三线插头，即火线 L，零线 N 和地线 E，变压器的静电屏蔽层、机箱外壳与地线相连接。

　　乙电用 6Z5P 和硅二极管 1N4007 组成全桥整流，6Z5P 在 0.1A 阴极电流下的管压降为 31V，故阴

极电压在感抗负载下最小为+175V，在容抗负载下最大为+293V。选择电子管作整流管是为了利用它的灯丝热惰性产生乙电延时缓上电功能，这可以省去延时继电器和控制电路。

C_3、L_2、C_4 组成 π 型平滑滤波器，由于本机是利用 C_3 与 L_2 的阻抗比值调整输出电压的，故 C_3 必须用容量误差较小的高压薄膜电容器。当 C_3 等于 8.2μF 的输出电压是 250V，调压原理见本章 10.7.1 小节中图 10-68 和相关的内容。

$VT_1 \sim VT_3$、$D_4 \sim D_7$、$R_2 \sim R_5$、$C_5 \sim C_6$ 组成串联调整稳压电路，电路结构与图 10-73 相同，这是一个高效率的稳压电源，效率取决于调整管 VT_1 上的压降，本机设计压差为 15V，稳压电路的效率为 94%（250V/265V），虽然效率很高，由于总功率较大，6% 的损耗功率为 1.5W，仍然需要加散热器。如果在 $1.0 \sim 22$μF 内设置 C_3 的值，输出电压能够在+157 ~ +270V 内调整。

灯丝采用三端稳压器扩流式稳压电源，7805 的接地端被 D_{12} 和 D_{13} 抬升了 1.2 ~ 1.4V，故输出电压为 6.2 ~ 6.4V，最大输出电流为 2A，其中 7805 分担了约 0.33A，功率晶体管 BD242 分担了 1.67A，这两个器件可安装在同一个散热器上。

为了提高整流器的效率，全桥选用了 3.3A/60V 的肖特基二极管 31DQ06，2A 整流电流的压降为 0.44V，而同规格的硅整流二极管 1N5400 为 0.9V，节约了 1.84W 的损耗。

灯丝电源中的主滤波电容 C_{12} 是关键元件，该电容上的直流电压是输出电压与调整管 VT_5 上的压降之和，这里为 9.3V；该电容上的峰值电压是次级交流电压有效值折算成峰值后减去两个二极管的正向电压之差，这里是 11.85V；电容上的纹波电压就是峰值电压减去直流电压之差，这里是 2.55V。用式（10-56）计算 C_{12} 所需的容量为：

$$C_{12} = \frac{t \cdot I}{v_{rip}} = \frac{0.01s \times 2A}{2.55V} \approx 7843(\mu F)$$

采用标称值为 4700μF/25V 的两个铝电解电容并联用作 C_{12}，这一规格的单只电容的 ESR 约为 40mΩ，并联后减半，再并联一个 0.1μF 的薄膜电容减小高频阻抗。

为了降低灯丝电源对信号的影响，在整流器和稳压电源之间插入由 L_3、$C_{14} \sim C_{15}$ 组成的共模滤波器。在乙电和灯丝共铁芯的变压器中，灯丝绕组会对乙电产生干扰，这里采用独立的灯丝变压器。灯丝电源的参考电平抬高到+40V，连接在由 VT_4、$R_6 \sim R_9$、C_7 组成的分压电源上，这个电源的输出电阻就是射极跟随器 VT_4 的输出阻抗，虽然比地电平略高一些，却比电阻分压器小得多，地电平浮动产生的噪声可以忽略不计。

这个电路适合给图 10-14 耳机放大器供电。由于乙电电压可调，灯丝电流有冗余量，可以作为耳机放大器和前置放大器的通用电源。

（2）乙电和灯丝一体化耳机放大器恒流电源实例

这个电源的高压乙电采用了恒流并联稳压电源，灯丝采用了分组恒流电源。乙电的空载电压最低，满载电压最大，随负载大小在 250 ~ 262V 内变化，最大输出电流 90mA，最小输出电流为零。灯丝电源为两组恒流源，恒流值分别为 0.34A 和 0.5A，输出电压为 0 ~ 15V，电路如图 10-91 所示。输入 EMI 滤波和整流电路与图 10-90 相似，下面只介绍不相同的部分。

高压乙电的整流电路表面上看与图 10-90 相同，实际的设计思想却不同，这里的整流器负载是容抗性π型 LC 平滑滤波器。因为恒流源不关心输出电压，输出电压越高，负载的动态范围越大，故 C_3 可选用容量较大的铝电解电容，使 V_1 的阴极呈容抗负载，阴极电压最高为+293V。

乙电恒流稳压电源由串联臂和并联臂两部分级联而成。串联臂就是恒流源电路，由 $VT_1 \sim VT_2$、$R_3 \sim R_4$ 组成，选用两只国产耗尽型 DMOS 管 DMA4523D 级联成电流源，设计方法见图 10-76（b）和相关文字。动态臂的内阻大约 4.3MΩ，恒流值为 0.1A。

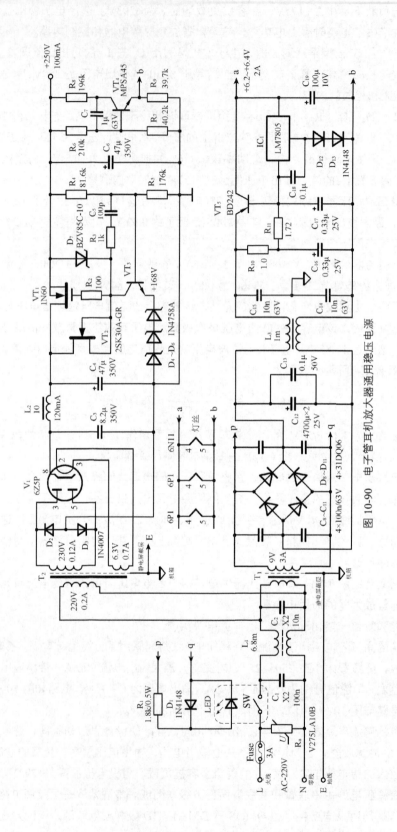

图 10-90 电子管耳机放大器通用稳压电源

　　并联臂就是并联式稳压电路，由 VT_3、$D_4 \sim D_6$、$R_5 \sim R_6$、C_6 组成。这实际上是一个扩流式稳压二极管，$D_4 \sim D_6$ 等效于 VT_3 的基准电压，母线电压的波动实时被采样到 VT_3 的栅极，漏极电压被反向调整，从而获得稳定的输出电压。D_4 是标称值 75V/1.5W 的稳压二极管，D_5 和 D_6 是 91V/1.5W 的稳压二极管，三只二极管串联后的总稳压值为 257V，由 R_5 提供 4mA 的静态电流，并把 NMOG 管的工作点偏置在饱和区。在负载开路状态下，VT_3 流过了全部 100mA 的输出电流，漏极电压也降到最低，大约为 251.4V。当负载分流掉 90mA 电流后，漏极电压上升到 261V。依此计算并联臂的动态内阻为：

$$r_{o\_p} = \frac{261 - 251.4}{100 - 10} \approx 106.67(\Omega)$$

串联臂与并联臂的阻抗分压比决定了这个电路的纹波抑制性能，分压比用下式计算：

$$RDR = \frac{r_{o\_p}}{r_{o\_s} + r_{o\_p}} = \frac{106.67}{4.3 \times 10^6 + 106.67} \approx 2.48 \times 10^{-5}\ (-92\text{dB})$$

　　这个指标虽然比不上图 10-79 的性能，却比最好的串联调整稳压电源高 10dB。指标低于图 10-79 是因为此处省略了误差放大器，误差信号直接加在调整管的栅极，而调整管本身没有足够的开环增益去减小内阻。由于计算时忽略了 VT_3 的极间电容，在高频时的分压比没有这么高。尽管如此，在电子管放大器乙电中已经是佼佼者。由于输出电阻还没有降低 1Ω 以下，在输出端并联了电解电容 C_7，因为一只 22µF/300V 铝电解电容的 *ESR* 通常小于 2Ω，比 VT_3 的内阻小 50 倍。如果再并联一个 $0.1 \sim 1µF$ 的薄膜电容对提高稳定性和减小高频阻抗是有益的。

　　灯丝电源是两路 0.34A 和 0.5A 的恒流源，两路恒流源共享一个整流器，改变采样电阻 R_{12} 和 R_{15} 就能改变恒流值。电流越大恒流效果越差，故单路恒流值不要超过 0.6A，设计方法见图 10-87 和相关文字。

　　由于采用了灯丝串联结构，整流桥后面的主滤波电容 C_{12} 就不需要那么大。设输出电压为 12.6V，VT_5、VT_6 上的最低压降为 3V，C_{12} 上的直流电压就等于 15.6V。变压器灯丝绕组的交流电压是 $15V_{rms}$，换算成峰值电压是 21.2V，设整流桥的正向电压为 0.44V，计算 C_{12} 上的纹波电压为：

$$v_{rip} = V_P - 2V_F - V_{DC} = \sqrt{2} \times 15 - 2 \times 0.44 - 15.6 \approx 4.73(\text{V})$$

代入公式（10-56）计算 C_{12} 的容值为：

$$C_{12} = \frac{t \cdot I}{v_{rip}} = \frac{0.01 \times 0.84}{4.73} \approx 1776(µF)$$

　　采用标称值为 2200µF/25V 的铝电解电容，这一规格的电容的 *ESR* 约为 45mΩ，再并联一个 0.1µF 的薄膜电容减小高频阻抗。

　　VT_4、$R_7 \sim R_{10}$、C_5 组成灯丝电位抬高电源，把灯丝恒流电源的参考点抬高+40V，能有效阻止灯丝电源的噪声耦合到阴极上去。恒流电源内阻很高，本身抗干扰能力差，需要在每个灯丝上就近连接滤波电容，如图 10-91 中 10n 的 X_3 电容，它们与灯丝本身的电阻组成π型 RC 滤波器，滤波器的参考地连接到金属机箱上，汇集到一点后连接到电源插头中的地线上。

　　这是一个高质量的电子管放大器电源，乙电非常纯净，灯丝电源无上电冲击电流，非常适合给弱信号放大器供电，如话筒放大器、唱头和磁头均衡放大器、前置放大器等。也适合给图 10-35 ~ 图 10-38 所示的耳机放大器供电，重置 VT_5 的电流后也适合给图 10-45 所示的耳机放大器供电。

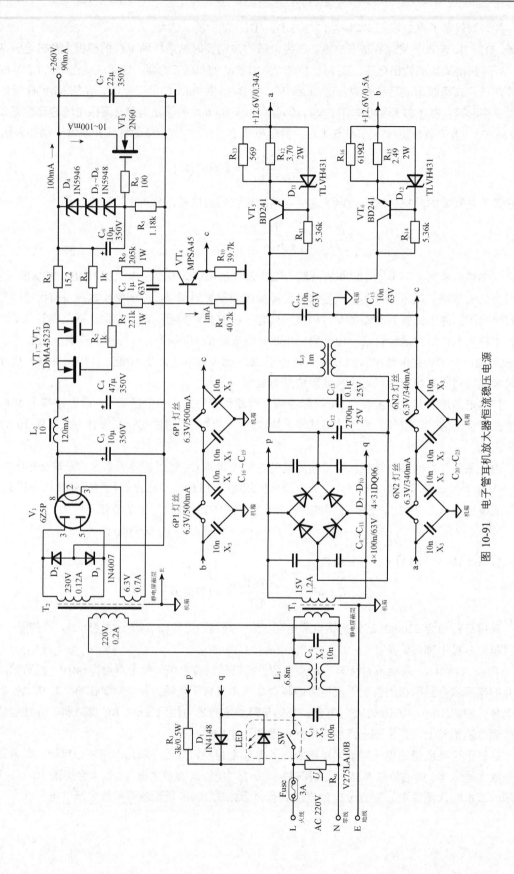

图 10-91　电子管耳机放大器恒流稳压电源

10.8 高频开关电源

10.8.1 高频开关电源简介

1. 开关电源的优缺点

开关电源具有比线性电源高得多的能量转换效率,这是人们青睐它的最大理由,高效率带来的附加优点是轻、薄、小。所有这些优点使电源发生了革命性的变化,诞生了以手机适配器和锂电池快充为代表的便携式电源。

开关电源的核心是高频开关调整技术,高频是相对 50\60Hz 工频而言,早期用 BJT 作开关时,频率在 2~20kHz,现在用 MOS 管后开关频率上升到 40~200kHz。随着技术的进步,开关频率会越来越高,12~30MHz 的开关电源已研制成功,300MHz 的开关电源也正在研究中。我们介绍的开关电源,开关频率在 25~160kHz,这是当前大多数开关器件都能达到的水平。开关电源在电子管耳机放大器中应用的优、缺点如下所示。

(1)开关电源的最大优点在于体积小,重量轻和造价低。现在 65W 的手机快充适配器只有 100g,功率密度接近每立方英寸 25W(相当于 1.5W/cm^3)。而对于相同功率的工频电源来说,体积要大 50 倍,重量要大 15 倍。仅是 50W 的 EI 型铁芯电源变压器的长宽高尺寸就达 100×80×60mm,而该变压器的重量达到 700g 以上。尽管开关电源电路复杂,但省去了昂贵的工频变压器,总成本仍能节约 30% 左右。

(2)另一个优点是高效率。电子管耳机放大器需要的电源功率小于 50W,开关电源的效率能达到 90% 以上;而相同功率的工频电源,效率不会超过 60%。高的电源效率使整机的发热量大大减少,这对于小型化的耳机放大器来说是非常有利的。

(3)宽电压范围输入。开关电源能设计成适应全球电压范围 AC 85~265V 的电源。而常规工频电源是不可能做到的。

(4)开关电源的控制器中集成有各种性能优良的保护电路,电源输出端即使短路也不会使故障扩大,短路故障排除后开关电源仍能正常工作。而对于没有保护电路的工频电源来说,输出端短路对电源本身会造成灾难性的后果。

(5)开关电源唯一的缺点是 EMI 噪声很大,必须采取各种抑制干扰和噪声的技术,才能将这些不良影响降低到正常使用的水平。

综上所述,对于小功率的电子管耳机放大器而言,使用开关稳压电源供电的利大于弊。人们最关心的问题是开关电源对音质的影响,音质评价证明与优质工频电源能达到同一水平。

2. 选择适合的拓扑结构

开关电源是一个大家族,如果按转换方式分类,有几十种拓扑结构。电子管耳机放大器属于小功率放大器,输出功率小于 2W。一台使用 6P1 和 6N2 电子管的双声道耳机放大器,加热灯丝要消耗 10W 的功率,放大信号要消耗约 20W 的功率,假设转换效率为 0.8,电源的功率为 37.5W。由于不同的电子管灯丝电流和屏极电流不一样,耳机放大器电源的功率应该在 35~50W。这个功率等级用反激式结构最简单,恰好手机适配器的功率等级也在这个范围里,拓扑结构也相同。故耳机放大器电源选用这一结构能充分利用手机适配器的资源,如控制集成电路和高压功率 MOS 管等,这样能有效地降低制作成本。

3. 反激式开关电源简介

（1）电路结构

反激式结构是 Buck-Boost 变换器的隔离式版本，图 10-92 展示了两者的演变过程，经典的 Buck-Boost 变换器的开关是悬浮的，是升降压变换器，输出为负电压，输入电压通常是来自电池的纯直流电压。在用 NMOS 作开关时，源极悬浮不好驱动，于是修改成开关接地的结构，多用在 LED 照明中。在这个基础上添加一个变压器，就形成了 Flyback 变换器。在开关接地的升降压变换器和反激式变换器中，输入电压通常是交流电压经过整流及平滑滤波后的脉动直流电压。变压器的好处是能实现电气隔离和输出多组电压。不过这个变压器却是当作储能电感使用的。在一个开关周期里的导通期间，把电能转换成电磁场能存储在变压器的初级线圈中，在开关关断期间，把存储在变压器中的能量经过二极管流向电容和负载。在一个开关周期里的导通期间，二极管是关断的，负载所需的全部能量都由输出电容提供，这就造成了电流纹波大的缺点。

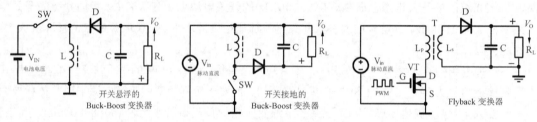

图 10-92　反激式开关电源的电路

（2）能量转换过程和开关上的应力

为了理解反激式变换器的工作原理，我们从 DCM 模式入手，用图解法分析它的工作过程。在图 10-93 所示的的各个波形中已考虑到寄生参数的影响。

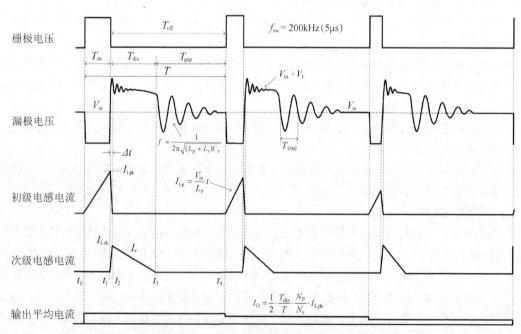

图 10-93　反激式变换器的工作波形（DCM）

在图 10-92 右图的 MOS 管栅极上加上 PWM 驱动电压，一个开关周期里，变换器要经历下面三个阶段。

第一阶段（$t_0 \sim t_1$）：在 t_0 时刻 MOS 开关导通，漏极电压下降到接近于零电平，输入电压 V_{in} 加在高频变压器初级绕组上，即电感 L_p 两端，电压极性上正下负，而耦合到次级绕组电感 L_s 上的电压是下正上负，二极管 D 处于关断状态，流过 L_p 中的电流近似线性增加，上升速率为 V_{in}/L_p，在 t_1 时刻电流达到最大值：

$$I_{Lpk} = \frac{V_{in}}{L_p} \cdot D \cdot T \qquad （10-99）$$

第二阶段（$t_1 \sim t_3$）：在 t_1 时刻 MOS 开关关断，在关断瞬间，初级磁化电流全部流过漏感，在次级整流二极管没有导通之前，漏感 L_r 和寄生电容 C_r 产生高频振荡，由于 C_r 很小，漏极电压上升很快，使漏极电压产生一个尖峰，当尖峰达到钳位电平时被削平。漏感使次级电流延迟到 t_2 时刻才上升到峰值。漏感能量继续在 L_r 和 C_r 之间交换，直到全部消耗完后，漏极电压呈现平顶状态。

开关关断后初级绕组开路，次级绕组感应电动势反向，电感 L_s 上的电压是上正下负，二极管 D 导通，初级电感中的能量通过高频变压器的电磁耦合作用向次级转移，电感 L_s 得到的能量通过二极管 D 整流后一边给电容充电，同时也给负载供电，使 L_s 中的电流近似线性下降，下降速率为 U_o/L_s，到 t_3 时刻下降到零。这个阶段经历的时间称为 T_{dis}，这是初级电感完成磁复位的时间，在原边采样反馈控制中是一个重要的参数。

$$I_{s\,min} = I_{s\,max} + \frac{V_o}{L_s} \cdot (1-D) T_{dis} \qquad （10-100）$$

第一个寄生振荡在 MOS 开关关断时开始产生，这时初级电感中存储的能量开始向次级转移，但初级绕组存在的漏感与次级绕组没有耦合关系，于是向寄生电容放电，然后寄生电容又向漏感放电，产生 LC 振荡，直到能量被环路中的电阻全部消耗掉为止。振荡电压叠加在 MOS 管漏极上，故漏极电压由三部分组成：即交流市电整流后的电压 V_{in}，在初次级能量转移过程中次级电压通过变压器耦合到初级的电压 V_r 以及初级漏感与分布电容振荡产生的高频电压 V_z，如图 10-94 所示，这三部分电压用下式表示：

$$V_{DS} = V_{in} + V_r + V_z$$
$$= V_{in} + \frac{V_{out} + V_F}{N} + I_{Lp}\sqrt{\frac{L_r}{C_r}} \qquad （10-101）$$

式中，V_F 是次级整流二极管的正向压降，I_{Lp} 是流过 MOS 开关的峰值电流，N 是次级与初级绕组的匝比。

如果输入市电是 265V，输出电压是 236V，匝比是 2.312，峰值电流是 1.636A，漏感是 4μH，分布电容是 108pF。代入上式计算可得到：

$$V_{DS} = 265 \times 1.414 + \frac{236+1.4}{2.312} + 1.636 \times \sqrt{\frac{4\times10^{-6}}{108\times10^{-12}}} \approx 792.24(V)$$

式中的第三项即漏感产生的尖峰电压高达 314.9V，使漏极总电压远超过了 XN60 常用 MOS 管的耐压。因而，在设计中必须仔细选择漏极钳位电压，把漏极电压偏移到 MOS 开关的 V_{DS} 电压以下，并预留安全裕量，才能确保 MOS 管的安全。

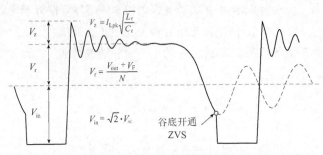

图 10-94　MOS 开关上的应力

第三阶段（$t_3 \sim t_4$）：当 L_s 中的电流下降到零以后，整流二极管阻断，负载电流依靠存储在电容中的电荷维持。在这一阶段，初级电感 L_p 与寄生电容 C_r 产生振荡，频率远低于漏感产生的振荡，振荡波形是余弦波，包络呈指数曲线衰减，一直持续到下一个周期的到来。振荡周期 T_{osc} 是又一个重要的参数，用它可以确定零电压开关 ZVS 模式开关开启的位置，即能精确计算 MOS 管在振荡电压谷底开通，这是实现准谐振的关键。

从以上工作过程看到，寄生参数对变换器产生了四大影响：第一个影响是初级漏感与分布电容产生的高频振荡，它是以电压尖峰形式出现在 t_1 时刻之后，这个尖峰很高，会产生电磁辐射干扰，对 MOS 管的安全造成威胁，要用钳位电路把它限制在安全范围之内。漏感还使次级感应电流延迟了 Δt，减低了次级的峰值电流。第二个影响是初级电感与寄生电容产生的寄生振荡，发生在 $t_3 \sim t_4$ 阶段，这些振荡降低了变换器的效率，也是一个电磁干扰源。第三个影响是整流二极管的热损耗，包括正向导通损耗、反向漏电流损耗和恢复损耗。第四个影响是输出滤波电容的 ESR，会使近似于正弦波的输出纹波变成锯齿波形状，并使 T_{dis} 阶段的电压更加倾斜，这也许对检测斜率的控制方式有利。

另外，我们也可以看到工作在 DCM 模式下的反激式变换器，只有在 T_{dis} 期间才有能量传输，滤波电容的作用就是在 T_{dis} 期间存储能量，在其他时间向负载提供能量。故负载上的平均电流相当于把次级电感中的三角波电流平摊在一个开关周期里，或者说是把 T_{on} 期间的初级电感电流通过变压器匝数比缩放后平摊在一个周期里。

（3）三种工作模式

所有的开关电源都有 3 种工作模式：CCM、DCM 和 BCM 模式。CCM 是指在一个开关周期里，电感中的电流是连续的；而在 DCM 模式中，一个周期的某些时段，流过电感的电流降为零。反激式变换器在 CCM 模式下能很好地工作在定频状态下，用固定占空比控制就能在宽输入电压范围里提供稳压输出，峰值电流略高于变压器原边和副边绕组的平均电流，变压器上的损耗较小。但漏极电压频繁在导通和截止状态下快速切换，漏极节点寄生电容存储和释放的能量过程中产生损耗。副边的续流二极管要承受很高的反向恢复电流尖峰。

反激式变换器在 DCM 模式下，定频工作的占空比是变化的，每个周期都有一段死区时间，如图 10-93 中的 T_{gap}。这样在开关导通期间的峰值电流很高，MOS 管的导通损耗较大。变压器电流在每个周期都会降到零，副边续流二极管上的反向电流尖峰比 CCM 小得多。

如果负载电流减小或输入电压升高，开关变换器就会从 CCM 模式自动转换到 DCM 模式，而且必定经过 BCM 模式。如果负载和输入电压在临界点来回摆动，模式转换就会频繁切换，引起控制系统不稳定，故要设计一个具有迟滞的平缓转换过程。对多模式转换器来讲，BCM 只是一个暂态过程，除非在特殊的拓扑结构中 BCM 才是常态工作模式，例如 RCC 变换器能自然工作在 BCM 模式；而滞环变换器则强制工作在 BCM 模式。

一直以来，设计开关电源最忌讳的事情是工作模式随着负载变化来回切换，负载变轻时跳到 DCM，负载变重时又跳回 CCM。因为两种模式的小信号传输函数差别很大，如果控制环路设计得不好，很容易引发电路不稳定，故大多数反激式变换器都设计成单一的 DCM 模式。

手机适配器广泛应用后，要求能适应全球电网电压，即在 90～270V 的交流电压下能正常工作。这种开关电源必须设计成多模式结构。这还远远不够，因为全世界有 80 亿人，许多人都有充电结束后只拔掉手机端的插头，而把适配器仍留在插座上的习惯。如果一个 30W 的 iPhone 充电器留在电源插座上不拔出来，每个月消耗的电能为 130W，每年大约有 1.5kW·h。如果全世界大多数人都这样做就会浪费巨大的电能。为此各国都颁布了更严格的能效标准，例如美国能源部（DoE）2013 年的能源之星 6 级，欧盟执委会 2015 年的 CoC V5，中国还没有专门为开关电源制定能效标准。

为了能顺利通过上述能效测试，现在的适配器设计中引入了更节能的新拓扑结构。例如在重载和满载时工作在准谐振（QR）变频模式；半载和轻载时工作在定频 DCM 模式；空载时把开关频率降到很低，并且跳过多个周期才开关一次，也称为脉冲跳频模式，就是经过特殊改造的 DCM 模式。

人们的节能意识和激烈的商业竞争促使开关电源技术发生着日新月异的变化，例如有源钳位、同步整流、数字化控制、氮化镓和碳化硅开关器件等。这些新技术能把一个 50～75W 的快充适配器的效率提高到 94% 以上，待机功耗小于 100mW。这并没有达到极限，新的记录随时会被后来者刷新，就像体育竞赛一样。

（4）准谐振原理

在 20 世纪后期，全世界掀起了一股研究谐振式开关电源的热潮。因为谐振模式用的是正弦波，BJT 和 MOS 管的正弦波工作频率都比方波频率高得多，而产生的 EMI 也小得多。故理论上工作在谐振模式能大幅度提高开关频率，能获得更高的功率密度，这是非常有诱惑力的技术。

但在实现过程中却遇到了不少困难，因为频率提高后，电感和 PCB 上的分布参数、开关器件的寄生参数都变成了谐振参数的一部分。问题是这些参数具有极大的离散性，无法保证每个器件和每块 PCB 的分布参数都相同，这就导致批量生产不能做到性能指标基本一致。二十多年来人们想了许多方法来解决这些问题，但是改善性能所增加的电路和成本，已经抵消掉原有的优点和频率提高所节省下来的体积。直到现在，真正的谐振电源仍停留在纸上和实验室中。

更实用的技术是基于零电压开关（ZVS）和零电流开关（ZCS）的准谐振技术。如图 10-94 所示，在 MOS 管漏极振荡电压波形的第一个谷底开启，这样就剔除了 DCM 模式的一个周期中 MOS 管关断期间的死区时间 T_{gap}，只保留了 T_{on} 和 T_{dis}，见图 10-93 中的波形。这实质上把 DCM 模式人工改造成 BCM 模式，为了有所区别，人们把它命名为 QR 模式。现在的反激式控制电路中基本都设计有 QR 模式，由于在 MOS 关断期间，漏极上寄生振荡的第一个谷底电压最低，在此刻开启产生的 EMI 就最小。另外，由于剔除 T_{gap} 时间，相当于提高了开关频率。一般反激式电源在 DCM 模式的最大功率容量是 50W，而在 QR 模式就能提高到 150W。

（5）最薄弱的环节是电解电容器

开关电源的使用寿命取决于最早失效的器件，而电源中铝电解电容器是寿命最短的元件。原因是电解质是液体的，随着时间的推移，电解质会慢慢蒸发，容量随之逐渐减少，这个过程称为容量退化。电解质虽然密封在铝壳里，但电容有引脚引出，必然就有缝隙存在，它给蒸发提供了通路。

电解电容有较大的 *ESR*，工作时会自身发热。如果安装位置距离功率器件太近，还会受到高温灼烤。自身发热和周边发热都会加速容量退化过程。电容的加倍法则是内部温度每降低 10℃，寿命增加一倍；若内部温度超过最优温升，环境温度每上升 5℃，寿命就减少一半。

为评价电容器的质量，定义了正切角 tanδ 这个参数，也称为损耗因子。它定义为电容器阻抗的实部与虚部之比，定义里的实部阻抗就是电容器串联等效电阻 *ESR*，而虚部阻抗就是容抗，故可以用下式表示：

$$\tan \delta = \frac{ESR}{X_\mathrm{C}} = \frac{ESR}{2\pi fC} \tag{10-102}$$

从表达式上看 tanδ 是谐振电路中 *Q* 值的倒数，故损耗因子大代表 *ESR* 大，表明电容的质量不好。tanδ 大小除了和频率及容量成反比外还与耐压有关，标称电压 100V 的电容损耗因子最小，随着标称电压的减小和增大，tanδ 皆随之增大，故 6.3V 和 450V 的电容 tanδ 最大。RT1 系列铝电解电容的标称电压与 tanδ 关系表见表 10-10。

表 10-10　RT1 系列铝电解电容的标称电压与 tanδ 关系表

标称电压	6.3	10	25	50	100	250	300	400	450
tanδ（max）	0.24	0.20	0.14	0.10	0.08	0.15	0.15	0.23	0.23

注1：测试条件 120Hz，20℃；
注2：标称容量大于 1000μF 时，每增加 1000μF，tanδ 增加 0.02。

使用寿命是铝电解电容最受关注的指标，一般厂商用两种方式表示，一种是容量下降到标称值的 20% 或 30% 的时间；另一种是正切角增加到初始值的 200% 或 300% 的时间。通常是在上限温度 85℃～105℃ 和 120Hz 低频电流下测得的。实际上产商给定的寿命没有什么实用价值，因为电解电容的误差是 ±20%，*ESR* 误差 ±200%，如果买到了最大误差的产品，还没有使用就应该判定为寿终正寝了。

比较实用的寿命表示法是实践总结的，业界普遍公认大多数铝电解电容的使用寿命是 2000～5000 小时，随着电解液和制造工艺的进步，已经开发出了长寿命电解电容，其标称寿命为 10000～20000 小时，售价比普通电容高很多，应用远没有达到普及程度。

消费类电子产品的设计寿命是 5 年，铝电解电容严重拖了后腿，如果按 4000 小时算，只能连续工作 167 天，或者 5.6 个月。故提高电解电容的寿命是电源设计中必须重视的问题。

10.8.2　乙电电源

1. 实验电路

为了消除灯丝电源和高压乙电之间的相互干扰，我们采取了与传统电源中相同的方法，即把两个电源相互独立。这种结构在开关电源中获得的好处更加明显，因为在多输出结构中，只能对其中一路电压（电流）进行闭环控制，其他各路只能靠匝数比交叉稳压，其精度远低于闭环控制。

我们介绍的乙电电源是给 4 个电子管（2 个 6N11 和 2 个 6P1）提供屏极电压的通用电源，乙电 +250V，最大输出电流 120mA，具有延时启动功能，电路如图 10-95 所示。

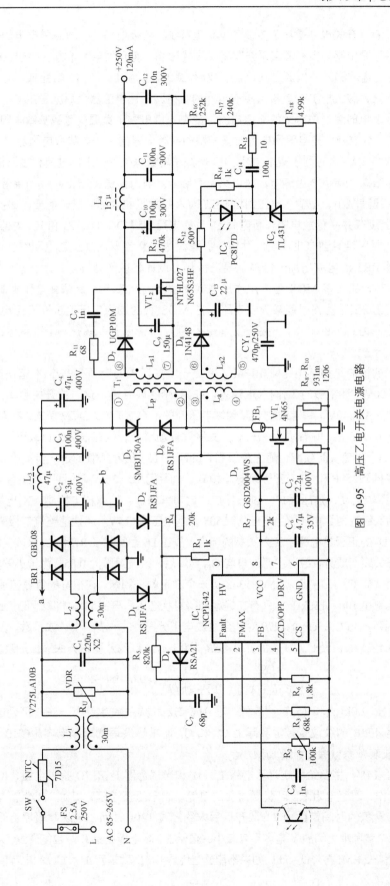

图 10-95　高压乙电开关电源电路

隔离式反激式开关电源是一个多参考电平电系统，初级电路的参考点是市电的零线电平，次级电路的参考点是悬浮零电平。多参考点系统容易受干扰影响，而开关电源本身也会产生很强的EMI。为了防止污染电网，在电网和开关电源之间设置了双π型滤波器，由L_1、C_1和L_2组成。与传统电源不同，这里没有电源变压器，整流桥BR_1直接连接在电网的线电压上，整流器之后就是由C_2、L_3和C_3组成的高频纹波滤波器。上电时会产生很大的充电电流，故在入口串联了负温度系数热敏电阻 7D15，在室温下的阻值为 7Ω，能有效减小充电浪涌电流对整流桥和电解电容的冲击。热敏电阻流过电流后温度上升，阻值迅速减小到约 2Ω，这有利于减小损耗。FS 是快速熔断保险丝，用作过流和短路保护。压敏电阻 VDR 在常态下阻值很高，接近于绝缘体，对电路没有影响。当电网遭受雷击时，如果雷击电压超过 VDR 耐压值，阻值会迅速减小，把输入电压钳位在 275V，并能吸收大部分雷击能量，保护整流桥免受损坏。

X_2 电容上没有并联释放电阻，断电后 C_1 上的电荷通过 D_1、D_2、R_1 和 IC_1 内部的电流源快速放电，避免拔下插头时手接触到产生电击。共模传导滤波器和整流器是高压乙电和灯丝电源共用的电路，这会造成整流器 BR1 的电流增加一倍多，要进行热力设计和散热处理。

VT_1 是 650V 的功率 MOS 管，用作反激式变换器的开关。D_5 是瞬变电压抑制二极管 TVS，与开关二极管 D_6 组成变压器漏感能量吸收电路，把 MOS 管的漏极电压钳位在安全电压下。MOS 的漏极是整个电路中应力最大的节点，电磁辐射能量很强，在漏极上串联有一个铁氧体磁珠 FB_1 用来吸收能量，减少辐射干扰。

这个电源的核心是控制电路NCP1342，它是一个多模式的变频率PWM准谐振控制器，在低输入电压（例如AC100V）和重载时工作在QR模式，在第1个谷底导通，这时的开关频率在130kHz左右。在高输入电压（例如AC240V）和重载时过渡到零电压开关（ZVS）方式DCM模式，在第2个谷底导通，开关频率上升到160kHz左右。随着负载减轻，开关频率逐渐降低，能在很宽的负载范围里保持谷底导通，最多能检测到第6个谷底，而频率也随之降低到100kHz左右。随着负载的进一步减小，开关频率快速降低，在空载时会降低到25kHz，进入安静跳脉冲模式，功耗可低于30mW并且不产生音频噪声。芯片内部还集成有4ms高压软启动、过压保护、过热保护、过功率保护、输入掉电检测、X_2 电容放电等功能。

本电源的次级有两组电压，主电压为+250V，副电压为+14V。超快速整流二极管 UGP10M 做主电压续流二极管，D_7 的正极是电路中应力次高的节点，故在 D_7 上并联了 R_{11} 和 C_9 吸收尖峰电流。开关电源的纹波主要是开关频率成分，经过主滤波电容 C_{10} 平滑后，纹波系数为 0.05。为了进一步降低纹波，增加了 LC 滤波器，由 L_4、C_{11}、C_{12} 组成。NCP1342 是一个准定频控制器，在很宽的负载范围和输入电压范围里，开关频率都控制在 100～150kHz，只有在轻载和待机状态下，开关频率才降到低于100kHz。根据这一特点，利用 L_4 的阻抗与 C_{11}、C_{12} 的 ESR 对残余纹波电压分压，进一步减小纹波系数。在大部分负载范围里，L_4 的阻抗为 9.4～14Ω，设 C_{11}、C_{12} 的并联 ESR 为 0.1Ω，LC 滤波器对开关纹波的衰减系数为：

$$\gamma = \frac{ESR}{ESR + X_{L4}} = \frac{0.1}{0.1 + 2\pi f L_4} \approx 0.0105(-40dB)$$

式中的 X_{L4} 是按 100kHz 和 15μF 计算的，在 160kHz 衰减系数会更小一些。可见这个滤波器用很低的成本可以获得 40dB 的纹波衰减。实际上 C_{11} 和 C_{12} 通常是聚丙烯薄膜电容（CBB），它们的 ESR 远小于 0.1Ω，纹波衰减系数会比计算值更小。

副电压为+14V，主要给集成时基电路 TL431 和光耦合器 PC817D 提供电压，IC_2 的工作电流在 5～15mA 皆可工作，调整电阻 R_{12} 可获得需要的电流。副电压还给延迟开通 MOS 管 VT_2 提供栅极控制电压，R_{13} 和 C_9 乘积的时间常数为 70s，开机后大约经过 120s 时间乙电从零缓慢上升到稳定值。

连接在两个参考地之间的 Y 电容用来减小共模干扰，本电源不接 CY_1 也能通过传导 EMI 测试，故容量只用 470pF 就能使 EMI 再降低–5dB。如果不能通过传导 EMI 测试，可加大 C_{Y1} 的电容值，但不要超过 2.2nF。

2. 变压器设计

开关电源中最重要的工作是高频变压器的设计和制作，需要一些电磁学的知识才能完成这些工作。下面假设读者具有这方面的知识，故用简洁的方法介绍设计步骤。

（1）确定 V_r 和 V_z

V_r 和 V_z 的含义见图 10-94，它们的意义是把这两个电压限定在 MOS 管的安全范围之内。在最高输入电压下，整流后的直流电压为：

$$V_{IN\_max} = \sqrt{2} \times 270 = 382 (V) \tag{10-103}$$

使用 650V 的 AccuMOS，必须留有 30V 的安全裕量，漏极电压不能超过 620V，如图 10-94 所示，漏极电压为 $V_{IN}+V_r+V_z$，所以计算如下：

$$V_{IN} + V_r + V_z = 382 + V_r + V_z \leqslant 620 (V)$$
$$V_r + V_z \leqslant 620 - 382 = 238 (V) \tag{10-104}$$

从反激式钳位电路的大量的测试表明（V_r+V_z）/V_r=1.4 左右，钳位产生的损耗较小，故选择 V_r 为：

$$V_r = 0.714 \times 238 = 168.98 (V) \tag{10-105}$$

选择峰值脉冲功率 600W 的 TVS 二极管 SMBJ120A 作漏感反向电压钳位，手册上给出的雪崩电压 V_{BR} 在 114～185V，钳位电压 V_c=165V，设计值取 165V。

（2）计算匝数比

设 250V 高压输出绕组采用超快速恢复二极管 UGP10M，手册上查得 0.12A 正向电流下的正向压降为 0.81V，控制绕制和辅助绕组用肖特基二极管 BAT54，正向压降为 0.5V。依此计算各绕组的匝数比为：

$$n_1 = \frac{V_r}{V_O + V_F} = \frac{165}{250 + 0.81} \approx 0.658 \tag{10-106}$$

$$n_2 = \frac{V_r}{V_{O-2} + V_F} = \frac{170}{14 + 0.5} \approx 11.38 \tag{10-107}$$

（3）原副边有效负载电流

副边高压乙电绕组的电流是已知的，即 I_O=120mA。副绕组和辅助绕组的电流很小，都在 10mA 以下。故计算原边绕组的有效电流只需用高压乙电绕组的电流折算就可以，产生的误差在工程允许范围之内。反激式的原始结构是 Buck-Boost 转换器，如果没有变压器，原边的开关管可认为其输出电流是 I_r，其值为：

$$I_r = \frac{I_O}{n_1} = \frac{0.12}{0.658} = 0.182 (A) \tag{10-108}$$

（4）最大占空比

设电能转换效率为 80%，输入功率为：

$$P_{IN} = \frac{P_O}{\eta} = \frac{30}{0.8} = 37.5 (W) \tag{10-109}$$

平均输入电流为：

$$I_{IN} = \frac{P_{IN}}{V_{IN}} = \frac{37.5}{127} \approx 0.295 (A) \tag{10-110}$$

理论最大占空比为：

$$D = \frac{I_{IN}}{I_{IN} + I_r} = \frac{0.295}{0.295 + 0.182} \approx 0.618 \tag{10-111}$$

（5）原副边电流的斜边中心值

副边电流的斜率中心为：

$$I_{\text{L}} = \frac{I_{\text{O}}}{1-D} = \frac{0.12}{1-0.618} = 0.314(\text{A}) \qquad (10\text{-}112)$$

原边电流的斜率中心为：

$$I_{\text{LP}} = \frac{I_{\text{L}}}{n_1} = \frac{0.314}{0.658} \approx 0.477(\text{A}) \qquad (10\text{-}113)$$

（6）峰值开关电流

如果已知原边电流的斜率中心和纹波系数就能计算出峰值电流，在反激式开关电源中，为了减小高频变压器的体积，设计时纹波系数取的比较大，通常取 0.5。依此推算出峰值电流为：

$$I_{\text{PK}} = \left(1 + \frac{\gamma}{2}\right)I_{\text{LP}} = 1.25 \times 0.477 \approx 0.596(\text{A}) \qquad (10\text{-}114)$$

（7）伏秒积

根据占空比定义，在一个开关周期里的导通时间用下式表示：

$$t_{\text{on}} = \frac{D}{f} = \frac{0.618}{100 \times 10^3} = 6.18(\mu\text{s})$$

在最低输入电压下，开通电压就是最低输入电压，即 $V_{\text{ON}} = V_{\text{IN}}$，故伏秒积用下式表示：

$$E \cdot t = V_{\text{ON}} \times t_{\text{ON}} = 127 \times 6.18 - 784.86(\text{V} \cdot \mu\text{s}) \qquad (10\text{-}115)$$

（8）原边绕组的电感值

在基本电感方程中，$I = L\,(\mathrm{d}v/\mathrm{d}t)$，在电流中引入纹波系数，很容易导出电感值的表达式：

$$L_{\text{P}} = \frac{1}{I_{\text{LP}}} \cdot \frac{E \cdot t}{\gamma} = \frac{784.86}{0.477 \times 0.5} \approx 3291(\mu\text{H}) \qquad (10\text{-}116)$$

式中又一次取 $\gamma = 0.5$ 而不是 0.4，这样做能有效减小磁芯体积，也能减少绕组的匝数，从而减小了铜损。大的纹波可在输出端设置滤波器解决，如图 10-96 中的 L_4 和 C_{11}。

（9）选择磁芯

在所有类型的开关电源中，都可以用下式求解磁芯的体积，代入本电源输入功率、开关频率和纹波系数后磁芯的体积为：

$$V_{\text{e}} = 0.7 \times \frac{(2+\gamma)^2}{\gamma} \cdot \frac{P_{\text{IN}}}{f} \qquad (10\text{-}117)$$

$$= 0.7 \times \frac{2.5^2}{0.5} \times \frac{37.5}{100} \approx 3.28(\text{cm}^3)$$

选择 RM10N 型磁芯，中心柱是圆形，手工制作比较容易，电磁辐射也比较小。该磁芯的体积是 $V_{\text{e}} = 4.048\text{cm}^3$，$A_{\text{e}} = 0.92\text{cm}^2$，$L_{\text{e}} = 4.4\text{cm}$，体积比要求值大 23%。

（10）绕组匝数

初级绕组的圈数为：

$$N_{\text{P}} = \left(1 + \frac{2}{\gamma}\right) \times \frac{V_{\text{ON}} \cdot D}{2B_{\text{PK}} A_{\text{e}} f} \qquad (10\text{-}118)$$

$$= \left(1 + \frac{2}{0.5}\right) \times \frac{127 \times 0.618}{2 \times 0.3 \times 0.92 \times 10^{-4} \times 100 \times 10^3} \approx 71.09(\text{匝})$$

取整数值 71 圈，产生的误差为 0.13%，可以忽略不计。

次级高压绕组的圈数为：

$$N_{S1} = \frac{N_P}{n_2} = \frac{71}{0.658} \approx 107.9 \text{(匝)} \tag{10-119}$$

取整数值 108 圈，虽然产生的误差比初级绕组大 10 倍，会使电压高于 250V，但对放大器几乎没有影响。

次级副绕组和初级辅助绕组的圈数为：

$$N_{S1} = \frac{N_P}{n_2} = \frac{71}{11.38} \approx 6.24 \text{(匝)} \tag{10-120}$$

取整数值 6 圈，由于每圈会产生 2.24V 的电压，绕 6 圈会使输出电压下降约 0.6，还在允许范围内。有经验的人会在导线收头技巧上把损失的电压补偿回来。

（11）计算气隙

铁芯电感在物理上与匝数的平方、铁芯的导磁率、面积成正比，与磁路长度成反比。根据这些关系，导出气隙的表达式，代入磁芯的参数，就可以计算出气隙长度为：

$$l_g = \frac{\mu N_P^2 A_e}{L_P} = \frac{4\pi \times 10^{-7} \times 71^2 \times 92}{3.291} \approx 0.177 \text{(mm)} \tag{10-121}$$

式中，μ 是气隙介质的磁导率，单位是 H/m，因为气隙中是空气，大小近似为 $4\pi \times 10^{-7}$；N_P 是原边绕组的匝数；A_e 是磁芯的截面积，单位是 mm^2；L_P 是初级绕组的电感量，单位是 mH；l_g 是气隙长度，单位是 mm。

因为能量都存储在磁芯的气隙中，故气隙是大小是高频变压器中最重要的参数。如果不理解，可以把磁路类比成电路，电流流过高阻值电阻产生的电压降很大。气隙导磁率近似为 1，在磁路中的磁阻最大，就像电路中的高阻值电阻一样，磁场穿过气隙时会遇到很大的阻力，使磁场载荷的能量不能顺畅通过，受拥堵而聚集在气隙中，就像电流流过高阻值电阻上的电压降很大一样。

高频变压器不像电阻、电容有标称值，必须要根据应用目标专门设计。在大规模生产中，磁芯是根据设计值开模烧制的，气隙已精确预留在磁芯的中柱上，或者均匀分布在磁粉的颗粒之间，批量不大时也可用数控机床研磨。手工制作可用 400# 水砂纸加水打磨中心柱，然后放置到绕好线圈的骨架中测量初级绕组的电感量，反复磨，反复测，使其达到设计电感量就可以间接证明气隙已达到要求。这种操作要特别小心和仔细，没有经验的人容易磨过头，使电感量偏小。一旦发生这种情况，只有报废重来，不可勉强使用。

（12）选择线径

物理研究表明，交流电流过导线时，导线中的电流密度从表面到中心按负指数规律分布，这种现象称为集肤效应，它会导致导线的有效截面积减小而电阻增大。工程上定义了从导线表面到电流密度降至表面的 $1/e$ 处的距离为集肤深度，其表达式为：

$$\delta = \sqrt{\frac{2k}{\omega \mu_o \gamma}} \tag{10-122}$$

式中，$\omega = 2\pi f$；μ_o 是空气的磁导率，等于 $4\pi \times 10^{-7}$；γ 是材料的电导率；k 是材料的电阻温度系数。如果把铜材的电导率（$1.7 \times 10^{-8} \Omega m$）和电阻温度系数（$3.93 \times 10^{-3} 1/℃$）代入上式，可简化为：

$$\delta = \frac{66.1}{\sqrt{f}} \left[1 + 0.0042(T - 20)\right] \tag{10-123}$$

式中，f 是频率，单位 Hz；T 是铜材的温度，单位 ℃。

为了在高频变压器设计中引入集肤深度这个参数，就必须研究指数函数 e^{-1} 的特性。有趣的是 e^{-1} 函数曲线下的面积等于经过 $(1/e) \approx 3.68$ 点的矩形面积。因此我们可以等效地认为从导线表面到 $1/e$ 处的电流密度是均匀分布的，深度大于 $1/e$ 电流密度突降到零。这样等效后只要选择导线的直径是集

肤深度的 2 倍，就可以忽略集肤效应的影响。

　　为此我们先计算在 100kHz 开关频率下铜导线温度为 80℃时的集肤深度：

$$\delta = \frac{66.1}{\sqrt{f}}\Big[1+0.0042(T-20)\Big]$$

$$= \frac{66.1}{\sqrt{100\times10^3}}\times\Big[1+0.0042\times(80-20)\Big] \approx 0.262(\text{mm})$$

两倍集肤深度为 $2\delta=2\times0.262=0.542$mm。因此，在 100kHz 频率和 80℃时下，只要铜导线的直径等于或小于 0.542mm 就不用再考虑集肤效应。把上式计算 δ 转换成 mil 单位：

$$d_{\text{mil}} = \frac{mm}{0.0254} = \frac{0.542}{0.0254} = 20.2 mil$$

对应的 AWG 线规是：

$$AWG = 20\lg\left(\frac{1000}{d_{\text{mil}}\times\pi}\right) = 20\times\lg\left(\frac{1000}{20.5\times\pi}\right) \approx 24(\text{AWG}) \tag{10-124}$$

AWG-24 号铜线的载流能力为：

$$A_{\text{mps}} = \frac{1}{cmil/A}\left[\frac{1000}{\pi}\times10^{-\frac{AWG}{20}}\right]^2 \tag{10-125}$$

$$= \frac{1}{400}\times\left[\frac{1000}{\pi}\times10^{-\frac{24}{20}}\right] = 1.008(\text{A})$$

从前面的计算已知原边绕组的斜坡中心电流 $I_{\text{LP}}=0.477$A，小于考虑了集肤深度参数要求的电流，等效于导线直径小于 2δ，故可以不考虑集肤效应而用单股线绕制，所需的线号为：

$$AWG = 50-10\lg(I_{\text{LP}}\times cmil/A)$$

$$= 50-10\times\lg(0.477\times400) \approx 27(\text{AWG}) \tag{10-126}$$

AWG-27 铜导线的外径是 0.361mm，截面积是 0.1021mm^2。

　　副边主绕组的斜坡中心电流 $I_{\text{L}}=0.314$A，所需的线号为：

$$AWG = 50-10\lg(I_{\text{L}}\times cmil/A)$$

$$= 50-10\times\lg(0.314\times400) \approx 29(\text{AWG}) \tag{10-127}$$

AWG-29 铜导线的外径是 0.287mm，截面积是 0.0647mm^2。

　　次级副绕组和初级辅助绕组按经验选择 AWG-36 铜导线就可满足要求，外径是 0.127mm，截面积是 0.0127mm^2。变压器的参数如图 10-97（a）所示。

10.8.3　灯丝加热电源

1. 实验电路

　　乙电电源是一个高压小电流电源，而灯丝电源则是一个低压大电流电源，这种差异造就了两个电源要采用不同的电路结构。最大的差异是灯丝电源的次级采用的是同步整流，效率提高了 5%左右。不要小看这 5 个百分点，因为在大电流高频开关电源中，效率每提高 1 个百分点，等效于 VT$_3$ 的表面温度降低 10℃，这对减小体积和提高可靠性具有重要意义。

　　这个灯丝电源的实际电路如图 10-96 所示，它与乙电电源共享了输入 EMI 传导滤波器和整流电路。在细节设计上与乙电电源略有不同，例如由 C$_{20}$、L$_5$ 和 C$_{22}$ 组成的输入π型滤波器设置在冷端，而不是在高压母线上，这种接法能增强差模滤波作用。还有 Y 电容 CY$_2$ 是连接在初级的高压母线和次级参考地节点之间，这是为了减小变压器的 EMI 辐射而不得已的方法。由于容量比较大，有人会担心接触次级会麻手。这是不用担心的，因为高压母线上的电压比较平稳，电平是接近直流的平滑电压，电容是不会传输直流电压的，只有高频分量的 EMI 信号能通过 CY_2 旁路到地。

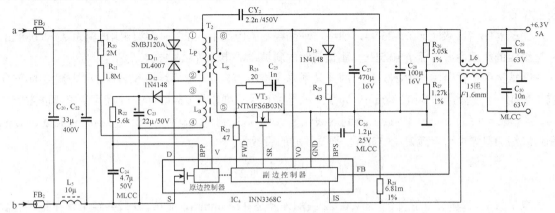

图 10-96　低压灯丝同步整流开关电源

同步整流在轻载时效率会降低，传统做法是在 VT_3 上并联一个肖特基二极管。这个电源是给电子管灯丝供电的，不会工作在轻载状态，故只在 VT_3 上并联 RC 缓冲电路，用来吸收同步开关产生的尖峰电压。

输出端设置有共模滤波器，共模电感 L_6 没有成品可买，只能动手制作。选用外径为 34.29mm，内径为 23.34mm 锰锌粉芯磁环，外径为 34.29mm，内径为 23.34mm，用直径 1.6mm 的三重绝缘线双线并绕 15 圈就可以。C_{29} 和 C_{30} 的一致性与共模电感的双线一致性同样重要，最好用数字电桥挑选容量接近的，一致性越高，共模干扰转换成差模干扰的分量就越少。

控制电路 INN3168C 是 InnoSwitch3-CE 系列中功率最大的型号，内部集成了 650V 的高压 MOS 管，它是一个多模式的变频率 PWM 准谐振控制器。在 220V 交流输入电压下，满载时工作在 QR 模式下，开关频率约为 69kHz 左右，效率 90%。随着负载减轻，从 QR 模式自然过渡到零电压开关（ZVS）方式 DCM 模式，半载时在第 5、6 个谐振谷底开通，开关频率降低到 42kHz 左右，效率几乎不变。负载小于半载之后，工作在传统 DCM 模式下，开关频率和效率也随着降低，在 1/10 负载时的开关频率降低到 22kHz，效率下降到 85%。空载时进入脉冲跳频模式，开关频率降低到 240Hz 左右，待机功耗小于 100mW。在 110V 交流输入电压下，满载时工作在 CCM 模式下，开关频率为 80kHz，效率为 89%。随着负载减轻，工作过程与 220V 交流输入电压下相似，只是开关频率和效率降低的幅值不同而已。

这个芯片最大的亮点是采用了 FluxLink™ 技术，这是一种在芯片封装中掩埋金属框架而形成的一个弱电磁场耦合器，用来代替光耦合器传输误差控制信号和进行安全隔离，克服了光耦合器的温度特性差和线性范围窄的缺点，满足高压绝缘（HIPOT）要求。这种耦合器能双向传输信号，同步整流所需的控制信号无须在副边检测，可以从初级传输过来进行精确控制。

除了上述功能外，芯片内部还集成了欠压保护、过压保护、过热关断、线缆补偿、故障闭锁和重启功能，这些功能是现代 AD-DC 控制芯片中必不可少的。

在应用中用户需要计算的只有采样电阻的值和恒流值。芯片内部的稳压基准参考电压是 1.265V，在要求的输出电压下，计算采样电阻 R_{26} 和 R_{27} 的分压比，使反馈引脚 FB 的直流电压与基准参考电压相等，输出就能自动调整到设计值。流过采样电阻的工作电流要大于 3 倍的 I_{FB}，由于手册中没有给出 I_{FB} 的值，本机流过采样电阻的电流是 1mA。

这个芯片具有稳压和恒流两个控制环路，在引脚 IS 和 GND 之间设置电流采样电阻 R_{28}，内部电流比较器的基准阈值是 35mV。本电源的采样电阻值设置为 $6.81m\Omega$，最大负载电流被恒流在 5.14A，故输出电压和电流特性是一个 6.3V×5.14A 的矩形曲线。

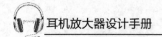

2. 变压器设计

高频变压器的设计步骤与高压乙电基本相同，所用的磁芯也相同，这里不再重复设计过程，只给出关键参数。

变压器的初次级匝比 $n_1=25.94$，初级与辅助绕组的匝比 $n_2=11.3$，初级绕组电感量 $L_P=3.088mH$，原边绕组的斜坡中心电流 $I_L=0.51A$，副边绕组的斜坡中心电流 $I_L=13.158A$。

在很宽的负载范围里 INN3368C 的开关频率在 40～78kHz，取平均值 60kHz，并把温度 80℃代入式（10-123）计算得到 $\delta=0.338mm$。即所用的导线直径只要小于 $2\delta=0.676mm$ 就可忽略集肤效应的影响，换算成 mil 后代入式（10-124）得到的线号是 AWG-22，再代入式（10-125）得到的载流量是 1.59A。副边绕组的斜坡中心电流是 13.158A，需要并联的股数为：

$$n_{par}A = \frac{13.158}{1.59} = 8.275$$

取整数 9，即需要 9 股并绕。AWG-22 线的外径是 0.643mmm，显然，9 股并绕不仅在磁芯的窗口放不下，绕制工艺也存在困难，解决的方法改用扁铜线。

AWG-22 的截面积是 $0.3247mm^2$，折合到 8.275 股的总截面积是 $2.687mm^2$，改用厚度小于 2δ 而截面积相等的扁铜线尝试。查找国产导线规格后得知，扁铜线最小厚度是 0.8mm，计算出宽边 3.55mm 的扁铜线截面积为 $2.7mm^2$，与 8.275 股 AWG-22 号线的截面积接近。磁芯 RM10N 的窗口高度是 12.7±0.3mm，每层能容纳两圈这种规格的扁铜线，次级线圈可轻松绕下。灯丝变压器的参数如图 10-97（b）所示。

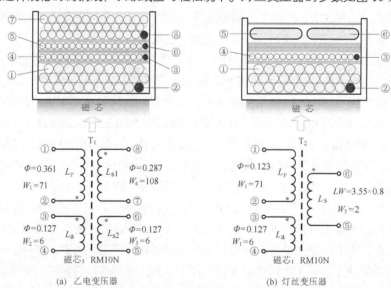

图 10-97　高频变压器的参数和绕线结构图

本章是以传统的甲类单端电子管功率放大器为基础，引入了自动控制理论中的非线性反馈技术，把传统放大器改造成了失真度小、输出阻抗低的高保真放大器。在最大程度保留电子管和音频变压器共同营造的音色的前提条件下，大幅度提高了测试指标，显著改善了音质。

本章遵循第 2 章中电源能量转换成声音能量的原则，把电源和放大器放在同等重要的位置进行设计，用线性稳压、恒流电源技术改造了传统的整流/平滑滤波电源，较好地解决了传统电源性能低劣的缺陷。本着先改进，进而改革的原则，还介绍了反激式高频开关电源的基本原理，把先进的准谐振（QR)、零电压开关（ZVS）和同步整流（SR）技术引入了电子管放大器电源，设计一个实用的耳放开关电源，彻底解决了电子管放大器电源低效和笨重的顽症。

第 11 章　耳机放大器的接口

本章提要

　　本章把耳机放大器的接口电路归纳为 3 类：信号接口、控制接口和电源接口。信号接口包括有线连接的同轴、光纤和存储卡接口以及无线连接的蓝牙和红外接口。

　　音量控制是耳机放大器中最重要的控制接口。本章介绍了从传统电位器到数字音量控制芯片的演变过程，内容包括经济实用的步进电位器、大动态的音量控制芯片、数字音量控制的定点和浮点算法。

　　微处理器是控制系统的核心，本章介绍了 51 和 ARM 单片机在耳机放大器中的应用，内容包括耳机放大器中的控制项目和单片机的选择，SPI 和 I^2C 总线的规范和操作方法。

　　电源产生的干扰和噪声是耳机放大器中最严重的干扰源，在本书第 12 章中将详细介绍耳机放大器专用电源的结构和设计方法。本章只介绍从电源到耳机放大器的接口环节中降低干扰和噪声的方法。

11.1　耳机放大器的接口

　　本书第 2 章中把耳机放大器作为一个电子系统来看待，这个系统由电源、功率放大器、控制器和接口 4 个子系统组成。接口子系统则可以进一步细分为更小的功能模块：模拟信号输入/输出模块、数字信号输入模块、蓝牙模块、音量控制模块等。传统的接口只是一些简单的接插件，如 RCA、BNC、RS3 插头/座和接线排。数字化时代的接口是由硬件和软件组成的，硬件就是接插件和电路，软件则是接口的握手协议。例如 S/PDIF、USB 和蓝牙接口，这些接口可以由简单的接插件和复杂的协议组成（S/PDIF、USB）或由复杂的硬件电路和庞大的协议栈组成（蓝牙音频）。

　　过去的音量控制电路只是一个电位器，现在演变成了由 MCU、I^2C 总线和音量控制芯片组成的模块，在 SOC 中还集成了由浮点算法实现的数字音量控制。

　　蓝牙音频和红外音频则是两个全新的空中接口。随着技术的进步，今后还会出现更多的新型接口。

　　在过去的电子系统中，接口是系统中最薄弱的环节，很少有人专门进行研究，导致接口的故障率非常高。现代电子系统的复杂度越来越高，必须把接口的可靠性提高到与主模块相同的等级才能提高系统的一致性，降低系统的故障率，这就是研究接口的意义所在。

　　耳机放大器中有 4 类接口，即输入接口、输出接口、控制接口和电源接口，如图 11-1 所示。本节只介绍接口的名称、基本特性和插座、插头的类型，更详细的接口内容将在后述各节中进行介绍。

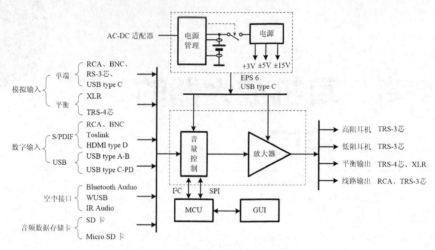

图 11-1　耳机放大器中的各种接口

11.1.1　模拟信号接口的种类

1. 线路输入

线路输入分单端输入和差分平衡输入两种类型，在民用台式设备上单端线路输入常用 RCA 和 6.22mm 的 RS-3 芯接口，专业设备上通用 BNC 接口，便携式消费类设备上多用 2.2mm 和 3.5mm 的 RS-3 芯接口。台式平衡线路输入用 XLR 卡侬接口，便携式消费类设备上用 3.5mm 的 RS-4 芯接口。USB type C 标准中也定义了模拟音频传输接口，能替代 RS-3 芯接口传输音频模拟信号，减少机器上的插座数量。目前，由于接插件和线缆的价格较贵，只用在少数产品上。

在电子管时代，线路输入接口阻抗是 600Ω，接口电平为 0dBm。到了晶体管时代，信源的输出阻抗接近于零欧姆，放大器的输入阻抗接近于无穷大，信源与放大器的连接变成恒压源驱动恒流源，匹配损失可忽略不计，信源的电平并没有明确规定，通常为 $0.5 \sim 2V_{rms}$。

2. 线路输出

一些台式耳机放大器会设计成兼有前置放大器的功能，这种机器就要设置线路输出接口，也分单端输出和差分平衡输出两种类型，接口硬件与线路输入相同。

3. 耳机输出

便携式耳机放大器普遍用 2.5mm 或 3.5mm 的 RS-3 芯接口，能驱动低阻和中阻耳机。台式机通常用 6.22mm 的 RS-3 芯接口，通常还设有低阻和高阻耳机输出接口。新式的机器只有一个接口，能自动识别耳机的阻抗，自动调整闭环增益和输出电平，驱动 $16 \sim 1000\Omega$ 的耳机有相同的响度，使用非常方便。台式机多用 6.22mm 的 RS 芯插座和大型 XLR 插座，便携机只用 2.5mm 或 3.5mm 的 RS 插座。无论耳机是什么插头，都可以通过转接器兼容这些插座。

11.1.2　数字信号接口的种类

1. 同轴数字音频输入

民用设备用的是索尼/飞利浦数字接口 S/PDIF，属于不平衡式接口，其标准的输出电平是 $0.5V_{pp}$（发送器负载 75Ω），输入和输出阻抗为 75Ω（$0.7 \sim 3MHz$ 频宽）。用 RCA 或 BNC 同轴接口。为了降低成本，大部分家用机上用的是 RCA 作同轴输出，这种插座没有准确的阻抗和完善的屏蔽，匹配特性比 BNC 插座差，只是售价低一些。正确的做法是用 BNC 作同轴输出，因为 BNC 头的阻抗是 75Ω，刚刚好适合 S/PDIF 的格式标准。专业和高级民用耳机放大器用的是平衡 XLR 接口，输出电压是 $2.7V_{pp}$（发送器负载 110Ω），输入和输出阻抗为 110Ω（0.1 ~ 6MHz 频宽）。

2. 光纤数字音频输入

S/PDIF 数字音电信号也可以转换成光信号传输，这时就要使用光纤接口，如 Toslink 光电转换器。廉价传输线用塑料光纤（POF），这种光纤比较柔软，能安装在狭小的空间并且能弯成很小的角度。高级的连接线用石英光纤，具有带宽大和衰减低的优点，但材质脆易折断，碎片对人体会产生危害。

3. USB 音频输入

这种接口常用在台式计算机上，它的优点是可以选用品质优良的 USB 音频桥连接器，从而绕过声卡上的普通 DAC，获得更好的音质；也可以选择无线 USB（WUSB）接口，使耳机放大器摆脱线缆的束缚，具有空中接口功能。

4. 存储卡接口

存储卡是非易失性半导体存储器，也叫闪存（Flash）。传统的音乐 CD 容量是 746.93MB，能播放 74 分钟。而一片 32GB 的存储卡能储存 67 张 CD 的音乐数据，可播放 83 小时。闪存的海量储存量使它变成了便携式音乐播放器的主要存储介质，在耳机放大器中 SD 卡和 Micro SD 卡应用最普遍，详细的情况将在 11.2.4 小节中进行介绍。

5. HDMI 接口

全名为高清多媒体接口，是一种全数字化视频和音频发送接口，可以发送未压缩的视频和音频信号。视频支持 4K 分辨率电视图像，音频支持采样率 192kHz/24bit 非压缩的 8 声道数字音频。这种接口多用在便携式计算机和视频设备上，其中 19 针 Micro HDMI 接口体积较小，尺寸为 6mm×2.3mm，相当于 USB 接口大小，常用在数字耳机放大器上。

11.1.3 空中接口

空中接口是移动通信中的一个名词，实际上就是无线接口。历史上音频空中接口曾经用过红外线和无线电调频传输，后来出现过多种数字无线传输方案，如 PuruPath™、无线 USB 和蓝牙音频，在手机产业的推动下，蓝牙音频应用最为广泛，本章的 11.3.1 小节中将详细介绍这些内容。

11.1.4 控制接口

耳机放大器中最重要的控制对象是音量，除此之外还有信源选择、工作电压切换、输出功率控制。另外，现代耳机放大器屏幕上的图形用户界面，电路板上串行总线接口，耳机放大器输出端的过压、过流、过热和输出短路检测也属于控制的范畴，本章只介绍音量控制接口和串行总线。

11.1.5 电源接口

耳机放大器的输出功率很小，所用的电源比较简单，过去一直没有专门的接口标准，造成了电源的互换性差、能量转换效率低等缺点。现代耳机放大器中为了便携通常用二次电池作电源，这就涉及充/放电和电源管理事项，于是一些正规的生产厂商引入了应急电源 EPS 接口标准，常见的有 EPS-6 和 EPS-8，能提供+3.3、+5V、±15V 等电压标准。现代耳机放大器的电源是一个多级能量转换器，需要大量的篇幅才能讲述清楚，本书安排在第 12 章中进行详细介绍。本章的 11.5 节中只介绍电源和耳机放大器之间的接口电路。

11.2 数字信号接口

数字信号的互连比模拟信号困难，互连设备之间需要在采样频率、字长、同步、编码和控制协议上握手才能实现互连，为此人们设计了多种数据格式用于连接不同产商的音频设备。本节主要介绍AES3、S/PDIF、USB 音频类和 SD/TF 卡这 4 种接口，它们可以使耳机放大器连接到几乎所有数字设备上，如 CD 机、PC、DAB 接收机和手机等。

11.2.1 AES3 专业接口协议

AES3 数字接口也称 AES/EBU 接口，其中 AES 是美国音频工程协会的缩写，EBU 是欧洲广播联盟的缩写。这是为专业数字音频设备设计的接口协议，音频数据用串联格式线性表示幅度大小，用双绞线进行设备之间的连接线，差分传输用三芯 XLR 插件，单端传输可用 BNC 或 RCA 插件。也可以用光导纤维取代双绞线实现更高的传输速率和更长的传输距离，连接器也要改为光电转换器。

1. AES3 的帧结构

一个 AES3 音频样本是一个经周期取样、量化、以补码方式表示的脉冲信号数据流。码流是由数据块、帧和子帧组成的，如图 11-2 所示。数据块是可以完整分析的数据结构的最小单位，数据流是按时间顺序，以串行的块方式依次传送的。比数据块小一级的单位称帧，每 1 块由 192 个帧构成。1 个帧由 2 个子帧构成，分别称为子帧 A 和子帧 B。帧的传输速率与音源的采样速率相同。在立体声传输时，子帧 A 中是左声道数据，子帧 B 中是右声道数据。在单声道传输时，传输速率保持双声道的速率，音频数据放置在子帧 A 中。

一个块由 192 帧组成，称为帧 0、帧 1、……、帧 190、帧 191。子帧的长度为 32bit，依次为同步4bit、辅助数据 4bit、音频数据 20bit，还有 4bit 分配给子帧的结尾，定义为 V（合法标记）位、U（用户数据）位、C（通道状态）位和 P（数据校验）位。

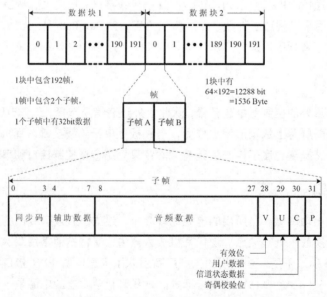

图 11-2　AES3 的数据结构

同步码也称引导符，占据每个子帧开头的 4bit，用以标识子帧的开始。子帧的开始有三种情况：

从子帧 A 开始、从子帧 B 开始、从块兼子帧 A 开始，因此 AES3 规定了 X、Y、Z 三种同步码用以分别标识。图 11-3 显示了同步码 X、Y、Z 的波形及它们在码流结构中的位置。同步码 X、Y、Z 的脉宽在码流中是最宽的，所以很容易被解码器识别出来。

因为 1 个块中有 191 个子帧 A 的开始端，192 个子帧 B 的开始端，1 个块兼子帧 A 的开始端，所以 1 个块中有 191 个 X 同步码、192 个 Y 同步码和 1 个 Z 同步码。

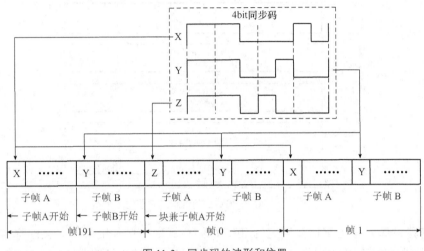

图 11-3　同步码的波形和位置

同步码后是 4bit 辅助数据位，当音频数据是 16 和 20 位时，这 4 位辅助数据设置为 0 或由用户定义；当音频数据为 24 位时，则占用辅助数据。

AES3 支持的最长音频数据是 24bit，在立体声传输时，子帧 A 中是左声道数据，子帧 B 中是右声道数据。在单声道传输时，传输速率保持双声道的速率，音频数据放置在子帧 A 中，子帧 B 中的数据为 0。

音频数据后有 4 个结尾符号位，其中 V 位表示此音频样本有效性，0 表示正确，1 表示有错误，不适于转换成模拟信号。U 位可由用户定义使用。C 位表示信道的状态，把数据块中的 C 位组合在一起，用来描述系统参数，后文将进行介绍。P 位为偶校验位，可检验出子帧中的奇数个错误。

2. AES3 的信道状态块

每个子帧的音频样本都对应着 1 个 C 位，所以在 1 个块中，子帧 A、B 各传送 192 个 C 位；在解码端各自的 192bit 的 C 位被分别集中组合，形成两个 24 字节的数据集合，称为通道状态块。子帧 A、B 的通道状态块是独立的，与 A、B 声道的音频样品对应。通道状态块每 192 帧更新一次。图 11-4 显示了通道状态块 24 个字节的含义。前 6 个字节的信息比较重要，其中字节 0 中的信息表明数据用于专业用途（PRO=1），以及预加重和采样频率等信息。字节 1 表明模式（立体声、单声道、多声道）。字节 2 表明最大音频字长和字的比特数。字节 3 是为多声道功能保留的。字节 4 表明多声道模式、参考信号的类型（等级 1 或 2）以及可供选择的采样频率。字节 6 ~ 9 表明字母数字式通道源编码。字节 10 ~ 13 表明字母数字式通道目标编码。字节 14 ~ 17 表明一个 32bit 样本地址。字节 18 ~ 21 传输了一个 32bit 时间码，类似插入在电视场消隐 21 行中的原子钟，能分离出来显示时间信息。字节 22 指示数据块的可靠性，出现不完整块时会给出指示。字节 23 是末字节，包含一个 CRC 码字，用来生成多项式 $x^8+x^4+x^2+1$ 对数据块进行错误检测。AES3 接口协议中对每个信道状态字节都有明确的定义，限于篇幅这里从略。

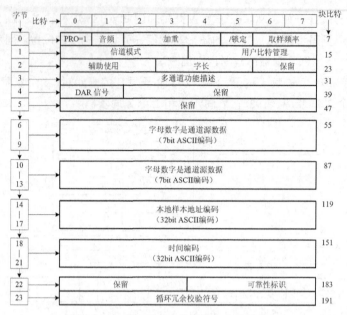

图 11-4　AES3 接口的信道状态字节的定义

　　上述内容是从国际电工委员会制定的 IEC-60958 标准中摘录出来的。美国标准协会的 ANSI S4.4O-1985 标准、欧洲广播联盟的 EBU-3250-E 技术规范、日本电子工业协会的 DIAJ CP-340 标准以及我国广电总局行业标准 GY/T158-2000《演播室数字音频信号接口》，都是参照 AES3 标准制定的，因而它是世界上最通用的数字音频接口协议。

　　AES3 接口传输的是差分信号，物理连接器是 XLB 三芯接插件，特性阻抗为 110Ω，信号低电平为 0～0.2V，信号高电平为 2～7V。AES3 接口也能兼容单端信号，通过 BNC（或 RAC）和 TOSLINK 连接器传输，但会失去抑制共模干扰和噪声的优点，常用在民用消费类电子产品中。

11.2.2　S/PDIF 接口协议

　　这个接口协议是索尼和飞利浦两家公司在 20 世纪 80 年代联合为消费级音频应用而设计的，广泛应用在 CD 机、DAT、MD 机、计算机声卡上，现在已经成为事实上的民用数字音频接口标准。它的帧格式是参照 IEC-60958-1 制定的，两者的最大区别是状态块的结构不同，如图 11-5 所示，在 24 个字节中仅定义了前 4 个字节，其他均作为保留。如果忽略状态块的信息，AES3 专业接口设备能与 S/PDIF 民用接口设备直接互连。但大部分芯片都会按照状态块的信息进行音频解码，状态块中的第一个比特就区分了是专用设备（PRO=1）还是民用设备（PRO=0），后面有些比特定义也不完全相同，故两种格式直接互连通常不能正常工作。市面上有一种音频格式转换器产品，能正确协调两种协议中状态块的差别，可解决直接互连产生的不兼容问题。

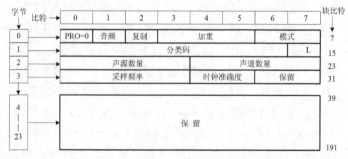

图 11-5　S/PDIF 接口的信道状态字节的定义

　　S/PDIF 状态块中，字节 0 中的信息表明数据用于民用设备（PRO=0），数据类型、复制、预加重以及模式信息。字节 1 表明数据分类码，表明信源的信息（国家、媒介、设备、类型等）和世代码（原版还是几代复制版）。字节 2 表明信源的编号和声道的编号。字节 3 表明数据的采样频率和时钟的准确度（默认$\pm 1000 \times 10^{-6}$，最高$\pm 50 \times 10^{-6}$）。其他的 20 个状态字节作为保留，用户可自行定义。

S/PDIF 接口传输的是单端信号，常用的物理连接器是 BNC（或 RAC）和 TOSLINK 接插件，特性阻抗为 75Ω，信号低电平为 0 ~ 0.2V，信号高电平为 0.5 ~ 0.6V。纯电信号互连时为了防止串入电磁干扰和噪声，应该选择低阻视频电缆，不要用高阻双绞线。接收器中的格式转换 IC 通常用 3.3V 或 5V 电源，需要用电平转换电路进行幅度匹配。用光信号互连时应选择损耗较小的光导纤维，距离不要超过 15m，要注意延迟和时钟的沿抖动引起的误码和波形失真。

11.2.3　USB 音频接口协议

USB 是 1994 年由英特尔组织多家公司联合制定的 PC 机外设通用串行总线标准，最初用在个人计算机上，2001 年 USB OTG 标准制定后移植到便携式电子设备上。现在 USB 接口在 PC 机上应用最为广泛，主要用来连接键盘、鼠标、打印机、移动硬盘、U 盘、摄像头、扫描仪等各种计算机外设；在安卓操作系统的手机上主要用来连接计算机用来传输文件，连接适配器为手机充电，连接头戴式耳机用来传输 5.1 或 7.1 声道环绕立体声，因为 3.5mm 的 TSR 耳机接口不支持多声道。而苹果手机上只有 Lightning 接口而没有 USB 接口。

1. USB 的系统结构

USB 系统是主从结构，其系统框图如图 11-6 所示，多个设备通过 USB 缆线或集线器（Hub）连接到主机上形成一个星状网络，由主机管理接入的所有的设备。管理方法是给每一个设备分配一个唯一的地址，发送给设备的数据在总线上广播，设备接收数据对号入座，即只接受发送给自己的数据。设备地址是 7 位，故最多只能连接 127 个设备。直接连接主机的集线器（Hub）称为根 Hub，在根 Hub 上最多只能连接 5 层 Hub，最底层的 Hub 只能接设备，不能再接 Hub。在逻辑上每一个设备只能看见主机而看不见其他的设备，故设备只能与主机通信，各个设备之间不能直接通信。

主机与设备之间的通信是通过管道（Pipe）进行的，管道的另一端连接到设备的端点（Endpoint）上，管道中传输的基本数据单元是包（Packet），多个包组成一个事物（Transaction），多个事物组成一个传输（Transfer）。

2. USB 接口中描述符的概念

USB 协议的最大特点是用描述符进行编程，描述符相当于设备的名片，描述了设备的属性和可配置信息，主机获得设备的描述符就可以知道该设备的类型和用途、通信的参数等信息，主机就能对它进行配置，使双方用相同的参数工作。协议中规定了以下 7 种描述符。

（1）设备描述符：记录可能的配置数，包括 USB 协议版本号、设备类型、厂商 ID（VID）和产品 ID（PID）、设备版本号、厂商字符串索引、

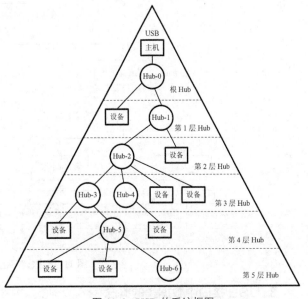

图 11-6　USB 的系统框图

产品字符串索引、设备序列号索引等。

（2）配置描述符：主要记录配置所包含的接口数、配置的编号、供电方式、是否支持远程唤醒、电流需求量等。

（3）接口描述符：主要记录接口的端点数、接口所使用的类、子类、协议等。

（4）端点描述符：主要记录端点号及方向、端点的传输类型、最大包长度、查询时间间隔等。

（5）字符串描述符：记录一些方便使用者阅读的附加信息，如生产厂家、产品信息等。它出现在设备描述符、配置描述符和接口描述符中，这个描述符是可选的，不用时把字符串索引值设置成零即可。

（6）接口关联描述符：把多个接口定义为一个接口，例如图11-7中接口2和接口3通过关联描述符定义了一个IAD。

（7）设备限定描述符：双速设备非工作速率的返回信息。例如设备工作在全速模式时，该描述符返回它工作在高速模式下的信息。

USB的描述符之间的关系式层次结构，从上到下分为设备、配置、接口和端点，如图11-7所示。描述符是为了方便编程而抽象出来的概念，可以把设备比拟为终端，主机要和连接在USB总线上的某个终端通信，就要通过描述符在主机和终端之间搭建一个临时的管道，设备、配置和接口描述符就是搭建管道的软件工具，端点描述符就是描述终端特性的软件工具。管道建立后就可以进行数据传输。USB有4种数据传输方式：控制传输、批量传输、中断传输和等时传输。

主机与一个端点的通信结束后就拆除管道搭建在主机和另一个终端之间，这样就实现了一个主机和多个终端通信的方案。

USB协议中规定一个设备可以有多个配置，但是同一时刻只能有一个配置有效。每个配置下又可以有多个接口。当我们需要不同的功能时，只要选择不同的配置即可。端点的地址长度是4位，故一个配置中最多只能有16个端点。同一个端点号（地址）不能出现在同一个配置下的两个或多个不同的接口中，但可以出现在不同的配置中。

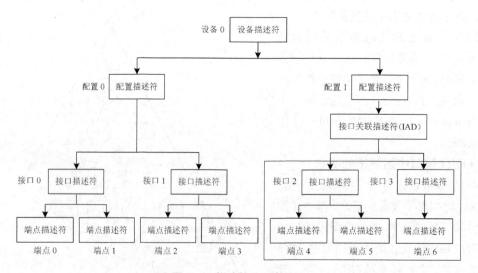

图11-7　描述符的层次关系

3. USB 接口中数据类的概念

连接在USB接口上的设备是五花八门的电子硬件，如一个鼠标、一个U盘和一个打印机。不同设备的功能、特性、功耗各不相同。为了让主机快速识别和驱动这些设备并保证无差错通信，必须把不同的设备按功能分类，就像我们用碗盛饭、用碟子盛菜和用盆盛汤一样。设备分类以后，就可以根据其特性制定适合的控制方式、信号格式和传输速率等参数。这样不同的开发者设计同一类设备时就能用统一的协议进行开发和认证，从而保证了同类设备在各种应用场合的兼容性。USB 2.0 协议中设备类的名称表见表 11-1。

表 11-1 USB2.0 协议中设备类的名称表

基本类	描述符联系层	描述
00h	设备	在接口描述符中使用类信息
01h	接口	音频类
02h	Both	通信类（CDC）
03h	接口	人机界面类（HID）
05h	接口	物理类
06h	接口	图像类
07h	接口	打印类
08h	接口	大容量存储类
09h	设备	Hub
0Ah	接口	通信数据类
0Bh	接口	智能卡类
0Dh	接口	内容安全类
0Eh	接口	视频类
0Fh	接口	个人保健类
DCh	Both	诊断装置类
E0h	接口	无线控制类
EFh	Both	杂类

USB 协议是一个层次结构，但层次之间不是线性规模关系，协议制定者认为设备是复杂功能模块，而端点是简单功能模块。绝大多数终端实体可包含较多个接口，但这些接口只隶属于一个配置下。这样规定就能利用现有的 USB 协议描述任意大小的终端，故所有的数据类只有层次级较低的接口层描述符。有的实体不是终端，还可以连接其他实体，例如 Hub 的描述符就定义在设备层。有的实体其功能跨越了多个数据接口类。例如通信类实体，会包含无线类、图像类、视频类、音频类和其他接口，故联系层定义为 Both。未来这种复合实体会越来越多，例如穿戴电子设备可归入诊断装置类或杂类。当现有的设备类描述符不能描述创新的设备功能时，USB 协议就需要升级。

4. USB 音频接口子类

音频技术包括语音通信、声音合成、声音识别和高保真音乐。如果用 USB 音频类描述如此广阔的应用，就显得没有条理而无从下手，故必须从音频信号的物理特征和应用技术出发归类成更有条理的操作，为此协议中把音频接口又细分成 3 个子类：音频控制接口子类、音频流接口子类和 MIDI 流接口子类。

本文只把 USB 音频作为音乐源，没有涉及声音合成技术，故只介绍控制接口和音频流的功能，MIDI 接口子类从略。

（1）音频控制接口子类的功能

音频控制接口子类通常称为音频控制类接口，它是音频类接口中的默认接口，通常编号为 $0^\#$ 主要用来描述与信号幅度有关的参数，如信源的选择、混音、增益控制等功能。

（2）音频流接口子类的数据类别

音频流接口子类又分为 Type I、Type II、Type III 3 种类别：Type I 是按物理时序采样点为单位的数据流格式，每一个采样点由一个数据表示，PCM 信号就符合这种格式。只要不影响以样本为单位的规定，这种格式也可以传输码率压缩音频流，只不过效率会降低。用 Type I 对多声道数据是交叉传输的，例如双声道数据的次序是 $[A_1, B_1], [A_2, B_2], \cdots, [A_n, B_n]$，括号里的 A_x 和 B_x 是在同一时间采样的，符合以样本为单位的规定，在解码器中按 $A_1, A_2, \cdots, A_n$；$B_1, B_2, \cdots, B_n$ 提取出数据，可以还原出双声道音频数据。

Type II 针对码率压缩信号制定的格式，虽然 Type I 也能传输压缩数据，但必须要以样点为单位独立传输，效率较低。这里可以把几个样点编码到一个比特流中，解码后不按原精度恢复，与 Type I 相比能用更少的压缩数据传输同样的原始数据，虽然声音有损，但能有效减小带宽，传输效率很高。

Type III 是更灵活的传输格式，可以把多个码率压缩数据打包成为伪立体声采样数据后按 PCM 信号传输，既能保持原始的采样率信息，又能从数据中准确恢复时钟。这种格式的带宽高于 Type II 但低于 Type I。这种格式的好处是无压缩数据和压缩数据能一起传输，非常适合传输变速率信号。

在 USB 协议中音频流接口子类描述符通常是用来描述与传输有关的参数，如声道数、采样频率、量化长度、编码类型和传输模式等。

（3）音频流数据包的结构

音频数据的最小单位是子帧，子帧是只装载一个采样点的音频数据单元，每个子帧包含整数个字节，字节范围是 1 个、2 个、3 个、4 个。虽然如此，但并不限制用非整数字节的量化长度采样，例如可以把一个 12 比特的数据装载到 2 字节长度的子帧中，只要在描述符中正确配置就行。

帧是由一组子帧组成的并且在时间上同时采样的音频数据，例如把不同声道的子帧组合成帧，双声道数据流的一帧有 2 个子帧，5.1 声道数据流的一帧有 6 个子帧，单声道数据流的帧和子帧的数量相等。同一个帧中的子帧里定义的数据大小必须一致。帧组成音频流，音频流组成 SUB 数据包（Packet），一个包中只能包含整数个音频流，包中如果没有音频流必须用分隔符（0 长度的数据包）代替。

5. USB 音频类设备的拓扑结构

USB 协议中音频类不是独立的设备，而是一个接口，这种定义并不影响一个独立的 USB 音频终端设备的设计。因为设备、配置和接口都是协议中的抽象名词，设计独立的 USB 音频实体时完全可以定义一个任意的设备描述符，然后在下层的配置描述符中定义一个或几个接口描述符指向不同的端点就可以。通常控制接口默认为 0# 接口，音频流接口通常为 1# 接口，人机界面接口（HID）是 2# 接口，如果需要其他接口，编号依此类推。

最底层的端点描述符映射的是终端的硬件实体，为了用软件描述实体中的功能定义了两类端点描述符：单元和端口。它们又细分为表 11-2 中的 7 种描述符。

表 11-2 音频类中的端点描述符

单元描述符（UD）	端口描述符（TD）
混音器单元（Mixer Unit）	输入端口（Input Terminal）
选择器单元（Selector Unit）	输出端口（Output Terminal）
特征单元（Feature Unit）	
处理单元（Processing Unit）	
扩展单元（Extension Unit）	

混音单元描述符（MU）描述的是 n 路信号加法器，就是常说的混音器，把 n 路音频数据按比例

组合成一路数据流。例如两路信号等比例混合，执行的算法是（A+B）/2。选择单元描述符（SU）描述的是 n×1 的信号选择器，功能是从 n 路输入信号中选择一路输出。特征单元描述符（FU）描述的是参数调整功能，例如音量控制、静音、声道平衡等。处理单元描述符（PU）描述的是信号处理功能，例如滤波器、傅里叶变换等。扩展单元描述符（EU）描述的是其他音频功能，如时钟、微处理器、频率合成等，也包含用户自己制定模块。在 USB 2.0 协议中增加了专门的时钟源描述符。

端口描述符中定义了两类端口：输入端口（IT）和输出端口（OT），输入端口（IT）表示一个音频信号流入实体的起始端，输出端口（OT）表示一个音频信号流出实体的结束端。

一个典型的 USB 音频类的拓扑结构如图 11-8 所示，音频控制接口（0#）中包含 13 个端点，其中 6 个是端口，7 个是单元。图 11-8 中把控制接口中的所有的实体（6 个端口+7 个单元）集中起来画在右边的框图中，这样可以看清楚各个单元和端口之间的电气连接关系。在实际编程中是用编码值书写成程序格式表示的。音频流接口（1#）中包含的端点中没有实体，这个端点只需用软件描述声道数目、采样率和字长等信息就可以了。也就是说音频流接口中的端点参数隐含在控制接口的实体中。

实际的音频设备中还可能包含一些其他的功能，如显示节目的液晶屏、选择曲目的按键等。因此图 11-8 中增加了视频接口和 HID 接口，这些接口中所包含的端点本图没有画出。

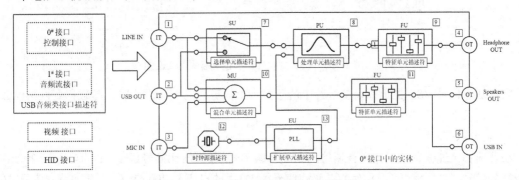

图 11-8　典型的 USB 音频类的拓扑结构

6. USB 接口的电气特性

立体声音频所需的速率为 1.4412Mbit/s（CD），USB 1.0 就能满足要求，考虑到留有裕量，商品 USB 音频芯片都是基于 USB 2.0 规范设计的，故本节只介绍 USB 2.0 的电气特性，而且是只应用于音频的简化特性。

（1）USB 电缆线的名称、电压和电流

USB 接口用一根四线电缆为设备供电和双向传输信号，四根线按序号命名为 V_{BUS}、D−、D+和 GND，电源线 V_{BUS} 与 GND 之间的标称电压为 5.0V，给低功耗设备供电时允许的电压是 4.4～5.25V，最大输出电流 100mA；给高功耗设备供电时允许的电压是 4.75～5.25V，最大输出电流 500mA。我们所用的 USB 音频接口属于低功耗设备，图 11-9 所示的是低功耗设备的最坏压降拓扑图，显示出各个节点的最低允许电压，低于这些电压兼容性就会遇到问题。

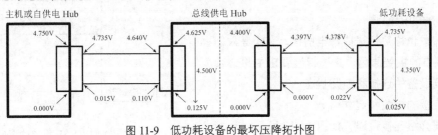

图 11-9　低功耗设备的最坏压降拓扑图

（2）信号特性

USB 数据信号是由 D+和 D−两根差分线在+3.3V 逻辑电平下产生的,传输过程中会出现空闲状态、差分状态和单端状态，分别介绍如下所示

1）空闲状态

如图 11-10 所示，主机端有两个 15kΩ 的下拉电阻，低速设备端 D−线上有 1.5kΩ 的上拉电阻，全速设备端 D+线上有 1.5kΩ 的上拉电阻。当设备连接到主机上时，如果一根线上的电压高于 2.8V，而另一根线上的电压接近于 0V，这种状态就是低速和全速下的空闲状态。在高速模式下主机和设备端都有 45Ω 的端接电阻，在没有驱动的情况下，D+和 D−均处于低电平状态（0.4V），故高速模式的空闲状态是低电平。

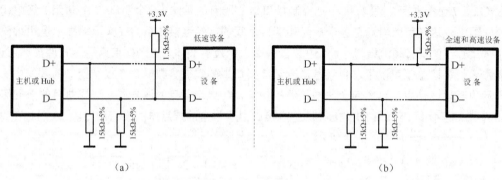

图 11-10　USB 主机接口和设备端的电气连接

需要注意的是 USB 主机和设备芯片中的下拉和上拉电阻是能随时挂载、卸载和更换其他数值的，否则就不能实现热插拔和速率自适应功能。

2）差分状态

在低速和全速模式下，在设备端检测到信号线 D+上的电压比信号线 D−上的电压高 200mV 时，表示差分信号"1"；信号线 D−上的电压比信号线 D+上的电压高 200mV 时，表示差分信号"0"。在高速模式下检测法则相同，但电压差值要高于 360mV。

3）单端状态

单端 0 状态（SE0）：把数据线 D+和 D−上电平均为低的逻辑电平定义为 SE0；单端 1 状态（SE1）：把数据线 D+和 D−上电平均为高的逻辑电平定义为 SE1。

SE0 一般用于复位信号，复位条件是 SE0 状态保持 10ms；SE1 没有在规范中使用，被认为是无效状态。

协议中还定义了数据的 J 状态和数据的 K 状态：低速模式下，D+为 0，D−为 1 是 J 状态，K 状态则相反；全速和高速模式下：D+为 1，D−为 0 是 J 状态，K 状态则相反。

根据上述定义，低速设备的空闲状态是 K 状态；全速设备的空闲状态是 J 状态；高速设备的空闲状态是 SE0 状态。

7. 即插即拔检测

即插即拔也称热插拔或带电插拔，这就是人们喜欢 USB 接口的主要原因。这一特性要求主机必须能动态地检测设备的连接和断开状态。

（1）连接的检测和建立

这里先介绍连接过程，如图 11-11 所示，连接分

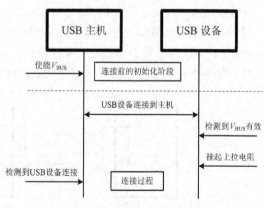

图 11-11　USB 设备的连接过程

两个阶段：连接前的初始化和连接过程。

在初始化阶段，主机端要使能 V_{BUS} 保持在有效状态，D+和 D–保持 SE0 状态。设备端不能向 V_{BUS} 供电，确保线上的电压小于 400mV。

当低速和全速设备连接到主机时，设备端的 V_{BUS} 从 0V 上升到 5V，设备检测到 V_{BUS} 的电压变化后会挂载 D+或 D–线上的上拉电阻，当主机检测到某一根数据上的电压上升到 2.8V 以上时认为有设备连接，发出一个复位（RESET）信号给设备让其继续完成初始化过程，初始化完成后连接就建立成功。

当高速设备连接到主机时，先与主机用上述方式建立全速设备的连接，然后再通过高速设备握手协议切换到高速模式，过程见后述。

对于没有检测能力的 V_{BUS} 设备，可以利用主机发出的复位信号建立自主的连接方式。

（2）断开的检测和实现

设备断开检测有其特殊性，因为设备端也是通过对 V_{BUS} 的电压变化检测实现断开的，对于只用总线供电的设备，设备从主机连接中移出后 V_{BUS} 随之断电，设备无法继续工作，讨论检测就没有意义。故断开检测是基于设备移除后仍能继续工作为前提讨论的。断开过程如图 11-12 所示。

对于支持 V_{BUS} 检测的低速和全速设备，一旦检测到 V_{BUS} 电压低于 4.01V 时即可以认为该设备已经从主机连接中断开，接下来设备要卸载 D+或 D–上的上拉电阻来确保下次量检测的初始化状态是正确的。

主机端由于端口上有 15kΩ 的下拉电阻存在，设备移出后 D+或 D–上 1.5k 电阻随设备一起移出，端口电压下降到零。协议规定主机检测到 D+或 D–上的电压小于 0.8V，并维持最小 2μs 的时间长度，主机就认为设备已经断开。

对于连接高速设备的高速主机，协议规定当 D+和 D–上的差分信号电平差不小于 625mV 时，检测模块必须认为设备已经断开。但实际上由于工艺的误差，不同产商生产的芯片，主机断开检测电压可能不同，为 525 ~ 625mV。主机是通过检测帧开始的包结束来判断设备是否断开，而帧开始的间隔是 125μs，当设备断开后最长在 125μs 内可检测到设备断开。

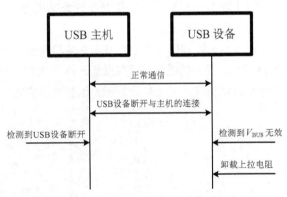

图 11-12 USB 设备的断开过程

8. 速度检测

USB2.0 规范中定义了三种速度模式：低速（1.5Mbit/s）、全速（12Mbit/s）和高速（480Mbit/s）。不同 USB 设备所具有的传输速率不同，例如鼠标和键盘的数据速率很低，设计成低速类型就可以，而移动硬盘必须设计成高速或超高速（USB3.2/10Gbit/s）模式，否则传输时间就会长到不可忍受。CD 唱片采样速率是 44.1kHz×16bit×2= 1.4412Mbit/s，使用 USB1.1 就能满足要求，为了使信号流畅，设计时通常留有冗余，绝大多数 USB 音频设备都设计成全速模式。

现在的 USB 主机绝大多数支持高速模式，而且向超高速模式过渡（USB3.2/10Gbit/s）。这就要求主机对任何一种 USB 设备都能正常枚举和配置，即向下兼容。

USB 设备在不同速度下差分信号的电气性能不一样，只有主机和设备都工作在相同的速度类型下，电气性能才能匹配，双向传输的数据才能被正确解析，故连接检测完成后还要进行速度检测。

低速和全速设备的速度检测很简单。如图 11-10 所示，低速设备的 D–线上有一个 1.5kΩ±5%的上拉电阻，全速设备的 D+ 线上有一个 1.5kΩ±5% 的上拉电阻，主机或 Hub 的端口上有 15kΩ±5% 的下拉电阻，当主机与设备连接后，D+ 或 D− 上的电压会升高到 2V 以上，主机根据哪根线上有上拉电阻来判断设备的速度类型，如果 D− 线上有上拉电阻就识别为低速设备，如果 D+ 线上有上拉电阻就识别为全速设备。

高速设备在连接检测时是以全速设备连接到主机上的，完成连接检测后主机会对设备发送复位信号，高速设备收到复位信号后会主动发起高速设备握手协议，如果主机不支持高速设备，高速握手失败，只能工作在全速模式下。同样，全速设备连接在高速主机上时，由于设备无法发起高速握手协议，最终主机和设备都会工作在全速模式下。

USB 高速设备与主机的电气连接如图 11-13 所示，设备与主机建立连接后在未执行高速握手协议之前只是一个全速设备，D+ 线上挂载有 1.5kΩ 的上拉电阻。高速设备的数据线是电流源驱动的，高速主机在 D+ 和 D− 线上都有一个 17.78mA 的电流源，主机在发送复位信号时还在数据端口上挂载了 45Ω 的端接电阻，与原来 15kΩ 的下拉电阻并联后近似等于 45Ω。设备端一个电流源先加载到 D− 线上持续至少 1ms，于是 D− 线上产生大约 800mV 的电压，这就是 Chirp K 信号。这个信号在复位开始后 7ms 内结束。主机或 Hub 端在检测到 Chirp K 信号结束之后的 100μs 内，主机交替发送 Chirp K 和 Chirp J 信号，信号是连续的，中间没有空闲状态，每一个单独的 Chirp K 信号和 Chirp J 信号的持续时间为 40～60μs。在设备端至少要收到 3 对 Chirp K 和 Chirp J 信号之后，才能认为是一个有效的 Chirp 信号，设备必须在 500μs 内完成下列切换过程。

（1）卸载 D+ 线上 1.5kΩ 的上拉电阻。

（2）在 D+ 和 D− 线上挂载 45Ω 的终端电阻。

（3）进入高速模式。

进入高速模式后主机（或 Hub）端和设备端都挂载了 45Ω 的终端电阻，并联后为 22.5Ω，于是导致 D+ 和 D− 线上的电压幅度降低到一半（大约 400mV 左右），变成正常的高速 J、K 信号。到此，高速握手协议完成，主机和设备都工作在高速模式下。

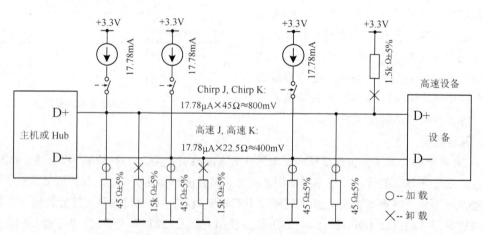

图 11-13 USB 高速设备与主机的电气连接

11.2.4 SD/TF 存储卡协议

首先介绍一下储存器和存储器的概念。储存器是指容量巨大、位元成本极低、读/写速度较慢、不经常频繁检索、适合于长期存放信息数据的介质，如硬盘、磁带机和磁鼓等设备。存储器则是容量可大可小、读/写速度快、位元成本高、经常频繁检索、暂时或长期存放信息数据的介质，如 SDRAM、

EEPROM 和闪存等器件。过去这两个名词经常混用，只是在最近几年人们才认识到必须区别两者的差异才能准确地表达出电子存储设备的含义。

1. SD 卡简介

本文介绍的安全数值存储卡是一种基于闪存技术的存储设备，简称 SD 卡，根据上述定义属于存储器而不是储存器。SD 卡是在 1999 年由日本松下、东芝及美国闪迪公司联合研制的闪存"存储器"。

SD 卡以其体积小、功耗低、高可靠性、可擦写、非易失性等优点不断发展壮大，并成为主流的存储媒介之一。如果在耳机放大器中增加一个小小的 SD 卡接口，耳机放大器就变成了一台自带音源的播放器，从而摆脱了 CD 唱机而独立放声，这就是本文介绍 SD 卡的原因。

与 SD 卡同时期诞生的闪存卡还有 U 盘、CF 卡、记忆棒、SM 卡、MMC 等。经过 20 多年的竞争和市场选择，现在 SD 卡和 CF 卡迅速发展壮大，其他卡基本上消失或衰落。SD 卡和 CF 卡分别由 SD 卡协会（SDA）和 CF 卡协会（CFA）维护协议和推进发展。最近 10 年 SDA 受到市场应用的推动和来自 CFA 的竞争压力，加快了协议版本的更新速度，陆续发布了 SD4.0 ～ SD8.0 规范，5 个最具代表性的 SD 卡版本见表 11-3。

表 11-3　5 个最具代表性的 SD 卡版本表

	SD1.1	SD2.0	SD3.01	SD6.0	SD8.0
卡类型	SD MiniSD MicroSD	SD MiniSD MicroSD	SD MicroSD	SD	SD
卡标志	SD	SDHC SD	SDXC SDHC	SDUC SDXC SDHC	SDEX SDUC SDXC SDHC
文件格式	FAT16	FAT32	FAT64	FAT64	FAT64
总线接口	NS	HS	UHS-Ⅰ	UHS-Ⅲ 5 级	NVMe 1.4 PCIe 3.0/4.0
针脚	9/8	9/8	17	17	17（单通道） 27（双通道）
总线速率 （MB/s）	12.5	25	104	624	2000（单通道） 4000（双通道）
最大容量 （GB）	2	32	32GB ～ 2TB	32GB ～ 2TB	32GB ～ 128TB
应用场合	音频， 数据	音频， 数据	音频，视频，数据	8K 电视 全景摄像	AI，通信， 视频监控
发布时间	2004	2006	2009	2017	2020

传输音频信号不需要太高的速率，SD1.0 协议足以满足要求。不过目前市面上最常见的是带 SDHC 标志的高速 SD 卡，即支持 SD2.0 协议规范的卡。这种卡有 3 种尺寸，如表 11-4 所示。其中 SD 卡常称为大卡或 SD 卡；MiniSD 卡称为小卡；MicroSD 称为微型卡，由于 MiniSD 卡现在已很少见到，故常把 MicroSD 称为小卡。更常见的名字是 TF 卡。TF 卡是闪迪公司独立发明的，因为闪迪公司是 SDA 的发起公司之一，所以在 2004 年 SDA 将 TF 卡纳入 SD 卡的家族，并命名为 MicroSD。

三种卡的区别是 SD 卡上有一个机械式写保护开关，MiniSD 和 MicroSD 上没有写保护。这两种小卡也可以通过转接器（卡套）插在 SD 卡插槽中当作 SD 卡使用。

支持 SD1.1 协议的 TF 卡的时钟频率是 25MHz，理论最高读/写速率是 12.5MB/s，最大容量为 2GB；

支持 SD2.0 协议的 TF 卡的时钟频率是 50MHz，理论最高读/写速度是 25MB/s，最大容量为 32GB。高速 TF 卡是目前市面上性价比最好的存储卡。一个 32GB 的 TF 卡只有成人的小拇指甲大小，容量相当于 45 张 CD，能存储 800～1000 首无压缩歌曲，非常适合于作小型便携式耳机放大器的节目存储器。这种卡也广泛应用在手机、电子手表、MP3 播放器等小型电子设备中。

表 11-4　SD 卡的 3 种形状和基本参数

	SD/SDHC 卡	MiniSD/SDHC 卡	MicroSD/SDHC 卡
形状和大小	单位：mm　24　2.1　32GB　SD HC CLASS④　32	单位：mm　20　1.4　32GB　mini SD HC　21.5	单位：mm　11　1.0　32GB　micro SD HC　15
面积	768mm^2	430mm^2	165mm^2
体积	1613mm^2	602mm^2	165mm^2
厚度	2.1mm	1.4mm	1.0mm
重量	约 2g	约 1g	约 0.5g
针脚数	9 针	11 针	8 针
文件系统	FAT16/32	FAT16/32	FAT16/32
操作电压	2.7～3.6V	2.7～3.6V	2.7～3.6V
写保护	有	无	无
版权保护	CPRM	CPRM	CPRM
兼容性	…	用转接器兼容	用接换器兼容
最大容量	2/32GB	2/32GB	2/32GB

2. SD 卡的总线连接方式

（1）SD 总线模式

SD 总线连接方式如图 11-14 所示。所有卡使用公共的时钟信号 CLK、电源 V_{DD} 和 V_{SS}，命令总线 CMD 和数据总线 D0～D3 是独立的。上电后 SD 卡默认使用数据线 D0，主机可以通过初始化来改变线宽。命令在 CMD 线上串行传输，命令可以用单机寻址或呼叫方式发送，响应是对之前命令的回答，可以来自单机或所有卡；D0～D3 为 4 个双向的数据信号线。

（2）SPI 总线模式

SPI 是一种同步串行通信模式，主控制器与单卡通信只使用 4 根信号线：串行时钟线（SCK）、输出线（Dout）、输入线（Din）和片选信号线（CS）。当 SPI 总线上挂接多个卡时，每个卡需要

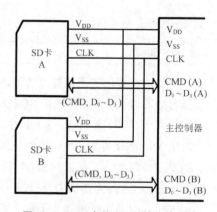

图 11-14　SD 卡的 SD 总线连接方式

一个片选信号，如图 11-15 所示。

SD 卡启动时，默认采用 SD 方式。它将在 CS 信号有效（低电平）时接收一个复位命令才能进入 SPI 方式。如果该卡认为必须停留在 SD 方式，那么它将不应答这个命令并继续保持在 SD 方式。如果可以转换到 SPI 方式，则用应答来回应。一旦进入 SPI 方式后而要返回 SD 方式的唯一办法是复位后重新上电。

由于卡在上电时总是处于 SD 方式，软件复位（CMD0）命令必须附带一个合法的 CRC 字节，一旦进入 SPI 总线方式，CRC 字节就被默认为失效。

SPI 总线连接方式的优点是主控制器编程简单，用任何 MCU 都能按 SPI 协议实现对 SD 卡的读/写控制，缺点是传输速度比 SD 总线连接方式低。

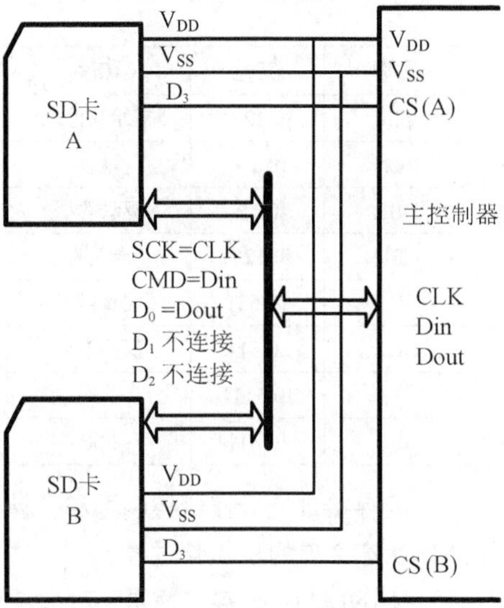

图 11-15　SPI 总线连接方式

3. SD 卡的结构

SD 卡不是一个纯粹的器件，而是一块有多个元器件的电路板，内部功能模块如图 11-16 所示。从功能上可划分为接口驱动、卡接口控制器、寄存器组、闪存接口、Nand flash 存储器和上电检测 6 部分。通常闪存是一个独立的芯片，其他功能集成在另一个芯片上。

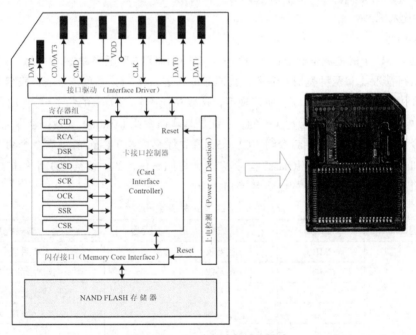

图 11-16　SD 卡的内部功能模块

接口驱动是 SD 卡与外部主控制器的接口电路。卡接口控制器的功能是接收卡外主控制器发来的命令和数据，把数据拆包后经由闪存控制器存入闪存；并从闪存中读取数据，打包后发给主控制器。

寄存器组存放卡支持的特性或者参数，可通过特定的指令进行读取。SD2.0 协议定义了 8 个寄存器作为存储卡与主控制器交互的接口，其中 4 个寄存器（OCR、CID、SCR、CSD）描述卡的详细信息，2 个寄存器（RCA、DSR）配置操作参数，另外 2 个寄存器（SSR、CS）描述强制性状态信息见表 11-5。主控制器可通过专用命令访问这些寄存器，获得卡所支持的特性或设置参数。

表 11-5　SD 卡上寄存器简介

名称	位宽	功能	描述
CID	[0:127]	初始化信息	制造商代号，OEM 代号，制造商信息
RCA	[0:15]	地址	多卡驱动时当前 SD 卡的地址
DSR	[0:15]	驱动等级	主控制器通过设置该寄存器来确定数据和命令 I/O 端口的驱动等级
CSD	[0:127]	卡信息	记录卡的详细信息，包括超时容限、命令组和数据组长度
SCR	[0:63]	配置信息	协议的版本号，数据总线宽度，擦除后归零还是归一
OCR	[0:31]	操作条件	电压范围
SSR	[0:511]	状态	专用功能
CSR	[0:31]	状态	执行主控制器命令后的状态

　　闪存接口是卡接口控制器和存储器直接的接口电路。上电检测是完成卡插入卡槽后卡上电路进入工作状态之前的初始化过程。

　　NAND Flashi 存储器是一种非易失性存储器，基本存储单元是场效应晶体管，栅极与硅衬底之间有二氧化硅绝缘层，当对浮置栅极进行充电（写数据）后电荷不会泄露而一直保持着，所以闪存具有电压记忆功能。擦除和写入均是基于隧道效应原理进行的，电流穿过浮置栅极与硅基层之间的绝缘层，对浮置栅极进行充电（写数据）或放电（擦除数据），写入（充电）时必须要先擦除（放电）才能正确写入。为了提高容量和缩小体积，现在大容量闪存都采用多层结构。

4．命令组和命令

（1）主要命令

　　主控制器对 SD 卡的控制是通过命令进行的，主控制器对 SD 卡发命令，并通过 SD 卡的响应来判断对命令的执行情况。有两种类型的命令，普通命令和进阶命令。普通命令是为兼容 MMC 卡而设置的，进阶命令是 SD 卡的专用命令。协议规定，按照功能不同 SD 卡的命令分为 12 个组（Class0～Class11）。其中有 5 个命令组是强制执行的，它们是基本命令组（Class0）、数据读取命令组（Class2）、数据写入命令组（Class4）、擦除命令组（Class5）和进阶命令组（Class8）。有 2 个命令组是可选的：写命令组（Class6）和锁卡令组（Class7）。其余的命令组是保留的，留给 SD 卡的扩展功能中使用。表 11-6 只列出了 7 个组命令组中的命令名字和功能。

表 11-6　SD 卡的命令组和命令

命令组	命令	参数	应答	命令的功能
基本命令组 Class 0	CMD0	[31:0]无效	无	软件复位命令
	CMD1	[31:0]无效	无	读取卡的 CID 寄存器
				获取或改变卡当前地址 RCA
				设置 DSR
	CMD8	[31:0]无效 [31:0]无效 [31:0]无效		选择当前操作的卡
	CMD9			提取卡的 CSD 寄存器
				提取卡的 CID 值
	CMD12			连续数据操作停止
				提取卡当前状态寄存器
				使卡进入未激活状态

续表

命令组	命令	参数	应答	命令的功能
基本命令组 Class 0				设定数据块长度
数据块读命令组 Class 2	CMD17			单数据块读
	CMD18			连续据块读
数据块读命令组 Class 4	CMD23			
	CMD24			连续据块写
	CMD25			CSD 寄存器写
写保护命令组 Class 6				设定写保护
				清除写保护
				提取写保护状态
擦除命令组 Class 5	CMD32			设定擦除的起始地址
	CMD33			设定擦除的结束地址
	CMD38			擦除操作
锁卡命令 Class 7				锁卡命令
进阶命令组 Class 8	CMD55			进阶命令指示
	CMD58			通用读/写命令
	ACMD6			设定数据线宽度（1bit/4bit）
	ACMD13			提取卡的当前状态
	ACMD22			提取无错写入块数
	ACMD23			设定预擦除写入块数目
	ACMD41			提取 OCR 寄存器值
	ACMD42			连接/断开 SAT3 的上拉电阻
	ACMD51			提取 SCR 寄存器值

（2）命令格式

每个命令的长度是 48bit，其中各有 1bit 的开始和停止位，7bit 的 CRC 校验码。命令在 CMD 线上传输，最高有效位（MSB）在前，最低有效位（LSB）在后，如图 11-17 所示。SD 命令以 1bit 二进制数 0 开始，接着是 1bit 传输位，这里数据 1 表示 SD 主控制器发出的命令，然后是命令内容和 7bit 的 CRC 校验信息，最后以 1bit 二进制数 1 结束。

图 11-17　SD 命令的格式

（3）命令响应格式

命令响应有两种格式，长度是 48bit 或 136bit，取决于它们的内容。响应的内容和命令的内容非常相似：以 1bit 二进制数 0 开始，接着的 1bit 传输位，然后是命令内容和 7bit 的 CRC 校验信息，最后以 1bit 二进制数 1 结束（图 11-18）。这里数据传输位用 0 来表示 SD 卡的响应信息。

响应内容是 Rx 代码，48bit 响应的响应代码为 R1（状态信息），R3（OCR 寄存器），R4（CMD5 响应），R5（CMD52 响应），R6（RCA 寄存器）；136bit 的响应代码为 R2（CID 或 CSD 寄存器）。

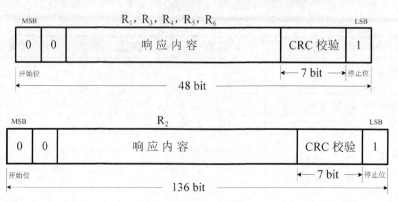

图 11-18　SD 命令响应格式

（4）数据包格式

无论用 1bit 传输方式还有用 4bit 传输方式，数据包都是以 1bit 二进制数 0 开始，1bit 二进制数 1 结束的。数据块的长度是 4096bit，CRC 校验码的长度为 16bit。

图 11-19 所示的是 1bit 数据包传输格式。数据包仅在 D0 线上传输，以 1bit 二进制数 0 开始，之后数据块从 MSB（第 4095 位）依次顺序排列到 LSB（第 0 位）。数据块之后是 16 比特 CRC 码，数据包最后以 1bit 二进制数 0 结束。

图 11-19　1bit 数据包传输格式

图 11-20 所示的是 4bit 数据包传输格式。数据包在全部 $D_0 \sim D_3$ 线上传输，每个线上的格式与 1bit 传输方式相似，均以 1bit 二进制数 0 开始，到 1bit 二进制数 1 结束，CRC 校验码都是 16bit。区别是数据块的排列方式不同，在这里排列成[1024×4]的矩阵形式。数据块从 MSB 开始，依次在 D_0 至 D_3 上各放置 1bit，周而复始循环，直到放完 LSB 后结束。每根线上的数据块长度是 1bit 模式的四分之一。

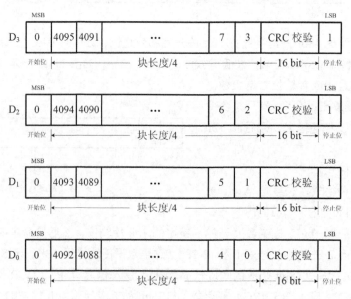

图 11-20　4bit 数据包传输格式

5. 主控制器

主控制器是 SD 卡与主机系统之间的转换桥，一端通过系统总线连接主机，另一端通过 SD 总线连接到 SD 卡。早期的主机控制器是一个独立的器件，现在已集成到主机中，主机芯片上只留有一个卡槽供 SD 卡插拔。符合 SD2.0 规范协议的主控制器结构如图 11-21 所示，由 7 个功能模块组成。

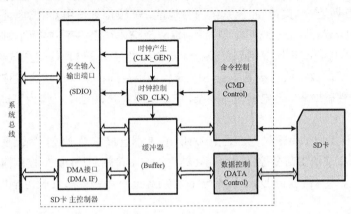

图 11-21　主控制器结构

（1）安全输入输出端口（SDIO）模块

这个模块有两个功能：实现主控制器与系统总线的连接和通信；设置 SD 卡上控制器的寄存器。作为系统总线与 SD 主控制器的接口要产生以下信号。

1）总线宽度控制信号：8～64 位，与系统总线相匹配。

2）字节使能信号：宽度 4 位，可使能 1Byte、4Byte 和 8Byte 数据。

3）总线电压选择信号，在 SD1.0 和 SD2.0 中固定为 3.3V。

4）中断信号：包含 DMA 传输错误中断、CRC 校验错误中断、数据传输超时中断、插拔卡中断、命令完成中断、操作忙中断等。

5）系统相关的逻辑信号：主要是系统地址寄存器译码逻辑和 CPU 寄存器读/写逻辑。

主控制器自身也带有一些命令寄存器，不同版本的协议中命令寄存器的数量和功能不完全相同，SD1.0 和 SD2.0 标准协议中规定的主要寄存器见表 11-7。

表 11-7　主控制器中的寄存器

寄存器名	SD1.0	SD2.0
命令产生（Command Generation）	M	M
回复（Response）	M	M
缓冲器数据端口（Buffer Data Port）	M	M
主机控制（Host Control）	M	M
中断控制（Interrupt Controls）	M	M
容量（Capabilities）	M	M
强制事件（Force Event）	NA	M
先进的存储器直接访问（ADMA）	NA	O
共有权限范围（Common Area）	M	M
软件复位（Soft Reset）	M	M

注：M：强制性的

O：可选择的

NA：不可用

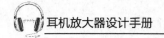

（2）DMA 接口模块

直接存储器访问（DMA）是一种高效率数据读/写技术。在 SD1.0 标准规范中定义的 DMA 称为 SDMA，只支持 32 位系统内存地址，在每个页面边界会产生 DMA 中断，会打断 CPU 重新编程新的系统地址，传输效率受到限制。在 SD2.0 标准规范中定义了新的 DMA 传输算法 ADMA，不仅支持 32 位的系统内存地址，也支持 64 位系统内存地址，32 位地址使用 64 位地址寄存器中的低 32 位。主机驱动在执行 ADMA 前把一系列的数据传输编程成描述符表，在不中断主机驱动的情况下能把数据块从 SD 的闪存地址空间直接复制到系统存储器的地址空间，这种传输方式称为 ADMA 读取；也可以把系统地址空间的数据块直接复制到 SD 卡的闪存空间，这种传输方式称 ADMA 写入。显然 ADMA 明显提高了传输效率，但电路较为复杂，在 SD2.0 标准规范中只作为可选择功能应用在高性能 SDHC 卡中。

无论在进行何种 DMA 传输时，都是由 DMA 控制器直接掌管总线。因此在 DMA 传输前，系统 CPU 要把总线控制权交给 DMA 控制器，而在结束 DMA 传输后，DMA 控制器应立即把总线控制权再交回给系统 CPU。一个完整的 DMA 传输过程必须经过 DMA 请求、DMA 响应、DMA 传输、DMA 结束 4 个步骤。

（3）缓冲器（Buffer）模块

SD 卡主控制器是一个异步系统，系统中有两个时钟域，与系统 CPU 和系统内存通信的模块采用系统时钟；与 SD 卡通信的模块（图 11-21 中灰色部分）采用 SD 卡时钟。缓冲器起到同步作用，即用系统时钟向缓存器写入数据，用 SD 卡时钟从缓存器读出数据。

缓冲器在接收来自 SDIO 模块的数据时总线控制权由系统 CPU 掌控，要产生一些标志位信号，由 SDIO 产生的输出信号控制缓冲器的操作；在接收来自 DMA 模块的数据时总线控制权由 MDA 掌控，系统 CPU 不参与控制，可用于执行其他功能。

缓冲器的异步读/写会产生地址冲突现象，即同一时刻读/写电路的地址指针指向同一个地址时会产生读/写打架问题，其结果会引起数据错误，必须用专门技术解决这一问题。

（4）时钟产生（CLK_GEN）模块

因为这个主控制器要支持 SD1.0/2.0 两种卡，故 CLK_GEN 模块要产生 25/50MHz 两个时钟。通常的方法是用单个石英晶体振荡器和 PLL 电路合成多个时钟。主控器中是同时使用时钟的上升沿和下降沿触发逻辑电路，故输出为脉冲方波要求平均占空比为 50%，准确度控制在 45%～55%，高电平不能小于时钟周期的一半。

（5）时钟控制（SD_CLK）模块

这个模块提供的时钟分为 3 个阶段。当卡插入卡槽后，控制器要花费一些时间识别卡的信息，这个阶段控制器需要提供 100～400kHz 的时钟频率。当识别成功后进入正常工作阶段后，时钟频率要视卡所支持的版本升高到 25MHz 或 50MHz。当卡拔出后就不需要任何操作了，在这一阶段要控制时钟进入休眠状态或停振。

实际电路中主控制器管理的状态更细致一些，如卡识别阶段包括空闲状态、准备完成状态和初始化状态。工作阶段包括备用状态、传输状态、发送数据状态、接收数据状态、数据处理状态。卡拔出阶段包括电压跌落状态和未连接状态。不同的状态要求不同的时钟频率，在状态机转换期间时钟频率也要同步切换。

SD_CLK 时钟还受卡时钟使能（SD Clock Enable）信号和卡总线电源（SD Bus Power）信号的控制，协议对控制后的时钟电平有要求，见表 11-8。

表 11-8　时钟电平变化表

卡时钟使能（SD Clock Enable）	卡总线电源（SD Bus Power）	SD_CLK 的状态
从 0 变到 1	0	L
从 0 变到 1	1	H
从 1 变到 0	0	H
从 1 变到 0	1	L
0	不关心	L
1	从 0 变到 1	H
1	从 1 变到 0	从 H 变到 L

（6）命令控制（CMD Control）模块

这个模块的功能是给 SD 卡发布命令，接收 SD 卡的命令响应，并校验命令响应的错误。命令包的格式如图 11-17 所示，命令响应包的格式如图 11-18 所示。命令包和命令响应包中都包含 7 位 CRC 校验码。

（7）数据控制（DATA Control）模块

这个模块的功能是给 SD 卡发送数据和接收 SD 卡的数据，并校验数据传输中产生的错误。当总线设置为 SD 模式时数据总线的宽度是 4 比特，数据在命令的格式如图 11-20 所示；当总线设置为 SPI 模式时数据总线的宽度是 1 比特，数据在命令的格式如图 11-19 所示；数据包中包含 16 位 CRC 校验码。

实际上 SD 卡控制器很少以独立的器件形式存在，多数是集成在 SOC 和系统的多媒体应用处理器（MAP）中，例如本章后述的蓝牙音频芯片中就集成了一个 SD 主控制器。在一些规模较小的系统中也可以用 PFGA 或 MCU 上用可编程硬件或软件模拟 SD 主控制器功能，虽然传输效率没有集成主控制器高，但简单灵活，所需的成本很低。

11.2.5　连接器和调理电路

音频设备之间的物理互连是通过连接器实现的，连接器也叫接插件，由插座、插头和线缆组成。连接器有源和无源之分，有源连接需要调理电路。本小节主要介绍用于数字音源接口的各种连接器和调理电路。

1. AES3 接口和 S/PDIF 接口

（1）XLR 连接器

XLR 连接器是美国 Cannon 电子公司的 James H. Cannon 发明的，最初命名为 Cannon X 连接器，后来加了弹簧锁（Latch）和包裹了橡胶（Rubber），演变成 Cannon XLR 连接器，简称为 XLR 插件，国内也称为卡侬连接器。

标准的 XLR 连接器如图 11-22 所示，插头用来连接线缆，有针插头和孔插头之分；插座安装在机箱上，也有针插座和孔插座之分。按照通用惯例，针插座用在信号的输出端，孔插座作为信号的输入端。

图 11-22　标准的 XLR 连接器

523

卡侬连接器有两芯、三芯、四芯和多芯等规格，最常见的是三芯，分别为地端 1、热端 2（正极）和冷端 3（负极）。早期的卡侬插座内径是 20mm，插头外径是 15mm，比较笨重。为了适应在小型和便携式设备上使用，有的产商设计了迷你型卡侬连接器，插座内径是 10.5mm，插头外径是 8.4mm。

AES3 接口的互连要求是特性阻抗为 110Ω，数字脉冲的低电平为 0.2V，高电平为 2～7V，最大输出电流 64mA，最长传输距离为 100m。XLR 连接器在不加均衡器的条件下能满足这些指标，而且具有抗外界干扰能力强、弹簧锁定不易拉脱、接插件信号流向容易识别等优点。

卡侬接收插座的经典调理电路见第 9 章中的图 9-33，爱好者 DIY 时脉冲变压器不容易买到，可用 AM 收音机的中周的工字形骨架绕制，初、次级都用直径 0.12mm 的高强度漆包线双线并绕 8～12 圈，绕好后装入中周罩中，安装在 PCB 上时中周罩接低电平以增强 EMS 能力。也可用微型锰锌磁环绕制，视磁环孔径大小用 0.15～3mm 的高强度漆包线双线并绕 8～15 圈，由于是闭环磁路可以不屏蔽，EMS 特性不如中周变压器。这两种自制的脉冲变压器带宽均大于 3MHz，能很好地传输数字音频信号。

（2）BNC 和 RCA 连接器

20 世纪初美国贝尔实验室的 Paul Neill 发明了直插型 N 型同轴连接器。Amphenol 公司的工程师 Carl Concelman 发明了带螺纹 C 型同轴连接器。BNC 就是综合这两种端子的结构而产生的，形状如图 11-23 左图所示，插座和插头都不分发送端和接收端，而是两端通用。BNC 连接器有 50Ω 和 75Ω 两个版本，前者常用于通信系统，后者多用于音视频系统。不同阻抗的连接器可互相兼容，50Ω 连接器的适应性更好，与其他阻抗的电缆连接时，传输出错率低，不过信号可能出现反射现象。

BNC 连接器优点是阻抗特性良好，能与电缆实现良好的阻抗匹配。插头上的斜导槽能与插座上的突轴旋卡得很牢固，不会因拉力而脱落。能够在高频和高压条件下工作，如 100GHz 和 100V。非常适合传输数字音频信号，常用在专业和高端民用音视频设备中。

RCA 连接器是美国无线电公司用于留声机的插头和插座，RCA 是取公司名称的缩写，形状如图 11-23 右图所示，与 BNC 一样也不分发送端和接收端。插头外壳和同轴电缆的外层连接在一起接地电平，插头中心的钉和传送信号的中心电缆导线连在一起传输信号。在插座里圆桶面和外壳是一体的，中心的洞内部镀金或镀银用来减小接触电阻和防止生锈。连接时通过物理压力使插头的狭筒形外壳和插座的光滑圆柱筒保持紧密接触，插拔快捷方便，后来变成民用视音频通用连接器，国内称为莲花座。

这种连接器的显著优点是结构简单，价格低廉，有效带宽虽不及 BNC，但仍有数兆赫兹，传输模拟音频和标清电视信号已经足够。但它的缺点也很明显，阻抗不确定，不能与电缆线形成良好的阻抗匹配，插座的圆柱筒很容易受磨损而生锈。线缆的接口处的屏蔽能力差，容易产生 EMI 和 EMS，不适于传输数字音频信号。

BNC   RCA

图 11-23 BNC 和 RCA 连接器

（3）TOSLINK 连接器

TOSLINK 是东芝连接（Toshiba Link）的缩写，这是日本厂商在 20 世纪 80 年代开始普遍使用的光纤连接器，在发送端进行电光转换，用光导纤维把信号传输到接收端再进行光电转换，从而完成数字音频信号在不同设备之间的互连。TOSLINK 连接器和光缆如图 11-24 所示，发送器和接收器结构不同，常用的发射器型号是 TOTX147/173，接收器型号是 TORX147/173/179。

传输光缆有塑料和石英两种：廉价的塑料光缆用直径 1.0mm、数值孔径（NA）0.5mm 的 PMMA 芯塑料光纤制作，护套为阻燃 PVC 材料，有黑、红、蓝等颜色。单股光纤护套外径为 2.2mm，多股光纤有 4.0mm、5.0mm 等数种，光缆长度通常小于 5m，塑料光缆损耗较大，极限传输极限长度大约为 10 米。石英光缆是用纯度特别高的石英玻璃（以 SiO_2 为主要成分）制作线芯，线芯是波导状结构，具有高折射率、高带宽和低损耗等特性。护套用低折射率的有机或无机材料制成，有柔软和手感好的特点。玻璃光纤特性优良但售价较高。

图 11-24   TOSLINK 连接器和光缆

2. AES3 接口和 S/PDIF 接口的调理电路

AES3 接口的调理电路见第 9 章中的图 9-33。这是一种高质量的差分接口，虽然有些机器上安装了卡侬接口，但调理电路却是单端连接，这就丧失了抑制共模干扰的优点。S/PDIF 接口的调理电路如图 9-32 所示。在标准规范上这种接口的电平较低，不能驱动接收芯片的 TTL 或 CMOS 逻辑电平，需要设置脉冲放大和整形电路。S/PDIF 接口的另一种接口器件是光电转换器，如图 9-31 所示。这种器件内部有光电三极管，对信号有放大作用，外部不需要放大和整形电路。

3. USB 接口连接器

由于 USB 接口连接器在主机和 Hub 端只能用 A 型连接器，在设备端只能用 B 型连接器。每一端的插座和插头又分为普通型、Mini 型和 Micro 型。这些因素导致连接器种类繁多，目前仅连接器的插头类型就有 10 种之多，如图 11-25 所示。

USB 总线是迄今为止唯一能同时传输信号和供给电能的串行总线，应用的广泛程度是任何其他总线不能比拟的。它的最大缺点是连接器分正、反面，不能盲插，插反了有插不进的弊端，就是眼睛看着插也不一定能辨明正、反面。而且由于插头和插座种类繁多，一台设备上通常只有一种类型的插座，所以经常会出现连接器的插头与设备上的插座不匹配的现象。

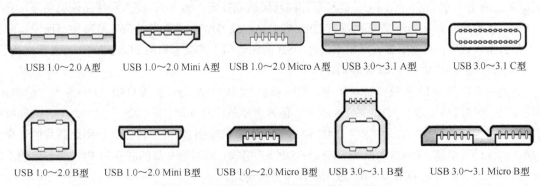

| USB 1.0～2.0 A 型 | USB 1.0～2.0 Mini A 型 | USB 1.0～2.0 Micro A 型 | USB 3.0～3.1 A 型 | USB 3.0～3.1 C 型 |

USB 1.0～2.0 B 型   USB 1.0～2.0 Mini B 型   USB 1.0～2.0 Micro B 型   USB 3.0～3.1 B 型   USB 3.0～3.1 Micro B 型

图 11-25   USB 连接线上的各种插头形状示意图

USB 标准化组织为了解决物理接口规范不统一，需要仔细分辨正、反面的弊端，于 2014 年 8 月伴随着 USB 3.1 标准发布了 C 型连接器（USB Type-C）。这是一个全新的连接器，具有下述特点。

（1）支持正、反对称插拔，解决了实际使用中插反了而无法插入的问题。

（2）接口纤薄，可支持更加轻薄的设备。

（3）支持单口和双口数据传输，最高速率可达到 10Gbit/s。

（4）支持更大功率传输，与 USB-PD 配合最大可达 100W（20V/5A）。

（5）支持双向功率传输，即可供电也可接收电。

由于 C 型连接器目前价格较贵，USB 物理连接器混乱的局面还会持续几年时间，最终无论什么版本的 USB 接口都会统一使用 C 型连接器。图 11-26 所示的是 C 型连接器的引脚定义图。

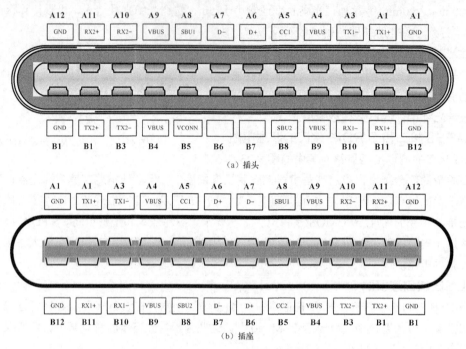

图 11-26　C 型连接器的引脚定义图

4. USB 音频接口调理电路

市面上有 3 种芯片可用于 USB 音频调理电路，一种是专门的 USB 音频桥，它能把 USB 音频流转化成 AES3 或 I^2S 音频流，这种芯片比较专业，功能单一，售价较高，多用在专业音频设备中；第二种是带 USB 接口的音频 CODEC，这种芯片的音频功能齐全，有 MIC 输入和线路输出功能，集成度高，常用来设计 USB 声卡；第三种是带 USB 接口的音频 DAC，这种芯片只有音频输出而没有音频输入，可选型号较多，价格低廉，常用来设计 USB 有源音箱。本文选择的 PCM2706C 就属于这类芯片。

（1）PCM2706C 中的 USB 音频功能

这是一个全速 SUB 音频接口双声道 DAC，符合 USB 2.0 规范，支持 USB 1.1 音频类中的描述符，能把 USB 音频流转换成 S/PDIF 或 I^2S 格式，但两者不能同时输出，只能选择其中之一。内部集成了带数字音量控制的 16 位 Δ-Σ 立体声 DAC 和 12mW 的耳机输出放大器。本设计是用此芯片的音频流转换功能作为调理电路，把 USB 音频流转换成 S/PDIF 格式，送到第 9 章中的图 9-34 中作为多路输入信号中的其中一路。同时把 DAC 和耳机放大器作为监听电路。

图 11-27 所示的是数据手册上给出 USB 音频类描述符拓扑图，有 3 个接口：音频控制接口 0#、音频流接口 1# 和 HID 接口 2#。还有 3 个端点：默认端点是 0# 端点，另外 2 个是 2# 端点和 5# 端点。

音频控制接口 0# 为默认接口，这个接口中有两个端子：输入端口 IT、输出端口 OT。还有一个特征单元 FU，单元中的 DAC 具有可编程增益衰减功能，可用来支持音量控制和静音控制，可控制再 0 ~ −64dB，步长为 1dB。每 $\frac{1}{f}$ s 时间间隔增加或减少一个步长（即 1dB）。每个通道衰减值必须单独设置，不支持联动。FU 只提供了基本的音量控制功能，且在音频流接口之后，故音量控制不影响 S/PDIF 或 I^2S 输出幅度。

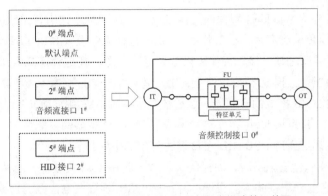

图 11-27　PCM2706C 中的 USB 音频类描述符拓扑图

音频流接口 1# 中只有一个配置端点（2#端点），可用于配置音频流的参数，见表 11-9 中的数据格式、传输模式和采样率参数。表 11-9 中的零带宽是备用设置，其他两项是操作设置。

表 11-9　音频流接口的参数

设置	数据格式			传输模式	采样率（kHz）
00	零带宽				
01	16 比特	立体声	PCM 二进制补码	自适应	32，44.1，48
11	16 比特	单声道	PCM 二进制补码	自适应	32，44.1，48

HID 接口 2# 用于人机界面操作，也就是中断输入接口。用户通过芯片引脚 PUNC0～3、HID0～2 上的按钮开关可以把下面 7 项操作情况报告给主机。

1）静音（0xE2）

2）调高音量（0xE9）

3）降低音量（0xEA）

4）播放/暂停（0xCD）

5）停止（0xB7）

6）上一首（0xB6）

7）下一首（0xB5）

每一个按钮的操作都会产生一个中断输入，HID 接口每 10ms 报告一次 HID 状态，主机接收到报告后会即时处理中断请求。可见 HID 接口虽然不是音频类中的接口，却常伴随着 USB 音频设备完成人机交互功能。

（2）PCM2706C 应用电路

本电路的设计思路是把该芯片当作 USB 音频桥使用，即把 USB 音频流转换成 S/PDIF 音频流，利用 PC 机硬盘中储存的海量音乐节目替代 CD 作为耳机放大器的数字音源。把芯片中的 DAC 和音频放大器作为监听电路，不用监听时设定在静音状态。

实际应用电路如图 11-28 所示，芯片设计为 V_{BUS} 供电，工作在低功率模式下，S/PDIF 输出。有关这些状态的设计引脚见表 11-10。

表 11-10　PCM2706C 工作状态设计引脚

引脚	FSEL	HOST	/SSPND	PSEL
H	S/PDIF 输出	500mA	芯片工作	V_{BUS} 供电
L	I^2S 数据输出	100mA	芯片挂起	自供电

数字音源的路径是从 Windows 界面的文件目录下，从硬盘中读出音频数据，在 USB 接口中变换成差分信号从 D+、D-传输到芯片，在芯片中把 USB 音频流转换成 S/PDIF 音频流从 DOUT 引脚输出到耳机放大器的光纤或同轴输入接口用作耳机放大器作音源。在这种模式下 DAC 衰减器的全部功能都可以应用，这些功能是：播放/暂停、停止、上一首、下一首、音量+、音量-、静音。如果把 FSEL 引脚接地，也可以输出 I²S 格式的音频流，但需要 3 个引脚，占用了 DOUT（I²S 数据）、FUNC1（I²S 位时钟）和 FUNC2（I²S 系统时钟），在这种模式下 DAC 衰减器的只能用"音量+""音量-"和"静音"功能。这些功能都是通过 USB HID 接口描述符中的中断报告实现的。

当 DAC 衰减器在满刻度输出时，后面的音频放大器在 16Ω 负载下，芯片的最大工作电流不大于 35mA。故芯片设置在低功率模式下。虽然芯片采用 USB 总线供电，但仍需要一个输出电压 3.3V 的 LDO 电源，否则芯片不能完成从 USB 主机移去后的断电检测。

从热插拔检测原理上讲，总线供电很忌讳在 V_{BUS} 线上增加任何具有时间常数的器件。但厂家提供的演示板的 V_{BUS} 线上有一个 LC 低通滤波器，虽然对抗干扰和噪声有好处，但会影响插拔检测的可靠性，设计时不要随意增加 LC 时间常数。

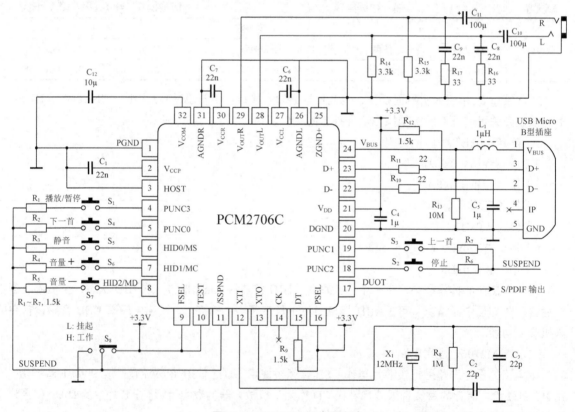

图 11-28　PCM2706C 应用电路

5. SD/TF 卡连接器

SD/TF 卡连接器也称为 SD/TF 插槽或插座，常见的结构有推拉式、卡锁式、自弹式和翻盖式等，大部分插座的引出脚是直插式结构，能直接焊在 PCB 上。优质的卡槽接触片弹性好，接触面镀金，接触电阻小（<10mΩ），插入手感良好，拔出时按一下会自行弹出，能无故障插拔 10 万次以上。图 11-29 所示的是 SD/TF 卡槽和引脚定义图。

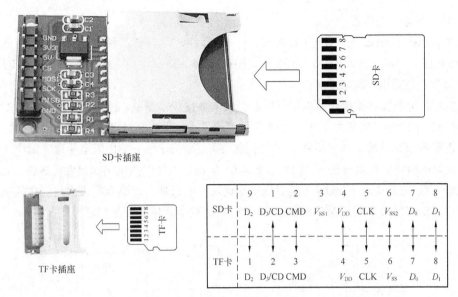

图 11-29　SD/TF 卡槽和引脚定义

6. SD/TF 卡调理电路

对于一个用于高保真耳机放大器的 SD 卡主控制器来讲，主要的功能是从 SD 卡中读取音频数据送到 CODEC 中解码后实时播放，另一个功能就是从 PC 或手机中下载音频节目存储到 SD 卡中。能完成这两个任务的主控制器功能框图如图 11-30 所示。

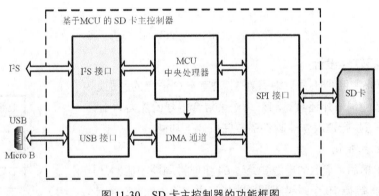

图 11-30　SD 卡主控制器的功能框图

在业余条件下要实现这个 SD 卡主控制器的功能，选用增强型单片机是一个简单实用的方法。这个单片机需要满足下列条件。

（1）时钟频率大于 40MHz，大多数指令为单时钟周期指令，指令处理速度大于 20MIPS。

（2）带有硬件 SPI 总线，中断系统能响应 SPI 产生的中断。

（3）具有 DMA 通道。

（4）程序存储器空间大于 8KB，数据存储器空间大于 512Byte。

（5）工作电压与 SD 卡兼容。

在单片机上实现 SPI 总线有软件和硬件两种方法。软件法是在普通 I/O 口上用程序模拟 SPI 总线的时序；硬件法是在单片机中嵌入 SPI 电路。硬件上电后就能工作，软件有指令执行时间，故硬件速度比软件模拟法快得多。现在已经有相当多的 MCU 带有 SPI 硬件接口，可以通过寄存器把 4 个 I/O 端口配置成 SPI 端口，这样就可以直接用表 11-6 中的命令操作 SD 卡的读/写，既能减轻软件的编程工作量，又可以提高读/写速度。

传统单片机是 HMOS 工艺制造的，最低工作电压为 4.5V。现代高性能单片机多采用低功耗 CMOS 工艺，工作电压为 1.8～5.5V。而 SD 卡的工作电压为 2.7～3.6V，故应该选用 3.3V 工作电压的单片机，这样就可以省去逻辑电平转换电路。

尽管如此，仍然要注意因逻辑电平不匹配引发的数据传输错误。因为 MCU 端口定义为 CMOS 逻辑电平，而 SD 卡的端口定义为 TTL 逻辑电平。两种逻辑电平的 0、1 电平范围不同，如图 11-31 所示。逻辑电平匹配的原则是输出高电平最小值大于输入高电平最小值；输出低电平最大值小于输入低电平最大值。显然在相同的电源电压下，CMOS 电路驱动 TTL 电路时高电平满足匹配条件，而低电平不满足；反过来 TTL 电路驱动 CMOS 电路时低电平满足匹配条件，而高电平不满足。主控制器与 SD 卡之间的接口是双向接口，故用 MCU 驱动 SD 卡时必须要考虑电平匹配问题。

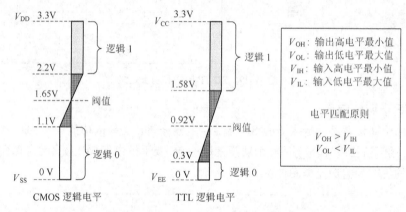

图 11-31　CMOS 和 TTL 的逻辑电平图

7. 主控制器软件设计

主控制器的软件用 C51 语言编写。C51 语言与 C 语言的区别是：除了继承 C 语言的语法外还具有和汇编语言混合编程的能力，编译后的代码长度短而执行速度快。软件需要完成以下功能。

（1）SD 卡的初始化

SD 卡插入卡槽后，卡上的电源要经过 64 个时钟周期才能上升到正常工作电压，再等待 10 个时钟周期后才能与主控制器的时钟同步，之后自动进入 SD 总线模式。主控制器在 SD 总线模式下向 SD 卡发送软件复位命令字 CMD0，若此时片选信号 CS 处于低电平，则 SD 卡进入 SPI 总线模式，否则 SD 卡仍停留在 SD 总线模式。SD 卡进入 SPI 总线模式时会发出响应，若主控制器读到的命令响应字为 01 时，即表明 SD 卡已进入 SPI 总线模式，此时主控制器即可不断地向 SD 卡发送激活命令字 CMD1 并读取 SD 卡的响应，直到读取到命令响应字为 00 以后表明 SD 卡已完成初始化过程。初始化完成后进入空闲状态，等待读/写操作。SD 卡初始化软件流程图如图 11-32 所示。

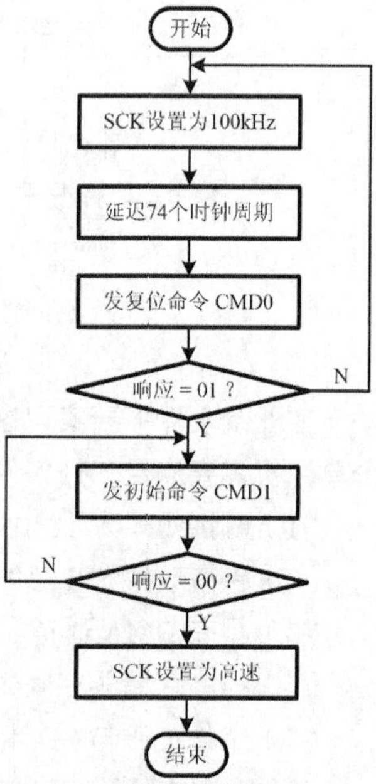

需要注意的是，主控制器向 SD 卡发送命令字 CMD0 时 SD 卡处于 SD 总线模式，此时要求每一个命令都要有正确的 CRC 校验码，故必须在命令字 CMD0 的 CRC 码填写 95H。在发送命令字 CMD1 时，SD 卡已处于 SPI 总线模式，

图 11-32　SD 卡初始化软件流程图

而 SPI 总线模式不需要 CRC 校验码，此后所有命令的 CRC 校验码都可以忽略。

为了提高初始化的成功率，主控制器在初始化过程中传送给 SD 卡的时钟频率应低于 400kHz，在本流程中选择的是 100kHz，其实还可以更低一些。初始化结束后时钟频率应设置到正常数值，并使 SD 卡进入空闲模式，等待接收读/写命令。

（2）SD 卡单个数据块读/写

主控制器向 SD 卡写入数据时需要发送写数据块命令字 CMD24，在接收到 SD 卡的命令响应字 00h 后，再发送数据起始标志 FEh，然后发送 512 字节数据，并后跟两字节的 CRC 校验码。当收到 SD 卡的命令响应字为 E5h 时，即表明 SD 卡可正确接收数据，之后 SD 卡的输出接口变为低电平，表明正在写 SD 卡，当输出接口变为高电平时表明写操作完成。写操作软件流程图如图 11-33（a）所示。

读数据块的命令字是 CMD17，命令响应字是 FFh，读操作的流程与写操作相似，如图 11-33（b）所示。

在数据块后跟随着 2 个字节的 CRC 校验码，可以用处理命令字后的 7 位 CRC 码的方法来处理，即 MCU 在打包数据时不用计算生成数据块后的 16 位 CRC 数值，只需填写 0xFF 即可。这就是单片机主控制器只用 1bit 数据线就能从 SD 卡实时播放立体声音乐的原因，它的理论根据是音频数据在允许的误码率下对音质的影响可以忽略不计。

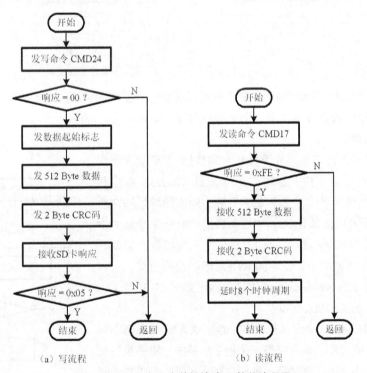

图 11-33　SD 卡单个数据块读/写软件流程图

（3）SD 卡多个数据块连续读/写

主控制器向 SD 卡写入多个数据块时需要发送连续写命令字 CMD25，在接收到 SD 卡的命令响应字 00h 后，主控制器向 SD 卡循环发送数据起始标志、数据和 CRC 校验码，每发一个数据包总数据块计数器减 1，减到 0 时，全部数据块写完。多个数据块连续写操作软件流程图如图 11-34（a）所示。

多个数据块连续读命令字是 CMD18，命令响应字是 FFh，读操作的流程与写操作相似，如图 11-34（b）所示。

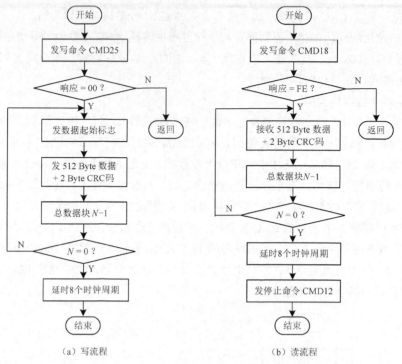

图 11-34　SD 卡多个数据块读/写操作软件流程图

虽然连续使用 CMD17 和 CMD24 命令也能实现多个数据块的读/写,但效率没有 CMD18 和 CMD25 命令高。尤其数据块数目 N 较大时,效率能提高 1 倍。

（4）SD 卡的擦除

SD 卡在数据写入之前必须先擦除原有的数据,否则就会出现错误。执行擦除操作时主控制器向 SD 卡发送 CMD32 命令和 CMD33 命令,这两个命令字中分别包含要擦除的起始地址和结束地址,这两个命令的响应都是 R1。主控制器接收到结束地址命令的响应后再向 SD 卡发送擦除命令 CMD38,之后主控制器需要一些时间等待擦除命令的响应,当收到 R1b 后表明擦除完成,可以开始进行写操作。SD 卡的擦除操作软件流程图如图 11-35 所示。

（5）SD 卡数据的 DMA 读/写

用 CMD18 和 CMD25 命令执行的多个数据块连续读/写必须有 MCU 参与才能完成操作,单片机是一个指令集系统,指令执行是按程序流程一条一执行的,每执行一条指令就要经历一个或数个时钟周期。这就造成了数据传输中有许多间隔,如果去掉这些间隔就能进一步提高传输速率,DMA 就是基于这个原理提出的。

设计一个不需要 CPU 参与操作的传输通道是一项难度较大的工作,不过现在一些高性能的单片机具有 DMA 通道,可以利

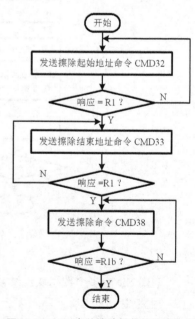

图 11-35　SD 卡的擦除操作软件流程图

用现成的 DMA 功能在 USB 和 SPI 之间架起一个桥梁。这样就给主控制器提供了从 PC 机或手机的 USB 接口向 SD 卡下载歌曲的快速通道,这种方法比 CMD18 和 CMD25 命令快 3 ～ 4 倍。

（6）软件 I^2S 功能

I^2S 是飞利浦公司为数字音频设备之间的音频数据传输而制定的一种总线标准,现在已广泛应用

在数字音频集成电路中。在图 11-30 所示的用 MCU 模拟 SD 卡主控制器的功能图中，唯有 I²S 总线接口在各种增强型单片机中没有见到，需要用软件来实现。

I²S 总线是双声道串行总线，由以下 3 个信号组成。

1）串行时钟 SCLK，也叫位时钟（BCLK），对应数字音频的每一位数据 SCLK 都有 1 个脉冲。SCLK 的频率=2×采样频率×采样位数。

2）帧时钟 LRCK，用于切换左/右声道的数据。LRCK 为"1"表示正在传输的是左声道的数据，为"0"表示正在传输的是右声道的数据。LRCK 的频率等于采样频率。

3）串行数据 SDATA，是用二进制补码表示的音频数据，支持不同的长度，常见的有 16 位、20 位和 24 位。

为了使系统间能够更好地同步，在高可靠性设计中还需要另外传输一个主时钟信号 MCLK，也叫系统时钟，是采样频率的 256 倍或 384 倍。但 MCLK 信号是可选的，没有强制规定。

标准 I²S 总线的时序图如图 11-36 所示，数据的最高位总是出现在 LRCK 电平跳变后的第 2 个 SCLK 脉冲处。这就使接收端与发送端的有效位数可以不同。如果接收端能处理的有效位数少于发送端，可以放弃数据帧中多余的低位数据；如果接收端能处理的有效位数多于发送端，可以自行补足（插零）剩余的位。这种同步机制使数字音频设备之间的互连兼容性得到很大提高，而对信号质量会提高（插值）或略有损失（截短）。

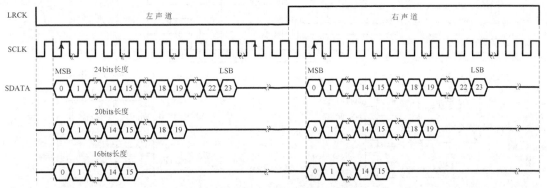

图 11-36　标准 I²S 总线的时序图

后来有些厂商为了使自身的产品呈现差异性，又研发出几种变形格式。根据 SDATA 数据相对于 LRCK 和 SCLK 的位置不同，分为左对齐和右对齐两种格式，时序图如图 11-37 所示。左对齐现在已很少使用，右对齐普遍应用在日本产品中，故也称为日本格式。标准 I²S 格式普遍应用在欧洲国家的产品中，由于是飞利浦首先提出的，故也称飞利浦格式。多种格式必然会产生混乱现象，在接口电路中就必须增加格式识别功能，这就提高了芯片设计的难度和成本。

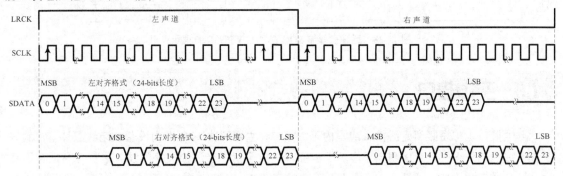

图 11-37　左对齐和右对齐格式时序图

用软件模拟 I²S 总线的时序对单片机是一个挑战。传输一个采样频率为 44.1kHz/16bit 编码的双声道数字音频信号，SCLK 的频率高于 1.4MHz，时钟频率为 50MHz 的增强型单片机勉强够用。如果想模拟 MCLK 信号则完全没有能力实现。

8. USB 音频接口和 TF 卡接口实际电路

集成电路和软件技术带来的好处是硬件电路越来越简单，因而学习的重点应转移到理解协议、熟悉芯片中的寄存器和软件编程等方面。图 11-38 所示的是一个蓝牙多媒体 SoC 芯片 CW6693F 的实际应用电路，引脚的第 47、48 分别是 USB 数据线 D−和 D+，连接到 USB 插座上，USB2.0 全速（12Mbit/s）主机和设备功能就实现成功。同样简单的是引脚的第 1、2 和 3 脚分别对应 TF 卡的数据、时钟和命令端口，引 3 根线分别与 TF 卡座的 DATA0、CLK 和 CDM 连接后，基于 SPI 传输模式的 TF 功能就实现成功。当然正常工作的前提是要先配置好管理这两个接口的寄存器。

这个芯片还可以用作后述的蓝牙耳机放大器接口，它支持蓝牙 4.2 标准，内置 SBC/MP3 解码器和 SBC 编码器，只要把 I²S 输出信号作耳机放大器的数字音频输入信号就可以实现，线路输出用于监听或弃之不用。花费很低的成本就能使耳机放大器同时具有 USB、TF 卡和蓝牙功能。

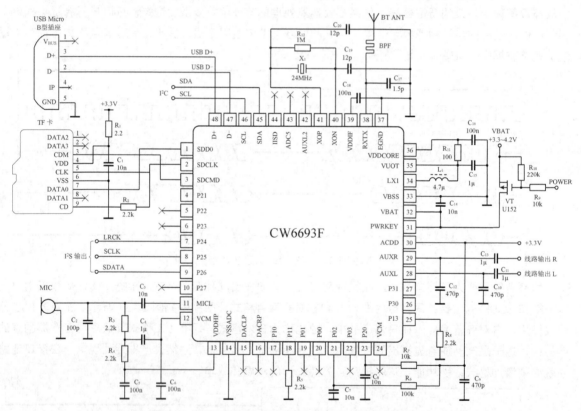

图 11-38　蓝牙多媒体 SOC 芯片 CW6693F 的实际应用电路

11.3　空中接口

空中接口也称短距离无线接口或室内无线接口，主要解决 10m 以内设备的无线互联。它的好处是摆脱了线缆的束缚，使桌面整洁干净。但也要解决抗干扰和音质损失等问题。本节介绍适合于耳机放大器的几种空中接口：蓝牙（Bluetooth）音频接口、PurePath™ 数字音频接口和红外音频接口。

11.3.1 蓝牙音频接口

蓝牙技术是由爱立信公司于 1994 年开发的,最初的想法是替代 RS-232 串行通信总线。1998 年 2 月,Ericsson、Nokia、IBM、Intel 和 Toshiba 发起并组建了"蓝牙特殊利益小组(SIG)",SIG 的任务是制定蓝牙技术标准。2020 底 SIG 成员的创始公司有 8 家,联盟公司超过 4000 家,会员超过 3 万家。现在蓝牙技术已遍布通信、物联网、医疗和健康等领域。产品丰富多彩,创新应用层出不穷,它们的最大特点是能够让各种设备在触手可及的范围里实现空中沟通,摆脱连线的束缚,为人们的工作和生活带来便利。

蓝牙技术发明至今,音频一直是最大的应用领域,幕后的推手是手机。2000 年爱立信公司发布了世界第一款蓝牙手机 T36,可以与内嵌蓝牙模块的头戴式耳机进行无线通信,当时的蜂窝手机还处于 2G 时期,GSM 的传输速率只有 9.6kbit/s,而 T36 的蓝牙传输速率是 GSM 的 75 倍。那时的蓝牙 1.1 的最高传输速率为 720Kbps,能传输铃声、语音和经过码率压缩的高保真音乐。自从 2010 年蓝牙 4.0 开始支持低功耗(BLE)模式后,BLE 才成为手机的标准配置,从此蓝牙芯片依附手机的高配置率,每年有超过 10 亿片的出货量,使蓝牙产品的产量和增长率都成为名列前茅的电子产品。

如果在高保真耳机放大器上增加一个蓝牙接口,不仅使耳机放大器摆脱了连线的束缚和麻烦,而且还可以通过蓝牙连接到手机(手机能连接到互联网或 4G/5G 移动通信网上),收听全世界的网络音乐和网络电台广播,节目源扩展到 5 大洲的 FM、DAB 电台和太空的广播卫星,从而给聆听者带来前所未有的体验。手机可以下载这些节目,通过蓝牙与耳机放大器和音响共享节目源。

由于蓝牙技术非常复杂,2019 年 12 月 31 日发布的蓝牙 5.2 核心协议的文本就有 3256 页。故本小节仅以耳机放大器的无线信源接口应用为基础,介绍与蓝牙有关的基本概念。

1. 蓝牙芯片的结构

虽然蓝牙技术一直在演进,但基本结构并没有改变,由控制器、主机和应用三部分组成,如图 11-39 所示。控制器由射频(RF)硬件、基带和链路管理软件组成,主机由嵌入式 MCU 和协议栈组成,应用层定义了使用主机功能的规范。

早期的蓝牙芯片是多芯片结构,最多由 4 个芯片组成:控制器、主机、应用和存储器,后来演进到 3 个和 2 个,现在的主流是单芯片结构。不过,所谓单芯片只是人眼看到的外形,内部则是双芯片合封结构,通常是蓝牙 SOC 与闪存合封。这是因为制造数字逻辑电路与非易失性存储器所用的制程有所不同,目前还不能集成在一个芯片上。

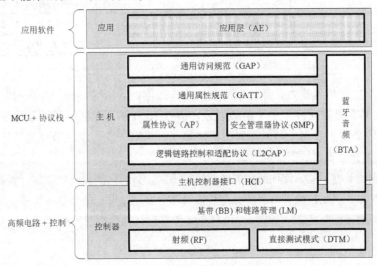

图 11-39 蓝牙芯片的结构组成

蓝牙芯片是集成电路技术、CPU技术、通信技术和软件技术的综合体，蓝牙芯片的特点是低成本、低功耗和高性能。现在大量出货的单片蓝牙芯片是用40~28nm工艺制造的，这一制程范围的工艺成熟，良率高，产量大，对降低成本非常有利。另一个重要因数是蓝牙芯片搭载在手机上借助其巨大的产量有效地摊薄了成本。

低功耗的基础是发射功率小，通常10mW的射频功率足以覆盖半径60m的无遮挡范围。桌面应用所需的传输距离不超过1.5m，只需1mW的射频功率就能胜任。虽然所需的发射功率小节省了射频输出功率，但蓝牙芯片的结构非常复杂，通常有几百万个晶体管，如果芯片本身的耗电量很大也不能实现低功耗。这得益于现在的CMOS技术，40nm制程工艺在1.8V电压下每千个晶体管的平均电流约为60μA。在这两个基础上借助于BLE模式才能使蓝牙芯片真正实现名副其实的低功耗。

高性能的前提是使用了相对简单和成熟的技术，例如芯片的主机控制中集成了80C51系列或ARM系列MCU，合封了快速闪存存放程序；调制方面，采用的是最小高斯频移键控GFSK方式；在纠错、检错方面，采用的是16位的循环冗余校验（CRC）以及1/3和2/3前向纠错编码（FEC）。这些技术与4G/5G通信芯片相比，要简单、成熟和廉价得多，经过长期应用和改进，性能更加优良且可靠性很高。

2. 蓝牙射频技术

（1）频带和射频信道

蓝牙射频电路工作在2.4GHz的ISM频段上，ISM频带是用于工业、科学、和医疗无线设备的全球通用开放频段，大部分国家的这个频带是2400~2483.5MHz，带宽为83.5MHz。在该频段里以1MHz的带宽间隔设立了79个射频跳频点。日本、西班牙和法国只划分了其中的一部分，在该频段里设立了23个射频跳频点，见表11-11。低功耗蓝牙（BLE）分为40个频道，每个频道带宽是2MHz。在低频段有2MHz的保护间隙，在高频段有3.5MHz的保护间隙。

表11-11 蓝牙的频段分配表

地区	频率范围	射频信道
欧洲和美国	2400~2485MHz	$f=2402+k$ MHz, $k=0, 1,\cdots,78$
日本	2471~2497MHz	$f=2473+k$ MHz, $k=0, 1,\cdots,22$
西班牙	2445~2475MHz	$f=2449+k$ MHz, $k=0, 1,\cdots,22$
法国	2400~2483.5MHz	$f=2454+k$ MHz, $k=0, 1,\cdots,22$
BLE	2400~2483.5MHz	$f=2402+2k$ MHz, $k=0, 1,\cdots,39$

（2）时隙

为了提高抗干扰和衰落能力，蓝牙采用跳频方式工作，信道被划分为许多时隙，每一个时隙占时625μs（±10μs），并且分别对应于一个跳频射频，每秒1600跳，跳频的排列顺序是随机的，由伪随机码控制发送与接收同步。在每一个微微网上的跳频序列是唯一的，由主节点的蓝牙设备地址决定，跳频序列的相位取决于主节点的蓝牙时钟。

由于数据分组的长度不同，传输所需要的时间就不同，有的只需要一个时隙，有的需要多个时隙，最多可扩展到5个时隙，因此数据有单时隙分组和多时隙分组。如果一个分组占用多个时隙，跳频频率就是开始传输分组时的时隙跳频频率。如图11-40所示，主节点在偶数时隙发送数据，从节点在奇数时隙发送数据。

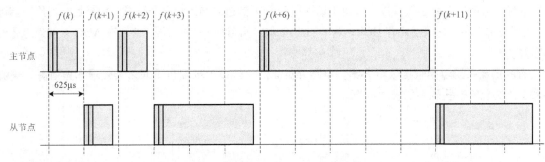

图 11-40　单时隙分组和多时隙分组时序图

（3）发射机功率和接收机灵敏度

经典蓝牙的发射功率分为 3 个等级：级别 1，发射功率为 20dBm（100mW），覆盖半径约为 100m；级别 2，发射功率 4dBm（2.5mW），覆盖半径约为 10m；级别 3，发射功率为 0dBm（1mW），覆盖半径为 1m。规范中规定了低功耗蓝牙的最大发射功率是 10dBm（10mW），最小发射功率不低于-20dBm（10μW）。接收灵敏度定义为误码率为千分之一的天线输入功率，规定为-70dBm，优良的芯片可达到-90dBm。

（4）调制方法和比特率

蓝牙的信道带宽已被限制为 1MHz，要提高传输速率只能从调制技术上想办法。直到蓝牙标准协议 5.2 发布为止，蓝牙体系中已采用了 3 种调制技术。基本的调制技术是高斯移频键控（GFSK），能提供 1Mbit/s 的最高传输速率，定义为基础速率（BR）。从蓝牙 2.0 开始引入π/4 差分 4 相差分移相键控（π/4 DQPSK）和 8 相差分移相键控（8DPSK）技术，使最高传输速率分别提高到 2Mbit/s 和 3Mbit/s，定义为增强速率（EDR）。在蓝牙 3.0 版本中利用交替射频技术把传输速率提高到了 24Mbit/s，原理是利用了蓝牙和 Wi-Fi 载波频率相同的特点，先用蓝牙协议建立起设备之间的连接，然后用 Wi-Fi 协议进行数据传输，定义为高速模式（HS）。这种借鸡下蛋的方法要求在蓝牙协议中嵌入 IEEE-802.11g 协议。如果两个组网的蓝牙设备中有一个没有内部建立 Wi-Fi 模块，传输速度就会下降到蓝牙协议 2.0 规定的速率。故蓝牙高速模式的应用会受芯片的兼容性限制，因为目前市场上的蓝牙芯片绝大多数不支持 HS 模式。

（5）发射机和接收机的结构

蓝牙的发射机和接收机是依据软件无线电理论设计的。1992 年 J.Mitola 提出了射频信号用欠奈奎斯特采样（带宽采样）后量化成数字信号再用软件进行处理的技术。这种方法成本低，性能一致性好，而且结构灵活，工作稳定，适合大规模生产。由于蓝牙发射功率很小，业界普遍采用非常简单的直接数字调制式发射机。接收机经常处于干扰强烈的电磁波环境中，普遍采用超外差式低中频结构，并采用镜像抑制混频器消除像频干扰，属于半软件无线电结构。

蓝牙射频电路的结构如图 11-41 所示，发射电路非常简单，基带输出的数字分组直接发送到数字调制器中，数字调制器中有三个调制器：GFSK、π/4 DQPSK 和 8DPSK 调制器，最大输出码率分别是 1Mbit/s、2Mbit/s 和 3Mbit/s。数字调制器输出的高频已调信号，经过倍频（可选）、高频放大和带通滤波后从天线发射到空间。

接收机却复杂得多，天线感应到的微弱信号经带通滤波和放大后传送到混频器与本地振荡信号混频后产生中频信号，送到镜像抑制混频器。I 混频器的基准时钟与中频载波同相位；Q 混频器的基准时钟与中频载波相位正交。混频后的 I、Q 信号虽然相位相差 90°，但携带的信息相同。两个信号分别经 ADC

处理后相加得到上边带、相减得到下边带，选择没有混入镜频信号的一个边带就能避开像频干扰。另外 I 信道的输出幅度呈余弦函数特性，可用于场强指示；Q 信道的输出幅度呈正弦函数特性，可用于调谐指示。如果 ADC 的量化精度只有 10bit，两个加法运算就不能通过软件实现，必须在 ADC 之前通过硬件电路运算。

有的厂商采用零中频接收机方案，电路会更简洁，但技术难度也更大，要处理本振泄露、直流偏移和 I/Q 失配等一些棘手的技术问题。

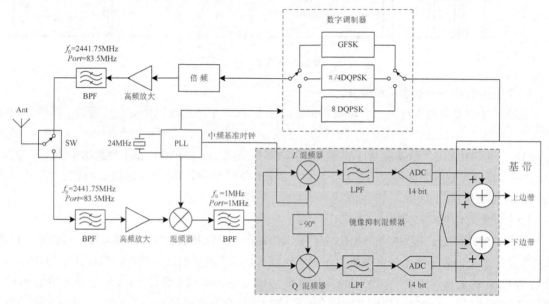

图 11-41　蓝牙射频电路的结构

3. 跳频技术

（1）蓝牙编址

在通信系统中，时钟和地址是两个重要的参数。蓝牙设备的地址分为固定地址和可变地址两种类型。固定地址遵循 IEEE802 标准用 48 位二进制数表示，寻址空间是 2^{48}=256T（1T=1024G）。这个地址称为蓝牙设备地址（BD_ADDR），在全世界的每一个蓝牙设备中是唯一的。从使用角度看这个数字太大，于是把蓝牙地址分成 3 段：低 24 位地址段 LAP；高 8 位地址段 UAP；未定义 16 位地址段 NAP。其中的 UAP 的和 LAP 组合成蓝牙设备地址的有效范围，寻址空间是 2^{32}=4G（42.9 亿）。NAP 和 LAP 组合成蓝牙设备生产厂商标识码（OUI），由世界蓝牙组织分配给生产厂商，其中 LAP 允许在产商内部分配。蓝牙设备的固定地址结构如图 11-42 所示。

在固定地址中预留了 64 个 LAP 地址（0x9E8B00～0x9E8B3F）用于蓝牙查询操作，其中 0x9E8B33 作为通用查询访问码（GIAC），其余的 63 个作为专有查询访问码（DIAC），在用户蓝牙设备地址的 LAP 中不包含这些保留地址。

可变地址也有 3 种：活动节点地址、休眠节点地址和访问请求地址。在本蓝牙基带中，蓝牙设备的活动节点地址是由链路控制模块解析的，跳频选择模块只是根据状态来选择用主设备地址、从设备地址或 GIAC、DIAC。

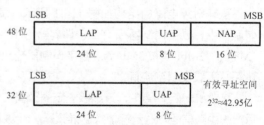

图 11-42　蓝牙设备的固定地址结构

活动节点地址用来标识一个微微网中的活动节点。当主节点呼叫一个从节点时，网中的每一个从节点都被主节点赋予一个 3 位活动地址（AM_ADDR），主节点自身没有 AM_ADDR，并且 000 地址用于广播。故活动从节点最多只能有 7 个，如果它们中的一个或几个一旦退出连接，就会失去活动节点地址。

休眠节点地址用来标识一个微微网中的休眠节点。处于休眠状态的从节点可以通过 BD_ADDR 或通过休眠节点地址（PM_ADDR）来识别，PM_ADDR 是一个用于区分休眠从节点的 8 位地址。只有从节点处于休眠状态时才分配给这个地址，如果从休眠状态被激活，将被分配给一个活动节点地址，同时将丢失这个休眠节点地址。如果从节点从休眠状态解除可以用它的蓝牙设备地址 BD_ADDR。

访问请求地址（AR_ADDR）是从节点从活动节点转变成休眠节点时被主节点赋给的临时地址，同时还被赋给一个休眠地址 PM_ADDR。AR_ADDR 是一个 8 位地址，它的作用是给微微网中休眠的 255 个从设备在被唤醒或请求唤醒时排序，避免竞争而引发冲突。

（2）蓝牙时钟

蓝牙时钟与传统电子设备中的晶体振荡器不同，它是为了实现微微网的定时和跳频功能而设计的特殊时钟单元，每个蓝牙设备中都有一个这样的时钟，如图 11-43 所示，用一个 32kHz 的频率驱动一个 28 位计时器，计时范围是 $2^{28}-1$。时钟每秒钟跳动 3200 次，或每 312.5μs 跳动一次，循环一次大约为一天。计时器中有 4 个计时周期很重要：312.5μs，625μs，1.25ms，1.28s，对应于计时器比特位的 CLK_0，CLK_1，CLK_2，CLK_{12}。它们的用途如下所示。

CLK_0 用于呼叫和查询时隙，312.5μs 是正常跳频时隙的一半，这样设计能有效缩短连接建立时间。

CLK_1 是信道时隙的宽度。信道被划分为许多时隙，每一个时隙占时 625μs，时隙编号从 0~（$2^{27}-1$），以周期 2^{27} 循环。

CLK_2 是用来控制容量的时隙。例如，HV 分组就是用 1.25ms 的时间传输一个单时隙数据，把链路容量降低一半。

CLK_{12} 用于被呼叫和被查询时隙，1.28s 是呼叫和查询时隙的 4096 倍，这种设计能有效缩短连接建立时间。

这个蓝牙时钟开机后可初始化成任何值，工作的时候从不调整，也不关闭，以保证跳频和定时的正常进行。

微微网中的各个节点都有自己独立的时钟，在不同的模式和状态下要求时钟具有不同的特征，经常使用下面三种时钟。

1）CLKN　本地时钟。

2）CLKE　预计时钟。

3）CLK　运行时钟。

CLKN 是各个主、从节点各自运行的本地时钟。在正常工作模式下采用 $\pm20\times10^{-6}$ 精度的晶体振荡器产生，这也是蓝牙时钟的标称精确度。在低功耗模式下，如待机、保持、休眠状态，采用 $\pm250\times10^{-6}$ 精度的低功耗晶体振荡器产生。

CLKE 是呼叫节点的预计时钟。呼叫节点不知道被呼叫节点的本地时钟是多少，于是估计了一个偏移量加到自己的 CLKN 上使其近似等于被呼叫节点的本地时钟，用以提高连接的概率和缩短连接建立时间。

CLK 是微微网的运行时钟。它用于产生网络中的各种定时和安排时序，故要求网络中所有节点的 CLK 必须同步。在网络建立的时候，主节点中 CLK=CLKN，主节点将自己的本地时钟传送给从节点，从节点将其作为参考，估计一个偏移量与自己的本地时钟相加，用这种方法使从节点与主节点保持同步。由于各自的木地时钟存在温度漂移，故偏移量要规律性更新。

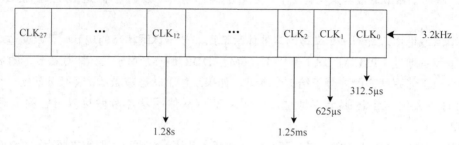

图 11-43　蓝牙时钟的结构

（3）跳频序列

用来控制载波频率跳变的伪码序列称为跳频序列。跳频的目的是利用扩频抑制干扰和信号衰落，实现多址通信，因而跳频序列的好坏对通信性能有着决定性的影响。

蓝牙跳频序列的产生电路如图 11-44 所示。为了在不同的工作状态产生不同的跳频速率，采用 mod32 和 mod79 两个模块产生跳频序列，前者产生 32 个频点为一个频段，用于快速跳频；后者把每个频段划分为 79 个子频段。用 27 位时钟和 28 位地址共同驱动。

图 11-44 中的扰码生成模块是一个伪随机序列数产生器，输入 X 是本地时钟的第 2 位至第 6 位中的一位，它决定了起跳频点在某一频段的 32 个频率序列中的偏移量，同时也决定了跳频频点改变的速度。选择不同的时钟位是为了适于单时隙、3 时隙、5 时隙、呼叫/查询以及连接跳频所需的不同跳频速率。A 到 F 决定跳频序列的顺序，改变 A~F 的取值可获得相应状态的跳频序列。在呼叫/查询扫描状态下，A 到 F 输入序列只与地址有关，因此其跳频序列是唯一确定的。在其他状态下，A~F 由蓝牙地址和时钟共同控制，其跳频序列就随着时钟的改变而作相应的跳变。Y1、Y2 控制着收发跳频序列的选择，其中 Y1 保证收发频点不重复，Y2 保证收发频点在不同的频段内。PERM5 是一个由 C、D、Y1 控制的蝶形运算器，起到扰乱序列的作用。

跳频映射模块是一个 79 频段子集，把扰码生成模块产生的 32 频段伪随机序列扩展成 79 个频道的伪随机序列，并且与射频频道相对应，输出 f_x 就能接通跳频序列所映射的频道。

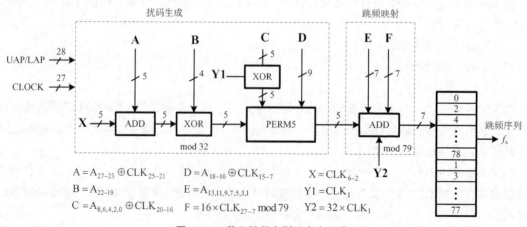

$A = A_{27-23} \oplus CLK_{25-21}$　　$D = A_{18-10} \oplus CLK_{15-7}$　　$X = CLK_{6-2}$

$B = A_{22-19}$　　$E = A_{13,11,9,7,5,3,1}$　　$Y1 = CLK_1$

$C = A_{8,6,4,2,0} \oplus CLK_{20-16}$　　$F = 16 \times CLK_{27-7} \bmod 79$　　$Y2 = 32 \times CLK_1$

图 11-44　蓝牙跳频序列的产生电路

蓝牙标准中定义了 5 种工作状态下的跳频序列：呼叫、呼叫响应、查询、查询响应和连接跳频序列，不同状态下的跳频序列产生策略不同。

在呼叫/呼叫扫描状态下，呼叫节点每 312.5μs 选择一个新的频率来发送呼叫信号。在呼叫扫描时，被呼节点每 1.28s 选择一个新的监听频率，呼叫和被呼节点使用被呼节点地址的低 28 位，产生的呼叫跳变序列是一个定义明确的周期序列，它的 32 个频点均匀分布在 79 个频率信道上。

查询和查询扫描状态与呼叫/呼叫扫描状态很相似，一个蓝牙节点通过查询来寻找在其周围邻近的其他节点，查询节点每 312.5μs 选择一个新的频率来发送查询信号。被查询节点每 1.28s 选择一个新的监听频率。查询和被查询节点使用查询访问码 GIAC 作为查询地址。产生的 32 个查询跳变序列均匀分布在 79 个频率信道上。

在连接状态下，主、从节双方每隔 625μs 改变一个频率，使用主节点地址的最低 28 位有效位，可以产生 2^{28} 个不相同的跳频序列，数字非常大。时隙编号是用 27 位的主节点 CLK_{27} 产生的，一个完整的跳频序列持续的时间为 $2^{27} \times 625μs \approx 23h$，接近于 1 天时间。产生的信道跳变序列周期非常长，而且 79 跳变序列在任何的一小段时间内都是接近均匀分布的，基本满足抗同频干扰和信号衰落的要求。

在实际应用中，2.4GHz 的 ISM 频段是环境干扰很大的恶劣频段，经常会受的来自 Wi-Fi、微波炉和其他设备的干扰。故从蓝牙 1.2 协议开始增加了自适应跳频（AFH）算法，当蓝牙通信时发现某个信道的信号质量差，成为坏信道时，可以在跳频时用其他质量好的信道来代替，从而避开某些频点上的干扰。低功率蓝牙发射机功率小，接收机灵敏度很高，因而更容易受到干扰的影响。于是 AFH 就成为低功耗蓝牙的必备功能。不过，目前坏信道检测手段还不太理想。

4．蓝牙网络技术

（1）微微网和散射网

蓝牙网络能支持点对点和点对多点连接，于是就衍生成出两种网络结构：微微网（pico net）和散射网（scatter net）。每一个微微网根据天线的辐射方向不同又分为圆形覆盖和扇形覆盖，如图 11-45（a）、图 11-45（b）所示。最小的微微网中只有一个主节点和一个从节点；最多只能连接 7 个从节点。与主节点建立了连接的从节点称为活动节点，同时可以有更多的从节点（255）是隶属于这个主节点管理的休眠从节点，这些休眠从节点不进行有效数据收发，但仍和主节点保持同步，以便随时被快速唤醒加入微微网。不论是活动从节点还是休眠从节点，信道参数都是由微微网中的主节点控制的，主节点通过呼叫和查询方式与从节点建立连接，微微网建立以后采用跳频扩频技术（FHSS）实现点对多点数据传输。

多个微微网可连接成一个散射网，如图 11-45（b）所示。散射网是由多个微微网在时空上相互重叠组成的比微微网覆盖范围更大的蓝牙网络。一个微微网的主节点既可以连接另一个微微网的主节点，也可以被连接成从节点。因而一个蓝牙设备在一个微微网中的地位如果是主节点，在另一个微微网中的地位则可能变成从节点。在散射网中的从节点要识别两个微微网的不同频率，从此种意义上讲散射网采用的是跳频扩频和频分复用（FDM）相结合的技术。另一种功能更强大的蓝牙网孔网（mesh）已经在物联网（IoT）中崭露头角，能实现 200m 之内的多点对多点连接。但蓝牙技术联盟并没有制定蓝牙音频加入散射网和网孔网的规范，故手机蓝牙和真无线立体声（TWS）耳机只能在微微网中通信，而且为了节约成本，只能点对点连接，能实现点对 2 点连接已经属于高级产品。

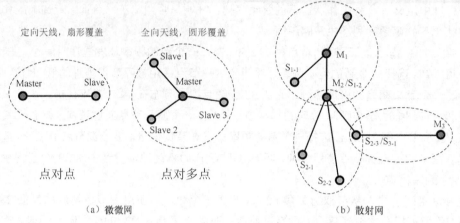

图 11-45　蓝牙网络的组网方式

（2）连接建立

在微微网中的各个节点建立连接后才能组网通信，蓝牙节点之间通过呼叫、查询方式建立连接。这部分功能是通过链路控制器（LC）来实现的。

呼叫是一个节点邀请其他节点加入微微网的过程。如图 11-46 所示，一个节点在进行呼叫时，通过不同的跳频信道，反复传送被呼叫节点的设备识别码（DAC），呼叫节点不能判断被呼叫节点在哪个跳频点上休眠，也不知道在什么时刻才能唤醒，只能一次次地传送内容相同的 DAC 码，这种呼叫称为周期性呼叫。

休眠的被呼叫节点或已经和其他节点建立了连接的节点，如果想与呼叫节点建立连接，就必须进行呼叫扫描，监听自己是否被呼叫，只监听而不应答也是允许的，但不能建立连接。

如果被呼叫节点扫描到正在呼叫自己并且愿意接受邀请，就应该在下一个时隙发出应答信号。呼叫节点在发送 DAC 码的间隔时间里侦听有无被呼叫节点的应答信号，如果有应答就停止呼叫开始建立连接。连接成功后呼叫节点变成主节点，被呼叫节点变成从节点，主、从节点就可以开始交换数据。

查询定义为一个节点邀请特定节点加入微微网的过程。查询是一个节点发现其他节点是否在其应用范围内的一种操作。与呼叫操作一样，查询节点也是用快速跳频方式发送相同的查询信号的，而被查询节点用慢腾腾的跳频方式进行监听。

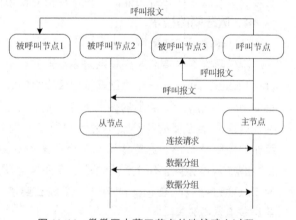

图 11-46　微微网中蓝牙节点的连接建立过程

查询建立连接的过程与呼叫类似，但被查询的对象有选择性。因为查询节点发出的查询分组只是 ID 分组，内容只是被查询节点的通用查询访问码 GIAC，只有那些具有专用查询访问码 DIAC 的被查询节点才能接收和响应查询。

上述连接过程虽然是拟人化的描述，但反映了网络建立连接过程的基本思想。建立连接的要点是快速，故呼叫/查询节点每隔 312.5μs 跳到一个新频点发送呼叫/查询信号，被呼叫/被查询节点每隔 1.28s 跳到新的监听频点进行呼叫/查询扫描，呼叫/查询节点更换频率点的速率比被呼叫/被查询节点高 4096 倍，这样的安排使被呼叫/被查询节点监听到呼叫/查询自己的概率非常高，能有效缩短呼叫/查询时间。这个过程就相当于一个快步疾跑的人去追赶一个慢步行走的人，符合大自然中所有动物的天性。

5. 基带和链路管理

通信中的基带是指没有经过任何频谱搬移的信号，如发射机在载波调制之前的信号或接收机在载波解调后的信号。在任何无线通信系统中，基带都是最复杂的部分。例如，在 4G/5G 蜂窝通信领域，全球能独立设计手机基带芯片的厂商只有少数几家。蓝牙基带虽然比蜂窝通信设备的基带简单，但仍然包含由硬件和软件组成的复杂模块，其结构框图如图 11-47 所示。此模块是蓝牙功能的核心，下面介绍数据分组、链路管理和安全机制。

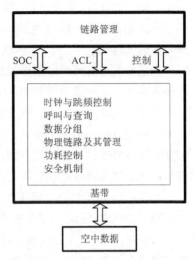

图 11-47　蓝牙基带的模块结构框图

（1）数据分组

数据分组是一种异步时分复用传送技术，它采用先存储再转发的传送方式。传送前先把报文截成较短的分组格式，分组俗称数据包，它是经过规格化之后具有独立含义的二进制序列。每一个分组由 3 部分组成：接入码、分组头和净荷。接入码和分组头的长度是固定的，分别为 68/72 位和 54 位。净荷的长度可以从 0～2745 位变化。分组格式如图 11-48 顶层所示。

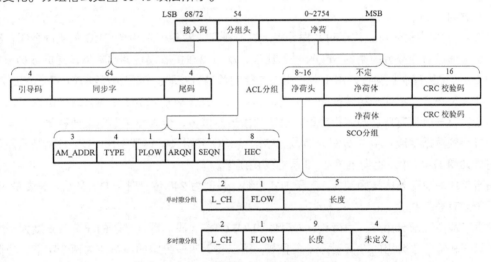

图 11-48　物理链路中的数据分组格式

接入码是分组的开始，接入码主要用于时钟同步。典型的接入码由引导码、同步字和尾码组成，接入码的长度视后面有无分组头而定，如果有分组头其长度是 72 位；没有则是 68 位。接入码的格式如图 11-48 从上向下第 2 层左侧图所示。

接入码有 3 种类型：信道接入码（CAC）、设备接入码（DAC）和查询接入码（IAC），其中 IAC 又分为通用查询接入码（GIAC）和专用查询接入码（DIAC）。各种接入码的作用见表 11-12。

表 11-12　接入码类型和功能表

类型	LAP	代码长度	功能
CAC	主单元	72	微微网标识，信道上所有传输信息包含该代码
DAC	呼入单元	68/72*	寻呼和响应的信令过程
CIAC	保留	68/72*	检测指定范围内的其他蓝牙设备
DIAC	专用	68/72*	检测指定范围内的专用蓝牙设备

注：*长度 72 只用在 FHS 分组中。

引导码是 4 个 0、1 序列，即 0101 或 1010，由同步字的第一个是 0 还是 1 决定。同步字 64 位，与引导码一起组成 68 位序列，其中包含 24 位低地址部分（LAP），不同的接入类型有不同的地址。尾码是可选项，是 4 个 0、1 序列，即 0101 或 1010，视最高有效位决定，后面有分组头时需要尾码；无分组头时无尾码。

分组头是由 6 个字段组成的链路控制数据，帮助中间接入控制。格式如图 11-48 从上向下第 3 层左侧图所示，各字段的意义如下所示。

AM_ADDR：3 位激活节点地址，由主节点给微微网中处于活动状态的从节点分配，每一个从节点激活时就分配一个 3 位地址，用来区分微微网中的活动节点。3 位二进制数可表示 8 个地址，其中 0 地址用于 FHS 分组或广播分组，故一个微微网中最多允许 7 个从节点处于激活状态。处于休眠或断开状态的从节点将放弃它们的 AM_ADDR，再次加入时由主节点重新分配。

TYPE：4 位类型码，用于表示 16 个不同的分组（见表 11-13），分组的特征是链路的类型和占用的时隙，如 ACL 链路、SCO 链路、单时隙和多时隙。

FLOW：1 位流量控制码，用于 ACL 链路上分组流量的控制。FLOW=0 表示 ACL 链路接收端的缓冲器已满，要求发送端停止发送；FLOW=1 表示上述缓冲器空时，要求发送数据。

ARQN：1 位确认指示位，用于确认接收端是否收到分组及校验。ARQN=1 表示已经收到，ARQN=0 表示没有收到。

SEQN：1 位序列号位，用于对数据分组流进行排序。对每一个包含 CRC 的不同分组，SEQN 将反相，这样通过对相邻分组中的 SEQN 进行比较，就可以在接收端过滤出重复传送的数据分组。

HEC：8 位头错误校验位，用于对分组头是否完整进行校验。该字由多项式 647（八进制）生成。

净荷是反映各种不同分组特征的一串二进制数字，位数从 0～2745 不等。这些位数可以形成相对独立的段，每一段都有自己的逻辑功能。净荷的段虽然繁多，但大体可归纳成两种类型：同步的语音字段和异步的数据字段。ACL 分组只有数据字段，SCO 分组只有语音字段，DV 分组则两段都有。净荷的格式如图 11-48 中从上向下第 2、3 层右侧图所示。

语音字段的净荷长度是固定的。对于 HV 分组，长度为 240 位；对于 DV 分组，长度是 80 位，语音字段中没有净荷头。

数据字段由三部分组成：净荷头、净荷体和 CRC 校验码。数据字段的净荷头长度为一个或两个字节。第一和第二段分组的净荷头为一个字节，第三和第四段分组的净荷头为两个字节，净荷头的格式如图 11-48 中从上向下第 4、5 层所示。其中 L_CH 字段用于指示逻辑信道，内容见表 11-13。

表 11-13 逻辑信道 L_CH 字段内容

L_CH 码	逻辑信道	信息
00	NA	未定义
01	UA/UI	L2CAP 消息的后续分段
10	UA/UI	L2CAP 消息的开始或没有分段
11	LM	LMP 消息

FLOW 字段用于在 L2CAP 层上控制每个可用逻辑信道的分组流量，FLOW=1 表示允许发送，FLOW=0 表示禁止发送。流控制 FLOW 比特的设置由链路管理器来完成。

9 位长度指示器给出了净荷体的字段长度，净荷体的长度决定了有效吞吐量。净荷中包含 16 比特循环冗余校验码（CRC），该校验码由 CRC_CCITT 多项式 210041（八进制）生成。

微微网中有点到多点和点到点两种通信方式，故在基带中规定了两种不同的链路：异步无连接链路 ACL,同步定向连接链路 SOC。在两种链路中规定了 4 种相同的分组和 12 种不同的分组,见表 11-14。

表 11-14　蓝牙分组类型表

段	段名	分组数	标识码	时隙数	ACL 链路[*]	SCO 链路[**]
1	通用段	4	0000 0001 0010 0011	1		ID[***] NULL POLL FHS DM1
2	单时隙段	6	0100	1	DH1	未定义
			0101 0110 0111 1000		未定义	HV1 HV2 HV3 DV
			1001		AUX1	未定义
3	3 时隙段	4	1010 1011 1100 1101	3	DM3 DH3 未定义 未定义	未定义
4	5 时隙段	2	1110 1111	5	DM5 DH5	未定义

注[*]：ACL 分组形式为：D（M/H）（1/3/5），其中 D 代表数据分组，M 代表用 2/3 比例的 FEC 的中等速率分组；H 代表不使用纠错码的高速率分组；1、3、5 分别代表分组所占用的时隙数目。

注[**]：SCO 分组形式为：HV（1/2/3）。其中 HV 代表高质量语言分组，1、2、3 代表有效载荷所采用的纠错码方法。1 为 1/3 比例 FEC，节点用 2 个时隙发送一个单时隙分组；2 为 2/3 比例 FEC，节点用 4 个时隙发送一个单时隙分组；3 为不使用纠错码，节点用 6 个时隙发送一个单时隙分组。DV 分组中既有数据段也有语音段。

注[***]：节点识别分组 ID 由节点识别码 DAC 或查询识别码 LAC 构成，长度固定为 68 位，该分组用于寻呼、查询和应答。由于没有标识码，统计分组数时置于分组数外。

表 11-14 中每个链路的 16 种分组按时隙分成 4 个段,第 1 段中 4 个分组（加上 ID 是 5 个分组）是适合于两种链路的通用段；第 2 段中 6 个分组是只适合于两种链路中各自独立的单时隙段；第 3 段中 4 个分组是各自独立的 3 时隙段；第 4 段中 2 个分组是各自独立的 5 时隙段。

通用段中包含 ID、NULL、POLL、FHS、DM1 这 5 个分组,每个分组的构成和功能如下所示。

ID 分组：长度为 68 位,用于寻呼、查询和应答。

NULL 分组：仅有接入码和分组头,无净荷,长度为 126 位。用于向发送源返回链路信息。

POLL 分组：无净荷,用于主节点轮流查询从节点。

FHS 分组：长度为 240 位,用于蓝牙地址和时钟。

DM1 分组：用于发送控制信息和用户数据。

2007 年发布的蓝牙 2.1+EDR 版本中增加了增强速率数据分组,如图 11-49 所示。把传输速率提高到 2Mbit/s 和 3Mbit/s,这得益于 π/4DQPSK 与 8DPSK 调制方式。为了保持与基本分组兼容,需要把 GFSK 调制净荷改成增强速率净荷,并加入保护间隙。

ACL 分组的结构和功能见表 11-15,这些分组是按主节点到从节点的点到多点连接的功能设计的,分组结构有净荷头、净荷体、纠错、校验功能。类型字 DM 表示中速率数据,净荷用 2/3 率 FEC 编

图 11-49　蓝牙基带分组的数据增强格式

码；类型字 DH 表示高速率数据，净荷无 FEC 编码。数字 1、3 和 5 分别表示分组所占的时隙数。多时隙 ACL 分组的大小是奇数，原因是主节点传送必须始于偶数时隙，从节点传送必须始于奇数时隙。在某一方向上发送 5 时隙分组，在相反方向发送 1 时隙分组，可获得最高的非对称速率。如包中的DH5 分组，其中一个方向的速率为 723.2kbit/s，相反方向的速率为 57.6723.2kbit/s。

　　AUX1 分组是一个特殊的数据分组，最大净荷体有 29 个字节，比 DH1 大一些，不带纠错和校验功能，是单时隙分组中速率最高的一个分组，只能在测试模式下使用。

　　蓝牙 2.1+EDR 版本规范增加了 6 种新的 ACL 分组格式：2-DH1、2-DH3、2-DH5、3-DH1、3-DH3、3-DH5，其中 2-DH 与 3-DH 类型分组与 DH 类型分组格式基本相似，但净荷分别使用π/4DQPSK 与8DPSK 调制方式，新增的 6 种 ACL 分组格式均提供了 CRC 机制，但并没有提供前向纠错（FEC）机制。

表 11-15　ACL 分组的结构和功能

类型	净荷头（字节）	净荷体（字节）	FEC	CRC（位）	对称最大速率（kbit/s）	非对称速率（kbit/s）	
						向前	向后
DM1	1	0～17	2/3	16	108.8	108.8	108.8
DH1	1	0～27	无	16	172.8	172.8	172.8
DM3	2	0～121	2/3	16	258.1	387.2	54.4
DH3	2	0～183	无	16	390.4	585.6	86.4
DM5	2	0～224	2/3	16	286.7	477.8	36.3
DH5	2	0～339	无	16	433.9	723.2	57.6
AUX1	1	0～29	无	无	185.6	185.6	185.6
2-DH1	2	0～54	无	16	346.5	345.6	345.6
2-DH3	2	0～367	无	16	782.9	1174.4	172.8
2-DH5	2	0～679	无	16	869.1	1448.5	115.2
3-DH1	2	0～83	无	16	531.2	531.2	531.2
3-DH3	2	0～552	无	16	1177.6	1766.4	255.6
3-DH5	2	0～1021	无	16	1306.9	2178.1	177.1

　　SCO 分组的结构和功能见表 11-16，这些分组是按主节点到唯一的从节点之间的点到点连接功能设计的，分组结构无净荷头，净荷体长度较短，只有简单纠错、通过周期性保留时隙实现在一个方向上的速率为 64kbit/s。

　　类型字 HV 表示高质量声音，三个数字变量表示对净荷的不同编码：数字 1 是 1/3 率 FEC，每 2个时隙发送 1 个单时隙分组；数字 2 是 2/3 率 FEC，每 4 个时隙发送 1 个单时隙分组；数字 3 是无 FEC，每 6 个时隙发送 1 个单时隙分组；可见 HV1 分组的容量最大，HV3 分组的容量最小。

　　DV 分组是 ACL 分组和 SCO 分组的混合结构，其中组合了 2/3 率 FEC 编码的 ACL 和无 FEC 编码的 SCO，数据是单时隙分组，每 2 个时隙发送 1 个单时隙分组。

　　蓝牙 2.1+EDR 版本规范增加了 7 种新的 eSCO 分组格式：见表 11-16 中 DV 后面的 EV 分组，EV数据包用于同步 eSCO 逻辑传输；分组还包括 CRC，并且如果在重发窗口内未接收到正确接收的确认，则可以应用重发；新分组为基本速率操作定义了三种 eSCO 数据包类型：EV3、EV4、EV5，采用 GFSK调制方式；为增强数据速率操作定义了 4 种附加的 eSCO 数据包类型：2-EV3、3-EV3、2-EV5、3-EV5，其中 2-EV3、2-EV5 采用 π/4DQPSK 调制方式，3-EV3、3-EV5 采用 8DQPSK 调制方式。eSCO 数据包可用于 64kbit/s 语音传输以及其他有时限要求的高速数据传输。

表 11-16 SCO 分组的结构和功能

类型	净荷头（字节）	净荷体（字节）	FEC	CRC（位）	1 个分组所用时隙	最大同步速率（kbit/s）
HV1	无	10	1/3	无	2	64.0
HV2	无	20	2/3	无	4	64.0
HV3	无	30	无	无	6	64.0
DV	1D*	10V+（0~9）D	2/3D	D	2	64.0+57.6D
EV3	无	1~30	无	16	1	96
EV4	无	1~120	2/3	16	3	192
EV5	无	1~180	无	16	3	288
2-EV3	无	1~60	无	16	1	192
2-EV5	无	1~360	无	16	3	576
3-EV3	无	1~90	无	16	1	288
3-EV5	无	1~540	无	16	3	864

注：D 表示数据段，V 表示语音段。

（2）物理链路及其管理

这里的链路是指在微微网中蓝牙主节点和从节点之间传播电磁波的空间路径。蓝牙定义了两种不同类型的链路，异步无连接（ACL）链路和同步定向连接（SCO）链路。

ACL 链路是主节点与所有从节点之间的点到多点的链路，采用异步和等时两种服务方式交换信息。在点对点的链路里，异步和等时的含义是在同一时刻主节点和从节点之间只有一条 ACL 链路，主节点只能采用链路复用方式与多个从节点进行通信。通信是双向的，主节点既可以向从节点传送数据分组，也可以接收从节点返回的数据分组，并且采用分组重传来保证数据的完整性。无特定从节点的 ACL 分组称为广播分组，每个从节点都可以接收数据分组。

ACL 链路的优先级低于 SCO 链路，不能优先占用时隙，只能在 SCO 链路不保留的时隙里，主节点才能与任意的从节点交换数据分组。因而，在 ACL 链路上只能传输对时间要求不敏感的数据，如文件数据、控制信令等。

SCO 链路是主节点与某一从节点之间点到点的链路。点到点连接也称为对称连接，利用保留时隙传送数据分组。连接建立后，主设备和从设备可以不被选中就发送 SCO 数据包。从主节点方面看，它支持 3 个 SCO 链路（同一个从节点或不同的从节点）；而从从节点方面看，它支持来自同一个主节点的 3 个 SCO 链路。若连接源于不同主节点，则只能支持 2 个 SCO 链路。

SCO 链路的优先级高于 ACL 链路，必须在 ACL 链路建立后才能建立 SCO 链路。可以传输时限信号，如电话语音；也可以传送数据，但只用于重发被损坏的那部分数据。

一个蓝牙节点中有发送和接收两个信道，每个信道中都有 ACL 和 SCO 两种链路，各需要一个链路管理器（LM）进行管理，协调两个 LM 需要一个链路管理协议，这些工作都是通过软件来实现的，它们之间的关系如图 11-50 所示。LM 和 LMP 要做的事情是：管理微微网内设备的连接状态；协商空中接口的特性；管理发射功率；通过支持数据业务的服务级别及周期性带宽来支持语音通信；对设备进行鉴权、交换、核实、加密、身份认证等安全管理。链路控制器（LC）的功能见上述"呼叫与查询"的介绍。

（3）功耗控制

为了降低功耗，在蓝牙网中处于连接状态的节点，可以通过调整工作模式来降低功耗。经典蓝牙规范中规定了三种节能模式：呼吸模式、保持模式和休眠模式。

呼吸模式是缩短传输时间的工作方式。进入模式之前，主、从节点协商呼吸间隔和呼吸偏移量。呼吸偏移量决定第一个呼吸时隙的持续时间，然后根据呼吸时间间隔周期性地生成呼吸时隙。从节点在偶时隙监听主节点是否有分组传送，主节点只在呼吸时隙传送数据。主从节点可以通过特定的数据分组协商退出呼吸模式。

保持模式是在一段相当长的时间内不传送数据的工作方式。在保持时间里主节点不再发送数据分组，并且可以关闭收发器。节点在保持时间里的活动由自己支配，不是由保持消息决定的。主、从节点可通过特定的分组协商进入或退出保持模式。

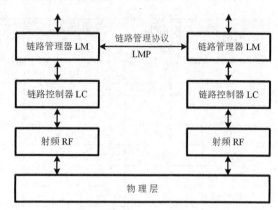

图 11-50　链路管理器与链路管理协议的关系

休眠模式是微微网中的从节点放弃原来的活动地址、进入睡眠状态、但仍与主节点保持同步的工作方式。故在休眠模式下的从节点仍然是微微网中的成员，在失去活动地址 AM_ADDR 的同时，主节点赋予了两个临时的 8 位地址：休眠地址 PM_ADDR 和访问请求地址 AR_ADDR。PM_ADDR 用于区分处于休眠模式下的节点，AR_ADDR 用于决定从休眠模式返回活动模式的顺序。

从节能效果看，休眠模式功耗最小，保持模式次之，呼吸模式功耗最大。

在低功耗蓝牙 BLE 规范中，还采用短报文、物理层高比特率、亚速率连接事件、离线加密等方式来降低功耗。现在的 BLE 设备使用一个 200mAh 的纽扣电池就可以工作一年。但在一些特殊应用中还远远不够，例如注塑在汽车轮胎中的胎压检测器，要求连续工作 5～10 年。

（4）安全机制

蓝牙使用 4 个参数来保证通信的安全性：蓝牙设备地址 BD_ADDR、鉴权字、加密字和随机数。蓝牙设备地址 BD_ADDR 是公开的 48 位二进制数并且是唯一的，可以通过查询规则获得。鉴权字在设备初始化期间产生，是一个 128 位二进制数，它是静态的，常被当作链路密钥使用。加密字在鉴权过程中由鉴权字产生，且不会被公开。长度可在 1～16 位八进制数（8～128 位二进制数）间变化，长度不同是因为不同国家对加密强度的要求不同，另外也是为了方便升级加密等级。每次加密的激活过程都将产生新的加密字，一旦加密字生成，将由运行在蓝牙设备上的具体应用来决定是否需要改变或何时改变。随机数是一个 128 位序列，是一个经常会改变的动态参数，在应答、产生鉴权字、加密字时都会用到。在蓝牙系统中，安全协议是基带的一部分，由链路管理器控制。

蓝牙的加密过程如图 11-51 所示，两个蓝牙设备建立连接时用户必须输入他们的个人身份识别码（PIN），PIN 可选择 1～16 位八进制数，为了方便通常是一个 4 位十进制数。链路层的加密算法 E_2 利用 PIN 生成连接字。鉴权算法 E_1 鉴别这个连接字是否适合用户。当数据需要加密时，另一个加密算法 E_3 利用上一步生成的连接字生成加密字。链路层加密算法 E_0 利用加密字产生用于改变加密字或解密的密钥。

由加密算法 E_2 生成的连接字是一个 128 比特的随机数，它由两个或多个设备共享，是蓝牙网络中设备间的安全事务基础，它本身可用于鉴权过程，同时也可作为生成加密字的参数。连接字可以是半永久的或临时的。半永久连接字保存在非易失性存储器中，即使当前通信结束后也可使用。因此，它可作为多个并发连接的蓝牙设备间的鉴权码。为适应各种应用，定义了 4 种连接字类型：组合字 K_{AB}、设备字 K_A、临时字 K_{master}、初始化字 K_{init}。

在两个设备建立连接时，都需要输入各自的 PIN、蓝牙地址 BD_ADDR 和 128 位的随机数，然后每个设备都利用 E_2 的子函数 E_{22} 分别生成自己的初始化字 K_{init} 再由 K_{init} 产生下一个连接字。

K_{AB} 和 K_A 在功能上没有区别，只是生成方法不同而已。K_A 由设备自身生成，几乎不再改变；K_{AB} 由设备 A 和设备 B 提供的信息共同生成，只要有两个设备产生一个新的连接，就会生成一个新的 K_{AB}。究竟采用 K_A 还是 K_{AB}，取决于具体应用。对于存储容量较小的蓝牙设备或对于处于用户群中的设备适宜采用 K_A；对于要求较高安全级别的设备适宜采用 K_{AB}，但均要求设备必须有较大的存储空间。

临时字 K_{master} 仅用于当前会话，如当主设备进行数据广播时可采用 K_{master}。

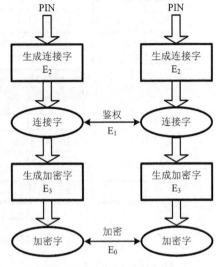

图 11-51 蓝牙的加密过程

连接字生成算法 E_2、鉴权加密算法 E_1、加密字生成算法 E_3、链路层加密算法 E_0，这些算法均是由专门的函数和运算法则生成的。加密过程实质上是一个复杂的数字运算过程，比较耗费时间和功率。

6. 主机控制接口

主机控制接口（HCI）是底层控制器和主机的分界面，它的功能是把主机发送来的命令和数据传输到控制器，并且把控制器的事件和数据发送给主机。HCI 实际上是两个独立的部分：逻辑接口和物理接口。

逻辑接口定义了指令分组、事件分组和数据分组 3 种数据包格式，可以把命令、事件及其用户数据直接交付给链路管理层和基带，或通过物理接口交付给外部控制器。

物理接口是蓝牙芯片与外部控制器连接的有线通道，定义了命令、事件和数据如何通过不同的连接技术与外部控制器通信。已定义的物理接口有 4 种：USB、SDIO、UART 和 RS232。一个蓝牙芯片上没有必要集成全部接口，因为实现这些接口需要大量的硬件电路，消耗的能量远大于蓝牙芯片本身。故绝大多数蓝牙芯片只选择一种接口，或设置一组通用的 GPIO 接口，由用户编程自己需要的接口。

7. 蓝牙协议栈

协议栈的定义是技术规范的堆叠，是由多个协议集成的软件包。蓝牙协议栈就是使用蓝牙技术的各方共同约定的技术规范集。在蓝牙协议栈内，各种协议并不是杂乱无章地堆积在一起，而是有层次地排列组成一个完整的协议体系结构，如图 11-52 所示。

这些协议如果按逻辑层次分类，可分为底层协议、中层协议和高层协议。底层协议是管理和控制蓝牙网络和高频电路的规范，中层协议是组织数据和链路的规范，高层协议是面向应用的规范。

如果按功能和用途分类，可分为 4 类：核心协议、替代电缆协议、电话控制协议和选用协议。每一类包含若干个具体协议。

1）核心协议：基带协议（BBP）、链路管理协议（LMP）、逻辑链路控制和适配协议（L2CAP）、服务发现协议（SDP）。

2）替代电缆协议：串行电路仿真协议（RFCOMM）。

3）电话控制协议：二元电话控制协议（TCS-BIN）和音频/电话命令（A/T Conmmds）。

4）选用协议：点到点协议（PPP）、传输控制协议/用户数据报协议/互联网协议（TCP/UDP/IP）、对象交换协议（OBEX）、无线应用协议（WAP）、无线应用环境（WAE）等。

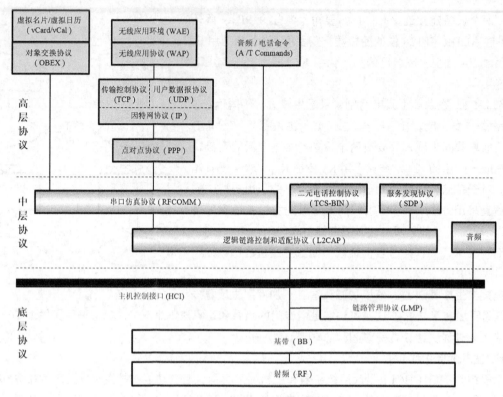

图 11-52　蓝牙协议的体系结构

这些协议中有些是专门为蓝牙设计的，称为蓝牙专有协议，如核心协议和替代电缆协议。有些是从其他应用中移植过来的，如 TCP/UDP/IP。核心协议中基带协议和链路管理协议的主要内容已经在 11.3.1 小节中介绍过，对于其他核心协议，本文从了解的目的出发，只介绍下面 4 个协议的作用，不介绍具体内容。

（1）逻辑链路控制和适配协议（L2CAP）

虽然 L2CAP 是位于基带之上的上层协议，与 LMP 中间隔着一个 HCI，但两者可以协调和并行工作，共同传输来自基带的数据。它们的区别是：L2CAP 为上层提供服务，LMP 不为上层提供服务；LMP 支持 ACL 和 SCO 链路，L2CAP 只支持 ACL 链路。L2CAP 的主要功能如下所示。

1）协议复用：把基带不识别的高层协议关联到基带，让多个高层协议和高层应用共享空中接口。例如，服务发现协议、替代电缆协议和电话控制协议；

2）数据分组的分割和重组：为了跳频传输，基带的数据分组不能太大。例如，基本速率的最大分组是 DH5，净荷 339 比特。增强速率的最大分组是 3-DH5，净荷 1021 比特。而高层协议中的数据分组则大得多，如 64K 比特。L2CAP 把高层协议中的大分组经过切割后重新组合成小的基带分组.

3）组提取：协议中的组概念映射到微微网中的活动节点，提高具有同步时钟的 8 个活动节点传输数据的效率。

（2）服务发现协议（SDP）

SDP 的主要功能是让两个不同的蓝牙设备相识并建立连接，与以太网的服务发现有很大不同。建立连接时用 3 种方法进行搜寻：按服务类别搜寻、按服务属性搜寻和业务浏览搜寻。这些搜寻方式给服务类型和属性进行标识以便让一个设备直接发现另一个设备上的服务。这是一种动态的、识别服务的连接方式，而以太网是用静态参数建立连接的，连接过程中不能识别对方的服务类型。

（3）替代电缆协议（RFCOMM）

在因特网中的终端设备都有一个串行接口，通过电缆线与服务器和其他设备交换信息。蓝牙设备采用 RFCOMM 在空中模仿串口的功能，故替代电缆协议也叫串口仿真协议。RFCOMM 是从欧洲电信联盟技术标准 ETSI 07.10 串口仿真协议中移植过来的，用来在蓝牙设备上建立虚拟的 RS-232 串口功能。

（4）电话控制协议（TCS）

为了使蓝牙既支持数据通信，又支持语音通信，SIG 在制定协议的时候就引入了数字电话功能。这个功能就是通过电话控制（TCS）协议来实现的。TCS 协议包括二进制电话控制（TCS-BIN）协议和一套音频/电话控制命令（A/T commands），其中 TCS-BIN 定义了语音呼叫和数据呼叫的控制命令，A/T commands 是控制移动电话和调制解调器的命令。

TCS 是 SIG 在 ITU-T Q.931 基础上开发的。Q.931 是国际电信协会制定的电信体系网络层（第三层）协议之一，主要为 ISDN 提供两个设备之间关于逻辑网络连接的呼叫建立、维护和终止等操作。TCS 移植了这些规范，使蓝牙网络既支持语音呼叫功能，也能用拨号上网的方法支持数据呼叫。

8. 蓝牙音频

音频在蓝牙应用中占有举足轻重的地位，由于所有的手机中都嵌入了蓝牙功能，搭载在手机和无线耳机上的蓝牙音频模块是蓝牙技术最广泛的应用领域。蓝牙音频信号处理框架如图 11-53 所示，音频传输路径与电话传输路径不同。蓝牙音频的文件较大，对时延不敏感，适于在 ACL 链路上传输，故音频信号通过通用接入协议（GAP）直接连接到基带的 ACL 链路上。GAP 中包含通用音/视频分发协议（GAVDP）和音/视频遥控协议（AVRCP）。蓝牙音频传输模型协议（A2DP）和视频分配协议（VDP）在最里层，A2DP 定义了音频的码率压缩格式和参数。为了在播放音乐的过程中不漏听电话，语音信号也可以混音到音频信号中。AVRCP 定义了通过空中无线电信道控制远端设备参数的方法，用户通过该协议在接收端能遥控发射端的音源参数，例如选取和控制音量，就如同在本地控制一样方便。

ACL 链路的传输速率较高，压缩率为 12∶1 的立体声信号音频在最短的 DM1 分组中也能轻松传输。压缩率为 4∶1 的立体声音频则需要在 DH5 分组中传输。多声道环绕声只能在净荷更长的 2-DH5 或 3-DH5 分组中传输。

蓝牙 A2DP 强制规定把子带编码（SBC）作为蓝牙音频标准，图 11-54 所示的是协议中给出的编/解码器功能框图。在 SBC 编码器中，PCM 输入信号被多相分析滤波器分割成 4 个或 8 个子带，输出子带样点和子带比例因子。比特分配器根据信噪比和响度要求计算出各子带的量化级后控制 APCM 压缩各子带音频流的冗余分量，压缩后的响度比特为 2 ~ 250，输出各子带的新采样率到比特流打包器，打包成格式化的比特流输出。

在 SBC 解码器中采用逆向处理流程。比特流解包器把格式化比特流恢复成压缩码率后的 PCM 音频子带组和比例因子，比特分配器计算出各子带的量化级后控制 APCM 扩展各子带的码率，送到多相合成滤波器中

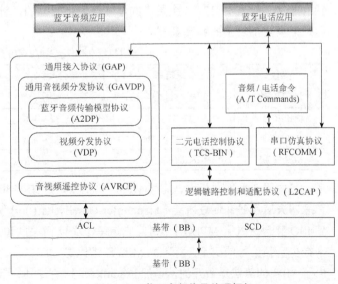

图 11-53　蓝牙音频信号处理框架

组合成接近于原始的 PCM 音频信号后输出。

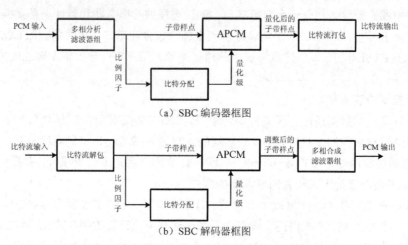

（a）SBC 编码器框图

（b）SBC 解码器框图

图 11-54　蓝牙音频中的 SBC 编/解码器功能框图

SBC 编解码器能以中等比特率达到接近 CD 质量的音频流数据，而复杂度比 MP3 小，20 多年的听音评价表明，当码率大于 320kbit/s 时 SBC 与 MP3 基本相当；当码率小于 192kbit/s 时 SBC 音质不如 MP3。

在 A2DP 协议中还对解码器和编码器做出了规定：接收机中的解码器必须支持 16kHz、32kHz、44.1kHz 和 48kHz 的采样率，必须支持单声道、双声道、立体声和联合立体声模式，必须支持 4 个和 8 个子带。对发射机中的编码器只要求支持 16kHz、32kHz、44.1kHz 或 48kHz 的采样率的其中一种，必须支持单声道以及双声道、立体声和联合立体声中的一种，只需支持 4 个或 8 个子带。编码器和解码器都必须支持 4、8、12 和 16 位的数据块长。实际应用中 SBC 编码能支持最大比特率是单声道 320kbit/s，立体声 512kbit/s。使用最多的是 44.1kHz 采样率、328kbit/s 比特率的立体声传输。

除了强制的 SBC 编/解码器，在蓝牙标准中还推荐了 3 种可选择的算法：MPEG-1/2 音频层、MPEG-2/4 AAC 和 ATRAC 家族。

MPEG-1/2 音频层是 ISO/IEC 组织制定的国际标准，由联合图像专家组开发。压缩算法分为 3 个独立层次，见表 11-17，3 个层次的基本模型是相同的，针对不同的应用，后继的层有更高的压缩比，但是需要更加复杂的编/解码器。

表 11-17　MPEG-1/2 中的音频层参数

类型 （MPEG-x）	采样率 （kHz）	比特率（kbit/s）		
		层 1	层 2	层 3
MPEG-1	32, 44.1, 48	32 ~ 448	32 ~ 384	32 ~ 320
MPEG-2	16, 22.05, 24	32 ~ 256	8 ~ 160	8 ~ 160
MPEG-2.5	8, 11.025, 12	不支持	不支持	8 ~ 160

其中层 3 影响力最大，简称 MP3。这个算法是在 1980 年由位于德国埃尔朗根（Erlangen）县的弗劳恩霍夫应用研究促进协会（Fraunhofer-Gesellschaft）开发的，1989 年申报了德国专利，1991 年提交到 ISO 整合进入了 MPEG-1 标准。它是基于统计相关性和人耳的心理声学现象如频率掩蔽和时间掩蔽来减少音频信号的码率。标准的 MP3 压缩比是 10∶1，一个三分钟长的音乐文件压缩后大约是 4MB。由于 MP3 的算法是公开的，虽然 Fraunhofer 持有专利，但 MP3 免费音乐随着互联网在全世界铺天盖地传播了 20 多年，实际上早已成为网络音乐的事实标准。2010 年 4 月 MP3 专利保护到期，于是大多数蓝牙芯片厂商选择 MP3 作为自家的蓝牙音频编码标准。MP3 有良好的群众基础，绝大多数人知道

MP3 而不知道 SBC。

长期以来 MP3 的音质饱受争议，4:1 的压缩比才能获得接近 CD 的音质，而码率高达 360kbit/s。升级版本 MP3 Pro 可以在 8:1 的压缩比下获得相同的音质，并且向上和向下均兼容。但是 MP3 Pro 远没有 MP3 普及率高。

MPEG-2/4 AAC 是由弗劳恩霍夫应用研究促进协会的音频及媒体研究机构 Fraunhofer IIS-A、杜比和 AT&T 共同开发的一种音频格式，它是 MPEG-2 规范中的一部分，为视频伴音提供高级音频编码。AAC 算法的最大特点是采用了频段复制技术（SBR），在比 MP3 文件缩小 30% 的前提下能提供相同或更好的音质，它还同时支持多达 48 条全带宽声道、15 条低频增强声道、多种采样率和比特率、多种语言的兼容能力。

AAC 有着不同的类：低复杂度 LC-AAC，高效率类 HE-AAC，长期预测类 LTP-AAC，可变采样率类 SSR-AAC，低延迟类 LD-AAC。AAC 的普及性远不如 MP3，目前只有苹果 iPod 和诺基亚手机支持 AAC 音频格式。

ATRAC 家族是索尼公司 20 世纪 80 年代末为 MD 播放器开发音频编码算法，这是一个精细的子带压缩算法，SBC 只有 4～8 个子带，MP3 有 32 个子带，而 ATRAC 则有 52 个子带，可以看成是更精细的 MP3，但复杂度也更高。20 世纪 90 年代 MD 风靡全球，促使 ATRAC 算法连续不断升级和改进，从 1.0～6.0 推出了多个版本，也使 ATRAC 家族从最初的 MD 普及到 Network Walkman、手机、PDA 等产品。从 5.0 版开始受到 MP3 的强势竞争，于是索尼公司在 2000 年把 ATRAC 直接升级到 ATRAC3，比原先 ATRAC 算法的压缩比提高了 1 倍，音质基本能保持 ATRAC 的水准。并且授权给富士通、日立、NEC、Rohm、三洋和 TI 等公司使用。

ATRAC 家族由于长期的自身封闭性，只限于在索尼公司的产品中应用，ATRAC3 开放后也只普及到日本公司范围，导致市场接受度一直很低。

除了蓝牙标准中推荐的算法外，SIG 也允许芯片设计厂商添加自己的编/解码器，用以增加产品的差异化和竞争力。于是有技术实力的厂商选择开发音质更好的编/解码器，如 CSR 公司的专利编码算法 Apt-X，索尼公司的 LDAC 算法和华为公司的 HWA 算法。

Apt-X 是 Stephen Smyth 博士于 20 世纪 80 年代提出的音频码率压缩算法，最初用于专业音频和广播领域，2010 年开始用于英国剑桥无线电公司（CSR）的蓝牙芯片上，使 CSR 公司的蓝牙芯片以音质优良而闻名于世。2015 年 CSR 被美国高通公司收购，Apt-X 更名为 aptX 变成高通公司的蓝牙音频商标。

AptX 是一种基于子带（SB-ADPCM）技术的数字音频压缩算法，目前有 5 种模式，其中 aptX-LL 和 aptX-HD 最为常用。

LDAC 是索尼公司开发的音频编/解码器，于 2015 年在 CES 展会上正式发布，目前有 3 种速率模式：990kbit/s 高传输质量模式；660kbit/s 默认质量模式；330kbit/s 普通质量模式。

LDAC 格式最初只用在索尼自己的产品上，索尼公司似乎吸取了 ATRAC 的教训，2017 年 LDAC 加入了安卓开放源代码项目，从 Android 8.0 系统开始支持 LDAC 编码算法，不过使用 LDAC 解码器还需要索尼的专利授权。最近索尼公司放宽了授权限制，高通公司最新的蓝牙芯片也开始支持这种格式，这给全世界音乐爱好者带来福音。

HWA 是华为公司发布的蓝牙音频的商品名称，它提供 3 种编码流量模式：400kbit/s、500kbit/s/560kbit/s 和 900kbit/s，并可设定编码延迟。HWA 采用了台湾盛微先进科技公司的 LHDC 编码算法，在 96kHz 采样率和 24bit 量化条件下频谱与 LDAC 相当，这一技术已免费授权给 30 多家厂商。不过华为已不满足 HWA 的指标，正着手进行改进。

综合评价几种蓝牙音频编码算法，把 96kHz/24bit 的码流（速率 4.5Mbit/s）进行 5:1 压缩，AptX-HD、LDAC-990 和 HWA-900 都能轻松超越标准 CD 音质；把 44.1kHz/16bit 的码流（速率 1.411Mbit/s）进行 4:1 压缩，音质都接近于 CD。但随着压缩比增大差异就会显现出来，把 44.1kHz/16bit 的码流进行 12:1 压缩，听音评价表明 LDAC ≈ HWA >aptX >>AAC >MP3 >SBC。

2019 年 12 月，新的蓝牙音频编/解码器 LC3 随着蓝牙标准 5.2 版本问世。LC3 算法与传统的 SBC 相比，把 1.411Mbit/s 码率的 CD 音频流压缩到 192kbit/s 后的音质与 345kbit/s 码流的 SBC 相同，表明 LC3 可以实现更高的音质或更低的传输速率。

另外，蓝牙标准 5.2 版本中的 LE Audio 引入了多重串流音频技术，能使多声道音响和蓝牙耳机（TWS）的左、右耳同步放音，解决了多音频流中声音延迟的弊病。

经常有发烧友抱怨蓝牙音频的音质不好，新的 LC3 算法对推动音质改善有积极作用，但这是有条件限制的。如果发射机和接收机都具有相同的高质量编/解码器，就能保证以原始格式播放，使音质损失最小。当接收机中的解码器不能支持发射机中的编码器格式时，按蓝牙协议规定先将其转码成 SBC 格式再解码。以 MP3 格式为例，转码过程为：MP3→PCM→SBC→PCM。如果蓝牙协议规定 LC3 为默认格式后，转码过程会变为：MP3→PCM→LC3→PCM，音质应该能提高一些：

9. 高保真耳机放大器的蓝牙接口

给一台高保真耳机放大器安装一个蓝牙接口要考虑的事项有很多，例如：选择什么型号的蓝牙芯片？收发器内置还是外置？如何与各种音频信源连接？如何抗干扰？如何避开传输死角？如何避免音质损失等等。这些事项既有趣又有挑战性，本小节将着重介绍这方面的内容。

（1）耳机放大器的蓝牙接口

蓝牙接口有外置和内置两种方法。外置比较灵活，淘宝上有许多外置蓝牙适配器可供选择，不过精品极少。理想的外置模块希望包含全部蓝牙音频编码格式，但这个愿望很难实现，只能退而求其次，尽可能包含较多的格式。如果用手机作音源，考虑到 iPhone 只支持 AAC，多数安卓手机支持 aptX，有这两种制式基本上能满足要求。经过搜寻只找到了一种蓝牙适配器能满足外置接口的要求，外形如图 11-55 所示。这台蓝牙适配器支持一拖二（点对两点通信），可用手工设置成独立的发射机或接收机，面板上能显示 aptX-HD、aptX-LL、AAC 和 SBC 这 4 种音频编码格式，输出端有线路接口（RAC）和同轴电缆接口（COAX）。如果用一根 75Ω 同轴电缆从 COAX 插座连接到耳机放大器的 S/PDIF 插座，把适配器背面的开关设置在 RX 状态，一个外置蓝牙接口就连接好了。这个适配器能在接收端进行选曲、播放、暂停以及音量大小操作，通过空中接口控制发射端的信号源。它的缺点是体积较大，接入协议做得不好，建立连接比较困难。市场上可能还有更好的适配器，有待于继续寻找。

前视图　　　　　　　　　后视图

图 11-55　蓝牙适配器外形

添加内置蓝牙接口要麻烦一些，首先需要选择合适的蓝牙音频芯片，然后要自己设计电路、PCB 以及配置软件，必须具备一定的专业知识和 DIY 能力才能完成。幸运的是，我们生活在互联网时代，在淘宝上选择了一款具有 I²S 总线接口的模块，使用的芯片是 CSR8675，这个模块的图片和局部电路图（CSR8675 外围电路）如图 11-56 所示。有了这个模块 DIY 就变得简单和容易一些，只要把模块（70×30mm）安装在耳机放大器中靠近后面板的空闲位置上，在后面板上钻一个安装 SMA 插座的孔，天线插座从后面板伸出，接上专用的 2.4GHz 蓝牙棒状天线，一个内置的蓝牙音频接口 DIY 工作就顺利完成。

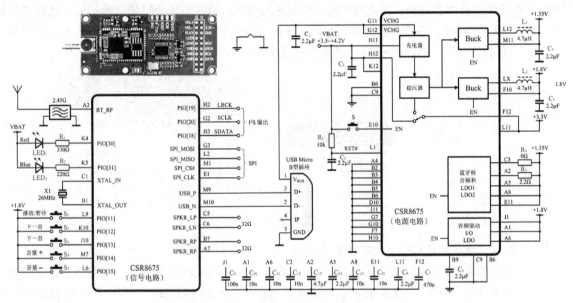

图 11-56　内置蓝牙模块的图片和局部电路图

（2）手机与蓝牙耳机放大器的连接方法

给耳机放大器安装了内置蓝牙模块后就变成一台蓝牙耳机放大器，手机可以与蓝牙耳机放大器直接配对建立连接，使用比较方便。

手机与外置蓝牙适配器的耳机放大器连接稍微麻烦一些，需要把 3 个设备按图 11-57 所示方式连接，手机与适配器的距离应该在微微网的通信范围里，即以手机为圆心，在 10m 半径的圆周范围内，直线距离之间不要有遮挡物，网络范围里不要有工作的 Wi-Fi 路由器和微波炉等 ISM 设备。如果手机与适配器和耳机放大器分别在两个房间里，蓝牙信号穿过普通砖墙或泡沫混凝土墙有 8 ~ 15dB 的衰减损耗；钢筋水泥墙大约有 24dB 的衰减损耗。因而隔墙通信不但距离会大大缩短，信号质量也会明显下降，实际情况要通过实验来决定。

蓝牙连接建立以后，要进一步提高音质，需要把手机和适配器的音频编码设置为同一格式，避免转码引起的音质损失。手机操作系统分两大阵营：使用 iOS 操作系统的苹果手机（iPhone）和使用 Linux 操作系统的安卓（Android）手机。苹果手机和安卓手机上的蓝牙音频默认格式是 AAC，由于 iOS 的封闭性，无从查看正在使用的蓝牙音频格式，也没有发现改变设置的入口。但在适配器的显示器上能看到的是 AAC 格式。苹果手机可以从 iTunes 音乐库中下载音乐节目，所有的节目都有 AAC 格式。

对于安卓系统手机，在开发者选项中可以查看和配置蓝牙音频的相关参数，路径为"设置→更多设置→开发者选项→蓝牙音频编/解码器"，进入后可以选择需要的格式。有些厂家的手机会在蓝牙设置界面上显示当前使用的音频格式，点开蓝牙菜单后可以手动改变，如果不兼容还可以手动改回。

2019 年之后出厂的手机，除了标配的 SBC 外支持还支持 MP3、AAC 和 aptX 格式，一些音乐手机还支持 ATRAC3、LDAC 和 HWA 格式，不久以后所有的手机都会支持 LC3 和音质更好的其他格式。

遗憾的是，这个适配器不能手动设置音频格式，而是自动识别手机端的格式，识别结果是不可信的，例如会把 WMA 和 MP3 都识别为 aptX-HD 格式；输入未压缩的 WAV 格式，会转换成蓝牙标准默认的 SBC 格式，而无法手动选择 aptX 和 AAC 格式。

发烧友显然对手机音乐嗤之以鼻，但手机是人们形影不离的通信工具，它取代了过去流行的所有移动式音/视频电器和游戏机，未来的功能也会越来越强大。现在音乐手机的音频指标早已超过普通CD 唱机。更重要的是，手机能通过 4G/5G 和 Wi-Fi 连接世界上所有的网络音乐，手机自带的存储器中还能存储海量的音乐节目，因而这种连接逐渐变成人们聆听高保真音乐的主要方式。

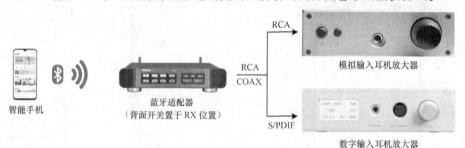

图 11-57　手机与蓝牙耳机放大器的连接图

（3）数字信源与蓝牙耳机放大器的连接方法

常见的高保真数字信源设备有 CD 唱机、计算机、卫星广播接收机、DAB 调谐器等。这些信源与蓝牙耳机放大器连接也需要一台适配器，如果这些设备有 S/PDIF 输出接口，可以用一根 75Ω 同轴电缆直接连接到适配器发射端（TX）的 COAX 接口，把适配器背面的工作状态开关拨到 TX 位置，如图 11-58 所示。如果其中一些设备是其他规格的接口，例如台式计算机的声卡上通常只有 Toshiba Link式光纤接口，笔记本和平板电脑上只有 HDMI 接口，可以通过音频制式转换器与适配器连接。

数字音源比较杂乱，首先是载体繁多，有物理载体（光、磁、电荷、机械坑等）、化学载体（可擦写 CD）和其他载体。常见的物理载体 CD 唱片本身就是一个大家族，包括 CD、DTS-CD、DVD Audio、HDCD、XRCD、SACD。码流有 PCM 和 DSD 之分，PCM 码流的采样率有 44.1kHz、48kHz、96kHz、192kHz、384kHz 之分、量化精度有 16bit、20bit、24bit、32bit 之分；DSD 采样频率是 2.8224MHz，但它是 1bit 量化。

其次是音频格式繁多，大概有 20 多种，常见的有 WAVE、AIFF、WMA、AMR、VQF、APE、FLAC、MP3 等。而蓝牙音频格式目前只有 4 种（SBC、AAC、aptX 和 LDAC），因而发生不兼容情况是必然的，目前还没有完美的解决方法。如果不在意 SBC 的音质，把线路输出端口的模拟信号传送到蓝牙适配器重新编码会避免音频制式不兼容的烦恼。

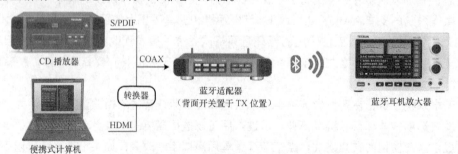

图 11-58　数字信源与蓝牙耳机放大器的连接图

（4）模拟信源与蓝牙耳机放大器的连接方法

常见的高保真模拟信源设备有开盘磁带机、黑胶唱机、卫星广播接收机（线路输出）、DAB 调谐器（线路输出）以及其他音乐播放器的线路输出。中等保真度的模拟信源有 FM 广播调谐器，盒式磁带机和薄膜唱片等。这些信源与蓝牙耳机放大器连接也需要一台适配器，用普通的音频屏蔽线从这些设备的线路输出端口连接到适配器发射机（TX）的 RCA 插座，并把适配器的工作状态开关拨到 TX 位置，如图 11-59 所示。适配器中的蓝牙芯片会把模拟音频信号编码成 SBC 格式发送给蓝牙耳机放大器，用户不能选择音质更好的 AAC 和 aptX 格式。这是因为编/解码算法所需的资源是非对称的，编码计算量比解码大 3～5 倍，复杂算法的计算量更大，适配器中的蓝牙芯片只能对非标配制式实时解码而不能实时编码，我们只能期待内嵌 LC3 算法的蓝牙适配器早日面世。

图 11-59 模拟信源与蓝牙耳机放大器的连接图

11.3.2 PuruPath™ 和 WUSB 数字音频接口

PuruPath™ 是美国 TI 公司 2010 年发布的专用无线音频接口，目前有 4 款产品：CC8520/21 两款支持双声道，CC8530/31 两款支持 4 声道。这些芯片的射频工作频段与 WLAN 和蓝牙相同，也是采用跳频方式工作的，调制方式为 2FSK 和 8FSK，对应的码速率为 2Mbit/s 和 5Mbit/s，标称发射功率为 3.5dBm，接收灵敏度在 2Mbit/s 速率下为−86dBm，在 5Mbit/s 速率下为−83dBm。

乍一看与 PuruPath™ 就是蓝牙音频的简化版，它的优点是传输速率高于蓝牙，可以传输无压缩音频信号。虽然厂商没有公开技术细节，但提供了免开发的软件包，应用并不存在困难。选择这种技术封闭性的产品会遇到许多麻烦，无法和广泛普及的蓝牙和 WLAN 进行互联，也不能利用手机和互联网上丰富的音乐资源，因而在音响界的认知度很低。

无线通用串行总线（WUSB）是 2004 年英特尔春季技术峰会上提出的一个短距离无线传输标准。英特尔的想法是基于 USB 技术在 PC 中得到了广泛的应用，并且已经成为了 PC 标准接口之一，同时 USB 在个人电子产品和移动电子设备中的普及率也很高。与蓝牙相比在 10m 传输范围里速率可达到 480Mbit/s，而功耗低于经典蓝牙。显然英特尔想借助于 WUSB 的高速率、普及性和即插即用的特点取代蓝牙的地位。对于音频行业来说，WUSB 在传输无损音频和多声道环绕声方面具有吸引力。目前已在数码相机上得到应用，能否取代蓝牙要由市场选择来决定。

11.3.3 红外线数字音频接口

利用红外线（IR）进行通信是一门古老的技术，在上世纪初人们利用锗晶体管的光电效应成功进

行了光通信，后来又演变成光导纤维通信和红外遥控技术。红外线数据标准协会（IrDA）先后制定了 9600bit/s～115.2kbit/s 和 4Mbit/s 速率的标准，现在固定不动的电视机、空调机、投影仪以及移动的 PDA、手机等电器都支持 IrDA 标准，这就意味着用手机就能对其他电器进行 IR 遥控。

使用 IR 的优点是不需要申请使用权，不会受到无线电波的干扰，建立连接非常快捷，几乎是即开即用，没有蓝牙烦人的连接过程。另外红外线调制、发射和接收的技术非常简单，具有成本少、延迟小、功耗低的优点。

IR 通信的特点是信号只能在直线视距里点对点传输，这是由于红外二极管发射的红外线辐射角小，碰到障碍物会反射回来。利用这一特性人们开发了室内散射红外线（DIR）通信方式，发射机用红外二极管阵列向不同方向发射红外线，红外光碰到墙壁、地面和天花板会发生散射，接收机阵列接收到散射波就能建立通信。这与军事上利用流星余迹通信的原理相同。

Infra-Com 公司利用上述原理开发了一系统红外音频专用芯片组，基本型 IrGT801A 的数据传输速率为 20Mbit/s，延迟时间为 100μs，通信距离为 25～50 英尺。后来又陆续发布了增强型 IrGT821 系列、低成本型 IrGT851 系列和低功率型 IrGT700 系列。

人们青睐红外音频的主要原因是出于健康考虑。医学研究证明人体长期暴露在无线电波辐射场中会造成身体损伤，经常使用手机、蓝牙耳机等贴身电波辐射电器被怀疑会诱发癌症，而红外线比无线电波要安全得多。IrDA 还没有制定专门针对高保真音频的技术规范，但音频界非常欢迎已经出现的 IR 音频技术，期待着它能带来更高速、即开即用、安全绿色的红外音频享受。

11.4 控制接口

从控制角度看，一个耳机放大器系统是由控制器、受控器和控制接口组成的。本节只介绍控制接口的相关内容，包括耳机放大器中的受控项目、串行总线和微处理器。

11.4.1 耳机放大器中的控制项目

图 11-60 显示出一台耳机放大器中需要控制的项目，可简单分为与声音有关的项目和无关的项目。前者有音源选择（矩阵开关）、音量控制、放大器增益控制；后者有人机交互界面、寄存器管理和电源管理。受控目标是通过位线或串行总线连接在主控器 MCU 上，由控制软件统一调度。故总线和主控器也属于控制接口。

为了方便操作，人机界面上用直观的图形和规定的符号表示控制项目，项目较多时用分页显示，并把相关性较大的控制项目安排在同一个界面上。例如，把各种按键、音量控制、参数均衡器和电量指示安排在音乐播放界面上；把增益控制、电源管理、负载检测纳入到工作状态控制界面上。

控制的另一个项目是寄存器管理，寄存器分布在各个芯片中，需要一个程序进行集中管理。芯片的可变参数都是通过寄存器设置来改变的，因而寄存器的值能实时反应耳机放大器的工作状态，而工作状态也可以显示在人机界面上。

微处理器和软件彻底改变了控制系统的面貌，传统机器面板上的开关、按键和指示灯已经被 LCD 上的图形界面替代。现在大多数都是通过手指触摸方式来操作机器的，随着人工智能的发展，今后可以通过语音来操作机器。

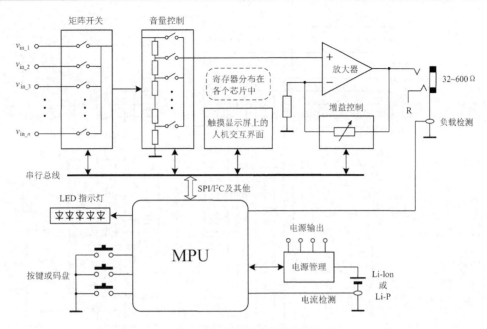

图 11-60　耳机放大器中需要控制的项目

1. 矩阵开关

矩阵开关就是音源选择器,过去主要应用在电视台和广播电台中进行多路信号的监控和播出,现在开始进入民用领域。如果只有一个信源和一副耳机,直接与放大器连接就可以,不需要控制。如果有 8 个信源和 8 副耳机,就需要一个 8×8 矩阵开关,这样就可以把任一个信源连接到任一副耳机上,免去了手工接线的麻烦。如果没有这么多信源和耳机,它也可以当作 8×1、4×2、2×1 等任何小于 128 个切换点的交叉连接器使用,多余的端口闲置不用就行了。对于经常折腾设备的人来讲,矩阵开关是非常实用的设备。

音频信号是双向交流信号,切换开关要具有双电源轨动态范围。早期用的是 CD4000 系列 CMOS 模拟开关,如 CD4051、CD4052、CD4097 等。现在有导通电阻更小、频带更宽的芯片,如 ADG5208F、MAX9670 等。这类芯片中最经典的是 8×1 开关阵列,内部自带 3-8 译码器,3 根控制线就能对 8 路信号进行选择性切换。如果设计一个 2(8×8)音频矩阵开关,需要 16 个 8×1 芯片,共有 128 个开关。由于左、右声道是同步切换的,有效控制开关数可压缩到 64 个。

控制方式有两种:行列寻址和开关点寻址。前一种方法是把每个芯片的地址线并联作为低 3 位地址,把外置 3-8 译码器的地址作为高 3 位地址,这样用 6 根线就能控制 64 对开关,如图 11-61 所示。这种矩阵开关的缺点是使用效益低,每次寻址只能连接一个输入端和一个输出端,8 路信号不能同时输出。第二种方法是对所用的开关点直接寻址,需要 24 根线才能控制 64 对开关,这种开关的 8 个输出口可以同时输出,每路输出都可以选择任意一路输入信号。目前,有的公司已发布了 I²C 和 SPI 接口的直接寻址矩阵开关芯片,使用起来非常便利。

这种开关是硬切换,容易引起切换噪声。数字电位器中常用的消噪方法是在音频信号过零点时切换,这种方法在音频矩阵中无法使用,因为输入端的 8 路音频信源是独立的,断开的信号和接通的信号并不在同一时刻过零,故无法进行过零点切换。如果在这种情况下消除开关噪声就需要使用淡入淡出技术,方法是在每路信号的输入端增加一个电子衰减器,在切换点前 5~10ms 内把在线的输入信号和将要接入的输入信号都衰减 60dB 后再进行切换,切换完成后在 5~10ms 内把两路信号的幅度复原,这种软切换借鉴的是电视图像的淡入淡出切换方式。衰减器如图 11-61 中虚线框内的电路,由一个 32 级抽头的数字电位器和缓冲器组成,8 路立体声信号共需要 16 个衰减器。

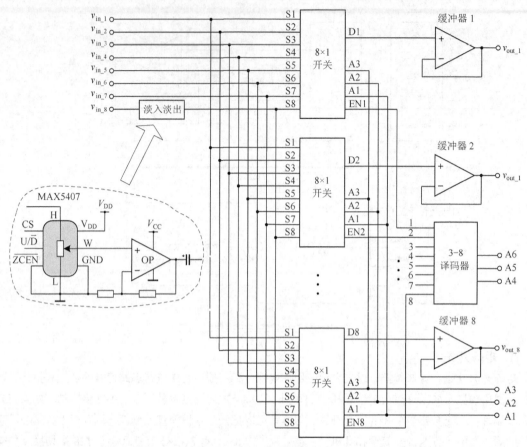

图 11-61　8×8 矩阵开关电路

矩阵开关的操作界面用图形表示最为直观，如图 11-62
所示，垂直线表示输入信号，水平线表示输出信号，按钮
表示交叉点的开关。按下任一个按钮，按钮所在位置的垂
直线对应的输入信号就连接到了水平线所对应的输出端，
连接状态一目了然，操作也非常简单。

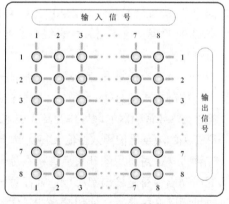

图 11-62　8×8 矩阵开关的操作界面

2. 放声控制

（1）耳机放声过程中需要哪些控制

人类流行用耳机聆听音乐是从 20 世纪的 Walkman 开始
的，那时便携式播放器的控制方式已程式化为 8 个控制量：
音量+、音量−、播放、暂停、快进、快退、循环和静音。
进入 CD 时代后，上一曲、下一曲替代了快退、快进，并且
已标准化为图 11-63 所示的图形符号。当时日本公司动用了
各种技术手段，开发了形形色色线控方式，最复杂的线控动用了微型码盘、按钮开关和 LCD 点阵显
示屏，例如 SONY D-NE10 的线控器。到了智能手机时代，耳机线控已简化成只有 3 个触点的微型翘
板开关，通过按键复用方式实现上述 8 个控制量中的大部分功能，常见的复用方法如下所示。

1）音乐播放状态下：按"音量+"和"音量−"用步进式方法调整音量大小，按一次"播放/暂停"
键，播放暂停。再按一次，恢复播放；按二次，播放下一首歌曲；按三次播放上一首歌曲。

2）来电情况下：通过按"播放/暂停"键停止音乐播放来接听电话和挂断电话。

3）语音状态下：按 "音量+" 和 "音量–" 调节音量。

在手机线控中，控制指令是通过 4 线插头的 MIC 端口发送的。高保真耳机只有 3 个端口，也不需要用线控方式传送指令，只需用 MCU 上的按键或码盘发出指令，经由串行总线传送到芯片中执行指令。当然还要显示指令执行的情况，用的都是人们熟悉的图形符号。

放声控制设计中要防止引入噪声。音频信号是快速变化的交流信号，在电压和电流峰值时切换会因信号突变而

图 11-63　放声控制的图形符号

引起 "咔嚓" 声和 "噗噗" 声。多数音频控制芯片中设计有过零检测和软开关功能，使用这一功能就可基本上消除切换噪声。如果被控的芯片中没有软开关功能，可通过编程实现。由于程序每执行一条指令需要几个到十几个时钟周期，无法精确到音频信号的过零点时刻，所以只能用淡入淡出的方法实现软切换，虽然比零交叉点切换要慢一些，但也能满足消噪要求。

（2）均衡器和特技音效

均衡器（Equalizer）简称 EQ，是一种可以分频段调节音频信号幅度的设备，录音时用来补偿和修饰声源，放音时用来补偿扬声器和声场缺陷。过去均衡器是一台专门的设备，现在的均衡器是基于 DSP 的软件模块，与 GPU 和触摸屏结合可提供一个虚拟的数字 EQ 功能。

数字 EQ 的核心由 5 种经典电路组成，它们是信号滤波器、搁架式均衡器、谐振器均衡器、参数均衡器和数字陷波器。信号滤波器在第 2 章 2.4.1 小节中已经介绍过，它的通带幅度是 0dBFS，阻带幅度与底噪持平。另外 4 种电路的幅频特性如图 11-64 所示。图中的搁架式均衡器只有两个参数，均衡量和截止频率，与信号滤波器不同的是它的参考点在–20dBFS 电平上。从第 2 章中的 2.2.1 小节中可知，–20dBFS 是录音基准电平，表明均衡量是以录音参考点为基准计量的。中心频率是 1kHz，两边各有接近 4 个倍频程的调整范围，低频调节在 20～300Hz，高频调节在 2.5～20kHz。增益提升的上限是 0dBFS，如果衰减与提升对称，下限是–40dBFS。曲线的最大斜率为每倍频程±6dB。共有 4 种调节特性，分别是低音提升、低音衰减、高音提升和高音衰减。过去台式收音机和功率放大器中的音调控制就是典型的搁架式均衡器，电路虽然简单，但改变整体音色的效果非常明显。

谐振式均衡器就是多频段图形均衡器，在传统均衡器中是多个并联的二阶谐振电路，谐振频率和品质因数（Q 值）是固定不变的，振荡幅度可用电位器调整，通常用直推式电位器，推子位置排列起来像一个幅频曲线，故称图形均衡器。录音师常用这种设备补偿放声环境的缺陷，业界也叫房间均衡器。由于是用硬件电路实现的，各个频段的频率不能改变，补偿不够细致。

数字图形均衡器是仿照这种传统方式，把多频段均衡器用 DSP 设计成子带滤波器和陷波器，子带按倍频程选取，用得最多的是 1/3 倍频程，均衡量用 PCM 编码值表示。用这种方式的目的只是为了提供一个虚拟的图形均衡器界面，保留人们的使用习惯。实际的数字 EQ 核心是参数均衡器。

参数式均衡器是均衡频率、均衡量和均衡范围可变的均衡器。实质电路是一个钟型带通滤波器或衰减器，中心频率就是均衡频率，由于 Q 等于中心频率除以带宽，故改变 Q 值就可改变均衡量和均衡范围。可见，参数式均衡器就是中心频率和 Q 值可变的带通滤波器组。改变参数就可以获得任意形状的幅频特性，用户就可在触摸屏上像涂鸦一样设计自己喜欢的曲线形状。那么问题来了，大多数人并不具备专业电声知识，随手画出的幅频曲线可能会产生诡异的声音，会使人们对参数式均衡器产生误解，认为它毫无用处或者是破坏音质的东西。故参数式均衡器界面大多数都设计成图形均衡器形式，如 5 段、7 段、10 段、24 段、32 段均衡器。

现在黑胶唱片回潮，有人把唱头放大器设计成平直特性，用参数式均衡器模拟 RIAA 均衡器。在

500～2120Hz 频段保持平直特性，在 20～50Hz 频段提升 17dB，在 10kHz 频段衰减-13.7dB，基本上已经能模拟出 RIAA 特性。这种均衡器的优点是灵活性较好，可以根据自己的喜好随时修改。

陷波器可以获得很窄的带宽，被认为是参量式均衡器的变体，它具有斜率很陡峭的衰减特性，可以用来消除声回授和单频干扰。

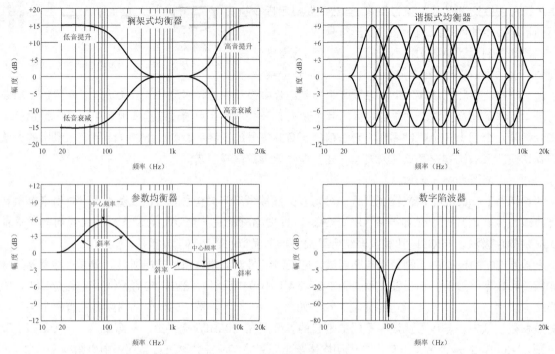

图 11-64　数字均衡器的幅频特性

在 DSP 中各种均衡技术会混合应用，例如用信号滤波器去除不需要的次声和超声频率成分，保证信号的信噪比。用搁架式均衡器营造整体音调变化感觉，例如重低音、等响度、语音等效果。用参数均衡法提升中音的温暖感和亲切感。用图形均衡器提供直观实用的图形界面。用陷波器消除工频干扰和通信基站干扰。还会结合音频 3A 算法、混响、有源噪声消除和人头传函等技术提供各种特技音效，如山谷回声、浴室效应、广场音效，音乐厅音效和双声道虚拟环绕声等。

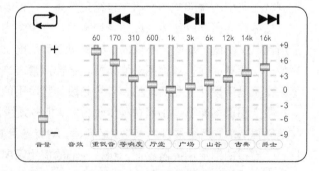

图 11-65　均衡器的图形界面

为了方便操作，通常把 EQ 和放声控制设计在同一个图形界面上，如图 11-65 所示。人们习惯在音量和音效之间反复操作，而且 EQ 界面的面积较大，图形也更加花哨，把放声控制的图形符号镶嵌到 EQ 界面中是一个很实用的方法。

3．增益控制

当负载发生变化时，通过控制闭环增益使输出功率恒定不变的放大器，称为增益控制放大器。耳机放大器不同于驱动音箱的功率放大器，使用过程中随时会更换耳机。放大器在固定的闭环增益下，如果负载发生变化，输出功率和限幅电平也会随之变化。最坏的情况是把 600Ω 的耳机换成 16Ω 的耳机，输出功率增大了约 37 倍，声音会大得吓人。这是基于耳朵和耳机都没有受损的情况下，实际上更严重的后果是烧毁耳机，因为耳机不能承受过大的功率。故平时一定要先把耳机放在桌上或拿在手里，待更换好耳机后再佩戴聆听。如果反过来，把 16Ω 的耳机换成 600Ω 的耳机，虽然不会损坏耳机，但是输出功率减少了约 37 倍，习惯性的做法是用电位器去调节音量，结果音量没有增大多少反而发生了削顶失真。在音频展会上经常会看到这种尴尬的现象，原因就是绝大部分厂商的放大器中没有自适应增益控制功能，只能用电位器调节音量。尽管这些放大器的电气指标很高，但在更换耳机时用户的体验非常糟糕。

解决这一问题的方法就是设计一个恒功率放大器，实时检测负载阻抗的变化，用不同的闭环增益对应不同的耳机阻抗，从而使输出功率保持恒定。假设所更换的耳机灵敏度基本相同，更换耳机后的音量也基本相同。这种自然变化的特性给人的体验才是良好的。

设计恒功率耳机放大器，首先要找出闭环增益与负载阻抗的函数关系。按第 2 章中 2.3.2 小节约定的最大输出功率 200mW 为标准，设音频输入电压为 $0.5V_{rms}$（峰值电压等于 $1.414×0.5=0.707V_p$），按公式 $P = \tilde{V}_o^2/2R_L$ 计算出的闭环电压增益与耳机阻抗的关系见表 11-18。

表 11-18　恒功率放大器的工作电压、闭环增益与耳机阻抗的关系表

	16Ω	32Ω	48Ω	64Ω	120Ω	240Ω	300Ω	600Ω
输出电压 $\tilde{V}_o$（V）	2.53	3.10	3.58	4.90	6.93	7.75	10.95	15.49
电压放大倍数 G_v（倍）	3.58	4.38	5.06	6.93	9.80	10.96	15.49	21.91
工作电压 V_{CC}（V）	±5	±5.6	±6.1	±7.4	±9.4	±10.3	±13.5	±18.0

注：输入电压为 $0.707V_p$，输出功率为 200mW，限幅保护电压为 ±2.5V。

从表 11-18 中可以看出，为了获得恒定的输出功率，不同阻抗的耳机所需的放大倍数不相同，耳机阻抗越高，所需的放大倍数就越大。电压增益和负载阻抗是 1/2 次方指数关系。

另外，放大器的最大摆幅受工作电压限制，增益变化意味着摆幅也随阻抗变化。为了保证最大摆幅时放大器不限幅，需要以最高负载阻抗为基准设计工作电压。放大器的最大电流摆幅受电源内阻限制，要保证最大电流摆幅不削顶，必须按最低负载阻抗设计驱动电流。可见，恒功率放大器需要一个高电压、大电流的电源，这种电源必然有体积大、成本高和能量转换效率低的缺点。解决的方法是设计一个闭环增益和工作电压随负载阻抗变化的放大器，这种放大器称为自适应恒功率放大器。

上述自适应恒功率放大器具有结构复杂和造价高的缺点，在工程上常采用准恒功率解决办法，结构如图 11-66 所示。闭环增益和工作电压都通过步进法来改变，并且增益以小步长变化，工作电压以大步长变化。控制电路的核心是实时检测耳机的阻抗，每当更换耳机后，在负载稳定后的一段时间里设置一个测试窗口，给放大器输入一个测试信号，信号频率选择在人耳的下限听音频率之下，这里设计为 18Hz，峰值幅度为 0.5V，时间为 5 个周期的正弦波信号。经由放大器放大后，电流检测器会在检测时间窗内检测到 5 个周期的正弦波电流，利用欧姆定律就能计算出耳机的阻抗。把测得的耳机阻抗分为 8 挡，再利用查表法快速查到对应的电压增益，由控制电路调整数字电位器获得所需的闭环增益。工作电压分两挡：当增益低于 20dB 时把放大器切换到 ±9V 电源电压，当增益高于 20dB 时把放大器切换到 ±18V 电源电压。

这个放大器增加的成本主要在电源上，需要两路双轨电源和 4 个功率切换开关。它的最大的优点是更换不同阻抗的耳机后音量基本不变，给人的聆听体验是良好的。两挡电源切换虽然是一个折中的方案，能量转换效率也不是最佳的，但降低了电源的复杂度，从而降低了成本。最好的办法是设计一

个包络跟踪电源，彻底解决效率和性能的困扰。

市面上还有一些更简易的准恒功率放大器，在面板上设置了高、低阻两个耳机插孔，驱动低阻耳机时电压增益设计在 3 ~ 8 倍，驱动高阻耳机时电压增益设计在 15 ~ 20 倍。这种方法虽然粗糙，只要耳机不插错插孔，也能得到差异不大的音量。不过这类放大器中也隐藏着一个很深的陷阱：相当多的高、低阻抗分挡放大器实际上是一个普通的固定增益放大器，只不过在放大器的输出端安装有两个耳机插口，在放大器到低阻插口之间还串联了一个比耳机阻抗大得多的电阻，利用电阻和耳机的分压来减小

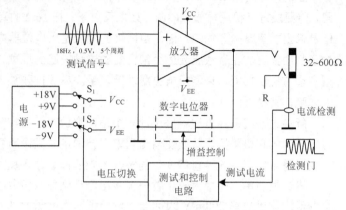

图 11-66　自适应恒功率放大器的结构

输出功率。如果回过头重温一下第 10 章 10.1.2 小节中有关阻尼特性的概念，就会明白这种放大器的听感到底有多差。

4. 寄存器管理

寄存器是芯片内部用来存放数据的小型存储区域，通常是存放参与运算的数据和运算结果。寄存器电路是由触发器构成的，一个触发器可以存储 1 位二进制代码，故存放 n 位二进制代码，需用 n 个触发器组合成触发器阵列来实现。为了读/写方便，寄存器的长度（容量）按字节计算，如单字节寄存器、双字节寄存器和多字节寄存器。也有一些特殊长度的寄存器，如 10 位、12 位等。

从控制角度看，芯片可分为主控制芯片和被控制芯片。主控制芯片是 MCU 和 DSP，它们的寄存器的结构比较复杂，各种指令寄存器、数据寄存器、指针寄存器和累加器组成一个高速存储部件，可用来暂存指令、数据和地址。由于寄存器具有非常快的读/写速度，指令和数据在寄存器之间传送非常快捷，从而构成了一个高速的控制中心。

被控制芯片中的寄存器比较简单，主要分为控制寄存器和状态寄存器两类，前者用来存储主控器发送来的指令，这些指令是改变被控芯片工作参数的数据，暂时存储在控制寄存器中，由芯片的读取电路读出去控制芯片的可编程参数，达到自动控制的目的。当芯片的工作参数发生变化时，把变化的数据及时存入状态寄存器中，由主控制器读取后在人机交互界面上显示出来，供用户及时了解芯片的工作状态。典型的实例是音量指示器和电量计。

还有一种移位寄存器，数据可以在移位脉冲作用下依次逐位右移或左移，数据既可以并行输入、并行输出，也可以串行输入、串行输出，还可以并行输入、串行输出，或串行输入、并行输出。移位寄存器在芯片的串行总线端口上用来收发数据，发送数据时工作在并行输入、串行输出状态；接收数据时工作在串行输入、并行输出状态。这类寄存器是由芯片中的控制电路自动操作的，不用人工干预，编程工程师感觉不到它的存在，芯片设计工程师却要仔细设计移位寄存器的每一个触发器和控制电路，确保在任何状态下都能正常工作。

主控制芯片的寄存器管理实际上就是编写控制程序，编程过程就是利用 MCU 的指令在寄存器之间寻址的过程，故必须要熟悉主控制器的指令系统和寄存器结构，还要能熟练地使用汇编语言或 C 语言。控制过程就是通过运行在 MCU 上的程序，经由串行总线读/写被控制芯片中的寄存器。如果主控制芯片没有硬件总线端口，还要通过软件模拟总线的通信协议。

被控制芯片中的寄存器管理比较简单，主要的工作就是读/写寄存器，这里用 I²C 总线为例说明寄存器的读/写方法。I²C 总线协议中只定义了起始条件、停止条件、从单元地址、数据和应答信号，详细内容见后述 11.4.4 小节。寄存器管理是从被控制芯片地址码之后开始的，如图 11-67 所示，在 R/$\overline{\text{W}}$ 位的第 1 个应答信号后是命令字节，命令的内容在程序中约定，这里 0x01 定义为读寄存器，0x02 定义为写寄存器。命令字节的应答位后是寄存器地址，随后是寄存器数据。连续的读/写地址会自动加 1，不用程序干预。发送端每发送一个字节后，接收端必须回复一位应答信号，如果发送端没有收到应答信号，就发送一个非应答位和停止条件，结束本次操作。

寄存器管理是灵活的，可根据被控芯片的寄存器结构变通。例如 SOC 芯片中有上千个寄存器，寄存器的地址编号要占两个字节。再如，总线上只有一个被控制芯片，寄存器地址从 0 开始，命令字节和寄存器地址字节就可以省略。可见用 I²C 总线管理寄存器是比较简单的。

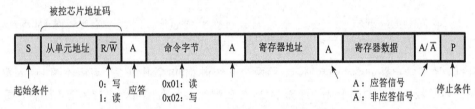

图 11-67 I²C 总线读/写寄存器的数据传输格式

5. 电源管理

耳机放大器中电源管理主要集中在电池充/放电控制上，这部分内容将在第 12 章中进行介绍。MCU 在电源管理中的功能是显示电池的荷电状态，即充电时指示已充电量，放电时指示剩余电量。芯片中的库伦计会实时把这些数据存放在状态寄存器中，MCU 读取这些数据并显示出来就可以。

需要特别注意的是，业余爱好者不要贸然 DIY 锂电池管理程序。虽然 MCU 能胜任电池管理的全部工作，但锂电池充/放电有严格的技术标准，需要专业工程师设计符合标准的软件，并且要通过第三方认证，这样才能把锂电池在充/放电过程发生燃烧和爆炸的概率降到最低。锂电池在存放过程中受到挤压、撞击和针刺也会发生燃烧和爆炸。故为了人身和财产安全，不要在业余条件下 DIY 充电器和在家里存储过多的锂电池。

耳机放大器中电源管理的另一项工作是电源电压切换，所用的开关器件是功率 MOS 管。USB-type C 和 PD 协议中推荐的功率开关如图 11-68（a）所示，是一对背靠背连接的 N 沟道 MOS 管开关。这个开关关断后寄生体二极管处于反向截止状态，不会产生漏电流，性能是优良的。要使这个开关导通，栅极控制电压要比源极电压高一个栅极门限电压 V_{TN}，需要一个升压变换器把输入电压变换到大于 $V_{\text{IN}}+V_{\text{TN}}$ 后给栅极驱动器供电。集成电路设计中为了使芯片的外围电路简洁，常用电荷泵作升压器。业余爱好者 DIY 时可以采用 Boost 开关变换器，如第 4 章中的图 4-35 所示的电路，这种变换器有一个储能电感，输出电流比电荷泵大，有利于提高驱动能力。显然，这个功率开关成本比较高，只能应用在工业、医疗和汽车电子中。

在消费电子产品中，为了降低成本常用图 11-68（b）所示的单 MOS 开关，这个电路虽然节省了一个 MOS 管，但驱动电源并没有简化，仍然需要一个升压电源，好在集成电路中电荷泵所占用的硅片面积很小，虽然电荷泵的输出电流较小，民用产品不计较开关速度，节省一个功率 MOS 管就能减少接近一半的成本。这个电路的缺点是 MOS 管关闭时输出电压会通过寄生体二极管产生反向漏电，不适合输出端有电池的应用。

业余爱好者 DIY 时可以采用图 11-68（c）所示的电路，它是用 P 沟道 MOS 管作开关的，省去升压电路，栅极接地即可导通，栅极电压高于门限电压 V_{TP} 即可截止，驱动电路非常简单。虽然 P 沟道功率 MOS 管的售价是同性能 N 沟道 MOS 管的 2～3 倍，由于省去了升压变换器，总体成本与图 11-68（b）所示的电路基本持平。这个电路的另一个好处是免去了升压变换器产生的开关干扰，减小了防护 EMI 的工作量。

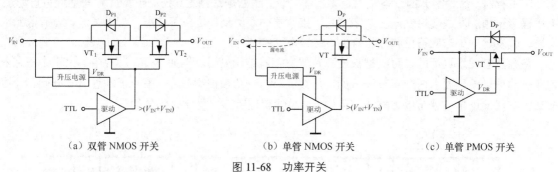

（a）双管 NMOS 开关　　　　（b）单管 NMOS 开关　　　　（c）单管 PMOS 开关

图 11-68　功率开关

实用的功率开关电路如图 11-69 所示，用两个 P 沟道 MOS 管作开关，可用作图 11-66 电路中的电源开关 S_1。为了减小开关上的压降，选择 MOS 管的原则是具有尽可能小的沟道电阻，厂家数据手册的首页都会在显著的位置表明这个参数。图 11-69 中的 PMOS 在数据手册上给出的 $R_{DS(on)}=2.6m\Omega$，测试条件是 $V_{DS}=10V$，$I_D=80A$。在 V_{DS}-I_D 特性曲线上，当 V_{DS} 从 10V 下降到 0.1V 时，沿着这条曲线估算 $R_{DS(on)}=26m\Omega$，$I_D=800mA$，这个电流正好与台式耳机放大器的电源匹配。电源开关对速度要求不高，用双极晶体管作驱动就可以。输入 TTL 逻辑电平为低时 VT_1 关断，VT_2 开通；输入为高电平时则相反。输出电流为 1A 时，MOS 管上的导通损耗约为 0.1W，截止损耗在微瓦级，能够满足开关要求。在现在的半导体工艺水平下，沟道电阻 3～5mΩ 的 PMOS 管的售价约为 20 元，用于 DIY 还可以接受。沟道电阻小于 1mΩ 的 PMOS 型号能获得更低的导通损耗，但性价比不高。

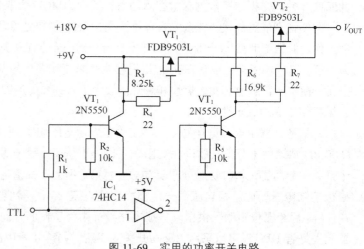

图 11-69　实用的功率开关电路

11.4.2　音量控制

音量控制是功率放大器中的永恒话题，它的基本功能是调节声音响度的大小，同时也带给人听音和操作的感受，因而还含有文化和艺术因素。本小节仅从技术出发，介绍从机械电位器到数字电位器，再到数字音量控制的发展历程，内容只涉及耳机放大器中的实用技术。

1. 模拟音量控制

（1）功率放大器的音量控制范围

功率放大器的音量控制范围取决于放大器的动态范围。如图 11-70 所示，放大器的输出动态范围的低电平受噪声限制，高电平受电源电压限制。假设在满刻度（0dB）输入时的输出电平是 V_0，放大

器的最大输出电平 V_{max} 不能超过限幅电平 V_{lim}，否则输出波形就会被削顶，在高保真放大器中要预留 2dB 作为限幅保护范围。故 $V_0 \sim V_{max}$ 的动态范围就是功率放大器的增益可控范围。

音量控制要把声音响度从零调到最响，控制范围就是图 11-70 中垂直坐标的 $0V \sim V_{max}$。音量控制电路在 $0 \sim V_0$ 时要进行增益衰减，把 0dB 输出电平衰减到零刻度电平才能使响度为零；在 $V_0 \sim V_{max}$ 时要进行增益放大，把 0dB 输出电平放大到最大输出电平才能使响度最大。故前者称为衰减式音量控制，后者称为增强式音量控制。显然放大器的工作电压越高，闭环增益越小，增强控制要求的范围就要越大。过去所用的机械式电位器不能提高增益，为了使 V_0 接近于 V_{max}，一种低成本的方法是把功率放大器的 0dB 输出电平设计得接近限幅电平，电位器只进行衰减式音量控制。这种做法有诸多弊病，功率放大器既作电压放大器又作电流驱动器，最大摆幅指标和输出阻抗指标互相牵扯，较高的闭环增益意味着压缩了宝贵的环路增益，导致校正误差的资源减小，放大器的综合指标必然大幅度下降。较好的解决方法是把功率放大器设计在纯电流放大状态，在前面加一级纯电压放大器，如第 2 章中介绍的理想功率放大器原理，把衰减式音量控制移到电压放大器的输入端。

如果音量控制器有增强式控制功能，理想功率放大器就可用音量控制芯片和电流放大器组成，省去一个前置电压放大器的同时综合指标也没有降低。

在 $1.8 \sim 3.3V$ 的集成放大器中，满刻度输出电压已接近电源电压，音量控制只能采用衰减式。在第 3 章和第 4 章中已具体介绍过低压放大器的音量控制和闭环增益设置的方法，这里不再重复。

（2）控制特性

从第 2 章的图 2-2 等响曲线可知，人耳响应声压的动态范围有 100 万倍，对应的响度范围只有 120 倍，这种现象表明了响度与声压级是对数关系。从等响曲线上还能得到人耳对小音量声音的分辨率较高，大约是 0.5dB；而对大音量声音的分辨率较低，是 $1 \sim 2$dB，响度越大分辨率越低。从图 2-6 得知语音的动态范围只有 45dB，音乐的动态范围约为 70dB。上述这些特性和参数是设计音量控制器的重要依据。

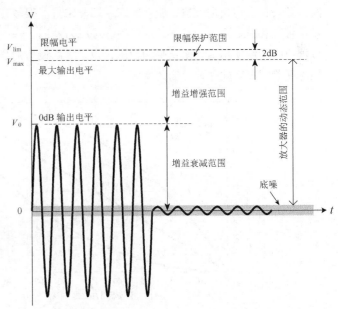

图 11-70 满刻度输入时功率放大器的动态范围

扬声器是产生声功率的主要器件，驱动扬声器的功率放大器把电功率转换成声功率，电压乘以转换系数就可得到声压，这个转换过程说明音量与功率放大器驱动电压也是对数关系。有了这个结论，我们就可以把电位器等效成一个符合人耳听觉特性的可变分压器，来确定音量与电位器旋转角度（或位置）的函数关系。

如果电位器的输出电压与旋转角度（或位置）是线性函数关系，在小音量调节时响度变化剧烈，大音量调节时响度变化迟钝，给人以电位器调节的起始段音量增加很快，中间段和末尾端音量变化很慢，感觉上非常不自然；如果把电位器设计成指数特性，输出电压与旋转角度（或位置）是指数函数关系，由于指数函数与对数函数的互补性，最终人耳听到的响度与旋转角度（或位置）成线性关系，在匀速调节电位器时人耳感觉到音量是均匀变化的，给人以很自然的感觉。

接下来的问题是音量控制的动态范围到底需要多大？从图 2-6 得到的动态范围大约为 70dB，但高保真放大器的三大指标：线性度、信噪比和动态范围均要达到 90dB，这是从 44.1kHz/16bit CD 唱片中继承下来的入门要求，故高保真放大器的音量控制范围也要达到 90dB。

（3）阻值连续变化的电位器

最常见的音量控制电位器是机械式变阻器，有旋转式和直划式两种，当电位器顺时针旋转或从下向上直划时，根据滑片到起始端的阻值随滑片位置的变化关系分为线型（B 型）、对数型（A 型）和指数型（C 型），如图 11-71 所示，音量控制应该选用 C 型电位器。实测了几个世界知名品牌的电位器，B 型的阻值变化基本是线性函数，指数和对数型则误差较大，拟合的曲线是折线，而不是平滑过渡的指数和对数曲线。这可能是制造工艺不能制造阻值不均匀变化的电阻膜所造成的。

机械式电位器的优点是结构简单，价格低廉，已经在功率放大器中应用了一百多年，现在仍然在大量使用。这种电位器的最大缺点是旋转几百次后滑片的接触电阻会增大，碳膜的电阻体会产生磨损，旋转时会因接触不良而发出"咔嚓、咔嚓"和"沙拉、沙拉"的噪声。电阻膜磨损还会产生电阻偏差，双连电位器产生的偏差不一致会导致音像定位偏移。

世界上也有一些厂商专门生产长寿命的高级电位器，旋转十万次后才会产生磨损噪声。这种电位器上还设置了力阻尼装置，旋转起来手感非常好。很多音乐人和发烧友有着反反复复调节音量、捕捉音乐细节和 PK 设备的习惯，这几乎已经成为他们工作内容和文化生活的一部分。一个手感良好的电位器不但能给使用者带来享受和快乐，也能提高设备的身价和品味。故这类电位器虽然售价不菲，但仍然受到很多音响生产厂商的青睐。

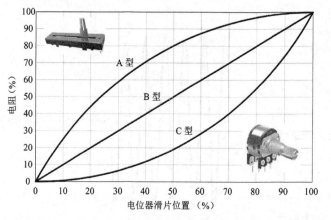
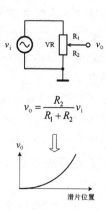

$$v_o = \frac{R_2}{R_1 + R_2} v_i$$

图 11-71　机械式电位器的电阻特性

（4）阻值阶跃变化的步进式电位器

步进式电位器是为了消除普通机械式电位器的缺点而开发的阻值离散变化的跳跃式变阻器，调节这种电位器就像上、下楼梯一样，一步仅上、下一个台阶，结构如图 11-72 所示。单联步进式电位器由电阻阵列和单刀多掷波段开关组成，等效于一个分压器。根据输入信号是分压还是分流划分为串联分压式和并联分流式两种结构。串联分压式结构比较简单，并联分流式需要双刀多掷波段开关，电阻数量也要加倍。优点是每阶步进的电阻是独立的，选择的自由度较大。

根据人耳对小音量声音的分辨率高，而对大音量声音的分辨率低的特性，把步进式电位器的输出电压曲线设计成斜率不同的 3 段折线，可以简化选配电阻值的工作量。小音量区的衰减步长为 0.7 ~ 1.0dB，中音量区为 1.8 ~ 2.5dB；大音量区为 3 ~ 4.5dB。虽然在每段区域里衰减步长是线性变化的，但 3 段折线合成后的曲线形状近似呈指数特性，人耳听到的响度与步进阶数基本上呈线性关系。有的爱好者设计出不分段的指数步进电位器，要借助程序计算每个电阻，得到的阻值变化特性更接近指数曲线。

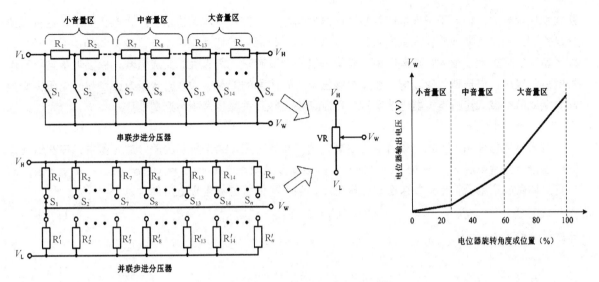

图 11-72 阻值跳跃变化的步进式电位器

耳机放大器中常用的电位器阻值是 50kΩ 和 100kΩ，考虑到市面上很少见到多于 25 个触点的波段开关，这里介绍一个用 23 触点波段开关设计的步进电位器。电路结构采用串联步进分压器，小音量区设 6 阶步进，衰减量为 1dB/步；中音量区设 7 阶步进，衰减量 2.5dB/步；大音量区设 10 阶步进，衰减量 4dB/步。电位器的每一联需要 22 个电阻，选用精度±1%的 E96 系列或精度更高的电阻 E196 系列。50kΩ/100kΩ 步进电位器的各个电阻值见表 11-19。

表 11-19 50kΩ/100kΩ步进电位器电阻值表

	小音量区电阻值（Ω）	中音量区电阻值（Ω）	大音量区电阻值（Ω）
50kΩ	81.6，27.1，38.8，47.0，56.2，68.1	120，180，240，301，388，511，619	750，909，1.2k，1.8k，2.4k，3.61k，4.7k，7.5k，10k，12k
100kΩ	120，100，120，150，181，221	470，562，681，816，1.1k，1.3k，1.5k	2.21k，3.28k，4.7k，6.19k，7.5k，9.09k，12k，15k，16k，16.2k

网店和一些专业音频器材商店里有步进式音量控制电位器销售，外形如图 11-73 所示，这些电位器所用的波段开关接触点做了防氧化处理，旋转轴上安装了滚珠力阻尼装置，外形华丽，售价非常昂贵，非常受 DIY 发烧友欢迎，但很少应用在商品放大器中。

图 11-73 步进式音量控制电位器外形

在过去的音响杂志上经常会看到一些创意新颖的无机械触点步进式电位器设计和制作的文章，他们用集成模拟开关替代机械式波段开关，用码盘和按钮调节音量，用 LED 模拟峰值音量指示表，甚至还设计了红外遥控发射器和接收器。这些作品的最大的缺点是电路复杂，需要一块香烟盒大小的 PCB 安装元器件。不过这些创意为后来的集成电位器芯片设计提供了思路，再复杂的电路集成化后体积都会变得很小，性能和可靠性也能得到大幅度提高。

步进式机械电位器虽然消除了普通电位器的滑片噪声，但又引入了脉冲噪声。由于波段开关是跳跃式切换信号的，相当于把连续信号斩波成离散信号，在信号斩波的边沿会产生电压尖刺，这种现象就是物理上的吉普斯效应，人耳能听到"咔嗒"和"砰砰"的切换噪声。小音量下的切换噪声较小，大音量下的切换噪声很大。这是因为音频信号是一个具有正、负极性的交流信号，在接近零电平时信号的能量较小，吉普斯效应较弱；在接近峰值电压时信号的能量很大，吉普斯效应引起的电压尖峰很高。手动的机械式步进电位器无法实现零电压切换，故开关噪声是不可避免的。

（5）电子电位器

电子电位器是用电子电路模拟电位器功能的装置。在图 11-74 所示的差分放大器中，在左臂晶体管的基极接控制电压 V_C，在恒流源晶体管的基极接音频输入电压 V_S，音频输出电压 V_o 从差分放大器右臂晶体管的集电极输出。如果忽略基极电流，各个晶体管的集电极电流的关系为：

$$I_{C3} \approx I_{C1} + I_{C2} \tag{11-1}$$

等式两边除以 I_{C3} 后为：

$$\frac{I_{C1}}{I_{C3}} + \frac{I_{C2}}{I_{C3}} = 1 \tag{11-2}$$

式中，I_{C2}/I_{C3} 是差分放大器的电流增益，V_C 控制着差分放大器的两个晶体管的集电极电流比例，当 $V_C=0$ 时，$I_{C1}=I_{C2}=I_{C3}/2$，这时 $I_{C2}/I_{C3}=0.5$，这是差分放大器的最大电流增益。如果 $V_C>0$，则（I_{C2}/I_{C3}）<0.5；如果 $V_C<0$，则（I_{C2}/I_{C3}）>0.5。电流增益与控制电压成正比例，而与 I_{C3} 的大小无关。这和电位器的特性相似，故调节 V_C 就能对输入信号 V_S 起衰减作用，图 11-74 右图是这个电路的控制特性。

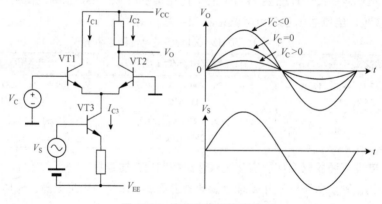

图 11-74　电子电位器的原理

上述由简单差分放大器模拟信号衰减的电路有一个缺点，晶体管输入失调电压引起的电流也会叠加到 I_{C2} 中，我们希望集电极电流只受 V_C 控制，不受失调和温度变化产生的漂移电压影响。改进的方法是采用双差分模拟乘法器，用另一个差分放大器产生相反的失调和漂移电压抵消输出电压中的误差成分，使输出电压只与控制电压相关。图 11-75 所示的是基于这种想法的实际电路，20 世纪中期有许多厂家生产模拟乘法器，现在市面上还能买到 MC1496。这个电路的音频输入电压要控制在（0.2～1.1）V_{RMS}，$THD<0.02\%$，带宽为 7Hz～100kHz。由于输出电压与控制电压成正比例，也要用指数电位器，并且电位器的起始端连接+5V 电压，尾端接地，与传统连接法相反。

电子电位器的优点是不会产生噪声，因为音频信号不流过电位器，即使滑片的接触电阻增大和碳膜磨损后也不会产生"咔嚓"声。另一个优点是用单联电位器就能同步控制多声道的音量，所以需要多个模拟乘法器。

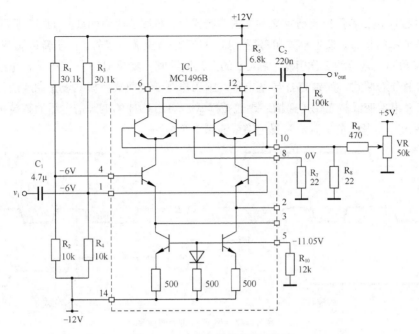

图 11-75　电子电位器的实际电路

20 世纪 60～70 年代，音响设备还处于分立元器件时期，而模拟集成电路也处于中、小规模阶段。电子电位器就以优良的性能流行过一段时间，但在体积小巧、功耗很低的音量控制芯片出现后就完全销声匿迹。

（6）衰减式音量控制芯片

把步进电位器集成化可以大幅度减小体积和功耗，性能和可靠性也会得到很大提升。集成的方法是用薄膜方块电阻制作电阻阵列，用 CMOS 电子开关替代机械波段开关，用数据逻辑电路实现开关位置译码和控制信号译码。

由于平面工艺制作方块电阻的精度较差，方块电阻所占面积较大，通常设计成折线特性，低电平 1～2dB/步；中电平 2.3～3.5dB/步；高电平 4～5dB/步。更简单的方法是只用一种电阻，就可以把衰减特性设计成直线型，用软件把小步长合并成大步长，实现所需的指数或对数变化特性。这种想法的典型实例是 MAX5407，如图 11-76 所示，内部集成了 32 个相同的串联分压电阻和 33 个 CMOS 开关，芯片用 8 脚 SOT23 封装，体积只有 $9m^3$。

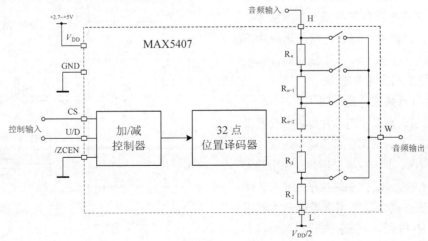

图 11-76　衰减式音量控制芯片典型实例

该芯片的控制逻辑是厂家自行定义的 2 线串行接口，总线的时序图如图 11-77 所示。CS 是片选信号，高电平使能串行接口，低电平关闭串行接口。U/D 是音量调节信号，由于音量调节只有一个端口，于是定义了递增和递减两种工作模式：在 CS 的上升沿期间，如果 U/D 是高电平，总线工作在递增模式；在 CS 的上升沿期间，如果 U/D 是低电平，则工作在递减模式。模式设置完成后，芯片将保持该模式，直到 CS 再次变低。无论是递增还是递减模式，均在 U/D 的上升沿过后的高电平期间递增或递减音量，每经过一个脉冲的上升沿音量递增或递减 1 个台阶。

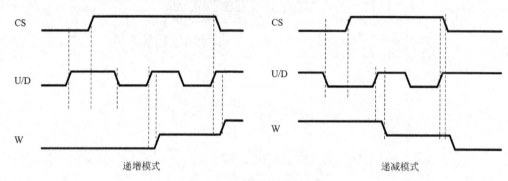

递增模式　　　　　　　　　　　　递减模式

图 11-77　串行总线的时序图

ZCEN 是过零检测使能信号，当 ZCEN 为低电平时使能过零检测功能，当 L 端口的电压与 H 端口的电压相同时表明输入信号处于零交叉点位置，控制电路在这时才能启动开关改变电阻抽头的位置。如果切换指令下达后过了 50ms 仍没有检测到过零点信号，控制逻辑会按超时处理进行硬切换。

同样的原因，当音频信号进行直接耦合时，L 端必须连接到音频信号围绕其摆动的公共电平上，而不能直接接地。这个电平可选为 $V_{DD}/2$，这样就能保证芯片的正、负动态范围基本相等，避免了单边限幅现象，也能使过零检测功能发挥正常作用。

过零检测和零电压开关在机械式步进电位器中是无法实现的，但在音量控制芯片中却能轻松实现，而且这些电路增加的芯片面积和增加的成本几乎可以忽略不计。

市面上衰减式音量控制芯片有几十种型号，虽然调节音量的控制方式不同，但电阻阵列和 CMOS 开关的结构基本相同。衰减式音量控制芯片的缺点是动态范围较小，只适合用在 5V 工作电压以下的低压功率放大器和集成功率放大器中。现在大部分集成功率放大器中集成了音量控制，故独立的音量控制芯片存在的空间会越来越小。

（7）衰减+增强式音量控制芯片

衰减+增强式音量控制芯片也称复合音量控制集成电路，是针对高保真音响系统设计的高级音量控制器，具有控制范围大、总谐波失真小和频带宽的优点。主要结构是由衰减式步进电位器和低失真大动态可变增益放大器组成的，如图 11-78 所示。衰减式步进电位器主要实现图 11-70 中从满刻度输出电平衰减到零

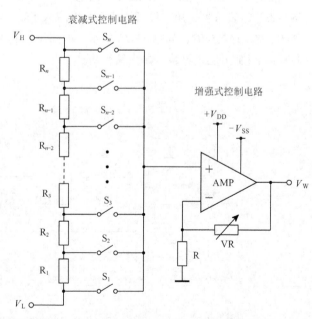

图 11-78　衰减+增强式音量控制芯片的组成结构

的功能，低失真可变增益放大器主要实现把满刻度输出电平提升到最大输出电平的功能。从图 11-78 中可知，要想获得较大的动态范围，必须把放大器的工作电压设计得尽可能高，因而大摆幅低失真的电压放大器是设计的关键点。在这个电路中，设电阻网络的衰减量为 B，放大器 AMP 的不失真放大器倍数为 A。由于是串联环节，总增益为 $C=B×A$，音量控制范围为 R（dB）$=\log B+\log A$。在高保真放大器中要求衰减量大于 100dB，所以在设计中通常使 $\log B>\log A$ 以降低大摆幅放大器的设计难度。

高保真复合音量控制芯片的型号屈指可数，第 6 章 6.5.2 小节中介绍的 CS3310 就是其中之一，该芯片已经在高级音响中应用了 40 多年，其缺点是动态范围偏小，输入和输出的满刻度范围只有±3.75V，有些 CD 唱机的线路输出高达±4V，在该芯片中会造成限幅，我们必须寻找输入动态范围更大的芯片。2004 年 TI 推出了 BiCMOS 工艺的 PGA2320，把工作电压提高到±15V，满刻度输入/输出可达到±14.14V，图 11-79 所示的是这个芯片的内部结构方框图。衰减式控制范围是 0～−95.5dB，增强式控制范围是 0～−31.5dB，总控制范围是 127dB，分为 256 个步进台阶，0.5dB/步。

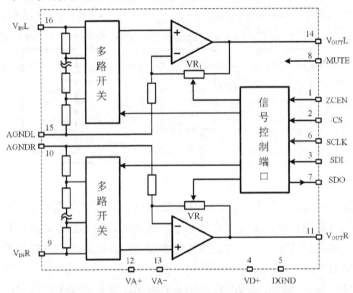

图 11-79　复合音量控制芯片的内部结构方框图

　　该芯片不能独立工作，需要和 MCU 配合才能完成音量控制。串行总线的时序图如图 11-80 所示，当片选信号/CS 在低电平期间，串行总线开启，SDI 是串行数据输入信号，音量控制数据在时钟信号 SCLK 的驱动下从 MCU 输入到 PGA2320 的移位寄存器中，并在时钟的上升沿时刻把数据锁存。SDO 是串行数据输出信号，在时钟的下降沿转换，用于以菊花链方式连接多个PGA2320 器件。当/CS 为高电平时串行总线关闭，SDO 呈现高阻状态。

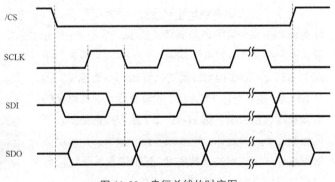

图 11-80　串行总线的时序图

　　串行数据包的结构如图 11-81 所示，一个音量控制字是 16 位，前面 8 位表示右声道的音量；后面 8 位表示左声道的音量，高位在前，低位在后。每个声道的衰减量用下式计算：

$$衰减量(dB)=31.5-\left[0.5×(255-N)\right]　　　　　（11-3）$$

式中，N 是二进制数 R[7:0] 或 L[7:0] 对应的十进制数。如果 N=0，衰减量为 –96dB，芯片工作在软件静音状态；如果 N=1 ~ 255，衰减量为 –95.5dB（N=1）~ +31.5dB（N=255）。

由于每阶步长是固定的，衰减量是线性变化的（见第 6 章中的表 6-4），要得到指数控制特性需要通过软件编程实现。由于左、右声道的衰减量可以独立设计，所使可以通过软件实现虚拟声像。正常的音量控制应用中，左、右声道应设置相同的衰减量。

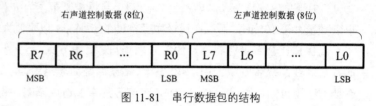

图 11-81 串行数据包的结构

把多个 PGA2320 按菊花链式连接起来可实现多声道控制，如图 11-82 所示，#1 芯片的 SDO 引脚连接到 #2 的 SDI 输入，依此类推。在每个时钟的下降沿时刻数据从上游芯片的 SDO 转换到下游芯片的 SDI，如果有 n 个芯片，移位寄存器的长度就扩展到 16×n 位，/CS 必须在 16×n 个 SCLK 周期内保持低电平使串行总线有效，并且在 16×n 个 SCLK 脉冲之后的 /CS 上升沿同时更新各个芯片数据。由于当 /CS 为高电平时 SDO 处于高阻状态，因此需要一个 100kΩ 电阻来终接 SDI。

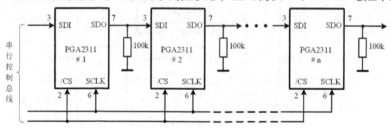

图 11-82 菊花链连接电路

ZCEN 是过零检测引脚，高电平使能，启用后 CMOS 开关在音频信号的零交叉点进行切换，过零检测随着相应通道的衰减量设置的变化而生效。新的衰减量暂时不锁存，直到检测到左、右通道信号的过零点才锁存。如果超过 16ms 还没有检测到过零点则按超时处理，在超时情况下，多路开关是硬切换的，会产生可闻噪声。

信号还有一个硬件静音功能引脚 /MUTE，低电平有效。硬件静音是指通过将输入多路开关切换到模拟接地（AGNDR 或 AGNDL）并在过零点时进行切换。硬件静音比软件静音的信噪比更高，不过要多占用 MCU 的一个控制引脚。

（8）图形用户界面（GUI）

为了能让人眼直观地看到音量的大小，厂商设计出各种人性化的图形用户界面，这些界面需要通过软件编程和在高分辨率薄膜屏幕上显示，图 11-83 所示的是常见的人机交互界面。图 11-83（a）是虚拟 VU 表，显示的是音量的准平均值，也叫单位音量表，用图 11-83（b）的虚拟电位器进行音量和平衡控制。图 11-83（c）是 5 频段 EQ 和 32 阶音量显示，用点亮的点数表示音量大小。图 11-83（d）是虚拟电位器，不但绘制出逼真的旋钮，还添加了光照效果，并且用弧形光点指示电位器的旋转角度。这些图形界面经常会出现在平板电脑、手机和各种便携式电器上。

图 11-83 音量控制的人机交互界面

2. 数字音量控制

（1）什么是数字音量控制

数字音量控制与数字电位器不是一个概念，数字电位器是一个器件，可以用分立电路或集成电路来实现。而数字音量控制是一个软件算法模块，或者是插入在信号处理链路中的一个可变编码长度滤波器。在图 11-84 所示的音频系统中，数字音量控制模块插入在噪声整形器和电流舵 DAC 电路之间。噪声整形器输出的 PCM 数据流传送到 DSP 中，在 DSP 的程序存储器中存放了一个音量控制程序。操作者在触摸屏上用音量控制 GUI 给 DSP 下达调节指令，DSP 在后台调用音量控制程序，根据用户的指令，通过改变 PCM 编码长度的方法调节信号的幅度，从而达到音量控制的目的。如果没有触摸屏，就需要用按键或码盘进行操作。

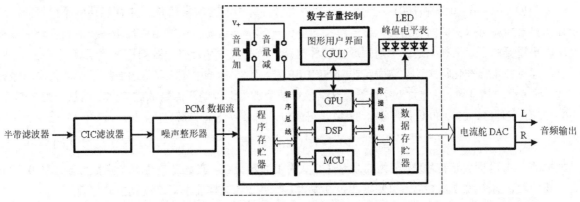

图 11-84 数字音量控制在音频系统中的位置

显然，数字音量控制在带 GPU 功能的双核处理器（MCU+DSP）中就是一个附加的 APP，只占用了一些存储器空间，并没有增加额外的硬件电路，而且操作界面可以随时修改，这就是软件播放器上俗称的换脸。如果系统中只有一个简单的 MCU，就需要增加按钮或码盘控制音量大小，再用一个 LED 棒状显示器模拟峰值音量电平表。

（2）定点数和浮点数

在计算机的存储器中，数据是用定点数和浮点数两种格式存放的。按原始的定义，定点数只表示整数，后来又扩展到小数，于是定点数就定义为数字信号处理过程中小数点位置固定不变的数。如果把小数点固定在数据最高位之前就称为定点小数；固定在数据最低位之后则称为定点整数。定点小数是纯小数，定点整数是纯整数，它们的存储格式如图 11-85 所示。

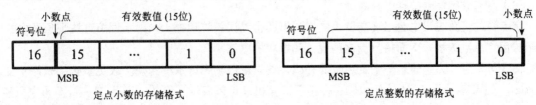

图 11-85 定点数的存储格式

用定点数进行数字信号处理时，对于既有整数又有小数的原始数据，需要设定一个比例因子，数据按其缩小成定点小数或扩大成定点整数再参加运算，运算结果再根据比例因子，还原成实际数值。若比例因子选择不当，往往会使运算结果产生溢出或降低数据的有效精度。这种处理方式表明定点数的本质就是整数，因而在经典的数字信号处理文献中就把计算机中的定点数定义为数学中的整数。

计算机中的定点数通常不超过 16 位，这在大部分工程处理中已经够用了，如果不够用则用 32 位的长定点数或浮点数运算。最常见的 16 位编码的音频信号就可以用定点数处理，把 $2^{16}=65536$ 个位序列分配给 0～65535 个无符号整数，常用的是补码格式。16 位补码能表示的数字从 –32768～+32767，如果数字是正或零，符号为 0；如果数字是负，符号位为 1。对于正数，十进制和补码可以直接进行"十→二"进制法则转换，对于负数则要用下面的法则。

1）取十进制数的绝对值。

2）将其转换成二进制数。

3）每一位分别取反。

4）对二进制数加 1。

例如，−6→6→0110→1001→1010。这个过程对计算机而言非常简单，并且能得到不少好处。例如，异号相减可以变成同号相加，符号位和数值位一起参与运算，运算结果也不需要进行任何后续处理。更重要的是，用补码运算法则生成的硬件电路对有符号数和无符号数均可进行运算。

浮点数用标准化科学计数法表示，ANSI/IEEE 754-1985 标准中定义了 32 位格式和 64 位浮点数格式，前者称单精度数，后者称双精度数。这里以单精度数为例说明浮点数的结构，32 位被分为 3 部分：0 ~ 22 位是尾数，23 ~ 30 位是指数，31 位是符号位。数值用下式计算：

$$v = (-1)^S \times M \times 2^{E-127} \tag{11-4}$$

式中的 $(-1)^S$ 项表示符号位，S 为 0 表示正数，为 1 表示负数。变量 E 是由 8 个指数位表示的 0 ~ 255 之间的数，这个数减去 127 后可使指数范围变为 2^{-127} ~ 2^{128}，这样便于用二进制方式储存。

IEEE 标准中允许的单精度数是 $\pm 3.4 \times 10^{38}$ ~ $\pm 1.2 \times 10^{-38}$。单精度数的存储格式如图 11-86 所示，

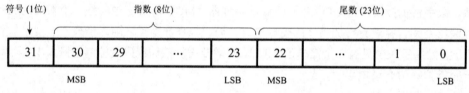

图 11-86　单精度数的存储格式

双精度数的存储格式与单精度数相同，只是改变了一下位数，即 0 ~ 51 位是尾数，52 ~ 62 位是指数，63 位是符号位，允许的双精度数是 $\pm 1.8 \times 10^{308}$ ~ $\pm 2.2 \times 10^{-308}$。这是一个巨大的范围，在工程中永远不会遇到双精度数受限的情况。

（3）定点数字信号处理的特点

定点数的运算过程中会出现高位丢失、溢出和舍入误差等现象，如果不理解这些现象发生的原因就无法用定点数编程，下面将分析这些现象和解决的办法。

在计算机中，为了表示一个定点数的补码，首先应该确定该系统的模。假定整数字长为 n 位，其模为 2^n。如果有一个 $n+1$ 位的数 1×10^n，由于计算机只可以表示 n 位数，因此 2^n 在计算机中只能用 n 个 0 表示，而最左边的数字是自动丢失的，由此可知，若以 2^n 为模。则 2^n 和 0 在计算机中的表示形式是完全相同的。根据这种现象，对 n 位定点整数，以 2^n 为模的补码定义如下：

$$[x]_{\text{补}} = \begin{cases} x, & 0 \leq x \leq 2^{n-1}-1 \\ 2^n + x = 2^n - |x| & -2^{n-1} \leq x \leq 0 \end{cases} \tag{11-5}$$

对于一个 16 位定点整数，补码的最大值是 (2^n-1)=+32767，当运算结果大于此值时会发生上溢。最小值是 -2^{n-1}=−32768，当运算结果小于此值时会发生下溢。

数字音量控制是用改变 PCM 编码长度的方法调节音量，例如，当前的 PCM 编码值 5600，如果乘以 10 后是 56000，大于最大数+32767 而发生了上溢，补码运算的结果是 23233。显然不是我们想要的结果，我们想的是增大音量，结果音量反而减小了。

在作减法和除法运算时如果运算结果小于最小值–32768 则会发生下溢。上溢和下溢都不会得到想要的音量，因而必须进行裁剪处理，如果发生了上溢，就让音量等于最大值（$2^{n-1}-1$）；发生了下溢，就让音量等于最小值（-2^{n-1}）。

定点数补码运算的另一个现象是最高位丢失，发生在两个正数相加时次高位向符号位进位的时候。纯粹的进位不会影响运算结果，如果同时发生溢出，运算结果肯定是错误的。为了避免这种情况下可能产生的溢出错误，在进行求补运算之前，先扩展符号位：将二进制补码的原符号位向左（高位）重复写一位，形成新的符号位。扩展符号位以后的二进制补码，真值不变。扩展符号位能够保证 n 位二进制补码的每一个数求补运算的正确性，结果将不会溢出。

在普通的 MCU 和定点 DSP 编程中，通常没有硬件乘法器，常用的方法是把减法转换成加法，乘/除法转换成移位运算，对正数而言，无论是原码还是补码，也不管左移还是右移，移位后出现的空位均添 0；但是对于负数则不同，原码的左右移时空位均添 0；补码左移时空位添 0，右移的空位添 1。

综合上述，人们总结出以下防止高位丢失和溢出的定点补码运算法则。

1）两正数相加最高位（符号位）一定不会进位。

2）两正数相加溢出发生在次高位（数值部分最高位）向符号位有进位的时候，扩展符号位可以解决。

3）正数相加的结果溢出时，将溢出结果加模（2^n）可以得到正确结果。

4）负数的补码运算溢出时，将溢出结果减去模（2^n）可以得到正确结果。

定点数运算的另一个现象是四舍五入产生的精度损失。以最普遍的 16bit 编码为例说明数字音量控制的精度损失问题，并且假设舍入误差是危害较大的加性误差。

16bit 满度编码值为 65536，这就是满刻度音量（0dBFS），当数字音量控制衰减 10dB 后的编码值为：

$$0\text{dBFS} \times 10^{\frac{-10}{20}} = 65536 \times 0.3162 = 20722.4832 \qquad (11\text{-}6)$$

用定点数处理是把此数四舍五入为 20722 代替–10dBFS，产生的舍入误差为：

$$\frac{20722 - 20722.4832}{20722.4832} = -2.3317 \times 10^{-5} \approx -23 \times 10^{-6} \qquad (11\text{-}7)$$

在音量衰减 45dB 和 65dB 时，用上述方法计算得到的舍入误差分别是+1259×10^{-6} 和+3972×10^{-6}。之所以这么大是假设加性误差积累的最坏结果，虽然随机误差能抵消一部分加性误差，但随机误差无法预测，而加性误差在定点数运算中是真实存在的。可见音量越小，舍入误差越大。当舍入误差与信号幅度之比大于 0.25 时，误差开始与信号相关，会产生人耳可闻的失真。而且这种处理方式只衰减信号，并没有衰减噪声，故在低电平时信噪比也会下降。在这种情况下需要用颤抖（dither）技术使误差白噪声化，可参看第 2 章第 2.2.2 小节的内容。这种小音量误差增大的现象和图像的数字变焦非常相似，它通过抽取像素来缩小图像的尺寸，尺寸越小分辨率越低，因而也称为音量控制中的数码变焦效应。

解决小音量误差的定点算法是把 16bit 的 PCM 信号插值到更长的长度后再进行截短。例如插值到 24 比特后当音量衰减 65dB 时，舍入误差为：

$$\begin{cases} (2^{24} - 1) \times 10^{\frac{-65}{20}} = 9434.521878 \\ \dfrac{4717 - 4717.2604}{4717.2604} = -5.5025 \times 10^{-5} \approx -55 \times 10^{-6} \end{cases} \qquad (11\text{-}8)$$

与 16bit 编码时的+3972×10^{-6} 相比，误差减小了 70 倍，把运算中产生的误差减小到可以忽略不计的程度。

定点数的最大优势是运算速度快，由于相邻整数之间的间隔是 1，音量控制中的乘法（音量增大）

和除法（音量减小）运算可以转换成移位运算，移位比乘/除法快几十倍。另一个优点是成本低，定点数运算在任何厂商的 MCU 中都能高效率运行，MCU 的售价通常比同规模或同字长的 DSP 低得多。20 世纪 80 年代初出现的 CD 唱片是用 16 位量化，直到今天绝大部分消费类音频仍然是 44.1kHz/16bit 格式，专业音频是 48kHz/16bit 格式，工程师们用定点数处理这些音频信号已经有 40 多年的历史。尽管用定点数编程难度较大，要花费大量的时间处理溢出和舍入误差。不过这些技术已经非常成熟，产品开发和升级在软件上几乎不花费成本，即使处理 20 位或 24 位编码的高清音频格式仍可以用原来的算法在 32 位的长定点数上继续使用，故定点数处理在音频信号中还会继续应用下去。

（4）浮点数字信号处理的特点

浮点数的最大特征是它表示的数据在极限范围里不是均匀分布的，例如单精度浮点数最大和最小数分别是 $\pm3.4\times10^{38}$ 和 $\pm1.2\times10^{-38}$。所表示的数值是不均匀地分布在这两个极限之间，小的数有小的间隔，大的数有大的间隔，相邻数之间的间隔与数值之比是千万分之一。相比定点整数，无论其大小，间隔都等于 1，相邻数之间的间隔与数值之比是万分之一。这种区别很重要，从第 2 章 2.2.2 小节中的式（2-11）可知，量化噪声的标准偏差大约是间隔大小的三分之一，这就意味着用浮点数表示的量化噪声只有定点数的三千分之一。

正因为这个特点，浮点处理开始在高分辨率采样系统中崭露头角。尽管浮点 DSP 的价格比定点 DSP 贵 2～3 倍，双精度浮点 DSP 售价更昂贵。先进技术的需求推动了浮点 DSP 芯片的高速发展，例如乘法、超越函数和矩阵运算已能够用硬件实现，运算速度并不逊于定点数。作者所在的公司已开始在数字音频 CODEC 中采样浮点处理，包括数字音量控制。实践证明，浮点 DSP 能大幅度提升芯片的技术指标，而设计和制造成本的增加也在允许的范围里。浮点处理也给编程工程师带来了福音，不用再为溢出和舍入误差耗费时间，把主要精力集中在优化算法上，使编程工作变得更加有趣。

无论用定点数还是浮点数编程数字音量控制软件，都需要控制指令接口和音量显示接口配合才能正常操作，最简单的方法是用按键或码盘给 MCU 或 DSP 下达音量调节指令，用柱状 LED 显示音量大小。更流行的方法是采用触摸屏和 GUI，如图 11-83 所示。一个形象逼真的图形界面要花费许多时间和精力去编程，其工作量远超过音量控制模块本身。如果系统中有现成的高分辨率显示屏，GUI 并不会增加多少硬件成本，但它给用户带来的使用体验却是赏心悦目的，故不少厂商不惜余力地设计新颖的 GUI 提升产品的形象，有的还存储了多种图形界面供用户作换脸选择。

11.4.3 SPI 总线

串行外设接口（SPI）是 Motorola 公司在 1979 年为 68xx 系列微处理器定义的外部接口总线，非常直观简单，简单到看一眼就懂，也没有人去制定相关明文标准。SPI 适于在芯片之间通信，从主单元角度看，点对点通信只需要 4 根线就可以，它们是时钟 SCLK、串行数据输入 MISO、串行数据输出 MOSI 和片选/SS。点对多点通信，所有的从单元仍然是这 4 根线，主单元这要多一个片选线/SS#，每一个/SS#只能控制一个从单元，连接拓扑结构是典型的菊花链方式，如图 11-87 所示。

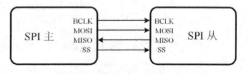

（a）SPI 总线点对点连接图

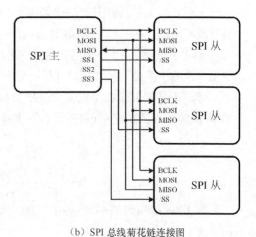

（b）SPI 总线菊花链连接图

图 11-87 SPI 总线的连接图

SPI 是主单元通信总线，这意味着总线中只有一个主单元能发起通信。当主单元想读/写从单元时，它首先拉低从单元的/SS#，接着开始发送时钟信号到 SCLK 上，在约定好的时钟沿上，主单元把数据发送到 MOSI 实现"写"，同时可对 MISO 采样而实现 "读"，时序图如图 11-88 所示。

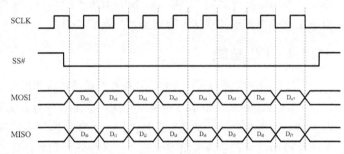

图 11-88　SPI 总线的时序图

SPI 总线有 4 种工作模式：模式 0、模式 1、模式 2 和模式 3，它们的区别是：约定的时钟脉冲的无效电平是高电平还是低电平。在时钟脉冲的哪个沿转换信号，在哪个沿采样信号。于是定义了时钟极性 CPOL 和时钟相位 CPHA 两个参数，它们的作用如下所示。

（1）CPOL：时钟极性控制位。该位决定了 SPI 总线空闲时 SCLK 时钟线的电平状态。

CPOL=0，当 SPI 总线空闲时，SCLK 时钟线为低电平。

CPOL=1，当 SPI 总线空闲时，SCLK 时钟线为高电平。

（2）CPHA：时钟相位控制位。该位决定了 SPI 总线上数据的采样位置。

CPHA=0，SPI 总线在时钟线的第 1 个跳变沿处采样数据。

CPHA=1，SPI 总线在时钟线的第 2 个跳变沿处采样数据。

由这两个参数决定的 4 种工作模式如图 11-89 所示，主从单元必须使用相同的工作参数才能正常通信。在点对多点通信中，如果各个从单元使用了不同的参数，主单元在读/写多个从单元时就要分别配置。

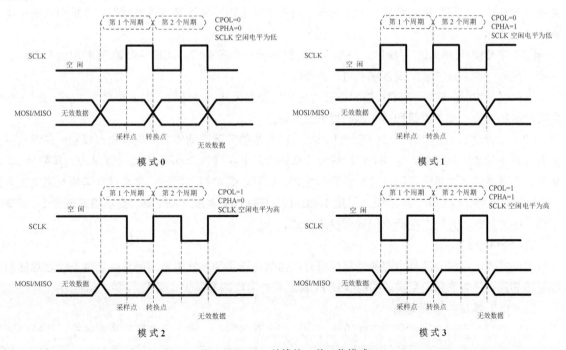

图 11-89　SPI 总线的 4 种工作模式

SPI 是一个傻瓜总线，没有定义物理接口的电气特性，没有寻址和应答机制，也没有流程控制规则，主设备甚至不知道从设备是否存在。在最初的应用中都是使用间断性时钟脉冲和以字节为单位传输数据的，非常适合在 MCU 上通过软件来实现。现在 SPI 已实现了连续性时间脉冲和任意长度的数据帧，传输速率可达到 50Mbit/s。SPI 虽然简陋，但仍然是应用广泛的串行总线之一，全世界所有的电子工程师都喜欢使用这种简洁至上的通信接口。

11.4.4 I²C 总线

I²C 是由飞利浦公司于 1980 年为嵌入式系统应用而开发的低速连接技术。如果直接按词意解释，I²C（Inter-Integrated Circuit）是集成电路的意思，没有表明芯片互连的概念。不过实际上带 I²C 接口的芯片中，互连的功能是集成在芯片内部，外围电路只有两根线和两个上拉电阻，就是这两根线可以把一个系统中的所有芯片连接在一起，实现彼此之间的通信。可见 I²C 的含义是强调把多个芯片变成一个芯片进行管理的意思。

1. I²C 总线简介

I²C 总线具有以下特点。

（1）同步的双向两线总线。总线上所有的单元都连接在具有相同名称的 SCL 和 SDA 两根线上，SCL 是串行时钟线，SDA 是串行数据线。

（2）多主控制总线。当总线上有多个单元时，每个单元都可做主控制器（取决于单元的功能）。但任何时候只能有一个单元成为主控制器，多单元发生竞争时的时钟同步与总线仲裁都由硬件与标准软件模块自动完成，无须用户介入。

（3）状态码的管理方法。数据传输时的任何一种状态，在状态寄存器中都会出现相应的状态码，并且由相应的状态处理程序进行处理，无须用户介入。

（4）地址编程寻址方式。总线上的所有单元都采用器件地址及引脚地址的软、硬件混合编址方法，主单元对从单元的寻址采用纯软件寻址方式，若有地址编码冲突可通过改变器件的地址引脚的电平来解决。

（5）字节读/写和页读/写操作。每个字节后都跟随一个应答位，连续字节读/写时地址有自动加 1 功能，启动一次总线就能实现多字节自动读/写。

（6）线与功能。SCL 和 SDA 接口在芯片内部均为漏极开路晶体管，同名多单元之间是线与逻辑，为实现时钟同步、竞争仲裁和速率控制提供了方便。

（7）在理论上 128 个单元可共享一个总线，但总线的实际驱动能力受电容负载限制。在没有扩充能力情况下的最大驱动能力为 400pF，每个节点的输入电容约为 20pF。按此计算总线上只能挂 20 个单元，不过增强式主单元可以驱动更多的从单元，但并不是总线上的每一个单元都有增强驱动能力。

（8）有 3 种传输速率：标准模式速度 100kbit/s；快速模式速度 400kbit/s；高速模式速度 3.4Mbit/s。目前，绝大多数芯片只支持标准模式和快速模式。

2. 硬件电路

总线接口硬件分为芯片内部和外部两部分，内部电路复杂，外围电路简洁。这种设计思想是把困难留给芯片，把方便留给用户。同时也使 PCB 上的外围电路非常少，有利于缩小体积。

（1）SCL 端口的内部电路

SCL 端口的内部电路如图 11-90 所示，这是一个双向端口，输入端连接噪声滤波器，能减小外部带来的干扰和噪声。输出端是一个漏极开路的 N 沟道 MOS 晶体管，栅极控制信号为高电平时拉低 SCL 电平，端口将占用总线；栅极控制信号为低电平时释放总线。

这个端口的核心电路是时钟控制寄存器（CCR），用户可以通过这个寄存器选择时钟速率、设置时钟占空比和时钟分频比。大多数芯片有 100kbit/s 和 400kbit/s 两种速率，有些芯片设计了 10kbit/s 的低功耗模式和 1Mbit/s 的准高速模式，少数芯片有 3.4M 的高速模式。时钟的占空比是指高电平周期与低电平周期的比例，通常有 2 和 16/9 两种选择。修改占空比会影响数据采样，低速模式下差别不大，高速模式时会影响功耗和误码率。时钟分频比是把系统时钟频率分频成 I^2C 时钟频率的分频倍率，由于不同的系统时钟频率不一样，要查看厂商的数据手册才能确定。

控制逻辑是管理寄存器和协调其他功能模块的电路，控制寄存器的内容由用户设置。状态寄存器的内容由控制逻辑根据外设的工作状态修改，用户只需读取状态寄存器的参数就能了解 I^2C 的工作状态，这就是前面所述的状态码管理方法。除此之外，控制逻辑还根据要求，负责控制产生中断信号、DMA 请求和确认，及各种符合 I^2C 协议的信号，如起始条件、停止条件、应答信号等。

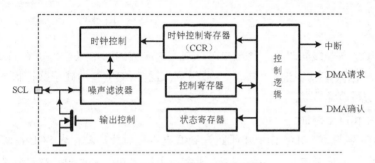

图 11-90　SCL 端口的内部电路

（2）SDA 端口的内部电路

如图 11-91 所示，SDA 端口的漏极开路晶体管和输入滤波器部分与 SCL 端口相同。这个端口的核心电路是数据移位寄存器。发送数据时，移位寄存器工作在并入串出方式，要发送的数据从数据寄存器中并行装载到移位寄存器中，然后逐位移出，经由 SDA 线传送出去；接收数据时，移位寄存器工作在串入并出方式，接收的数据来自串行端口，当数据逐位移入后一次性转移到数据寄存器中。如果数据校验功能被使能，接收到的数据会通过数据包错误运算（PEC 运算）器，运算结果存储到 PEC 寄存器中。

当器件工作在从模式时，数据移位寄存器会把接收到的地址与"自地址寄存器"的值进行比较，如果相同就控制 MOS 管的栅极拉低 SDA 线，响应主单元的寻址。在双地址单元中，第二个地址存储在双地址寄存器中。

（3）端口外部电路

端口的外围电路非常简单，只有两根双向信号线：一根是数据线 SDA，另一根是时钟线 SCL。每一根线上有一个电阻上拉到电源，电源在双极性器件中是+5V，在 NMOS 器件中是 3.3V 或 2.5V，今后可低到 1.8V 或 1.2V。总线上挂载外围器件后的电路如图 11-92 所示，这个 I^2C 总线上共挂载了 4

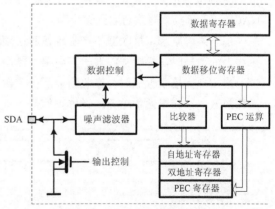

图 11-91　SDA 端口的内部电路

个单元模块，更多的负载依次延伸，最大数量受限于总线上的总电容值。

当总线空闲时，两根线均为高电平。如果挂载到总线上的任一单元输出低电平，都将使总线信号变低，即各单元的 SDA 及 SCL 都是线"与"逻辑关系。线与功能不但简化了控制逻辑，还赋予了总线其他一些有用的功能，后述内容中将会介绍。

挂在总线上的所有单元都有 SDA 及 SCL 两个端点，分别挂载在同名的总线上，单元有主和从之分，主单元通常是带 CPU 或 DSP 的芯片，在同一总线上的同一时刻只允许使能一个主单元，但可以有多个从单元，主单元采用地址码寻址从单元。这种方法的优点是省去了片选线，无论总线上挂载了多少个器件，其系统仍然为简洁的二线结构。缺点是降低了通信效率，因为寻址码占用了空间和时间。

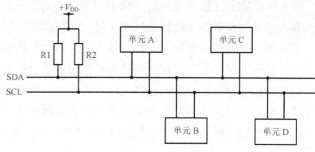

图 11-92 I²C 总线的外围电路

3. 传输协议

（1）空闲状态

当 SDA 和 SCL 两条线同时处于高电平时，规定为总线的空闲状态，如图 11-93 所示。在此状态下，挂载在总线上的所有芯片均释放总线，各器件端口的 MOS 管均处于截止状态，由两条信号线各自的上拉电阻把总线电平拉高。

（2）起始条件和停止条件

当 SCL 在高电平期间，SDA 由高电平跳变到低电平后总线启动；当 SCL 在高电平期间，SDA 由低电平跳变到高电平后总线停止，如图 11-93 所示。可见启动和停止信号都是脉冲沿触发的信号，而不是一个电平信号。

起始条件和停止条件信号都是由主单元发出的，在起始条件产生后，总线就处于被占用的状态；在停止条件产生后，总线则处于空闲状态。

（3）应答信号

I²C 总线在进行数据传送时，每传送一个字节数据后都必须有一位应答信号（ACK），与应答信号相对应的时钟由主单元产生，这时发送器必须在这一时钟位上释放数据线，使其处于高电平状态，以便接收器在这一位上送出应答信号，如图 11-93 所示。应答信号在第 9 个时钟位上出现，接收器输出低电平为应答信号 ACK，表示接收器已经成功地接收该字节；接收器输出高电平则为非应答信号 NACK，表示接收器没有收到该字节。

由于某种原因，接收器不产生应答时必须释放总线。例如，接收器正在进行其他处理而无法接收总线上的数据时，将数据线置于高电平，然后由发送器产生一个停止信号来终止总线数据传输。

当主单元接收数据时，在收到最后一个数据字节后，必须给从单元发送一个非应答信号，使从单元释放数据线，以便主单元发送停止信号，从而终止数据传送。

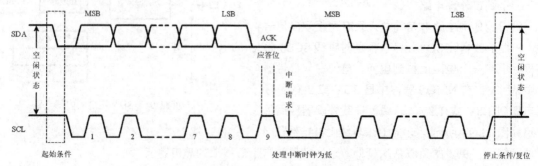

图 11-93 I²C 总线上的数据传输

（4）数据的有效性

进行数据传送时，SCL 信号为高电平期间，SDA 线上的数据必须保持稳定的逻辑电平；SCL 信号为低电平期间，才允许 SDA 线上的电平状态发生变化，如图 11-94 所示。

（5）数据的位传送

在总线上传送的每一位数据都由一个时钟脉冲驱动，即在 SCL 时钟的配合下，在 SDA 上逐位地传送数据。数据位的传输是边沿触发，这种传输方式也称为串行同步传输。

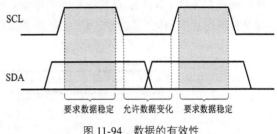

图 11-94 数据的有效性

4. 寻址方式

I²C 总线采用地址寻址方式建立连接，主单元通过在起始条件后的第一个字节决定选择那一个从单元。主单元还利用广播地址寻址所有的从单元。下面介绍这两种地址的位定义和寻址方法。

（1）寻址字节的位定义

从单元的地址码结构如图 11-95 所示。总线上所有的单元都具有一个 7 位的专用地址码，其中高 4 位由生产厂家决定，通常是一经确定就不能更改，故高 4 位也称为器件的固定地址或类型地址。低 3 位由器件引脚电平决定，可以由用户定义，故也称为器件的可编程地址。最低位 R/W 决定了数据流的方向，"0" 表示主单元写信息到从单元；"1" 表示主单元读取从单元的信息。

设计可编程地址码的目的是最大程度地避免同一总线上的地址冲突。例如，允许 8 个相同的器件连接在同一条总线上而正确寻址。

另外，还有一些器件有两个地址，这类器件中有两个地址寄存器，还有一些器件的固定地址是可编程的，可以通过软件设置和复位。

过去，I²C 总线协会曾担心 7 位地址不够用而定义了 10 位地址。实践证明，受器件接口的输入电容的限制，主单元并不能驱动 128 个从单元，最大驱动极限为 40～60 个。另外，SoC 的发展使一个 PCB 上的芯片数量越来越少，到现在还没有遇到 7 位地址不够用的情况。故虽然协议上有 10 位地址的定义，但实际应用中这种芯片很少见到。

（2）广播呼叫地址

还有一个特殊的地址称广播呼叫地址，它是用来同时寻址挂载在总线上的部分或所有单元。虽然总线上的每一个从单元都能响应广播呼叫，但也可以充耳不闻。只有想得到广播数据的从单元才会发出响应。

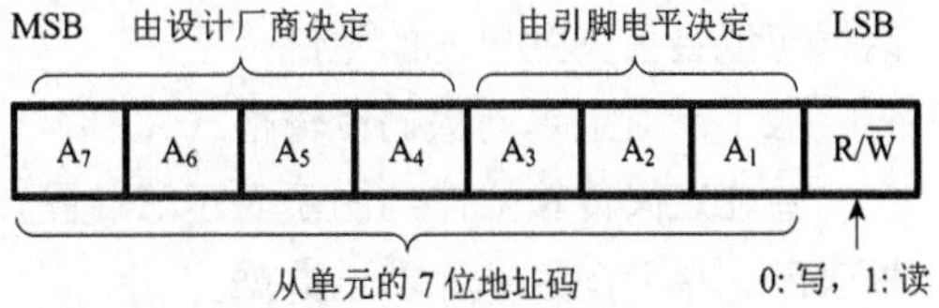

MSB 由设计厂商决定				由引脚电平决定			LSB
A_7	A_6	A_5	A_4	A_3	A_2	A_1	R/$\overline{W}$

从单元的 7 位地址码　　0: 写，1: 读

图 11-95 从单元的地址结构

广播地址的结构如图 11-96 所示，起始条件后的第 1 个字节是 00h。第 2 个字节的含义要视最低位 B 的逻辑电平而定，当 B=0 时，第 2 个字节的定义如下所示。

1）0000 0110（06h），复位和写从单元地址的可编程位。

2）0000 0100（04h），写和锁存从单元地址的可编程位。

3）0000 0000（00h），该代码不允许在第 2 个字节中使用。

当 B=1 时，第 2 个字节和第 1 个字节组合成一个硬件广播呼叫地址，这是主单元的地址，只用于广播呼叫。该地址后可以传输以字节单位组成的广播数据，每个字节后必须有一位应答信号。

上述定义可应用于选择性寻址和全体寻址中。在选择性寻址应用中，主单元发送完广播地址的第 1 个字节 00h 后，收到的应答信号分不清楚是那一些从单元返回的，于是在第 2 个字节中复位和写入

（06h）或者写入和锁存（04h）从单元的可编程位，使这些从单元能收到主单元发出的广播数据。这就像福利彩票中末 3 位是 xxx 的人都能获奖的情况一样。

在全体寻址应用中，主单元并不知道那些从单元想得到广播数据，于是把两个字节组合成一个硬件广播呼叫地址（B=1）。这是主单元的地址，所有从单元都认识它。于是那些想得到广播数据的从单元都能同时接收到这个地址发出的信息。当然不需要广播数据的从单元可以忽略这个地址。

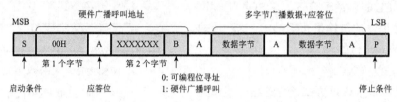

图 11-96　广播地址和广播数据传输格式

5. 数据传输方式

（1）一个完整的数据传输波形

I²C 总线上的数据是按字节单位传输的，高位在前，低位在后。每启动一次总线所传输的字节数是没有限制的，当接收器收到一个或几个字节后有可能需要去处理一些更急迫的事情而无法立刻接收下一个字节，如图 11-93 中的中断请求。这时接收器可以将 SCL 线拉成低电平，从而使主单元处于等待状态，直到接收器准备好接收下一个字节时，再释放 SCL 线使之为高电平，使数据传输继续进行。线与逻辑的好处在这里得到体现。

每一个字节后都必须跟随一个应答位，应答位由接收器发出，由发射器确认。故发射器每发完一个字节后在 ACK 位上释放总线，使其处于高电平状态，以便接收器在这一位上发出应答信号。

如果接收器不能发出应答信号时，必须释放总线，使数据线为高电平，再由主单元产生一个停止信号来终止数据传输。

当主单元接收数据时，收到最后一个字节后，必须给从单元发送一个非应答位，使从单元释放数据线，以便主单元发送停止信号，从而终止信号发送。如果主单元仍希望继续占有总线，它可以产生重复起始条件和寻址另一个从单元，而不用发送停止条件后再去重新竞争总线使用权。如果不这样的话很可能会丢失主单元的地位。

（2）点对点单向数据传输格式

首先定义传输方向的图示表示法，图 11-97 中灰色的方框表示主单元向从单元发送数据，白色方框表示从单元向主单元发送数据。

所谓单向传输就是主单元一直发送数据，从单元一直接收数据，数据流一直保持单方向传输（应答信号除外）。如图 11-97 所示，在起始条件后，主单元发送从单元的地址码后，被寻址的从单元返回一个应答位。由于方向位 R/W=0，主单元继续向从单元发送数据，每发送一个字节后，从单元返回一个应答位。当从单元的接收器不产生应答时必须释放总线，将数据线置于高电平，然后由主单元的发送器产生一个停止信号来终止总线数据传输。

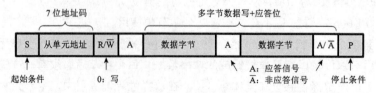

图 11-97　点对点单向数据传输格式

（3）点对点双向数据传输格式

双向数据传输就是主单元既发送数据也接收数据。如图 11-98 所示，在起始条件后，主单元发送从单元地址码后，被寻址的从单元返回一个应答位。由于方向位 R/W=1，这意味着数据传输方向将要改变，尽管主单元发送完地址码后，第一个应答信号由从单元的接收器发出。但后续的操作是主单元的接收器读取从单元发送器的数据后，应答信号由主单元发出，读取结束后的非应答信号和停止信号也由主单元发出。

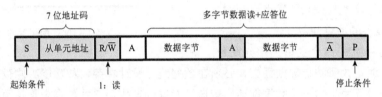

图 11-98　改变方向的数据传输格式

（4）点对多点双向数据传输格式

这里所说的点对多点是指主单元寻址到一个从单元进行数据传输后继续寻址另一个从单元的传输方式。如图 11-99 所示，在起始条件后，主单元发送从单元地址 1。当 R/W=0 时，按图 11-97 进行点对点单向数据传输；当 R/W=1 时，按图 11-98 进行点对点双向数据传输。

对第一个从单元的读/写完成后，主单元继续控制总线，重复总线起始条件，寻址第 2 个从单元，开始对第 2 个从单元进行写或读。依此类推，还可以继续占有总线，发起对其他从单元的读/写操作。

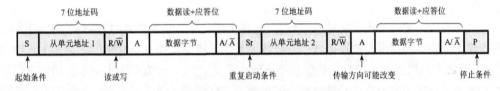

图 11-99　点对多点双向数据传输格式

6. 总线仲裁

当总线上多个单元同时发送启动信号并开始传输数据时，就会发生冲突。如果任其冲突发生必然会产生传输错误，总线仲裁就是为了解决此类冲突而设计的保护电路。总线仲裁主要由两部分组成，时钟线的同步和数据线的仲裁。

（1）SCL 线上的时钟信号同步

用图解法说明时钟同步过程最直观，如图 11-100 所示，SCL 是总线上的时钟，设有两个新单元加入总线，它们的内部时钟分别为 CLK1 和 CLK2。当 SCL 信号在 t_0 时刻从高变低后，CLK1 和 CLK2 先后变低并且计数各自的低电平时间，在 t_1 时刻 CLK1 变为高电平，这并不会改变 SCL 线的状态，故 CLK1 只能处于等待状态，直到 CLK2 在 t_2 时刻变成高电平，时钟线 SCL 被释放并变成高电平。之后，两个新单元的时钟和 SCL 线的状态没有差别。而且 CLK1 和 CLK2 又开始计数它们的高电平时间，首先完成高电平周期的 CLK1 会再次将 SCL 线拉低。这样在 t_2 时刻之后产生的 SCL 时钟的低电平周期由低电平时钟周期最长的 CLK2 决定，而高电平周期由高电平时钟周期最短的 CLK1 决定，从而使 CLK1 和 CLK2 与 SCL 时钟同步。线与逻辑的优点在时钟同步过程中得到充分体现。

时钟同步的另一个作用是调节总线上速率不同的单元。例如，当接收器需要更多时间保存接收到

的字节或准备另一个要发送的字节时,接收器
发送完应答信号后把 SCL 线拉到低电平,迫
使主机进入等待状态,直到从机准备好下一个
要传输的字节后再释放总线。用这种延长时钟
的低电平周期减慢总线时钟的方法,能使主单
元的速度适配速度较慢的从单元的内部操作
速率。这里也体现出线与逻辑的优点。

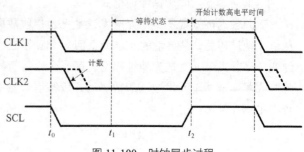

图 11-100　时钟同步过程

（2）SDA 线上的冲突仲裁

当挂载在总线上的多个主单元争先在数
据线上发送数据时,为了防止数据丢失,必须在数据线上设计冲突仲裁功能。仲裁是用逐位比较的方
法进行的,竞争单元每发送一位数据都要比较自己发送的电平与总线数据电平是否相同,如果相同,
则继续发送,如果不同则退出竞争。仲裁结果要求最后只有一个主单元可以继续占有总线,而且要求
仲裁过程中不能丢掉数据。

下面仍然用图解法说明冲突的仲裁过程。如图 11-101 所示,SDA 是总线上的当前的数据波形,
SCL 是总线当前的时钟波形。DATA1 与 DATA2 分别是两个竞争单元发送到总线上的数据波形。

在启动条件后的第一个时钟周期,两个竞争单元发送的都是高电平信号,SDA 线上所呈现的也是
高电平信号。这时两个单元都检测到自己发送的信号电平与 SDA 线上信号电平相同,所以都继续发
送数据。

在第二个时钟周期里,它们发送的又都是相同的低电平信号,SDA 线上也是低电平信号,于是这
两个单元继续发送数据。

在第三个时钟周期,单元 1 发送的 DATA1 是高电平,而单元 2 发送的 DATA2 为低电平。由于数
据的逻辑波形是线与的结果,故数据线上的有效波形是低电平而不会是高电平。单元 1 这时必然会检
测到 SDA 总线上的数据与自己发送的信号不一致,于是单元 1 会立即退出竞争,释放自己的数据输
出使能,变主单元发送器为从单元接收器。这里单元 2 既赢得了总线占有权,又没有丢失数据。单元
1 在变成从单元后,同样也没有丢失数据。总线仲裁和时钟同步是同时发生的,没有先后。

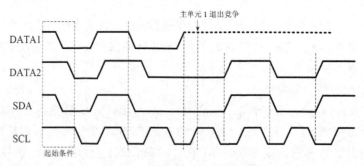

图 11-101　数据线上的冲突仲裁过程

有关 I^2C 总线的知识就介绍这些,上述叙述已涵盖了协议中 90% 的内容。由于中国工程师很喜欢
使用 I^2C 总线,故本小节中的介绍比 SPI 总线更详细一些。勤劳聪明的中国工程师们为了降低成本,
很多会选择没有 I^2C 接口的 MCU,然后用软件编程一个虚拟的 I^2C 接口,虽然传输速度较慢,但能正
常工作。相比之下,外国工程师们更喜欢简单的 SPI 总线,如果一定要有 I^2C 接口,他们宁可选择一
个有硬件接口的 MCU,而不会计较其成本。

11.4.5 微处理器

微处理器是耳机放大器中首选的主控制器,这种器件发展速度很快,出现了一些容易让人混淆的名称,故先解释下面 6 个与微处理器相关的名词。

CPU:计算机中的中央处理单元,负责指令的读取、译码和执行。

MCU:面向控制应用的微型计算机芯片,通常指以位控制(开关量)为主的 8 位单片机。

MPU:面向运算应用的微型计算机芯片,通常指精简指令集 32 位单片机。

GPU:专门用于图像和视频信号处理的高速运算单元,现在引申为并行处理多线程运算单元,可与 CPU 组合成异构双核处理器。

DSP:数字信号处理器,包含 CPU+GPU 的多核芯片和软件算法,能进行多进程和多线程信号处理。

SCM:把计算机三大部分 CPU、存储器和 I/O 接口集成为一体的微型计算机芯片,简称单片机。

由于微控制器 MCU 和微处理器 MPU 都具有单片机 SCM 的特征,故这三个名词经常混用。中文的单片机隐含了 MCU 的含义,嵌入式单片机或高性能单片机则指 MPU。

1. 51 系列单片机

先介绍一下指令、寻址和程序的概念。指令是人机对话的符号语言,指令的集合称为指令系统。寻址是用指令寻找参与运算的数据的方法,寻址方法的集合称为寻址系统。程序是用指令和寻址方法编写的代码,它是 MCU 工作的基础,没有程序的支持任何计算机都无法工作。

所谓 51 系列单片机,是指对兼容英特尔 8051 指令集单片机的统称,原型机是 Intel 公司于 1980 年发布的 8 位单片机 MCS-8051。后来 Intel 授权给 20 多家公司,主要厂商有 Atmel(2016 年被 Microchip 公司收购)、Philips、华邦、Dallas、Siemens、宏晶科技等公司,派生的型号多达 800 多种。虽然各个厂商的产品五花八门,但指令系统都与 MCS-8051 兼容。这就是 40 多年来,51 系列单片机如此兴旺发达的原因。

MCS-8051 采用准哈佛结构,虽然程序存储器(ROM)和数据存储器(RAM)是独立的,但总线是分时复用的,如图 11-102 所示。原型机中有两个 16 位定时/计数器,两个外中断,两个定时/计数中断和一个串行中断,有 4 个 8 位并行准双向接口。虽然时钟电路在片内,但需要外接石英晶体和微调电容。指令集中共有 111 条指令,指令的功能包括四则运算(加、减、乘、除)、布尔运算(与、或、非、异或)和位控制。在 6MHz 时钟频率下,大部分指令执行时间是 2μs(加减/法运算),最长指令时间是 8μS(乘/除法运算)。

Intel 公司发布了 MCS-8051 后其发展方向转向了 PC 上的 CPU,无暇顾及 51 单片机。获得授权的其他厂商对 51 单片机进行了各种改进,例如省略了外部石英晶体和复位电路、提高了时钟频率和运算速度、提高了数据安全性、增强了抗干扰能力、扩宽了工作电压、降低了功耗、缩小了体积等。

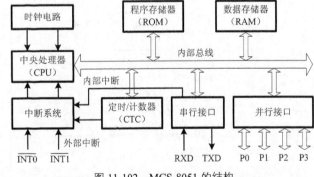

图 11-102　MCS-8051 的结构

2. 新型 51 单片机中的新技术

(1)时钟、速度和流水 CPU

提高计算速度一直是 MCU 追求的目标。经常采用的方法有:提高时钟频率、减少指令执行时间、增强指令功能、流水 CPU 结构等。

这些方法中以提高时钟频率和同时减少指令执行时间最为有效，原理是直观和显而易见的，因为指令是以时钟周期为节拍工作的。早期 51 单片机的额定时钟频率是 6MHz，执行一条加法和减法指令需要 12 个时钟周期，执行一条乘法和除法指令需要 48 个时钟周期。现在，时钟频率最高可达到 50MHz，75% 的指令执行时间缩短到 1~2 个时钟周期，最长的指令时间缩短到 8 个周期。在计算机行业里衡量 CPU 速度的指标是每秒执行多少条指令，即 *MIPS* 数值，其计算公式为：

$$MIPS = \frac{f_{CLK}}{CIP \times 10^6}$$
（11-9）

式中，f_{CLK} 是时钟频率，单位是 Hz；CIP 执行每条指令所用的时钟周期数。

从式（11-9）中看到，由于频率和周期成反比，时钟频率越高，执行指令所用的时间就越短；CIP 越小，在相同的时间里可以执行的指令数量就越多。故提高时钟频率和减少指令执行时间是提高 CPU 效率的最有效手段。

按式（11-9）计算，早期 51 单片机的速度指标是 0.125~0.5MIPS；现在的速度指标是 6.25~50MIPS。可见用提高时钟频率和减少指令执行时间的方法已经成功把单片机的速度提高了 50~100 倍。

增强指令功能意味着执行同样数量的指令 CPU 能做更多的运算，ARM 和 RISC 的指令效率比 51 高一些，因而运算速度更快。但增强指令功能是一把双刃剑，虽然提高了速度，但也破坏了指令系统的兼容性。51 单片机之所以能蓬勃发展到今天，指令集的兼容性起到了关键性的作用。试想一下，全世界几十家公司生产的几百种型号的 51 单片机如果程序不能相互兼容，这个庞大的生态链就会断裂。因而在增强指令功能方面所有的厂商都比较谨慎，小公司修改指令就会冒着被踢出局的风险。大公司也只敢在原来的指令集基础上增加扩展指令，并保持向下兼容。这样既提高了自家产品的性能和知名度，也保住了已有的市场份额。

单片机中 CPU 的结构如图 11-103 所示，执行一条指令要经过取指令、指令译码、指令执行、结果返存 4 个过程段。流水 CPU 在指令译码部件和执行部件之间增加了指令队列，这是一种先进先出（FIFO）的数据暂存结构，译码后可以直接执行的指令依次进入到 FIFO 排队执行，节省了译码时间，提高了效率。

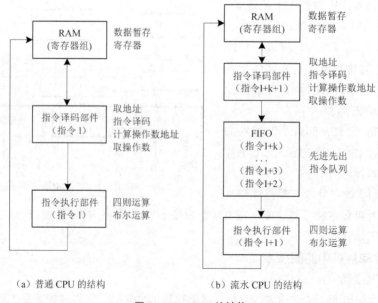

（a）普通 CPU 的结构　　　　　（b）流水 CPU 的结构

图 11-103　CPU 的结构

下面假设每个指令过程段占用一个时钟周期，指令时空图如图 11-104 所示。普通 CPU 是时间顺序结构，在任何指令过程段中，只有 1 个被占用，其他 3 个在等待，如图 11-104（a）所示，在 8 个时钟周期里共执行了 2 条指令。

流水 CPU 的时空图如图 11-104（b）所示，在第 1 个时钟周期有 3 个过程段在等待，在第 2 个时钟周期有 2 个过程段在等待，在第 3 个时钟周期只剩下 1 个过程段在等待，在第 4 个时钟周期里 4 个过程段都被占用。结果 8 个时钟周期里执行了 5 条指令，指令执行速度是普通 CPU 的 2.5 倍。

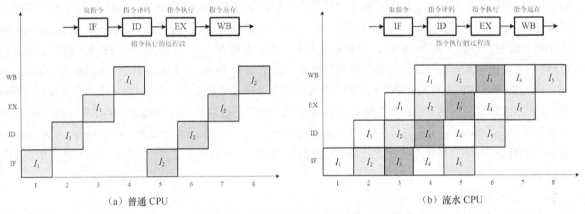

图 11-104　普通 CPU 和流水 CPU 的指令时空图

这种在时间上并行的 CPU 称为标量流水线结构。如果有两个这样的 CPU 同时工作，就可在 8 个时钟周期里执行 10 条指令，效率会提高了 1 倍。这种在空间和时间上并行的 CPU 称为超标量结构，这就是 x86 和 ARM 中流行的多核 CPU 结构。目前，51 单片机中的流水 CPU 结构属于单核标量结构，在 50MHz 时钟频率下，最高指令速率可达到 100MIPS，是早期单片机的 100～200 倍。

（2）扩展指令集

通常 CPU 的扩展指令集是指多媒体或 3D 处理指令，如 MMX、SSE 和 3D Now 指令集等。由于 51 系列单片机主要是面向控制的微处理器，扩展指令集只限于提高控制能力和速度。在 51 指令集中乘/除法能力偏弱，因为指令操作数是单字节，数值大小被限制在 –127～+128，运算过程中要处理溢出，花费了 48 个时钟周期。虽然可以用编程方法实现双字节乘/除法运算，但运算时间会更长。新的 51 系列单片机中增加了 16 位乘除法指令，数值范围扩展到 –32767～+32768，运算时间缩短到 4～8 个时钟周期。有些型号还增加了单精度浮点数运算指令，把数值范围进一步扩大到 $\pm 5.9 \times 10^{-39} \sim \pm 6.8 \times 10^{-38}$。单片机所涉及的工程应用中，几乎不会出现超出这个范围的数值，因而作为控制之用，功能已经非常强大。还有的厂商开发出超越函数指令，如三角函数、对数和积分指令等，进一步提高了运算能力。

（3）存储器的变革

单片机中程序存储器发生过两次重大变化，第一次是用 OTP 取代 EPROM，第二次是用 MTP 取代 OTP。早期单片机中的 ROM 采用的是 EPROM，这是以色列工程师 Dov Frohman 发明的浮栅晶体管开关阵列式非易失存储器，一旦编程完成后，EPROM 只能通过强紫外线照射来擦除。EPROM 芯片的封装顶部有一个透光的玻璃窗口，用紫外线灯对着窗口照射一段时间就可以擦除存储的数据。这个窗口平时要用黑色不干胶纸盖住，以防遭到阳光照射而丢失数据。早期单片机产品开发都是在 EPROM 上进行的，批量生产时改用掩模（Mask）ROM 以降低成本。

OTP 是只能烧写一次的只读存储器，是二极管串联快速熔丝组成的开关阵列，熔丝烧断后就不能复原，故只能烧写一次。用它替代 EPROM 后免去了强紫外线擦除的麻烦，但必须先在仿真器上把程序调试好后，再把程序烧写到 OTP 中。可见用 OTP 替代 EPROM 并没有得到多少方便，它的突出优势是制造工艺简单，造价比 EPROM 低得多，在大批量产品中具有显著的低成本优势。OTP 的另一个用途是作数据安全保护，厂家在 ROM 入口处设置 OTP 寄存器，用来写入特定的序列号，并用另一个 OTP 寄存器锁住前一个寄存器的数据，以防止 ROM 中的程序被复制。

MTP 是多次可编程的只读存储器，现在广泛应用的两种类型为 EEPROM 和闪存。闪存又分为 NAND Flash 和 NOR Flash 两种，后者读取速度快，多用在程序存储器中。MTP 的工作原理是用浮栅结构的 MOS 晶体管组成开关阵列，利用浮栅上存储的电子改变场效应管的阈值电压，形成 0 和 1 两个逻辑来存储信息。由于物理结构的差别，EEPROM 可以擦写一百万次，容量不超过 512KB。NOR Flash 只能擦写十万次左右，容量可大于 16MB。闪存会占有较大的芯片面积，为了避免浪费，生产厂商会根据片内 ROM 的容量把单片机细分成多种型号供用户选择，常见的有 8KB、16KB、32KB、48KB 和 64KB。

用 MTP 取代 EPROM 后使单片机的程序存储器发生了革命性的变化，片外扩充 ROM 变得越来越不被需要，确实需要扩充的话可以选择存储卡。SD 卡的最大容量已超过 32GB，传输速率可达到 432Mbit/s，足以满足单片机的 ROM 扩充需求。虽然 NOR Flash 的制造工艺比 OTP 复杂，成本也高于 OTP，但得到的好处远大于增加的成本，最突出的好处是 ISP 和 IAP 得以实现，简化了开发过程，为产品的在线升级奠定了基础。

（4）控制功能扩展

单片机控制功能的强弱主要由内部逻辑资源和控制接口的数量决定，定时/计数器、中断系统和 I/O 口是主要资源。经典 51 单片机只有 5 个定时器，5 个中断源和 2 级中断优先级，4 组 I/O 并行口。新的 51 单片机扩充和增强了这些功能，例如 STC8 系列单片机中有 18 个中断源，4 级中断优先级，8 路 15 位 PWM，8 组 I/O 并行接口。TSM8 系列单片机的定时器中增加了新功能，其中的 2 个 16 位定时器可用加/减计数法产生 PWM 信号；1 个 8 位计数器上有 7 位预分频功能；还有 1kHz、2kHz 或 4kHz 频率的蜂鸣器定时器。有 32 个中断嵌套式控制器，支持 6 个外部中断向量，最多 27 个外部中断源。这些扩展资源把新型 51 单片机的控制功能提高了数十倍，而体积和成本并没有增加多少。

（5）信号处理功能扩展

计算机一直以来被认为是数字信号处理工具，但如今的单片机却能直接处理模拟信号，这得益于内部集成了 ADC 和 DAC。根据应用不同，单片机中以集成 SAR 和 Δ-Σ 这两种 ADC 最为常见。SAR ADC 的分辨率在 10~16 位，采样速率低于 5Mbit/s。它的特点是功率损耗随采样速率降低而迅速减小。为了充分发挥这一优势，通常在输入端集成一个多路复用开关，能对多路信号进行分时采样，非常适合不需要连续采集数据的低功耗应用，如温度计、电池电量计和汽车轮胎气压计等应用。

Δ-Σ ADC 的分辨率在 16~32 位，但带宽仅有几百千赫兹，它的特点是利用过采样和噪声整形技术能获得很高的信噪比（>100dB）。由于每次的量化值是前一次的增量，故输入信号必须是连续的，前面不能连接复用开关。这种 ADC 非常适合高精度低速度应用，如电子秤、地震仪和音频等应用。

单片机中的 DAC 普遍采用电流舵结构，通常用 40~200 个权值不同的电流源分段相加后流过负载产生模拟输出电压。这种 DAC 的最大优点是线性度良好，是高精度 DAC 的主流电路，缺点是要用复杂的算法把各个电流源的误差随机化，电路比较复杂。

现代单片机中还集成了脉冲宽度调制（PWM）信号产生电路。PWM 技术是用数字信号对模拟电路进行控制的一种简单而有效的方法，利用定时器改变脉冲占空比就可产生 PWM 脉冲，故有的单片机能同时产生多路 PWM 脉冲。这一功能使许多复杂的控制过程简单化，如照明调光控制、马达调速控制、LED 显示屏的像素灰度控制、无人机的转向舵控制等应用。

有些单片机中还集成了温度传感器、实时钟和万年历等硬件电路，使诸如电子温度计和电子钟的设计变得非常简单，可以作为附加功能设计在各种电器上。

将模拟信号直接送到单片机处理是系统微型化和智能化的重要手段。诸如运算、滤器、插值、截取、DFT、CRC 等算法已经在 DSP 应用中积累了丰富的经验和成熟的程序库，很容易移植到单片机中。把 CPU、闪存、SRAM、ADC、DAC 集成一体后就是一个片上系统（SoC），这是电子产品所追求的最高目标。目前 51 单片机受 ADC 和时钟频率限制，只限于处理低速模拟信号，如温度、气压、湿度、重量、血压、心率等信号的采集和处理。最近几年 Δ-Σ ADC 的带宽已达到几十到几百兆赫兹，有取代高速并行 ADC 和 SAR ADC 的趋势，现在已成功应用在电视机和通信接收机中。未来如果成功集成这种 ADC 后，51 单片机就可以直接处理射频和视频信号。

（6）接口功能扩展

经典 51 单片机中只有一个串口，是 P3.0、P3.1 的第二功能，最初的设想只是与 PC 机连接用来调试程序，通信功能很弱。现在的 51 单片机集成了 UART、SPI、I²C、USB、CAN 总线，通信功能变得相当强大。

UART 是通用异步收发传输器的缩写，这是一个两线双向接口，集成在单片机中能替代串口可增加传输距离。追加了同步传输方式的 UART 称为 USART，把双工异步收发功能扩展到双工异步/同步收发功能，提高了灵活性和实时性。

在 Stellaris 系列 ARM 单片机中，UART 和一个串行红外（SIR）编解码器模块组合在一起实现了红外空中接口功能，进一步扩展了使用灵活性，同时也增大了通信距离。

UART 的传输速率为每秒几百比特到 1.5 兆比特，典型的 UART 通信的速度为 1.152Mbit/s。是一个低\中速串行接口，通信距离小于 3m。

SPI、I²C、USB 总线在本章的前述内容中已经介绍过，这里只提示一下它们集成在单片机中的传输速率。SPI 的最高传输速率取决于时钟频率，最快能在 2 个时钟周期里传输 1 比特数据，最慢不多于 256 个时钟周期；在 50MHz 时钟的单片机中，I²C 接口的最高速率可达到 3.4Mbit/s，大部分单片机中 I²C 只支持 400kbit/s 的标准速率。还有一种与 I²C 兼容的 SMBus 总线，最高速率也是 400kbit/s；单片机中集成的 USB 接口为 USB 2.0 全速类型（12Mbit/s）。

CAN 总线是德国 BOSCH 公司为汽车计算机控制系统和嵌入式工业控制局域网研发的标准总线，已纳入 ISO 国际标准。在汽车电子产品中使用的单片机必须集成 CAN 总线，CAN 总线的特点如下所示。

1）通信没有主从之分，任意一个节点可以向任何其他节点发起数据通信，依据各个节点信息的优先级先后顺序来决定通信次序。

2）多个节点同时发起通信时，优先级低的避让优先级高的。

3）通信距离与速率大约成反比，当传输速率低于 5kbit/s 时通信距离可达 10km。当传输速率上升到 1Mbit/s 时通信距离下降到 40m。

4）传输介质可以是双绞线或同轴电缆。

可见 CAN 总线适用于大数据量、短距离或小数据、量长距离通信，实时性要求比较高，适于在多主多从或各个节点平等的现场中使用。实际中常用的高速 CAN 总线速率在 0.25～0.5Mbit/s，低速在 62.5～125kbit/s 范围，传输距离在几米到几十米之间。另外，速率和传输距离还与硬件的品质相关。

（7）功耗降低

现在大约有 60% 的单片机用在电池供电设备中，这些设备分为三类：消费类便携式电器，如蓝牙耳机、智能手环和玩具等；没有交流电源的计量电器，如煤气表、水表和电子秤等；不可拆卸的电器，如注塑在汽车轮胎中的胎压监测仪和浇筑在混凝土堤坝中的裂缝监测仪等。这些应用都要求低功耗或超低功耗。

降低单片机功耗的方法是降低工作电压和工作电流。工作电压要区分接口和内核，接口电平要保持与外部设备兼容，早期的接口电平是 5V，现在逐步向 3.3V、2.7V 和 2.5V 过渡，有些单片机的接口电压已降低到 1.8V，不过接口电压的过渡比较缓慢。内核电压与工艺相关，早期的单片机是用 2μm NMOS 工艺制造的，内核电压为 5V。现在发展到用 90nm CHMOS 工艺，它除了保持 HMOS 高速度和高密度之外，还有 CMOS 低功耗的特点。在 28nm 工艺下内核电压已经降低到 1.8V，逐渐向 14nm/0.4V 和 7nm/0.2V 过渡，因为工艺制程发展很快，内核电压会跟着工艺走。鉴于这种情况，现在的低功耗单片机中设计了高效的 LDO 电源或 DC-DC 变换器，把电池电压转换成单片机需要的内核工作电压和接口电压。

降低功耗的另一个方法是按数据处理量选择相适配的时钟频率。理想的方法是设计一个可编程的时钟，简单的方法是设置多个时钟源。例如，EFM8BB2 单片机中有 4 个时钟源：内部 49MHz 振荡器（精度±1.5%）；内部 24.5MHz 振荡器（精度±2%）；内部 80kHz 低频振荡器和外部 CMOS 电平时钟。

还可以在电源管理上挖掘节能潜力，常用的方法是按模块的工作状态供电，把不用的模块暂时关闭或置于休眠状态。基于这种想法的电源管理是把整机的工作状态设计成高速、中速、低速和休眠状态，不同状态下供给不同的电流，达到节能的目的。有些厂商设置了更精细的分类管理。例如，STM8L 单片机把低功耗模式再细分为等待、活动停机和停机三个子模式，并且在低功耗模式下始终打开上电和掉电复位电路。

采用上述节能设计后，单片机的功耗显著减小。驱动相同的开关负载，现代 51 单片机的平均功耗只有早期 51 单片机的五分之一，待机电流只有 1/50。例如，CTC8 单片机在 1.9V 电压下，待机电流为 0.4μA，空闲模式时小于 1mA，正常工作时小于 2mA。而 C8051F330 单片机在 2.7V 电压下，待机电流为 0.1μA。

（8）使用方便性的改进

早期的 51 单片机内部没有程序存储器，需要在片外增加 EPROM 和对其编程，程序开发过程比较繁琐。EEPROM 和闪存的出现彻底改变了这种局面，各个厂家的单片机中都集成了程序存贮器，并设计了在线编程接口和工具。例如 Silicon Labs 公司的 C2 接口和意法半导体公司 SWD 接口。C2 兼容 JPAG 标准，可以通过 J-Link 连接到 PC 机的 USB 串口上。SWD 接口可通过 ST 公司自己开发的 ST-Link 连接到 PC 上。国产 51 单片机则采用 UART 串口来连接 PC。

现在世界上绝大多数工程师喜欢使用 Keil μVision 仿真器开发单片机产品，简称 Keil 仿真器。这是一个运行在 PC 上软件包，集成了编辑、编译、连接、调试、仿真等整个开发流程。器件库中有 500 多种 51 单片机和全系列 ARM 单片机型号，并且每年都在更新。这个工具使用比较简单，把 Keil 仿真器软件安装到 PC 机上，通过 PC 机的 USB 串口用 J-Link 转接器连接到目标系统上，开发者就可用 C51 或汇编语言编程，用仿真器对目标板调试，或把程序在线写入目标板进行调试。软件工具中还包含一个 RTX51 Tiny 多任务的实时操作系统，最多能支持 16 个任务，能轻松地在 51 单片机上进行多任务编程。

这个仿真器的缺点是器件库中没有国产 51 单片机，也不支持国产的 ISP 和 IAP 工具，但并不影响中国人使用，因为国内厂商自己成功开发了与 Keil 仿真器的对接软件。例如，宏晶公司提供的 STC-ISP 软件就可与 Keil 仿真器连接，用来在线开发 STC 单片机。

3. ARM 单片机

ARM 是先进的精简指令集机器的简写，1985 年由英国 Acorn 有限公司推出第一代产品，后来公司经过几次改组，现在的 ARM 公司是一个合资企业。ARM 处理器已发展成一个大家族，主要产品有 ARM7 系列、ARM9 系列、ARM9E 系列、ARM10E 系列。ARM11 以后的产品改用 Cortex 命名，并分成 A、R 和 M 三种类别。派生产品还有 Marvell 的 XScale 系列和 TI 的 OMAP 系列。ARM 公司的经营模式是出售 CPU 的知识产权核（IP core），自己并不生产处理器芯片。得到授权的厂商主要有 TI、Marvell、Samsung、Nvidia、Qualcomm、Nokia、Ericsson 等，国内厂家有华为、展讯、瑞芯微、全志等公司。ARM 家族占比 32 位嵌入式处理器 75%的市场，主要应用在手机、PDA、游戏机和计算机外设中。64 位的高端处理器应用在 AI、医疗、军事设备等领域。2020 年的世界 Top500 超级计算机排行榜第一名的日本 Fugaku，所用的 SPARC64 芯片就是 48 核 ARM 处理器，当然用了不止一个，而是成千上万个，每秒能执行 442 千万亿次计算。

ARM 处理器的特点如下所示。

1）改进的哈佛结构，数据寻址和指令寻址独立，存储器采用 3 级结构：缓存—主机—外存。

2）低功耗、低成本、低复杂度。

3）具有 ARM（32 位）/Thumb（16 位）双指令集。

4）寄存器寻址，比内存寻址速度快。

5）固定指令长度，执行效率更高。

ARM 单片机是采用 ARM 处理器的单片微型计算机，由于有很低的功耗和较强的运算功能，常用在嵌入式移动设备中提升产品性能。触摸屏的广泛应用促使 ARM 单片机发生了革命性的改进，最成功的架构是把 ARM 和 GPU 集成一体组成异构多核单片机，这种单片机使移动电子产品的体积、性能和使用体验发生了颠覆性的变化。例如，把过去面板上布满开关、按钮、指示灯和操作符号的电子设备变成了"四大皆空"的外形。这里的"四"是指四四方方的矩形；"大"是指又大又薄的屏幕；"皆"是指皆大欢喜；"空"是指空空如也，即面板上除了一块玻璃彩屏外什么都没有。"四大皆空"的典型代表产品是手机，其他便携式产品也向这一方向靠拢。

4. 耳机放大器中 MCU 的选择和使用

如果读者想把耳机放大器中的电位器和其他手工操作项目交给单片机控制，马上就会面临着两个问题：如何选择单片机和如何编写控制程序。本小节将以本书所介绍的耳机放大器为改造目标，给出一些参考建议。

（1）为普通耳机放大器选择单片机

这里所述的普通耳机放大器是指只有控制项目而没有多媒体辅助项目的耳机放大器，本书中所介绍的耳机放大器电路就属于这种类型。在本章的 11.4.1 小节中介绍了普通耳机放大器中的 5 类控制项目，这里介绍完成这些控制需要单片机做什么和如何选择单片机。

本章中介绍的音频矩阵开关的规模 2（8×8），如果从 8 路输入信号中只选择 1 路输出，需要 6 个 1bit 控制口；如果 8 路信号同时输出则需要 24 个 1bit 控制口。单片机需要拿出 3 个并行 I/O 口，并对这些端口进行位控制，程序比较简单。如果在开关点前后作 5～10ms 的淡入淡出消噪处理，就要在矩阵开关前面设置数字电位器，对音频输入信号幅度进行快速缩放。如图 11-61 所示，这种数字电位器的控制接口是两线串行总线，数字电位器必须连接成信号衰减器，而不是音量控制器。

放声控制中的音量控制也是用数字电位器来实现的，本书中介绍的 MAX5407、CS3310 和 PGA2320 三种数字电位器都是通过串行总线控制音量。MAX5407 只需两根线，按图 11-77 时序图编程就可以。CS3310、PGA2320 需要 3 根线，可按图 11-80/图 11-81 时序图和数据格式编程，而且用 3 根线可以连接多个数字电位器进行多声道音量控制，如图 11-82 所示。在数字电位器上也可以控制静音，把控制字设置为全零，芯片就工作在软件静音状态。

用单片机控制数字电位器的方法是用按键和码盘。按键比较简单，设置音量加和音量减两个按键，每按一次改变一级音量步长。程序中需要对按键进行防抖动处理，通常是检测到按键动作后延迟 10ms 再响应。

　　码盘的全名是旋转式增量编码器，外形像电位器。工作原理是把角位移转换成周期性的电信号，再把这个电信号转变成计数脉冲，用脉冲的个数表示位移的大小。码盘的外形、结构和输出波形如图 11-105 所示。码盘有机械式和光电式两种，两种都有齿轮状的动片。机械式码盘的定片是带触点的滑片，依靠触点接触定片和不接触定片产生脉冲信号。光电式码盘的定片是 LED 发射器和接收器，依靠齿轮遮光和透光产生脉冲信号。

　　码盘的动片旋转时分别输出 A、B、C 三路脉冲信号，顺时针旋转时 A 路脉冲在前，B 路脉冲在后；逆时针旋转时 B 路脉冲在前，A 路脉冲在后。A 路和 B 路脉冲的相位相差 90°，每旋转一圈 C 路输出一个脉冲。机械式码盘每转一圈 A、B 路可输出 6～100 个脉冲，光电式最多能输出 6000 个脉冲。

　　MCU 通过判断 A、B 路的输出状态决定旋转方向，A 超前 B 为正向旋转，应该增大音量；B 超前 A 为反向旋转，应该减小音量。如果设前后两个脉冲之间的音量变化为 ±0.1dB，码盘每旋转一圈输出 n 个脉冲，旋转 m 圈的音量就是 ±0.1（$m×n$）dB。

　　码盘的计数起点可以任意设定，用计数 A、B 路与 C 路之间的脉冲数就能确定起点的位置。由于机械式码盘每圈的输出脉冲较少，可以通过对输出信号倍频来提高音量调节的分辨率。

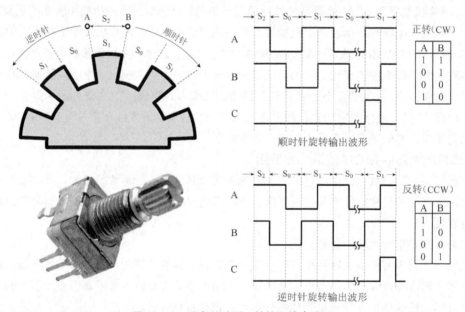

图 11-105　码盘的外形、结构和输出波形

　　码盘的信号产生装置可以等效成三路并行开关，如图 11-106 中的 S_A、S_B 和 S_C。码盘与 MCU 的连接有两种方法，从数字 I/O 口输入和从 ADC 口输入。图 11-106（a）是并口输入电路，需要 3 个 I/O 端口，每个端口的输入端都接入了 RC 积分电路防止按键信号抖动。并口输入的逻辑电平的动态范围较大，具有较高的可靠性。

　　图 11-106（b）是 ADC 端口输入电路，把电源电压量化成三级台阶，用台阶电压判断哪个开关按下，如 S_A 按下时 ADC 的输入电压是：

$$V_{adc} = V_{CC} \frac{R_1 + R_2 + R_3}{R_1 + R_2 + R_3 + R_4}$$

　　当 MCU 在 ADC 端口检测到这个电压，就认为是 A 路输出的低电平，高电平为 V_{CC}。显然，这种输入方式的逻辑电平的动态范围较小，降低了可靠性。优点是不占用 I/O 端口，外围电路简洁。只要台阶电平远大于噪声电压，准确性和可靠性就能获得保证，故这种方法仍然有较好的实用性。

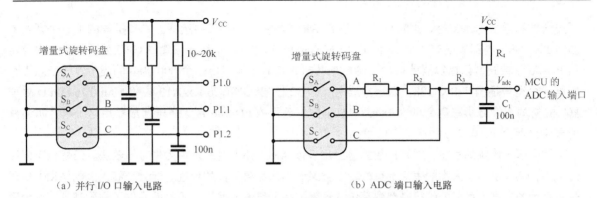

（a）并行 I/O 口输入电路　　　　　　　　（b）ADC 端口输入电路

图 11-106　码盘与单片机的连接电路

　　放声控制中的播放/暂停、上一曲、下一曲、循环播放和静音项目，是单片机通过读取存储卡中的节目数据来实现的，每一个操作相当于一个开关指令，用常规方式需要 5 个按键。如果按照手机耳机的线控方法，用 3 个按键就可以实现这些控制，不过操作比较麻烦。在台式耳机放大器中还是分开控制较好。

　　放大器增益控制只用在高档恒功率输出耳机放大器中，有多种不同的实现方法。如果用图 11-66 的方法需要一个在线测量耳机阻抗的电流传感器，单片机根据测试窗口发送的测试信号幅度和传感器的电流计算出耳机阻抗，需要作 16 位除法运算。另外，还需要有精度不低于 10 位的 ADC 把测量的模拟电流量化成离散的数据。计算出耳机阻抗后按表 11-18 所对应关系转换成放大器的增益。控制放大器的增益可以在反馈回路中通过数字电位器实现，如图 11-107 所示。MAX5407 有 32 级步进，单片机只控制其中 8 级步进就可以，放大器增益是通过两线串行总线由单片机控制的。放大器的最大增益受限于限幅电平，负载是高阻耳机时，除了调节增益外还要图 11-68 中功率开关切换放大器的工作电压，顺序是先调整好增益再切换工作电压。

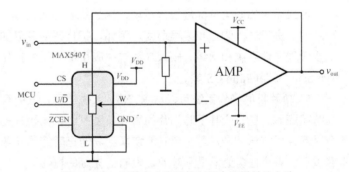

　　耳机放大器电路中所有芯片中的寄存器读/写是由 I²C 或 SPI 总线实现的，单片机中最好集成 I²C 或 SPI 总线接口，虽然可以用软件模拟串行总线协议，但硬件总线的速度比软件总线快得多。

图 11-107　用数字电位器控制放大器增益的方法

　　电源管理的主要项目是锂电池充放电控制。前面已经讲过基于安全考虑，在业余条件下不要直接用单片机管理锂电池，但用单片机协助专业芯片显示电池荷电状态是可以的。例如，第 12 章中的图 12-8 电路，用专业的电源路径管理芯片 BQ24170 管理锂电池的充/放电，用专用库仑计芯片 LTC2943 把锂电池的荷电状态通过 I²C 总线传送到单片机中去处理。单片机只充当了电池温度检测、充电过程检测和剩余电量显示，没有参与充/放电控制，这种设计是合理且安全的。

　　综上所述，在普通的耳机放大器中，控制项目以开关控制为主，需要较多的并行端口（4~6 个并行 I/O 口），I²C、SPI 串行总线是必需的，ADC、DAC 和 USB 是可选项，程序容量不会超过 4KB。对于这些应用，选择 51 系列单片机就能满足要求。由于 51 单片机有几百种型号，建议从宏晶科技公司的 STC8 系列、ST 公司的 STM8S 系列、Silicon Labs 公司的 EFM8 系列中选用。

　　（2）给带彩色显示屏的耳机放大器选择单片机

　　如果像使用手机的方式操作耳机放大器，就需要给耳机放大器添加一个 LCD 彩色触摸屏。虽然耳机放大器的电路和功能并没有改变，但使用的体验好比从原始社会跳跃到现代社会。这种变革需要先进的科学技术来支持，集成 GPU 的多核 ARM 单片机是不二的选择。本文推荐的第一个型号是国产 PX3 SE，内部集成有 4 个 32 位的 ARM Cortex-A7 核和 64 百万像素的 GPU 处理器。德生公司的 PD-60 手持式音乐播放器就采用了这款单片机，逼真地显示出一个 800×480 的虚拟 VU 表。推荐的第二个型号是国产 RK3288，内部集成有 4 个 32 位的 ARM Cortex-A17 核和 Mali-T764 GPU 处理器，支持的图像分辨率最高可达 3840×2160。德生公司的 PD-100 台式音乐播放器用这个单片机逼真地显示出两个 1280×720 的虚拟 VU 表。

按中国人传统的思想，在耳机放大器上用多核 ARM 处理器是杀鸡用牛刀的做法。但是也可以倒过来想，科技是为了人类的生活更美好，人类又有追求尽善尽美的天性。而且，高大上的 ARM 处理器在勤劳的中国人手里身价已降到白菜价，这就为提升普通电器的人机界面提供了物质基础。业余爱好者用 ARM 单片机替代 51 单片机对提升 DIY 水平也非常有利，很值得一试。

（3）开发耳机放大器控制系统所需的知识结构和开发方法

对于会 DIY 耳机放大器而不会使用单片机的人来讲，从 51 单片机入手比较容易，先建立起寄存器、堆栈、指令、中断、数据、程序等概念。经过几周的学习，熟悉了单片机的指令系统和寻址方式后就可以尝试用汇编语言进行编程。千万不要因为指令难记而厌恶汇编语言，也不要听信有人说汇编语言落后、过时了而抛弃它。汇编语言是用计算机的思维方式设计符号代码，是学会编程的基础，掌握了汇编语言就可以直接与计算机对话；C 语言是用人类的思维方式设计的符号代码，用 C 语言编写的程序要经过翻译（编译系统）才能与计算机对话。要学习好单片机，最好两种语言都要掌握，因为用 C 语言和汇编混合编程更有优势，编译后的代码短，执行速度快。学会了汇编语言和 C 语音编程就为下一步学习打下了基础。

第二阶段的学习目标是操作系统，这是机器与人之间的桥梁。操作系统向下要管理内存、I/O 口和外设，进行进程管理和线程调度。例如，把代码从硬盘加载到内存，控制 CPU 读取内存代码；向上要管理文件系统和网络。嵌入式系统中应用最广泛的操作系统是 Android、iOS、VxWorks、eCos、Symbian OS 和 Palm OS 等。

51 单片机的操作系统可以从 RTX51 入手学习，其中有两个版本：Tiny 和 Full。顾名思义，Tiny 是缩减版本，是一个基于时间片的循环调度系统，内核只占 900 个字节，最多可支持 16 个任务，一个时间片里执行一个任务，超时即切换到其他已就绪的任务，被迫中断的任务等到下一轮时间片再接着执行。各个任务之间是平等的，没有优先级的概念。

Full 是一个同时基于时间片调度和 4 级优先调度的完整操作系统，最多可以支持 256 个任务。时间片的循环调度方式与 Tiny 相同。优先调度与中断相似，最高优先级的任务可抢先执行，高优先级的任务能中断低优先级的任务并允许超时。

第三阶段的目标是高级编程，高级并不表示更难，而是更接近于人类的思维方法，应该是更容易上手。可以尝试在带操作系统的 ARM 处理器上编程，高级编程通常是给产品设计应用系统。例如，HD-100 台式播放器的虚拟面板就是用 C 语言在 Linux 操作系统上开发的人机界面。爱好者也可以尝试给自己的耳机放大器上设计一个触摸屏面板，如图 11-65 所示的 EQ 和播放控制界面，以及图 11-83 所示的虚拟电位器和 VU 表。

高级编程的另一项工作是操作系统的移植，例如把 HarmonyOS 从 ARM 移植到 RISC-V 上，这样就可以在不改变操作系统和应用程序的情况下自由地更换微处理器。

未来的电子产品的发展是向硬件和软件两个方向延伸，硬件发展就是芯片设计，把越来越多的功能集成到一个芯片中，最终目标是实现片上系统（SoC）。软件发展会逐渐演化成系统设计，现在只是用软件搭建一个由图像、声音和触摸指令形式的人机界面，机器表现出来的自动化是程序赋予的。未来的软件设计是训练机器学习，使机器自己具有判断和思维能力，这就是人工智能。

电子产品是发展最快的工业产品，它会继续沿着微型化、低功耗和智能化的方向高速发展。在未来几十年里，IT 人才是非常稀缺的资源，作者积极鼓励更多的有志青年投入到这个行业中来。

11.5　电源接口

电源接口是将电能从电源通过自身传递到指定设备的装置，具有传输能量和抑制干扰的双重功能。本节仅针对第 12 章中的耳机放大器专用电源，介绍它与 AC-DC 适配器和耳机放大器之间的接口，内容只涉及电能传输和 EMI 方面的知识。电源本身的设计将在第 12 章中进行介绍。

11.5.1　耳机放大器中的电源接口

接口是电子系统中的薄弱环节，由于接口处于各个子系统的交界处，属于各方都不重视的边缘地带，统计表明 60% 以上的故障出现在接口上。在产品的可靠性要求下，人们认真研究了接口的特性，提出了接口设计方法。即从系统设计出发，把各个子系统之间的接口汇集成一张图，用可靠性理论提出科学合理的解决方法。接口设计能使产品可靠性得到明显提高，但由于接口的特殊性，故障率仍高于其他部件。

耳机放大器的信号接口已经在本章前述内容中介绍过，下面主要介绍电源接口。耳机放大器的功率路径如图 11-108 所示，由电源模块、放大器模块和控制模块组成。在功率路径图中只关注各个模块的输出功率、耗散功率、温升、EMI 以及连接器等特性，不涉及音频信号处理流程。要用文字或图形符号把功率参数标注在图中各个元器件附近，就像电路图中的元器件参数一样，让人一目了然。图 11-108 中与电源接口有关的部分用虚线和灰色标识。

下面从电源路径的入口开始介绍有关电源接口的设计方法，这些内容包括 AC-DC 适配器、电源连接器、EMC 设计和测量等知识。

给电源模块供电的部件是 AC-DC 适配器，这个设计中选用现成的商品开关电源，输入电压是交流 100 ~ 240V，输出额定电压是直流 12V，最大电流 3A。适配器的输出连接器是有 PVC 绝缘外套的 22AWG 双绞电源线和 DC 圆柱形音叉式插头，与插头配套的插座安装在电路板的边缘，装入机箱后插座露在外面，便于插头插入。电源模块安装在 0.2mm 厚的 SUS304R-1/2H 不锈钢屏蔽罩中，防止开关变换器产生的电磁波向外辐射，屏蔽罩见图中虚线，屏蔽罩与电源模块中的电路地采用一点互连。

电源模块上有电源路径管理和锂电池充电电路、放大器电源和控制器电源。当功率开关 SW_1 闭合，SW_2 断开时，由适配器给放大器和控制模块供电，同时给锂电池充电；当 SW_1 断开，SW_2 闭合时，由锂电池给放大器和控制模块供电。具体的工作原理见第 12 章 12.1.2 小节。放大器电源是一个推挽开关升压变换器，输入电压为 6.6 ~ 13V，输出电压是 ±18V，再经过线性串联稳压器后输出 ±15V，电路见 12.3 ~ 12.4 节。控制电源是一组降压式开关变换器，输出电压是 ±5V、+3.3V、+1.2V 和 –2.5V，每路电源都能单独开启和关断，由控制模块中的 MCU 管理。

图 11-108 中黑色数字标注的功率参数是适配器同时给充电器和系统供电的最大功率值。电源模块的最大输出功率是 36W，其中 26W 是充电功率，10W 是供给系统的功率。本模块的耗散功率是 10.8W，电能转换效率是 77%。当电池单独给系统供电时的功率参数用灰色文字标注，由两节锂电池串联供电，电池的标称电压是 7.4V，放电电压在 6.6 ~ 8.4V 变化。最大放电电流为 1.35A，最大输出功率为 10W。

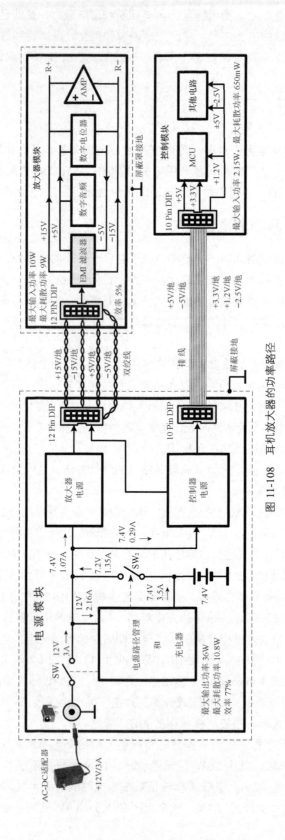

图 11-108　耳机放大器的功率路径

放大器模块上有双通道功率放大器、数字电位器以及其他数字音频电路，最大输入功率为 10W，耗散功率高达 9W，电能转换效率只有 5%，这是线性放大器本身特性所致。这个模块需要进行热力设计，主要是计算散热器面积和安装方法。它的电源接口是一个 12 脚双列直插式插座，电源模块通过一个双绞线连接器给放大器模块供电。±15V 和±5V 通过一个传导滤波器（可选择）后给各个电路供电。放大器模块的电路板安装在 0.2mm 厚的洋白铜屏蔽中，防止外部电磁波干扰放大器电路。屏蔽罩见图 11-108 中虚线，屏蔽罩与放大器的电路地采用一点互连。

控制模块上有微处理器 MCU 和其他电路，最大输入功率为 2.15W，耗散功率 650mW，效率接近 70%。电源接口是一个 10 脚双列直插式插座，电源模块通过一个排线连接器给控制模块供电。+3.3V 是 MCU 的工作电压，+1.2V 是时钟唤醒电压，+5V 是 LED 驱动电压。±5V 和−2.5V 给其他电路供电。控制模块是裸露 PCB，不带屏蔽罩。

11.5.2 电源适配器

由于 AC-DC 电源关系到人身安全和电磁环境污染，不建议读者 DIY。另外，我国是适配器生产大国，市面上各种各样的适配器应有尽有，选择现成的产品更加经济实惠。下面介绍商品适配器的选择原则。

1. 认证标志

首先要选择通过安规和电磁兼容性（EMC）认证的产品，外壳上印有认证标志。常见的认证标准有中国的 CCC，欧洲的 CE、ROHS，美国的 UL、ETL、FCC、CEC 和能源之星.UL，加拿大的 CSA 等标准。电源产品认证的重点是安规和 EMC，而不是产品的质量指标。因而，通过认证的适配器仍然存在着品质差异，在不能实测的情况下，只能根据品牌、口碑和经验来鉴别好坏。

2. 额定指标

几乎所有的电源适配器都是反激式开关变换器结构。为了在全世界通用，绝大多数产品设计成全电压标准，可以覆盖全球 110/220V 电压的国家和地区。有些国家的市电电压为 400V，全电压标准并不包含 400V。交流输入、输出电压、交流电频率、直流输出电压和电流这几项指标反映了适配器的基本特性，通常用下面格式印刷在外壳上：

输入：AC 100～240V，50/60Hz，0.4A

输出：DC 12V，3A

3. 插头的极性

本电源的输入接口推荐用圆孔形音叉式 DC 插座，比直插式的可靠性高。插头的金属筒外径和中心柱直径有多种规格，30～40W 输出功率常用规格是 3.5×1.35mm。由于各国规定的插头极性不一致，选购的时候一定要注意正极标识符。国产适配器多数中心柱是正极，金属外筒是负极，如果选错极性，很可能会引起灾难性的后果。对不清楚极性的适配器一定要经过测量确认后再决定是否可用。

4. 功率冗余量

为了提高可靠性和安全性，选择适配器时应该留有 20%～30%的功率裕量，本机的适配器输出功率是 36W（12V/3A），考虑冗余后可选择输出功率为 40W 或 45W 的产品，对应的最大输出电流分别是 3.33A 和 3.75A。没有必要预留太大的冗余量，适配器的售价是按 W/RMB 来计算的，而且体积也会随功率的增加而增大。

5. 电源线上带抑制 EMI 磁环

许多人使用电源适配器的习惯是把适配器长期插在插座上，然后直接带电插拔直流输出插头。由于适配器在带电情况下总会存在微小的漏电，结果会使适配器上积累很高的静电电压，在插头接通插座的一瞬间，由于电位差发生了变化，从而会引起很大的冲击电流，如果设备接口中的某些元器件承受不了这种由流冲击就会损坏。在适配器的输出导线上安装磁环是抑制瞬态冲击电流的有效方法，它不但能使静电缓慢释放，对脉冲干扰也有抑制效果，因而称为电磁干扰（EMI）抑制磁环。

遗憾的是，大多数适配器生产厂商为了降低成本省略了这个磁环，因而在选择适配器时应该优先选择带磁环的产品，而且磁环越长越好，位置应该靠近直流输出插头。

图 11-109 所示的是电源适配器的实物图，图 11-109（a）是圆形插头适配器，图 11-109（b）是 USB 插头手机快充适配器。圆形插头适配器的最大应用对象是网络路由器，不过这种产品越来越边缘化。现在发展最快的是手机快充适配器，具有技术先进、质量好、体积小和造型美观等优点。它是按 SUB PD 标准设计的，输出电压在 3～21V 可调，最大输出功率为 100W。如果在耳机放大器的电源模块中设计了 USB Type C-PD 接收芯片，也可以用手机快充适配器给耳机放大器供电，甚至还会有更多和更好的产品可供选择。

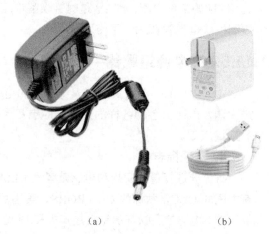

11.5.3　电源连接器

电源接口中的主角是连接器，连接器是插座、插头和连接线的总称。市电插座是孔座，插头是针座。DC 插座通常是针座，安装在 PCB 上。插头通常是孔座，焊接在连接线两端。

(a)　　　　　　(b)

图 11-109　电源适配器的实物图

AC-DC 适配器和连接器是一体的，输入连接器是两线插头，直接安装在适配器上。虽然室内电源插座的左孔是零线（N），右孔是火线（L），但适配器上的插头并没有 N 和 L 之分，设计上已保证了正插或反插都能正常工作。

电源模块与放大器模块和控制模块之间采用双列直插式连接器，插座焊接在PCB边缘。双列直插式接插件有各种规格，这里选用的是 PC 机主板上用的 ATX5099 插座，插针的直径是 1.14mm，截面积是 1.02mm²，最大载流量是 5A。这种连接器生产量大，售价低廉，而且具有电流大、可靠性高的优点。如果嫌体积太大，可选择其他双列直插式矩形插座，插针的截面积不能小于 0.5mm²，对应的载流量是 2.3A。

连接线选择低烟无卤电子线，有单股和多股之分，应选择等效截面积为 0.205mm² 的 7 股铜线。对应美标 24AWG，最大载流量为 0.92A。也可以选择 PVC 电子线，但 PVC 中含有毒物质，将来会被禁止使用。

1. 接插件中插针和插孔的金属表面特性

在显微镜下观察接插件的插针和插孔的表面，平常人眼看到的十分光滑的镀金层表面，在显微镜下却显得凹凸不平，能观察到密集的 5～10μm 的凸起部分，如图 11-110 所示。这就造成接插件的插合面不是整个接触面，而是散布在接触面上的凸点的接触，这些接触点称为接触斑，它会造成实际接触面小于名义接触面。接触斑形成的电阻称金属斑电阻，大小与接触面两边的正向压力和表面光滑程度有关。在同样的光滑度下增大正压力，金属斑电阻会减小，有压力和无压力的电阻值最大可相差几千倍。故连

图 11-110　金属表面的接触斑

器设计中会利用金属片的弹性和紧固件的束缚力来增大正压力，从而显著地减小金属斑电阻。

接插件导电金属表面的另一种电阻是膜电阻。任何金属都有返回原氧化物状态的特性，在大气中不存在纯净的物质，即使很洁净的金属表面，一旦暴露在大气中，就会快速生成一层几微米的氧化膜。例如铜只要 2 ~ 3 分钟就会氧化，铝只要 3 ~ 3 秒就会氧化。氧化膜的电阻率很大，有的是单向导电的半导体，如氧化铜；有的是绝缘体，如二氧化硅。因而必须要设法减小膜电阻，常用的方法是对表面进行防氧化处理，电镀一层稳定性高、电阻率小的金属，如昂贵的金和银。银的稳定性比金低，镀银层长期暴露在空气中也会氧化变黑，但价格较低。金的稳定性比银高，更不易氧化，能级也较高，表面会形成一层有机气体吸附膜，但比氧化膜的电阻低。经过抗氧化处理的接插件长期暴露在大气中，尘埃和酸性漂浮颗粒也会在接插件表面形成沉积膜。因而，从微观上看任何接触面都有一层污染膜，电阻率比金属高得多，它呈现的电阻称为膜电阻。

2. 接插件的接触电阻

如图 11-111 所示，当电流通过接插件的接触面时，由于金属斑的存在，电流线在金属斑周围发生弯曲变形，致使所有的电流线都交汇到金属斑处聚积。可见，金属斑使导体的有效导电截面积减小，电流线密度增加，其结果是金属斑电阻在原有基础上进一步增大，这部分电阻称为收缩电阻或集中电阻。故接插件接触面的总电阻等于金属斑电阻、收缩电阻和膜电阻之和，行业里统称为接触电阻。

接触电阻是所有连接器的重要指标，在对电阻变化敏感的系统中要求接触电阻在 0.1 ~ 0.5mΩ，在一般消费类产品中要求接触电阻在 10 ~ 20mΩ。在本书所介绍的耳机放大器电源连接器中接触电阻≤30mΩ 时，对性能产生的影响可忽略不计。

工业发达国家都制定了接触电阻的测量标准，我国的标准是 GB5095。基本方法是用专门的毫欧姆表或精

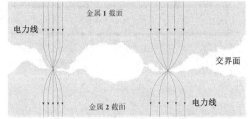

图 11-111 金属表面的接触斑和电力线收缩图

密电桥作测量工具，给被测器件加入较小的电压（≤20mV）和较小的电流（≤100mA），防止接触面的膜层被击穿，造成测量数据良好的假象。业余条件下也可用带开尔文夹具的数字电桥进行测量。

3. 电源连接器中的双绞线

双绞线是两根金属线按距离周期性扭绞在一起的传输线，能抵御一部分外界电磁波干扰，也能降低自身信号的对外干扰。广泛应用于中、长距离高频信号传输和短距离电力传输中。

电磁波干扰包含电场干扰和磁场干扰。双绞线抵御电场干扰的原理如图 11-112 所示，电场干扰是通过电容耦合引起的，相对于一对平行线，双绞线紧密缠绕在一起，两根线与噪声源和与大地之间的平均距离基本相等，故电抗也基本相等。等效电路相当于一个惠斯通电桥，耦合电容 $C_1=C_2$，阻抗 $Z_1=Z_2$，c 点电平与 d 点电平相等，噪声电压 $V_n=0$。故双绞线等效于一个差分传输电路，能抑制电容耦合产生的共模干扰。

双绞线抵御磁场干扰的原理如图 11-113 所示。在平行线中，两根线之间会形成一个很窄的环路，这个环路在磁场环境中会有磁力线穿过。平行线受到外界磁场干扰时，两根导线的感应电流无法抵消，会产生较大的感应电压，这是一种差模干扰，与信号混在一起难以区分。双绞线是以固定间距扭转的两个导体，由磁场引起的感应电流在每个相邻的小环路交汇处反转，因此可以相互抵消。从电路上看，每个相邻小环路处的互感对噪声源来说是一正一负的，导线整体互感变为零。

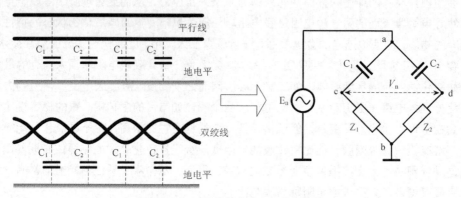

图 11-112　双绞线抵御电场干扰的原理

　　双绞线除了能抵御外来电磁干扰外，本身也不产生对外电磁干扰。如图 11-114 所示，在用于正、负电源电压传输和差分信号传输时，两根线的电流大小相等，方向相反。理想状态下，每两个相邻的小环路所形成的磁场方向相反，大小相等，可以相互抵消，故双绞线对外的电磁干扰比平行线缆要小。

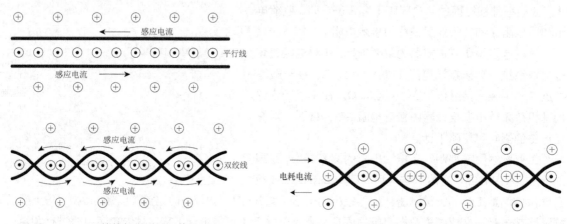

图 11-113　双绞线抵御磁场干扰的原理　　　　　图 11-114　双绞线不产生对外干扰的原理

　　双绞线的重要技术参数是绞距和解绞距离，如图 11-115 所示。绞距是指两个同相交结的距离，等于同一根导线上相邻两个波峰或波谷之间的距离，如图 11-115 中的 S_1、S_2 和 S_3。理论上绞距应该相等，即 $S_1 = S_2 = S_3$。商品双绞线的绞距在 20～40mm，误差不大于 10%。解绞距离指的是双绞线末端未绞合部位的尺寸，如图 11-115 中的 L，长度在标准中并无规定，但通常不大于 40mm。

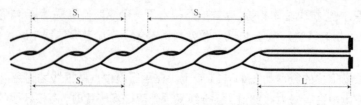

图 11-115　双绞线的绞距和解绞距离

　　绞距直接影响抗干扰能力，一般来讲，绞距越小对于磁场的抗干扰能力就越好。但必须考虑导线的直径和外皮材质的可弯曲范围，绞距过紧对导线和绝缘外包皮会造成损伤。另外，绞距应保持均匀，因为绞距误差会影响抗干扰能力。绞距大小和误差程度取决于材质和绞线设备的精度。业界按工作频率和信噪比对双绞线进行了分类，一类线（CAT1）至四类线（CAT4）已日趋淘汰，现在应用最广泛的是五类线（CAT5）和六类线（CAT6）。五类线的最高频率带宽为 100MHz，最大传输速率为 100Mbit/s。六类线的最高频率带宽为 250MHz，最大传输速率为 1Gbit/s。目前开始应用的七类线的最高频率带宽为 600MHz，最大传输速率为 10Gbit/s。

材料技术的进步和高速网络的发展有力地推动了双绞线的发展，使工作频率从早期的 750kHz 提高到现在的 1GHz。双绞线与同轴电缆相比，具有结构简单、取材广泛、价格低廉等优势，现在已替代同轴电缆广泛应用在网络和音/视频信号的中、远距离传输中。

在电源中也可以利用双绞线简单、廉价的优点改善 EMI 性能，而且对绞距和解绞距离没有严格要求。在高保真耳机放大器中人们挖掘出了多种用法，例如在图 11-108 中是把 4 个电源和地线分别用 4 对双绞线传输。也可以用带屏蔽外套的双绞线（STP）分别传输±15V 和±5V 电源，屏蔽外套接地。正、负电源用双绞线的目的是抵御环境干扰，提高放大器的共模抑制比。由于屏蔽外套同时起了电流回路的作用，必须两端接地，这样才能使正、负电源与地线之间的包围面积最小，以减小电源线的天线效应。由于商品双绞线是为高频信号传输设计的，直接用在电源中会受载流量限制，解决的方法是采用多根双绞线并联。在业余条件下最简单实用的方法是把正电源/地和负电源/地 4 根线绞合替代 STP 双绞线，也能有良好的效果。

在单电源供电的耳机放大器中，电源线用双绞线同样有效。在采用开关电源的情况下，对提高信噪比的效果非常明显。

4. 电源连接器中的排线

排列虽然没有抵御环境 EMI 的优点，但由于制作方便，用于对 EMI 不敏感和距离小于 25cm 的电源也有实用价值。使用时应注意把有电流回路关系的电源连接在排线相邻的导线上，这样做可以把电流回路包围的面积压缩到最小。例如在图 11-108 中，把辅助电源的输出按+5V/地、−5V/地、+3.3V/地、+1.2V/地、−2.55V/地的顺序排列，依次连接在排线上，就能满足每个电源与地线回路面积最小的要求。

出于环保考虑，无论是排线还是双绞线都应该尽量选择低烟无卤电子线。所谓电子线，是指只有导体芯和绝缘外皮的电线，属于结构最简单的电线。无卤电子线相比 PVC 电子线，其主要区别在于绝缘材料，因为 PVC 中含有卤素、铅、镉、汞和镉等物质，在燃烧时会发出有毒的烟雾，未来会逐步退出市场。行业里最常见的无卤电子线是 UL10368 系列，广泛应用在手机和汽车线束中。市场上也有用这种电子线制造的排线，在本机中推荐选择线规 28AWG 号多股线，总截面为 $0.08mm^2$，最大载流量为 0.362A。

5. 电源连接器的可靠性试验

连接器的好坏直接关系到电器的质量和可靠性。从 20 世纪大宗家电产品收音机、电视机、录像机和 21 世纪的计算机、游戏机和手机的故障率统计数据分析表明，电源连接器的故障率最高。主要存在接触不良、固定不良和绝缘不良三大故障。

接触不良会引起电源内阻增加，整机性能指标降低以及产生一些莫名其妙的故障。接触不良的根源是金属表面接触电阻，插针和插孔受潮、氧化、长霉、松动和老化等原因都会使接触电阻增加，接触电阻一直是接插件的老大难问题，主要依靠改进表面处理工艺和加大正向压力来减小接触电阻。例如镀金，改进音叉式弹性的压力和增大插槽、插孔的紧固力。这些方法都能使低接触电阻特性在刚下生产线的新品中保持一段时间，但经不起长期存储和使用的考验。

固定不良会引起电源时通时断、突然断电等故障。产生的主要原因是接插件装配不到位引起的。另外，模具设计不当，注塑误差，材料质量差（再生塑料），虚焊等原因也会引起固定不良。现代精密加工技术和抗疲劳材料已经使接插件的耐久性得到明显提高，机器人安装从根本上解决了人工装配

不到位的问题。

绝缘不良会引起漏电、短路、击穿等故障。过去主要发生在高压连接器中，现在主要发生在微小型连接器中。它是由绝缘体材料不纯引起的，绝缘体表面和内部存在残余金属物，有机材料析出物以及吸附了有害气体，受潮后会在绝缘体表明形成一层离子导电膜。微小型的插针间距很小，即使很低的工作电压也会造成较大的漏电。另一种绝缘不良故障是电池漏液锈蚀了插槽和 PCB 上铜箔所造成的，这类故障在音乐播放器、石英钟、遥控器、门铃这类用镍氢电池的电器中的占比高达 90% 以上。

为了提高连接器的可靠性，各国都制定了严格的测试标准。标准规定连接器需要测试插拔力、耐久性、绝缘电阻、耐电压、接触电阻、振动、机械冲击力、冷热冲击、温湿度组合循环、高温、盐雾、混合气体腐蚀、线材摇摆等项目。通过测试的连接器安装到整机上后还要进行一系列测试，如振动和跌落试验。2000 年德生 S-2000 全波段接收机在做跌落试验时接插件发生了大概率断裂事件，导致了已完成装配的一大批整机返工，导致产品推迟上市和生产成本显著增加。这是德生通用电器公司因连接器引发的一起深刻教训。

电源连接器的发展方向是微型化、低接触电阻和高连接可靠性。手机和可穿戴电子产品的发展有力地推动了连接器的技术进步，微型化的含义不仅是指低高度和小间距，还包含了电磁兼容性、柔性化和标准化。微型连接器的接触电阻比传统连接器减小了三分之二，在使用寿命期内的故障率从 55%～65% 减小到 10%。连接器的外形从傻、大、粗蜕变成精密器件。

11.5.4　电源干扰

电源在给系统供给能量的同时也会产生干扰，干扰可认为是泄漏的能量，其中一部分沿着连接器的导线传输到外部对其他电路和设备造成干扰；另一部分以电磁波形式辐射到空间，对环境和周围设备造成干扰。电磁干扰是不能完全消除的，只能减小到不造成工作混乱的门限值以下。本节将介绍第 12 章中的耳机放大器电源所产生的电磁干扰和抑制方法。

1. 为什么要关注电磁干扰？

（1）无线电频谱保护

对人类来讲，无线电频谱就像土地、矿藏、水源、森林等一样，是一种重要而有限的自然资源，按照 ITU 对国际无线电规则的频率划分，目前各种无线业务可以使用的频率为 9kHz～275GHz。由于技术水平的限制，绝大多数无线电设备工作在 50GHz 频率之下，我国目前的应用在 6GHz 以下。不幸的是，随着电子产品数量的不断增长，已经拥挤不堪的电磁频谱环境将变得更加恶劣，一些 EMC 不合格的电子产品产生的 EMI 已经使部分频谱不能使用。例如在我国的城市里已不能正常收听中波和短波广播；电视机图像经常出现雪花亮点干扰。究其原因就是手机充电器、Wi-Fi 路由器和 LED 照明灯等家用电器中使用了未经过 EMI 认证的开关电源。开关电源的 EMI 频谱可以从 30kHz 一直延伸到 10GHz，涵盖了长波、中波、短波、调频广播、电视广播和蜂窝通信的全部波段，所产生的 EMI 属于宽频谱干扰。未认证的开关电源造价只有 1 元/W，认证的产品造价高于 5 元/W，巨大的利益和疏忽监管造成了这种难以挽回的局面。

为了对有限的频谱资源进行合理开发和科学管理，必须要加强对无线电频谱的保护，这样才能推动信息化产业健康发展，实现国家富强，人们幸福的国家战略目标。

（2）为了安全

这里的安全有两个含义，一个是设备安全，另一个是人身安全。对设备来讲，EMI 产生的浪涌电压和电流以及静电会损坏器件，引起设备故障。EMI 噪声会引起数字逻辑电平误翻转，使设备发生工作混乱状态。即使 EMI 没有引起设备故障和混乱，也会降低设备的性能，这部分内容在后面叙述。

对于医疗、军事、工业、航空、航天和汽车行业，产品的 EMI 与生命安全休戚相关。如果医疗产品发生故障，会直接威胁生命，故医疗产品有最严格的 EMC 标准。20 世纪工业流水线上曾出现过机器人杀人事件，原因是避让传感器受到干扰，MCU 发出了错误的指令，把人当成了加工件所致。汽车自动驾驶系统如果受到干扰发生误判，必然会发生惨烈的交通事故。这些与生命安全息息相关的电子设备必须要进行专门的 EMC 设计，把电磁干扰引发的故障概率降到最低。例如在汽车自动驾驶系统中会设置多个 MCU 独立工作，执行时先比较各自的运算结果，得到正确判断后再执行。这是投票悖论在 EMI 整治中的应用。在无法避免设备产生 EMI 的情况下，必须用纪律方式规范人的行为。例如，飞机在起飞和降落阶段规定乘客不能使用手机。

（3）为了产品性能和质量

产品性能是指产品履行其功能的能力，具体讲就是技术参数达到某一指标，或与同类产品相比，指标更高还是不及。产品质量是指产品固有特性满足要求的程度，包含合格证标识和耐用、安全、可靠等品质评价。

显然，EMI 既影响性能也影响质量。例如一台灵敏度为 $1\mu V$ 的短波接收机，如果受到 $1\mu V$ 的电磁干扰，信噪比就会下降到 0dB，接收机就不能正常工作。再如，一台开关电源中 MOS 管的耐压是 700V，如果过冲电压超过 700V 就会被击穿，使电源发生故障。没有进行 EMC 设计的电气产品肯定是性能和质量不合格的产品，因此世界组织和主要工业化国家颁布了电磁干扰测试标准，规定电子产品必须经过安规和 EMI 认证后才能上市销售。除了制定标准外，各国还成立了质量监管部门，防止不法厂商生产销售不合格的产品。

2. 关于电磁干扰的概念

（1）关于电磁干扰的术语

EMI 是电磁干扰的简称。指电磁波与电子元器件作用后而产生的干扰现象，表现为一个电子产品通过电磁能量传输对其他电子设备的工作造成的干扰。

EMS 是电磁抗扰度的简称。指的是电子设备承受电磁干扰的耐受程度。表现为有的设备在很强的电磁干扰环境里仍能正常工作；有的设备则受到很弱的电磁干扰其工作状态就会发生混乱。

EMC 是电磁兼容性的简称。指一个电子设备所产生的电磁能量既不对其他设备产生干扰，自身也不被其他设备干扰的能力。EMC 的含义比较广泛，除了包含 EMI 和 EMS 的内容外，还包括电磁测量、电磁对抗、电磁利用和电磁安全等内容。

（2）电磁干扰的分类

EMI 是多种因素产生的有害电磁能量，刚开始接触会给人以无从下手的感觉。电子技术经过了百年发展和长期积累，人类对 EMI 的认识已非常深刻，解决的方法也已成熟。在教科书上为了便于学习把 EMI 按特性进行了分类，如图 11-116 所示。把沿着导线传输的电磁干扰称为传导干扰，把在空间传输的电磁干扰称为辐射干扰，并以 30MHz 为界限。传导干扰又分为差模干扰和共模干扰两种形式，在 EMI 中差模和共模的概念与放大器中是有区别的，详细内容见后述。辐射干扰又分为近场辐射和远场辐射两种形式，电磁波的近场辐射与远场辐射的性质完全不同，在近场中高阻抗电路产生的电磁辐射以电场辐射为主；低阻抗电路产生的电磁辐射以磁场辐射为主。在远场中电磁波的电场强度和磁场强度是相同的，用收音机和手机接收到的信号就是典型远场波。另外，还有一些自然和人为产生的瞬态干扰，例如雷电产生的浪涌，堆积电荷产生的静电放电等。绝大部分瞬态干扰具有宽频谱特征，同时包含传导和辐射能量，只不过持续的时间很短。

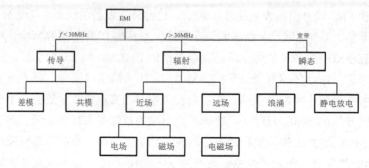

图 11-116　电磁干扰分类图

　　需要注意的是，实际的 EMI 并不是严格按图 11-116 分类的，传导和辐射之间也没有 30MHz 分界线。例如，100kHz ~ 30MHz 长波和中短波电台发射的电磁波不是也能在空间传输几千公里吗？而互联网中的 7 类双绞线却能把带宽 600MHz 的信号牢牢束缚在导线中传输。

　　随着条件变化 EMI 会在传导和辐射之间互相转换，并不是低于 30MHz 的电磁波一定只能在导线中传输。而是在一定的条件下，沿着导线或 PCB 铜箔线上传输的传导电磁干扰，会有一部分转化成辐射电磁波。如果这根导线或铜箔线与另一个导体和回路之间存在电容和互感耦合，辐射能量又会转换成感应电流，以传导形式出现在电路的其他位置上。虽然图 11-116 中共模和电场在不同的分类中，实际上共模干扰经常会转化成电场干扰，而且很难整治。任何一个电子系统中都有许多个用元器件和导线连接成的电路网络，网络中的任何导体或导体包围的环路都是无意识的天线。而天线具有双向功能，既能发射电磁波也能接收电磁波。故实际的 EMI 情况要比图 11-116 中的分类更复杂。

　　（3）近场电磁波和远场电磁波

　　电磁场有 4 种类型：静电场、静磁场、时变电场和时变磁场。例如，把 AC-DC 适配器输入端插入市电插座，输出端没有接负载，输出插头两端有电压，但没有电流，输出线之间就会产生静电场。静磁场与静电场存在对偶关系，一个直流回路里会产生恒定不变的磁场，称为静磁场。

　　随时间变化的电压和电流产生的电场和磁场就是时变电场和时变磁场，简称电场和磁场。电场与磁场的比值称为波阻抗，大小由传输介质决定，用下式表示：

$$Z_{\mathrm{w}} = \frac{|E|}{|H|} = \sqrt{\frac{\mu_0}{\varepsilon_0}} = 120\pi \approx 377\,(\Omega) \qquad\qquad (11\text{-}10)$$

式中，Z_{w} 是电磁波的阻抗，单位是 Ω；$|E|$ 是电场强度，单位是 V/m；$|H|$ 是磁场强度，单位是 A/m。μ_0 是场介质的磁导率，单位是 H/m（亨利/米）；ε_0 是场介质的介电系数，单位是 F/m（法拉/米）。例如，一个电磁波的电场强度是 10mV/m，磁场强度是 0.04mA/m，那么这个电磁波的阻抗是 250Ω。

　　电磁波的能量距离辐射源越远衰减越大，波阻抗与衰减距离的关系如图 11-117 所示，横坐标是辐射源距离 d 与电磁波波长 λ 的比值，纵坐标是电磁波阻抗。当 $d/\lambda<0.16$（$\lambda/6$）时，电场波的阻抗很大，磁场波的阻抗很小。业界把这种电磁波定义为近场波；当 $d/\lambda>0.16$ 时，随着辐射距离的增加，电场波和磁场波在互相转化过程中衰减到趋近一个常数。d/λ 比值越大，波阻抗越趋近于一个恒定值 377Ω。业界把这种电磁波定义为远场波，远场波也称为平行波。

　　了解波阻抗的意义在于对不同性质的电磁波，在电路调测过程中针对性地使用工具。例如，假设有一个电路在 300MHz 下产生了 EMI 问题，该频率的 $\lambda/6$ 为 16.8cm。如果在距离电路 5cm 处测量电磁波强度，由于在这个距离属于近场辐射，电场辐射强度和磁场辐射强度不同，需要分别测试。通常是用探针拾取电场辐射，用电流感应环拾取磁场辐射。如果在距离电路 3m 处测量电磁波强度，由于在这个距离属于远场辐射，电场辐射强度和磁场辐射强度相同，通常用天线来接收电磁辐射。

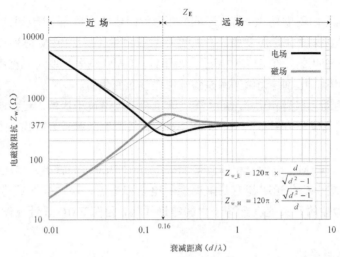

图 11-117　电磁波的阻抗图

（4）电源中电磁干扰的产生原因

电源既是一个能量源，也是一个干扰源。一个错误观念是只有开关电源才会产生 EMI，实际上一个整流电路也会产生电磁干扰，如第 10 章中的图 10-61。在所有桥式整流和滤波电路中，都会产生脉冲电流，如图 10-63 所示。平滑滤波电容的容量越大，脉冲电流越窄，电磁辐射也越强烈。

在开关电源中，高速开关器件是 EMI 的源头。功率开关是用 PWM 脉冲驱动的，我们可从梯形波入手逐步了解 PWM 脉冲的频谱。梯形波的各次谐波的幅值用下式表示：

$$\left|C_n\right| = 2A\frac{\tau}{T} \times \left|\frac{\sin\left(n\pi\frac{\tau}{T}\right)}{n\pi\frac{\tau}{T}}\right| \times \left|\frac{\sin\left(n\pi\frac{\tau_r}{T}\right)}{n\pi\frac{\tau}{T}}\right|$$

（11-11）

式中，C_n 是谐波的幅值，n 表示谐波次数；A 是梯形波的幅度；T 是梯形波的周期，占空比为 0.5；τ 是梯形波的平均宽度；τ_r 是梯形波上升沿的宽度，并且设上升沿宽度等于下降沿宽度。

这个公式的幅频特性如图 11-118 所示，谱线的包络呈双极点低通滤波器特性，主极点频率 $f_{p0}=1/\pi\tau$，第二个极点频率 $f_{p1}=1/\pi\tau_r$。谱线簇由主瓣和旁瓣组成，主瓣中包含了基波及其谐波能量，基波的峰值幅度为 $2A\tau/T$，宽度一直延伸到主极点。主瓣是两个正弦函数的乘积的频率及其谐波；旁瓣是两个正弦函数的乘积频率的 n 倍频及其谐波。主要能量集中在主瓣中，每个旁瓣虽然也有最大值，但总的趋势是随着频率升高以每 10 倍频程 40dB 的速率而降低。

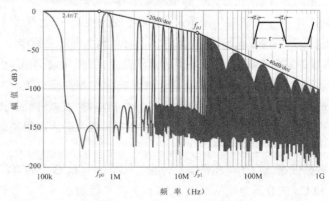

图 11-118　梯形脉冲的频谱图

　　梯形波在时域里可以看成是两个宽度不同的矩形波组成的，用它来表示时钟信号比较准确，时钟属于周期信号，谱线频率是固定不变的，在 EMI 中属于窄带干扰。PWM 脉冲在每个周期里宽度是变化的，谱线频率也是变化的，在 EMI 中属于宽带干扰。PWM 信号可以用双重傅立叶变换解析，它的频谱分布与梯形波相似，区别是谱线频率是随脉冲宽度而变化的。

　　用 PWM 信号驱动二极管和功率 MOS 管，除了图示的谐波干扰外，还会使脉冲的边沿产生过冲（俗称毛刺），毛刺的幅度与寄生参数大小和开关速度相关，毛刺属于衰减式寄生振荡，可以划为瞬态干扰类型。

　　从感应电压公式 $v=M(di/dt)$ 和感应电流公式 $i=C(dv/dt)$ 看出，电压和电流的高速变化是产生 EMI 的根源。减小变化速率能有效降低感生电压和电流，但这样做却违背了使用开关电源提高效率的初衷。因为慢的开关速度意味着大的能量损耗，因而 EMC 设计只能在干扰和损耗之间取折中。

　　（5）差模、共模与接地

　　电子书籍中经常或出现模拟地、数字地、安全地、屏蔽地、参考地等各种关于地线的概念，这些名词会让人感到困惑。因为教科书上的地线定义为电路电位基准点的等电位体，如果把这个定义照搬到 EMC 设计中就会寸步难行，因为实际的地线或地平面上的电位并不是处处相等，而是像大海的波浪一样此起彼伏。因而这里把地线重新定义为电源返回的低阻抗路径。这样定义后各种地的关系如图 11-119 所示，这里把 PCB 上的地统称为电路地，电路设计中可以把电路地细分为模拟地、数字地和功率地等，在 EMC 中只要是 PCB 上的地，不管有多少层铜箔和多少个独立的分割区域统称为电路地。

　　把金属屏蔽罩和金属机箱的壳体称为屏蔽地，通常与电路地互连。在工业机房和实验室里，机箱外壳还会与大地互连，并称为安全地。如果 PCB 上没有屏蔽罩，而机箱又是非金属外壳，屏蔽地则不存在。

　　PCB 上的电路节点与电路地、屏蔽地和大地之间存在着寄生电容，由于电路地与屏蔽地的相对位置是固定的，寄生电容量也是固定的。后一种寄生电容却随着 PCB 距离地面的高度和位置不同而变化，为了在评估时有一个统一的标准，通常在测试室地面上安装金属地板，并且与大地可靠连接，这个地板称为测量参考地。这样就可以用测量参考地模拟真实的零电平大地，获得最接近真实的测量结果。

　　图 11-119 中的 PCB 上有两级放大器，两级放大器的电路地之间有寄生电阻 R_p，用来模拟地线的阻抗，放大器用电压源 V_E 供电，并且叠加了噪声源 u_n 模拟差模干扰。

　　从 EMC 角度看，电压源 V_E 供给放大器的电压 U_{CD} 和 U_{EF} 是差模电压，寄生电容 C_{d1} 上的端电压是差模电压，寄生电容 $C_{p1} \sim C_{p7}$ 上的端电压是共模电压，寄生电阻 R_p 上的压降 U_{FD} 也是共模电压。噪声源 u_n 产生的差模电流会被平滑滤波电容 C_{in} 滤除，不会对放大器产生影响。

　　I_{AE} 是电源给放大器的供电电流，I_{FB} 是电源的返回电流，它们都是差模电流。流过电容 $C_{p1} \sim C_{p7}$ 的电流都是共模电流，寄生电阻 R_p 上的压降 U_{FD} 产生的电流也是共模电流。

　　从这个模型得出的结论是差模电压和差模电流只分布在电路内部，因而可以看成是无害的。而共模电压和共模电流会逃逸到电路外部，因而是有害的。金属屏蔽罩和金属机箱能屏蔽大部分共模干扰，如果机箱与接地线连接则会吸收更多的共模干扰。

　　实际情况是绝大多数便携式电子产品是塑料外壳，只有一个 PCB 上的电路地，而没有屏蔽地。于是寄生电容 C_{p3}、C_{p4} 和 C_{p5} 的介质空间从原来 PCB 到外壳的距离一下子扩展到 PCB 到大地的距离，辐射 EMI 就会大幅度增加。更为要命的是这些寄生电容的大小会随着 PCB 所在的环境和位置而变化，在不同的地方测量的结果会不同。因而各国的电磁干扰限值标准中，都规定了测量参考地的指标要求和受测设备距离参考地的高度。由于 B 类设备通常没有屏蔽地，故限值标准比 A 类设备更高。为了确保测量结果的可重复性，调测和整治电子产品的 EMI 时要留有足够的冗余量。

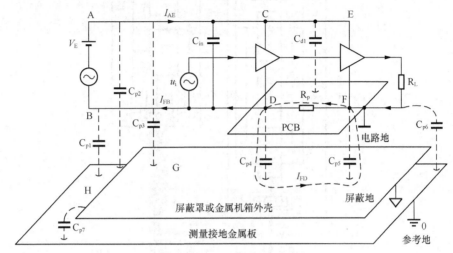

图 11-119　EMI 与接地关系图

（6）电磁干扰不可能完全消除

一些短期技术培训机构号称能彻底消除电子产品的 EMI。必须提醒，彻底消除的提法本身就不科学。无论是人为电磁干扰或自然电磁干扰都是不可避免的，也是无法完全消除的，只能用专门的技术尽可能减小它。

既然 EMI 不能消除，那么能减小到什么程度呢？从目前的技术水平看，普通民用产品经过 EMC设计，能减小 10 ~ 60dB。无穷尽地减小 EMI 要耗费巨大的资源，尤其是人力和时间。例如军事大国都梦想把核潜艇的噪声减少 98dB，已经花了几十年的时间，到现在为止还没有完全实现。

3. 耳机放大器的 EMC 设计

在高保真耳机放大器中进行 EMC 设计原因是电源中使用了开关电源，如果不在开始设计时考虑电磁干扰，一旦整机制作完成后发现 EMI 不合格，整治起来比重新设计还要费力。另一种极端做法是让 EMI 任其自然不进行处理，其结果是放大器的信噪比、动态范围、共模抑制比、电源抑制比等诸多指标都会大幅度降低，最终必然影响音质。

这里介绍的 EMC 设计的第一步是确定系统方案，为此，先画出图 11-120 所示的 EMI 路径图，在图中标注了系统中的各个模块的产生和接收到的 EMI 等级。这里把未进行 EMI 调测的电源产生的干扰强度分成 4 个等级，每个等级之间的台阶是 10dB，最低等级的下限是测试标准的限值，最高等级的上限高于测试标准限值 40dB。如果要把最强 EMI 整治到比测试标准限值低 6dB，就需要把 EMI 衰减46dB，这正好符合 40W 适配器的实际情况。高保真耳机放大器 EMC 设计的目标是把放大器电源输出的 EMI 衰减到低于限值 30dB，把控制电源输出的 EMI 衰减到低于限值 18dB。

图 11-120 中标注了传导 EMI 和辐射 EMI 的图标，用箭头的数量代表 EMI 的强度，4 个箭头表示强度最大，1 个箭头表示最低。箭头旁边的数字表示低于限值的 EMI 数值，这是 EMC 设计的目标值。

这种 EMI 分类是国内一家电源公司用于指导工程师调测产品的操作守则，具有良好的实践性，不是行业标准。

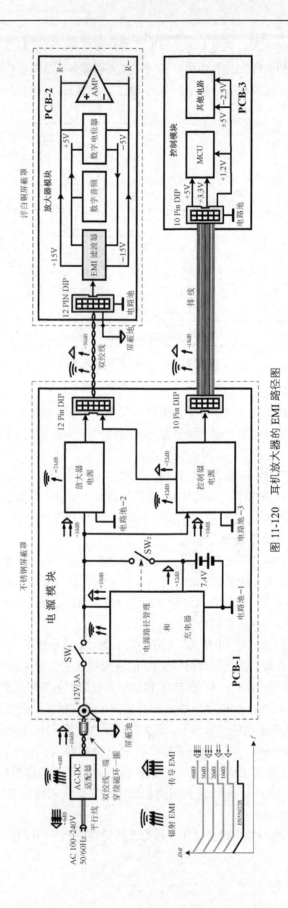

图 11-120 耳机放大器的 EMI 路径图

AC-DC 适配器是最大的电磁干扰源,对交流电网的传导干扰是 4 级,对空间的辐射干扰也是 4 级,在 DC 12V 输出端的传导干扰是 2 级。测试数据表明这个系统中 80%电磁干扰是适配器产生的。故在耳机放大器 EMC 设计中最经济和简单的方法就是把它移出放大器的机箱之外,因而选用独立的商品适配器。

除了适配器以外的其他电路安装在 3 块 PCB 上,它们是电源模块 PCB-1、放大器模块 PCB-2 和控制模块 PCB-3。EMC 设计的重点电源模块,它的 PCB 采用 6 层敷铜板,其中一层作电源层,两层作地线层:分别是大面积地线层和分割成块的单元地线层,另外 3 层是电路走线层。电源模块中共有11个芯片,每个芯片组成一个单元电路并有自己的单元地线层,按照芯片厂商提供的用户指南把接地引脚与单元地层互连。各个单元地线层再用一点接地方式与大面积地线层互连,这就是图 11-120 中的电路地。PCB-1 安装在不锈钢屏蔽罩中,在 DC 12V 输入插座处把 PCB 地线层与屏蔽罩进行电气互连,并且把屏蔽罩与金属机箱的外壳也进行电气互连,屏蔽能把辐射干扰降低 10 ~ 20dB。

在电源模块中,最大的 EMI 干扰来自电源路径管理和充电器子模块,充电器的同步 Buck 中有一对开关频率为 1.6MHz 的 MOS 开关,由于充电电流较大,会产生较大的辐射 EMI,强度为 2 级,输出传导 EMI 强度为 1 级,设计要求低于限值 12dB。另外,给锂电池充电,还要防止浪涌电压和电流。

放大器电源中的推挽变换器中有两个开关频率为 200kHz 的开关,辐射和传导 EMI 等级均为 1 级。虽然 EMI 强度不大,但设计要求比限值低 30dB,仍然具有较大的挑战性。

控制器电源中虽然有 5 个开关变换器,由于功率很小,传导 EMI 和辐射 EMI 都很小。5 个变换器同时工作时 EMI 强度约为放大器电源的一半,设计要求比限值低 18dB,比较容易实现。

电源模块本身会产生 EMI,同时也受到适配器和环境 EMI 的影响。最强 EMI 发生在适配器给电池充电的同时又给放大器供电的情况下,在放大器的输出功率最大时,电源模块所产生的 EMI 能量约占整个系统 EMI 能量的 20%。如果排除适配器所产生的 EMI,100%电磁干扰是由电源模块产生的,其中充电器占 60%,放大器电源占 25%,控制器电源占 15%。电池单独供电时,适配器不存在,充电器是关断的,放大器电源和控制电源所产生的 EMI 能量只有适配器供电时的 8%左右。因而,不推荐边充电边使用耳机放大器。在其他充电便携式电器中也存在相似的情况,这应该成为人们使用个人电器的常识,包括现代人形影不离的手机。

放大器模块属于保护对象,设计要点是 EMS。在 PCB-2 的电源入口设置了抑制传导 EMI 的滤波器,这个滤波器是可选择的,如果电源的 EMI 满足要求就可以省略,在大部分情况下可用组合电容取代。放大器 PCB 安装在金属屏蔽罩中,防止电路受到环境辐射 EMI 影响。

控制模块 PCB-3 上以数字电路为主,工作在 TTL 逻辑电平上,抗干扰能力较强。设计中只作了电源滤波,没有其他 EMI 保护措施。

对于第10 章中的电子管放大器乙电和灯丝加热电源,由于市面上没有现成的电子管放大器开关电源,选择了 DIY 方案。上述结构就不适于电子管放大器 EMC 设计,根据多位 DIY 高手的经验,电源和放大器最好采用分体结构,并利用金属机箱隔离 EMI,这样做也有利于散热和减少单体重量。

耳机放大器 EMC 设计的第二步是分模块进行各自的 EMC 设计。设计原则是首先设法减少 EMI 的发生,在原理上只能在减小 dv/dt、di/dt 和能量转换效率两者之间取折中。通常抑制传导 EMI 用滤波器;抑制辐射 EMI 用屏蔽,包括电场屏蔽和磁场屏蔽,具体方法见后述。

第三步是进行 EMI 调测和整治。这一步是在实际电路中验证 EMC 设计指标是否达到要求,通过调试把电源端口的传导 EMI 降到最小,把导线和磁性元器件产生的近场电磁辐射降到最小。

第四步是到专业计量单位进行测量和认证，通常安规和 EMI 是同步认证的。如果不合格就要返回第二步重复进行，通常需要反复几次才能通过认证。

这个耳机放大器电源输出功率不大，EMC 设计比较容易，而且在电路设计的每一个环节都考虑到了安规和 EMI，故整机能一次通过认证。

4. 传导 EMI 的抑制方法

这个耳机放大器电源共有 5 种变换器，其中，反激式变换器、推挽变换器和 Buck 变换器构成主体电源。本小节仅针对这 3 种变换器，介绍如何在电源输入回路、输出回路、MOS 开关、变压器、电感和电容这些元器件上抑制 EMI。

（1）传导 EMI 是抑制的重点

虽然我们把 EMI 分为传导和辐射两类，实际上两种 EMI 是同时产生的。开关电源是基于 PWM 原理工作的，它的频谱和图 11-118 很相似，而且谐波频率是随脉冲宽度变化的，属于宽带干扰。图 11-118 中显示出主瓣的幅度最大，旁瓣的幅度随频率升高按–40dB/dec 速率衰减。故 EMI 的能量主要分布在 30MHz 以下，EMC 设计的重点要从减小传导 EMI 入手，传导 EMI 减小了，辐射 EMI 自然会减小。

传导 EMI 分为差模和共模两种形式，差模干扰出现在两个电源线之间，共模干扰出现在两个电源线和大地之间。差模干扰容易滤除，通过电源线间的纹波平滑电容就能滤除大部分差模干扰。共模干扰就没那么容易滤除了，如果电路板上有屏蔽罩或产品有金属外壳，大部分共模传导干扰就会转化成差模干扰被滤波电容紧固在电路内部，不会造成干扰。但是绝大多数便携式电器采用塑料外壳，共模传导干扰不能转化成差模干扰，就会以介质电场的形式辐射到电器周围，对环境和其他电器形成干扰。

（2）AC-DC 适配器产生的传导 EMI

本书中晶体管耳机放大器中的电源适配器选购的是成品，电子管耳机放大器中的开关电源没有成品可供选择，必须自己动手制作，故 EMC 设计先从 AC-DC 适配器开始介绍。因为适配器中的电磁干扰最强烈，如果能把它调测到合格，整治其他电源的 EMI 就可以迎刃而解。

输出功率小于 100W 的开关电源几乎全部采用反激式拓扑结构，图 11-121 所示的反激式变换器中只画出了与 EMI 相关的电路。输入回路 EMI 设计目标是把 PWM 开关产生的电磁干扰限制在国际和国家标准规定的限值以内，防止过多的干扰沿输入线传输到市电网络，对电网产生污染。

在输入回路中，如果没有虚线框中的传导滤波器，全波整流桥和 MOS 开关产生的差模干扰沿着 ABCN 传输到零线 N；也会沿着 ABDL 传输到火线 L。共模干扰如果以强度排序，它们的传输路径依次是：寄生电容 C_{p1} 至 C_{p5}，见图 11-121 中的灰色和虚线部分。一旦共模干扰通过这些寄生电容耦合到地平面，就会到处乱窜而无法预测，给调测 EMI 带来很大的困难，因而共模干扰比差模干扰难以抑制。

前面讲过抑制传导 EMI 基本方法是用滤波器衰减其幅度。对差模干扰，X_{C1}、X_{C2} 和 C_1 提供了旁路通道，把绝大部分差模 EMI 限制在电源内部，只有很少一部分泄漏到电网中去。但在电能传输路径上设置这个共轭低通滤波器抑制共模干扰会受到一些限制，例如电感量受绕组导线的载流量、损耗和体积限制不能太大；Y 电容受安规限制，各国标准中允许接地漏电不同，最严格的是 0.25mA，最宽松的是 5mA。为了确保人身安全，要求 Y 电容最大值不能超过 4700pF。于是滤波性能就大打折扣，同样是 LC 滤波器，阻带抑制特性远不如信号处理电路中的滤波器。因而，共模干扰必须先在源头用其他方法就地抑制掉一部分，剩余的部分再用传导滤波器进一步衰减到标准规定的限值以下。

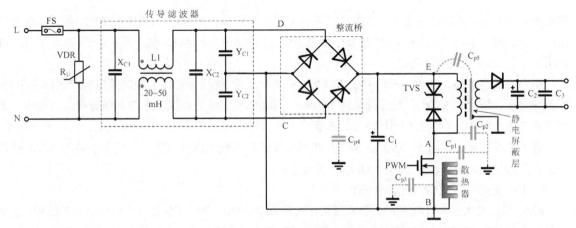

图 11-121　AC-DC 反激式变换器中的传导 EMI 路径图

　　最强大的共模干扰出现在功率 MOS 管的漏极上，通过寄生电容 C_{p1} 传输到测量参考地。另一个通路是通过初级绕组与静电屏蔽层之间的寄生电容 C_{p2} 传输到测量参考地。就地整治这两个共模干扰的方法是在寄生电容的介质中插入一个导电的隔离层，把隔离层与电源回路的一端连接，这样就能把大部分共模干扰转换成差模干扰再用 X 电容旁路掉（如图 11-121 中的 X_{C1} 和 X_{C2}）。由于增大 X 电容不会产生接地漏电，安规中所允许的容量比 Y 电容大得多，通常在 $0.1 \sim 0.47\mu F$。在适配器没有金属机壳和安全地的情况下，没有转化成差模传导干扰的剩余共模传导干扰就会转化成辐射干扰，而且没有其他方法继续整治。

　　虚线框中的传导滤波器是两个对称的 π 型低通滤波器，用共轭电感 L_1 与 Y 电容组成共模滤波器，漏感和 X 电容组成差模滤波器。滤波器的主极点频率设计得很低，通常只有几百赫兹，差模和共模都是二阶 LC 滤波器，但由于电感和电容并非理想元器件，电感的铜阻和寄生电容，电容的 ESL/ESR 会使滤波器的过渡带偏离 $-40dB/dec$ 的设计特性，如图 11-122 所示，有 5 个寄生零点使高频衰减特性变劣，在 30MHz 处衰减量只有 46dB。在更高的频率上，几乎以 40dB/dec 的斜率上升，在 800MHz 以上，传导滤波器就不起作用了。

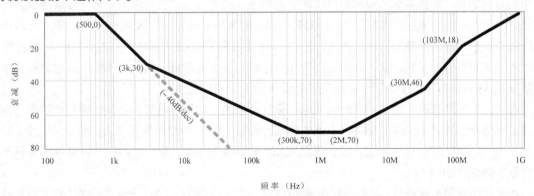

图 11-122　传导滤波器的幅频特性

　　插入在寄生电容介质中的导电隔离层能把 10MHz 以上的共模干扰衰减 $15 \sim 20dB$，这就大大减轻了传导滤波器的压力，传导滤波器只需提供 $26 \sim 31dB$ 的衰减量就能把超标 40dB 的传导 EMI 衰减到低于标准限值 6dB 的水平。

　　输出回路的传导干扰通常不是问题，因为初级的共模干扰不能通过变压器耦合到输出回路。另一方面容量很大的纹波平滑滤波电容 C_2 和 C_3 能滤除几乎所有的差模干扰，输出电容选用 $100 \sim 4700\mu F$

的铝电解电容器，通常还并联一两个陶瓷滤波器减少铝电解电容的 ESR 对高频的影响。普通适配器的输出回路的传导 EMI 幅度很容易降到低于标准限值 12～20dB，设计良好的产品可低于 30dB 以上。故输出回路的 EMI 一般不作测试。

瞬态干扰也要纳入 EMC 设计中去。在 220V 交流电压下，变压器初级绕组的漏感会产生高于 700V 的反向电压，所用的 MOS 管耐压通常为 650V，可用 TVS 二极管钳位漏极与电源母线间的电压。更经济的方法是用 RC 并联回路替代 TVS 二极管，用电容钳位和用电阻把反向电压能量变成热量消耗掉。

输入回路连接在电网上，要防止雷击和电网电压波动引起的浪涌电压，可用压敏电阻 VDR 进行保护，并用快速熔断保险丝 FS 作为最后一道安全防线。

（3）推挽变换器中产生的传导 EMI

EMC 设计要求放大器电源 EMI 指标要低于标准限值 30dB，故主变换器选用特殊的拓扑结构，它是反激式变换器和推挽变换器的组合，在输入回路里反激式变换器与推挽变换器串联，消除了推挽变换器固有的磁通不平衡现象；在输出回路里反激式变换器与推挽变换器并联，提供了几乎无纹波的输出电流。

在图 11-123 所示的推挽变换器中只画出了与 EMI 有关的电路，这个电路与适配器不同，在适配器的输入回路中，火线和地线对参考地是对称的。在这个电路中输入电源的返回线就是电路的地线，属于不平衡输入，单元地和大面积地的连接点位置对 EMI 影响很大。

输入回路中的差模干扰是两个功率 MOS 管产生的，输出回路的差模干扰是桥式整流器产生的，这些开关器件直接串联在电源回路中，而返回线就是地线，电压和电流随 PWM 驱动脉冲快速变化是产生 EMI 的根源。当 VT_1 导通，VT_2 截止时，EIM 的路径如图 11-123 中 3 个虚线环路；当 VT_1 截止，VT_2 导通时，电流则流过变压器的另一半绕组和续流二极管 D_2 以及全桥整流器的另半边，其他路径是相同的。输入回路中 I_{DS1}（I_{DS2}）是矩形脉冲，反激变压器 T_1 输出回路电流 I_{D1}（I_{D2}）是双向微分脉冲，全桥整流回路电路 I_{D4}（I_{D5}）是梯形脉冲，它们都是不连续的脉冲信号，不但具有宽带频谱，还有过冲振铃，这些都是产生差模传导干扰的根源。

MOS 的开关频率大约为 200kHz，最小上升沿和下降沿为 25ns，根据图 11-118 可知，谐波包络的主极点频率为 12.7kHz，第二个极点频率为 12.73MHz，谐波频谱一直延伸到 13GHz。由于输入回路是一个高阻抗回路，能把多少高频率的谐波能量束缚在回路之内，取决于输入电容 C_{in} 的阻抗。原电路中 C_{in} 是低 ESR 组合电容。容量在 2.2～11μF 选择，通常用外形和容量较大的 MLCC 电容与较小的并联以提高电容的自谐振频率。例如在 2.2μF 的 1206 上并联 4700pF 的 0805 和 330pF 的 0603。PCB 设计时布局 4 个电容的位置，通过调测确定用几个电容和多大电容量。如果选择优质的电容和合理的组合就能把 38MHz 以下的差模谐波幅度衰减到低于限值 18dB 以上。

流过负载的电流是 I_{D1}（I_{D2}）和 I_{D4}（I_{D5}）叠加合成的，如果忽略开关毛刺，输出电流是连续的，原理上不会产生干扰和纹波。考虑到电路的非理想因数，PCB 布局时预留了 C_{o1} 和 C_{o2} 位置，分别用 1206 和 0805 的 MLCC 电容组合，设计值是 4.7μF 与 100nF 并联。测试证明很容易使输出传导干扰衰减到低于限值 25dB 以上。

由于这个电路有屏蔽罩，共模干扰是图 11-123 中寄生电容 C_{p1}～C_{p4} 产生的，这些原本对地的寄生电容一下子萎缩到电路与屏蔽地之间，只要寄生电阻 R_p 足够小，几乎所有的共模传导干扰都会转化成差模传导干扰。实现的方法是合理的多点接地：把变压器 T_1 的静电隔离层连接次级中心抽头，中心抽头就近与单元地层连接；变压器 T_2 的静电隔离层与两个 MOS 开关的源极连接，并在源极位置就近连接单元地层；全桥散热器与变压器 T_2 的中心抽头连接，并在变压器位置就近连接单元地层；芯片的 GND（见图 12-8 中 IC3）通过 PCB 过孔与单元地层和 PCB 大面积地层互连。总结一下就是单元电路 4 点连接单元地层，1 点连接 PCB 大面积地层，总体属于 1 点接地方式。

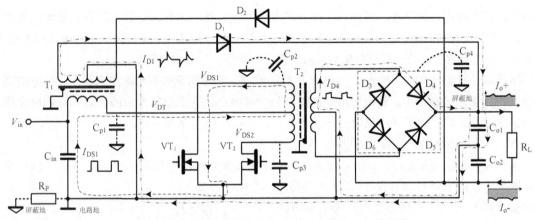

图 11-123　推挽变换器中 VT1 导通时的传导 EMI 路径图

（4）Buck 变换器中产生的传导 EMI

本耳机放大器中的 3 个 Buck 变换器都是同步整流型降压结构，同步 Buck 的基本电路由一个半桥开关和 LC 低通滤波器串联而成，如图 11-124 所示。当 VT_1 导通，VT_2 截止时，输入电压 V_{in} 给电感 L 充电；当 VT_2 导通，VT_1 截止时，电感 L 中储存的磁场能量转换成电流给电容 C_{out} 续流，由于 I_1 和 I_2 都是不连续电流，具有宽带谐波频谱，这是产生 EMI 的根源。

差模传导干扰与 I_1 和 I_2 的方向相反，只要输入电容 C_{in} 和输出电容 C_{out} 的 ESR 足够小，就能把差模传导干扰限制在电路之内。共模干扰是由两个 MOS 管漏极对屏蔽地的寄生电容产生的，VT_2 漏极的阻抗比 VT_1 大，故电容 C_{p2} 产生的共模传导干扰比 C_{p1} 大。只要寄生电阻 R_p 足够小，分布电容距离屏蔽地的位置就更接近电路地的位置，更多的共模干扰就会转化成差模干扰。因而选择合适的单元地层与 PCB 大面积地层连接的位置和组合自谐振频率高的滤波电容是减小 Buck 变换器中的传导 EMI 干扰的基本方法。

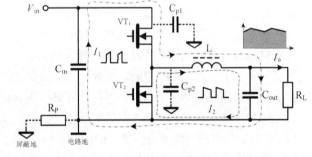

5. 辐射 EMI 的抑制方法

现在又回到辐射干扰的话题。在讨论传导干扰的时候，我们从电磁波原理明白了传导干扰和辐射干扰是同时发生的，当电源线的长度比开关谐波频率的波长短时，主要以传导干扰为主；当电源线的长度比开关谐波频率的波长长时，主要以辐射干扰为主。问题是 PWM 脉冲频谱是宽带谐波，电源的 PCB 面积有大有小，连接线也有长有短。故有必要再次强调的是辐射干扰和传导干扰是相互关联的，在电路中时刻在互相转化。综合起来，开关电源中的辐射干扰主要有下面三种形式。

（1）天线效应产生的电场辐射

导线表面有电压变化（dv/dt）时，导线的几何尺寸比交变信号的波长长时，导线就会等效成偶极子或单极子天线，发生电场辐射，如图 11-125（a）所示。这种天线就是电路中的电线或 PCB 上的铜箔线，是无意识天线。PCB 上到处都是这种等效天线，只要通电工作，电路板上就会有许多天线向空间发射电场波。同时这些天线也在接收电场波。

（2）寄生电容产生的电场辐射

导体与地面或接地的物体之间存在着寄生电容，当共模电流流过寄生电容时，设备周围的空间就是寄生电容的介质，介质中存在电场辐射，如图 11-125（b）所示。在前面介绍过，整治传导干扰常

图 11-124　Buck 变换器中的传导 EMI 路径图

用的方法是把共模传导干扰尽可能转化成差模传导干扰，然后用旁路电容把差模能量紧固在电源内部。如果电路没有屏蔽地，原本萎缩在电路与屏蔽地之间的分布电容介质就会扩展到电路与大地之间，共模传导干扰就会转化成介质辐射电场波散发在设备周围，形成辐射干扰。

随着电子设备微型化，电源的 PCB 尺寸越来越小，无意识天线的频率越来越高，故导线辐射的电场波的能量也越来越小。现在和未来的微小型化电器中，寄生电容产生的介质电场辐射会成为电磁干扰的主要形式，这是最难整治的一种干扰，因为寄生电容是变化的。

（3）等效环形天线产生的磁场辐射

当导线中有电流变化时，根据电磁感应定律，导体周围就会产生磁场，如图 11-125（c）所示。
这种原理产生的磁场辐射有两种形式，一种是电源的输出线和返回线形成的包围环路，这就是一个无意识的框型天线。另一种形式发生在高频变压器上，例如铁氧体磁芯上为了防止磁通饱和所开的间隙［图 11-127（b）］、初次级绕组之间的漏感［图 11-127（a）］、工字铁氧体芯的漏感（图 11-129）等都是电源中磁场波干扰的主要形式。

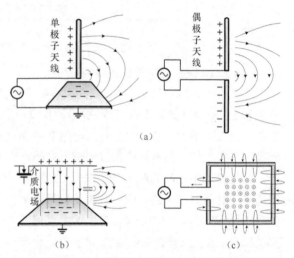

图 11-125 开关电源中辐射 EMI 的三种形式

减小辐射干扰的主要方法是电磁屏蔽。电场波容易屏蔽，用金属屏蔽罩就能把电源产生的电场干扰紧固在电路内部，并且能把外部电场干扰阻挡在屏蔽罩之外。磁场屏蔽非常困难，首先需要选择导磁材料制作屏蔽罩，片状导磁材料又厚又不易加工，而且售价昂贵，高频特性差。用非导磁材料屏蔽磁场的原理是把磁场能量转化成涡流消耗掉，由于涡流不能中断，屏蔽罩上不能有任何间隙和孔洞，否则磁场就会泄漏出去形成漏磁干扰。没有孔洞引线又成了问题，因而非导磁材料屏蔽效果较差。

辐射干扰的调测和整治在近场进行，边界测量频率 30MHz 和 1GHz 的波长分别是 10m 和 300mm，按 λ/6 的远近场分界距离分别是 1.67m 和 50mm。除了上述电场波和磁场波的形式外，从图 11-117 可知，高阻抗的回路产生的辐射以电场波为主，低阻抗回路产生的辐射以磁场波为主。捡拾电场波用探针式探头，相当于单极子天线。捡拾磁场波用环状探头，相当于框型天线。

辐射测量在远场进行，在远场无论是电场波和磁场波都转化成了电磁波，专业术语称平行波，它有极化方向，测量时要分别测量水平极化方向的场强和垂直极化方向的场强。测量天线用宽带电场型天线，电磁波强度是用电场强度计算出来的，因为平行波的电场和磁场强度成比例。

辐射测量比传导测量复杂得多，主要表现在仪器昂贵，测试环境要求高，必须在标准的开阔场或屏蔽室中进行。而传导测量在企业自己的实验室就能进行，调测合格后才交给专业单位认证。

（1）AC-DC 适配器中的辐射 EMI

AC-DC 适配器的辐射 EMI 路径如图 11-126 所示，主要分布在输入回路、变压器和输出回路中。ADFJ 包围的输入回路是一个高阻抗回路，回路周边的线段 AB、CD、DE、EF、FH 和 KJ 会辐射电场波，输入回路本身可等效为一个框型天线，会辐射磁场波。寄生电容 $C_{p1} \sim C_{p5}$ 辐射的介质电场波也有相当的能量，这些是由残余的共模传导干扰转化而来的。

变压器是最大的磁干扰源，从原理上讲反激式变压器初级绕组是一个储能电感，当 MOS 开关导通时输入电流给电感充电，电流变成磁场存储在铁氧体磁芯的间隙中，如图 127（b）所示。当 MOS

开关截止时初级绕组把磁隙中存储的磁场转换成电流耦合到次级绕组。这就导致反激式变压器比传统变压器具有更强的磁场辐射。

输出回路是一个大电流低阻抗环路，等效框型天线会辐射磁场能量。整流二极管 D2 的反向恢复电流也会产生辐射电场波。

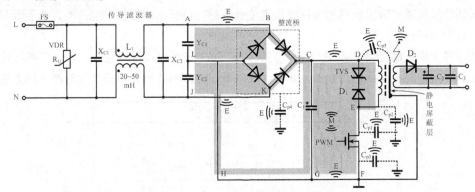

图 11-126　AC-DC 适配器中的辐射 EMI 干扰

为了制造简单和携带方便，商品 AC-DC 适配器几乎全部采用注塑外壳，而且是两线插头，辐射干扰非常强烈。手机快充推动了适配器的小型化，其中多层 PCB 和布局技术对减小体积和降低 EMI 起了重要作用，多层布线能把输入回路和输出回路包围的面积缩减到两层铜箔之间，等效框型天线的作用已经基本消除，短小的走线使等效单极子天线的辐射频率更高，能把更多的辐射干扰转化成差模传导干扰。剩下的电场干扰是分布电容的介质电场干扰，这是残余的共模传导干扰所转化而来的。

高品质适配器在整机方案中就把变压器纳入到 EMC 设计中，减少初级绕组和次级绕组的漏感以及初、次级之间的漏感（耦合系数）是设计的关键，不要选择 E 和 EI 型磁芯，应该选择 PM、RM 型或平面型磁芯，把间隙开在中心柱上，绕组用三明治绕法，用漏磁通抵消法连接初级绕组，如图 11-127（a）所示。这样就能显著减少磁场辐射能量。如果仍用 E 和 EI 型磁芯，而且磁隙开在两边，可以用非磁材料进行磁场屏蔽，如图 11-127（b）所示。如图 11-127（c）所示，在变压器外部裹一层铜箔带，让漏磁引起涡流转换成热量消耗掉。这种方法会降低效率，变压器的体积也比较大，是 20 世纪老式适配器中常用的方法，现在很少见到。

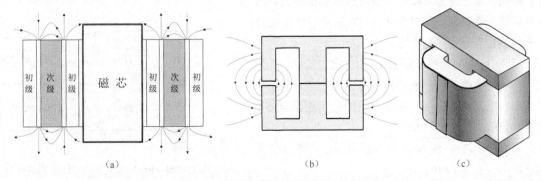

图 11-127　AC-DC 适配器中变压器产生的辐射 EMI 干扰

（2）推挽变换器中的辐射 EMI

推挽变换器中的辐射 EMI 干扰如图 11-128 所示，主要分布在输入回路、两个变压器和输出回路中。在输入回路中，虽然返回端就是电路地，但电路地与屏蔽地之间存在寄生电阻 R_p，由于反激式变压器 T_1 的作用，把变压器 T_2 初级绕组的中心抽头节点的电压 V_{DT} 斩波成了不连续的脉冲波形，故输入回路是高阻抗回路，组成回路的线段 MN、PQ 和两个 MOS 管漏极到变压器 T_2 初级绕组间的导线会因天线效应产生电场辐射。共模寄生电容 $C_{p1} \sim C_{p3}$ 会辐射介质电场波。回路线段产生的辐射强度比寄生电容大。

　　磁场辐射是由反激式变压器 T_1 和推挽变压器 T_2 的漏磁产生的，其中 T_1 的辐射强度远大于 T_2，原因如前面适配器中所述，反激式变压器有一个工作状态是存储磁场能量，磁场泄漏比较严重。T_2 是一个正激式变压器，只进行能量传输而不存储能量，磁场辐射很小。

　　输出回路是反激式输出电路和推挽输出电路合成的，负载上的电流是连续的，属于低阻抗环路，原理上只辐射磁场波。

　　调测推挽变换器的辐射 EMI 比适配器简单，在 PCB 布局上要尽可能缩小输入回路和输出回路所包围的面积，用多层板走线能达到最佳效果。变压器 T_1 的 EMC 设计可参考适配器中的方法。

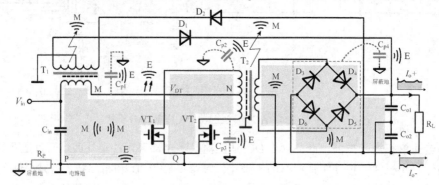

图 11-128　推挽变换器中的辐射 EMI 干扰

（3）Buck 变换器中产生的辐射 EMI

　　Buck 变换器中的辐射 EMI 路径如图 11-129 所示，主要分布在输入回路、续流电感和输出回路中。图 11-129 中浅灰色的面积是 VT_1 导通，VT_2 截止时输入电流经过的回路。深灰色的面积是 VT_2 导通，VT_1 截止时电感电流续流的回路。两个回路都是低阻抗回路，产生的辐射干扰以磁场波为主。

　　两个 MOS 开关的漏极对地的分布电容 C_{p1} 和 C_{p2} 会产生介质电场辐射，屏蔽罩把它萎缩到了电路与屏蔽地之间。线段 AB、DC 也会因天线效应产生电场辐射，强度大于分布电容产生的辐射。

　　最大的磁场辐射发生在续流电感中。为了获得较大的不饱和电流，续流电感通常用工字型铁氧体磁芯绕制，漏磁通会形成一个铁饼形状的磁场波，如果电感周围有其他元器件和导体，寄生互感就会把磁场干扰耦合到周边电路中去。

　　调测 Buck 变换器的辐射 EMI 也比较简单，首先要尽可能缩小输入回路和输出回路所包围的面积，电感周围留出足够的空间，要求严格时选用罐型电感，但要有足够大的不饱和电流。

　　本机中的 3 个 Buck 变换器功率很小，都安装在屏蔽罩中，辐射 EMI 很小。

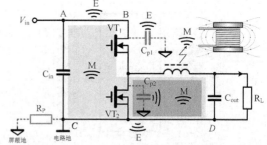

图 11-129　Buck 变换器中的辐射 EMI 干扰

6. EMI 测量方法

　　本小节介绍耳机放大器电源的电磁干扰测量方法，内容包含测量传导 EMI 所用的线路阻抗稳定网络，测量辐射 EMI 所用的电波暗室，测量标准和操作方法，并给出 3 个测量例证。

（1）测量标准

　　世界上公认的 EMI 测量标准是 CISPR 22，起源于法国，国际无线电干扰特别委员会推荐作为国际标准，美国标准 FCC，欧洲标准 EN 55022 和我国标准 GB 9254 都参照了 CISPR 22。现在国内大部分 EMI

认证厂商是台湾企业，所用的测量标准是 EN 55022，不过只要这个认证通过了，FCC 和 GB 9254 都能通过。

图 11-130 所示的是 EN 55022 标准规定的 B 类产品传导 EMI 限值图，B 类是指消费类电子产品，例如手机、个人计算机、电视机等产品。要求比 A 类工业和商业产品更严格一些。上面一根线是准峰值限值线，下面是平均值限值线。水平坐标轴代表频率，单位是 Hz；垂直坐标轴代表电压，单位是 dBμV，是传导 EMI 取样电阻上的电压与 1μV 比值的对数。标准规定的频率是 150kHz ~ 30MHz。

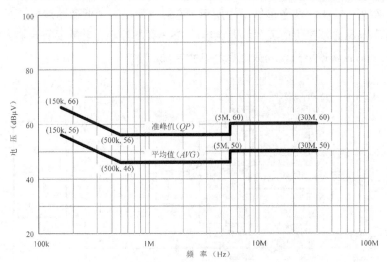

图 11-130　EN 55022 标准中规定的 B 类产品传导 EMI 限值图

图 11-131 所示的是 GB 9254 标准规定的 B 类产品辐射 EMI 限制图，水平坐标轴代表频率，单位是 Hz，垂直坐标轴代表电场强度，单位是 dBμV/m，是测试天线位置的电场强度。由于远场电磁波的磁场强度和电场强度成比例，测试电场强度后就能计算出电磁场强度。标准规定的频率测量范围的下限是 30MHz，上限要视受测设备内辐射源的频率而定，开关电源的上限是 1GHz，有些设备的上限是 6GHz，最高上限是 10GHz。

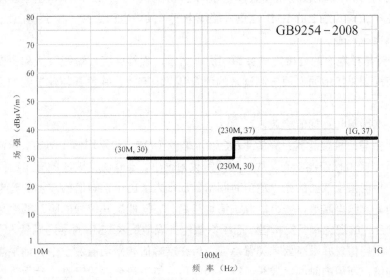

图 11-131　GB 9254 标准中规定的 B 类产品传导 EMI 限值图

（2）测量传导 EMI 的线路阻抗稳定网络

进行传导 EMI 测量必须要在电源和被测设备之间设置一个线路阻抗稳定网络（LISN），这个网络有如下功能。

1）在 150kHz～30MHz 内提供一个稳定的线路阻抗，使取样电阻上的电压降不受频率变化影响，确保取样结果正确。

2）隔离电源对被测设备的干扰，同时也隔离被测设备对电源的干扰，确保取样结果纯净。

3）只把被测设备产生的干扰信号耦合到频谱分析仪上，阻止电源电压和干扰耦合到测试仪器上。

LISN 的电路如图 11-132 灰色虚线框中所示，它对电源是一个低通滤波器，对被测设备是一个高通滤波器。电容和电感必须是优质元件，即电容的 ESR 要尽量小，电感要有足够大的载流量，线间电容要小，整个电路用金属罩屏蔽，外壳连接测试参考地。

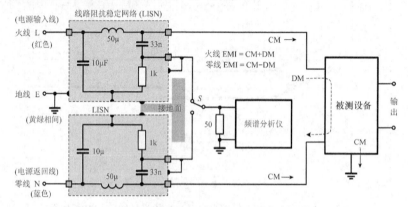

图 11-132 线路阻抗稳定网络在传导 EMI 测量中的应用图

进行测量时，每根电源线上都要有 LISN，因此，需要将多个 LISN 组合起来使用，组合的方法如图中所示，将每个 LISN 的外壳与桌面上的金属板用金属片连接起来作为接地面使用。用 50Ω 电阻作取样负载，相当于频谱分析仪的输入端用 50Ω 电阻作了射频终接。两个电源线上的 EMI 要分别测量，用开关 S 转换。

测量所得到的 EMI 是差模电压和共模电压的总和。如图 11-132 所示，由于差模电流和共模电流的方向不同，在电源输入线上的 EMI 总量是差模电压与共模电压之和，电源返回线上的 EMI 总量是差模电压与共模电压之差。

LISN 的外壳与接地面的连接方式会影响测试结果，螺丝连接，短线绞接和金属片插接会产生不同的测量值。安规要求接地面必须与测试室的测量参考地连接，并且要与建筑物的地线网连接，接地电阻要小于 4Ω。

（3）峰值、准峰值和平均值检波

EMI 接收机中有三种检波器：峰值（PK）、准峰值（QP）和平均值（AVG）检波器，它们的关系如图 11-133 所示。峰值检波器的充、放电时间常数都很小，准峰值检波器的充电时间常数很小而放电时间常数很大，平均值检波器的充、放电时间常数都很大。由于准峰值检波器的充电速度比放电速度快得多，信号的重复频率越高，得出的测试值也越高，它既能反映信号的瞬时幅度又能反映信号的时间分布，比较符合人的视觉和听觉特性。而平均值能直观地反映 EMI 的平均能量大小。故标准中只要求测量准峰值和平均值，并没有要求测量峰值。但在准峰值和平均值测量中，如果想要得到某个频率点上比较稳定的值，所用的时间比较长，往往是先用峰值进行全频段测量，然后对接近或超过限值的频率点进行 EMI 整治后再进行准峰值测量，这么做可以节省很多测量时间。

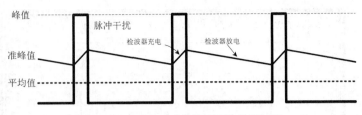

图 11-133 峰值、准峰值和平均值的关系

（4）测量辐射 EMI 的电波暗室

在 CISPR 标准中规定的辐射 EMI 测量是在开阔场中进行，所谓开阔场就是一个无反射物的椭圆形平坦场地，面积取决于被测设备（EUT）与天线（ANT）之间的距离。如果设椭圆的焦距为 R，则椭圆场的长轴为 $2R$，短轴为 $\sqrt{3}R$，被测设备和接收天线分别放置在两个焦距上，如图 11-134 左图所示。开阔场的地面要铺设反射电磁波的金属板，衰减的有效性要符合标准规定的要求。测试过程中要求天线能够升降，EUT 台面能够旋转。EUT 至天线的优选距离为 3m、10m 和 30m，不同的距离要求天线的升、降高度不同。

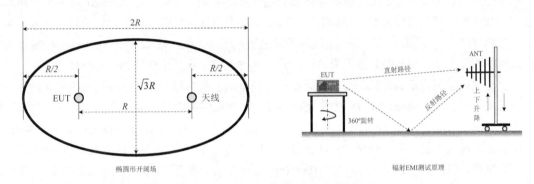

图 11-134 开阔场参数和测试原理图

开阔场测量是以空间直射波与地面反射波在接收点的矢量叠加理论为基础设计的，如图 11-134 右图所示。测试场在前、后、左、右以及上部都不存在反射的条件下，接收天线收到的电场为直射波与地面反射波的矢量和。

尽管开阔场是最具权威性的测试场地，然而，要建造一个符合标准的开阔场，不但造价昂贵，还会受天气和电磁环境的影响。虽然我国有符合标准的开阔场，但距离城市遥远，交通不便。因此，开阔场只作为计量验证基准使用，工业生产中的辐射测试通常是在电波暗室中进行的。

电波暗室就是用来模拟开阔场的电磁波屏蔽室，结构如图 11-135 所示。受建筑面积限制，通常多见 3m 和 10m 测量距离的屏蔽室，内部容积分别是 9m×6m×6m 和 21m×12m×9m。暗室的配置如图 11-135 所示（3m），除地面外的另外五面敷设吸波材料，地面铺设金属板或金属栅网，板或网的连接处不应有电气不连续点，孔、缝的直径或长度小于 0.1λ，对于频率为 1GHz 时计算，应小于 30mm（包括电缆引出孔）。

测量时把被测设备放置在测试台上，测试台用非金属材料制作，距离地面 80cm，可 360° 旋转。接收天线距被测设备的辐射中心（一般是几何中心）距离为 3m，测量水平极化波时能在距离地面 1～4m 高度里升降，测量垂直极化波时能在 2～4m 高度范围里升降。天线能在架子上绕辐射中心旋转 180° 以便获得最大干扰值。天线接收到的信号通过电缆引入到接收机进行射频放大和准峰值检波后在频谱分析仪上显示出测试结果。

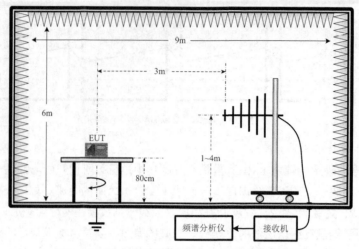

图 11-135　电波暗室结构和辐射干扰测量示意图

由于是远场测量，只测量电场或磁场强度就能计算出电磁场强度。电场天线的结构相对简单，频带较宽，故通常选用电场型天线。30MHz～1GHz 是一个很宽的频带，单个天线的带宽有限，需要用几个天线组成阵列，在 30～230MHz 频段采用偶极子或双锥天线，在 230MHz～1GHz 频段采用对数周期或对数螺旋天线，更高的频段用喇叭口天线。这样做能接收到比较准确的电场强度。

测量过程中被测设备的外壳和端口连续不断地向空间发射电磁波，天线接收到的是直达波和地面反射波的矢量和，因此天线或 EUT 的位置稍有变化，测试结果就会有很大不同。因此，测试过程中 EUT 台架要进行 360°的缓慢旋转，天线也要在 1～4m 里上、下升降，以期获得电磁波辐射的最大点。

接收到的场强以驻波形式变化，波峰波谷的高度差约为 λ/4，为了保证在下限频率 30MHz 时也能找到最大场强，计算其波长 $\lambda=3\times10^8/30\text{MHz}=10\text{m}$，$\lambda/4=2.5\text{m}$。由于 EUT 台架本身高 0.8m，所以天线高度的下限设为 1m，而上限则为 0.8+2.5=3.3m，考虑到天线自身高度，故上限高度设为 4m。这就是测量水平极化波时天线在 1～4m 里升降的依据。

（5）传导 EMI 测量实例

图 11-136 所示的是本机选用的 36W 适配器在交流 220V 输入，12V/3A 输出条件下用国标 GB9254 测量的传导 EMI 限值图，准峰值（*QP*）曲线上最高值低于标准限值 5.7dB，即准峰值有 5.7dB 的冗余量；平均值（*AVG*）有 6dB 的冗余量。该产品是深圳斯贝克动力电子有限公司（L-Lab）生产的。

判断产品 EMI 好坏的标准是测量的结果必须具有可重复性。也就是在一个测试室通过测试后，在其他测试室，用其他的仪器和标准也能通过测试，误差值应小于±2dB。

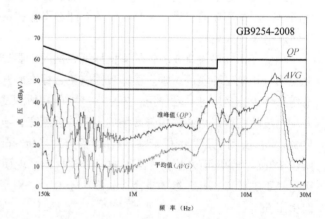

图 11-136　AC-DC 适配器传导 EMI 限值图

显然，如果只有 1.5dB 冗余量几乎不具备可重复性，经验证明只要有 6dB 的冗余量就可放心地认为具有可重复性。

为了获得更精确的结果和更可靠的可重复性，可以进行跨界测量。例如，把扫描范围扩展到 15kH～100MHz，如果在这种条件下 *QP* 和 *AVG* 曲线上都有 6dB 冗余量，则表明产品不但具有非常可靠的可重复性，还可以预言辐射 EMI 也能通过。

图 11-137 所示的是推挽变换器在 7.2V 输入，+18V/0.25A 输出条件下用国标 GB9254 测量的传导 EMI 准峰值限值图。曲线的峰值在开关频率点上，大约为 200kHz，该点低于标准限值 28dB，在其他频率上均低于限值 30dB。测试结果表明推挽变换器是一个低 EMI 开关电源，非常适合在高保真耳机放大器中应用。

在测量中当准峰值曲线满足平均值限值时，可以认为被测设备已经满足传导 EMI 限值标准要求，而不必再用平均值检波器进行测量。因为两个限值之间有 10dB 差值。

（6）辐射 EMI 测量实例

图 11-138 所示的是本机选用的 36W 适配器在交流 220V 输入，12V/3A 输出条件下用国标

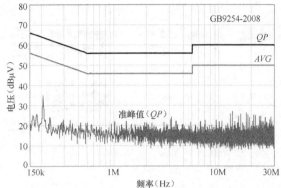

图 11-137　推挽变换器的传导 EMI 限值图

GB9254 测量的辐射 EMI 限值图，水平极化曲线上的峰值场强大约在 74MHz 频率上，有 5dB 裕量。垂直极化曲线上有多个峰值，频率分别在 48MHz、109MHz、270MHz 和 880MHz，裕量分别是 5dB、4.9dB、10dB 和 7dB。绝大部分电子产品的垂直极化指标比水平极化指标差，这个适配器也不例外。

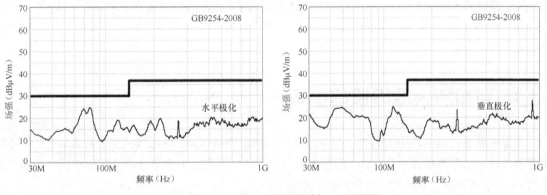

图 11-138　AC-DC 适配器辐射 EMI 测量图

第12章 耳机放大器专用电源

本章提要

本章介绍了用两节串联锂电池供电的专用耳机放大器电源，输出功率为 10W，能输出多组电压。电路包括电源路径管理，高速开关式 DC-DC 变换器，高效率跟随式线性稳压电源以及独立可变的辅助电源。这是一个体积为（95×62×24mm）的便携式电源，电源的功率源是标称电压7.4V/2800mAh 扁形锂聚合物电池和 12V/3A 的通用 AC-DC 适配器，适合于给本书所介绍的运放和晶体管耳机放大器供电。

12.1 耳机放大器电源的结构

本电源系统的结构如图 12-1 所示，采用系统母线供电结构，系统母线的左边是功率源，右边是功率变换电路。功率源是通用 AD-DC 适配器和锂电池组，还包含一个电源路径管理单元。功率变换器包括 DC-DC 变换器、线性稳压电源和辅助电源。

电源路径管理单元是该电源的核心，由锂电池组、锂电池充电器、充电伺服电路、电量计和控制电路组成。输入电压来自 AC-DC 适配器，标称电压是+12V，允许波动为 10 ~ 13V，最小输入电流 600mA，最大电流没有限制，鉴于体积和成本考虑，上限为 3A 比较合适。单节锂电池充满电后是 4.2V，终止放电电压是 3.3V，故用电池工作时的输出电压是 6.6 ~ 8.4V。用适配器供电时的输出电压是 10 ~ 13V。

这个模块中有 5 个传感器，其中两个是电压传感器、两个是电流传感器、一个是温度传感器。这些传感器所采集的数据是为了给控制电路提供信息，控制电路包括锂电池充放电管理、输入电压过压和欠压保护、电池过温保护。

DC-DC 变换器的功能是把单电源轨电压转换成正、负对称的双电源轨电压，输入电压是 6.6 ~ 13V，输出电压为±18V。这个模块也是一个预稳压电源，它能确保后级的线性调整管上的压差最小，始终工作在 LDO 状态，具有较高的效率。

线性稳压电源的功能是抑制 DC-DC 变换器产生的开关噪声和纹波，获得接近于电池纯度的直流电压，为高保真放大器提供干净的电源。这是一个跟踪式稳压电源，输出负电压自动跟踪正电压变化，使正、负电源的电压始终保持对称状态。虽然线性调整器的效率很低，但只要输入电压经过预稳压处理后，把调整管上的压差控制在较低的范围，就能有效提高能量转换效率。例如，本模块的输入电压是±18V，输出电压是±15V，效率可达到83.3%，相当于开关电源的效率。

辅助电源是一个可配置的单元电路，+6.6～+13V 的输入电压先变换成+5.5V 的中间母线电压，其他电压都是由中间母线电压变换而来的，可见这是多个降压变换器的组合，详细结构将在本章末进行介绍。

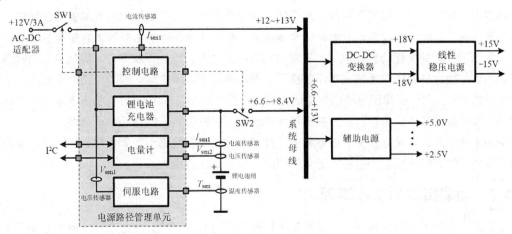

图 12-1　电源系统的结构

12.1.1　为什么要用电池

选择电池作电源主要是便于移动使用，本电源的设计出发点是高性能便携式通用电源，体积和一包香烟相当，输出主电压是±15V，功率密度是 0.25W/cm³。显然它不适合作为手持式耳机放大器的电源，只适合作台式晶体管和运放耳机放大器的电源。更重要的是本电源具有低噪声特性，电路结构和制作都注重 EMC，这部分内容已经在第 11 章的 11.5 节中介绍过，本章只介绍电路设计。

传统的台式耳机放大器通常用 AD-DC 电源，这种耳机放大器只能在有电源插座的地方使用，聆听环境受到限制，不具有可移动性。本书中所介绍的所有耳机放大器都是基于便携式应用（电子管除外），体积只有书本大小，可以携带在手提包中。本电源就是为这种耳机放大器所设计的。

交通工具的进步和社会的发展，使现代人的活动范围有了很大的扩展。过去人们生活的大部分时间是待在办公室和家里，现代人有更多的时间生活在旅途和大自然中。有了这个电源就可以在野外露营时在帐篷里聆听 Hi-Fi 级的音乐，为人们的生活提供了更多快乐！

在传统观念中电池被认为是最干净的电源，故有一些 DIY 族不惜笨重和污染，用汽车用的铅酸蓄电池组为耳机放大器供电。他们认为使用大容量电池组的耳机放大器音质最好。无可置疑的是这种电源确实是纯直流电源，无噪声、无纹波、内阻很小（充满电后），这些优点是许多人青睐它的原因。但电池组电源也存在明显缺陷。

（1）电压随放电时间增加而降低，内阻也随之增大。

（2）不容易得到对称的正、负电压。

（3）瞬态响应差。

对于第一个缺点，所有的电池都存在，终止放电电压比满容量电压低 20%以上，如果只是电压变化 20%对放大器的影响并不明显，问题是随着放电时间的增加，电池内阻也随之增大，电源逐渐失去负载能力，使耳机放大器的性能急剧下降，最后因能量不足而停止工作。故使用电池的耳机放大器只

能在电池能量充足的时间段里保持正常的性能指标，这个时间段大约是能量释放到 60% 之前。

对于第二个缺点，串联电池组提供的正、负电源是依靠单个电池的标称端电压计算出来的，电池个体存在的差异使这种双轨电源本来就存在误差，而且误差会随着放电时间和循环次数而扩大。这对放大器的失调、零点偏移、动态范围对称性存在着较大的影响，严重时甚至会造成电路损坏。而且，单节电池的电压很低，用串联方法可以获得高电压，但增加体积就削弱了电池便携的优势。

对于第三个缺点许多人都有误解，他们误认为电池的速度很快。真实的情况是电池的电能是由化学能转换而来的，化学反应需要时间。对于快速的负载电流变化，如果化学能的转换速度跟不上负载电流的变化速度，就会造成大幅度的瞬间电压跌落。有人认为在电池上并联大容量电容能解决这个问题，实际情况是连续变化的瞬态电流，电容虽然来得及放电，但来不及充电，仍然会影响瞬态响应。具有高速调整能力的稳压电源情况就不一样了，瞬态响应远好于电池。因为电路的带宽决定了瞬态响应，电池的带宽为零，而稳压电源的带宽能达到开关频率的 1/4。即使是线性稳压电源，只要环路增益足够大，也能获得较大的带宽。故开关电源和稳压电源的瞬态响应指标远高于电池。

基于上述原因，本设计选择了电池和高速开关电源以及线性稳压电源相结合的方案，噪声和纹波接近于电池，瞬态响应远好于电池，而且体积小、效率高、通用性强。

12.1.2　功能模块的工作原理

由于这个电源的结构比较复杂，这里先采用剥洋葱的方法简单介绍各个模块的功能和工作原理，在后述的内容中再详细介绍各个模块的设计细节。

1. 电源路径管理的概念

如图 12-1 所示，有锂电池和适配器两个电源，在实际应用中适配器和电池相对于负载会产生以下 5 种供电模式。

（1）电池单独供电

这是最基本的供电模式，在这种模式下，开关 SW_1 断开，充电器关闭；SW_2 接通，锂电池经由 SW_2 给系统母线供电。

（2）适配器单独供电

当机内没有内置电池，系统又连接在外部适配器上时，工作在这种模式下。开关 SW_1 接通，充电器关闭；开关 SW_2 断开，外部适配器直接给系统母线供电。这是一种不常用的供电模式，只是在电源测试状态时会用到这种供电方式。如果用户拿掉机内电池，系统又连接适配器时也会用到这种供电模式。

（3）适配器给电池充电

在系统关机状态下，系统又连接在外部适配器上时处于这一供电模式。开关 SW_1 接通，充电器工作；开关 SW_2 断开，电量计工作。当电池充满电后，充电器自动关闭。

（4）适配器同时给负载供电和给电池充电

当电池电量不足，系统又连接在外部适配器上时处于这一供电模式。开关 SW_1 接通，充电器工作；开关 SW_2 断开，电量计和伺服电路工作。当电池充满电后，充电器自动关闭，由适配器单独给系统母线供电。

（5）适配器和电池同时给负载供电

当机内电池电量不足，系统又连接了一个容量小的外部适配器时就处于这一供电模式。系统的最终功率状态取决于外接适配器的容量。如果适配器功率加上电池功率大于系统的消耗功率，会在电池充满后断开适配器，SW_1 断开，充电器关闭，开关 SW_2 接通，由电池继续给系统母线供电；反之，如果适配器功率加上电池功率小于系统的消耗功率，最终会使电池的电量消耗完，而适配器的功率又不足而自动停机。

电源路径管理还包括一些辅助功能，如输入电压过低和过高的保护电路、电池荷电状态的检测和显示、电池安全保护等功能。由于功能复杂，需要用一个或多个集成电路和一个 MPU 协作才能实现，具体功能与所选用的芯片组有关。

2. 锂电池的充电过程

锂聚合物电池和锂离子电池的充电过程如图 12-2 所示，称为三段充电法。

（1）预充阶段

当电池的端电压小于临界电压 V_{LOWV} 时，用很小的电流进行预充电，预充电电流 I_{PRECH} 可设置为正常充电电流 I_{CHRG} 的 2%～10%。正常锂电池的放电终止电压约为 3.0V，经过一段时间的预充电后端电压会很快上升到 V_{LOWV} 以上。而电解液干枯的电池，端电压上升很慢或者不会上升。故要设置一段预充时间，如果超过预充时间端电压仍低于 V_{LOWV}，则可以判定电池已经损坏，充电器停止充电。

（2）恒流阶段

当电池的端电压超过临界电压 V_{LOWV} 后，就改用恒定的大电流 I_{CHRG} 给电池充电。这个电流值要根据电池的特性和容量设置，普通电池只能用 1C 电流充电，快充电池要根据电池的数据手册中推荐的电流充电，如 2C、3C、4C 等电流。恒定的充电电流越大，充电时间就越短。故新型快充电池允许的充电电流会越来越大，现在市面上已经有 10C 电池出售。

这个阶段电池发热量很大，如果来不及散热，电池就会燃烧或爆炸，故温度保护电路要绝对可靠，要设计一个电池能安全充电的温度窗口，充电只能在温度窗口中进行，超过允许温度应立即断开充电器。

（3）恒压阶段

在恒流充电阶段，随着充电时间的推移，电池的容量逐渐增加，端电压随容量正比例上升，达到化学能的标准值（4.1V 或 4.2V）后停止上升，电池的端电压 V_{TERM} 比充电器的输出电压略低一些，电池的充电电流急剧减小。当减小到某一阈值时关断充电器，结束充电过程。

为了防止电池被过充电，还应该设置安全充电时间，超过时间后应关闭充电器，结束充电过程。结束充电后电池两端的电压从充电器最高电压 V_{RECH} 下降到电池的开路端电压 V_{TERM}。

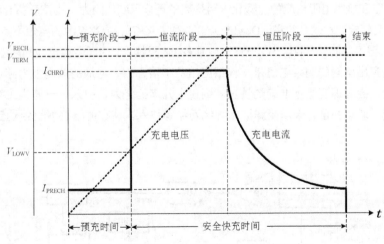

图 12-2　锂聚合物电池和锂离子电池的充电过程

（4）过压、过流和温度保护

由于锂是化学性能活泼的元素，锂电池充电过程中存在着发生燃烧和爆炸的可能性，故绝对不要

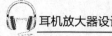

给没有保护电路板的裸电池充电，即使有保护电路板的锂电池，在充电过程中也要实时检测电池的充电电流、电池电压、电池表面的温度，以及充电器的输入电压、输入电流和输出电压。充电器是关系到生命和财产安全的产品，一定要强制通过国家安全认证。

3. 电量计的原理

电量计的功能是充电时指示充电状态，放电过程中实时计量放电时间和放电电流，计算出电池的剩余电量和可用的时间。当剩余电量小于规定值时通知微处理单元关断主负载，只给待机电路供电。

电量计的结构如图 12-3 所示。端电压由模数转换器 ADC-1 转换成数字信号，用于计算剩余电量（SOC）和内阻。放电电流流过电阻 R_S 转换成电压信号，经由差分放大器 OP 放大后再输入到模数转换器 ADC-2 转换成代表放电电流的数字信号，库仑计把电流累计成历史放电电荷量。另外，电池的荷电状态还与电池的内阻有关，故用开路电压和负载电流计算出内阻也能协助估算剩余电量。电量计除了用来显示剩余电量外还可以用来检测和显示充电状态。

电量计用于在特定条件下测量电池的开路电压（OCV）。特定条件是指无负载、无充电状态并保持 1 小时以上，例如关机 1 小时以上再开机的时刻。在此时刻测量到的电池端电压才是真正的 OCV。锂电池在材料配比一定条件下的 OCV 与 SOC 有固定的对应关系，例如 OCV=4.2V 对应 SOC=100%；OCV=3.51V 对应 SOC=10%等，基本不受电池老化和温度变化影响，故 OCV 是计算长期电池容量的基础。它要求电压测量精度小于 1mV，锂离子和锂聚合物电池正常工作在 3.3～4.2V，依此计算需要 12 位 ADC 才可以达到要求（$3.7V/2^{12}$=1.025mV）。

家用电度表能够以度（安瓦-AW）为单位计量每天消耗的电量。库仑计是以电流对时间求积分的方法计量负载所消耗的电量。因为功率等于电压乘以电流（$W=V\times I$），假设电池电压是已知的常数，安时积分器（AH-integrator）就和电表一样可计量电量。在电路中时间能用计算石英晶体振荡器的周期精确计量，影响安时积分器精度的主要因素就是电流采样精度，例如采样 2A 的电流，12 位 ADC 的最小分辨率就是 488μA，14 位可达到 122μA。现在的电池容量和负载电流越来越大，故对电流采样的精度要求也越来越高，从 2010 年到 2020 年的 10 年时间里，电量计中的 ADC 已从 12 位演进到 16 位，并且仍然在快速演进中。

电池的内阻由交流内阻（欧姆内阻）和直流内阻（极化内阻）组成。欧姆内阻是由电解液、隔膜纸、正、负极材料电阻和接触电阻构成的；极化内阻是离子迁移受到的阻力，由浓差极化和电化学极化内阻构成。电池内阻会引起死亡剩余容量（Dead SOC，简称 $DSOC$），导致电池的电量不能全部放出，电流越大，$DSOC$ 越大。温度越高，内阻越小。循环次数越多，内阻越大。因而测量电池的内阻有助于修正 SOC。

要准确地测量出电池的剩余电量是一件很困难的事情，因为电池的放电能力随负载、温度、老化这三个条件变化，会出现测量不准确的情况。经过十几年的努力，引入了一些人工智能手段，如放电曲线自学习功能、老化补偿、卡尔曼滤波、神经网络等技术，现在的准确度已经达到 95%，想再进一步提高难度较大。

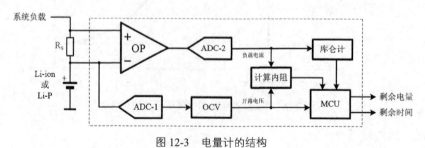

图 12-3　电量计的结构

4. 推挽 DC-DC 变换器

这个模块的功能是把+6.6 ~ +12V 的单轨电压变换成±18V 的双轨电压，有多种拓扑结构可实现这一功能，如 Boost、Cuk、反激式、正激式和半桥等结构。如果从效率、成本、性能三方面考虑双管推挽变换器最为合适。这种结构于 20 世纪 80 年代在我国非常流行，当时的电力供应还不稳定，在中小城市和农村经常停电。于是，使用铅酸电池的逆变器成为了照明备用电源的首选。不过这种电源经常莫名其妙地损坏，人们除了抱怨质量不好外，没有其他可替代的方法。

造成损坏的原因是推挽两臂的磁通不平衡，这是推挽变换器的固有缺点，在 1983 年已经有人提出了改进的方法，由于结构复杂等原因很少有人使用。后来出现了更可靠的低成本解决方案，基本上已消除磁通不平衡现象。

这里介绍的推挽 DC-DC 变换器是专门为低功率高保真音频应用设计的，电路结构如图 12-4 所示。T_1 是反激式限流变压器，初级绕组 N_{LP} 左端接直流输入电压 V_{in}，右端 M 节点的电压 V_{DT} 被开关 SW_1 和 SW_2 斩波成方波，使推挽变换器的输入电源呈高阻抗，限制正激式变压器 T_2 的励磁电流，使磁芯工作在 H-B 曲线的线性区域。抽头电感和两个开关即使存在参数差异，也不会偏离到磁滞曲线的饱和区域，有效避免了因磁通不平衡而造成的损坏现象。V_{DT} 方波的平均电流受 PWM 开关信号的占空比控制，可调整输出电压。

标准的推挽变换器是从 Buck 结构演变而来的，输出必须要连接 LC 滤波器，否则就会变成没有电感的 Buck 电路而不能工作。本电路可以等效成 Flyback 与 Buck 的级联，把输出端的储能电感搬移到输入端（N_{LP}），故输出能够工作在无电感状态而不会损坏。另外，在推挽变换器的死区时间里，反激式变压器的次级输出也能给负载补充能量。并且次级绕组 N_{LS} 被二极管 D_1、D_2 分别钳位在+V_O 和–V_O，使输出纹波最小。

在电压源馈电推挽 DC-DC 变换器中，必须要保留一个周期的 10%作为死区时间以防止通溃。在传统观念中这个死区是必需的，因为两个开关同时导通时将会承受高电压和大电流，即使通溃的时间很短，也会由于积累效应的结果使开关器件因过热、过流而损坏。

在这个电路中即使无死区时间也能正常工作，因为发生通溃时 M 节点的电压立即下降到零，变压器 T_1 的初级绕组的自感吸收了通溃能量。这个特性使变换器的工作方式发生了根本性的变化，它能够正常工作在有死区的非重叠导通状态下，也可以工作在没有死区的重叠导通状态下。下面我们具体分析这两种工作模式的特性。

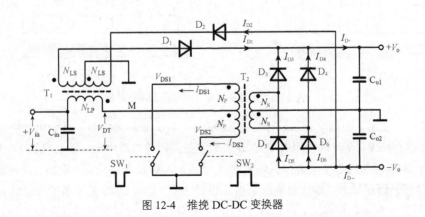

图 12-4　推挽 DC-DC 变换器

（1）非重叠导通模式

工作原理可以通过图 12-5 所示的波形来理解。假设开关的导通电压降很低可以忽略，二极管的正向压降为 V_F。当开关 SW_1 或 SW_2 导通时，对应的次级电压为（$\pm V_o \pm 2V_F$），通过变压器 T_2 电磁感应到初级中心节点 M 的最低电压和最高电压分别为：

$$V_{DT\_min} = \frac{N_P}{N_S}\left[+V_o - (-V_o) + 2V_F\right]$$

（12-1）

$$V_{DT\_max} = V_{DC} + \frac{N_P}{N_S}\left[+V_o - (-V_o) + 2V_F\right]$$

在开关导通时 M 节点的电压低于直流输入电压，T_1 等效于一个兼有 Buck 功能的 Flyback 变换器。能量传输给 T_2 的同时也存储在 T_1 的初级电感中，次级同名端电压为负极性，二极管 D_1、D_2 截止。在死区时间里，初级存储的能量传输到次级，次级同名端电压为正极性，二极管 D_1、D_2 导通，同时向负载供电。

当一个开关导通，另一个开关截止时，截止的开关上承受的电压为：

$$V_{SW1(2)} = 2\left(\frac{N_P}{N_S}\right)\cdot\left[+V_o - (-V_o) + 2V_F\right]$$

（12-2）

两个开关上在死区时间里承受的电压为：

$$V_{SW(2)\_max} = V_{DC} + \left(\frac{N_{LP}}{N_{LS}} + \frac{N_P}{N_S}\right)\cdot\left[+V_o - (-V_o) + 2V_F\right]$$

（12-3）

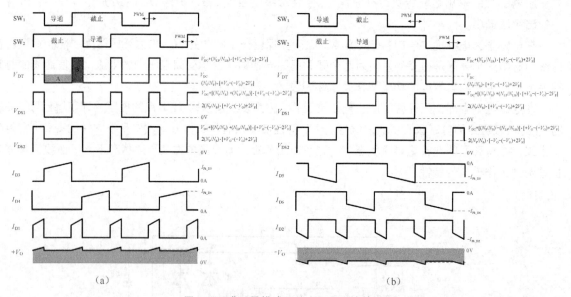

图 12-5　非重叠模式下的电压和电流波形

从图 12-4 中看出，在两个开关轮流导通期间，由 T_2 次级的全桥整流器给负载供电，推挽级等于等效于一个双相 Buck；在死区时间由 T_1 次级的全波整流器给负载供电。输出电流 I_{D+} 由 I_{D3}、I_{D4} 和 I_{D1} 相加而得到；输出电流 I_{D-} 由 I_{D5}、I_{D6} 和 I_{D2} 相加而得到。从图 12-5 中看出，输出正电压是由二极管 D_3、D_4 和 D_1 轮流导通所提供的；输出负电压是由二极管 D_5、D_6 和 D_2 轮流导通所提供的。理论上如果两个变压器的匝数比相等，即 $N_{LP}/N_{LS}=N_P/N_S$，即使没有输出滤波电容也能得到无纹波的直流电压。但实际上二极管电流的上升速率高于下降速率，仍会出现很窄的转换尖峰。在工程上两个变压器的次级电压也不可能做到完全相等，故保留输出电容有助于平滑纹波和尖峰。

从式（12-1）可知，在任意一个开关导通期间与两个开关关断期间，M 节点的伏秒积应该相等，否则磁芯就不能复位。故图 12-5（a）中 V_{DT} 波形的面积 $A=B$，即：

$$V_{DT\_min} \times t_{on} = V_{DT\_max} \times t_{off} \tag{12-4}$$

把式（12-1）代入后得：

$$\begin{cases} \dfrac{N_P}{N_S} \cdot \left[+V_o - (-V_o) + 4V_F \right] \end{cases} \cdot t_{on} \\ = \left\{ V_{DC} + \dfrac{N_P}{N_S} \cdot \left[+V_o - (-V_o) + 4V_F \right] \right\} \cdot t_{off} \tag{12-5}$$

解出输出电压为：

$$V_o = \left(2V_{DC} \dfrac{N_P}{N_S} \right) \dfrac{t_{on}}{T} - 4V_F \tag{12-6}$$

式中，$V_o = +V_o - (-V_o)$，V_{DC} 等于输入电压 V_{in}（忽略 N_{LP} 的铜损），$T = 2(t_{on} + t_{off})$，V_F 是二极管的正向电压。

上式表明，输出电压可以通过调整开关脉冲的占空比进行控制。这里有两路输出电压，只能选择其中一路进行闭环控制，而另一路只能用交叉特性进行间接控制。

综上所述，在非重叠导通模式下，这个电路的结构形式是一个 Flyback 变换器与一个双相 Buck 变换器级联而成的；而在功率路径是两个变换器并联驱动负载。

（2）重叠导通模式

在非重叠导通模式中，如果在最低输入电压下设置占空比为 0.5，随着输入电压的升高，占空比就会随之减小。这就限制了开关频率的提高，从而限制了输入电压范围和输出功率。如果选择占空比大于 0.5，输入电压范围会获得较大的扩展，工作状态也会发生变化，如图 12-6 所示，输出变压器 T_2 只有在一个开关关断期间才会向负载输出电流；而在两个开关都导通期间，电能转换成磁场能存储在输入变压器 T_1 的初级电感中，整个电路等效于一个 Flyback 变换器。

在两个开关都导通期间，如果忽略变压器 T_2 的初级绕组的铜阻，M 节点的电压会下降到零。T_2 是正激式变压器，次级绕组两端的电压也为零。于是输入电压全部降落在反激式变压器 T_1 的初级电感上，初级电流以斜率 V_{DC}/L_p 线性上升，电能转化成磁场能量存在 T_1 的初级。次级同名端电压为负极性，D_1、D_2 反偏。故全部输出功率都由输出电容 C_{o1}、C_{o2} 提供，可见在重叠导通模式下，输出平滑滤波电容不可缺省。

当某一个开关从导通向截止过渡时，另一个开关仍处于导通状态，M 节点的电压上升，T_2 次级电压也随之上升，当整流桥二极管导通后，次级同名端电压钳位到 $+V_o + 2V_F$，非同名端电压钳位到 $-V_o - 2V_F$。电磁耦合到初级后，M 节点的电压被钳位到 $(N_P/N_S)(2V_o + 4V_F)$。同时 T_1 次级端电压变换极性，同名端电压为正极性，非同名端电压为负极性，二极管 D_1、D_2 导通，T_1 次级电压被钳位在 $+V_o + 2V_F$ 和 $-V_o - 2V_F$。

在一个开关截止，另一个开关导通期间 T_2 才会向负载传输能量，并且给输出电容充电。而 T_1 初级电感上存储的能量只是在 M 节点电压高于输入直流电压时 D_1、D_2 才导通向负载供电。可见在重叠导通模式下 T_1 和 T_2 是同时驱动负载的，输出电流很大但却是断续的，故纹波大于非重叠导通模式。

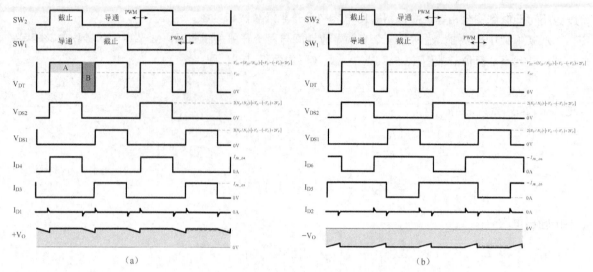

图 12-6　重叠模式下的电压和电流波形

按照非重叠导通模式中输出电压的计算方式，重叠导通模式输出电压可表示为：

$$V_{\rm o} = \frac{V_{\rm DC}}{1-D} \frac{N_{\rm S}}{N_{\rm P}} - 4V_{\rm F} \qquad (12\text{-}7)$$

式中，$V_{\rm o}=+V_{\rm o}-(-V_{\rm o})$，$V_{\rm DC}$ 等于输入电压 $V_{\rm in}$（忽略 $N_{\rm LP}$ 的铜损），$D=t_{\rm on}/T$，$V_{\rm F}$ 是二极管的正向电压。

上式表明，在重叠模式下也可以用调整占空比的方法控制输出电压。在实际应用中可以把控制电路设计成多模方式，在低输入电压下工作在非重叠导通模式，当输入电压超过某个阈值时从非重叠导通模式转换到重叠导通模式，从而使变换器的工作范围变宽，负载也能获得更大的电流。不过两种模式对两个变压器的参数要求不同，多模控制芯片的设计存在着较大的挑战。

5. 跟踪式线性调整器

这个模块的功能是把推挽变换器输出的±18V 双轨电压变换成±15V 双轨电压。如果仅考虑效率，可以用一级变换，即直接在推挽变换器中把功率路径管理模块输出的+6.6～+13V电压变换成±15V。我们的目标是设计一个优于电池的高质量电源，纹波和噪声指标要接近于电池，而瞬态响应要好于电池，故设计了图 12-7 所示的线性跟踪式稳压电源电路。

这是一个典型的串联调整稳压器，由误差放大器和串联调制器组成。并且以正电源为基准，负电压跟踪正电压变化，使双电压始终保持对称。

正电源中误差放大器的电压参考基准是 $V_{\rm REF}$，采样电阻分压后使输出电压等于：

$$+V_{\rm O} = \left(1 + \frac{R_1}{R_2}\right) \cdot V_{\rm REF} \qquad (12\text{-}8)$$

负电源中的误差放大器的电压参考基准是地电平（$V_{\rm REF}=0$），采样电阻 R_3、R_4 串联连接在正电压 $+V_{\rm O}$ 与负电压 $-V_{\rm O}$ 之间，输出电压是两个电压轨之差：

$$+V_{\rm O} - (-V_{\rm O}) = \left(1 + \frac{R_3}{R_4}\right) \cdot V_{\rm REF} \qquad (12\text{-}9)$$

由于 $V_{\rm REF}=0$，$R_3=R_4$，故 $-V_{\rm O}=+V_{\rm O}$，负电压总是自动跟踪正电压的变化，从而保证正、负电压镜像对称。

需要注意的是，正电压轨在前级采用了闭环稳压，线调整率优于1%；而负电压轨只用了开环交叉稳压，线调整率约为 5%。故在本级跟踪稳压电源中，需要在负电源的误差控制环路中设计更高的开环增益，以弥补前级线调整率低的缺陷。

12.1.3 选择电池

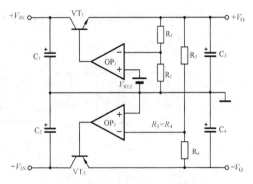

图 12-7　线性跟踪式稳压电源电路

现在市面上常见的二次性电池有 4 种，分别为：铅酸电池、镍镉电池、镍氢电池和锂电池。如果从其中选择一种，我们只能选择锂电池。因为它比铅酸电池体积小、重量轻；比镍镉、镍氢电池的容量大，而且没有记忆效应。另一个理由是中国现在是世界上最大的锂电池生产国，2014 产量达到 52 亿只，占全球产量的 70%。过去锂电池的价格很贵，现在由于产量大，应用广泛，价格甚至比进口的镍氢电池还要低。

锂电池本身也是一个大家族，由于正极材料不同，标称端电压大小也不同。例如，正极用锂铁磷（$LiMPO_4$），标称电压是 3.2V，充满电后为 3.6V，这种电池称为磷酸铁锂电池，安全性好，主要用于动力电池；如果正极用三元材料[Li（NiCoMn）O_2]，标称电压是 3.6V，充满电后为 4.1V；正极用钴酸锂（$LiCoO_2$），标称电压是 3.7V，充满电后为 4.2V，这两类锂电池主要用在消费类电子产品中。三元材料和钴酸锂正极中都用到稀有金属钴（Co），它的价格很高，现在已开始用 Ni、Mn 等材料替代。锂电池的负极基本都是碳基材料天然石墨和人造石墨，氮化物和合金材料也在研究中。由于工艺的改进，应用新材料电池的标称电压都能达到 3.7V，而标称电压 3.6V 的锂电池现在已经很少见了。

锂电池又分为锂离子电池和锂聚合物电池，主要区别在于电解质的不同。锂离子电池使用液体电解质，聚合物锂电池则使用凝胶电解质。锂聚合物电池的安全性好于锂离子电池，容量也略高（约10%）一些，只是价格比较贵。现在的应用中85%以上是锂离子电池,也在一些高端消费电子产品中逐渐推广锂聚合物电池。

由于锂聚合物电池具有安全和体积小的优点，本机选用型号为 EPT665865 的扁形锂聚合物电池，标称电压为 7.4V，容量是 2800mAh，体积是 6.6mm×58mm×65mm。如果不计较体积，也可以选择两节 18650 锂离子电池串联替代，两种电池的充电过程是兼容的。

12.2　电源路径管理电路的设计

这个电路设计上考虑了既可以独立工作也可以与微处理器协同工作的特性。独立工作时能实现充/放电功能，只用一个 LED 指示电池状态。与 MPU 协同工作时，能实时显示电池的荷电状态，例如实时检测和显示充电过程，精确地显示剩余电量。

12.2.1 选择芯片

考虑到成本和制作难度，本电路选用了 BQ24170，它具有独立的锂电池充电和基本的路径管理功能，能给 1～3 节锂电池充电，充电电压的调整精度为±0.5%，充电电流的调整精度为±4%。移除适配器后，芯片的待机电流约为 15μA，电池接近自放电状态。芯片采用 QFN-24 封装，体积为 5.65mm×3.65mm×11.0mm。本电路选用这个芯片的最大理由是它能脱离 MPU 独立工作，外围元件少于 40 个。

12.2.2 外围电路设置

从生产厂商给出的数据表中不能得到芯片内部的详细情况，只能把它当作一个黑匣子看待，按说明书中的方法，设置外围电路的参数，使它工作在所希望的状态。芯片的外围电路如图 12-8 所示，需要完成以下设置。

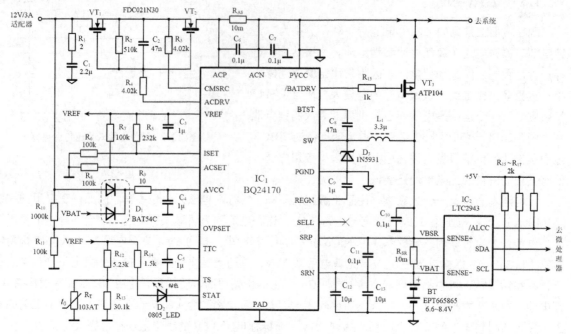

图 12-8　电源路径管理芯片和外围电路

（1）在 SELL 引脚上设置电池的数量

一节电池（4.2V）时该引脚接地；两节电池（8.4V）时悬空；三节电池（12.6V）时连接到 VREF 引脚。本电路应用的是两节电池串联，故悬空即可。

（2）在 ISET 引脚上设置充电电流和预充电电流

用下面的公式分别计算充电电流和预充电电流，从前面所述可知，预充电流只能是充电电流的十分之一，用户无法随意选择。

$$I_{chg} = \frac{V_{ISET}}{20 \times R_{SR}}$$

$$I_{pre} = \frac{V_{ISET}}{200 \times R_{SR}}$$

本电路中选择 R_{SR}=10mΩ，我们所用的电池的最大充电电流是 2A。引脚电压由外部电阻 R5 与 R6 分压获得，用图 12-8 中的数值代入公式后得到该引脚的电压是 0.4V，对应的充电电流近似为 2A，预充电电流近似为 200mA。

（3）在 ACSET 引脚上设置输入限制电流

用下面的公式计算最大输入限制电流。这个电流是充电电流加上系统电流的总和，已知充电电流是 2A。设系统功率为 10W，适配器的输出电压是 12V，系统电流为 10W/12V=0.83A。

$$I_{DPM} = \frac{V_{ACSET}}{20 \times R_{AC}}$$

本电路中 R_{AC}=10mΩ，该引脚的电压由外部电阻 R7 与 R8 分压获得，用图 12-8 中的数值代入公式后得到引脚电压为 0.5913V，对应的最大输入电流为 2.98A。

（4）在 OVPSET 引脚上设置欠压保护和过压保护电压

在芯片内部有两个比较器（ACUV 和 ACOV）的输入正端连接在 OVPSET 引脚上，阈值电压分别是 0.5V 和 1.6V。适配器的输出电压由电阻 R_{10} 和 R_{11} 串联分压后连接在该引脚，根据图 12-8 中设置的数值可知，输入电压低于 5.5V 时进入欠压保护状态，而高于 17.6V 时进入过压保护状态。一旦发生这两种情况，充电都会终止，并且输入端的 MOS 管 VT_1 和 VT_2 将关闭。STAT 引脚驱动的 LED 持续闪烁，显示进入故障状态。

（5）在 TS 引脚上设置电池充电的温度窗口

在芯片内部有 3 个比较器（TCO、HTF、LTF）的输入端连接在 TS 引脚上，其中 TCO、HTF 是负输入端连接，而 LTF 是正输入端连接，故有 3 个阈值电压 V_{LTF}、V_{HTF} 和 V_{TCO}。要启动充电周期，外部电阻 R_{12} 和 R_{13} 的分压值必须在 V_{LTF} 至 V_{HTF} 阈值范围内，如果超出此范围，则控制器将暂停充电，并等待恢复。如果已经在充电周期中，分压值必须在 V_{LTF} 至 V_{TCO} 阈值范围内，如果超出此范围，则控制器将暂停充电，并等待恢复。如果连接在 TS 引脚上的电阻分压器是受温度影响的热敏电阻，在不同的温度下，分压值也不一样，这样就会形成一个与温度成比例的窗口。

本电路设置的充电温度窗口是 0℃ ~ 45℃。如果采用 103AT 型热敏电阻，从数据手册查得 0℃ 的阻值是 27.28kΩ，45℃ 的阻值是 4.911kΩ。把热敏电阻紧贴锂电池表面安装，并且与 R_{13} 并联后再与 R_{12} 串联，对基准电压 V_{VREF} 分压，用下面的公式计算符合温度窗口的电阻值：

$$R_{12} = \frac{\dfrac{V_{VREF}}{V_{LTF}}}{\dfrac{1}{R_{13}} + \dfrac{1}{R_{t\_0}}}$$

$$R_{13} = \frac{V_{VREF} \times R_{t\_0} \times R_{t\_45} \left(\dfrac{1}{V_{LTF}} - \dfrac{1}{V_{TCO}} \right)}{R_{t\_45} \times \left(\dfrac{V_{VREF}}{V_{TCO}} - 1 \right) - R_{t\_0} \times \left(\dfrac{V_{VREF}}{V_{LTF}} - 1 \right)}$$

当设置 V_{TCO}=1.57V，V_{LTF}=2.42V，计算得到的 R_{12}=5.23kΩ，R_{13}=30.1kΩ，对应的充电温度窗口是 0℃ ~ 45℃。

除了温度窗口条件外，要启用充电过程，还必须要全部满足以下条件。

1）ISET 引脚高于 120mV。

2）设备未处于 UVLO 模式（即 $V_{AVCC} > V_{UVLO}$）。

3）设备未处于睡眠模式（即 $V_{AVCC} > V_{SRN}$）。

4）OVPSET 电压为 0.5 ~ 1.6V，以使适配器合格。

5）初次开机后延迟 1.5s 完成。

6）REGN LDO 和 VREF LDO 电压处于正确电平。

7）热关机（TSHUT）无效。

8）未检测到 TS 故障。

9）ACFET 打开。

在充电过程中，若遇到以下情况中的任何一种则立即停止充电。

1）ISET 引脚电压低于 40mV。

2）设备处于 UVLO 模式。

3）卸下适配器，使设备进入睡眠模式。

4）OVPSET 电压指示适配器无效。

5）REGN 或 VREF LDO 电压过载。

6）达到 TSHUT 温度阈值。

7）TS 电压超出范围，表示电池温度过高或过低。

8）ACFET 关闭。

9）TTC 计时器计满或预充电计时器计满。

12.2.3　电源选择逻辑

系统有适配器和电池两个电源，默认情况是电池已连接到系统。如果存在合格的适配器，则系统直接连接到适配器。如果适配器不合格，恢复默认状态。

电池连接到系统的条件如下所示。

1）$V_{AVCC}>V_{UVLO}$（AVCC 连接到电池）。

2）$V_{ACN}<V_{SRN}+200mV$。

式中，V_{AVCC} 是芯片的 AVCC 引脚的电压，即输入电压；V_{UVLO} 是欠压锁定电压，内部的阈值电压是 3.6V；V_{ACN} 是适配器输出电流采样放大器负输入端的电压；V_{SRN} 是电池电流采样放大器负输入端的电压。

适配器连接到系统的条件如下所示。

1）$V_{ACUV}<V_{OVPSET}<V_{ACOV}$。

2）$V_{AVCC}>V_{SRN}+300mV$。

式中，V_{ACUV} 是 OVPSET 引脚检测到的输入欠压保护电压，本电路中是 5.5V；V_{OVPSET} 是 OVPSET 引脚的正常输入电压，即 5.6～17.5V；V_{ACOV} 是 OVPSET 引脚检测到的输入过压保护电压，本电路中是 17.6V。

电源路径切换是由 MOS 管的 VT_1、VT_2 和 VT_3 实现的，VT_1 用来隔离电池与适配器的连接，VT_2 用来提供电池反向放电保护，VT_3 为电池给系统供电提供通路。当路径切换时，控制逻辑是先关断后接通，确保不发生竞争现象。

该芯片独立工作时只能实现基本的充电和路径选择功能，全部的状态指示由连接在 STAT 引脚上的 LED 完成。在正常充电状态时 LED 点亮；充电完成或处于休眠模式时 LED 熄灭；发生故障时 LED 以 0.5Hz 的频率闪烁，故障包括充电暂停、输入过压、电池缺失和计时器故障。

12.2.4　电量计电路

电池供电的设备，用户最关心的是电池的荷电状况，即充电时间要短，放电时能精确地显示剩余电量，显然 BQ24170 不能实现这些功能。如果系统中有微处理器，增加一个电量计芯片就能弥补它的缺陷。为此，本电路选择了一个最简单的电量计芯片 LTC2943 连接在电池的电流采样电阻上，如图 12-8 所示。它能轮流采集电池的充放电电流、电池电压和环境温度，测量数据经过 14 位的无延迟 ΔΣ-ADC 转换成数字量，电流随时间积分后存储在电流累计寄存器 ACR 寄存器（C，D）中，电压、温度和报警阈值存储在其他相应的寄存器中。芯片中共有 24 个 16 位寄存器，可通过 I^2C 和 SMBus 进行读/写。故只要与 MPU 配合就能把电池的电荷量、电压和温度实时显示出来。

由于厂家推荐的电流采样电阻是 50mΩ，本机中要优先兼顾 BQ24170 的要求，采样电阻只能选择 10mΩ，故芯片在应用中要进行一些变通。ACR 寄存器（C，D）的最低有效位计算公式修正为：

$$q_{LSB}=\frac{0.340mAh}{5}\cdot\frac{50m\Omega}{100m\Omega}\cdot\frac{M}{4096}$$

式中，M 是预分频器的值，如果 M 取默认值 4096，把 1mAh=3.6C（库伦）代入上式，即可得到最低

有效电荷为:

$$q_{\text{LSB}} = 0.340\text{mAh} \times 3.6\text{C} = 1.224\text{C}$$

我们所选的 EPT665865 型锂聚合物电池的容量为 2800mAh,充满后的荷电量为:

$$Q_{\text{BAT}} = 2800\text{mAh} \times 3.6\text{C} = 10080\text{C}$$

可见,最小计量电荷量单位只占电池总容量的 0.012%,也就是说有 8223 倍的动态范围显示剩余电量,是能够满足使用要求的。同时我们把电池的最低电压阈值设置为 6V,最高电压阈值设置为 8.5V。把充/放电的最小电流阈值设置为零,最大电流阈值设置为 2.2A。把最低温度阈值设置为 0℃,把最高温度阈值设置为 60℃。把 ADC 设置为扫描模式,每 10s 执行一次电压、电流和温度的轮流测量,并把 ALCC 引脚设置为报警模式。按上述要求设置后的寄存器值见表 12-1,用户也可以按照自己的要求设置这些寄存器。

表 12-1 LTC2943 在本机应用中的寄存器设置数值表

名称	设置值*	名称	设置值	名称	设置值
A	01	I	00	Q	AE
B	BC	J	00	R	EE
C	7F	K	5C	S	00
D	FF	L	34	T	00
E	5C	M	41	U	00
F	34	N	15	V	00
G	41	O	00	W	A7
H	15	P	00	X	00

注:*寄存器设置值为十六进制。

在本电源中电量计芯片 LTC2943 是可选的,有了这个芯片可以更精确地监视充电过程和显示剩余电量,但需要 MPU 和软件配合才能实现。

12.3 DC-DC 变换器的设计

图 12-9 所示的是推挽 DC-DC 变换器的实际电路,主要功能是把单轨电压转换成正、负双轨电压,输入电压是+6.6 ~ +13V,输出电压为±18V,最大电流可达到 350mA。

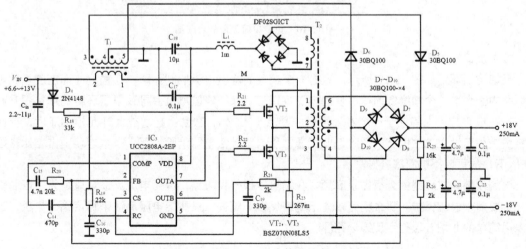

图 12-9 推挽 DC-DC 变换器的实际电路

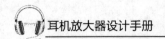

12.3.1 选择控制芯片

这个电路的工作原理已经在 12.1.2 小节中分析过，模型中的两个开关在实际电路中用功率 MOS 管替代。关键器件是控制集成电路，由于很难找到专用锂电池推挽控制芯片，只好选择汽车电子的 UCC2808A-2EP 变通后再应用，该芯片的最大占空比小于 50%，只能用于不重叠模式，幸好本电源的输出功率不大，电压输入范围略超过控制芯片的能力，略加变通后基本能满足要求。

（1）启动和输出电流合成

芯片的最小启动电压为 4.3V，启动后能维持工作的最低电压是 4.1V，有 0.2V 的迟滞范围。VDD 引脚内部有 14V 的稳压管钳位，故最高输出电压不能超过 14V。启动电流为 $130 \sim 260\mu A$，实验证明 R_{18} 的阻值选为 $22k\Omega$ 就能在 6.6V 电压下可靠启动。

该芯片用电池电压启动后自动转换成由输出变压器 T_2 的辅助绕组供电，使芯片始终工作在最佳电压下，消除了由于电池放电电压变化而引起的不稳定因素。芯片的最高开关频率是 200kHz，开关周期是 5μs，设置了 0.5μs 的死区时间，一个周期内 90% 的时间由输出变压器 T_2 驱动负载，10% 的时间由输入变压器 T_1 驱动负载，负载电流波形的合成图如图 12-10 所示（仅画出+V_o 并且没有平滑滤波）。从原理上讲这种连续电流输出方式能提供高质量的电流，不需要输出电容储能和续流。但实际上 I_{D7}、I_{D8} 和 I_{D5} 不能无缝对接，I_{D9}、I_{D10} 和 I_{D6} 也不能无缝对接，交叠处会产生毛刺。另外，开关损耗也会使输出电流呈斜波形状，波形并不是理想的平顶。故仍然需要用输出电容 $C_{20} \sim C_{23}$ 进行平滑滤波，由于纹波很小，滤波电容只需要选用很小的容量就足够。

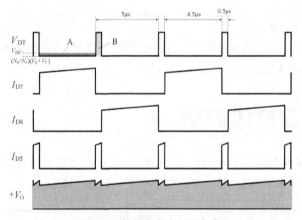

图 12-10 负载电流波形的合成图

（2）反馈控制环路

反馈控制环路如图 12-11 所示，这是一个典型的峰值电流控制环路，在精度高而速度慢的电压反馈环路内嵌套了一个精度低而速度快的电流反馈环。采样峰值电流会导致电压环路的增益提升和相位滞后，在电路分析上等效于一个右半平面的零点（RHZ）。它会引起增益上升而相位滞后，存在着相位裕量减小而发生次生振荡的风险，业界通常用斜率补偿电路消除振荡。在本电路中占空比被限制在 0.5 以下，故可以不加斜率补偿。

电流模嵌套式环路的分析比较麻烦，我们可以换一种思路，认为电流反馈环只是为了限制输出电流，主要用于过流保护。那么就可以先把电流反馈环略去，只剩下电压反馈来稳定输出电压，这样就可以用简单的 II 型补偿整定反馈环路。

这个电路的正输出电压是闭环控制，具有良好的电压调整率；而负输出电压只能靠输出变压器的交叉调整功能稳压，负载调整率较差。

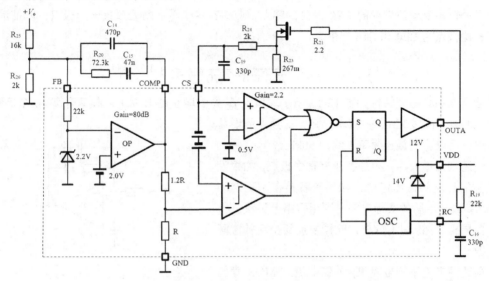

图 12-11 反馈控制环路

（3）补偿网络的参数计算

电压反馈环路通过分压电阻 R_{25} 和 R_{26} 采样正输出电压，经由 FB 引脚传输到芯片内部的误差放大器的负输入端，误差放大器的输出端与输入端之间连接 C_{14}、C_{15} 和 R_{20} 阻容网络。电流环通过串联在 MOS 管源极的电阻 R_{23} 把开关电流转换成电压，由 R_{24}、C_{19} 滤除毛刺后传输到 CS 引脚。比较器的最大输入电压为 0.5V，增益为 2.2，过流保护的门限电压是 0.75V。故正常工作状态下流过 MOS 的峰值电流不大于 1.87A，如果超过 2.8A 会触发过流保护而关断 MOS 管。

用下面的步骤和方法计算补偿网络的参数。先确定采样电阻 R_{25}/R_{26} 的比值：

$$\frac{R_{25}}{R_{26}} = \frac{V_o - V_{REF}}{V_{REF}} = \frac{18 - 2}{2} = 8$$

为了减少采样电阻产生的功耗，尽量采用较大的阻值，本电路选择 $R_{25}=16\text{k}\Omega$，$R_{26}=2\text{k}\Omega$。

参看图 12-9，输出端的平滑滤波电容 C_{20} 和 C_{22} 与最小负载产生的极点为：

$$f_{p0} = \frac{1}{2\pi R_{L\_min} C_{20}} = \frac{1}{2\pi \times 65 \times 47 \times 10^{-6}} \approx 52(\text{Hz})$$

输出电容用国产 CD11 型铝电解电容器，47μF/25V 的典型 ESR 为 0.752Ω，平滑滤波电容的 ESR 产生的零点为：

$$f_{z0} = \frac{1}{2\pi \cdot ESR \cdot C_{20}} = \frac{1}{2\pi \times 0.752 \times 47 \times 10^{-6}} \approx 4.5(\text{kHz})$$

从误差放大器的基准参考电压输入端到电源的负载端形成一个闭环控制环路，先确定控制环路中频段的增益 G_{M0}。令 C_{15} 短路、C_{14} 开路，得到中频增益 $G_M = R_{20}/R_{25}$。已知 $R_{25}=16\text{k}\Omega$，先设置 $G_M = 4.52$（13dB），对应的 $R_{20}=72.3\text{k}\Omega$。设定的原则是随着频率的升高，闭环增益在截止频率 f_c 处为 0dB，而 f_c 通常小于开关频率的四分之一。

为了补偿平滑滤波电容和最小负载产生的极点，应该在这个极点附近放置一个零点，以抵消极点的影响，补偿零点由 R_{20} 和 C_{15} 产生。

$$f_{z0}=\frac{1}{2\pi R_{20}C_{15}}=\frac{1}{2\pi\times72.3\times10^{3}\times47\times10^{-9}}\approx47(\text{Hz})$$

为了补偿平滑滤波电容的 *ESR* 产生的零点，应该在这个零点附近放置一个极点，以抵消 *ESR* 的影响，补偿极点由 R20 和 C14 产生。

$$f_{p0}=\frac{1}{2\pi R_{20}C_{14}}=\frac{1}{2\pi\times72.3\times10^{3}\times470\times10^{-12}}\approx4.68(\text{kHz})$$

补偿电路和其幅频特性如图 12-12 所示。极点 f_{p2} 处的增益是 12.7dB，频率升高 10 个倍频程的频点是 46.8kHz，按–20dB/dec 斜率计算，此频点的增益是–7.3dB，而电源的截止频率 f_c 约为 50kHz。

我们无法知道 $f_{p2}\sim f_c$ 内是否还有寄生极点，如果没有的话控制环路就是稳定的；如果有就存在不稳定因数。因此参数整定后的实际电路必须用网络分析仪进行测试，如果相位裕度小于 45°，就需要重新整定补偿网络的参数。

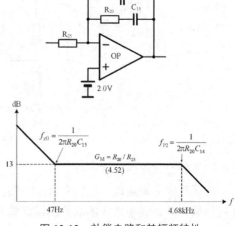

图 12-12 补偿电路和其幅频特性

下面选择电流采样电阻 R_{23} 的值。流过 MOS 管的峰值电流是 1.875A，本芯片内部电流比较器的基准电压是 0.5V，故采样电阻值为 0.5/1.875A= 0.267Ω，取 E192 系列 267mΩ/0805 贴片电阻。芯片内部过流保护阈值是 0.75V，当电流达到 2.8A 时触发过流保护，两个 MOS 管的栅极驱动电压被拉到低电平，电路处于关断状态。

（4）开关频率设置

芯片的开关频率由 RC 引脚上连接的 R_{19} 和 C_{16} 的时间常数决定，按图 12-11 中的数值计算振荡频率为：

$$f_{osc}=\frac{1.41}{R_{19}C_{16}}=\frac{1.41}{22\times10^{3}\times330\times10^{-12}}\approx194.2(\text{kHz})$$

电源电压的变化会影响振荡频率，辅助绕组的输出电压由 L_1、C_{18} 和 C_{17} 进行简单的平滑滤波，故频率稳定度不高，会在 170～210kHz 内变化，不过不会影响正常工作。

12.3.2 输出变压器的参数计算

（1）计算初、次级绕组的匝数比

参看图 12-4 和式（12-1），因为推挽变换器是交替工作的，计算时可以只考虑正电压或负电压，输出变压器初级中心抽头的最小电压为：

$$V_{DT}=\frac{N_p}{N_s}(V_o+2V_F)$$

根据图 12-9 中的数据，设电池的最低放电电压为 6V，V_o=18V，V_F=0.5V，初、次级匝数比为：

$$\frac{N_p}{N_s}=\frac{V_{DT}}{V_o+2V_F}=\frac{6}{18+1}\approx0.316$$

设辅助绕组的硅整流桥每个二极管的正向电压为 0.7V，整流后的直流电压为 12V，用同样的公式计算初级至辅助绕组的匝数比为 0.448。

（2）计算初、次级绕组的匝数

设工作频率为 200kHz，选用铁氧体软磁材料 PC40 的 EE25 磁芯，选择峰值磁通密度为 1600G，推挽变压器的磁芯工作在 B-H 曲线的第一和第三象限，初级绕组的匝数用下式计算：

$$N_p = \frac{V_{DT} - V_{DS(on)}}{4 \cdot \Delta B \cdot A_e \cdot f} \times 10^8 = \frac{6 - 0.3}{4 \times 1600 \times 0.4 \times 200 \times 10^3} \times 10^8 \approx 1.11$$

由于绕制工艺限制，取整数值 2 匝。

计算次级绕组的匝数为：

$$N_s = \frac{2}{0.316} \approx 6.322$$

取整数值 7 匝，实际匝比变为 2/7=0.286，依次计算出辅助绕组的圈数为 5 匝。

（3）计算工作频率的集肤深度

设开关频率是 200kHz，磁芯的最高温度为 80℃，用第 10 章中的式（10-123）计算铜导线集肤深度为：

$$\delta = \frac{66.1}{\sqrt{f}} \left[1 + 0.0042 \left(T - 20 \right) \right]$$

$$= \frac{66.1}{\sqrt{200 \times 10^3}} \times \left[1 + 0.0042 \times \left(80 - 20 \right) \right] \approx 0.185 (\text{mm})$$

两倍集肤深度为 2δ=2×0.185=0.370mm。近似对应 AWG-27 号线或国产外径 Φ 0.39mm 漆包线，截面积为 0.09621mm²，载流量为 0.289A（电流密度 3A/mm²）。因此，在 200kHz 开关频率和 80℃ 以下，只要铜导线的裸直径等于或小于 0.370mm 就不用考虑集肤效应；否则就要用截面积之和相等的多股 Φ 0.39mm 漆包线并联绕制，以消除集肤效应的影响。

（4）计算线径

假设 M 节点到输出负载的效率为 80%，输出功率为 9W（36V×0.25A），M 点的功率为 9W/0.8=11.25W，中心抽头的平均电流为：

$$I_{pk} = \frac{11.25W}{6V} = 1.875A$$

有效值为：

$$I_{RMS} = I_{pk} \sqrt{\frac{T_{on}}{T}} = 1.875 \times \sqrt{\frac{4.5}{5}} \approx 1.779A$$

这个电流对应的导线裸铜心直径为 0.86mm，漆包线外径为 0.92mm，截面积是 0.5809mm²。远大于集肤深度所允许的值，需要用 6 股 Φ 0.39mm 漆包线并联绕制。

次级的传输电流波形见图 12-10 中的 I_{D7}、I_{D8} 和 I_{D5}，电流斜波的中心值就是输出电流。在输入最低电压下其脉宽最大，本机为 4.5μs。为了简化计算把斜坡电流近似为平顶，设正、负电源输出功率相等，均为总输出功率之半。设最大输出功率为 10W，则直流输出电流为：

$$I_o = \frac{9W}{36V} = 0.25A$$

矩形电流值为 0.25A，脉冲宽度为 4.5μs，开关周期为 5μs，有效值为：

$$I_{RMS} = I_o \sqrt{\frac{T_{on}}{T}} = 0.25 \sqrt{\frac{4.5}{5}} \approx 0.237A$$

对应的导线裸铜心直径为 0.28mm，漆包线外径为 0.33mm，截面积为 $0.06605mm^2$。由于导线的裸直径小于两倍的集肤深度，故不用考虑集肤效应的影响，用单股 Φ 0.33mm 漆包线绕制就可以。

芯片的工作电流是毫安级，辅助绕组可用更细的铜线，本机选用外径为 0.31mm 的漆包线。

12.3.3　输入变压器的参数计算

（1）计算初、次级绕组的匝数比

参看电路图 12-9，在功率 MOS 管导通期间，输入变压器 T_1 初级绕组上的电压降为：

$$V_{T\_P} = V_{DC} - \frac{N_p}{N_s}(V_o + 2V_F)$$

式中，V_{DC} 是输入电压，即电池电压或适配器输出电压；N_P/N_S 是输出变压器 T_2 的匝数比；V_F 输出端肖特基整流二极管的正向压降。设适配器最高输出电压为 13V，T_2 的匝数比为 0.286，二极管的正向压降为 0.5V，用上式计算出 V_{T1_P}=7.566V。已知 V_o=18V，T_1 的匝数比为：

$$n = \frac{V_{T1\_P}}{V_o + 2V_F} = \frac{7.566}{18 + 2 \times 0.5} \approx 0.398$$

（2）计算初级绕组的电感量

输入变压器 T_1 只是在死区时间里驱动负载，死区时间只有 0.5μs，只占开关周期的 1/10。当输出功率为 9W 时只要提供 0.9W 的功率就可以了，对应的输出电压和电流为 18V/0.05A。设 T_1 的功率传输效率为 0.8，T_1 的输入功率为 0.9W/0.8=1.125W，初级绕组的平均电流为 1.125W/1.452V= 0.775A。

为了使推挽级获得电流源驱动特性，应该在最小功率下设定 T_1 的电感量，设最小电流为额定功率平均电流的十分之一，初级电感量用下式计算：

$$L_P = \frac{V_{T1\_P} \times t_{on}}{0.1 I_{ave}} = \frac{7.566 \times 4.5 \times 10^{-6}}{0.1 \times 0.775} \approx 439(\mu H)$$

（3）计算初、次级绕组的匝数

选用铁氧体软磁材料 PC40 的 EE14 磁芯，截面积为 $34mm^2$，平均磁路长度为 31.7mm，选择峰值磁通密度为 1600G，用第 10 章中的式（10-118）计算初级绕组的匝数为：

$$N_P = \left(1 + \frac{2}{\gamma}\right) \times \frac{V_{T1\_P} \cdot D}{2 B_{PK} A_e f}$$

$$= \left(1 + \frac{2}{0.5}\right) \times \frac{7.566 \times 0.9}{2 \times 0.16 \times 0.34 \times 10^{-4} \times 200 \times 10^3} \approx 15.65(\text{匝})$$

取整数值 16 匝。式中，γ 为纹波系数，取 0.5；D 为占空比，取 0.9；f 为开关频率，取 200kHz。次级是一个中心抽头绕组，一半的匝数为：

$$N_S = \frac{N_P}{n} = \frac{16}{0.398} \approx 40.2(\text{匝})$$

取整数值 40 匝，匝数比 n 变为 0.4。

由于 T_1 的初级绕组与 T_2 的初级绕组是串联的，流过的电流相同，铜线选择也相同，用 6 股外径 Φ 0.39mm 的漆包线并联绕制 16 圈。次级的电流很小，不用考虑集肤效应，用 Φ 0.31mm 的漆包线绕两个线圈，每个 40 匝，其中一个的头与另一根的尾连接作中心抽头。

（4）计算气隙

用第 10 章中的式（10-121）计算磁芯需要的气隙尺寸为：

$$l_g = \frac{\mu N_p^2 A_e}{L_p} = \frac{4\pi \times 10^{-7} \times 16^2 \times 34}{0.439} \approx 0.025 \,(\text{mm})$$

式中，μ 是气隙的磁导率，近似为 $4\pi \times 10^{-7}$，单位是 H/m；N_p 是原边绕组的匝数；A_e 是磁芯的截面积，单位是 mm^2；L_p 是初级绕组的电感量，单位是 mH；l_g 是气隙长度，单位是 mm。

变压器的结构如图 12-13 所示。这个电路成败的关键是两个变压器的设计和制作工艺，最容易出问题的是输入变压器同名端接反而不能正常工作。这是一个反激式变压器，它在两个 MOS 开关导通期间存储能量，在死区时间里把能量释放给负载。由于电路上与输出变压器串联，励磁电流很大，即使在同名端接对的情况下也容易产生磁饱和，故必须给磁芯设置足够的气隙。推挽输出变压器初级抽头绕组中的电流方向相反，磁芯中不用设置气隙。

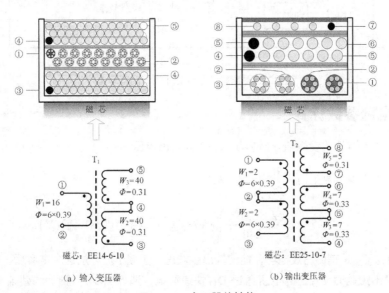

（a）输入变压器　　　　（b）输出变压器

图 12-13　变压器的结构

12.4　线性稳压电源的设计

在本章 12.1.2 小节中已经分析过跟踪式线性稳压电源的工作原理，图 12-14 所示的是实际电路，采用三端可调集成稳压电路 LM317 和 LM337。LM317 数据手册上给出的指标如下所示。

1）输入输出压差：$3V \leq V_{IN} - V_O \leq 40V$。

2）最大输出电流：1.5A。

3）负载调整率：0.1%。

4）纹波抑制：65dB。

5）工作温度：0℃ ~ 125℃。

6）热阻：4℃/W。

LM337 输出为负电压，指标与 LM317 相似。可以看出这两个芯片能满足高保真耳机放大器电源的要求。不过针对前级负电源指标劣于正电源的这一特性，可在 LM337 之前增加一级误差放大器，用增加环路增益的方法弥补这一缺陷。

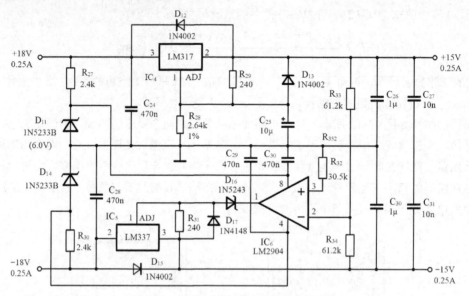

图 12-14　跟踪式线性稳压电源的实际电路

12.4.1　正电源参数计算

按图 12-14 中元器件的参数值，计算 LM317 的输出电压为：

$$+V_\mathrm{o} = V_\mathrm{REF}\left(1+\frac{R_{28}}{R_{29}}\right) + I_\mathrm{adj} \cdot R_{28}$$

$$= 1.25 \times \left(1+\frac{2.64\times10^3}{240}\right) + 46\times10^{-6}\times2.64\times10^3 \approx 15.12\,(\mathrm{V})$$

图 12-14 中的 C_{25} 是辅助滤波电容，能使输出纹波进一步减小。增加这个电容后，需要增加 D_{13} 提供放电通路。当输出短路时 C_{25} 上的电压通过 D_{13} 快速放电，消除 ADJ 引脚上的残余正电压。如果没有 D_{13}，放电电流就会经由 ADJ 引脚流向芯片，引起内部电路出现反向偏压而损坏。利用同样的原理，D_{12} 为输入短路提供保护，防止输出电容 C_{26} 的放电电流反向流入芯片内部引起损坏。

12.4.2　负电源参数计算

负电源选择与 LM317 配对的负电压三端稳压集成电路 LM337，与正电压的区别是增加了前置误差放大器 IC_6，除了补偿前级推挽输出负电压指标低的缺陷外，还有利于简化跟踪电路。IC_6 的正输入端连接在零电平，也就是说它的基准电压为 0V，负输入端的采样电阻连接在正负输出端 $\pm V_\mathrm{o}$，输出电压为：

$$-V_\mathrm{o} = \frac{R_{33}}{R_{34}}\left(+V_\mathrm{o}\right)$$

如果取 $R_{33}=R_{34}$，负输出电压就会自动跟踪正输出电压变化。LM2904 数据手册给出的最大输入偏置电流是 50nA，采样电阻取 61.2kΩ 时流过的电流是 0.245mA，远大于 OP 的输入电流，完全满足偏置电流的要求。

从信号流程上讲，IC_6 要先于 IC_5 上电电路才能正常工作。故 IC_6 只能用输入电压供电。由 R_{27}、D_{11} 和 R_{30}、D_{14} 组成简单的 ±6V 并联稳压电源给 IC_6 提供电源。

12.4.3 稳压电源的性能

线性稳压电源的优点是电压调整率高、纹波小、EMI 性能优良，最大的缺点是效率低。本电路的输入电压经过前级开关推挽变换器的预稳压，输入电压基本稳定在±18V。本电路的输出电压是±15V，而 LM317/337 正常工作的最小压差是 2.5~3V，依次计算能量转换效率为：

$$\eta = \frac{V_O}{V_{IN}} = \frac{15}{18} \approx 0.83$$

可见，本电路在系统设计上采用了维持集成三端稳压器最小压差的办法，把线性电源的效率提高到开关电源的水平。

效率是从能量损耗的角度衡量电源的好坏。如果给音频放大器供电，还要求电源有较高的瞬态响应速度。由于速度取决于带宽，我们就可以在输出滤波电容上挖掘潜力。

现代电源中都引入了自动控制环路来稳定输出电压或电流，开关电源的带宽为开关频率的 1/5~1/3，例如前级的推挽变换器的开关频率为200kHz，电源带宽约为40kHz。在线性稳压电源中，虽然没有开关时钟，但误差控制电路仍有较快的响应速度，电源带宽主要取决于输出滤波电容的大小。遗憾的是，几乎所有三端稳压器的数据手册上都没有给出带宽的数值，但可以从输出电容和负载大小推算出带宽。例如，当输出电容为 1μF 时与 10Ω 负载形成的截止频率为：

$$f_c = \frac{1}{2\pi R_L C_o} = \frac{1}{2\pi \times 10 \times 1 \times 10^{-6}} \approx 15915(\text{Hz})$$

计算表明电源具有接近 16kHz 的带宽，对音频放大器来讲就是一个高速电源。但是有些人在设计电源时为了追求电压稳定度和滤波效果而盲目增大输出电容，致使电源的带宽缩小，瞬态响应变差。上例中如果把输出电容加大到1000μF，电源的带宽就会缩小到 15.9Hz，这样的电源对 50Hz 的电网纹波频率都不能响应，给音频放大器供电，瞬态响应必然很差。

输出电容到底多大为好呢？这要根据电源控制环路的增益大小，把电源补偿到既不发生振荡而又能长期稳定工作的状态。对于黑匣子结构的三端稳压器，可以从数据手册的图表中寻找这些信息。LM317 数据手册上给出的输出阻抗特性如图 12-15 所示，输出最低阻抗对应的频率为 200~240Hz。如果把最低阻抗对应的频率当作带宽，就相当于 33μF 电容与 20Ω 负载并联所得到的值。

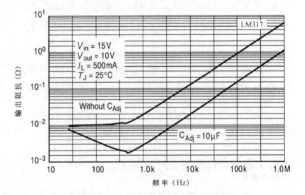

图 12-15 LM317 输出阻抗特性

根据上述特性可知这个三端稳压器的带宽特性并不理想，改善的方法是选择 1μF 贴片陶瓷电容和 10nF 独石电容并联作输出电容。本电源的满载负载是 60Ω（15V/0.25A），计算电容与负载产生的截止频率为：

$$f_c = \frac{1}{2\pi R_L C_o} = \frac{1}{2\pi \times 60 \times 1.01 \times 10^{-6}} \approx 2626(\text{Hz})$$

可见，减小输出电容后电源带宽扩展了 10 倍多。不要担心电容减小后滤波特性会变差，因为串联稳压电源是依靠调整管和输出阻抗的分压比抑制波动的，数据手册上给出的纹波抑制比是 65dB。而输出电容的滤波作用远不及分压比。也不要担心小电容存储的电荷不足会影响输出功率，因为线性电源的输出电流是调整管所提供的，只要调整管的功率足够大就能输出充足的电流。

输出电容应该选择贴片电容，因为贴片电容的 *SRF* 比同容量的插件电容大一倍。国产 0805 尺寸 1μF 陶瓷电容的 *SRF* 大约是 5MIIz，10nF 陶瓷电容的 *SRF* 大约是 50MHz。并联补偿后电源的输出低阻抗特性可从直流一直延伸到 50MHz，如果要进一步延伸频率范围，可采用第 4 章中图 4-43 的方法。

12.5　辅助电源

12.5.1　辅助电源的功能和结构

辅助电源是一个可配置的功率变换器组合，输入端挂载在系统母线上，能接受宽范围的输入电压。具有多个输出端，输出电压有正有负，每个输出端口能单独管理，需要时接通，不需要时关断。辅助电源的结构如图 12-16 所示。

辅助电源的输入电压是+6.6 ～ +13V，多路输出端的电压和电流不相同，如果直接用输入电压进行转换，在最高输入电压和最低输出电压状态下开关的占空比很小，芯片设计困难，可供选择的器件就很少。如果采用两级转换，先把输入电压转换到一个中间电压(本电源是 5.5V)，低于这一电压的 PWM 开关电源芯片非常丰富，售价也非常便宜，这对节约成本和简化设计非常有利。故这个单元又一次选择了母线结构，为了区别于系统母线，称为中间母线。耳机放大器需要的所有辅助电源都挂在中间母线上，由中间母线电压进行二次变换后得到。

这种结构的另一个好处是配置灵活、方便管理和通用性强。每一个变换器既可以独立工作，也可以与其他变换器协同工作，我们只需要关心系统需要多少路电源和每路电源的最大功率就可以，用搭积木的方式就能轻松完成辅助电源的设计。

母线电源的最大优势是能进行功率的精细化管理，让某些时间段里不用的电源处于休眠状态，需要时再快速唤醒。与传统方式相比能有效地减少损耗，延长电池的续航时间。

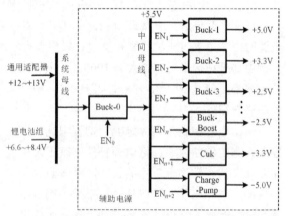

图 12-16　辅助电源的结构

12.5.2　辅助电源的实例

下面是辅助电源的实例，假设系统需要 5 路电源，每路电源的输出功率分别为±5V/80mA、+3.3V/300mA、−2.5V/150mA、+1.2V/0.5mA。其中+1.2V 电源是待机唤醒电源，不能断电，其他电源都可以在不用时关断，以减少功率损耗。实例辅助电源的结构如图 12-17 所示。设计步骤如下所示。

（1）计算总输出功率

共有 5 路电源，其中±5V/80mA 电源的输出功率是 0.8W，+3.3V/300mA 电源的输出功率是 0.99W，−2.5V/150mA 电源的输出功率是 0.375W，+1.2V/0.5mA 电源的输出功率是 0.6mW。总输出功率是 2.1656W。

（2）计算中间母线的最大功率

在 4 个开关变换器中，SIMO 是升降压变换器，在升压状态效率较低，降压状态效率较高。Buck 和电荷泵变换器的效率很高。为了简化计算取平均效率为 0.88，则中间母线的最大功率为 2.1656W/0.88=2.386W。

（3）计算中间母线的最大输入电流

设计的中间母线电压为 5.5V，已知母线最大功率为 2.386W，所需的最大输入电流为 2.386W/5.5=0.4A。

（4）选择芯片

根据上述计算结果，选用降压变换器 TPS566238 作中间母线的输出电压，该芯片的输入电压是 3 ~ 17V，输出电压是 0.6 ~ 7V，最大输出电流是 6A。这个芯片要给中间母线使能，关断后待机电源也会被断电。±5V/80mA 的电源是给 OLED 显示屏供电的，可以单独关断，故选择了一个单电感多输出（SIMO）芯片 TPS65135。+3.3V/300mA 的电源是给 MUP 供电的，可以单独关断，选择了降压变换器 SGM6036-3.3。–2.5V/150mA 的电源是给数字电位器和偏置电路供电的，可以单独关断，选择了负压电荷泵变换器 MAX889T。+1.2V/0.5mA 的电源是待机电源，需要永久供电，不能断电，故使能端接高电平，只要中间母线有电就处于工作状态，消耗的功率很少。

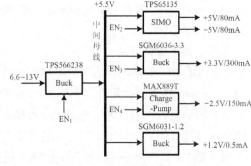

图 12-17 实例辅助电源的结构

（5）辅助电源的实际电路

辅助电源的实际电路如图 12-18 所示，在选择芯片时要仔细比较各家产品的拓扑结构、开关频率、效率和最大输出功率等参数。在选好芯片后要仔细阅读数据手册和用户指南，设计的全过程都要关注 EMC，重点要放在 PCB 布局上，尤其是各个电感的位置和方向。芯片的上电、下电时序和使能由微处理控制，可参考第 6 章中的图 6-46 所示的方法。

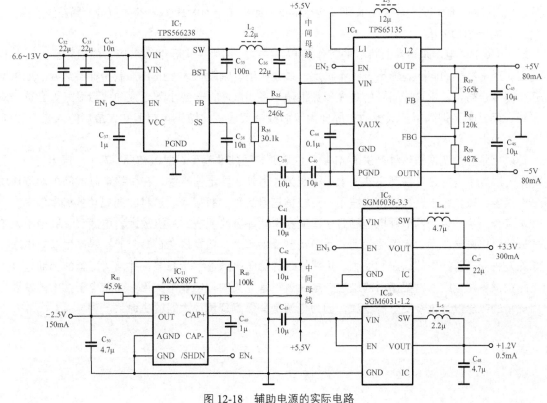

图 12-18 辅助电源的实际电路

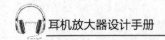

12.5.3 辅助电源的注意事项

（1）关于采样电阻

开关电源芯片有输出电压可变和输出电压固定两种类型，对于输出电压可变的芯片要计算采样电阻的值，例如图 12-18 中 IC_7 的 R_{35} 和 R_{36}，IC_8 的 R_{37}、R_{38} 和 R_{39}，IC_{11} 的 R_{40} 和 R_{41}，计算方法可在数据手册中查找到。这类芯片是利用外部电阻调整输出电压的，要求采样电阻的精度不低于±1%，最好选用 E96 或 E192 系列的金属膜电阻。IC_9 和 IC_{10} 是固定电压输出芯片，采样电阻集成在芯片内部，外围电路非常简洁。

（2）关于功率电感

在 DC-DC 变换器中功率电感引起的故障最多，低压变换器的开关频率较高，功率电感的自感量很小，一般都在微亨数量级，误差±20%也不会影响正常工作。开关电源的峰值电流比平均电流大得多，通常有数倍至数十倍，峰值电流会引起磁芯饱和，平均电流会产生功率损耗和发热。电感的 RMS 电流应大于芯片的直流输出电流，电感的饱和电流通常是 RMS 电流的 4 倍左右。另外，电感的自振荡频率（SRF）要远大于芯片的开关频率，避免引起寄生振荡。

电感还是产生 EMI 的源头，关于这方面的内容，请参考第 11 章中 11.5.4 小节的介绍。

（3）关于滤波电容

DC-DC 变换器中的另一个关键元件是输入和输出电容，输入电容主要是为了减小瞬态干扰，为变换器提供平稳的电流。输出电容比输入电容更重要，不但要平滑变换器产生的开关纹波和噪声，还要衰减高频毛刺。滤波纹波和噪声应选用电介质为 X5R、容量为微法级的多层陶瓷电容（MLCC）；开关产生的毛刺实质上是简谐振荡波，由于幅度很高，衰减又很快，看上去像毛刺。滤波毛刺应选用电介质为 X7R、容量为纳法级的高频陶瓷电容，X7R 陶瓷电容的谐振频率高于 50MHz，具有更好的高频滤波作用。

（4）关于 PCB 布局

对于 DC-DC 电源来讲最具挑战的工作是 PCB 布局，因为在实际中 90%以上的问题都出现在 PCB 布局上。经常发生的问题是输出电压不稳定、纹波和毛刺幅度很大、EMI 抑制指标不达标。如果电路正确和器件合格，发生这些问题的绝大多数根源是吝惜成本，一些小微企业和业余爱好者会选择双面板布线，而且嘲笑别人用多层板的布局他用双面板就实现了。结果可想而知，最后陷入噪声和 EMI 的泥潭中而无法自拔。

针对高频开关变换器这种产生 EMI 噪声的电路，强烈推荐用 6 层板布局，其中一层电源，一层模拟地，一层数字地，这 3 层都必须是大面积铜箔。另外 3 层走信号线，在单级电路或简单功能模块中可一点接地，在多级电路和复杂模块中，应根据信号流程分级接地。这种布局成功的概率较高。

本章介绍了一个用两节锂电池和12V适配器作功率源的便携式耳机放大器电源，设计中引入了分布式母线供电概念，用功率路径管理芯片自动选择功率源，用推挽 DC-DC 变换器产生双轨电压；为了滤除开关变换器产生的纹波和毛刺，用线性跟踪稳压电源进一步滤波，并用可配置的辅助电源为其他电路提供多路电压。需要指出的是这个电源虽不是完美的，但非常实用。随着电子技术的发展，可以用更新的概念设计性能更好的电源，因为电源是高保真耳机放大器的生命线。